2011年度水利水电工程建设工法汇编

水 利 部 建 设 与 管 理 司
中 国 水 利 工 程 协 会 编
浙江省第一水电建设集团股份有限公司

黄河水利出版社
·郑州·

图书在版编目(CIP)数据

2011 年度水利水电工程建设工法汇编/水利部建设与管理司,中国水利工程协会,浙江省第一水电建设集团股份有限公司编. —郑州:黄河水利出版社,2012.11

ISBN 978 - 7 - 5509 - 0373 - 9

Ⅰ.①2… Ⅱ.①水… ②中… ③浙… Ⅲ.①水利水电工程 - 工程施工 - 建筑规范 - 汇编 - 中国 - 2011

Ⅳ.①TV5 - 65

中国版本图书馆 CIP 数据核字(2012)第 258398 号

出 版 社:黄河水利出版社 网址:www. yrcp. com
　　　　　地址:河南省郑州市顺河路黄委会综合楼 14 层　　　邮政编码:450003
发行单位:黄河水利出版社
　　　　　发行部电话:0371 - 66026940、66020550、66028024、66022620(传真)
　　　　　E-mail:hhslcbs@ 126. com
承印单位:河南省瑞光印务股份有限公司
开本:880 mm ×1 230 mm　1/16
印张:43.75　　　　　　　　　　　　插页:5
字数:1 235 千字　　　　　　　　　　印数:1—2 500
版次:2012 年 11 月第 1 版　　　　　　印次:2012 年 11 月第 1 次印刷

定价:140.00 元

《2011年度水利水电工程建设工法汇编》

编委会名单

主　　任：孙献忠

副 主 任：徐永田　安中仁　蒋文龙

编　　委：韩　新　翟伟锋　何建岳　叶辑松　苏孝敏

　　　　　蒋　坤　任伟民　童叶根　翁国华　张雪虎

　　　　　孙以三　金建川　王　静　李益南　平自平

　　　　　徐继先　李洪生　邹海燕　丁天沛　卢夕林

　　　　　周芳颖　吴丽燕　杜奇奋

工作人员：孙燕贺　陈淑珍

前　言

　　水利水电工程建设工法，是以水利水电工程为对象，施工工艺为核心，将先进技术与科学管理相结合，经过一定的工程实践形成的施工工法。

　　根据《水利水电工程建设工法管理办法》，协会于 2012 年 8 月组织开展了 2011 年度工法评审工作，审定水利水电工程建设工法 72 项，其中土建工程 54 篇，机电及金结工程 6 篇，其他工程 12 篇。

　　这批工法是水利水电施工企业科技创新的成果，是广大工程技术人员对施工方法的科学总结。经过工程实践检验，行之有效。为促进这些新技术、新工艺的推广和应用，我们将工法汇编成书，展现给大家。

　　本书凝结了工法完成单位和完成人员的智慧，同时要感谢各位专家对稿件的精心修改，以及黄河水利出版社的编辑们所付出的辛勤劳动。

　　由于时间紧、内容多、专业性强，书中难免有错漏之处，敬请专家和读者批评指正。

中国水利工程协会

二〇一二年十月

前　言

中华人民共和国水利部办公厅

办建管函〔2009〕902 号

关于委托开展水利水电建设工程
工法评审工作的函

中国水利工程协会：

　　为了鼓励企业科技创新,促进水利水电建设工程新技术、新工艺、新材料和新设备的推广应用,提高水利水电建设工程施工水平和工程质量,经研究,现委托你协会承担水利水电建设工程工法评审等工作。具体管理办法由你协会组织制定,报部核备后印发实施,工法评审结果报部备案。

二○○九年十一月十三日

中国水利工程协会文件

中水协〔2010〕20 号

关于发布《水利水电工程建设工法
管理办法》的通知

部直属有关单位,各流域管理机构,各省、自治区、直辖市水利(水务)厅
(局),新疆生产建设兵团水利局,各有关施工企业,各有关单位:

根据水利部《关于委托开展水利水电建设工程工法评审工作的函》
(办建管函〔2009〕902 号),我会制定了《水利水电工程建设工法管理办
法》,经第一届理事会第六次会议(通讯)表决通过,报水利部建设与管理
司备案同意,现印发施行。

附件:水利水电工程建设工法管理办法

二〇一〇年十月二十六日

附件

水利水电工程建设工法管理办法

第一条　为鼓励企业科技创新,促进我国水利水电工程建设新技术、新工艺、新材料和新设备的推广和应用,提高水利水电工程施工水平和工程质量,参照《工程建设工法管理办法》,根据中国水利工程协会章程,结合水利行业实际,制定本办法。

第二条　本办法所称的水利水电工程建设工法为水利水电行业建设工法,是指以水利水电工程为对象,施工工艺为核心,运用系统工程原理,将先进技术与科学管理相结合,经过一定的工程实践形成的综合配套的施工方法。

水利水电工程建设工法划分为土建工程、机电与金结工程、其他工程3个类别。

第三条　本办法适用于水利水电工程建设工法的申报、评审和成果管理。

第四条　中国水利工程协会受水利部委托,承担水利水电工程建设工法管理工作。

第五条　水利水电工程建设工法由施工企业申报,由中国水利工程协会组织评审,评审结果报水利部备案后公布。

第六条　水利水电工程建设工法原则上每2年评审一次。

第七条　申报水利水电工程建设工法应具备以下条件:

(一)符合国家水利水电工程建设的方针、政策和技术标准,具有先进性、科学性和实用性;

(二)工法的关键性技术应处于水利水电工程行业内领先水平,工法中采用的新技术、新工艺、新材料和新设备在现行水利水电工程技术标准

的基础上有所创新;

(三)工法至少经过两个工程的应用,并得到建设单位认可,经济效益和社会效益显著。

第八条　企业申报水利水电工程建设工法,中央和水利部直属单位企业直接到中国水利工程协会申报;流域管理机构所属企业须由流域管理机构出具推荐意见后申报;其他企业由注册所在地省级行政主管部门或水利工程行业自律组织出具推荐意见后申报。

第九条　两个单位共同完成的项目可联合申报,同时要明确主要完成单位。

第十条　多个单位同期申报的同类项目,可以同时参加评审,评审通过后,由评审委员会根据工程完成时间、专利号时间和科技创新水平等来确定申报单位排序,征求申报单位同意后予以公布。

第十一条　水利水电工程建设工法编写内容要齐全完整,应包括:前言、工法特点、适用范围、工艺原理、施工工艺流程及操作要点、材料与设备、质量控制、安全措施、环保与资源节约、效益分析和应用实例。

第十二条　工法编写应层次分明、数据准确可靠、语言表达规范、附图清晰,应满足指导项目施工与管理的需要。

工法中若涉及需保密的关键技术,应在申请专利后申报,在编写时可以省略,但需注明专利号。

第十三条　申报材料包括:

(一)水利水电工程建设工法申报表;

(二)工法具体内容材料;

(三)由科技查新机构出具的科技成果查新证明材料;

(四)由省部级科技成果鉴定部门出具的关键技术评价(鉴定)证明材

料；

（五）其他证明材料。

第十四条 中国水利工程协会组织成立水利水电工程建设工法评审委员会，下设土建工程、机电与金结工程、其他工程 3 个专业评审组。

第十五条 水利水电工法评审程序：

（一）工法评审实行主、副审制，由专业评审组组长指定每项工法主审 1 人、副审 2 人，主、副审审阅申报材料，提出基本评审意见。

（二）专业评审组审查材料，查看工程施工影像资料，听取主、副审对工法的基本评审意见，在此基础上提出初审意见。

（三）专业评审组初审通过的工法项目提交评审委员会审核，评审委员会听取和审议专业评审组初审意见，采取无记名投票方式表决，同意有效票数达到评审委员会总人数三分之二及以上的为通过。

（四）评审委员会提出审核意见，并由评审委员会主任签字。

（五）中国水利工程协会将评审情况报水利部主管司局备案。

第十六条 中国水利工程协会对工法评审结果进行公示，公示时间为 10 天。经公示无异议后，予以公布。对符合申报国家级工法条件的工法予以推荐。

第十七条 已批准的水利水电工程建设工法有效期为 6 年。

第十八条 中国水利工程协会对获得水利水电工程建设工法的单位和个人颁发证书。工法所有权单位应对开发编写和推广应用工法有突出贡献的个人予以表彰和奖励。

第十九条 如发现已批准的水利水电工程建设工法有剽窃作假等问题，经查实后，撤消其工法称号，3 年内不再受理其单位申报工法。

第二十条 本办法自发布之日起施行。

中国水利工程协会文件

中水协〔2012〕25 号

关于发布 2011 年度水利水电工程建设
工法的通知

各有关单位:

2012 年 8 月 22～23 日,我会就浙江江南春建设集团有限公司等 33 家单位申报的 103 项工法,召开了评审会议。经评审并报水利部备案,审定高寒高海拔地区碾压式沥青混凝土防渗心墙施工工法等 72 项工法为 2011 年度水利水电工程建设工法,现予以公布。

附件:2011 年度水利水电工程建设工法名单(略)

二○一二年九月二十五日

目　录

二、机电及金结工程篇

三、其他工程篇

2011 年度水利水电工程建设工法汇编

一、土建工程篇

大断面隧洞进口长管棚施工工法

浙江省第一水电建设集团股份有限公司

1 前言

近年来水利建设中引水工程高速发展,为节约工程投资,工程中逐渐减少明挖,隧洞开挖作业越来越多,特别是大断面隧洞开挖施工遇到破碎围岩地段、浅埋地段或地质条件复杂的地段,须制定切实可行的支护措施。长管棚因其具有刚度大、超前支护长的特点,对洞口破碎围岩地段和浅埋地段能起到有效的超前支护作用,保证了隧洞施工质量、安全及进度。我们总结了多个工程超前长管棚的施工方法,为超前长管棚的推广应用积累了施工经验,并形成了超大断面隧洞进口长管棚施工工法。

2 工法特点

(1)投入成本低,操作简易,选用常用设备。

(2)支护能力强,缩短了工期,降低了施工成本。

(3)加固了自稳能力极低的围岩的支承,较好地控制了软弱围岩的下沉、松弛和坍塌。

3 适用范围

本施工工法适用于大断面隧洞在隧道出入口、破碎围岩地段、浅埋地段、软弱地层等地质复杂条件地段的隧洞工程。

4 工艺原理

本工法针对超大断面隧洞开挖施工遇到破碎围岩地段、浅埋地段或地质条件复杂的地段围岩的特点,先施作护拱导向墙,一般混凝土护拱作为管棚的导向墙,在开挖廊线以外拱部120°~160°范围内施作,断面尺寸为1.0×1.0 m,护拱内埋设工字钢支撑,钢支撑与管棚孔口管连接成整体。用经纬仪以坐标法在工字钢架上定出其平面位置;用水准尺配合坡度板设定孔口管的倾角;用前后差距设定孔口管的外插角。孔口管应牢固焊接在工字钢上,防止浇筑混凝土时产生位移。然后在稳固的地基上用钢管脚手架搭设钻机平台,平台应一次性搭好,钻孔由1~2台钻机由高孔位向低孔位进行;钻孔平台搭设好后安装钻机,接着钻孔、清孔、验孔。

安装管棚钢管:钢管在专用的管床上加工好丝扣,导管四周钻设孔径10~16 mm注浆孔(靠孔口2.5 m处的棚管不钻孔),孔间距15~20 cm,呈梅花形布置。管棚跟进采用套管和跟管相结合的工艺,即先钻大于棚管直径的引导孔(ϕ127 mm),然后在套管靴配合下跟进钢管,相邻钢管的接头应前后错开;同一横断面内的接头数不大于50%,相邻钢管衔接头至少错开1 m。

安装好有孔钢花管,放入钢筋笼后即对孔内注浆,注浆量应满足设计要求,一般为钻孔圆柱体的1.5倍;若注浆量超限,未达到压力要求,应调整浆液浓度,继续注浆,确保钻孔周围岩体与钢管周围孔隙充填饱满。

5 施工工艺流程及操作要点

5.1 施工工艺流程
施工工艺流程见图1。

5.2 操作要点
5.2.1 施工准备
（1）混凝土护拱作为管棚的导向墙，在开挖廊线以外拱部120°～160°范围内施作，断面尺寸为1.0 m×1.0 m，护拱内埋设工字钢支撑，钢支撑与管棚孔口管连接成整体。

（2）用经纬仪以坐标法在工字钢架上定出其平面位置；用水准尺配合坡度板设定孔口管的倾角；用前后差距法设定孔口管的外插角。孔口管应牢固焊接在工字钢上，防止浇筑混凝土时产生位移。

5.2.2 管棚钻机架设就位
5.2.2.1 搭钻孔平台安装钻机
（1）钻机平台用钢管脚手架搭设，平台应一次性搭好，钻孔用1～2台钻机由高孔位向低孔位进行。

（2）平台要支撑于稳固的地基上，脚手架连接要牢固、稳定，防止在施钻时钻机产生不均匀下沉、摆动、位移而影响钻孔质量。

（3）钻机定位：钻机要求与已设定好的孔口管方向平行，必须精确核定钻机位置。用经纬仪、挂线、钻杆导向相结合的方法，反复调整，确保钻机钻杆轴线与孔口管轴线相吻合。

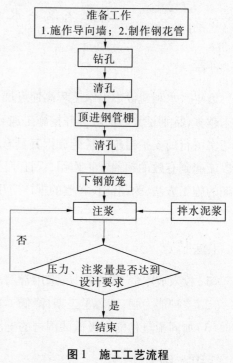

图1 施工工艺流程

流程：准备工作（1.施作导向墙；2.制作钢花管）→ 钻孔 → 清孔 → 顶进钢管棚 → 清孔 → 下钢筋笼 → 注浆（拌水泥浆）→ 压力、注浆量是否达到设计要求（否→注浆；是→结束）

5.2.2.2 钻孔
（1）为了便于安装钢管，钻头直径采用108 mm或127 mm。

（2）钻进时产生坍孔、卡钻时，需补注浆后再钻进。

（3）钻机开钻时，应低速低压，待成孔10 m后可根据地质情况逐渐调整钻速及风压。

（4）钻进过程中经常用测斜仪测定其位置，并根据钻机钻进的状态判断成孔质量，及时处理钻进过程中出现的事故。

（5）钻进过程中确保动力器、扶正器、合金钻头按同心圆钻进。

（6）认真做好钻进过程的原始记录，及时对孔口岩屑进行地质判断、描述，作为洞身开挖时的地质预测预报参考资料，从而指导洞身开挖。

5.2.2.3 清孔验孔
（1）用地质岩芯钻杆配合钻头进行反复扫孔，清除浮渣，确保孔径、孔深符合要求，防止堵孔。

（2）用高压风从孔底向孔口清理钻渣。

（3）用经纬仪、测斜仪等检测孔深、倾角、外插角。

5.2.3 钻杆钻进及管棚管安装
（1）钢管在专用的管床上加工好丝扣，导管四周钻设孔径10～16 mm注浆孔（靠孔口2.5 m处的棚管不钻孔），孔间距15～20 cm，呈梅花形布置。

（2）管棚跟进采用套管和跟管相结合的工艺，即先钻大于棚管直径的引导孔（φ127 mm），然后在套管靴配合下跟进钢管。

（3）接长钢管应满足受力要求，相邻钢管的接头应前后错开。同一横断面内的接头数不大于50%，相邻钢管接头至少错开 1 m。

（4）若钻进过程阻力较大，可退回 1 m 左右，多次反复，阻力减小后继续钻进。初钻用低压顶进，以保持方向，防止孔位偏斜。

（5）套管与钻具同时跟进，产生护孔功能，避免内钻杆在提出孔后产生塌孔或涌水事故，提供临时护孔，方便往孔内插管注浆。

（6）钻孔完结后，先把套管内孔注水清洗洁净，然后把钻杆取出。套管仍保留在孔内起护孔作用。

（7）钻杆取出采用钻架配置的液动夹头，进行夹紧及卸拧钻具丝扣，避免使用手动扳手操作。

（8）钢管插进完毕后，取出套管，钻进其他孔眼。套管取出时，冒落的岩土会于孔内压紧钢管。钢管口与孔口周壁用水泥密封。

（9）先用钻机钻深孔，达到设计要求，钻杆用连接套接长，直至钻至比设计孔深长 0.5 m。钻孔达深度要求，依次拆卸钻杆。

（10）顶管：采用钻机连接套管自动跟进装置连接钢管，将第一节管子推入孔内。接管，钢管孔外剩余 30~40 cm 时，用管钳卡住管棚，反转钻机，使顶进连接套与钢管脱离，安装下一节钢管，对准上一节钢管端部，人工持管钳，用钢管连接套将两节钢管连在一起，再以冲击压力和推进压力低速顶进钢管。

超前长管棚预支护横断面布置见图 2，超前小导管布置见图 3。

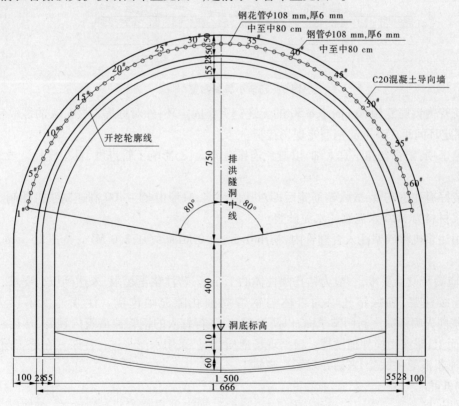

图 2　超前长管棚预支护横断面布置

5.2.4　安放钢筋笼

（1）钢花管用 6 m 长壁厚 8 mm 的 ϕ159 无缝钢管，注浆孔 ϕ(10~16) mm，梅花形布置，孔距 188 cm，钢管接长采用外车丝对接，两接头各车不小于 150 mm 的外丝，尾部 150 cm 止浆段不钻注浆孔。

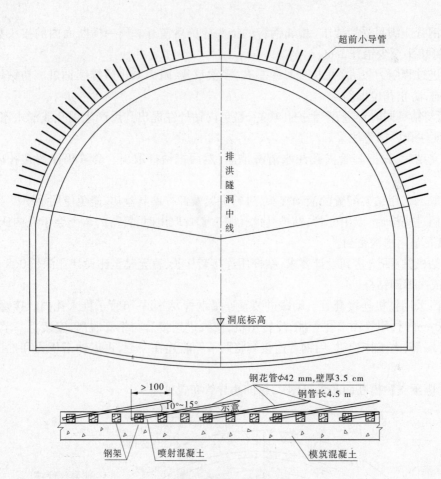

图3 超前小导管布置

（2）钢花管内钢筋笼用 30 mm 长 φ50 的无缝钢管作固定环，外对称焊 3 根 φ18 的螺纹钢，钢筋接头错开，固定环间距 350 mm，钢筋笼现场接长。

（3）注意事项：钢管丝扣不宜太细，以避免连接时间太长，影响下管进度，且很容易造成滑丝。

5.2.5 注浆

（1）安装好有孔钢花管，放入钢筋笼后即对孔内注浆，浆液由 ZJ－400 高速制浆机拌制。

（2）注浆材料为 M20 水泥浆或水泥砂浆。

（3）采用注浆机将砂浆注入管棚管内，初压 0.5～1.0 MPa，终压 2.0 MPa，持压 15 min 后停止注浆。

注浆量应满足设计要求，一般为钻孔圆柱体的 1.5 倍；若注浆量超限，未达到压力要求，应调整浆液浓度，继续注浆，确保钻孔周围岩体与钢管周围孔隙充填饱满。注浆速度不得大于 50 mL/min。注浆前先喷混凝土封闭掌子面，以防渗漏，对强行打入的钢管冲清管内积物，然后注浆，注浆顺序由下而上，浆液用搅拌桶搅拌。根据现场地质情况，采用水泥浆进行注浆。在施工前取现场土样进行水泥浆液配比试验，来指导现场注浆施工。

5.2.6 隧洞开挖

当洞口仰坡防护施工完成和管棚施作支护成型后，即可进行暗洞的开挖施工。洞口部分的暗洞围岩岩体破碎、节理发育，施工时围岩可能发生失稳和坍塌，甚至出现地表下沉或冒顶。

为了确保施工安全，采用人工配合机械开挖的方法，个别机械开挖不动爆破的地段，严守"短进尺，弱爆破，强支护，早成环"的原则，采用微震或预裂爆破施工。对 Ⅴ 级围岩段采用留核心土台阶分步开挖法，并在施工中加强监控量测，根据量测结果，及时调整开挖方式和修正支护参数。

6　材料与设备

6.1　材料

（1）无缝钢管、钢筋、工字钢、钢板、螺栓等钢材的各项物理力学性能指标符合规范规定要求。

（2）施工过程中消耗或周转使用材料：

①脚手架简易工作平台采用钢管、卡扣件、铁丝等搭设而成。

②开挖爆破所需的非电导爆管、炸药等材料。

③电焊条、铁丝、钻头等加工安装所需材料。

6.2　机具设备

管棚钻机1台、电动空压机1台、电焊机1台、挖掘机、注浆机1台、ZL-400高速制浆机1台、混凝土拌和机1台、混凝土振动棒2个、钢模板、木模板、J3G-400A型型材切割机1台、型钢弯制机1台、BX1-400型交流弧焊机2台、混凝土搅拌运输车（3.5 m³）1辆、ZLC50装载机1辆。

7　质量控制

（1）钻孔前，精确测定孔的平面位置、倾角、外插角，并对每个孔进行编号。

（2）钻孔外插角以1°～3°为宜，根据实际情况作调整。钻孔仰角的确定应视钻孔深度及钻杆强度而定，一般控制在1°～1.5°。施工中应严格控制钻机下沉量及左右偏移量。

（3）严格控制钻孔平面位置，管棚不得侵入隧道开挖线内，相邻的钢管不得相撞和立交。

（4）经常量测孔的斜度，发现误差超限及时纠正，至终孔仍超限者应封孔，原位重钻。

（5）掌握好开钻与正常钻进的压力和速度，防止断杆。

（6）管棚所用钢管进场必须按批抽取试件做力学性能（屈服强度、抗拉强度和伸长率）和工艺性能（冷弯）试验，其质量必须符合国家有关规定及设计要求。

（7）下管前要预先按设计对每个钻孔的钢管进行配管和编号，使管棚接头错开，保证同一断面上的管棚接头数不超过50%。

（8）管棚间焊接时应利用靠尺保证管身直顺，焊缝饱满，无裂纹、气泡、夹渣等现象。

（9）管棚钻孔的允许偏差应符合表1的规定。

表1　管棚钻孔允许偏差

序号	项目	允许偏差
1	方向角	1°
2	孔口距	±50 mm
3	孔深	±50 mm

（10）注浆量应满足设计要求，一般为钻孔圆柱体的1.5倍；若注浆量超限，未达到压力要求，应调整浆液浓度继续注浆，确保钻孔周围岩体与钢管周围孔隙充填饱满。注浆速度不得大于50 mL/min。注浆前先喷混凝土封闭掌子面以防渗漏，对强行打入的钢管冲清管内积物，然后再注浆，注浆顺序由下而上，浆液用搅拌桶搅拌。

8　安全措施

（1）在项目部安全生产领导组的领导下，设置以专职安全员为组长的安全生产小组，全面负责安全工作。每个洞口设专职安全员一名，负责洞内的安全工作；各班组设兼职安全员，由工班长兼任。各工序施工前首先进行安全检查，把安全隐患消灭在萌芽状态。形成自上而下的施工安全监督、保障体系。实施以分级管理、逐级负责、落实各级责任制为核心,以强化管理机构、监察网络、宣传教育、现场过程控制、督促检查为主要手段的施工安全管理模式。每天在隧洞洞口设置专职安全员,负责检查进洞人员,确保进洞人员安全设施佩戴齐全。

(2)开展安全生产教育,树立"安全为了生产,生产必须安全"的强烈意识,使职工自觉地遵守各种安全生产规章制度和作业规程,保护自己和他人的安全与健康。特种作业人员必须进行专门培训及考核发证,持证上岗。

(3)在醒目位置设置安全警示牌、警示标语等警示标志。

(4)设专职电工,非专职电工不得操作用电设备;36 V以上电器设备必须有保护接地措施,并由每班职能人员进行检查。

(5)钻爆作业由经过专业培训且持有爆破员证的带班领导统一指挥,严格按照《爆破作业安全规定》实施,并及时做好爆破后的安全排险工作。

(6)焊接作业时电焊工应穿戴工作服、绝缘鞋、电焊手套、防护面罩、护目镜等防护用品,高处作业时系安全带;焊接作业现场周围10 m内不得堆放易燃易爆物品;作业前检查焊机、线路、料机外壳保护接零,确认安全;焊把线不得放在电弧附近或炽热的焊缝旁,不得碾压焊把线;电焊机必须设单独的电源开关、自动断电装置。外壳设可靠的保护接零。

(7)起吊作业前必须严格检查起重设备各部件和钢丝绳的安全性与可靠性,并进行试吊。起重作业指派专人统一指挥,所有人员分工明确。起吊作业地面应坚实平整,支脚必须支垫牢靠,起重时起重线路下严禁站人。

(8)注浆人员必须佩戴防护用品,防止浆液对皮肤的损害。注浆前必须牢固封闭钢管端部与钻孔间的空隙,喷射混凝土封闭,混凝土达到强度后方可进行压浆施工,压浆过程中管口正面杜绝人员逗留,防止浆液伤人。

(9)所有电器设备及其金属外壳或构架均应按规定设置可靠的接零及接地保护;施工现场所有用电设备,必须按规定设置漏电保护装置,要定期检查,发现问题及时处理解决。

9 环保与资源节约

(1)加强防水排水设施的修建,始终保持工地的良好排水状态。

(2)采取有效预防措施,防止冲刷与淤积。施工时避免干扰水系的自然流动,做好边坡的防护,减少对附近水域的污染。统筹处理废料废方,力求少占土地,按规定综合整治利用。

(3)集中处理施工废水、生活污水,采取过滤、沉淀池或其他措施,做到达标排放。严格管理施工物料如沥青、水泥、油料、化学品的堆放和储存,防止物料随雨水排入地表及水域造成污染。

(4)为减少施工作业产生的灰尘,在施工区随时洒水抑尘,运输细料用盖套覆遮,运转时有粉尘发生的投料器安装防尘设备。

(5)尽量降低施工场地的噪声,符合噪声限值的规定。

(6)严格控制工程破坏植被的面积,保护现有绿色植被。因修建临时工程破坏了现有植被,拆除临时工程时予以恢复。

10 效益分析

采用本工法进行破碎围岩地段、浅埋地段或地质条件复杂地段隧洞的施工,由于长管棚因其具有刚度大、超前支护长的特点,对洞口破碎围岩地段和浅埋地段能起到有效的超前支护作用。同时长管棚与短管棚相比,其一次超前量较大,可减少安装钢管次数,并减少与开挖作业之间的干扰,大大加快了隧洞开挖进度,保证了施工质量和安全,节约了施工成本,具有显著的经济效益和社会效益。

11 应用实例

11.1 温州市西向排洪工程梅屿隧洞1号洞

温州市西向排洪工程梅屿隧洞工程1号隧洞位于鹿城区双屿镇上岙村南侧山坡,平原区高程为5.5~7.5 m,山坡20°~30°,35 m高程以上较陡,植被发育,覆盖层较厚,为2~10 m,山坡与平地之间为民房。地层岩性主要为流纹质熔结凝灰岩。出口位置未见区域性断裂通过,也未发现较大的断层,但在弱风化以上岩体破碎,节理发育,对边坡稳定有明显的影响。排洪洞出口覆盖层较厚,岩体风化、破碎,微风化、新鲜岩体埋深较大。1号隧洞全长991 m,断面形式为平底马蹄型,净宽15.0 m,净高11.5 m,底面高程为-1.5 m。因金温铁路线路从隧洞出口部位通过,隧洞出口进行了重大设计变更,变更主要内容为将隧洞加长,减少明挖,采用超前长管棚及钢支撑等进行隧洞开挖支护。

本隧洞工程开挖断面大,出口范围内工程地质较差,采取三台四部开挖法,采用超前长管棚、小导管、钢支撑、喷混凝土等多种支护措施,边开挖边支护,作业循环工序多,大大加快了隧洞开挖进度,同时保证了施工安全,节约了施工成本,具有明显的经济效益和社会效益。

11.2 温州市西向排洪工程梅屿隧洞2号隧洞工程

温州市西向排洪工程梅屿隧洞工程2号隧洞位于鹿城区双屿镇上岙村南侧山坡,平原区高程为5.5~7.5 m,山坡20°~30°,35 m高程以上较陡,植被发育,覆盖层较厚,为2~10 m,山坡与平地之间为民房。地层岩性主要为流纹质熔结凝灰岩。出口位置未见区域性断裂通过,也未发现较大的断层,但在弱风化以上岩体破碎,节理发育,对边坡稳定有明显的影响。排洪洞出口覆盖层较厚,岩体风化、破碎,微风化、新鲜岩体埋深较大。2号隧洞全长964 m,断面形式为平底马蹄形,净宽15.0 m,净高11.5 m,底高程为-1.5 m。因金温铁路线路从隧洞出口部位通过,隧洞出口进行了重大设计变更,变更主要内容为将隧洞加长,减少明挖,采用超前长管棚及钢支撑等进行隧洞开挖支护。

本隧洞工程开挖断面大,出口范围内工程地质较差,采取三台四部开挖法,采用超前长管棚、小导管、钢支撑、喷混凝土等多种支护措施,边开挖边支护,作业循环工序多,大大加快了隧洞开挖进度,同时保证了施工安全,节约了施工成本,具有明显的经济效益和社会效益。

11.3 永嘉县三塘隧洞分洪应急工程(永嘉县排涝应急工程)Ⅲ标段下塘溪隧洞工程

永嘉县三塘隧洞分洪应急工程位于永嘉县城上塘镇周边。下塘隧洞全长2 364.691 m,进口桩号"中2+230.632",底高程0.05 m;出口桩号"中4+595.328",底高程-3.0 m,底坡$i=0.129\%$。2号支洞长142.905 m,底坡$i=4.2\%$。其中下塘隧洞桩号中2+230.632 m~中2+270.632 m段隧洞土层强度指标低,土体稳定性较差,遇水易软化、渗透性强。隧洞施工段土层深厚、土质类型多样、复杂。进洞岩体斜向过渡长,洞脸上部汇水面积大,坡度陡。地表及地下水丰富,施工可变因素多;土体临空断面大(约150 m^2),当土质含水量增大时,自稳定性差。采用大断面隧洞进口大管棚施工作业方法,确保了隧洞安全施工,大大加快了隧洞开挖进度,节约了施工成本,具有明显的经济效益和社会效益。

(主要完成人:苏孝敏 黄智文 张尊阳 吴丽燕 李晶晶)

翻板闸门不锈钢止水座板施工工法

浙江省第一水电建设集团股份有限公司

1 前言

不锈钢有弧体型不锈钢、铁素体型不锈钢、奥氏体型不锈钢、双向不锈钢。不锈钢是一种含有铁、碳、镍和铬的合金材料，无磁性，由于其奥氏体结构，具有很强的抗高温氧化能力，因此在许多环境中有很强的抗腐蚀性能，且具有很好的抗金属超应力引起的腐蚀所造成的断裂的性能。所以，在翻板闸门的闸墙侧设置不锈钢板，能减少闸门启闭的摩阻力和增加止水功能。瑞安下埠水闸工程的闸墙两侧也设置了扇形不锈钢板水封座板，该结构设计为浙江省首次运用，施工面积单块达到约70 m^2，最大高度达9.85 m，制作和安装均有一定难度。翻板闸门安装后，在启闭过程中，开启平稳，没有尖锐声响，没有卡阻现象，水密性好，达到了预期目标，为此我们总结了本施工工法。

2 工法特点

(1)闸门启闭过程中密封性好，平整度高。

(2)具有很强的抗腐蚀性能，不易磨损，止水效果好，有很好的抗金属超应力引起的腐蚀所造成的断裂的能力。

3 适用范围

本施工工法适用于闸门形式为卧倒翻板门的闸门。

4 工艺原理

闸门形式为卧倒翻板门，闸门启闭过程中为保持两侧水封的水密性，减少摩阻和增加止水功能，在闸墙两侧设置了扇形不锈钢板水封座板。这种结构设计和空间布置方式为浙江省首次运用，设计采用的316 L不锈钢板，厚6 mm，型号为00Cr17Ni14Mo2，为奥氏不锈钢板的一种，特点为：316钢种的低C系列，除与316钢有相同特性外，还具有抗晶界腐蚀性状的性能，非磁性，规格为1 500 mm宽×6 mm厚的卷板，经计算切割成规格板。不锈钢板位于翻板闸门两侧，起减少摩阻和增加止水功能(如图1所示)。设计要求：不锈钢板护面要光滑垂直，铅垂度≤1/1 000，平整度≤2 mm/m，粗糙度≤12.5。

钢骨架由主梁和椽梁组成，主梁采用【12槽钢，椽梁采用【10槽钢。主梁【12槽钢通长，每块板4条，约隔500 mm间距布置。主梁间用【10槽钢以间隔500 mm距离焊接成骨架(即【10横档)，两个宽侧边用【12槽钢焊接。为确保钢骨架的平整度，并防止钢骨架的焊接变形，采取20#乙工字钢焊成2个工作平台，上铺30 mm厚钢板，每块规格为4 000 mm×2 210 mm，一个焊骨架，一个焊不锈钢板。钢骨架放在工作平台上先点焊，再上模压梁。旋转调校螺丝，使螺丝紧紧顶住钢骨架，然后满焊钢骨架，待所有焊接点充分冷却后方可卸模压梁。模压梁卸毕，检查钢骨架的平整度，如发现局部扭翘，用大锤调平。待一层不锈钢板制作完成，应尽快安装，防止久放变形。

在安装跨间搭建满堂脚手架，用人工运不锈钢板到安装处，立钢板，使钢板的外侧面紧挨墨线，底层一排4块都放置后，调整平直度和垂直度，用Φ28钢筋固定，完毕后再安装上一层不锈钢板，调整后把所有定型不锈钢板背后的槽钢骨架点焊固定，再在上层背面用【8斜撑槽钢固定。在地

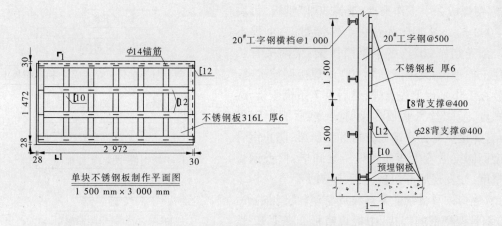

图1　单块不锈钢板制作图

上紧挨不锈钢板板面安装一条通长的20#乙工字钢,工字钢与底板混凝土中的预埋铁件焊接固定。调整不锈钢板,与工字钢点焊。

为确保不锈钢板的安装质量,防止因加固支撑或受变形压力过大等原因而造成板材变形,决定每次安装2层即3.0 m高,下闸首和泄水闸分3次安装,上闸首分2次安装。

水闸金属结构布置见图2。

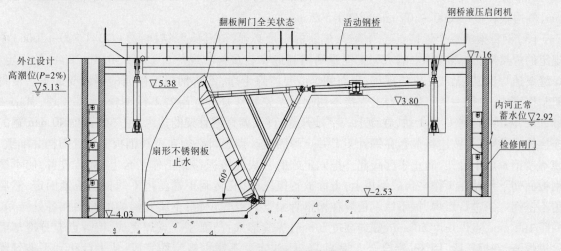

图2　水闸金属结构布置图

5　施工工艺流程及操作要点

5.1　工艺流程

施工工艺流程见图3。

5.2　操作要点

5.2.1　不锈钢下料

为减少浪费,要按板材的规格下料,板宽1 500 mm,按每块3 000 mm下料。

5.2.2　型钢骨架制作

为减少焊接变形,必须在每块板材加焊钢骨架,增加每块规格板的钢度。钢骨架由主梁和橡梁组成,主梁采用[12槽钢,橡梁采用[10槽钢。主梁[12槽钢通长,为3 002 mm长,每块板4条,约隔500 mm间距布置。主梁间用[10槽钢以间隔500 mm距离焊接成骨架(即[10横档),两个宽侧边用[12槽钢焊接。为确保钢骨架的平整度,并防止钢骨架的焊接变形,采取如下措施:用

20#乙工字钢焊成 2 个工作平台,上铺 30 厚钢板,每块规格为 4 000 mm×2 210 mm,一个焊骨架,一个焊不锈钢板。预先制作 20#乙工字钢模压梁,梁两头有长头可钩住工作平台,梁中间间隔 500 m 焊接调校螺丝。钢骨架放在工作平台上先点焊,然后上 7 条模压梁,旋转调校螺丝,使螺丝紧紧顶住钢骨架,然后满焊钢骨架,待所有焊接点充分冷却后方可卸模压梁,防止钢骨架未定型而卸梁后发生扭曲。模压梁卸毕,检查钢骨架的平整度,如发现局部扭翘,用大锤调平。

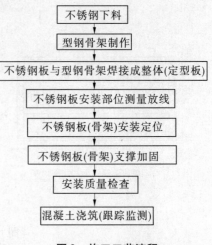

图 3 施工工艺流程

5.2.3 不锈钢板与型钢骨架焊接成整体(定型板)

(1)钢骨架槽钢的焊接:中板规格板 2 条【12 长度为 3 002 mm,另 2 条【12 长度为 2 762 mm,宽边【12 长度为 1 262 mm,顶部和一个宽边的连接档槽钢实面向着不锈钢焊接面,其余的包括【10 橡梁的脚口面与不锈钢板焊接,使槽钢形成方管,增强其钢度,减少变形。

(2)边板:底中板长度不变,宽度(1 500 +30)mm,底边板长度(3 000 -28)mm,宽度(1 500 + 30)mm。顶中板长度不变,完成(1 500 -28)mm,顶边板长度(3 000 -28)mm,宽度(1 500 -28)mm,侧边板长度(3 000 -30)mm,宽度 1 502 mm。

(3)钢骨架的每个焊接点必须满焊,焊缝的质量必须符合《碳素结构钢》(GB/T 700—2006)中规定的焊接质量标准和《水电水利工程钢闸门制造安装及验收规范》(DL/T 5018—2004)的规定。焊缝要透焊饱满,无气孔夹渣现场;表面的焊渣要清除干净,不锈钢板连接面的焊缝要磨平。钢骨架制作完成,在另一块工作平台上焊接不锈钢板。先制作好最底层的不锈钢骨架,共 4 块,其中 A 号 2 块,Aa 号 1 块,C 号 1 块,在地上一字排开,拉直线调直钢骨架的边缘,用墨线弹出 30 mm 宽的连接线,不锈钢板按连接线盖在钢骨架上并点焊固定。点焊时必须在不锈钢板上放置横档并堆重,使不锈钢紧贴钢骨架,防止中部隆起。把固定好的一块规格板移到工作平台上,翻转放置,使不锈钢板面朝下平贴在工作平台的钢板上,上面放置模压梁,旋转调正螺丝把不锈钢板压紧固定,然后用不锈钢焊条进行点焊,把不锈钢板焊在槽钢骨架上。点焊位置:主梁和橡梁的两侧和各处转角,间距 100 mm,点焊长度 50 mm,焊缝高度 6 mm,焊缝形式:凸弧型。点焊完成,待焊点充分冷却后除去焊渣,卸掉压梁,用 3m 铝合金方管调正。一块定型不锈钢板制作完成,从平台移到平整且硬实的混凝土地面上平整摆放,不允许重叠堆放。待一层不锈钢板制作完成,应尽快安装,防止久放变形。

(4)不锈钢板制作后经调整,还应检查所有的焊缝焊点,如发现开裂,必须重新压紧补焊。不锈钢板热导性能差,与骨架的焊接不能整块满焊,否则产生严重变形后就无法调整而作废。

5.2.4 不锈钢板安装部位测量放线及不锈钢板(骨架)安装定位

不锈钢板的安装是难点,因其垂直度、大面平整度要求高,且不锈钢板安装时受支撑固定、锚筋焊接、混凝土浇筑影响,增加了安装难度。每次安装 2 层即 3.0 m 高,下闸首和泄水闸分 3 次安装,上闸首分 2 次安装。

施工方法:清理基底测定安装跨的中轴线和 4 个方向的边线并用墨线弹出。用卷尺测量左右边线到中线的距离与净跨尺寸,丈量对角线的长度,经检查均符合设计要求及规范规定,才能进行安装,如果对角线和中轴线到边线的距离有误差,必须重新测量,直到符合要求。在安装跨间搭建满堂脚手架,立杆纵向间距 0.5 m,横向间距 1.0 m。纵向、横杆间距 1.0 m×1.0 m,横向横杆间距 0.5 m×0.5 m,斜撑上下 2 档,间距 2.0 m,剪刀撑上下 2 档,间距 3.0 m,中轴线两侧各 2 排。用人工运不锈钢板到安装处,立钢板,使钢板的外侧面紧挨墨线,底层一排4块都放置后,用水准仪测每块的高程,边测边调,使四块不锈钢板的顶面高程一致,调整平直度和垂直度,用Φ28钢筋固定,完毕后再安装上一层不锈钢板,调整后把所有定型不锈钢板背后的槽钢骨架点焊固定,再在上层背面用【8斜撑槽钢固定。在地上紧挨不锈钢板板面安装一条通长的20#乙工字钢,工字钢与底板混凝土中的预埋铁件焊接固定。预埋铁件规格:250 mm×200 mm×10 mm,预埋铁件中心间距500 mm,工字钢与每块预埋铁板焊接。在工字钢的中间和两端紧挨板面各立一条2.75 m高的20#乙工字钢,对该3条工字钢的垂直度、直线度进行调整,并与相对的另一侧进行上口净空尺寸的控制,直到完全符合要求,然后用20#乙工字钢外斜撑固定,在3条工字钢顶部拉直线,并在该3条固定工字钢,按间隔500 mm加竖20#乙工字钢,调整加竖工字钢,使之与固定的工字钢在同一平面。最后调整不锈钢板,与工字钢点焊。

5.2.5 不锈钢板(骨架)支撑加固

不锈钢板安装完毕,经验收,符合要求后对不锈钢板进行支撑加固。首先在两层钢板接缝处焊接一条水平横向20#乙工字钢,竖立工字钢顶部也用一条20#乙工字钢横向焊接,该2条工字钢位于竖直工字钢的外侧,使横竖工字钢联成一个骨架,再用水平撑杆与横竖工字钢顶撑结实,水平撑杆的顶撑密度为垂直间距0.5 m,水平间距0.5 m,长度为4.5 m以上,每根立杆用扣件固定结实。

5.2.6 混凝土浇筑(跟踪监测)

监测要点:

(1)需要混凝土施工密切配合,控制混凝土上升速度,控制混凝土塌落度。

(2)混凝土浇筑过程中,不锈钢板外侧派人喷水降温,以免水泥水化热过高引起变形,浇筑后继续浇水。

(3)墙体两侧挂线垂监测,专人负责。

(4)监测加固装置是否变形、移位。

6 材料与设备

6.1 材料

(1)钢骨架由主梁和橡梁组成,主梁采用【12槽钢,橡梁采用【10槽钢。主梁【12槽钢通长,为3 002 mm长,每块板4条,约隔500 mm间距布置。主梁间用【10槽钢以间隔500 mm距离焊接成骨架(即【10横档),两个宽侧边用【12槽钢焊接。为确保钢骨架的平整度,并防止钢骨架的焊接变形,用20#乙工字钢焊成2个工作平台,上铺30 mm厚钢板,每块规格为4 000 mm×2 210 mm,一个焊骨架,一个焊不锈钢板。

(2)跨间搭建满堂脚手架,立杆纵向间距0.5 m,横向间距1.0 m。纵向、横杆间距1.0 m×1.0 m,横向横杆间距0.5 m×0.5 m,斜撑上下2档,间距2.0 m,剪刀撑上下2档,间距3.0 m,中轴线两侧各2排。

(3)不锈钢板采用316L不锈钢板(奥氏不锈钢板),厚6 mm,型号00Cr17Ni14Mo2。

6.2 机具设备

(1)不锈钢焊接焊条为308型,钢骨架焊接用焊条为E4303型;等离子切割机、电焊机、墨斗(弹线器)。

(2)检测工具:全站仪,3 m铝合金管,塞尺,靠尺,钢卷尺,线垂。

7 质量控制

不锈钢板施工的质量控制分定型板制作时的质量控制、安装过程中的质量控制和安装完成后的质量控制和轴线控制4个阶段。

7.1 定型板制作时的质量控制

(1)钢骨架制作和不锈钢与钢骨架焊接的质量控制。钢骨架制作时外框尺寸必须准确,先按规格板的要求在工作平台上放出各主架梁和橡梁的边样,点焊后让橡梁与主梁焊接,点焊完毕。为确保不锈钢板(1 500 mm × 3 000 mm 为标准板)的制作平整度,在制作时,加工两个工作平台(4 m×2.2 m),用20#工字钢焊接,上铺 30 mm 钢板,平整度为 1 mm。

(2)焊接不锈钢板和型钢骨架时,用 4 根模压梁(20#工字钢制成,可用螺丝调节高度)压住型钢骨架焊接,必须待焊缝充分冷却后方可卸除模压梁。不锈钢定型板制作完成,用 3 m 铝合金方管检查其平整度,如有不符合的地方要及时调正,安装前要检查所有的焊缝,发现开裂的要及时补焊。

(3)焊接。不锈钢焊接焊条为 308 型,钢骨架焊接用焊条为 E4303 型;制作型钢骨架时为满焊,不锈钢板焊接时为点焊,长度 50 mm,间距 100 mm。焊接质量必须符合规定,不锈钢板切割必须使用等离子切割机,严禁用气割,以防变形。

(4)定型板摆放。放在平整且硬实的混凝土地面上,不允许重叠堆放,严禁堆放重物和行人踩踏,并用土工布覆盖,防止阳光照射,致使不锈钢板变形。

7.2 不锈钢板安装过程中的质量控制

(1)测量放线,轴线定位:因全站仪的定位测量受大气压强、温度、人工架设误差等影响,多次定位必定存在一定的差别,为了确保不锈钢板安装的精度和相对尺寸准确,符合设计要求,采取一次定位测量,在闸底板上设置多个永久性标记(轴线控制点)。各道工序均按此标记控制或校核。严格按测定的轴线安装,每安装一次必须检查上口的轴线偏差。

(2)为确保不锈钢板的铅直度(1/1 000),固定不锈钢板(定型板)的工字钢,需选用20#,且必须顺直,有足够刚度的正品钢材。

(3)为保证不锈钢板安装后的整体刚度,每次安装高度为 3 m(两层),相应混凝土浇筑高度也不超过 3 m。

(4)两侧闸墙对称安装固定,每一安装段完成,重新测量垂直度、平整度、净空尺寸、轴线偏差、相邻板高差。

(5)固定和支撑是关键,搭设满堂承重脚手架,采用工字钢加密支撑,各搭接处焊接牢固,使不锈钢板和支撑系统连成牢固的整体。

7.3 安装完成后的质量控制

不锈钢板安装完成后还要保护好,以免受外力的影响而变形。

(1)严禁混凝土模板安装时的拉条与不锈钢板的钢骨架焊接,混凝土模板必须进行背后支撑。

(2)混凝土模板加固时要小心,避免加固钢管时与钢板接触而受力不均产生变形。

(3)钢筋绑扎后保护层垫块不得与钢骨架靠得太紧。拉结筋不得太长,不锈钢板背面的混凝土模板不能加固得太紧。

(4)经验收合格后,混凝土浇筑时必须派人值班,注意振动棒不能紧靠钢骨架或不锈钢板振捣。发现支撑架松动要及时加固。混凝土浇捣时必须派专人负责,对不锈钢板面进行不间断淋水,一来可冲洗掉表面水泥砂浆的污染,二来对不锈钢板进行降温,防止因混凝土水化升温而变形。

7.4 轴线控制

为了确保不锈钢板安装的精度,其轴线位置的控制非常重要。因全站仪的定位测量受大气压强、温度、前后视、人工架设误差、仪器精度等影响,每次定位必定存在一定的差别,为保证不锈钢板安装符合设计要求,采取如下控制措施:清理下闸首和泄水闸地面杂物,冲洗地面并晒干,使地面干净干燥,无尘、不潮湿。下闸首和 2 孔泄水闸同时放样,与已完成部位的轴线进行复核,如允许范围内的误差,3 孔同时调整,放出每孔的中轴线,高处定 2 个点,低处定 2 个点,并做永久性的标记,测出上游段终点和后浇段边线的位置及下游段控制点的位置,并延长到下游消力坎的中轴线,在消力坎顶上设中轴线点,每条中轴线共设 5 个控制点并做永久性标记,再以每条中轴线的 5 个控制点打 90°角测出边线控制点,也做永久性标记,经复核无误后,把中轴线和上下游控制线用墨线弹出。闸墩各工序施工、防撞钢板施工、不锈钢板施工、预埋件安装均由这些控制点和控制线来控制,不再用全站仪。施工到上部时,把底板上的控制线引到直墙上,并做好明显的标记。上部轴线控制,可用全站仪或经纬仪把底板上的中轴线和上下游控制线引测到上部脚手架上,进行定位校核。

注意:钢板、不锈钢板、钢筋、模板等施工前都要进行定位测量,完毕后还要进行轴线复核,否则不得进行混凝土浇筑。

8 安全措施

(1)施工中严格遵守《水利水电工程土建施工安全技术规程》(SL 399—2007),机械的操作必须符合《建筑机械使用安全技术规程》(JGJ 33—2001)。

(2)进行高空施工作业时,必须遵守国家现行标准《建筑施工高处作业安全技术规范》(JGJ 80—91)的规定。

(3)现场设置的各种安全防护设施、安全警示标志不得擅自拆除、移动。如有变化,须经工地负责人和安全部门同意,并采取相应措施。

(4)施工人员进入现场,必须戴好安全帽和其他必要防护用品,严禁赤脚、穿拖鞋、高跟鞋进入工地。

(5)混凝土浇筑前,项目安全员和技术员对所有支撑体系、临时用电等进行安全检查及整改,直至消灭安全隐患后才能进行混凝土浇筑。

(6)运输车辆倒退时,车辆应鸣后退警报,并有专人指挥和查看车后。

(7)所有施工机械、电力、燃料、动力等的操作部位,严禁吸烟和任何明火。

(8)施工机电设备应有专人负责保养、维修和看管,确保安全生产。施工现场的电线、电缆应尽量放置在无车辆、人畜通行部位。开关箱应带有漏电保护装置。

(9)混凝土振捣手在施工过程中应穿防滑胶鞋,戴上绝缘手套。

(10)夜间施工时,应有足够的照明,并防止眩光。

(11)施工过程中,必须按规定使用各种机械,严防伤及自己和他人。焊接切割等明火作业必须在安全地点进行,或在监控下作业。

(12)焊工持证上岗,且上岗前期试焊焊件必须经检验合格。

(13)专业电工持证上岗。电工有权拒绝执行违反电气安全的行为,严禁违章指挥和违章作业。

9 环保与资源节约

(1)加强对作业人员的环保意识教育,钢材运输、装卸、加工防止不必要的噪声产生,最大限度地减少施工噪声污染。

(2)施工作业产生的灰尘,除在现场的作业人员配备必要的专用劳保用品外,还应随时进行洒水,以使灰尘公害减至最小程度。

(3)废旧模板、钢筋头、多余混凝土应及时收集清理,保持工完场清。

(4)施工废水应及时收集处理,未经处理,不得排入农田、耕地、饮用水源和灌溉渠道、养殖场。

(5)建立健全工地保洁制度,设置清扫、洒水设备和各种防护设施,防止和减少工地内尘土飞扬,严禁向河道倾倒垃圾和排放污水。

(6)合理调节作息时间,尽量减少夜间施工时间,不影响现场周围居民的正常休息。

10 效益分析

通过不锈钢板的施工情况可以看出,根据不锈钢板的特性,制定合理的施工方法和施工工艺,从制作、加工、安装、混凝土浇筑成型,全过程实施质量监控,大面积不锈钢板的平整度、垂直度等各项质量指标控制情况良好,为大面积不锈钢止水墙制作、安装施工填补了空白。经过检测,各项指标都达到要求,满足设计标准,符合规范要求。翻板闸门安装后,在启闭过程中,开启平稳,没有尖锐声响,没有卡阻现象,达到了预期目标。闸墙设置不锈钢板,平整度质量较混凝土面好,止水效果显著;闸门与不锈钢板面的摩阻力较小,延长了橡胶止水带的使用寿命,减少了闸门的检修运行成本50%以上。

工程建成运行后,将对保护温瑞塘河流域人民的生命财产、改善水环境、促进当地社会的发展和经济建设起到重要作用。

11 应用实例

11.1 瑞安市下埠水闸泄洪闸工程

瑞安市下埠水闸泄洪闸工程位于浙江省瑞安市东山街道下埠村,工程设2孔泄水闸,单孔净宽均为9.0m;闸门采用液压翻板形式,闸上交通桥采用液压活动钢桥形式。由于该工程集排涝、通航、城市交通于一体,所以设计单位在结构配置上进行了精心的设计,闸门形式为卧倒翻板门,交通桥为活动钢桥,这样的布置结构紧凑、精巧,运行灵活。闸门启闭过程中为保持两侧水封的水密性,减少摩阻和增加止水功能,在闸墙两侧设置了扇形不锈钢板水封座板,这种结构设计和空间布置方式为浙江省首次运用,属于创新项目。不锈钢板面单块面积约70 m²,共2孔4个墙面,最大高度达9.85 m,本工程设计采用的316L不锈钢板,厚6 mm,型号00Cr17Ni14Mo2,为奥氏不锈钢板的一种,具有很强的抗高温氧化能力,在海水环境中有很强的抗腐蚀性能,且有很好的抗金属超应力引起的腐蚀所造成的断裂的性能。

闸墙设置不锈钢板,平整度质量较混凝土面好,止水效果显著;闸门与不锈钢板面的摩阻力较小,延长了橡胶止水带的使用寿命,减少了闸门的检修运行成本。根据不锈钢板的特性,制定合理的施工方法和施工工艺,从制作、加工、安装、混凝土浇筑成型,全过程实施质量监控,大面积不锈钢板的平整度、垂直度等各项质量指标控制情况良好,为大面积不锈钢止水墙制作、安装施工填补了空白;经过检测,各项指标都达到要求,满足设计标准,符合规范要求。翻板闸门安装后,在启闭过程中,开启平稳,没有尖锐声响,没有卡阻现象,达到了预期目标。工程建成运行后,将对保护温瑞塘河流域人民的生命财产、改善水环境、促进当地社会的发展和经济建设起到重要作用。

11.2 瑞安市下埠水闸工程船闸工程

瑞安市下埠水闸船闸工程位于浙江省瑞安市东山街道下埠村,船闸工程设1孔船闸,分上闸首、下闸首,单孔净宽均为9.0 m;闸门采用液压翻板形式,闸上交通桥采用液压活动钢桥形式。由于该工程集排涝、通航、城市交通于一体,所以设计单位在结构配置上进行了精心的设计,闸门形式为卧倒翻板门,交通桥为活动钢桥,这样的布置结构紧凑、精巧,运行灵活。闸门启闭过程中为保持两侧水封的水密性,减少摩阻和增加止水功能,在闸墙两侧设置了扇形不锈钢板水封座板,这种结构设计和空间布置方式为浙江省首次运用,属于创新项目。不锈钢板面单块面积约70 m²,共2孔4个墙面,最大高度达9.85 m,本工程设计采用的316L不锈钢板,厚6 mm,型号00Cr17Ni14Mo2,为奥氏不锈钢板的一种,具有很强的抗高温氧化能力,在海水环境中有很强的抗腐蚀性能,且有很好的抗金属超应力引起的腐蚀所造成的断裂的性能。

闸墙设置不锈钢板,平整度质量较混凝土面好,止水效果显著;闸门与不锈钢板面的摩阻力较小,延长了橡胶止水带的使用寿命,减少了闸门的检修运行成本。根据不锈钢板的特性,制定合理的施工方法和施工工艺,从制作、加工、安装、混凝土浇筑成型,全过程实施质量监控,大面积不锈钢板的平整度、垂直度等各项质量指标控制情况良好,为大面积不锈钢止水墙制作、安装施工填补了空白;经过检测,各项指标都达到要求,满足设计标准,符合规范要求。翻板闸门安装后,在启闭过程中,开启平稳,没有尖锐声响,没有卡阻现象,达到了预期目标。

（主要完成人:徐坚伟　蔡金海　王　静　朱丽燕　王江梅）

全风化粉砂质泥岩富水洞段隧洞施工工法

浙江省第一水电建设集团股份有限公司

1 前言

随着近年来水利建设的蓬勃发展,水利工程中水电站、引水等工程大量出现,设计人员在工程中逐渐减少开挖明渠、少占用耕地,已有越来越多的工程采用隧洞引水设计,隧洞开挖作业也逐年增多,但隧洞开挖施工属地下作业,有其施工特殊性,大量问题也随之出现。针对地质条件复杂的洞段,必须切实制定出好的施工工艺。施工工艺的好坏与隧洞施工成本、进度等息息相关,施工工法必须与地质条件、水文条件相适应。但往往由于在隧洞开挖施工中施工方法选择不当,不仅掘进开挖、出渣困难,且易造成隧洞塌方、超挖严重,严重制约洞挖掘进速度。本施工方法针对全风化粉砂质泥岩富水洞段隧洞施工特点选用了一种操作简易、切实可行的施工方法,来保证隧洞掘进的正常作业,为此,总结隧洞工程全风化粉砂质泥岩洞段的施工经验编制了本工法。

2 工法特点

(1)投入成本低,操作简易、选用设备常用、少水、富水洞段皆适用。

(2)取消了隧洞由耙渣机装渣、电瓶机车或内燃机车等设备组成的有轨运输出渣方式,缩短了工期,免去了大量洞挖专用设备的投入,减少了机械费、材料费,提高了运输效率,降低了施工成本。

(3)避免了地下水丰富洞段开挖后遇水发生以下变化:①洞渣软化、泥化即成稀淤泥状,耙渣机装渣困难;②隧洞底部泡水变形而使隧洞轨道发生移位变形、无法运输等问题。

(4)有效避免了装渣、运输等机电设备地下水浸泡或淹没,以及可能造成的漏电不安全行为等问题。

(5)减少开挖对围岩的扰动,减少了隧洞塌方事件发生的概率,也较好地控制了隧洞超、欠挖值,保证了隧洞开挖质量。

3 适用范围

本施工工法适用于隧洞衬砌净空宽度和高度不小于3.0 m×4.0 m的小型及以上断面、地下水丰富、全风化至强风化状态的各类围岩的隧洞工程。

4 工艺原理

隧洞开挖的基本原则是在保证围岩稳定或减少对围岩的扰动的前提条件下,选择恰当的开挖方法和掘进方式,并尽量提高掘进速度。即在选择开挖方法和掘进方法时,一方面要考虑隧洞围岩地质条件及其变化情况;另一方面要考虑洞室影响范围内的岩体风化、坚硬程度,选择能快速掘进,并能减少对围岩扰动的方法和方式。

该类围岩的特点是:围岩类别为Ⅳ～Ⅴ类、全风化状态的粉砂质泥岩,位于地下水位线之下,地下水特别丰富,全断面渗水,洞室自稳能力差;尤其隧洞开挖后渣土遇水即呈稀淤泥状,常用的洞挖抓斗式或挖斗式耙渣机均不能有效装渣;另外,洞室底部遇水即软化、泥化,有轨运输轨道易变形、脱轨甚至翻车事件,运输条件极差。

为此,选取以下施工工法:采取半断面微台阶、环形开挖预留核心土法开挖,超前小导管注浆预加固、钢支撑锚喷混凝土的复合型强支护措施,简单实用、切实可行运输出渣。即将洞室沿隧洞高度每 2~3 m 之间自上而下分成两个台阶开挖,每个台阶超前 3~5 m,以减少隧洞临空面高度,并采取少药量爆破,超前管棚及钢支撑喷混凝土的复合型强支护措施,选用了简单实用且切实可行的适合于地下水丰富洞段隧洞开挖、运输出渣方式,具体如下。

4.1 上台阶施工

首先在上部台阶弱爆开挖一个小导洞(进尺不大于 0.5~1.0 m,爆破最外层钻孔离设计开挖轮廓线约 1.4 m,也即围岩爆破松动影响圈外约 35 倍的炮孔直径);其次采用小型挖掘机开挖,人工风镐依开挖轮廓线修整,并预留核心土体,并初喷混凝土封闭拱顶岩面;然后对上台阶进行出渣:采用小型挖掘机后退翻渣至下台阶处,挖掘机退出至洞口或避车洞处,装载机装渣、运输至洞口或避车洞处装车,自卸汽车运至指定的弃渣场弃置;再安装钢支撑,挂钢筋网,打设上台阶锁脚锚杆、系统锚杆、排水孔及其灌浆锚固;最后复喷混凝土至设计厚度。

4.2 下台阶施工

首先对下部台阶弱爆破(进尺不大于 1.0~3.0 m,爆钻最外层孔离设计轮廓线约 1.0 m);其次采用小型挖掘机开挖,人工风镐依开挖轮廓线修整,预留核心土体,并初喷混凝土封闭边墙岩面;然后进行装载机装渣、运输至洞口或避车洞处装车,自卸汽车运至指定的弃渣场弃置;再安装边墙钢支撑,挂钢筋网,打设锁脚锚杆、系统锚杆及其灌浆锚固;最后复喷混凝土至设计厚度。

4.3 超前管棚施工

根据隧洞地质情况,采取超前锚杆或超前小导管注浆预固结等管棚方法,对洞室顶部 120° 甚至边墙一定范围内进行超前预加固,管棚的角度一般为 5°~12°,特别复杂洞段需进一步增加洞室加固的范围,为此局部地段增加了一排角度为 17.6° 的管棚。

4.4 短进尺,勤观测

每个台阶循环进尺间距 1.0 m 甚至 0.5 m,切忌盲目冒进,稳步推进,尤其是软弱围岩的施工,须加强监控量测,并及时反馈信息,以利指导施工。

本工法采用目前建筑市场最常用的挖掘机、装载机取代以往小型断面隧洞出渣系统所需的耙渣机、电瓶机车或内燃机车、梭式矿车、液压翻车机、装载机、大量抽水系统、大量轨道及其复杂的运输维护加固支撑体系所需的垫木、枕梁等施工材料。减少了设备、周转材料的投入,借鉴了大型隧洞施工设备在小型断面隧洞的开挖施工的灵活运用,并采取措施减少了对洞室围岩的扰动,保证了设计开挖控制线,较好地控制了隧洞超、欠挖值,并减少了隧洞装渣、运输的环节,也较好地解决了地下水丰富洞段隧洞开挖后即成稀淤泥状、极难装渣、运输出渣的问题;节约了施工成本,降低了隧洞坍塌的概率,且相对机械设备常用、通用性强,相对操作方便、简单。

全风化粉砂质泥岩富水洞段隧洞开挖分序、超前管棚、初期支护如图 1 所示,隧洞出渣配备的主要设备如图 2 所示。

5 施工工艺流程及操作要点

5.1 施工工艺流程

全风化粉砂质泥岩富水洞段的隧洞开挖施工工艺流程为:

测量放样→超前管棚钻孔、灌浆→上台阶导洞钻孔、装药、设备撤离、起爆、通风排烟、安全检查→挖掘机开挖、人工风镐修整→初喷混凝土→挖掘机翻渣、装载机装渣、自卸汽车出渣→安装钢支撑、打锚杆及排水孔、挂钢筋网、复喷混凝土→下台阶钻孔、装药、设备撤离、起爆、通风排烟、安全检查→挖掘机开挖、人工风镐修整→初喷混凝土→装载机装渣、自卸汽车出渣→安装钢支撑、打锚杆及灌浆锚固、挂钢筋网、复喷混凝土→延长运输线和风水电管线。

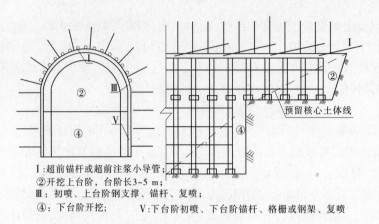

I：超前锚杆或超前注浆小导管；
②开挖上台阶，台阶长3~5 m；
III：初喷、上台阶钢支撑、锚杆、复喷；
④：下台阶开挖；
V：下台阶初喷、下台阶锚杆、格栅或钢架、复喷

图1 隧洞开挖分序

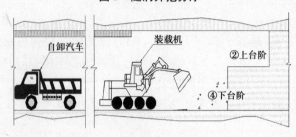

图2 隧洞出渣设备配置

5.2 操作要点

5.2.1 隧洞轴线、标高测放

根据提供的控制点、水准点，设立临时施工控制点及辅助施工基线，应设置在不受干扰、牢固可靠且通视好、便于施工控制的地方。根据设计施工图纸的断面尺寸，隧洞两侧设立控制腰线及隧洞轴线上部安装红外线激光指向仪，以方便控制标高和轴线位置。在红外线激光指向仪的前方设置不少于两个控制点，以在每排炮爆破后检查，或随时检查红外线激光指向仪是否发生偏移。

5.2.2 超前管棚施工

根据设计图纸采用超前锚杆或超前预注浆小导管作为掌子面前方土体稳定的人工构造物，根据施工现场的地质条件、施工设备选取。本工法具体以超前小导管预注浆为例说明，其技术参数为超前管棚一般纵向间距为300~500 cm，相邻纵向搭接不少于100 cm；环向间距30 cm，辐射角度为5°，导管采用直径32~50 mm、壁厚3~5 mm的无缝钢管制作而成，每根导管长度5.0~6.0 m；地质条件特别复杂的洞段，环向间距可加密至20 cm，或新增一排间距40 cm、辐射角度为17.6°的锚杆，进一步加大预加固的范围。其施工要点如下：

（1）钻孔采用天水 YT-28 型气腿式风动凿岩机钻孔并安设注浆小导管。导管前端加工成锥形，尾部焊接加劲箍，钢管围壁采用摇臂钻机钻φ8 mm 压浆孔，间距 100×100 mm、梅花形布置，并在封闭端部 1.0 m 范围内不钻孔，以保证封堵效果。

（2）封孔时采用快硬水泥或锚固剂封堵，或灌浆时孔口附近冒浆时采用棉絮封堵，局部较破碎时灌浆前应喷射混凝土封闭开挖轮廓面和掌子面。

（3）宜采用循环式注浆，灌浆采用纯水泥浆液。其浆液的水灰比为0.5:1~1:1；开灌时自1:1开始，逐渐加至0.5:1，采用强度等级 P·O 42.5 级普通硅酸盐水泥为原料，分Ⅱ序孔灌浆。灌浆前进行洗孔、裂隙冲洗及压水试验。灌浆压力以现场试验确定并以不抬动围岩为原则尽量较大，设计确定的压力对超前小导管注浆来说一般为0.2~0.6 MPa。当灌浆压力保持不变，注入率持续减少时或注入率不变而压力持续升高时，不得改变水灰比；当某级浆液注入量已达到300 L以上或

灌浆时间已达 30 min 而灌浆压力和注入率均无变或改变不显著时,应改浓一级。灌浆结束条件是在设计最大压力下,在注入率不大于 1 L/min 后,继续灌注 30 min,可结束。

纯水泥浆由稠变稀时加水量:$G_w = V_浓/(X_浓 + 0.33) \times (X_稀 - X_浓)$

纯水泥浆由稀变稠时加灰量:$G_c = V_稀/(X_稀 + 0.33) \times (X_稀 - X_稠)/X_稠$

式中:G_w 为纯水泥浆由稠变稀时加水量,L;G_c 为纯水泥浆由稀变稠时加灰(水泥)量,kg;$V_浓$ 为纯水泥浆由稠变稀前的体积,L;$V_稀$ 为纯水泥浆由稀变稠前的体积,L;$X_浓$、$X_稀$ 为纯水泥浆加水变稀前后的水灰比;$X_稠$ 为纯水泥浆加灰(水泥)变浓后的水灰比。

(4)灌浆结束后,必须检查灌浆效果,如未达到要求,补孔灌浆。

(5)超前管棚须全部焊接于工字钢支撑上。

5.2.3 上台阶施工

5.2.3.1 导洞爆破开挖

(1)采用人工风动湿式风钻钻孔,风钻为 YT-28 型气腿式凿岩机,洞顶处较高部位钻孔均利用后方锁脚锚杆搭设简易工作平台解决。

(2)根据围岩稳定情况选用弱爆施工,采用乳化炸药,周边眼采用 $\phi25$ 光爆小药卷(或自加工制成小药卷、对半开),采用起爆针瞬时高压电流簇联非电毫秒导爆管起爆。

(3)导洞循环进尺间距根据围岩地质条件确定,循环间距 1.0 m,甚至 0.5 m。

(4)最外层炮孔离设计开挖轮廓线约 1.4 m,即围岩爆破松动影响圈约 35 倍的炮孔直径以外不得受到扰动。

其上部台阶的爆破技术参数见表 1。

表 1　爆破设计参数(上部)

孔序	炮孔位置	孔数(个)	孔径(mm)	最小抵抗线(mm)	孔深(cm)	药卷直径(mm)	装药长度(cm)	药卷总重(kg)
1	掏槽孔	4	40		106	32	60	2.7
2	掏槽孔(拱部)	2	40	65	106	25	40	0.36
3	崩落孔	4	40	65	80	25	40	0.72
合计		10						3.78

(5)通风排烟。

①对单头掘进 500 m 以内的隧洞,可采用一台 YBT62-2 型轴流式通风机($N = 15$ kW)、供风量为 $250 \sim 425$ m³/min,压入式排烟,即可满足洞内人员每分钟最少 3 m³/人新鲜空气的要求。

②自洞外 15 m 处开始布置通风机,且布置在输电线路相对一侧,或相同但必须满足规范要求的安全距离,并距地面 1.0 m 以上。

③风筒悬挂在边墙上由锚筋和铁丝或钢丝组成的悬挂支承装置上,风筒出口距作业面为 $15 \sim 25$ m,并随作业面的不断推进而不断延伸。

5.2.3.2 上台阶挖掘机开挖、人工风镐修整、初喷混凝土封闭拱顶岩面

(1)采用 0.3 m³ 的小型挖掘机开挖,根据测量放样的设计开挖轮廓线,人工风镐修整,并预留核心土体。

(2)开挖应自上而下,不得反坡施工。

(3)根据围岩稳定情况,初喷混凝土或钢纤维混凝土(掺量 3% ~6%),及时封闭开挖爆露的岩土面及软弱掌子面。

5.2.3.3　装载机装渣、自卸汽车出渣

（1）采用 0.3 m³ 小型挖掘机后退、翻渣，将上台阶的渣料翻运至下台阶处、集料，并退回至避车洞或洞口外。

（2）采用 1.5 ~ 2.0 m³ 装载机装渣，运输至洞口或避车洞处装车。

（3）自卸汽车运至指定的弃渣场弃置。

（4）出渣过程中隧洞底部软弱处采用装载机装运毛石或石渣铺设，保护洞室底部不受破坏。

5.2.3.4　安装钢支撑、打锚杆及排水孔、挂网、复喷混凝土施工

（1）钢支撑：钢支撑一般采用 14 ~ 18 工字钢、钢板、螺栓等制作而成，工字钢采用工字钢弯曲机机械弯制，型钢、钢板采取氧割设备裁切，利用电焊机将型钢、钢板焊接、制作而成。由装载机或人工运输至洞内安装现场，根据测量放样的设计安装位置，人工安装，安装间距 0.5 ~ 1.2 m。拱架应垂直于隧洞中轴线，并采用Φ 25 钢筋或槽钢进行纵向焊接联接。另外，钢支撑须与钢筋网、锚杆焊接，以保证钢支撑、钢筋网、喷射混凝土和锚杆与围岩形成联合受力结构。

（2）钢筋网：采用 φ 6.5 ~ 8 @ 150 × 150 mm ~ 200 × 200 mm 的 I 级光圆钢筋，可现场安装、焊接成型，也可加工场预先加工焊接成网片，在现场整体安装。钢筋网固结在锚杆端头上（纵横向钢筋与锚杆焊接牢固），并与钢拱架联接牢固。钢筋网表面保护层厚度不小于 2 cm，不允许将钢筋头外露。钢筋网的铺设应设在第一次喷射混凝土和锚杆施工后进行。

（3）锁脚锚杆、系统锚杆及其灌浆锚固：上台阶锁脚锚杆、系统锚杆采用 YT－28 型气腿式风钻钻孔，锚杆可采用 20 锰硅钢筋或注浆管式锚杆，并采用砂浆锚固，或采用纯水泥浆注浆固结，以对整个洞室进行注浆固结加固。

（4）排水孔：根据全风化粉砂质泥岩的特点和地下水情况，决定尽量采用引排方式，减少水压力对洞室稳定的不利影响。采用 YT－28 型气腿式风钻钻孔，安装高抗压型塑料滤水管（φ 50），排水孔纵环间距 3 000 mm × 3 000 mm，并对渗水量较大处增打排水孔排水，尽量减少水压力对洞室稳定的影响。

（5）复喷混凝土至设计厚度：按设计要求和试验确定的配合比，用压缩空气将掺有速凝剂的混凝土拌和料通过混凝土喷射机高速喷射到开挖成型的隧洞岩面上迅速凝固而起支护使用，并至设计厚度。

5.2.4　下台阶施工

在上台阶往前掘进 3 ~ 5 m 后即对下台阶进行开挖，开挖间距可根据地质水文条件分 1 ~ 3 m 全断面或分两侧半断面不等施工，并按上台阶类似的方法对下台阶进行开挖、初喷、装渣、出渣及初期支护。

其下部台阶的爆破技术参数见表 2。全风化粉砂质泥岩隧洞爆破炮孔布置见图 3，上台阶导洞炮孔纵向布置见图 4。

表 2　爆破设计参数（下台阶）

孔序	炮孔位置	孔数（个）	孔径（mm）	最小抵抗线（mm）	孔深（cm）	药卷直径（mm）	装药长度（cm）	药卷总重（kg）
1	掏槽孔	2	40	50	200	32	140	2.10
2	辅助孔	4	40	50	200	25	100	1.80
3	崩落孔	2	40	70	200	25	100	0.90
合计		8						4.80

5.2.5　延长运输线和风水电管线

（1）每次下部开挖时，铺设 30 ~ 40 cm 厚的石渣，即可防止隧洞底部破坏，并延长了出渣道路，也满足车辆运行要求，施工过程中不时维护洞内运输线。

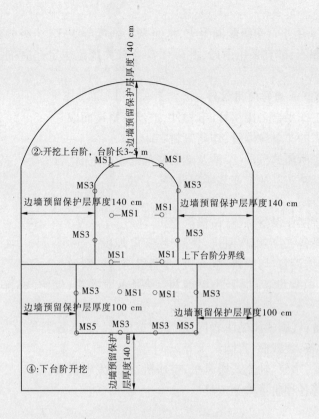

图3　全风化粉砂质泥岩隧洞爆破炮孔布置

（2）随着开挖地不断掘进，不断延长风、水、电等管线。

高压供风采用直径90 mm的无缝钢管焊接而成，并每隔50 m左右设置阀门，以方便接风。

高压供水采用30 mm的高压塑料管接长而成。

导线：动力线路采用3×120＋2×70电缆"三相五线"制架设输电线路，照明线路采用单相双线制架设，并设置漏电保护装置。

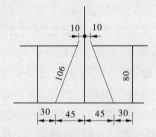

图4　上台阶导洞炮孔纵向布置

5.2.6　监控量测，安全判定

为及时、准确地反映隧洞工程开挖后的实际变形状态，动态地将有关数据及时反馈，以进行设计修改。根据隧洞工程的特点，对洞内收敛变形、拱顶下沉等观测项目必须进行量测，以作出安全判定。

（1）观测点埋设：采用短钢筋制作，规格为ϕ20、长度30 cm，埋入围岩内。

（2）洞内收敛量测：洞口、浅埋及地质复杂地段间距5 m，采用三条基线测量（即拱顶、两个腰线中点连线）；一般地段10～20 m，采用一条水平基线测量（即两个腰线中点连线）；采用隧道收敛仪精密量测。

（3）拱顶下沉观测：采用水准仪、钢尺或测杆，并与洞内收敛量测同一断面布置，布置在拱顶及拱腰中间共3点。

6　材料与设备

6.1　材料

6.1.1　形成工程实体的材料

（1）无缝钢管、钢筋、工字钢、钢板、螺栓等钢材的各项物理力学性能指标符合规范规定要求。

(2)喷射混凝土采用小石子级配混凝土,水泥采用强度等级32.5级的旋窑水泥,粗骨料宜采用5~16 mm碎石或卵石,砂宜采用中砂,并采用符合有关规范规定速凝剂,经配合比试验后确定合理的级配。

6.1.2 施工过程中消耗或周转使用材料

(1)脚手架简易工作平台采用钢管、卡扣件、铁丝等搭设而成。

(2)开挖爆破所需的非电导爆管、炸药等材料。

(2)装渣运输设备所需的汽油、柴油及隧洞底部铺设的毛石、石渣等材料。

(3)电焊条、铁丝、钻头等加工安装所需材料。

6.2 机具设备

(1)超前管棚导管制作设备:摇臂钻机。

(2)钢支撑加工设备:工字钢弯曲机、氧割设备、电焊机。

(3)钢筋加工、安装设备:切割机、电焊机、弯曲机、扎钩、铁丝。

(4)混凝土喷射、搅拌设备:混凝土喷射机、混凝土搅拌机、铁铲、小锤、计量器具、试件制作器具。

(5)隧洞开挖设备:气腿式风钻凿岩机、小型挖掘机、风镐、起爆器等。

(6)装渣、运输设备:装载机、自卸汽车等。

(7)其他辅助设备:水泵、轴流式通风机、空压机、柴油发电机等。

(8)隧道收敛仪等各种质量检测工具。

7 质量控制

(1)隧洞开挖和支护施工应遵照《水工建筑物地下开挖工程施工技术规范》(DL/T 5099—1999)、《水工建筑物岩石基础开挖工程施工技术规范》(SL 47—94)、《锚杆喷射混凝土支护技术规范》(GBJ 86—85)及其他有关规范规定。

(2)钢筋、混凝土工程质量应遵照国家标准《混凝土结构工程施工及验收规范》(GB 50204—2002)、《水工混凝土施工规范》(DL/T 5144—2001)及其他有关规范规定。

(3)隧洞施工应根据全面质量管理的要求,建立健全有效的质量保证体系,实行严格的质量控制、工序管理与岗位责任制度,对施工各阶段的质量应进行检查、控制,达到所规定的质量标准,确保施工质量及其稳定性。

(4)根据工程的施工机械、现场条件,按富水隧洞工艺流程编制详细的施工组织设计和实施方案。对施工管理人员、试验技术人员和操作技术工人进行滑模施工的技术交底、培训,未经培训的人员不允许上岗操作。

(5)隧洞开挖质量:①遇断层、软弱破碎带等不稳定土层,要采取随掘进随时支护,"多打眼、少装药、短掘进、早封闭"的施工方法,严格控制径向超、欠挖值;②开挖中,应加强现场管理,确定合理的排炮进尺,认真按照爆破图进行钻爆作业;③对周边孔应设控制方向的明显标志,使施工人员能控制钻孔角度和方向,认真控制钻孔外插角,并根据地质条件调整钻爆参数,以尽量控制和减少超挖量;④使用塑料导爆管、非电毫秒雷管等微差爆破技术控制超、欠挖值;⑤不良工程地质地段开挖洞室,应做好地质预报,查清地层的岩性、地质构造、岩体的风化程度,岩体物理力学性能,岩溶发育程度及分布状况,地应力状况等地质条件,以判明围岩稳定性;⑥在不良地质地段开挖洞室,要特别注意处理水的问题,水是地下工程开挖百害之源,应根据工程地质与水文地质条件,采用排、堵、截、引的综合措施处理,稳步掘进,切忌盲目冒进,造成坍塌事故。

(6)超前管棚质量:①超前管棚纵向环向间距、辐射角度、导管压浆孔及其端部、尾部制作要符合设计图纸和有关规范要求;②灌浆前的封孔及灌浆过程的封堵要满足要求;③灌浆用材料、配合比、灌浆顺序孔灌浆符合相关规定;④灌浆压力根据设计图纸及注浆试验确定;⑤注浆程序和结束灌浆要满足相关技术规范要求;⑥灌浆结束后必须检查灌浆效果,如未达到要求,补孔灌浆。

(7)喷混凝土质量:①喷射混凝土的原材料和配合比,水泥、砂、石子、水、速凝剂符合规范规定,混凝土配合比要根据试验确定并严格按其准确称量;②喷射混凝土作业方面,场地布置、机具选择、喷射作业工作风压、水压,喷嘴与待喷面的角度、距离及其移动轨迹、喷层厚度等工艺参数要满足有关规范规定;③混凝土抗压和抗渗强度必须合格,不合格时,查明原因,并采取措施,可用加厚喷层或增设锚杆的办法予以补强;④喷层与围岩黏结情况,如有空响应凿除喷层,洗净重喷;⑤喷层平均厚度不得少于设计厚度;⑥喷射混凝土表面若有裂缝、脱落、露筋、渗漏水等情况,应予补修,凿除喷层重喷或进行整治。

(8)钢支撑安装:①按设计位置和间距安设,一般在初喷混凝土后进行,对局部欠挖部位应予凿除,以保证钢支撑施工位置和结构尺寸的正确性;②拱架应垂直于隧洞中丝线,上下、左右偏差应不超过±5 cm,钢架倾斜度小于2°;③钢支撑之间必须进行纵向联接,以保证钢支撑之间处于良好的联合受力状态;④钢支撑应与钢筋网、锚杆焊接牢固,以保证拱架、钢筋网、喷射混凝土和锚杆与围岩形成联合受力结构;⑤拱脚钢板应按正确位置置平于原状土或基岩上,当拱脚超挖或钢支撑抬高时,用片石、混凝土垫平或设置钢板调整。

(9)锚杆安装:①锚杆体材料采用20锰硅钢筋或注浆管式锚杆,按设计要求规定的材质、规格备料,其灌浆或锚固用的水泥、砂及其配合比要符合规范要求,砂浆制备应拌和均匀,随拌随用;②锚杆孔位应根据设计要求和围岩情况布孔并标记,偏差不得大于20 cm;③锚杆孔径应大于锚杆体直径15 mm;④钻孔方向宜沿隧洞周边径向钻孔且保持直线,但钻孔不宜平行岩面,钻孔深度误差不超过±10 cm;⑤安装前采用人工或高压风、水清除孔内积水和岩粉、碎屑等杂物;⑥锚杆安装工艺符合设计要求;⑦锚杆抗拔力应满足设计要求。

8 安全措施

(1)施工中严格遵守《水利水电工程土建施工安全技术规程》(SL 399—2007),机械的操作必须符合《建筑机械使用安全技术规程》(JGJ 33—2001)。

(2)进行爆破施工作业时,必须遵守国家现行标准《中华人民共和国民用爆炸物品管理条例》、《爆破安全规程》(GB 6722—2003)、《爆破工程施工与安全》、《水电水利工程爆破施工技术规范》(DL/T 5135—2001)的规定。

(3)隧洞施工应做好施工前期准备工作,正确选用施工方法,并结合地形、地质等实际情况,编制施工技术方案,并向施工人员进行技术交底,合理安排施工。

(4)隧洞施工各班组间,应建立完善的交接班制度。在交接班时,交班人应将本班组的施工情况及有关安全事宜及措施向接班人详细交代,并记载于交接班记录本上,各洞口值班负责人应认真检查交接班情况。每班开工前未认真检查工作面安全状况,不得施工。

(5)施工中应对围岩加强检查与量测。对不良地质洞段的施工,应采取弱爆破、短开挖、强支护、早衬砌、先护顶等小循环的原则施工。隧洞施工要充分利用监测手段预测预报围岩位移与支护结构受力状况,量测要为生产安全服务。

(6)如发现隧洞内有险情,必须在危险地段设置明显标志或派专人看守,并迅速报告施工现场负责人,及时采取措施处理,情况危险时,应将工作人员全部撤离危险区,并立即上报。

(7)所有进入隧洞工地的人员,必须按规定佩戴好安全防护用品,遵章守法听从指挥。

(8)锚杆施工安全措施:①锚杆作业中,要密切注意观察围岩或喷射混凝土的剥落、坍塌。清理浮石要彻底,施工中,要及早发现危险征兆,及时处理;②锚固时严防锚固用的砂浆流失或锚固剂不饱满造成锚固力不够,导致锚杆脱落、松动不起作用而造成事故。

（9）喷射混凝土作业安全措施：①喷射前要检查作业地段的围岩，并进行清理浮土、危石等必要的排险作业；②喷射机要安放在围岩稳定或已衬砌地段内，同时喷射作业地段应加强照明和通风；③喷射时严格掌握好风、水压，加强综合防尘措施；④注意风嘴不准对人，以免射伤人。

（10）钢支撑安全措施：①搬运过程中，应将工字钢绑扎牢固，以免碰撞伤人；②钢支撑拱脚必须置于原状土或基岩上，加强连接钢筋的连接与钢拱架焊接牢固；③钢支撑尽量与径向锚杆、锁脚锚杆焊接，以免钢支撑倾覆伤人。

（11）装渣与运输安全措施：①装渣前及装渣过程中，应检查开挖面围岩的稳定情况，发现松动土体或有塌方征兆时，必须先处理后装渣；②装载机装渣，施工过程中，机械回旋和运行道路范围内不得有人通过，防止与人挤碰；③运输车辆倒退时，车辆应鸣后退警报，并有专人指挥和查看车后。

（12）防尘排烟安全措施：①隧洞施工必须采用综合防尘措施，定期检查测定粉尘和有毒有害气体浓度；②隧洞施工在凿岩和装渣工作面，必须做好防尘和排烟工作。

（13）供电与电气设备：①施工机械、机具和电气设备，在安装前按照安全技术标准进行检测，经检测合格后方可安装，经验收确认状况良好后才可运行；②隧洞施工照明线路电压在施工区域内不大于 36 V，所有电力设备设专人检查维护，并设警示标志；③在操作洞内电气设备时，要符合以下规定：a.非专职电气操作人员，不得操作电气设备；b.操作高压电气设备主回路时，必须戴绝缘手套，穿电工绝缘胶鞋并站在绝缘板上；c.手持式电气设备的操作手柄和工作中必须接触的部位要有良好的绝缘，使用前应进行绝缘检查；d.低压电气设备宜加装触电检查；④电气设备要有良好的接地保护，每班均由专职电工检查；⑤电气设备的检查、维修和调整工作，必须由专职的电气维修工进行；⑥洞内照明的灯光应保证亮度充足、均匀及不闪烁，凡易燃、易爆等危险品的库房或洞室，必须采用防爆型灯具或间接式照明。

9　环保措施

（1）加强对作业人员的环保意识教育，钢筋运输、装卸、加工防止不必要的噪声产生，最大限度地减少施工噪音污染。

（2）废旧钢筋头、多余混凝土应及时收集清理，保持工完场清。

（3）施工废水应及时收集处理，未经处理不得排入农田、耕地、饮用水源和灌溉渠道、养殖场。隧洞渗水未经沉淀处理，不得外排。

（4）隧洞作业产生的灰尘和烟雾，除在现场的作业人员配备必要的专用劳保用品外，还应随时进行洒水，以使灰尘公害减至最小程度。

（5）隧洞爆破作业产生的有毒有害气体，配备的通风机需满足排烟要求，并经检测满足作业要求后，方可再次进洞施工。

10　效益分析

10.1　经济效益

经济效益分析见表3。

10.2　进度效益

采用本工法后解决了富水洞段全风化泥岩隧洞出渣的难题，减少了轨道铺设、维护及加固等工序所占用的时间，以及洞外翻车机翻车、二次装渣等运输环节所消耗的时间。由此，循环作业所需时间减为 21.8 h/m，相对原开挖、掘进及出渣方式 34.3 h/m，提高了 57% 的掘进速度。单月进尺由 21 m 提高到 33 m，大大加快了隧洞掘进速度。

10.3　社会效益

采用本工法进行全风化粉砂质泥岩富水洞段的施工，取消了轨道铺设、耙渣机装渣、电瓶机车洞内运输、翻车机翻车、装载机洞外装车的工序,免去了大量机械设备的投入;克服了富水洞段全风化泥岩隧洞出渣的难题,减少了人工开挖成本;简化了工序,加快了掘进速度,缩短了工期;隧洞开挖的施工质量得到了很大的提高。同时,也得到了相关单位和部门的一致好评。本工法的成功实施为本企业节约了大量的材料、机械设备投入,降低了施工成本,也为我公司在社会上树立了良好的形象。

表3　经济效益分析

序号	项目	费用
取消人工开挖、耙渣机装渣、电瓶机车洞内运输、翻车机翻渣、装载机洞外装车节省的费用		
1	材料费(轨道铺设、石渣、输电线路、翻车机设备基础等)	40 元/m³
2	人工费	15 元/m³
3	机械费	60 元/m³
小计		115 元/m³
挖掘机开挖、翻渣、装载机装渣运输至洞口或避车辆洞装渣施工增加的费用		
1	隧洞底部石渣保护层等材料	5 元/m³
2	人工费	10 元/m³
3	机械费	20 元/m³
小计		35 元/m³
合计		80 元/m³

11　应用实例

11.1　广西郁江调水引水隧洞工程

广西郁江调水引水隧洞工程位于广西钦州市灵山县沙坪镇及旧州镇,为广西自治区级重点项目大会战工程,它的建成和运行对促进钦州市沿海工业园乃至整个广西北部湾沿海经济区社会发展和经济建设起着重要作用。引水隧洞建筑物全长 10.545 km,为城门洞型,断面衬砌后净空尺寸为 3 m×4.4 m,进口底高程 53.2 m,出口底高程 44.6 m,主要内容包括进水口放水控制闸,进、出口箱涵、引水隧洞及 1#、2#、3# 三个施工支洞等工程项目。郁江—钦江调水工程设计引水流量为 20 m³/s,隧洞、放水塔、河道疏浚等主要建筑物按 3 级设计,设计洪水标准为 30 年一遇。

广西郁江调水引水隧洞工程工程总造价约 8 439 万元,隧洞全长 10.545 km,洞挖工程量 18 万 m³,其中全风化粉砂质泥岩洞长 900 m,洞挖工程量为 1.9 万 m³。该工程富水洞段采用本工法进行施工,每立方米洞挖工程量节约 80 元,共节约 80×1.9=152(万元),并由每月进尺 21 m 提高到每月进尺 33 m,大大加快了富水等不良地质洞段的掘进速度。

11.2　甘肃引洮供水一期工程总干渠 7# 隧洞红山岘工程

甘肃省引洮供水一期工程总干渠 7# 隧洞进口桩号 46+715.00,出口桩号 64+001,全长 17 286 m,设计高程 2 130.02～2 119.54 m,纵坡 $i=1/1$ 650。工程位于甘肃省渭源县庆坪镇,本标段为 3# 红山岘斜井,斜井斜长 357.6 m,交主洞桩号 59+207.12,进口设计底高程 2 191.3 m,底部水平段设计高程 2 122.34 m;斜井坡度为 11.77°,断面形式为城门洞型,初期支护后断面直墙高 2.8 m;顶拱为半径 2.4 m 的半圆。控制主洞长 636 m,断面形式为圆形,初期支护后断面为直径 5.95 m 的圆形。

因该工程施工地质条件异常复杂,地下水特别丰富,洞室全断面渗水,洞室自稳能力差,开挖后渣土遇水即呈稀淤泥状,常用的洞挖抓斗式或挖斗式耙渣机均不能有效装渣;洞室底部遇水即软化、泥化,运输条件极差,给工程施工带来很大的难度。项目部采用全风化粉砂质泥岩富水洞段隧洞施工工法技术,解决了全风化粉砂质泥岩富水洞段隧洞施工难题。与传统的隧洞开挖施工技术比较,采用全风化粉砂质泥岩富水洞段隧洞施工工法进行施工后,较好地解决了开挖、装渣、运输问题,相比也大大减少了专用设备的投入;综合考虑了地下水丰富洞段围岩开挖后应力变化特点,大大减少富水洞段开挖对围岩的扰动,减少塌方发生的概率,加快了施工进度,提高了经济效益。

(主要完成人:唐建智　李益南　徐坚伟　翁国华　邓小华)

强涌潮地区新型桩式丁坝施工工法

浙江省第一水电建设集团股份有限公司

1 前言

钱塘江涌潮天下闻名,为确保两岸城乡的安全,长期以来,人们筑堤束水,并沿江修筑了众多抛石混凝土护面式丁坝,以削减潮水对两岸滩涂的冲刷,实现保滩护塘的目标。随着人类活动的加剧和复杂气候的影响,修筑传统式丁坝的条件显得尤为苛刻,此时新型桩式丁坝便应运而生。我们总结了新型桩式丁坝的施工经验,编制了本工法。

2 工法特点

(1)投入成本低,操作简便。
(2)能适应强涌潮作业,保证工程的安全实施。
(3)能有效保护明清鱼鳞石塘文物。
(4)能在强潮涌中保证工程质量。

3 适用范围

本施工工法适用于强涌潮地段(或围区外水深、流急特殊条件)及需要保护岸边防洪堤的丁坝。

4 工艺原理

由于强涌潮河口不利于打桩船定位、操作,需候潮作业,利用下江道路采用陆地施工。本工法在施工前为保护岸坡明清鱼鳞石塘,先沿石塘边线填筑下江坡道与外界连接。为防止道路被潮水冲毁,迎潮面需采用浆砌或混凝土砌块石护面。施工结束后,整个下江道路予以拆除。施工时,抛石施工便道与板桩工作面同时前进,道路作为板桩运输通道和施打机械的工作平台。板桩施打采用振动沉桩法,以适宜当地粉砂土滩地的地质条件。平面布置如图1所示。

5 施工工艺流程及操作要点

5.1 施工工艺流程

施工工艺流程见图2。

5.2 操作要点

5.2.1 下江道路及施工便道施工

下江坡道沿鱼鳞石塘边线从上游往下游抛填,形成迎潮夹角,以减少涌潮的冲击力。临江侧用大石理抛,抛石质量400 kg以上,路面用C15混凝土砌块石护面。

5.2.2 板桩运输就位

板桩由平板车从预制场运至塘面,由20 t汽车吊在塘顶把板桩吊至塘下平台,再用20 t以上履带吊转驳、运输板桩至作业点,板桩末段处位置放一枕木,以提高板桩放置的稳定和端正,有利于下一步机械夹桩工作。

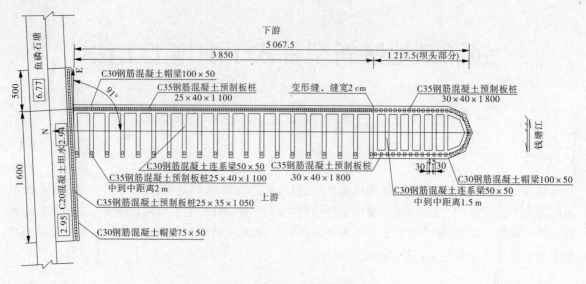

图1 桩式丁坝平面布置

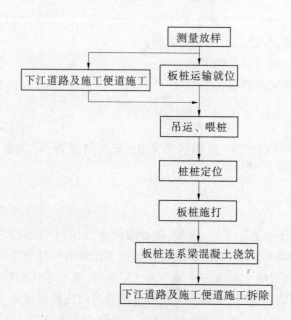

图2 施工工艺流程

5.2.3 吊运喂桩

在板桩吊至下平台后,首先利用油压振动机的液压钳夹住板桩,然后用人工套好保险绳(ϕ17钢丝绳),液压钳钳牢板桩后将板桩提起,行进至施工位置,人工扶桩就位。

5.2.4 板桩定位

板桩采用油压振动机与人工扶桩相结合的措施定位,轴线控制由测量人员通过布置于塘顶的经纬仪进行指挥,控制好间距及垂直度后进行沉桩。

5.2.5 板桩施打

板桩定位完成后,即开动油压振动机振动开关,从低档到高档逐步加强振动频率,根据不同的地质情况,控制板桩施打的下沉速度。对密实粉砂土层,可先在桩位附近用打桩机打拔ϕ219无缝管,使上层块石层和粉质黏土层穿透成孔,再用打桩机插下ϕ219无缝管,配2支高压水枪,伸入至下部粉砂层面进行水冲,使下部粉砂层扩散液化后通过管道向上溢出,经连续水冲,再同时振沉板桩,最终达到设计高度。板桩施打时按先下游再上游的施工顺序。

5.2.6 板桩连系梁混凝土施工

板桩沉放完后将桩顶的混凝土表面凿毛处理,而后按立模、钢筋制安、混凝土浇筑、养护的工艺流程作业。

(1)板桩顶部混凝土凿毛采用风镐钻破,直至表面无乳皮和松动混凝土。

(2)连系梁采用标准钢模预先拼装成定型钢模;坝头圆弧采用钢板压模制作成定型钢模。立模前,在板桩桩帽上下游侧,每0.5 m焊制一根φ18七字型钢筋,底模加固用钢管支撑,用钢管夹头夹紧。

(3)钢筋制安:钢筋经抽样检测合格后使用,制作场地设于海塘塘面,在塘面断料成型后,先按断面图将钢筋制作成型,长度按钢筋定尺长度,再入仓安放,接头处全部焊接。

(4)混凝土拌和:采用350型拌和机拌和,拌和系统设于坝根塘面上,以减少混凝土运距。

(5)混凝土运输:垂直运输采用钢质溜槽从塘面卸入塘下集料斗,再用人工双胶轮车水平运输至浇筑仓面。

(6)振捣:采用插入式振捣器振捣,表面再用平板振捣器振捣拖平,最后用泥夹压紧、抹光。

(7)养护:混凝土浇筑完成后,表面混凝土洒入一层速凝剂,使混凝土表面形成一层硬壳,以抵御涌潮的冲刷,侧模的拆除时间延迟至7天后,使新浇混凝土连系梁能独自承受涌潮的冲击。

5.2.7 下江道路及施工便道施工拆除

拆除采用1 m³反铲挖掘机装5 t自卸汽车运至弃渣场。

6 材料与设备

6.1 材料

(1)侧面模板采用标准钢模及定型钢模,加固木档横截面大小可采用50 mm×50 mm。

(2)底模采用竹胶板,用Φ48钢管支撑,支撑钢管之间用扣件连接,固定。

(3)混凝土采用二级配,粗骨料宜采用5~20 mm、20~40 mm碎石,砂宜采用淡水中砂,并符合有关规范规定。

(4)板桩起吊采用Φ20钢丝绳,板桩堆放垫置枕木规格约100 mm×100 mm,Φ219无缝管作为贯穿各地质层的通道。

6.2 机具设备

(1)模板制作安装设备:锯木机、电刨机、锤子、扳手、墨斗(弹线器)。

(2)钢筋加工、安装设备:切割机、电焊机、弯曲机、钢筋连接机械(据设计接头连接种类而定)、扎钩、铁丝。

(3)混凝土浇筑设备:插入式振动器、手提式小型平板振捣器、350混凝土搅拌机、泥工用铁板、计量器具、试件制作器具。

(4)运输及起吊设备:5 t自卸汽车、1 m³反铲挖掘机装、20 t汽车吊、PC220反铲挖掘机(也作为道路抛填及基础清理用)、溜槽、双胶轮车、混凝土集料斗等。

振冲设备:高压水枪、油压振动机(振动2 500 r/min以上)。

(5)各种测量及质量检测工具。

7 质量控制

7.1 质量控制标准

本工法必须符合《建筑桩基技术规范》(JGJ 94—2008)、《混凝土结构工程施工及验收规范》(GB 50204—2002)、《水工混凝土施工规范》(DL/T 5144—2001)、《水利水电工程模板施工规范》(DL/T 5110—2000)、《浙江省海塘工程技术规范》(1999)、《堤防工程施工规范》(SL 260—98)及其他有关规范规定。

7.2 施工操作中的质量控制

7.2.1 预制板桩施打质量控制

（1）板桩质量控制质量标准：板桩顶标高±5 cm，板桩轴线偏移允许误差5 cm，板桩垂直允许偏差10 cm，板桩间垂直缝隙小于3 cm（施工过程中争取控制在2.5 cm以内）。

（2）沉放时，采用水准仪和经纬仪控制板桩的轴线与垂直度，不断调整沉放受力点，控制桩间间距。

（3）板桩沉放到位后，为防止板桩沉放时引起相邻板桩下沉或偏位，更好地控制板桩的间隙，可采用以下方法加以控制：沉放好的板桩可在桩侧利用型钢进行固定。轴线控制可采用两侧用锚钩葫芦纵向牵拉，同时及时对冲坑进行回填，增加摩擦力。

7.2.2 现浇混凝土质量控制

（1）现浇混凝土施工时，应有专人负责接收和报告潮汛信息，掌握潮汛规律，选择小潮汛进行混凝土浇筑作业。

（2）加快混凝土浇筑速度，使混凝土在潮汛来临前有充分的时间凝固。

（3）加强混凝土表面的保护，主要是对表面混凝土掺加适量的外加剂。

（4）加强模板支撑，防止被潮水冲击破坏，致新浇混凝土失稳破坏。

8 安全措施

（1）加强安全教育，并对操作人员进行详细的安全、技术交底，施工人员分工明确、任务明确、责任明确及工作位置明确。

（2）作业人员必须经过上岗培训，持证上岗，进入现场必须戴安全帽，穿防滑鞋，水上作业必须穿救生衣。

（3）设专人进行水情预报，针对潮水情况，提前做好人员、材料和设备的撤离和应急工作。

（4）注意用电安全，所用线路均采用外包绝缘皮的电缆，用电设备全部安装漏电保护器，施工人员均穿绝缘胶鞋进场作业。

（5）夜间施工要加强生产安全措施，作业面布置足够的照明灯具。

（6）对所有的起重工具如索具、夹具等进行全面检查并计算，验算后方可使用。

（7）板桩起吊、沉放必须有专人指挥，无关人员严禁靠近。

（8）加强已完工程的保护，防止工程损毁。潮水过后全面检查工程，及时补损。

9 环保措施

（1）施工前必须组织作业人员认真学习环境保护法，执行当地环保部门的有关规定。

（2）材料、设备吊运、机械操作时严禁碰撞鱼鳞石塘，做好水泥浆液的控制和收集，防止污染建筑。

（3）严格遵守国家有关环境保护法令，施工中严格控制施工污染，减少污水、粉尘及空气噪声污染。

（4）加强废弃材料的保管，禁止向江中乱倒建筑垃圾。

（5）杜绝乱排放油污或生活垃圾。

（6）注重场内道路和车辆的洒水除尘工作，降低粉尘对环境的污染。

（7）施工期间，对环境保护工作应全面规划，综合治理，采取一切可行措施，将施工现场周围环境的污染减至最小程度。

（8）防止粉尘、噪声污染，防止水土污染和流失，确保文明施工。

(9)生产和生活区内,在醒目地方悬挂保护环境卫生标语,以提醒各施工人员。生活区内垃圾定点堆放,及时清理,并将其运至业主指定的地点进行掩埋或焚烧处理。生活和施工区内,设置足够的临时卫生设施,及时清扫。

(10)对道路施工中占用的临时用地,施工完成应及时予以清理,做好绿化环保工作,努力恢复使用前的面貌。

(11)施工道路上应进行必要的洒水维护,使来往车辆所产生的灰尘公害减至最低程度。

(12)在工程完成后,必须拆除一切必须拆除的施工临时设施和临时生活设施。拆除后的场地应彻底清理,做到工完料尽地清。

10 效益分析

本工法主要针对钱塘江等涌潮河段新型桩式丁坝的施工,经过多个工程实践,取得了良好的社会效益和经济效益。

10.1 经济效益

(1)本工法比较传统式抛石丁坝,简化了工艺流程,加快了施工进度,节省了费用。

(2)省去了抛石坝身,避免了抛石被涌潮冲走的损失,节省了费用。

(3)工程安全性更好,不易损毁,保证了工程长期使用,降低工程的使用和维护成本。

10.2 社会效益

(1)新型桩式丁坝施工工法的成功运用,为类似强涌潮河口丁坝工程的实施进行了有效的探索,对提高社会科技水平和实现科技创新作出了积极的贡献。

(2)新型桩工丁坝施工工法的成立树立了我公司锐意创新的形象,提高了社会认可度。

11 应用实例

11.1 钱塘江北岸标准海塘工程(老盐仓至秧田庙段)第十六标丁坝工程

本标准海塘工程位于钱塘江北岸海宁老盐仓至秧田庙段,即海塘桩号 46+676~54+100 间,其中 16 标桩号为 51+650~54+100,共有 16-S 号(52+160)、17-S 号(52+500)、17-X(52+720)3 座丁坝。

丁坝坝长 50 m,其中坝身、坝根部分长度为 38 m,坝头部分长度 12 m,宽 6.35 m。坝根上游堤长 16 m,下游堤长 5 m 范围内沿条石塘坦水外口打钢筋混凝土板桩护脚,并用帽梁连接。坝身、坝根部分下游侧板桩(长 11 m)密排布置;在垂直坝轴线方向往上游侧方向 5.35 m 远间距 2 m 设置一加强肋板桩,并用连系梁和下游板桩连成整体。坝头板桩(长 18 m)间距布置,下游侧相邻桩间距为 30 cm,上游侧相邻间距为 45 cm,并用连系梁和下游侧板桩连成整体,坝头呈半圆形。坝身、坝根与坝头的板桩用帽梁连成整体。

11.2 钱塘江北岸险段标准海塘工程海宁段丁坝工程第二标

钱塘江北岸险段标准塘海宁段丁坝第二标位于钱塘江北岸海宁市秧田庙至大缺口堤段,地处强涌潮区,桩 68+652~71+626,全长为 2 974 km,新建桩式丁坝 6 座及加固 9 座。本标段为钱塘江北岸险段标准塘工程的一部分。海宁段标准海塘工程为河道堤防工程,丁坝工程属标准海塘附属部分,设计低水位取用重现期 20 年。

丁坝坝长 50 m,其中坝身、坝根部分长度为 32 m,坝头部分长 18 m,宽 6.35 m。坝根上游堤长 16 m,下游堤长 5 m 范围内沿条石塘坦水外口打钢筋混凝土板桩护脚,并用帽梁连接。坝身、坝根部分下游侧板桩(长 11 m)密排布置;在垂直坝轴线方向往上游侧方向 5.35 m 远间距 2 m 设置一加强肋板桩,并用连系梁和下游板桩连成整体。坝头板桩(长 18 m)间距布置,下游侧相邻桩间距为 30 cm,上游侧相邻间距为 45 cm,并用连系梁和下游侧板桩连成整体,坝头呈半圆形。坝身、坝根与坝头的板桩用帽梁连成整体。工程合同价1 153万元,2003年8月11日开工,2003年12月31日竣工。

11.3 钱塘江北岸险段标准海塘工程海宁段试验段(68+100~68+652)丁坝工程

钱塘江北岸险段标准海塘海宁段丁坝第二标位于钱塘江北岸海宁市秧田庙至大缺口堤段,地处强涌潮区,桩68+100~68+652,全长552 km,新建桩式丁坝2座。海宁段标准塘工程为河道堤防工程,丁坝工程属标准塘附属部分,设计低水位取用重现期20年。

丁坝坝长50 m,其中坝身、坝根部分长度为32 m,坝头部分长度18 m,宽6.35 m。坝根上游堤长16 m,下游堤长5 m范围内沿条石塘堤水外口打钢筋混凝土板桩护脚,并用帽梁连接。坝身、坝根部分下游侧板桩(长11 m)密排布置;在垂直坝轴线方向向上游侧方向5.35 m远间距2 m设置一加强肋板桩,并用连系梁和下游板桩连成整体。坝头板桩(长18 m)间距布置,下游侧相邻桩间距为30 cm,上游侧相邻间距为45 cm,并用连系梁和下游侧板桩连成整体,坝头呈半圆形。坝身、坝根与坝头的板桩用帽梁连成整体。工程合同价1 153万元,2003年6月开工,2003年8月完工。

(主要完成人:何国玮 丁信刚 翁国华 杨水芳 覃 南)

水闸外立面短槽式石材干挂施工工法

浙江省第一水电建设集团股份有限公司

1 前言

以往水闸外立面若采用石材装饰,一般采用湿贴法施工,但该方法缺点较多,如灌注砂浆容易污染板面,特别是在日后的使用中还会出现泛碱挂白现象。另外,受气候影响,还容易脱落影响使用安全。因此,随着科技不断创新,水闸外立面石材装饰开始采用干挂法施工,避免了传统湿贴石材工艺出现的板材拉裂、脱落等现象,提高了建筑物的安全性和耐久性,并克服了表面挂白、变色等若干弊病,成功实现了在外观质量、工期、成本等方面的突破,成为水工建闸外立面施工技术的一个新的亮点。我公司通过对水闸外立面石材干挂的施工实践,证明水闸外立面短槽式石材干挂工法成熟,工艺可靠,并在实际工程中获得了较好的社会效益和经济效益。

2 工法特点

(1)水闸外立面成型美观,克服了因湿贴石材施工引起的板材拉裂、脱落等现象,明显提高了建筑物的安全性和耐久性。

(2)可以完全避免传统湿贴工艺引起石板面出现表面挂白、变色等弊端,有利于保持石材外立面清洁、美观。

(3)采用石材干挂施工,较传统石材湿贴施工,工期要大大缩短。

(4)施工作业连续、集中,材料二次搬运少,机械设备利用率较高。

3 适用范围

(1)本工法适用于各种水闸外立面施工,也可以推广应用于水库厂房、集控楼及管理房等施工中。

4 工艺原理

采用不锈钢短槽式石材干挂结构系统,其原理是在主体结构上设主要受力点,通过金属挂件将石材固定在建筑物上,形成石材装饰幕墙。该方法以金属挂件将饰面石材直接吊挂于墙面或空挂于钢架之上,不需再灌浆粘贴。

石材安装是先将竖向钢龙骨与埋件焊接,横龙骨角钢再与竖龙骨连接,形成框架后,石材板块通过不锈钢挂件与横龙骨连接,调整后固定。石材的安装采用石材上开槽的方式,用蝴蝶扣挂件实现石材的定位,达到定位安装的目的。结构见图1。

5 施工工艺流程及操作要点

5.1 施工工艺流程
施工工艺流程见图2。

5.2 操作要点
短槽式石材干挂法是利用高强耐腐蚀的金属挂件,把饰面石材通过吊挂的方法固定在建筑物外表面。合理的挂件设计与严格的施工工艺是保证外饰石材安全美观的关键。

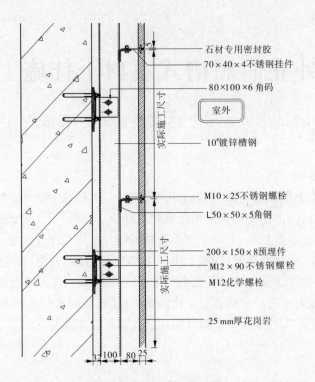

图1　石材干挂结构系统

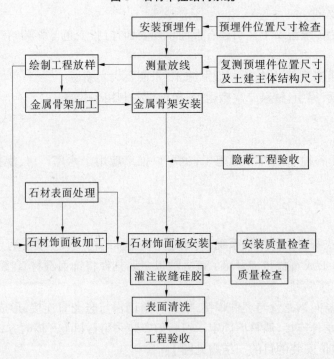

图2　施工工艺流程

　　为了使钢龙骨安装具有较强的抗拉、抗剪力度,锚固件间距根据结构框架梁、圈梁、过梁实际高度尺寸而定,但水平间距不得大于1.2 m,竖向间距不得大于2 m。锚固板与混凝土梁柱连接采用4－M12化学锚栓,锚固板采用200×150×8热镀锌钢板,竖向龙骨采用10#热镀锌槽钢,水平龙骨采用50×50×5热镀锌角钢,水平龙骨按石材分格布置与主龙骨焊接或围焊,所有焊缝均用防锈漆刷两道和银粉漆一道。

5.2.1　安装锚固件

传统工艺中采用的膨胀螺栓如果不是不锈钢,时间长了有可能会腐蚀,导致膨胀螺栓松动,甚至脱落,摩擦型膨胀锚栓安全性较差,在反复风力作用下易松动。也有采用混凝土中预埋件,但预埋件的缺点就是费事,要求设计位置的偏差在 ±10 mm 内,故有一定的难度。而植筋是采用结构胶将钢筋与混凝土黏结,利用胶体的黏结力形成面 – 面接触的全长锚固体,对基材无挤压力,可在混凝土的开裂区使用。化学锚栓是由化学药剂(树脂锚固剂)与金属杆体组成。拉拔力大、抗震动、抗疲劳、不收缩、耐老化、承载快、安装简便、成本低,是与混凝土墙体基面常用的连接方式。

依据墙、柱、混凝土面弹出的锚固件尺寸位置安装锚固件,锚固件与混凝土梁柱连接采用 4 – M12 化学锚栓,根据相关防雷规范,锚固件每隔 12 m 要与建筑防雷钢筋网连接。锚固件的锚筋须通过试验确定其承载能力,以确保安全。

5.2.2　安装龙骨

(1)墙、梁、柱混凝土面,锚固件安装完毕后,先安装立龙骨,在墙、楼面两端各安装一道主龙骨,然后拉线作为平面控制线。

(2)主龙骨垂直度控制以水平尺进行测试,符合施工规范后,再与锚固件焊接。水平龙骨安装前,先钻 10 mm 的圆孔,便于挂件安装,第一道水平龙骨标高以石材设计标高为准。

(3)水平龙骨安装依据石材宽度尺寸在立龙骨面弹出标高控制线,与主龙骨进行焊接。

(4)热镀锌槽钢龙骨安装按钢结构验收规范进行施工,焊缝处补刷防锈漆两道和银粉漆一道。

5.2.3　石材安装

(1)龙骨安装施工完后,经验收合格后,按排版图要求,石材安装对号进行试拼、调试、开槽,安挂件。石材短槽式干挂,槽宽为 6 ~ 7 mm,长度 30 mm 左右。板材开槽后不得有损坏或崩裂现象,槽口应打磨成 45° 倒角,槽内应光滑、洁净。

(2)安装石材上口需拉一道水平线控制石材上口的水平一致,石材立缝为 10 mm 处挂垂直线控制石材立缝上下贯通、一致,石材水平缝为 10 mm。

(3)先安装底部,以石材干挂设计标高处设一道石材外表面控制线为准,进行测控,用水平尺控制每块石材垂直度,梁、柱、墙、门窗口阴阳角用方尺进行控制。石材阳角呈齐角角,石材安装由下向上进行安装,石材找正、找平、找垂直石,再固定挂件,拧紧螺栓,石材槽内注入干挂专用黏结胶固定。

(4)石材安装时应严格按照设计的要求及施工规范进行施工,保证墙、柱、梁面石材的花色、纹理一致。

(5)对已安装完的石材缝进行嵌缝处理。

5.2.4　表面清理、成品保护

每道墙、梁、柱石材干挂装饰施工完成后,经过互检、自验合格后,对此道墙、梁、柱面石材进行清理,做好成品保护,设专人看管。

5.3　关键技术

5.3.1　连接件安装

工程施工安装过程中的连接件安装,是整个工程施工安装过程中最关键的一个技术工序,也是整个工程施工安装过程最基本的施工要点,只有连接件安装加固得牢紧,才能保证石材干挂工程的安全。连接件结构如图 3 所示。其中连接件安装中,化学螺栓的安装最为关键,其施工程序如下:

(1)钻孔:先根据设计要求,按图纸间距、边距定好位置,在基层上钻孔,孔径、孔深必须满足设计要求。

(2)清孔:用空气压力吹管等工具将孔内浮灰及尘土清除,保持孔内清洁。

(3)置入药剂管:将药剂管插入洁净的孔中,插入时树脂在手温条件下能像蜂蜜一样流动时,方可使用胶管。

(4)钻入螺栓:用电钻旋入螺杆直至药剂流出为止。电钻一般使用冲击钻或手钻,钻速为750 r/min。这时螺栓旋入,药剂管将破碎,树脂、固化剂和石英颗粒混合,并填充锚栓与孔壁之间的空隙。

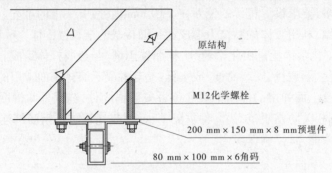

原结构

M12化学螺栓

200 mm×150 mm×8 mm预埋件

80 mm×100 mm×6角码

图3　连接件结构系统

5.3.2　立龙骨安装

立龙骨为竖向构件,是石材干挂安装施工的关键技术,它的准确和质量影响整个石材干挂的安装质量。通过连接件干挂的平面轴线,与建筑物的外平面轴线距离的允许偏差应控制在2 mm以内。

立龙骨先连接好连接件,再将连接件(角码)焊接在预埋钢板上,然后调整位置。立龙骨的垂直度可由吊锤控制,位置调整准确后,才能将角码正式焊在预埋件上。

6　材料与设备

6.1　主要材料

(1)石材:干挂石材采用25 mm花岗岩火烧板。

(2)龙骨:竖向龙骨采用10#热镀锌槽钢,水平龙骨采用50 mm×50 mm×5 mm热镀锌角钢。

(3)锚固板:锚固板采用200 mm×150 mm×8 mm热镀锌钢板,锚固板与混凝土梁柱连接采用4-M12化学锚栓,主龙骨与锚固板连接采用80 mm×100 mm×6 mm热镀锌角码。

(4)连接件:挂件采用不锈钢50×80 T型挂件,黏结剂采用环氧树脂胶。

(5)密封胶:石材缝采用硅酮耐候胶。

6.2　主要机具设备

主要机具设备见表1。

表1　主要机具设备

序号	机械或设备名称	规格型号	数量	额定功率(V)	用途
1	电焊机	BX-600	4	380	用于外墙钢龙骨焊接
2	台钻		2	380	用于龙骨加工、钻孔
3	切割机		2	380	用于割切钢材加工
4	冲击钻		5	220	用于化学螺栓墙体钻孔
5	角磨机		15	220	用于石材开槽修边
6	打胶枪		8		用于打石材胶缝
7	拓普康扫平仪	GST-211D	2		用于安装石材
8	拓普康铅垂仪	PL-1	2		用于安装石材

6.3　劳动力安排

劳动力安排见表2。

表 2 石材干挂施工劳动力安排

序号	工种	人数	主要工种内容
1	技术人员	4	施工技术指导、质量记录
2	测量员	4	轴线和高程控制
3	电焊工	10	负责龙骨焊接
4	板材切割工	4	负责板材切割
5	安装工	25	负责锚固件、石材安装
6	打胶工	5	负责板缝打胶
7	普工	30	负责材料搬运

7 质量控制

7.1 质量要求

石材表面质量、龙骨焊接质量及石材干挂要满足表 3 ~ 表 5 的质量要求。

表 3 每平方米石材的表面质量要求

项目	质量要求
0.1 ~ 0.3 mm 宽划伤痕	长度小于 100 mm 允许 8 条
擦伤	不大于 500 mm^2

表 4 龙骨焊接工程质量验收标准

序号	项目	验收标准（mm）	检测方法
1	表面平整度	≤5	拉线检查
2	立面垂直度	≤10	用垂直仪检查
3	焊接缝长度	≥60	用直尺检查
4	焊接缝高度	≥5	用直尺和小尖锤检查
5	主龙骨间距	60	用卷尺检查

表 5 石材干挂工程质量验收标准

序号	项目	光面	烧面	检测方法
1	表面平整度	1	3	用 2 m 靠尺和楔形塞尺检查
2	立面垂直度	2	6	用 2 m 线托板检查
3	阴阳角方正	3	3	用 200×150 的方尺检查
4	接缝高低	0.3	1	用直尺和楔形塞尺检查
5	接缝宽度	0.3	1	用塞尺检查
6	接缝平直	2	3	接 5 m 线检查

7.2 测量放样

为调整土建施工误差，石材干挂应先确定放线基准线，以其为基准确定各个分格线立面位置，石材平面与主体间距,需在经主体进行了整体测量后,以主体实际度为依据确定,以保证石材干挂完成面的垂直度。

7.3　龙骨的安装与质量保证

工程施工安装过程中的龙骨安装,是工程安装施工过程的重要环节,其影响到整个外立面石材干挂工程的安装质量,由于龙骨的偏差可造成板块的无法安装,为了避免龙骨出现较大的误差,可采取的措施为:采用先进的仪器(激光铅垂仪)对主龙骨进行安装,采用水平仪对横龙骨进行安装,对每个作业小组工作前进行口头和书面技术交底,安装过程中由专业的质量检查员进行抽检,以保证龙骨安装的质量。

7.4　连接件的安装加固

工程施工安装过程中的连接件安装,是整个工程施工安装过程中最关键的一个工序,也是整个工程施工安装过程最基本的施工要点,只有连接件安装加固得牢紧,相对整个外立面石材干挂工程是最安全的,对于在施工安装过程中经常会出现的连接件漏加固的情况,可采取防治方法是:对员工进行分施工小组负责施工段的施工方法,并要求每个小组对其负责的施工段的每个施工工序进行自检工作,使其施工段的连接件安装漏加固情况减至最少,以保证工程的施工质量及安全。

7.5　石板制作安装

将加工的石材面板按编号分类,检查尺寸是否准确和有无破损、缺楞、掉角,按施工要求分层次将石材板摆放牢靠。

注意安放每批金属挂件的标高,金属挂件应紧托上批饰面板,而与下批饰面板之间留有间隙。

安装时,要在石材面板的切槽口内注入石材胶(环氧树脂胶),以保证饰面板与挂件的可靠连接。

安装时,宜先完成洞口四周的石材板镶边,以免安装发生困难。

安装到每一楼层标高时,要注意调整垂直误差,不要积累。

在搬运石材板时,要有安全防护措施,摆放时下面垫木方。

7.6　嵌缝

石材板间的胶缝是石材幕墙的第一道防水措施,同时也使石材幕墙形成一个整体。

要按设计要求选用合格且未过期的耐候嵌缝胶。最好选用含硅油少的石材专用嵌缝胶,以免硅油渗透污染石材表面。

用带在凸头刮板填装饰泡沫塑料圆条,保证胶缝的最小深度和均匀性。选用的泡沫塑料圆条直径应稍大于缝宽。

在胶缝两侧粘贴纸面胶带纸保护,以避免嵌缝胶迹污染石材板表面质量。

用专用清洁剂或稀草酸擦洗缝隙处石材板表面。

派受过训练的工人注胶,注胶应均匀无流淌,边打胶边用专用工具勾缝,使嵌缝胶成型后呈微弧形凹面。

施工中要注意不能有漏胶污染墙面,如墙面上沾有胶液应立即擦去,并用清洁剂及时擦净余胶。

在大风和下雨时不能注胶。

8　安全措施

(1)做好上岗前安全教育,严格按安全操作规程施工,消除一切事故隐患。

(2)禁止非施工人员进入现场,进入现场施工人员必须戴安全帽。

(3)所有的施工辅助设施均须经安全检查后方可投入使用,雨天有防滑措施,临空处设置围栏。

(4)安装触电保护器,确保用电安全。

(5)严禁高空坠物伤人。

(6)禁止带电移动机械设备,带电安装设备。

(7)操作人员必须做好三级安全教育和班前安全技术交底。

(8)脚手架及缆风系统必须经验收小组验收合格后方可投入使用。

(9)在电焊时,作业面上下不得有其他人员交叉作业。在施工时不得往下方投掷任何物体,每人要佩戴工具袋,在无防护的高空作业时必须正确使用安全带。

(10)脚手架上堆放的石材不能集中堆放,必须间隔 1.5～2 m。

9 环保措施

(1)注意生活、工作中的环境卫生,不得随地大小便,各种垃圾要及时清理并运至指定地点。

(2)现场设污水处理池,施工废水经处理合格后才进行排放。施工废渣、废料采用集中堆放,统一处理。

(3)施工作业产生的灰尘,除在现场的作业人员配备必要的专用劳保用品外,还应随时进行洒水,以使灰尘公害减至最小程度。

(4)在施工期间,科学合理地规划施工区块,施工材料按要求整齐堆放,减少占地面积。

(5)在施工中,采用科学的施工管理方法合理安排施工作业,减少各施工工序的施工时间,减少电、水等能源浪费。

10 效益分析

10.1 社会效益

闸站外立面石材干挂施工工法,避免了传统湿贴石材工艺出现的板材空鼓、开裂、脱落等现象,明显提高了建筑物的安全性和耐久性,并克服了泛白、变色等若干弊病,成功地实现了在外观质量、工期、成本等方面的突破,为公司在水利领域创造了良好的形象。

10.2 经济效益

(1)闸站外立面石材干挂施工工法在工期、材料设备利用、劳动力安排方面都具有相对的优势,尤其后期维护费用低,相比石材湿贴方法,具有良好的经济效益。

(2)闸站外立面石材干挂与石材湿贴的经济效益比较见表6。

表6 闸站外立面石材装饰不同施工的经济效益比较

经济效益比较		装饰方法	
		干挂	湿贴
1	后期表面处理	无	经常
2	劳动力投入	多	少
3	施工工期	短	长
4	周转材料及机械设备占用时间	短	长

11 应用实例

11.1 浙东引水萧山枢纽工程

11.1.1 工程概况

萧山枢纽工程是浙东水资源优化配置格局中的关键性工程。该工程任务是在钱塘江河口总体环境影响允许的条件下,引钱塘江河口原水向萧绍宁平原及舟山市补充工业和农业灌溉用水,并兼顾水环境改善,供水对象为萧、绍、宁、舟地区的一般工业用水及农业灌溉用水,设计引水流量50

m^3/s。同时与当地的水利设施联合调度,共同承担相关地区的排涝、工农业生产及环境用水任务。该工程位于钱塘江、富春江、浦阳江三江汇合口义桥镇。我公司于 2009 年进入施工,参与了浙东引水萧山枢纽工程土建标施工建设,其中该工程闸站段垂直水流方向长 74.00 m,顺水流方向长 26.74 m,建筑物高度 36.85 m。左右两侧为自流引水闸,每边一孔,净宽均为 10 m,泵房居中。

11.1.2　闸站外立面石材干挂施工情况

在浙东引水萧山枢纽工程闸站外立面石材干挂施工期间,我们从施工准备到过程管理,力求精益求精,通过不断地持续改进,进一步优化了闸站外立面短槽式石材干挂的施工工法。

在施工中通过控制连接件、龙骨、石板、嵌缝等重要工序,持续改进,确保了闸站外立面石材干挂施工的安全和质量。

闸站外立面短槽式石材干挂施工工法,有效解决了外立面装饰石板拉裂、脱落问题,并克服了表面挂白、变色等若干弊病。

11.2　曹娥江大闸工程

11.2.1　工程概况

曹娥江大闸位于浙江省绍兴市,钱塘江下游右岸主要支流曹娥江口,是国内第一河口大闸,列入国家重大水利基础设施项目,其挡潮泄洪闸垂直水流方向 705 m,顺水方向长 636.5 m。其中集控楼 30.92 m×13.28 m,高度为 19 m。

11.2.2　集控楼外立面石材干挂施工情况

在曹娥江大闸工程集控楼外立面石材干挂施工期间,我们从施工准备到过程管理,严把质量关,通过不断地持续改进,进一步优化了闸站外立面短槽式石材干挂的施工工法。

闸站外立面短槽式石材干挂施工工法,有效解决了外立面装饰石板拉裂、脱落问题,并克服了表面挂白、变色等若干弊病。2007 年 1 月 26 日,以二院院士潘家铮为首的专家组来本工程检查,对本工程的外观质量表示高度赞扬。

（**主要完成人:**陈国平　许　华　刘丽娟　周芳颖　蓝九元）

闸墩大钢模清水混凝土施工工法

浙江省第一水电建设集团股份有限公司

1 前言

随着经济发展和施工技术水平的提高,人们越来越追求建筑和环境的和谐与美观,对工程的外观质量提出了更高的要求。清水混凝土又称装饰混凝土,20世纪90年代在国内建筑工程上开始推广应用。清水混凝土由于其一次成型、不剔凿修补、无须装饰、外观光洁、质朴自然等特点,被越来越多地采用。

传统水利工程闸坝等混凝土构筑物由于其运行环境的特殊性,基本上不采用抹灰等建筑外装饰,采用木模和常规混凝土浇筑的构筑物表面往往比较粗糙。为了改进和提高水工混凝土构筑物的外观质量,我们利用大型钢模板采用清水混凝土施工工艺进行闸墩混凝土施工。浇筑成型后的闸墩表面平整光洁、曲面圆弧与平面连接线条柔和顺畅、棱角顺直,混凝土表面色泽一致,消除了常规水工构筑物混凝土常见的挂帘、接缝错台等质量通病,通过施工过程中不断总结和提高,形成了闸墩大钢模清水混凝土施工工法。

2 工法特点

以大型钢模板安装和清水混凝土施工技术为核心,系统归纳了水工构筑物闸墩等清水混凝土施工的主要工艺、技术要求和施工过程,从而有效指导现场施工,生产出高质量的清水混凝土产品。

结合水工构筑物体积、表面积大的特点,利用大型钢模板单体面积大,自身结构强度高的优点,闸墩一次立模浇筑高度可达15 m以上,加快了施工进度、增加了混凝土浇筑方量,同时减少了混凝土施工缝。

通过混凝土的配合比设计,在不增加水泥用量的前提下,采取相应的施工措施,使混凝土的外观质量达到清水混凝土质量标准。

3 适用范围

本工法适用于水工构筑物的闸墩、坝体、墙板等对外露面有较高质量要求的混凝土工程。

4 工艺原理

根据水工构筑物特点进行大模板设计、制作,按照不同结构特点进行清水混凝土配合比设计,在模板安装、清水混凝土浇筑工序等方面采取非常规混凝土浇筑的一系列综合措施,使水工构筑物混凝土达到清水混凝土质量标准。

5 施工工艺流程

5.1 工艺流程

施工工艺流程见图1。

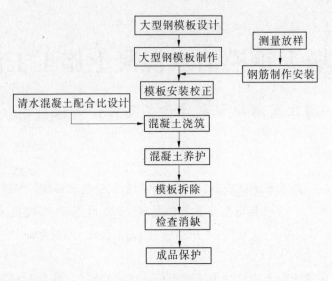

图1　施工工艺流程

5.2　操作要点

5.2.1　模板设计

（1）模板设计前应全面熟悉与模板相关的结构设计图纸，明确结构质量要求；了解本工程施工组织设计有关支架搭设和垂直运输设备布置等情况，结合模板施工现场场地及安装、倒运、堆存等条件初步确定模板最大尺寸和模数。

（2）模板设计应遵循标准化、通用化的基本要求，同时对如闸墩牛腿、闸门槽、悬挑平台、止水、爬梯等特殊结构部位进行专门设计。

（3）根据构筑物结构形式结合施工荷载对模板及支撑系统进行力学计算。

（4）编制大模板安装施工方案，包括：

①闸墩浇筑的分段高程，中墩、缝墩及不同高程的模板配置。

②明确模板的周转使用方式与计划，编制模板及支撑系统材料规格品种一览表；绘制模板组合图、特殊结构部位模板安装详图等。

③确定模板的安装及拆除顺序。

5.2.2　模板制作

（1）大模板制作精度要求较高，宜委托钢结构专业加工厂制作。模板制作材料采用Q235钢材，其质量应符合《碳素结构钢》（GB/T 700—2006）的规定，不得采用锈蚀的钢材。

（2）大钢模面板为厚6 mm钢板，内楞采用6#槽钢，竖向和水平间距一般为400～500 mm，纵横向内楞与面板焊接组成板面结构，混凝土侧压力通过板面结构传递给竖向外楞。外楞采用双拼14#槽钢，间距一般为1 000～1 500 mm。常用大模板结构如图2所示。

（3）无论是工厂还是现场制作，钢模板必须在钢平台上进行制作和焊接，焊接方式必须满足模板设计要求。

（4）大模板各向连接螺栓孔的位置和大小必须满足设计精度。

（5）钢模制作完成后除面板外均应及时涂刷防锈漆。

5.2.3　模板隔离剂

5.2.3.1　脱模剂的选用

脱模剂品种繁多，脱模剂选用是否正确将直接影响清水混凝土的效果。由于清水混凝土成型后的混凝土表面要求光洁并呈亚光，一般不宜采用水性脱模剂，以免模板锈蚀污染混凝土表面。本工法采用模板漆作为脱模剂，模板漆能在模板表面形成一层光滑的漆膜，漆膜能降低混凝土与模板

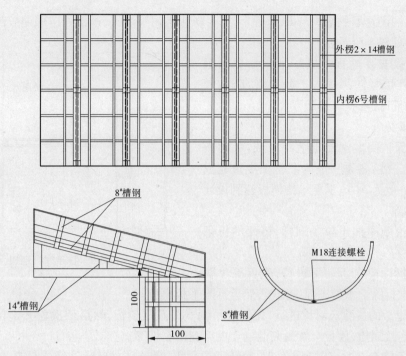

外楞2×14槽钢

内楞6号槽钢

8#槽钢

M18连接螺栓

14#槽钢

100

100

8#槽钢

图2 常用大模板结构

之间的磨擦系数、减少气孔,混凝土浇筑后,混凝土在模板表面很自如地滑动、溶合,从而形成了非常光洁的表面,浇筑出高标准的清水混凝土。

5.2.3.2 模板漆涂刷方法

(1)模板漆涂刷宜在室内进行,或在现场采用简易围护,以免涂刷过程中风沙污染漆面。

(2)模板漆涂刷前应对模板表面进行除锈、除尘,模板表面不得有油污。新模板可采用除锈机除去表面水锈后用压缩空气吹净后直接涂刷。旧模板则须用除油剂、脱漆剂除去油污后方可涂刷。

(3)模板漆必须用毛刷或喷涂法,严禁用滚筒代替,以免在漆面形成气孔,影响混凝土光洁度。

(4)刷漆干燥后的大模板应直立堆放,相邻模板接触面用土工布隔开,防止损伤漆膜。

5.2.4 大模板安装

(1)测量放样:

①模板安装前应按设计结构尺寸进行放样,测出闸墩中心线及立模控制边线。

②基础面凹凸不平处应按水平高程用水泥砂浆找平。

(2)按模板组合图对模板进行编号,有条件的话应进行现场试拼装。

(3)模板安装前在所有模板接缝处粘贴双面胶带,防止接缝漏浆。

(4)模板安装应从圆弧端头开始,圆弧端安装就位后进行临时固定,然后进行平面模板安装。平面模板安装应相向对称安装,就位后立即在模板定位孔内插入定位销,拧上连接螺栓,将模板定位拉杆固定在支架上,防止模板偏位。

(5)首层模板安装完成后,应及时安装穿管拉条螺杆和内撑,通过调整定位拉杆校正模板垂直度和上口平直度,拧紧拉条螺丝。首层模板的安装精度应严格控制,否则将直接影响上层模板的安装精度。

(6)门槽、检修孔等特殊部位的模板和预埋件应先于大模板进行预安装,待大模板安装固定后进行调整。

(7)牛腿模板安装。牛腿模板安装应事先在承重支架上部架设工字钢,然后将牛腿模板吊装就位,利用千斤顶和手拉葫芦调整到位后进行加固。

(8)为保证混凝土外观,穿管拉条螺杆孔布置应结合结构和美观均匀布置,严禁随意开孔。穿管拉条螺杆两端设置尼龙堵头与PVC管套接,为防止水泥浆渗入,连接处应采用胶带纸缠绕密封。拉条螺杆连接如图3所示。

(9)大模板安装过程中应尽量避免擦碰钢筋,可在钢筋外层竖向绑扎若干胶皮管,防止模板面直接与钢筋摩擦,损坏模板漆面。

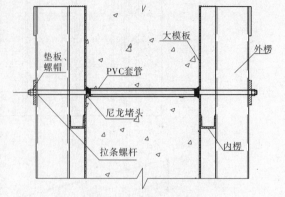

图3 拉条螺杆连接

5.2.5 大模板拆除

(1)为了保证闸墩混凝土色泽一致,大模板的拆模时间应一致,冬季一般为混凝土浇筑完成后48 h,夏季一般为24 h,承重结构模板达到设计强度后方可拆除。

(2)按拆模顺序抽出拉条螺杆,铸死的拉条螺杆应割除。

(3)模板拆除应自上而下进行,先拆除牛腿模板,然后依次拆除上下游圆弧端模板,然后拆除平板模板。

(4)平板模板的拆除应对称进行,先用塔吊钢丝绳系住模板,然后依次松开定位拉杆、抽出穿管拉杆、卸下连接螺栓,模板自然脱离混凝土面后起吊至堆存点。

(5)模板不能自然脱离混凝土面时,可用撬棍利用模板侧向接缝轻轻撬动,或者用手拉葫芦将模板拉脱。严禁用撬棍等紧贴混凝土面撬动模板,损伤混凝土面层。

(6)模板清理。涂刷模板漆后的模板表面一般不易黏附混凝土,拆除模板在模板面尚未完全干燥前,用清水冲洗并用拖把拖净即可。模板清理严禁采用铲刀等尖锐物体,以免损坏漆膜。

5.2.6 钢筋制作安装

(1)钢筋品种、规格应符合设计要求,钢筋宜在加工厂制作成型。

(2)闸墩竖向钢筋采用电渣压力焊焊接,焊接质量标准应满足要求。水平筋搭接采用电焊焊接,以增加整体刚度(当闸墩浇筑高度小于6 m时,可采用搭接)。

(3)闸墩浇筑高度大于6 m时,设计无拉结筋时应增设拉结钢筋,水平及竖向间距为1 500~2 000 mm,以确保闸墩钢筋横向断面尺寸,防止整体变形。

(4)闸墩高度较高时,钢筋可分段施工。当施工高度达到6 m以上需继续施工时,应利用支架设置定位拉杆,防止钢筋失稳扭曲变形。模板安装时应根据模板安装进度分段拆除定位拉杆。

(5)钢筋安装完成应及时绑扎保护层垫块,垫块应绑扎牢固,以防止垫块脱落造成钢筋划伤大模板漆膜。

5.2.7 混凝土浇筑

5.2.7.1 混凝土配合比设计

清水混凝土要求表面光洁度高、色泽一致,混凝土的配合比设计应遵循以下原则。

(1)水泥强度等级≥45.2,质量稳定、强度富余系数大,应采用同一生产厂家同一品种水泥。

(2)水泥厂水泥生产过程的掺合料品种和掺量要相对稳定。

(3)砂石骨料级配连续,应选用产自同一料场颜色一致的砂石骨料。

(4)混凝土掺合料可以提高混凝土密实度,有效改善混凝土的抗渗、抗侵蚀性,减小水胶比。掺合料应选用二级以上粉煤灰或平均粒径小于0.1 mm的矿粉,且掺量不大于胶结料总量的20%。

(5)外加剂:掺加高效减水剂可以有效减小水胶比,降低水化热,提高混凝土和易性和耐久性。

5.2.7.2 混凝土拌和

混凝土的拌和直接影响清水混凝土的效果,混凝土拌和要求:

(1)混凝土拌和设备应采用自动化计量配料装置。

(2)各种外加剂的掺量必须准确。

(3)混凝土拌和时间比常规混凝土拌和时间延长 20～30 s。

(4)混凝土拌和用水应采用可饮用的洁净水。

5.2.7.3 混凝土浇筑

(1)混凝土采用有仓面浇筑,串筒下料法。串筒间距一般为 3～4 m,串筒下端距混凝土面的高度应≤2 m。仓面高度大于 6 m 时,应采用钢丝绳连接串筒,防止吊钩脱落。

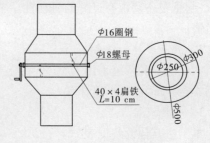

图4　混凝土缓冲筒

(2)当仓面高度大于 6 m 时,为防止混凝土下料过程中产生离析,应在串筒中部设置缓冲筒,减缓混凝土冲击力,避免混凝土离析;缓冲筒结构如图4所示。

(3)混凝土浇筑分层厚度应根据浇筑强度、初凝时间、振捣器功率等确定,一般以 40 cm 左右为宜。

(4)混凝土采用二次振捣法。为了确保清水混凝土外观质量,减少表面水气泡,在浇筑上层混凝土的同时应对下层混凝土进行二次振捣,通过二次振捣排除混凝土内因泌水在粗骨料间及水平筋下部存在的水分及空隙,提高混凝土与钢筋的握裹力,防止因混凝土沉落而出现的裂缝,减少内部微裂,消除泌水对外观的影响。二次振捣还可以提高混凝土的密实度、均匀性和抗渗性,提高水泥与粗骨料间界面粘接强度,增加水平钢筋与混凝土的握裹力和竖向钢筋的抗拔力。同时又能加速水泥的水化作用,消除由于收缩产生的内应力,提高了混凝土的外观质量。

(5)混凝土的二次振捣必须严格控制振捣时间,应在混凝土初凝前进行,混凝土初凝后不得进行二次振捣,以免破坏混凝土结构。

5.2.7.4 混凝土表面处理和养护

(1)模板拆除后应全面检查闸墩混凝土是否存在缺陷,并清除拆模过程黏附在混凝土表面的混凝土碎屑。

(2)对检查发现的混凝土表面缺陷应技术处理。凸出混凝土表面的细小接缝,可采用水砂纸打磨平整。局部气泡明显处可采用与混凝土同品种水泥和白水泥按一定比例混合搅拌均匀,调制成与混凝土相近的颜色,用塑料刮片将气泡嵌批平整,用棉纱擦去多余的水泥浆即可。

(3)闸墩拉条螺杆穿管孔内应用药卷型水泥锚固剂填充捣实,堵头孔采用与混凝土同品种水泥、白水泥、砂,掺加适量微膨胀剂调制的砂浆嵌补密实。

(4)混凝土养护可采用塑料薄膜包裹墩体或喷洒养护剂,混凝土的养护时间不少于 14 d。

(5)洒水养护法水质应洁净,避免污染混凝土表面。

6　材料与设备

6.1　主要材料

6.1.1　水泥

清水混凝土选用普通硅酸盐水泥,强度等级为 P·O 42.5。

6.1.2　骨料

粗骨料为洁净的天然或人工破碎料,级配须连续,骨料的最大粒径≤40 mm。

6.1.3　粉煤灰

粉煤灰选用二级灰。

6.1.4　模板漆

本工法采用 BT－20 改性聚氨酯模板漆。

6.2 主要设备

6.2.1 模板吊装设备

模板吊装设备应结合混凝土垂直运输考虑。设备必须满足模板安装的范围、高度和起重量的要求,起重设备要求有良好的机动性。本工法采用 K40/21 塔式起重机进行模板安装和混凝土垂直运输。

6.2.2 混凝土拌和设备

本工法拌和系统采用 JZM750 混凝土搅拌机及配套 PL1600 电子自动配料机,混凝土水平运输采用 4 台 6 m^3 混凝土搅拌车。

6.2.3 其他设备

本工法其他设备见表1。

表 1　施工常用设备一览

序号	设备名称	设备型号	单位	数量	用途
1	汽车吊	25 t	台	1	模板倒运
2	模板除锈机	自制	台	2	模板除锈
3	型钢矫正机	自制	台	1	
4	角向磨光机		台	4	模板修理
5	混凝土搅拌车	6 m^3	台	4	混凝土运输
6	钢筋调直机		台	1	钢筋调直
7	钢筋弯曲机	GW40	台	1	钢筋加工
8	电焊机	BX－300	台	4	钢筋、模板加工
9	钢筋切断机	GJ40	台	1	钢筋加工
10	手拉葫芦	3 t	台	4	模板校正
11	千斤顶	5 t	台	2	模板校正

7　质量控制

7.1　质量标准

本工法施工质量控制参照以下规范:

(1)《水电水利工程模板施工规范》(DL/T 5110—2000)。

(2)《水工混凝土施工规范》(DL/T 5144—2001)。

(3)《水工混凝土钢筋施工规范》(DL/T 5169—2002)。

(4)《清水混凝土应用技术规程》(JGJ 169—2009)。

(5)《水工建筑物滑动模板施工技术规范》(SL 32—92)。

(6)《水利水电基本建设工程单元工程质量等级评定标准》(SDJ 249.1－88)。

(7)《混凝土拌和用水标准》(JGJ 63—2006)。

(8)《钢筋焊接及验收规程》(JGJ 18—2003)。

(9)《水工混凝土外加剂技术规程》(DL/T 5100—1999)

(10)《水工混凝土试验规程》(DL/T 5150—2001)。

(11)《水工混凝土掺用粉煤灰技术规程》(DL/T 5055—2007)

7.2　混凝土质量控制

(1)清水混凝土必须严格按设计级配拌制,无特殊情况不得调整。

(2)混凝土各组分材料应计量准确,自动配料装置的计量精度须定期校验。

(3)混凝土拌和物要求性能稳定,无泌水、离析现象,混凝土罐口坍落度不得大于 9 cm。气温较高或长途运输的坍落度损失不宜过大,混凝土运输宜采用专用运输车,容器应洁净,无积水残渣。

(4)清水混凝土浇筑应严格控制分层厚度和分层浇筑的间隔时间,分层厚度一般不得大于40 cm。混凝土应振捣均匀,严禁漏振、过振,二次振捣必须在上层混凝土覆盖前完成。

(5)混凝土振捣过程中严禁振捣棒直接接触止水片、钢筋、预埋件、对拉螺栓等部位。

(6)清水混凝土结构允许偏差与检查方法参照《清水混凝土应用技术规程》(JGJ 169—2009),应符合表2的规定。

表2　清水混凝土结构允许偏差与检查方法

序号	项目		允许偏差(mm)		检查方法
			普通清水混凝土	饰面清水混凝土	
1	轴线位移		6	5	尺量
2	截面尺寸		±5	±3	尺量
3	垂直度	层高	8	5	经纬仪、线坠、尺量
		全高	$H/1\ 000$ 且≤30	$H/1\ 000$ 且≤30	
4	表面平整度		4	3	2 m靠尺、塞尺
5	角线顺直		4	3	拉线、尺量
6	预留洞口中心位移		10	8	尺量
7	标高(层高/全高)		±8/±30	±5/±30	水准仪、尺量
8	阴阳角	方正	4	3	尺量
		顺直	4	3	
9	明缝直线度		—	3	拉5 m线,不足5 m拉通线,钢尺检查
10	蝉缝错台		—	2	尺量

(7)清水混凝土外观质量要求表面颜色基本一致,接缝严密,无麻面、挂帘、错台等缺陷。外观质量采用感官检查,质量标准与检验方法见表3。

表3　外观质量标准与检验方法

序号	项目	普通清水混凝土	饰面清水混凝土	检查方法
1	颜色	无明显色差	颜色基本一致,无明显色差	距离墙面5 m观察
2	修补	少量修补痕迹	基本无修补痕迹	距离墙面5 m观察
3	气泡	气泡分散	直径不大于8 mm,深度不大于2 mm,每平方米气泡不大于20 cm²	尺量
4	裂缝	宽度小于0.2 mm	宽度小于0.2 mm	尺量、刻度放大镜
5	光洁度	无明显漏浆、流淌及冲刷	无漏浆、流淌及冲刷痕迹,无油迹、锈迹及粉化物	观察
6	对拉螺栓孔	排列整齐、孔洞封堵密实	排列整齐、孔洞封堵密实,凹孔棱角清晰圆润	观察、尺量
7	明缝	—	位置规律整齐,深度一致,水平交圈	观察、尺量
8	蝉缝	—	横平竖直,水平交圈	观察、尺量

7.3 钢筋

（1）钢筋施工应严格执行《水工混凝土钢筋施工规范》（DL/T 5169—2002）的质量要求。

（2）所有进场钢筋均应有产品合格证和试验报告单，并按规定进行抽复检，除常规力学试验外，钢筋的焊接性能必须满足要求。

（3）钢筋表面应洁净，使用前应将表面油渍、锈皮等清除，钢筋安装完成后应妥加保护，防止锈蚀后污染模板，影响清水混凝土效果。

（4）钢筋绑扎的扎扣末端应向内弯折，钢筋绑扎完成后应及时安装保护层垫块，保护层垫块的色泽应与混凝土色泽一致。当对拉螺栓与钢筋位置发生冲突时，应遵循钢筋避让对拉螺栓的原则。

7.4 模板

7.4.1 模板制作

模板制作应按设计要求尺寸加工，焊接方式及焊缝高度必须满足设计要求。清水混凝土大钢模制作允许偏差见表4。

表4 清水混凝土大钢模制作允许偏差

序号	项目	允许偏差（mm）	检验方法
1	模板高度	±2	尺量
2	模板宽度	±1	尺量
3	模板对角线	≤3	塞尺、尺量
4	板面平整度	3	2 m靠尺、塞尺
5	边肋平直度	2	2 m靠尺、塞尺
6	连接孔中心距	±1	游标卡尺

7.4.2 模板安装

（1）模板安装前应检查模板面是否洁净，模板漆是否有破损或脱皮。

（2）模板间的拼缝应平整、严密，模板支撑应稳固。拉条螺杆不得弯曲、套管接头应严密，螺帽应拧紧并确保受力均匀。

（3）模板拼装完成后应逐层校正，模板安装的允许偏差见表5。

表5 清水混凝土大钢模安装允许偏差

序号	项目		允许偏差（mm）	检验方法
1	轴线位移		4	尺量
2	截面尺寸		±4	尺量
3	标高		+5	水准仪、尺量
4	模板垂直度	$H \leq 5$ m	4	经纬仪、线坠、尺量
		$H \geq 5$ m	6	
5	表面平整度		3	塞尺、尺量
6	阴阳角方正	方正	3	角尺、塞尺
		顺直	3	线尺
7	预留洞口	中心位移	8	拉线、尺量
		空洞尺寸	+8、0	拉线、尺量
8	预埋件	中心位移	3	拉线、尺量

7.5 成品保护

(1)清水混凝土浇筑完成后,后续工序施工时,要注意对清水混凝土面的保护。

(2)拆模过程中模板不得碰撞混凝土面,对易碰撞部位特别是预留洞口、阳角等易受损部位需采取粘贴木条等保护措施。

(3)混凝土养护过程中应注意防止养护用水污染混凝土表面。

(4)混凝土施工缝凿毛处理时,应在与先浇块结合部位用切割机切出深度为1.5 cm的水平缝,再进行凿毛处理,以保证接缝平直。

8 安全措施

8.1 承重架和仓面

(1)支模(承重)架搭设应根据上部结构荷载计算确定,满足《建筑施工扣件式钢管脚手架安全技术规程》的要求。

(2)脚手架搭设人员须经培训并考核合格,持证上岗。

(3)脚手架使用期间应定期进行检查和维护,及时紧固扣件;严禁随意拆除立杆和主节点处的纵横向水平杆。

(4)6级以上大风或大雾、雨雪冰冻天气应停止施工。

(5)仓面脚手架应搭设牢固,满足仓面施工荷载、设置护栏和安全网,仓面板应满铺并绑扎牢固,漏斗周边应封闭,防止坠物伤害仓内人员。

(6)仓面漏斗、溜筒等应安装稳固,溜筒应用钢丝绳串连,防止下料过程中脱落。

8.2 起重和运输安全

(1)机械操作人员必须按规定对设备进行例行保养和检修,确保设备安全完好。

(2)起重机司机和驾驶人员必须持证上岗,不得酒后或疲劳作业。

(3)严禁塔吊带病、超负荷作业;车辆运输严禁超载超速。

(4)吊机吊运混凝土入仓必须上下设专人指挥,不得随意更换。

(5)起重设备的止轨器、吊钩、钢丝绳、吊罐的吊耳及吊罐放料口等应经常检查维修,确保设备完好。

(6)有6级以上大风时不得进行塔吊起重作业。

8.3 模板制作安装

(1)模板除锈、除尘作业必须佩戴护目镜、口罩。

(2)有高血压等不宜进行高空作业的人员严禁从事模板安装作业。

(3)模板吊装的钢丝绳、卸扣等应及时检查,如有断丝、滑牙,不得使用。

(4)模板吊装必须有专人指挥,模板吊装就位后必须立即采取临时固定措施,防止倾覆。

8.4 混凝土浇筑

(1)仓内人员必须戴安全帽,穿胶靴并使用其他必要的防护用品。

(2)仓内振捣器、电缆必须架空,严禁直接放置在混凝土面上。仓内照明用电应采用36 V低压照明。

(3)仓面高度大于5 m时仓内应安装通风降温设备。

(4)混凝土下料应有专人指挥,仓面上下采用对讲机进行联络,确保联络畅通。

9 环保措施

(1)材料运输、贮备要使用专用机具与设备,采取防尘和防泄漏措施,防止对环境的污染。

(2)现场设污水处理池,施工废水经处理合格后方可进行排放。模板漆、稀释剂等化工材料应集中放置,统一处理,以免污染环境。

(3)施工现场作业产生的灰尘,应及时洒水降尘,模板除锈应采用吸尘机等回收设备,防止污染环境。

(4)施工材料按要求整齐堆放,减少占地面积。

(5)在施工中,采用科学的施工管理方法合理安排施工作业,减少各施工工序的施工时间,减少电、水等能源浪费。

10 效益分析

(1)闸墩等水工构筑物采用大钢模清水混凝土施工,有利于加快施工进度、提高施工质量,具有显著的经济效益。

①模板工程占水工混凝土造价的比例一般为20% ~30%,采用传统木模板的周转次数一般在4~5次,而采用大钢模由于模板本身结构强度高、坚固耐用,周转次数是木模板的10倍以上,综合考虑残值利用等因素,大钢模的综合成本比木模板低。

②大钢模利用塔机等起重设备辅助安装,利用模板支撑系统采用工具式组装加固,施工进度快,单位面积的工效比木模板提高2倍以上。

③大钢模设计通过不同模数组合,可以通过不同模板尺寸的改装组合,实现多个工程再利用效益。

④采用工具式拉条螺栓,可反复利用,节约了大量的材料。

(2)水工混凝土体积较大,采用大钢模适应性好。由于模板具有高强度的特点,一次立模高度可达15 m以上,不但加快了施工进度、增加了混凝土浇筑方量,同时减少了混凝土施工缝。

(3)在不增加水泥用量的前提下,通过清水混凝土的配合比设计、利用大钢模和一系列施工措施,使混凝土的外观质量得到很大的提高。

(4)通过采用大钢模清水混凝土工法,能够促进企业的技术进步。对企业提高精品意识、塑造精品工程,具有十分重要的作用。

(5)随着清水混凝土施工工法的推广,水工混凝土结构外观质量的提升,对促进水利工程混凝土施工技术水平的提高,具有十分显著的社会效益。

11 应用实例

11.1 永嘉县楠溪江供水工程拦河闸枢纽一期工程

永嘉县楠溪江供水工程拦河闸枢纽一期工程总投资6.1亿元,工程等级为Ⅱ等工程。拦河闸设8孔宽12 m的开敞式挡水闸,设计最大过闸单宽流量84.8 m^2/s。闸底板高程▽3.0 m,启闭平台高程▽24.1 m,闸墩高21.1 m、上下游长16 m、中墩厚2.0 m、缝墩厚1.5 m,闸墩混凝土强度等级为C25W4F50,共有中墩4个、缝墩9个。拦河闸混凝土分隔墙长290 m、厚2.5 m、高4~6.5 m。

本工程位于楠溪江景区,楠溪江系国家级风景区,枢纽工程是景区的亮点,混凝土结构外观质量要求高。业主要求闸墩混凝土浇筑尽量一次成型,闸墩的分次浇筑高度从原计划6 m提高到一次浇筑13.5 m,全部拦河闸闸墩及部分分隔墙采用大钢模清水混凝土浇筑,闸墩平均施工周期16 d。

闸墩混凝土成型表面平整光洁、色泽一致、圆弧与平面连接线条柔和顺畅、牛腿部位棱角顺直、拉条螺栓堵头孔分布均匀,混凝土表面呈亚光。闸墩细腻、质朴、庄重的外观,为秀丽的楠溪江山水增景添色,与楠溪江山水融为一体。

本工程于2009年10月15日通过浙江省水利厅验收并投入运行。系浙江省内首次采用大钢模清水混凝土工法施工,施工质量优良,获得了业主、设计、监理、质量监督部门的好评。

11.2 永嘉县楠溪江供水工程拦河闸枢纽二期工程

楠溪江供水工程拦河闸枢纽二期工程,设 6 孔宽 12 m 的开敞式挡水闸,2 孔净宽 5 m 调流闸,设计最大过闸单宽流量 84.8 m^2/s。闸底板高程▽1.5 m,启闭平台高程▽24.1 m,闸墩高 22.6 m、上下游长 16 m、中墩厚 2.0 m、缝墩厚 1.5～2.5 m,闸墩混凝土强度等级为 C25W4F50,共有中墩 5 个、缝墩 8 个。

本工程全部闸墩均采用大钢模清水混凝土浇筑,闸墩首次浇筑高度 15 m,首次浇筑的闸墩平均施工周期 16.5 d。

经检测,闸墩各部位结构尺寸和外观质量均达到清水混凝土结构允许偏差质量标准。闸墩表面平整光洁、色泽一致、圆弧与平面连接线条柔和顺畅、牛腿部位棱角顺直,拉条螺栓堵头孔分布均匀,混凝土表面呈亚光,达到了清水混凝土质量标准。

11.3 绍兴县滨海闸枢纽工程

滨海闸枢纽工程位于浙江省绍兴县海涂口门丘西片新围海涂,其北直接面临钱塘江,西与萧山海涂相连,南侧为九七丘海涂,东侧与口门丘中东片新围海涂相接。本工程由挡潮闸(规模为 3 孔、每孔净宽 8 m)、节制闸(规模为 4 孔,每孔宽 8 m)和 1.7 km 河道(河宽 100 m)组成,具有防洪(潮)、治涝、改善水环境等综合效益。排涝闸闸室主体采用三孔整体式结构,每孔净宽 8 m,计有两个中墩,两个边墩。闸墩在上下游方向的长均为 20 m,闸墩的宽度中墩为 1.8 m,两边墩 1.5 m,中墩为使水流顺畅在上下游两端的角部呈半径 0.5 m 的圆弧形。闸墩自高程 -0.50 m 到 10.40 m,全高 10.9 m,闸墩在下游端 5.6 m 处设一工作门槽,距工作门槽 4.3 m 的上游侧设一检修门槽,距工作门槽下游侧 4 m 处设一事故检修门槽,在工作门槽的下游侧设一道底高程为 4.50 m 的胸墙,混凝土工程量达 1 323 m。

本工程全部闸墩均采用大钢模清水混凝土浇筑,闸墩浇筑高度 10 m。经检测,闸墩各部位结构尺寸和外观质量均达到允许偏差质量标准。闸墩表面平整光洁、色泽一致,圆弧与平面连接线条柔和顺畅,拉条螺栓堵头孔分布均匀,混凝土内实外光,达到了清水混凝土质量标准。

(主要完成人:邹春江　林道冶　张尊阳　汤学兴　陈丐新)

高寒高海拔地区碾压式沥青混凝土
防渗心墙施工工法

安蓉建设总公司

1 前言

防渗心墙作为土石坝的重要组成部分,在施工过程中作为重点控制部位,用做防渗心墙的材料一般包括黏土、砾石土、钢筋混凝土以及沥青混凝土等材料。近年来,沥青混凝土防渗心墙以其结构简单、工程量小、施工速度快、防渗性能可靠和良好的适应变形性能,已越来越多地应用于土石坝工程中,但在高寒高海拔以及深厚覆盖层地区如何在确保施工质量的同时,加快施工进度成为了一个技术难题亟待解决。

西藏旁多水利枢纽工程地处拉萨河的中游,海拔 4 100 m,大坝为碾压式沥青混凝土防渗心墙砂砾石坝,坝基为砂砾石覆盖层厚超过了 400 m,地震烈度为 8 度,施工中需考虑深覆盖层、高地震烈度对心墙的影响以及在高寒缺氧环境下保证施工质量并加快施工进度。

安蓉建设总公司联合国内水工沥青混凝土施工知名专家和兄弟单位积极开展了科技创新,汲取国内已有研究成果,通过沥青混凝土心墙施工方案的实施、技术研究,解决了高寒高海拔地区碾压式沥青混凝土心墙施工中一系列重要技术难题,加快了工程进度,保证了施工形象和施工质量,最终形成了适用高寒高海拔地区的碾压式沥青混凝土防渗心墙施工工法。

2 工法特点

(1)经现场研究和改装,形成了一套适应高寒高海拔地区碾压式沥青混凝土心墙施工的碱骨料加工系统、沥青混凝土拌和系统、沥青混凝土运输设备、沥青混凝土摊铺设备、沥青混凝土碾压设备、沥青混凝土试验检测设备以及所需用的辅助设施。

(2)利用国内公路沥青混凝土摊铺机改装形成了专用的大型沥青混凝土防渗心墙摊铺机,可同时摊铺过渡料和沥青混合料,且沥青混合料的摊铺宽度和厚度可根据设计要求在一定范围内调节。改变了依靠进口设备改装摊铺机的现状,实现了专用设备的自主保障。

(3)通过试验研究形成了一套适用于高寒高海拔地区沥青混凝土配合比设计方法,在保证了施工质量的同时有良好的经济效益。

(4)针对高海拔地区高紫外线照射条件下的沥青防护以及碾压式沥青混凝土防渗心墙低温条件下的防护形成有效措施,保证了施工质量。

(5)碾压式沥青混凝土防渗心墙为热法施工,对温度要求高,其施工受自然条件制约多,尤其在高寒高海拔地区气候尤为恶劣,低温、高辐射、大风、雨季为常见的恶劣天气,采取详细可行的施工技术及防护措施,以确保施工质量和施工进度。

(6)碾压式沥青混凝土防渗墙分两期施工的接缝质量保证措施。

3 适用范围

高寒高海拔地区各类土石坝碾压式沥青混凝土防渗心墙的施工。

4 工艺原理

施工主要环节有:沥青施工机械设备改装,矿料加工,沥青混凝土拌和、运输、摊铺、碾压、仓面保护等。施工前,利用充足的时间进行室内、现场和生产性试验,取得各项施工工艺参数以指导现场施工。施工中对全过程进行质量检测和控制,重点控制原材料质量;沥青混合料的拌和时间;沥青混合料的拌和、铺筑等过程的各种温度;各种接缝施工质量;沥青混合料的摊铺速度、碾压速度、碾压方式、碾压遍数等技术参数,确保沥青混凝土施工质量。施工后采用无损和钻孔的方式进行沥青混凝土施工质量的检测。同时对一、二期心墙接缝处理、心墙防护、冬季施工等方面进行全面的探索。整个施工过程从原材料、配合比、各个施工环节和施工后的检测、低温季节的保护等各方面严格进行控制,从而使沥青混凝土施工质量满足设计要求。

5 施工工艺流程及操作要点

5.1 施工工艺流程

施工工艺流程如下:

施工准备—矿料加工—沥青混合料制备—沥青混凝土心墙铺筑—沥青混凝土心墙质量检测,具体见图1。

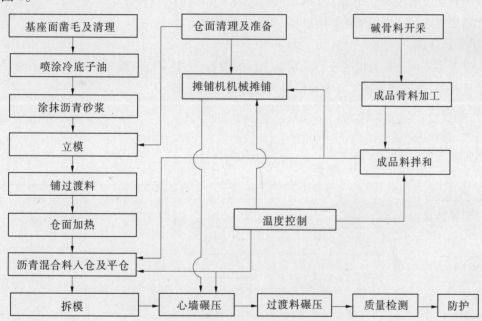

图1 碾压式沥青混凝土防渗墙施工工艺流程

5.2 操作要点

5.2.1 沥青混凝土心墙施工设备

5.2.1.1 碱骨料加工系统

碱骨料加工系统采用两段破碎、一级制砂工艺,粗破为颚式破碎机,中破为反击式破碎机,制砂采用圆锥破,设两道筛分系统,在一次筛分与中破和制砂机之间采用皮带机形成循环系统。风选系统对小石、砂和矿粉进行风选。矿粉不足部分用磨粉机进行补充。

5.2.1.2 沥青拌和系统

沥青拌和系统采用强制间隙式沥青混凝土拌和楼,一般包括脱桶系统、沥青储罐、冷料仓、干燥筒、二次筛分系统、拌和主机、除尘系统、成品料储罐及操作室。沥青混凝土拌和系统选型要考虑到高海拔地区对设备的降效的影响,一般按照铭牌生产能力的50%进行考虑。脱桶系统在高原上使用时,要考虑加热温度的降效影响。

5.2.1.3 运输摊铺设备

1. 运输设备

运输设备采用5 t自卸车改装,其中车斗采用保温改装,车斗上加盖,起到保温防尘的效果。自卸车到摊铺机的转运由改装装载机进行,装载机料斗进行保温改装。

2. 摊铺设备

摊铺机由徐工集团生产的RP951A型公路沥青混凝土摊铺机改装而成,是首次在国产公路沥青混凝土摊铺机基础上进行改装,首次实现碾压式沥青混凝土心墙摊铺机的国产化,摊铺机自身携带的加热装置受高原气候影响较大,所使用的加热设备必须能适应高原的气候。摊铺机主要由主机、沥青保温料斗、红外加热装置、对中监控系统、温度检测装置、振动熨平板、框模、过渡料分料斗、激光找平系统。

5.2.1.4 压实设备

沥青混凝土心墙采用2.5 t振动碾和1.5 t振动碾,使用2.5 t振动碾作为主要压实设备,1.5 t振动碾作为收光碾压设备。冲击夯或人工夯振动边角振动碾压不到的部位进行人工压实。振动碾选择时必须要考虑到高原因素的影响,一般要配备增压泵。

5.2.1.5 辅助设备

辅助设备主要用于沥青混凝土心墙辅助生产的设备,主要有红外线加热器、卸料平台、保温罩、人工摊铺模板等,根据现场施工需要灵活进行辅助设备的配备。

5.2.2 矿料加工

5.2.2.1 矿料加工流程

矿料加工流程见图2。

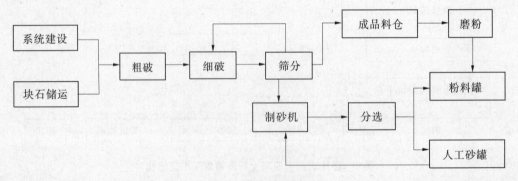

图2 矿料加工流程

5.2.2.2 施工工艺及要求

沥青混凝土用骨料一般采用碱骨料加工而成,一般为灰岩、大理岩等含$CaCO_3$成分的岩石,要求其碱度模数大于1,$CaCO_3$含量95%以上。块石储存设防雨棚,严格控制其含水量。

沥青混凝土骨料加工一般采用两段破碎、一级制砂工艺,一般成品骨料分为粗骨料、细骨料和填料,粗骨料包括大石(10～20 mm)、中石(5～10 mm)、小石(2.5～5 mm),细骨料即砂(0.075～2.5 mm),填料又称矿粉(<0.075 mm)。成品骨料要采取可靠的防雨措施,严格控制其含水率,尤其要控制矿粉的含水率。生产过程中对非磁性弱磁性金属物体的探测、剔除。

5.2.3 沥青混合料制备

5.2.3.1 沥青混合料制备工艺流程

沥青混合料制备工艺流程图见图3。

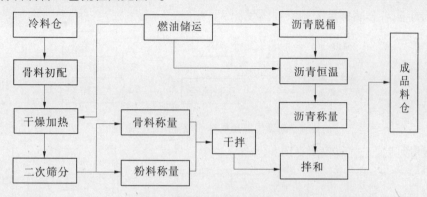

图3 沥青混合料制备工艺流程

5.2.3.2 施工工艺

沥青混合料的制备采用连续烘干、间歇计量和拌和的综合式工艺流程。主要包括沥青储存、熔化、脱水、加热、恒温与输送,骨料粗配及干燥加热,沥青混合料的拌制,沥青混合料的储存与保温等环节。

1.沥青储存、熔化、脱水、加热、恒温

沥青储存数量满足现场施工需要,桶装沥青运至工地现场后堆存高度在1.8 m以内,并有足够的通道供运输和消防急用,不同批号的沥青分别堆存,防止混杂,沥青桶不能太阳直射,在高海拔地区尤其应防止紫外线照射引起沥青老化。

沥青脱桶、脱水与恒温采用柴油作为燃料,燃烧炉加热和导热油为加热介质的加热方式,沥青脱水温度控制在110~130 ℃,配有打泡和脱水装置,使水分气化溢出,防止热沥青溢沸。沥青熔化、脱水一定时间后,继续加热至150~170 ℃,低温季节取较高温度值,加热时间控制在6 h以内。沥青恒温温度控制在150~170 ℃,严格控制上限温度。沥青加热至规定温度后输送至恒温罐储存使用,恒温时间不超过24 h,以防沥青老化。沥青从恒温罐至拌和楼采用外部保温的双层管道输送,内管与外管间通导热油,避免沥青在输送过程中凝固堵塞管道。

2.骨料初配及干燥加热

成品料仓的骨料经过胶带机或其他设备各级配料仓备用,冷骨料均匀连续地进入干燥加热筒加热,加热温度控制为170~190 ℃。经过干燥加热的混合骨料,用热料提升机提升至拌和楼顶进行二次筛分。热料经过筛分分级,按粒径尺寸储存在热料斗内,供配料使用。

3.沥青混合料的拌制

沥青混合料采用重量配合比,矿料以干燥状态为标准,矿料和沥青分别分级计量和单独计量,配料严格按照监理工程师批准的沥青混凝土配料单进行配料。所有称量设备在使用前都进行校准、测试,并定期予以校验,以保证称量精度。

在沥青混合料正式生产前须对混合料拌和系统各种装置进行检测,主要检测称量系统的精度、计时、测温设备及其他控制装置的运行情况。拌制沥青混合料时,先投骨料和矿粉干拌15~25 s,再喷洒沥青湿拌45~60 s,具体拌和时间通过试验确定。拌出的沥青混合料确保色泽均匀,稀稠一致,无花白料、黄烟及其他异常现象,卸料时不产生离析,出机口温度宜控制在160 ℃,具体以满足沥青混凝土摊铺和碾压温度要求为准。

4.沥青混合料储存与保温

沥青混合料采用保温储罐储存。沥青混合料保温按24 h内每4 h温度降低不超过1 ℃,沥青混合料储罐采用电加热方式加热,储罐保温采用矿棉层保温。

5.2.4 沥青混凝土防渗心墙铺筑

5.2.4.1 沥青混凝土防渗心墙铺筑工艺流程

沥青混凝土防渗心墙铺筑工艺流程图见图4。

图4 沥青混凝土防渗心墙铺筑工艺流程

人工摊铺段铺筑工艺流程图见图5。

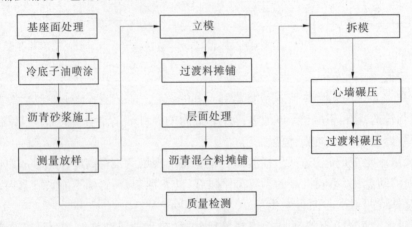

图5 人工摊铺段铺筑工艺流程

机械摊铺段铺筑工艺流程图见图6。

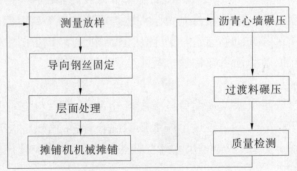

图6 机械摊铺段铺筑工艺流程

5.2.4.2 沥青混凝土防渗心墙施工工艺

1.基座处理

沥青混凝土心墙基座主要采取凿毛、喷涂稀释沥青和涂抹沥青砂浆处理。凿毛将基座表面混凝土松散颗粒清除干净,将其表面的浮浆、乳皮、废渣及黏着污物等全部清理干净,保证混凝土表面干净和干燥;基座表面喷涂稀释沥青对沥青混凝土与水泥混凝土的黏结具有很大的影响。一般稀释沥青比例为沥青:汽油=3:7(或4:6),施工现场采用喷雾器喷涂,稀释沥青涂层厚度均匀、干涸后颜色为浅黑为最佳喷涂效果。稀释沥青配制时,要在空旷的地方进行,注意消防安全;沥青砂浆的主要作用是提高沥青混凝土和水泥混凝土基座之间的黏结效果,使沥青混凝土和水泥混凝土基座构成一个密实、完整的防渗体系。稀释沥青中有机油质全部挥发、表面干涸不沾手后方可涂抹沥青砂浆,沥青砂浆按照试验及经批准的配合比进行施工,通常涂抹厚度为 1 cm,控制施工温度为 160 ℃。

2. 沥青混合料运输

沥青混合料运输采用经保温改装的 5 t 自卸车和改装装载机进行运输,沥青混合料运输设备具有良好的保温效果,能保证沥青混合料运输过程中温度损失控制在允许范围,运输过程中不出现骨料分离和外漏,能保证沥青混合料连续、均匀、快速及时地从拌和楼运至铺筑部位。运送沥青混合料的车辆或料罐的容量应与沥青混合料的拌和、摊铺机械的生产能力相适应。

3. 沥青混合料摊铺

1)模板的架设和拆卸

人工摊铺使用自制的钢模,人工架设的钢模牢固、拼接严密、尺寸准确、拆卸方便,钢模定位后的中心线距心墙设计中心线的偏差不超过 ±5 mm,沥青混合料碾压之前,先将钢模拔出并及时将表面黏附物清除干净;机械摊铺采用自带的钢模,施工中要经常矫正钢模的尺寸,以确保心墙的宽度满足设计要求。

2)过渡料铺填

人工摊铺段的过渡料采用挖机进行,辅以人工进行配合,填筑前,宜用防雨布等遮盖心墙表面。遮盖宽度应超出两侧模板 30 cm 以上;机械摊铺段,过渡料的摊铺宽度和厚度由摊铺机自动调节,摊铺机无法摊铺的部位,宜采用人工配合其他施工机械补铺过渡料。

3)沥青混合料的铺筑

沥青混凝土心墙采用水平分层,层厚度控制为 20~30 cm,采取全轴线不分段一次摊铺碾压的施工方法。沥青混凝土心墙与过渡料、坝壳料填筑尽量同步上升,均衡施工,以保证压实质量。心墙和过渡层与坝壳料的高差不大于 80 cm。

人工摊铺,每次铺筑前,应根据沥青混凝土心墙和过渡层的结构要求及施工要求调校铺筑宽度、厚度等相关参数;机械摊铺时应经常检测和校正摊铺机的控制系统,摊铺速度以 1~3 m/min,机械难以铺筑的部位辅以人工摊铺。

连续铺筑 2 层以上的沥青混凝土时,下层沥青混凝土表面温度应降到 100 ℃ 以下方可摊铺上层沥青混合料。沥青混合料的入仓温度应通过试验确定,宜控制为 140~170 ℃。

4. 沥青混合料碾压

沥青混合料碾压采用专用振动碾,按沥青混凝土心墙不同高程的设计宽度,分别采用不同型号的心墙专用碾压设备和不同的碾压方式进行碾压。为确保心墙宽度,宜采用先碾压心墙,再碾压过渡料。根据不同心墙宽度采用双边骑缝碾压、单边骑缝碾压和贴缝碾压。当振动碾碾轮宽度小于沥青混凝土心墙宽度时宜采用贴缝碾压,且宜采用较大吨位(碾轮宽度较大)振动碾以减少搭接部位。当振动碾碾轮宽度大于沥青混凝土心墙宽度时宜采用单边骑缝碾压。重叠碾压宽度不小于 15 cm。采用双边骑缝碾压为避免污染仓面,用帆布覆盖沥青混合料后再进行碾压。

沥青混合料的碾压应先无振碾压,再有振碾压;碾压速度宜控制在 20~30 m/min;碾压遍数通过试验确定,前后两段交接处重叠碾压 30~50 cm。碾压时振动碾不得急刹车或横跨心墙行车。碾压施工过程中,不应将柴油或其他油水混合料物直接喷洒在层面上,受油料污染的沥青混合料应当清除。各种机械不得对沥青混凝土防渗心墙造成扰动,直接跨越心墙时要经过仔细论证。在心墙两侧 2 m 范围内,不得使用 10 t 以上的大型机械作业。

沥青混合料碾压时严格控制碾压温度,初碾温度宜控制在 140~145 ℃,终碾温度不宜低于 110 ℃,最佳碾压温度由试验确定。整个碾压过程应做到不粘碾、不陷碾、沥青混凝土表面不开裂。

当沥青含量较大时,可以采用盖布碾压,以防止沥青混凝土粘碾。碾压完成后,要及时将帆布揭掉,有利于碾压后的沥青混凝土心墙排除气泡。

5. 接缝及层面处理

1)沥青混凝土心墙横向接缝处理

沥青混凝土心墙尽量保证全线均衡上升,保证同一高程施工,减少横缝。当必须出现横缝时,其结合坡度做成缓于1∶3的斜坡,上下层横缝错开2 m以上。接缝施工时,使用人工剔除表面粗颗粒骨料,先用汽油夯夯实斜坡面至沥青混凝土表面返油,再用振动碾在横缝处碾压,使沥青混合料密实。在下次沥青混合料摊铺前,人工用钢钎凿除斜坡尖角处的沥青混凝土,并且钢丝刷除去黏附在沥青混凝土表面的污物并用高压风吹净,再在表面涂抹一层沥青砂浆,沥青混合料摊铺时,使用红外加热器加热层面温度达70 ℃以上,再进行沥青混合料摊铺、碾压。

2)层面处理

在已压实的心墙上继续铺筑前,应将结合面清理干净。污染面采用压缩空气喷吹清除。如喷吹不能完全清除,应用红外线加热器烘烤污染面,使其软化后铲除。当沥青混凝土心墙层面温度低于70 ℃时,采用红外线加热器加热至70~100 ℃。加热时,控制加热时间以防沥青混凝土老化。

沥青混凝土表面停歇时间较长时,采取覆盖保护措施。将结合面清理干净,并将层面干燥、加热至70 ℃以上时,方可铺筑沥青混凝土,必要时应另在层面上均匀喷涂一层稀释沥青,待稀释沥青干涸后再铺筑上层沥青混合料。

沥青混凝土心墙钻孔取芯后留下的孔洞应及时回填,回填时应先将钻孔吹洗干净,擦干孔内积水,用管式红外加热器将孔壁烘干并使沥青混凝土表面温度达到70 ℃以上,再用热沥青混合料按5 cm一层分层回填,人工使用捣棒捣实。

5.3 沥青混凝土配合比试验

5.3.1 沥青混凝土配合比设计理论

水工沥青混凝土的配合比设计采用矿料级配和沥青用量作为配合比设计的两个主要参数,其中矿料级配用三个参数(D_{max}、d_i、P_i)来表征,骨料每一粒径d_i的通过率P_i均有一特定范围,各粒级矿料的通过率计算公式如下:

$$P_i = 100 - \frac{1 - (d_i/D_{max})^n}{1 - (0.074/D_{max})^n}(100 - P_{0.074}) \tag{1}$$

式中:P_i为粒径为d_i的总通过率;D_{max}为骨料最大粒径;$P_{0.074}$为0.074 mm筛上的总通过率。

各粒级矿料的通过范围是根据碾压式水工沥青混凝土的矿料级配特征来确定的,因此该设计理论具有较强的包容性,能较好地适应不同的骨料级配。通过东北尼尔基、西藏旁多水利枢纽工程试验,体现了对工程较好的适应性,且便于工程现场的调整。

5.3.2 高海拔地区沥青混凝土配合比设计

高海拔地区一般地处高地震烈度地带,西藏旁多水利枢纽的地震烈度为8度,同时具备深覆盖层特点,再加上强辐射气候的影响,沥青混凝土混凝土配合比设计要充分考虑到适应大变形、抗老化的影响,沥青含量相比其他地区工程要适当提高,西藏旁多水利枢纽大坝碾压式沥青混凝土心墙的沥青含量要求不低于6.8%(油石比),实际施工过程中按照沥青含量7.1%(油石比)进行控制。沥青混凝土配合比设计经过室内设计和试验、现场施工模拟试验调整和生产性试验的验证,最终才能确定,试验调整过程中要充分考虑到高海拔地区的不利条件影响。

5.3.3 施工配合比的确定

碾压式沥青混凝土心墙施工参数经过室内配合比、现场施工模拟试验和现场生产性试验进行确定。通过室内试验推荐用于现场施工模拟试验的配合比,现场施工模拟试验一般根据现场施工情况模拟正常的施工程序进行,试验段的长度一般为30~50 m,基座混凝土按照实际基座混凝土的尺寸及混凝土强度等级进行,通过模拟试验确定现场施工配合比、施工参数及温度控制参数。现场生产性试验在大坝沥青混凝土心墙基座上进行,按人工摊铺和机械摊铺分别进行,确定心墙最终的施工参数。

5.4 沥青混凝土心墙一、二期接头处理

为加快现场施工进度,提前发挥工程效益,心墙可以分期进行施工。西藏旁多水利枢纽心墙分两期进行施工,由此带来一、二期接头处理的问题。接头处理的质量直接决定了心墙的防渗效果,因为高海拔地区的强辐射影响,会引起沥青心墙表面的老化,一、二期心墙施工间歇期较长,一期心墙完工后要对心墙表面进行覆盖,一般采用帆布覆盖表面,再在帆布上覆土的办法进行防护,所盖砂砾石厚度不低于 1 m,一、二期接头形式如图 7 所示,接头必须增加渗径长度。接头施工要先确定一期心墙表面老化深度,然后将一期接头表面松散的老化层敲掉,在表面涂抹一层沥青砂浆,二期心墙接头按照设计的接头型式进行施工,二期接头施工过程中要加强对一期接头的烘烤,以增加一二期心墙的黏结。

(a)刺墙型式   (b)扩大头型式

图 7   一、二期沥青混凝土心墙接头型式

5.5 雨季施工

高海拔地区一般雨季为 6~9 月,多为阵雨。在雨季施工时,要密切注意工区内的天气动态,遇有下雨征兆时,立即停止沥青混合料的拌和,及时完成已拌和好的沥青混合料铺填,采用帆布对已铺好的心墙进行覆盖,及时进行碾压,对已准备好的仓位采用防雨布进行覆盖。雨停后,对仓面进行清理,采用红外加热器对仓位表面积水进行烘干后可以继续进行施工。

5.6 低温季节施工

经过低温季节沥青混凝土心墙施工试验,采取防护措施后在低温季节进行沥青混凝土心墙施工是可行的。低温季节施工的主要措施包括:①适当提高沥青混合料的出机口温度和入仓温度;②加强对沥青混合料运输设备的保温,减少温度损失;③沥青混合料摊铺好后及时进行覆盖,防止心墙表面温度下降过快;④适当提高初碾温度和增加碾压遍数;⑤碾压完成后及时用保温罩进行覆盖,保温罩上要加盖棉被,防止沥青表面温度损失过快,有利于气泡的排除。

5.7 沥青混凝土心墙防护

沥青混凝土心墙防护主要对高海拔地区强紫外线照射的防护和沥青混凝土心墙的越冬防护,对一、二期心墙接头采用帆布覆盖砂砾石的方法对紫外线照射进行防护;施工中的心墙,采用帆布覆盖的方法对心墙进行防护。土石坝一般施工工期较长,这就需要做好对心墙的越冬防护。在高寒高海拔地区昼夜温差较大,不利于心墙碾压后靠自身的调节密实,在冬季暂停施工,寒冷天气容易造成表面裂缝。防护方法为在心墙表面盖一层帆布,然后在帆布上面覆盖砂砾石,砂砾石厚度要大于当地冻土层的厚度。

5.8 劳动力组织

根据每个项目的工程量大小、施工的具体情况,劳动力的需求有所不同。一般看来,进行碾压式沥青混凝土防渗心墙施工所需劳动力如表 1 所示。

表1 劳动力组织情况

序号	单项工程	人数
1	管理人员	8
2	技术人员	10
3	矿料加工及混合料拌和系统施工	60
4	沥青混凝土现场施工	40
5	辅助施工人员	20
6	合 计	140

6 材料与设备

6.1 沥青混凝土及其原材料

沥青混凝土原材料主要包括沥青及矿料,沥青一般使用同一厂家同一品牌的的水工沥青,一般用水工70号沥青,每批沥青出厂时应该有出厂合格证和品质检验报告,运输过程中包装不破损、不受侵蚀和污染、不因过热而发生老化,沥青储存应按照批号分批储存,防止混杂。矿料主要包括粗细骨料和填料,矿料的品质应满足设计和规范要求,级配良好,各组分组成的级配曲线应满足试验提出的级配曲线要求,经现场施工实践,骨料超逊径可以不作为主要指标进行控制,但粗骨料最大一级不得有超径,施工过程中应每班对骨料级配进行检测,根据骨料级配曲线及时对配合比进行调整。

6.2 沥青混凝土主要施工机械设备

沥青混凝土主要施工机械设备见表2。

表2 沥青混凝土主要施工机械设备

序号	名 称	型号规格	数量	用 途
一、沥青混凝土矿料加工系统				
1	自卸汽车	20 t	5辆	块石、过渡料运输
2	装载机	3.0 m³	1台	块石料转运
3	胶带输送机	B650	410 m/7条	矿料运输
4	胶带输送机	B800	100 m/4条	矿料运输
5	细骨料储罐	500 t	1个	骨料储存
6	矿粉储罐	500 t	1个	矿粉储存
7	颚式破碎机	48~85 t/h	1台	矿料加工
8	反击式破碎机	50~80 t/h	1台	矿料加工
9	立轴式冲击破碎机	30~65 t/h	1台	矿料加工
10	选粉机	15~20 t/h	1台	矿料加工
11	圆振筛	2YKR2052	1台	矿料加工
12	圆振筛	YKR1645	1台	矿料加工
13	振动给料机	GZG803	2台	矿料加工
14	螺旋输送机	GX250	4台	矿料加工
15	斗式提升机	D250	2台	矿料加工
16	电磁除铁器	RCDB－12	1台	矿料加工
17	离心风机	4－72－12C	1台	矿料加工
18	离心风机	4－72－12.5C	1台	矿料加工

序号	名 称	型号规格	数量	用 途
19	脉冲袋式收尘器	DMC－54	1 台	加工系统除尘
20	脉冲袋式收尘器	DMC－54	1 台	加工系统除尘
21	电子汽车衡	50 t	1 台	
22	通信器材		1 套	
二、沥青混合料拌和系统				
23	沥青混凝土拌和楼	60～120 t/h	1 套	拌制水工沥青混凝土
24	文丘里除尘器		1 套	
25	热油加热器		1 套	
26	沥青恒温罐		1 个	
27	沥青脱水脱桶加热设备	5～8 t/h	1 套	
28	沥青泵	25 t/h	3 台	
29	热油泵		3 台	
30	柴油泵	2 100 L/h	3 台	
31	柴油储罐	30 t	2 个	
32	燃油运输车	5 t	2 辆	系统及施工供油
33	犁式卸料器		3 个	
34	消防器材		1 套	
35	水 泵		2 台	
36	变压器	500～1 000 kVA	1 台	
三、沥青混凝土现场铺筑设备				
37	摊铺机	50～100 t/h	1 套	沥青混合料摊铺
38	振动碾	2.5 t	3 台	过渡料、沥青混合料碾压
39	振动碾	1.5 t	2 台	沥青混合料碾压
40	汽油夯	H8－60	1 台	边角部位夯实
41	沥青混合料保温车	8 t	3 辆	沥青混合料运输
42	空压机	9 m³	2 台	心墙层面处理
43	反铲	1.5 m³	1 台	过渡料喂料、铺料
44	装载机	2.8 m³	1 台	过渡料上料
45	远红外加热器		2 套	心墙层面加热
46	全站仪		1 台	心墙测量
47	钢栈桥		2 座	跨心墙运输通道
48	对讲机		10 部	现场通信
49	装载机（带保温料斗）	3.5 m³	1 台	沥青混合料垂直运输

7 质量控制

7.1 工程质量控制标准

碾压式沥青混凝土防渗心墙施工质量按照《水工碾压式沥青混凝土施工规范》（DL/T 5363—2006）和设计要求进行。一般从原材料的检验与控制、沥青混合料制备质量的检验与控制和沥青混凝土施工质量的检验与控制等方面进行。

7.1.1 原材料的检验与控制

（1）对沥青混凝土的组成材料包括沥青、骨料、填料等的品质应严格控制，做到出厂（场）控制、入场检测合格后验收。

（2）沥青混凝土原材料质量标准及检测项目和检测频率按表3进行。

表3　沥青混凝土原材料检测项目和检测频率

检测对象	取样地点	检测项目			质量标准	检测频次	检测目的
沥青	沥青仓库	针入度(0.1 mm)			61～80	同厂家、同标号沥青每批检测一次，每30～50 t或一批不足30 t取样1组，若样品检测结果差值大，应增加检测组数	沥青进场质量检验
		软化点(℃)			47～55		
		延度(cm,15 ℃)			≥150		
		延度(cm,4 ℃)			≥10		
		密度(g/cm³)			实测	同厂家、同标号沥青每批检测一次，取样2～3组，超过1 000 t增加一组	
		含蜡量(%)			≤2.0		
		当量脆点(℃)			≤-8		
		溶解度(%)			≥99.0		
		闪点(℃)			≥230		
		薄膜烘箱	质量损失(%)		≤0.4	同厂家、同标号沥青每批检测一次，每30～50 t或一批不足30 t取样1组，若样品检测结果差值大，应增加检测组数	
			针入度比(%)		≥65		
			延度(cm,15 ℃)		≥100		
			延度(cm,4 ℃)		≥4		
			软化点升高(℃)		≤3		
粗骨料	成品料仓	密度(g/cm³)			>2 600	每1 000～1 500 m³为一取样单位，不足1 000 m³按一取样单位抽样检测	材料品质检定
		吸水率(%)			<2.5		
		针片状颗粒含量(%)			<10		
		坚固性(%)			<12		
		黏附性			>4级		
		含泥量(%)			<0.3		
		级配及超逊径	超径(%)		<5	每100～200 m³为一取样单位，不足100 m³按一取样单位抽样检测	控制生产
			逊径(%)		<10		
细骨料(含人工砂和天然砂)	成品料仓	密度(g/cm³)			>2 600	每1 000～1 500 m³为一取样单位，不足1 000 m³按一取样单位抽样检测	材料品质检定
		吸水率(%)			<3		
		坚固性(%)			<15		
		黏土、尘土、炭块			无		
		水稳定等级			>6级		
		超径(%)			<5		
		石粉含量(%)			<5		
		含泥量(%)			<0.3		
		轻物质含量(%)			<1		
填料	储料罐	密度(g/cm³)			>2 600	每50～100 t取样一次，不足50 t按一取样单位抽样检测	材料品质检定
		含水率(%)			<0.5		
		亲水系数			<1		
		级配	筛孔尺寸(mm)，通过率(%)	0.60	100	每10 t取样一次，不足10 t按一取样单位抽样检测	控制生产
				0.15	>90		
				0.075	>80		

（3）沥青运至工地，应在沥青堆放库抽取沥青样品进行品质检验。沥青检测指标任何一项不满足表3的要求，均为不合格品。已经通过检验接受的沥青，不管在任何时候对进场使用的沥青进行抽样检测时，若发现其指标与技术要求不符合，则该沥青为不合格品。

（4）骨料加工厂应根据生产工艺过程建立检验制度，按《水工碾压式沥青混凝土施工规范》（DL/T 5363—2006）规定的各项技术指标抽样检验，材料品质检验成果合格或者满足设计要求后方可使用。

（5）矿粉加工过程应加强工艺控制。填料应按本标准规定的各项技术指标进行检验验收，若密度、含水率、亲水系数指标不能全部达到要求，则不能使用。

（6）沥青混合料所用的各种改性剂，应与试验和设计所确定的材料性质相符，并按有关工业产品质量标准和设计的质量要求验收，每批或每3~5 t取样一组，检验合格后方能使用。

7.1.2 沥青混合料制备质量的检验与控制

（1）沥青混合料制备质量检验与控制包括原材料质量控制、工艺控制、温度控制、施工配合比控制等方面。

（2）沥青混合料制备过程中的检测与控制标准按表4进行。

表4　沥青混合料制备检测与控制标准

检验对象	检验场所	检验项目	检验目的及标准	检测频次
沥青	沥青加热灌	针入度、软化点、延度	符合本工法表2要求，掺配沥青应符合试验规定的要求	正常生产情况下，每天至少检查1次
		温度	150~170 ℃	随时监测
粗细骨料	热料仓	超逊径、级配	测定实际数值，计算施工配料单	计算施工配料单前应抽样检查，每天至少1次，连续烘干时，应从热料仓抽样检查
		温度	按拌和温度确定，控制在（180±10）℃	随时监测，间歇烘干时应在加热滚筒出口监测
矿粉	拌和系统矿粉罐	细度	计算施工配料单	必要时进行监测
沥青混合料	拌和楼出机口或铺筑现场	沥青用量	±0.3%	正常生产情况下，每天至少抽提1次
		矿料级配	粗骨料配合比允许误差±5%，细骨料配合比允许误差±3%，填料配合比允许误差±1%	正常生产情况下，每天至少抽提1次
		马歇尔稳定度和流值	按设计规定的要求	正常生产情况下，每天至少检验1次
		其他指标（如渗透系数、斜坡流值、弯拉强度、c、φ值等）	按设计规定的要求	定期进行检验。当现场可钻取规则试样时，可不在机口取样检验
		外观检查	色泽均匀、稀稠一致、无花白料、无黄烟及其他异常现象	混合料出机后，随时进行观察
		温度	按试拌试铺确定，或根据沥青针入度选定，控制在140~175 ℃	随时监测

（3）在沥青混合料制备过程中,应专门监测沥青、矿料和沥青混合料的温度,严格控制各工序的加热温度和沥青混合料的出机温度,并注意观察出机沥青混合料的外观质量。

凡沥青混合料质量出现下列情况之一时,自动按废料处理:

①沥青混合料配料单算错、用错或输入配料指令错误;

②配料时,任意一种材料的计量失控或漏配;

③未经监理工程师同意,擅自更改了配料单;

④外观检查发现有花白料、混合料时稀时稠或黄烟等现象;

⑤拌制好的沥青混合料在成品料仓内保存超过 48 h。

（4）沥青混合料检测应在施工现场沥青混合料摊铺完成但未碾压之前取料,检验其配合比和技术性质。在正常生产情况下,沿轴线方向每隔 5 m 取 2 kg 试样,从五个不同部位取样,样品总质量约 10 kg,均匀混合成一个样品,对沥青用量、矿料级配、孔隙率、马歇尔稳定度和流值进行检验。其他技术指标,按设计要求进行抽查。

7.1.3 沥青混凝土施工质量的检验与控制

（1）沥青混合料在铺筑过程中应对温度、厚度、宽度、碾压及外观进行检查控制,在施工过程中设置质量控制点。

①温度控制:

设专人严格对摊铺温度、初碾温度、终碾温度检查控制,掌握适宜的碾压时间。

②厚度控制:

由于摊铺机行走履带位于沥青混凝土心墙两侧压实后的过渡料上,因此施工过程中为保证摊铺厚度的均匀性,过渡料摊铺后采用人工辅助扒平,确保底层的平整,保证铺筑后的心墙略高于两侧过渡料。为了保证心墙厚度,摊铺机摊铺沥青混合料的速度必须控制均匀。

③宽度控制:

心墙断面为梯形渐变,而摊铺机为自带可调的竖直模板,施工过程中,精确计算每层的设计上、下底宽,摊铺时按每层设计最大宽度加 2 cm 左右富余进行摊铺宽度控制。沥青混合料摊铺前测量定出心墙轴线并用钢丝标识,调整摊铺机模板中线,与心墙轴线重合,摊铺机行走时,通过机器前面的摄像机可使操作者在驾驶室里通过监视器驾驶摊铺机精确地跟随钢丝前进,从而保证心轴线上、下游侧宽度满足设计要求。

④碾压控制:

振动碾在碾压前人工对碾轮清理干净,碾压温度、遍数、方式、速度严格按监理工程师批准的试验成果控制,振动碾行走过程中匀速行走,做到不突然刹车或横跨心墙。

⑤外观检查:

沥青心墙铺筑时,对每一铺筑层随时进行外观检查,发现蜂窝、麻面、空洞及花白填料、裂纹等现象,立即进行处理。

（2）在沥青混凝土摊铺施工的每一个施工单元,采用无损检测的方法对沥青混凝土密度、渗透系数和孔隙率进行检测。无损检测的项目及频次按表 5 进行。

表 5　现场无损检测的项目及频次

检验项目	检验内容	取样数量及检测频率
无损检测	密度	10～30 m 一次/每单元,试验阶段或有必要时可适当增加
	孔隙率	
	抗渗指标	100 m 一次/单元,试验阶段或有必要时可适当增加

（3）沥青混凝土摊铺、碾压施工完成并完全冷却与气温接近的条件下,钻孔取芯,进行沥青混

凝土的物理力学性能试验。钻取芯样的长度应根据试验项目而定,一般不小于 45 cm。

沥青混凝土钻孔取芯的检测内容及频率按表 6 进行。

表 6　芯样检测内容及频率

项目	取样数量及检测频率
密度	沥青混凝土心墙每升高 2～4 m 或每摊铺 1 000～1 500 m³ 检测一次,沿坝轴线每 100～150 m 布置钻取芯样 2 组;必要时,加密检测
孔隙率	
抗渗指标	
马歇尔稳定度、流值等	按设计要求
小梁弯曲	
三轴试验	
其他指标	

（4）不合格测点的处理:

无损检测发现不合格的测点,应在该测点处钻取芯样进行复测:

①芯样测试值合格,则确定沥青混凝土质量满足要求;

②若芯样测试值仍不合格,应经过分析施工资料,扩大钻芯检测范围,确定处理方案。

7.2　质量保证措施

（1）建立以项目经理为责任人的质量保证体系,并按照质量体系要求进行职能分配,做到职责明确,各司其责。

（2）严格执行 ISO 9000 标准,及时编制质量计划,设置质量控制点。

（3）认真推行全面质量管理,制定和完善各项质量管理制度和约束机制的全过程,奖优罚劣。

（4）统一施工管理,严格控制工序施工质量、工序衔接及分段流水作业,保证均衡上升、连续施工。

（5）对所有参加沥青混凝土的施工人员,进行技术培训,合格后才能上岗。

（6）设施工专职质检员,做好各工序的质检工作,做到前道工序不合格不允许下道工序施工。

（7）搞好技术交底工作,使每一位参与该项施工的人员明确工艺指标,提高施工质量。

（8）沥青混凝土施工用矿料和心墙两侧过渡料必须经现场施工质检验收,符合设计要求才能使用。

（9）质量满足要求的矿料,堆放在净料堆场内,并采取隔离防雨和排水措施,防止污染。

（10）做好原材料的检测试验工作,确保各项指标满足设计要求。

（11）做好沥青混合料拌和的质量控制,对拌制不合格的沥青混合料作废弃处理。

（12）沥青混凝土运输道路,采用较缓的纵坡,并保证路面平整,路面派专人维护,保证运输机械在运沥青混合料过程中,减少沥青混合料温度损失,并保证不使沥青混合料在运输途中发生骨料分离。

（13）严格控制沥青混凝土施工温度、铺筑厚度、铺筑宽度、压实参数,确保沥青混凝土施工质量。

（14）做好机械设备保养和维护工作,确保机械完好率。

（15）在沥青混凝土铺筑的全过程中,必须详细做好施工记录,其主要内容有:

①铺筑的高程、层号、起止桩号。

②每一铺筑层的沥青混凝土方量,沥青混凝土所用原材料的品种、质量以及沥青混凝土施工配合比。

③每一铺筑层的起止时间、施工期间所发生的意外事故、模板情况、生产安全情况。

④铺筑地点的气温、气象、每一铺筑层的各种原材料温度、沥青混合料出机温度、摊铺温度和碾压温度。

⑤仓面的铺筑方法(人工或摊铺机),铺筑长度、横缝条数、位置及结合坡度。

⑥每一铺筑层的摊铺厚度、压实厚度、碾压遍数(无振和有振)、表面平整情况、孔隙率的测试结果及沥青混凝土的容重。

⑦沥青混凝土试件的试验结果及分析。

⑧特殊情况下的处理措施及效果分析。

⑨施工监测仪器的埋设部位、埋设日期、埋设高程及其相应的观测依据。

8 安全措施

8.1 施工安全

沥青混凝土生产为高温作业,必须建立安全生产制度,有相应的安全组织,安全管理人员,对职工加强安全教育,定期进行安全检查,及时发现问题,采取措施防止事故发生。

(1)认真贯彻"安全第一、预防为主、综合治理"的方针,根据国家的有关规定、条例、结合施工单位实际情况和工程的具体特点,组成专职安全员和班组兼职安全员参加的安全生产管理网络,执行安全生产责任制,明确各级人员的职责,抓好工程的安全生产。

(2)施工现场按符合防火、防风、防雷、防洪、防触电等安全规定及安全施工要求进行布置,并完善布置各种安全标识。

(3)各类房屋、库房、料场等的消防安全距离做到符合公安部门的规定,室内不堆放易燃品;严格做到不在木工加工场、料库等处吸烟;随时清除现场的易燃杂物;不在有火种的场所或其近旁堆放生产物资。

(4)建立完善的施工安全保证体系,加强施工作业中的安全检查,确保作业标准化、规范化。

(5)建立的安全制度,所有工作人员培训合格方能上岗,并经常进行安全教育和检查。

(6)对各种机械设备及施工安全设施进行定期检查,消除安全隐患。

(7)沥青罐、油料罐及输送管路应经常检查,发现渗漏及时处理,以防着火。

(8)沥青加热应注意控制温度,不得超过闪点,以防着火。

(9)沥青罐加盖铁盖防护,以免雨水浸入发生溢沸伤人。

(10)沥青罐开口及各阀门开口方向禁止站人,以防沥青突然喷出伤人。

(11)为沥青混凝土施工安全所制定的各项安全操作规程,必须严格执行,并随时接受监理人的检查。

(12)各种施工机械和电器设备,均按有关安全操作规程、规范操作养护和维修。

(13)施工现场尤其是易燃易爆品仓库和储罐,配备消防设备。

8.2 劳动保护措施

(1)定期给施工操作人员发放必需的劳动保护用品。

(2)沥青操作人员穿束袖、束裤工作服,戴口罩、手套,用毛巾围颈。喷洒沥青工段工作人员戴鞋罩。对沥青有过敏反应的人员不参加施工。

(3)粉尘较重部位的工人佩戴目镜和防尘口罩。

(4)施工现场配备柴油、纱头、肥皂(或洗衣粉)、毛巾和洗手用具,以便操作人员清洗。

8.3 消防

沥青混凝土骨料和沥青混合料拌制系统要除尘防污、防火、防爆并定期检查更换消防器材,保证消防设施完好。

8.4 防暑降温

沥青混凝土的夏季施工应采取防暑降温措施,合理安排施工时段,避开炎夏高温时段施工,以防施工人员中暑。

8.5 施工工地的医疗、急救

施工工地应配备医务人员和保健药品,如有烫伤人员,则立即处置并送医院。

9 环保措施

(1)成立对应的施工环境卫生管理机构,在工程施工过程中严格遵守国家和地方政府下发的有关环境保护的法律、法规和规章,加强对施工燃油、工程材料、设备、废水、生产生活垃圾、弃渣的控制和治理,遵守有防火及废弃物处理的规章制度,做好交通环境疏导,充分满足便民要求,认真接受城市交通管理,随时接受相关单位的监督检查。

(2)将施工场地和作业限制在工程建设允许的范围内,合理布置、规范围挡,做到标牌清楚、齐全,各种标识醒目,施工场地整洁文明。

(3)对施工中可能影响到的各种公共设施制定可靠的防治损坏和移位的实施措施,加强实施中的监测、应对和验证,同时,将相关方案和要求向全体施工人员详细交底。

(4)定期清运沉淀泥沙,做好泥沙、弃渣及其他工程材料运输过程中的防散落与沿途污染措施,废水除按环境卫生指标进行处理达标外,并按当地环保要求的指定地点排放。弃渣及其他工程废弃物按工程建设指定的地点和方案进行合理堆放和处治。

(5)优先选用先进的环保机械。采取设立隔音墙、隔音罩等消音措施降低施工噪声到允许值以下,同时尽可能避免夜间施工。

(6)对施工场地道路进行硬化,并在晴天经常对施工通行道路进行洒水,防止尘土飞扬,污染周围环境。

(7)沥青混凝土拌和系统应远离生活区及其他作业区,并宜设在施工区的下风处。

(8)矿料加工及干燥加热工段应做好粉尘收集,使之达到卫生标准。

(9)烟道有足够的高度,以利有毒气体的排放和扩散。

10 效益分析

(1)沥青混凝土心墙施工技术在高寒高海拔地区的成功使用,既避免了采用黏土心墙给生态环境脆弱且不易修复的高寒高海拔地区带来的环境破坏,同时相比较混凝土心墙投资较省,为类似工程建设提供了可靠的决策依据和技术指标,社会效益、环境效益和经济效益显著。

(2)本工法将沥青混凝土心墙施工采用全机械化施工,尤其第一次成功利用国产公路摊铺机上进行碾压式沥青混凝土心墙摊铺机改装,实现该项设备的国产化,解决了沥青混凝土心墙施工设备依靠进口而制约了其施工技术的广泛推广,大大促进沥青混凝土心墙施工技术进一步提高,具有较高的技术价值和社会、经济效益。

11 应用实例

该工法目前已成功应用于西藏旁多水利枢纽大坝碾压式沥青混凝土心墙工程,系碾压式沥青混凝土防渗心墙首次在高海拔地区应用,枢纽地处西藏自治区拉萨河的中游,位于林周县旁多乡下游 1.5 km,距下游拉萨市直线距离约 63 km,以灌溉、发电为主,兼顾防洪和供水的综合利用工程,库容 12.3 亿 m^3,地震基本烈度为 8 度,最大坝高 71 m,坝顶宽度 10 m,大坝为碾压式沥青混凝土心墙砂砾石坝,沥青混凝土心墙顶高程 4 099.40 m,底高程 4 035.9 m,底部 3 m 高的沥青混凝土心墙厚度由 2.2 m 渐变到 1 m,其余心墙厚度从 1 m 变到 0.7 m,沥青混凝土共计 54 865 m^3,心墙两侧设置 4 m 宽的砂砾石过渡料。整个枢纽大坝具有深覆盖层、高地震烈度等特点,同时具有低温、强辐射和夏季多雨的高海拔地区气候特点。

通过对高海拔地区碾压式沥青混凝土的室内配合比试验、现场施工模拟试验、生产性试验的总结,初步形成高寒高海拔地区碾压式沥青混凝土心墙施工工法,经过两年来的施工验证和再提高,修改和完善了高寒高海拔地区碾压式沥青混凝土心墙施工工法,可供类似工程借鉴之用。

(主要完成人:付光均　赵兴安　邱炽兴　王海波　向尚君)

寒冷地区砂砾石坝料填筑施工工法

安蓉建设总公司

1 前言

砂砾石土石坝作为水利水电工程主要坝型之一,广泛应用于世界各个地区,特别是在青藏高原地区,地质结构年轻,人烟稀少,各条河流两岸孕育着丰富的砂砾石资源,可作为天然的筑坝材料。砂砾石具有易于开采、成本低廉、级配合理、施工质量易保证等特点,有着极高的利用价值。

安蓉建设总公司长期在西藏和新疆寒冷地区承担水利水电工程施工,认真汲取国内已有研究成果,通过对寒冷地区深厚覆盖层分期坝体填筑质量控制进行认真研究,解决了深厚覆盖层分期坝体填筑不均匀沉降的技术难题及充分利用冬季低温季节砂砾石坝壳料填筑施工,加快了工程进度,保证了施工形象和施工质量,最终形成了适用寒冷地区砂砾石坝料填筑施工工法。

2 工法特点

(1)通过现场施工总结,优化现场施工方案及施工程序,规范了砂砾石坝壳料的填筑作业流程,形成了有助于加快施工进度的流水作业组织。

(2)通过现场碾压试验,总结最优碾压参数和最优含水率,提高了质量保证率,同时节约了现场施工成本,减少不必要的资源浪费。

(3)加强对岸坡、分区接头等特殊部位处理及检测频率,确保特殊部位质量可控。

(4)在冬季低温季节,根据西藏、新疆昼夜温差大的特点,通过合理规划料源开采,调整砂砾石含水率及碾压参数,确保冬季白天坝体填筑正常施工,提高寒冷地区砂砾石坝体填筑有效施工时间。

3 使用范围

寒冷地区深厚覆盖层上各类砂砾石坝壳料填筑施工。

4 工艺原理

砂砾石坝壳料填筑的主要工序包括运输、摊铺、洒水、碾压、检测等,通过现场碾压试验,确定砂砾石料的最优含水率,同时确定不同含水率对应的碾压参数,并对低温季节进行现场试验,确定低温季节砂砾石料填筑施工的最高含水率,确保低温季节填筑施工质量。在施工过程中,重点加强铺筑厚度、洒水、碾压遍数等质量控制,特别要重视岸坡、接缝等关键部位的质量控制,确保大坝填筑正常施工。

5 施工工艺流程及操作要点

5.1 施工工艺流程

大坝填筑施工程序如图1所示。

5.2 基础面验收

(1)坝基属隐蔽工程,由监理工程师组织四方验收,验收合格后经监理工程师允许方可进行填筑。

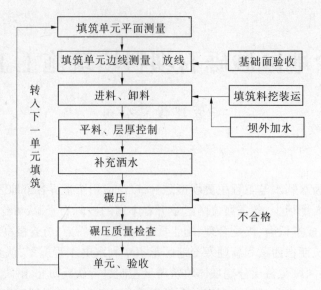

图1 大坝填筑施工程序

（2）坡岸开挖坝基及坡岸清理、渗水处理、地质构造处理，按监理要求进行，处理合格后报请监理工程师验收。

5.3 料源

5.3.1 坝壳料

在业主指定的旁多砂砾石料场开采直接上坝。

5.3.2 料场装料管理

料场设置现场管理人员，佩戴红色袖标，根据监理审批的料场开采方案，向作业人员进行技术交底，装料司机应熟悉坝体各区料的规格和质量要求。

5.4 坝料运输及卸料

5.4.1 运输及标识

（1）坝壳料采用25 t自卸车运输。

（2）坝料运输车辆设置料区标识牌，以区分各类上坝料。坝面上用白灰画出分界线，竖立料区运输车辆卸料地点。

5.4.2 卸料

（1）单元工作面上设专职人员指挥卸料，佩戴红色袖标。卸料指挥员未发出卸料信号，运输司机不得随意卸料。

（2）坝壳料宜采用进占法或后退法卸料。卸料时，根据铺层厚度、汽车厢容大小，应使卸料料堆之间保持适当距离，以利推土机平料。

5.4.3 泥团等不合格料的处理

（1）坝料开采装车时，注意分选，泥团和废料不得装车。

（2）各料场、渣场出路口设置坝料检查站，配备专职人员检查并及时将泥团和废料拣出。

（3）在坝体作业面设置专职队伍，在摊铺过程中及时将泥团和废料拣出，用斗车或编织袋集中堆放，然后用装载机或反铲装车运出。

5.5 铺料

（1）铺料层厚的控制是保证碾压质量的关键之一，其误差不应超过10%层厚。

（2）铺料前，根据各料区厚度，在回填区周边测量高程，用油漆或白灰标注回填层的等高线。铺料时，在前进方向用移动高度标志杆来控制推土机平料厚度（每个填筑单元可设移动标志2~3个）。

（3）推土机平料时，刀片应从料堆一侧最低处开始逐步向另一侧前方推料，并保持平整。每卸一车料后应及时摊铺,不应让卸料多排堆积,出现超厚现象。

(4)坝料与两岸山坡结合面,推土机应沿山坡线平整。

(5)铺料过程中,随时进行铺料厚度检测。对铺料超厚部位应及时处理。

5.6 坝料洒水

5.6.1 坝料洒水

在坝外设置加水站,对坝料进行加水。

为保证洒水的充足性和均匀性,安排专人负责用水枪或洒水车对坝料补充洒水。

5.6.2 加水量控制

(1)按照碾压试验确定的加水量,确定加水站洒水时间,一次性足量加入。遇雨天时,可按雨量大小由试验测定后,在坝面调整洒水量。

(2)坝壳料先做含水率试验,当含水率大于最佳含水率时,在料场脱水,当含水率小于最佳含水率时,在坝面铺料区进行洒水。

(3)同一填筑单元洒水和碾压时间相隔较长时,应重新洒水。

5.7 坝料碾压

(1)根据大坝填筑料的压实标准及现场碾压试验确定的施工压实参数。

(2)碾压路线应平行于坝轴线,前进和后退全振碾压,行驶速度不大于2 km/h。

(3)一般应采用错位法碾压,搭接宽度不小于20 cm。跨区碾压时,必须骑界线振压,骑线碾压最小宽度不小于50 cm。

(4)基础廊道附近的坝壳料,采用液压振动夯板和小型机械夯板夯实。

(5)振动碾水平碾压坝壳料时,钢轮外侧距上边缘应预留安全距离。水平碾压完成后,采用液压振动夯板或小型振动碾进行补充压实。

(6)安排专人实时监测振动碾运行工况,提示运行位置、碾压遍数、行车速度等。

5.8 特殊部位处理

5.8.1 临时断面边坡的处理

临时断面边坡采用台阶收坡法施工,平均坡比应≥1:1.4。后续回填时,采用推土机或反铲清除相应填筑层的台阶松散料,均匀地摊铺在该层进行碾压。搭接处增压2遍,保持坡面的碾压质量。

5.8.2 上坝路与坝体结合部位

(1)采用与坝体相同的料进行分层填筑。填筑质量按相同区料的填筑要求控制。

(2)坝区外下游侧路段与坝体接触部位,应采用反铲挖除,并清理松渣,按坝后浆砌石或干砌石要求砌筑块石。

5.8.3 坝体分期分段结合部位

(1)根据现场施工进度需要,形成的先期填筑区块坡面,采用台阶收坡法施工。

(2)在填筑单元之间、料区交接缝及坝料分段摊铺结合处,易产生粗颗粒集中及漏压、欠压等现象。采用反铲或其他机械将集中的粗颗粒料作分散处理,改善结合处填筑料的级配,碾压时,进行骑缝加强碾压。

5.9 冬季低温季节施工

5.9.1 低温对砂砾石填筑影响

因正常条件下砂砾石含水率较高,在低温季节施工,砂砾石上坝料易结冻,形成砂砾石结冻块体,砂砾石结冻块体在碾压过程中难以碾压密实。气温回升后,结冻块体解冻后,结冻块体分解成松散堆积体,从而影响坝体填筑质量。

5.9.2 低温季节砂砾石填筑施工措施

低温季节砂砾石填筑主要从控制砂砾石料结冻采取措施,主要从料源和施工现场采取措施,保证低温季节砂砾石填筑质量。

5.9.2.1 料场开采控制措施

经现场试验,砂砾石料含水率低于2%时,低温季节不易冻结。做好料场开采规划,非低温季节,开采料场下部及靠近山体侧含水率较高部位的料源,低温季节开采上部含水率较低部位的料源。同时在非低温季节料场开采时,采用带状间隔开采方案,在开采过程中预留足够带状料源,利用预留的带状料源自然失水,砂砾石料中含水率低于2%,满足低温季节填筑施工含水率要求。

西藏、新疆等地低温季节一般在12月至次年的3月,约占全年时间的30%。采用带状间隔开采方案,非低温季节开采宽度和预留低温季节开采宽度按7:3的比例,预留带状料源高度应大于6 m,增加预留带状料源的自然失水能力。带状间隔开采方案见图2。

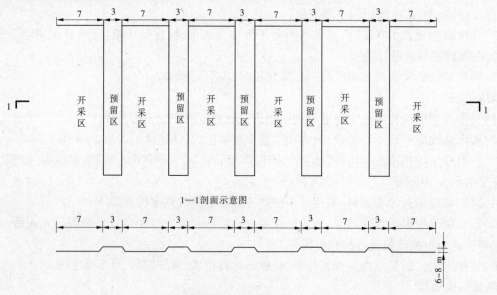

图2 带状间隔开采方案平面示意图

5.9.2.2 坝面铺料碾压措施

充分利用西藏昼夜温差大的特点,合理安排现场施工组织,确保砂砾石料在碾压时无冻结现象,确保低温季节施工质量。低温季节可通过夜间进行砂砾石上坝、摊铺,早上利用太阳照射对砂砾石料升温,进一步避免砂砾石料中冻结,利用下午气温较高时段集中进行碾压。

6 材料与设备

6.1 砂砾石坝壳料

砂砾石坝壳料级配宜连续,粒径小于0.075 mm颗粒含量不大于3%,含水率不大于5%,不均匀系数$C_u \geq 15$,坝壳砂砾石级配控制指标见表1。

表1 坝壳砂砾石级配控制指标

项目	D_{85}(mm)	D_{60}(mm)	D_{15}(mm)	D_{10}(mm)	<5 mm
与过渡料衔接3 m宽范围内	60~250	30~115	0.25~7	0.17~10.4	10~25
其他范围	60~250	30~115	0.25~13.9	0.17~10.4	10~25

6.2 主要施工设备

砂砾石坝壳料填筑主要设备配置如表2所示。

表2　砂砾石坝壳料填筑主要设备配置

序号	设备名称	型号规格	单位	数量
1	自卸汽车	25 t	辆	100
2	自卸汽车	20 t	辆	10
3	洒水车	12 t	辆	2
4	油罐车	10 t	辆	1
5	推土机	423 kW	台	1
6	推土机	235 kW	台	4
7	推土机	162 kW	台	2
8	振动碾	18 t	台	6
9	反铲	1.2 m³	台	2
10	反铲	1.6 m³	台	4
11	反铲	2.0 m³	台	6
12	液压振动平板	反铲装配	台	1
13	液压冲击锤	反铲装配	台	1
14	手持式冲击夯		台	6
15	装载机	3 m³	台	4
16	装载机	3.8 m³	台	2

7 质量控制

7.1 料源质量保证措施

（1）当超径材料含量较多,超过允许的上下限时,要事先进行格筛处理或坝面上安排人工挑拣控制或在料场内采用堆料混合法进行掺配,以满足施工技术参数的要求。

（2）根据堆石、块石的粒径及级配要求,确定石料场开采的爆破参数,在石料场尽量形成多个工作面,以满足上坝填筑的要求。

（3）砂砾石过渡料、堆石过渡料要求根据技术规范要求的级配曲线及各项指数要求,确定砂砾石料场的加工设备和工艺流程。做好料场四周的排水设施,各料堆场堆放在干净、平整的场地上,通过不同掺配比例和碾压试验确定填筑施工参数。

7.2 填筑质量保证措施

（1）在大坝填筑施工中,积极推行全面质量管理,建立健全施工质量保证体系和各级责任制。严格按照设计图纸、修改通知、监理工程师指示及有关施工技术规范进行施工。对工程质量严格实行"初检、复检、终检"的三检制。

（2）采用全站仪测放点线,严格控制填筑边线和坝体的轮廓尺寸。

（3）填筑施工前要精心进行填筑施工组织设计的编制和填筑碾压参数的设计,以确定合理的含水率、铺料厚度和碾压遍数等参数并报经监理工程师审查批准,具体的实施过程中再通过现场碾压试验不断优化调整,使其尽量达到最优。

(4)建立现场中心实验室,配备足够的专业人员和先进的设备,严格控制各种坝体填料的级配并检测分层铺料厚度、含水率、碾压遍数及干容重等碾压参数,保证在填筑过程中严格按照制定的碾压参数和施工程序进行施工。

(5)坝面施工统一管理,保证均衡上升和施工连续性,树立"预防为主"和"质量第一"观点,控制每一道工序的操作质量,防止发生质量事故。

(6)对大坝建基面,在进行填筑施工前,必须根据堰基地面的具体情况,将基础表面的浮渣、碎屑、松动岩石、草皮、树木、杂物、残渣、垃圾、腐殖土及其他有机质等予以彻底的清除处理,最后清除仓面积水,经监理工程师检查验收合格签证后方可进行填筑施工。

(7)碾压施工过程中要严格按照规范规定或监理工程师的指示进行分组取样试验分析,做到不合格材料不上坝,下面一层施工未达到技术质量要求不得进行上面一层料物的施工。

(8)设置足够的排水设施,有效排除工作面的积水并防止场外水流进填筑施工工作面以内,确保干地施工;雨季施工还要做好防雨措施,确保填筑施工质量。

(9)各个采料场、备料场及装载不同种类料物的车辆均应挂设醒目的标牌,并由专人指挥,防止不同种类的料物相互混杂和污染。

(10)施工后的坝体边坡应平整、顺直、洁净、均匀、美观,不得有反坡、倒悬坡、陡坎尖角等,坡面的杂物及松动石块等必须清除或处理。

(11)填筑料的质量必须满足设计和相关规范规定要求,施工过程中应重点检查各填筑部位的坝料质量、填筑厚度和碾压参数、碾压机械规格、重量(施工期间对碾重应每季度检查一次);检查碾压情况,以判断含水率、碾重等是否适当。

(12)坝体压实检查项目和取样试验次数应满足《碾压式土石坝施工规范》(DL/T 5129—2001),质量检查的仪器和操作方法应按《土工试验规程》(SL 237—99)进行,取样试坑必须按坝体填筑要求回填。

(13)对填筑的全过程实行全面质量管理,杜绝质量事故发生,确保施工质量。

8 安全措施

8.1 施工道路安全措施

(1)上坝道路及坝体临时道路应路基坚实、边坡稳定,纵坡一般控制在10%以内,个别地段短距离可根据现场情况适当放宽,道路外侧设置安全埂或安全墩。夜间应照明良好。

(2)道路应有专人养护,保持路面平整、排水畅通,路面上滚落的石渣应及时清除。

(3)在车流较大的交叉路口及环境复杂的路段设置安全警示标志,并设专人指挥。

(4)参与坝体填筑的机械应按技术性能的要求正确使用。缺少安全装置或安全装置已失效的机械设备不得使用。必须保持制动、喇叭、后视镜的完好。严格检查运输车辆性能状况。

(5)经常检查坝体两岸坡的稳定情况,在必要的地方设置安全防护和安全警示标志。

8.2 坝面作业安全措施

(1)坝面应划分作业区,将各工序作业尽量分开,避免互相干扰。

(2)浓雾或大雨雪天时,应暂停坝面施工,大风、雨雪时暂停坡岸下的施工,人员和设备严禁在坡岸下停留。

(3)夜间作业应有足够的照明。

(4)汽车倒车卸料时,应放缓速度,必须在指挥员的指挥下进行卸料和行走。

(5)推土机、振动碾操作手应精力集中,密切注意周边环境的变化,正确判断周边人和机械的运行趋势。复杂地段应有专人指挥。

（6）在摊铺过程中拣废料时，应首先向推土机操作手示意，在推土机停下或反向行走时进行。

（7）坝面指挥人员、拣废料人员应穿反光背心，严格劳动着装。指挥人员还应配备袖标、红绿旗和口哨，夜间应配备灯具。

（8）埋设仪器及控坑取样时，应圈定警戒范围，并设醒目警示标志。仪器埋设处应有醒目的警示标志和安全距离。

（9）施工机械在上下游及高处临时作业时，应预留足够的安全距离。

9 环保与资源节约

（1）成立对应的施工环境卫生管理机构，在工程施工过程中严格遵守国家和地方政府下发的有关环境保护的法律、法规和规章，加强对施工燃油、工程材料、设备、废水、生产生活垃圾、弃渣的控制和治理，遵守防火及废弃物处理的规章制度，做好交通环境疏导，充分满足便民要求，认真接受城市交通管理，随时接受相关单位的监督检查。

（2）做好料场开采规划，减少料场开采范围及植被破坏，料场尽可能安排在枢纽库区内。

（3）各种渣料分类放置，尽量回收利用渣料作为施工材料，做好料场及渣场等部位的排水设施，减少水土流失。

（4）对施工中可能影响到的各种公共设施制定可靠的防治损坏和移位的实施措施，加强实施中的监测、应对和验证，同时，将相关方案和要求向全体施工人员详细交底。

（5）定期清运沉淀泥沙，做好泥沙、弃渣及其他工程材料运输过程中的防散落与沿途污染措施，废水除按环境卫生指标进行处理达标外，并按当地环保要求的指定地点排放。弃渣及其他工程废弃物按工程建设指定的地点和方案进行合理堆放和处治。

（6）优先选用先进的环保机械。采取设立隔音墙、隔音罩等消音措施降低施工噪声到允许值以下，同时尽可能避免夜间施工。

（7）对施工场地道路进行硬化，并在晴天经常对施工通行道路进行洒水，防止尘土飞扬，污染周围环境。

10 效益分析

（1）用砂砾石料代替堆石料筑坝，砂砾石坝具有料源广泛、易于开采、成本节约等优点，同时减少堆石开采对西藏高原地区生态环境的破坏，有利于西藏生态环境保护。

（2）砂砾石料自然级配一般较好，粒径较小，有利于摊铺碾压及坝体碾压密实，质量易于控制，施工进度快。

11 应用实例

（1）西藏旁多水利枢纽地处西藏拉萨河流域中游，坝址位于拉萨市林周县旁多乡下游 1.5 km，距下游拉萨市直线距离约 63 km。旁多水利枢纽工程的开发任务以灌溉、发电为主，兼顾防洪和供水。水库正常蓄水位 4 095 m，电站装机容量 160 MW，灌溉面积 65.28 万亩。水库总库容12.3亿 m^3。大坝为碾压式沥青混凝土心墙砂砾石坝，坝顶高程 4 100.00 m，坝顶宽 12 m，最大坝高 72.30 m，坝顶长 1 052 m。大坝坝体工程分两期施工，一期导流期间主要施工左岸漫滩和阶地处坝体填筑，二期导流期间主要施工右岸预留 210 m 宽河床部位坝体填筑。坝体填筑总量约 1 005 万 m^3，其中砂砾石坝壳料填筑 789.64 万 m^3，堆石坝壳料填筑 143.6 万 m^3，砂砾石过渡料填筑 49.15 万 m^3，堆石过渡料 22.78 万 m^3。自 2010 年 8 月开始砂砾石坝壳料填筑施工，截至 2012 年 6 月底，累计填筑总量 500 万 m^3，月高峰填筑强度约 80 万 m^3。同时，通过合理规划料场开采，控制砂砾石上坝料含水率，于 2011 年 12 月成功组织了砂砾石坝壳料填筑施工，2012 年复工后，对 2011 年 12 月填筑的砂砾石坝体进行检测,各项质量指标及沉降均满足规范及设计要求。

　　(2)小石峡水电站位于新疆阿克苏地区库玛拉克河中下游温宿县与乌什县交界处,大坝主坝为钢筋混凝土面板砂砾石坝,坝顶高程为 1 483.30 m,溢洪道布置在右岸。大坝砂砾石填筑总量194.8 万 m^3。在开工和截流滞后的条件下,按期实现了度汛及下闸蓄水目标。

　　　　　　　　　　　　(**主要完成人**:付光均　邱炽兴　王海波　向尚君　汪劲松)

高陡坡抗分离溜管输送混凝土施工工法

广东水电二局股份有限公司

1 前言

(1)混凝土运输是水工建筑物混凝土施工的一个重要环节,它包括自拌和楼到浇筑部位的供料运输(俗称水平运输)和混凝土入仓(俗称垂直运输)。

(2)混凝土坝传统的混凝土入仓方式,主要有汽车入仓、门塔式机入仓、缆机入仓、皮带布料机入仓及负压溜槽入仓,它们在工期短、浇筑强度大的狭陡山谷高坝上应用,存有一些局限性;近几年开发的溜管入仓技术(如缓降溜管、满管溜槽)也还存在一些不足。

(3)为降低混凝土垂直运输成本、保证混凝土运输质量,广东水电二局股份有限公司组成课题组,对"高落差陡坡输送混凝土溜管抗分离技术的研究与应用"课题进行研究,通过试验和改进,研制出"抗分离溜管",分别在贵州黄花寨水电站大坝土建工程、贵州石垭子水电站引水发电系统土建工程、乐昌峡水利枢纽拦河坝工程三个工程中成功应用,其核心技术"一种用于防止混凝土因高落差溜送而产生离析的抗分离器"于2008年获国家专利授权(专利号:ZL2007 2 0053440.9);"高落差溜管陡坡运输碾压混凝土的研究"获广东省水电集团有限公司2009年度科学技术进步奖一等奖;以"高落差陡坡运输混凝土抗分离溜管的研制"为活动课题的QC小组获得2010年度全国工程建设优秀质量管理小组称号;其关键技术"高落差陡坡运输混凝土溜管抗分离技术的研制与应用"于2011年10月21日由广东省水利厅组织鉴定,其技术水平达到国内领先水平。

2 工法特点

(1)抗分离溜管能够降低混凝土在溜管中的下落速度,调整混凝土骨料在管内的运行状态,使混凝土在抗分离器中相互撞击,充分混合,达到多次拌和作用,从而防止混凝土因大落差向下运输而产生分离,保证经运输后混凝土的质量。

(2)抗分离溜管输送混凝土能力强,在仓面大,可配多台自卸车运输并可大仓面掉头时,其运输速度与自卸车直接运输入仓基本相同,可满足快速浇筑混凝土的要求。

(3)抗分离溜管结构简单,操作简便,运行安全,费用低。抗分离溜管结构简单,主要包括集料斗、普通钢管、控制弧门、抗分离器等,由钢管和钢板制作,材料购买方便,结构制作简单,基本可由普通工人在工地车间制作;由于结构简单、重量不大,其安装时间短。抗分离溜管运输混凝土时,只需1名工人通过手持式开关控制弧门的启闭,操作简便,运行安全;混凝土运输过程只需1台7.5 kW的压气机,基本无须电气设备,节能降耗,使用成本低。

3 适用范围

抗分离溜管适用于输送落差大于5 m、坡度陡于45°情况下的混凝土(如坝体混凝土、竖井混凝土),特别适合于运输高陡坡情况下坝体大仓面碾压混凝土,抗分离溜管安装倾角越陡越好。

4　工艺原理

混凝土拌和物是由水泥、粗细骨料、水、掺合料、外加剂等经搅拌机或人工拌和而成,是具有弹性、黏性、塑性等特征的流变体,运动中的混凝土拌和物,骨料对于周围的混凝土相对位移 x_0 可以用式(1)表示。

$$x_0 = \frac{2\rho r^2 v_0}{9\eta} \tag{1}$$

式中　r ——骨料半径,cm;

　　　η ——混凝土黏性系数,dyn·s/cm²;

　　　v_0 ——骨料对于周围的混凝土保持着相对速度,cm/s;

　　　ρ ——骨料的密度,g/cm³。

即骨料相对位移 x_0(骨料的分离程度)与骨料密度、粒径的平方、骨料运行速度成正比,与混凝土黏性系数成反比。在混凝土配合比已经选定的情况下,混凝土骨料的分离程度只与其速度有关,即在溜管中下落速度越快,骨料就越容易分离。抗分离溜管的工艺原理:在满足混凝土运输强度要求下尽量降低混凝土下落速度并使在运输过程稍有分离的混凝土能够重新拌和均匀。

5　施工工艺流程及操作要点

5.1　施工工艺流程

抗分离溜管运输混凝土施工的工艺流程如图1所示。

图 1　抗分离溜管运输混凝土施工的工艺流程

5.2　操作要点

5.2.1　收集工程资料

在进行抗分离溜管设计前,应收集工程资料进行分析。工程资料包括工程结构特点(安装溜管位置的坡度及地形、混凝土垂直运输高度、作业仓面最小宽度、作业仓面最大长度)、工程进度要求、混凝土工程量、混凝土浇筑强度要求、混凝土粗骨料最大粒径,混凝土仓外水平运输距离(拌和楼至抗分离溜管进口处距离)等资料。

5.2.2　确定溜管管径

根据安装抗分离溜管位置的坡度、混凝土粗骨料的最大粒径,确定抗分离溜管的管径。当混凝土为二级配(最大粗骨料粒径为 4 cm)时,抗分离溜管管径宜为 20~30 cm;当混凝土为三级配(最大粗骨料粒径为 8 cm)时,抗分离溜管管径宜为 50~65 cm;当混凝土为四级配(最大粗骨料粒径为 12 cm)时,抗分离溜管管径宜为 70~80 cm。当抗分离溜管的安装坡度很陡(抗分离溜管轴线与水平线夹角为 55°~90°范围)或中间在转弯或混凝土运输强度大时,抗分离溜管管径取大值;当抗分离溜管的安装坡度较陡(抗分离溜管轴线与水平线夹角为 45°~55°范围)或中间无转弯或混凝土运输强度不大时,抗分离溜管管径取小值。

5.2.3　设计抗分离器

(1)在一定长度的溜管内按一定角度成对设置且出口相互垂直、间距一定的两组斜钢板(称抗分离板),混凝土在该段溜管内与第一组抗分离板相撞,下落速度降低,下落方向改变,混凝土相互挤压、碰撞并混合,进行第一次混料拌和。经第一次混料拌和的混凝土继续下落后与第二组抗分离板相撞,速度进一步降低,并改变下落方向,混凝土相互挤压、碰撞并混合,进行第二次混料拌和。为防止因设置抗分离板使溜管的过流面积缩小太多,导致堵管,将设置抗分离板的溜管管径加大,用渐变管与主溜管连接,这种由设置抗分离板的加大溜管和渐变管组成的抗分离装置,称为抗分离器,如图2所示。

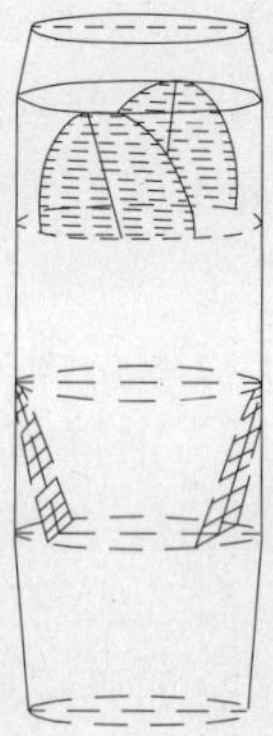

图2　抗分离器

(2)抗分离器中每组抗分离板中两块抗分离板下边间距宜根据混凝土最大粗骨料粒径和溜管的管径确定,其间距不宜小于最大粗粒径的3倍,且混凝土过流面积在抗分离器第一组抗分离板的出口处宜与溜管的过流面积相当,混凝土过流面积在抗分离器第二组抗分离板的出口处宜为溜管过流面积的85%～95%(溜管安装陡时,取小值,否则取大值)。

(3)抗分离器中第(2)组抗分离板的位置根据混凝土粗骨料经第一组抗分离板后转折后的相交位置确定。

(4)抗分离器的上、下渐变管的长度不宜相等,以标识抗分离器的进出口,可防止安装错误。

(5)抗分离器中抗分离板与水平面夹角宜为75°～85°,溜管安装陡时,取小值,否则取大值。

5.2.4　设计抗分溜溜管

抗分离溜管整套系统由上部集料斗、渐变管、弯管、主溜管、抗分离器、出口控制弧门以及溜管支架组成,均采用钢材制作。

5.2.4.1　上部集料斗

承载自卸车卸入的混凝土,其出口与溜管的进口相连,是混凝土进入溜管的通道。工地所采用的载重自卸车为北方奔驰,其车箱宽度为2.4 m,正常情况装载8～9 m³混凝土,最多装载11 m³混凝土,因此要求集料斗容积不小于11 m³,进料口进料侧尺寸不小于3.2 m。

5.2.4.2　渐变管

(1)变截管是将不同管径或形状的结构进行过渡连接的构件,包括上部变截管和下部变截管。

(2)上部变截管用于连接上部集料斗和抗分离溜管,进口尺寸与集料斗出口尺寸相同,采用自制法兰与集料斗相接;出口尺寸与溜管管径相同,采用标准法兰与溜管相接。

(3)下部变截管位于抗分离溜管的出口处,用于安装控制弧门。为防止溜管出口因弧门的关闭造成混凝土堵塞,溜管出口段稍微扩大成下部变截管。

5.2.4.3　弯管

弯管用于抗分离溜管转弯部位的连接,包括连接上部变截管和溜管、不同安装角度的溜管、出口和安装控制弧门的下部变截管。

5.2.4.4　主溜管

主溜管采用钢板卷制后焊接而成或直接采购成品钢管,管径根据输送混凝土最大粗骨料粒径、输送混凝土强度要求、溜管安装角度等情况确定;溜管每节长度根据工程分层高度及溜管安装角度确定,以每输送完一个分层高度混凝土拆一节溜管为宜;为满足安装要求及保证溜管出口到自卸车的高度差始终满足规范要求的小于2 m,宜制作一些短管。主溜管与抗分离器、变截管、弯管之间可采用标准法兰相接,也可直接焊接。

5.2.4.5　抗分离器

抗分离器设计见"5.2.3 设计抗分离器",其管径应比主溜管管径稍大,管壁及抗分离板厚度也应比主溜管管径大,一般取5～10 mm,并根据输送混凝土级配及工程量确定,当输送二级配以下混凝土或3万 m³以下混凝土时,取小值,否则取大值。

5.2.4.6　控制弧门

为适应工程施工过程中发生的各种情况变化,如从拌和站到溜管进口采用大型的自卸车运输混凝土,而在溜管出口接料转运的自卸车,由于拱坝作业仓面小,可能采用小型的自卸车,这样,溜管进口—大型自卸车的混凝土在出口由小型车可能要装一次以上,为方便控制混凝土的运输,在溜管尾部下变截管上设置一个控制弧门。

5.2.4.7 溜管支架

(1)根据现场实际地形、溜管安装坡度、溜管安装高度,确定溜管支架规格和间距。支架立柱可采用工钢材也可采用混凝土构件,钢立柱间采用∟70×6角钢连接,钢立柱与工程结构间采用φ25钢筋拉结,支架立柱基础采用混凝土基础,如在陡坡上架立,混凝土基础尚应设有锚筋锚入基岩内。

(2)如果采用溜管运输坝体混凝土,为保证在坝体各坝块浇筑时,仓面转运自卸车能从溜管的出口装满混凝土,结合坝肩坡度情况及自卸汽车车箱结构尺寸,溜管出口中心线离坝坡面不应小于3 m。

5.2.5 抗分溜溜管制作

(1)根据工程施工条件和实际施工进度,进行制作。制作所需钢材首先采用工地现有的材料,不足部分就近购买。主溜管、抗分离器管、渐变管及出口控制弧门段管可采用普通钢板卷成也可购买成品;弯管、连接法兰、出口控制弧门的吊耳和插销如无加工能力,可委托外加工。

(2)上部集料斗采用普通钢板、型钢制作,首先按设计图纸开出下料单,然后按料单进行切割材料,由于车间没有大型钢材切割机,材料的切割均采用氧气切割。材料加工好后,即进行集料斗制作。先将四块壁板的肋板焊好,然后将壁板焊接成斗,再将斗倒放(大口朝下),依次焊顶部横梁、立柱及柱间连梁。

(3)抗分离器的抗分离板首先按图在钢板上放样,再进行切割。考虑到抗分离板在上、下部转向管的焊接难度大,将抗分离器的各段管分段制作,将抗分离板焊接好经检测符合设计要求后,再将各段管焊接成抗分离器。

5.2.6 抗分溜溜管安装

5.2.6.1 抗分离溜管安装程序

抗分离溜管安装程序如图3所示。

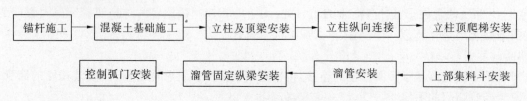

图3 抗分离溜管安装程序

5.2.6.2 锚杆施工

锚杆设计长度为300 cm,其中锚入岩基200~250 cm。采用人工手风钻钻孔(孔径40 mm),坝坡的钻孔在开挖过程中进行。成孔后用压气机向孔内吹气清渣,灌入水泥净浆,将在钢筋加工车间加工好的锚杆插入锚杆孔,锚杆施工即完成。

5.2.6.3 混凝土基础施工

基础混凝土包括上部卸料平台混凝土和溜管支撑柱基础混凝土。由于卸料平台为梁结构,施工时先安装单侧钢模板,绑好钢筋后,按设计要求预埋好锚板,再安装另一侧模板和端头模板,模板安装验收后,即进行混凝土浇筑,混凝土采用混凝土搅拌运输车运输到现场,直接卸入仓面,用插入式振捣棒按规范要求进行振捣。支撑柱混凝土基础由于在坝坡面,钢模较重,运输不方便,模板采用木模。施工时先安装并加固好模板,再进行混凝土浇筑。混凝土采用混凝土搅拌运输车运输到坝坡顶,卸入小料斗,用塔式起重机吊运到浇筑仓内,用插入式振捣棒按规范要求进行振捣。

5.2.6.4　立柱支架及支架顶爬梯安装

溜管立柱、柱间连接及顶梁均在项目部机电车间加工好,运输到坝坡顶,按设计要求焊成整体支架。混凝土基础及锚筋注浆达到一定强度后,用16 t起重机将整体支架吊装,就位后与基础锚板或插入基岩的锚筋焊接,然后用角钢将立柱纵向连接好。支架顶爬梯材料在项目部机电车间按要求加工好,运输到坝坡顶后焊接成梯,用16 t起重机吊至立柱支架顶部,并焊在支架上。

5.2.6.5　上部集料斗及溜管安装

(1)上部集料斗支撑立柱安装好后,即进行集料斗安装,用载重车将在机电车间制作好的集料斗运到坝坡顶,用汽车吊将集料斗吊装就位,由工人将集料斗立柱与下部支撑立柱焊接固定,并在上部用钢筋将集料斗与预埋在卸料平台梁内的钢板焊接牢固。

(2)集料斗安装好后,进行溜管安装。溜管先在坝坡顶接长成6~9 m一段,然后用16 t起重机吊装。溜管安装自上而下进行,先在集料斗的出口处安装渐变管,再从上到下安装溜管和抗分离器,在转弯部位安装弯管。

5.2.6.6　溜管固定纵梁及控制弧门安装

(1)溜管全部安装后,进行溜管纵向固定梁安装。溜管纵向固定梁在坝坡顶由塔式起重机吊到溜管支架顶,先将其与支架的顶横梁焊接好,再将其与溜管焊接牢固。

(2)溜管纵向固定梁完成后,安装溜管出口控制弧门。出口控制弧门由自卸车运至坝面,再用轮胎式起重机吊起安装在溜管出口。控制弧门安装完成后,将气缸及输气胶管安装好,并连接到放在坝坡顶的空气压缩机上。至此,抗分离溜管全部安装完成,具备运输混凝土的条件。

5.2.7　抗分溜溜管应用

(1)抗分离溜管即可进行应用,从拌和站到抗分离溜管的上部集料斗处采用自卸车运输,在抗分离溜管浇筑仓面采用自卸汽车转运。

(2)抗分离溜管运输混凝土前,用软水管向管内冲水,使管内壁润湿,防止其吸收混凝土水分。

(3)启动溜管出口控制弧门,将弧门关闭,向集料斗内卸料,在上部自卸车卸料卸到溜管下部2~3 m装满混凝土(在最后一节抗分离器的下部),即开启弧门卸混凝土,抗分离溜管开始运输混凝土。

(4)当没有及时开启弧门,导致堵管时,可采用重复多次开启弧门的方法基本可消除堵管现象,如多次开启弧门仍消除不了,则人工手持铁锤敲击溜管即可,也可消除堵管现象。

(5)在运输过程中,由于坝坡面的不平整,仓面自卸汽车从抗分离溜管出口装料时不能退到设计位置,即自卸车车箱的前部装不满混凝土,而后部装的混凝土太多,导致自卸车在行驶过程中,车厢尾部有混凝土撒落地面,可加装一些短溜管克服上述问题。

5.2.8　抗分溜溜管拆除

(1)混凝土结构每施工完一层,拆除一层溜管及其支架,即随着混凝土工程的升高,同时拆除抗分离溜管及支架,工程完成,抗分离溜管也拆完。

(2)溜管支架与预埋锚筋及溜管之间的连接,可用焊机切割断开;溜管与溜管之间,当采用法兰连接时,可直接拧开法兰螺栓拆除溜管;当采用焊接时,可利用焊机将溜管割断。

(3)抗分离溜管及其支架拆除后,如果已磨损、变形严重,则将其有用部分(如溜管端口法兰)拆除后,将其卖至收购企业;还可将重复使用的抗分离溜管清理干净后,堆放整齐,并做好保护,避免日晒雨淋而锈蚀。

5.3　劳动力组织

抗分离溜管运输混凝土劳动力组织见表1。

表 1　劳动力组织

序号	工作项目	人员		工作内容
		技术人员（人）	操作人员（人）	
1	测量放样	1	4	测放坝坡或结构顶部高程,及时安装抗分离溜管
2	抗分离溜管制作	1	4	制作集料斗、溜管、抗分离器、渐变管、控制弧门、支架
3	溜管支架预埋锚筋	1	4	手风钻钻孔、钢筋预埋
4	混凝土基础施工	1	4	钢筋制安、模板安装、混凝土浇筑
5	抗分离溜管安装	1	6	安装集料斗、支架、抗分离溜管、安装栏杆、爬梯
6	抗分离溜管应用	1	2	溜管上部卸料指挥、溜管下部装料指挥兼控制出料口弧门
7	应用过程溜管修补	—	2	原位修补磨破的抗分离溜管
8	混凝土运输	—	10	仓面及仓外混凝土水平运输,根据浇筑强度确定车数和人数
9	抗分离溜管拆除	—	4	拆除抗分离溜管及其支架

6　材料与设备

6.1　所需主要材料

采用抗分离溜管输送混凝土施工所需的主要材料(以黄花寨水电站大坝工程为例)见表2。

表 2　施工所需主要材料

序号	材料名称	工程量	单位	用途
1	5 mm、6 mm 厚钢板	1 065	kg	制作集料斗壁板及肋板
2	I20a I 型钢	1 257	kg	制作集料斗框梁及支架
3	$\phi(500\sim600)$ 钢管	115.2	kg	制作2节连接管
4	$\phi500$ 弯管	128.9	kg	制作3节弯管
5	$\phi500$ 钢管	2 757.6	kg	制作15节主溜管(14节3 m长,1节2.75 m长)
6	$\phi(500\sim550)$ 钢管	756.0	kg	制作6个抗分离器
7	20 mm 厚钢板	135	kg	制作溜管出口弧门
8	$\phi500$ 法兰	46	个	溜管及抗分离器等之间的连接
9	$\phi200$ 钢管	2 218.4	kg	集料斗及溜管大立柱
10	$\phi25$ 钢筋	1 270.5	kg	溜管支架锚筋
11	I16 I 型钢	2 754.4	kg	溜管支架
12	I16a 槽钢	2 068.8	kg	溜管定位梁
13	<70×6	2 896.2	kg	溜管支架纵槽向固定架
14	10 mm 厚钢板	78.5	kg	溜管支架基础锚板
15	8 mm 厚钢板	125.3	kg	结构间连接板及肋板
16	C20 混凝土	11.7	m³	溜管上部卸料平台及溜管及集料斗大立柱基础
17	$\phi10\times6.5$ 气管	60	m	输气管(供溜管出口控制弧门启闭用气)
18	35 mm² 电焊电缆线	50	m	压气机供电线

6.2 所需主要设备及机具

采用抗分离溜管输送混凝土施工所需的主要设备及机具(以黄花寨水电站大坝工程为例)见表3。

表3 施工所需主要设备及机具

序号	设备及机具名称	工程量	单位	用途
1	21 kW 电焊机	2	台	抗分离溜管钢结构制作、安装,钢筋制安,模板安装
2	7 655 手风钻	1	台	溜管支架基础锚筋孔钻孔
3	φ50 插入式振捣棒	1	台	溜管及集料混凝土基础浇筑
4	16 t 轮胎式起重机	1	台	抗分离溜管成套系统制作及安装过程中的吊运
5	0.8 m³/min 空压机	1	台	为抗分离溜管出口弧门启闭提供气压
6	SC100×250 – FA 气缸	1	套	控制抗分离溜管出口弧门启闭
7	4V310 – 10 气动换向阀	1	套	控制抗分离溜管出口弧门启闭
8	8 t 载重汽车	1	辆	材料运输
9	15 t 载重汽车	5	辆	拌和楼至溜管顶部及溜管出口仓面混凝土运输
10	3 t 手动葫芦	1	套	抗分离溜管制、安及拆除辅助吊装

7 质量控制

7.1 质量控制标准

(1)抗分离溜管、集料斗及支架的设计标准应依据《钢结构设计规范》(GB 50017—2003)。

(2)抗分离溜管、集料斗及其支架的制作和安装质量标准及控制依据为《钢结构工程施工质量验收规范》(GB 50205—2001)。

(3)混凝土基础、模板安装加固质量标准及控制依据为《混凝土结构工程施工质量验收规范》(GB 50204—2002)、建筑工程施工质量验收统一标准(GB 50300—2001)、《组合钢模板技术规范》(GB 50214—2001)。

(4)进、出抗分离溜管混凝土质量的匀质性检测依据为《混凝土搅拌机》(GB/T 9142—2000)、《混凝土搅拌站(楼)》(GB/T 10171—2005)、《水工混凝土试验规程》(SL 352—2006)。

(5)进、出抗分离溜管混凝土质量的控制标准为《混凝土质量控制标准》(GB 50164—2010)。

7.2 质量保证措施

(1)抗分离溜管支架加工制作前,应详细测量出抗分离溜管安装部位的地形图,根据抗分离溜管的安装角度和地面高程,具体确定每个支架的高度,准确断料,防止因支架高度不符,造成安装好的抗分离溜管出现凹凸不平、不顺直,以防混凝土运输不顺畅而堵管。

(2)抗分离溜管布置坡度小或中间有转弯时,抗分离器在溜管上的布置间距可加大,抗分离器出口板间距也应适当加大。

(3)应用抗分离溜管运输混凝土的坝体工程,在坝坡开挖时,应随着开挖的进度,进行锚筋钻孔、预埋等基础处理工作;否则,待开挖到坝基,再进行作业则难度大,质量难保证。

(4)抗分离溜管采用法兰连接时,应根据结构分块高度和溜管的实际布置情况设计一些短管,以保证每个浇筑块施工时,溜管出口到自卸车受料面的自由落差符合规范要求,防止混凝土在运输后分离,且要保证溜管出口至边坡的距离,以便各坝块浇筑时溜管出口的自卸车均能装满混凝土。

(5)抗分防溜管制作前,应进行质量技术交底,保证抗分离溜管的焊接质量,避免因焊接烧伤管材,造成溜管运输混凝土过程开裂漏浆。

(6)抗分离溜管运输混凝土前,应向管内喷洒水,使管内壁湿润,防止吸收混凝土水分,影响混凝土质量。

(7)抗分离溜管运输混凝土过程中,出现溜管开裂、磨穿时,应及时对抗分离溜管进行修补,防止混凝土漏浆影响混凝土质量。

(8)抗分离溜管运输混凝土时,上部集料斗及溜管内不能同时装满混凝土,应在卸料至下部2~3 m溜管装满混凝土时,即开启弧门卸料,以避免发生堵管现象。

(9)抗分离溜管运输混凝土浇筑完成一个工程块后,应及时向管内喷水,以清洗管壁上的混凝土,防止混凝土硬化结块、影响混凝土在管内的顺畅输送。

8 安全措施

(1)施工过程必须遵守《建筑施工高处作业安全技术规范》(JGJ 80—91)、《建筑施工模板安全技术规范》(JGJ 162—2008)、《建筑机械使用安全技术规程》(JGJ 33—2001)、《施工现场临用电安全技术规范》(JGJ 46—2005)、《汽车起重机安全操作规程》(DL/T 5250—2010)《水利水电工程施工通用安全技术规程》(SL 398—2007)、《水利水电工程土建施工安全技术规程》(SL 399—2007)、《水利水电工程金属结构与机电设备安装安全技术规程》(SL 400—2007)、《水利水电工程施工作业人员安全操作规程》(SL 401—2007)、《水电水利工程施工通用安全技术规程》(DL/T 5370—2007)、《水电水利工程施工安全防护设施技术规范》(DL/T 5162—2002)。

(2)施工项目部必须建立健全安全生产管理制度,完善安全操作设施,设立专职安全员,加强现场安全。加强安全教育培训,作业前必须进行安全技术交底,作业人员正确佩戴安全防护用品。

(3)遇有大雨、六级及六级以上大风时,停止吊运和安装作业。

(4)抗分离溜管上部集料斗的卸料平台应设置挡车板,防止自卸车倒车卸料时发生意外。

(5)自卸车向抗分离溜管上部集料斗卸料时,位置要准确,防止混凝土料倒出集料斗外,坠下伤人;安装抗分离溜管部位的松动石料要清理干净,并大坡面布置挡石、渣网。

(6)抗分离溜管运输混凝土过程中磨破或裂开漏混凝土浆料时,应及时修补溜管,防止掉落的浆料伤人。

(7)抗分离溜管下部自卸车接料位置的立支撑立柱和支架间距应根据自卸车的车身宽度确定,并加上一定的超宽,防止自卸车在每个当抗分离溜管离安装坡面较高时,应在溜管旁边设置爬梯和安全栏杆,以供溜管安装、维修人员上、下交通及其安全防护。

(8)每节抗分离溜管及其支架拆除前,必须用起重机的钢丝绳将其吊住,人不能站在溜管及支架下方及拆除瞬间冲击的方位,防止伤人。

9 环保措施

(1)施工过程必须遵守《建筑施工现场环境与卫生标准》(JGJ 146—2004)、《污水综合排放标准》(GB 8978—1998)、《建筑垃圾处理技术规范》(CJJ 134—2009)。

(2)施工项目部必须建立健全文明管理制度,完善环保设施,规范现场施工秩序。

(3)经常检查维护各种施工机械的油管,保证油管不漏油;涂完润滑油后的污手套、脏布,不能随意乱丢,应放到规定的地方,集中处理;装油的桶要放稳,防止倾倒。

(4)清洗抗分离溜管及运混凝土自卸车的污水,集中排至污水处理池经处理合格后方可排出。

(5)抗分离溜管拆除后,各种可重复利用的材料在现场整齐堆放,以利使用,节约资源。

(6)施工完成后,清除上部卸料平台周围的混凝土废渣,并按要求进行处理,防止固体废弃物污染土地;地面进行绿化处理。

10 效益分析

10.1 经济效益

抗分离溜管结构简单,材料购买方便,制作容易,基本可由普通工人在工地车间制作;抗分离溜管质量轻、构件尺寸小,运输方便,安装周期短,黄花寨水电站大坝应用的抗分离溜管(包括所有的支撑结构)质量约17 t,由4名车间工人配4名民工,在16天内全部安装完成。抗分离溜管溜送混凝土时,只需1名工人通过手持式开关控制弧门的启闭,操作简便,运行安全;混凝土溜送过程只需1台7.5 kW的压气机,基本无须电气设备,节能降耗,使用成本低。黄花寨水电站大坝工程混凝土采用抗分离溜管运输与高架塔机相比,节省费用108.84万元,费用计算见表4、表5。

表4　高架塔机运输费用计算

序号	费用名称	费用(万元)	说明
1	进退场费	20	参照类似工程项目
2	轨道混凝土基础	4.5	2条100 m长,共150 m³ C20钢筋混凝土
3	安拆费	20	参照类似工程项目
4	维护费用	2	每月按2 000元计,共10个月
5	人工费	15	两个班:3人/班,2 500元/(人·月),共10个月
6	电费	40	75%×200 kW×25 d/月×20 h/d×0.53元/(kW·h)=4万元/月,10个月
7	折旧费	41	设备价410万元,折旧费4.1万元/月,共10个月
	累计	142.5	

表5　抗分离溜管运输费用计算

序号	费用名称	费用/万元	说明
1	17.6 t钢材材料费	7.74	平均4 400元/t(含运费)
2	抗分离溜管制安费	7.92	按4 500元/t计
3	17.6 t钢材使用后残值	−1.72	按废铁卖1 000元/t
4	钢筋混凝土平台及基础	0.35	11.7 m³
5	抗分离溜管修补费用	0.70	按1 000元/月计
6	抗分离溜管拆除费用	1.38	按800元/t计
7	自卸车修理维护费用	1.40	每个月2 000元,7个月,共1.4万元
8	人工费	7.00	两个班:2人/班,2 500元/(人·月),共7个月
9	折旧费	1.89	使用的15 t北方奔驰价32万元,折旧2700元/月,7个月
10	油费	7.00	柴油5.8~6.0元/L,每月10 000元,共7个月
	累计	33.66	

10.2 节能环保

(1)抗分离溜管运输混凝土技术与国内、外传统运输技术(如门、塔、缆机、塔带机)相比:抗分离溜管制作费用低,安装周期短;操作人员少,操作简便,运行安全;基本无须电气设备,节能降耗;运输速度快,使用成本低;但与门塔缆机相比,"抗分离溜管"没有吊运能力,不能吊运输施工中的其他设备、材料。

(2)抗分离溜管运输混凝土技术与真空负压溜槽技术相比:结构简单、使用简便(无须安装、更换胶带),成本低;适用范围广,"真空负压溜槽"只适用于45°~50°倾角,而本技术可适用于45°~

90°;混凝土运输能力相当,但"抗分离溜管"在运输的混凝土,能起到多次拌和作用,能改善混凝土质量。

(3)抗分离溜管运输混凝土技术与日本开发的同类技术(MY–BOX 缓降器)相比:抗分离器制作简单,费用低;适用性好,MY–BOX 缓降器要求尽量垂直布置使用,否则易产生堵管。

(4)抗分离溜管运输混凝土技术与国内开发的同类技术(满管溜槽)相比:满管溜槽运输的第一槽(数十到上百方)混凝土是分离的,且运输过程必须连续,否则又会出现满槽分离的混凝土。而抗分离溜管由于设置了抗分离器,对经基运的混凝土有拌和作用,运输的混凝土质量比满管溜槽运输的要好。

10.3　社会效益

(1)混凝土在高落差陡坡坝体工程的入仓运输,采用自卸车、门机、缆机、塔机,单价高,速度慢;采用负压溜槽垂直运输,成本较高,适用范围较小;近几年开发应用的一些技术(如 MY–BOX 缓降器等)还存在一些缺陷。而采用抗分离溜管在高落差陡坡坝体工程中进行碾压混凝土入仓运输,则可弥补上述不足,它结构简单、操作简便,运行安全,制作成本及使用费低,混凝土输送能力强,可以防止混凝土分离、保证混凝土质量。

(2)抗分离溜管在高落差陡坡情况下既能输送碾压混凝土,也可输送常态混凝土,具有良好的推广应用价值。

11　工程实例

11.1　抗分离溜管运输混凝土技术在贵州黄花寨水电站大坝工程上的应用

11.1.1　工程概况

黄花寨水电站是贵州蒙江流域格凸河干流上的第三个梯级电站,电站装机容量 2 × 27 MW,电站枢纽大坝为碾压混凝土双曲拱坝,最大坝高 110 m,坝顶高程 800 m,坝顶宽 6 m,坝顶弧长 287.625 m,坝底最大宽度 26.5 m,坝厚高比为 0.24。大坝主体采用三级配碾压混凝土,上游面防渗层采用二级配变态混凝土和二级配碾压混凝土,基础设置 2.0 m 厚的二级配常态混凝土垫层,下游坝面采用厚度为 0.5 m 的三级配变态混凝土。混凝土总量为 30.3 万 m³,其中碾压混凝土 28.8 万 m³。

原计划坝体混凝土运输,在坝体 720.0 m 高程以下混凝土采用自卸车直接进仓,720.0 m 高程以上采用塔机运输入仓;后来改为坝体 750.8 m 高程以下混凝土,利用开挖渣料填路,采用自卸车运混凝土直接入仓浇筑,坝体 750.8 m 高程以上混凝土采用自卸车进行水平运输,抗分离溜管进行垂直运输。工程自 2006 年 11 月开工,到 2011 年 6 月完成。

11.1.2　抗分离溜管布置

抗分离溜管管径为 500 mm,抗分离器管径为 550 mm。抗分离溜管主要由上部集料斗、渐变管、弯管、主溜管、抗分离器、出口控制弧门等组成。根据黄花寨水电站大坝左岸坝坡实测资料,溜管中间设一弯管,上部溜管倾角为 51°,下部溜管倾角为 65°。抗分离溜管布置见图 4。

抗分离溜管于 2009 年 2 月开始浇筑高程 750.8 ~ 753.8 m 坝块,至 2011 年 4 月浇至坝顶高程 800.0 m,采用抗分离溜管共计运输混凝土 10.1 万 m³。

11.1.3　使用效果

经抗分离溜管输送的混凝土 VC 值损失小(平均为 0.4 s)、匀质性变好(混凝土中砂浆密度相对误差平均缩小 0.12%、单位体积混凝土中粗骨料质量相对误差平均缩小 0.23%)、混凝土强度离散程度缩小(离差系数缩小 0.01)。即抗分离溜管能防止混凝土因大落差向下输送而产生分离,保证混凝土质量。

抗分离溜管输送混凝土能力强,布置倾角 51° ~ 65°,直径 500 mm 的抗分离溜管在落差 50.5 m

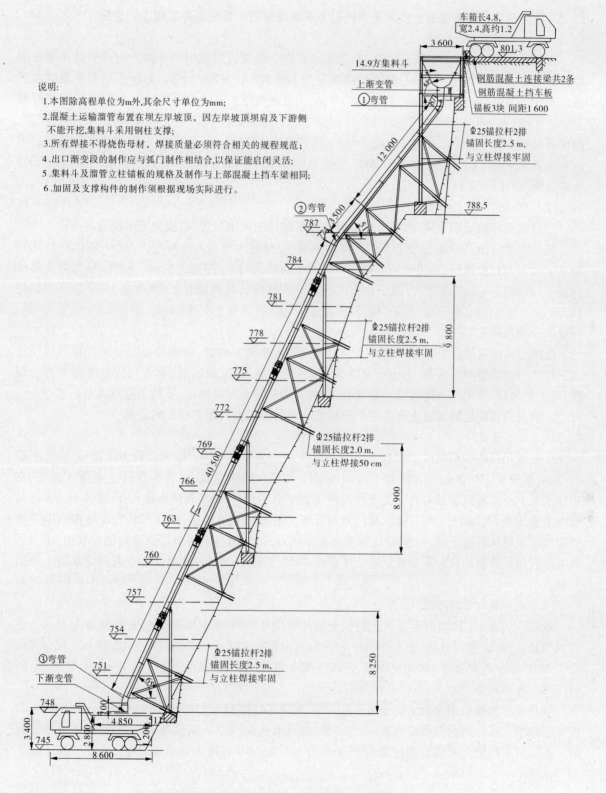

说明:
1.本图除高程单位为m外,其余尺寸单位为mm;
2.混凝土运输溜管布置在坝左岸坡顶,因左岸坡顶坝肩及下游侧不能开挖,集料斗采用钢柱支撑;
3.所有焊接不得烧伤母材,焊接质量必须符合相关的规程规范;
4.出口渐变段的制作应与弧门制作相结合,以保证能启闭灵活;
5.集料斗及溜管立柱锚板的规格及制作与上部混凝土挡车梁相同;
6.加固及支撑构件的制作须根据现场实际进行。

图4　黄花寨水电站大坝工程抗分离溜管布置

（包括集料斗在内,溜管总长53.2 m)时,输送三级配碾压混凝土的平均速度达到248 m/h。

抗分离溜管结构简单,安装周期短,费用低,操作简便,运行安全;基本无须电气设备,节能降耗,使用成本低;经其输送的混凝土质量满足标准要求。

11.2 抗分离溜管运输混凝土技术在贵州石垭子水电站引水系统竖井工程上的应用

11.2.1 工程概况

石垭子水电站位于贵州省东北部,乌江水系左岸一级支流洪渡河中下游。电站枢纽由碾压混凝土重力坝、右岸引水发电系统组成,装机容量为 140 MW(2×70 MW)。右岸引水发电系统由我单位承建,厂房位于右岸山体内,为地下厂房,采用一条内径 7 m 的引水隧洞引水至厂房;引水隧洞分为上平段、竖井段及下平段。竖井高 40 m,全断面衬砌混凝土内径 7 m,衬砌厚度 60 cm,混凝土强度等级为 C20W8F100,采用二级配混凝土,坍落度为 14~16 cm,混凝土工程量为 1 367 m³。引水发电系统土建工程开完工时间为 2007 年 8 月至 2010 年 12 月,其中引水隧洞施工时间为 2008 年 4 月至 2009 年 12 月。

11.2.2 抗分离溜管的布置

竖井施工模板采用滑模,混凝土垂直运输方案原计划采用泵送,后改为采用抗分离溜管。

抗分离溜管由 DN200 的钢管和抗分离器组成,竖井最大垂直入仓高度为 40 m,DN200 的钢管每 6 m 接一节抗分离器,直至仓面。抗分离溜管上端接集料斗,控制进料,料斗面设格栅防止超径料进入,末端接一节 4 m 软管,便于仓面布料。安装好的抗分离溜管于 2009 年 11 月 2 日开始浇筑,至 2009 年 11 月 28 日浇完,采用抗分离溜管共计运输混凝土 1 367 m³。

11.2.3 使用效果

经抗分离溜管溜送的混凝土基本不分离,脱模后,表面无蜂窝、麻面等缺陷。配合竖井滑模施工采用抗分离溜管溜送混凝土入仓,布置简单、方便实用,施工成本低,钢管与抗分离器为法兰连接,可重复使用,采用抗分离溜管运输混凝土,与泵送混凝土方案相比,节约了施工成本 4.32 万元。

11.3 抗分离溜管运输混凝土技术在广东乐昌峡水利枢纽拦河坝工程上的应用

11.3.1 工程概况

广东省乐昌峡水利枢纽工程拦河大坝为碾压式混凝土重力坝,坝顶高程 164.2 m,最大坝高 84.2 m,坝顶长 256.0 m;坝体混凝土约 41.0 万 m³,其中碾压混凝土 27.6 万 m³。混凝土运输,在坝体 129.5 m 高程以下及右岩非溢流坝段碾压混凝土,采用自卸车直接运输入仓;坝体 112.5 m 高程以上溢流坝段混凝土采用自卸车和门式起重机及塔式起重机运输;坝体 129.5 m 高程以上左岸非溢流坝段碾压混凝土(4.5 万 m³),水平运输采用自卸车,通过下游上坝顶路运输到坝顶,垂直运输采用我单位研制的抗分离溜管运输。工程自 2009 年 10 月开工,至 2011 年 5 月坝体混凝土浇筑完成。

11.3.2 抗分离溜管的布置

根据现场地形,于 2010 年 3 月进行抗分离溜管设计,溜管管径 630 mm,安装倾角为 45.0°,主管每节长 4.08 m,法兰连接,总长 34.08 m,抗分离器管径 700 mm,安装间距为 12.24 m。抗分离溜管于 2010 年 8 月安装好,2010 年 9 月至 2011 年 3 月应用,共浇筑混凝土 4.5 万 m³。

11.3.3 使用效果

乐昌峡拦河坝采用混凝土抗分离溜管入仓,解决了高陡地区的混凝土入仓难题,在 45°以上坡度是适用的。抗分离溜管安装容易,操作简便,经其溜送的混凝土质量基本不受影响,入仓效果良好。本工程采用抗分离溜管溜送混凝土 4.5 万 m³,与汽车直接入仓方案相比,节省了施工成本 33.7 万元。

(主要完成人:汪永剑 丁仕辉 何育文 谭万善 孟庆红)

混凝土厚层碾压施工工法

广东水电二局股份有限公司
贵州中水建设管理股份有限公司

1 前言

(1)因碾压混凝土(简称RCC)性价比的优势,越来越多的水电站挡水建筑物采用RCC坝,但受碾压设备和压实度检测仪器的限制,RCC坝施工均采用混凝土铺料厚约35 cm、压实厚约30 cm的薄层碾压工艺,一般中型工程的RCC坝体施工都需较长时间,很难在一个枯水期完成。导致有的工程为加快进度,在炎热的夏季继续浇筑混凝土,为避免大体积RCC产生温度裂缝等质量隐患,须采取降温措施,增加施工成本;有的工程为确保RCC坝的质量,在夏季停止混凝土施工,停工同样也会造成施工成本的增加。另外,混凝土碾压层面相对于本体混凝土而言,施工环节控制不好时容易成为薄弱部位,使其抗剪强度和抗渗性能相对较差,RCC坝体的薄层碾压方式使得其层间接合面数量多,增加了渗漏隐患。

(2)为突破RCC常规薄层碾压的限制,缩短RCC坝施工工期,提高坝体施工质量,推动RCC筑坝技术的持续发展,近几年,在国内RCC坝科研、设计、施工专家的推动下,采用新型垂直碾压设备和深层压实度检测仪器,广东水电二局股份有限公司和贵州中水建设管理股份有限公司联合对混凝土厚层碾压工艺进行研究,并成功应用于黄花寨水电站108 m高碾压混凝土双曲拱坝等工程。

2 工法特点

(1)混凝土厚层突破了RCC常规30 cm层厚的碾压筑坝方法,与传统30 cm厚RCC筑坝技术相比,混凝土厚层碾压技术可以节省20%~50%碾压混凝土施工时间,加快碾压混凝土工程的施工进度,缩短碾压混凝土工程的施工工期。

(2)采用混凝土厚层碾压技术进行碾压混凝土施工,可减少混凝土的层间接合薄弱面,改善并提高碾压混凝土工程的施工质量。

(3)厚层碾压因速度快,中小型坝能在一个枯水期施工完成,可避免在高温的夏季施工,减少大体积混凝土的温控措施,节省工程建设费用,具有显著的经济效益和推广应用价值。

3 适用范围

混凝土厚层碾压施工工法适用于碾压混凝土工程的施工,特别适用于大体积碾压混凝土坝的施工。采用混凝土厚层碾压施工工法时,应根据碾压仓面的大小、混凝土的凝结时间、混凝土生产及运输能力等,确定混凝土的碾压层厚。

4 工艺原理

碾压混凝土的骨料用量较多、水泥用量少,拌和物不具有流动性,在振动压实机具施加的激振

注:本工法关键技术"60 cm厚混凝土碾压技术的研制与应用"成果,于2011年10月21日由贵州省水利厅组织鉴定,其技术水平达到国内领先水平;其中"一种厚层碾压混凝土压实密度检测孔的成孔方法"于2011年11月16日获国家发明专利授权(专利号:ZL2010 10250276.7)。

力作用下,胶凝材料由凝胶转变为溶胶(即发生液化),具有一定的流动性。固相颗粒位置得到重新排列,小颗粒被挤压填充到大颗粒之间的空隙中,从而达到逐渐密实的效果。

振动压实机具的激振力是振动轮的质量、振幅及振动加速度的乘积。当振动频率在25~50 Hz 范围内,可获得最佳的压实效果。在整个频率范围内,轮轴载荷一定的情况下,压实能力和深度效应主要是靠振幅来获得,且高振幅能将较大的压实能量传递到所压混凝土层的深部,低振幅能将较大的压实能量传递给靠近表面的混凝土层,但只能在混凝土层内产生微小的压实深度。用于常规30 cm 厚 RCC 薄层碾压的振动碾,其振幅为0.8 mm 左右,新型垂直振动压路机在钢轮内部设有两个同期反转的偏心振动装置,可将各轴的离心力的水平成分予以抵消,与碾压面只在垂直方向产生振动力,振幅可达1.4 mm,可以提高厚层混凝土的压实密度。

5 施工工艺流程及操作要点

5.1 施工工艺流程

混凝土厚层碾压施工的工艺流程如图1所示。

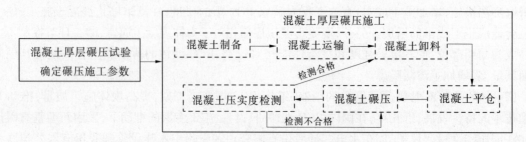

图1 混凝土厚层碾压施工的工艺流程

5.2 操作要点

5.2.1 混凝土厚层碾压试验

(1)混凝土厚层碾压正式施工前,进行现场碾压试验。碾压试验使用监理人批准的各种强度等级 RCC 配合比,碾压设备采用垂直振动碾,压实度检测采用厚层检测仪,混凝土制备采用工程实际应用的拌和楼。

(2)试验场地选择在混凝土厚层碾压工程附近,每一种强度等级的 RCC 配合比和施工程序采用单独的试验块,其尺寸不小于10 m×10 m,每个试验块至少由厚层压实后的三层 RCC 组成;如果施工的是坝体工程,则 RCC 试验块四周应模拟坝体实际进行设计。

(3)通过混凝土厚层碾压,根据工程拌和楼实际制备能力和各种 RCC 凝结时间,确定混凝土厚层碾压的各种施工参数、施工工艺,包括混凝土运输设备的型号和数量、入仓方式、混凝土铺料厚度、平仓设备型号和数量、混凝土压实厚度、垂直振动碾数量、振动频率、振幅、行走速度以及厚层混凝土压实度检测方式等。

(4)混凝土厚层碾压的各种施工参数、施工工艺的现场碾压试验成果,报送监理人审批后方可实施,在没有得到监理人批准之前不得进行混凝土厚层碾压施工。

5.2.2 混凝土制备

(1)在工程现场搭建能满足混凝土厚层碾压施工进度要求的拌和楼(站)进行碾压混凝土的制备,拌和设备采用强制式搅拌机或强制连续出料式的搅拌机。强制式搅拌机拌和碾压混凝土的时间在120~180 s,强制连续出料式搅拌机拌和碾压混凝土的时间不少于10 s,保证混凝土搅拌均匀。

(2)在混凝土制备前,应根据浇筑仓块大小,提前备足混凝土用的各种原材料,须保证浇筑仓块开仓后,能连续浇筑。

5.2.3 混凝土运输

采用厚层碾压试验确定的运输设备和数量,进行混凝土运输。运输过程要防止混凝土分离,防止混凝土泌水、漏浆,运输时间要控制在要求范围内;有温控要求的还须采取温控措施,防止混凝土因运输而造成温升或温降超过设计要求;雨天运输混凝土时要有防雨措施,热天运输混凝土时要有防晒措施,保证混凝土运输过程中水灰比不变。采用自卸车运输入仓时,自卸车入仓前须冲洗车胎,防止车胎将泥土等杂物带入仓面,影响混凝土质量。

5.2.4 混凝土卸料

(1)碾压混凝土在老混凝土面上卸料前铺一层砂浆,砂浆强度应比混凝土高一等级,其稠度控制在 15~18 cm,厚度以 1~1.5 cm 为宜。铺浆范围不能过大,铺浆后应及时覆盖碾压混凝土,防止已铺的砂浆失水或初凝。

(2)卸料点根据现场实际情况确定,运输人员应服从现场管理人员的安排进行定点卸料;卸料应采用多点卸料方法,一次卸料不宜太高,以避免混凝土骨料分离,当出现骨料分离时,宜采用机械或人工方式将分离的骨料进行分散处理,防止骨料分离集中;当采用自卸车运输入仓卸料时,宜采用后退法卸料。

5.2.5 混凝土平仓

混凝土平仓设备型号和数量根据碾压试验选定。平仓宜采用湿地推土机,如有必要也可采用小型反铲挖掘机配合。铺料厚度和层数按碾压试验确定的量进行操作。根据工程实际情况,可采用平层法铺料,也可采用斜层法铺料;当采用斜层铺筑法时,斜层坡度不应陡于 1:10,坡脚部位应清除薄层尖角。每铺完一层料,均须进行平仓,平仓时应严格控制不同级配碾压混凝土的分界线。

5.2.6 混凝土碾压

(1)多次铺料平仓完成后,采用垂直振动碾碾压。碾压速度控制在 1~1.5 km/h,碾压遍数为 2-8~12-2(静压 2 遍 + 振压 8~12 遍 + 静压 2 遍),具体施工参数应根据不同的混凝土配合比通过碾压试验进行确定。碾压条带搭接宽 10~20 cm,端头部位搭接约 100 cm。

(2)碾压混凝土连续铺筑的层间间隔时间,应控制在混凝土的初凝时间之内。若在初凝与终凝之间,可在混凝土表层喷洒胶浆或铺一层砂浆后继续铺料碾压;达到终凝时间必须按冷缝处理。

(3)碾压遍数是控制混凝土质量的重要环节,必须严格按试验确定的遍数进行碾压。

5.2.7 混凝土压实度检测

(1)压实度检测仪器在检测前,必须按使用说明书要求,根据实际混凝土配合比制作标准块进行率定,率定合格后方可使用。

(2)厚层碾压混凝土压实度检测仪器可采用双杆式仪器,也可采用单杆式仪器;检测孔的成孔方式,可采用直接打孔法,当采用直接打孔法有困难时,也可采用专利技术(专利号:ZL2010 10250276.7)"一种厚层碾压混凝土压实密度检测孔的成孔方法"(预埋成孔方法),具体方法根据碾压试验结果进行选择。

(3)厚层碾压混凝土压实度检测频率应符合现行碾压混凝土施工及验收规范要求,每 100~200 m^2 布置一个检测位置,每个检测位置,均应检测深度 30 cm 及以下每隔 10 cm 处混凝土的压实度,且各点位压实度均应满足设计和规范要求,否则应及时补压,直至压实度满足要求。

(4)厚层碾压混凝土压实度检测在混凝土碾压完成 10 min 后 1 h 内进行。

5.2.8 变态混凝土施工

(1)变态混凝土是在碾压混凝土中掺 4%~6% 体积的胶浆。二级配变态混凝土胶浆掺量为 6%,三级配变态混凝土,若砂中石粉含量 ≥17%,胶浆掺量为 4%;若砂中石粉含量 <17%,胶浆掺量为 5%。

(2)为保证变态混凝土振捣密实、均匀,厚层混凝土碾压一层。变态混凝土浇筑两层。变态混凝土采用ф100高频振捣器振捣,沿模板边由外向里依次振捣,防止超捣及漏振。

5.3 劳动力组织

混凝土厚层碾压施工作业主要包括碾压试验、混凝土制备、运输、卸料、平仓、碾压、压实度检测等,作业人员主要有各种机械设备的操作人员,如混凝土拌和楼(站)的运转工、混凝土运输车司机(或其他运输设备操作人员)、平仓设备操作人员、垂直振动设备操作人员、压实度检测仪操作人员,还有混凝土试验检测人员、施工质量检测人员、设备维修人员、现场值班及指挥人员等。混凝土厚层碾压施工劳动力组织见表1。

表1 劳动力组织

序号	工作项目	人员	工作内容
1	拌和楼(站)运转	7人/座	操作拌和楼,根据混凝土配合比搅拌制备混凝土
2	试验检测人员	5～10人	原材料取样、检测,根据原材料实际情况,调整混凝土配合比
3	自卸车司机	3人/车	驾驶自卸车运输混凝土
4	平仓机驾驶员	3人/台	驾驶平仓机,进行碾压混凝土平仓
5	垂直振动碾司机	3人/台	驾驶振动碾,按规定碾压方式和遍数对混凝土进行碾压
6	检测仪操作员	2人/台	操作压实度检测仪,对压实度进行检测,并如实记录及时上报
7	施工质量员	1人/班	负责混凝土施工各环节质量检查和监督
8	施工安全员	1人/班	负责混凝土施工各环节安全检查和监督
9	现场值班及指挥	2人/仓面	负责现场各作业班组的组织、协调及人员、设备等的调配工作
10	现场小工	2人/仓面	负责分离骨料的铲运,防止骨料分离

6 材料与设备

6.1 所需主要材料

混凝土厚层碾压施工所需的主要材料见表2。

表2 施工所需主要材料

序号	材料名称	用量	用途
1	水泥	根据混凝土配合比计算确定	配制混凝土
2	粉煤灰	根据混凝土配合比计算确定	配制混凝土
3	粗、细骨料	根据混凝土配合比计算确定	配制混凝土
4	外加剂	根据混凝土配合比计算确定	配制混凝土
5	水	根据混凝土配合比计算确定	配制混凝土
6	油料	根据不同设备的油耗确定	为混凝土运输、平仓、碾压等设备提供动力

6.2 所需主要设备及机具

混凝土厚层碾压施工所需的主要设备及机具见表3、表4。

表 3 施工所需主要设备及机具

序号	设备及机具名称	数量	单位	用途
1	强制式拌和楼(站)	根据实际需要确定	座	制备混凝土
2	16 t 载重自卸车	根据实际需要确定	辆	运输混凝土
3	SB－11 平仓机	根据实际需要确定	台	混凝土平仓
4	垂直振动碾	根据实际需要确定	台	碾压厚层混凝土
5	厚层混凝土压实度检测仪	根据实际需要确定	套	检测厚层混凝土压实度
6	试验检测仪器	根据实际需要确定	套	混凝土原材料检测,混凝土取样试验等

注:如采用非自卸车入仓方式,则尚需其他相应的入仓设备。

表 4 垂直振动碾压技术规格

名称	工作质量 (t)	全长 (m)	全宽 (m)	轮径 (mm)	碾压宽 (m)	功率 (kW)	最大激振力 (kN/轮)	振动频率 (r/min)	最大振幅 (min)
指标	11.0	4.02	2.27	1 000	2.10	124	226	2 600	1.4

7 质量控制

7.1 质量控制标准

(1)混凝土厚层碾压施工标准及质量控制依据为《水工碾压混凝土施工规范》(SL 53—94)、《水工碾压混凝土施工规范》(DL/T 5112—2009)、《碾压混凝土单元质量评定标准(八)》(DL/T 5113.8—2000)。

(2)厚层碾压混凝土原材料取样、检测及混凝土试验制备、检测、试验依据为《水工混凝土试验规程》(SL 352—2006)、《水工碾压混凝土试验规程》(DL/T 5433—2009)。

(3)厚层碾压混凝土压实度检测仪器应符合《核子水分密度仪现场测试规程》(SL 275—2001)要求。

7.2 质量保证措施

(1)混凝土厚层碾压施工前,应进行质量技术交底,保证作业人员理解质量和技术要求,保证作业质量;施工过程,应严格实行三级检查制度,确保厚层碾压混凝土的施工质量。

(2)混凝土开盘前须检测粗、细骨料含水率、砂细度模数及石粉含量,当各项检测指标与配合比材料测定指标超过以下范围,即含水率±6%,细度±0.2,砂率±1%,石粉±2%时,试验人员应对配合比作相应调整。

(3)混凝土厚层碾压的各种施工参数、施工工艺的现场碾压试验成果,报送监理人审批后方可实施,在没有得到监理人批准之前不得进行混凝土厚层碾压施工。

(4)计量系统的计量误差在规范的允许范围之内,混凝土 VC 值一般控制在设计要求范围内,并根据气候变动,动态控制 VC 值,使拌出的混凝土满足现场压实度要求。

(5)要保证混凝土拌和均匀,强制式搅拌机拌和碾压混凝土的时间在 120～180 s,强制连续出料式搅拌机拌和碾压混凝土的时间不少于 10 s。

(6)在混凝土制备前,应根据浇筑仓块大小,提前备足混凝土用的各种原材料,须保证浇筑仓块开仓后,能连续浇筑。

(7)要防止混凝土在运输过程中有分离、泌水、漏浆、水灰比变化,保证运输时间控制在要求范围内,防止混凝土因运输而造成温升或温降超过设计要求。

（8）混凝土卸料要分点进行，防止骨料分离，当出现骨料分理时，应及时进行处理。

（9）碾压混凝土连续铺筑的层间间隔时间，应控制在混凝土的初凝时间之内。若在初凝与终凝之间，可在混凝土表层喷洒胶浆或铺一层砂浆后继续铺料碾压；达到终凝时间必须按冷缝处理。

（10）压实度检测仪器在检测前，必须按使用说明书要求进行率定，率定合格后方可使用。

（11）厚层碾压混凝土压实度检测频率应符合现行碾压混凝土施工及验收规范要求，每100～200 m² 布置一个检测位置，每个检测位置均应检测深度30 cm 及以下每隔10 cm 处混凝土的压实度，且各点位压实度均应满足设计和规范要求，否则应及时补压，直至压实度满足要求。

8 安全措施

（1）施工过程必须遵守《建筑机械使用安全技术规程》（JGJ 33—2001）、《汽车起重机安全操作规程》（DL/T 5250—2010）、《水利水电工程施工通用安全技术规程》（SL 398—2007）、《水利水电工程土建施工安全技术规程》（SL 399—2007）、《水利水电工程施工作业人员安全操作规程》（SL 401—2007）、《水电水利工程施工通用安全技术规程》（DL/T 5370—2007）、《水电水利工程施工安全防护设施技术规范》（DL/T 5162—2002）。

（2）施工项目部必须建立健全安全生产管理制度，完善安全操作设施。加强安全教育培训，作业前必须进行安全技术交底，作业人员正确佩戴安全防护用品。

（3）施工过程中应严格贯彻执行安全生产责任制，从领导到施工工人层层落实，分工负责，使"安全生产，人人有责"落到实处。

（4）设立专职安全员，加强现场安全检查，包括定期安全大检查、季节性安全检查（雨季安全检查、风季安全大检查、冬季安全大检查、暑季安全大检查）、专业安全大检查、节前安全检查、经常性安全检查。

（5）所有进入施工现场的人员必须遵守"十不准"制度。

（6）场内道路设计、施工要做到符合行车要求，对于频繁交叉路口，派专人指挥，危险地段要挂"危险"或"禁止通行"标志牌，夜间设红灯示警。

（7）夜间作业时，机上、工作地点、交通运输道路必须有足够的照明。

（8）对从事机械驾驶作业的操作人员应进行严格培训，经考核合格后方可持证上岗。

（9）施工现场和各种施工设施、管道线路等，要符合防洪、防火、防砸、防风以及工业卫生等安全要求。

9 环保措施

（1）施工过程必须遵守《建筑施工现场环境与卫生标准》（JGJ 146—2004）、《污水综合排放标准》（GB 8978—1998）、《建筑垃圾处理技术规范》（CJJ 134—2009）。

（2）施工项目部必须建立健全文明管理制度，完善环保设施，规范现场施工秩序。

（3）施工现场道路要平整、坚实、畅通，场地平整、边坡整齐，无大面积积水，场内要设置连续畅通的排水系统，排水良好。工地配置洒水车，对经常使用的场内施工道路和石料运输道路要定期洒水，以减少扬尘。

（4）经常检查维护各种施工机械的油管，保证油管不漏油；涂完润滑油后的污手套、脏布不能随意乱丢，应放到规定的地方，集中处理；装油的桶要放稳，防止倾倒。

（5）混凝土生产产生的污水、混凝土冲毛产生的污水、车辆清洗产生的污水、混凝土养护污水，集中排至污水处理池经处理合格后方可排出。

（6）运输过程洒落的混凝土渣、冲毛后的混凝土渣，由专人集中收集，统一堆放到业主指定弃渣场。

10 效益分析

10.1 经济效益

（1）大体积混凝土工程采用厚层碾压技术施工，提高施工工效，缩短施工工期，减少各种施工机械设备、仪器的租赁、折旧费用，减少人工费用及各项管理费用。

（2）采用厚层碾压技术施工可以加快施工速度，一般中小型碾压混凝土工程可在一个枯水期施工完成，这样可以避免在高温季节施工，从而可以简化甚至取消温控措施，大大降低工程成本。同时工程提前完成，发挥工程经济效益，如水电站工程可以提前发电，供水工程可提前供水。

（3）混凝土厚层碾压与传统30 cm厚碾压技术相比，可减少混凝土的层间接合薄弱面，改善并提高碾压混凝土工程的施工质量，可降低潜在的质量隐患处理费用。

（4）本工法应用于贵州大方落脚河水电站永久管理房和宿舍用房基础工程及贵州黄花寨水电站大坝工程，共节省工程投资150万元，取得了较好的经济效益。

10.2 节能环保

（1）厚层碾压因速度快，中小型坝能在一个枯水期施工完成，可避免在高温的夏季施工，减少大体积混凝土的温控措施，可降低各种资源（如冷却水管、制冰设备、电、水、油料等）的消耗，减少不可再生资源开发。

（2）混凝土厚层碾压施工工效高，作业现场所需碾压设备少，产生的噪声小，可减少噪声污染。

（3）混凝土厚层碾压施工可加快施工进度，使工程建设期缩短，对工程建设区周区环境影响时间减少。

10.3 社会效益

（1）凝土厚层碾压突破了RCC常规30 cm层厚的碾压筑坝方法，与传统30 cm厚RCC筑坝技术相比，可以节省20%~50%碾压混凝土施工时间（计算见表5），加快碾压混凝土工程的施工进度，缩短碾压混凝土工程的施工工期，使工程提前发挥效益。

表5　混凝土厚层碾压效率计算

混凝土碾压层厚（cm）	混凝土碾压遍数（遍）	每层混凝土总碾压面积（m²）	每层混凝土碾压时间（h）	每个混凝土单元块的碾压层数（层）	每个混凝土单元块的碾压总时间（h）	节省时间（%）
30	2-6-2	10 000	3.3	10	33.3	
50	2-8-2	12 000	4.0	6	24.0	28.0
75	2-10-2	14 000	4.7	4	18.7	44.0
100	2-12-2	16 000	5.3	3	16.0	52.0

注：1.以混凝土单元块厚3 m，仓面面积1 000 m²，碾压设备数量相同为例进行计算。

2.30 cm层厚为常规薄层碾压，50~100 cm层厚为厚层碾压。

3.振动碾碾压速度为1.5 km/h，有效碾压宽度为2 m。

4.2-6-2表示："静压2遍+振压6遍+静压2遍"。

（2）采用厚层混凝土碾压技术进行碾压混凝土施工，可减少混凝土的层间接合薄弱面，改善并提高碾压混凝土工程的施工质量。

11 工程实例

11.1 混凝土厚层碾压在贵州黄花寨水电站大坝枢纽工程上的应用

11.1.1 工程概况

黄花寨水电站位于贵州省蒙江流域干流格凸河上，装机容量2×27 MW，水库正常蓄水位

795.5 m,相应库容 1.6 亿 m³。电站枢纽大坝为 RCC 双曲拱坝,最大坝高 108 m,坝顶高程 800 m,坝顶宽 6 m,坝顶弧长 243.6 m,坝底最大宽度 25.3 m。坝体设 4 条横向诱导缝,上游面采用二级配富胶材 RCC($C_{90}20$)及二级配变态混凝土($C_{90}20$)防渗,下游面采用三级配 RCC($C_{90}20$)及三级配变态混凝土($C_{90}20$),RCC 工程量 28.5 万 m³。工程自 2006 年 10 月开工,2011 年 5 月完成(施工期间,因库区移民问题造成多次长时间停工)。

11.1.2 厚层碾压应用部位

混凝土厚层碾压在右岸非溢流坝段高程 789.5~800 m 进行,分 789.5~792.5 m、792.5~795.5 m、795.5~798.5 m、798.5~800 m 4 个仓块,仓面面积为 778~640 m²。因受混凝土综合运输条件限制,不能满足通仓厚层碾压施工要求,各仓仅能在长 40~50 m 约 300 m² 范围进行厚层碾压施工(其余区域 30 cm 斜层碾压)。为减小施工干扰,加快作业速度,将坝体的 4 种混凝土均改为三级配 RCC,上下游面 50 cm 范围采用三级配变态混凝土。

11.1.3 混凝土碾压工艺

根据厚层碾压试验结果,确定 RCC 厚层碾压参数:铺料厚 66 cm,两次铺料,每次铺 33 cm;采用 SB - 11 平仓机平仓、SD451 型垂直振动碾碾压,碾压速度控制在 1~1.5 km/h 内,碾压遍数为 2 - 10 - 2(静压 2 遍 + 振压 10 遍 + 静压 2 遍),压实厚 60 cm。碾压条带搭接 10~20 cm,端头部位搭接约 100 cm。

11.1.4 使用效果

厚层碾压施工自 2011 年 2 月 23 日起开始施工,至 2011 年 4 月 6 日完成,共浇筑混凝土 3 493 m³;在施工过程中,对混凝土压实度、坝体芯样强度等质量指标进行了检测。

(1)每个坝块仓号压实度检测 5 个位置,每个位置检测 30 cm、40 cm、50 cm、60 cm 深混凝土压实度,共检测 333 点位,超过 97.0% 的有 328 点,一次压实合格率为 98.5%。

(2)2011 年 5 月 31 日至 2011 年 6 月 19 日在厚层碾压部位进行钻孔取芯,共取 3 孔,芯样采取率和获得率均分别为 98.4%、98.4%、98.5%,芯样胶结较好、骨料分布均匀,芯样断裂均在层缝面,未见单层碾压层内有断裂。

(3)每个坝块取抗渗芯样一组,共 4 组,抗渗强度均达到 W6 要求;每个坝块取试件 3 块,共 12 块,抗压强度均大于设计要求的 20MPa。

(4)采用混凝土厚层碾压技术,混凝土质量符合设计及标准要求,该坝局部提前 30 d 完成,施工过程基本未采取温控措施,节省工程投资 100 万元。

11.2 混凝土厚层碾压在贵州落脚河水电站永久管理房和宿舍基础工程上的应用

11.2.1 工程概况

贵州大方落脚河水电站工程永久管理房和宿舍用房占地面积 345 m²,由于场地地面高程不能满足防洪标准要求,需回填加高约 3 m,经向有关专家咨询,结合厚层碾压混凝土技术试验研究,房层基础采用厚层碾压混凝土。工程自 2006 年 9 月开工,2007 年 2 月完成。

11.2.2 混凝土碾压工艺

混凝土采用 50 cm 及 75 cm 厚碾压工艺,碾压设备采用 SD451 型垂直振动碾,平仓设备采用推土机。50 cm 厚工艺参数为:铺料厚 54 cm,两次铺料,每次铺 27 cm;碾压速度控制在 1~1.5 km/h 内,碾压遍数为 2 - 8 - 2(静压 2 遍 + 振压 8 遍 + 静压 2 遍),压实厚 50 cm;碾压条带搭接 10~20 cm,端头部位搭接约 100 cm。75 cm 厚工艺参数为:铺料厚 81 cm,三次铺料,每次铺 27 cm;碾压速度控制在 1~1.5 km/h 内,碾压遍数为 2 - 10 - 2(静压 2 遍 + 振压 10 遍 + 静压 2 遍),压实厚 75 cm;碾压条带搭接 10~20 cm,端头部位搭接约 100 cm。

11.2.3 使用效果

采用厚层碾压混凝土浇筑混凝土 1 035 m^3,加快了碾压混凝土工程的施工进度,比传统 30 cm 厚碾压技术施工时间缩短 2 d,简化了大体积混凝土的温控措施,混凝土实体质量符合设计要求,取得了较好的经济效益和社会效益。

(主要完成人:丁仕辉　涂祖卫　汪永剑　谭万善　宋万录)

堤防加固吹填管路实时监控施工工法

河南省中原水利水电工程集团有限公司

濮阳市黄龙水利水电工程有限公司

1 前言

放淤固堤泥沙吹填施工技术是黄河下游堤防加固的主要技术方法。

施工期间,输送泥浆含沙量是整套系统正常工作的一个重要影响因素,以往主要根据施工人员的经验定性地判断泥浆含沙量,做不到定量化检测,并且不能做到实时对输送泥浆含沙量的监控。对于输沙距离达 6 km 时,如果不能及时准确地掌握输送泥浆含沙量,含沙量较大或较小时,容易发生管道堵塞;或单位时间的泥浆搬运量减少,工作效率较低,施工成本增加。

输沙管道局部崩裂,接力泵气蚀,吃填平整度不易控制等问题在泥沙吹填过程中经常发生,将导致停机维修,减少设备寿命,降低工作效率,影响施工进度。

针对以上问题,公司成立了技术攻关小组,不断探索和研究,做了大量的试验工作,通过总结多年土方吹填施工经验,对抽沙淤筑施工设备系统不断进行技术改造。对输沙管路进行改进,研制出了《堤防加固吹填管路实时监控施工工法》。

2 工法特点

(1)实现了输送泥浆含沙量的时时监控,保证了泥浆含沙量的最佳状态。

(2)泥沙输送装置延长了接力泵的使用寿命,降低了维修费用。

(3)实现了管道压力最佳状态,避免了堵管和爆管事故的发生。

(4)淤区整平阀门实现了淤区平整度的可控制。

3 适用范围

(1)适用于长距离需进行接力的泥沙输送。

(2)适用于沙粒含量较大的泥沙输送。

(3)适用于黄河下游等河道堤防加固工程的土方吹填。

4 工艺原理

针对接力泵存在的严重气蚀问题,对原有离心接力泵结构进行改造,加装了减少离心泵气蚀的自动装置。大大减少蜗壳内气泡量,从而减少气泡在挡板、蜗壳、叶轮表面爆裂产生的高压高频撞击,导致金属表面疲劳而发生气蚀的概率。

针对输沙管道爆裂问题,在输沙管路监测点加装测沙阀和压力表,随时测定管道泥浆的含沙量和管道内的压力,及时调整含沙量和抽沙泵、接力泵的转速,保证管道内的含沙量和管道压力处于一定的匹配范围。

针对淤区平整度问题,通过将安装有多个阀门的淤区整平阀铺设在淤区适当位置,根据吹填工作进度和现场的吹填作业,选择性地打开不同的出浆阀门,使泥浆均匀地流向指定位置。

4.1 防气蚀工作原理

由于泥浆长距离传输,接力泵进口处压力衰减,并且由于离心泵工作导致泵心部位压力急剧减小,形成负压,输送水汽,形成大量气泡,原来水中溶解的气体大量溢出,随着叶片的高速旋转,在离心力的作用下,气泡迅速到达叶轮外径,这时该区域有很高的正压,水迅速液化,气泡瞬时凝结溃灭,在气泡凝结溃灭的瞬间,气泡周围的液体迅速地冲入气泡凝失形成的空穴,形成强大的局部高频高压水击,金属表面因疲劳而产生剥蚀。同时,由于活泼气体(如氧气)的存在以及气泡凝结时产生的局部高温,导致金属表面发生电化学腐蚀现象。加装的减少离心泵气蚀自动装置主要包括压力表、压力继电器、滤板、手控阀门、电磁换向阀、排气管等。在离心泵进口处安装压力表和压力继电器,测定泵进口处压力,作为控制电磁换向阀换向排气控制压力信号,排气装置安装在离心泵壳体的最顶端(见图1),利于气体的挥发排除。减少气蚀自动装置部件外部结构(见图2),底端滤网装于蜗壳顶端,离心泵内气体通过滤网和开启的手控阀门及开启的电磁阀通过放气管排除,大大减少蜗壳内气泡量,从而减少气泡在挡板、蜗壳、叶轮表面爆裂产生的高压高频撞击,导致金属表面疲劳而发生气蚀的概率。

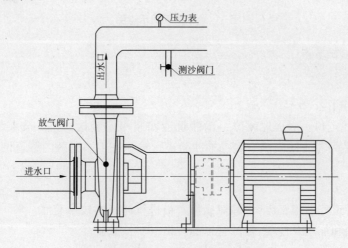

图1 排气阀、压力表、测沙阀安装位置

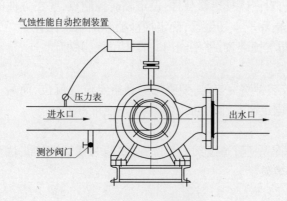

图2 防气蚀安装位置

4.2 含沙量测定原理

通过在泥浆输送管道监测点加装测沙阀,可采样定量测定泥浆中的含沙量,并对各个监测点含沙量进行测定和分析,调节输沙压力值;通过在泥浆输送管道监测点设置压力表,可以实时监测输送管道内部各监测点的液体压力,通过压力分析,确定加压和减压操作,调整抽沙泵和接力泵的转速,保证管道内部压力低于管道本身的承载能力,确保泥浆正常的输送生产而管道不发生堵塞、爆裂破坏现象。

4.3 淤区平整度控制原理

对于淤区平整度问题,通过将安装有多个阀门的淤区整平阀铺设在淤区适当位置(见图3),根据淤筑工作进度和现场的淤筑作业,选择性地打开不同出浆阀门,使泥浆均匀地流向指定位置,保证淤区作业面的平整度。另外,由于平整管长距离深入淤筑区,作业面范围加大,只需选择打开不同的出水阀,就可以改变淤筑方向,无须停机操作,这样可节约大量的工时,显著提高工作效率。

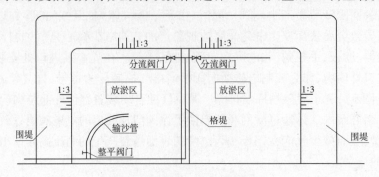

图3　淤区整平阀示意图

5　工艺流程及操作要点

5.1　施工工艺流程

施工工艺流程如下:

施工准备→放线定位→吸泥船就位→输沙管道安装→安装接力泵→安装测沙阀→安装压力表→防气蚀装置安装→整平阀安装→启动抽沙船进行输沙施工→淤区内管道位置调整。

5.2　操作要点

5.2.1　施工准备

(1)编制输沙管道安装施工方案,并对操作人员进行详细的技术交底。

(2)检查抽沙船和加压泵性能,输沙管道的规格、型号、数量。

5.2.2　放线定位

(1)依据已知控制点,对淤区外边缘放样,设定临时控制点,并在方便的地方设置高程点。

(2)按照设计管线走向和取土场位置,确定抽沙船和加压泵位置。

(3)确定测沙阀门、防气蚀装置、整平阀门的具体位置,并标记。

5.2.3　抽沙船就位

在河岸上输沙管道安装即将完毕时,使吸泥船到指定位置就位,而后下锚固定,并且用缆绳固定在河岸上,要经常检查固定情况,防止抽沙船移动不能正常工作。

5.2.4　输沙管道安装

根据设计管道走向,首先把管道运到适当位置,安装时在管道接头法兰处加橡胶垫密封,并用螺丝拧紧,以达到密封的效果。

5.2.5　安装接力泵

接力泵应随管道顺序安装,管道安装到一定长度,达到接力泵位置时,把接力泵用吊具粗略就位,而后用人工精确就位,最后和管道用螺丝紧密地连接在一起。

5.2.6　安装测沙阀

在抽沙船和接力泵附近输沙管道上各安装一个测沙阀门,在抽沙船附近安装在距抽沙泵出水口2~3 m的位置,接力泵附近安装在进水口处,随时测量抽沙泵和接力泵的含沙量。在输沙管道上开一个直径约2 cm的小洞,然后焊接一根内径约2.5 cm、长10 cm左右的钢管,在钢管上端用软管引出取浆,测量管道内泥沙的含沙量(本输沙阀数量是一级接力时的数量,多级接力时,根据实际情况增加)。

根据测量情况,及时调整抽沙泵的深浅,使含沙量达到最佳状态。最大限度地避免了堵管和含沙量较低的现象发生。

5.2.7 安装压力表

与测沙阀位置基本一致,在抽沙船出水口和接力泵进出水口处分别安装压力表各 1 块,同安装测沙阀一样,首先在输沙管道上开一个直径约 2 cm 的小洞,然后焊接一根内径约 2.5 cm、长 30 cm 左右的钢管,在钢管上端安装压力表。

通过观察压力表的读数,及时调整抽沙泵和接力泵的转速,避免堵管和爆管事故的发生。

5.2.8 防气蚀装置安装

在接力泵的进水口处安装防气蚀自动装置,使管道气体自动排出,最大程度地降低了气蚀对叶轮及泵壳的损坏程度,延长了叶轮及泵壳的使用寿命。使接力泵转速达到最佳转速,效率提高 10%左右。

5.2.9 整平阀安装

在淤区部分的输沙管道上安装整平阀门,整平阀门就是由两个阀门组成的三通装置,首先把三通装置组装完毕,再根据需要把两条输沙管道安装到具体位置,长度可调整。

5.2.10 启动抽沙船,进行输沙施工

以上工作完成后,通知接力泵做好准备,启动抽沙泵进行抽沙,待管道气体基本排出完毕时再缓缓启动接力泵,然后根据抽沙泵和接力泵的运转匹配较好时,加大输沙能力,把泥沙输送到淤区,及时测定管道内压力和含砂率,以便调整泥沙含量,力求含沙量最大。淤区采用分块(条)交替淤筑方式,以利于泥沙沉淀固结;排泥管道居中布放,力求平顺,以减少输沙阻力,达到输沙顺畅,采用端进法吹填,直至末端;每次吹填层厚为 30~50 cm。

5.2.11 淤区内管道位置调整

淤区顶面即将达到设计高程时,根据淤填平整度的要求,考虑一定的沉降量,在不影响抽沙船和接力泵正常工作的情况下,利用整平阀的阀门开关随时调整其中一条输沙管道位置,出泥口应适时向前延伸或增加出泥支管,使淤筑范围内的淤区基本平整,再调整另一条输沙管道位置,保证淤区平整,这样循环往复,使整个淤区的平整度基本达到要求,局部达不到要求的地方,考虑机械平整。

5.2.12 劳动力组织

输沙管道劳动力安排见表 1(一级接力时需要的劳动力)。

表 1 输沙管道劳动力安排

序号	工种	人数	主要工作内容
1	技术人员	2	施工技术指导,质量记录
2	管道安装工		负责输沙管道安装
3	电工	2	负责生产设备、生活设施的电力供应
4	设备维修工	2	负责生产设备的维修、保养等
5	抽沙船操作工	6	负责抽沙船的吸泥、测压力、含砂率等
6	接力泵操作工	6	负责接力泵淤的运转、测压力、含砂率等
7	管道巡视工	4	负责输沙管道的维护、看护等
8	淤区守护工	8	负责淤区的整平、围格堤看护等

说明:管道安装人员的数量不确定,可根据管道长度、工期要求进行调整。管道安装期间所有人员参加,安装完毕后再进行分工。

6 材料与设备

6.1 材料

本工法使用主要材料有(一级接力时):

(1)测沙阀门2个。

(2)自动放气阀门2个。

(3)压力表2个。

(4)淤区整平阀阀门2个(根据淤区大小增减)。

6.2 主要施工设备

抽沙船1艘,接力泵1台(一级接力时),满足工程需要的输沙管道若干。

7 质量控制

(1)严格按照施工组织设计、设计图纸和有关技术要求进行施工。

(2)开始施工前,编制翔实的作业指导书,并对作业人员进行技术交底和技术培训。

(3)依据项目部建立的质量保证体系进行质量管理,责任到人,技术人员认真收集资料,施工班组严格按规程操作。

(4)质量检查严格执行"三检制",按照质量管理体系的系列标准及公司质量方针来规范每一个职工的行为,确保工程质量。

(5)施工期间加强与有关部门沟通,妥善解决施工中出现的问题,确保工程顺利进行。

8 安全措施

(1)建立健全安全生产组织机构,制定安全责任制度、检查制度、奖罚制度、教育制度,各施工队设专职安全员,负责检查各种制度措施的落实情况。施工前应严格进行三级技术交底,专业工种需持证上岗。

(2)加强对职工的安全教育,认真贯彻执行"安全第一,文明施工",树立"安全为了生产,生产必须安全"的指导思想,工地现场要设醒目的安全标志,安全手册人手一本。

(3)施工设备配备足够的操作人员,施工中劳逸结合,夜间施工保证有足够照明设备。

(4)在抽沙船上工作的人员须穿救生衣,人员上船必须使用工作船,严禁在管道上行走。

(5)在生产、生活区加强防火、防电,定期检查线路,严禁私拉乱扯线路,发现有漏电、暗火等隐患应及时报告并采取有效措施进行处理。

(6)所有操作人员必须戴好劳动防护用品,并有专人定期检查,确保其处于完好状态。

9 环保措施

(1)成立施工环境卫生管理机构,在工程施工过程中严格遵守国家和地方政府下发的有关环境保护的法律、法规和规章,加强对施工燃油、工程材料、废气、废水、生产生活垃圾、弃渣的排放控制和治理,遵守有关废弃物处理的规章制度,做好交通环境疏导,虚心接受相关单位的监督检查。

(2)将施工场地和作业限制在工程建设允许的范围内,合理布置,规范围挡,做到标牌清楚、齐全,各种标示醒目,施工场地整洁文明。

(3)对施工中可能影响到的各种公共设施制定可靠的防止损坏和移位的实施措施,加强实施中的监测、应对和验证。同时,将相关方案和要求向全体施工人员详细交底。

(4)建立领用及退料制度,保证废物回收利用,防止污染环境。

(5)施工期间要做到:人行道畅通,排水畅通,无管线高放、无积水,施工道路平整无坑塘;施工区域与非施工区域严格分离,施工现场必须挂牌施工,施工人员必须佩卡上岗,工地生活设施必须文明。

(6)注重施工现场的整体形象,科学组织施工。对现场的各种生产要素进行及时整理、清理和保养,保证现场施工的规范化、秩序化。

10　效益分析

(1)采用本工法施工,提高了泥沙输送含量,降低了运行成本,对于长距离输沙,更能体现其优越性。

(2)本工法施工简便,需要投入的人力少,自身工期短。

(3)增加防气蚀装置后,较好地保护了离心泵的叶轮、蜗壳和挡板,使接力泵工作性能更为稳定,接力泵使用设备效果明显加强,该装置还在离心泵生产厂家得到应用,效果比较明显,延长了设备使用寿命,减少了维修费用。

(4)造价较低,与其他传统方法相比,经济效益显著。例如同 6 km 长的输沙距离使用该工法与传统的施工方法相比,每立方米的工程造价节约 0.52 元。通过 2007 年度濮阳黄河堤防加固工程台前 3 标和范县 4 标两个工程的应用,创造直接经济效益超过 100 万元。

11　应用实例

(1)2009 年 3 月至 2010 年 7 月在濮阳黄河堤防加固工程台前 3 标土方吹填工程施工中,共完成放淤土方 120 多万 m^3,工期提前一个月,增创利润 60 多万元。

(2)2009 年 3 月至 2010 年 8 月应用于濮阳黄河堤防加固工程范县 4 标土方吹填工程施工中,共完成放淤土方 90 多万 m^3,工期提前约一个月,增创利润 40 多万元。

以上两个工程项目采用了堤防加固吹填管路实时监控施工技术,比传统的泥沙输送管路吹填施工技术具有更好的经济效益。

(**主要完成人**:张永伟　张红杰　韦佑科　侯石景　韩美增)

水平花管降水施工工法

河南省中原水利水电工程集团有限公司

1 前言

在水工建筑物工程施工时,由于地质情况不同,在地下水位较高处进行深层地基开挖施工时会有大量地下水渗出。为了解决地基渗水问题,往往采用井点降水及管井降水,这两种降水方法采用上下垂直井管进行降水,它对地下俱为均质土的土质,有明显效果,但当遇到地下出现不透水层或表面渗水较严重的地质时(如黏泥层),井点降水及管井降水更是无明显效果。针对基坑内土质含水饱和,基坑底部较宽,土质不均匀,并且有厚薄不等的夹层现象,为了能够彻底解决基坑表层渗水及基坑侧面渗水的问题,施工技术人员查阅有关资料,结合以往施工经验,经过和技术工人共同探讨,研制出了水平花管降水施工工法。

水平花管降水主要是把降水管埋平铺于黏土夹层中或侧面土层中,很好地把基坑表面渗水或侧面渗水排除。与井点降水法相比,把常用的垂直钢管改为平铺的塑料管,灵活就近布置于基坑内,弥补了井点降水只能在基坑四周降水的不足,达到灵活处理基坑渗水的目的。

2 工法特点

(1)降水管平铺,降水效率高。

(2)工序简单,操作简便。

(3)投资少,易选材,制作工艺简单。

3 适用范围

(1)适用于各种形状断面的基坑。

(2)适用于有黏泥夹层、渗水不畅的地层降水。

(3)适用于粉细砂土质和含有黏土夹层的土质。

4 工艺原理

4.1 水平花管结构

水平降水管是由数层棕片和滤网包裹透明塑料管用扎丝固定形成,水平降水管由透明塑料管、棕片、滤网、扎丝、木塞等材料组成(见图1)。其中棕片和滤网是水平降水管的核心构件,主要是靠它们过滤地下水。为了把过滤后的地下水抽走,采用透明塑料管集水,并在透明塑料管末端用木塞封闭。

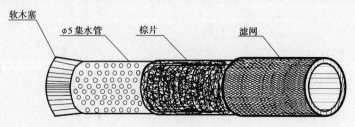

软木塞　φ5集水管　棕片　滤网

图1 水平花管构造图

4.2 水平花管降水工艺原理

水平花管降水主要是排除工作面表层水,在基坑底部弱透水层以上,在需要降水部位或沿基坑边缘,开挖降水槽。降水槽长度根据降水位置而定。然后将预留的塑料管连接到抽水设备的主管道上,进行密封连接,防止漏气,影响排水效果。主管道与普通抽水设备(由于水平花管处于水平放置,管径较小,管长较短,普通抽水设备完全满足需要)连接,将水排到基坑外(见图2、图3)。

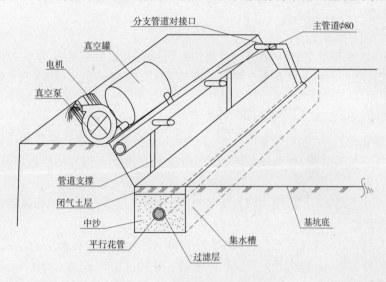

图2 水平花管降水工艺原理图

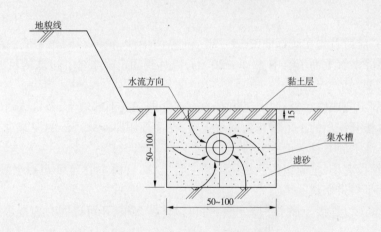

图3 水平花管降水工作原理图

5 施工工艺与操作要点

5.1 施工工艺流程

施工工艺流程如下:

施工准备→放线定位→制作花管→开挖降水槽→安放水平降水管→回填降水槽→连接水平降水管与普通抽水设备→启动抽水设备开始工作。

5.2 操作要点

5.2.1 施工准备

(1)熟悉设计文件,了解基础水文地质情况;

(2)根据设计图纸,现场仔细核对地层情况,确定降水方案,编制施工组织设计,做好各项准备工作。

5.2.2　放线定位

根据开挖后的土质，结合设计图纸和施工组织设计，对水平降水管的位置进行准确放样，并用白灰线把降水槽位置标于工作面上。尽量避免把降水槽埋于承重部位。如果必须埋置于承重部位，完工后对花管进行灌注水泥浆处理。

5.2.3　制作降水管

5.2.3.1　花管制作

将内径 4～5 cm、壁厚 1.5～2.0 mm 的透明塑料管用钻孔机钻成孔径为 6～10 mm、一定孔距的小孔，顺塑料管长度方向梅花形布置。钻孔长度根据实际长度而定，以能够埋入集水槽中并且能闭气为宜。

5.2.3.2　进行花管包扎

先用棕片包裹花管，然后棕片外周用 0.5～1.0 mm 扎丝绑扎牢固。棕片外周再用 15～25 cm 宽的长条滤网包扎在棕片外周，根据沙粒粒径大小确定包扎滤网和棕片的层数以及滤网的孔径。

5.2.3.3　闭气

把埋入降水槽中花管的一端，用木塞封闭管口进行闭气，然后用生料带和胶带密封，防止漏气。

5.2.4　开挖降水槽

根据现场实际情况，在设计底部高程以下(30～50 cm 为宜)，并有水层的位置，需要降水的部位，在工作面以外 30～50 cm 边缘处人工开挖降水槽，深 50～100 cm，宽约 50 cm，集水槽长度根据降水位置而定，单根最长宜不超过 60 m。工作面较大，需要长度较长时，中间可断开分根单独安装和工作。

5.2.5　安放水平降水管

降水槽开挖完成后首先在底部铺设 15～20 cm 厚的中沙，把已经制作完成的降水花管水平放到沙面上，然后在降水管上面填筑中沙 15～20 cm，以达到固定降水管和过滤的目的。

5.2.6　回填降水槽

水平降水管固定完成以后，采取人工填筑的方式立即在其上部填土，条件许可时可使用稀泥进行密封闭气，降水槽开挖出的土可以作为回填土料，在顶部用厚 4～5 cm 的泥浆进行闭气。

5.2.7　连接水平降水管与抽水设备

水平降水管埋设完毕，把露出的一端连接到主管上，而后由主管连接到抽水设备上，在管与管的连接处，均需用生料带密封。

一台抽水设备可以连接一根水平降水管，也可以连接多根，还可以同时连接水平降水管和垂直井点降水管。

5.2.8　启动抽水设备开始工作

整套降水设备全部安装到位后，开始启动抽水设备，进行试运行。运行期间，有专人值班负责观察出水状况，运行 1～2 h，观察抽水颜色，如果清澈透底，表明过滤很好；若浑浊，表明过滤不彻底，要对水平降水管加密滤网层数，或者在安放降水管时加入一些细沙，以达到更好的过滤效果。

5.2.9　劳动力计划

每套降水设备劳动力组织情况见表1。

6　材料与设备

本工法需要的材料主要为：

(1)水平降水管：透明塑料管。每节管的长度根据现场情况确定。

(2)滤网及棕片：若干。

表1　每套降水设备劳动力组织情况

序号	工种	单位	数量	说明
1	管理人员	人	1	
2	降水工	人	2	负责设备正常运行
3	降水管制造、安装工	人	3	
4	降水槽开挖、回填工	人	5	

(3)扎丝:若干。

(4)木塞:1个或数个。

(5)生料带:若干。

(6)中细沙:若干。

每套降水设备需要的主要机具设备为:

(1)电机1台。

(2)抽水泵1台。

(3)小型钻孔机1台。

7　质量控制

(1)建立质量管理体系,开工前,对施工图纸进行会审,并结合现场实际地质情况,编制专项施工降水方案和质量计划,对施工人员进行详细的技术交底。

(2)根据抽水设备的能力,确定整套设备需配备的水平降水管的数量。

(3)降水管在制作、安装过程中要轻拿轻放,避免损坏,滤网及棕片要紧固。

(4)所用中沙、细沙要过筛,以保证过滤效果。

(5)在施工过程中安排质检员进行过程控制,加强观测,并做好原始记录。

(6)抽水设备可以直接把水排到附近河道内,若距河道较远,需排在集水坑内,由排水沟排走,集水坑和排水沟应设置在建筑物轮廓外一定距离,防止渗水。

8　安全措施

(1)认真贯彻"安全第一、预防为主"的方针,根据国家有关安全生产管理规定,结合工程项目特点,制定安全生产管理办法、管理手册。

(2)建立健全安全组织,成立工程项目安全生产领导小组,坚持安全生产的宣传教育工作,经常对施工人员进行安全思想和安全知识教育,工程施工前应严格进行技术交底,电工等特殊工种需持证上岗。

(3)根据现场需要,配备完善的安全防护措施;严格安全检查制度,安全生产领导小组或专职安全员要定期或不定期地进行检查,发现隐患及时整改,杜绝安全事故发生。

(4)施工现场应设置明显的基坑、边坡、用电、交通等安全生产警示标牌。

(5)在基坑外围设置截水沟与围埂,防止雨水渗入边坡引起塌方,设专人对边坡进行巡视、观察,做好预报、预警工作。

(6)在开挖过程中,发现地层不稳定,存在顶部塌方隐患的地方,立即停止施工,任何人不得胁迫工人在不安全条件下施工。

(7)施工现场临时用电严格按照《施工现场临时用电安全技术规范》的有关规定执行。

(8)所有操作人员必须戴好安全帽,并有专人定期检查,确保安全防护用品处于完好状态。

(9)加强社会治安工作,创造良好的社会施工环境,教育施工人员尊重当地民风民俗,做到文明施工。

9　环保措施

(1)根据工程特点和施工环境情况,成立施工卫生环境管理机构,严格遵守《中华人民共和国环境保护法》、《中华人民共和国水污染防治法》、《中华人民共和国环境噪声污染防治法》、《中华人民共和国水土保持法》等一系列有关环境保护的法规和规章,做好施工区域和生活营地的环境保护工作,坚持"以防为主,防治结合"的原则。

(2)结合工程的环保特点,制定环境保护具体措施,教育参加施工人员遵守环保法规,提高环保意识,自觉接受当地环保部门对施工活动的监督、指导,积极改进施工中存在的环保问题。

(3)合理布置施工作业场地,做到标牌清楚、齐全,各种标识醒目,施工场地整洁、文明。

(4)施工排水系统处于良好的使用状态,保持场容、场貌的整洁;施工期间需要封路而影响环境时,须事先告知有关职能部门,在行人、车辆通行的地方设置明显标志。

(5)施工中产生的建筑垃圾、生活垃圾要在指定地点堆放,每日清理;妥善处理污水,未经处理,不得直接排入河流。

(6)施工中采用科学的施工管理方法,合理安排施工作业,减少各施工工序的施工时间,减少水、电等能源浪费现象。

10　效益分析

10.1　社会效益

水平花管降水施工工法在水工建筑物施工期间具有降水效率高、施工工期短等优点,加快了基础工程建设进度,为整体工程提前完工奠定了基础,确保了工程提前运行,及早发挥社会效益。

采用水平花管降水施工工艺,降水速度明显加快,施工人员的作业环境得到了改善,保证了工程质量。

10.2　经济效益

水平花管降水施工工艺与传统的轻型井点降水施工工艺相比,所用材料明显减少,制作安装便捷、速度快,每套降水设备节约成本一半以上。

水平花管降水成功以后,对该工法的施工成本进行了核算,以一套水平花管降水设备长 50 m 为例,购买塑料管、棕片、滤网等材料共 800 元,加工安装费 200 元,计 1 000 元,每天运行费用 20 元。而传统的轻型井点降水,以一套长 3 m 的 15 根钢管为例,购买钢管、棕片、滤网等材料共 2 000 元,制作安装费 500 元,计 2 500 元,每天运行费用 120 元。

通过比较可知,水平花管降水可节约制作安装费用 1 000 元,每天运行费用 20 元,仅濮阳市渠村引黄闸改建工程天然文岩渠倒虹吸工程就使用水平花管降水 8 台(套),降低各项施工运行费用达 35 万元,机械费 30 万元。

该工法在濮阳市渠村引黄闸改建工程穿堤闸工程和濮阳陈屯虹吸改闸工程推广应用后,共节约运行费 36 万元,机械费 40 万元,3 个工程项目共增加效益 141 万元。

11　应用实例

(1)濮阳市渠村引黄闸改建工程倒虹吸工程,建筑物级别Ⅲ级,设计防洪流量为 4 000 m^3/s,设计引水量 100 m^3/s。该工程于 2007 年 12 月开工,2008 年 10 月竣工。

（2）濮阳市渠村引黄闸改建工程穿堤闸工程，建筑物级别Ⅰ级，设计防洪流量为 20 000 m³/s，设计引水量 100 m³/s。该工程于 2007 年 11 月开工，2008 年 11 月竣工。

（3）濮阳陈屯虹吸改闸工程，建筑物级别Ⅰ级，设计防洪流量为 20 000 m³/s，设计引水量 20 m³/s。该工程于 2008 年 12 月开工，2009 年 9 月竣工。

我公司承建的以上工程，采用了水平花管降水技术，比井点降水和管井降水具有更好的经济效益，收到了降水效果，得到了用户满意，取得了较好的社会效益。

（**主要完成人**：张红杰　韦佑科　张永伟　侯石景　王锦虎）

隧洞边墙牵引式台车低坍落度混凝土施工工法

湖北安联建设工程有限公司
江南水利水电工程公司

1 前言

随着水利水电工程建设的发展,坝高超过100 m以上的高水头泄水建筑物逐渐增多。水工建筑物过流面混凝土的冲刷、磨损和气蚀破坏,是水工泄流建筑物,如溢流坝、泄洪洞(槽)、泄水闸、排砂洞出口、厂房尾水管过流面等常见的病害,尤其当流速较高且水流中又夹杂着悬移质或推移质时,夹沙石高速水流中推移质的冲击破坏和悬移质的切削破坏,使得建筑物遭受的冲磨、气蚀破坏作用更为严重。因此,为提高大型水利水电工程的使用寿命,保障其运行安全可靠,就要求水工混凝土,特别是过流面混凝土具有极高的抗冲耐磨能力。

解决复杂工况下混凝土的抗冲耐磨问题是一个系统工程,必须从结构设计、原材料选择、配合比试验、施工工艺与质量控制以及浇筑后养护等环节进行全过程技术创新和系统控制,从而实现水工建筑物的抗冲耐磨及提高其使用寿命。

武警水电三峡工程指挥部和武警水电第一总队依托溪洛渡水电站右岸泄洪洞建安工程、糯扎渡水电站右岸泄洪洞工程,有针对性地开展了大断面隧道斜坡边墙牵引台车低坍落度混凝土浇筑的研究与应用。在施工过程中成功使用了斜坡牵引式钢模台车及混凝土垂直提升系统,实现了低坍落度混凝土入仓。有效解决了斜坡段混凝土采用组合拼模浇筑整体性差、拼缝多的问题,同时采用先进的低坍落度混凝土浇筑工艺,避免采用泵送高坍落度混凝土带来的胶材用量大、混凝土内部温升高等高标号混凝土浇筑顽疾。降低了水化热温升,减少了温度开裂风险,提高了混凝土质量。

2012年4月《大型水工隧洞陡坡牵引钢模台车常态混凝土施工关键技术研究与应用》获中国电力建设科学技术成果二等奖。

2 工法特点

(1)研究使用了多项新技术、新工艺,改进传统钢模台车结构,实现大吨位卷扬机牵引钢模台车进行斜坡段洞室衬砌混凝土施工,边墙混凝土一次浇筑成型,保证了衬砌混凝土的整体性和平整度,形体控制也较好,施工进度明显提高。

(2)开发使用了台车混凝土垂直提升系统。采用电梯设计的模式,在台车门架系统内部布置两道垂直提升井,布置了提升框和运行轨道,通过两台布置在台车中部的慢速卷扬机提升混凝土吊罐至台车顶部,通过溜槽、溜筒向仓内供料。实现了大断面洞室边墙低坍落度混凝土入仓浇筑,减少了混凝土胶材用量,降低了混凝土内部温升,提高了混凝土施工质量。

(3)研究了一套成熟的高标号低坍落度混凝土施工工艺。从入仓布料的程序、混凝土振捣的具体标准及二次复振的时间和度量的把握等多个环节进行控制,保证混凝土成品内实外光,达到规范要求。

3 适用范围

本工法适用于大型水工隧洞斜坡段边墙衬砌及类似洞室边墙衬砌混凝土施工。

4 工艺原理

本工法大断面斜隧道边墙采用整体钢模台车一次浇筑成型。同时，为降低水化热温升，有效减少混凝土温度裂缝，采用低坍落度混凝土浇筑。边墙混凝土采用摩擦式卷扬机牵引整体边墙台车立模，混凝土罐车运输预冷混凝土，进入洞内后由固定的下料点向轨道小车卸料，由快速卷扬机牵引轨道小车至台车底部与布置在边墙台车上的混凝土垂直提升系统对接，提升系统垂直提升混凝土至台车顶部，通过溜槽、溜筒向仓面供料，人工平仓振捣。在浇筑过程中采取了二次复振工艺，有效排出水气泡，保证了流道面质量。

5 施工工艺流程及操作要点

5.1 施工工艺流程

施工工艺流程见图1。

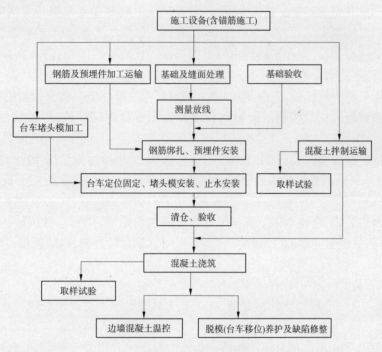

图1 施工工艺流程

5.2 操作要点

5.2.1 施工方案规划

边墙混凝土采用摩擦式卷扬机牵引整体边墙台车立模，混凝土罐车运输预冷混凝土，进入洞内后由固定的下料点向轨道小车卸料，快速卷扬机牵引轨道小车至台车底部与布置在边墙台车上的混凝土垂直提升系统对接后，提升系统垂直提升混凝土至台车顶部，通过溜槽、溜筒向仓面供料，人工平仓振捣。

5.2.2 施工准备

结构混凝土浇筑前先进行底板垫层混凝土浇筑，以便于台车轨道及台车牵引系统的布置，随后布置台车轨道及台车卷扬机牵引系统，并对各施工缝面、伸缩缝面进行凿毛处理等。

钢模台车轨道采用插筋加压板固定在斜坡垫层混凝土表面。混凝土小车轨道布置在台车轨道内侧，左右侧各一台；轨道在通过掺气坎陡坎时浇筑混凝土垫块斜坡道顺接。

钢模台车采用大吨位卷扬机牵引行走，吨位不足时可布置多倍率动滑轮组牵引。受硐室体型影响,卷扬机及牵引钢丝绳在复杂洞段布置难度较大。为保证牵引效果和运行安全,由卷扬机及台车之间分段布置托绳轮及压绳轮,以确保钢丝绳平行与洞身轴线布置,防止钢丝绳拖地或被洞壁擦损。

混凝土轨道小车采用快速卷扬机牵引,卷扬机布置在斜坡段上部。

5.2.3 仓位准备

仓位准备包括施工缝和结构缝处理、钢筋制安、止水及冷却水管等预埋件埋设、观测仪器埋设、模板组立、仓面清理等,按设计技术要求施工。

5.2.4 模板施工

过流面采用整体边墙台车立模,底模采用木模板进行拼装,堵头模采用组合钢模或木模板进行拼装。

5.2.4.1 边墙整体钢模台车

(1)边墙钢模台车是以组合式钢结构门架支撑大型钢模板系统,摩擦式卷扬机牵引行走。由于台车运行时除支撑混凝土浇筑的侧压力外,还需要保证斜坡洞室的牵引行走刚度。通过结构计算对台车在斜坡牵引行走工况下的受力进行分析,对重点部位尤其是牵引点纵梁等结构进行加强。台车底部行走大梁进行加长,使台车结构由传统的矩形优化成梯形结构,防止台车后倾,更有利于斜坡运行稳定。

台车采用卷扬机牵引就位前,先由测量放样,确保台车准确就位。就位后利用定向支撑液压油缸和螺旋千斤调整模板到位及脱模。面板调校由测量全过程跟踪校核,模板就位偏差控制在10 mm以内。

钢模台车在出厂前应会同监理、业主到厂家进行验收,合格后运输至现场进行拼装。

(2)边墙模台车脱模剂采用棉纱或毛刷涂抹到模板面板上,同时避免对钢筋造成污染。

5.2.4.2 底模安装

底模采用木模拼装,底模止水以下部位可在台车就位前组立,待台车就位后,安装止水片和其以上部位底模,并将底模板间缝隙及底模与台车面板间缝隙封堵严密,以防振捣过程中漏浆造成底脚部位麻面。

5.2.4.3 堵头模安装

(1)台车面板与上一仓混凝土面贴合前,在混凝土面边缘贴一道双面胶进行止浆,防止振捣过程中漏浆。

(2)台车就位后,先由液压油缸调节模板面板使之与上一仓混凝土面贴合,再将螺旋千斤加固到位,使面板稳固。

(3)端头模板采用散装小钢模堵头,采用钢筋围图固定,对于端头部位布置止水围图加工成弯折部位,堵头模板采用内拉内撑的型式固定。

5.2.4.4 边墙顶部盖模安装

在斜坡段施工时,应于开仓前提前在顶部设置盖模,并设进人孔以方便人员进出和下料、振捣;内侧钢筋与模板间设置无模区,便于工人对收仓面进行抹面,使边墙与顶拱搭接面平整、美观。

5.2.5 混凝土浇筑

5.2.5.1 混凝土的配合比设计

混凝土拌制采用低热水泥,高掺粉煤灰及高效能外加剂,在保证拌和物质量的前提下,重点降低水化热温升,提高施工性能。

5.2.5.2 混凝土的拌和

混凝土拌和采用拌和楼拌制、拌和楼称料,拌和均由电脑自动控制,拌制预冷混凝土,并控制混凝土出机口温度。

5.2.5.3　混凝土的运输、入仓

　　混凝土水平运输采用混凝土罐车从拌和楼运至现场,卸入混凝土轨道小车后由快速卷扬机牵引至台车底部,再由台车提升系统将混凝土轨道小车料罐提升至台车顶部,经顶部溜槽输送至仓内溜筒下料。

5.2.5.4　混凝土浇筑

　　边墙混凝土入仓后,由人工分坯层进行平仓、振捣,分仓浇筑,严格控制浇筑层厚,并确保两侧边墙浇筑均衡上升,在浇筑过程中采用二次复振工艺。

　　混凝土下料:

　　(1)采用平铺法下料。通过溜筒下料,下料过程中来回摆动溜筒尾节,实现多点下料,减轻人工平仓难度;为减轻混凝土骨料分离,溜筒尾节采用皮质溜筒,且自由下料高度不得大于 1 m。

　　(2)对溜筒下料时溅落在模板上的灰浆要及时清理干净并补刷脱模剂,以免在拆模时发生粘模,影响外观质量。

　　(3)在止水带附近下料时应注意不要一次下料将止水带覆盖,而应在旁边分次下料,每次下料后立即振捣,将混凝土料填满止水带附近区域,然后拆除止水带支托卡具,再继续下料覆盖止水带。

　　(4)严格控制下料坯层层厚,便于振捣棒振捣时插入下层混凝土 5～10 cm。开仓前,用红油漆在端头模板上按规定间隔明确标示出下料层厚,下料时严格按照标示线控制。

　　(5)控制下料速度,留足时间进行初振和二次复振;为了有效控制台车面板下部的位移,要重点控制边墙下部范围内的入仓强度和下料速度。

　　(6)由于斜坡段每层混凝土浇筑面积不同,故其下料速度和入仓强度应随浇筑高度增加而变化。

　　(7)加强仓内外沟通,在台车两侧仓位顶部醒目位置各安装一盏信号灯,仓内人员确认每一坯层充分振捣后,通过信号灯通知台车顶部下料人员下料。

　　平仓振捣:

　　(1)下入仓里的混凝土应及时平仓,不得堆积。

　　(2)下料后先平仓,后振捣,严禁以平代振或以振代平。按顺序依次振捣,以防漏振。沿水流方向分两排布置振捣棒插点,振捣时先靠基岩面侧振捣,再振捣靠模板侧。在靠模板侧振捣时,振捣棒距钢筋网 3～5 cm 插入混凝土,振捣过程严禁触碰钢筋,以免对下层混凝土造成扰动。

　　(3)振捣插点要求每一坯层沿顺水流方向两排布点,依序先振捣外侧后振捣内侧,对于外侧岩壁超挖部位另外增加振捣点。采用高频振捣棒振捣,插点间距均按照 20～30 cm 控制,靠模板一侧在初振完成后,间隔 5～10 min 利用软轴振捣棒进行二次复振,插点间距同上,插点顺序与初振顺序一致,确保有效的二次复振间隔时间。

　　(4)振捣棒应垂直插入,快插、慢拔,振捣棒应插入下层混凝土 5～10 cm。为使上下层混凝土振捣密实均匀,充分排除混凝土内部水气泡,可将振捣棒上下抽动,抽动幅度为 10～20 cm,以混凝土不再显著下沉,表面有浮浆,气泡不再排出为准。

　　(5)浇筑过程中确保每一坯层混凝土表面始终处于水平状态,严禁个别坯层出现斜面。振捣第一坯层混凝土时,振捣器头部不得碰到基岩或老混凝土面,但距离基岩或混凝土垫层面不宜超过 5 cm,振捣上层混凝土时,振捣器头部应插入下一混凝土坯层表面以下 5 cm 左右,使上下层结合良好。

　　(6)振捣过程中,严禁振捣棒触碰边墙上部设置的顶拱钢筋台车轨道预埋件,并在浇筑过后安排专人重新检查其平面位置和高程。同时浇筑过程中必须确保埋件下方混凝土饱满密实,必要时可在其下方选填细石混凝土,以避免在台车安装和行走过程中,造成边角混凝土损伤。

5.2.6　浇筑过程模板保护

(1)安排专人负责模板看护,如检查到模板有松动或变形,应立即停止该部位混凝土浇筑并采取措施校正,并作好记录。

(2)振捣过程中应避免振捣器碰撞拉条,以防模板拉筋螺栓松动或预留孔变形。

(3)随时检查模板的缝隙是否有漏浆并对没有塞好的板间缝隙及时塞好,对渗出的水泥灰浆应及时清理干净。

5.2.7　模板拆除及清理

(1)端头模板及底模应在混凝土强度达到2.5 MPa时,方可拆除。

(2)拆模后对施工缝应该及时按要求处理,并注意对止水带进行保护。

(3)钢模台车脱模时应安排专人负责液压系统操作,并由专人指挥。脱模时间夏季为收仓完成24 h后,冬季为收仓完成30 h后。

(4)钢模台车面板在拆除后应打磨清理干净,并重新涂刷腻子处理错台和接缝。

5.2.8　混凝土温控

为保证混凝土施工质量,降低混凝土内部温升,从配合比、出机口、运输、浇筑、养护等阶段采取温控措施,即优化配合比、使用预冷混凝土、运输过程对运输车辆进行洒水降温和覆盖隔热、优化仓面设计和配置合理资源以强化浇筑覆盖速度并使用保温被遮盖隔热、通水冷却进行内部降温、流水养护和冬季覆盖保温被和设置洞帘保温以防止表面产生裂缝等。

5.2.8.1　优化混凝土配合比,控制水化温升

采用低坍落度混凝土,选用效能高的外加剂,高掺粉煤灰,减少混凝土中的胶凝材料掺量,降低混凝土水化热和提高自身抗裂能力。

5.2.8.2　出机口混凝土温度控制

控制出机口混凝土温度主要从控制混凝土骨料、水、水泥等原材料的温度入手,采取对骨料进行风冷、加冰、使用冷水拌制等方法降低原材料温度,从而达到降低出机口混凝土温度。

5.2.8.3　混凝土运输过程温度控制

(1)加强施工管理,尽量缩短运输时间,减少转运次数。

(2)混凝土运输采取遮阳布等遮盖隔热措施,避免长时间暴晒或防雨,当外界气温高于23 ℃时,还应在装料前并间断性的对车厢外侧进行必要的洒水降温,以降低车厢内的温度。

(3)合理调配车辆,尽量缩短混凝土的运输时间,避免出现运输车等待卸料导致混凝土升温的现象。

5.2.8.4　混凝土浇筑过程温度控制

(1)合理的安排调节施工时段,尽量避免在正午高温时段运输高标号混凝土。

(2)在混凝土开仓浇筑前,采用仓面空调降低环境温度。为提高降温效果,在模板外侧与台车门架系统之间,采用保温被隔离一个封闭空间,布置一道通气管由仓面空调接至该区域内,降低仓面外侧环境温度。

(3)混凝土入仓后及时进行平仓振捣,加快混凝土的覆盖速度,缩短混凝土的暴露时间。

5.2.8.5　预埋冷却水管通水冷却降温措施

针对不同季节编制总体温控规划,采用通制冷水冷却,采用冷水机组进行制冷,制冷温度以混凝土温度与水温之差不大于22 ℃为准进行控制。

(1)冷却水管布置:冷却水管埋设在混凝土中部,事先绑在外层钢筋网上,在浇筑过程中混凝土覆盖前将其移放至中部位置。冷却水管使用 PE 管,单根水管长度按不大于 150 m 控制,按照顺水流方向呈蛇形布置。

（2）冷却水管通水检查:混凝土开仓浇筑之前应对冷却水管进行通水检查,检查漏水和堵管现象。浇筑过程中如果出现弯折,应立即停止浇筑并采取相应措施尽快将其调整顺直,再次通水检查其畅通性。

（3）采取个性化通水:开仓前将冷却水管在腰线处截断,截断处管头从端头模板引出。在浇筑过程中及时对已被混凝土覆盖的温度计进行测温,下半部达到通水条件后先期进行通水;上半部浇筑完毕达到通水条件后,再将截断处管头在仓外连接,整仓统一进行通水,通水流向每天改变一次。

（4）通水冷却检查:作好详细的通水冷却温度记录。通过测温管观测混凝土内部最高温度出现时间,并结合通水温度资料对比分析确定通水结束时间,当温度降至高于进水温度 2 ℃时通水结束。

（5）冷却水管封堵:待混凝土温度稳定后,采用纯水泥浆对冷却水管进行回填封堵。

5.2.9 混凝土养护

混凝土结构表面及所有侧面都应及时养护,一般应在混凝土浇筑完毕在靠近顶部的迎水面悬挂花管,流水养护连续养护时间不得少于设计龄期。

6 材料、设备与劳动组合

6.1 机械设备

主要施工机械、设备配置见表 1。

表 1 主要施工机械、设备配置情况

序号	主要设备、材料名称	型号	单位	合计	适用范围	说明
1	边墙钢模台车	9.1 m	套	1	边墙模板	
2	卷扬机	55 t	台	1	台车牵引	
3	卷扬机	10 t	台	4	垂直供料	
4	混凝土轨道斗车	—	台	2	水平供料	
5	混凝土泵	—	台	2	应急	备用
6	制冷机组	水冷式	套	1	温控	夏季通冷却水
7	电焊机	BX3－500	台	5	钢筋安装	
8	振捣器电频机	9.5 kW	台	4	混凝土浇筑	
9	高频插入式振捣器	1.5 kW	台	5	混凝土浇筑	
10	软轴插入式振捣器	1.1 kW	台	5	混凝土浇筑	
11	混凝土罐车	6 m³	台	5	水平供料	
12	载重汽车	20 t	辆	1	材料运输	运钢筋等
13	汽车吊	25 t	台	1	台车安装	
14	注浆机	—	台	1	堵管	封堵冷却水管

6.2 劳动力组合

主要劳动力组合见表2。

表2　边墙混凝土施工组织人员分配表

分工		人员/班	职责范围	备注
现场指挥		1	全面负责施工现场工作,及时处理各项技术质量事宜	—
现场调度		1	负责各施工工序的人员协调和工作安排	—
现场质量、安全管理及技术负责		4	负责现场施工质量安全监督和技术措施的处理	—
工种	测量	3	负责混凝土施工放样、校模及混凝土体型测量等	—
	钢筋工	24	负责边墙混凝土钢筋绑扎	—
	模板工	20	负责钢模台车就位、堵头模及底模立及加固	—
	浇筑工	16	混凝土浇筑时,负责仓内混凝土下料、振捣等	—
	电工	4	负责施工现场照明及电气设备安装接线等	—
	电焊工	12	负责钢筋、模板拉条等焊接	—
	台车维护工	4	负责台车日常维护等	—
	设备操作手	20	负责特种设备操作等	—
	驾驶员	20	负责现场混凝土罐车、载重汽车等驾驶	—
	混凝土泵工	4	负责混凝土浇筑时泵机操作等	—
	混凝土温控员	6	负责混凝土日常养护、温度施测等	—
	普工	20	负责辅助其他工种进行作业施工	—
	合计	163		

7　质量控制

7.1　质量控制标准

(1)《水工混凝土施工规范》(DL/T 5144—2001);

(2)《水利水电工程模板施工规范》(DL/T 5110—2000);

(3)《水工混凝土钢筋施工规范》(DL/T 5169—2002)。

7.2　模板安装质量控制

(1)为保证新老混凝土拼缝质量,边墙竖缝搭接模板采用硬搭接。

(2)为提高自由端棱角质量,堵头模板与边墙模板拼接的模板采用角钢连接。

(3)边墙台车脱模后及时进行清洗、打磨、检查,直至模板清洁无杂物。模板安装前,作业队应检查边墙模板板面质量情况、平整度情况,质检人员对每仓模板工序进行检查,对于没有清除干净或者局部破损,应进行打磨或者修复。

(4)脱模剂采用食用油,涂刷要均匀、不漏刷、不积存,应避免脱模剂污染钢筋和老混凝土面。

(5)模板靠拢前应对与上仓边墙搭接部位采用粘贴双面胶,以防止漏浆。

(6)堵头模板采用组合钢模板,安装注意事项如下:第一,堵头模板与边墙模拐角拼接采用角钢拼接,以提高拐角部位拼缝质量,减少棱角部位的漏浆;第二,靠近基岩面堵缝,现场加工木模、木楔封堵,封堵严密;第三,为保证堵头模板的在浇筑过程中不向外涨模,单块模板上设两根拉杆,拉杆方向尽量平行钢筋网。

7.3 混凝土浇筑质量控制

(1)每侧浇筑前均需铺筑砂浆,砂浆入仓后人工铺设均匀,厚度为2~3 cm。

(2)下料时溅落在模板上的灰浆要及时清理干净,并重新涂刷脱模剂,以免在拆模时发生粘模,影响外观质量。

(3)在下料时应注意不要一次下料过高将止水片覆盖,而应分次下料,每次下料后立即振捣,使混凝土料自流到止水片下方区域填满,再继续下料覆盖止水片。

(4)严格控制下料层厚。开仓前,用红油漆在端头模和岩壁上间隔标示出下料分层线,下料时严格按照标示线控制。

(5)控制混凝土浇筑上升速度,下完一层料后留足时间进行振捣和二次复振,充分振捣后再进行下一层下料。

(6)来回摆动溜筒尾节实现多点下料,避免单点下料造成混凝土堆积和平仓困难。

(7)下入仓里的混凝土应及时平仓振捣,不得堆积,平仓时应及时将集中大骨料均匀分散到未振捣的富浆混凝土上,不得利用富浆将集中大骨料进行覆盖。特别应注意将模板、止水片和钢筋密集部位的大骨料分散到其他富浆部位,而各种埋件位置、预留槽等狭小空间位置应采用铁锹人工平仓,遇到超径石应清理至仓外。

(8)使用振捣器平仓时,应将振捣器斜插入料堆下部,使混凝土向操作者移动,然后逐次提高插入位置,直至混凝土料堆摊平到规定的厚度,不得将振捣器垂直插入料堆的顶部,以免大骨料沿锥体下滑而砂浆集中在中间形成砂浆窝,也不得用振捣器长距离赶料。

(9)平仓后应立即依次有序进行振捣,不得以平仓代替振捣。沿水流方向分两排布置振捣棒插点,振捣时先靠基岩面侧振捣,再振捣靠模板侧。在靠模板侧振捣时,振捣棒距内层钢筋网3~5 cm垂直插入混凝土。第一遍采用高频振捣棒振捣,二次复振时采用软轴振捣棒在靠模板一侧振捣。

(10)振捣棒应尽量垂直插入,快插、慢拔,为使上下层混凝土振捣密实均匀,可将振捣棒上下抽动,抽动幅度为5~10 cm。

(11)振捣第一坯层混凝土时,振捣器头部不得碰到基岩或老混凝土面,但距离基岩或混凝土垫层面不宜超过5 cm,振捣上层混凝土时,振捣器头部应插入下一混凝土坯层表面以下5 cm左右,使上下层接合良好。

(12)控制振捣时间,禁止过振,以免使混凝土出现砂浆、骨料分层,使表层砂浆厚度过大而降低混凝土抗冲耐磨性能。

8 安全措施

本工程存在的主要危险源有:台车斜坡就位及运行、交通运输、机械伤害、电气伤害、坠落伤害、焊接伤害等,依据相关法律及采取的措施如下。

8.1 安全法律法规

(1)《中华人民共和国安全生产法》。

(2)《中华人民共和国道路交通安全法》。

(3)《建设工程安全生产管理条例》。

(4)《安全生产许可条例》。

8.2 安全措施

(1)建立健全安全保证体系,成立安全组织机构,制定安全管理制度,配备专职安全管理人员。

(2)建立健全安全管理制度:

①安全培训制度:对所有新进场的员工和作业队进行上岗前"三级"教育培训工作,使每个员工熟练掌握本岗位操作技能的同时熟悉安全与环境、文明生产管理规章制度和操作要求,提高事故的预防、职业危害和应急处理应变能力。

②持证上岗制度:所有机械操作人员及特殊工种(电工、焊工等)必须持证上岗,按相关操作规程正确操作,严禁违章操作,杜绝酒后作业。

③按规程作业制度:氧气、乙炔严禁混装存放、运输,使用时的安全距离不得小于5 m;电、气焊(割)作业严格按操作规程作业。

④安全预防制度:各工作场所必须配备足够数量的灭火器,以备应急之用。

(3)供电、照明与电气设备安全措施:

①施工所用的动力线路和照明线路,必须按规定高度架设,线路完好无损,做到三级配电、两级保护,各类配电开关柜(箱)有防水(雨)措施,设醒目的安全警示牌,所有用电设备做到"一机一闸一漏",与金属物接触部位必须采取有效的隔离措施。

②混凝土仓内照明一律使用36 V及以下的安全电压,并采用有防护罩的灯具。

③电焊机配置专用漏电保护器(保证电焊机空载电压≤36 V),使用专用线材,不得利用排架等作为接零,接零点距施焊点间距≤3.0 m;作业人员穿戴专用的劳动保护用品,作业时有监护人监护。

④施工现场使用的二、三类机电设备及电动工具(包括振捣器专用电机、电焊机、砂轮机、切割机、钢筋弯曲机、钢筋切断机、钢筋调直机、电钻及冲击钻等)除定期进行全面检查外,每班必须检查电气设备外露的转动和传动部分的遮栏或防护罩是否完好,防止触电和机械伤害。

(4)混凝土施工安全管理措施:

①根据施工的实际情况,在钢模台车上设置施工通道,通道严格按要求制作、安装。

②按相关规范的要求做好高临边部位的安全防护。

③混凝土浇筑过程中设专人对钢模台车进行全过程监控,发现异常及时进行处理,避免在浇筑过程中由于受力不均引起崩模,伤害施工人员和设备。

④起重设备和吊装索具经责任人严格检查后才能投入使用。吊装前必须对润滑系统进行保养,并且检查所有零部件必须完好,并通过班前会每班对起重设备和吊装索进行检查。

⑤钢模台车的安装严格按相应的技术措施和安全措施实施,由具有相应资质的专业队伍完成安装和拆除,过程设专职安全员监督、检查,并把钢模台车和钢筋台车纳入特种设备项目管理,责任到人。

⑥钢模台车的牵引设备、设施必须经过验收,验收合格方可使用,台车在斜坡面必须采用双重措施固定,防止滑移倾斜;卷扬机操作人员经培训合格,持证上岗。

⑦钢模台车的移动、行走必须由专业人员指挥、操作,严禁违规作业、野蛮操作,钢模台车下部设警戒区,有明显的警戒标识,有专人监护、指挥,作业人员个体防护到位。

⑧高处作业时人员必须穿戴好劳保用品,系好安全带,做好防坠落措施,并在下部两侧设置明显的警示标识;工具、小型机具等必须有可靠的防掉落措施,做到工具入包,小型机具用绳与固定物拴牢;作业时严禁抛掷物品、工具等。

⑨对从事高处作业的人员进行身体检查,患有高血压、低血压、心脏病、贫血、癫痫病及其他不适于高处作业的人员严禁安排高处作业。

⑩各工作场所必须配备足够数量的灭火器,以备应急之用。

9 环保措施

9.1 环保法律法规

(1)《中华人民共和国环境保护法》。

(2)《中华人民共和国水污染防治法》。

(3)《中华人民共和国水土保持法》。

(4)《中华人民共和国固体废物污染环境保护法》。

(5)《溪洛渡工程环境管理暂行规定》。

9.2 环保措施

9.2.1 防止污染措施

（1）洞内外施工道路安排专人维护，及时清理施工车辆掉下的杂物，及时修补路面。

（2）在现场设置可移动厕所，并保持清洁和卫生，确保现场施工人员能够比较方便地入厕，严禁随地大小便。

（3）在施工现场设置足够的保洁箱，施工、生活垃圾一律入内，并及时将垃圾清理到指定位置。在现场就餐，吃剩的饭菜要倒入专用的器皿中远离施工现场，施工现场不准有一次性饭盒、塑料袋、饭粒等生活垃圾。

9.2.2 防止和减轻水及大气受污染措施

（1）边墙混凝土浇筑生产废水主要为养护用水、仓面冲洗用水，生产废水含泥量高，污染物主要为悬浮物，基本不含毒理学指标，直接排放对生态环境影响较大。防止水污染采取的主要措施主要通过设置排水沟汇集生产废水到沉淀池，经沉淀然后达标排放，沉渣定期清挖，统一运至弃渣场。处理后污水达到《污水综合排放标准》(GB 8978—96)的规定。

（2）施工废料如水泥、油料、化学品等堆放管理严格，防止废料随雨水径流排入地表附近水域造成污染，施工机械定期保养以防严重漏油，在运转和修理过程中产生的油污水也须集中处理达到环境标准。

（3）边墙混凝土浇筑施工对大气的污染主要为汽车、施工机械排放物，对施工道路和施工现场经常进行洒水湿润，以防止粉尘对沿途植被和生活区污染，对汽车、施工机械设备排放的气体经常检测，排放的气体必须符合《大气污染物综合排放标准》(GB 16297—1996)无组织排放监控浓度限值时，才能投入使用，否则必须检修或停用。

9.2.3 防止噪声污染措施

（1）加强交通噪声的控制和管理。

（2）进入生活营地和其他非施工作业区的车辆，不使用高音，尽量减少鸣笛次数；广播宣传合理安排时间，不影响公众办公、学习和休息。

（3）对于混凝土拌和、混凝土浇筑振捣、交通运输等施工强噪声源，尽量选用噪声和振动水平符合国家现行有关标准的设备，高噪音区作业人员配备耳塞等个人降噪设备。噪声排放达到《建筑施工场界噪声限值》(GB 12523—90)标准。

9.2.4 防止固体废弃物污染措施

每仓浇筑完成后，安排装载机配合人工清理浇筑过程中洒落的混凝土，保持工作面整洁，施工弃渣以国家《固体废弃物污染环境防治法》为依据，按设计和合同文件要求送至指定弃渣场有序堆放。

10 效益分析

本工法对比国内同期类似工程混凝土施工质量有明显的提高，从混凝土整体性、表观质量及裂缝控制等各方面综合考虑堪称国内第一。同时，由于浇筑为低坍落度混凝土，降低了胶材用量，有效节约了混凝土材料成本。更好地控制混凝土内部温升，提高混凝土工程质量，减少修补费用的同时，延长使用寿命，产生明显的经济效益和社会效益。

11 应用实例

11.1 工程应用

11.1.1 金沙江溪洛渡水电站右岸泄洪洞工程应用概况

金沙江溪洛渡水电站右岸泄洪洞采用龙落尾形式，龙落尾段接无压上平段终点，依次由上平段、奥奇曲线段、斜坡连接段、反弧曲线段、下平段等组成,断面形式为圆拱直墙型,断面尺寸为 14 m×19 m(宽×高),上直坡段底坡 $i=0.023$;在奥奇曲线段的起始端设置有与大气相通的补气洞;奥奇曲线与反弧曲线之间的斜坡连接段与水平夹角为 22°,在斜坡连接段两端设置有 1#、2#掺气坎,跌坎高度分别为 1.85 m、1.3 m;反弧段反弧半径 $R=300$ m,在反弧曲线段末端设置有 3#掺气坎,跌坎高度 1.5 m;下直坡紧接反弧段末,水流流速高达 45 m/s 以上,其底坡 $i=0.08$。龙落尾段结构形式见图 2。

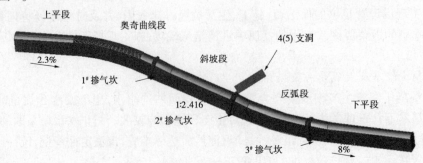

图 2 右岸泄洪洞龙落尾段结构形式

泄洪洞龙落尾段设计为全断面钢筋混凝土衬砌,泄洪洞龙落尾段结构特性表参数见表 3。其设计指标见表 4、表 5。

表 3 右岸泄洪洞龙落尾段结构特性表

编号	断面尺寸 (m×m)	奥奇曲线段(m)	斜坡段/掺气坎(m)	斜坡段坡比	反弧段/掺气坎(m)	下直坡段(m)	下直坡段坡比
3#	14×19	75	126.004/11.827	1:2.513 和 1:2.419 35	73.268/8.3	99.430	0.08
4#	14×19	75	118.277/11.844	1:2.513 和 1:2.419 35	73.269/8.3	57.180	0.08

表 4 泄洪洞表面不平整度控制标准

部位	流速(m/s)	不平整度最大 允许高度(mm)	垂直水流磨平 坡度	平行水流磨平 坡度
奥奇曲线段、斜坡段	30~40	3	1/30	1/10
反弧段、下平段及出口	40~50	3	1/50	1/30

表 5 龙落尾段不同衬砌型式衬砌混凝土温控指标

衬砌厚度(m)	浇筑温度(℃)	夏季最高温度(℃)		
		底板	边墙	顶拱
1.0	18	39	39	42
1.5	18	40	40	43

11.1.2 糯扎渡水电站右岸泄洪洞工程应用概况

糯扎渡水电站右岸泄洪洞无压洞段范围从 0+574.58~0+960.563 桩号,洞段长度 385.983 m,底板纵坡有 3 种,接工作闸室的渐变段底板纵坡为 20%,1#、2#掺气坎间洞段底板纵坡为 9%,2#

掺气坎以下到出口无压洞段纵坡为7%。混凝土衬砌厚度分2.0 m、1.5 m、1.2 m三种。渐变段沿水流方向净空跨底由17.0 m渐变至12.0 m,隧洞由方形断面过渡到城门洞形断面,顶拱由平顶渐变为半径为8.485 m的四分之一圆。1#掺气坎之后,隧洞断面均为城门洞形,顶拱为半径8.485 m的四分之一圆,净跨12.0 m,除洞底纵坡、洞顶高度和衬砌厚度有差别外,其他尺寸一致。

11.2 施工情况

11.2.1 台车及卷扬机布置

根据专家咨询会精神,采取选边墙后顶拱最后底板的顺序组织施工。边墙钢模台车牵引采用一台JMM 55 t卷扬机单点双倍率牵引,卷扬机布置在奥奇曲线段上游侧,JMM 55 t卷扬机牵引钢丝绳覆盖整个洞段,在斜坡面安装有2组压绳轮和4组托绳轮。卷扬机和钢丝绳均布置在底板中间。

边墙采用全断面边墙钢模台车由下游向上游进行浇筑,全断面边墙钢模台车采用JMM 55 t卷扬机牵引行走,牵引行走过程中采用四个防坠器及两个液压夹轨器作为保险措施,同时在台车尾部增加齿坎支撑,防止台车下滑引发安全事故。过掺气坎时采用混凝土或钢栈桥过坎。台车工作状态下采用四个保险丝杆作为二次保险装置。

11.2.2 混凝土入仓浇筑

为实现边墙采用低坍落混凝土入仓,降低混凝土最大温升,在台车上布置了混凝土垂直提升系统。混凝土罐车在固定卸料点向轨道小车吊罐内放料,轨道小车运输低坍落度混凝土至台车下方,提升系统提升料斗至台车顶部,采用溜槽溜筒辅助入仓,轨道小车采用10 t快速卷扬机牵引。浇筑下平段及反弧段时,在出口采用混凝土罐车直接向料斗内卸料,轨道小车由下游向上游运输混凝土至台车下方,斜坡段施工时,由上平段布置泄料平台,混凝土罐车直接向轨道小车料斗内卸料,卷扬机由上游向下游运输混凝土至台车下方。

边墙混凝入仓后,由人工进行平仓、振捣,分仓浇筑,浇筑层厚应控制在40 cm以内,并确保两侧边墙浇筑均衡上升,在浇筑过程中采取了二次复振工艺,有效减少水气泡。

11.2.3 混凝土温控

温度控制设计标准见表5,为保证混凝土施工质量,降低混凝土内部升温,从配合比、出机口、运输、浇筑、养护等阶段采取温控措施。优化配合比、使用预冷混凝土、运输过程对运输车辆进行洒水降温和覆盖隔热、优化仓面设计和配置合理资源以强化浇筑覆盖速度并使用保温被遮盖隔热、通水冷却进行内部降温、流水养护和冬季覆盖保温被和设置洞帘保温以防止表面产生裂缝等。

采用混凝土罐车运输9~11 cm或12~14 cm低坍落度混凝土,选用效能高的外加剂,减少混凝土中的胶凝材料掺量,采用低热水泥拌制,降低混凝土水化热和提高自身抗裂能力。采取多种预冷措施控制混凝土出机口温度在14 ℃以下。

在混凝土开仓浇筑前,采用仓面空调降低环境温度。为提高降温效果,在模板外侧与台车门架系统之间,采用保温被隔离一个封闭空间,布置一道通气管由仓面空调接至该区域内,防低仓面外侧环境温度。

采用通制冷水冷却,安装一台冷水机组进行制冷,制冷温度以混凝土温度与水温之差不大于20 ℃为准进行控制,一般为7~18 ℃。通水冷却具体措施如下:

(1)冷却水站及进回水管路布置。

设置一个冷却站,冷却站内设置一台微机控制螺杆式冷却机组,机组型号为:W－PLSLGF500 Ⅲ,冷却机组能提供100 m³/h的冷却循环水流。

根据温控规划,冷却水管按1 m间距进行布置,单根长度控制在130 m左右,通水流量按2 m³/h控制,通水时间为15~21 d,因此单仓侧墙有两根冷却水管(两侧各一根)。

(2)进回水管路的布置。

从冷却机组制冷后出来的的供水管管径为 DN100(钢管),分两支分别向 3[#]、4[#] 泄洪洞通水冷却工作面供水,布置在底板边角上,到工作面之前设置水包,水包上设置支管阀门,支管阀门的数量根据通水冷却水管的需求水量而定,支管使用 PE 管(Φ25 mm)接至各工作面,并将其捆绑整齐后沿着底板边角布置。另外,需在底板边角布置 DN100 的钢管,并在有出水管的位置设置水包,接住各仓出水管并集中后通向冷水机组,以便循环使用。

为了防止管路与钢模与钢模台车的干扰,进回水管路布置在距钢模台车轨道 1 m 的位置(往洞中心方向)。夏季洞内温度较高时,沿途损耗较大,对进回水冷却管路拟采取一定的保温措施,可以采用 3 cm 厚的橡塑板分别将进回水管路包扎后进行保温、隔热。

(3)冷却水管布置。

①底板冷却水管埋设在混凝土中部,通过 $\phi25$ 竖向架立钢筋支撑(间排距 1 m×1 m),水平架立筋固定(沿水管走向全程布置),冷却水管使用 $\phi25$ 的 PE 管,水平间距为 1.0 m,单根水管长度按不大于 150 m 控制,按照顾水流方向呈蛇形布置。见附图 45《底板边墙冷却水管埋设图》。

②边墙仓均埋设冷却水管,冷却水管埋设底部开始铺设,并设置在衬砌层厚的中部,通过 $\Phi25$ 横向架立钢筋支撑(间排距 1 m×1 m),水平架立筋固定(沿水管走向全程布置),固定型式为活动连接,确保在浇筑前将水管放置在内层钢筋处,防止影响混凝土入仓和进入振捣施工等,浇筑时移动到中部,以利通水冷却,冷却水管使用 $\Phi25$ 的 PE 管,水管间距为 1.0 m,按照顺水流方向呈蛇形布置。

③底板冷却水管从端头向上游延伸,边墙冷却水管从底板面以下分缝处引出。

(4)冷却水管通水检查。

混凝土开仓浇筑之前应对冷却水管进行通水检查,检查漏水和堵管现象。浇筑过程中如果出现弯折,应立即停止浇筑并采取相应措施尽快将其调整顺直,再次通水检查其畅通性。

11.2.4 混凝土养护

本工程混凝土采取流水养护,在混凝土结构表面及所有侧面都进行了养护,混凝土浇筑脱模后在靠近顶部的迎水面悬挂花管,流水养护连续养护 90 d。

11.3 应用效果分析

通过两个工程牵引台车低坍落度混凝土施工,均未发生温度裂缝,平整度均控制在 3 mm/3 m 以内。技术先进,施工措施得当,施工质量优良,同时缩短了单仓循环作业时间,加快了施工进度。

(主要完成人:覃壮恩 邓良超 李虎章 陈俊松 罗 勇)

城市输水隧洞浅埋暗挖施工工法

江南水利水电工程公司

1 前言

浅埋暗挖工法是依据新奥法(New Austrian Tunneling Method)的基本原理,施工中采用多种辅助措施加固围岩,充分利用围岩的自承能力,开挖后及时支护、封闭成环,使其围岩共同作用形成联合支护体系,有效地控制围岩过大变形的一种综合配套施工技术。根据我部在南水北调配套工程南干渠工程施工第三标段的成功应用,总结了本工法。

2 工法特点

(1)独特的设计、施工和量测信息反馈一体化:根据预设计组织施工,采用信息化施工技术,通过对各种变位及应变的监测信息来检验支护结构的强度、刚度和稳定性,不断修改设计参数,指导施工,直至形成一个经济、合理、安全、优质的结构体系。

(2)配套适宜的初次支护与二次模筑混凝土所组成的复合式衬砌结构,是浅埋、软弱地层控制地面沉陷,确保结构稳定较理想的支护模式。

(3)工艺新、技术先进:本工法综合应用了改性水玻璃(DW3)注浆加固地层、小导管超前护顶、新型网构钢架支撑、整套施工监控技术,并运用系统工程理论科学管理等先进技术。其施工方法与工艺技术符合我国国情。

(4)就城市地下隧洞施工而言,与明挖法相比,具有拆迁占地少、影响交通少、投资少、扰民少等四大优点;与盾构法相比,具有简单易行、勿需专用设备,灵活多变,适应不同跨度、多种断面形式、节省投资的优点。

3 适用范围

本工法主要适用于不宜明挖施工的无水土质或软弱无胶结的砂、卵石第四纪地层,修建覆跨比大于0.8浅埋地下洞室。对于低水位的类似地层,采取堵水或降水等措施后该法仍能适用。尤其对都市城区在结构埋置浅、地面建筑物密集、交通运输繁忙、地下管线密布,且对地面沉陷要求严格的情况下修建地下隧道更为适用。

4 工艺原理

严格执行"十八字"方针,即管超前、严注浆、短开挖、强支护、早封闭、勤量测、速反馈、控沉陷。对软弱层采取注浆加固技术,采取辅助措施加固围岩+钢筋网+网构钢架+锚杆+喷射混凝土所组成的联合支护体系为主要承载结构和受力合理的复合衬砌结构型式,同时利用完整的施工安全监控技术,运用系统工程理论、优化劳动组合,合理配套设备,强化施工管理,确保施工安全和工程进度。

5 施工工艺及操作要点

浅埋暗挖工法施工程序如下。

5.1 马头门施工

暗涵主洞马头门开挖断面为圆形,开挖直径4.6 m,喷射厚度为0.25 m挂网混凝土,竖井施工至马头门处,预先从马头门上部沿主洞拱部平行施打两排超前小导管,第一排与洞线成水平夹角 15°~20°,小导管环向间距 30 cm;小导管长度为 1.7 m,端头花管 1 m,孔眼 8 mm,每排 2 孔,交叉排列,孔间距 100 mm;在第一排超前小导管下方约 20 cm 处施打第二排超前小导管,此排导管沿洞线水平方向打入土层,导管环向间距 30 cm;小导管长度为 2.5 m,端头花管 1.8 m,孔眼 8 mm,每排 2 孔,交叉排列,孔间距 100 mm。在破除马头门前注水灰比为 0.5~1 的水泥浆,固结土体,注浆压力为 0.3~0.35 MPa。

马头门开挖分台阶进行,先破除马头门断面上台阶的初支结构,掌子面环形埋设注浆导管,导管采用内径 25 mm 无缝钢管,长 1.7 m,外露 0.2 m,伸入土体 1.5 m,灌注水泥水玻璃双液浆,注浆终压不大于 0.35 MPa。掌子面每 1 m 注浆一次,并用 M10 水泥砂浆封闭。再并排焊接安装三榀加强钢格栅的上拱架,及时将锁脚锚管埋设,锁脚锚管为 φ42 钢管,长 2.5 m。马头门的上拱架喷混凝土支护后,再破除预留洞口下部初支结构,继续下一台阶的施工,并排焊接安装三榀加强钢格栅的下部拱架,直至完成全断面主洞的初支施工。马头门入门三榀加强格栅完成后,初支支护步距恢复到 50 cm。

5.2 主洞开挖支护施工

循环施工工艺流程:测量→小导管注浆(每施工 2 个作业循环注浆一次)→开挖土方→安装格栅钢架、钢筋网片→焊接纵向连接筋→喷 C25 混凝土→初支背后回填灌浆。

5.2.1 测量

直线段测量:按规范要求控制,将中线点、水准控制点和方向引入暗涵主洞内,每个暗涵主洞内装置 3 台激光指向仪,两侧的激光仪高度与腰线高度一致,宽度距初支结构 20 cm 左右。同时,为保证施工及测量精度,每前进 50 m 应重新装置及调整激光仪。第三台激光仪布置在洞顶,以控制轴线。每开挖进尺一步距 0.5 m,利用全站仪测量放样一次。

5.2.2 超前地质探测

暗涵暗挖施工时,由于掌子面前方土层的不确定性,正式开挖前和开挖循环进尺过程中,都需进行超前地质探测。常有的主要探测方法和手段有:超前小导管、洛阳铲、地质雷达等。超前小导管一般有效探距 2~3 m,洛阳铲有效探距 3~5 m,地质雷达有效探距 5~8 m。实际施工过程中采用多种手段相结合进行超前地质探测,根据每种探测手段的探测有效距离,确定探测频率和方式,同时,利用多种手段长短不同探距的结合分析,相互印证探测结果,更为有效地指导施工。特殊地段,如过既有管线、地质条件发生变化、含水地层段,适当加强探测频率和密度。

5.2.3 小导管注浆

目的:通过超前小导管注浆,加固不良地质地层,达到开挖易成洞、减少超挖和施工安全的作用,同时可以了解施工地层的地质变化情况及地下水情况。

沿圆拱外轮廓,纵向间距 50 cm,环向间距 30 cm,仰角 15°~20°,圆形上拱 180°布置注浆孔。采用手风钻或风镐打入内径 25 mm 超前小导管,管壁厚 3.5 mm,管长 1.7 m,头部为 25°~30°锥体,端头花管 1.0 m,孔眼 8 mm,每排 4 孔,交叉排列,孔间距 10 cm。超前小导管外露尺寸不超过管长的 10%,每环布管 25 根。

掌子面注浆前,喷厚 10 cm 混凝土封闭掌子面 1 m 范围,以防漏浆。

无水的中砂及粉细砂地层注浆浆液为改性水玻璃,浆液配合比采用甲液:20% 浓度的稀硫酸,乙液:浓度为 15Be' 的水玻璃,其比例为甲液:乙液 =1:4.37,所配浆液的 pH =3.8。

有水的粗砂及砾石地层,灌注水泥—水玻璃双液浆,水泥标号为 P·O42.5,水玻璃浆由 40Be' 稀释到 20Be',配比采用水泥浆:水玻璃浆 =(1:0.8):(1:4.3),灌浆压力不大于 0.35 MPa,灌浆结束待凝间隔时间不超过 1 h;每开挖支护进尺 1 m,沿圆拱壁采用小导管注浆一次。

5.2.4 上台阶环形土方开挖

视开挖揭露的地质情况预留核心土,人工挖装,开挖步距 0.5 m,开挖进尺 100 m 范围采用人工手推车运到洞口,开挖进尺大于 100 m 时采用 2.0 m³ 三轮车运输到主洞与横通道交叉口,再利用 10 t 电葫芦吊运到井外。暗涵主洞土方开挖检验标准如表 1 所示。

表 1　暗涵主洞土方开挖检验标准(以主洞长度 15 m 为单位)

序号	检验部位项目	允许偏差(mm)
1	拱顶标高	0, +20
2	拱底标高	−20, 0

5.2.5 上台阶支护

上台阶支护包括格栅钢架、钢筋网片架立、喷射混凝土。严格按设计要求在车间加工厂制作格栅钢架和钢筋网片,经验收合格后运至施工现场。上台阶土方开挖完成后,及时挂网、架立格栅钢架。支立间距与开挖步距同步,格栅安装应根据激光导向仪测量在腰线和顶拱的控制点支立,保证整榀拱架不扭曲。先距离洞身段顶壁 4 cm 外挂 φ 6@100 × 100 mm 钢筋网片,内外双层,里层网片距离开挖基础面 4 cm,外层紧贴钢格栅,预留 4 cm 保护层,并用电焊点焊在钢格栅上,每片上下、左右搭接长度不少于 150 mm,用电焊点焊在钢格栅上,每片上下、左右搭接长度不少于 150 mm,用扎丝绑紧;然后架立格栅钢架支撑,钢格栅架中心间距 500 mm。格栅钢架采用角钢钻眼螺栓连接,连接板采用 10 mm 厚角钢,连接板用螺栓拧紧后再用 φ 22 连接筋单面焊接。每榀钢格栅内设 φ 22@600 mm 纵向连接钢筋,内外双排,梅花形布置,焊接搭接长度不少于 10 d,单根长度为 72 mm 将每榀格栅架连接成一整体。为防止顶拱格栅架立后下沉,布置 φ 42、L = 2.5 m 的锁脚钢管锚杆固定拱架。暗涵主洞格栅安装检验标准如表 2 所示。

表 2　暗涵主洞格栅安装检验标准

序号	检验部位项目	允许偏差(mm)
1	格栅钢架对角	小于 10
2	格栅钢架高程	±20
3	格栅钢架水平	小于 2°
4	格栅钢架间距	±50
5	网片搭接	±20
6	钢筋绑扎焊接	单面不少于 10 d,双面不少于 5 d

喷射护壁的施做由下至上顺序进行。喷射混凝土时,喷嘴与基面基本保持垂直,距离 0.6 ~ 1.0 m,每次喷射厚度 7 ~ 8 cm,待初凝后再进行二次喷射,直到达到设计厚度 25 cm。严格按监理工程师批准的混凝土配合比拌制混凝土拌和物,拌和要均匀,外加剂在施工现场利用电子秤称量加入。暗涵主洞喷射混凝土检验标准如表 3 所示。

表 3   暗涵主洞喷射混凝土检验标准

序号	检验部位项目	允许偏差(mm)
1	喷层厚度	不小于设计厚度
2	混凝土强度	不小于设计强度
3	洞底标高	−20，0
4	洞身尺寸	0，+20

5.2.6   上台阶核心土开挖

上台阶核心土采用人工方法挖除,手推车或电动三轮车运输到主洞与竖井交叉口,由电葫芦吊运到井外。

5.2.7   下台阶土方开挖

人工挖除下台阶土方,尽量减小扰动,出渣方法同上。开挖过程中严格按照图纸要求喷射砂浆封闭掌子面。

5.2.8   下台阶支护格栅钢架、钢筋网架立,喷射混凝土

下台阶支护包括格栅钢架、钢筋网架立,喷射混凝土。下台阶支护安装前应将格栅下虚土及其他杂物清理干净,格栅钢架,钢筋网架立后,及时按设计的强度、厚度喷射混凝土,进行暗涵主洞全断面封闭,确保围岩稳定,防止塌方。

5.2.9   初支背后回填灌浆

回填灌浆采用在喷混凝土前垂直洞身护壁埋入,遇有围岩塌陷,超挖较大等特殊情况时,该部位预埋管数量不得少于 2 根。预埋管为内径为 25 mm 无缝钢管,长度 700 mm,外露 200 mm。环向间距:上拱 270°范围内,环向间距 2.0 m;纵向间距 1.0 m,呈梅花形布置。一衬回填灌浆跟随开挖工作面,并距开挖面 5 m 进行。注浆时一衬混凝土强度应达到设计强度的 70%。注浆水泥为大厂 P·O42.5 普通硅酸盐水泥,浆液配比采用 0.5:1,孔隙较大部位采用水泥砂浆,掺砂量小于水泥重量的 200%,且砂子粒径不得大于 2.5 mm。灌浆施工自较低的一端开始,向较高的一端推进。灌浆压力为 0.2 ~ 0.3 MPa,单孔注浆压力逐渐上升到规定压力,灌浆孔停止吸浆,延续灌注 5 min 即可结束灌浆。

6   主要施工设备配备

主要施工设备配备如表 4 所示。

表 4   主要施工设备配备

序号	设备名称	规格型号	性能指标	使用部位
1	喷浆机	PZ － 5	5 m³/h	喷射混凝土
2	混凝土拌合机	JZ350	350 L/斗	搅拌混凝土料
3	注浆机	KBY － 50/70	50 L/min	小导管注浆
4	装载机		0.8 m³/斗	
5	自卸车		15 t	挖土装渣运输
6	龙门架	自制		提升
7	电动葫芦	CD1	10 t	提升
8	空压机	TA － 120N	12 m³/min	风镐零星凿除

序号	设备名称	规格型号	性能指标	使用部位
9	钢筋弯曲机	GW40B	ϕ40	拱架加工
10	钢筋切断机	FGQ40A	ϕ40	拱架加工
11	交流弧焊机	BX1-500	500A	拱架加工
12	插入式振捣器	ZN50		混凝土振捣
13	砂轮切割机	400	400 mm	钢管钢材切割
14	汽车起重机		25 t	

7 质量保控制

(1)制定了工程质量岗位责任制度、工程质量管理制度、工程质量检查制度、工程原材料检测制度、质量事故报告制度、质量事故责任追究制度、工序验收制度、工程质量等级自评制度、隐蔽工程的质量检查和记录制度等各种规章制度和规定。

(2)严格执行"三检"制度,认真落实技术人员、施工员施工过程中跟班作业,纠正违章施工,及时解决施工过程中对质量有影响的技术问题,保证施工质量。

(3)在一衬施工过程中对格栅、纵向连接筋、超前小导管的加工等严格把关,施工过程中技术指导跟班作业,严格控制超前注浆、洞室开挖、钢筋安装、喷射混凝土及回填灌浆各工序的施工质量。

(4)开挖初支施工过程中加强监控量测,确保施工过程的安全。在喷射混凝土施工中,严格控制混凝土的配合比、喷射角度、喷层厚度,施工结束后及时对混凝土进行养护,确保了一衬混凝土的质量。

8 安全措施

(1)暗涵开挖作业过程严格按照设计及工法要求进行施工,应严格做到"管超前、严注浆、短开挖、强支护、快封闭、勤量测"十八字方针,以确保施工安全。

(2)每天进行监控量测,根据监测数据及时调整支护参数,防止地表沉降以及暗涵净空变形。

(3)施工时严格控制上下台阶长度,防止因台阶过短而造成土方坍塌、滑坡等事故。

(4)锚喷作业工作人员加强个人防护,喷射手应佩戴防护面罩、防水披肩、防护眼镜、防尘口罩、乳胶手套;其他工作人员也应佩戴防尘口罩等防护用品。

(5)采用机械装运渣土、材料时,应作好每班班前机具检查,刹车、转向、油门等检查无误后方可操作,每车定人定岗,装卸时以及转向、交叉口处设有专人指挥。

(6)施工前严格检查施工机具和电路,正确安装漏电保护器,防止出现漏电和机械伤人事故。

9 环保措施

(1)编制施工组织设计,各阶段施工方案中有环境保护的内容,包括合理规划施工用地、科学地进行施工总平面设计、在总平面设计和调整时兼顾到环保的要求等。

(2)施工现场配置环保负责人,负责日常的环境管理工作。环保负责人组织每周对施工现场的环保工作进行一次检查并填写环保周报,对检查中发现的问题及时通知有关部门整改,重大问题报告项目经理。

(3)施工场地采用硬式围挡,施工区的材料堆放、材料加工、出渣及出料口等场地均设置围挡封闭。砂石料堆放禁止敞开存放。需要露天存放的采取绿色网遮盖。施工现场以外的公用场地禁止堆放材料、工具、建筑垃圾等。建筑垃圾及时清理,运至指定地点消纳。

(4)落实"门前三包"责任制,保持施工区和生活区的环境卫生。

(5)场地出口设洗车槽,并设专人对所有出场地的车辆进行冲洗,严禁遗洒,运渣车辆和运泥浆车辆采用封盖车体和密封容器运输,渣土低于槽帮 10 cm,严防落土掉渣污染道路,影响市容和环境。

(6)对施工中遇到的各种管线,先探明后施工,并做好地下管线抢修预案对有毒有害管线采取特殊的防护措施。妥善保护这类地下管线,确保城市公共设施的安全。施工前与管线产权单位签定安全协议书,施工方法和保护管线的措施报业主审批同意后实施。施工中指定专人检查保护措施的可靠性。不明管线先探明,不许蛮干。施工中若发生管线损坏情况,立即采取必要的抢救措施,并及时报告业主和管线产权主管部门。

(7)工程竣工后搞好地面恢复,恢复原有植被,防止水土流失,保持城市原有环境面貌的完整和美观。

10   效益分析

本工法有着显著的经济效益和社会效益。就在城市内施工而言,如前面工法特点中所述,与明挖法、盾构法相比,都有其显著的优点。以南干渠第三标段为例,其经济效益和社会效益主要表现如下:

(1)节省投资:采用明挖法施工土建工程费加上拆迁费共计需约 8 134 万元,而采用浅埋暗挖法施工总计仅 6 513 万元,即可直接节省投资 1 621 万元。

(2)浅埋暗挖法施工避免了对公路路面的破坏及地下各种管线、地面通信电缆、灯杆和民房的拆迁,减少了绿地占用,保持了市容美观,节省了高达千万元的拆迁费,使施工工期也相应地缩短了半年。

(3)浅埋暗挖法施工不干扰市民的正常生活,避免了因明挖施工而产生的噪声、尘土、振动等公害。

11   工程实例

(1)北京市南水北调配套工程南干渠工程施工第三标段。

南干渠工程是北京市南水北调配套工程的重要组成部分,工程承担着为郭公庄水厂、黄村水厂、亦庄水厂、第十水厂和通州水厂等提供南水北调水源的任务。本标段为南干渠工程第三施工标段,位于北京市南五环与丰台西站分组站之间,工程起止桩号为 2 + 612.040 ~ 4 + 320.040,总长 1 708 m,两条暗涵平行布置,全线与大兴灌渠重合,埋深 9.9 ~ 13.6 m,开挖断面为圆形,开挖直径 4.6 m,衬后直径 3.4 m,洞轴线间距 12.2 m。沿线设置 2 个施工竖井(兼做排气阀井),即 4# 竖井 (5# 排气阀井)和 5# 竖井(6# 排气阀井)。

根据地质报告,依据《建筑抗震设计规范》(GB 50011—2010)判定,南干渠工程场地土类型为中软土;建筑场地类别为Ⅲ类。施工区内均被第四系全新统冲、洪积层覆盖,其沉积物主要为永定河冲洪积物。地层岩性以厚层砂土、卵砾石层为主,局部地区为垃圾填埋坑。工程区内揭露之地下水含水层主要为第四系孔隙潜水层,广泛分布于第四系全新统冲洪积卵砾石层中,具中等 – 强透水性,地下水位较低,埋深大,为潜水;区内地下水受侧向地下径流及大气降水、地表水的补给,尤其受西面永定河侧向补给影响十分明显。排泄方式为向东南下游地下径流为主。工程近场区范围内,近十年内地下水位持续下降,埋深加大,勘测期间(2009 年 4 月)地下水位为 24.04 ~ 26.24 m。设计文件显示,本段沿线地下水埋藏较深,地下水水位在隧道结构底板以下,隧洞施工不受地下水影响。采用此工法施工,节省了工程投资,平均每月进尺为 50~60 m,确保了施工进度。

(2)南水北调(中线)京石段应急供水工程西四环暗涵工程为Ⅰ等工程,输水建筑为Ⅰ级建筑物。施工第零标段穿交叉构筑物为京石高速、永定路南延路、京石高速匝道全部采用浅埋暗挖法施工,浅埋暗挖段全长 210.831 m,结构型式为钢筋混凝土方涵。

(3)南水北调(中线)京石段应急供水工程西四环暗涵工程施工第七标段全部位西四环主路正下方,全长 1 850 m,为双线平行圆涵,共布置永久竖井两座,即 9#、10#竖井,施工期永久竖井作为施工竖井,主体结构一衬全部采用浅埋暗挖法施工。

（**主要完成人**:孙　波　马玉增　吕志强　付亚坤　王进平）

面板表层接缝柔性复合止水施工工法

江南水利水电工程公司

深圳市金河建设集团有限公司

1 前言

面板坝在表层接缝设置有盖片保护的柔性嵌缝填料,在面板接缝张开后,接缝表面的封缝填充材料能在水压作用下自行挤入缝内,起到封缝、止水作用。这种用与柔性嵌缝填料相配套的止水形式已经获得了国家发明专利,工程实践经验也表明了这种止水结构在实际工程中是切实可行的。

2 工法特点

采用柔性复合止水施工,施工速度块且质量易于保证。

3 适用范围

本工法适用于面板坝表面接缝止水施工。

4 工艺原理

面板表层接缝止水采用与柔性嵌缝填料相配套的止水形式,接缝表面的封缝柔性填料能在水压作用下自行挤入缝内,起到封缝、止水的作用;表层盖片对柔性嵌缝材料起密封保护作用,自身又是一道止水;粉煤灰可以在渗水情况下流动,淤填止水可能存在的空隙起到止水作用。

5 工艺流程及操作要点

5.1 施工工艺流程

面板混凝土缝面清理、打磨、找平→清缝→缝槽涂刷第一道 SR 底胶→涂刷第二道 SR 底胶→SR 材料找平、嵌缝→缝口设置 PVC 棒→SR-2 型柔性材料充填→SR 防渗盖片安装→SR 防渗盖片质量检查→扁钢钻孔、混凝土打孔、清孔、灌注水泥浆→紧固膨胀螺栓(分三期)→翼边 HK 遮边面封边→粉煤灰填充、锤实→不锈钢罩内衬透水土工织物→不锈钢罩固定→不锈扁钢压条固定→不锈钢保护罩结束端封闭(同种材料焊接、内边滚边)。

5.2 操作要点

(1)在需要施工 SR 材料的混凝土缝口处,预制和凿制出规定的 V 形槽,用水、钢丝刷冲刷、打磨机打磨缝槽及边缘到不锈钢扁钢压条的宽度,去除杂物,晾干或烘干。

(2)在干燥的缝槽上均匀涂刷第一道底胶,底胶涂刷宽度应至固定扁钢处;底胶干燥后(1 h 以上),刷第二 SR 底胶,等底胶表干(黏手,不沾手,约 0.5 h),即可进行 SR 嵌缝施工;若底胶过分干燥时(不粘手),需要重新补刷底胶。

①使用前须用钢丝刷清理将要涂刷 SK 底胶的混凝土表面,除去混凝土表面的油渍、灰浆皮及杂物,再用棉纱或毛刷去除浮土和浮水,如混凝土表面存在有漏浆、蜂窝麻面、起砂、松动等会导致止水安装完毕后产生绕渗问题的缺陷,应采用聚合物砂浆处理。

②混凝土表面必须洁净、干燥,稀料涂刷均匀、平整,不得漏涂,涂料必须与混凝土面黏结紧密。

③使用 SK 底胶时一次配料总量不要太多,以免发生爆聚(即料液整体迅速固化)。一次配料最好不要超过 7 kg,按计量好的 A、B 组用量搅拌均匀,现场使用可直接按分装好的一桶 A 组分(5 kg)和一桶 B 组分(1.5 kg)拌和。

④SK 底胶宜用浅的广口容器,如普通铁锅和硬制拌料铲。材料拌和均匀后应在适用期时间内涂刷完毕,没有用完的料要及时清理掉,以免材料固化后难以处理盛料容器,清洗剂采用丙酮、汽油或乙酸乙酯等有机清洗剂。

⑤涂完底胶后一般静停 20~60 min 后再粘贴 SR 防渗盖片。具体可视现场温度而定,以连续三次用手触拉涂料后的 SK 底胶,以能拉出细丝并且细丝长度为 1 cm 左右断时的时间为最佳的粘贴时间。

⑥SK 底胶为有机化学品,在施工现场时要注意防火,禁止使用明火。

(3)待 SR 底胶干后,将 SR 材料搓成小条并揿捏成厚 10 cm 左右薄饼状,在混凝土接缝面上,从缝中间向两边挤压粘贴成 3~5 cm 厚,缝槽边沿找平到 SR 盖片宽度,然后在缝口设置 PVC 棒,PVC 棒壁与接缝壁应嵌紧,PVC 棒接头应予固定防止错位,PVC 棒间的连接,在现场采用错位搭接的方法进行连接。最后在缝槽内堆填出设计规定的 SR 材料形状,并且使堆填密实、表面光滑。

(4)SR 防渗盖片安装。

①逐渐展开 SR 盖片,撕去面上的防粘保护纸,沿裂缝将 SR 盖片粘贴在 SR 材料上,用力从盖片中部向两边赶尽空气,使盖片与基面粘贴密实。对于需搭接的部位,必须在用 SR 材料做找平层,而且搭接长度要大于 20 cm,搭接部位先刷 SR 底胶,再进行搭接。

②将打孔后的不锈钢扁钢(60×6 mm)安放在盖片上并定位,用膨胀螺栓固定扁钢前,先采用打孔器在盖片上钻孔,然后用电锤在混凝土上打孔,成孔后用压力风清除混凝土粉末。

③在孔内灌注 $W/C<0.35$ 的自然平微膨胀型水泥净浆,之后放入膨胀螺栓,并在水泥净浆失去流动性之前紧固膨胀螺栓。

④膨胀螺栓的拧紧应分三期进行,第二次与第一次紧固时间间隔为 7 d,最后一次紧固应在加铺黏土或粉细沙铺盖以及下闸蓄水前进行。

⑤安装完毕后的 SR 防渗盖片,应与 SR 柔性填料和混凝土表面紧密结合,不得有脱空现象,扁钢对盖片的锚压要牢固,保证盖片与混凝土间形成密封腔体。

⑥SR 防渗盖片的"T"、"L"、"+"等接头在工厂成型或加工,采用现场硫化的方法进行连接。

(5)在 SR 防渗盖片两侧翼边上涂刮 HK 封边剂,把 SR 防渗盖片两侧翼边粘结在混凝土基面上,封边宽度大于 5 cm。

(6)粉煤灰填塞从下而上分段进行,与粉煤灰接触的混凝土表面必须平整密实,干净干燥。对局部不平整的地方,采用角向磨光机进行打磨、找平处理,铺好土工织物后,用不锈钢的保护罩和不锈钢膨胀螺栓固定紧密,分层填塞湿润的粉煤灰,并捶击密实。

(7)不锈钢保护罩结束端要求封闭,封口采用同种材料焊接,内边滚边,以免划伤 SR 防渗盖片,不锈扁钢接头采用交错搭接方法连接。

6 材料与器具

6.1 柔性止水填料性能指标

柔性止水填料性能指标如表 1 所示。

6.2 三元乙丙 SR 防渗盖片性能指标

三元乙丙 SR 防渗盖片性能指标如表 2 所示。

表 1 柔性止水填料性能指标

测试项目	单位	指标
水中泡 5 个月质量损失	%	±3
饱和氢氧化钙溶液浸泡 5 个月	%	±3
10%氯化钠溶液浸泡 5 个月	%	±3
20 ℃断裂伸长率	%	≥400
−30 ℃断裂伸长率	%	≥200
密度(20 ℃)	g/cm³	≥1.15
流淌值(60 ℃、75°倾角、48 h)	mm	≤1
施工度(按沥青针入度试验)	0.1 mm	≥100
冻融循环耐久性	%	冻融循环 300 次,黏结面不破坏
与混凝土(砂浆)面黏结性能		材料断面、黏结面完好
抗渗性(5 mm 厚,48 h 不渗水压)	MPa	水压力≥1.5 MPa

表 2 三元乙丙 SR 防渗盖片性能指标

性能		指标	备注
硬度(邵尔 A)		60±5	
黏结在 6 cm 宽的混凝土表面抗渗水压力		≥2.0	
扯断伸长率(%)		≥380	
热空气老化 (70 ℃×168 h)	硬度变化(邵尔 A)	≤+8	
	拉伸强度保持率(%)	≥80	
	扯断伸长率保持率(%)	≥80	
100%伸长率外观		无裂纹	
抗拉强度(MPa)		≥8	
撕裂强度(kN/m)		≥25	
抗渗性(MPa)		≥2.5	
施工方法		常温操作	

6.3 PVC 棒性能指标

PVC 棒性能指标如表 3 所示。

表 3 PVC 棒性能指标

项目	单位	允许偏差(mm)
硬度(邵尔 A)	度	>65
拉伸强度	MPa	>14
扯断伸长率	%	>300

6.4 不锈扁钢性能指标

不锈扁钢性能指标如表4所示。

表4 不锈扁钢性能指标

厚度(mm)	抗拉强度(MPa)	屈服强度(MPa)	延伸率(%)	弹性模量(MPa)	泊松比(mm)
1.0	700	365	59	2×10^5	0.27

6.5 HK 系列封边黏合剂主要性能指标

HK 系列封边黏合剂主要性能指标如表5所示。

表5 HK 系列封边黏合剂主要性能指标

项目		指标	
		HK961 干燥型	HK962 潮湿型
固化时间25 ℃	表干(h)	2~4	2~4
	实干(d)	4	7
黏结强度	干燥	>5.0 MPa	>4 MPa
	饱和面干	—	>2.5 MPa
	水下	—	—
附着力		2 级	1~2 级
抗冲		4.5 kg·cm	4.5 kg·cm
抗弯		2 mm	2 mm

6.6 施工工种及主要设备类型配置情况

施工工种及主要设备类型配置情况如表6所示。

表6 施工工种及主要设备类型配置情况

序号	工种	序号	设备名称	单位	备注
1	电工	1	喷灯	只	
2	电焊工	2	广口容器	只	
3	材料员	3	接头模具	个	
4	普工	4	电锤	台	
5	安全员	5	电焊机	台	
6	质检员	6	砂轮机	台	
7	管理人员	7	角向磨光机	台	
8	技术指导	8	冲击钻	台	

7 质量检测与控制

7.1 材料质量要求

所有材料质量要求符合材料性能指标,不符合要求的材料禁止使用。

7.2 SR 填料的施工质量要求

混凝土表面必须洁净、干燥,稀料涂刷均匀、平整,不得漏涂,涂料必须与混凝土面黏结紧密。填料应填满预留槽并满足设计要求断面尺寸,边缘允许偏差±10 mm,填料施工应按规定工艺进行,柔性填料的嵌填尺寸、与混凝土面的黏结质量,在经监理工程师验收合格后方可在柔性填料表面安装防渗盖板。

7.3 SR 防渗盖片的施工质量检验

采用"一掀二揭"的方法检查、评定施工质量。

一掀:对 SR 盖片施工段表面高低不平和搭接处用掀压,检查是否存在气泡和粘贴不实。

二揭:每一施工段(如40~50 m缝长为一施工段)选1~2处,将 SR 盖片揭开>20 cm长,检查混凝土基面上不露白的面积比例,黏结面>90%以上的,表明 SR 盖片施工黏结质量为优秀;黏结面>70%的为合格;黏结面<70%的为不合格。对不合格的施工段,须将施工 SR 盖片全部揭开,在混凝土面上重新 SR 材料找平后,再进行用 SR 盖片粘贴施工,直到通过质量验收。

7.4 粉煤灰止水系统施工质量检查

(1)粉煤灰填料最大粒径应不超过1 mm,通过0.1 mm 筛网的含量在10%和20%之间,可塑性试验的结果表明其塑性指数小于7。

(2)顶部不锈钢罩厚度为1 mm,不锈钢保护罩内衬透水土工织物,内衬的土工布应符合 GB/T 17638—2008 的要求。

(3)不锈钢保护罩结束端要求封闭,封口采用同种材料焊接,内边滚边,以免划伤 SR 防渗盖片。

8 安全措施

(1)表层止水工程为高空交叉作业,施工时应遵守国家有关安全生产的强制性措施的落实,狠抓安全生产,为确保上、下施工交叉作业安全,指派专职安全员进行安全警戒。

(2)所有施工人员按要求佩戴安全帽,表层止水垂直缝、坝顶缝施工时,施工人员按要求拴系安全绳、安全带,每班交接班及施工过程中检查安全绳、安全带使用情况,对有损伤的安全绳、安全带应及时更换。

(3)施工过程中加强用电安全教育,并对电路进行检查,发现问题及时整改,杜绝发生用电安全事故。

(4)建立完善的施工安全保证体系,认真落实"三工"制度,加强施工作业中的安全检查,确保作业标准化、规范化。

9 环保措施

(1)严格执行施工生产质量、安全、环保管理体系,成立对应的施工环保卫生管理机构,在工程施工过程中严格遵守国家和地方有关环保的法律、法规和规章制度,加强对工程材料、设备、废水、生活垃圾、废弃物的控制和治理。

(2)控制烟尘、废水、噪声排放,达到排放标准,固体废弃物实现分类管理,提高回收利用率。

(3)尽量减少油品、化学品的泄漏现象,环境事故(非计划排放)数量为零。

10 经济效益分析

大量面板坝工程实践表明,用与柔性嵌缝材料相配套的表面止水形式,在施工工艺保证的情况下,面板坝各类接缝可以承受相应的水压与接缝变位,止水是可靠的。目前倾向于进一步简化设计,以降低造价、简化施工,如取消不锈钢罩粉煤灰仅用柔性嵌缝材料配套表层盖片止水、缩小柔性嵌缝材料填塞体积、柔性填料挤出机的研制等。随着表层止水技术在更广泛采用的同时,新的止水结构和止水材料也将进一步发展,混凝土面板坝的渗漏量将具有与碾压混凝土坝的可比性,这必将推动今后面板坝的发展。

11 工程应用实例

11.1 苏家河口水电站

苏家河口水电站位于云南省边陲腾冲县西北部中缅交界附近中方一侧的槟榔江河段上,是槟榔江梯级规划中四个梯级开发方案中的第三级水电站,坝址距腾冲县约90 km。电站总库容2.26亿 m³,为引水式开发,枢纽建筑物由挡水坝、引水隧洞及地面厂房等组成。无防洪、灌溉、航运等综合利用要求,开发任务相对单一,主要是水力发电。枢纽主要建筑物有:混凝土面板堆石坝、右岸溢洪道、左岸放空(冲砂)洞、左岸引水隧洞、调压井、压力管道、地面厂房、升压站等。混凝土面板堆石坝坝顶高程1 595.000 m,河床部位建基面高程1 465.000 m,最大坝高130 m,坝顶长度443.917 m,坝顶宽度10 m。坝体上游坡1:1.4,下游综合坝坡为1:1.712。

面板表层接缝止水采用与柔性嵌缝填料相配套的止水形式,接缝表面的封缝柔性填料能在水压作用下自行挤入缝内,起到封缝、止水作用;表层盖片对柔性嵌缝材料起密封保护作用,自身又是一道止水;粉煤灰可以在渗水情况下流动,淤填止水可能存在的空隙,起到止水作用。从目前大坝蓄水运行看,坝后量水堰测出的日常渗漏水量比同类工程都小,说明采用本工法施工的表层接缝止水效果良好,同时由于施工过程中采用了新结构和新材料施工,施工进度得到了保证,节约了投资,取得了良好的社会效益。

11.2 洪家渡面板坝

洪家渡面板坝位于乌江北源六冲河下游,地处贵州省织金县与黔西县交界处。总库容49.47亿 m³,电站装机容量600 MW。拦河坝最大坝高179.5 m,坝顶长度427.79 m。坝区地震基本烈度为Ⅳ度。坝址区多年平均气温16 ℃,多年平均相对湿度81%,多年平均降水量988.7 mm。洪家渡面板坝周边缝采用的表层止水结构形式见图1,其组成是:

(1)底部ϕ8 cm PVC棒,其作用是支撑表层止水结构(见图1),其材质和尺寸可以确保在1.8 MPa的水压力以及52 mm的张开位移作用下,PVC棒保持在缝口位置不下落。

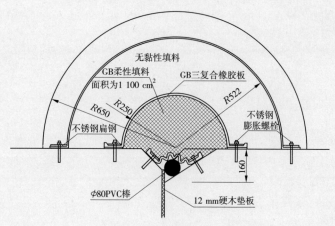

图1 洪家渡周边缝表层止水结构形式

(2)位于PVC棒上部的1 100 cm²的GB柔性填料由于不可能完全流入接缝,嵌填数量应大于接缝的缝腔体积。

(3)覆盖GB柔性填料的厚(2+8+3)mm的GB三复合橡胶板,其作用之一是作为一道独立的止水。GB三复合橡胶板的表层为2 mm厚的三元乙丙板,起防老化作用;中间层采用具有较高拉伸强度、厚8 mm的天然橡胶板。GB三复合橡胶板可以提高GB柔性填料的抗水压力击穿的能力,增大 GB 柔性填料向缝内的流动比例。

(4)外部的无黏性自愈填料,以对任何可能的止水缺陷进行自愈。无黏性自愈填料外为金属保护罩,内衬无纺布,即可以透水,又可以防止无黏性填料的流失。

洪家渡工程已于 2005 年 10 月完工并蓄水,坝后量水堰测出的日常渗漏水量为 7 ~ 20 L/s,说明止水体系效果是比较好的。

(**主要完成人:**尚立珍　李虎章　吴坚松　范双柱　赵志旋)

心墙堆石坝心墙掺砾土料填筑施工工法

江南水利水电工程公司
安蓉建设总公司

1 前言

心墙堆石坝中采用掺砾土料作为心墙防渗土料在我国是少见的,但随着超高堆石坝填筑施工技术的日新月异,心墙堆石坝的填筑高度不断突破,对于200 m、300 m级心墙堆石坝,采用纯天然土料作为心墙堆石坝的心墙防渗土料已不能满足设计技术要求,需采用备制的掺砾土料作为心墙防渗土料,才能既满足防渗要求又提高变形模量,提高抗剪性能。我公司依托云南糯扎渡大坝工程,通过大量的现场生产性试验研究、总结,形成了初步的心墙堆石坝心墙掺砾石土料填筑施工工法,并在堆石坝心墙掺砾石土料填筑施工过程中不断修改、补充、完善。本工法技术、工艺先进,有利于加快心墙掺砾石土料填筑施工进度,同时也极大地确保了工程质量,具有明显的社会效益和经济效益。

2 工法特点

(1)掺砾石土料不直接与坝基基础接触,通过接触黏土料(高塑性黏土)与心墙垫层混凝土面接触。

(2)与心墙填筑无关的运输车辆不允许跨越心墙。

(3)心墙纵、横向埋设监测仪器。

(4)填筑体不允许留纵、横缝,水平层间接合面处理要求高。

(5)碾压设备设置监控装置对填筑碾压全过程实行数字化监控。

(6)掺砾石土料填筑受天气影响较大。

3 适用范围

本工法适用于心墙堆石坝掺砾土心墙和其他砾质土心墙填筑施工。

4 工艺原理

根据设计要求的各项技术指标,通过现场生产性碾压试验取得科学、合理的施工参数,利用相应的施工设备对掺砾土料进行运输、摊铺、整平和碾压、试验检测等,使其各项指标满足设计要求;同时根据大坝心墙重点是水平防渗,防渗方向从上游往下游的特点,有针对性地提高搭接界面和层间接合面的处理质量,既保证工程质量,又合理利用资源,降低成本,缩短工期。

5 施工工艺流程及操作要点

5.1 施工工艺流程
本工法施工工艺流程见图1。

5.2 施工操作要点
5.2.1 测量放线及范围标识
填筑前对基础面或填筑作业面进行验收,经监理工程师验收合格后,由测量人员放出掺砾石土

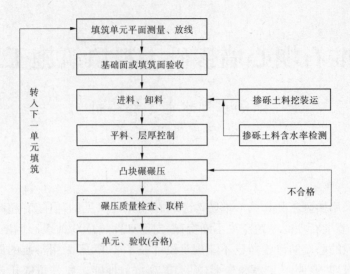

图 1　掺砾石土料填筑工艺流程

料及其相邻料区的分界线,并撒白灰作出明显标志。

5.2.2　卸料、平料、层间处理及层厚控制

（1）心墙区掺砾石土料与岸坡接触黏土料、上下游侧反滤料平起填筑上升。先填上下游侧反滤料,再填掺砾石土料,然后填岸坡接触黏土料。

（2）掺砾石土料与左右两岸坡接触黏土料同层填筑,平起上升。

（3）掺砾石土料采用进占法铺料,湿地推土机平料,载重运输车辆应尽量避免在已压实的土料面上行驶,以防产生剪切破坏,参见图2。

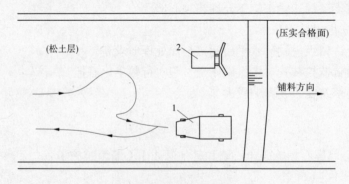

1—自卸汽车;2—推土机

图 2　汽车进占铺料法示意图

（4）掺砾石土料铺料过程中,应配与人工、装载机辅助剔除颗粒径大于150 mm 的块石,并应避免粗颗粒块体集中出现土体架空现象。

（5）掺砾石土料铺料层厚为27～35 cm,实际填筑铺料厚度通过现场碾压试验确定。

（6）应严格控制铺料层厚,不得超厚。铺料过程中采用测量仪器网格定点测量,以控制层厚。一旦出现超厚时,立即指挥推土机辅以人工减薄超厚部位。

（7）填筑作业面应尽量平起,以免形成过多的接缝面。由于施工需要进行分区填筑时,接缝坡度不得陡于1:3。

（8）进入填筑面的路口应频繁变换,以避免已填筑料层因车辆交通频繁造成过碾现象。

（9）每一填筑层面在铺填新一层掺砾土料前,应作刨毛处理。刨毛用推土机顺水流方向来回行走履带压痕的方法。

5.2.3 碾压及局部处理

（1）每一作业面掺砾石土料铺料完成后，碾压前，应采用湿地推土机通过测量网格定点控制，进行仓面平整。

（2）掺砾石土料采用自行式凸块振动碾碾压，碾子自重应大于或等于20 t，振动碾行进速度不宜大于3 km/h，激振力宜大于300 kN。碾压遍数根据现场生产性试验成果确定。

（3）碾压主要采用进退错距法。错距宽度根据碾子宽度和碾压遍数确定。为便于现场控制，碾压时可采用前进和后退重复一个碾迹，来回各一遍后再错距的方式。分段碾压时，碾迹搭接宽度应满足以下要求：

①垂直碾压方向不小于0.3~0.5 m；

②顺碾压方向为1.0~1.5 m。

（4）碾压机行驶方向应平行于坝轴线。局部观测仪器埋设的周边可根据实际调整行走方向。为便于控制振动碾行走方向，确保碾压质量，碾压前应对碾压区域按6~10 m 宽幅撒上白灰线。

（5）填筑面碾压必须均匀，严禁出现漏压。若出现砾石料集中或"弹簧土"等现象，应及时清除，再进行补填碾实。

（6）心墙掺砾石土料同其上下游反滤料及部分坝壳料平起填筑，跨缝碾压，应采用先填反滤料后填掺砾石土料的填筑施工方法，按照填一层反滤料，填二层掺砾石土料的方式平起上升。

（7）监测仪器周边铺料采用人工铺料，碾压采用手扶振动夯夯实。具体人工铺料厚度，根据现场取样试验成果确定。

（8）碾压设备应安装监控装置，对碾压设备碾压过程和相关参数进行实时监控，以确保碾压质量。

5.2.4 接触黏土填筑

（1）心墙区掺砾石土料与坝基之间一般通过接触黏土过渡。

（2）垫层混凝土表面涂刷浓泥浆施工完成，并经现场监理工程师验收合格。

（3）接触黏土料基础面和与岸坡垫层混凝土接触表面铺料填筑前，由人工在其表面上涂刷一层5 mm 厚浓黏土浆。浓黏土浆的配比为：黏土∶水 =1∶(2.5~3.0)（质量比），采用泥浆搅拌机搅拌均匀，然后由人提运到作业面边搅拌边涂刷，同时要做到随填随刷，防止泥浆干硬，以利坝体与基础之间的黏合。

（4）接触黏土与同层掺砾石土料同时碾压，碾压参数与掺砾石土料碾压基本一致，具体通过现场碾压试验确定。靠近岸坡50~80 cm 范围凸块振动碾碾压不到的条带，采用装载机胶轮压实。碾压遍数根据现场取样试验成果确定。

6 材料与设备

本工法采用的机具设备见表1。

表1 掺砾土填筑施工机具设备

序号	设备名称	型号规格	用途	备注
1	液压反铲	1.2 m³	辅助作业	
2	装载机	3.0 m³	超径石装料	
3	自卸汽车	20~32 t	掺砾土料运输	
4	洒水车	20 t	层间补水	
5	推土机	220HP	土料摊铺、平整	

续表1

序号	设备名称	型号规格	用途	备注
6	推土机	320HP	土料摊铺、平整	
7	自行式凸块振动碾	20 t	碾压	
8	自行式平碾	20 t	防雨处理	
9	手持式冲击夯		边角部位碾压	
10	全站仪	CT－1100	测量、放样	

主要劳动力组织情况见表2。

表2　主要劳动力组织情况

序号	工种	序号	工种	备注
1	管理人员	6	安全员	
2	技术人员	7	试验员	
3	设备操作手	8	测量工	
4	汽车驾驶员	9	普工	
5	质检员			

7　质量检查与控制

7.1　碾压质量检查

在掺砾石土料填筑施工时,应按合同规定和有关技术要求进行质量检查和验收。

(1)对料源进行检查。掺砾石土料在装运上坝填筑前应进行抽样检查。每次取样不少于3组,每间隔2~3 d定期或不定期地进行抽样检测。

(2)在填筑时,进行抽样检查。检测的频次见表3。

表3　心墙区掺砾石土料压实检查频次表

坝体类别及部位		检查项目	取样(检查次数)
掺砾石土料	边角夯实部位	1. 干密度、含水率、大于5 mm砾石含量;	2~3次/每层
	碾压面	2. 现场取原状样做室内渗透试验	1次/200~500 m³

7.2　质量控制标准

掺砾石土料填筑压实质量控制标准:按粒径小于20 mm的细料压实度控制,采用三点快速击实法检测,按普氏595 kJ/m³功能压实度应达到98%以上的合格率为90%,最小压实度不低于96%控制。

7.3　雨季施工措施

(1)在雨季填筑施工,应加强防雨准备,降雨前应采用光面碾及时压平填筑作业面,作业面可做成向上游侧或向下游侧微倾状,以利于排泄雨水。

(2)降雨及雨后,应及时排除填筑面的积水,并禁止施工设备在其上行走。

(3)天晴后,经晾晒,填筑作业面的掺砾石土料经检测含水率达到要求后,才允许恢复施工。

7.4　铺料过程控制

(1)施工、质检人员在推土机铺料过程中,应用自制量尺或钢卷尺,随时对铺料厚度进行检测,不符合施工要求时,应及时指挥司机调整推土机刀片高度,对铺料超厚部位及时处理。同时,采用测量网格定点控制层厚。

(2)运输车辆进入料仓的路口应频繁变换,避免土料过压现象。

(3)推土机平料时,保证每层料厚度均匀。

7.5 验收

每单元铺料碾压完成后,经取样试验结果满足设计要求,并经质检人员"三检"合格后通知监理工程师进行验收,验收合格后方可进行下一循环的施工。

8 安全措施

(1)认真贯彻"安全第一、预防为主"的方针,根据国家有关规定、条例、工程实际,组建安全管理机构,制定安全管理制度,加强安全检查。

(2)进行危险源的辨识和预知活动,加强对所有作业人员和管理人员的安全教育。

(3)加强对所有驾驶员和机械操作手等特殊工种人员的教育和考核,所有机械操作人员必须持证上岗。

(4)严格车辆和设备的检查保养,严禁机械设备带病作业和超负荷运转。

(5)加强道路维护和保养,设立各种道路指示标识,保证行车安全。

(6)加强现场指挥,遵守机械操作规程。

9 环保措施

(1)对交通运输车辆、推土机和挖掘机等重型施工机械排放废气造成污染的大气污染源,采取必要的防治措施,做到施工区的大气污染物排放满足《大气污染物综合排放标准》(GB 16297—1996)二级标准要求。

(2)本工法施工车辆多,运行中容易扬尘,必须加强对路面和施工工作面的洒水,控制扬尘污染。施工期间应遵守《环境空气质量标准》(GB 3095—1996)的二级标准,保证在施工场界及敏感受体附近的总悬浮颗粒物(TSP)的浓度值控制在其标准值内。

(3)所有运输车辆必须加挂后挡板,防止掺砾土运输途中土块沿路撒落。

(4)对不合格的废料按规划妥善处理,严禁随意乱堆放,防止环境污染。

(5)做好施工现场各种垃圾的回收和处理,严禁垃圾乱丢乱放,影响环境卫生。

10 经济效益分析

本工法填补了国内高心墙堆石坝心墙掺砾石土料填筑工法的空白,特别是填筑碾压设备安装监控装置对碾压施工相关参数进行实时监控管理,进一步确保了施工质量,全面提高了大坝填筑的管理水平,为今后同类型坝的施工提供了重要经验,也为我国300 m级高心墙堆石坝填筑规范编写提供了重要依据。

本工法与以往的土料心墙坝工程的工法相比,程序规范,工程进度快,有利于文明施工,能更科学合理地利用各种施工资源,进一步推动我国高心墙堆石坝施工技术水平的发展,具有良好的社会效益和经济效益。

11 工程实例

11.1 糯扎渡水电站大坝工程

11.1.1 工程概况

糯扎渡水电站位于云南省普洱市翠云区和澜沧县交界处的澜沧江下游干流上(坝址在勘界河与火烧寨沟之间),是澜沧江中下游河段八个梯级规划的第五级。坝址距普洱市98 km,距澜沧县

76 km。水库库容为 237.03 亿 m³,电站装机容量 5 850 MW(9 × 650 MW)。工程总投资 600 多亿元,大坝为直立掺砾土心墙堆石坝,坝顶高程为 821.5 m,坝顶长 630.06 m,坝顶宽度为 18 m,心墙基础最低建基面高程为 560.0 m,最大坝高为 261.5 m,上游坝坡坡度为 1∶1.9,下游坝坡坡度为 1∶1.8。

掺砾土总填筑量约 480 万 m³,掺砾料场距大坝约 6.0 km,施工车道为双车道混凝土路面,施工工期为 2008 年 11 月至 2012 年 10 月,每年的 6~9 月为汛期,基本不能施工,净施工工期约 36 个月,平均月填筑强度 11.1 万 m³。

11.1.2 掺砾土填筑情况

11.1.2.1 工程质量标准及施工参数

设计参数及技术要求:全料压实度按修正普氏功能 2 690 kJ/m³ 应达到 95% 以上,掺砾土料干密度应大于 1.90 g/cm³,压实参考平均干密度为 1.96 g/cm³,渗透系数小于 1 × 10⁻⁵ cm/s。级配要求最大粒径不大于 150 mm,小于 5 mm 颗粒含量 48%~73%,小于 0.074 mm 颗粒含量 19%~50%。

现场实际按粒径小于 20 mm 的细料压实度控制,采用三点快速击实法检测,按普氏 595 kJ/m³ 功能压实度应达到 98% 以上的合格率为 90%,最小压实度不低于 96% 控制。

通过碾压试验,获得如下施工参数:

20~25 t 自卸汽车进占法进料,推土机摊铺、平料;铺料厚度 33 cm,后经专家组审定改为 27 cm,含水率按最优含水率 -1%~+3% 控制;三一重工 20 t 自行式凸块振动碾碾压 10 遍,行走速度控制在 3.0 km/h 以内。

11.1.2.2 施工质量及试验检测情况

检测结果:

(1)大坝填筑掺砾土料采用细料(< 20 mm)三点击实法,每层铺料厚度为 27 cm,共检测 2 333 组。

全料干密度 1.86~2.15 g/cm³,平均值 1.98 g/cm³;细料压实度 96.8%~104.6%,平均 99.3%,细料压实度 98% 的压实标准合格率 99.1%,达到优良等级评定标准。

检测结果表明:本阶段掺砾土料压实指标和级配指标满足设计要求。

(2)大型击实试验:

在采用细料三点快速击实法控制的同时,每周做三点大型击实试验(300 型)进行对比复核,统计期内共进行 27 组,同时还进行 11 组 600 型超大型击实试验,试验结果表明目前的质控标准和方法满足设计各项技术指标要求。

(3)渗透试验结果:2011 年 2 月 21 日到 2012 年 2 月 20 日,现场原位水平、综合渗透试验检测各 3 组,试验结果满足设计要求。

11.1.3 掺砾土料施工进度情况

由于地质及气候影响,掺砾土料填筑比合同工期晚开工 3 个月,相比投标合同填筑层厚变薄、层数增加、碾压遍数增加,碾压工程量大大增加,采用了本工法后,在只增加 2 台凸块振动碾的情况下,赶回工期 200 多 d,月最高峰填筑强度达到 25 万 m³,最高月上升速度达到 12.18 m,提前 9 d 达到 500 年一遇防洪度汛填筑高程。

11.1.4 工程质量评价

糯扎渡大坝心墙掺砾石土料于 2008 年 11 月底开始填筑,目前已基本施工完成,施工全过程处于安全、稳定、快速、优质的可控状态。掺砾土料填筑过程中经施工、监理、设计、业主等单位取样多次检测,各项技术指标均满足设计要求。坝体内埋设的各种监测仪器监测的沉降变形、水平位移、渗流等测值均满足设计要求。多次被业主评为工区样板工程。同时也得到了国内很多知名专家的好评。

11.2 杂谷脑河狮子坪水电站大坝工程

狮子坪水电站位于四川省阿坝藏族羌族自治州理县境内岷江右岸一级支流杂谷脑河上,为杂谷脑河梯级水电开发的龙头水库电站,电站装机 3 台,单机容量 65 MW,总装机 195 MW。坝顶高程 2 544 m,最大坝高 136 m,坝长 309 m,坝顶宽 12 m,坝体填筑量约 625 万 m³。

该工程采用掺砾土心墙堆石坝坝体填筑施工技术,大坝填筑创造月高峰 65 万 m³ 和砾土心墙月上升 15 m 的高峰速度,有效地保证了水电站防洪度汛和蓄水发电的双重目标顺利实现。创造了巨大的经济效益和社会效益。

（**主要完成人**:唐先奇　王永平　黄宗营　张耀威　贺博文）

压力分散型预应力锚索施工工法

江南水利水电工程公司

1 前言

压力分散型预应力锚索是预应力锚索发展的一种新类型,是在锚索内锚段上布置若干个承载板、无黏结钢绞线相应分成若干组与承载板相连,施加的预应力均匀分散到各个承载体,承载板前的浆液结石处于受压状态。压力分散型与普通压力型锚索的最大区别在于,普通压力型只有一组锚头,而压力分散型锚索有多组锚头,避免了应力集中的问题。

2 工法特点

(1)锚索有多组锚头,避免了应力集中的问题。
(2)覆盖层、堆积体采用跟管法钻进成孔,提高了成孔效率。
(3)采用固壁灌浆的方法,解决了强卸荷岩体中锚索成孔问题。

3 适用范围

适用于水电站、公路、铁路等高边坡且地质条件复杂,岩体裂隙发育且分布深度大的预应力锚索施工。

4 工艺原理

4.1 压力分散型锚索结构原理

压力分散型锚索的基本原理是束体上布置数个承载板、无黏结筋相应分成数组与承压板相连。挤压锚是主要联结件。无黏结筋要分组下料;固定端除皮、除油并安装承载板,用挤压机在无黏结筋下端制作挤压锚头。可广泛应用于各类岩、土体中,荷载大小不限,瀑布沟水电站、紫平铺水电站、首都机场扩建工程等均已采用。

4.2 压力分散型锚索特点

(1)通过承载板和挤压头使锚固浆体以受压为主。
(2)内锚段应力集中程度和应力峰值随承载板数量的增加而得到缓解和降低。
(3)可充分调动地层潜在承载能力,提高锚固力。
(4)挤压头和锚具的质量是影响工作单元耐久性的关键因素。

5 工艺流程与操作要点

5.1 压力分散型预应力锚索施工工艺流程

施工工艺流程见图1。

5.2 作业方法

5.2.1 作业平台搭设

(1)在锚索支护施工前,人工(佩戴好安全绳、安全带)把工作面的浮渣、危石清理干净。
(2)预应力锚索施工采用四排脚手架。脚手架构造参考尺寸:立杆步距1.5～1.8 m,立杆横距1.0～1.5 m,立杆纵距1.5～1.8 m;刚性连壁(墙)件按两(三)步三跨设置。

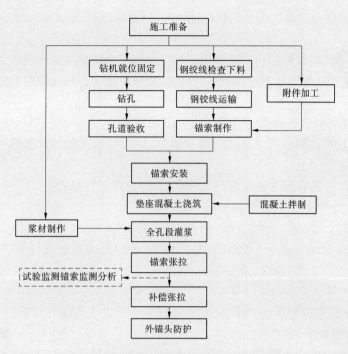

图1 压力分散型预应力锚索施工工艺流程

（3）管架搭设遵循《建筑施工扣件式钢管脚手架安全技术规范》（JGJ 130—2001）的相关规定。搭设的管架平台必须稳定牢固,满足施工承载要求。

①架管、管卡质量必须有保证,满足规范要求,ϕ48 架管壁厚 $\delta \geqslant 3.5$ mm。

②管架必须稳定牢固,保证管架刚度,采用斜撑、连壁（墙）件、剪刀撑与主承载部位增加立柱密度相结合的措施,满足承载要求。

③搭设管架平台所用木板厚度 $\delta \geqslant 45$ mm。

④管架平台上作业区域、通道等附近必须设置安全网、安全绳,木板不得漏铺。

⑤管架上应明显设置安全标识。

⑥随时注意观测管架所在岩体的变形情况、落石情况,及时主动清除对管架不利的因素。

⑦上下平台吊装钻机设备时,在平台管架上安装 5 t 手动葫芦进行吊装,承载的立杆、横杆应加密,操作人员应佩戴安全帽、保险绳,吊装平台部位以下不得有人,并设置专人指挥。

（4）在脚手架搭设完毕后经联合验收合格以前,不得进行任何架上作业。

5.3 锚索孔造孔

5.3.1 锚孔定位编号

5.3.1.1 锚孔编号

为了规范管理,按照锚索设计图绘制锚索孔布置图,并统一进行编号,制作锚索孔参数表,标明每束锚索孔位、方位角、倾角、孔径、孔深、锚索吨位、钢绞线数量等参数,用于指导现场施工。

5.3.1.2 锚孔测放定位

锚孔位置严格按照设计图纸所示位置使用全站仪测放,孔口坐标误差 10 cm。孔位使用红油漆标示,并标注孔号。

5.3.2 钻机就位

为使锚孔在施工过程中及成孔后其轴线的倾角、方位角符合设计及规范要求,保证锚索孔质量,必须严格控制钻机就位的准确性、稳固性,使钻机回转器输出轴中心轴线方位角、倾角与锚孔轴线方位角、倾角一致,并可靠固定。钻机方位角采用全站仪放样,钻机倾角采用水平仪控制。以开孔点、前方位点、后方位点三点连线控制钻机轴线和锚孔轴线相一致。

5.3.2.1　准确性

（1）采用全站仪放样，调整钻机回转器输出轴中心轴线方位角与锚孔设计方位角一致。

（2）使用水平仪或地质罗盘测量，调整钻机回转器输出轴中心轴线倾角与锚孔设计倾角一致。

5.3.2.2　稳固性

（1）用卡固扣件卡牢钻机，使钻机牢固固定在工作平台上。

（2）试运转钻机，再次测校开孔钻具轴线和倾角，使其与锚孔轴线和倾角一致，然后拧紧紧固螺杆。

（3）施工过程中，一直保证卡固扣件的紧固状态，并定期进行检查。

5.3.3　锚孔成孔

5.3.3.1　锚孔要求

（1）钻孔孔径、孔深均不得小于设计值，钻孔倾角、方位角应符合设计要求。其具体要求和允许误差如下：

①孔位坐标误差不大于 10 cm。

②锚孔倾角、方位角符合设计要求，终孔孔轴偏差不得大于孔深的 2%，方位角偏差不得大于 30°，有特殊要求时，按要求执行。

③终孔孔深应大于设计孔深 40 cm，终孔孔径不得小于设计孔径 10 mm。

④锚固段应置于满足锚固设计要求的弱卸荷岩体中，若孔深已达到预定深度，而锚固段仍处于破碎带或断层等软弱岩层时，按照设计图纸要求加深孔深 6~8 m，并报监理工程师批准。

（2）锚固段预固结灌浆要求：

若锚固段通过加深孔深未达到弱卸荷岩体，或钻孔成孔困难（发生较严重漏风、塌孔、卡钻等现象），为提高锚固段岩体完整性，锚索钻孔结束锚索安装前，根据锚固段声波测试成果对锚固段进行固结灌浆，以防止锚索注浆时由于岩体破碎吸浆量过大，使得注浆长时间无法结束或者注浆管堵塞而造成锚索注浆质量事故的发生。具体要求如下：

①声波波速 ≥3 000 m/s 时不进行锚固段固结灌浆，声波波速 <3 000 m/s 时，对锚固段进行预固结灌浆。

②锚固段预固结灌浆采用水灰比为 0.4:1~0.8:1 的浓浆灌注，浆液中可掺入一定数量的微膨胀剂和早强剂，其 28 d 的结石强度应不低于 30 MPa。灌浆压力 0~0.3 MPa。灌浆过程中，吸浆量大时可采用限流等措施。吸浆量明显下降或者孔口返浆，灌浆即可结束，宜待浆液强度超过 5 MPa 后扫孔，并扫孔 3 d 后进行声波测试，如声波波速 ≥3 000 m/s 时，即可下索作业。

（3）1 500 kN 压力分散型预应力锚索设计孔径为 130 mm，采用跟管法钻进成孔时，跟管规格应保证锚索安装时顺利通过管靴，本工程采用 φ168 跟管。

5.3.3.2　成孔方法

根据锚索孔地层条件、锚索孔参数及锚索体外径，采用如下成孔方法：

（1）锚索孔均采用 YXZ-70A 型液压锚固工程钻机配风动潜孔锤冲击回转钻进成孔。

（2）孔口段岩体松散，易塌孔，采取跟管法钻进成孔，直至跟管无法钻进且成孔困难时，采取直钎钻进加预固结灌浆的措施钻进成孔。

（3）在直钎钻孔过程中，如遇岩体破碎、严重漏风孔段或地下水渗漏严重使钻进受阻时，采取预固结灌浆等措施。

（4）冲击器采用 CIR110，钻杆采用 φ89，直钎采用 φ130 钎头，跟管钻进采用 φ168 配三件套 φ168 偏心钎头。

（5）锚索孔破碎段采用冲击器配套同径粗径长钻具、钻杆体焊螺旋片、扶正器、防卡器、反振器等措施成孔。

（6）覆盖层锚索采取覆盖层全跟管钻进成孔的方法。

（7）在孔口采用湿式除尘器除尘。

（8）锚索孔道预固结灌浆：水灰比0.4∶1～0.8∶1，灌浆压力：0～0.3 MPa，在吸浆量大时采取限流措施，或采取灌注砂浆、浆液加膨胀剂以及其他堵漏措施；待凝24 h后二次钻进。

5.3.3.3　钻进操作规程

（1）钻进参数：钻进参数见表1。

表1　潜孔锤冲击回转钻进参数

钻进阶段	压力（kN）	转速（r/min）	风压（MPa）	风量（m³/min）
开孔	使钎头紧贴岩面，平稳缓缓推进即可	0	0.7～1.2	6～12
正常钻进	1～2	30～90	0.7～1.2	6～12

（2）成孔措施：

①开孔前，清除孔口附近松动岩块。必要时，可填筑混凝土等强后开孔。

②开孔时，在设计孔位上，人工或用风钻凿出与孔径相匹配的10 cm左右深的槽（孔），以利于钻具定位及导向；再次复核钻机钻具轴线倾角与方位角。

③根据需要在钻杆上安装扶正器、防卡器等器具。

④严格遵循"小钻压、低转速、短回次、多排粉"原则。每钻进0.3～0.5 m强风吹孔排粉一次，以保持孔内清洁。

⑤每钻进≤1 m，缓慢倒杆＞1 m，往返不少于2次，直至孔口无岩粉返出，以利充分吹粉排渣，避免卡钻及重复破碎。

⑥勤检查钻杆、钻具磨损情况，对磨损严重的钻杆、钻具应予以更换，尽量避免孔内事故的发生。

⑦在钻孔过程中，当遇岩体破碎或地下水渗漏严重使钻进受阻时，采取固结灌浆等措施。

⑧在钻进过程中，不宜一个钎头打到底，否则终孔孔径与开孔孔径相差过大，使得下锚时困难。可备3个钎头，每个钎头打10～15 m，就轮换一个。

⑨在钻进过程中，认真、真实地做好钻孔记录，为分析判断孔内地质条件提供依据。记录中要详细标明每一钻孔的尺寸、返风颜色、钻进速度和岩芯记录等数据。造孔过程中做好锚固段始末两处的岩粉采集，若在锚固段发现软弱岩层、出水、落钻等异常情况，通知监理工程师，必要时会同业主共同研究补救措施，以确保锚固段位于稳定的岩层中。若在其他部位发现软弱岩层、出水、落钻等异常情况，做好采样记录，并及时报告监理工程师。

5.3.3.4　清孔

钻孔完毕，用压缩风冲洗钻孔，直至孔口返出之风，手感无尘屑，延续5～10 min，孔内沉渣不大于20 cm。

5.3.3.5　钻孔检测

钻孔清孔完毕，进行钻孔检测，合格后进行下锚工作。

5.4　预应力锚索体制作与安装

5.4.1　锚索型式

本工程项目预应力锚索型式采用压力分散型预应力锚索。

5.4.1.1　压力分散型预应力锚索结构

压力分散型预应力锚索结构见图2，主要由导向帽、单锚头、锚板、注浆管、高强度低松弛无黏结钢绞线等组成。

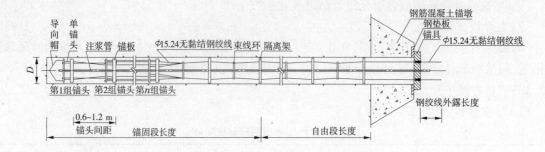

图2 压力分散型预应力锚索结构示意图

5.4.1.2 压力分散型预应力锚索基本结构特点

（1）基本（防腐）单元：单锚头。单锚头由无黏结钢绞线、挤压套及其密封套组件组成，具有良好的防腐性能。

（2）单孔多锚头结构：一根锚索由多组锚头构成，每组锚头包括锚板、单锚头，锚头数目及组合结构根据工程地质特性和锚索吨位大小进行选择。

（3）整体性锚头结构：各组锚头连接成为一个整体。

5.4.1.3 压力分散型预应力锚索性能特点

压力分散型预应力锚索具有克服锚固段应力集中、有效防腐、有效减小孔径、全孔一次注浆、可进行二次补偿张拉等特点。

5.4.2 钢绞线材质规格

（1）预应力钢绞线：

钢绞线母材使用经检验符合《预应力混凝土用钢绞线》（GB/T 5224—2003）和美国标准 ASTM A416-98 的 ϕ 15.24 的 1 860 MPa（270 级）高强度低松弛钢绞线。钢绞线的基本材料是碳素钢。

无黏结锚索采用专业厂家生产的高强度低松弛无黏结预应力钢绞线。无黏结预应力钢绞线用防腐润滑脂及护套材料满足《无黏结预应力筋用防腐润滑脂》（JG 3007—93）、《无黏结预应力钢绞线》（JG 161—2004）标准要求。

（2）预应力钢绞线检验：

对运达工地的每批钢绞线做 100% 的外观检查和 10% 抽样拉力试验。抽样结果和出厂产品质量证书、标志、说明书等报批后使用。

（3）预应力钢绞线使用前存放在离开地面的清洁、干燥环境中放置，并覆盖防水帆布。

（4）锚索最大张拉力不得超过预应力钢材强度标准值的 75%。

5.4.3 预应力锚索体制作

5.4.3.1 压力分散型预应力锚索体制作

压力分散型预应力锚索为单孔多锚头防腐型结构，每个锚头分别承载一定荷载。锚索吨位及工程地质条件不同，压力分散型预应力锚索锚头数目及组合结构亦不同。

（1）根据锚索的设计尺寸及张拉工艺操作需要下料，同组锚头钢绞线等长，相邻组锚头钢绞线不等长。第 n 组钢绞线下料长度为：

$$L_n = 钻孔深度 - 距第1组锚头距离 + 锚墩厚度 + 锚具及测力计厚度 + 张拉长度$$

（2）无黏结钢绞线按要求去掉端部一定长度的 PE 套（具体根据挤压套长度确定）并清洗干净，在 GYJB50-150 型挤压机上（其挤压时的操作油压或挤压力应符合操作说明书的规定）将每根钢绞线与锚头嵌固端牢固联结，挤压后的钢绞线应露出挤压头，底部嵌固端钢绞线端头采取密封防腐措施。成型后应逐个检查挤压头外观，并量测其外径尺寸，以及进行必要的拉力试验，以确保其抗拔力应不低于整根钢绞线标称的最大力值。

（3）按照锚索结构要求装配单锚头、锚板、托板、灌（回）浆管等进行内锚固体系部分的制作。

5.4.3.2 编索

锚索根据设计结构进行编制，采用隔离架集束。

（1）各根钢绞线分别以锚索体孔底端部为基准对齐。

（2）锚索进出浆管按要求编入索体，靠近孔底的进浆管出口至锚索端部距离不大于200 mm。锚索上安装的各种进回浆管保持通畅，管路系统耐压值不低于设计灌浆压力的1.5倍。采用全孔一次注浆时，锚固段安装一根25 mm灌浆管至导向帽；张拉段可设一根排气管。

（3）锚索钢绞线和灌（回）浆管之间用钢制或硬质塑料隔离架分隔集束，各隔离架的钢绞线孔、灌（回）浆管孔等宜相互对应。隔离架间距在内锚固段一般为1.0～1.5 m，张拉段内一般为1.5～2.0 m，但不宜大于3 m。

（4）编索中，钢绞线要排列平顺、不扭结，将钢绞线和灌（回）浆管等捆扎成一束，绑扎丝不得使用有色金属材料的镀层或涂层。内锚固段两隔离架之间用绑扎丝绑扎牢固，张拉段两隔离架之间用绑扎丝束缚，钢绞线宜与隔离架绑扎在一起。

（5）导向帽采用适宜规格的钢管按要求制作，与锚索体牢固可靠连接。

5.4.3.3 编号

锚索编制完成并经检验合格后，进行编号挂牌，注明锚索孔号、锚索吨位、锚索长度等。合格锚索整齐、平顺地存放在距地面20 cm以上的间距1.0～1.5 m的支架或垫木上，不叠压存放，并进行临时防护。锚索存放场地应干燥、通风，锚索不得接触氯化物等有害物质，并避开杂散电流。

5.4.4 锚索运输与安装

（1）锚索在搬运和装卸时应谨慎操作，严防与硬质物体摩擦，以免损伤PE套或防护涂层。

（2）锚索入孔前，无明显弯曲、扭转现象；损伤的PE套或防护涂层已修复合格；止浆环质量、进出浆管位置及通畅性检查合格。

（3）锚索孔道验收24 h后，锚索安装前，应检查其通畅情况。

（4）锚索宜一次放索到位，避免在安装过程中反复拖动索体。锚索安装采取人工缓慢均匀推进，防止损坏锚索体和使锚索体整体扭转。穿索中不得损坏锚索结构，否则应予更换。

（5）锚索安装完毕后，对外露钢绞线进行临时防护。

5.5 锚索注浆

5.5.1 浆液及材料

锚索注浆使用符合设计要求的浆液。锚固浆液为水泥净浆，采用浆液试验推荐的配比。水泥结石体强度要求：设计强度为M40，并且R7d≥30 MPa。

（1）水泥：新鲜普通硅酸盐水泥。水泥强度等级不得低于42.5级，并采用早强型水泥。

（2）水：符合拌制水工混凝土用水。

（3）外加剂：按设计要求，经批准，在水泥浆液中掺加的速凝剂和其他外加剂不得含有对锚索产生腐蚀作用的成分。

5.5.2 制浆

（1）设备：ZJ－400高速搅拌机。

（2）使用ZJ－400高速搅拌机，按配合比先将计量好的水加入搅拌机中，再将袋装水泥倒入搅拌机中，搅拌均匀。搅拌机搅拌时间不少于3 min。制浆时，按规定配比称量材料，控制称量误差小于5%。水泥采用袋装标准称量法，水采用体积换算重量称量法。

（3）浆液须搅拌均匀，用比重计测定浆液密度。

(4)制备好的浆液经 40 目筛网过筛;浆液置于储浆桶,低速搅拌。

(5)将制备好的浆液泵送至灌浆工作面。

5.5.3 浆液灌注

(1)预应力锚索注浆方法:

预应力锚索采取孔口封闭全孔一次性注浆。

(2)锚索注浆前,检查制浆设备、灌浆泵是否正常;检查送浆及注浆管路是否畅通无阻,确保灌浆过程顺利,避免因中断情况影响锚索注浆质量。

(3)注浆作业:

①采用 TTB180/10 泵灌注。

②灌注前先压入压缩空气,检查管道畅通情况。

③锚索注浆采用孔口或孔内阻塞封闭灌注。浆液从注浆管向孔内灌入,气从排气管直接排出。在注浆过程中,观察出浆管的排水、排浆情况,当排浆比重与进浆比重相同时,方可进行屏浆。屏浆压力为 0.3 ~ 0.4 MPa,吸浆率小于 1 L/min 时,屏浆 20 ~ 30 min 即可结束。

④采用灌浆自动记录仪测记灌浆参数。

5.5.4 注浆浆液取样试验

为检查注浆浆液质量并给锚索张拉提供依据,注浆时对同一批注浆的预应力锚索的注浆浆液取样做抗压强度试验。

5.5.5 锚索注浆设备清洗

(1)制浆结束后,立即清洗干净制浆机、送浆管路等,以免浆液沉积堵塞。

(2)注浆结束后,立即清洗干净注浆设备、管路等。

5.5.6 锚固注浆保护

在锚固区域,灌浆 3 d 以内不允许爆破,3 ~ 7 d 内,爆破产生的质点振动速度不得大于 1.5 cm/s。

5.6 锚墩浇筑

5.6.1 钢筋制安

(1)锚墩用钢筋符合国家标准、设计要求或图示,钢筋的机械性能如抗拉强度、屈服强度等指标经检验合格,钢筋平直并除锈、除油,外表面检查合格。

(2)锚墩钢筋制安时,先用风钻在锚索孔周围坡面上对称打孔 4 个,插入 ϕ22 骨架钢筋并固定;将钢绞线束穿入导向钢管并把导向钢管插入孔口 50 cm 左右,校正导向钢管与孔轴、锚索同心,临时固定,并用水泥(砂)浆将套管外壁与孔壁之间的缝隙封填。

(3)按照图纸要求焊接钢筋网或层并固定于骨架钢筋上,焊接质量符合要求。焊接过程中,不得损伤钢绞线。

5.6.2 钢垫板安装

(1)钢垫板规格按设计要求执行。

(2)钢垫板牢固焊接在钢筋骨架或导向钢管上,其预留孔的中心位置置于锚孔轴线上,钢垫板平面与锚孔轴线正交,偏斜不得超过 0.50。

5.6.3 锚墩立模及混凝土浇筑

在钢垫板与基岩面之间按照图示锚墩尺寸立模,验仓合格后,浇筑图示标号混凝土,边浇筑边用振捣棒振捣,充填密实。

(1)外锚墩安装、浇筑前,清理锚墩建基面上的石渣、浮土、松动石块,冲洗干净,并进行基础验收。

(2)锚墩规格按设计要求执行。

(3)锚墩模板施工使用锚墩体形标准钢模板与异形木模板相结合的模板施工方式。模板安装

尺寸误差不超过 ±10 cm。模板面板涂抹专用脱模剂。

（4）混凝土配合比。

砂、石、水泥、水及外加剂均符合设计要求，混凝土配合比按设计要求或根据试验确定,锚墩混凝土设计强度为 R7d C35。

（5）混凝土拌和。

①机械搅拌法，将定量的石子、砂、水泥、外加剂依次分层倒入搅拌桶内，充分搅拌，时间不少于3 min。搅拌机采用 JZC350 锥形反转出料混凝土搅拌机。混凝土需用量大时可考虑由混凝土拌和系统出机口供应。

②混合料宜随拌随用。不掺速凝剂时，存放时间不应超过 2 h;掺速凝剂时，存放时间不应超过20 min。

（6）混凝土输送。

①现场拌制混凝土时，采用斗车或溜槽输送混凝土。由混凝土拌和系统供料时，采用混凝土搅拌运输车从拌和站运输至浇筑现场。

②锚墩混凝土采用溜槽入仓或人工桶装入仓。

（7）浇筑。

①每个锚墩混凝土浇筑必须保持连续，一次性浇筑完成。

②混凝土的捣固采用插入式振捣器。

a. 操作人员在穿戴好胶鞋和绝缘橡皮手套后操作插入式振捣器进行作业，一般垂直插入，使振动棒自然沉入混凝土，避免将振动棒触及钢筋及预埋件。棒体插入混凝土的深度不超过棒长的2/3 ~ 3/4。

b. 振捣时，快插慢拔，振动棒各插点间距均匀，一般间距不超过振动棒有效半径的 1.5 倍。一般每插点振密 20 ~ 30 s，以混凝土不再显著下沉、不再出现气泡、表面翻出水泥浆和外观均匀为止;在振密时将振动棒上下抽动 5 ~ 10 cm，使混凝土振密均匀。

5.6.4 混凝土取样强度检验

锚墩混凝土浇筑时，须现场取混凝土样，确保锚墩浇筑质量，并给锚索张拉提供依据。现场混凝土质量检验以抗压强度为主，并以 150 mm 立方体试件的抗压强度为标准。

5.6.5 模板拆除

除符合施工图纸的规定外，模板拆除时须遵守下列规定:

（1）不承重侧面模板的拆除，在混凝土强度达到 2.5 MPa 以上，并能保证其表面及棱角不因拆模而损伤时，方可拆除。

（2）底模在混凝土强度达到设计强度标准值的 75% 后方可拆除。

5.6.6 混凝土养护与表面保护

5.6.6.1 混凝土养护

（1）所有混凝土按经批准的方法或适用于当地条件的方法组合进行养护。连续养护不少于 28 d。

（2）水养护或喷雾养护。

混凝土表面采用湿养护方法，在养护期间进行连续养护以保持表面湿润。养护用水清洁，水中不含有污染混凝土表面的任何杂质。模板与混凝土表面在模板拆除之前及拆除期间都保持潮湿状态，其方法是让养护水流从混凝土顶面向模板与混凝土之间的缝渗流，以保持表面湿润，所有这些表面都保持湿润，直到模板拆除。水养护在模板拆除后继续进行。

5.6.6.2 混凝土表面保护

在混凝土工程验收之前要保护好所有的混凝土，直到验收，以防损坏。特别小心保护混凝土以防在气温骤降时发生裂缝。

5.7 预应力锚索张拉

5.7.1 一般规定

（1）锚索张拉在锚索浆液结石体抗压 7 d 强度达到 30 MPa 及锚墩混凝土等的承载强度达到设计要求后进行。

（2）锚索张拉用设备、仪器如电动油泵、千斤顶、压力表、测力计等符合张拉要求，在张拉前标定完毕并获得张拉力—压力表（测力计）读数关系曲线。锚夹具检测合格。

（3）为确保锚索张拉顺利进行，锚索张拉前，确认作业平台稳固，设置安全防护设施，挂警示牌；张拉机具操作由合格人员进行，非作业人员不进入张拉作业区，千斤顶出力方向不站人。

（4）根据锚索结构要求选择单根张拉或整体张拉方式。张拉时先单根调直，钢绞线调直时的伸长值不计入钢绞线实际伸长值。

（5）锚索张拉采用以张拉力控制为主，伸长值校核的双控操作方法。当实际伸长值大于计算伸长值的 10% 或小于 5% 时，查明原因并采取措施后继续张拉。

（6）预应力的施加通过向张拉油缸加油使油表指针读数升至张拉系统标定曲线上预应力指示的相应油表压力值来完成。测力计读数校核。

（7）锚索张拉过程中，加载及卸载缓慢平稳，加载速率每分钟不宜超过设计应力的 10%，卸载速率每分钟不宜超过设计应力的 20%。

（8）最大张拉力不超过预应力钢绞线强度标准值的 75%。

（9）监测锚索按要求安装测力计。

（10）同一批次的锚索张拉必须先张拉监测锚索。

（11）预应力锚索的张拉作业按下列施工程序进行：机具率定→分级理论值计算→外锚头混凝土强度检查→张拉机具安装→预紧→分级张拉→锁定。

5.7.2 张拉程序

（1）先进行试验锚索的张拉。试验锚索的数量及位置由监理工程师确定。在进行锚索试验时，记录力传感器读数、千斤顶读数以及试验束在不同张拉吨位时的伸长值。每次进行监测锚索的张拉，须有监理工程师在场，并按监理工程师指示进行。

（2）锚索张拉按分级加载进行，由零逐级加载到超张拉力，经稳压后锁定，即 $0 \to mP \to$ 稳压 $10 \sim 20$ min 后锁定（m 为超载安装系数，最大值为 $1.05 \sim 1.1$，P 为设计张拉力），相应的张拉工艺流程如图 3 所示。

穿锚 → 预紧张拉 → 分级循环张拉至设计荷载 → 超张拉 → 锁定

图 3　锚索张拉工艺流程

5.7.3 穿锚

（1）根据锚索钢绞线规格、数量选择符合要求的锚夹具。根据已完工工程类似经验，锚夹具拟采用 ESM15 系列，应符合《预应力筋用锚具、夹具和连接器》（GB/T 14370—2007）的规定。1 500 kN 级锚索由 10 束 φ15.24 的钢绞线编成，锚具选用 ESM15 - 10。

（2）锚夹具在安装时方可从防护包装内取出，以确保锚夹具表面，尤其是夹片及锚具锥孔的清洁。锚夹具安装时，清理干净锚具、工作夹片及钢绞线表面，夹片及锚具锥孔无泥沙等杂物。

（3）锚索设计有测力计的，按照要求安装测力计。根据锚索吨位及锚具尺寸规格，选择符合要求的测力计。根据测力计外径，在锚墩钢垫板中心孔周围设置对中标志，确保测力计安装符合对中要求。

（4）根据锚具外径，在锚墩钢垫板中心孔（或测力计中心孔）周围设置对中标志，确保锚具安装符合对中要求。

(5)将钢绞线按周边序和中心序顺序理出,使钢绞线按相应的编号和位置穿过工作锚板(具)。

(6)推锚具与钢垫板(或测力计)平面接触。

(7)除规定外,张拉前每个锚具锥孔各装入一套夹片,对准锚具夹片孔推入,用尖嘴钳、改刀及榔头调整夹片间隙,使其对称,并轻轻打齐。

(8)安装千斤顶。

①安装千斤顶之前先检查工作锚板与钻孔是否对中,每个锚孔是否安装好夹片。之后依次安装液压顶压器、千斤顶,在整体张拉千斤顶尾部还安装工具锚板。工具锚板安装前锚板锥孔中可涂抹一层厚约 1 mm 的退锚灵,以便张拉完毕后能自动松开。

②工具锚夹片外表面用前涂退锚灵,对准锚孔后将夹片装入,并用配套工具轻轻敲紧。

③工具锚夹片与工作锚夹片两者分开不混用,工具锚夹片使用次数一般不超过生产厂家规定的使用次数。工作锚板、限位板和工具锚板之间的钢绞线保持顺直,不扭结,以保证张拉的顺利进行。

5.7.4 初始荷载

(1)单根或整体张拉均应先进行单根钢绞线预紧,以使锚索各根预应力钢绞线在张拉时的应力均匀。

(2)采用单根张拉千斤顶进行钢绞线调直,钢绞线调直时的伸长值不计入钢绞线实际伸长值。

(3)张拉设备仪器。

①电动油泵:ZB4 - 500。

②单根张拉千斤顶:YDC240Q。

(4)初始荷载:为设计工作荷载的 $0.2P$ 或 30 kN/股。

(5)按照先中间后周边、间隔对称分序张拉的原则用单根张拉千斤顶将钢绞线逐根拉直,并按要求记录钢绞线伸长值。钢绞线调直时的伸长值不计入钢绞线实际伸长值。

①先张拉锚具中心部位钢绞线,然后张拉锚具周边部位钢绞线,按照间隔对称分序进行;一个张拉循环完毕,如此进行下一个张拉循环,直至规定荷载(见图4)。

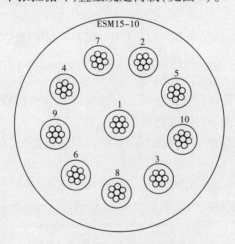

图4 单根张拉的间隔对称分序图

②单股预紧张拉程序:安装千斤顶→0→0.2P 或 30 kN/股→测量钢绞线伸长值→卸千斤顶。此过程使各钢绞线受力均匀,并起到调直对中作用。

(6)钢绞线调直完毕,套上夹片并推入锚具夹片孔,用尖嘴钳、改刀及榔头调整夹片间隙,使其对称,并轻轻打齐。

5.7.5 分级循环张拉

(1)张拉方式:

压力分散型预应力锚索,由于各级钢绞线长度不等,须采用单根张拉方式,确保各根钢绞线平均受载。

（2）张拉设备仪器：

张拉设备根据锚索吨位及锚索结构进行选择使用,电动油泵采用 ZB4 - 500,单根张拉采用 YDC240Q 千斤顶,1 500 kN 锚索整体张拉采用 YCW250B 千斤顶。

（3）分级荷载：分别为 0.25、0.5、0.75、1.0 倍设计工作荷载 P。

（4）伸长值测记：

①分级同步测量记录钢绞线伸长值、压力表(测力计)读数。

②每组锚头钢绞线实际伸长值与相应的理论计算伸长值进行对照校核。理论伸长值计算参见式(1)（直线型锚索伸长值计算公式）。

$$\Delta L = PL/(EA)1\ 000 \tag{1}$$

式中：ΔL 为钢绞线理论计算伸长值,mm；P 为施加于钢绞线的载荷,为锚索总荷载除以钢绞线根数,kN；E 为钢绞线弹性模量,未注明时可取（195 ± 10）kN/mm^2；A 为钢绞线截面面积,（140 ± 2）mm^2；L 为钢绞线计算长度,m。

（5）循环张拉：

分级循环张拉应在同一工作时段内完成,否则应卸荷重新再依次张拉。

①第一循环张拉：$0.0 \rightarrow 0.25P$（稳定 2 min）。

②第二循环张拉：$0.25P \rightarrow 0.5P$（稳定 3 min）。

③第三循环张拉：$0.5P \rightarrow 0.75P$（稳定 3 min）。

④第四循环张拉：$0.75P \rightarrow P$（稳定 5 min）。

（6）以上张拉参数将根据实际情况做适当调整。

（7）锚索张拉锁定后,夹片错牙不应大于 2 mm,否则应退锚重新张拉。

（8）锁定时,钢丝或钢绞线的回缩量不宜大于 6 mm。

5.7.6 超张拉

在设计工作荷载 P 基础上继续加载至 mP 锁定,即 $P \rightarrow mP$（稳定 10 ~ 20 min）。超载安装系数 m 按要求取 1.05 ~ 1.1。

5.7.7 张拉成果资料整理

张拉过程中,按照要求认真填写张拉记录。张拉完成后,及时整理张拉成果资料,如绘制实测的应力—应变曲线,预应力损失及补偿张拉等。

锚索施工全部完成后,向监理工程师提交必需的验收资料。

5.8 锚索应力监测

根据要求安装锚索测力计,监测锚索预应力的变化情况,为补偿张拉及掌握后期锚索应力损失情况提供依据。监测的原始资料应包括预应力损失值及应力—应变曲线图。

5.9 补偿张拉

锚索张拉完毕锁定后,会产生一定的应力损失,根据代表性监测锚索的应力变化情况确定代表区域锚索是否需要进行补偿张拉。

（1）在锁定后 48 h 内或锚索应力损失基本稳定后,若监测到锚索的预应力损失超过设计张拉力的 10% 时,对锚索进行补偿张拉,以满足设计永久赋存力的要求。

（2）补偿张拉是在锁定值的基础上一次张拉至超张拉荷载,即"实际张拉力→超张拉力 mP"。

5.10 封孔回填灌浆

（1）封孔回填灌浆在锚索张拉锁定后以及补偿张拉工作结束后进行,封孔回填灌浆前应由监理工程师测量外露钢绞线长度检测回缩值,检查确认锚索应力已达到稳定的设计锁定值。锚索注浆封孔 7 d 后,还应对孔口段的离析沉缩部分进行补封注浆。

(2)封孔回填灌浆材料与锚固段灌浆的材料相同,灌浆要求同锚索注浆。

5.11 外锚头保护

外锚头实现对锚索张拉荷载的锁定,一旦受损,严重时亦可导致锚索失效,因此应采取有效措施保护外锚头。外锚头保护根据要求采用刚性保护(混凝土结构封锚)。

(1)外锚头锚具外的钢绞线长度按不少于 10 cm 留存,其余部分切除。钢绞线切除采用便携式砂轮切割机。

(2)外锚头用混凝土封锚。混凝土设计强度为 C25,保护层的厚度不小于 10 cm。

5.12 劳动力组织

主要劳动力组织情况如表 2 所示。

表 2　主要劳动力组织情况

名称	人数	工作内容
锚索钻孔	30	主要进行锚索孔造孔施工,并辅助进行锚索安装
锚索制作、注浆	10	进行锚索制作、安装、锚索注浆等
锚墩施工	15～25	进行锚墩基础插筋、基础面处理、钢筋制安、模板制安、混凝土拌和、运输、浇筑等施工
锚索张拉	5～10	负责锚索张拉,监测施工

6　材料与器具

单束锚索材料用量如表 3、表 4 所示。

表 3　$P = 1\ 500$ kN,$L = 50$ m 单束锚索材料用量一

序号	材料名称	规格型号	单位	数量	备注
1	无黏结钢绞线	UPS 15.20 – 1860	kg	558	
2	工作锚具	OVM. M15 – 10	个	1	
3	工作夹片	OVM. M15	副	10	
4	钢板	300 mm × 300 mm × 30 mm	块	1	A3
5	隔离架	110 mm	个	20	
6	承载板	110 mm	套	1	含 5 块
7	托板	110 mm	套	1	含 5 块
8	P 型锚		个	10	
9	P 型锚头保护套		个	10	
10	PVC 管	20 mm	m	100	
11	混凝土	C35	m³	0.5	
12	混凝土	C25	m³	0.032	
13	水泥浆	M40	m³	1	
14	钢筋	12 mm	kg	80	
15	钢管	110 mm,厚 3.5 mm	m	1.5	

表 4　$P = 1\,500\ kN, L = 50\ m$ 单束锚索材料用量二

序号	设备名称	单位	型号	序号	设备名称	单位	型号
1	移动式电动空压机	台	20 m³	9	千斤顶	套	YDC240Q
2	锚索钻机	台	哈迈70A	10	超高压电动油泵	套	ZB4－500
3	手风钻	台	YT－28	11	灌浆自动记录仪	套	一拖二
4	高速制浆机	台	ZJ－400	12	轻便测斜仪	台	KXP－1
5	储浆桶	台	1 000 L	13	全站仪	台	TCRA1202
6	灌浆泵	台	TTB180/10	14	交流电焊机	台	BX－315
7	砂浆泵	台	C232－100/15	15	砂轮切割机	台	
8	混凝土搅拌机	台	JZC350	16	自卸汽车	辆	5～8 t

7　质量控制

7.1　挤压锚头的质量检测和控制

压力分散型锚索挤压锚头质量是关键点,施工注意控制挤压锚头的制作,其检测项目和频率见表5。

表 5　压力分散型锚索的检验项目和频率

检测项目	检测频率	检测方法
挤压锚头外观	每个	挤压后,钢丝衬套在套筒两端应该仍可见到,且其外露长度不小于2 mm,挤压后钢绞线端头应露出套筒1～5 mm
挤压锚头外径尺寸检测	每个	可用专用卡规或卡尺量测,当挤压头可通过卡规时,产品合格,否则为不合格品,需更换挤压模,重新制作。当卡尺量测时,挤压头外径,对15系列的,不得大于30.65 mm,否则为不合格品
挤压锚头拉力试验	5%	验证加工质量

7.2　预应力锚索施工过程中其他项目的质量检查和检验

(1)钢绞线、锚夹具到货后材质检验。

(2)预应力锚索安装前,进行锚孔检查。

(3)锚索制作质量检查。

(4)锚索注浆浆液抽样检查。

(5)锚墩混凝土抽样检查。

(6)预应力锚索张拉工作结束后,对每根锚索的张拉力及补偿张拉效果进行检查。

(7)锚固段的岩体质量检查。锚固段的岩体必须达到施工图纸规定的岩体等级,否则需按监理工程师指示延长钻孔深度。岩体检查方法:对岩体较好,可明显判断岩体等级的由监理工程师和设计现场确认;复杂情况按监理工程师指示的方法(取岩芯等)进行检查。

7.3　验收试验和完工抽样检查

(1)预应力锚索验收试验按施工图纸和监理工程师指示随机抽样进行验收试验,抽样数量不少于3束。验收试验在张拉后及时进行。

（2）完工抽样检查。

①完工抽样检查以应力控制为准，实测值不得大于施工图纸规定值的105%，并不得小于规定值的97%。

②当验收试验与完工抽样检查合并进行时，其试验数量为锚索总数量的5%。

③完工抽样检查按监理工程师指示进行。

8　安全措施

压力分散型预应力锚索施工工序繁多，施工安全隐患较多，高空作业、交叉作业时有发生，为做好安全生产、文明施工，需做好如下安全防范措施：

（1）施工前应对作业区围岩的松动块石、边坡孤石进行检查处理，根据需要设置挡石排或柔性拦石网等安全设施。

（2）施工过程中应对作业区岩土边坡的围岩稳定性进行定期检查评估，发现隐患及时处理。

（3）岩土边坡在边开挖边支护时，每次爆破以后或雨后应对脚手架平台、紧固件、拉紧装置、安全设施及施工区域周围危险部位进行检查。

（4）每次暴雨后应对边坡的稳定性进行检查评估，发现异常时及时停工，必要时及时撤离现场，等待处理。

（5）预应力锚索施工承重排架（含脚手架），应根据现场情况和实际载荷进行设计、搭设、经验收合格后方能投入使用。

（6）进入作业区人员必须戴安全帽，高空作业人员应系安全带、穿防滑鞋；钻、灌操作人员应戴防护口罩、风镜、耳塞等防护用品。

（7）非作业人员不得进入锚索张拉作业区，张拉、放张时千斤顶出力方向45°范围内严禁站人。

9　环保措施

（1）预应力工程施工应根据ISO 14001，结合工程特点制定生态环境保护措施。

（2）对职工进行生态环境保护教育，增强其生态环境保护意识和责任感。

（3）岩质边坡锚固工程施工便道，孔位清理的弃渣应按业主指定地点及要求堆放。

（4）岩体锚固钻孔要求：

①钻机应配备消声、捕尘装置；

②钻孔作业人员应佩戴隔音、防尘器具；

③制定施工污水处理排放措施。

（5）灌浆及混凝土施工要求：

①水泥堆放应有防护设施，避免水泥粉尘散扬；

②弃浆、污水应经处理才能排放。

（6）施工废弃物不得随意倾倒江河或就地掩埋，应集中处理。

（7）预应力工程施工结束，应对施工现场进行清理。

10　经济效益分析

压力分散型预应力锚索通过承载板和挤压头使锚固浆体以受压为主，内锚段应力集中程度和应力峰值随承载板数量的增加而得到缓解和降低，可充分调动地层潜在承载能力、提高锚固力。有利于在土体、破碎岩体等承载力较差地层中进行锚固施工，减短锚索长度，节约成本。另外，由于压力分散型锚索采用无黏结钢绞线，对钢绞线进行了有效防护，可综合提高预应力锚固的耐久性和安全性。由于采取跟管法、固壁灌浆、早强混凝土及浆液等多种有效措施，加快了施工进度，工程建设工期大大缩短,提前发挥工程的综合效益。

11 工程实例

11.1 黄金坪水电站

黄金坪水电站处于大渡河上游河段,上接长河坝梯级电站,下游为泸定电站。工程坝址位于四川省甘孜藏族自治州康定县姑咱镇黄金坪上游约 3 km 处。黄金坪水电站是以发电为主的大(2)型工程。电站采用水库大坝和"一站两厂"的混合式开发。枢纽建筑物主要由沥青混凝土心墙堆石坝、1 条岸边溢洪道、1 条泄洪洞、坝后小电站厂房和主体引水发电建筑物等组成。大坝为沥青混凝土心墙堆石坝,坝顶高程 1 481.50 m,最大坝高 95.5 m。

左岸坝肩及溢洪道边坡最大开挖高程为 1 627 m,开挖底高程 1 421 m。边坡开挖坡比为1:0.3~1:0.5,边坡高陡,边坡岩体完整性差,主要呈镶嵌结构、部分呈次块状结构、块裂结构,卸荷裂隙发育,深度达 100 m 左右,布置 1 000~2 500 kN 预应力锚索 3 032 束,锚索深度 40~70 m,2010 年 10 月开工,2012 年 5 月竣工。边坡强卸荷长度达 100 m 以上,并且能在短期内完成这么多锚索,与布置压力分散型锚索及采用本工法施工是分不开的。

11.2 瀑布沟水电站

瀑布沟水电站位于大渡河中游,四川省汉源县及甘洛县境内,是一座以发电为主,兼防洪、挡砂等综合效益的特大型水利水电枢纽工程。电站总装机容量为 3 600 MW,安装六台单机容量 600 MW 的混流式水轮机,保证出力 926 MW,多年平均发电量 145.85 亿 kWh。该电站为国内首座砾石心墙堆石坝,最大坝高 186 m,坝顶长 540 m,正常蓄水位 850 m,水库总库容 53.9 亿 m^3,调节库容 38.8 亿 m^3。

右坝肩心墙上游边坡 815.00 m 高程以上岩体以块裂结构和碎裂结构为主,其完整性和稳定性均差,岩体主要以 V 类为主。该部位岩体为沿中陡倾角结构面的卸拉裂变形体,为防止边坡岩体发生崩塌破坏设计布置了分散型预应力锚索,并采用本工法施工,减少了边坡破碎岩体中的扩孔工作,简化了施工工序,加快了施工进度。

11.3 猴子岩水电站

猴子岩水电站位于四川省甘孜藏族自治州康定县孔玉乡,是大渡河干流水电规划"三库二十二级"的第 9 级电站。电站装机容量 1 700 MW,单独运行年发电量 69.964 亿 kWh。猴子岩水电站枢纽建筑物由面板堆石坝、泄洪洞、放空洞、发电厂房、引水及尾水建筑物等组成。大坝为面板堆石坝,坝顶高程 1 848.50 m,河床趾板建基面高程 1 625.00 m,最大坝高 2 23.50 m。引水发电建筑物由进水口、压力管道、主厂房、副厂房、主变房、主变室、开关站、尾水高压室、尾水洞及尾水塔等组成,采用"单机单管供水"及"两机一室一洞"的布置格局。本工程初期导流采用断流围堰挡水、隧洞导流的导流方式。2 条导流洞断面尺寸均为 13 m×15 m(城门洞型,宽×高),同高程布置在左岸,进口高程 1 698.00 m,出口高程 1 693.00 m。1# 导流洞长 1 552.771 m(其中与 2# 泄洪洞结合段长 624.771 m),平均纵坡 3.23‰,2# 导流洞长 1 979.238 m,平均纵坡 2.53‰。

猴子岩水电站导流洞进口边坡支护采用压力分散型锚索施工方法进行支护。在不同长度的钢绞线末端套上载体和挤压套,锚固段注浆固结后,以一定荷载张拉对应于承载体的钢绞线,设置在不同深度部位的承载体将压应力通过浆体传递到边坡岩层,锚索的锚固范围和锚固力显著增加了,对岩层的应用范围进一步扩大,减少了边坡破碎岩体中的扩孔工作,简化了施工工序,最大限度地减少了破碎地段的挖方刷坡,保证了边坡岩层的稳定。

(主要完成人:陈彦福 李虎章 范双柱 赵志旋 乔荣梅)

系杆拱桥先拱后梁无支架施工工法

江苏淮阴水利建设有限公司

1 前言

系杆拱桥由于具有技术经济指标先进、安装重量轻、施工简便、承重能力大、造价低廉,同时桥型美观,反映出力与美的统一,结构型式与环境的和谐,部分已建成的梁拱组合桥梁已成为城市的标志性建筑,增加了城市的景观。随着我国经济的日益繁荣,高速公路网不断完善,为满足河道航运能力的要求,许多跨度大于 50 m 的桥梁多采用一跨过河方案,而钢管混凝土拱桥是我国目前桥梁建筑中的热点。江苏淮阴水利建设有限公司研究、开发的无支架先拱后梁系杆拱施工工法解决了在通航河道上施工系杆拱桥的诸多技术难题,尤其是在河面宽 100 m 左右的情况下,采取了一跨过河方案,可以避免水中墩的施工,具有减少施工难度、缩短工期、安全可靠、降低造价等优点。

2 工法特点

(1)可最大限度地保证通航不受阻。用浮吊船整体安装时间不超过 6 d,施工中只需对航道进行临时间歇性的封航,次数少、时间短,对航道影响小。

(2)工期能够得到有效保证,拱肋在现场组装与桥位处下部结构同步进行,可缩短工期。

(3)安装过程安全可靠。采用整体吊装所需时间短,存在安全隐患较小,且浮吊船吊装,施工设备简单,安装进度快,节省了大量的设备投资。

(4)经济效益明显。采用整体吊装比有支架施工节省措施费约 100 万元,且工期可得到有效控制,节约成本。

(5)利用系梁部分预应力筋作为施工的临时水平索,克服了施工过程中拱脚的水平推力,保证桥梁支座位置准确。

3 适用范围

本工法适用于在航道上建造跨度为 60～150 m 下承式钢管混凝土系杆拱桥施工。同时河流的宽度及水深应满足浮吊船作业的要求。

4 工艺原理

先拱后梁工艺即先施工拱,后施工梁。在岸上搭设支架完成拱肋及劲性骨架拼装后,利用两台浮吊船整体抬吊拱肋及劲性骨架安装就位,在完成端横梁及拱脚混凝土浇筑后,向钢管拱内顶升混凝土形成钢管混凝土拱,提高桥梁承担弯矩能力,分次分批张拉系梁拱脚处的临时索抵消在构件施工过程中对拱脚和端横梁产生的向外的水平推力,利用钢管混凝土拱肋、临时钢吊杆及劲性骨架组合受力体系无支架分次悬浇系梁混凝土,在系梁埋设轨道组装移动贝雷龙门安装中横梁及湿接头施工,张拉预应力筋完成桥梁平面受力框架结构,安装桥面板,调整吊杆索力,完成拱梁组合受力结构。

5 施工工艺流程及操作要点

5.1 施工工艺流程

施工工艺流程如下:

基础及墩台身施工（钢管拱肋及劲性骨架现场拼装）→浮吊船整体吊装钢管拱及劲性骨架→风撑、临时横梁安装→端横梁施工→拱脚混凝土施工→钢管拱内顶升泵送微膨胀混凝土→张拉系梁控制拱脚位移在设计范围→现浇系梁混凝土施工→第一次张拉吊索→中横梁施工→桥面系施工→第二次张拉吊索→系梁预应力张拉。

5.2 操作要点

5.2.1 拱肋及劲性骨架岸上拼装施工（案例为康马路盐河大桥）

5.2.1.1 现场拼装及支架设置搭设

劲性骨架在厂内按照放样实取尺寸骨架编号依顺序拼装到位，制作成单节系梁劲性骨架分段运输到现场，在单节分段两端留有约 3 cm 的余量，待拱段拼装前按实际需求切弃。

劲性骨架在现场浇筑的支架平台上拼装。拱肋支架采用 3 个钢管群桩支架和 2 个拱脚位置的混凝土墩台组成，每个钢管桩支架采用 6 根 ϕ 530 × 8 mm 钢管桩组成，钢管桩之间设 14 号 I 型钢焊接成剪刀撑及横撑连接成整体。支架搭设时应首先考虑注意避让临时吊杆位置。

拱肋钢管在专业钢结构厂加工制作，钢管焊接好后，在厂内的预拼台架上进行试拼。拼装时，先在平台上按设计轴线放样，设置限位基线平台，然后放出吊杆及段间接头位置，并定出吊装时所需观测点的位置，同时，在吊杆位置按预先放好的大样位置画线开孔。经检查验收后，在拼接口处设置法兰盘连接并设内衬管，拆开运往工地，按照支架分段吊装拼装焊接。

5.2.1.2 顶部支架平台

在钢管桩顶部焊接 2 cm 厚钢板封口，每排桩顶钢板上焊接 60 号 I 型钢作为横梁，在 I 型钢横梁上根据拱肋抛物线的精确高程设拱肋支点托板。在支架两侧焊接钢管立柱，横向连接挂安全网，平台上铺设脚手板，以便施工并保证作业人员安全。

5.2.1.3 测量控制

岸边拼装场地准备完毕后，复核各支点及拱脚处混凝土支墩的标高及尺寸，确保无误后将系梁劲性骨架逐片吊装到支墩上，复核劲性骨架的轴线及标高，合格后焊接连接。在拱肋分段位置搭设钢管桩支架，并按设计调整支架标高后，吊装拱肋，拱肋吊装采用两台 50 t 以上汽车吊抬吊，调整拱肋轴线及竖向坐标后焊接合龙，劲性骨架和拱肋在拼装场地合龙后由一端依次向另一端焊接、安装临时吊杆，安装过程中要准确控制吊杆的位置及垂直度。整片拱肋拼装完成后，复核轴线标高。

拱肋安装时要注意严格控制劲性骨架的中心线与拱肋中心线投影相符，保证劲性骨架与拱肋在同一平面。安装允许误差见表 1。

表 1　钢管拱肋安装允许误差

项目	轴线偏位	拱圈高程	对称点高差	拱肋接缝错边
允许误差	L/6 000 mm	± L/3 000 mm	L/3 000 mm	0.2 壁厚，且≤2 mm

5.2.2 钢管拱整体吊装施工（案例为康马路盐河大桥）

5.2.2.1 吊点位置

拱肋采用两台浮吊船进行吊装，拱肋是对称于中吊杆的，因此拱肋重心也位于拱肋中吊杆处，两台浮吊的吊点在水平方向应该与拱肋中心对称设置，竖向首先应当位于拱肋的重心上方，才能保证在吊装过程中不会发生倾翻，因而首先应该计算单片拱肋的整体重心位置。

拱肋的拱轴线方程为

$$y = 4fx(l - x)/l^2 \quad (0 \leqslant x \leqslant 100)$$

其中，矢跨比 f = 1/5，跨径 l = 100，代入方程得

$$y = x(100 - x)/125 \quad (0 \leqslant x \leqslant 100)$$

单片拱肋由拱肋和劲性骨架构成,可单独分别计算其各自重心,再计算其整体重心,

设质点组的重心$(\bar{x},\bar{y})$,则$\bar{x}=\dfrac{M_y}{M},\bar{y}=\dfrac{M_x}{M}$。

拱肋重心计算示意图如图1所示:

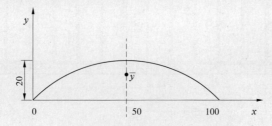

图1 拱肋重心计算示意图

拱肋重心:

拱肋由均质钢材构成,质量分布均匀,因此重心位于对称中心处,$\bar{x_1}=50$

由重心公式:
$$\bar{y_1}=\frac{M_x}{M}=\int_s y\rho\mathrm{d}s \Big/ \int_s \rho\mathrm{d}s$$

将方程代入上式,解得$\bar{y_1}=12.872$
即钢管拱肋重心为(50,12.872)
同理可得吊杆临时钢管重心为(50,8.02)

劲性骨架重心:

由于劲性骨架是一个完全对称的结构,在拱轴线的坐标系下的重心坐标为(50,0),由设计资料统计的材料数量表知:单片拱钢拱肋的质量为108.9 t,临时钢管+永久吊杆(9.269+6.118)=15.387

t,劲性骨架重72.571 t,由组合截面重心坐标公式$\bar{y}=\dfrac{\sum\limits_{i=1}^{n}M_i y_i}{\sum\limits_{i=1}^{n}M_i}$得重心$y$轴坐标为:$\bar{y}=$

$\dfrac{108.9\times12.872+15.387\times8.02+0}{108.9+15.387+72.571}=7.75(\mathrm{m})$。

得到单片拱整体的重心坐标$(\bar{x},\bar{y})=(50,7.75)$。

将$y=7.75$代入拱轴线方程,得到$x_1=10.85,x_2=89.15$
即吊点的选择范围为$10.87\leqslant x\leqslant 89.13$
吊点布置如图2所示。

5.2.2.2 起吊设备

采用2台浮吊进行吊装,一艘为铭丰浮吊5号,其主体船长34 m,船宽8.5 m,作业仰角为60°时,臂幅45 m,起重荷载120 t。另一艘为铭鑫16号,其船体型长36 m,船宽9.7 m,主吊杆最大长度58 m,起重负荷160 t,单片拱肋总起重量为180 t(含模板、加强杆、脚手架等重量),吊装时盐河水位高程为8.91 m,所需吊点最大高程为41.37 m,需起吊最大高度不超过35 m,经验算浮吊的吊装能力满足要求。

5.2.2.3 风缆绳设置和埋制风缆绳地锚

岸边拼装钢管拱场地落架前,采用在钢管桩上斜顶撑固定方式加固。单片拱肋吊装到设计位置后,第1片拱肋临时固定采用的方式为:将劲性骨架底支座钢板与主墩支座顶钢板焊接牢固,并保证支座处于固结状态。两片拱肋上各挂4根缆风绳,缆风绳均采用直径17.5 mm的钢丝绳,5 t

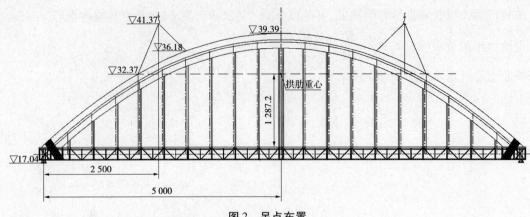

图2　吊点布置

手拉葫芦。地锚采用混凝土地垄方式。混凝土地垄长、宽、高分别为120 cm、120 cm、80 cm,埋置深度不小于150 cm。浇筑混凝土地垄的同时,埋设一根Φ28钢筋,以便与缆风绳连接。

5.2.2.4　拱肋吊装过程测量控制

在支座钢板上放出支座中心线,并在拱脚两侧做好限位。控制垂直度采用垂球和仪器相结合的办法,在主墩盖梁上分别布置好两个点,两个盖梁上对应点连线与钢管拱轴线平行,钢管拱就位后,测量偏差是否符合规范要求,同时在每片拱肋1/4、3/4处挂2个垂球至劲性骨架,检查垂直度。

5.2.2.5　拱肋吊装施工

1. 拱肋起吊

浮吊船停靠在桥位北侧河岸边拱肋场地处,每艘浮吊通过前后4根钢丝绳临时固定,前锚固定在前侧的混凝土基础上,后锚抛2个500 kg的锚。第一片拱肋起吊前,施工中使用的脚手架和支架全部拆除。在设计确定的吊点处采用捆绑法捆好钢丝绳,同时将4根风缆绳捆好。每个吊点2根钢丝绳,每根钢丝绳采用双股,钢丝绳绳径为52 mm。

吊点钢丝绳捆绑好后,两艘浮吊船垂直于河岸线,且同步缓慢起吊,起吊过程中,两艘浮吊应保持基本均匀、一致,2个吊点高差不超过10 cm,做到统一号令,起降有序。两艘浮吊同时起吊至拱片离开拱脚支墩和中间支点5 cm后,停止浮吊,同时两端用麻绳拉好,以防止浮吊起吊时晃动碰撞拼装支架及另一片拱肋。全面检查,观察变形,测量劲性骨架预拱度是否与设计一致,确认一切无误后,浮吊开始移位。

2. 浮吊移位、拱肋安装

拱肋起吊后,浮吊钢丝绳缓缓提升,使拱肋拱脚处脱离支墩,然后2台浮吊依靠后锚钢丝绳向后退至河中间,将前锚左侧钢丝绳伸到对岸,依靠钢丝绳牵引缓慢转身,使2艘浮吊慢慢平面旋转90°,使其正面朝向桥位方向;解开前锚和后锚,再启动移位装置,浮吊朝着桥位安装位置方向缓慢移动。移动到距桥位处还有20 m左右时,将2艘浮吊上卷扬机钢丝绳捆在河两侧墩柱上,卷扬机牵引往前推进,在桥位处稳住浮吊,落梁就位。2台浮吊部分卸载,在拱肋吊点处设置好4根缆风绳,缆风绳与拱轴线大约成35°夹角,用全站仪测量和垂球控制拱片的垂直度,利用风缆的手拉葫芦调整拱肋轴线及拱片垂直度,按前面测量控制方法进行检验。检验合格则紧固缆风绳后,将拱脚支点钢板和支座钢板焊接,施工人员从已搭设好的脚手架爬上去将浮吊全部卸载脱钩。

用同样方法吊装第二片拱片。在第二片拱片安装就位后,调整好轴线,如时间允许可先松开一侧浮吊,另一侧浮吊原地不动,吊装好中间一根风撑和一个临时中横梁。然后可以松开另一侧浮吊,安装其他风撑和中横梁。

3. 风撑及临时中横梁安装

拱肋调整好达到设计要求后,进行拱脚处钢板焊接,然后安装风撑。风撑安装方法:在厂内加工时,拱肋侧面设计风撑位置先焊接50 cm长下套管,风撑安装时只需缓慢放下并搁置于下套管上并与下套管焊接后,装上上套管,焊接。

风撑安装顺序为:④—②—⑥—⑤—③—①—⑦,即先安装好最高点风撑后两侧再对称安装,第一根风撑采用浮吊吊装移位安装,其余风撑采用一台浮吊装运到浮箱运至安装位置,另一台浮吊在桥位处等待安装,以提高安装效率,如图2所示。

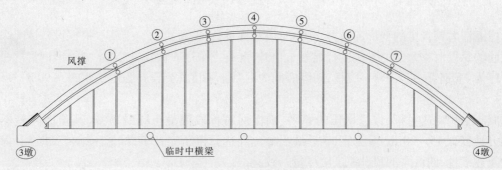

图3 风撑安装顺序

5.2.2.6 其他应注意事项

(1)拱肋安装前,拱脚之间的水平距离应反复丈量并放出两个方向的轴线位置,以便安装就位时与墩顶支座中心对应就位,且钢管拱安装宜在无雨、无雾、无大风情况下进行。

(2)用钢丝绳捆绑拱肋起吊时,拱肋四周应采取措施预防钢丝绳损坏拱壁。在有条件的情况下,宜另行制作钢结构护角来保护拱身。

(3)拱肋在吊运及安装过程中,两端应用缆风绳牵拉,以便调整其位置,两侧缆风索长度不宜相差过大。

(4)浮吊在拱肋吊运前,对后舱是否需进行压水,要根据实际安装时铁驳的倾斜程度而定,应满足端部水面与甲板高差不小于浮吊吊重的相对值。

(5)在吊装准备一切就绪后,提前联系海事部门做好断航维护工作。

(6)吊装时联系水利部门协调在吊装期间能保证水位及水流速度,保证吊装顺利进行。

(7)已安装在劲性骨架上的底模及钢筋要焊接牢固,保证吊装过程中拱片整体强度和稳定性。

(8)应对拱片的侧向稳定性问题加强观测,予以特别注意。

5.2.3 拱脚及端横梁施工

拱脚及端横梁采用砖胎底模现浇施工。拱脚施工前应对桥梁支座进行临时固定限位,防止拱脚水平推力造成支座破坏,要保证拱脚预埋钢板和支座螺栓位置准确。拱脚钢筋较为密集,混凝土施工较为困难,为保证结构质量,端横梁与拱脚混凝土宜一次性整体浇筑,可在拱脚顶面预留天窗,方便振捣工人和混凝土泵管进入拱脚内部进行施工,同时拱脚侧面用振动棒引平混凝土进行联合振捣,保证拱脚混凝土的密实,从而保证拱脚的施工质量。

5.2.4 钢管拱混凝土顶升施工

钢管混凝土采用对称法顶升施工,微膨胀混凝土的工作性能应根据现场施工条件、顶升设备、顶升速度、钢管拱内径、进料口、排气口大小、膨胀率要求进行配合比设计,拱肋内混凝土应填充密实,提高钢管混凝土拱的承担桥梁弯矩的能力。

5.2.4.1 微膨胀混凝土配合比设计

28 d强度应满足设计强度,自然条件下7 d强度达到设计强度的80%~90%;膨胀系数为$0.1 \times 10^{-3} \sim 0.2 \times 10^{-3}$,具体情况根据试验确定;水灰比小于0.4;碎石粒径5~25 mm;坍落度18~22 cm,以20 cm为最佳;缓凝时间不低于8 h;对微膨胀混凝土应按拟采用的配合比进行强度、收缩试验,以便决定取舍和调整。

5.2.4.2 进料口及排气孔设计

钢管拱进料口和排气孔设计:单片拱肋拱脚每处设一个顶升口,采用加强型泵管,和拱轴线夹角45°,每片拱设一个排气孔,排气孔设在拱肋的最高点,采用普通钢管,顶升口及排气孔均为 $\phi(100 \sim 125)$,排气管1.0 m左右,以增加顶部混凝土的密实度。

5.2.4.3 顶升顺序

考虑灌注时钢管拱的变形和受力,灌注时应对称进行,使桥跨均匀受载。根据设备情况采用对两片拱肋的每段对称灌注的方法进行混凝土顶升,混凝土采用一次顶升,对于哑铃形钢管混凝土的顶升顺序为:下钢管→上钢管→腹板,间隔时间为混凝土强度达到设计强度的80%~90%。

5.2.4.4 顶升速度

混凝土采用匀速对称、慢速低压的原则,确保两对称段混凝土同时顶升,其顶面高差不大于1 m,顶升速度以 $15 \sim 20 \ m^3/h$ 为宜,于后续混凝土到达后再压完一车,尽量压缩停顿时间,保持压送畅通及连续性,四台泵的顶升速度应尽量一致。

5.2.4.5 质量控制

顶升到排气孔2 m前,控制顶升速度,混凝土压至顶部后,由两侧泵同时顶升改为交替顶升,使拱顶空气完全排出,排气、排浆孔出浆后两泵间隔泵送,确保钢管拱内混凝土密实度。严禁一侧上升过快越过拱顶,导致拱内气体无法排出。待排气孔冒出混凝土与入管混凝土一致时立即关闭输送泵,关闭阀门,避免混凝土导流形成空洞。

5.2.5 系梁施工

系梁混凝土采用现浇法对称施工。系梁模板采用悬吊法安装方案,系梁底模采用贝雷加强杆件作为分配梁,间距60 cm,分配梁顶沿纵向铺设7 cm×15 cm木方及竹胶板组合底模,加强杆与系梁劲性骨架采用 $\phi20$ 对拉螺栓一端焊接在系梁劲性骨架上固定牢固。系梁底模可与劲性骨架在岸上安装完成后与拱肋整体吊装,减少水上及高空作业量。

每根主系梁混凝土分三段施工,先施工两端的拱脚部位,再施工系梁中段,这样可避免预留湿接头,保证系梁施工的整体性。系梁预应力孔道,管道与管道之间的连接加套头管并用胶带封严,管道与锚垫板之间用胶带封严,防止混凝土漏浆渗入波纹管堵塞孔道,并在波纹管孔道中插入塑料管,防止浇筑过程中渗浆或振动棒振破波纹管致使孔道堵塞,待浇筑结束后抽出。

系梁的混凝土浇筑应相对进行,断面上按照底板、腹板、顶板分层浇筑。

5.2.6 中横梁施工

待系梁混凝土达到设计强度后,张拉系梁预应力索及吊杆索,在系梁顶面铺设轨道,安装移动龙门吊装中横梁。中横梁两端与系梁间采取湿接头连接,中横梁安装就位后无任何支架支撑,因此采取在系梁上预埋型钢及受拉筋作为临时受力梁,利用移动龙门将中横梁起吊就位后焊接型钢及预埋钢筋以承担构件自重。

5.2.7 施工过程中水平推力控制

在钢管混凝土顶升、系梁混凝土及中横梁安装施工时,在桥梁受力结构未形成前,均对拱脚产生较大的水平推力,支座都会产生较大位移,当支座限位满足不了时,将会发生较大破坏,甚至导致桥梁结构破坏,因此在整个施工过程中,须对系梁临时水平索进行不断张拉,以克服对拱脚产生的水平推力,张拉控制的原则是支座前后位移不超过设计值±5 mm,张拉时须对拱脚和支座的位移情况进行现场测量监控。

6 材料与设备

本工法无须特别说明的材料,采用的机具设备如表2所示。

表2　主要施工机械设备表

序号	设备名称	设备型号	单位	数量	用途
1	浮吊船	120 t	台	1	水上吊装
2	浮吊船	160 t	台	1	水上吊装
3	汽车吊	120 t	台	1	岸上拼装
4	汽车吊	90 t	台	1	岸上拼装
5	缆风绳	ϕ17.5	m	若干	拱肋就位
6	手拉葫芦	5 t	个	10	拱肋就位
7	钢管桩	ϕ53	t	33	岸上支架
8	型钢		t	30	岸上支架
9	贝雷加强杆		根	400	吊模分配梁
10	电焊机	AX-500	台	6	钢结构焊接
11	混凝土泵车		台	4	混凝土对称施工
12	混凝土罐车		台	12	混凝土对称施工
13	张拉千斤顶	YBC280	台	4	系梁张拉
14	张拉千斤顶	YBC150	台	4	吊索张拉
15	移动龙门		套	1	中横梁安装

7　质量控制

7.1　质量标准

(1)符合部颁标准《公路桥涵施工技术规程》(JTG/T F50—2011)、《公路工程质量检验评定标准》(JTG F80—2004)、《钢结构工程质量验收规范》(GB 50205—2001)《钢结构工程质量检验评定标准》(GB 50221—95)。

(2)钢板原材料投料前,必须进行表面预处理,要求达到 Sa2.5 级,卷板前必须对端部进行压制。钢板放样、号料、切割的精度要求:

①放样和样板制作允许偏差:平行和分段尺寸 ±0.5 mm;对角线 ±1.0 mm;宽度、长度 +0.5,−1.0 mm;曲线样板上的任意点偏差 1.0 mm。

②号料外形尺寸允许偏差:±1.0 mm。

③气割允许偏差:零件宽度、长度 ±2.0 mm;切割平面度 0.05 t 且≤2.0 mm;割纹深度 0.2 mm;局部缺口深度 1.0 mm。

(3)钢管拱焊缝质量等级为Ⅰ级,风撑焊缝质量等级为Ⅱ级。

(4)钢管拱分段制作长度不得大于 2 m,矢高偏差为 2 mm。

(5)钢管拱内混凝土应填充密实,钢管与混凝土间缝不得大于 3 mm。

(6)吊杆拉力与设计拉力误差控制在 ±5% 范围内。

(7)支座水平位移控制在 ±5 mm 范围内。

(8)锚垫板必须与吊杆轴向垂直,其误差角的正切 <0.001。

7.2　质量控制措施

(1)严格控制原材料质量,禁止使用不合格材料或半成品。

（2）对首次采用的钢材、焊接材料、焊接接头型式及焊接方法等，进行机械性能和焊接工艺等试验，需要进行焊接工艺评定；根据评定报告得到监理认可后才可进行正式焊接工作。焊缝质量应100%进行超声波探伤检查，重要部位或特殊部位还应进行一定比例的 X 光拍片。

（3）做好微膨胀混凝土的配合比设计，严格按照配合比施工，控制顶升速度，确保钢管拱肋内混凝土浇灌密实。常规检测方法采用小铁锤敲打钢管和超声波检验其密实度，钢板与混凝土之间有否空隙，对于空隙大于设计要求的部位，采用钻孔压浆进行补强。

（4）混凝土顶升保证措施：配备足够的运输车辆和输送泵，顶升施工不得间断，对于两根拱组成的单幅桥梁，混凝土顶升时保证 4 台工作泵和 2 台备用泵；对于由 3 根拱组成的全幅桥梁，混凝土顶升时保证 6 台工作泵和至少 2 台备用泵。另外，还应配备足够的备用管道。

（5）钢管拱线形控制措施：按设计进行钢管拱预拱度设置，严格按照钢结构制作、运输、存放工艺进行钢管拱的加工、焊接、运输和现场拼装，做好切割和安装时的温度修正，确立正确的吊点位置和吊点形式，并做好两台浮吊船抬吊时的同步控制，消除较大变形和永久性变形，制定合理的混凝土顶升顺序和构件安装顺序，控制施工速度，加强施工监控，确保钢管拱线形满足设计要求。

（6）系梁、中横梁的湿接头混凝土强度达到设计强度的90%后，方能进行预应力张拉作业。预应力张拉采用应力和应变双控。压浆应在规定时间内（24 h）完成。

（7）吊杆张拉前，必须对吊杆的实际张拉力进行演算，确定第一次吊杆张拉力，张拉自两端向中间对称进行。吊索张拉前后，应对拱肋和系梁进行高程、偏位、应力、应变测试，张拉完成后，对索力进行测量，并按照设计索力进行补偿张拉或放张调整索力大小。

8 安全措施

钢管混凝土系杆拱桥施工的安全管理除了涉及桥梁本身的结构安全，还包括水上航运、高空作业、交通管制等方面的安全管理，施工干扰因素多，安全管理难度大，因此必须制定严格的安全管理规章制度，成立健全的安全管理组织，对施工过程进行全员、全方位、全过程的管理和控制，特别要加强对施工现场的检查和监督，及时消除安全隐患。

（1）安全技术交底。岸上支架搭设和安装前都必须对操作人员进行方案交底和安全技术交底。

（2）特殊工种持证上岗。支架安装作业，起重吊装作业必须组织专人作业，变形观测人员也必须是专业测量人员，做到定人、定岗、定职。

（3）悬挂安全网。在通航孔及施工湿接头处必须设置安全网，防止人员、物品坠落。

（4）安全警示标志。航道上下游必须设置安全警示标志，在系梁劲性骨架上设置限高限宽警示牌，警示过往船只安全通行。

（5）编制水上作业及高空作业应急预案，发生事故立即启动应急响应程序，开展事故应急救援处理工作，把损失降到最低。

9 环保措施

（1）成立对应的施工环境卫生管理机构，在工程施工过程中严格遵守国家和地方政府下发的有关环境保护的法律、法规和规章，加强对施工燃油、工程材料、设备、废水、生产生活垃圾、弃渣的控制和治理，遵守有防火及废弃物处理的规章制度，随时接受相关单位的监督检查。

（2）将施工场地和作业限制在工程建设允许的范围内，合理布置、规范围挡，做到标牌清楚、齐全，各种标识醒目，施工场地整洁文明。

（3）对施工中可能影响到的各种公共设施制定可靠的防止损坏和移位的实施措施，加强实施中的监测、应对和验证。同时，将相关方案和要求向全体施工人员详细交底。

（4）设立专用排浆沟、集浆坑，对废浆、污水进行集中，认真做好无害化处理，从根本上防止施工废浆乱流。

（5）先拱后梁无支架施工的岸上支架及悬模施工的型钢均可根据设计结构情况采用定型通用钢构件，如钢管桩、贝雷加强杆件等，减少了周转材料的消耗，且在岸上拼装完成后整体吊装，使用高耗能大型机械设备浮吊船的时间大大缩短，节约了能源。

（6）传统的支架法先梁后拱施工钢结构防腐及焊接大量的工程量均需在水上作业，而先拱后梁施工技术，钢管拱的拼装及钢结构的防腐均在岸上进行，水上施工焊接作业量也大大减少，避免了油漆、防腐材料、焊渣等对水资源的污染，且先拱后梁施工缩短了工期，减少了施工噪声对周边居民的影响。

10 效益分析

经济效益分析（按照康马路盐河桥施工计算）如表3所示。

表3 经济效益分析（按照康马路盐河桥施工计算）

经济效益分析	
先拱后梁无支架施工方案	支架法先梁后拱现浇方案
1. 钢管桩及型钢租金 63 t×160 元·t/月×3 月＝30 240（元） 2. 加强杆租金 400 根×9 元·根/月×8 月＝28 800 元 3. 汽车吊费用（130 t，90 t 两台） 15 d×10 000/d＝150 000（元） 4. 浮吊安装费（10 d） 总包 400 000（元） 5. 系梁劲性骨架费用 82 t×9 000 元/t＝738 000（元）	1. 钢管桩租金 180 t×160 元·t/月×9 月＝259 200（元） 2. 贝雷片租金 1 088 片×90 元/片×9.5 月＋500 片× 90 元/片×2 月＝1 020 240（元） 3. 贝雷片搭拆 1 588 片×60 元/片＝95 280（元） 4. 钢管桩打拔 180 t×1 000 元/t＝180 000（元） 5. 一台浮吊安装费（3 个月） 总包 400 000 元 6. 工期滞后 2 个月增加费用 100 000 元/月×2 月＝200 000（元）
合计 134.70 万元	合计 188.47 万元

节省成本约28.5%，经济效益显著。

11 工程应用实例

11.1 康马路盐河大桥工程

康马路盐河大桥工程位于淮安市主要的城市水上运输航道盐河上，桥位处河宽约 80 m，桥梁上部结构为钢管混凝土系杆拱，刚性系梁、刚性拱、柔性吊杆，计算跨径 100 m，拱轴线为二次抛物线，矢跨比为 1/5，矢高 20 m。拱肋采用哑铃型钢管混凝土，每个钢管外径 110 cm，拱肋高 260 cm，内充 C40 微膨胀混凝土。风撑由七根一字形风撑组成，系梁劲性骨架为高 202.4 cm、宽 142.4 cm 的格构式钢骨架，劲性骨架与拱肋间设 ϕ219×6 临时吊杆，临时吊杆间距为 5 m，每片共 20 根。盐河为三级航道，施工过程不断航。该桥上部结构采用先拱后梁无支架施工，系梁、拱脚、端横梁采用现浇施工，中横梁采用预制安装施工方案。该工程于 2010 年 10 月开工，目前桥梁主体已全部完成。

11.2 南昌路盐河大桥工程

南昌路盐河大桥工程位于淮安市主要的城市水上运输航道盐河上，桥位处河宽约 70 m，桥梁上部结构为钢管混凝土系杆拱,刚性系梁、刚性拱、刚性吊杆,计算跨径100 m,拱轴线为二次抛物线,矢跨比为1/5,矢高20 m。拱肋采用哑铃形钢管混凝土,每个钢管外径110 cm,拱肋高260 cm,内充C40微膨胀混凝土。盐河为三级航道,施工过程不断航。该桥上部结构采用先拱后梁无支架施工,系梁、拱脚、端横梁采用现浇施工,中横梁采用预制安装施工方案。该工程于2007年9月开工,2009年4月竣工通车。

(主要完成人:马继红 蒋更飚 国 欣 陈开涛 刘 军)

掺加水玻璃帷幕灌浆工法

深圳市广汇源水利建筑工程有限公司

1　前言

帷幕灌浆，就是把一定配合比的某种具有流动性和胶凝性的浆液，通过钻孔压入岩层裂隙中去，经过胶结硬化以后，以改善岩基的整体性和抗渗性，提高岩基的强度。帷幕灌浆布置在坝体迎水面下的基础内，形成一道连续而垂直或向上游倾斜的幕墙。其目的是减小坝基的渗流量，降低渗透压力，保证地基的渗透稳定。

大坝的帷幕灌浆特点是孔较深，通常要求孔深入到岩基单位吸水率 $w < 0.05 \sim 0.01$ L/(min·m) 的等值线以下 $3 \sim 5$ m，灌浆压力较大。斜幕一般比直幕效果好，但施工比较复杂，目前帷幕灌浆基本以直幕为主。

由于大部分水库在进行除险加固时库内仍维持一定的水位，使坝基原渗漏通道仍存在，水流继续下渗。为减少水流通过坝基下渗，提高水库的运行效果，保证帷幕灌浆在此情况下的施工质量，对该项施工工艺提出了新的要求。

我公司为解决这一问题，在河源市老园水库的帷幕灌浆施工工艺中进行了摸索、研究，取得了一定的成果，在深圳市葵涌龙子尾水库和深圳市葵涌盐灶水库中成功进行了运用，帷幕灌浆的效果较好，且取得了可观的经济效益。

2　工法特点

(1)经济合理：采用工艺优化、劳动力优化、材料投入优化等方式尽可能提高工作效率。

(2)设计科学：针对岩基裂隙(孔洞)中存在地下水流动的情况下，通过合理布置帷幕灌浆孔，对水泥浆液材料添加水玻璃、速凝剂等方式。

(3)根据岩基裂隙存在和坝前水位的情况，将单排帷幕孔部分调整为两排或三排，并结合浆液外加剂的添加这一技术，解决了在岩基裂隙中存在地下渗流较大或裂隙较发育且延伸较远的情况下，纯水泥浆液帷幕灌浆效果差这一难题。

3　适用范围

本工法适用于坝基为岩石基础，且裂隙较为发育，库区水位较高，岩基中有渗水流动等情况，库区无水也可适用。目前，我国有大量的水库需要进行除险加固，相当一部分水库岩基存在渗漏通道，因此此施工工艺的推广应用应有广阔的前景。

4　工艺原理

水泥、水玻璃双液浆是以水泥和水玻璃作为灌浆材料的主剂，按要求的比例同时注入双液混合器内，使其充分混合形成双液浆。这种双液浆具有价格便宜、无毒、凝结时间短、速度快、结石强度高等特点，不仅具有水泥浆液的优点，而且还有化学浆液的一些特性，凝结时间根据需要可以准确控制到从几十秒钟到几十分钟，灌后结石率可达100%，在有地下水流动的情况下，可灌性比纯水泥浆液明显提高。这种浆液克服了单纯水泥浆液的凝结时间长且难以控制、动水条件下结石率低等缺点，提高了水泥注浆的效果，扩大了水泥注浆的适用范围。

水玻璃对水泥浆凝结速度有较大的影响。水玻璃是硅酸钠的水溶液,通常以 $Na_2O \cdot nSiO_2$ 表示,而最常见的是 $Na_2O \cdot SiO_2$。硅酸钠是一种强碱弱酸盐,在水溶液中强烈水解,并达到水解平衡,硅酸钠水解生成难溶于水的硅酸,而使水溶液呈碱性,但由于硅酸的生成量很小而不会出现凝胶沉淀。水玻璃也具有胶体性质,胶体微粒带负电荷。在水泥中加入水后,水泥矿物发生的水化反应主要是硅酸三钙的水解。当把水玻璃加入到水泥浆液中以后,水泥浆的凝结速度显著提高。

在帷幕灌浆施工过程中,水泥浆液在逐级变浓至 0.5∶1 无回浆且无灌浆压力时,岩基中可能存在地下水流动,带走并稀释浆液,或裂隙较发育延伸较远,可在水泥浆液中添加水玻璃,加快水泥浆液的固化速度。将凝结时间、水泥浆液配合比选择、添加的时机和添加剂量等作为技术要点。

5 施工工艺流程及操作要点

5.1 施工工艺流程

水泥浆液中添加水玻璃进行帷幕灌注,以采用循环灌浆为宜,在遇到岩石裂隙发育、存在渗漏通道时,应优先采用循环灌浆,避免在掺加水玻璃时出现灌浆孔内浆液结石等现象。

5.1.1 水玻璃添加试验

选择模数为 2 左右的水玻璃,添加在 0.5∶1 的水泥浆液中。掺量可分为 1%、2%、3%、4%、5% 等,对添加后浆液的可灌性情况和凝结时间进行试验,详细记录添加后的浆液失去流动性和凝结的时间,并注意记录试验时的天气、气温、湿度等情况。

5.1.2 制浆

制浆设备可采用高速搅拌机,搅拌时间不少于 30 s。水玻璃计量误差不大于 3%,其他各种原材料计量误差不大于 5%,材质符合要求。

5.1.3 灌浆

在帷幕灌浆压水试验或钻孔时,发现无回水、无压力,进水量较大且没有减少的趋势,岩基中裂隙可能比较发育且延伸较远或存在渗漏通道、地下水流动等情况,可做好灌浆时要添加水玻璃的准备。

在进行水泥浆液灌注时浆液浓度达到 0.5∶1 时,进浆量达到 300 L 以上,或进浆在 30 L/min 以上,仍无回浆或压力,即可考虑在水泥浆液中添加水玻璃。

由于水泥浆液在添加水玻璃后,凝结时间将会提前至几十秒至几十分钟不等(与掺量有关系),对这一情况要高度重视,可采取以下措施进行应对:

(1)在灌浆添加水玻璃前,要对掺量试验成果进行现场试配验证,以防水泥或水玻璃成分含量变化,导致浆液的可灌性及凝结时间发生变化。

(2)水玻璃的配合比以水泥用量为准,水玻璃的计量要准确,误差不大于 3%。水玻璃的质量要稳定,浓度、模数等参数要可靠,必要时可进行检测,以与试验时水玻璃的各种参数进行对比,要做到基本一致。

(3)采购质量稳定的厂家生产的水泥,以筛余量不大于 5% 的普通硅酸盐水泥为佳。水泥的安定性等要符合规范规定。

(4)使用的拌和用水要符合规定,和试验时的水质基本一致。

(5)制浆机使用高速搅拌机,搅拌时间不少于 30 s,在开始搅拌时方可掺加水玻璃。要有备用制浆机。

(6)可采用三柱塞灌浆泵,使灌浆压力及进浆量平稳,避免造成脉动压力。为保证灌浆连续进行,要有备用灌浆泵。

(7)压力表要经过校准,最大量程不小于灌浆设计最大压力的 1.5 倍。宜采用防震型压力表,

(8)灌浆管应采用耐压管,灌浆完成要及时冲洗。止浆塞要符合要求。

（9）操作工人要熟练,责任心强。

帷幕灌浆添加水玻璃工艺流程见图1。

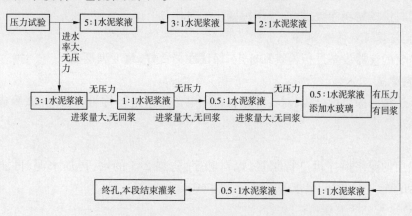

注:本工艺流程未选择0.8:1和0.6:1,实际可根据需要增加。

图1　帷幕灌浆添加水玻璃工艺流程

5.2　操作要点

本工法的操作要点在于水玻璃添加剂量选择。在水玻璃使用前,要在实验室进行掺量试验,取得成果后,在灌浆添加水玻璃前进行现场试拌验证,以防水泥或水玻璃成分含量等的变化,导致浆液的可灌性及凝结时间发生变化。

操作流程及要点见图2。

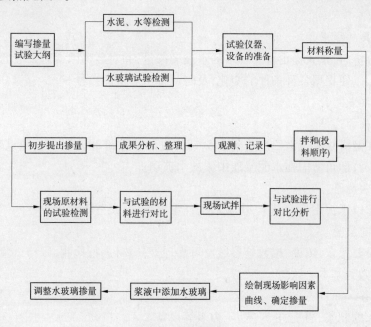

图2　操作流程

5.2.1　试验操作要点

5.2.1.1　编写掺量试验大纲

要根据已了解的地质情况,结合灌浆和使用的原材料要求,编制室内试验和现场试拌方案,用于指导下一步的试验。

试验要明确目的、原材料的来源、可能的影响因素、掺量试验方法以及浆液的可灌性要求、试验需用的仪器设备等。

5.2.1.2 原材料的试验检测

在试验前,要对已选择的原材料进行试验检测,详细了解各种参数、指标,用于指导下一步的试验和施工使用时进场材料参数、性能等指标变化的对比。

5.2.1.3 试验仪器设备的准备

对试验需要的仪器设备进行检查和标定,保证性能良好,精度满足要求。

5.2.1.4 材料称量

根据初步选择的掺量配合比,对各种原材料用电子天平进行称量,为保证试验成果的准确性,误差要满足要求。

5.2.1.5 拌和

采用试验用的泥浆搅拌机进行制浆,投料顺序:先加 2/3 的水,再加水泥,再加剩余水,拌制 5~10 s,加水玻璃。拌制时间要求为不少于 30~60 s。

5.2.1.6 试验成果分析整理

对拌制的浆液进行观测、记录,认真观察浆液在不同搅拌时间下的可灌性、静置状态下浆液的凝结(固化)时间、气温和湿度等对凝结时间的影响情况、不同掺量下浆液的可灌性和凝结情况等。

对试验观测记录进行分析整理,初步提出与现场工况基本一致、基本符合灌浆要求的掺量配合比。

5.2.1.7 现场试拌

在灌浆前,各种原材料进场后,可进行现场试拌。按初步成果的掺量配合比进行现场拌制,观察浆液的可灌性、凝结(固化)时间,以及浆液在不同气温、湿度等气象条件下的变化情况,并详细记录。

5.2.1.8 试验成果的提出

在进行对比分析后,正式提出符合要求的水玻璃掺量,并对各种因素对浆液的影响情况进行汇总,绘制影响曲线,以便根据各种条件的变化,及时调整水玻璃的掺量。

5.2.2 灌浆操作要点

5.2.2.1 添加时机的选择

在进行水泥浆液灌注时浆液浓度达到 0.5:1 时,进浆量达到 300 L 以上,或进浆在 30 L/min 以上,仍无回浆或压力,即可考虑在水泥浆液中添加水玻璃。

5.2.2.2 水玻璃的称量

水玻璃的配比以水泥用量为基准,水玻璃的计量要准确,误差不大于 3%。

5.2.2.3 水玻璃的质量

水玻璃的质量要稳定,浓度、模数等参数要可靠,必要时可进行检测,以与试验时水玻璃的各种参数进行对比,要做到基本一致。

5.2.2.4 施工设备

要有符合要求的制浆、灌浆、止浆塞、压力表等设备。

5.2.2.5 制浆

先加 2/3 的水,再加水泥,加水搅拌 10 s 左右再加水玻璃,注意观察浆液的可灌性等情况。

5.2.2.6 灌注

水玻璃的掺量可根据压水试验、钻孔取芯及水泥浆液灌注情况,并结合灌浆管路、孔深等确定。可先从低掺量开始,凝结时间宜选择在 30 min 左右。在灌浆量达到 300 L 仍无回浆或无压力的情况下,可适当增加水玻璃掺量,凝结时间选择在 10~20 min,如有回浆或有灌浆压力,可立即停止添加水玻璃,改用 1:1 水泥浆液灌浆,并变浓至 0.5:1,按规定结束该段灌浆。

在水玻璃掺量增加后,如在灌浆量达到 600 L 以上仍无回浆或灌浆压力,可灌注 1:1 水泥浆液 300 L 后,暂停灌浆 15 ~ 30 min,然后继续灌注 1:1 水泥浆液,有回浆或有压力时,按规定再变浓至 0.5:1,按要求结束该段灌浆。

尽量连续灌注。另考虑到可能的环境变化,要注意观察制浆的可灌性及灌浆过程中的情况。

6 材料与设备

6.1 材料

强度等级不低于 42.5 的普通硅酸盐水泥(筛余量不大于 5%)或灌浆水泥、模数在 2 左右的水玻璃、符合规范要求的水。

6.2 设备

不小于最大钻孔孔深 1.5 倍的地质回旋钻机、双层搅拌桶制浆机、可提供最大灌浆压力 2 倍以上的三柱塞注浆泵、不小于最大灌浆压力 1.5 倍防震压力表、橡胶止浆塞、耐压管等。

称量在 5 000 g、精度 0.1 g 以上的电子天平以及实验室用小型泥浆搅拌机、量筒、量杯等。

7 质量控制

7.1 灌浆过程中的质量控制

(1)水泥应经检验合格,且质量稳定、各种参数变化较小,并满足设计及相关要求。宜采用灌浆水泥或筛余量不大于 5% 的普通硅酸盐水泥。

(2)水玻璃在试验检测合格后使用,模数及浓度要和掺量配比试验基本一致。

(3)水质要满足相关规定,并和水玻璃掺量试验用水基本一致。

(4)称量要准确,误差尽量小。

(5)灌浆过程中灌浆压力或注入率突然改变较大时,应立即查明原因并采取相应的措施进行处理。

(6)灌浆过程中应定时测量、记录浆液密度,必要时应测量、记录浆液温度,灌注稳定时还应测量、记录浆液黏度。

(7)水玻璃的用量,要严格根据试验成果和现场试配情况添加,并观察搅拌桶内浆液的流动性等情况。

7.2 灌浆完成后的质量检查

由于采用这一工艺,是在地下裂隙发育或存在地下水流动的情况下进行的,为保证灌浆质量,可在该孔附近按规范规定布置检查孔进行压水试验。

试验应在该部位灌浆结束 14 d 后进行,并自上而下分段卡塞进行压水试验。

坝体与基岩接触段及其下一段的合格率应为 100%,在以下各段合格率应在 90% 以上,不合格段的透水率值不超过设计规定值的 100% 且不集中,灌浆质量可认为合格,否则需重新处理。

帷幕灌浆检查孔应采取岩芯,计算获得率并加以描述。

8 安全措施

该项工艺的安全要求基本同纯水泥浆液帷幕灌浆。

另外,需考虑水泥浆液在添加水玻璃后,造成浆液凝结时间提前这一影响,保证灌浆连续实施,机械设备的性能要良好,并及时进行保养检修,并有备用机械。因故中断灌浆的时间尽量缩短至 5 min 以内,避免出现灌浆泵、灌浆管及孔内浆液凝结堵塞。在复灌时可先采用 3:1 ~ 2:1 水泥浆液进行疏通,稀释孔内浆液。

9 环保与资源节约

9.1 环保

采用本工法后,由于灌浆量的减少和结石率高,避免过多的水泥浆液进入地下水中,从而减少或避免了地下水的污染。

做好现场的防尘措施,避免水泥灰飞扬,施工人员要带好防尘罩。在搅拌桶中先加水再加水泥。

搅拌桶中不宜加水过满,避免在加水泥时造成浆液外溢。废浆和冲洗机械、管路的废水,不得流入河流、水库、池塘等水源地,要根据现场条件采取不污染环境和水源的集中处理方式。

9.2 资源节约

即使采用 0.5:1 水泥浆液,在用量很大、间歇灌浆也难以封堵地下裂隙或渗漏通道的情况下,会耗用大量的水泥、水、电等资源。采用本工法可最大限度地节约水泥、水及电等资源,避免浪费。

10 效益分析

在裂隙较为发育,地下水流动且渗透系数较大的情况下,采用常规的纯水泥浆液灌注,可能会存在即使是 0.5:1 水泥浆液在用量很大的情况下,采用间歇灌浆也难以封堵地下裂隙或渗漏通道,而且会延误施工进度,难以保证施工质量,且会耗用大量的人工、机械、材料等费用。在这种情况下,即可考虑采用在浆液中添加水玻璃,方法简便易行,可有效地填充地下裂隙,封堵地下渗漏通道,同等条件下,施工速度快,灌浆质量有保证,且可减少水泥浆液的浪费,减少机械及人工费用。该项工艺掺加仅为水泥用量 2%~5% 的水玻璃,用量较少,且水玻璃的价格目前市场上只有 600~800 元/t。

在裂隙非常发育,地下渗水量较大时,纯水泥浆液可能存在无法形成防渗帷幕的情况,而在添加水玻璃后可较好地解决这一难题,这一效益是纯水泥浆液灌注无法比拟的。

在帷幕灌浆遇到地下裂隙较为发育且延伸较远的或有地下水流动存在渗漏通道的情况下,该项工艺将非常适用和有效。

11 应用实例

11.1 河源市老园水库

老园水库工程始建于 20 世纪 70 年代早期,属"三边"工程,是一座以发电为主,结合防洪、灌溉于一体的综合性中型水利枢纽工程。该水库自建成后,大坝坝基由于一直没有实施防渗处理,渗漏严重。坝基为流纹岩,强风化带岩芯破碎,节理发育,属中、强等透水性;弱风化带节理较发育,微风化带节理不甚发育,属弱—微透水性。该水库 2009 年实施的除险加固工程中,坝基的防渗处理是其中一部分。

帷幕灌浆为纯水泥浆液,采用的是循环灌浆,大坝主坝段帷幕灌浆坝基下深 30 m 左右。在实施坝基帷幕灌浆施工过程中,有 10 余个帷幕灌浆孔的部分孔段出现钻孔、洗孔、压水不回水,在逐级变浓至 0.5:1 时,无灌浆压力无回浆,采用添加水玻璃将 0.5:1 的水泥浆液凝结时间调整为 25~30 min,在灌注 250~500 L 的浆液后,有回浆,开始有压力,在停止灌注添加水玻璃的浆液后改用 1:1 水泥浆液灌注,仍有回浆,压力逐步上升,按规定灌注结束。考虑到出现的情况,在灌浆结束后在这部分孔附近均设有检查孔,经压水试验检查这 10 个孔,共有 5 个孔段渗透性在 4~5 Lu,4 个孔段在 5~6 Lu,其他均在 4 Lu 以下。说明在该地质条件下,水泥浆液中添加水玻璃注浆是非常成孔(根据设计要求,应不大于 4 Lu,后对这几个孔段进行了灌纯水泥浆液处理)。

11.2　深圳市葵涌龙子尾水库

葵涌龙子尾水库位于深圳市,在 2010 年 5～6 月进行坝基帷幕灌浆施工时,发现有 6 个灌浆孔部分孔段在钻孔时出现渗漏,孔口不回水,在进行冲洗孔和压水试验时也无回水,根据原设计图纸建议,对该孔段可采用:

(1)低压浓浆无效时,可结合采用限流或间歇灌浆。

(2)灌注水泥砂浆。

(3)浆液中掺加水泥干料重量 2% 的水玻璃做速凝剂。

在情况出现后具体实施时,采用第一种方案基本无效,第二种处理方案可灌性差,第三种方案效果较好,成果对这两个孔段进行了灌注。但经现场试验,0.5:1 的水泥浆液在掺模数为 2 的水玻璃时,2% 掺量的凝结时间较长,达到 40～50 min,3% 掺量的凝结时间在 30 min 左右,经研究采取了后一种。

在灌浆结束后,对检查孔进行压水试验检查时,透水性在 4 Lu,满足要求。

11.3　深圳市葵涌盐灶水库

葵涌盐灶水库位于深圳市,在 2010 年 5～8 月进行坝基帷幕灌浆施工时,发现有 5 个灌浆孔部分孔段在钻孔时出现渗漏,孔口不回水,在进行冲洗孔和压水试验时也无回水。经与设计沟通,设计建议同龙子尾水库。

我公司根据龙子尾施工的情况,前期仍采用水泥浆液中掺加水泥干料质量 3% 的水玻璃做速凝剂,在 7、8 月份气温较高,并经现场试验水玻璃掺量调整为 2.5%。

在灌浆结束后,对检查孔进行压水试验检查时,透水性在 4～5 Lu,满足要求。

(主要完成人:汪　明　杨振标　李向扬　邓远刚　李俊萱)

低水头承压引水箱涵施工工法

深圳市广汇源水利建筑工程有限公司

1 前言

低水头承压引水箱涵是输水工程中常用的输水管道结构形式,以其整体刚度大、对软土地基及地基不均匀沉陷适应性好、引水断面调节方便、施工质量较易得到保证、造价合理等优点,广泛应用于输水工程中。但低水头承压引水箱涵在传统施工工艺基础上如何保证承压箱涵结构的整体性和耐久性及具有良好的防渗效果十分重要,我公司在深圳市东部供水水源工程西河潭—永湖输水箱涵施工工艺中,针对传统施工工艺中存在影响混凝土结构整体性、抗渗性和耐久性的各薄弱环节进行了一系列试验、研究,形成低水头承压引水箱涵施工技术。其后在深圳市中国饮食文化城—人工湖土坝建设工程、深圳市沙湾泵站工程中得到了成功应用,以此为基础形成了低水头承压引水箱涵施工工法。

2 特点

(1)在传统施工工艺基础上,采取多项措施避免承压引水箱涵施工中出现温度裂缝,保证了箱涵混凝土结构的整体性、抗渗性和耐久性。

(2)采用各种施工技术措施加强箱涵的结构受力和渗漏水薄弱部位(如变形缝、施工缝等)控制,形成多重防水设置,确保达到整体防渗效果。

3 适用范围

本工法适用于正常工作压力 0.3 MPa 以下、箱涵墙体厚度为 1.0 m 以下的低水头承压引水箱涵。

4 工艺原理

针对传统施工工艺中存在影响箱涵混凝土结构的整体性、抗渗性和耐久性的薄弱环节,如施工中出现温度裂缝、箱涵变形缝、施工缝等结构受力的薄弱部位易出现渗漏等进行原因分析,并提出相应的处理措施。

4.1 箱涵传统施工工艺出现温度裂缝原因分析

在深圳市东部供水水源工程西河潭—永湖输水箱涵工程中,以先期施工的 P09 段箱涵试验段为例,箱涵单孔过水断面尺寸为 $b \times h = 3.2 \text{ m} \times 4 \text{ m}$,如图 1 所示。

P09 段箱涵的混凝土分两期浇筑,Ⅰ 期浇筑高 1.3 m 以下的底板和侧墙,Ⅱ 期浇筑剩余的侧墙和顶板,混凝土模板采用传统木模施工并采购商品混凝土浇筑,拆模后箱涵墙体出现裂缝。进行裂缝调查后,显示所有裂缝均分布在 Ⅱ 期浇筑高 3.7 m 侧墙,部位上下基本垂直,上至墙体上部贴角,下端至混凝土的施工缝,顶板、底板均无裂缝;95% 以上的裂缝在墙体两侧位置相对应,相邻裂缝间的间距大多在 3~4 m;最后确定箱涵裂缝 82% 为贯穿性裂缝,均分布在各侧墙中间部位,裂缝间距为 5~6 m。靠近两端伸缩缝的裂缝,长度较短(0.5~0.6 m),宽度较小(0.05 mm),数量较少,占总条数的 18%,为未贯穿裂缝。

根据箱涵裂缝产生时间、过程以及施工条件等方面的原因分析,裂缝是由温度应力受到约束而

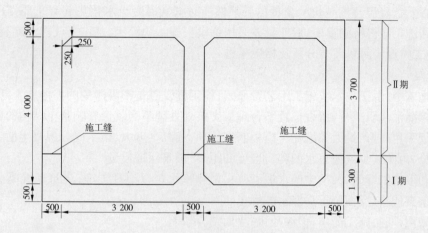

图 1　箱涵横剖面图

产生变形引起的(包括水泥的水化热、气温的变化、浇筑养护过程中温度变化等),当温度应力超过混凝土设计抗拉强度时,即产生温度裂缝。

温度裂缝的产生,首先是混凝土配合比不恰当(尤其水泥用量偏大)。当时混凝土厂商自行设计的配合比片面强调保证混凝土强度,采用的水泥强度等级较高、水泥用量较大且粉煤灰等级偏低及掺量不合理等导致水化热较高,混凝土入仓后温度较高。

其次,由于外部气温变化产生的温差应力影响。受短时急剧的太阳照射和骤然降温(包括日落降温、寒流等)所引起的结构温度变化,对混凝土结构的影响比长期缓慢的年气温荷载影响更大。P09 段浇筑时,环境温度为 35 ℃,一周后,寒流突至,温度下降至 11.8 ℃,这种温度变化,产生相当大的温差应力而导致箱涵结构裂缝产生。

再次,混凝土施工各环节中缺乏温度控制措施。P09 段施工期正处于高温季节,砂、碎石、运输罐车均处于暴晒状态,混凝土入仓温度最高达 38 ℃,模板有烫手的感觉,未充分利用早晚低温时间浇筑混凝土等导致混凝土温度过高。

箱涵墙体采用导热性能差的木模板是产生裂缝的关键因素。施工箱涵时,侧墙采用木模板厚 20 mm,热系数比较小,为 5.6 W/(m²·K),散热条件差,箱涵混凝土浇筑后,随着水化热的逐渐释放而升温,当散热条件较好时,水化热造成的最高升温并不大,也不致引起严重后果,但木模板导热性能差使混凝土的热量基本上均积蓄在两层木模板间的墙体内,混凝土内部最高温度超过 50 ℃甚至更高,再加上气温因素,内外温差大导致温度应力大,致使箱涵侧墙出现裂缝。

4.2　针对温度裂缝原因采取相应措施

4.2.1　调整混凝土配合比以降低水化热

裂缝出现后,对配合比进行了综合分析研究,主要是在满足力学和耐久性要求下,调整混凝土配合比:降低水泥强度等级、降低水泥用量、增加高等级粉煤灰掺量、掺高效减水剂等,有效地降低了水化热。

4.2.2　严格执行混凝土温控措施

华南地区年平均温度为 22.2 ℃,7 月份平均气温达 28.2 ℃,最高为 38.7 ℃。水工施工规范规定混凝土的入仓温度不超过 28 ℃,为了达到规范要求,进行了如下的有效温控措施:如骨料场搭设遮阳棚、洒水冷却骨料、搅拌机用水加冰、协调混凝土生产速度与现场浇筑进度,尽可能缩短罐车在阳光下的等候时间;尽量利用早晚时间浇筑混凝土。为防止外部气温变化产生的温差应力影响,在气温骤降前及时采取表面保温。

4.2.3　钢模板散热效果尤为显著

箱涵后续施工改用钢模板,钢模板导热系数比较大(为 26 W/(m²·K)),使散热条件改观很大

（即导热系数越大,降温速度越快）,模板的导热性能对降低混凝土水化热起着重要作用。实践中,钢模板对箱涵施工显得特别重要,后期只要采用钢模板施工的箱涵,基本上就能消除裂缝。

4.3 其他施工抗渗漏薄弱环节分析及相应措施

4.3.1 施工缝

在箱涵施工中,由于技术或施工工艺等原因,施工缝设置是不可避免的。但施工缝是混凝土的结构受力和渗漏水薄弱部位,留设位置不合理或交接处处理不当就会影响整个结构的性能与安全。

若施工缝采用凸形,最大弊端在于模板制作烦琐,施工难度大,施工缝处混凝土凿毛时,极易将棱碰掉一部分,由此减少或缩短水的爬行坡度和距离,很难保证质量。

若采用凹形施工缝时,凹槽中的水泥砂浆粉末和积水难以清理干净,浇筑新混凝土后,在凹槽处易形成一条夹渣层,反而留下渗漏水的隐患。

若单纯采用平缝,施工简单,但渗径短,界面结合较差。

综合以上三种施工缝的利弊,采用平缝＋钢板止水带时,施工工艺较简单,而钢板具有一定力学性能,自身抗渗性能好,施工缝上下止水带均有 100～200 mm 高,爬水坡度陡,高度也大,可有效延长渗径,具有较好的防渗漏效果。

4.3.2 变形缝

基于地基沉降和热胀冷缩变形等考虑,承压引水箱涵需分段浇筑而成,箱涵各段之间设有包含橡胶止水带的变形缝,由于止水带部位的混凝土捣固不易密实而留下的渗漏通道,引起箱涵接口渗漏。

为保证变形缝的抗渗漏效果,采用抗渗漏性能较好的整体橡胶止水带,并严格控制止水带周边混凝土施工质量,杜绝形成渗漏通道。另外,在变形缝缝口采用双组分聚硫密封胶嵌缝,聚硫密封膏是优良的防水材料,具有耐老化性、耐久性、气密性、防水性和良好的黏结性,完全固化后为橡胶状高弹性体,以此为填缝材料起到了增加一道抗渗防线的作用。

4.3.3 侧墙模板对拉螺栓

引水箱涵的墙体施工中,穿墙的对拉螺栓安装,保证了模板的稳定性,对工程质量起到了非常重要的作用。但如果不采取相应的措施或施工不当,极易留下新的渗漏通道。

为保证对拉螺栓的抗渗漏效果,在施工时必须掌握三个要素:①拉栓中间设止水环,以延长抗渗渗径;②螺杆安装要垂直墙体面,才能拴紧,使模板平稳,防止爆模;③螺杆两头,内外墙面配置椎体小方木,混凝土表面留下的每个小椎体坑均采用丙乳水泥砂浆回填密实并抹平。

丙乳砂浆是聚合物水泥砂浆,具有优异的黏结、抗裂、防渗、防腐、抗氯离子渗透、耐磨、耐老化、无毒等性能。该产品获得国家科技进步三等奖和水电部科技进步二等奖,其典型性能为:抗压强度 >40 MPa、抗拉强度 >7 MPa、与老砂浆黏结强度 >7 MPa、2 天吸水率 <0.8%,采用丙乳砂浆进行封堵与一般防水砂浆相比有与基底混凝土黏结好,抗渗性优异、耐久性优良,对水质无害等特点,能够避免形成新的渗漏环节。

5 施工工艺

在传统箱涵施工工艺的基础上,混凝土施工全过程中采取各种措施,防止温度裂缝的出现,并以施工技术手段加强对于引水箱涵结构防水薄弱部位(如伸缩缝、施工缝)控制,形成多重防水设置,确保达到整体防渗效果。

传统箱涵施工工艺主要包括:箱涵土石方开挖、钢筋及模板制安、混凝土施工、变形缝施工、土方回填。

5.1 承压引水箱涵基坑开挖

5.1.1 开挖方法

箱涵基坑开挖采用分段施工,段长基本按涵身分缝间距。

对于挖深不到5.0 m的基坑,采用反铲挖掘机一次基本挖成全断面,人工配合跟进修整。开挖方式灵活,采用两侧开挖两侧卸土、侧向开挖一侧卸土、正向开挖一侧卸土三种工作方式。

对于挖深超过5.0 m的基坑,采用分2～3层开挖,每层高度4 m左右,人工配合修整。

5.1.2 基坑排水

(1)内外水分开:基坑以外地表设置截水沟、排水沟,排除地表水和雨水,以免流入基坑增大基坑排水量。

(2)上下游水分开:穿河段上下游分别设置集水井,安设水泵排水,使基坑底部上下游水分开。

(3)排水方法:采用导沟表面排水法,渗水由导沟引至集水井,直接抽水,地下水位降低后再开挖。施工过程中控制导沟沟底低于开挖面0.5 m,集水井深度为1.0～1.5 m。

5.1.3 土方开挖的主要技术措施

(1)严格按图纸和规程、规范的要求组织施工,防止出现反坡或超欠挖现象。

(2)对开挖范围内和周围有影响区域内的建筑物及障碍物,如高压线、电缆、管道、树木和坟墓等先采取妥善处置的措施。

(3)采取汛期防洪、边坡保护等措施,防止边坡坍塌造成事故。

(4)弃土尽量利用征地线范围内的土地,充分利用弃土,如修筑围堰、临时公路改道及临时施工道路等,做好挖填土方平衡。

5.2 承压引水箱涵混凝土施工

5.2.1 施工程序

采用分段流水作业方式,每段箱涵混凝土浇筑工艺流程(见图2)如下:

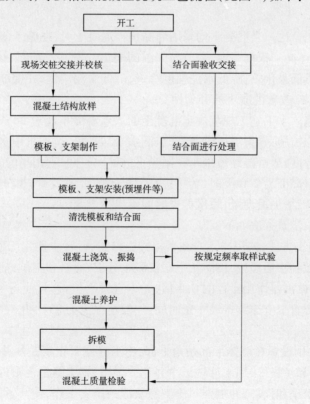

图2 混凝土工艺流程

(1)涵底基面找平及地基处理(其中地基处理依实际情况按设计要求施工);

(2)浇筑混凝土垫层;

(3)箱涵中线及外边线放线;

（4）底板、侧墙及中墙下部钢筋绑扎；

（5）安装底板及贴角外模、悬模及支撑；

（6）浇筑底板及贴角混凝土；

（7）绑扎墙体钢筋，安装内外模板及支撑；

（8）安装顶板底模及支撑；

（9）绑扎顶板钢筋，安装其余模板及支撑；

（10）浇筑及顶板混凝土墙体上部混凝土；

（11）混凝土养护及拆模。

5.2.2 分项施工方法

5.2.2.1 模板制造及安装

箱涵墙体内外侧模板采用钢模，以利于墙体混凝土散热，顶板采用木模，板肋用云杉木枋，木枋尺寸为 50 mm×100 mm；支撑采用 ϕ50 顶撑及钢管，拉结则用两端带螺纹中间设止水环的圆钢。

模板安装时要保证其有足够的强度和刚度，拼缝严密不漏浆。底板施工时要同时浇筑 500 mm 以上高侧墙，因此需进行吊模，将内模制成组合固定模板或吊好模板用钢筋制成卡具固定模板。侧墙模板处设对拉螺栓，螺杆依据墙体厚度一般采用 ϕ14 钢筋开螺丝，中间焊止水铁片；在螺栓贯穿部位，靠内、外模内侧各穿一块椎体小木方，内小外大；模板拆除后，侧墙上留有椎体凹槽，然后割除螺栓；每个小椎体均采用丙乳水泥砂浆回填密实，丙乳砂浆施工时先用丙乳净浆打底后，在净浆硬化前，即回填丙乳砂浆，分三次抹压，用力压实，随后抹面，注意向一个方向抹平，表面收光，以保证与原混凝土表面一致。

5.2.2.2 混凝土施工

合理选择混凝土配合比。当混凝土均采用商品预拌混凝土时，在施工前，除考虑必要的混凝土强度和抗渗等指标外，还必须根据当地、季节与气温的变化，进行砂、碎石、掺粉煤灰和优化混凝土配合比的试验。为了降低水化热，降低水泥强度等级，降低水泥用量，并增加一级粉煤灰用量，使用 SPP – HP4 外加剂 1.5%，改善混凝土的和易性。

严格执行温控措施。水工施工规范规定混凝土的入仓温度不超过 28 ℃，为了达到规范要求，进行了如下的有效温控措施：骨料场搭设遮阳棚、洒水冷却骨料、搅拌机用水水池加冰、协调混凝土生产速度与现场浇筑进度，尽可能缩短罐车在阳光下的等候时间，利用早晚时间浇筑混凝土。

当混凝土最大浇筑高度为 2.0 m 时，为了提高混凝土的浇筑质量，由分层改为斜层浇筑法，每道墙设置多孔留洞入仓，增加振动泵，每次振捣时间不得少于 30 s。

泵送入浇筑仓面。浇筑方法如下：

（1）混凝土振捣施工方法：采用插入式和平板式振捣器，后者主要用于底板和顶板的混凝土振捣。插入式振捣器须做到快插慢拔，以防止下层混凝土分层、离析和空洞；插点均匀排列；振捣器使用时，离模板不应大于振捣器作用半径的 0.5 倍，并不宜紧靠模板，且应避免碰撞钢筋、预埋件等。平板式振捣器在每一位置上应连续振动一定时间，一般情况下为 25～40 s，以混凝土面均匀出现浆液为准。

（2）箱涵施工缝分别设置在墙体下部贴角上部，施工缝设置止水铁片并且凿毛；凿毛时清除水泥薄膜，表面松动砂石和垃圾等，用水冲洗干净并充分湿润；施工缝位置附近回弯钢筋时，须做到钢筋周围的混凝土不受松动和损坏，并加强对施工缝接缝的捣实工作，使其紧密结合。

5.2.3 混凝土养护方法

本工程混凝土养护方法主要采取人工洒水、覆盖和自流喷淋系统三种方法。按设计图纸要求，在混凝土浇筑后 4～6 h 开始覆盖浇水养护，头三天每日养护 3～6 次，以后每天养护 2～3 次，视天气而定。操作时，先洒侧面，顶面在冲毛后洒水。洒水养护的用水量按每立方米混凝土 0.3～0.4

m³ 计算。底板和顶板采用湿麻袋铺盖洒水养护,墙体采用附着模板外设置密布小孔自流水管喷淋系统,使混凝土表面在养护时间内经常保持湿润,并延长养护时间,由 15 d 延长至 28 d。

5.3 施工缝及变形缝

5.3.1 施工缝

施工缝宜采用平缝 + 钢板止水带,止水钢板厚 3 mm,上下插入混凝土各 200 mm,并于两侧设置(直径大于 16 mm,间距 200 mm,长度 800 mm)插筋,以提高施工缝处抗拉和抗剪强度;施工时为防止钢板止水带下沉,止水带下部可支承在对拉螺栓上,或在钢板止水带下焊接短钢筋,起支承作用,短钢筋间距不宜过大,以防钢板止水带弯曲。

(1)施工缝处模板的安装:上部模板安装之前要注意处理好止水带的除锈、除灰。需加强模板安装的稳定性和密闭性,防止出现漏浆漏石、错牙、缝歪曲不直。

(2)施工缝表面凿毛处理:在已浇筑好的混凝土界面上,人工凿除浮浆及松动石子,且应将凿毛后的表面清洗干净,以使新、旧混凝土结合牢固,浑然一体。

施工缝以上混凝土浇筑必须待下部混凝土抗压强度达到 1.2 MPa 以上时才能进行,浇筑前先浇一层水泥砂浆,可考虑提高结合面处附近的混凝土等级,以保证整体混凝土强度。

5.3.2 变形缝

(1)变形缝橡胶止水带:橡胶止水带按箱涵横截面采用整体加工一次成型。安装时采用门架吊装定位,合理安排安装顺序,即在每节箱涵钢筋安装好后,在分缝处架立门架,将橡胶止水带吊装定位,保证了止水带沿线的锚固孔与钢筋笼的固定,且内外沥青板支撑稳固,确保每条止水带安装定位。橡胶止水带根据端头模板支立情况进行安装端头模板与橡胶止水带接触面上应设限位条,以免混凝土浇筑过程中橡胶止水带位移而影响止水效果。在安装过程中应采取措施防止变形、变位和撕裂,止水带埋入混凝土中的两翼部分与混凝土紧密结合。在摊铺水平止水带下方的混凝土时,采用正确的施工工艺,即由中间向两侧推进,以便混凝土中的气体外排,并事先把止水带上翘 15°,待止水带下方混凝土捣固密实后,把止水带放平,然后再浇捣止水带上方的混凝土,才能确保混凝土振捣密实,为工程的整体防渗质量把好重要的一个环节。

(2)双组分聚硫密封胶嵌缝施工:按产品说明书给定的配合比,将两个组分混合均匀,不论机混或是手工混合,都应达到色泽均匀无色差;混合及涂胶时都应防止气泡混入,压实后填平密封处。施工前要除去被粘表面的油污、附着物、灰尘等杂物,保证被粘表面干燥、平整,以防止粘接不良。涂胶时,首先用毛刷在密封胶槽两侧均匀地刷涂一层底涂料,20 ~ 30 min 后用刮刀向涂胶面上涂 3 ~ 5 mm 厚的密封胶,并反复挤压,使密封胶与被粘接界面更好地结合。然后用注胶枪向密封胶槽内注胶并压实,保证涂胶深度。为保证填充后的密封胶表面整齐美观,同时也防止施工中多余的密封胶把结构物表面弄脏,涂胶前可在变形缝两侧粘贴胶带,预贴的胶带在涂胶完毕后除去。按设计要求,向接缝内填充背衬材料,设计要求使用底涂液的,或长期浸水部位的密封,需要涂底涂液涂刷在被粘表面上,干燥成膜。

5.4 承压引水箱涵土方填筑

土方填筑施工的主要工艺流程为:挖掘机或装载机挖装、自卸汽车运土、推土机推平、压路机压实。填土采取沿纵轴线方向分层依次进土、流水作业施工,即铺土→推平→压实→刨毛→质检。涵身两侧回填上升速度对称均匀,高差不超过 0.5 m,涵顶覆土填筑时,500 mm 厚度内不得采用重型机械碾压、穿过,宜采用轻型机械夯实。

6 材料与设备

6.1 材料

低水头承压引水箱涵主要材料包括钢筋、水泥、粉煤灰、砂石骨料、外加剂、橡胶止水带、聚硫密封胶等。

6.2 设备

低水头承压引水箱涵施工一般需设备见表1。

表1 低水头承压引水箱涵施工所用设备

编号	机械名称	额定功率(kW)或容量,吨位
1	挖掘机	150 kW
2	装载机	210 kW
3	推土机	200 kW
4	平地机	115 kW
5	凸块碾压机	250 kW
6	平板式压路机	180 kW
7	自卸车	216 kW
8	洒水车	99 kW
9	油罐车	99 kW
10	20 t 吊车	170 kW
11	移动式空压机	4 kW
12	搅拌机	3 kW
13	夯土机	3 kW
14	水泵	4 kW
15	发电机	200 kW
16	插入式振捣器	1.5 kW
17	平板式振捣器	3 kW
18	钢筋切断机	5 kW
19	钢筋对焊机	5 kW
20	钢筋弯曲机	2 kW

7 质量控制

7.1 混凝土质量控制

为了有效地防止承压引水箱涵混凝土在早龄期和晚龄期都可能产生的危害性的温度裂缝,在施工期必须严格采取一系列质量控制措施,其中,包括合理选择混凝土原材料、严格控制施工质量、严格控制混凝土温度。

7.1.1 合理选择混凝土原材料

通过材料试验,合理选择原材料的配合比,降低混凝土的热强比,以求得抗拉强度高,极限拉伸大,水化热小,干缩小的混凝土,可采用发热量小的水泥,使用外加剂、加掺合料、改善骨料级配等措施,通过综合措施,在不降低混凝土强度的前提下,改善混凝土的流动性,最大限度地减少单位水泥用量和用水量。

(1)水泥:采用普通硅酸盐水泥,水泥强度等级要求不低于 42.5 级。保证最小水泥用量(实用量应扣除粉煤灰掺量),最大水灰比为 0.5。

(2)砂:砂的细度模数为 2.4 ~ 2.8。

掺粉煤灰时,采用符合国家成品会标准(GB 1596—79)的有关规定和符合给排水构筑物的抗渗、抗裂要求,并经磨细的Ⅰ级灰。粉煤灰取代水泥的最大限量(以质量计)为 20% 。

(3)外加剂:加 0.1 ~ 0.5% 的 FDN 或 DH4 等减水剂。

混凝土配合比在按照上述技术指标的条件下,根据水利工程的特点和要求需通过材料试验,并提出不少于 3 组配合比,设计和试验成果呈报业主、监理及设计单位确定。

7.1.2　严格控制混凝土施工质量

严格控制施工质量,是防止早龄期和晚龄期混凝土产生温度裂缝和增强混凝土抗裂性能的关键。因此,必须对混凝土施工的各个环节严加控制,包括水灰比、骨料级配、拌和时间、运输、平仓、振捣、初凝等,其中水灰比、振捣及初凝的控制尤为重要。

同时混凝土强度离差系数小于 0.12,混凝土强度保证不小于 95% 。

7.1.3　严格控制混凝土温度

为了有效地防止混凝土裂缝,在施工准备阶段,应切实严格做好有关控制温度、防止裂缝的各项技术准备工作。

应尽量利用有利的时段、季节浇筑混凝土,严格控制混凝土内、外温差不超过 22 ℃。

为了降低混凝土的浇筑温度,骨料堆场须搭凉篷。在夏天炎热季节,皮带机路线须搭凉篷,运料卡车须遮盖防晒。用冷水拌和混凝土或加冰屑。若上述措施还不能满足规定的浇筑温度要求,可以对骨料进行预冷。在采用加冰及预冷措施时,对混凝土吊罐、自卸卡车及皮带机等运输工具均需保冷,并须尽量缩短装卸、运输及浇筑时间,以减少冷凉损失。为了有效地调节混凝土温度并削减水化热温升,建议采用冷水管。

混凝土养护时间:在浇筑完毕以后,混凝土顶面应盖上草席,并洒水养护。一般情况下,养护不应少于 14 d,但在干燥、炎热气候条件下至少应养护 28 d。对箱涵侧墙也应该经常洒水养护,并宜采用风机加强输水箱涵净空内的通风散热。

拆模时间:5 ~ 7 d 且混凝土需达到 70% 强度才可拆除。应避免在气温骤降期间(指日平均气温在 2 ~ 4 d 内连续下降 6 ~ 9 ℃)拆模。在寒潮期间箱涵覆盖土之前,对混凝土表面应有保温措施。

高温季节施工时,混凝土最高浇筑温度不得超过 28 ℃;混凝土的浇筑作业在每天的早、晚进行。

在混凝土浇筑过程中,每 4 h 应对以下温度进行测量一次:气温、浇筑温度以及拌和前骨料温度等,并专门记录。

7.2　引水箱涵变形缝质量控制

7.2.1　严格控制变形缝止水带的质量

止水带对引水箱涵变形缝的抗渗漏性能具有极其重要的作用。因此,对工程中使用的止水带出厂后不仅应进行外观检查,而且要逐条进行仪器检测。橡胶止水带安装质量检验项目、质量标准及检测频次详见表 2。

7.2.2　严格控制变形缝止水带周边混凝土施工质量

箱涵变形缝渗漏主要是混凝土捣固不密实所致,控制变形缝止水带部位的混凝土施工质量是关键。水平缝止水带是比较薄弱的部分。因为止水带底部由于振捣及骨料自重的影响,骨料所占的比重比一般部位多,而水泥浆所占的比重比一般部位少,由于水泥浆收缩率较大,在止水带底部容易形成空隙。因此在摊铺水平止水带下方的混凝土时,须采用正确的施工工艺,即由中间相两侧推进,以便混凝土中的气体外排,并事先把止水带上翘 15°,待止水带下方的混凝土捣固密实后,把止水带放平,然后浇捣止水带上方的混凝土。

表2　橡胶止水带质量标准及检测频次

检验项目	质量标准	检测频次
结构型式、位置、尺寸、材料品种、规格、性能	符合设计要求	按进场批次检测
橡胶止水带焊接	经检验合格	全数检查
安装	止水带、闭孔泡沫板安装符合设计要求	全数检查且每边检查不少于3个点
橡胶止水带安装中心线	允许偏差(5 mm)	全数检查且每边检查不少于3个点
橡胶止水带外观	表面平整,无浮皮、锈污、油渍、砂眼、针孔、裂纹等	全数检查

7.2.3　聚硫密封胶嵌缝施工质量

严格控制双组聚硫密封胶嵌缝施工质量,严格按照相应操作规程认真执行。涂胶前应检查缝深、缝宽,确保聚硫密封胶充填质量。填充后的胶体应饱满,颜色均匀一致,胶层表面平整光滑,无裂缝、气泡、脱胶和漏胶现象。密封胶与混凝土黏结牢固,经养护完全硫化成弹性体后,胶体硬度应达到设计要求。

8　安全措施

8.1　施工安全保证制度

(1)从项目经理到工区主任、作业班组实行领导安全施工责任制。

(2)施工作业人员按章作业或违章作业奖惩制。

(3)每周一次安全检查和安全学习制及相应安全监督制。

(4)结合项目实际的安全施工作业规范。

8.2　施工区的安全措施

8.2.1　施工安全措施

(1)组织专人做好施工区内外临时交通疏导,设置必要的交通指示设施、灯号;

(2)认真检查导流围堰及明渠,及时维护;

(3)检查督促各工区施工前做好施工安全支护工作,落实安全施工措施;

(4)定期进行施工人员施工安全规范培训。

8.2.2　劳动保护

(1)所有现场施工人员佩戴安全帽,特种作业人员佩戴专门的防护用品,如电焊工佩戴护目镜和面罩。

(2)所有现场和机械操作手严禁酒后上岗。

(3)大型机械作业时,不准任何人在机械的回旋范围内进行任何作业。

(4)每天开工前对机械进行检查、保护,对汽车刹车、转向灯、倒向灯等影响车辆行驶安全的部位每天检查,不合格车辆不准上岗。

(5)工地上大型设备和预制构件的安装,由专人负责,统一指挥。

8.2.3　洪水、台风等恶劣天气的防护措施

(1)在汛期前,检查所有输电线路并进行维修,所有施工机械撤离到安全地带,对土堤、围堰、

导流明渠等水工建筑物进行加固、防护;

（2）汛期,工区派专人每天定时收听本地的天气预报和台风警报,并作记录;

（3）遇到强风、暴雨、洪水灾害及时上报,并将设备撤离作业现场,避免土坡塌方掩埋设备;

（4）洪水、台风过后,对发生险情的水工建筑物维修加固。

9 环保措施

（1）遵守国家有关环境保护的法令,严禁砍伐在合同规定的施工活动范围以外的植物、树林;

（2）避免燃料、油料、化学品等污染土地、河川、海洋及种养场;

（3）禁止在指定堆渣区域以外任意堆渣;

（4）为保持施工区域和生活区的环境卫生,及时清理垃圾并将其运至指定地点掩埋或燃烧处理,设置足够的临时卫生设施,定期清扫处理;

（5）对出入施工区域的施工车辆进行清洗,以免影响市容;

（6）在主体工程完工后,拆除临时设施,清理场地并按合同规定进行排水、灌溉设施,植被恢复,以防止水土流失。

10 效益分析

采用传统施工方法施工,箱涵易产生温度裂缝;其后在裂缝调查、裂缝分析论证、裂缝处理方案及裂缝修补上,须花费大量人力、物力(例如原箱涵 P09 试验段采用传统施工方法,出现温度裂缝总长度达 117.9 m,裂缝综合处理费用为 400 元/m,总费用近 5 万元,相当于箱涵工程成本的9%),且影响施工工期,使设备、人员闲置,最后导致整个工程成本大幅增加,损失不小。后期其他各段箱涵按低水头承压引水箱涵工法施工,通过调整混凝土配合比、严格控制混凝土温度、采用钢模板施工等各项措施,有效预防了温度裂缝的出现,从而顺利地通过承压引水箱涵闭水试验、压水试验,使混凝土结构的整体性、抗渗性和耐久性完全满足设计要求。

低水头承压引水箱涵施工缝、变形缝等是箱涵施工中的精细部分,按低水头承压引水箱涵工法施工可以使施工缝、变形缝等质量得到有效保证,加强对于引水箱涵结构结构受力和渗漏水的薄弱部位控制,形成多重防线防水设置,以确保达到整体防渗效果。施工缝采用钢板作止水带、模板对拉螺栓中间设止水环,端头采用丙乳砂浆修补等措施会引起工程成本小幅增加 1% ~2%,但施工缝及变形缝采用传统施工方法施工处理不当也会影响整个结构的整体性、抗渗性和耐久性,后期处理施工缝、变形缝的渗漏后遗症,不仅花费大量人力、物力,造成数倍的成本增加,而且因施工难度大,处理效果也较难保证。

11 应用实例

11.1 深圳市东部供水水源工程西河潭—永湖输水箱涵 P 段

工程主要内容有:箱涵及附属检查井、排气阀井、排污井、预应力溢流管、闸阀室、压力水箱、连通管及排水沟等。工程等级为二等,主要水工建筑物等级为 2 级,次要建筑物为 3 级,临时建筑物为 5 级。

本标段箱涵从起点至终点,全长 1 076.155 m,其中,双涵长 472.909 m,左单涵长 291.048 m,右单涵长 312.198 m。双涵桩号 27 +105.762 ~27 +578.671,左单涵桩号 27 +578.671 ~27 +869.719,右单涵桩号 27 +578.671 ~27 +890.869。单孔净空断面尺寸 $b \times h = 3.2$ m $\times 4.0$ m,周边钢筋混凝土厚度均为 500 mm。

在 P9 ~ P10、P10 ~ P11、P11 ~ P12、P12 ~ P13 段对箱涵接头伸缩缝进行压水试验。经永湖分部、监理等工程技术人员现场检验,试验结果无渗漏现象,满足设计要求。由深圳市水务局、水务局建设处、指挥部、永湖分指挥部、监理部、广东省水电设计院、质量安全监督项目部等单位组成验收委员会,对西河潭—永湖输水箱涵工程进行单位工程验收,本标段工程质量评定为优良。

11.2 深圳市中国饮食文化城——人工湖土坝建设工程

中国饮食文化城位于深圳市龙岗区布吉镇鸡公山,根据文化城旅游景点的要求筑坝蓄水。工程主要建设内容:均质土坝一座,坝高 19 m,坝顶高程 95.00 m,坝顶长 99 m,坝顶宽 8 m。集雨面积 1.19 km²,正常水位 92.00 m,正常库容 15.10 万 m³,设计库容 21.4 万 m³,总库容 24 万 m³,溢洪道长 103.40 m,涵管内径 800 mm,长 150 m;3 m×3 m 引水箱涵长 331 m。采用低水头承压引水箱涵工法施工,工程质量优良。

11.3 深圳市沙湾泵站

深圳市沙湾泵站从深圳水库库尾取水,在供水网络干线 1# 隧洞出口左侧深圳水库库尾空地上,输水线路沿着山坡布置,在供水网络干线渡槽节制闸上游的箱涵将东深供水工程的水输入供水网络干线,然后进入铁岗水库。工程供水规模为 50 万 m³/d,折合建筑物过水流量为 5.79 m³/s,为中型泵站,工程等级为 3 等,永久建筑物防洪标准为 30 年一遇洪水设计,100 年一遇洪水校核。

本工程按低水头承压引水箱涵工法针对水下结构为较大体积的混凝土,通过调整混凝土配合比:混凝土生产采用大掺量粉煤灰双掺技术,在满足力学和耐久性要求下,尽量少用水泥,降低混凝土的绝对温升值和混凝土内外温差。采用了各项温控措施:使用低温拌和水(必要时采用冰水)降低混凝土的入仓温度(不超过 28 ℃);充分利用早晚浇筑混凝土,防止混凝土被暴晒;采用钢模板,加速混凝土散热,降低混凝土发热峰值。有效地防止了较大体积混凝土可能出现的温度裂纹。

水下结构墙体模板固定采用对拉螺栓,中间设止水环,两侧墙木垫块凿除后采用丙乳砂浆修补,安装对拉螺栓近 3 000 个;施工缝采用厚 2 mm、宽 300 mm 钢板作止水带。效果极佳,未见渗漏点。

工程完工后,工程质量评定为优良。

(主要完成人:王 卫 邓晓坤 林秋展 钟玉娇 翁梁辉)

钻抓法成槽低弹模混凝土防渗墙施工工法

浙江广川建设有限公司

1 前言

(1)随着水库除险加固工程的进一步开展,运用混凝土防渗墙进行防渗处理已越来越多地应用于土坝的除险加固,但传统的混凝土防渗墙施工工艺存在成槽速度慢、嵌岩深度判定凭经验误差大、普通混凝土难以适应蓄水后坝形的变化等问题。为了解决上述问题,我们在工程实践中通过QC活动,应用履带式抓斗成槽机对防渗墙上部土基部分成槽,用冲击钻机对嵌岩部分进行成槽,加快了混凝土防渗墙成槽进度;在有地质钻机先导孔岩样的位置,用冲击钻机进行深度与岩渣样比率分析,应用岩渣样比率判定嵌岩深度,减少嵌岩深度误差;应用低弹模混凝土成墙,使成墙混凝土弹性模量小于常规混凝土,适应坝体蓄水后的变形。钻抓法成槽低弹模混凝土防渗墙施工工法与传统的钻劈法成槽工艺相比,具有进度快,环境污染小,特别适合心墙坝、匀质坝等坝型的除险加固的特点。

(2)本公司最近几年运用钻抓法成槽施工的诸暨市青山水库低弹模混凝土防渗墙、清溪口水库混凝土防渗墙,经检测都达到了设计效果。

2 工法特点

(1)将混凝土防渗墙工艺中土基段的钻副孔与劈小墙改用抓斗成槽机直接抓取开挖,减少工序,提高成槽效率。用抓斗成槽机抓出的土方可用普通自卸汽车直接装运到弃土场,与传统的钻劈法相比,废浆少,噪声小,能节省运输污泥浆的车辆,减少环境污染;抓斗成槽机用内燃机作动力,可减小工地用电压力。

(2)在有地质钻机先导孔岩样的位置,用冲击钻机进行嵌岩深与岩渣样比率分析,在其他孔位应用岩渣样比率判定嵌岩深度,减少嵌岩深度误差。

(3)根据设计指标,在混凝土配合比中掺加一定比例的膨润土,降低混凝土弹性模量,使其适应坝体蓄水后的变形,提高坝体的防渗能力。

3 适用范围

适用于低弹模混凝土防渗墙成槽、入岩判定、低弹模混凝土浇筑。

4 工艺原理

利用冲击钻机钻出主孔,在两主孔间直接用抓斗挖槽机抓出副孔成槽。待进入基岩面后,使用常规的冲击钻机钻劈法施工。根据先导孔芯样判定的弱风岩深度,在原位用冲击钻机成孔,提取各入岩深度时的岩渣样,在实验室分析各岩样中弱风化岩粒的比率,以此比率指导其余孔位入岩深度的判定。在混凝土配合比中掺加膨润土,使弹性模量及强度达到设计指标。

5 施工工艺流程及操作要点

5.1 施工工艺流程

施工准备→钻机平台布置→槽段划分→泥浆拌制→主孔钻进及入岩深度判定→副孔抓挖→副

孔劈打→清孔及成槽验收→混凝土浇筑→接头孔钻凿→二期槽段钻抓。

5.2 操作要点

5.2.1 施工准备

（1）根据设计坐标，定出混凝土防渗墙的中心轴线。

（2）查阅相关地质资料，了解各类土层的厚度及性质，对原有勘测孔少的要加密补勘，对第一个槽段，宜在第一个主孔的位置加钻先导孔，以核实地质资料，分析各入岩深度的弱风岩粒比率。

5.2.2 施工平台布置

（1）根据设计防渗墙墙顶高程，开挖坝体或在两边加宽坝体以作为施工平台。一般情况下，宜防渗墙上游侧作为冲击钻机施工平台（宽 5～6 m），下游侧宽 8～9 m，布置排渣平台和排浆沟、成槽机及运输车辆道路。施工平台布置如图 1 所示。

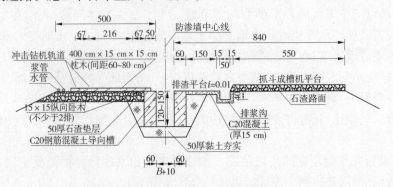

图 1 防渗墙施工平台布置

（2）导向槽浇筑。导向槽一般采用现浇钢筋混凝土，其宽度比设计混凝土防渗墙宽 5～10 cm，截面根据现场而定，一般土坝的导向槽，为简化施工，可设计成矩形，宽 0.6 m，高 1.2～1.5 m，纵向筋配为 5 Φ 18，箍筋为 Φ 8@500，导向槽的浇筑可分为：

①开挖：根据防渗墙中心线、防渗墙宽度、导向槽的宽度，在现场放出开挖线，根据开挖线用反铲式挖掘机开挖，将弃土运至弃土场。开挖深度应大于钢筋混凝土导墙高度 50 cm。

②槽底黏土回填：在开挖基础内用黏土分层回填压实，一直到钢筋混凝土导墙底高程。

③钢筋混凝土导墙浇筑：根据设计绑扎钢筋后立模，按照设计导墙净宽用对撑枋木支撑，混凝土浇筑时严格控制密实度和导墙顶高程。

④回填：混凝土导墙达到设计强度后，先进行导墙与坝体连接部位的土方回填，用木夯和蛙式打夯机夯压密实；再在导墙槽内投放黏土，数量根据坝顶部分土质而定。

（3）冲击钻机轨道布置。防渗墙浇筑回填后，在防渗墙上下游侧都铺上石渣垫层，冲击钻机的轨道布置在防渗墙上游侧，其枕木的布置合理与否直接影响施工的安全，为了防止因地质原因而产生塌孔时机组、人员的安全问题，枕木的布置必须"纵向贯通，内外相连"，纵向贯通就是在轨道枕木以下要在石渣基础上设置 2 道以上 150×150 纵向的卧木，使所有枕木连成整体。内外相连就是内外轨道必须用 4.0 m 的长枕木，根据土质情况全部或间根使用，枕木间距为 60～80 cm，使内外轨道连成整体。

（4）排渣平台与成槽机平台。防渗墙下游侧的排渣平台用混凝土浇筑，在平台边砌一条排浆沟，并与排浆管相连。成槽机平台位于排浆平台外侧，用石渣垫层填筑，高度宜比排渣平台高 30 cm 左右，成槽机平台要密实牢固。

（5）供水系统一般布置在防渗墙上游侧，施工供电线路安装在上游侧，供浆管根据泥浆拌制场的位置布置。

（6）混凝土拌和场与护壁泥浆拌制场根据现场地形布置。

5.2.3 槽段划分

　　槽段划分根据设计图纸,当设计无明确要求时,槽段的划分宜根据地质条件、挖斗宽度等条件综合确定,一般在 7~9 m,地质条件差时宜取小值。每槽段中以单号孔为主孔,主孔长为主孔直径 d,副孔长 L 根据地质不同取 $(1.2~2.0)d$。根据分段将槽号、孔号明显标记在导向槽和钢轨上,以便在施工中随时识别。将奇数槽段作一期槽段先施工,偶数槽段作二期槽段,待一期槽段施工结束后再施工。一、二期槽段划分如图 2 所示,主、副孔编号如图 3 所示。

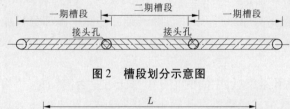

图 2　槽段划分示意图

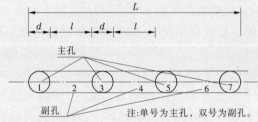

注:单号为主孔,双号为副孔。

图 3　主、副孔编号示意图

5.2.4 泥浆拌制

　　混凝土防渗墙的护壁泥浆质量关系到成槽时的孔壁稳定和一期槽段与二期槽段连接部位的质量,是一个十分重要的问题。为了保证质量,护壁泥浆宜采用钠基膨润土泥浆,制浆站由膨润土库、JS-400 高速泥浆搅拌机,供浆池、回浆池等组成。总储浆容量根据单槽段工程量及成槽进度而定,泥浆池采用混凝土底板、砖砌挡墙四周护砌。供浆管路采用 2 台 3PN 泥浆泵给导向槽供浆。泥浆配合比常为 1:10(膨润土:水),膨润土浆搅拌时间不少于 6 min,新制膨润土泥浆在膨化 24 h 后方可使用。新制膨润土泥浆性能指标见表 1。

表 1　新制膨润土泥浆性能指标

项目	单位	性能指标	试验用仪器	说明
浓度(%)		>4.5		指 100 kg 水所用膨润土质量
密度	g/cm³	<1.1	泥浆比重称	
漏斗黏度	s	30~90	946/1 500 mL 马氏漏斗	
塑性黏度	Cp	<20	旋转黏度计	
10 min 静切力	N/m²	1.4~10	静切力计	
pH 值		9.5~12	pH 试纸或电子 pH 计	

5.2.5 主孔钻进及入岩深度判定

　　(1)主孔钻进采用 CZ-30 冲击钻机,根据导向槽(或钢轨)上标记的槽段号、孔号定位钻机,先钻进槽段两端的两个主孔,开孔时低锤轻击,边钻边向槽内输送泥浆,保持泥浆面高度离导向槽顶面 30~50 cm,待钻头全部没入导向槽后调整行程,提高落锤高度,钻进过程中要确保孔斜率在 4‰ 以内。适时用捞渣筒捞渣,当钻头开始进入基岩面时测量孔深并与地质资料核对,并把基岩样保存分析。以后每捞渣一次保存一个岩样,一直到设计要求的入岩深度,请监理及地质工程师验孔,并将所存岩样交实验室烘干后分析不同入岩深度时基岩弱风化岩样在总渣样中的含量,以指导后续孔入岩深度的判定。

(2)主孔入岩深度的判定是关系到混凝土防渗墙质量的重要一环,入岩深度不足会造成墙底与基岩密封不足,引起墙底绕渗。而入岩深度过大时,会改变混凝土防渗墙的受力状态,引起墙身破坏。控制入岩深度的有效办法是对先导孔的渣样进行分析,以分析数据来指导施工。据有关工程统计,当坝体上部为石渣层,基础为砂岩,墙厚0.80 m,孔深在25 m左右,护壁为膨润土泥浆时,基岩岩样占总渣样10%时可确定已进入基岩面,占30%时已进入基岩30 cm左右,占35%时已进入基岩80 cm(均以干料重比例计算)。以后在深入到冲击锤主锤部分长加钻机冲程长的范围内比例变化不大。具体以地质工程师现场取样鉴定为准。

5.2.6 副孔抓挖

槽段首尾两个主孔钻孔结束后,中间的主孔上部土方是否需钻孔,可根据地质情况决定。当地质较松软时,可直接利用履带式成槽机对孔间土料进行开挖,待上部土方抓挖掉后再用冲击钻机钻中间主孔入岩段。当上部土方不能直接抓挖时,则先用钻机钻好全部主孔,然后用成槽机抓取两个主孔之间的土方,最后用冲击钻机钻副孔的入岩部分。成槽机在防渗墙下游侧的石渣道路上作业,采用:开斗→下沉→收斗→提升、补浆、装车的顺序进行作业。

(1)开斗:先根据2个主孔间距离和抓斗的有效宽度(一般取成槽机最大张开度的2/3左右,KH125履带式成槽机有效宽度在2.5 m左右),将槽内土方均分成几抓,将履带式成槽机的抓斗张开到所需宽度。

(2)下沉:移动成槽机到需开挖的副孔前,使成槽机的抓臂与导向槽垂直,调整抓斗臂长,使抓斗中心线位于导向槽中心线上,然后放出起重索使抓斗依靠自重徐徐下沉,待接近导向槽时再精确调整,使抓斗顺利入槽。

(3)收斗:抓斗入土后,启动液压装置,收斗抓泥,向上提升,在抓斗出槽前,当感觉所抓土料较少时,可采取开斗卸泥,重新下沉抓土。

(4)提升、补浆、装车:收斗抓泥向上提升在将近出槽面开始要放慢提升速度,以使挟带在土料中的膨润土泥浆能流回槽段内,以减少泥浆的损耗,减低对路面的污染。抓斗从提出槽面开始就打开泥浆泵,向槽内补充膨润土泥浆,使泥浆面高度始终保持在导向槽顶面以下30~50 cm,以保持槽壁的稳定。抓斗提出槽面后的土料可直接装自卸汽车外运到弃土场。

5.2.7 副孔劈打

当成槽机抓挖到岩基后,移位冲击钻机对岩基部分成槽,先对中间的主孔用钻凿法进行成孔,然后在副孔位置用同样方法钻凿到设计基岩深度,在主副孔都钻凿到基岩后进行主孔和副孔间的小墙劈打,劈打时将钻机移到小墙中心,适当控制冲击钻机的冲程,做到轻打稳打,将小墙修凿平整。

5.2.8 槽段验收及清孔换浆

(1)槽段入岩深度的验收先是在钻孔时验收,副孔劈打完后再重新进行一次检测,分孔号记录。

(2)槽段垂直度验收也分孔号进行,直观的检测方法是利用冲击钻的钻头作重锤,分段检测钢丝绳与导向槽的间距,量出槽孔的分段偏移量。

(3)待槽孔的深度、垂直度等验收合格,开始清孔换浆,清孔可采用泵吸法或捞渣筒法,宜按孔号顺序清理,由于使用膨润土泥浆护壁,泥浆中的悬浮物减少,提高了清孔的效率,清孔换浆结束后1 h孔底淤积厚度应不大于10 cm。

(4)对二期槽段的接头孔位置清孔时,还要将专用的钢丝刷换到冲击钻机上自上而下分段冲刷接头孔混凝土孔壁上的泥皮,直到刷子钻头上基本不带泥屑,孔底淤积不再增加。

(5)清孔合格后,应在 4 h 内开浇混凝土。

5.2.9 低弹模混凝土浇筑

(1)低弹模混凝土配合比:低弹模混凝土的配合比由实验室根据设计指标试配确定。实验室在初试的基础上选定 9 组进行试配,试配结果主要指标见表 2。

表 2 低弹模混凝土配合比试验

项目	材料用量					试验结果		
	水胶比	膨润土(%)	砂率(%)	外加剂(%)	水泥用量(kg/m³)	抗压强度28 d(MPa)	劈裂抗拉28 d(MPa)	弹性模量28 d(MPa)
试验范围	0.6~0.7	25~35	43~45	1.0	222~300	6.9~11.5	0.63~1.08	3 870~5 730

选定的配合比需经监理工程师批准才能用于工程。

(2)拌和及运输设备:混凝土拌制机械的生产能力根据槽段工作量多少配置,必须满足浇筑时混凝土面上升速度不小于 2 m/h,拌和及运输能力按最大计划浇筑强度的 1.5 倍配置。

(3)入槽导管布置:采用内径 200~250 mm 钢管,接头连接密封可靠,导管需布置在槽段最低处,导管与导管间距小于 3.5 m,距孔端一期槽段为 1.0~1.5 m,二期槽端为 1.0 m,导管上部用固定架搁置在导向槽上,使导管底距槽底基岩的距离宜为 25~30 cm,以便胶球浮起。

(4)混凝土浇筑:混凝土用混凝土泵送到槽段边的混凝土分料平台内,分料平台通过小闸控制分别经溜槽到导管上部的小漏斗。开浇前先在导管中塞上与导管直径相同的胶球,待漏斗及分料平台上有足够的混凝土时,开启闸栓,使混凝土顺导管而下,挤出胶球并埋住导管底端。混凝土浇筑时控制导管埋入混凝土的深度不小于 1.0 m,不大于 6.0 m;混凝土面高差不超过 0.5 m,施工中每 0.5 h 测一次槽内混凝土面深度,每 1 h 测定一次导管内混凝土面深度,以控制混凝土浇筑面的平整度和导管埋入深度。混凝土浇筑的顶面高程宜高于设计墙顶高程 50 cm。

5.2.10 接头孔钻凿

除险加固工程一般坝顶场地较小,防渗墙深度较大,因此槽段连接多用钻凿法,以一期槽孔的两个端孔为接头孔。在一期槽段混凝土浇筑完毕 24~36 h 后,在其两端主孔位置用冲击钻再套打一整钻,操作中勤放钢绳,勤抽砂,经常检查造孔质量,确保接头孔任一深度搭接厚度均满足设计要求和规范要求。

5.3 劳动力组织

根据入岩深度要求的不同,以 10 台冲击钻机配一台履带式成槽机为一个组合,每台班所需人员情况见表 3。

表 3 劳动力组织

序号	工种	所需人数
1	管理人员	2
2	施工员	3
3	水电工	1
4	泥浆拌制工	4
5	冲击钻机工	22
6	挖槽机工	3
7	混凝土拌制泵送工	8
	合计	43

6 材料与设备

本工法无须特别说明的材料,采用的机具设备见表4。

表4 机具设备一览

序号	设备名称	设备型号	单位	数量	用途
1	履带式挖槽机	KH125	台	1	成槽
2	冲击钻机	CZ－30	台	8	钻主孔及入岩
3	混凝土拌和机	JS750	台	2	混凝土拌制
4	混凝土配料机	BF－1400	台	1	混凝土配料
5	装载机	ZL40	台	1	骨料进料
6	混凝土泵	BT80	台	1	混凝土输送
7	泥浆搅拌机	JS400	台	2	泥浆拌制
8	泥浆泵	3PN	台	3	泥浆输送
9	地质钻机	150	台	1	钻先导孔时用
10	高压水泵	根据水源定	台	3	供水

7 质量控制

7.1 工程质量控制标准

混凝土防渗墙单元工程质量执行《水利水电基本建设单元工程质量等级评定标准》(SDJ 249—88),检查项目及质量标准见表5。

表5 混凝土防渗墙单元工程质量评定

项次	检查项目		质量标准	检验记录
1	槽孔	槽孔中心偏差	≤3 cm	
2		△槽孔孔深偏差	不得小于设计深度	
3		△孔斜率	≤0.4%	
4		槽孔宽	满足设计要求(包括接头搭接厚度)	
5	清孔	△接头刷洗	刷子、钻头不带泥屑,孔底淤积不再增加	
6		△孔底淤积	≤10 cm	
7		孔内浆液密度	≤1.3 g/cm³	
8		浆液黏度	≤30 s	
9		浆液含沙量	≤10%	
10	混凝土浇筑	钢筋笼安放	符合设计要求	
11		导管间距与埋深	两导管距离<3.5 m;导管距孔端,一期槽孔宜为1.0~1.5 m;二期槽孔宜为0.5~1.0 m;埋深小于6 m,但大于1.0 m	
12		△混凝土上升速度	≥2 m/h,或符合设计要求	
13		混凝土坍落度	18~20 cm	
14		混凝土扩散度	34~40 cm	
15		浇筑最终高度	符合设计要求	
16		△施工记录、图表	齐全、准确、清晰	

7.2 质量保证措施

（1）把好工作平台关，导向槽轴线位置、高程、槽宽必须符合设计要求，导向槽钢筋混凝土梁必须根据地质条件设计，质量可靠，梁底黏土垫层密实，能降低塌孔概率。

（2）把好泥浆护壁关，用膨润土泥浆护壁，当出现塌孔要回填黏土时，要选用含砂量小、塑性指数大的黏土，以便于槽段接头清洗和减少孔底沉积物来源。

（3）把好孔斜率、宽度关，及时修焊钻头的宽度，使钻凿、抓挖的主副孔宽度均能达到设计宽度。随时检测孔的垂直度，随时修正，以保证孔的垂直度达到规范和设计要求。

（4）把好入岩深度关，采取先导孔钻探与地质资料比对，有先导地质孔的主孔进行岩样分析等方法，确保入岩深度在设计要求范围。

（5）把好清孔验收关，用专用的钢丝刷进行接头孔清洗，用新鲜膨润土泥浆置换原浆液，严格控制孔底沉渣。

（6）把好混凝土浇筑关，设计好混凝土配合比，及时维修混凝土拌制运输设备，确保混凝土浇筑工序的连续进行。落实专人检测混凝土在槽内的高度，以求均衡上升，在导向槽上加盖木板，以防止混凝土散落到槽段内。

8 安全措施

（1）认真贯彻"安全第一，预防为主"的方针，组成以项目经理、项目专职安全员、班组长、班组兼职安全员组成的安全生产管理网络，落实安全生产责任制，做好班前安全技术交底。

（2）所有作业人员持证上岗，要落实每天一次保养设备的制度；要编制好用电专项方案，按方案装接用电设备，确保用电安全。

（3）做好机械传动部分的防护罩，防止出现机械事故。

（4）做好孔洞防护措施，作业面上的主孔、副孔、待浇筑的槽段，均要做好防护盖，防护盖要有一定的压重，以防止踢开、滑落。

（5）膨润土泥浆池四周要设置好护栏、警示牌。

9 环保与资源节约

（1）项目部成立施工环境卫生管理组，在施工中严格遵守国家和地方政府下发的有关环境保护的法律、法规和规章制度。

（2）严格按批准的施工现场平面图布置临时设施，使道路平整、排水畅通，泥浆回收有序，弃土、弃渣堆放到指定地点。

（3）维护好挖槽机的柴油机动力，减少废气排放；做好冲击钻机的保养，降低噪声。

（4）建立健全施工现场的消防安全生产责任制，做好防火工作，特别要做好电线过载引起的和电焊火花可能引起的火灾隐患防治措施。

（5）做好施工现场的围挡、标牌和标识的保护工作，做到标牌清楚齐全，各种标识醒目，现场整洁文明。

10 效益分析

10.1 社会效益

（1）采用钻抓法进行混凝土防渗墙成槽施工，能大大减少冲击钻机或回旋钻机等成孔机械的数量，能减少能源消耗，降低噪声，减少泥浆处理费用，能减小环境污染，有利于环保。

（2）能加快工程进度，有利于在较短时间内完成防渗墙项目，达到安全度汛的目的。

10.2　经济效益

（1）能源消耗量：根据现场施工比照，一台 KH125 抓斗成槽机在黏土、砂壤土的条件下，一个台班能成槽 50 m^2，1 台 CZ-30 冲击钻机一个台班成槽约 6 m^2，一台抓斗成槽机相当于 8 台冲击钻机的效率。而所需的能源：一台冲击钻机为耗电 200°/台班，一台冲抓成槽机为耗油 150 L/台班，按照市场电价、油价计算，冲击钻机的能源成本为 28.13 元/m^2，抓斗成槽机为 18.06 元/m^2。

（2）泥浆运输：抓斗成槽机施工槽内土方可直接装车外运，而冲击钻机在施工时已将土方化为泥浆，需通过沉淀后用罐车才能外运，增加成本。

（3）入岩深度判定：采用岩渣样比率分析的方法，既防止了入岩深度不足，也防止了入岩过深，某工程应用岩渣样比率分析后，成槽时间由原来的平均每个槽段 5.55 d 减少到 2.89 d，占用时间减少了 47.9%，节约了成本，加快了进度。

11　应用实例

11.1　诸暨市青山水库除险加固工程

诸暨市青山水库除险加固工程坝顶长 285 m，最大坝高 27.5 m，坝顶宽 5.5 m，防渗处理采用低弹模混凝土防渗墙，设计指标为墙厚 80 cm，混凝土强度不低于 8.0 MPa，弹性模量大于 3 500 MPa 并小于 5 500 MPa，墙底深入弱风化基岩 1 m，极限水力坡降为 250。

该工程于 2008 年 10 月 19 日开始防渗墙导墙建造，11 月 1 日开始造孔，工程采用钻抓法施工，用膨润土泥浆护壁，冲击钻机和抓斗成槽机配合成槽，由于原有地质勘探孔少，施工前期对防渗墙槽孔深入弱风 1 m 的判定困难，导致深入弱风化的深度偏大，最大深度达 2.58 m，成槽设备也由原配 8 台冲击钻机配 1 台抓斗成槽机增加到 12 台冲击钻机配 1 台抓斗成槽机。后采取地质钻机增钻先导孔，控制入岩深度后，施工进度大幅提高，成槽时间减少了 47.9%。防渗墙工程于 2009 年 3 月 17 日结束，成槽面积 6 955 m^2，从现场留置的混凝土试块、第三方钻孔所取的芯样检测和现场超声波检测的结果来看，工程质量优良。

11.2　武义清溪口水库除险加固工程

武义清溪口水库主坝全长 474.00 m，坝顶高程 138.80 m，最大坝高 29.50 m，除险加固工程中主坝采用低弹模混凝土防渗墙。施工平台修建在 136.80 m 高程，防渗墙处理自坝轴线桩号 0+022.5~0+466.5，共长 444 m，防渗墙轴线位于大坝坝轴线下游 2.9 m 处，墙体需穿越原坝内反滤层和堆石区，底部进入弱风化基岩 1.0 m 以上，墙体厚度 0.8 m，共分 57 个槽段，最大深度 49.50 m（25# 槽段），至 87.30 m 高程。设计防渗墙低弹模塑性混凝土指标为渗透系数 $K \leqslant 1 \times 10^{-7}$ cm/s，抗压强度 7 MPa $\leqslant R_{28 d} \leqslant$ 10 MPa，弹性模量 5 000 MPa $\leqslant E_{28 d} \leqslant$ 6 000 MPa，极限渗透比降 ≥250。防渗墙施工平台于 2008 年 12 月 25 日开始修筑，2009 年 2 月 8 日开钻，到 2009 年 7 月 14 日，57 个槽段全部施工完成。完成混凝土防渗墙截渗面积 11 941 m^2。通过现场留置的混凝土试块、第三方的取芯检测，工程质量全部符合设计要求，防渗墙质量评定为优良。

（**主要完成人**：许　锋　何云奎　许雷阳　何学军　许　栋）

闸墩小钢模动态调整立模施工工法

浙江广川建设有限公司

1 前言

(1)组合小钢模具有单体质量轻、能组合成不同尺寸、受力杆钢管取材容易、施工方便、浇筑后外观线条顺畅等特点,特别适合中小型水利工程中结构尺寸变化大、外观为清水混凝土、大型吊装机械不便进入的工程施工。但是,组合小钢模采用模板一次性固定的方法施工时,浇筑混凝土时很容易出现变形,由于模板体系已经固定,因此即使发现模板出现涨模、扭曲等问题,也很难加以纠正,致使许多工程改用大钢模或木模,增加了设备,增加了施工成本。

(2)本公司从20世纪90年代起就探索应用小钢模"静态架立、动态调整"的立模方法对混凝土闸墩、挡墙进行施工,通过不断总结提高,在完建工程中已达到16.5 m高的闸墩挡墙、几百米的水平长度没有出现混凝土垂直度、平整度超出评定标准的误差,混凝土分段和分层间的接缝平整、通顺。用该方法施工的诸暨市石壁水库除险加固工程溢洪道改造工程被评为"钱江杯"优质工程,已接近完工的诸暨市青山水库除险加固工程混凝土工程质量也得到上级部门的一致好评,取得明显的社会效益和经济效益。

2 工法特点

(1)利用组合小钢模作模板,脚手架钢管作受力杆,取材容易。

(2)小钢模单块尺寸小,一套模板能适应不同断面(包括圆弧形)的使用。

(3)小钢模单块重量轻,便于人工安装,特别适合在大型机械不能进入的地方施工。

(4)小钢模拆模后,能形成如砌块般的外观效果,特别适合清水混凝土工程。

(5)将立模工序分成静态架立和动态调整两部分,改变立模工序一次调整完成为先架立后在浇混凝土同时再调整,施工从全部流水作业改变成部分平行作业。

3 适用范围

水利工程混凝土挡墙、闸墩、防浪墙等清水混凝土工程施工,特别适宜布置有锚筋的岩基混凝土挡墙及独立闸墩的施工。

4 工艺原理

根据模板结构随受力增加将产生变形的原理,采取混凝土浇筑前(静态)架立模板,混凝土浇筑时(动态)调整模板的方法,保证混凝土结构的位置、断面尺寸、表面平整度达到设计和规范要求。

5 施工工艺流程及操作要点

5.1 施工工艺流程

施工准备→放设基准点→搭设立模脚手架→静态架立→模板验收→动态调整→闸墩的再加高→模板的拆除。

5.2 操作要点

5.2.1 施工准备

5.2.1.1 模板受力设计

模板受力设计要解决的是浇筑时的混凝土最大侧压力、支撑方法、纵横受力钢管的间距等。

1. 混凝土浇筑时的最大侧压力

根据《水利水电工程模板施工规范》(DL/T 5110—2000)附录 A1.6,模板最大侧压力计算为:

$$F = 0.22r_c t_0 \beta_1 \beta_2 u^{1/2} \tag{1}$$

或

$$F = r_c H \tag{2}$$

二者取小值。

式中:F 为混凝土浇筑时模板的最大侧向压力;r_c 为混凝土的重力密度,kN/m^3;t_0 为混凝土初凝时间,按 $t_0 = 200/t + 15$ 或实际水泥情况取值,t_0 为混凝土浇筑时温度;β_1 为外加剂掺加系数,无外加剂为 1.0,掺具有缓凝作用的外加剂时取 1.2;β_2 为混凝土坍落度系数,坍落度小于 30 mm 时取 0.85,30~90 mm 时取 1.0,坍落度大于 90 mm 时取 1.15;u 为混凝土浇筑速度,m/h;H 为混凝土侧压力计算位置处至新浇混凝土顶面的总高度,m。

根据计算侧压力决定拉结螺栓直径、间距。

2. 模板支撑方法

对于动态调整立模法,模板支撑除顶排必须采用斜支撑固定外,其余均以螺栓为主,水闸边墩用岩基或混凝土上的锚杆焊接螺栓。中墩用对穿螺栓,但必须注意所使用的螺栓必须是符合标准的构件。

3. 纵横受力钢管间距

宜以竖向钢管作小肋,以保证模板上下一体,根据一次浇筑的高度,间距可在 50~75 cm。横向钢管作为水平向受力钢管,间距根据计算确定,为便于与小钢模匹配,一般取 60 cm(30 cm 高小钢模二块),一排螺栓用两根水平向钢管。

5.2.1.2 放设基准点

根据设计轴线坐标,在现场用墨线在混凝土底板上弹出构筑物底部模板线,没有混凝土底板的,在征得现场监理同意后,可先用同强度等级混凝土在模板位置找平,以方便小钢模的架立。构筑物模板线弹出后在立模段两端模板线以外 15 cm 左右各设一个基准点(或弹一条线),并使距放样线距离相等。

5.2.1.3 搭设立模脚手架

立模脚手架是立模和浇筑混凝土时的工作平台,必须按相关规范搭设,一般用双排或多排脚手架,内立杆距构筑物模板线 30 cm 左右。如闸墩等高度较高时,要采用满堂脚手架,以保证脚手架的稳定。

5.2.2 静态架立

5.2.2.1 底线定位

按放线位置在模板边线内 5 cm 左右打入膨胀螺栓,在膨胀螺栓上焊横向短钢筋到模板边线作为模板向内的限位,间距 1~2 m。也可用压脚板在模外定位(参见图 1、图 2)。

5.2.2.2 拼装顺序

模板拼装宜从正面一端开始,顺序进行。对闸墩等有二期混凝土的结构,可先全部立好外形模,然后在模内装接二期混凝土预留孔槽的模。对两面有立模的结构,宜先安装好一侧模板,待验收钢筋后,再安装另一侧模板,且在安装另一侧模板之前,应清扫模内杂物。

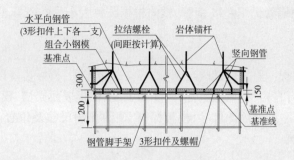

图1 立模平面示意图

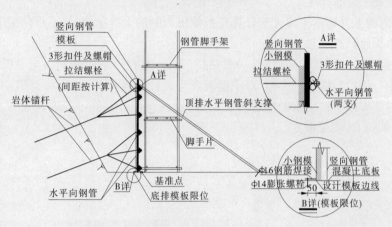

图2 立模剖面示意图

5.2.2.3 拼接小钢模

根据设计断面选择合适的模板组合模数,开始拼接小钢模,底排小钢模与模内限位钢筋靠紧。混凝土挡墙的正面模板与侧面模板可采用阴阳角模连接,为防止小钢模板缝漏浆,拼接时在每块模板的上沿及一个侧面用胶带粘接,两块模板连接的 U 形卡必须选用与孔洞直径相匹配的,以避免因插销与孔洞间的空隙而引起表面的不平整。当模板拼接高度到 1.0 m 以上时,要边拼高,边用拉结螺栓将模板临时固定,以防模板倾倒。

5.2.2.4 架纵横钢管、穿螺栓焊钢筋

模板架立后,先按设计间距 14# 铅丝在模板外侧绑扎竖向钢管,竖向钢管需接长时要错开接头,并有 50 cm 以上搭接长度。然后自下而上将拉结螺栓穿入相应的模板孔中,在模内将拉结螺栓与拉结钢筋、锚杆焊接成受力体系,在模外套上 3 形扣件后旋上螺帽,再在 3 形扣件上、下各安放一根水平向钢管,为考虑混凝土浇筑时模内拉结钢筋的弯曲,拉结螺杆长度要放长 3～5 cm;对每模的顶排水平钢管,要用斜钢管直接从地面支撑(或拉固),当顶排水平钢管支撑在脚手架上时,要验算脚手架的稳定。对有内倾的墙、用对穿螺栓固定的墙,要设置好支撑或限位木,以控制坡度或宽度,并随混凝土浇筑进度而拆除。

5.2.2.5 拉基准线,调整底、顶排模板

全模钢管架立好后,先从上排水平钢管以上放垂线到基准点,并通过两垂线拉水平横线作基准线,以基准点到模板线的长度作为调整控制值,用钢卷尺量取基准线到模板的距离,调整底排螺栓和顶排支撑到控制值并固定;调整立模段两端侧模的模板到控制值并固定。

5.2.2.6 圆弧挡墙的模板架立

(1)模板。根据圆弧半径的大小选用合适宽度的小钢模,采取竖向长短模板相间安装,采取模内钢筋限位、模外压脚板的形式严格控制模板底部位置的正确。

（2）纵模钢管。纵向钢管仍用φ48钢管，横向根据圆弧大小用φ25以上钢筋弯成设计的弧形，每排仍为上下各一根。

5.2.3 模板验收

模板架立完毕，应检查一遍扣件、螺栓、顶撑、焊接是否牢固，模板拼缝以及底边是否严密，然后根据规范要求对模板进行自检，包括稳定性、刚度和强度、模板表面光洁、模板平整、板面缝隙、结构物与设计边线、结构物水平断面内部尺寸、模板标高、预留孔洞尺寸及位置。全部清理完成后请监理验模后开始混凝土浇筑。

5.2.4 动态调整

5.2.4.1 控制混凝土入仓速度

混凝土浇筑时的上升速度不得大于计算模板侧压力时的上升速度，又要严防混凝土产生初凝。

5.2.4.2 平面模板的动态调整

当混凝土浇筑到第二排螺栓高度时（一般在高75 cm左右），就由施工员与立模工一起以基准线为依据，调整第一排拉结螺栓的螺帽，以使模板面与设计轴线相符，以后每浇筑一排螺栓高度调整一排螺帽，并对该排以下已浇筑的模板进行检查，发现与设计轴线不符时通过放松（拧紧）螺帽调整模板到设计轴线上（参见图3）。

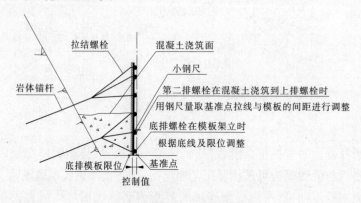

图3 模板动态调整示意图

5.2.4.3 圆弧形模板的动态调整

圆弧模板在底部第一排螺栓调整时以控制底部圆弧线和水平尺调整模板垂直度，以此确定拉结螺栓的松紧。从第二排螺栓开始均以水平尺检查模板的垂直度进行调整，当模板面有坡度时则换算成水平尺高度的坡比，用水平尺和钢卷尺联合进行调整。

5.2.5 闸墩的再加高

当闸墩或挡墙不能一次立模到设计高程需再次立模浇筑混凝土时：

（1）已浇混凝土已达可拆模以上的强度。

（2）下部模板拆除时留顶排模板不拆除，以利接缝平整。若顶排模板已拆除时，则需在混凝土与模板接触面粘贴胶带，顶部不平时应用手提切割机割平。

（3）所留顶排模板的螺栓、螺帽应拧紧，新浇混凝土第一排螺栓螺帽在架立调整时须向模内多拧紧2~3 mm。

（4）动态调整与下部混凝土浇筑时相同。上部混凝土浇筑时要配备专人在已拆模混凝土墙上用小水泵冲洗上部浇筑时所引起的混凝土污垢。

5.2.6 模板的拆除

（1）墙模板拆除：先拆除顶排水平钢管的斜拉杆或斜支撑，再拆除螺帽、3形扣件及纵横钢管（对穿螺杆），接着自上而下拆U形卡及连接模板的附件，再用撬棍轻轻撬动模板，使模板离开墙体,将模板逐块传下堆放。

(2)拆除模板时,操作人员应站在脚手架上安全的地方,拆下的模板及时清理黏结物,涂刷脱模剂,并分类堆放整齐,拆下的扣件及时集中统一管理。

(3)对外露的立模螺栓采取凿除表面混凝土,割除螺栓(到混凝土内 2 cm 以上),在钢筋头上涂防腐剂后用同强度等级砂浆抹平。

5.3 劳动力组织

以长 10 m、高 3 m 的单面立模挡墙为例,其所需人员情况见表1。

表1 劳动力组织情况

序号	工种	所需人数	备注
1	施工员	1	
2	立模工	2	
3	电焊工	1	
4	杂工	1	
合计		5	

6 材料与设备

本工法无须特别说明的材料,采用的机具设备见表2。

表2 机具设备

序号	设备名称	设备型号	单位	数量	用途
1	电焊机	BX - 300	台	1	焊接拉结螺栓用
2	角向磨光机			1	切割外露螺栓用
3	活络扳头			2	
4	线锤			2	
5	水平尺	长 1 000 mm	支	2	圆弧模用

7 质量控制

7.1 工程质量控制标准

模板工序施工质量执行《水利水电基本建设工程单元工程质量等级评定标准》(SDJ 249—88),模板工序的允许偏差按表3执行。

7.2 质量保证措施

(1)模板结构的纵横钢管间距、拉结螺栓规格及间距均须按计算确定。模板上的螺栓孔必须根据设计间距,用台钻成孔,不得在模板上随意开孔。

(2)混凝土浇筑时的上升速度不得大于计算时的混凝土上升速度,也不得使混凝土产生初凝,应根据动态调整的具体情况进行控制。

(3)混凝土入仓时,不得将混凝土直接倾倒在拉结螺栓的钢筋上。

表3　模板工序质量评定

检查项目

项次	检查项目	质量标准	检验记录
1	△稳定性、刚度和强度	符合设计要求	
2	模板表面	光洁无污物,接缝严密	

检测项目

项次	检测项目	设计值	允许偏差			实测值	合格数（点）	合格率（%）
			外露表面		隐蔽内面			
			钢模	木模				
1	模板平整度,相邻两板面高差		2	3	5			
2	局部不平(用2 m直尺检查)		2	5	10			
3	板面缝隙		1	2	2			
4	结构物边线与设计边线		10	15				
5	结构物水平断面内部尺寸	±20						
6	承重模板标高	±5						
7	预留孔、洞尺寸及位置	±10						

(4)控制拆模时间,在墩、墙、柱部位不宜低于3.5 MPa,有温控防裂要求的部位,拆除期限应专门论证。

(5)防止工程质量通病。

①墙体烂脚:模板底部用同强度等级砂浆找平,在模内用限位钢筋固定或在模外有压脚板固定底部模板位置;对上小下大的断面要设置向下的拉结螺栓或配压重,以防止模板上浮而烂脚;对所有拉结螺栓宜在架立时将螺帽位置偏向模内,待调整时放出螺帽到控制值。

②墙体转角部位扭曲:墙体转角部位采用连接角模,以保证转角度数正确,侧墙模也按正面模的要求进行动态调整。

③闸墩中墩厚薄不匀:所用的对穿螺栓要焊接限位销,或在模内支撑与墩厚相同的枋木。

④相邻模板面不平:选用同一厂家的小钢模,以使模板U形卡插孔的位置统一,使用与插孔相适应的U形卡联结,避免由于U形卡与孔之间的间隙过大而使相邻模板面不平。

⑤墙体局部位置凸出:拉接螺栓及纵横钢管必须经计算确定,所使用的螺栓必须能与螺帽密切配合,选择刚度较大的3形扣件,必要时采用双3形扣件、双螺帽。

⑥已浇的混凝土墙面被水泥浆污染:在已浇混凝土墙上再加高施工时,要在混凝土浇筑的同时,用水泵冲洗下部已拆模的混凝土墙的墙面,在水泥浆凝结前冲洗掉。

(6)成品保护:

①混凝土浇筑时要及时清理模内模板上的水泥浆和外部已浇混凝土墙面上的污染,防止模内麻面和已浇混凝土表面污染。

②拆模时不得用大锤硬砸或用撬棍硬撬,以免损坏模板边框及成品混凝土。

③操作和运输过程中,不得抛掷模板。

④模板每次拆除后,必须进行清理,涂刷脱模剂,分类堆放。如发现脱焊、变形等,应及时修理。拆下的零星配件应用箱或袋收集。

⑤在模板面进行钢筋等焊接工作时,必须用石棉板或薄钢板隔离;泵送混凝土输送管不得与模板相撞。

8 安全措施

(1)认真贯彻"安全第一,预防为主"的方针,组成以项目经理、项目专职安全员、班组长、班组兼职安全员组成的安全生产管理网络,落实安全生产责任制,做好班前安全技术交底。

(2)所使用的安全防护用品必须是合格的产品,并按规定佩戴,所搭设的立模脚手架(工作平台)必须符合相关规范要求。

(3)小钢模板架立时,必须做好临时拉固措施,防止模板倾覆。

(4)拆除模板时,不得让模板、材料自由下落,更不得大面积同时撬落,操作时必须注意下方人员的动向。

(5)拉结螺栓、拉结钢筋焊接必须持证上岗,用电线路按三级配电三级保护的要求架设。

9 环保与资源节约

(1)项目部成立施工环境卫生管理组,在施工中严格遵守国家和地方政府下发的有关环境保护的法律、法规和规章制度。

(2)施工所需用的模板、钢管、拉结钢筋按规定地点堆放整齐,不乱占场地。每天施工结束及时检查,对未按规定堆放的当天整改。

(3)加强对脱模油、废水、生产生活垃圾、弃渣的控制和治理,做到专人负责,定点保管(堆放),每班清运到指定地点。

(4)建立健全施工现场的消防安全生产责任制,做好防火工作,特别要做好防止电焊火花可能引起的防火措施。

(5)努力减小噪声,严防拆除模板时大面积一起拆下所引发的噪声。避免不必要的敲击模板所引发的噪声。

(6)保护好施工现场的围挡、标牌和标识的保护工作,做到标牌清楚齐全,各种标识醒目,现场整洁文明。

10 效益分析

10.1 社会效益

采用组合小钢模,减少了项目的模板种类及总量,减少了起重机械的使用,有利于节约资源,节约能源。

10.2 经济效益

以长7.50 m、高3.0 m,浇筑混凝土宽1.0 m的圆弧模计算,圆弧模由于使用频率小,按30次周转摊销,小钢模可以通用,按50次周转摊销,成本对照见表4。

表4　定型钢模与组合小钢模用量对照

项目	钢材消耗量 (kg/m³)	每模需投入人工(工日)	施工机械	施工准备时间	成本(元/m³)	差额 (元/m³)
定型钢模	2.94	2	需起重机械	工厂制作时间长	41.55	8.54
组合小钢模	1.41	5	不需要	现场组合时间短	33.54	

10.3 其他

动态调整解决了小钢模立模后难调整的问题,保证了混凝土结构的断面尺寸和轴线位置,提高了混凝土外观质量。

11 应用实例

11.1 诸暨市石壁水库除险加固工程

11.1.1 工程概况

石壁水库位于诸暨市东南部,是一座以防洪为主,结合灌溉、发电、养鱼等综合利用的大(2)型水利工程,工程等别为Ⅱ等。主要建筑物为2级,设计防洪标准为100年,校核防洪标准为PMF。

溢洪道位于左坝头,由原非常溢洪道加固改造为有闸控制开敞式正槽溢洪道。进口引水段长50.00 m,二岸导墙为C20混凝土衡重式挡墙,墙高13.00 m,进口引水段右岸以 $R=8.0$ m的圆弧形混凝土挡墙与大坝左坝头挡墙相连。闸室段长26.03 m,分2孔,每孔净宽7.0 m,中墩宽2 m,边墩与进口引水段边墙连成一直线,中墩、边墩均为C25混凝土,启闭平台宽9.50 m,最大挡墙高16.50 m。泄水段水平投影长度66.87 m,纵坡为1:2.3,采取陡槽阶梯消能与底能消能相结合,边墙为C25混凝土衡重式结构,墙高5.75 m。消能防冲段宽16 m,长30.1 m,采用C25混凝土,边墙为C25混凝土衡重式挡墙,墙高7.50 m。消力池外混凝土挡墙长82 m,墙高6.00 m。该段布置有 $R=60$ m, $\varphi=40.725\,2°$ 的水平弯道。溢洪道部分混凝土挡墙闸墩桩号长度255 m,是本工程的主要施工项目。

溢洪道部分基础为岩基,挡墙下部设计布置有 $\phi20$ 锚杆。

工程总造价2 628万元。

11.1.2 施工情况

(1)采用小钢模作为主要模板,挡墙一次浇筑高度一般在3 m左右,最高一段(中墩)达12.45 m。采用JS1000混凝土拌和机拌制混凝土,BT-60混凝土泵入仓。

(2)衡重式挡墙,下部有锚杆段采用在锚杆上焊拉接螺栓固定模板,上部及中墩用对穿螺栓固定模板。

(3)采用"静态架立,动态调整"的立模方法。

(4)闸室及进口引水段混凝土挡墙自2005年6月开始到7月结束,泄槽消力池段挡墙因地质原因自2006年5月开始到9月结束。

11.1.3 工程监测与结果评价

(1)混凝土挡墙、闸墩每模拆模后经自检和监理复检,平整度、垂直度均能达到设计和规范要求。

(2)2006年由南京水利科学研究院组织的蓄水安全验收,对闸墩垂直度及闸孔净宽进行复测,结果全部符合规范要求。

(3)诸暨市石壁水库溢洪道工程于2007年被评为"钱江杯"优质工程。

11.2 诸暨市青山水库除险加固工程

11.2.1 工程概况

青山水库位于浙江省诸暨市以西18 km处的草塔镇岭上坂村,是一座以灌溉、供水为主,结合防洪、发电等综合利用的中型水利枢纽。本工程按100年一遇洪水设计,按2 000年一遇洪水校核。工程等别为Ⅲ等,主要建筑物为3级。

青山水库枢纽工程由主坝、副坝、溢洪道、供水隧洞、发电隧洞、电站等建筑物组成。混凝土工程主要在溢洪道。溢洪道位于主坝左侧,全长328 m,为开敞式正槽溢洪道,有闸控制驼峰堰,底板高程74.66 m,挡墙(边墩)为衡重式挡墙,顶高程84.00 m,墙(墩)高11.34 m。单孔净宽9 m,分3孔,中墩宽1.50 m,闸室总宽30 m。闸室进水段为 $R=10$ m的1/4圆弧挡墙。

闸室部分基础为岩基,挡墙下半部设计布置有 $\phi20$ 锚杆。

11.2.2　施工情况

（1）采用小钢模作为主要模板，挡墙一次高度一般在 3 m 左右，采用 JS500 混凝土拌和机拌制混凝土，BT－60 混凝土泵入仓。

（2）衡重式挡墙，下部有锚杆段采用在锚杆上焊拉接螺栓固定模板，上部及中墩用对穿螺栓固定模板。

（3）采用"静态架立，动态调整"的立模方法。

（4）溢洪道闸室部分挡墙闸墩自 2009 年 1 月开始到 4 月结束。

11.2.3　工程监测与结果评价

（1）混凝土挡墙、闸墩每模拆模后经自检和监理复检，平整度、垂直度均能达到设计和规范要求。

（2）对闸墩垂直度及闸孔净宽在闸门安装前全面进行复测，检测结果全部符合质量标准。

（3）混凝土工程外观质量经水利部稽查组、省水利质监中心质监活动、省水利厅飞检等多次检查，得到检查组专家的一致好评，获诸暨市"珍珠杯"优质工程。

（**主要完成人：**何云奎　杨富祥　许雷阳　何伟锷）

大型泥浆泵远距离土方吹填造地施工工法

浙江江南春建设集团有限公司

1 前言

随着近几年经济和社会的快速发展,各地高度重视水利工程和围海造地工程的建设,水利工程的土石方工程(沿海围垦工程)施工中主要采用挖掘机开挖结合自卸车运输或采用挖泥船输送土方。在沿海地区,特别是浙江省钱塘江地区,采用上述方法施工不仅成本高,费时费力,而且安全隐患也高。本施工工法针对沿海地区(特别是钱塘江地区)土方工程施工的特点,采用大型泥浆泵远距离土方吹填筑堤造地,不仅操作简单,安全隐患减少,只要配备足够数量的船只和泥浆泵,工程工期将大大缩短,而且成本低,见效快。为此,总结了水利建设和造地中采用工程大型泥浆泵远距离土方吹填筑堤造地的设计、安装、施工等经验,编制了本工法。

目前,该技术已进行国内科技查新,查新结果为"委托单位编制的水利工程大型泥浆泵远距离土方吹填造地施工工法,采用接力排送技术远距离输送土方,土方输送距离可以达到15 km以上,在所检相关工法中未见具体说明。此外,在所检国家级施工工法及浙江省省级施工工法中未见有吹填造地施工工法"。

2 工法特点

(1)投入成本低,操作简易,效率高,是围海造地、就地取土最理想的工具。

(2)代替了挖掘机挖掘土方配合自卸车运输的过程,大大缩短了工期,减少了投资,取得较大的经济效益。

(3)避免了在汽车运输过程中安全事故的发生。

(4)泥浆泵施工可以采用工人两班倒日夜连续不断施工,工作效率高,机械维修成本低。

(5)直接从河床底部或滩涂中抽取粉砂土,解决了沿海(钱塘江地区)地区远距离取土的困难。

(6)可以采用接力排送技术长距离输送土方,最远土方输送距离可以达到15 km以上,效率高,成本低。

3 适用范围

本施工工法适用于沿海粉砂土地区,因粉砂土透水性好,土体分解沉淀块,被吹填后水分容易排出,易于固结密实。

采用T250-35f泥浆泵成套设备,配138 kW电机,安装简单,配用船只要求低,采取接力排送技术工艺,可以远距离吹填土方。

4 工艺原理

如图1所示,本工法利用泥浆泵抽水排水原理,先将船舶驶入取土点,抛锚定位后,在船上安装138 kW大型泥浆泵、高压水泵等一切配套的施工机具设施,先用7.5 kW高压清水泵冲刷搅浑泥沙,使局部江水富含粉砂土,后将富含粉砂土的泥水通过138 kW泥浆泵抽出,后通过输泥管输送至指定冲填区域排出,利用人工扰动冲填区的泥浆,使泥浆中的粉砂土快速沉淀并固结,等到底下一层吹填土初步固结并验收合格后再进行上一层的吹填工作,逐层吹填,厚度平均控制在50 cm左右,直至高程达到设计要求。这一工艺不但适合筑围堤、土方加高、造地,而且可以远距离输送土方,节约成本。

本工法泥浆泵代替了挖掘机挖土结合自卸车运输土方的烦琐工艺,不仅提高经济效益,而且减少了安全隐患、有利于环境整洁,经济效益十分可观。

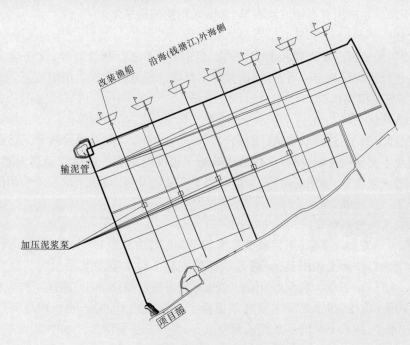

图1　泥浆泵输送土方平面示意图

5 施工工艺流程及操作要点

5.1 工艺流程

工艺流程见图2。

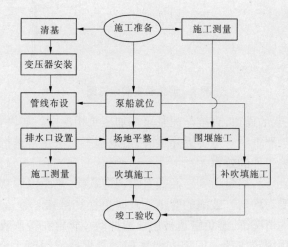

图2　工艺流程

5.2 操作要点

5.2.1 施工准备

根据施工组织设计中的施工人员、施工机械设备、船只及物资材料等进行组织调遣,搭建临时设施,做好前期施工准备工作,安装足够容量的变压器,安装好低压端计量装置,并在业主的配合下,做好水上、水下施工的有关手续,确保按计划顺利开工。

5.2.2 清基

进行施工准备工作的同时,及时进行现场清基工作,先用挖掘机将冲填区内杂草、垃圾及其他一切杂物清除干净。如区内有石坝或块石等,必须采用挖掘机平整。

5.2.3 测量放样

根据业主提供的坐标点及高程控制点,按设计图纸要求进行测量放样,设立施工测量控制网点,符合要求后进行边线样桩定位后,再报请监理工程师进行复核无误后组织施工。定位复核一般采用 GPS 定位系统与探测仪器。

5.2.4 船舶机具就位

施工前通过地形测量,计算好吹填区的最大回填量,以确保管线布置合理和足够数量的船舶和泥浆泵机组,避免不必要的接管、移管工作造成对施工进度的影响。在组织调遣船舶到位后,根据放样点,将船舶驶入取土点,抛锚定位后,立即在船上安装泥浆泵、高压清水泵等一切配套的施工机具设施,进行施工准备工作。

5.2.5 安装吸泥泵及管道铺设

船舶机具就位后安装泥浆泵,泥浆泵型号为 T250-35f,功率为 138 kW,配套一台 7.5 kW 高压清水泵,一般改装渔船作为船舶机具,一艘改装渔船安装 1 台大型泥浆泵机组。放置渔船的甲板上,用钢管固定,ϕ33 cm 铁管与泥浆泵用法兰连接,泵头通过船体伸出,连接可伸缩的 ϕ33 cm 橡胶管深入江水中用于取土;清水泵固定安装于甲板上泥浆泵边上,用于喷头冲击河床底部中的泥沙。泵头深入江水中,随着土层的不断深入调整泵头,最大泵头可深至江水中 20 m 左右(见图 3)。

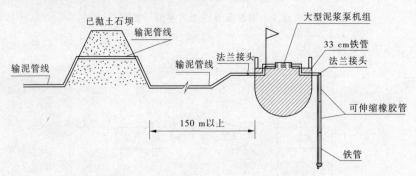

图 3 泥浆泵安装示意图

管道是泥浆泵输出泥浆的通道,直接与泥浆泵或加压泵相连接。如果管道铺设不当,就会造成流速慢、漏浆、堵塞等情况,严重时管道要拆除重装,造成施工无法正常进行,加大工程的投入,管道铺设的质量高低,直接影响工程的效率。

铺设管道一般应就便铺设,尽量做到短而顺直和流道顺畅,避免障碍物和死弯角,以减少阻力,管道连接要用螺丝拧紧,受力均匀。破漏的管道要及时更换和维修。管道穿越道路时应将其埋于路面以下,在不影响交通的情况下,避免管道被压坏或冲动。管道在转弯或上下坡时应用弯管或波形管连接,特殊地段可采用固定支架。固定支架采用钢管焊接或混凝土浇筑成型,一定要坚韧牢固,能承受泥浆和管道的重量,以免发生变形破坏,在施工过程中,要注意做好管道的安全巡查。

5.2.6 施工打固位桩

在滩涂面高程较低的临水地段筑堤,采取泥浆泵冲泥管袋施工,为控制好管袋能按放样位置堆放堆叠,在袋子两侧必须先打好固位桩(在较深地段打设二排),打好桩后,每排用横向加固连接,并于排与排间在适当间距设一处,用 8 号铅丝进行固位拉结,从而确保了冲泥灌袋位置的准确。

5.2.7　排距及接力排送计算

泥浆泵总水头采用下列公式计算:

$$H = H_f + \sum H_j + Z + v^2/(2g) \tag{1}$$

式中:H 为泥浆泵总水头(138 kW 泥浆泵水头为 35 m);H_f 为从吸入口到排出口的管线全程摩阻水头损失,m;$\sum H_j$ 为从吸入口到排出口所有局部水头损失之和,m;Z 为自水面起算至排出口的地形高差,m;$v^2/(2g)$ 为流速水头损失。

其中沿程摩阻水头损失 H_f 按达西—威士巴赫(Darcy – Wisbach)公式计算:

$$H_f = \lambda L/D v^2/(2g) \tag{2}$$

式中:L 为吸排泥管全长;D 为排泥管径,取 0.32 m;v 为管中平均流速,吹粉砂土时取 $v = 3$ m/s;g 为重力加速度,取 9.8 m/s^2;λ 为摩阻系数,取 $\lambda = 0.021$。

根据以往累计的施工经验,局部水头损失之和 $\sum H_j$ 按 H_f 的 10% 计算;

Z 暂按 0 m 计算;

则 $35 = 0.021 \times L/0.32 \times 3^2/(2 \times 9.8) + [0.021 \times L/0.32 \times 3^2/(2 \times 9.8)] \times 0.1 + 2 + 3^2/(2 \times 9.8)$

$35 = 0.021 \times L/0.32 \times 0.459 + (0.021 \times L/0.32 \times 0.459) \times 0.1 + 2 + 0.459$

计算得出 $L = 1\ 046$(m)

所以一套 138 kW 的泥浆泵机组的排泥距离一般在实际施工中取 1 000 m 左右,超过 1 000 m 则采用接力排送技术(见图4)。

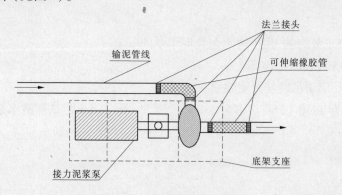

图4　接力排送平面示意图

首先输泥管线到达理论最远距离后,与可伸缩橡胶管用法兰对接,通过法兰与接力泥浆泵接牢,利用接力泥浆泵新的输送动力,与下节可伸缩橡胶管的法兰对接,后与输泥管线对接后可以再次进行土方输送,根据距离长短,可以设置 n 个接力泵,直至到达目的地,再通过分路接头器分别输送至各个吹填场地。

5.2.8　冲泥管袋及坝芯土冲填

为确保冲泥灌袋和坝芯土冲填施工顺利进行及较快固结,采用船舶必须在离原坝较远处的滩地或浅水区进行取土(距原坝边 150 m 以上,防止泥浆泵挖取土过多、过深和坑过大造成已抛土石坝基础的稳定),配置 138 kW 泥浆泵、高压水泵及水下取土装置及相应的输泥管、电缆线等一整套设备,每只船随着取土坑的变深而随时移动取土位置,确保了取土的顺利进行。

在冲填灌袋时,从底部一层开始冲灌,当底层灌袋已充填到 90% 时,必须在袋上开若干小口,使泥水迅速排出,等到袋内土方初步固结后,报请监理工程师验收,合格后再进行上一层的灌袋冲灌,当灌袋形成一定的拦截高度后,进行泥芯坝的冲填灌土。在冲填土时,逐层吹填(厚度平均控制在 50 cm 左右,以周边四侧的管袋 50 cm 来控制吹填厚度),由专人负责在袋内侧边上堆泥筑坝(确保了泥浆不流失),在中间形成一个冲填区,并由人工用竹棒等工具进行不停地扰动冲填区中的泥浆,使清水排出,促使泥浆中的粉砂土快速沉积并固结,等底层吹填土初步固结,报请监理工程师验收,合格后再进行上一层的吹填,直至吹填至设计高程。

排水口布置,一般排水口位置距离排泥管位置越远越好,使泥浆流程长,有利于泥沙沉淀,排出水较清,泄水口必须满足排泥区退水的需要,每个排泥区的泄水口不少于 2 个。泄水口应布置在具有排水通道的部位,当吹填区无排水通道时,应设置在利于开挖排水沟的部位。排水口应布置在泥场死角处,有利泥浆流向,保持泥面平整。

6 材料与设备

6.1 材料

(1)钢管。用于固定安装 138 kW 泥浆泵机组。

(2)排泥管。采用超高分子量聚乙烯管及管件,安装简便,超高分子量聚乙烯(UHMW - PE)管道单位管长比重仅为钢管重量的 1/8,使装卸、运输、安装更为方便,且能减轻工人的劳动强度。

(3)冲泥管袋。采用丝工编织袋制作,一般临时挡浪采用 120 g/m²,固结土方采用 160～180 g/m²,各项指标符合有关规范要求。

(4)各种安全救生设备。因为本工法主要在河口及沿海地区,防台防汛较多,必须配备救生衣、救生圈等。

6.2 机具设备

(1)改装渔船,停于外海侧,用于清水泵及泥浆泵的安装。

(2)钢管加工设备,铁丝、扎沟等。

(3)5 t 起重葫芦,用于吊装接力泥浆泵。

(4)泥浆泵型号为 T250 - 35f,功率为 138 kW,配套一台 7.5 kW 高压清水泵,组成一套泥浆泵机组。

(5)各种质量检测工具。

7 质量控制

(1)建立以项目经理为第一责任人的质量管理体系,统一指挥和分级领导,各个职能部门分工合作,加强各级人员的岗位责任制,把质量工作贯彻到每一道工序中。

(2)对每道工序严格执行质量"三检制",在自检合格的基础上,再报请监理工程师进行验收,经验收合格后,进行下一道工序的施工任务。

(3)严格按操作规程和施工技术规范进行施工,加强施工现场的管理,做到不违章指挥、不违章操作,对不合格材料坚决清理出场,对质量达不到设计要求的坚决要求返工重做,并确保工程外观美观。

(4)施工过程中,加强注意对编织袋的放置位置,确保堤线的顺直美观和堆叠的牢固,在充灌过程中,派专人进行现场负责监督,时时留心注意,严防编织袋爆裂,保证了施工的质量和进度。

(5)严格把握材料关,对所进行的材料进行严格检查,不合格材料坚决予以退场。

(6)现场每 50 m² 设置一个吹填标杆,每个排泥管出口都安排一个工人控制排泥管,一是控制泥浆流向,二是避免排泥管被粉砂土掩埋。

(7)设置专门的设备维修人员,确保包括排水设备在内的各项设备正常运转,充分发挥设备的工作效率。

(8)组织好设备零配件及各项材料的采购工作,保证连续施工作业,减少设备维修时间。

(9)泥浆最大控制含沙率不得大于10%,以免浓度过高造成堵管。

(10)吹填完成对吹填土进行密实度试验,应达到设计指标要求。

8 安全措施

(1)树立"安全第一"的思想,提高职工安全认识,建立健全安全生产责任制的落实,加强对职工的安全生产教育工作。与各施工班组签订安全生产责任书,把安全工作真正做到"横向到边,纵向到底","人人有其责,事事有其主"。

(2)定期召开安全生产例会,贯彻落实和学习《安全生产条例》,使广大职工熟悉自身的工种操作规程和岗位责任,增强自我保护意识,并对职工进行三级安全教育。

(3)进入施工现场,戴好安全帽,水上作业人员一律穿好救生衣,必要的劳动保护用品穿戴齐全,施工期间严格遵守施工现场的有关安全规定。

(4)项目部建立各项安全考核标准及奖罚措施,以严肃纪律,提高广大职工的安全责任心。

(5)安全用电:加强高压架空线路采用绝缘的专用电杆,配电箱的电缆线配有套管、电线进出不混乱,动力开关和照明开关装有漏触电保护器。各用电电器及电线的搭设均由专职电工进行操作施工。用电器旁边挂有有电危险标志。

(6)防火安全:现场设置用火安全警告标志,配置灭火器,并由专人进行管理,将责任落实到人。

(7)由于地处沿海地区,特别要注意防台防汛工作,成立防汛领导小组,建立防台防汛突击队,贮备一定的抢汛物资。

(8)项目部建立健全各类人员的安全责任制、安全技术交底、安全宣传教育、安全检查、安全设施验收和事故报告等管理制度。所有施工人员上岗前必须经过安全教育,接受安全技术交底方能上岗。

9 环保措施

(1)施工现场保持良好的施工环境和施工秩序,抓好现场容貌管理,明确施工设备停放场地,机械设备、材料停放整齐。

(2)保证施工现场道路畅通、平坦、整洁,对主要施工道路进行必要的养护工作。

(3)项目部进行挂牌施工,布设工程告示牌、工作批示牌、安全警示牌等,使得施工内容一目了然,合理有序。

(4)完工后,按要求进行施工现场的清理工作,做到活完、料清、场地清。

(5)严格控制施工对环境的污染,将现场周围的环境污染减少到最小。

(6)生产和生活区内,在醒目的地方挂有保护环境的卫生标语,对于生活区内的垃圾定点堆放,及时清理,生活和施工区内设置足够的临时卫生设施,及时清扫。

(7)完工后,及时对施工现场进行清理,努力恢复使用前的面貌,将损害减少到最小程度。

10 效益分析

10.1 经济效益分析

经济效益分析(见表1)。

表 1　经济效益分析　　　　　　　　　　（运土距离以 1 000 m 计算）

序号	项目	费用（元/m³）
	采用泥浆泵取土的费用	
1	材料费	1.2
2	人工费	3.5
3	机械费	3.2
	小计	7.9
	采用挖掘机配合自卸车运输土方的费用	
1	材料费	1.5
2	人工费	3.0
3	机械费	9.0
	小计	12.5
	合计节约成本	4.6

10.2　安全环境效益

采用本工法进行土方吹填施工，取消了挖掘机配合自卸车运输烦琐和混乱的施工场面，缩短了工期，减少了安全隐患，保护了环境，大大提高了工效。本工法节省了劳力和机械设备的投入，降低了工程施工成本，也为本公司在社会上树立了良好的形象。

11　应用案例

11.1　余姚市海塘除险加固围涂工程 II 期东围涂工程

余姚市海塘除险加固围涂工程是以围涂为主，结合除险、治江的 IV 等 4 级水利工程，工程位于钱塘江河口尖山段南岸余姚岸段，西至湖北西直堤（临海浦闸以西 3 km 处的 R77 断面），西至曹朗直堤（曹朗水库西侧 R82 断面），围涂总面积 2 万亩。本工程项目，既可提高海塘的抗灾能力，增加土地资源，又为实现尖山河段南岸的统一整治和规划创造了条件。

余姚市海塘除险加固围涂工程 II 期东片围涂工程，主要为东侧围区中百科陶家路江东直堤和 II 期东顺堤东，其中陶家路江东直堤全长 520 m，II 期东顺堤东长 518 m，西侧围区中包括 II 期东顺堤西、陶家路江西直堤和相公潭隔堤，长度分别为 1 420 m、880 m、870 m，主要工程量为土方约 110 万 m³，石方约 27 万 t，河道开挖 13 万 m³。中标合同价 1 935 万元。本工程土方工程采用钱塘江区泥浆泵取土，采用接泵技术，每立方米土方节约 4.6 元，共节约 4.6×110 万元 = 506 万元。

11.2　余姚市海塘除险治江围涂工程曹朗东丁坝工程

余姚市海塘除险治江围涂工程位于钱塘江河口尖山段南岸余姚岸段，计划二期实施方位为西至陶家路江，东至曹朗直堤（泗门水库西侧），围涂总面积为 2.5 万亩。本工程项目，即可提高海塘的抗灾能力，增加土地资源，又为实现尖山河段南岸的统一整治和规划创造了条件。

余姚市海塘除险治江围涂工程项目曹朗东丁坝工程和水库 R81 堤拼宽工程属一、二期围区，曹朗东丁坝共长 1 700 m，其中桩号 0 + 000 ~ 0 + 800 为泥芯丁坝，后端为堆石棱体；水库 R81 堤拼宽全长 1 200 m，工作内容主要为基础清理，护坡石料挖除、吹填土筑堤和河道开挖。中标合同价为 735 万元。主要工程量为堆石棱体石方 11.2 万 m³，编织袋充填土 11.3 万 m³，R81 拼宽 8.5 万 m³，河道开挖 12 万 m³。本工程土方工程采用钱塘江区泥浆泵取土，采用接泵技术，每立方米土方节约 4.6 元，共节约 4.6×19.8 万元 = 91.08 万元。

（**主要完成人：**王伟锋　周剑飞　狄建刚　洪海锋　方华美）

大直径顶管构造取排水口施工工法

浙江江南春建设集团有限公司

1 前言

我国的顶管技术始于 20 世纪 60 年代,伴随着国内经济建设的迅猛发展,作为一种非开挖施工技术,在各个行业中都得到了很好的应用。现代取排水顶管施工技术向着大直径、长距离方向快速发展。大直径顶管构造取排水口施工方法作为顶管技术的发展和延伸,通过工程实践,成功解决了传统取排水工程在取排水口施工中采用水中围堰、筑岛或浮运沉井采用沉井下沉或开挖的占用水域和污染水体的施工技术难题,同时具有施工安全、工期短、成本低的优点,更凸显出大直径顶管构造取排水口施工技术在取排水工程建设中的优越性和先进性。为此,对大直径顶管构造取排水口的设计、制安及操作等关键技术成果进行总结、提炼和完善,编制了本工法。

2 工法特点

(1)解决了传统大直径取排水管道顶管取排水口施工中占用水域、污染水体的施工方法。

(2)改变了传统施工工艺,提高了施工安全性。

(3)化简了施工难度,质量更能满足要求。

(4)大直径顶管构造取排水口施工速度快,能大大缩短传统施工做法的工期。

(5)综合成本低,经济效益尤其社会效益显著。

(6)构造取排水口段水平主管和竖管采用钢管,规格要求符合相关规范和技术标准。

3 适用范围

构造取排水口施工工艺适用于各种条件下的软土地层,主要用于沿海、沿江的大直径取排水管道工程中。

4 工艺原理

构造取排水口施工的工艺原理与水平顶管相似,即使用液压设备将竖向支管管节逐节竖向顶入土中。本工法关键是在水平向大型顶管顶部"生"出支管,支管自深层土质中上升至水中或露出地面,达到取排水管道的取排水口的功能要求,支管的口径和数量由主管口径、功能要求及现场施工条件等因素确定。

如图 1、图 2 所示,构造取排水口施工在已建好的管道内部,将首节构造取排水口管连接固定在主管上部顶升洞口下,首节构造取排水口管上部和特制帽盖之间采用螺栓连接,构造取排水口管和主管之间采用临时固定装置固定,利用两道 O 形橡胶止水密封。当水平顶管完成后,构造取排水口工作各项准备工作就绪后,随后解除构造取排水口管和主管之间的临时固定装置,依靠液压油缸把管节竖向向上顶出。在每节竖向支管的顶升过程中,管节之间采用焊接,使管节竖向顶入土中或水中。待工程全部完成后,在水中揭去帽盖,安装上进出口装置,形成取排水通道。

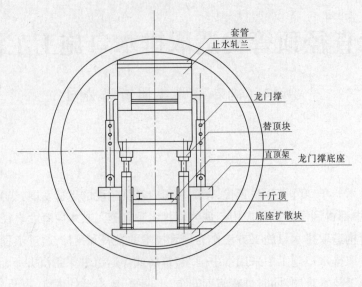

图1　构造取排水口施工图(环向剖面图)

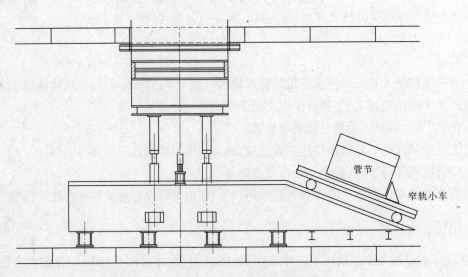

图2　构造取排水口施工图(纵剖面图)

5　施工工艺流程及操作要点

5.1　施工工艺流程

施工工艺流程见图3。

5.2　操作要点

5.2.1　施工准备

5.2.1.1　构造取排水口部位地基处理

由于竖向管顶升的后靠背设在水平管道的下部,为了保证顶升时下部地基土质承载力满足强度要求,采取对主管底部土质进行灌浆处理,使处理后的地基承载力达到150 kPa以上。灌浆施工根据水域实际条件,可采用搭设灌浆平台或通航水域可采用施工船进行。

构造取排水口作用下地基反力计算(以杭州市闲林水库枢纽大刀沙泵站工程为例)。

(1)管顶以上土水重量计算见表1。

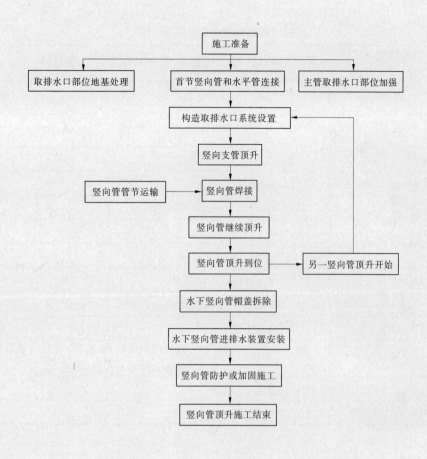

图 3　工艺流程

表 1　管顶以上土水重量计算

计算项目	厚度 H（m）	有效容重 γ（kN/m³）	$H \cdot \gamma$（kN/m²）	计算宽度（m）	计算长度（m）	管顶以上土水总重（kN）
管顶水	3.83	10	38.3	3.4	3.3	429.726
管顶土	4.632	10	46.32	3.4	3.3	519.710
管道顶以上土的总重						949.436

（2）管顶到管中心线土水重量计算见表2。

表 2　管顶到管中心线土水重量计算

宽度（m）	高度（m）	空心圆半径（m）	管道中心到顶面积	计算长度（m）	有效容重 γ（kN/m³）	管道中心到管顶土的总重（kN）
3.4	1.7	1.7	1.2404	3.3	10	40.933

综合以上分析管道上土水总的重量为:990.36 kN。

（3）构造取排水口摩阻力计算见表3。

表3　构造取排水口摩阻力计算

位置	内摩擦角 $\varphi(°)$	黏聚力 C	有效容重 γ_1	高度 H_1	有效容重 γ_2	高度 H_2	抗剪力 τ
2号土层顶	30	16	10	3.83			38.112 515
2号土层底	30	16	10	3.83	10	4.632	64.855 379

		备注
2号土层顶剪力 τ_1	38.112 515	
2号土层底剪力 τ_2	64.855 379	
平均抗剪力 τ	51.483 947	$\tau = (\tau_1 + \tau_2)/2$
顶升管半径 $R(m)$	0.7	
顶升管高度 $H(m)$	4.632	
顶升管摩阻力(kN)	1 048.861 8	$\tau H_2 \pi R$
土水重(kN)	990.37	
土水重 + 顶升阻力(kN)	2 039.231 8	
分担宽度(m)	2.944	根据顶管规范,施工期间土弧支撑角度为120°,此
分担长度(m)	3.3	为管道120°时对应宽(见图4)
平均反力 σ(kN/m²)	209.90	

其中:

$$\tau = (\gamma_1 \times H_1 + \gamma_2 \times H_2)\tan\varphi + C$$

施工期间,管道底地基土的反力可以按照极限承载力进行取算,所以此时承载力的特征值要求不小于 $209.90/2 = 104.95(kN/m^2)$,原②号黏质粉土土层承载力特征值为 100 kN/m²,考虑顶管施工过程中不可预见因素,所以管底进行压密注浆加固,使其承载力特征值不小于150 kN/m²。

5.2.1.2　首节竖向管和水平管连接

水平主管顶管出洞开始前,根据设计图纸要求,在主管的相应部位进行竖向管部位的开口和首节管的连接工作,为保证构造取排水口过程中的支管和主管的密封性满足要求,采用两道O形橡胶止水。通过螺栓调节止水橡胶压板可以改变止水橡胶的压缩量达到无渗漏的密封要求。

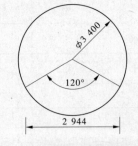

图4　主管地基土承载范围示意图

上述工作完成后要在首节竖向顶管上部安装帽盖,帽盖和竖向顶管之间采用螺栓连接,设平板橡胶止水。帽盖上设置阀门,阀门可以起到以下作用:

(1)构造取排水口时如果顶力过大,可以通过阀门注入高压水冲击土体减轻油泵的负荷。

(2)水下把顶升管的帽盖取下之前,先通过阀门把管内气体排出,保证水下操作人员的安全。

每个帽盖安装好后上部用沙把空隙填满,然后外部用砂浆抹面,保证水平顶管的圆曲度,以减少摩阻力。

5.2.1.3　竖向顶管范围主管加强

为使主管可以提供足够的反力和确保竖直顶升时主管不出现大的变形及下沉,把竖顶部位的主管包括上部竖向顶管口周围采用 $h = 250$ mm, $\sigma = 20$ 厚纵环向肋板加固。肋板间距以满足竖向顶管工作最大作用力时主管的刚度和稳定性要求为准。按设计要求,在竖管顶升时,应采用水准仪对主管道的内底标高进行监测,一旦发生管道累计下沉量超过要求的情况,应立即停止顶进,在采取包括帽盖内冲高压水等减小顶力的措施后再继续顶进。管道顶升处允许管底标高沉降控制在20 mm 以内。

5.2.2 竖向管顶升系统设置

构造取排水口系统主要包括顶升架、液压系统和管节运输设备。由于构造取排水口是在已成管道内施工,其施工设备必须满足已成管道断面条件许可。

5.2.2.1 顶升车架

顶升车架作为构造取排水口时的基座,主要作用是把顶升时的全部施工荷载均匀地分布在主管管节上,首先车架本身要具有足够的刚度和强度来承受顶升时的荷载。其次车架高度和平面尺寸设计要考虑可操作性和简便性,结合顶升节的高度、油缸高度及首节预留高度综合考虑确定。

顶升车架主要有底座、支架、扁担梁和操作平台几部分组成。底座一般采用特制定型钢板,为满足基座能把荷载均匀地传递给主管,底座和主管底部之间采用中粗砂填实;在满足上述条件的同时尽可能使底座面积大些,以达到减小主管和地基施工应力的作用。支架设计要满足刚度要求,在底座上对称布置。扁担梁作为立管管节拼装时的临时支撑,一般选用槽钢或工字钢制作。在加工时既要保证强度,又不能过于笨重,以免施工人员不便操作。顶升车架操作平台一共布置三处,分别是车架前部的液压系统操作平台、支架两侧和顶升架顶部的施工人员操作平台。

5.2.2.2 液压系统

液压系统的油泵及操作系统布置在车架的前端,通过油管与千斤顶相连。顶升施工一般布置4~6 只 1 000 kN 的千斤顶,活络的安放在顶升车架的底座上,以便调整管节方向、位置和四周空隙。千斤顶的行程在允许条件下尽可能长,以减少操作的往返次数。构造取排水口立管的管节方向均由各个方向的千斤顶进行调整,因此要求每个千斤顶均能单独动作,互不干扰。

构造取排水口时,顶升初期,理论上构造取排水口时土体的破坏有两种模式,一种是沿顶升管道管壁的竖向破坏,另外一种是按照 $45-\varphi/2$ 角度即图 5 的破坏模式。根据工程经验,土体破坏介于两者之间。

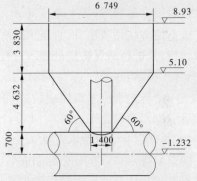

图 5 构造取排水口土体破坏范围

(1)竖向破坏的顶力计算:

$$F = \tau 2\pi R H_2 + (\gamma_1 H_1 + \gamma_2 H_2)\pi R^2$$
$$= 1\ 048.861\ 8 + (10 \times 3.83 + 10 \times 4.632) \times \pi \times 0.7 \times 0.7$$
$$= 1\ 179.124(kN)$$

式中:τ 为平均抗剪力;R 为竖向管直径;γ_1 为土的有效容重;H_1 为水面高度;H_2 为顶升管高度。

(2)$45-\varphi/2=30$ 角度破坏的顶力计算:

$$F = \pi \times 3.374\ 5 \times 3.374\ 5 \times 10 \times 3.83 + \pi \times (3.374\ 5 \times 3.374\ 5 + 0.7 \times 0.7)/2 \times 10 \times 4.632$$
$$= 2\ 234.33(kN)$$

$4 \times 1\ 000\ kN > 2\ 234.33\ kN$,所以顶力满足要求。

5.2.2.3 管节运输设备

管节运输主要包括顶管管道内的水平运输和顶升架上的竖向运输。水平运输主要采用平板车,在运输管节时须在平板车上制作一支架,支架上做好前后限位,防止管节在运输过程中坠落。竖向运输主要就是采用事先掉在闭口环上的环链葫芦将管节调至工作面。环链葫芦按四个方向布置,便于管节位置调整。

5.2.3 构造取排水口施工

主管顶管施工完成后,就可以进行相应的竖向顶管施工了,顶升管一般自内位而外逐个进行。顶升前先进行各项准备工作,包括顶升车架、液压系统等安装、调试,使之处于良好状态。

5.2.3.1 管节运送

顶升管节先在地面上按拼装顺序进行编号,按编号顺序运输管节,运送到顶升车架处。

5.2.3.2 管节就位

首节管在主管顶管前已经安装固定在主管上部的相应部位,第一节管运输至管道内工作面。用环链葫芦将管节提升并送至顶升口下,初步调整好位置,然后用千斤顶慢慢顶起,再次进行位置细部调整,然后进行焊接工作,焊接完成并检查合格后,接头焊口部位焊接后用环氧油漆进行防腐处理。

5.2.3.3 管节顶升

各项准备工作完成后,千斤顶开始顶升。顶升时要匀速缓慢进行,使管节平稳、竖向向上顶。顶升过程中随时用铅锤测其竖向度,发现偏斜,即用调整顶升千斤顶的合力中心来进行纠偏。在调换顶块时,一定要注意使顶块竖向受力并防止偏心受力。顶升千斤顶采用特制双冲程千斤顶,可以减少顶块数量。

顶升施工开始千斤顶一般使用4只,油压一般控制在8～10 MPa,随着管节数量的增加引起顶升压力增大,可增加到6只千斤顶,顶升时要确保所有千斤顶同时动作均匀上升。

下一节管节就位时,上部已经顶出的管节进行安全的临时固定装置固定,确保不发生管节坠落事故。下一节管节焊接完成并进行相应施工处理后,确保千斤顶已经可以承受上部管节的重量后,解除临时固定装置,进行正常顶升。

按上述方法逐节顶升,直至顶升底座管节,当底座管节顶升到设计标高后,底部与孔口设置的套管焊接,并进行防腐防锈处理。这样一个顶升口才算基本完成。

5.2.3.4 转移

当一个构造取排水口完成后,用卷扬机将顶升车架转移到下一个顶升口继续施工,直到完成全部构造取排水口管施工。

5.2.4 构造取排水口管收尾施工

构造取排水口管顶升全部完成后,主管内的顶升车架即可拆除,顶升设备撤出,进入收尾施工。收尾施工包括构造取排水口管防护和加固、顶升管帽盖的拆除和管口装置安装等内容。

5.2.4.1 顶升管防护和加固

为防止立管周围土体被水冲刷,构造取排水口管部位尚需要抛填块石进行防护和加固,这项工作在全部顶升管顶升结束以后和拆除帽盖之前进行。

5.2.4.2 顶升管帽盖拆除和管口装置安装

当工程验收结束,可以通水时,由潜水员将帽盖拆除并安装上管口装置。帽盖拆除之前需要把帽盖上的预留阀门打开,使顶管内的气体排出通水,确保操作人员的安全。

6 材料与设备

本工法涉及的主要设备与材料见表4。

7 质量控制

(1)本工法执行《给水排水管道工程施工及验收规范》(GB 50268—97)、《建筑钢结构焊接技术规范》(JGJ 81—2002)、《顶管施工技术及验收规范》及其他有关规范规定。

(2)构造取排水口施工应根据全面质量管理的要求,建立健全有效的质量保证体系,实行严格的质量控制、工序管理和岗位责任制,对每一工序都在确保质量合格的情况下进入下一工序,确保施工达到质量标准和要求。

表4　主要设备与材料

序号	设备名称	规格型号	数量	说明
1	千斤顶	100 t	6 只	双冲程
2	液压泵站		1 套	
3	顶升架		1 套	制作
4	运输平板车		1 辆	制作
5	顶铁	环形	2 块	
6	顶铁	条形	20 块	
7	环链葫芦	3～5 t	8 只	
8	电焊机	BX1－330	4 只	
9	轴流风机	22 kW	1 只	配风筒
10	卷扬机	1.5 t	1 台	
11	水准仪	S_1	1 台	
12	经纬仪	J_2	1 台	
13	垂球		数个	
14	实用工具		1 套	
15	焊缝检测设备		1 套	
16	黄沙		满足要求	
17	硅油		满足要求	
18	防锈防腐漆		满足要求	

(3)根据工程的施工机械、现场条件和工艺要求编制详细的施工组织设计和实施方案。对操作人员要进行详细的技术交底和培训,未经培训的人员不许上岗操作。

(4)构造取排水口部位的地基承载力要满足地基反力要求,天然承载力不够的按设计要求进行灌浆处理。

(5)顶升车架的强度、刚度及稳定性要满足最大顶力的要求。

(6)每只竖顶千斤顶油路均通过换向阀可单独控制,随时调整合力作用点满足纠偏需要。

(7)顶升管节由制作单位提供产品合格证。对于用于本工程的外加工件、紧固件等按设计要求及有关规范进行验收。

(8)构造取排水口的顶力如果超出正常的数据计算值,要分析原因,采取有效措施后再进行继续顶进,不得强行顶入。

(9)顶升时根据测量结果调整立管的竖向度,接管时临时固定装置要牢固、可靠。

(10)管节和焊缝的防腐和防锈处理要严格按设计施工操作。

8　安全措施

(1)施工中严格遵守《建筑安装工程安全技术规程》,机械操作必须符合《建筑机械使用安全技术规程》(JGJ 33—2001)。

（2）建立安全管理组织，以项目经理为现场安全保证体系的第一责任人的安全领导小组。

（3）施工时要有专人现场进行安全指挥，严禁违章作业。

（4）定期检查高压油管及接头的安全性，防止爆裂伤人。

（5）由于在管道内施工，场地、空间比较狭窄，因此要做好管道内的管节运输。顶升工具要适应将最后一节管节顶升至所要求的最高部位，严防在顶升过程中管节突然下落。

（6）在管内作业时期采用轴流风机通风，保证管道内空气流通。

（7）加强安全用电管理，遵守《电气安全技术》规定，顶管内照明用电要采用安全电压同时应备有应急照明装置。

（8）施工作业人员必须持证上岗，符合《特种行业劳动安全规程》。各工种操作人员按规程要求进行施工操作，焊工上岗前其试焊焊件必须经检验合格。

9　环保措施

（1）成立对应的施工环境卫生管理机构，在工程施工过程中严格遵守国家和地方政府下发的有关环境保护的法律、法规和规章。加强对施工燃油、工程材料、设备、废水、生活垃圾、弃渣的控制和治理。遵守有防火及废弃物处理的规章制度，做好交通环境疏导，充分满足便民要求，认真接受城市交通管理，随时接受相关单位的监督检查。

（2）将施工场地和作业限制在工程建设允许的范围内，合理布置、规范围挡，做到标牌齐全、规范、各种标识醒目，施工场地整洁文明。

（3）设立专用的排浆沟、集浆坑，对废浆、废水进行集中，严格做好无害化处理，从根本上防止施工废浆随意流失。

（4）对机械、设备、机具等产生的废油等要进行集中收集处理，不得随意丢弃。

（5）水上施工时要严格按交通部门行业规范、规程操作执行，做好水体的污染防护工作。

（6）优先选用先进环保施工机械。采取有效措施降低施工噪声，同时尽可能避免夜间施工。

（7）对施工场地道路进行硬化，并经常对施工通行道路进行洒水，防止尘土飞扬，污染周围环境。

10　效益分析

10.1　社会和环境效益分析

本工法改变了传统的水域内围堰或筑岛然后采用沉井下沉或直接开挖进行取排水口施工的方法。不需占用水域，尤其解决了传统施工污染水体的技术难题，对施工水域几乎达到零污染。为以后的此类取排水工程在类似情况下的规划设计提供了可靠的决策依据和技术标准，本工法技术将促进地下工程技术的进步，社会效益和环境效益显著。

10.2　经济效益分析

本工法与传统施工相比，由于不必进行大规模的临时工程施工及完工后的拆除清理工作，因此减少工程投资非常明显。以杭州市闲林水库枢纽大刀沙泵站工程为例，原设计采用钢板桩围堰筑岛、沉井下沉的方式完成出水口设置，投资达到280万元；采用本工法后总投资在180万元，直接减少投资近100万元。

10.3　工期和安全效益分析

以大刀沙工程为例，传统施工完成工期不少于3个月，施工范围大，工序多而杂，而且水域内施工安全风险很大；采用本工法后仅1.5个月就完成了施工任务，而且人工、设备、材料投入少，施工安全快速。

11 应用实例

11.1 杭州市闲林水库枢纽大刀沙泵站工程

杭州市闲林水库枢纽大刀沙泵站工程位于杭州市钱塘江北岸珊瑚沙水库上游 1 000 m,装机 4×1 120 kW,设计流量 26 m³/s,工程由取水建筑物、泵站建筑物和输水建筑物三部分组成。主要功能为抢钱塘江水至珊瑚沙水库,以抗潮咸。

输水管道全长 997.5 m,其中入库段采用直径 DN3400 mm 钢管,长度 146.5 m,管壁厚 30 mm,管道中心高程 -1.00 m 左右;输水管道出水口位于珊瑚沙水库中,距岸边 40~60 m,现状库底高程 4.50 m,珊瑚沙水库控制蓄水位 8.30 m,采用 6 个 DN1400 mm 钢管构造取排水口完成。

构造取排水口顶管自 2010 年 5 月 30 日开始到 2010 年 7 月 15 日管内注水平衡水压,更换出水口钢格栅帽全部结束完成。

11.2 杭州市七格污水处理厂三期排江工程

杭州市七格污水处理厂三期排江工程穿堤顶管施工的管道共有排江主管和应急排放管两根。

排江管道总长 458 m,其中放流管长 360.5 m,采用 C50 钢筋混凝土预制 F 型管,管道内径为 2.4 m,外径为 2.88 m,厚度为 240 mm,节长 2.5 m;扩散器管长 97.5 m,采用 Q235b 钢管焊制,壁厚 28 mm,外径为 2.88 m,局部有加强纵肋和环肋,构造取排水口竖管内径 1.0 m,外径为 1.04 m,厚度为 20 mm,采用 Q235b 钢管焊制,每隔 11 m 设置一根,共 9 根。每根竖管顶部设置 4 个 DBO 型 DN300 鸭嘴阀,共计 36 只。

事故排放管管道总长为 392 m,与排放管平行,中心间距 7.5 m。事故排放管管道前段 371.5 m,采用同正常排放管结构的混凝土 F 型管,事故排放管在末端的水平管采用与排江主管相同的钢管管道,并设计有 2 根竖管,竖管管径 1.0 m,间距 11 m,每根管道各设置 2 个 DBO 弯嘴型 DN800 鸭嘴阀,共计 4 只。

构造取排水口竖管共 11 根,平均顶升长度为 20 m,自 2009 年 11 月 29 日开始施工到 2010 年 1 月 28 日顺利完成。

（主要完成人:郭洪林　覃　南　沈立荣　赖家林　周剑飞）

强涌潮地区围垦抛石丁坝施工工法

浙江江南春建设集团有限公司

1 前言

随着《浙江省滩涂围垦管理条例》、《浙江省滩涂围垦总体规划》等一系列条例法规的颁布实施,滩涂围垦已被列入浙江省规定的行政许可项目,浙江省滩涂围垦逐步走上了法制化、规范化、科学化的道路。萧山治江围涂工程处于钱塘江涌潮最强的区域,河床较低、紧临深江,需要在强涌潮顶冲地段进行深水促淤,客观上存在着抛坝难、保坝难、保障难、合龙难等诸多实际困难。本工法结合围垦围海造田的施工特点,利用水动力学原理,结合大小潮汛的特点抛筑丁坝,采取船抛护底等工艺、工法,减少丁坝抛筑断面方量,大大节省了成本。为此,总结了强涌潮地区围垦抛石丁坝的设计、施工等经验,编制了本工法。

目前,该技术已进行国内科技查新,查新结果为"委托单位编制的强涌潮地区围垦抛石丁坝施工工法,施工准备→石料开采→抛筑丁坝→船抛护底→小潮汛推进→大潮汛加宽加高→船抛丁坝两侧→重复丁坝抛筑,在所检国家级施工工法、水运工程工法及浙江省省级工法中未见有该施工工法"。

2 工法特点

(1)抛石数量大,石块质量要求高,抛石质和量需完全满足工程需要。

(2)船抛护底防止坝头土方冲刷。

(3)小潮汛推进堤体伸长,大潮汛来临前保护坝头不被冲失,坝坡大块石护面防止冲失。

(4)大潮汛期间坝身加宽加高,同时船抛丁坝两侧进行断面护坡并进行延伸护底。

(5)减少了强涌潮地区丁坝抛石时石块的流失率,保持堤身稳定。

3 适用范围

本施工工法适用于强涌潮地段粉砂土地基,围区外水深、流急、潮强的特殊条件。

4 工艺原理

本工法利用水动力学原理,丁坝抛筑主要在于丁坝挑流局部改变水流的方向,使江流远离海塘及江岸,使潮水回归江心,掩护下游不受水流冲刷,使坝的上下游产生回流区造成落淤条件利于泥沙落淤,通过丁坝的抛填促使岸滩淤积,从而达到保护岸线形成淤滩的目的。

如图1所示,本工法抛筑丁坝时先用船抛护底,防止坝头土方刷深,减少坝头石块由于潮汛而被冲失;利用小潮汛推进坝身长度,在大潮汛来临之前做好坝坡及坝头大块石保护,加快抛堤进度,大潮汛期间对丁坝加宽加高,同时船抛丁坝断面的两侧,稳固坝坡坡脚,防止坝体冲刷。

本工法代替了以往不论大潮汛还是小潮汛都采取进占法卸料抛石,造成石块被潮水大量冲失和堤身进度缓慢的缺点。利用大小潮汛的时间差和潮水的水流大小,扬长避短,大大减少了钱塘江强涌潮地区石块的流失量,减少了工程投入,加快了施工工期。

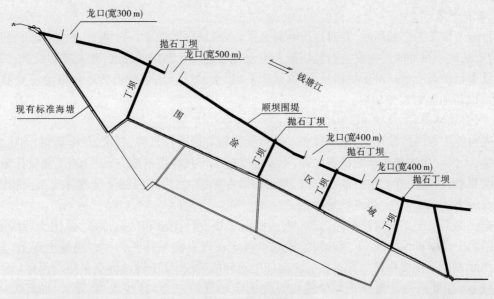

图1 丁坝抛筑平面

5 施工工艺流程及操作要点

5.1 工艺流程

工艺流程如图2所示。

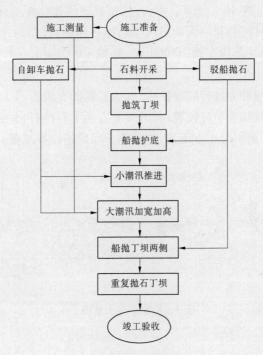

图2 工艺流程

5.2 操作要点

5.2.1 施工准备

根据施工组织设计中的施工人员、施工机械设备、抛坝石料、运输车辆、驳船及物资材料等进行组织调遣,搭建临时设施,做好前期施工准备工作,安装变压器,安装好低压端计量装置,并在业主的配合下,做好施工的有关手续,确保按计划顺利开工。

5.2.2 石料开采

进行施工准备工作的同时,及时进行石料开采,石料场要能保证石料供应。由料场负责开采装车,运输车辆由项目部统一调度。石料场配备专业人员进行车辆指挥调度,并安排质量员对开采的块石质量进行抽查检验。对于块体较大,质量在 1 t 以上的块石用装载机装运到指定场地堆放(临时码头),以备船抛时集中装运。

5.2.3 测量放样

首先对业主提供的坐标点、基准线和水准点及资料数据进行复测、确认,并将复测、确认意见报监理审核;无误后在现场选择通视条件好,不易遭受施工干扰碰撞的地方,设立施工测量控制网点,符合精度要求后,用混凝土包桩加固定位,并引桩做好保护,然后将控制测量计算成果及绘图资料一并报监理审核批准,并定期进行复测。

根据已测定的施工测量控制网(点),按照抛石丁坝设计图纸和实际地形,采用支导线测量方法实地引测上述抛石坝轴线,丁坝轴线位置选点可定在现有堤塘外江侧平台混凝土面上(前视方向点),然后根据丁坝提供的坐标逐段引测向江中延伸的轴线,江中轴线标点采用立浮标(标架)的方法,并引测控制高程。每条丁坝轴线应设立固定轴线桩三个,并经业主、设计、监理共同验收认可。

5.2.4 自卸汽车及驳船就位

主体工程抛石筑坝的施工管理上,着力在工程石料的出石率、运输车辆的周转率、抛石筑坝的有效率三个方面下工夫。假定日抛石为 2.0 万 m^3,施工计划安排 20 t 双轿自卸汽车每天出车 200 ~ 300 辆,并有 25% 备车,300 t 级底开式驳船 4 ~ 5 艘。每月扣除雨天、按 25 天工作日计算,每天扣除避潮涌、修路等净工作时间按 16 h 计算,一天按两班制运转连续施工,根据业主提供的石料运输线路及抛石现场实际施工条件,估算一天两班汽车运抛石四趟计划,每条坝为一个工作面,每个工作日抛石量不少于 20 000 m^3(其中车抛 16 000 m^3,船抛 4 000 m^3)。

5.2.5 船抛护底

如图 3 所示,抛筑丁坝前首先进行船抛护底,选用备料的大块石(1 t 以上)在临时码头用 1 m^3 挖掘机装料上船,运行至坝轴线需护底位置,打开底舱直接下料抛石,达到护底的目的,主要为了防止丁坝轴线上钱塘江潮水冲刷引起土方流失,为后续丁坝延伸做好准备。

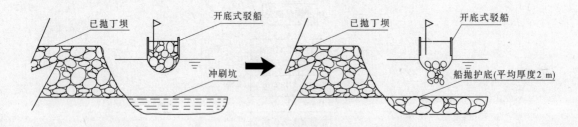

图 3　船抛护底示意图

5.2.6 小潮汛丁坝推进

按测量放样标桩及设计丁坝断面,以进占法卸料抛石,推土机推平压实,用大块石(单块重 1 000 kg 以上)抛填丁坝断面两侧,达到保护边坡、坝头目的,用块石混合料抛填丁坝断面中间,为了坝上运输车辆交汇安全,抛坝长度 100 ~ 200 m 在丁坝受冲的一侧增设避车道一处,道宽 5 m,长度 20 m。

如图 4 所示,在船抛护底的基础上,利用小潮汛潮水相对较小和潮水位较低,水流缓慢、冲刷小的时机加大抛坝施工力度,先抛低坝,按面宽 8 m 用混合石料加速推进延伸。

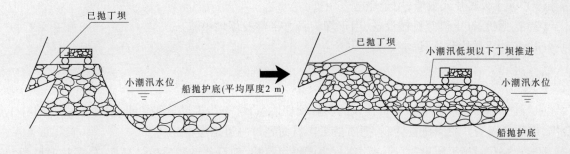

图4 小潮汛丁坝推进示意图

5.2.7 大潮汛加宽加高

在利用小潮汛丁坝推进延伸的前提下,在大潮汛来临之前做好坝坡及坝头用大块石抛石保护,利用备料场的大块石用20 t双轿自卸车进行抛填。

如图5所示,在大潮汛高潮位期间,对丁坝设计断面进行加宽加高抛石填筑,直至断面成型。高坝断面填筑完成后,坝面采用较小块级配的混合料填筑坝面,路面用1 m³反铲挖掘机进行坝坡整坡,使丁坝断面符合设计要求。

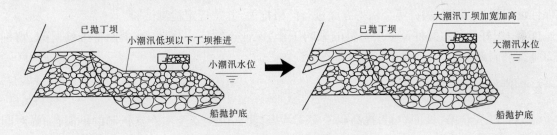

图5 大潮汛丁坝加宽加高示意图

5.2.8 船抛丁坝两侧护坡及延伸护底

在大潮汛高潮水位期间,对丁坝设计断面用车抛进行加宽加高抛石填筑的同时,进行船抛丁坝断面两侧边坡护坡(见图6),要求抛石宽度控制在10 m以上,防止潮水冲刷坝坡脚造成基础失稳,同时进行丁坝延伸护底,一般要求超前护底100~200 m。

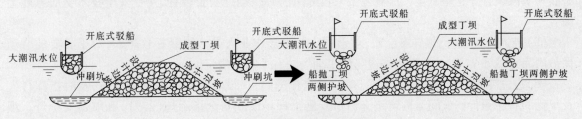

图6 船抛丁坝两侧护坡示意图

6 材料与设备

6.1 材料

(1)石料,用于抛筑丁坝。

(2)各种安全救生设备,因为本工法主要在沿海地区,防台防汛任务较重,救生衣、救生圈等必须配备。

6.2 机具设备

(1)20 t双轿自卸汽车,数量要满足抛石量的需求,用于车抛之用。

(2)300 t级底开式驳船,用于船抛之用。

(3)挖掘机、推土机等机械设备,用于坝头石方平整及坝坡整修。

(4)各种质量检测工具。

7　质量控制

(1)建立以项目经理为第一责任人的质量管理体系,统一指挥和分级负责,各个职能部门分工合作,加强各级人员的岗位责任制,把质量工作贯彻到每一道工序中。

(2)严格执行施工质量"三检制",实行生产班组自检、项目部专职质检员复检、公司驻项目部专职质检员终检,层层把关,做到质量不达标不提交验收,上道工序未经验收不得进行下道工序的施工。

(3)严格按操作规程和施工技术规范进行施工,加强施工现场的管理,做到不违章指挥、不违章操作,对不合格材料坚决清理出场,对质量达不到设计要求的坚决要求返工重做,并确保工程外观美观。

(4)抛填现场必须把分类石料按丁坝断面的不同部位进行抛填,由现场质检员进行检查把关,安排专人负责指挥抛填到位。

(5)严把块石质量关,工程质量的优劣,原材料的质量是关键,为确保整个工程质量达到合格,在保证块石质量、级配、块径等合格率方面进行严格把关,并按规定检测试验。

(6)组织好设备零配件及各项材料的采购工作,保证连续施工作业,减少设备维修时间,特别是20 t双轿自卸汽车,必须要有足够的备车。

8　安全措施

(1)树立"安全第一"的思想,提高职工安全认识,建立健全安全生产责任制的落实,加强对职工的安全生产教育工作。与各施工班组签订安全生产责任书,把安全工作真正做到"横向到边,纵向到底","人人有其责,事事有其主"。

(2)定期召开安全生产例会,贯彻落实和学习《安全生产条例》,使广大职工熟悉自身的工种操作规程和岗位责任,增强自我保护意识,并对职工进行三级安全教育。

(3)项目部建立各项安全考核标准及奖罚措施,以严肃纪律,提高广大职工的安全责任心。

(4)项目部建立健全各类人员的安全责任、安全技术交底、安全宣传教育、安全检查、安全设施验收和事故报告等管理制度。所有施工人员上岗前必须经过安全教育,接受安全技术交底方能上岗。

(5)进入施工现场,戴好安全帽,对于坝头及水上作业人员一律穿好救生衣,对于必要的劳动保护用品穿戴齐全,施工期间严格遵守施工现场的有关安全规定。

(6)设立专门的交通安全巡逻队,对交通繁忙的路口,设专职交通安全管理员,及时指挥行人及车辆的有序通行。夜间运输道路交错口及施工现场设立安全指示灯(红灯)和航道安全灯。坝头抛石指挥人员夜间穿反光背心。

(7)由于地处沿海地区,特别要注意防台防汛工作,成立防汛领导小组,建立防台防汛突击队,贮备一定的抢汛物资,施工期间遇到台风暴潮等特殊情况,严格按照防汛预案执行,在台风暴潮到来之前,第一线人员和设备能紧急撤离到安全地带,做好现有堤塘和交通道路的维修养护,保证完好堤塘的安全。

9　环保措施

(1)施工现场保持良好的施工环境和施工秩序,抓好现场容貌管理,明确施工设备停放场地,机械设备、材料停放整齐。

（2）施工机具安放整齐，不占道，因工程石料运输线路较长，沿途有块石掉落路损等情况发现及时清理和修复，施工期加强运输道路管理、维修和养护。施工破路及时修复，施工现场用电不乱拉乱接，雨季做好临时排水沟，防止泥水满溢。

（3）项目部进行挂牌施工，布设工程告示牌，工作批示牌，安全警示牌等，使得施工内容一目了然，合理有序。

（4）严格控制施工对环境的污染，将现场周围的环境污染减少到最小。

（5）生产和生活区内，在醒目的地方挂有保护环境的卫生标语，对于生活区内的垃圾定点堆放，及时清理，生活和施工区内设置足够的临时卫生设施，及时清扫。

10　效益分析

10.1　经济效益分析

以往不论大潮汛还是小潮汛都采取进占法卸料抛石，块石被潮水大量冲失，块石损失率在30%左右，而且堤身进度缓慢。而利用大小潮汛的时间差和潮水的水流大小，先行船抛护底，防止坝头刷深，减少坝头石块的冲失，利用小潮汛堆进坝身长度，在大潮汛来之前做好坝坡和坝头大块石保护，既加快了抛堤进度，又大大减少了块石的损失率，块石损失率可控制在15%左右，经济效益十分可观。

10.2　安全社会效益

采用本工法进行丁坝抛筑施工，大大减少了强涌潮地区石块的流失率，缩短了工期，加快了施工进度，保护了环境，功效大大提高。本工法不但提高了企业的施工技术水平，节约了大量的人力、劳力和机械设备的投入，降低了工程施工成本，也为本公司在社会上树立了良好的形象。

11　应用案例

11.1　萧围东线治江围涂第一期工程

萧山区萧围东线治江围涂工程东北频临钱塘江，东南与绍兴县九七丘二期相接，西北连萧围二十工段至二十二工段之间的萧山八六丘。工程围涂面积1.78万亩，规划兴建10.204 km百年一遇的东围堤，一级五条总长约5.8 km五年至二十年一遇不同标准的隔堤。

萧围东线治江围涂第一期（试验期）工程，围涂面积5 193亩。中标合同价为12 493.551 1万元。1#抛石丁坝长1 419 m；2#抛石丁坝长1 263 m；3#抛石丁坝长1 218 m；东顺坝（1#丁坝～2#丁坝间，扣除龙口段400 m）长1 254 m；东顺坝（2#丁坝～3#丁坝间，扣除龙口段400 m）长1 178 m；累计总抛石363.48万 m³。抛石坝顶面高程6.7 m，面宽8 m，两侧边坡为1:1.5。本工程利用大小潮汛特点结合船抛抛石丁坝，累计节约抛石91万 m³，每立方米石方节约41元，共节约41×91万 = 3 731（万元）。

11.2　萧围东线治江围涂第二期工程

萧山区萧围东线治江围涂工程东北频临钱塘江，东南与绍兴县九七丘二期相接，西北连萧围二十工段至二十二工段之间的萧山八六丘。工程围涂面积1.78万亩，规划兴建10.204 km百年一遇的东围堤，一级五条总长约5.8 km五年至二十年一遇不同标准的隔堤。

萧围东线治江围涂第二期工程，围涂面积12 607亩。中标合同价为20 836.45万元。5#抛石丁坝长1 418 m；二十工段促淤丁坝长153 m，东顺坝长7 307 m，累计总抛石378.3万 m³。抛石坝顶面高程6.7 m，面宽8 m，两侧边坡为1:1.5。本工程利用大小潮汛特点结合船抛抛石丁坝，累计节约抛石95万 m³，每立方米石方节约41元，共节约41×95万 = 3 895（万元）。

（主要完成人：王伟锋　方华美　徐　斌　狄建刚　顾林锋）

土石坝除险加固防渗套井施工工法

浙江江南春建设集团有限公司

1 前言

我国的水库坝体数量多达 8 万多座,其中中小型土石坝数量占九成以上。由于形成年代、施工质量及长期自然环境和各种内外因素的影响,坝体渗漏是土石坝的通病,是威胁坝体安全的重要隐患。因此,土石坝体渗漏处理成为水库除险加固的主要任务。

防渗套井作为坝体垂直防渗的一项施工技术,具有机械设备简单、施工方便、工程投入小、工效高、造价低、防渗效果好等优点,适用于土石坝的坝体防渗处理,因此对其进行技术归纳、总结和整理以形成工法,指导施工。

该土石坝除险加固防渗套井施工技术于 2011 年 7 月 16 日经中国水利电力质量管理协会专家组技术鉴定,认为本技术达到国内领先水平。

2 工法特点

防渗套井施工工法与传统施工方法相比较,如人工挖倒挂井回填混凝土或混凝土防渗墙防渗处理,具有以下特点:

(1)施工方法简单易行、工效高、投资省;
(2)施工机具简单,对施工现场条件适应能力强;
(3)施工直观性强,质量和安全便于控制;
(4)回填所用的黏土为天然建筑材料,环保无污染,适应地基变形能力强;
(5)可以同时进行土石坝坝体的蚁患防治。

3 适用范围

防渗套井施工工法,主要适用于坝高 30 m 以内的土石坝及堤防的除险加固防渗处理。

4 工艺原理

防渗套井施工工法,即在土石坝或堤防渗漏范围内,平行于坝轴线单排或多排布孔,利用冲抓式钻机干式取土造孔,采用黏土分层回填夯实,形成一定宽度连续的套接黏土防渗墙,截断坝体渗漏通道,起到除险加固防渗的目的。

4.1 套井处理范围的确定

根据土石坝或堤防的渗漏情况,即渗漏量大小、出逸点位置、施工记录及钻探、槽探资料分析,尽量摸清全面渗漏范围,处理长度一般以渗漏点向左右沿轴线延伸约为坝高的一倍距离;处理一个漏洞时,要考虑到漏洞不是一条直线,要适当扩大范围,其深度也要超过渗出点 3 m 以上。

4.2 套井施工顺序

三排套井按先上游排,再下游排,最后中间排;每排按先主井后套井的施工顺序进行。

4.3 套井排数的确定

套井排数的确定即确定土石坝除险加固需要的黏土回填套井防渗墙的厚度,由回填材料黏土的渗透稳定计算决定,求得的渗透坡降小于允许渗透坡降即可。初步确定防渗墙的有效厚度计算

公式如下:

$$T \geqslant \Delta H / J \tag{1}$$
$$\Delta H = H_1 - h$$

式中:T 为防渗墙有效厚度,m;ΔH 为防渗墙承担的最大水头,m;H_1 为上游水位;h 为防渗墙下游水位,J 为黏土防渗墙材料的允许渗透坡降,对于黏土一般取 6~8。

不同排数的套井示意图见图 1~图 3。

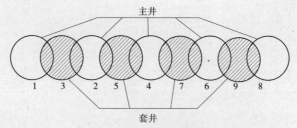

图 1   单排套井示意图

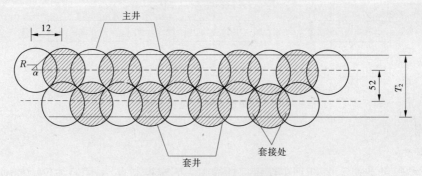

图 2   双排套井示意图

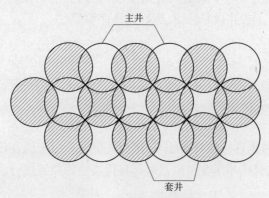

图 3   三排套井示意图

4.4   套井尺寸与防渗墙有效厚度的关系

根据几何关系推导,井距、排距、有效厚度计算公式见表 1。

表 1   计算公式

套井排数	最优 α 角	井距 L_i	排距 S_i	有效厚度 T_i
1	45°	$L_1 = R\cos\alpha$		$T_1 = 2R\sin\alpha$
2	38°34′	$L_2 = R\cos\alpha$	$S_2 = R(1 + \cos\alpha)$	$T_2 = R(1 + 3\sin\alpha)$
3	30°	$L_3 = R\cos\alpha$	$S_3 = R(1 + \cos\alpha)$	$T_3 = R(1 + 4\sin\alpha)$

5 施工工艺流程及操作要点

5.1 防渗套井施工工艺流程

防渗套井施工工艺流程见图4。

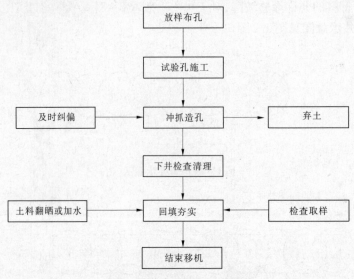

图4　防渗套井施工工艺流程

5.2 操作要点

5.2.1 放样布孔

施工测量控制网完成后,在两坝头设置坝轴线中心固定控制点,采用经纬仪测放出单排防渗套井中心线,每间隔20 m设置中心点(木桩),并向上、下游两侧引出校正点。防渗套井孔位根据设计孔距用钢尺量出孔位中心点,并做好标记,编好孔排序编号。

5.2.2 防渗套井试验孔施工

防渗套井试验孔施工的试验项目主要有三项:第一项是造孔试验,主要确定库水位(上游水位)在造孔过程中对井壁稳定的影响;第二项是回填夯实试验,主要确定夯锤重量、落锤高度、夯击次数等;第三项是下井人员安全防护设施试验,主要确定护筒型式。

5.2.2.1 试验孔位选取

套井进行正式施工前首先进行试验孔施工,试验孔位置可以随机在设计套井轴线上选取,也可以根据工程的实际情况,选取套井深度和位置都具有代表性的位置进行。

5.2.2.2 库水位控制

套井施工时,正常情况下,水库水位要降至死水位;特殊情况如不能,则通过试验孔确定施工期水库的最高水位。如水位过高,造孔过程中发生大量渗水,造成塌壁现象;严重影响安全时,则应立即分层回填夯实黏土,填至库水位以上0.50 m,再将库水位下降一级后试验,直到满足要求。

5.2.2.3 黏土回填夯实参数确定

在试验孔回填黏土中,根据设计指标,要测试出夯锤重量、落锤高度、夯击次数等施工参数,作为正常套井施工的控制指标。

5.2.2.4 护筒试验

进行护筒试验时应采取井口防护措施、下井人员安全防护措施等。要确保下井人员与地面指挥人员联络畅通,确保吊桶有足够的强度和刚度,确保井底通气和照明。

试验孔施工完成后,对所有试验孔的资料进行整理汇编,包括造孔取出土样的地质情况描述,孔内地质照片、土样容重及试验孔取样试验报告，最终由业主或监理单位确定最优的防渗套井回填施工的锤距、锤击次数和铺土厚度等。

5.2.3 冲抓造孔

5.2.3.1 造孔要求

孔位中心采用带十字准星的圆环进行定位，孔位误差控制在 2 cm 以内，倾斜率控制在 0.4%，造孔过程中应加强观测，及时纠偏，每孔造孔时，至少下井检查检测 2 次（井底一次，中间一次），并作好记录，如有异常情况，可增加次数。检查内容包括井壁渗漏水和稳定情况，井底土质等。检测内容包括主、套井搭接厚度，孔的倾斜度等。

冲抓造孔要求严格按照先主井后套井的顺序施工，造孔应连续作业，不得停歇，以免塌孔。

井孔垂直度控制必须满足技术要求，否则会影响防渗墙的搭接和有效厚度。为防止井孔倾斜，造孔时，定位要对准中心桩，三脚架应保持平稳，避免钻头摆动而影响造孔质量。开孔冲抓要慢，抓锤落距要短，孔口保持平稳进尺，以导直孔径，避免偏孔。

开孔完成后，在孔径已导直前提下，冲抓钻抓片落距可适当增大至 3~4 m，一次抓深厚度 10~15 cm。如中途遇石块等硬物造成偏孔，要及时纠偏，需重新回填黏土，重锤夯实，再重新造孔。造孔中的弃土采用特制的人工双轮车跨于孔口，抓机所抓土方卸于双轮胶车内，由人工卸至附近弃土场。

造孔过程中如孔壁稳定，则可造孔至设计深度，并停机观测 30 min，再按防渗套井回填的夯填要求，分层夯填至坝顶；当造孔过程中发生大量渗水，造成孔壁塌壁现象，严重影响安全时，应立即分层回填黏土并加以夯实，回填至库水位 0.50 m 以上后，再将库水位下调一级，方可重新造孔。

造孔过程中，应加强渗透观察，根据设计要求及现场情况，应在造孔至不同高程部位后停机，进行土层渗透观察，特别部位加强观察，与原设计地质资料进行对比。

5.2.3.2 下井检查清理

造孔完成后，回填黏土之前应进行下井检查，下井前对机械设备及载人护筒进行检查，以确保人身安全。清理工作主要包括清除底部积水、污物、石渣、杂物、松动石块等；井孔检查主要包括井底的清基及积水的排除；测量井孔深度是否达到设计要求；检查原坝体的质量，并详细记录渗水、塌方等出现险情的范围及严重程度，并根据其性质进行处理；在套井中检查与两侧主井填土质量及搭接厚度是否符合设计要求，发现问题及时处理。

5.2.3.3 回填夯实及检测取样

1. 回填土指标要求

造孔检查处理完毕后，应立即连续进行分层回填黏土夯实。填筑套井防渗墙的土料需选用素黏土，其黏粒含量要求在 35%~50%，含水量控制在 18%~24%；不满足含水量要求的土料需采取洒水或翻晒处理。为了使套井底部黏土与岸坡岩石黏结良好和对于套井底部少量渗水的处理，一般套井底部 2 m 范围内采用 1:10~1:5 的水泥土进行回填处理。对于有白蚁防治要求的坝体或堤防，可在回填土中加入防治白蚁的药水或加食盐防治白蚁的办法（按土的 5% 加盐），达到对坝体或堤防除险加固的同时又进行了防治白蚁两全其美的效果。

2. 黏土夯击技术指标

以诸暨征天水库除险加固工程套井为例，经过试验确定夯锤为圆形重 800 kg，直径为 90 cm，铺土厚度控制在 30 cm 以内，夯击次数为 16~20 次，落锤高度为 2.5 m。夯锤由原有的冲抓机械卷扬机操作完成。

3. 检测取样及指标

每个孔分低、中、高取三组土样，主井取样位置在主孔中为上、中、下，在套井中为左、中、右。检测指标要求一般包括干密度、含水量、渗透系数及压实度指标等。

5.2.3.4 下井人员防护

下井人员防护措施主要是孔口防护措施及下井人员安全防护措施。孔口防护主要对孔口的石块、土块等杂物进行清理，防止将土块石块踢入孔内，砸伤井下人员，人员下井时，孔口附近1 m内严禁站人；下井人员采用特制钢筋笼作为上下至井底的工具，一般钢筋笼采用直径为70 cm、高度为200 cm的圆筒钢筋笼，用电焊焊接确保强度和刚度，笼顶包铁皮或用防土油布覆盖。人员下井进行观测检查和回填土取样时，要确保井底的空气满足下井人员的需求，可以提前采用点蜡烛等简易方法进行测试，如不满足应采用动力通风解决；下井人员采用对讲机与地面指挥人员保持联络畅通。

施工中防渗套井每个井孔施工原始记录要完整、可靠；检测试验资料真实、齐全、有效；完工后对所有的资料进行整理汇编，包括造孔取出土样的地质情况描述，孔内地质照片，土样检测的密实度、干密度、含水率等指标。对套井底部地质描述和描绘整编，存档备查。

6 材料与设备

本工法涉及的主要设备与材料如表2、表3所示。

表2 本工法涉及的主要设备与材料

序号	设备材料名称	规格型号	数量	说明
1	冲抓钻机	8JZ-95型	数台	由工程量和工期、功效定
2	夯锤	800 kg	1只	自制
3	安全笼	ϕ70 cm×200 cm	1只	自制
4	手推车	双轮	若干	每套冲抓设备配两辆
5	装载机	20型	数台	每套冲抓设备配一台
6	水泵	5 kW	2~5台	
7	水准仪	S_1	2台	
8	经纬仪	J_2	1台	
9	对讲机			
10	黄黏土		若干	黏粒、含水量等符合要求

表3 8JZ-95型钻机主要技术性能

序号	项目	单位	技术性能指标	序号	项目	单位	技术性能指标
1	直径	cm	110	6	钻头重量	kg	1 540
2	钻孔深度	m	40	7	搭架高度	cm	540
3	启动速度	m/s	0.7	8	底架尺寸	cm	700×900
4	启动能力	kN	30	9	全部重量(机重)	kg	3 500
5	钢丝直径	mm	17.5	10	配套动力	kW	17~22

7 质量控制

（1）本工法执行《碾压式土石坝设计规范》（SL 274—2001）、《碾压式土石坝施工规范》（DLT 5129—2001）、《堤防工程施工规范》（SL 260—98）。

（2）造孔质量控制。

①开孔要求对准放样点位，孔位采用中心带十字星的圆环进行定位，误差不超过 ±2 cm。

②造孔过程中应对孔斜、孔深及时检查，发现问题及时纠正。造孔过程中如发现孔斜，及时调直，要求不超过 0.4%，对于倾斜率偏差太大、纠正困难的孔则用新土回填至孔斜高程处再重新造孔。

③每孔下井检查 2 次（具体按该孔地址情况调整位置），主要检查孔壁渗水和稳定情况，以及防渗套井搭接厚度和倾斜度，并取试验土样，作好详细记录。

④冲抓防渗套井成孔后，必须对防渗套井进行检查验收，清除底部积水、污物、石渣、杂物、松动石块等才能回填，并保持井内无积水，岸坡段坝体与基岩接触面采用人工清孔，清除接触面原坝体土和强风化岩层。

（3）回填土料的质量控制。

①防渗套井回填土料料场是由业主指定的合格料场，但必须经有资质的土工实验室试验合格后方可使用。

②土料含水量控制在最优含水量（±2%）范围内。含水率的控制，必须每天对运至现场的前几车土料做自检（一般采用酒精燃烧法速度较快），对含水率偏高的土进行翻晒，合格后使用，并派专人清理土料中的杂物。

③回填施工运土机械采用装载机车，铲土入孔后严格控制锤击次数，现场施工员及监理随机抽查，遇到有疑问的孔则取样试验。

（4）雨季施工质量保证措施。

①做好土料的储备及排水，土料使用塑料薄膜覆盖，保证雨后料场无法立即开挖时防渗套井回填土料的充足供应。

②坝体土料堆放采用现运现用满足当天使用的原则，当天回填未使用完的土料及时覆盖。

③坝顶施工道路经常维护加固，雨水过后道路泥泞车辆无法进入，采用碎石铺路，确保雨水后备料场的土料能及时运至坝顶施工现场，满足进度要求。

④雨天防渗套井严禁施工，因特殊原因未能及时回填完成的孔，在孔口四周挖一圈排水沟，孔口用薄膜覆盖并加盖模板，并在旁边设立明显警示标志。

（5）回填夯实质量控制。

①严格按试验孔所确定的技术参数进行夯实质量控制。

②套井施工结束后要采用地质钻机取样检验，保证土芯样外观及各项检测指标满足要求。

8 安全措施

（1）施工中严格遵守《建筑安装工程安全技术规程》、机械操作必须符合《建筑机械使用安全技术规程》（JGJ 33—2001）。

（2）建立安全管理组织，以项目经理为现场安全保证体系的第一责任人的安全领导小组。

（3）施工时要有专人现场进行安全指挥，严禁违章作业。

（4）冲抓造孔及下井检查、取样时，应对相关操作人员做好安全技术交底。

（5）经常检查钢丝绳磨损情况，发现起毛立即更换。

（6）卷扬机的维护和保养要定期进行，尤其是卷扬机刹车的有效性。

（7）加强安全用电管理，遵守《电气安全技术》规定。

（8）施工作业人员必须持证上岗，符合《特种行业劳动安全规程》。

9 环保措施

(1)工地成立相应的施工环境卫生管理机构,在工程施工过程中严格遵守国家和地方政府下发的有关环境保护的法律、法规和规章。加强对施工燃油、工程材料、设备、废水、生活垃圾、弃渣的控制和治理。

(2)遵守有防火及废弃物处理的规章制度,做好交通环境疏导,充分满足便民要求,随时接受相关单位的监督检查。

(3)设立专用的排浆沟、集水坑,对废浆、废水进行集中,严格做好无害化处理,从根本上防止施工废浆随意流失。

(4)对机械、设备、机具等产生的废油等要进行集中收集处理,不得随意丢弃。

(5)对施工场地道路进行硬化,并经常对施工通行道路进行洒水,防止尘土飞扬,污染周围环境。

10 效益分析

10.1 社会效益和环境效益分析

本工法改变了传统的人工挖倒挂井方式,而采用了机械造孔方式,降低了人力的使用,提高了机械的效率,大大提高了社会生产力;本工法采用黏土回填防渗,而不采用混凝土连续墙方式,降低了生产成本,并减少了混凝土施工中的一系列环境污染问题;本工法施工时,可同时进行水库白蚁防治,降低了水库管理单位的运行管理成本,保证了大坝安全。

10.2 经济效益分析

不同施工方法经济效益比较见表4。

表4 不同施工方法经济效益比较

施工方法	工期(d)	造价(元)	主要设备投入	主要人工投入(人)
人工挖倒挂井,回填黏土	3	7 500	挖孔机具1套,起吊设备1套,回填夯实设备1套	6
混凝土防渗墙	2	5 214	钻孔设备1套,泥浆设备1套,混凝土制备设备1套,混凝土浇筑设备1套	5
冲抓防渗套井回填	1	3 900	冲抓钻机具1套,夯锤1只	4

以上分析以完成1 m宽,1 m长,深20 m的防渗体为例,进行工期、造价、设备人员投入比较。本工法与人工开挖倒挂井相比,冲抓机械代替了人工开挖,安全性大大提高,不需要混凝土井壁衬砌,减少工序,节约成本;与混凝土防渗墙比较,设备投入小,现场适应能力强,采用来源方便、价格便宜的黏土,因此减少工程投资和施工成本非常明显。

11 应用实例

11.1 玉环县龙溪水库除险加固工程

龙溪水库位于浙江省玉环县中部龙溪乡大密溪村,现状正常库容270.90万 m^3,总库容331.67万 m^3,龙溪水库是一座以供水为主,兼有防洪、除涝、灌溉等综合利用的小(1)型水库。

大坝进行防渗套井回填处理,处理长度 193.1 m,设计防渗套井冲抓孔直径 1.10 m,采用双排孔,防渗套井孔距 0.86 m,排距 0.89 m,有效厚度 1.58 m。防渗套井轴线布置在大坝坝轴线上游 0.85 m 位置,防渗套井底部至 12.00 m 高程,累计防渗套井长度 8 550 延米。

玉环县龙溪水库除险加固工程于 2009 年 10 月 1 日开工,2010 年 12 月 12 日完工。

11.2 诸暨征天水库除险加固工程

征天水库位于诸暨市枫桥区东一乡旺妙倪家沿北大冈溪出口,距枫桥镇 6 km,水库控制流域面积 13.4 km²,引水面积 5.05 km²,坝高 24.5 m,总库容 1 253 万 m³。坝型为心墙、均质混合坝,是一座以灌溉为主,结合防洪、发电、养鱼等综合利用的中型水库,枢纽由大坝、溢洪道、输水涵洞、电站等建筑物组成。

坝体采用黏土防渗套井回填防渗处理,设计黏土防渗套井回填深度最深为 24.3 m,共 119 孔,累计长度 2 747.9 延米。诸暨征天水库除险加固工程于 2008 年 10 月 25 日开工,2010 年 5 月 6 日完工。

(**主要完成人**:郭洪林　宋　翔　曹美刚　杨金华　徐坚伟)

粉砂土地基内围堰法堵口施工工法

浙江凌云水利水电建筑有限公司

1 前言

我国江河众多,新中国成立 50 多年来,尤其是经过 20 多年大中型水利水电工程的实践,导流截流及围堰工程的设计和施工水平迅速提高,如长江葛洲坝、三峡工程的大江截流成功都标志着我国在大江大河上截流及修筑围堰技术已跻身国际先进行列。但上述工程主要对山区江河实施的截流工程,它们都有个共同的特点,即基础为岩石,属硬质基础,虽然截流龙口流速较大,但基底冲刷深度不会加剧,施工断面保持一定,采用多支戗堤立堵法效果显著,而对平原软土基江河截流的成功经验并不多,如长三角粉砂土地区,特别是杭州湾强涌潮区,基础为极易被冲刷的粉砂土软基,加上因城市发展及水利工程建设需要,要在滩面高程较低的地区实施围堰施工,直堵法并不适用。经多年实践,我们采用内围堰燕子窝堵口法,可在强涌潮区的粉砂土软基上成功实施堵口,其施工经验值得推广。

通过对曹娥江大闸施工围堰,绍兴县口门丘治江围涂中片、西片土方工程等 3 个地处钱塘江强涌潮江道,基层为极易被冲刷的粉砂土软基处理,经过实践对抛石戗堤、龙口护底、堵口等关键工程施工的分析研究,采取了吹填编织土工袋护底、平抛加土工布护底、内围堰燕子窝堵口等围堰堵口施工技术确保工程的成功实施,提高了施工效率,使工程提前完成,成效显箸。

2 工法特点

(1)为解决围堰抛石戗堤施工时的坝头冲刷问题,对局部地段采用编织土工袋吹泥护底和无纺土工布加平抛护底(用船将抛石抛在戗堤的坝前),可有效减少冲刷,降低施工成本。

(2)利用水力消能的作用,在龙口处抛筑一定高程的抛石平台,像一支挡水消能门坎,能减少龙口内侧滩面的冲刷,同时可抬高龙口内水位,减少退潮落差,对围堰内的滩面产生促淤作用,从而减少围堰内进水水量,降低堵口难度。

(3)采用内围堰燕子窝堵口,在龙口内侧的高程 −0.5 m 处的滩面上吹填内围堰挡水堤,利用内围堰堵口,可避开冲刷深坑减少围堰断面,从而减少施工难度和工程量,降低投资。

3 适用范围

适用于钱塘江等粉砂土基层的强涌潮(涨潮落潮时间快且水位变化大)地区,也可推广应用在我国东南沿海,特别是闽、苏、浙地区的围涂、大型水闸等工程的围堰堵口施工。

4 工艺原理

(1)本工法重点是解决在抗冲刷能力弱的粉砂土地基上,并受每天两次潮涨潮落的几百万立方米的潮水的冲刷下,确保围堰龙口最终成功合龙的问题。

(2)围堰施工最终目的是使具有挡水功能的土堤形成连续的围堤,将水阻挡在堤外,但为减少投资,填筑土料就地取材采用现场的粉砂土,由于施工期间受每天两次潮涨潮落的几百万立方米的潮水的冲刷,为减少冲刷影响,施工时先抛筑 500 m 的抛石戗堤,后随着抛石戗堤的推进(利用抛石戗堤的抗冲能力)再填筑闭气土堤。因潮水冲刷,抛石戗堤坝头土基冲刷加剧,形成深 10 多 m

· 236 ·

的深坑,使得工程量增加。为减少冲刷,在冲刷坑形成前,用无纺土工布加开底驳平抛块石,在坝头前先形成一层2.0 m厚的抛石护底,以提高抗冲能力。

(3)龙口位置一般定在泄潮较快的一侧围堤上,随着龙口宽度的缩小,经过龙口处的流速越来越快,对龙口处的滩面冲刷就会加剧,使其滩面刷深,堵口难度加大。所以,在龙口形成至宽500 m时,就要采取措施对龙口部位进行防冲促淤,一是先在龙口处用编织土工袋吹泥护底和无纺土工布平抛护底加固抗冲。二是当龙口形成预定宽度后,在其外侧呈弧形抛筑一支宽约20 m、顶高为-1.0 m左右的促淤平台,以后随着堰内滩面淤高而逐渐加高至1.0 m,以有效减小潮冲沟冲刷,促进龙口附近滩面淤积。

(4)当围堰龙口形成后(宽度为150~200 m),每天两次涨退潮有几百万立方米的水量进出,流速较大,在龙口促淤石坝内侧形成一个冲坑,平均高程达到-5.0 m以下,无法直堵施工,但由于促淤平台的作用,龙口冲刷坑内侧滩面一般能淤涨到比促淤平台稍微低的高程,为内围堰燕子窝施工提供条件。可在滩面平均高程-0.5 m处布置内围堰堤线,确定退潮水流集中的一侧作为龙口,将另外两侧的内围堰堤线吹填至6.50 m高程,使其具备挡水功能。堵口时(一般是农历每月初九至初十或者廿四至廿五,这段时间的潮位最小,高潮水位可在3.0 m以下),5~6 h内集中力量一次性在龙口处吹填挡水堤,将下一次潮水挡在堤外,从而实现堵口成功。内围堰平面布置图如图1所示。

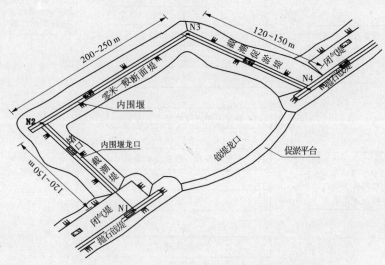

图1 堵口内围堰平面布置图

5 施工工艺流程及操作要点

5.1 施工工艺流程

施工工艺流程见图2。

5.2 操作要点

5.2.1 调查施工区域地质等自然条件

工程所在的地质、水文气象等自然条件对围堰堵口施工起着决定性作用,在开工前必须作全面、详细的了解,为施工计划提供依据。

5.2.2 编制总体堵口施工计划

围堰施工是向外圈地,会使这一地区的江道变窄,涌潮现象更加明显,在围堰施工中,随着堤线的延伸,水流在抛石戗堤抛筑坝头发生急剧变化,坝头形成严重的冲刷坑,主要存在坝头河床刷深、龙口处形成深坑、闭气土堤难以封闭等困难。

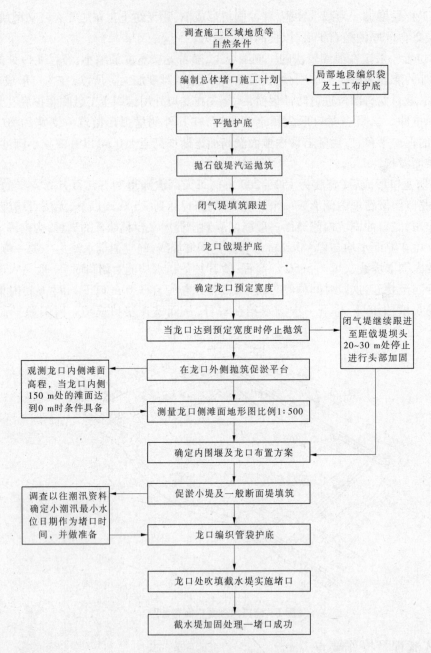

图2　内围堰堵口作业工艺流程

我国大型水利工程建设较多,施工围堰的型式与施工技术较为成熟,但大都是承受河流单向的水流作用,但在涌潮地区并不适用,每天要承受两次涨潮退潮双向冲刷,且土质为粉砂土,具有遇水即化的特性,采用泥浆泵吹填土方,在涨水状态无法沉淀形成有效回填土,要实现围堰成功合龙,必须解决减少坝头基底冲刷,提高龙口底高程,限制涨退潮进出龙口的流量,加快闭气土堤吹填速度等几个问题。

根据上述分析结果,可编制总体堵口施工计划,计划编制目的在于确定以下几方面内容:

(1)主要施工措施。

针对需解决的问题,主要措施为在抛石戗堤抛筑施工时,采取小潮汛低抛快进,大潮汛加宽加高的方法。提高抗冲能力,采取平抛护底、坝前吹填编织土工袋护底等方法。龙口采取抛筑促淤平台。堵口采用内围堰法。

（2）确定总体施工计划。

围堰施工的中心是堵口，所有工作都是环绕在这个中心展开的，所以施工计划就是先确定堵口实施时间，以此为工作节点再向前向后推算各工序的施工时段，为施工力量的安排提供依据。

（3）确定施工力量投入。

根据施工计划的安排结果，我们可以计算出单位时间的施工强度，进而计算出相应施工机械、劳动力、物资等的投入量，为整个后勤工作提供依据。

5.2.3 平抛护底

鉴于围堰戗堤抛筑过程中，两侧戗堤与潮水的关系相当于丁坝，水流对坝头产生剧烈冲刷。为减少坝头冲刷坑，提高抛坝进展速度，降低工程投资，采用先护底、后抛坝的方法。即先将 400 g/m² 土工无纺布铺设在涂面上，在无纺土工布上用开底驳船抛筑厚度为 2～3 m 的护底石，然后再用自卸车抛筑坝体，护底断面如图 3 所示。平抛护底的最大作用是保护坝头滩涂。

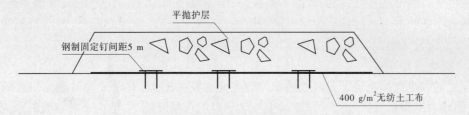

图3　土工布加平抛护底断面图

在应用上述方法的过程中会出现两个问题：一是护底措施只是延缓了滩涂的刷深，并不能确保滩涂不刷。这是因为开底驳平抛护底尽管很薄，但最小厚度也得有 2～3 m，因此仍然有一定的坝头绕流冲刷和护底两侧进、退潮时的跌水冲刷，特别在大潮汛期间，一般 5 d 左右时间就能将护底冲掉；二是在 -3.0～-9.0 m 高程的滩涂条件下，戗堤坝头绕流对涂面的冲刷影响沿坝轴线距离坝头 100～200 m 以内较为明显，滩涂越低，影响范围越大。由问题一可知，车抛必须在船抛护底后 5 d 内（小潮汛该时间可延长）实施，即赶在护底被冲掉前完成堤身抛筑。因此，船抛护底进度要视车抛强度而定，不能太快。由问题二可知，船抛护底必须超前车抛坝头 100～200 m，以有效保护坝头绕流冲刷影响范围内的滩涂。

通过对以上两个问题车抛强度和不同涂面高程的综合分析，确定了合理的船抛超前长度：当涂面高于 -4.0 m 高程时，船抛超前 100 m；当涂面为 -4.0～-6.0 m 高程时，船抛超前 150 m；当涂面为低于 -6.0 m 高程时，船抛超前 200 m。实践证明，此种抛石筑坝方式可有效地保护坝基涂面，减小石方损失，加速抛坝进度。

5.2.4 坝前吹填编织土工袋护底

在戗堤抛筑中，根据戗堤轴线前的滩面高程（在小潮汛时，能露出水面或在水面以下 50 cm 以内的地段），采取在戗堤位置先吹填编织袋土护底的方法。具体做法为，在小潮汛期间坝头位置并排吹填两只 φ8.5 m×50 m 的编织袋土，并逐日向前伸延，直至潮汛渐大泥浆泵施工船无法作业。通过打编织袋土护底，也减轻了坝头冲刷坑。编织袋土护底在石坝较短时，效果比较好，但随着戗堤的抛长，坝头的冲刷效应也不断地增强，又由于编织袋土的抗冲能力较差，经过几个潮汛的冲刷，护底作用就不断削弱，特别是经过大潮汛的冲刷，几乎失去护底作用。所以，在实施时利用小潮汛打护底袋土，打好后马上在其上抛筑块石，实际效果很好。

5.2.5 抛石戗堤汽运抛筑

围堰的两侧戗堤抛筑呈丁坝行进，坝头的冲刷坑效应十分严重，特别在大潮汛进退潮流较快，冲刷也较严重，相反在小潮汛，进退潮流速较缓，坝头的冲刷也相对较轻，为尽可能地减少坝头冲刷，在小潮汛期间集中力量突击进行低抛快进，使坝头不形成冲刷坑，低抛的坝顶高程控制在 4.00～

4.50 m,即在小潮汛的高潮位不过坝顶,以便全天候作业,坝面宽度在7.0~8.0 m,即以坝顶来往车辆能过为宜,采取低坝抛筑,尽可能抛长戗堤,可有效减少坝头冲刷坑的形成。

5.2.6 闭气堤填筑跟进

随着戗堤长度延伸,戗堤内侧贴坝部位滩面渐渐升高,当滩面高程达到−2.0 m以上时,闭气堤就要逐步地向外推进,推进工作分段进行,以200 m为一段,先按设计要求在闭气堤的外侧坡脚位置吹填编织护底袋,一层层打高,这样可促使戗堤附近的滩面升高,减少流经戗堤的水量,在闭气堤端部用编织袋土隔断,起到保护闭气堤坝头的作用。随着编织袋土升高,紧跟着内侧堤身土方吹填,直到闭气堤高程达到设计要求。

随着闭气堤的推进离龙口就越近,过戗堤龙口的水流也相对较急。第二期拟推进80 m,在吹填第二期的同时要为闭气与龙口连接段打好基础,吹填好几层φ5 m以上大型编织袋。

5.2.7 龙口戗堤护底

随着戗堤龙口的形成,围区内的滩面不断淤高,但龙口处的深潭在不断加深,深槽不断加长,龙口附近的滩面不断的被冲刷破坏。为尽可能的使龙口附近有较好的滩面形势,为堵口创造良好的条件,先在滩面铺设无纺土工布,并用∏形钢钉固定,然后在无纺土工布上抛筑块石。

5.2.8 确定龙口预定宽度

龙口宽度的大小直接决定了龙口处的水流最大速度及冲刷力,宽度过大虽然龙口处的水流流速降下来,但堵口工程量大大增加。宽度过小虽然堵口工程量降低了,但由于龙口处的水流流速加大使堵口的难度增加。一般宽度控制在150~200 m最好。具体宽度根据现场实际依据龙口处冲刷程度来调整。

5.2.9 龙口外侧抛筑促淤平台

龙口形成后,龙口处的流速达到最大,冲刷影响也达到最大,只有稳定其冲刷力及增强围堰内滩面的淤积能力,才能为堵口实施提供保障,采取抛筑促淤平台,在龙口两侧坝头各修筑一支斜道,利用汽车立抛,选用块石具有良好的级配;采用汽车立抛主要是使抛筑的块石在汽车、挖机的碾压下达到较高的密实度,增加抗潮水冲刷的能力。龙口促淤平台呈圆弧形,抛筑宽度为10 m、高程控制在−1.0 m,此后,随着滩面的不断淤高,逐次加高至1.0 m。

5.2.10 测量龙口内侧滩面地形

龙口形成后,定期对龙口内侧100~150 m范围的滩面高程进行测量,当滩面平均高程达到−0.5 m以上时,堵口实施条件已具备,这时就要用全站仪对龙口周围400 m范围的滩面测出1:500的地形图,为内围堰燕子窝的布置方案确定提供依据。

5.2.11 确定内围堰及龙口布置方案

龙口形成后,戗堤龙口附近有一较深的冲刷坑,最佳方案是采用内围堰堵口法。内围堰分为三边共三支堤线,左侧堤长一般为120~150 m,戗堤龙口对面堤线长一般为200~250 m,右侧堤长一般为120~150 m,根据潮流沟易在戗堤内侧形成的特性,将受潮水正面冲击的一侧堤线定为内围堰龙口,也称为堵口截潮堤,由潮水回流形成潮流沟的一侧堤线称为截潮促淤堤,戗堤龙口对面堤线被称为一般断面堤。具体结构如图4~图6所示。

5.2.12 促淤小堤及一般断面堤填筑

为龙口截堵时能集中精力、集中力量,截潮促淤堤要先进行填筑,在截潮前一汛先把其所在的潮沟堵住,并整体吹填到设计高程,同时开展一般断面堤的填筑,因其在滩面高程0.0 m左右施工的,施工难度较小,施工进度较快。施工时,先打好两侧底袋,截住回流水,再一层层加高编织管袋土,并往中间吹芯泥。

5.2.13 堵口

堵口一般选择在小潮汛的农历初九为好,以农历初九堵口为例。堵口工作的全面铺开自农历

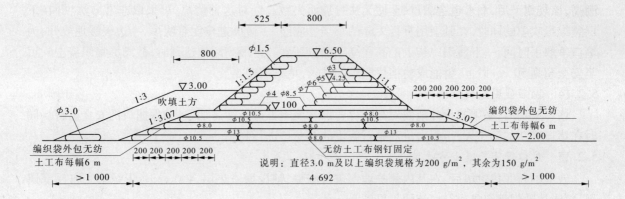

图4 堵口截潮堤断面图

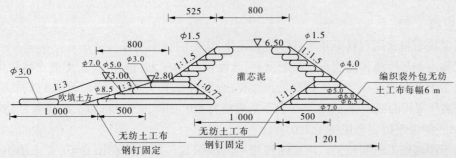

图5 截潮促淤堤断面图

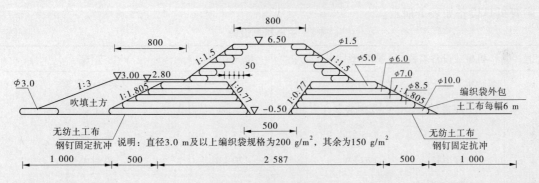

图6 一般断面堤断面图

初五开始进行施工船只就位和电缆铺设,农历初六冲船坞,初八、初九打护底袋,初九夜潮截潮,为确保截潮成功要采取以下方法:

(1)为堵口能有完整的数据资料,在堵口前三个月,安排专人进行龙口现场的潮位观测,并结合当地水文站预测潮位,进行相关分析,推算龙口现场截潮时的预计潮位,为截潮打袋方案提供依据。

(2)在堵口施工中,第一天先进行护底袋吹填,第二天正式堵口时,护底袋经过一天二次潮的冲刷对局部破损或缺口的,采取在口子两侧能进则进,能保则保逐渐缩小的方法,直至缺口封住,然后依次吹填大型截潮袋,当护底袋吹填好第一只时,再分析夜潮可能的最高潮位和到高潮位时可施工的时间,当具备条件时,立即铺第二层袋吹填(否则只能进行底袋保护,等待第二天再开始)。当第二层袋吹填至高程2.60 m时,潮水会与袋内土方齐平,这时潮水还在上涨,如果不在上面铺袋继续吹填,过不了多久,潮水就会满过袋顶,造成堵口失败。如果泥浆泵停掉后铺袋,袋内的土体没有潮高,该袋瘪下后,潮水也会满过,至使无法打袋而失败。针对这种情况,可采取非常方法,即在下层袋继续吹填的同时,在其上用直径 2 m 的小袋卷成筒,一边插进输泥管吹填,一边缓缓地放开,为堵口争取了时间,一下使编织袋上的高程高于潮位高度。至最高潮位达到时,截潮堤编织袋土吹填至安全超高 50 cm 以上,就能成功挡住潮水的进入,堵口成功。

5.2.14 抛石戗堤龙口封堵

堵口成功后,必须按设计断面对截潮堤背部吹填土方进行加高加厚,确保龙口的安全运行。同时在堵口成功的第二天,组织力量对抛石戗堤的石龙口进行封堵。

5.2.15 龙口段闭气堤土方吹填

戗堤的石龙口封堵后,在其内侧护坡上进行修整,铺设塘渣垫层、400 g/m² 无纺土工布反滤层后,再吹填贴坝编织袋土及填筑闭气堤芯土。

6 材料与设备

6.1 主要材料

(1)戗堤块石料选用石料要新鲜、坚硬、无风化,块石的级配良好。

(2)戗堤内侧起反滤作用的石渣级配良好,含泥量控制在 5% 范围以内,无遇水易软化石质。

(3)无纺土工布和编织袋的质量要求,必须符合设计和有关规范要求,无纺土工布规格为 400 g/m²,编织袋所采用的编织袋布 ϕ 3.0 m 以下的规格为 120 g/m²,ϕ 3.0 m 以上的规格为 150 g/m²,龙口截潮堤护底的编织袋袋布规格为 200 g/m²。

(4)由于围堰施工时间较长。挡水闭气堤中的编织袋长期暴露在阳光下,要求编织袋布具有抗氧化成分,增强其抗老化能力。

6.2 主要机具设备

主要机具设备如表 1 所示。

表 1 主要机具设备

序号	机械或设备名称	规格型号	数量	额定功率	用途
1	水上取土船	20 t	20		装载泥浆泵
2	泥浆泵	22 kW	60	22 kW	水下取土
3	高压清水泵	7.5 kW	60	7.5 kW	水下取土
4	发电机	120 kW	2	120 kW	临时电源
5	双轿载重汽车	15 t	40		抛石运输
6	反铲挖机	1 m³	5	75 kW	石方开挖与修整
7	开底驳船	300 t	2	300 t	平抛护底
8	推土机	SH140A	2	50 kW	戗堤整平
9	全站仪	TC302	1		测量放样
10	经纬仪	J₂	2		测量放样
11	水准仪	S₃	4		测量放样

6.3 劳动力安排

平均每天劳动力安排如表 2 所示。

表 2　平均每天劳动力安排

序号	工种	人数（人）	主要工作内容
1	管理人员	8	施工技术指导、质量记录
2	测量工	4	测量放样及记录
3	驾驶员	60	驾驶运输车辆
4	泥浆泵操作工	100	操作泥浆泵取土
5	船工	30	船只驾驶
6	挖机工	8	挖机驾驶
7	普工	80	土方吹填
8	电工	5	电缆架设与维修
9	机修工	6	施工机械维修与保养

7　质量控制

7.1　质量控制的内容

7.1.1　结构物的位置准确无差错

（1）围堰的轴线位置准确，符合设计和规范要求。

（2）各土方工程的吹填和石方抛筑的宽度、顶高程和两侧坡比符合设计图纸和有关规范要求。

7.1.2　原材料质量符合设计和规范要求

（1）戗堤块石料符合质量要求，选用石料要新鲜、坚硬、无风化；块石的级配良好，其中抛石内的石渣含量控制在 10%～15% 范围内，无遇水易软化的石渣。

（2）无纺土工布和编织袋的质量要求，必须符合设计和有关规范要求，特别是堵口用的编织袋，防止出现吹填时破裂，影响堵口成功。

7.1.3　施工质量要求

（1）严格控制各石渣垫层和抛石体的厚度与平整度，并确保其容重符合设计和有关规范要求。

（2）严格按规定要求摊铺土工布，特别是土工布按要求和位置固定，防脱空影响反滤效果，防止抛石护坡局部扭缺凹凸，既影响外观，又增加抛石量。

（3）围堰闭气堤及各节头处的土方吹填必须充分屏水密实，其干密度指标必须符合设计和有关规范要求。

（4）经常进行坝面的高程测量，防止坝面高低起伏不平。

7.2　采取的措施

7.2.1　制度保证措施

（1）建立各种规章制度，落实工程质量责任制。明确质量奖罚，把质量好坏直接与经济分配挂钩。

（2）严格执行质量"三检制"。

（3）成立 QC 小组，进行质量攻关。

7.2.2　施工措施

（1）把好测量关。

测量是工程施工的"眼睛"。要根据设计和规范要求，按照测量工作的程序和方法耐心细致地做好测量工作，确保测量工作准确无误。

（2）把好材料质量关。

①严把材料进场关,工程所用的材料均通过正常渠道采购。

②对工程所用无纺土工布和编织袋,必须有质量保证书,对已进场的必须及时进行复检,经复检合格方可用于工程。

③ 在石料抛筑中,按设计和规范要求,严格控制石渣和块石的质量,从材料源头把关,对不符合要求的材料坚决清退出场。

④做好进场材料的保管工作。

（3）把好质量检查关。

充分发挥质量检查员的作用,严格实行"三检制"。

8 安全措施

8.1 安全管理目标

坚持贯彻"安全第一,预防为主"的方针,加强班组管理,扎实安全工作基础,加大反违力度,杜绝伤亡事故的发生。

8.2 安全生产管理体制

8.2.1 安全生产责任制

建立、健全各级的安全生产责任制,坚持执行抓生产必须安全的原则,落实安全责任制,层层落实,把安全工作真正做到"横向到边,纵向到底"、"人人有其责,事事有其主"。

8.2.2 树立"安全第一"的思想

提高自我保护意识,提高职工的安全认识,思想上保持高度警惕。

8.2.3 宣传与教育并行

定期召开安全生产例会,贯彻、学习(条例),使职工熟悉自身工种操作制度和岗位责任,增强安全生产意识,并对职工进行安全三级教育。

工人变换工种,须进行新工种的安全技术教育。工人应掌握本工种操作技能,熟悉本工种安全技术操作规程。要认真建立"职工劳动保护卡",及时做好记录。

8.2.4 加强安全技术知识教育

持证上岗率达到100%,各工种人员都持证上岗,操作证按期复审,无过期使用,名册齐全。

8.2.5 安全检查

建立定期安全检查制度。有时间、有要求、明确重点部位、危险部位。

8.2.6 设立安全生产奖惩制度

建立各岗位、各工种安全岗位责任制,对员工实行安全生产百分考核,使安全生产与职工经济效益挂钩,充分调动广大职工对安全生产的积极性、主动性。

安全检查有记录。对查出的隐患应及时整改,做到定人、定时间、定措施。

8.3 施工措施

（1）戗堤抛石运输工程量大,要加强对驾驶员安全生产管理,严禁酒后驾车,开疲劳车,开"英雄"车,严禁车辆带病上路,定期进行车况检查。

（2）现场专人进行统一指挥,运输、卸料能有序进行。

（3）在危险路段设立警示标志,以示警惕。

（4）夜间施工,堤坝上要按规定安装照明灯光。

（5）泥浆泵施工船上所有作业人员都必须按规定穿好救生衣。船上还要备有足够的救生设备。

（6）及时掌握当地天气状况,对一些恶劣的如大风、大雨、大潮、雷电天气及时告之施工人员,并合理安排施工时间,做好防护准备。

8.4 施工用电

(1)安装到泥浆泵作业船上电缆必须是水下专用电缆,并定期由专人检查,防止电缆损坏发生漏电事故。

(2)架空线、支线架设、各类电器设备的安装都要符合规范要求。

9 环保与资源节约

及时与环保部门联系协调,控制施工水污染,减少粉尘及空气噪声污染,保持生态平衡,创造良好的生态环境,具体要采取以下措施:

(1)严格遵守国家有关环境保护法令,施工中将严格控制施工污染,减少污水、粉尘及空气噪声污染,严格控制水土流失。维护生态平衡。

(2)施工期间,对环境保护工作进行全面规划、综合治理,采取一切可行措施,将施工现场周围环境的污染减至最小程度。

(3)科学、合理地组织施工,使施工现场保持良好的施工环境和施工秩序,在施工中体现项目的综合防治管理水平。

(4)施工所产生的建筑垃圾和废弃物质,如清理场地的表层腐殖土、淤泥、砍伐的树林杂草、工程剩余的废料,均根据各自不同的情况,分别处理,不得任意裸露弃置。停车场、汽车修理厂、机修电工班等产生的废液按规定排放到环保部门指定的地点,严禁污染生活、生产用水水源,防止粉尘噪声污染,防止水土污染和流失,确保文明施工。

(5)在施工活动界限之外的植物、树木及建筑物,必须尽力维持原状,不得将有害物质(含燃料、油料、化学品等,以及超过允许剂量的有害气体和尘埃、弃渣等)污染土地、河流。

(6)对施工中占用的临时用地,施工完成后及时予以清理,做好绿化环保工作,努力恢复使用前的面貌。

(7)生产和生活区内,在醒目的地方悬挂保护环境卫生标语,以提醒各施工人员。生活区内垃圾定点堆放,及时清理,并将其运到业主指定的地点进行处理。

(8)开工前到有关部门按规定办理有关手续,机动车辆行驶保持道路清洁,成立道路落石清扫班,对运石道路沿线的落石进行经常性清扫。

10 效益分析

10.1 主要成果

处在基础为极易被冲刷的粉砂土软基具有强涌潮的江道上进行施工围堰或围涂施工,采用内围堰堵口法,在解决施工中存在难点的同时,又能节约投资加快施工进度,堵口所用的土方就地所材,无污染,该施工方法有着较大的经济和社会效益。

10.2 经济效益

与常规的施工围堰、围涂所采用的直堵法施工相比,采取内围堰堵口法作业,由于内围堰堤线所在的滩面高程较高(在 -0.5 m 左右),截潮堤的龙口滩高程在 -2.5 m 以上,避开了戗堤处龙口 -10.0 m 深底的冲刷坑,不但减少截潮堤的断面工程量,还大大提高了一次性实现堵口的成功率,在加快施工进度和减少堵口费用上效果明显。

(1)以绍兴县口门治江围涂东片和中片两个工程为例,两个工程围区内相等,又在同一时段施工,东片工程采用直堵法施工,中片工程采用内围堰法施工,具有明显可比性。比较明细如表3所示。

表3 绍兴县口门治江围涂东片土方工程和中片土方工程堵口效果比较

作业河段	堵口方法	作业起讫时间（年-月-日）	堵口历时	堵口次数	龙口滩面高程（m）	堵口专项费用（万元）	优缺点比较
绍兴县口门治江围涂东片土方工程	直堵法	2003-03-10 ~ 2003-04-10	2个潮汛	2	-9.6	415	投资大,施工风险大
绍兴县口门治江围涂中片土方工程	内围堰法	2003-03-25 ~ 2003-04-10	1个潮汛	1	-2.5	320	投资减小,成功率高,施工风险小

（2）以绍兴市曹娥江大闸施工围堰工程为例,招标时,工程原设计与投资是依据直堵法的,后经多方论证,采用内围堰法施工,效果比较明显。比较明细如表4所示。

表4 绍兴市曹娥江大闸施工围堰堵口方案效果比较

作业河段	堵口方法	作业起讫时间（年-月-日）	施工历时（月）	龙口滩面高程（m）	工程总投资（万元）	优缺点比较
绍兴市曹娥江大闸施工围堰	直堵法	2003-09 ~ 2004-07	10	计划高程 -8.0	8 199	
	内围堰法	2003-09 ~ 2004-05	8.5	实际 -2.2	6 838	投资减小1 361万元,工期提前1个多月

10.3 社会效益

（1）采取内围堰施工方法,提高在低高程滩面上实施围涂的成功率,放宽了原先围涂需要滩面高程要在3.0 m以上的条件,在规划许可下,多向滩涂要耕地,对于减轻当今日益城市化的社会所面临的耕地面积缩小的压力,有着积极的作用。

（2）采取内围堰施工法,可实现在河口实施工程围堰施工,对杭州湾粉砂土软基地区的水利工程建设有着较大促进作用。如曹娥江大闸施工围堰的实施,为大闸主体建设提供了保障。建成后的大闸工程正发挥着巨大的社会效益。

11 应用实例

11.1 绍兴县口门治江围涂中片土方工程

绍兴县口门治江围涂中片工程是治江围堰工程的第二围区,区域面积3 050亩（1亩 = 1/15 hm²）,总投资1 524万元。工程地处钱塘江河口强涌潮地段,工程施工期受到非正规半日潮的潮汐影响。围堰的抛石戗堤除龙口段外已完成,龙口宽200 m,由于滩涂较低,围区内大量潮水的潮进潮出,对贴石坝土方填筑施工造成很大影响,尤其是龙口段,潮流量较大、流速快,龙口内侧形成较大深潭等问题给施工带来较大难度。项目部在分析现场实际后决定采用内围堰堵口方法,先对龙口进行加固护底后,再用挖掘机修整出0.5 m高程的促淤平台,并根据实际滩面变化分二次加高,为内围堰堵口创造条件。堵口准备工作于2003年3月25日开始,先完成东南两侧的挡水促淤土堤,于2003年4月9日开始龙口护底,4月10日截潮堤一次堵口成功,为口门治江围涂工程顺利实施打下了坚实基础。

11.2 绍兴市曹娥江大闸施工围堰工程

绍兴市曹娥江大闸位于临近钱塘江的曹娥江河口,距钱塘江南岸线仅250余m,该处原曹娥江宽约 1 600 m,建闸围堰呈∪形布置在左岸。在围堰实施过程中,曹娥江江口宽度从原来的 1 600 m 一下子缩窄到 700 m(仅原来的 2/5),除去两岸的斜坡和抛石戗堤,实际过流宽度还要小,所以水流对戗堤龙口部位的冲刷特别严重。通过采取内围堰施工法,该工程自 2003 年 9 月 29 日开始试抛,至 2003 年 11 月 30 日基本完成南堰戗堤抛筑,至 2003 年 12 月 31 日戗堤形成龙口合围之势。至 2004 年 1 月 15 日前完成龙口段圆弧形的促淤平台汽车立抛,2004 年 1 月 30 日开始内围堰土方吹填,至 2004 年 2 月 29 日成功实施内围堰堵口,共完成土石方 350 万 m^3,抛筑戗堤 3 100 m。合同投资 8 199 万元,实际完成 6 838 万元,节约投资约 1 361 万元,产生了较高的经济效益,同时工期比计划提前一个多月,为后续工程的提前施工创造了条件。

11.3　绍兴县口门治江围涂西片土方工程

绍兴县口门治江围涂工程总面积 1.1 万亩,分东、中、西三片,其中,中、东两片 6 750 亩于 2003 年 9 月圈围成功,而西片 4 250 亩由于潮汐动力强劲,滩涂低(平均约 -5.0 m),围涂工程实施难度较大,主要体现在滩涂低致使进出龙口的水量增大,因此对贴石坝土方填筑施工造成很大影响,尤其是龙口段,潮流量较大、流速快,龙口内侧形成较大深潭,同时土方工程量大、施工时间紧等给施工带来较大难度。在工程开工前,就确立了采用内围堰堵口法,先用开底驳运输船对戗堤龙口部位进行护底,并在围区内分区块吹填促淤土堤,在取得较好的滩面淤积效果后,于 2007 年 7 月 7 日成功实现堵口,完成土方吹填 289.9 万 m^3,完成投资 2 869 万元,节约投资 571 万元,取得了明显的经济效益。

(主要完成人:胡金水　凌坤富　齐金奎　倪志坚　张水林)

杭州湾潮间带土工布铺设施工工法[*]

浙江省围海建设集团股份有限公司

1 前言

在保滩、护岸、围垦工程施工中,建造在海涂上的堤坝往往采用土石混合结构,一般在外海侧抛填石方挡潮,内坡侧填筑闭气土方防渗,抛填石方之前,常用土工布进行护底。在如钱塘江等强潮涌区域的粉砂性地质条件下,采用常规工艺进行土工布护底施工时,由于坝头处的水动力变化较大(大于一般围垦工程龙口堵口时的水力条件),坝头滩涂经常轻易地被刷深严重,造成坝头抛石坍塌跌落而产生滑坡,同时带来工程量加大、投资增加且延误工程顺利实施等系列问题。

我公司根据多年的海上施工经验,反复摸索、推敲、实践,采用非常规工艺铺设护底土工布后,及时用船、陆抛石相结合的施工方式覆盖压载,成功解决了坝头滩涂易被刷深严重这一难题。

2 工法特点

(1)本工法土工布铺设采用 GPS(全球定位系统)或全站仪或经纬仪定位,能够确保每一块土工布的铺设位置都有精确的定位。

(2)覆盖压载采用的液压对开驳、侧抛式石方专用驳船上装备精确的 GPS 能够确保抛石时准确的定位。

(3)施工简便,工效值较高;保护土工布底部的床面泥沙免受淘刷效果显著,并能促使土工布铺设区域的潮流沟快速回淤。

(4)可将大幅土工布一次性铺设到位,施工效率较高;铺设灵活,机动性强;质量可靠,位置精确。

(5)可根据不同地形条件,采取相应的锚固措施;锚固方法简便,施工速度加快;锚固稳定,质量可控。

(6)本工法减少了潮位对石方施工的影响,采用"低潮陆抛,高潮船陆组合抛"的施工方法,大大地加快了施工进度。

3 适用范围

本工法适用于粉砂性地质条件下强潮涌地区潮间带,风力≤7级的环境中施工。

4 工艺原理

强潮涌区土工布主要铺设在堤身坝体底部,并且必须超前抛石体 80～150 m 的距离,如图1、图2所示。一方面利用土工布的保护作用,防止土工布铺设范围内的床面泥沙免受淘刷;另一方面利用有纺土工布的良好抗拉性能,提高坝体的整体抗滑安全系数;同时还能使基础沉降更加均匀。

土工布缝接完成后按径向或纬向折叠,锚固件制作完成后捆绑成扎,退潮前运抵施工现场,退潮后利用事先测设的定位杆精确定位,人工展布铺设,打设锚固件,涨潮后船抛压载覆盖。

---

* 本工法关键技术于2012年6月28日通过浙江联政科技评估中心科技成果鉴定,评审意见:该技术处于国内领先水平,并获有国家实用新型专利两项,液压对开驳,专利号:ZL201020049343.4 2;侧抛式石方专用驳船,专利号:ZL201020049344.9。

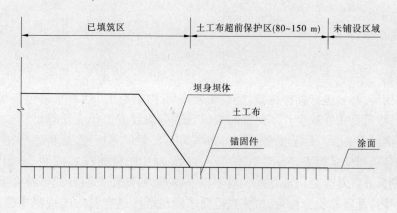

图1 土工布铺设立面示意图

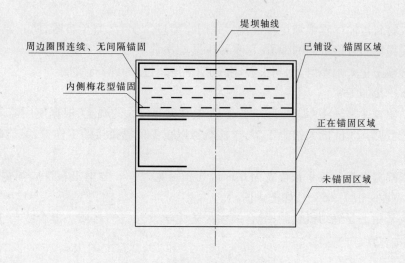

图2 土工布铺设平面示意图

5 施工工艺流程及操作要点

5.1 工艺流程

土工布铺设作业流程见图3。

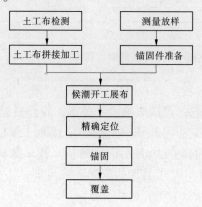

图3 强潮涌区域土工布铺设作业流程

5.2 操作要点

5.2.1 材料检测与加工

5.2.1.1 土工布

1. 土工布检测

每一批材料到场,都要进行抽样检验,经检验合格后才能使用。检查来料包装是否完好,外观及表面有无破损,数量是否有缺少。不允许有裂口、孔洞、裂纹或退化变质等材料。检查来料有无质检单、合格证、测试单、出厂日期、批号、厂名、布幅与布长等尺寸标定、规格型号是否正确。检查来料测试单中的各项指标是否满足设计要求。在每批来料中随机抽查 1~2 件,作出简单的肉眼和手工检测,以判断其外观是否合格或良好。对于以上各点,如发现有明显的不符合要求的材料,拒收并退回。以上项目现场检验合格后,再按规范要求随机取样送有资质的检测单位进行原材料检验,取样数量为来料卷数的 5%,每卷 4 m²。若检验通过,则该批土工布予以正式验收,否则一律退回厂家。

土工合成材料运输过程中和运抵工地后采用仓库进行保存,避免日晒,防止黏结成块,并应将其储存在不受损坏和方便取用的地方,尽量减少装卸次数。

存储时必须防止太阳照射,远离火种,存放期不得超过产品的有效期。

2. 土工布拼接加工

土工布单幅宽通常为 4~8 m,为方便施工,通常需要较大的幅宽,根据使用需要由厂家定制缝接,加工成幅宽约为 23 m 的大幅土工布,这样既可以减少现场拼接的工作量,又能确保土工布缝接质量。

可将 6 张幅宽为 4 m 或 4 张幅宽为 6 m 或 3 张幅宽为 8 m 的土工布拼成幅宽为 24 m 的大幅土工布,缝接宽度一般为 16 cm,如图 4 所示。

缝合线应采用工业缝纫机缝制,缝合线须为防化学紫外线的材质。缝合线与土工布应有明显的色差,以便于检查。

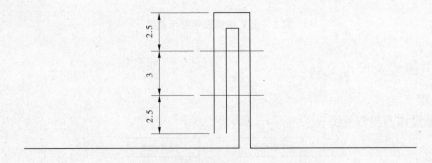

图 4 土工布缝接示意图 (单位:cm)

3. 土工布的折叠

土工布的折叠方法很重要,它将直接影响铺设效率。我们根据在强涌潮地区多年的实践经验,总结出 Z 形折叠法,可将单幅土工布的展开时间控制在 120 s 以内。Z 形折叠法具体可按施工需要分为 Z 形径向折叠法和 Z 形纬向折叠法,最后形成约长×宽×高 =3 m×1.5 m×0.5 m 的长方体,用普通尼龙绳十字法捆绑后入库。基于某地的退潮潮流流向是不变的,因此在项目开工前即可确定采用何种折叠法。

Z 形折叠法折叠步骤如图 5~图 7 所示。

5.2.1.2 锚固件

锚固件按设计文件规定制作,当设计无规定时,采用 B12 螺纹钢制作。

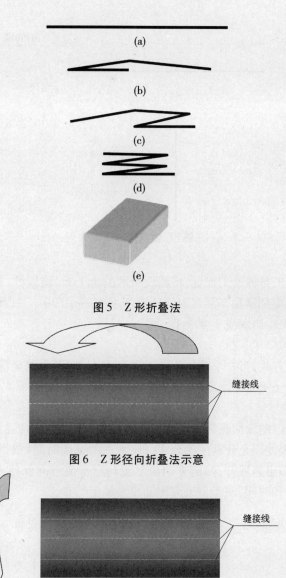

图5　Z形折叠法

图6　Z形径向折叠法示意

缝接线

图7　Z形纬向折叠法示意

缝接线

1. 钢筋检测

锚固件是土工布铺设之后,上部压载覆盖之前的临时固定措施。因此,只需检查其外观质量,其他(如力学性能等项目)可不作要求,施工时可按监理工程师要求执行。

2. 钢筋加工

钢筋平直,无局部弯折,钢筋的调直遵守规范规定。如图8所示,横档钢筋调直后按长度(L)切割,竖档钢筋调直按长度($3L/4+3d$)切割后,其一端端部($3d$)用钢筋弯曲机形成弯头。钢筋制作成型后必须垫平堆放。

注:L为设计值,设计无规定时,L取2 000 mm。d为钢筋直径。

5.2.2　铺设准备

5.2.2.1　理论计算与数据统计

理论计算与数据统计工作内容是分别计算与统计土工布、抛石的堤轴线方向日进尺、周进尺、月进尺等数据。理论计算与数据统计目的是使土工布铺设进度与抛石进度相协调,保持土工布护底的超前距离始终在80～150 m,超前距离过短或过长(抛石覆盖不及时),均将影响护底效果。依据以上统计和计算结果确定当日土工布铺设工程量。

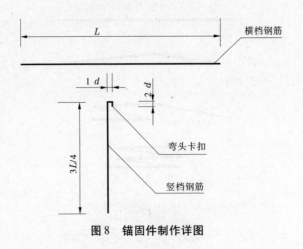

图 8　锚固件制作详图

5.2.2.2　材料运输

根据确定的当日土工布铺设工程量,将铺设所需的土工布、锚固件、锚固机具等材料于退潮前运抵现场,其中采用 5 t 专用运输车陆运时运抵堤坝坝头;采用 30 t 工程船船运时运抵拟铺设区域边沿后抛锚,退潮后将工程船搁浅于滩涂上。

5.2.3　铺设时机选择

无论选用何种运输方式,当一个潮位需铺设多幅土工布,潮水退至深约 40 cm 的安全水深时,均需依托水浮力人工将土工布浮运至铺设区域。

5.2.4　土工布铺设

由于土工布与露滩后的涂面黏聚力较大给摊铺工作增加难度,且强潮涌区域涨落潮速度均比常规区域快 1 倍以上,因此需充分利用剩余 40 cm 水深的退潮时间,根据堤坝与退潮潮流流向,同样依托水浮力,将土工布迅速展开,摊铺方向应尽量与顺水流方向保持一致(见图 9、图 10),以节约土工布展开时的人力和时间,便于一个潮汛铺设多幅土工布。

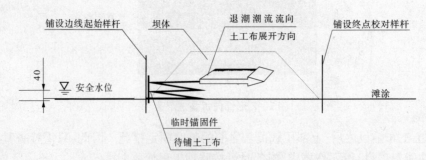

图 9　土工布铺设示意图(Z 形径向折叠法)　(单位:cm)

土工布展开前可沿上游侧边线人工插设均布 2～3 个竖向锚固件临时固定,临时锚固件插设深度约 20 cm,当土工布展开完成且退潮后,其铺设平整度及搭接宽度均符合监理工程师的要求时,可将临时锚固件组合后打入根部。否则,将拔起锚固件,采取人工牵引土工布等措施,使其符合要求之后,方可插设锚固件。

5.2.5　锚固件插设

(1)锚固件插设总体程序应先插设周边,后加密中间,如图 11 所示。

(2)插设时,以 3 根竖档加 1 根横档为一组合锚固件,先将 3 根竖档钢筋插入,外露长度 3～5 cm,接着调整弯头卡扣的朝向,然后往卡扣弯头内添加横档钢筋,最后将外露的竖档钢筋锤击至根部,如图 12 所示。

①植入竖档钢筋。

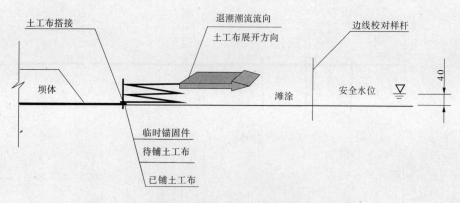

图 10　土工布铺设示意图(Z 形纬向折叠法)　（单位:cm）

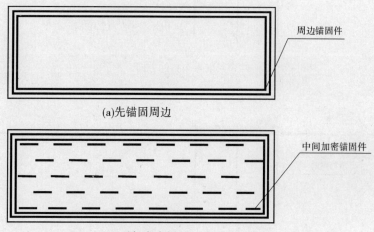

(a)先锚固周边

(b)后加密中间

图 11　锚固件插设总体程序图

竖档钢筋采用我公司自行改装的便携式电动钻机插设,该钻机主要由动力装置、传动杆、卡钎器等组成,钻机功率650 W,整机重量2 kg。卡钎器连接传动杆按常规设计,连接竖向钢筋一端设计成特殊的凹凸方型结构,并配备闭合装置,如图13所示。

插设前,测量人员按设计间距或横档钢筋长度 L 的 1/6、1/3、1/3、1/6 进行放样。然后将竖档钢筋装入卡钎器,对中桩位开动电机将钢筋植入,外露3~5 cm。

②调整弯头扣件方向。

使用电钻植入钢筋,其弯头扣件朝向是随机的,因此停机后,人工使用扳手等机具将弯头扣件调整成统一方向,以便于在弯头扣件内添加横档钢筋。

③添加横档钢筋。

人工将横档钢筋添加于竖向钢筋的弯头扣件内。

④竖档钢筋锤击至根部。

最后,使用自行改装的1 kW平头锤击电钻将外露的3~5 cm竖向钢筋锤击至根部。

电源采用5 kW汽油发电机,施工时可采用1 台汽油发电机拖动3 台电动钻机、1 台平头钻机的方式。

5.2.6　搭接部位处理

相邻土工布连接采用搭接和缝接的组合方式,搭接宽度不小于1 m,铺设时要计算好搭接长度。搭接部位插设双排锚固件后,在上层土工布入口处再用"鱼钩针"、缝接线和下层土工布进行缝合。

·253·

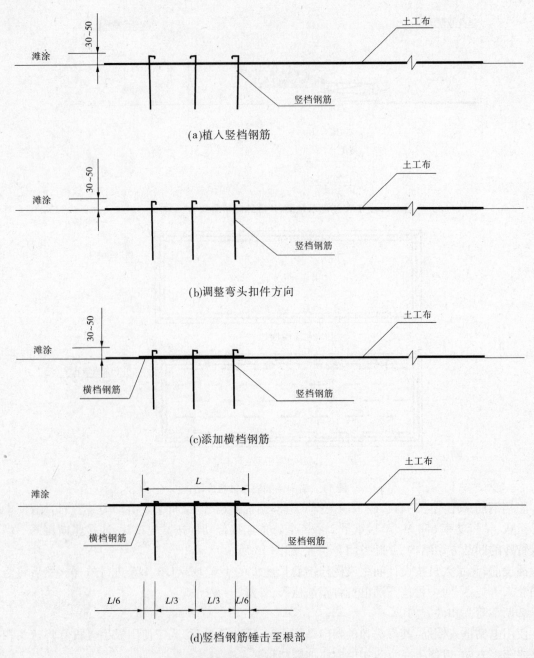

(a)植入竖档钢筋

(b)调整弯头扣件方向

(c)添加横档钢筋

(d)竖档钢筋锤击至根部

图12 锚固件组合过程详图 （单位:mm）

5.2.7 覆盖压载

土工布需领先主堤石方80~150 m,铺设完成后涨潮前,陆抛石方无法覆盖压载。因此,涨潮后,需用自航式液压对开驳或侧抛式石方专用驳进行预先覆盖压载。

退潮前,船舶停靠临时施工码头装料,涨潮后,驶离码头进入抛填作业区。抛填石料时要做到"齐、准、快",采用GPS定位系统进行精确定位后(见图14),立即打开驳体卸掉石料,然后液压对开驳驶离抛填区。

覆盖压载应优先抛填边线、土工布搭接部位,然后再抛填中间部位。

5.2.8 技术要点

5.2.8.1 技术小结

强潮涌区域潮型具有两大特点:一是涨落潮时间短;二是势头凶猛,流速极快。针对这两大特

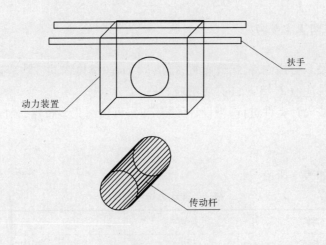

扶手

动力装置

传动杆

卡钎器

闭合装置

卡扣块

图 13   锚固件插设施工电钻结构简图

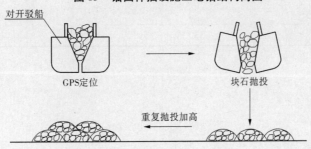

对开驳船

GPS定位

块石抛投

重复抛投加高

(a)水抛块石施工过程图

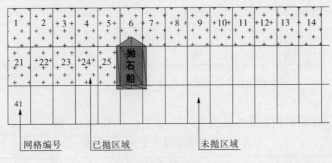

1	2	3	4	5	6	7	8	9	10	11	12	13	14
21	22	23	24	25	抛石船								
41													

网格编号   已抛区域   未抛区域

(b)电脑屏幕显示定位图

图 14   GPS 定位

点,采取的土工布折叠方法、组合锚固件、机械化插设等措施在强潮涌地区土工布铺设领域均属国内首创,具有实用性强、操作简便、技术先进等优点。其目的如下:

(1)在较短的时间内铺设土工布,并完成锚固措施。

(2)将土工布紧密的贴在滩涂上,土工布应是被紧密的"钉"在滩涂上,因此所有锚固件均应锤击至根部,并稍嵌入滩涂;从而堵塞了土工布与滩涂之间的"管涌"通道,使水流平滑的从土工布上通过,有效地保护了涂面免受冲刷。

5.2.8.2 其他

土工布四周应插设双排锚固件,错缝布置,排距 10 cm。每排锚固件均应连续、稍重叠插设,即单排内相邻两个锚固件应有 2~3 cm 的"重叠咬合段"。

锚固件的布设应按设计文件进行,当设计无规定时,可按梅花型布置,径向间距 2 m,纬向间距 4 m。

5.3 劳动力组织

劳动力组织情况如表 1 所示。

表 1 劳动力组织情况

序号	工种	人数	任务
1	总指挥	1	施工总调度
2	钢筋工	3	钢筋调直、切割、制作
3	电工	2	供电及用电安全
4	驾驶员/工程船员	2/4	陆运/水运
5	抛石驳船船员	8	覆盖压载
6	钻机工	8	锚固件插设
7	普工	6	土工布摊铺、缝接等
8	质检员	1	监督、检查施工质量
9	测量员	2	定位放样、潮位观测等
合计		33/35	

6 材料与设备

6.1 材料

强潮涌区域土工布铺设所需材料见表 2 所示。

表 2 深水区土工布铺设材料

序号	名称	单位	数量	说明
1	土工布	m²	108	
2	组合锚固件	套	55	按需布置

6.2 设备

强潮涌区域土工布铺设所需设备见表 3。

表 3 强潮涌区域土工布铺设设备

序号	名称	单位	型号	数量	说明
1	侧抛式驳船	m³	120	2	覆盖压载
2	运输船	艘	30 t	2	材料运输
3	运输车	辆	5 t	2	材料运输
4	电动钻机(改装)	台	JT－650	3	锚固件插设
	平头锤击钻机		PT－100	1	
5	缝包机	台	GK9－2	1	土工布缝接

序号	名称	单位	型号	数量	说明
6	钢筋拉伸机	台	万能型	1	锚固件制作
7	钢筋切割机	台	GW40A	2	锚固件制作
8	钢筋弯曲机	台	GQ－40	2	锚固件制作
9	扳手	只	24	2	锚固件调整
10	鱼钩针	枚	—	6	土工布缝接
11	全站仪	台	GTS－100N	1	测量定位
12	GPS定位系统	套	HD9900EX 双频 RTKGPS	1	测量定位

7 质量控制

7.1 工程质量控制标准

质量控制标准采用《水运工工程土工合成材料应用技术规范》(JTJ 239—2005),《水利水电工程土工合成材料应用技术规范》(SL/T 225—98)。

7.2 质量保证措施

7.2.1 施工记录

土工布铺设时安排专人负责铺放过程的描述记录和每块铺放的位置尺寸记录。记录者负责签名并由专人负责校核。

7.2.2 质量控制

土工布在铺设过程中派专人随时检查,检查、检验的主要内容为材料铺设方向、材料的缝接和搭接、铺设位置,锚固件的插设位置、质量等。

铺设方向为土工布的径向垂直于堤轴线,材料的缝接强度满足设计要求,搭接宽度不小于1 000 mm,轴线偏移不大于1 500 mm。

8 安全措施

加强施工安全管理,严格遵守《中华人民共和国安全生产法》等相关安全生产的法律、法规、规章、制度,坚持"安全第一,预防为主,综合治理"的安全生产方针,按照"管生产必须同时管安全,谁主管,谁负责"的原则逐级落实安全生产责任制,特制订以下安全措施。

(1)施工作业前按规定向海事管理部门办理水上水下施工作业许可证,并办理航行通知等有关手续。

(2)施工船舶应按《中华人民共和国船舶最低安全配员规则》规定配备保证船舶安全的合格船员。并持有合格的适任证书。

(3)成立以船长为组长的安全生产领导小组,配备专职安全员,由技术负责人牵头编制《生产安全事故应急救援预案》、《防台度汛应急救援预案》。

(4)作业期间如遇大风、雾天,超过船舶抗风等级或通风度不良时,停止作业。

(5)操作前应检查所有工具、钻机、电源开关及线路是否良好,金属外壳应有安全可靠接地,进出线应有完整的防护罩,进出线端应焊牢。

(6)每台钻机应有专用电源控制开关。保险丝严禁用其他金属丝代替,完工后,切断电源。

(7)乙炔瓶、氧气瓶均应设有安全回火防止器,橡皮管连接处须用轧头固定。

（8）注意安全用电，电线不准乱拖乱拉，电源线均应架空扎牢。

（9）焊割周围和下方应采取防火措施，并应指定专人防火监护。

（10）驾驶员必须经过培训、考核合格持证上岗。认真遵守安全操作规程，不准违章作业或酒后驾车。驾驶员必须经过培训、考核合格持证上岗。认真遵守安全操作规程，不准违章作业或酒后驾车。

（11）对施工作业人员进行"三级"安全教育，按照《建设工程安全生产管理条例》要求，技术负责人组织逐级下发安全技术交底。

（12）施工作业严格遵守公司各项安全操作规程和技术交底，所有施工作业人员必须佩戴安全帽、穿好救生衣，严禁酒后上岗作业。

（13）确保通信畅通，随时保持与海事、岸基管理机构的通信联系。

9 环保与资源节约

（1）严格按照《中华人民共和国海洋环境保护法》、《中华人民共和国防止船舶污染水域管理条例》、《船舶污染物排放标准》的要求对施工船舶污水排放进行管理，经处理排放的污水含油量不得超过 15 mg/L。

（2）加强施工期环境管理，制定严格的规章制度，依照公司《环境管理体系》的规定，不得随意排放油类、油性混合物、废弃物和其他有害物质。

（3）施工船舶产生的生活污水、船舶含油污水、生活垃圾集中统一处理，做好船舶垃圾日常的收集、分类与储存工作，不得任意倒入施工水域，靠岸后交陆域处理。

（4）现场作业专人指挥，合理选择施工方法，选用低噪声设备，加强机械设备维修保养，合理安排施工时间。

（5）船舶应装设处理舱底污水的设备，施工船舶舱底含油污水不得随意排放。

10 效益分析

10.1 社会效益

强潮涌区土工布铺设施工方法的使用为海塘堤坝施工奠定了坚实的基础，围垦造地和标准海塘建设是功在当代、利在千秋的公益事业，因此具有良好的社会效益。

10.2 经济效益

强潮涌区域利用传统方法铺设土工布在历经一个潮汛后，土工布易被潮流损毁，坝头粉砂性堤基在强劲的水流带动下，刷深严重。如某单位在强潮涌区域签约某项目合同价 700 万元，结构简单，下部铺设 180 g 护底编织布一层，上部为抛石体结构。堤坝原基面高程约 -1.5 m，施工后，基面冲刷严重，最深处达 -18.0 m，项目完工后，造价达 1 800 万元，增幅 257%，另延长了相当长的工期。

利用强潮涌区土工布铺设施工方法，除可有效地保护坝头堤基避免刷深外，还可促进堤坝轴线上保护区域外的滩涂快速回淤，节约造价和缩短工期效果显著。如抛石坝长 3 966.5 m，签约合同价 1 595 万元，合同工期 6 个月，完工后实际造价约 1 200 万元，节约费用 300 万元，降低造价 18.9%，节约工期 1.5 个月。

自主新颖设计的组合锚固件与传统锚固件相比具有便于机械化施工、操作更加简便、锚固效果更佳等优点。如某工程日均需铺设 4 幅 30 m×24 m 土工布，采用传统锚固件时需人工插设（见图 15），需人工约 4 幅×20 人/幅=80 人，而采用组合锚固件机械化插设时，仅需 16 人即可完成，大大节约了人力资源。

11 应用实例

11.1 慈溪市四灶浦西侧围涂工程项目横堤西段(西隔堤以西)工程

慈溪市四灶浦西侧围涂工程是浙江省规模最大的单体滩涂围垦工程,也是宁波市历史上投资最大、标准最高的围涂项目,围涂总面积6.7万亩(1亩＝1/15 hm²)。这项浩大的向海洋要土地的工程,能为慈溪新增6.7万亩的土地,其中就包括了目前已为杭州跨海湾大桥提供的5 480亩的建设用地。除此之外,该工

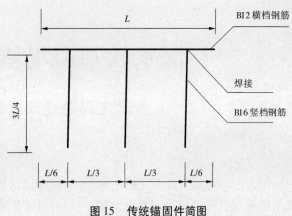

图15　传统锚固件简图

程还将为规划中的杭州湾新区提供三分之一的用地,成为慈溪的制造工业、加工工业和物流工业的中心地带。这一高标准围涂工程的建设,将使原本地处偏僻、经济较为薄弱的慈溪中西部沿海地区迅速成为投资热土。海堤结构型式为下部铺设编织土工布,上部抛石体。土工布施工运用强潮涌区域土工布铺设施工工法,该工法中各道工序采用材料简单,价格也不高。本工程土工布总铺设面积14万 m²,从2001年6月1日开始施工至2003年10月10日完工,设计新颖,精心施工、施工质量优良,效率高,造价低,并达到设计要求。

11.2 慈溪市徐家浦两侧围涂工程横堤水云浦至半掘浦段堤身工程

慈溪市徐家浦两侧围涂工程位于杭州湾南岸慈溪市境内,北临杭州湾、西濒西三潮沟,东南紧靠四灶浦,围区东西长约27 km,南北宽2～3 km,围涂总面积10.62万亩。海堤结构形式采用土石混合坝形式,基础铺设180 g护底编织布,小、大塘土方由反滤布及石方、混凝土结构反包。海堤堤顶中心轴线位置高程为7.33 m,净宽为7 m。其中,土工布施工运用强潮涌区域土工布铺设施工工法,该工法中各道工序采用材料简单,价格也不高。本工程土工布铺设面积24万 m²,从2006年11月24日开始施工至2007年2月22日完工,设计新颖,精心施工、施工质量优良,效率高,造价低,并达到设计要求。

11.3 余姚市海塘除险治江围涂Ⅰ期、Ⅲ期工程

余姚市海塘除险治江围涂工程位于钱塘江河口尖山段南岸余姚岸段,兴建该工程,可提高海塘的抗灾能力,增加土地资源,并为实现尖山河段南岸的统一整治和规划创造了条件。主要由基础土工布铺设、编织袋充填土、泥浆泵吹填土、块石料护坡等组成。其中,基础土工布铺设施工运用强潮涌区域土工布铺设施工工法。该工法中各道工序所用材料都很普通,容易采购,材料价格也便宜。本工程土工布总铺设面积128.2万 m²,从2004年11月1日开始施工至2005年1月10日完工,设计新颖,精心施工、施工质量优良,效率高,造价低,并达到设计要求。

11.4 余姚市海塘除险治江围涂二期工程陶家路块围涂工程

余姚市海塘除险治江围涂二期工程位于钱塘江河口尖山河湾南岸余姚岸段的中、东段,工程由东、西两大块组成,西块位于湖北西直堤(临海浦闸以东0.5 km)与湖北东直堤之间;东块位于陶家路江东直堤与曹郎东直堤(泗门水库西侧)之间。该工程的主要工作内容为基础土工布铺设,土堤堤防填筑、块石料护坡、坝头处理、河道开挖等。该工程基础涂面与土堤之间采用土工布隔离,施工运用强潮涌区域土工布铺设施工工法,该工法中各道工序所用材料容易采购,来源广泛,价格低。该工程土工布总铺设面积119.7万 m²,从2009年5月11日开始施工至2009年12月10日完工,施工效率高,质量优良,达到设计要求。

(主要完成人:陈　晖　胡梅愿　王志强　程　剑　戈明亮)

深水软基海堤堵口施工工法[*]

浙江省围海建设集团股份有限公司

1 前言

随着沿海滩涂资源开发的不断深入,深水围垦已成为沿海产业带开发的主流发展方向,造在海涂上的海堤往往采用土石混合结构,一般在外海侧抛填石方挡潮,内坡侧填筑闭气土方防渗。修建海堤时,为了施工安全,在堤线上常预留一个或几个口门让潮水自由吞吐,这种口门称为龙口。待海堤填筑出水达一定高度时,封堵这些龙口,称为堵口。软基筑堤和堵口闭气是海堤施工并列的两大重要技术难题,其中堵口成功合龙某种意义上意味着整个围垦项目的实施成功了一半,堵口主要受非汛期、小潮汛、风浪、涨落潮水流流速、加荷控制等一系列因素影响和制约,所以有必要进行技术攻关,开发适用于深水区的堵口施工技术。

2 工法特点

(1)本工法基础处理采用的是专用的土工布铺设船、双船体深水插板船,海上船抛石采用的是液压对开驳、侧抛式石方专用驳船,船上均装备有精确的GPS(全球定位系统),能够确保施工时的准确定位。

(2)本工法利用各种类型船舶在深水区施工作业,不仅可以解决无陆路交通运输的难题,而且基本不受潮位影响,可全天候施工,大大地加快了施工进度。

(3)堵口施工采用立堵、平堵和混合堵三种方法相结合。高效立体施工,流水作业,点、线、面结合。层次分明、施工干扰少、效率高,确保龙口一次性合龙成功。

3 适用范围

本工法堵口段基础处理适用于在水深2~20 m、潮差≤9 m、浪≤2级的环境中施工,堵口适用于潮间带施工。

4 工艺原理

(1)堵口段基础处理跟随主堤进度施工,施工面达到设计阶段高程后进行龙口保护,搁置度汛,汛后小潮汛期间择机合龙,以充分利用非汛期小潮汛时潮汛相对较小的有利条件。

(2)堵口截流要先进行水力计算,通过模型试验搞清龙口水力特性,确定合理堵口顺序和施工方法。

(3)合龙前,可采用液压对开驳或侧抛式石方专用驳船平抛以抬高龙口底槛高程。

(4)利用口门处复杂的水文变化条件,低平潮时口门自然断流可选择堵旱口并加强加固薄弱

---

*本工法的关键技术于2012年6月28日通过浙江联政科技评估中心科技成果鉴定,评审意见:该技术处于国内先进水平,并获得国家发明专利1项,深水区排水插设,专利号:ZL97112879.6;实用新型7项,深水塑料排水板插板船水下自动剪切器,ZL201120026879.9;深水塑料排水板插板船水下自动装靴器ZL201120026808.9;深水土工铺设船,专利号:201020049346.8;液压对开驳,专利号:ZL201020049343.42;侧抛式石方专用驳船,专利号:ZL201020049344.9;滩涂桁架式土方筑堤,专利号:201020049345.3。活塞式土方输送船,专利号:201020049347.2。

部位,涨落潮时口门又有急流可选择堵水口。

(5)根据工况条件,可选择单向或双向进占作业,堵口可采用抛石截流的方法,在龙口抛投大块石或填石竹笼、填石铁丝笼等进行缩窄和封堵,最后形成一道截流堤。

(6)堵口截流后龙口段截流堤是透水的,堤身较单薄,应立即进行"闭气"加固。由于潮汐影响,堆石堤内的渗流是双向的,又是在水中抛土,必须满足堤身、地基和渗流稳定的要求。

5 施工工艺流程及操作要点

5.1 工艺流程

本工法施工工艺流程见图1。

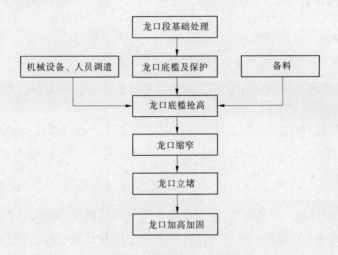

图1 本工法施工工艺流程

5.2 基础处理

龙口段基础处理跟随主堤进度施工,基础处理包括基础土工布铺设、碎(卵)石垫层、塑料排水板等,分别利用深水土工铺设船铺设、甲板驳抛填、双船体深水插板船插设。

5.3 龙口水力计算

5.3.1 龙口尺寸的计算和堵口顺序的确定

如何选择龙口尺寸和堵口顺序是堵口成败的关键,龙口计算时,应考虑同一围区内多个水闸、龙口存在的情况,计算围区内水位、围区内外水位差、各龙口流速、单宽流量随围区外潮位变化的过程,确定各水力要素的最大值和逐时段数值,并绘制变化过程线,以便选择龙口的尺寸、堵口的顺序。

水量平衡方程式:

$$U_1 - U_2 = \frac{Q_1 + Q_2}{2} + \frac{q_1 + q_2}{2} \tag{1}$$

式中:U_1、U_2 分别为 ΔT 时段初、末塘内水量;Q_1、Q_2 分别为 ΔT 时段初、末过闸流量;q_1、q_2 分别为 ΔT 时段初、末龙口流量;ΔT 为时段长。

流量、流速、单宽流量按表1所列公式计算。

5.3.2 抛投块体计算

抛石截流计算最主要的任务是确定抛投体的尺寸的重量,而抛投块的稳定计算国内外广泛采用的是兹巴什公式,即

表1 流量、流速、单宽流量计算公式

流态	流量(m^3/s)	流速(m/s)	单宽流量($m^3/(s \cdot m)$)
自由出流	$Q = \xi m B\sqrt{2g}H^{3/2}$	$v = q/h_k$ $q = m\sqrt{2g}H^{3/2}$ $h_k = \dfrac{\sqrt[3]{aq^2}}{g}$	$q = m\sqrt{2g}H^{3/2}$
淹没出流	$Q = \xi B\varphi\sqrt{2gZ}(H-Z)$	$v = \varphi\sqrt{2gZ}$	$q = \varphi\sqrt{2gZ}(H-Z)$

注:式中:H 为堰上水深;ξ 为侧向收缩系数;Z 为上下游水位差;m 为流量系数,$m = 0.385\varphi$;B 为堰净宽;φ 为流速系数;h_k 为临界水深;a 为流速不均匀系数。

$$v = K\sqrt{2g\frac{\gamma_s - \gamma}{\gamma}d} \tag{2}$$

式中:v 为石块极限抗冲流速;d 为石块化引为球形的粒径;γ_s、γ 分别为石块和水的容重;K 为综合稳定系数。

由式(2)可知,抛投块体的粒径与抗冲流速的平方成正比。也就是说,抛投块体的粒径在很大程度上取决于龙口流速。

5.4 堵口施工

5.4.1 形成龙口

当非龙口段主堤抬升到一定高程后,潮流将集中于龙口段进出,即形成了龙口。因此,在龙口形成前,对龙口段要预先予以保护处理。具体方法为用液压对开驳、侧抛式石方专用驳船、甲板驳船等施工机械将龙口段抛石抛填至接近龙口底槛高程。此时,退潮后该部位能出露水面的,则采用陆上施工机械抛填兹巴什公式(2)计算出的大型块体至底槛高程;退潮后该部位未能出露水面的,则采用GPS精确定位的甲板驳抛填大型块体至底槛高程。

5.4.2 龙口保护

龙口形成后,受各种因素制约往往不能立即实施堵口施工,龙口段包括两端堤头盘头、龙口段内外两侧、龙口段底槛等部位均需进行保护。

(1)龙口段两端盘头、底槛面层、外海侧镇压层采用填兹巴什公式(2)计算出的大型块体保护,块体可使用大块石、各类石笼、预制构件等。块体要求理砌,块体间相嵌摆放,相互咬住,整体基本平整。

(2)龙口段内侧一般为闭气土方结构,不宜采用石方保护。可首先从断面形式上予以保护,如采取闭气土方断面高程比主堤抛石低 0.5 m,堤轴线方向进尺上比主堤滞后 100 m 等措施;其次,对龙口两端各 100 m 范围内和龙口段底槛高程以下的闭气土方(或涂面),采取安放双层高强防紫外线充泥管袋或袋装土等保护措施。

(3)在每次潮汛前后应经常观测其有无冲损情况,如有则及时采取措施弥补,确保龙口安全度汛。

5.4.3 堵口条件

(1)堵口报告已报上级主管部门批准。

(2)同一围区内设有水闸时,各水闸均已通水且能够安全启闭,合龙时可利用水闸泄洪分流。

(3)非龙口的海堤已经达到规定的设计高程,并处于良好的稳定状态。

(4)堵口备料已备足需用量的 1.5 倍以上,施工机械、劳动力组织准备就绪,堵口程序和方法已作研究与技术交底。

(5)堵口时的各种应急措施已落实。

(6)堵口后的海堤加高加固后续工作已能满足下次大潮汛的需要。

5.4.4 堵口时间选择

堵口时间应根据工程量、总工期要求、施工强度和水文气象条件等综合反复分析,并应选择在非汛期的小潮汛期间。

5.4.5 堵口方式

在具备上述堵口条件以后,利用小潮汛一次性将龙口合龙。汛期后先采用驳船平抛抬高底槛高程,自卸车立抛缩窄龙口宽度,然后车抛立堵,工况条件具备时应采用双向进占推进,根据水力计算,先抬高底槛,再缩窄龙口,最后双向进占合龙,可减少龙口合龙的难度,如图2所示。

将龙口底槛高程抬高时,最大流速已与龙口宽度关系不大,最大流速将由最高潮位所控制,主要任务是要加强龙口内外侧的堤脚保护。

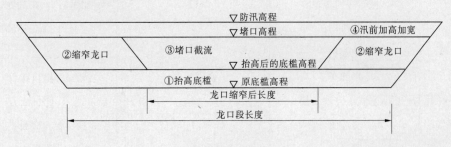

图2 堵口程序图

5.4.6 石方合龙

利用小潮汛期间一次性将龙口合龙。合龙时,采用兹巴什公式(2)计算出的块体填筑,石笼或预制件采用挖掘机吊装,大块石由推土机推平,截流戗堤立堵至设计高程,见图3。

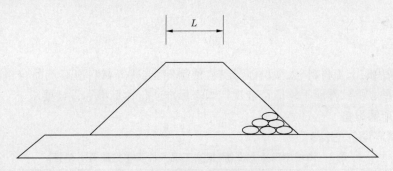

图3 堵口小断面截流剖面简图

在合龙过程中,利用水闸调节内外水位,最大流速控制在设计要求以下。龙口合龙后,镇压层全部做足,随后继续加高石坝和闭气土方,完成堵口施工。

5.4.7 土方合龙

石方堵口合龙后,马上进行土方闭气施工。可先在抛石体内侧用袋装土封堵,小断面进行闭气。小断面闭气初步完成以后,采用活塞式淤泥输送泵加宽加高,另配备桁架式筑堤机配合施工。

土方闭气必须集中所有土方设备,开足马力,一气呵成,争取在最短的时间内达到闭气的要求。

填筑土料可直接取自滩涂,堵口前要做好开采的规划,并注意必须在离堤脚线安全距离以外的范围取土,以满足设计对堤身稳定安全的要求,确保开采过程能始终顺利进行。

5.4.8 加高加固

堵口合龙初步完成以后,还需一鼓作气地迅速加固加高至防汛高程,但应注意加荷间歇期。在加高加固过程中,特别要仔细加强观测和巡视,找寻坝体有无变形、裂缝和不正常沉陷,以便在发现苗头时及时采取相应措施。

5.5 劳动力组织

劳动力组织情况见表2。

表2 劳动力组织情况

序号	工种	人数	任务
1	总指挥	1	施工总调度
2	土工布铺设船船员	10	基础处理
3	甲板驳船员	10	基础处理
4	排水板插设船船员	14	基础处理
5	抛石驳船船员	12	船抛石方、抬高龙口底槛
6	装载机司机	4	上料、施工道路维护
7	挖掘机	4	上料
8	自卸车	35	堵口抛石
9	活塞式土方输送船	8	闭气土方
10	交通艇	4	交通
11	测量船	6	测量定位
12	普工	50	
合计		158	

6 材料与设备

6.1 材料

堵口工程采用的土工材料、大型块体、笼料、预制件、土料等材料应有产品合格证书、性能检测报告,材料的品种、规格、性能等均应符合现行国家标准或行业标准和设计要求。

6.2 海堤堵口所需设备

海堤堵口所需设备见表3。

表3 海堤堵口所需设备(根据工况条件表中数量有所差异)

序号	名称	单位	型号	数量	说明
1	土工布铺设船	艘	TP20	1	基础处理
2	甲板驳	艘	1 200 t	2	基础处理
3	排水板插设船	艘	ZS60	1	基础处理
4	液压对开驳	艘	300 m³	2	船抛石方、抬高龙口底槛
5	侧抛式石方专用驳船	艘	300 m³	1	船抛石方、抬高龙口底槛
6	装载机	台	ZL50	4	上料、施工道路维护
7	挖掘机	台	PC300	4	上料
8	自卸车	辆	5～10 t	35	堵口抛石,备用率10%

续表3

序号	名称	单位	型号	数量	说明
9	活塞式土方输送船	艘	YT－300/1500	1	闭气土方
10	交通艇	艘	HP60	2	交通
11	测量船	艘	HP80	1	测量定位
12	GPS 定位系统	套	HD9900EX 双频 RTKGPS	1	测量定位
13	全站仪	套	GBT－2002	1	测量
14	测深仪	台	GJ4－SDH－13D	1	测量
15	流速仪	个	FP111	1	测量

7 质量控制

7.1 质量控制标准

7.1.1 基础处理质量控制标准

采用《水运工工程土工合成材料应用技术规范》（JTJ 239—2005）、《水利水电工程土工合成材料应用技术规范》（SL/T 225—98）、《水运工程塑料排水板应用技术规程》（JTS 206—1—2009）、《塑料排水板质量检验标准》（TJT/T 257—96）。

7.1.2 堵口质量控制标准

采用《水利水电建设工程验收规程》（SL 223—2008）、《水利水电工程施工质量检验与评定规程》（SL 176—2007）,《堤防工程施工规范》（SL 260—98）和《堤防工程施工质量评定与验收规程》（SL 239—1999）。

7.2 质量保证措施

7.2.1 施工记录

安排专人负责施工过程的描述记录和施工位置记录,记录者负责签名并由专人负责校核,同时将施工情况反馈到每支施工队伍,确保有计划地施工。

7.2.2 质量控制

土工布在铺设过程中派专人随时检查,检查、检验的主要内容为材料铺设方向、材料的缝接和搭接、铺设位置,锚固件的插设位置、质量等。

插板作业船上配备的电脑自动控制软件,该软件通过桩机测出插设套管深度与排水板的进带长度,由传数机输进电脑自动控制。

石料质量控制是堵口的重点,要确保抛石料符合设计要求,控制含泥量及石料块度,具体执行设计要求;断面测量检测主要是和设计断面进行对比,确保抛填后形成设计要求的形状,如未达到设计要求,应重复补抛直至形成设计要求;垫层及面层抛石往往需要控制平整度及顶面标高、密实度等,应进行检测。

闭气土料料场的选取对土方施工起着关键性的作用,取土边线离内外堤脚距离必须满足设计要求,部分土料可结合内坝脚进排水河进行挖取,采用浅挖广取,每次取土深度控制在 1～1.5 m,严禁在规定范围以外取土,施工前,将土方表层的草皮、植物根茎等杂物清除,不使用含砂、石等杂物的海泥,不合格土方不得入堤。施工时,严格按设计分层进行填筑,不得超厚;填筑第二层土方时,必须满足停荷间歇期。形成断面后,对闭气土方进行测量,宽度、高程、坡度等参数应符合设计施工图纸。

8 安全措施

严格遵守《中华人民共和国安全生产法》等相关安全生产的法律法规和集团公司规章制度，坚持"安全第一，预防为主，综合治理"的安全生产方针，按照"管生产必须同时管安全，谁主管，谁负责"的原则逐级落实安全生产责任制。

(1)成立以项目经理为组长的安全生产领导小组，配备专职安全员，由技术负责人牵头编制《生产安全事故应急救援预案》。

(2)施工船舶施工作业前按规定向海事管理部门办理水上水下施工作业许可证，并办理航行通知等有关手续。

(3)施工船舶应按《中华人民共和国船舶最低安全配员规则》规定配备保证船舶安全的合格船员。船长、轮机长、驾驶员、轮机员、话务员必须持有合格的适任证书。

(4)对施工作业人员进行"三级"安全教育，按照《建设工程安全生产管理条例》要求，技术负责人组织逐级下发安全技术交底。

(5)施工作业严格遵守公司各项安全操作规程和技术交底，所有施工作业人员必须佩戴安全帽、穿好救生衣，严禁酒后上岗作业。

(6)在施工区域周边设置安全警示标志，夜间施工作业保证足够的照明，并设置红灯警示，避免过往船只发生意外碰撞，安全员负责现场监督。

(7)加强对施工机械设备、安全设备、信号设备自查，防止船舶、车辆带"病"作业，确保设备安全正常运行，安排专人检修电路，严格用火管理，配备消防器材。

(8)事先备好能抵抗较大流速的袋装土(每袋重约40 kg)以备急需。

(9)事先备好能抵抗大流速的特大块石外，还要准备好必要数量的钢丝石笼以备急需。

(10)为确保成功合龙，在人员和设备上将组织足够的后备力量。

(11)加强龙口施工期间的冲刷和沉降观测，发现冲刷严重时应及时采取措施保护；沉降异常时，应及时分析原因，防止坝体整体失稳破坏。

(12)石方堵口至设计高程后而又未加高前，如遇寒潮，潮水位可能高于石方顶高程时，须填筑小子堤防止潮水溢顶。

(13)龙口进占过程中，堤头可能遭遇高潮位冲刷，应适当做成流线型，并用大块石保护。

9 环保措施

(1)严格按照《中华人民共和国海洋环境保护法》、《中华人民共和国防止船舶污染水域管理条例》、《船舶污染物排放标准》(GB 3552—83)的要求对施工船舶污水排放进行管理，经处理排放的污水含油量不得超过15 mg/L。

(2)加强施工期环境管理，制定严格的规章制度，依照公司《环境管理体系》的规定，不得随意排放油类、油性混合物、废弃物和其他有害物质。

(3)施工产生的生活污水，含油污水、生活垃圾集中统一处理，做好日常垃圾的收集、分类与储存工作，不得任意倒入施工水域，靠岸后交陆域处理。

(4)现场作业专人指挥，合理选择施工方法，选用低噪声设备，加强机械设备维修保养，合理安排施工时间。

(5)船舶应装设处理舱底污水的设备，施工船舶舱底含油污水不得随意排放。

(6)一旦发生意外火灾或油料泄漏事故，当事人报告，立即启动应急救援预案，采取措施进行控制、清除或减轻污染的损害的措施，并视情节及时报告应急主管部门(水上搜救中心、所在地海事局等)及公司安监部，并接受环保部门或海事部门的调查处理。

10 效益分析

围垦工程的兴建,将为地区的开发和建设提供腹地和用地,缓解建设用地紧张及人多地少的矛盾,对耕地总量的动态平衡起到积极作用,对促进经济发展发挥重大作用。项目实施后将产生较高的经济效益和社会效益,还可提高该地区防洪御潮标准,可保护乡镇、行政村群众和耕地免遭风暴潮的侵袭,对沿海地区起到重要的屏障作用。

基础处理采用专用作业船舶施工,机械化、自动化程度高,与传统的人工作业比较使用人工可减少80%,可以不受涨潮落潮的条件影响,每天的有效施工时间为24 h;人工候潮铺设土工布须候潮在低潮位时施工,每天的有效施工时间仅为6 h,可缩短施工工期达75%。

沿海地带每年7～10月为台汛期,易受台风暴潮的侵袭;4～7月为梅汛期,阴雨绵绵,对施工影响甚大,尤其是堵口常用的土石方无法正常施工;1～3月为年关前后,对施工组织极为不利。因此,堵口时间选择余地很小,为每年的11～12月且小潮汛期间,堵口从筹备到合龙所需时间一般为1.5个月,即围垦项目堵口机会每年只有1次,假如堵口失败,整个项目工期起码将延后1年,其直接和间接的经济损失是无法估量的。采用本工法堵口施工,在我公司二十多年、几十项的深水软基海堤堵口施工中是无一失败的,它所产生的效益更是无法用数值来考量的。

11 应用实例

11.1 洞头县状元南片围涂工程

该工程位于浙江省温州市洞头县状元岙岛南侧,堤线总长4 758 m,建设规模围涂面积为0.52万亩(1亩=1/15 hm²)。本工程由南围堤、东堤、隔堤及两座水闸组成,海堤结构为外侧斜坡式抛石堤挡潮,内侧海涂泥闭气,基础采用土工布、碎石、塑料排水板复合处理,龙口布置在东围堤3+761～3+861桩号,龙口长度为100 m。堵口采用本工法实施,小断面抛石坝截流戗堤从2007年12月8日(农历十月廿九)开始,2007年12月18日(农历十一月初九)完成,堵口闭气及加高加固作业于2008年2月中旬结束。经工程实践,堵口圆满成功,如期完成合同工程,工程达到设计要求。

11.2 椒江区十一塘围垦工程

椒江区十一塘围垦工程位于台州湾西侧,北至椒江口南岸,南到椒江、路桥两区的交界处,由北直堤、顺堤、施工便道、北闸、东闸工程组成,基础采用土工布、碎石、塑料排水板复合处理,龙口设在桩号S4+150～S4+850的顺堤上,宽700 m,底槛高程为1.0 m。

2008年2月底前完成龙口基础工作;

2008年台汛前形成正规龙口;

2008、2009两年龙口度汛;

2009年10～11月中旬龙口束窄至200 m,底槛高程抬高至2.0 m;

2009年11月22～28日在4.5 m高程小断面堵口合龙断流;

2009年12月至2010年3月龙口段加宽加固加高并土方闭气。

堵口任务圆满完成,工程质量优良,达到设计要求。

11.3 浙江省玉环县大麦屿标准海塘工程

本工程位于玉环县西南部的大麦屿港湾,南邻大麦屿客运码头,北接粮食中转码头,西临乐清湾,海堤全长1.75 km。堤线北接粮食中转码头,沿岸线南至大麦屿后,折向东与疏港大道相接。堤线全长1 750 m,其中北堤长210 m,正堤长1 235 m,南堤长305 m。涂面高程-2.0～-5.0 m。基础采用土工布、碎石、塑料排水板复合处理。设置了三个龙口段,分别位于正堤0+175～0+225,正堤0+460～0+560,正堤0+915～0+965。3座龙口小断面石坝合龙均在2007年12月17～19日的小潮汛期间一气呵成,其后是龙口段加宽加固加高并土方闭气。该工程已于2011年11月

23 日通过竣工验收,质量被评定为优良。

11.4　北仑区梅山七姓涂围涂工程

北仑区梅山七姓涂围涂工程位于北仑区梅山乡南部海域,象山港口门区,距北仑区约 30 km,交通便利;围区西起创业矸,向南延伸至分水礁北面,转折向东至梅山盐场塘,围涂面积 1.356 万亩。基础采用土工布、碎石、塑料排水板复合处理,龙口位于桩号 7 + 000 ～ 7 + 150,龙口长度 150 m,底槛高程 1.00 m。龙口设计底高程 1.00 m,最大设计流速 3.50 m/s。龙口段按龙口设计断面施工,与海堤其他地段一样先进行基础处理,进度根据海堤基础处理进度。随后于 2009 年 4 月 1 ~ 30 日进行龙口底槛、龙口两侧盘头以及龙口内外侧涂面的保护,采用单块重量大于 200 kg 块石对龙口底槛及边坡保护,两侧护底采用钢筋笼装石(平均 100 kg/m²)度汛。2009 年 10 月中旬到 11 月月底前将龙口底槛高程分层抬高到 1.0 m,12 月 22 ~ 24 日小潮汛 3 d 内用石方小断面立堵截流,抛石坝立体堵至 4.00 m 高程,随后进行加高加固工作,通过精心施工,施工质量符合设计要求,效率高,造价低。

(主要完成人:陈　晖　胡梅愿　程　剑　王志强　杨陈彬)

深水围垦爆破挤淤筑堤施工工法*

浙江省围海建设集团股份有限公司

1 前言

随着海洋经济发展,围垦工程建设逐步向外海区域、深海区域扩张,工程规模、围垦面积也越来越大,爆破挤淤施工技术是建设部推广的建筑业十项新技术之一。深水区域,淤泥厚度已远远超过20 m,水深地段受风浪影响大,装药困难,药包定位难以控制,而且随着深水围垦爆破挤淤筑堤置换深度的加大,增加爆破药量是不可避免的,自然也会影响施工周边区域。科学合理地制定爆破挤淤装药器是确保工程质量和进度的关键,降低爆破震动的影响是深水围垦的爆破挤淤筑堤技术向海洋资源发展的基础。我公司根据以往爆破挤淤施工经验,在常规工艺的基础上进行了创新研究,开发了适用于深水围垦筑堤的爆破挤淤施工工法。

2 工法特点

(1)本工法采用的深水爆破挤淤装药器,装药施工受风浪影响小,装药深度大,能满足15 m以内覆盖水深、30 m以内的淤泥软基的爆破挤淤装药,且能满足各种复杂地质条件的软基爆破挤淤施工。

(2)本工法采用的深水爆破挤淤装药器(见图1),发明了药包定位装置和自动脱落反向门,阻止了药包的回带,确保了埋药深度,保证了爆破施工质量。防止了药包回带造成泥石飞溅,保障了施工安全,降低爆破施工对环境的污染。

(3)装药器整体机动灵活,施工操作简单方便,作业人员少,装药时间短,可在1 min左右完成一次装药,大大提高了爆破挤淤施工的工作效率。

(4)本工法爆破挤淤施工采用非电毫秒延时雷管进行微差爆破,降低了爆破冲击波能力、爆破振动的能量,减少了对施工区域周边环境、居民的影响,实现爆破挤淤环保施工。

3 适用范围

处理软基深度大于25 m的深水区围垦软基的爆破挤淤筑堤施工,深水装药深度偏差控制在-1.0~0 m。

4 工艺原理

(1)利用吊装能力大且作业半径大的履带吊机进行装药吊运,以解决工程水深、埋药深的难题;在装药筒上安装振动锤,利用震动力量保障装药器的插设力度,以解决深水围垦施工区域地质条件复杂难装药、装药深的难题。

(2)利用力的作用力与反作用力原理,首先为装药器设计一个自动脱落的反向门(见图2),反

---

*本工法的关键技术于2011年9月29日通过浙江联政科技评估中心科技成果鉴定,评审意见:该技术处于国内领先水平,关键技术获得国家实用新型专利一项,专利号:201120026115.x,并申请经受理发明1项,专利号:201110028599.6。

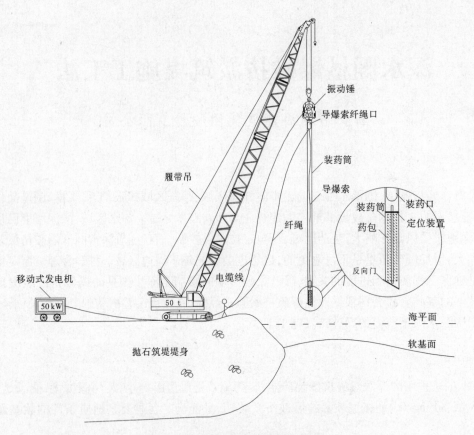

图 1　深水爆破挤淤装药器整体图

向门在插设时利于插入软基,上拔时在淤泥的作用力下自动脱落。另外,为了阻止药包的回带,在装药器上设计一个抵消药包产生回带的受力部件,在装药器上拔时给药包一个反向作用力,阻止药包的回带,以达到药包准确定位,保证深水爆破挤淤施工质量,药包定位工作流程见图 3。

（3）采用非电毫秒延时雷管进行微差爆破降低爆破冲击波能力,因震动与最大单响药量成正比,因此将一次爆破药量分成多段采用非电毫秒延时雷管起爆,这样在总药量不变的情况下,将一次爆破分隔成多段其间隔在几十到几百毫秒不等,前后爆破冲击波的相位互相干扰而抵消,大大降低了冲击波的强

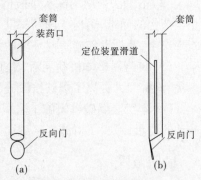

图 2　反向门结构示意

度;根据每次爆破的总药量,以爆破最小影响范围为基础(由附近建筑物及居民生活决定),确定爆破震动影响区域,再依次确定非电毫秒延时雷管的微差时间及单段药量,进行非电毫秒延时雷管选择。

5　施工工艺流程及操作要点

5.1　工艺流程

（1）根据施工图放样,设立抛填标志。

（2）严格按批准的施工组织设计确定的抛填宽度和高度进行堤身抛填,严格控制抛填进尺。

（3）抛填进尺达到设计值后,在堤头前面和两侧布药爆炸,施工时,严格按照批准的施工组织设计中各段的爆炸参数制作药包和装药。

（4）爆后补抛并继续向前推进,当进尺达到设计进尺后,再次布药爆炸,这样"抛填—爆炸—抛填"循环进行,直到达到设计堤长。

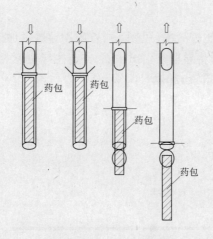

图3 药包定位工作流程

（5）施工检测，在每次爆破前后，都进行堤身上部形状测量和统计抛填量，采用爆破沉降累计法和体积平衡法等进行分析，发现与设计有偏差时，及时调整抛填和爆破参数。

（6）根据设计要求，部分或全部爆破完成后，利用钻孔和物探法进行检测验收，并做好施工期和竣工后的沉降观测工作。

常规的爆破挤淤施工工艺流程如图4所示。

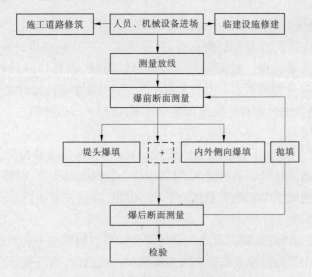

图4 爆破挤淤施工工艺流程

5.2 操作要点

5.2.1 施工前准备

首先应进行爆破区及周围现场的勘察，特别是周围建筑物设施的安全调查，并送当地公安部门和水上安全监督部门审查批准，办理火工品购买手续，发布爆破施工通告。其次，连同其他资料文件报业主、监理工程师审查批准后实施。同时，根据业主提供的坐标控制点，水准点，进行实地校核，发现问题及时提交业主解决，在施工区内建立控制网点、水准点，便于控制施工进展，根据设计施工图纸进行放样，设立抛填标志。在爆破区域设立爆破施工标志，海上设立警戒用的水上浮标。

建立施工管理体系，建立爆破作业指挥机构和爆破人员的组织机制，制定岗位责任制，制定施工安全和质量保证体系，建立原始施工记录和资料整理制度，建立和健全工程质量检查制度，并严格执行。

5.2.2　起爆网路

爆破挤淤施工的起爆网路比较简单(见图5),首先用导爆索加工成起爆体放入药包中,然后将药包埋入泥中一定深度处,同时将导爆索引出水面,并与主导爆索相连(并联),主导爆索可用单股或双股,最后用电雷管(或非电雷管)起爆。

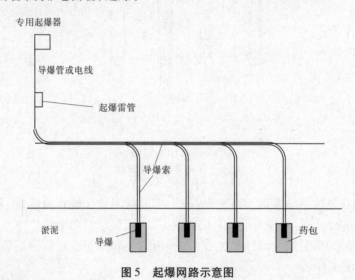

图5　起爆网路示意图

5.2.3　抛填参数的设计

抛填参数的设计是爆炸挤淤达到设计断面要求的关键因素,爆炸挤淤一方面强调爆炸载荷的作用,另一方面要保证在挤淤时有充足的石料,并尽可能地防止超出设计断面,因此抛填高程、宽度、进尺等参数的控制尤其关键。根据本工程设计断面形状,在爆炸处理软基施工时,抛填采用"堤身先宽后窄"的方法,使得爆后水下平台宽度一次到位,而爆后补抛时堤身缩窄以控制方量,尽量减少埋坡工作量。抛填中大块石尽量抛在堤身外侧,以利于防浪冲刷。

5.2.3.1　抛填高程的控制

根据土工计算原理和堤身设计高度,经过理论分析计算,确定堤身抛填高度。设计原则是:在方便堤面施工、施工期高潮位时堤顶不过水、爆后堤顶不超高的前提下,抛填高度应尽量高,以最大限度地达到挤淤效果;同时要考虑减少平台上多余石方量,综合多方面因素。

5.2.3.2　抛填宽度的控制

爆破挤淤工程成功与否的关键因素之一就是要保证平台的宽度和厚度,从以往的工程实践中可以知道,在深厚淤泥中平台的形成必须在堤头爆填时一次到位,通过侧爆向两侧拉出平台的作用是有限的,因此在堤头爆填时就要严格控制抛填的宽度。抛填宽度的计算取决于断面总的宽度、抛填高程、泥面高程等参数,同时需要兼顾抛填车辆通行。

注:泥面高程包括挤出的淤泥包,淤泥包的高低对抛填宽度的影响至关重要,同时它本身也受风浪、潮流等因素制约,是个不确定的条件,现场施工时应随时测量它的变化,并根据它的变化对抛填宽度进行相应的调整。

5.2.3.3　抛填进尺的控制

本工程抛填采用"堤身先宽后窄"的方法,使得爆后水下平台宽度一次到位,而爆后补抛时堤身缩窄。进尺过短易造成坡上大量重复抛填,进尺太长对堤身落底有影响,应综合考虑实际的地质情况,施工状况和坡上重复抛填情况,决定进尺长度。

5.2.3.4　其他

在施工过程中,施工单位有责任根据淤泥包变化等实际施工情况,对抛填参数的调整提出方案,报请有关部门批准后实施,以求达到最佳的效果。

堤头抛填方式如图6所示。

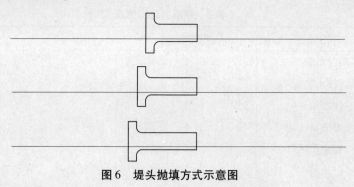

图6 堤头抛填方式示意图

5.2.4 爆破参数设计

5.2.4.1 药量计算

根据爆炸法处理水下软基经验公式,堤头爆填单位长度上药量为

$$Q_1 = q_0 \cdot L_s \cdot H_m \tag{1}$$

式中:Q_1 为线药量,kg/m;q_0 为爆炸挤淤单位体积淤泥的耗药量,kg/m³;L_s 为一次推填的循环进尺,m;H_m 为置换淤泥层厚度,m。

影响爆炸挤淤单位体积淤泥的耗药量 q_0 的因素很多,包括淤泥的物理力学指标、淤泥深度、石料块度情况、覆盖水深、炸药种类等。q_0 的确定需要综合考虑各种影响爆破效果的可能因素,同时借鉴其他类似工程的经验,本工程 q_0 取值范围侧堤应为 0.1 ~ 0.25。

5.2.4.2 非电毫秒延时雷管及单段药量

采用非电毫秒延时雷管进行微差爆破降低爆破冲击波能力,因震动与最大单响药量成正比,因此将一次爆破药量分成多段采用非电毫秒延时雷管起爆,这样在总药量不变的情况下,将一次爆破分隔成多段其间隔在几十到几百毫秒不等,前后爆破冲击波的相位互相干扰而抵消,大大降低了冲击波的强度;根据每次爆破的总药量,以爆破最小影响范围为基础(由附近建筑物及居民生活决定),确定爆破震动影响区域,再依次确定非电毫秒延时雷管的微差时间及单段药量,进行非电毫秒延时雷管选择。

5.2.4.3 装药深度的计算

药包插设深度按下式计算:

$$H = H_{设} + \frac{1}{2}H_{药} \tag{2}$$

式中:H 为装药器插入深度,即装药筒插设刻度线标高,m;$H_{药}$ 为炸药药包高度,m;$H_{设}$ 为药包设计埋入深度,m,按表1选取。

表1 药包设计埋入深度

覆盖水深(m)	< 2	2 ~ 4	> 4
埋入深度(m)	$0.5H_m$	$0.45H_m$	$0.55H_m$

淤泥厚度折算按下式计算:

$$H_{mw} = H_m + \left(\frac{\gamma_w}{\gamma_m}\right)H_w \tag{3}$$

式中:H_{mw} 为计入覆盖水深的折算淤泥厚度,m;H_m 为置换淤泥厚度,含淤泥包隆起高度,m;H_w 为覆盖水深,即泥面以上的水深,m;γ_w 为水重度,kN/m³;γ_m 为淤泥重度,kN/m³。

5.3 劳动力组织情况表

劳动力组织情况见表2。

表2 劳动力组织情况

序号	单项工程	所需人数	说明
1	项目负责	1	
2	设计技术负责	1	
3	技术员	2	
4	爆破员	1	
5	安全员	1	
6	记录员	2	现场资料整理
7	保管员	1	火工品出入登记等
8	测量员	2	主要观测爆前爆后断面沉降情况
9	普工	4	药包制作、搬运炸药等
10	交通艇驾驶员	1	
11	后勤	1	
12	皮卡车驾驶员	1	
	合计		18

6 材料与设备

6.1 材料

每段进尺爆破挤淤所需材料见表3。

表3 软基爆破挤淤所需材料(每段进尺)

序号	名称	单位	数量	说明
1	乳化炸药	kg	$(0.1 \sim 0.23) \times$ 方量	根据爆破挤淤断面方量计算
2	雷管	个	$1 \sim 2$	
3	导电线	m	装药深度 × 药孔	

6.2 设备

深水围垦爆破挤淤所需设备见表4。

表4 爆破挤淤所需设备

序号	名称	单位	数量	说明
1	交通艇	艘	1	
2	辅助船	艘	2	警戒
3	挖掘机	台	2	
4	装药器	台	1	
5	皮卡车	辆	1	
6	水准仪	台	1	
7	全站仪	台	1	
8	起爆器	套	2	

序号	名称	单位	数量	说明
9	雷管检测仪	台	1	
10	警报器	部	2	
11	对讲机	部	6	
12	安全警示灯	盏	6	
13	钻机	台	2	
14	物探仪	台	1	

7 质量控制

7.1 质量控制标准

质量控制标准采用:《水运工程爆破技术规范》(JTS 204—2008)、《爆破安全规程》(GB 6722—2003)、交通部《港口工程设计规范》以及设计要求。

7.2 质量保证措施

7.2.1 爆破挤淤工程质量控制程序

爆破挤淤工程质量控制程序见图 7。

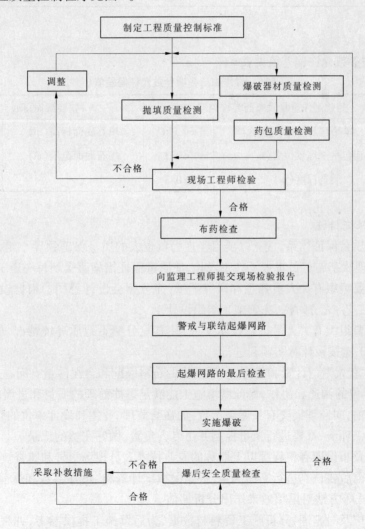

图 7 爆破挤淤工程质量控制程序框图

7.2.2 爆破挤淤工程质量控制标准

7.2.2.1 总体工程质量标准

自始自终按照业主和设计要求,抓好过程管理,严格按施工图纸与国家有关技术规范进行施工,做到"精心施工,产品优良,顾客满意,终身负责",实行创优目标管理,确保整个工程达到优良等级。

7.2.2.2 抛填质量控制标准

抛填料为开山混合石料,泥砂含量要小于5%,堤头管理人员若发现石料不符要求(各项允许偏差见表5),应及时报告,并要求整改。

表5 抛石体及测点各项允许偏差

序号	项目	允许偏差值(m)
1	抛填宽度	±1.0
2	抛填高度	±1.0
3	抛填进尺	±1.0
4	点间距离	±0.5
5	断面测量	±0.1

7.2.2.3 爆炸质量控制标准

爆炸施工各项参数允许偏差值见表6。

表6 爆炸施工各项参数允许偏差值

序号	药包制作重量及布药允许偏差		置换淤泥落底允许偏差	
1	单药包药量 Q(kg)	±0.05Q	填石底面标高(m)	0~-1.0
2	药包平面埋设位置(m)	<0.3	填石底面范围(m)	0~2.0
3	装药深度(m)	±0.3		

7.2.3 工程质量保证措施

(1)建立健全质量保证体系,成立以项目经理为负责人的质量保证领导小组,参加人员有项目总工程师、爆炸处理软基施工负责人及各工段长,使质量保证措施落实到每一道工序、每一个人。

(2)在开工前要组织有关人员熟悉和研究图纸,充分领会设计意图。根据设计意图和现场实际情况,结合相关工艺,充分讨论,完善施工组织设计。

(3)在施工前要组织有关人员进行技术交底,使其充分熟悉地质环境情况、施工工艺及流程、操作规程,确保施工能按设计意图顺利进行。

(4)抛填24 h有人专门计量和指挥,发现上堤的石料级配和含泥沙量有问题及时汇报。同时,加强与抛填施工单位的沟通和协作,保证抛填施工能满足爆炸处理的质量和进度的要求。

(5)每次爆破前,向监理提交有关爆破参数,加强与监理、业主和设计单位的联系与沟通。

(6)每一个施工环节,都要进行质量控制并由专人负责,做好完整的记录。

(7)药包制作及布设要有工程师以上职称的专业技术人员现场指导和监督。

(8)每次爆破前后要认真进行断面测量,根据抛填统计资料、爆炸参数和爆前爆后断面测量结果,利用体积平衡法等方法对爆填效果作出分析评估。

(9)技术人员应及时整理、分析施工资料与数据,为后续施工提供参考,并根据施工过程中的工程质量检测结果或可能出现的土层变化情况,对施工参数作出必要的调整。

（10）定期和不定期召开爆炸处理软基相关人员的总结讨论会议。

7.2.4 工程质量检测方法

（1）体积平衡法。在爆破施工期按爆填影响距离，结合抛填方量的统计，计算出实际抛填方量和设计断面方量的差别，推算落底的深度。每50 m作一次体积平衡检验。

（2）沉降位移观测法。对爆填结束的施工段，每50 m设置一组沉降位移观测点，单点连续观测时间不少于3个月，每点测量次数不少于15次。工后累计沉降不大于30 cm。

（3）钻孔检测法。直接探明抛石体置换淤泥的落底状况。根据本工程的设计要求，钻孔个数与具体位置应由业主或监理工程师现场指定。钻孔检测应揭示抛填体的厚度、混合层厚度，并深入设计底标高下不少于2 m。钻孔检测属于抽检。建议在堤头爆填达到200 m时，安排一次钻孔检测，检查爆破参数合理性，指导后续爆破工作。

（4）断面测量。爆破结束后，进行断面测量，每10 m一个横断面，绘制出竣工断面。

（5）物探检测。按纵横断面布置测线。纵断面应分别布置在堤顶、内坡、外坡的适当的位置上。横断面应布满全断面范围，间距取20～30 m。测点时，测点距离不大于2 m或采用不间断扫描方式。物探检测属于普检，但该法应与上述钻孔资料配合分析，才能获得可靠的精度。

8 安全措施

为加强施工过程中安全生产管理，应坚持"安全第一，预防为主，综合治理"的安全生产方针，遵守《中华人民共和国安全生产法》、《爆破安全规程》（GB 6722—2003）、《水运规程爆破技术规范》（JTS 204—2008）等相关法律法规，同时落实如下措施：

（1）施工期间，项目部应定时与当地气象、水文站联系，以便在大风、大雨、雷电、大雾、大雪等恶劣天气严禁进行爆破作业，在台风到来之前做好布药机的安全避险工作。

（2）临近航道施工作业前按规定向海事管理部门商定有关航运和施工的安全事项，如发布通航公告。

（3）火工材料仓库严禁使用明火或抽烟，严禁非施工人员进入，安排专人看管，防止火工品流失或被盗，配备消防器材；火工材料现场使用全过程必须由专职爆破安全员监控，实行"谁领用、谁负责"的制度，当班如有剩余火工材料，领用人负责办理退库手续。凡不及时清理、退库，造成火工材料丢失被盗的，由公安部门追究有关当事人的责任。

（4）工作面火工材料现场使用必须严格按照有关规范执行，严禁出现边钻边装药、抛掷、丢弃火工材料等违章行为。

（5）装药前，现场堆放的火工材料必须由专职火工材料看护人员看守。每次现场爆破完毕后，将剩余的部分火工材料转至现场安全的地点清点，严禁雷管与炸药混堆混放，一经发现，对责任单位严厉处罚，并视为违反纪律，由此承担擅离职守而产生的一切后果。

（6）在施工区域周边设置"爆破现场，严禁入内"、"爆破危险区，不准入内"等安全警示牌及标志，夜间施工作业保证足够的照明，并设置红灯警示，避免过往船只发生意外碰撞，安全员负责现场监督安全技术措施的落实。

（7）布药机装药时，安排专人指挥，施工作业人员应密切注意装药器的上下运行情况，发现异常，立即停机，在布药机移动的半径内严禁堆放杂物和站人。

（8）爆破前必须同时发出音响和视觉信号，使在危险区的人员能够听到、看到。爆破后，经爆破、安全人员检查无拒爆、迟爆等现象，确认安全时，方可发出解除警戒信号。

9 环保与资源节约

为了保护和改善爆破施工现场的生活环境，防止由于爆破作业施工造成的污染，保障施工现场

施工过程的良好生活环境是十分重要的。切实做好施工现场的环境保护工作,主要采取以下措施:

(1)认真贯彻执行国家环境保护法,严格遵守当地有关规定,并办理有关手续,按照建设方对环保的要求进行工程的施工,做好施工场地四周生态环境的保护。

(2)将环保工作和责任落实到岗位、落实到人,严格要求各作业班组做到工完场清料净,做好"水、气、声、渣"管理和防范,提高施工作业人员环境保护意识。在日常施工中随时检查,出现问题及时纠正。

(3)施工中严格按照公司环境管理体系、环境管理制度的要求。对施工机械设备污水排放进行管理,防止油料泄漏,油污水和垃圾要集中回收并做好记录,严禁向水中排放和倾倒油类、油性混合物、废弃物和其他有害物质。

(4)施工现场产生的油污水及垃圾集中统一处理,做好垃圾日常的收集、分类与储存工作,不得任意倒入施工水域,垃圾必须装入加盖的储集容器里,严禁现场焚烧垃圾。

(5)施工现场设垃圾站,各类生活垃圾按规定收集、分类,不得任意倒入施工水域,严禁垃圾乱倒、乱卸或用于回填、焚烧垃圾。

(6)加强对食堂环境卫生管理,落实环境卫生管理制度,对办公区、生活区域垃圾采用分类存放搜集,对食堂产生的油污水经过滤措施处理排放,厕所污水不能进入城区管网的设置化粪池。

(7)一旦发生事故或紧急状态时,当事人报告现场负责人,立即启动《消防应急救援预案》,立即采取措施进行控制、清除或减轻污染的损害的措施,并视情节及时报告建设方。

10 效益分析

10.1 经济效益

深水围垦爆破挤淤筑堤施工工法有效解决了深水围垦软基爆破挤淤的技术瓶颈,该技术在奉化市红胜海塘续建工程Ⅰ标、舟山市定海区金塘北部开发建设项目沥港渔港建设工程施工Ⅰ标等工程中应用,满足了该类工程的工艺要求,据统计,减少了工程投资成本25%以上,具有明显的社会经济效益。累计完成结算产值33 400万元,新增利润3 674万元,新增税收955万元,取得了明显的经济效益。

10.2 社会效益

(1)随着海洋经济发展,围垦工程建设逐步向外海区域、深海区域扩张,工程规模、围垦面积也越来越大,深水围垦的爆破挤淤筑堤技术是向海洋资源发展的基础,对推进海洋经济的建设有着重要的意义。

(2)该技术有效解决了深水围垦软基爆破挤淤的技术瓶颈,对推进深水区域软基爆破挤淤施工技术的发展有着重要的意义,切实提高了水利建设行业科技水平。

(3)该技术有效降低了水下爆破时产生的高压冲击波、强烈震动波以及高分贝噪音,解决了爆破挤淤施工对海洋生物及环境、周边居民生活及建筑物造成的影响,保障了施工安全问题,实现环保施工。

(4)该技术减少了筑堤过程中无序不稳定性的滑动或过大沉降对工程造成的安全隐患,又能减少先挖后填带来的抛石量的浪费,间接地减少了对土石方的开采,保护了生态环境。

11 应用实例

11.1 奉化市红胜海塘续建工程Ⅰ标

本工程位于奉化市莼湖镇,东接栖凤村,西连塘头村,地处象山港的西北部,距奉化市区12 km。围区南北长约5 km,东西宽约3 km。建设规模:围涂面积为1.6万亩(1亩=1/15 hm²),建安工程总投资约2.3亿元。海堤桩号1+922~2+876采用爆破挤淤施工方法,爆破挤淤施工2008

年 12 月开工,于 2009 年 3 月下旬结束。

本工程地基特点是淤泥层厚 2~12 m,淤泥层下部为强度较高的黏土层,其顶面高程在堤中部最低,达 -14.7 m,覆盖水深较深,故基础处理采用深水围垦爆破挤淤筑堤施工工法。该工法具有技术新颖、科学合理、工艺先进的特点。使用该工法深水区域装药定位准确,爆破震动影响小,经施工单位和业主单位各自委托检测单位对爆破挤淤段进行钻探检测和物探,抛石断面全部达到设计落底深度和宽度要求,取得了良好的经济效益和社会效益,得到了设计、监理以及业主单位的一致好评。

11.2   舟山市定海区金塘北部开发建设项目沥港渔港建设工程施工 I 标

该工程位于舟山市定海区金塘镇西北部,防波堤东堤全长 2 180 m,爆破挤淤总方量为 218 万 m³。本工程软基覆盖水深较深,高潮位时最大水深达 10 m 以上;软基淤泥置换厚度大,爆破处理最深可达海平面以下 27.89 m;抛填落底比较宽,东防波堤 DK0 +300、DK0 +450、DK0 +550、DK0 +700、DK0 +850、DK1 +000 共 6 个断面较宽,落底宽度 22.43~44.51 m,外侧有 2 层平台;工程地质条件比较复杂,5 个工程地质层、8 个工程地质亚层,置换的软基大部分为淤泥质黏土或淤泥质粉质黏土,其物理力学性质与淤泥相比性质较好,置换较为困难,采用了深水围垦爆破挤淤筑堤施工工法,从 2009 年 12 月开始,历时 21 个月,经钻探检测和物探,结果均符合设计要求。

(主要完成人:俞元洪   余朝伟   杨   娜   许松节   盛高丰)

水库溢流坝段大跨度拱桥拆除施工工法*

浙江省围海建设集团股份有限公司

1 前言

水库是我国水利工程体系的重要组成部分,我国小型水库大多建于20世纪50～70年代,由于建设年代久远,限于当时技术、经济条件,建设标准低,再加上投入运行后缺少管护经费等原因,大量水库老化失修,病险严重,安全隐患突出。这使得进一步加快病险水库除险加固显得尤为迫切。据统计,全国病险小型水库总数达4万座以上,平均病险比例占50.0%以上。

水库溢流坝顶大跨度拱桥的拆除是水库除险加固工程中的一大难点,如何保障在拱桥拆除工程中溢流坝体的安全性至关重要。本公司总结多年溢流坝顶大跨度拱桥拆除施工经验,分析在拆除过程中所遇到的问题及困难,并制订方案,成功拆除多座大跨度拱桥。现经整合,总结出水库溢流坝顶大跨度拱桥拆除的关键技术,并形成本工法。

2 工法特点

(1)本工法拆除设备采用普遍多见的搞投机进行拆除,具有灵活机动性能好,工效高,安全可靠等特点。

(2)运用本工法,拆除时间短,不影响电站的正常工作,也不影响溢流坝面正常过水。

(3)本工法打破以往传统的爆破拆除、搭设满堂架拆除等方式,大大降低了安全风险及施工成本。

(4)本工法利用消能墩方式,能够有效保护坝体的稳定性。

3 适用范围

本工法适用于跨度为30～50 m,跨高为10～15 m,跨数≤3跨的水库溢流坝段拱桥的拆除。

4 工艺原理

采用机械方法仅切断一端拱圈与桥台的连接,切断的拱圈在自重力及固定端拉力作用下自然下落至消能墩,其他墩、拱结构在其分解的水平拉力作用下,倾倒坍落,以达到整体拆除的目的。通过设置消能墩,能够均匀分散拆除物掉落时所产生的冲击力,保护溢流坝面不受破坏,以确保溢流坝面安全。同时,在水库侧安装防护网,防止拆除废渣坠入库区,保护水库水质不受影响。

5 施工工艺流程及操作要点

5.1 工艺流程

拱桥拆除作业流程见图1。

5.2 桥面拆除、废渣外运

拱圈上桥面采用镐头机拆除,凿除临边侧桥面时,注意打击应向内倾斜,角度宜在10°～15°,

---

* 本工法关键技术于2012年6月28日通过浙江联政科技评估中心科技成果鉴定,评审意见:该技术处于国内先进水平。

打击力度不宜过大,防止力度过大,使拆除物四溅,坠入库区及桥下。拆除物采用PC200挖掘机装料,合理规划建筑废料处理,将桥面临边侧拆除废料翻入桥面中心,集中堆放,翻料时应慢翻,时刻注意拆除物相对位置,防止坠入库区及桥下。然后采用挖掘机装料,装入工程车时应慢装轻放,最后运至业主指定区域卸料。操作时从拱桥一端开始施工直至拱圈另一端,如图2所示。

因为是高空作业,需制定相应的安全措施并由作业人员学习签字后方可施工,并指定专人负责安全工作;高空作业人员必须熟悉现场环境和施工安全要求;作业人员按规定佩戴劳动保护用品,作业前检查设备、器具是否符合要求并会正确使用;高空作业要与地面保持联系,根据现场情况配备专用联络工具,由专人负责联系;高空作业范围内不得行人,设警戒区专人负责警戒,防止坠物砸伤人;高空作业人员工作前严禁喝酒,患有职业禁忌症者不得高空作业。遇6级大风、雷雨、冰雹等特殊天气应停止施工。

5.3 设置消能墩

当镐头机切断拱脚后,拱圈伸长水平后跨中拱顶开始突然断

图1　拱桥拆除作业流程

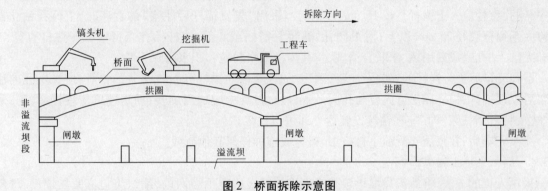

图2　桥面拆除示意图

裂,自由坠落倒塌在溢流坝顶。因此,消能墩应设置在溢流坝顶的中间位置及边墩侧位置(如图3所示)。尺寸设置应通过综合分析确定。

5.3.1 中跨消能墩尺寸设计

(1)长度一般为1/3跨度或适当延长;宽度为原溢流坝宽度,横向布满。

(2)消能墩的高度可通过以下方法来确定。

拱圈拆除物掉落时所产生的瞬间冲击力N_{max}冲击力按下式计算:

$$N_{max} = G \times 1/2 \times g \times h \tag{1}$$

式中:h为消能墩顶部至拱圈的高度;G为拱圈的自重;按$G = V \times R \times g$计算;V为拱圈体积;R为拱圈混凝土容重;g为重力加速度。

从以上公式可以看出,消能墩高度决定瞬间冲击力大小。高度越高,h高差越小,瞬间冲击力N_{max}越小;高度越低,h高差越大,瞬间冲击力N_{max}越大。根据以上公式,取一个消能墩高度值,来改变瞬间冲击力,最终满足原溢流坝面承载力 > C的目的,C为冲击力均匀分布受力于坝面的强度($C = N_{max}$(冲击力)$/S$(受力面积))。S(受力面积)按下式计算:

$$S = L \times B \tag{2}$$

式中:S为消能墩受力面积;L为消能墩长度;B为消能墩宽度。

5.3.2　边跨消能墩尺寸设计

边跨消能墩设置宽度为原溢流坝宽度,即横向布满;长度3 m,高度2 m,防止凿除端拆除物直接砸坏坝面(如图3所示)。

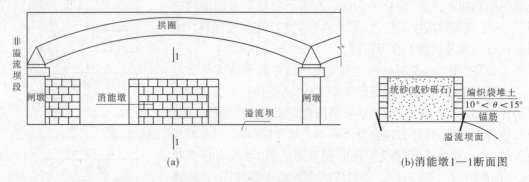

(a)　　　　　　　　　　　　(b)消能墩1—1断面图

图3　消能墩布置示意图

根据工程现场实际情况,可以充分利用现有的闸墩、桥墩等建筑物进行布置选择消能墩的最佳位置。

5.3.3　锚杆施工

采用人工手持钻机进行造孔,锚杆的钻孔孔径应大于锚杆直径。当采用"先注浆后安锚杆"的程序,钻孔直径应大于锚杆直径15 mm以上。当采用"先安锚杆后注浆"的程序时,上仰孔钻孔直径应大于锚杆直径25 mm以上;对下倾孔,灌浆管需插至底部,锚杆钻孔直径应大于锚杆直径40 mm以上。钻孔完成后用风、水联合清洗,将孔内松散岩粉粒和积水清除干净。

造孔完毕后进行锚杆的安装及注浆,采用"先注浆后插锚杆"时:先注浆的锚杆,应在钻孔内注满浆后立即插杆;锚杆插送方向要与孔向一致,插送过程中应适当旋转;插送速度应缓慢、均匀;采用"先安锚杆后注浆"时:应在锚杆安装后立即进行注浆。

注浆完毕后,在浆液终凝前不得敲击、碰撞或施加任何其他荷载。

5.3.4　编织袋堆土施工

采用人工的方法,将编织袋堆土包整齐地堆放闸墩边上下游两侧,编织袋包应紧挨锚筋,堆砌高度适当,防止过高自行倒塌。编织袋堆土包堆砌后,之间采用挖掘机填筑统砂、砂砾石等,填筑高程应大致与编织袋包持平。施工时,编织袋堆放与统砂填筑应同时进行,确保消能墩的整体稳定性。

5.4　拱圈拆除

采用镐头机拆除,先将镐头机驶入停机平台,注意停放在平台中心,平稳且能灵活操作,并有专人负责指挥拱圈拆除。

拱圈拆除从镐头机停机平台一端开始,施工时从拱圈下游侧开始凿除,先下游侧凿除1 m,然后上游侧再凿除1 m,上下游交替凿除拱圈,确保拆除过程中拱圈受力稳定,防止拱圈上下两侧受力不均导致扭转倾斜。施工过程中应有专人负责对拱圈的观测,一旦发现异常,立即停止施工,待分析原因,排除隐患后继续施工。

第一跨拆除后,由于后续拱圈失去水平支撑力,巨大的水平推力会使其余拱圈连续倒塌。

拆除桥墩时候,必须至上而下凿除,严禁采用推到的方法进行施工,防止二次倒塌。

5.5　拆除物外运

用原拆除用的镐头机将大块的拱圈拆除物破解成小块,便于外运。破解顺序从开凿点一端开始,逐渐至另一端。拆除物清理要及时,挖装、运输设备分别采用挖掘机和10 t自卸汽车进行,装车后,将拆除物运至业主指定区域。

5.6 验收

拱桥全部拆除后,组织相关人员按照质量控制标准进行验收。

5.7 劳动力组织

劳动力组织情况见表1。

表1 劳动力组织情况

序号	单项工程	所需人数(人)	说明
1	总负责人	1	
2	施工员	3	
3	安全员	2	
4	镐投机司机	1	
5	挖机司机	1	
6	汽车司机	4	
7	拆除观测、记录员	1	负责拆除过程记录
8	普工	20	
合计		33	

6 材料与设备

6.1 材料

大跨度拱圈拆除材料有 HRB335 螺纹钢(锚杆施工时使用),普通编织袋,E43 型电焊条,32.5级的普通硅酸盐水泥,砂砾料、黏土(装编织袋包)等。

6.2 设备

拱桥拆除所需设备见表2。

表2 拆除主要所需设备

序号	名称	单位	数量	说明
1	镐头机	台	1	拆除
2	装载机(或挖掘机)	台	1	装料、翻料
3	10 t 自卸汽车	辆	3	运输
4	手持钻机	台	2	钻孔
5	钻机配套钻杆	根	6	钻孔

7 质量控制

7.1 工程质量控制标准

质量控制标准采用《建筑拆除工程安全技术规范》(JGJ 147—2004)、《水利水电建设工程验收规程》(SL 223—2008)。

7.2　质量保证措施

（1）设计的消能墩结构必须合理可靠,填充的统砂密实度松散,无大粒径砂砾石,编织袋包堆放整齐、稳定、无破损,能保证拱圈拆除的安全。

（2）机械设备性能良好,能满足正常施工使用。

（3）控制锚筋的角度和打入长度,及时养护,在浆液终凝前不得敲击、碰撞或施加任何其他荷载,保证锚筋强度。

（4）拆除安排专人负责拆除过程的记录和每次拆除位置记录,记录者负责签名并由专人负责校核,确保拆除的安全性。

8　安全措施

为加强施工安全管理,严格遵守《中华人民共和国安全生产法》等相关安全生产的法律法规和公司规章制度,坚持"安全第一,预防为主,综合治理"的安全生产方针,按照"管生产必须同时管安全,谁主管,谁负责"的原则逐级落实安全生产责任制,特制订以下安全措施:

（1）施工作业前对拱圈拆除方案要进行专家会审,确保方案可行性。

（2）施工作业前对拱圈结构进行检查,检查混凝土是否存在裂缝等,确保拱圈拆除前的稳定性。

（3）各工种,如镐头机、挖掘机、汽车司机等均应持证上岗。

（4）成立以工程负责人为组长的安全生产领导小组,配备专职安全员,并编制《生产安全事故应急救援预案》。

（5）对施工作业人员进行"三级"安全教育,按照《建设工程安全生产管理条例》要求,技术负责人组织逐级下发安全技术交底。

（6）施工作业严格遵守公司各项安全操作规程和技术交底,所有施工作业人员必须佩戴安全帽,穿好救生衣,严禁酒后上岗作业。

（7）在拱圈拆除施工区域临设置安全警示标志,专职安全员负责现场监督安全,发现安全隐患,及时整改。

（8）作业期间如遇6级大风、雾天,停止作业。

（9）高空作业人员必须熟悉现场环境和施工安全要求;按规定佩戴劳动保护用品;高空作业范围内不得行人,设警戒区专人负责警戒,防止坠物砸伤人;高空作业人员工作前严禁喝酒,患有职业禁忌症者不得高空作业。

（10）在坝顶设置明显的警示标志、标牌,防止施工设备人员安全。

9　环保措施

（1）加强施工期环境管理,制定严格的规章制度,依照《环境管理体系》的规定,不得随意排放油类、油性混合物、废弃物和其他有害物质。

（2）现场作业专人指挥,合理选择施工方法,选用低噪声设备,禁止夜间施工影响居民起居,定时对机械设备维修保养。

（3）机械设备废机油等油污水统一处理,不得随意排放。

（4）施工现场及时洒水,防止粉尘污染,确保工程环境。

（5）溢流坝面上游侧设置安全防护网,防止拆除物坠入库区,影响水库生态环境。

10 效益分析

10.1 社会效益

本工法应用于富阳岩石岭水库除险加固工程的拱圈拆除,坝顶拱桥跨度之大(单跨34 m),高度之高(10 m),拆除难度之大及施工环境的特殊性属省内罕见。运用本功法拆除拱圈简单有效,极大地减少了资源的浪费,大幅度缩短了工期。

10.2 经济效益

富阳岩石岭水库除险加固工程的拱圈拆除若采用搭满堂架支撑系统拆除拱桥的方法,需钢管500 t,脚手板900 m²,工人30人,需直接投入资金80万,工期3个月;采用本工法,工期7 d,投入资金14万;节约投入资金66万,缩短工期83 d。

11 应用实例

11.1 富阳市岩石岭水库除险加固工程

岩石岭水库位于浙江省富阳市胥口镇,库区集水面积329 km²,设计库容4 460万m³,是一座以灌溉为主,结合防洪、发电、养鱼、旅游等综合利用的中型水库。拱桥位于大坝溢流面顶部(桥顶有单层启闭设备总控室),宽7.0 m,长102 m,共分为3跨,单跨34 m(净跨径32 m),矢高4.0 m,矢跨比为1/8。拱桥桥墩为C15钢筋混凝土浇筑,长×宽×高为7 m×2 m×4.8 m。拱圈为C20钢筋混凝土现浇,拱脚厚2.0 m,拱顶厚1.2 m,原施工时每跨分二次浇筑,留纵向施工缝一条。每跨中间有钢筋混凝土闸墩2只,闸墩尺寸长×宽×高为7 m×1 m×2 m,经实测闸墩面至跨中拱圈底部净高8.8 m。该桥于1985年开工到1988年建成,至今已投入运行31年,本工程采用本工法拆除拱圈,十分顺利,加快了整个工程的施工进度。

11.2 曹娥江至慈溪引水工程(余姚)七塘横江Ⅳ标段

慈溪引水工程位于杭州湾南岸,曹娥江以东,天台山脉以北,工程穿越上虞、余姚、慈溪三市、余姚境内引水河道干线利用跃进江、七塘横江、四塘横江输水,支线利用虞东河输水。该工程拓浚河道3 210 m,河面宽50 m;护坡形式为土工格室和浆砌块石;新建桥梁5座,采用混凝土灌注桩基础,预应力钢筋混凝土简支梁结构。原老闸桥共3跨,3×16 m跨径,桥墩墩身直径100 cm,墩身基础直径120 cm,本工程采用本工法进行拆除闸桥,十分顺利,缩短了工期,减少了施工成本。

11.3 宁波市江北区慈江灵山试验段整治工程

宁波市江北区慈江灵山试验段整治工程为一级河道,河道面宽55~60 m,河底宽29 m,整治桩号13+780~14+880。护坡采用堤岸分离的带平台的复式断面和堤岸合一的直立挡墙断面形式。本工程建造桥梁二座,分别为灵山桥和苏家桥。对老桥梁进行拆除,老桥梁共3跨,3×20 m跨径,桥墩墩身直径110 cm,墩身基础直径120 cm,采用本工法对老闸桥进行拆除,简单有效,节约资金,加快工程工期。

(主要完成人:仇志清　薛　归　庄陆挺　刘祥来　李　城)

箱涵式水闸浮运安装施工工法

浙江省围海建设集团股份有限公司

1 前言

箱涵式水闸闸室为钢筋混凝土整体预制箱涵式中空密闭结构，底部设有进水孔，便于浮运沉放。由于这种水闸不用修筑围堰、现场施工时间短、对地基承载力要求低，与传统的水闸相比，具有经济、工期短等特点。

箱涵式水闸浮运安装的关键施工环节是混凝土箱涵的预制、下水，需要在船坞或具有下水条件的专用场地施工，所需租费高、受外界干扰大，从而限制了这种水闸的应用。

2005 年，在浙江舟山东港二期围涂工程两座水闸的施工中，本公司开发出在平板驳船上预制、沉放箱涵的施工工艺，从而为箱涵式水闸浮运安装的推广创造了良好的条件。随后，于 2006 年、2007 年又分别在浙江舟山东港一期水闸改建工程、浙江舟山六横凉帽潭围垦一期水闸、二期水闸工程使用了这一闸型和工艺。实践证明，箱涵式水闸浮运安装及其配套的施工工艺，不但节约了围堰的建设费用，而且质量可靠、工期有保障，很具推广价值。我们对其施工技术进行总结，整理成工法。

2 特点

(1)不用修建围堰，不用基坑排水，现场施工方便，费用省，这也是最大的优点。

(2)以平板船作为箱涵预制、下水的平台，是可移动的预制场及下水设施，方便施工。

(3)箱涵整体预制，刚度大、强度高，对地基的承载力要求低。在软基上建闸，水闸的地基可采取与海堤相同的排水预压法同步施工，简化基础处理程序。

(4)现场施工时间短，施工期受台风的影响小，可保证工期。

3 适用范围

本工法适用于潮差为 2~6 m、土质为淤泥质软基的中小型规模水闸工程。

4 工艺原理

在平板驳船上预制、沉放箱涵的施工工艺原理：以具有一定承载能力的平板驳船作为施工平台，在其上预制混凝土箱涵，待混凝土达到规定强度，将平板船拖至箱涵下水地点，向船舱内注水使其沉入水下，使箱涵浮起，然后浮运沉放于水闸基础上。低潮时抽去平板船舱内水，使其浮起，详见图 1~图 6。

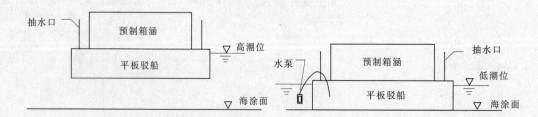

图 1 在平板船上预制箱涵，拖运到下水地　　图 2 低潮时，向船舱内灌水使船沉到海底

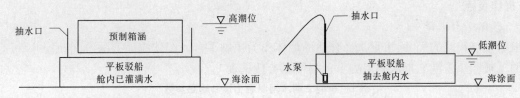

图3 高潮时,箱涵浮起　　　　　　图4 低潮时,抽去舱内水,使船浮起

图5 高潮时,浮运、安放箱涵　　　　图6 退潮时,箱涵定位

5 工艺流程及操作要点

5.1 工艺流程

箱涵式水闸浮运安装施工流程见图7。

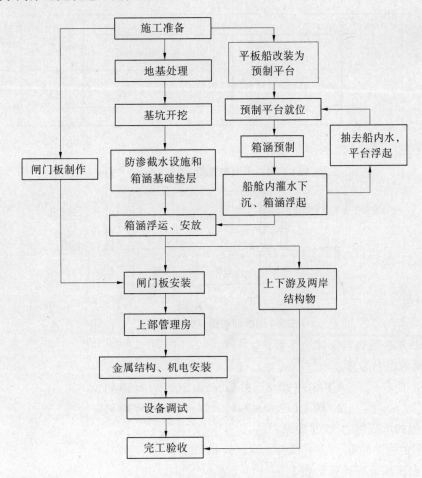

图7 箱涵式水闸浮运安装施工流程

5.2 操作要点

5.2.1 预制平台选择

根据预制箱涵的尺寸、重量选择合适的船体作为预制平台。船体应为型深小、船底和甲板起拱较小的平板船。东港二期水闸混凝土预制箱涵参数见表 1。

表 1 东港二期水闸混凝土预制箱涵参数

序号	箱涵名称	外形尺寸(m)（长×宽×高）	重量(kN)	重心(m)			吃水(m)	浮心(m)	定倾半径(m)	定倾高度(m)	说明
				x	y	z					
1	闸室泄流孔	20.8×9.4×3.8	4 800	10.58	4.70	1.78	2.40	1.17	3.14	2.53	以箱涵上游左下角为原点
2	桥涵	12.7×9.4×3.55	2 880	6.35	4.70	1.64	2.35	1.15	3.19	2.71	

东港二期水闸工程,拟同时预制表 1 中的两种箱涵,总重量 7 680 kN,经综合分析,选用了排水量 1 251 t、长 53 m、型宽 15 m、型深 2.3 m、设计吃水 1.65 m、甲板承载能力为 30 kPa 的沿海无动力平板海驳作为预制平台。甲板布置见图 8、图 9。

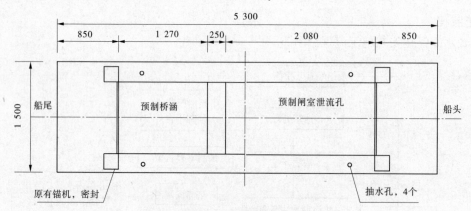

图 8 甲板平面布置图 （单位:cm）

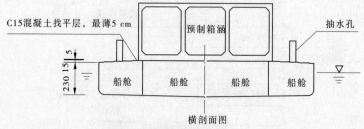

图 9 甲板仰视图 （单位:cm）

应进行甲板承载能力与船体稳性验算。

（1）甲板承载能力验算。

$$4\,800 \div (20.8 \times 9.4) = 24.5(\text{kPa}) \leqslant 30\ \text{kPa}$$

$$2\,880 \div (12.7 \times 9.4) = 24.1(\text{kPa}) \leqslant 30\ \text{kPa}$$

均小于甲板的承载能力,满足要求。

（2）预制平台稳性验算。

①预制平台满载重心计算见表 2。

②预制平台满载稳性验算。

根据船舶技术资料,并经计算,结果如下:

排水量 $\Delta = 11\,287 \div 9.8 = 1\,152(t)$;

平均吃水 $d = 1.53(m)$;

船首吃水 $dh = 1.43(m)$;

船尾吃水 $df = 1.63(m)$;

横稳性距基线 $Z_m = 14.12(m)$;

重心距基线 $Z_g = 3.35(m)$;

定倾高度 $h_0 = Z_m - Z_g = 10.77(m)$。

结论:船体满载稳性符合要求。

表2　船体重心计算

序号	项目	重量 (kN)	垂向距基线(船底)		纵向距船中		说明
			力臂(m)	力矩(kN·m)	力臂(m)	力矩(kN·m)	
1	空船	2 940	1.255	3 690	−3.844	−11 301	来源于船舶技术资料
2	底模混凝土	667	2.470	1 648	0.000	0	
3	闸室泄流孔	4 800	4.280	20 544	7.780	37 344	
4	桥涵	2 880	4.140	11 924	−11.650	−33 555	
合计		11 287	3.35	37 806	−0.67	−7 512	

5.2.2　箱涵预制

箱涵混凝土应优先选用商品混凝土、泵送入仓,既可简化现场的临时设施,又能保证混凝土的供应强度和质量。

(1)选择预制停泊地点。应考虑以下问题:

①陆路交通便利,便于运输混凝土、模板等材料和工具。

②可方便的形成上、下预制平台(船)的临时码头。

③风浪小。

④涂面为泥质或沙质底质,当低潮平台搁浅时可保证船底安全。

⑤距离工地较近。

东港二期水闸预制停泊地点选在距水闸3 km的某码头。

(2)预制平台停泊就位。

(3)预制箱涵平面布置和甲板找平。

预制箱涵的平面布置应满足表1中关于甲板承载能力与平台稳性要求。

对甲板预制区用C15混凝土找平,最薄处不小于5 cm,混凝土表面磨光,作为预制箱涵的底模。

(4)混凝土箱涵预制。

按常规施工方法预制混凝土箱涵。应注意以下几点:

①为防止箱涵混凝土与底模混凝土凝结在一起,应在底模上铺一层沥青油毡作为隔离层。

②箱涵应分3层浇筑:底板—墙体(闸墩)—顶板,见图10。每层混凝土浇筑后,利用安装上层模板、钢筋的时间加强养护,保湿养护不少于10 d。在浇筑上部混凝土时,底板混凝土强度应达到设计强度的70%,目的是利用底板的承载能力,使传递到甲板的施工荷载"均布化"。

③注意各种预埋件的埋设。按设计要求埋设,一般有水闸截水与止水设施、上下游封口预埋螺

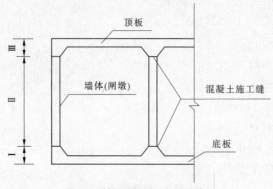

图10　箱涵混凝土分层结构

栓、顶部系船设施、上部结构插筋等。

（5）混凝土箱涵封口。

当箱涵混凝土强度达到设计强度50%时，按设计要求，对箱涵上下游端面封口。通常做法是：用12 cm厚松木板作为封口挡水板，板缝采用桐油麻丝嵌塞，木板与混凝土箱涵之间垫1.2 cm厚的橡皮。

（6）拆模，准备下水。

当顶部混凝土达到设计强度的70%，拆除顶板模板，准备下水。

5.2.3　箱涵下水

5.2.3.1　准备工作

1. 选择下水地

参见图11，按以下原则选择下水地：

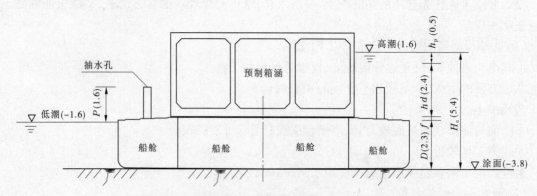

图11　下水选择－水深计算简图　（单位：m）

注：括号内为东港二期水闸施工数据。

（1）平台沉入水底，高潮时箱涵可浮起，需要的最小水深 H_c 计算公式如下：

$$H_c = D + f + h + d + h_p \tag{1}$$

式中：H_c 为需要的最小水深；D 为平台船体型深；f 为甲板起拱高度；h 为混凝土底模厚度；d 为箱涵吃水深度；h_p 为富裕水深，一般情况可取 0.5 m。

对应的下水地涂面高程计算公式如下：

$$H_t = H_g - H_c \tag{2}$$

式中：H_t 为对应的下水地涂面高程；H_g 为当天高潮位；H_c 为需要的最小水深。

（2）低潮时，已沉入海底的平台甲板排水口可出露，最大水深 H_f 计算公式如下：

$$H_f = D - P \tag{3}$$

式中:H_f 为最大水深;D 为平台船体型深;P 为安全高度,可根据风浪大小、涂面倾斜程度等因素,取 1.0 ~ 2.0 m。

所需要的高、低潮潮差计算公式如下:

$$\nabla H = H_e - H_f \tag{4}$$

式中:∇H 为高、低潮潮差;H_e 为需要的最小水深;H_f 为最大水深。

若实际潮差小于 ∇H,则应接高抽水口。接高高度计算公式如下:

$$H_{抽水孔} \geq \nabla H - \nabla H_{实} \tag{5}$$

式中:$H_{抽水孔}$ 为抽水口接高高度;∇H 为高、低潮潮差;$\nabla H_{实}$ 为实际潮差。

(3)下水地应为泥质涂面,地表坡向平缓,且潮流比较小,以防止作业时平台移位过大而使水深条件超过预计。

(4)临近工地,有系缆条件,人员上下岸方便。

2. 预制平台船舱、甲板改造

将原机舱以钢板焊接,达到水密。其余船舱分为容积基本相等的前后两大舱段,每舱段中,在舱壁上、下各开一 15 cm × 15 cm 的孔连通所有船舱,开孔时应避开龙骨和肋梁。

在甲板的前后舱段的左右两侧,将原甲板人孔改装成 4 个抽水孔(平面布置见图 8),抽水孔接高高度按式(5)计算。甲板上的其他空洞按水密要求焊接密封。

对甲板上的原锚机,按水密要求用 3 mm 钢板焊接密封。

甲板上其他可移动设施移除。舱内所有铁件应进行防锈处理。

3. 设备、器材准备

(1)根据预制平台的舱容、体形,计算下沉、打捞的灌水/抽水量,然后以赶潮作业时间计算灌水/抽水强度、选定水泵型号和数量。以舟山东港二期水闸为例,见表 3。

表 3　预制平台下沉/打捞作业抽水计算

序号	项目	灌/抽水量(m³)	作业时间(h)	抽水强度(m³/h)	选配水泵
1	下沉作业				
(1)	甲板沉没	666	—		6 台 7.5 kW 潜水泵,其中 2 台备用
(2)	平台自由下沉	1 480	4	370	
(3)	舱内充满水	1 620	—		
2	打捞作业				
(1)	开始上浮	242	0.5	484	8 台 7.5 kW 潜水泵,其中 2 台备用
(2)	甲板出露 30 cm	480	1	480	
(3)	舱内水抽干	1 620	—		

(2)设备、器材配备见表 4。

4. 箱涵上的准备工作

(1)在箱涵两侧面的上下游画水位标尺。

(2)在箱涵顶部标示定位轴线、设置定位标志。

(3)安装箱涵顶部的系缆柱。

5.2.3.2　下水

选择大潮期间、风浪比较小的时段进行作业。

用 2 艘拖轮将预制平台拖至选定的下水地,系缆(或抛锚)固定。一般浙江沿海低潮到高潮需

6~6.5 h,因此在开始涨潮时,由4个抽水孔向平台舱内灌水,使平台缓慢下沉,直至触底。应注意使平台船头、船尾水平下沉(调节前后舱段的注水量)。潮水上涨到一定潮高,箱涵浮起,用拖轮将其浮运安放或暂时移位系舶,等待下一个高潮安放。

5.2.3.3 打捞预制平台

落潮后,待抽水孔露出水面,将6台潜水泵放入舱内抽水,直至平台浮起。继续抽干舱内海水,并以淡水冲洗、清理船舱。

5.2.4 箱涵浮运安放

安装前,应对水闸基础验收,在基础两个方向设置测量定位基准,对上下游航道进行清理。

箱涵浮起后,用2艘拖轮将其浮运至闸基础安放。

箱涵送入基础后,用4根缆绳各连接1只5 t手拉葫芦,分别固定在箱涵四角的系缆柱上,然后通过手拉葫芦收放锚绳,使水闸准确定位,固定。退朝后,水闸箱涵置于垫层上,再检查水闸位置,如定位准确,立即拆除封口木板,否则在第二次高潮时重新定位。参见图12。

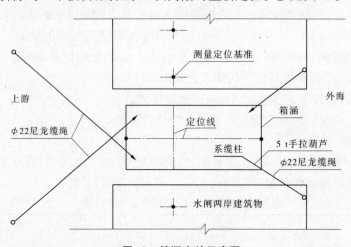

图12 箱涵安放示意图

6 材料与设备

本工法所用的主要材料、设备汇总见表4。

表4 本工法所用的主要材料、设备汇总

序号	名称	型号	数量	说明
1	预制平台		1台	排水量1 251 t、长53 m、型宽15 m、型深2.3 m,平板船改装
2	自航式开底驳	240马力	2艘	作为拖轮用
	或拖轮	400马力	2艘	
3	抛锚艇		1艘	兼交通船
4	柴油发电机	50 kW	1台	可利用拖轮上的设备
5	潜水泵	7.5 kW、φ150 mm	8台	配电箱、电缆配套
6	抽水泵管道	φ150 mm	200 m	
7	尼龙缆绳	φ22 mm,60 m/根	360 m	系平台、箱涵、箱涵定位
8	手拉葫芦	5 t	4只	

7 质量控制

7.1 执行规范

本工法施工中,应执行下列规范:

(1)《水利水电工程施工质量评定规程》(SL 176—2007);

(2)《水工混凝土施工规范》(DL/T 5144—2001);

(3)《水闸施工规范》(SL 27—91);

7.2 箱涵预制质量控制

(1)预制平台是浮在水面上或搁浅在涂面上,如搁浅在涂面上甲板为倾斜状态,因此在浇筑甲板 C15 混凝土找平层时,采取测量措施,保证找平面为一平面。同时在该平面上设置相互垂直的测量基准线。箱涵立模时,保证箱涵平面与基准面平行、箱涵立面与基准面垂直,以此保证箱涵的体形方正。

(2)若遇风浪大,平台摆动较大,应暂停施工。

(3)模板与其支撑应连接成一体,具有一定的空间整体性。

(4)注意保证闸门槽的几何尺寸。偏大偏小都要影响闸门的安装质量。

(5)箱涵混凝土应保湿养护不少于 10 d,在混凝土强度达到 100% 的设计强度后方可下水拖放。

(6)其他按照常规的混凝土质量控制方法实施。

7.3 箱涵安放质量控制

(1)箱涵基础垫层必须找平。

(2)由于箱涵基础处理范围大,某些项目要预留沉降量。

(3)箱涵初步定位后,在退潮过程中,现场应留一组施工人员观察,发现偏移及时调整,直至箱涵落底。最低潮时,复测箱涵的轴线、高程、安装的平整度,符合设计和规范要求后,及时拆除上下游的封口板、回填两侧土石体。箱涵两侧应对称回填,同时注意不能碰撞箱涵。

8 安全措施

(1)应观察作业区潮流情况,研究潮流对箱涵下水、拖运、沉放的影响,采取相应措施。

(2)注意风浪、潮汐预报,选定良好的作业时段。

(3)拖运前制订详尽的拖、沉、浮、安装方案。核验箱涵的实际重量、吃水,施工平台的实际载重、吃水,航道的水深等,选定沉放地点。全面检查所用设备、机具的安全状况。

(4)台风期施工,应编制防台预案。

(5)施工船舶应按《中华人民共和国船舶最低安全配员规则》规定配备保证船舶安全的合格船员。船长、轮机长、驾驶员、轮机员、话务员必须持有合格的适任证书。

(6)成立以船长为组长的安全生产领导小组,配备专职安全员,由技术负责人牵头编制《生产安全事故应急救援预案》、《防台度汛应急救援预案》。

(7)对施工作业人员进行"三级"安全教育,按照《建设工程安全生产管理条例》要求,技术负责人组织逐级下发安全技术交底。

(8)施工作业严格遵守集团公司各项安全操作规程和技术交底,所有施工作业人员必须佩戴安全帽、穿好救生衣,严禁酒后上岗作业。

(9)在施工区域周边设置安全警示标志,夜间施工作业保证足够的照明,并设置红灯警示,避免过往船只发生意外碰撞,安全员负责现场监督。

(10)加强对施工船舶、安全设备、信号设备自查,防止船舶带"病"作业,确保设备安全正常运行,安排专人检修电路,严格用火管理,配备消防器材。

(11)确保通信畅通,随时保持与海事、岸基管理机构的通信联系。

(12)作业期间如遇大风、雾天,超过船舶抗风等级或通风度不良时,停止作业,台风来临时,做好台风跟踪观测,按防台预案作好避风工作,在6级大风范围半径到达工地5 h前抵达防台锚地。

9 环保措施

(1)平台下水前,应对原燃油舱彻底清理。保证原机舱、油管的密封良好。移除甲板上的多余物料。

(2)严格按照《中华人民共和国海洋环境保护法》、《中华人民共和国防止船舶污染水域管理条例》、《船舶污染物排放标准》的要求对施工船舶污水排放进行管理,经处理排放的污水含油量不得超过15 mg/L。

(3)加强施工期环境管理,制定严格的规章制度,依照公司《环境管理体系》的规定,不得随意排放油类、油性混合物、废弃物和其他有害物质。

(4)施工船舶产生的生活污水,船舶含油污水、生活垃圾集中统一处理,做好船舶垃圾日常的收集、分类与储存工作,不得任意倒入施工水域,靠岸后交陆域处理。

(5)现场作业专人指挥,合理选择施工方法,选用低噪声设备,加强船舶设备维修保养,合理安排施工时间。

(6)船舶应装设处理舱底污水的设备,施工船舶舱底含油污水不得随意排放。

(7)一旦发生意外火灾或油料泄漏事故,当事人报告船长,立即启动应急救援预案,立即采取措施进行控制、清除或减轻污染的损害的措施,并视情节及时报告应急主管部门(水上搜救中心、所在地海事局等)及公司安监部,并接受环保部门或海事部门的调查处理。

10 效益分析

10.1 经济效益

浮运闸的经济效益主要体现在不用建造围堰方面,尤其在深厚软基上建闸,效益非常显著。现以舟山东港二期2座水闸为例,测算如下(见表5、表6)。

表5 本工法与常规水闸施工相比,可比费用

编号	项目名称	单位	数量	单价(元)	合价(元)	说明
1	常规水闸,围堰费用,2座	m	840			
(1)	60 kN/m 土工布	m²	58 236	13	757 068	
(2)	碎石垫层	m³	30 384	56	1 701 504	
(3)	抛石混合料	m³	173 696	26	4 516 096	
(4)	300 g 无纺布	m²	8 440	6.2	52 328	
(5)	闭气土方	m³	64 820	16	1 037 120	
合计					8 064 116	
2	本工法相关费用					
(1)	箱涵木质封口挡水板	m³	40	800	32 000	重复利用
(2)	封口板桐油麻丝嵌缝	m²	204	55	11 220	
(3)	箱涵预埋件	t	4	5 000	20 000	系缆柱等

编号	项目名称	单位	数量	单价(元)	合价(元)	说明
(4)	箱涵拖运、安放	只	4	30 000	120 000	
(5)	箱涵预制场码头修整	项	1	30 000	30 000	
(6)	平板船使用费	月	4	100 000	400 000	
(7)	平板船改装、维护	项	1	30 000	30 000	
合计					643 220	
3	节约费用				7 420 896	

表6　本工法与租赁船坞预制箱涵相比,可比费用

编号	项目名称	单位	数量	单价(元)	合价(元)	说明
1	租赁船坞预制相关费用					
(1)	船坞租赁费	月	4	400 000	1 600 000	租费具有不确定性
(2)	箱涵溜放下水费	只	4	7 000	28 000	
(3)	箱涵远程拖运费,10 km	只	4	26 000	104 000	
合计					1 628 000	
2	本工法相关费用					
(1)	平板船使用费	月	4	100 000	400 000	
(2)	平板船改装、维护	项	1	30 000	30 000	
(3)	箱涵预制场码头修整	项	1	30 000	30 000	
(4)	箱涵就近拖运	只	4	15 000	60 000	
合计					520 000	
3	节约费用				1 108 000	

10.2　其他效益

(1)在工期方面。常规水闸要修建围堰,一般在软基上修建围堰需要6~10个月,而浮运闸不用围堰,简化了水闸现场的施工工序,缩短了水闸施工工期。

(2)本工法和租赁船坞进行浮运水闸施工相比,由于租赁船坞受修造船市场影响很大,近几年,不但租费很高,而且租期、场地使用条件等苛刻。而本工法的预制平台用平板船改装,有完全的自主性,而且预制平台是可移动的,可以就近选择合适的地点预制箱涵,可以用于不同的施工项目。

11　应用实例

本工法于2005年首先在浙江舟山东港二期围涂工程两座水闸的施工中开发成功。随后,又于2006年、2007年分别在浙江舟山东港一期水闸改建工程、浙江舟山六横凉帽潭二期围涂水闸工程得以应用,参见表7。

表 7　应用本工法施工的水闸概况

序号	项目名称	规模 (孔×宽度)	设计流量 (m³/s)	箱涵外形尺寸 (m)	箱涵重量 (t)	建成时间	说明
1	浙江舟山东港开发二期围涂水闸(两座)	3 孔× 2.50 m	43	20.80×9.40×3.80	480	2005 年 12 月	闸室泄流孔
				12.70×9.40×3.55	288		下游桥涵
2	浙江舟山东港开发一期改建水闸	3 孔 ×2.00 m	30	20.80×7.90×3.80	436	2006 年 10 月	
3	浙江舟山六横凉帽潭围垦一期水闸	4 孔 ×2.50 m	50	19.50×12.45×3.80	575	2007 年 12 月	
4	浙江舟山六横凉帽潭围垦二期水闸	3 孔× 2.00 m	30	19.50×7.90×3.80	410	2007 年 12 月	

其中,舟山东港开发二期围涂工程两座水闸分别位于该围涂工程二期顺堤的 0+868 和 2+209 处,为 3 级建筑物。闸址处涂面高程 -2.2 m 、-1.7 m,地基为 13 m 厚的淤泥质软土地基,地基处理方法是与围涂大堤相同的塑料排水板+堆载预压法。闸室泄流孔为钢筋混凝土整体箱涵,闸底板设计高程 -2.0 m 。以箱涵为基础,上部建有三层水闸管理房。图 13 为该水闸纵剖面图。该工程建设规模为 Ⅲ 等工程,主要建筑物为 3 级,建设地点位于浙江省舟山市普陀区东港经济开发区,围涂 6 210 亩(1 亩 =1/15 hm²),围区作为新开发区建设用地,属省重点工程,从 2004 年 4 月 8 日正式开工,经过 3 年多的精心施工,于 2007 年 10 月 28 日完工,历时 1 299 d。由于采用了新工艺,实际工期比合同工期提前 161 d。

这两座水闸闸基处理于 2004 年 7 月、2004 年 10 月插了塑料排水板,后与海堤同步抛石预压。抛填至 ▽3.1 m 后,再预压 3 个月,开挖水闸基坑,完成水闸箱涵基础工程。钢筋混凝土箱涵在承载能力为 1 000 t 的甲板驳船(施工平台)上浇筑。一次浇筑水闸箱涵、桥涵各 1 只,保湿养护 14 d 后,在大潮期将甲板驳拖至坝外沉放区域,向甲板驳舱内注水使其沉入水下,使箱涵浮起,然后用拖轮浮运沉放于已开挖好的水闸基础上。分别于 2005 年 10 月、12 月,浮运安装了两座水闸预制混凝土箱涵。安装箱涵时,预留了 50 cm 的沉降量。箱涵安装后,吊装闸门板,现浇截水墙、挡土翼墙,然后施工上部检修室、启闭室、下游泄水建筑物,最后进行启闭机和机电设备安装。2006 年 11 月 21 日,水闸工程完工。经过两年多的正常运行,2009 年 7 月 13 日,通过了浙江省围垦局组织的竣工验收,工程质量核定为优良。

舟山市东港开发一期排水闸改建工程,位于浙江省舟山市普陀东港开发区。该工程于 2006 年 4 月开工,同年 10 月完成。其主体工程一期改建水闸,规模 3 孔×2.00 m,位于一期顺堤的 0+929 处,地基为深厚软基,闸型为钢筋混凝土整体预制箱涵,重 436 t,于 2006 年 10 月完工,达到设计要求。

舟山市六横凉帽潭围垦一期水闸规模为 4 孔×2.50 m 、二期水闸规模 3 孔×2.00 m,均为 3 级水工建筑物,位于舟山市六横岛。这两座水闸为钢筋混凝土整体预制箱涵式水闸,箱涵重分别为 575 t 、410 t,地基为深厚软基,于 2007 年 12 月完工,达到设计要求。

(主要完成人:张子和　俞元洪　温仲奎　仇志清　吴建东)

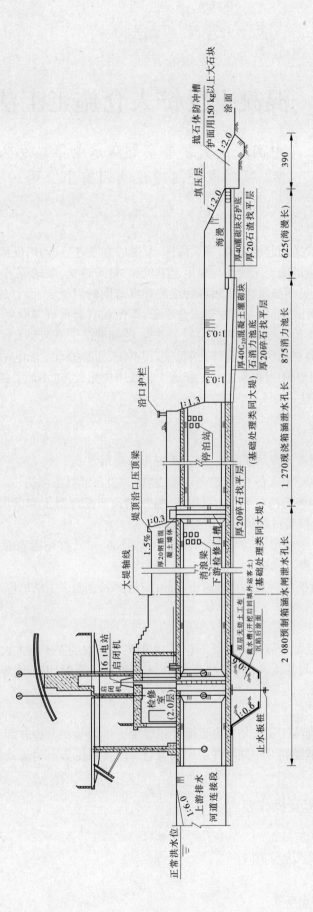

图 13　舟山东港二期围涂工程 2#、3# 水闸纵剖面图

混凝土反铲入仓施工工法

中国人民武装警察部队水电第二总队

深圳市金河建设集团有限公司

1 前言

混凝土入仓一般采用起重机械、带式输送、泵送等方法进行,利用反铲(通常改装加长臂)作为混凝土入仓是一项新的施工工法。与采用起重机械、带式输送、泵送等入仓方法相比,混凝土反铲入仓施工布置简单、灵活高效,能适用各种级配和塌落度的混凝土,而且施工成本低。在现场条件许可时,可利用反铲作为混凝土的主要入仓手段,即使在有起重机等混凝土入仓手段条件下,也可使用反铲作为辅助手段。在工程前期混凝土浇筑、基础混凝土浇筑和大体积混凝土浇筑时,反铲作为主要浇筑手段优势更加明显。我部在峡江水利枢纽、仙游抽水蓄能电站下水库、响水涧抽水蓄能电站下水库等十几个大中型水利水电工程施工实践中应用,经过不断总结完善,优化施工布置、工艺参数,形成了本工法。

2 特点

(1)反铲部署对施工现场要求低,施工布置十分简单。

(2)反铲作为混凝土入仓手段,准备期短,能即时投入混凝土浇筑。

(3)能适用各种级配和塌落度的混凝土,特别对高级配混凝土和低塌落度混凝土都有很强的适应性,有利于节约胶凝材料和混凝土温控。

(4)反铲操作灵活快捷,其铲斗容量较小($0.6 \sim 1.6 \ m^3$),可贴近仓面铺料,很好地解决了混凝土堆积问题,入仓混凝土质量有保证。

(5)在多种可行的混凝土入仓方式中,混凝土反铲入仓施工工法的成本最低,且优势明显。

3 适用范围

本工法适用于反铲能靠近的混凝土仓位,一般要求相对高差不宜太大,既可作为混凝土浇筑的主要入仓手段,也可与其他入仓手段搭配使用,不受混凝土级配、塌落度等性状限制。

4 工艺原理

混凝土反铲入仓施工工法是先由运输车将混凝土送到受料平台并卸至专用的储料斗,再用反铲的铲斗把混凝土从储料斗中挖取并送至浇筑仓面的布料位置。为提高覆盖能力,反铲通常改装加长臂。

5. 施工工艺流程及操作要点

5.1 施工工艺流程

本工法施工工艺流程见图1。

5.2 施工操作要点

5.2.1 混凝土储料斗布置

混凝土储料斗是混凝土运输车与反铲铲斗交接混凝土的中转空间,专门设计的 $9 \ m^3$ 混凝土储

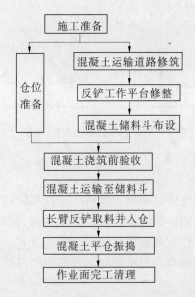

图1 反铲混凝土入仓施工工艺流程

料斗采用钢板和型钢焊制,外型尺寸为 3 m×3.9 m×0.8 m。在进行混凝土浇筑施工前,应依据现场施工作业面布置安放混凝土储料斗,要求方便混凝土运输车卸料和反铲铲斗顺畅取料,以避免运输车卸料和反铲取料造成混凝土洒落。混凝土储料斗也可用水箱、车斗等改造后代替,但有不方便冲洗、清理等缺点。

5.2.2 反铲工作平台设置

反铲工作平台是反铲进行混凝土入仓的作业场地。利用反铲作为入仓手段对工作平台要求较低,只要满足反铲能行走、停靠并在施工作业时确保稳定,且反铲作业半径内无阻挡物即可。

5.2.3 混凝土反铲入仓

(1)运输车将混凝土卸至储料斗(见图2)后,反铲从储料斗中取料(见图3),送至浇筑仓位内。反铲、混凝土储料斗布置在仓位外侧,反铲应尽量靠仓位外侧边缘。

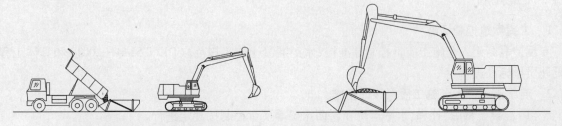

图2 运输车将混凝土卸至储料斗　　　图3 反铲从混凝土储料斗中取料

(2)反铲入仓浇筑混凝土,一般采用薄层通仓浇筑法(见图4);侧墙、顶板混凝土浇筑时,由下而上,对称下料,保持混凝土浇筑平衡连续进行。混凝土下料倾落自由高度不宜过大,反铲挖斗至浇筑层面不宜超过 1.5 m,每层浇筑层厚为 40~50 cm。

(3)在入仓过程中,反铲操作速度应以中速为宜,要求反铲斗子定位准确,且卸料速度适当、布料均匀,避免出现时快时慢现象,更不能出现突然加速,以防止仓面混凝土集中,或对模板、钢筋造成冲击。

(4)反铲铲斗的混凝土不宜装得过满,过满易导致混凝土外溢,既浪费混凝土,又影响现场文明施工,给收仓清理带来不便;经常过满可能导致反铲发动机过载工作,以致过热甚至烧坏。

(5)在混凝土浇筑过程中,观察模板、支架、钢筋、预埋件的情况,若发现有变形、移位,反铲停止入仓,并及时采取措施进行处理。

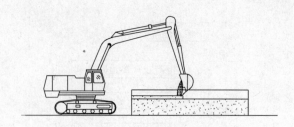

图 4　反铲进行混凝土入仓、铺料

（6）混凝土振捣施工按规定进行。

5.2.4　施工后现场清理

仓位浇筑施工完成后,可采用反铲对混凝土储料斗进行移位;施工结束后,及时清理反铲铲斗、混凝土储料斗,避免残留混凝土凝固存留污染后续混凝土质量;同时,可利用反铲对作业面周边残留混凝土进行清理,为下一道工序作业及现场文明施工创造条件。用反铲对混凝土储料斗进行移位或起吊清洗,注意检查混凝土储料斗专门吊耳和钢丝绳的完好性。

6　材料与设备

本工法采用的机具设备见表1。

表 1　单台反铲混凝土入仓施工机具设备

序号	设备名称	规格型号	数量	用途	说明
1	长臂反铲	PC400	1 台	入仓	各种设备型号及数量根据当日仓位大小等进行合理配置
2	自卸汽车	10 t	6 台	混凝土运输	
3	储料斗	3 m×3.9 m×0.8 m	1 个	混凝土周转	
4	钢丝绳		若干	吊装	

7　质量控制

7.1　工程质量控制标准

反铲混凝土入仓施工质量控制标准按《水工混凝土施工规范》(DL/T 5144—2001)和具体工程设计质量标准进行。

7.2　混凝土反铲入仓施工质量保证措施

（1）混凝料源、拌和、水平运输和仓面振捣等质量控制按规定进行。

（2）必须布设合适容量的混凝土储料斗,用于混凝土转料。

（3）严禁普通反铲布置在浇筑仓位内,严禁反铲在仓内同一个位置堆积卸料,严禁在混凝土储料斗内加水。要求入仓混凝土随浇随平仓,可充分利用反铲机动性好、布料均匀的特点,提高浇筑质量。

8　安全措施

（1）认真贯彻"安全第一、预防为主"的方针,根据国家有关规定、条例,结合工程实际组建安全管理机构,制定安全管理制度,加强安全检查。

（2）进行危险源的辨识和预知活动,加强对所有作业人员和管理人员的安全教育。

（3）加强现场指挥,遵守机械操作规程,反铲作业半径内无阻挡物,严禁反铲覆盖范围内站人。

（4）要求反铲操作手能通视仓面斗卸料作业面,以确保仓面作业人员安全。

（5）在混凝土运输车卸料时,不容许反铲铲斗进入混凝土储料斗取料。

（6）加强对驾驶员和重机操作手等特殊工种人员的教育和考核,所有机械操作人员必须持证上岗。

（7）严格车辆和设备的检查保养,严禁机械设备带病作业和超负荷运转。

（8）加强道路维护和保养,设立各种道路指示标识,保证行车安全。

9 环保措施

（1）反铲铲斗混凝土以不外溢为原则,必要时在反铲回转区域铺设薄式织物,避免洒落,污染环境。

（2）清理反铲铲斗、混凝土储料斗时,应选适当位置,避免污水乱流,对清出的混凝土渣子要及时清扫处理。

（3）必须加强对混凝土运输道路路面和施工工作面的洒水,防止或减少扬尘污染。

（4）加强设备维护保养,所有设备保持消音设施完好,降低噪声污染。

（5）设备维修和更换机油时,必须开到地槽处或下部做好垫护,防止机油等废液污染土壤。

（6）做好施工现场各种垃圾的回收和处理,严禁垃圾乱丢乱放,影响环境卫生。

10 效益分析

本工法与传统的混凝土入仓施工工法相比,主要有五个方面的优势:一是作为新的混凝土入仓手段,准备期短,能即时投入混凝土浇筑;二是本工法对施工场地要求较低,施工布置十分简单;三是反铲移动方便,施工机动灵活,可紧贴仓面均匀布料;四是效率高速度快,台时产量可高达 60 ~ 110 m^3,特别对大体积混凝土回填尤为高效;五是在多种可行的混凝土入仓方式中,混凝土反铲入仓施工工法的成本最低,且优势明显,按 2004 年版水利水电定额测算,混凝土反铲入仓的成本约 3.80 元/m^3,不到起重机或泵送入仓成本的 50% ,成本优势十分突出。采用混凝土反铲入仓施工工法,不仅有利于混凝土浇筑中安全、质量、进度和成本,而且节省了大型起重机的临建费和转运费,提高了拌和系统、混凝土运输车和反铲的使用率,较大地节约了工程成本。

11 工程实例

混凝土反铲入仓施工工法已经在峡江水利枢纽、仙游抽水蓄能电站下水库、响水涧抽水蓄能电站下水库、宝泉抽水蓄能电站上水库、西龙池抽水蓄能电站下水库、莲花台水电站、皂市水电站、长潭河水电站、江坪河水电站、察汗乌苏水电站、南水北调等大中工程施工中广泛应用,混凝土浇筑质量经检验均满足规范要求,施工简便可靠,效率高、速度快,且成本优势明显,可广泛推广应用。

11.1 工程实例一

峡江水利枢纽工程主体土建Ⅲ标(合同编号:JXXJ/SG－SN－TJ－03)。

11.1.1 工程概况

峡江水利枢纽工程坝址地处赣江中游,是一座以防洪、发电、航运为主的水利枢纽工程,枢纽主要建筑物由左岸挡水坝段、船闸、门库坝段、泄水闸、厂房坝段、右岸挡水坝等组成;河床主体工程分为两个标段,即右岸土建Ⅱ标和左岸土建Ⅲ标。主体土建Ⅲ标主要项目包括左岸挡水坝段(长 102.5 m)、船闸(长 47.0 m)、门库坝段(长 26.0 m)、泄水闸(长 128.5 m)等。

为解决该工程混凝土浇筑强度大、入仓期短及施工成本高等困难,研究采用混凝土反铲入仓施工工法,即时投入 8 台改装加长长臂反铲,并专门设计了 9 m^3 混凝土储料斗(外型尺寸为 3 m × 3.9 m × 0.8 m),施工实际效果优良。

11.1.2 各部位混凝土反铲入仓施工情况

(1)左岸重力坝。左岸重力坝所在位置比较崎岖,长臂反铲布置较为困难,一般采用车泵入仓,部分底板及顶部混凝土仓位采用长臂反铲入仓。

(2)船闸工程。上闸首所在地形较为复杂,长臂反铲可从上游、下游、左侧、右侧进行入仓,除廊道部位仓位较为复杂外,其他大部分底板仓位均采用长臂反铲入仓。

船闸断层混凝土浇筑通过开挖一条道路通向断层,采用阶梯状分层浇筑,长臂反铲随着混凝土仓位后退,断层混凝土全部采用长臂反铲入仓。

船闸闸室左右边墙一般为大仓位,结构简单,非常适宜长臂反铲浇筑。右边墙除上部三层混凝土未用长臂反铲浇筑外,其余均用长臂反铲进行浇筑。闸室左边墙左侧为回填砂卵石,左边墙混凝土浇筑可全部采用长臂反铲,随着砂卵石回填,改造道路,方便反铲浇筑。

下闸首混凝土浇筑,长臂反铲可从上游、下游、左侧、右侧进行入仓,大部分底板仓位均采用长臂反铲入仓。

(3)泄水闸工程。由于该部位仓位面积大、长度长,长臂反铲并不能全部覆盖仓位,采用了长臂反铲与门机、布料机组合入仓的浇筑手段,既满足了施工需要,又提高了质量、加快了进度。

消力池、海漫均为大面积底板混凝土,可全部利用长臂反铲进行浇筑,施工时需规划好浇筑顺序,混凝土运输车辆可利用已浇筑好的消力池、海漫通行。

(4)三期混凝土纵向围堰。该部位仓位简单、方量大、道路布置简单,非常适合长臂反铲进行浇筑底板及边墙一半以上均可采用长臂反铲进行浇筑。

11.1.3 总体评价

峡江水利枢纽左岸工程合同要求在一个枯水期内(2011年10月至2012年3月)完成基坑开挖及混凝土浇筑,这导致施工准备期短、工期紧,混凝土浇筑强度高。由于长臂反铲能即时投入混凝土浇筑施工,且入仓速度快、效率高,经建设各方研究确定,把长臂反铲作为混凝土入仓主要手段之一。该项目的混凝土浇筑最高强度8万 m^3/月,其中由反铲入仓的混凝土最高强度达5万 m^3/月;该项目的混凝土浇筑总方量为36.8万 m^3,其中反铲浇筑17.2万 m^3,约占浇筑总量的47%。长臂反铲在峡江混凝土浇筑中起到了中流砥柱的作用,特别在前期基础混凝土浇筑中发挥了不可替代的作用。

11.2 工程实例二

福建仙游抽水蓄能电站下水库土建工程(合同编号:FJXYXK02 - C4)。

11.2.1 工程概况

福建仙游抽水蓄能电站位于福建省仙游县西苑乡,为周调节抽水蓄能电站,装机容量为 4×30 MW。下水库及部分尾水系统土建工程,主要包括大坝、溢洪道、导水放水洞改建、库盆及库岸防护、部分尾水系统及下库进出水口等施工项目。

11.2.2 采用混凝土反铲入仓施工情况

该工程的溢洪道、库岸防护等部位混凝土浇筑采用反铲入仓施工工法。溢洪道混凝土共约3.0万 m^3,采用反铲入仓与溜槽、泵送相结合的入仓方式,反铲入仓比例在25%以上,有效提高了混凝土施工进度,高峰时期采用2台长臂反铲,由于仓面狭小和受限于运输条件,日混凝土浇筑约600 m^3。库岸防护的贴坡混凝土以反铲入仓为主力,方便快捷。库盆及尾水系统用反铲入仓作为辅助手段。

11.2.3 总体评价

仙游抽水蓄能电站下水库采用混凝土反铲入仓施工工法,与其他施工方法比较,确保了施工质量,提高了施工效率,在节约施工成本上优势明显,实现施工进度目标要求,施工安全、质量、文明施工可控性强,获得了良好的经济效益和社会效益。

11.3 工程实例三

安徽响水涧抽水蓄能电站下水库土建工程(合同编号:XSJ/C3)。

11.3.1 工程概况

安徽响水涧抽水蓄能电站位于安徽省芜湖市三山区峨桥镇,为日调节抽水蓄能电站,装机容量为 4×25 MW。下水库土建工程主要包括环库土坝、库盆开挖、防护工程、尾水系统及下水库进出水口等施工项目。

11.3.2 采用混凝土反铲入仓施工情况

该工程进出水口平行布置有 1# ~4# 进出水道,混凝土量为 5.08 万 m^3,2009 年 8 月中旬进出水口 1# 防涡梁及整流底板开始浇筑混凝土,至 2011 年 3 月进出水口混凝土浇筑完成。经建设各方研究确定,该部位混凝土浇筑,前期采用 PC400 长臂反铲作为入仓手段,后期采用长臂反铲与门机搭配使用,经长臂反铲入仓的混凝土共计约 1.5 万 m^3。

11.3.3 总体评价

响水涧抽水蓄能电站下水库采用混凝土反铲入仓施工工法,在前期门机手段不具备的条件下,发挥了混凝土入仓主力作用,确保了混凝土浇筑正常施工。与其他施工方法比较,实现施工进度目标要求,所施工的混凝土成型质量好,在节约施工成本上优势明显,获得了良好的经济效益和社会效益。

(主要完成人:张利荣　徐昂昂　洪燕鹏　胡继峰　刘祥恒)

岩溶地基钻孔灌注桩施工工法

中国人民武装警察部队水电第二总队

1 前言

钻孔灌注桩是桥梁、水电站和工业与民用建筑中常用的地基加固手段,施工工艺成熟,运用范围广,但是遇到特殊地质情况时,特别是在岩溶地质地区施工中,常规的施工工艺和工法很难满足现场的需要,存在耗时耗力、成本过高、安全风险较大的弊病。我公司通过在岩溶地区钻孔灌注桩施工中积累的施工经验,形成了一套行之有效的岩溶地质钻孔灌注桩施工工法,可有效提高钻孔灌注桩的成桩效率,保证施工质量和施工安全。

2 特点

(1)有效克服岩溶地区的以石灰岩为主的高强度岩层和不规则岩面,导致钻孔进尺慢,导致成孔难度大的困难。

(2)有效克服岩溶地区地下溶洞深浅不一、大小不同易造成钻机和周边建筑物突然垮塌的恶劣影响。

(3)有效减少桩基混凝土浇筑时突然涌水、涌砂造成断桩、塌桩的情况,保证桩基施工质量。

(4)提高成桩效率,减少钻孔处理的成本,保证桩基质量,降低施工风险。

3 使用范围

本工法适用于岩溶地区和其他复杂地质条件下的钻孔灌注桩施工。

4 工艺原理

岩溶地质钻孔桩施工工法,是根据岩溶地区地质特点,针对各类问题,综合采用支护孔壁、固化地层和应急处理等措施和手段来保证钻孔灌注正常施工的工艺,是一种主动提前处理和被动应急处理相结合的综合工艺。

4.1 施工工艺流程

施工工艺流程见图1。

4.2 施工工法操作要点

4.2.1 支护孔壁

4.2.1.1 岩溶发育轻微,小溶洞,漏浆量小的情况处理

钻孔桩施工时,当钻穿岩溶发育轻微的地层或小溶洞时,桩孔内会出现漏浆,但量不大并可控时,应反复投入黏土和片石,利用钻头冲击将黏土和片石挤入溶洞和岩溶裂隙中,必要时还可掺入水泥、烧碱和锯末,增大孔壁的自稳能力。

钻孔桩开孔时应用小冲程冲击,保证位置准确,并平稳下砸,间断冲击,少抽渣,使孔口圆顺。到达护筒底口时,应加入粒径小于 15 cm 片石,反复冲击 2~4 次,以挤密护筒底部周围土层。钻孔过程中应密切注意观察钻机、护筒内水位变化和周围地表沉降情况,预防不正常情况发生。施工中根据地质柱状图,在接近溶洞时应勤检查,观察钻机主绳张力和听钻头冲击岩层的响声,同时根据抽取的岩样判断是否接近岩溶地层。在接近岩溶时主绳松绳量应为 1~2 cm,防止击穿岩壳时卡

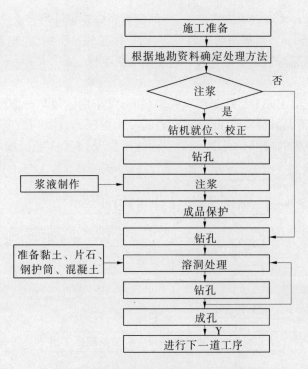

图1 岩溶地基钻孔灌注桩施工工艺流程

钻。钻穿岩溶地层上壳时一旦漏浆,要及时投放黏土块、片石并补水补浆,保持孔内水位高度。

4.2.1.2 空洞较大且充填物为软塑状的单层溶洞情况处理

遇空洞较大且充填物为软塑状的单层溶洞时可采取灌注低强度等级混凝土的方法。先将振动锤下沉钢护筒到基岩面,然后冲击钻孔至溶洞顶板,利用冲击钻钻穿溶洞顶板后,水下灌注低强度等级混凝土,低强度等级混凝土配合比由现场试验确定。混凝土灌注采取间歇灌注方法(以免混凝土流失太远造成浪费),直至到达溶洞顶面以上1.0 m,待混凝土达到设计强度后继续钻孔,钻孔穿过低强度等级混凝土成孔。详见图2。

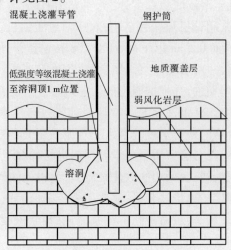

图2 单层溶洞处理示意图

4.2.1.3 充填物为流塑状或空洞较大的多层溶洞情况的处理

当钻孔施工遇到充填物为流塑状或空洞较大的多层溶洞情况时,可采用护筒跟进方式冲击成孔。对溶洞大小在10 m以上或多层溶洞,一般采用双护筒跟进,而对大小在4~10 m的溶洞,可采用单护筒延长护筒工艺。采用双护筒成孔时,外护筒直径应较设计桩径大20~40 cm,内护筒直径应较设计桩径大10~20 cm。根据地质资料,同一墩位按照先长后短、先难后易的原则确定各桩施工顺序。护筒跟进视情况与钻孔注浆工艺一起使用效果更好。

4.2.2 固化地层

钻孔桩施工遇到空溶洞和多层糖葫芦串式溶洞时,可采用注浆与护筒跟进相结合的方法处理溶洞。同时,对于溶洞不大但位置较深,裂隙发育明显的溶洞,为防止其在浇桩过程中出现混凝土挤入裂隙和溶洞导致流失的情况,一般也需要提前注浆处理,主要工艺流程如图3所示。

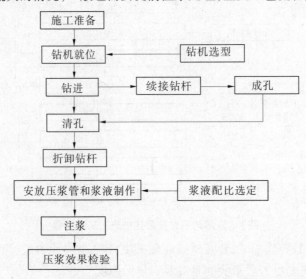

图3 岩溶注浆流程

岩溶注浆施工前,应根据设计图纸和地质资料,判断是否需采取注浆措施,确定注浆孔的布置和深度、方法以及参数。现场应进行平整,确保三通一平和临时排水畅通,并沿钻孔位置开挖沟槽和集水坑。注浆孔按设计桩位测量放样,钻机就位调试运行好。

施工时,先启动钻机,钻孔至溶洞底板深度处(无填充物溶洞,溶洞钻穿顶板即可)。进行地质核查,确认满足注浆条件。注浆用钻机可采用 XU－600 型地质钻机。开孔采用 ϕ108 mm 岩芯管开孔,钻进分层采样,钻入基岩面 0.5 m 以下后,下 ϕ108 mm 套管,使其嵌入基岩;套管露出地表20~50 cm,套管四周捣实封闭,并用水泥砂浆固结套管,防止浆液从套管周围串出,影响注浆效果。待固结套管的砂浆初凝后,继续钻进,并根据取出的岩芯确定岩溶发育特征,直至确定成孔。

压浆设备可采用 KBY－30/120 型注浆泵。在压浆前先进行注水试验,确定单位长度吸水量。注浆用水可采用附近经检测合格的地下水或地表水。水泥采用 P·O 42.5 级普通硅酸盐水泥。采用双液注浆时,选购的水玻璃应符合国家质量要求并提前进行稀释至符合要求的浓度备用。

为防止浆液流失太远造成浪费,应采用间歇注浆方式,使得先注入的浆液初步达到胶结后再注浆,循环注浆多次,直至达到规定的单位注浆量、注浆压力控制值为止。注完一个孔后,继续对其余孔进行注浆,后注浆的压力必须调高,最后封孔。注浆完成,等浆液凝固到一定强度后即可进行钻孔桩施工,见图4。

4.2.3 应急处理

4.2.3.1 斜岩处理

岩溶地区钻孔桩施工中由于钻机钻孔时产生位移、局部下沉或由于基岩面倾斜、岩石强度不一、探头石等,容易造成斜孔或弯孔的情况。因此,钻孔施工中应确保钻机稳定、牢固,必要时可铺垫石料或采用型钢加固好钻机作业平台。钻孔中,应经常检查锤绳在冲击过程中的摆动情况,在钻

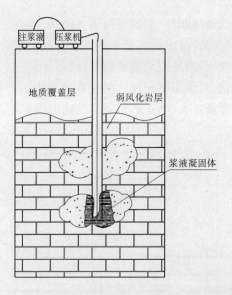

图 4　岩溶注浆示意图

进至溶洞顶 0.5 m 左右时,要调整钻机冲程,改用小冲程钻进,做到轻击、慢打,同时要注意观察,并及时检查是否偏孔。

发现钻孔偏斜时,应及时校正钢丝绳与桩孔中心的偏差。如遇探头石引起斜孔,可用小型钻机对探头石打眼爆破。也可回填片石,用冲击锤打掉探头石或将钻机略移向探头石一侧,采取高锤猛击的办法,斩断探头石。斜孔已经形成时,应立即进行修孔。对于高度小于 1 m 的斜孔段,用小冲程修孔,在倾斜的岩面上冲击出一个台阶,再采用较大冲程冲击。斜孔段高度在 1 m 以上时,可分次回填块径为 10～25 cm 的片石至原偏孔位置以上 0.5～1 m,然后用冲击钻头上下低锤冲击,直到钻头不再偏斜。对于仍无法纠正的偏孔,可在清孔后灌注水下钢筋混凝土到偏孔位置,待水下混凝土达到相应强度后再实施钻孔纠偏。

4.2.3.2　涌水、涌砂的处理

岩溶地区钻孔桩施工时,在地下水丰富地区,特别是水中墩施工中,当基岩面倾斜较大或有大块孤石,钢护筒无法全断面着岩,覆盖层透水、透浆,或者基岩中溶槽、溶沟的连通作用导致在钻进过程中泥浆外流或孔壁砂向孔内涌流的情况,会造成钻机进尺缓慢和孔底清渣困难。因此,在水中墩施工中,应先用振动锤尽可能将钢护筒打穿覆盖层,保证全面着岩,保证桩孔内外不连通。对于无法全面着岩的桩位,可以边钻孔边用振动锤将钢护筒整体跟进,直至钢护筒跟进入基岩并挤压牢固为止。

对于桩孔下存在特大型溶洞或潜存地下暗河的桩位,则不仅要采用长护筒跟进的方法,还须采用机械设备吸渣,具体做法是:先冲孔至溶洞顶板后,停止钻孔,提出钻头,采用振动锤将比孔径大 20～40 cm 的护筒打入孔内至溶洞顶板位置,护筒壁厚不得小于 10 mm。再重新钻孔,当击穿溶洞后,泥浆面会迅速下降,但因有护筒支护,孔位不会坍塌,而泥浆面始终不能上升,即使反复补浆泥浆面仍然不能上升,泥浆无法循环,则必须采用气举泵或吸渣泵将泥浆吸出至泥浆池,使泥浆继续循环,再进行钻孔施工直至设计孔深。

4.2.3.3　掉钻埋钻的处理

岩溶地区钻孔桩施工中若出现钻头老化,钢丝绳断丝,则极易导致掉钻事故的发生。同时,在施工中出现突遇岩溶或裂隙后护壁泥浆迅速流失也会导致塌孔埋钻。掉钻、埋钻情况的发生,将直接导致钻孔施工无法继续。若不能将钻头取出,还需要报请业主及设计对桩位进行变更,处理难度大,耗用时间长,对钻孔施工影响巨大。因此,在施工中应做好日常检修,尤其是对钢丝绳和锤头,要重点加强日常保养,发现有钢丝绳断丝、磨损或锤头、锤帽出现裂缝,要及时维修或更换。在钻孔过程中应经常观察护壁泥浆面的情况,出现液面下降应及时提出钻头。

发生掉钻事故时,应及时清孔,防止沉渣覆盖锤头,同时,应尽快下打捞钩或捞抓等专用设备及时打捞锤头,若因塌孔造成埋钻,处理难度极大。彬江袁河特大桥工程在处理埋钻事故中,创新采用了空心锤扩孔法,在原孔位重新扩孔、清孔后再下打捞钩或捞抓等设备捞锤,取得了良好效果,具体做法如图5所示。

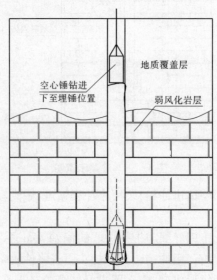

图5 空心锤作业示意图

4.2.3.4 塌孔断桩的处理

在岩溶地区钻孔桩桩基浇灌混凝土时,由于桩身较长、混凝土方量大、灌注时间长,所以桩身混凝土质量控制难度很大。通过溶洞段时,易发生孔壁坍塌混凝土流失,或片石、黏土等填塞物落入混凝土中造成断桩。主要原因是地下溶洞相互沟通,钻孔中反复回填次数不够,对溶洞的处理不彻底,虽然已成孔,但在灌注水下混凝土时,混凝土比重高,侧压力大,当混凝土面上升至一定高度后,会将护壁挤破,停灰面会迅速下降,水下混凝土流失,造成断桩。因此,预防断桩应在钻孔遇溶洞时,认真稳妥地处理溶洞,保证填压牢固,同时,在浇灌混凝土时,应严密监测混凝土面上升速度,要保证不小于2 m的埋管深度,并减少对下部混凝土的扰动。

5 材料与设备

5.1 机械设备配置

冲击钻机、振动锤(zd－90型)、起重机(25 t)、空压机(12 m³/min)、潜水泵、吸泥机、装载机、挖机、自卸式汽车。

5.2 材料配置

黏土、片石、钢护筒、混凝土、水泥、钢筋等材料。

6 质量控制

6.1 质量控制标准

(1)岩溶地质钻孔桩的质量检验执行现行的施工技术指南和质量验收评定标准。

(2)孔位控制:桩位放样后,必须经过换手测量,缺桩位准确。

(3)孔径、孔形、倾斜度控制:通过钻机钢丝绳,用尺量对孔径、孔形、倾斜度进行检查,出现超出验收标准的偏差,及时进行修正。

(4)地质核对:桩基开钻前,需根据施工情况绘制施工钻孔桩柱状图,并核查设计钻孔柱状图资料。如有不符,及时反馈设计单位进行处理。

(5)桩底沉渣控制:满足桩底沉渣不大于 5 cm。

(6)混凝土质量控制:若为干孔,采用人工振捣时需控制浇筑层厚度;若掺水量过大,则采取水下混凝土施工工艺;浇筑完毕后对桩顶部混凝土进行养护。

(7)横梁双排工字钢之间采用焊接连接,确保焊接牢固,焊缝大于 8 mm,无漏焊,无焊瘤,焊接平顺。双排工字钢在支撑点位置必须设置加紧肋板。双排工字钢在支撑点处采用钢筋焊接固定脚,拆除时采用氧气乙炔切除。

6.2 工程质量保证措施

(1)成立专门的技术领导小组,负责组织落实岩溶整治方案,严格控制各道工序,确保注浆质量和注浆效果。

(2)加强现场施工管理,施工技术部门提前对施工方案进行全面技术交底。建立健全各种资料、原始记录,作为评价工程质量的重要依据。根据施工程序,严把钻孔深度、注浆压力、注浆量关,每一道工序均安排专人负责,并记录好每一道工序的原始数据。

(3)严格按设计注浆参数组织施工,特别注意注浆效果,要视岩层的情况及时调整注浆参数及改进注浆工艺。

(4)配备好施工机具和计量工具以满足施工要求,注浆一定要按程序施工,进浆要准确,注浆压力一定要严格控制,由专人操作。当压力突然上升或从孔壁溢浆,应立即停止注浆,每段注浆量应严格按设计进行,跑浆时,应采取措施确保注浆量满足设计要求。注浆数量必须经监理确认签字,无监理签字的视为不合格,需补钻压浆。

(5)加强现场材料管理,严格执行进料检验制度,保证材料满足设计和规范要求,不合格材料不得进场使用,确保工程质量。

7 安全措施

(1)建立健全各种岗位责任制,严格执行现场交接制度。

(2)施工前必须做好施工准备,调查整治范围内有无地下管线,确认后方可施工。

(3)做好施工区域警示标志,并派专人指挥,严禁无关人员进入施工场地。如发现有异常情况,应立即通知相关部门。

(4)每孔开钻时,观察地表情况,或先进行地表震动试验,在确保地表无异常时再行钻孔。

(5)钻孔接近溶洞时,必须严格掌握松绳量,要勤松、少松,防止击穿岩壳卡住钻头。

(6)钢丝绳及卡子要勤检查、勤保养,松动的卡子要及时补拧。

(7)护筒长度不得小于 2 m,护筒顶面必须高出地面 50 cm 左右,必要时护筒顶用钢管将护筒固定在地面上,防止护筒下沉,护筒四周必须用填土夯填密实。停止施工或施工过程停顿的孔位,上面必须铺盖钢筋网片,防止人员或物体坠入孔内。

(8)钻孔桩施工时,严禁泥浆外溢,孔位附近保持清洁,防止作业人员坠入孔内。

(9)钻机轮胎或滚筒前后应用木楔或其他物体楔紧,防止钻机偏位、倾斜。

8 环保措施

(1)桩基工程施工时应尽量减少泥浆的使用,泥浆的排放应设沉淀池,经沉淀后排放的污水应符合当地环保的标准。

(2)桩基工程施工时应选用符合噪声排放标准要求的设备,作业时应避开休息时间,以减少对周围居民的噪声影响；应尽量选用振动小的设备，以减少对周围建筑物的干扰和影响。

（3）水泥、砂石、泥浆等材料运输时应按要求进行覆盖，避免产生扬尘；翻斗车卸料避免产生粉尘；装车严禁太满、超载，避免遗洒、损坏及污染路面等现象发生。

（4）作业现场路面干燥时应采取洒水措施，装卸时应轻放或喷水，现场水泥、砂石临时堆放时应进行覆盖，避免产生粉尘及扬尘。

（5）设备的废水、废油通过回收桶回收后统一处理，生活污水采用沉淀池及隔油池处理后再排放。

（6）施工过程中产生的固体废弃物分类回收集中，运至专用弃土（渣）场，对环境造成污染的废弃物运至环保部门设置的垃圾场。

9 效益分析

本工法采用科学的决策，将各种施工方法配合作业用于岩溶地区钻孔灌注桩施工，具有良好的社会效益及经济效益：

（1）加快施工进度，提高设备利用率，增加效益。

（2）减少因塌孔造成的经济损失，增加施工过程的安全性。

（3）减少抛填片石黏土的量，经济效益显著增加。

（4）有效处理了硬岩和斜面岩，加快成桩的速度。

10 工程实例

10.1 工程概况

杭长铁路客运专线（江西段）彬江袁河特大桥工程位于江西省境内，大桥全长 3 012.61 m，共89个桥墩，748根桩基，钻孔桩直径有 1.0 m、1.25 m、1.5 m、1.8 m 四类，桩长 7～75 m 不等，且66#～68#桥墩在彬江袁河中，枯水期最大水深约9 m，属深水桥墩。工程区域的地质条件主要为岩溶地质，震旦、寒武、奥陶、石炭、二叠、三叠等时代地层均含有碳酸盐岩，岩溶现象发育，白垩、第三系含钙岩层亦有溶蚀现象，岩溶水十分丰富。

10.2 彬江袁特大桥岩溶地质钻孔桩施工情况

10.2.1 工程的重点与难点情况

彬江袁河特大桥桥墩桩基础施工区域主要分布在岩溶十分发育的地区，根据现场调查和已施工的情况，发现岩溶地区钻孔桩施工的主要特点有：

（1）岩溶地区的岩石主要以可溶性石灰岩为主，一般强度很高，钻孔进尺慢，导致成孔难度大。

（2）岩溶地区的基岩起伏大，溶槽及溶沟、溶洞分布广，局部存在斜面岩，导致钻头不能完全着岩，影响钻进成孔。

（3）岩溶地区地下溶洞，具有埋藏深浅不一、大小不同，分布密、发育快和顶板强度低等特点，对桩基施工和稳定性影响巨大。

（4）在岩溶地下水丰富地区，钻孔时涌水量大，给桩基施工和混凝土浇筑都带来一定难度。

（5）岩溶洞穴或岩溶发育带多处于基岩顶部与残积层交界面附近，以基岩为持力层的桩基，其桩尖下可能存在勘探时未被发现的溶洞，若洞顶厚度不大，则对桩基的安全工作存在潜在危险。

因此，本工程钻孔桩施工的关键技术和重点、难点在于钻孔过程中如何安全合理、经济有效地处理好复杂地质对钻孔桩成孔、成桩的影响，保证成孔过程中不偏孔、不漏浆或虽漏浆但不发生塌孔，桩基施工顺利并满足承载力要求。

10.2.2 工程施工过程及情况

本工程所处地区地质为典型的岩溶地质，钻孔桩施工前我们通过研究地勘资料和其他调查资料,对穿越溶洞时的施工方法进行仔细研究,根据溶洞的大小及填充物的不同而采用不同的施工措施,确保钻孔桩施工顺利进行并保证成桩质量达到规范要求的标准。

主要遇见溶洞情况的分类详见表1。

表1 溶洞分类方法

类别	溶洞特征	充填物情况
小型溶洞	单层洞高小于2 m,全填充,漏水或半漏水小型溶槽、溶沟、小裂隙等	粉砂、硬塑或软塑状黏土
一般溶洞	洞高小于2 m的半填充溶洞或2~5 m的全填充溶洞,二层以下串珠状溶洞	粉砂、硬塑或软塑状黏土
大型溶洞	二层以上串珠状有充填溶洞;5 m以上全充填溶洞	粉砂、硬塑或软塑状黏土
特大型溶洞	大型溶洞,多层串珠状已充填或充填物差的溶洞。溶洞的规模覆盖到相邻桩位或更大	无填充或填充物为流塑状

针对复杂的地质条件,并结合在施工中总结出的工法,对不同大小和类型的溶洞分别采取了相应的处理工艺,主要方案如表2所示。

表2 溶洞处理方案选定

溶洞高度	填充情况	处理方案
2.5 m以下		填黏土和片石
2.5~6 m	全填充	填黏土块和片石
	半填充或无填充	灌低强度等级混凝土、压浆
6~10 m	半填充或无填充	压双液浆
	无填充	灌砂、压浆
10 m以上	全填充	填黏土块和片石
	半填充或无填充	钢护筒跟进

杭长铁路客运专线(江西段)彬江袁河特大桥工程在钻孔灌注桩施工过程中,大部分桩都遇到了溶洞,部分桩遇到了多层溶洞和特大溶洞,但通过现场严密的施工组织,总结采用了上述针对性的施工方法后,有效地防范和处理了各类事故,施工得以顺利进行,桩体经超声波等方法检测后,均能满足设计和规范要求。

(**主要完成人**:肖长华 邓 斌 邓俊晔 赵全勇 郑弋晨)

水域桥墩下部结构筑岛施工工法

中国人民武装警察部队水电第二总队

1 前言

近年来,桥梁施工技术日益成熟,水中墩下部结构施工方法多样,其中,采取筑岛法施工,工艺简单、操作安全,技术经济指标良好。在厦深铁路广东段站前工程 XSGZQ - 7 标段工程、沪昆客运专线七标段工程、大广高速鹰瑞段 A1 标段工程施工实践中,充分发挥我部知水懂水的优势,通过技术、经济比较,对 5 座特大桥中的 215 个处于河道、海滩、鱼塘、湿地等水中的墩台,采用筑岛法进行该部分水中墩下部结构施工,取得了良好的效果。现加以总结,形成本工法。

2 工法特点

(1)将水中施工变为陆上作业,降低了施工难度,有利于施工质量和安全控制。
(2)工艺简单,施工简便,可在短期内形成施工作业面,有利于加快施工进度。
(3)填料就地、就近取材,来源广泛、方便,造价低,有利于降低工程成本。
(4)形成的施工道路和场地也为上部结构施工提供了便利。

3 适用范围

本工法适用于河道、库塘、浅滩及湿地等浅水区域桥梁下部结构施工,一般情况水深小于 4.5 m,条件允许水深可达 6 m。

4 工艺原理

在桥梁水中墩位附近采用土石料填筑出与陆地连接的施工通道,并经通道在桥梁水中墩位处填筑高于施工水位的人工岛。通过人工筑岛,使岛平面露出水面,将桥梁下部结构的水中施工变成陆上作业,以便设备安装、材料运送和施工作业。在河道中采用筑岛方案,为解决河床导流问题,可在河道中采用分期筑岛;在岛与岛之间采用钢便桥衔接形成过流通道,以增加河床过流断面。

筑岛法分为无围堰筑岛法和有围堰筑岛法。无围堰筑岛,是指先进行通道及土石人工岛填筑,然后采用抛石、编织袋等措施进行便道及人工岛坡脚、坡面防护;有围堰筑岛,是指先在便道及筑岛外围边线采用编织袋、石笼、板桩等进行临时围护,形成围堰,而后在围堰内进行砂、土填心形成人工岛。无围堰筑岛法一般用于水深较浅、水流较缓,无冲刷或冲刷作用较小水域的水下结构施工;有围堰筑岛法可用于相对水深较大,水流较急,且环保水保要求较高的水域的水中结构施工。具体见图1。

5 施工工艺流程及操作要点

5.1 施工工艺流程

本工法施工工艺流程见图2。

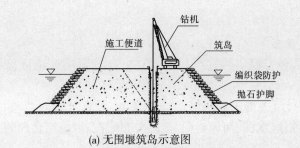

(a) 无围堰筑岛示意图

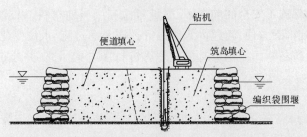

(b) 编织袋围堰筑岛示意图

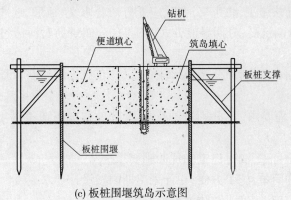

(c) 板桩围堰筑岛示意图

图1　筑岛型式示意图

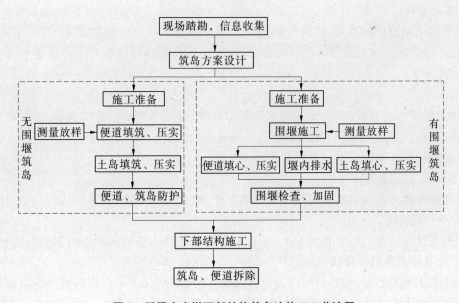

图2　桥梁水中墩下部结构筑岛法施工工艺流程

5.2 施工操作要点

5.2.1 现场踏勘及信息收集

(1)方案设计前应结合工程实际进行技术、经济、环境影响等论证,以确定筑岛法施工的可行性。

(2)筑岛方案设计前,须进行筑岛水域的详细踏勘,收集区域内地质、水文、气象等方面的资料,具体包括水流流量、流速、水深、河床走向、土层分布情况,以确定合理的筑岛方案。

5.2.2 筑岛方案设计

筑岛方案设计在确保施工安全的前提下,尽量考虑利用当地材料,以求经济合理;不仅要考虑施工方便,还要考虑后期拆除方便;河道内筑岛设计还需考虑过流、水位变化和度汛等影响,应对筑岛平面布置、筑岛型式、筑岛断面结构及基础处理等进行多方案研究,并通过综合经济分析比较最后确定。

5.2.2.1 平面布置

(1)筑岛平面布置时,应充分结合现场情况,利用地形特点,选择筑岛及施工便道位置,以达到方便施工、经济合理的目的。

(2)河道内采用筑岛法施工,将束窄河床,应充分结合水文、地形、地质条件及计划工期等因素进行导流设计,可采用分期筑岛、分期导流方式施工,且分期筑岛对河床过水断面束窄程度宜控制在 40% ~60%。

(3)各期筑岛的平面布置,应充分考虑水流条件,防止有害的冲刷和淤积。

5.2.2.2 筑岛型式

结合现场条件和工程要求,可分别选择无围堰筑岛和有围堰筑岛型式,选择时须遵循以下原则:

(1)筑岛型式应安全可靠,满足稳定和抗冲刷要求。

(2)筑岛型式应结构简单,施工方便,在计划工期内按设计要求完成。

(3)筑岛型式应适应施工、度汛及防洪抢险要求。

(4)筑岛型式应满足环保、水保要求。

5.2.2.3 筑岛高程

(1)河道内采用筑岛施工时,修筑的便道及筑岛侵占过水断面以致河道束窄,过水断面缩小,使得该处临时建筑物上游水位升高而引起壅水,确定筑岛高程前应先对壅水高度进行计算。壅水高度计算公式如下:

$$\Delta Z = \eta(V_q^2 - V_{ch}^2) \tag{1}$$

式中:ΔZ 为筑岛平台前壅水高度,m;η 为水流阻力系数,可取 0.05;V_q 为筑岛后,平台处河道断面平均流速,m/s;V_{ch} 为筑岛前,平台处河道断面平均流速,m/s。

(2)筑岛高程应高出设计水位至少 0.5 m。

5.2.2.4 筑岛断面尺寸及构造

(1)筑岛断面尺寸应满足桥梁下部结构基础开挖、施工机械及施工道路布置要求,且应考虑不小于 1.5 m 的护道宽度。

(2)无围堰筑岛迎水面边坡宜为 1:1 ~ 1:1.5,筑岛外围应考虑河流冲刷因素进行防护,防护可采用抛石护脚及坡面堆码砂袋等方式。

(3)采用有围堰筑岛时,编织袋围堰筑岛迎水面边坡宜为 1:0.5 ~ 1:1,板桩围堰可采用单排或双排,且均须依据计算情况采取相应的加固措施。

5.2.2.5 稳定性验算

便道及筑岛设计阶段,应根据总体施工方案,综合考虑水文气候条件,选择最不利工况进行筑岛、便道抗滑稳定及抗冲刷稳定验算。

（1）抗滑稳定计算。应根据临时便道及筑岛的工程等级、地形地质条件，结合便道、筑岛的结构型式、高度和填筑材料等因素选择有代表性断面进行。抗滑稳定计算可按平面问题考虑，宜采用圆弧滑动面计算；当基底存在软土夹层和倾斜岩面等情况时，宜采用非圆弧滑动面计算。计算方法可采用总应力法或有效应力法。对于便道及筑岛的稳定性验算，其危险滑弧均应满足以下极限状态设计表达式：

$$M_{sd} \leq 1/\gamma_R M_{RK} \tag{2}$$

式中：M_{sd} 为作用于危险滑弧面上滑动力矩的设计值，$kN \cdot m/m$；M_{RK} 为作用于危险滑弧面上抗滑力矩的标准值，$kN \cdot m/m$；γ_R 为抗力分项系数，取 $1.2 \sim 1.4$。

（2）抗冲刷稳定计算。河道内采用筑岛方案，因过流断面束窄，水流流速加大，对人工岛迎水面坡面及坡脚部位冲刷加大，应进行抗冲刷验算，并采取抛投体护脚、编织袋护坡等措施防护。根据工程现场条件，抛投体可以选用块石、石笼、混凝土预制块等。在水流作用下，防护措施护坡、护脚块石保持稳定的抗冲粒径（折算粒径）可按下式计算：

$$d = \frac{v^2}{c^2 2g \dfrac{\gamma_s - \gamma}{\gamma}} \tag{3}$$

$$v = \frac{Q}{bh}$$

式中：d 为抛石粒径，m，按球型折算；v 为水流速度，m/s；g 为重力加速度，$9.81 \, m/s^2$；c 为石块运动稳定系数，水平底坡 $c = 0.9$，倾斜底坡 $c = 1.2$；γ_s 为石块的容重，可取 $2.55 \sim 2.65 \, t/m^3$；γ 为水的容重，取 $1.0 \, t/m^3$；Q 为计算流量，m^3/s；b 为过水宽度，m；h 为平均水深，可近似用下游水深代替，m。

5.2.3 筑岛施工

5.2.3.1 无围堰筑岛

1. 便道施工

（1）按照设计位置进行河中便道施工放样，测定出方向，并在需填筑的前方设置导向杆。

（2）便道填料可采用石渣料，施工时采用自卸车运输、推土机进占填筑。便道填筑至水面以上时，避免直接向水中倒土，以免离析；宜将土倒在已出水面的堰头上，顺坡送入水中，水面以上的填土应分层夯实。

（3）便道填筑完成后，迎水坡面坡脚采用挖掘机抛填块石护脚，直至块石露出水面。

（4）块石抛填至水面以上后，采取反铲对迎水坡面修坡并堆码编织袋。编织袋内装砂土，装填量为袋容量的 1/2 ~ 2/3，袋口用细麻线或铁丝缝合，码放时将编织袋平放，上下左右互相错缝堆码整齐。堆码编织袋时宜采用顺坡滑落的方式，作业时可用一对带钩子的杆子钩送就位。当水流流速较大时，外侧编织袋可装小卵石或粗砂，以防冲刷。

2. 筑岛施工

筑岛施工时，以水下结构中心为土岛中心向四周填筑，受水下结构施工影响的内围区域宜采用黏性土优先填筑，四周外围可采用石渣填筑。其余与便道施工相同。

5.2.3.2 有围堰筑岛

1. 围堰施工

（1）按照设计位置进行围堰施工放样。

（2）视土质、水深、流速情况选择合理的围堰型式，围堰通常采用编织袋、石笼及板桩。编织袋围堰筑岛时，先用编织袋装土或砂先堆筑围堰，然后在围堰内填土筑岛，一般在水深 3 m 以下、流速在 1 ~ 2 m/s 时采用。石笼围堰筑岛主要采用钢筋笼或格宾笼，其步骤是先制作钢筋笼，然后向笼内装填片石或卵石做成围堰,再向围堰内填土筑岛,主要用在水流深急且不宜打板桩的岩石及砂类卵石等河底上。钢筋笼以直径0.5~0.8 m、长2~3 m为宜,一般在水深5 m以下、流速小于3 m/s时采用。板桩围堰筑岛主要用在水深流急的河道中筑岛,或用于修建较大断面的土岛,且河床土质应能打入板桩,板桩围堰有木板桩、钢板桩等类型。木板桩因受木料长度限制,一般只宜用在水深不超过5 m处,支撑桩间距一般取3~5 m,具体间距与筑岛高度有关,需通过计算确定;支撑桩和斜撑木直径不宜小于0.2 m,所能承受的内力按压力杆计算。钢板桩因具有强度高、锁口紧密、不易漏土等特点,多用于水深流急、地层较硬地带。

2.筑岛填心

筑岛填心的方法有两种,一是就近抽砂填心,二是外运土填心。对河床地质条件较好、可就近取砂的,采用抽砂船抽砂筑入,具体作业位置应结合现场情况,视断面方量、作业船的宽度及操作半径而定;在砂层施工完成后,顶面应填筑厚度不小于0.5 m的石渣并碾压整平,以便人机作业。对围堰内基底较差、就近无砂可取的,可采用外运土筑入,在大面积筑土前,应先筑入一定土方,将基底淤泥先挤至板桩外侧,以防填筑时淤泥集中夹在堰内,形成安全隐患;外运土填心采用进占填筑,填筑方法与无围堰筑岛相同。有围堰筑岛填心时,围堰锁扣后需同步抽水,并使抽水方量与筑入填料方量保持平衡,围堰内、外水位差保持平衡。

5.2.4 施工观测

便道及筑岛运行期间,应对下列项目进行观测。

5.2.4.1 变形观测

便道及筑岛变形观测包括沉降位移观测和水平位移观测。沉降位移观测点布置于便道轴线和筑岛中心点上;水平位移观测点布置于与便道、筑岛轴线垂直断面两侧路肩及筑岛顶面边缘位置。沉降位移观测可与水平位移观测配合进行,观测断面间距不大于100 m,且观测横断面不得小于3个;在最大填筑高度处,基底地形、地质变化较大处及便道、筑岛施工质量存在问题的地段,应增设观测断面。

5.2.4.2 上、下游水位观测

在筑岛的下上游坡面各设一组水位标尺,观测其水位,并与设计工况比对,保证实际运行工况不超过设计工况,否则应采取相应加强或应急措施。

5.2.4.3 裂缝、局部坍陷、水流流态等外部观测

便道及筑岛表面观测通过监测人员的眼看、耳听、手摸等方法察看是否存在裂缝、坡面局部塌陷等现象,采用目测观测便道及筑岛附近水流是否存在如回流、漩涡、水花翻涌等的位置及范围,若发现异常情况,应及时处理。

5.2.5 筑岛拆除

施工便道、筑岛在水下结构完成后应完全拆除,以保证河道正常过流及通航。筑岛拆除宜安排在汛后开始,采用后退法拆除;如有特殊要求,需在汛期拆除,应根据拆除范围及拆除工程量,研究确定合理拆除程序、拆除方法及所需要的施工机械设备,以保证施工安全及拆除进度。

6 材料与设备

6.1 材料

(1)采用无围堰筑岛时,材料主要为用于填筑便道、筑岛的砂、黏土及用于坡脚、坡面防护的块石、编织袋。

(2)采用有围堰筑岛时,主要材料需增加石笼、木板桩、圆木或钢板桩、型钢等。

6.2 设备

筑岛施工所需主要设备见表1。

表1　主要机械设备

序号	设备名称	规格	单位	数量	用途
1	挖掘机	PC200	台	3	土石方开挖、抛石护脚
2	自卸车	12 t	台	8	土石方运输
3	推土机	D60	台	1	便道筑岛推土整平
4	平板车	25 t	台	2	陆上运输
5	打桩机	ZJB60	台	1	板桩施工
6	振动锤	DZ60	台	1	板桩施工
7	打桩驳船	100 t	只	1	板桩施工
8	运输船	30 t	只	2	水上运输
9	抽砂船	500 m³	只	1	抽砂筑岛填心
10	污水泵	QW－60	套	6	围堰抽水、吸泥
11	电焊机	11 kW	台	4	围堰焊接加固
12	装载机	ZL45	套	1	道路维护

注:本表所列设备数量应根据现场工作量及进度需求情况进行增减。

7　质量控制

　　施工中应参照铁路、公路桥梁施工中筑岛围堰施工及质量标准相关要求及筑岛施工设计要求的各项技术标准执行,主要质量控制标准见表2。

表2　筑岛施工质量控制标准

序号	项目	质量控制标准
1	筑岛填料	中心填料宜用中粗砂、砂砾石、石屑或黏土,不宜用粉砂、细砂、大块石
2	岛面标高	高出设计水位0.5 m以上
3	筑岛尺寸	应满足基础施工布置需要
4	筑岛断面	应满足设计要求
5	水面以上部分的填筑	应分层夯实或碾压密实,层厚一般控制在0.3 m
6	岛面容许承载应力	一般不宜小于0.1 MPa,且不低于筑岛设计要求
7	护道最小宽度	无围堰筑岛2 m,有围堰筑岛1.5 m,若需布置其他施工设施应按实际情况另行加宽
8	迎水面防护	施工期内,应采取必要防护措施保证岛体的稳定,迎水面、坡脚不应被水冲刷损坏
9	基底承载力	应满足筑岛设计要求
10	斜坡、倾斜河床面及靠近堤防两侧筑岛	应进行设计计算,并应有相应的抗滑措施
11	在淤泥等软土上筑岛	应将软土挖除,换填或采取其他加固措施

8 安全措施

(1)做好安全教育,提高全员安全意识。施工前,对施作人员进行安全技术交底。

(2)施工现场设立专职安全员,对现场进行重点监控;班组设立兼职安全员。

(3)填筑施工应由专人指挥。指挥人员和机械操作人员严格遵守安全操作技术规程,机械作业位置要稳固、安全,便道及筑岛未稳定边缘严禁机械贴边作业。

(4)夜间施工需设置足够照明,并设置安全警示灯标志,防止施工机械碰撞、滑落。

(5)便道及筑岛填筑过程中需及时对边坡进行休整压实,并做好过水端头防护、坡脚及迎水面防护。如遇超标洪水,提前采取砂袋或石渣覆盖等措施进行岛面防护。

(6)便道及筑岛填筑完成后,应按规范要求搭设安全围护,保障施工人员安全。

(7)在施工过程中加强对岛体沉降及位移的观测,做好记录对比,发现问题及时处理。

(8)在通航水域中的筑岛,除应有临时防撞措施外,还应设置明显的通航标志。

(9)筑岛施工期间严禁向水域内抛弃淤泥和其他杂物,施工完成后及时清理施工遗留在河道中的障碍物。

(10)施工便道及筑岛在水下结构完成后须完全拆除,以保证河道正常过流及通航。

(11)汛期施工,制定度汛方案及应急预案,提前演练,密切关注汛情趋势,必要时采取拆除岛间连接通道等有效措施泄洪。

9 环保措施

(1)以预防为主,加强宣传,全面规划,合理布局,改进工艺,节约资源,争取最佳经济效益和环境效益。

(2)成立环境保护领导小组,与当地水保、环保部门沟通协作,无条件接受环保水保部门指导监督,严格执行国家和地方政府部门颁布的环境管理法律、法规和有关规定。

(3)加强施工全过程的监控与管理,制定相应环境保护措施,避免人为破坏和环境污染事件发生。

(4)采取合理的施工组织措施,合理安排施工机械作业,高噪声作业活动尽可能安排在不影响周围居民及社会正常生活的时段下进行。

(5)现场主要运输道路及施工通道路面保持整洁干净,雨季应加强排水措施,大风天气安排专人洒水,以抑制扬程。

(6)便道及筑岛填筑安排在枯水期进行,否则需采取相应防护措施避免污染水域。

(7)加强施工管理,实行文明施工,需排放对环境有污染的废弃物时,须经过处理。

10 效益分析

本工法与其他工法相比,有以下直接效益:

(1)将水中作业变成陆上施工,简化了施工工艺,降低了施工难度,更易于操作。

(2)相比使用钢栈桥、钢平台、钢围堰等其他水上作业工法而言,施工便道及筑岛主要材料为土石填料,取材容易,价格低廉,施工迅速;既利于降低施工成本,又利于缩短施工周期,具有明显的社会效益和经济效益。

11 工程实例

11.1 工程实例一

厦深铁路广东段站前工程 XSGZQ-7 标段螺河特大桥跨螺河水中桥墩施工。

11.1.1 工程概况

螺河特大桥为厦深铁路广东段站前工程 XSGZQ－7 标段的重点工程。全桥起讫里程 DK320＋582.890～DK333＋633.268,线路长度 13 550.4 延米,位于螺河三角洲中下游地区汕尾陆丰境内,下部结构共设桥墩 397 个,其中,357#～377# 共 21 个桥墩位于螺河河道水域内。桥址左岸为螺河东堤,堤顶高程 3.98 m,堤宽 2.0 m;右岸为河西堤,堤顶高程 3.95 m,堤宽 3.5 m,桥址断面水域宽度约 650 m。设计桥梁跨河部分采用 4×32 m(简支梁)＋2×24 m(简支梁)＋4×32 m(简支梁)＋40 m＋64 m＋40 m(连续梁)＋6×32 m(简支梁)＋24 m(简支梁),墩身跨河布置见图 3。桥梁墩身为圆端形实体桥墩,基础为 ϕ 1.0 m 和 ϕ 1.25 m 嵌岩桩,桩顶设置承台与墩身连接。

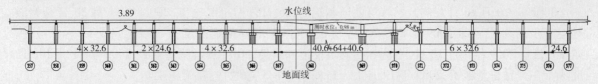

图3　螺河特大桥跨螺河水中桥墩立面布置图 （单位:m）

11.1.2 施工情况

采用无围堰筑岛。第一期筑岛范围及时间:2009 年 1 月至 2010 年 1 月,进行螺河左岸 357#～360#墩及螺河右岸 367#～376#墩筑岛施工,利用 361#～366#墩过水,河道过水宽度为 167 m;第二期筑岛范围及时间:2010 年 2 月至 2010 年 5 月,右岸 367#～377#墩筑岛拆除,并从左岸进行 361#～366#墩第二期筑岛,利用 367#～370#墩过水,河道过水宽度为 171 m;待 361#～366#墩施工结束之后,进行该处筑岛拆除。

便道修筑于桥址上游,便道中线距新建桥梁中线 13.9 m;便道填筑后施工水位为 1.47 m,筑岛高程 2.5 m,高出施工水位 1.03 m;顶宽 8 m,上下游边坡 1:1。一期便道填土平均高度 5.2 m,平均底宽 18.4 m;二期便道填土平均高度 4.8 m,平均底宽 17.6 m。在便道下游侧桥墩处筑岛,并与便道相连。筑岛顶面尺寸 21.9 m×22.7 m,其他设计同便道。施工时便道及筑岛抛填粒径不小于 0.85 m 的大块石进行过水端头坡脚防护,迎水坡面堆码 30 cm 厚砂袋进行护面。

11.1.3 总体评价

(1)跨螺河水中墩一期便道及筑岛 2009 年 1 月中旬开始,2009 年 3 月 2 日全部完成,历时 1 个半月,为桥梁水下基础施工创造了有利条件;水中桥墩施工进展顺利,圆满实现了工期目标。桥梁基础工程各项质量指标符合设计及规范要求,工程安全无事故,受到业主、监理单位的一致好评。

(2)筑岛方案确定后,经过与当地政府及水利部门沟通协调,方案实施较为顺利,施工期间未出现污染事故,跨河道水中桥墩采用筑岛法施工,经历 2 个汛期,实现了安全度汛。

(3)投标方案采用钢栈桥、钢平台方案,经估算需搭拆栈桥 3 250 m²、钢平台 4 076 m²,需投入钢护筒 208 t(无法回收),搭拆钢栈桥及钢平台单价为 1 100 元/m²,钢护筒施工综合单价为 5 300 元/t,原方案需一次性投入施工成本 915 万元;采用分期筑岛施工,便道土方填筑 20 755 m³,筑岛土方填筑 28 258 m³,土方填筑、拆除综合单价为 45 元/m³,仅投入施工成本 220 万元,采用筑岛工法后内部节约施工成本约 695 万元。

11.2 工程实例二

大广高速江西段鹰瑞高速 A1 标段白塔河大桥工程水中墩下部结构施工。

11.2.1 工程概况

白塔河大桥为鹰瑞高速公路 A1 标段的重点工程,位于江西省鹰潭市余江县境内,全长 420 m,下部结构共设桥墩 15 个,其中,1#～13# 共 13 个桥墩位于白塔河河道水域内,桥址断面水域宽度约 370 m。设计桥梁跨河部分采用 8×30 m(简支梁),水下基础为 ϕ 1.6 m 摩擦桩,桩顶设置承台与墩身连接。

11.2.2 施工情况

白塔河 9 月至次年 4 月为枯水期,河水流量较小,最大水深 2.5 m。经过现场考察和方案谈论,对处于河床水中 1#～13# 桥墩下部结构采用筑岛法施工。2008 年 10 月至 2009 年 4 月,施工左侧 13#～6# 墩,右侧河道过流,2009 年 9 月至 2010 年 1 月,施工右侧 1#～5# 墩,左侧河道过流。先用石渣和钢便桥在上游侧形成 7.0 m 宽施工便道,再利用便道筑岛形成桥墩下部结构施工平台,考虑河道过流,岛与岛之间采用钢便桥衔接形成过流通道,以增加河床过流断面。筑岛上下游长 20 m,宽 10 m,高出水面 1.0 m。汛期不施工,拆除施工便道和施工筑岛平台。

2008 年 10 月 16 日左侧开始修筑便道和筑岛,25 日开始桩基施工,2008 年 11 月 20 日开始墩柱混凝土浇筑施工,至 2009 年 3 月 20 日,完成 13#～6# 墩桩基施工,4 月 25 日,完成 13#～6# 墩柱、盖梁施工。2009 年 9 月 10 日,右侧开始修筑便道和筑岛,20 日开始桩基施工,2009 年 11 月 10 日,完成 1#～5# 墩桩基施工,2009 年 12 月 15 日,完成 1#～5# 墩墩柱、盖梁施工。

11.2.3 总体评价

白塔河大桥水中墩下部结构施工,采用筑岛施工工法施工,进展顺利,圆满实现了工期目标。桥梁基础工程各项质量指标符合设计及规范要求,工程安全无事故。白塔河水中桥墩采用筑岛法施工,经历 1 个汛期,实现了安全度汛,节约了施工成本,产生了良好的经济效益和社会效益。

11.3 工程实例三

沪昆客专江西段 HKJX-7 标段工程彬江袁河 67# 墩施工。

11.3.1 工程概况

沪昆客专江西段 HKJX-7 标段工程彬江袁河特大桥连续梁上跨彬江袁河航道,河流与线路夹角约为 80°。彬江袁河为Ⅵ-(2)级航道,最高通航水位 72.43 m,航道净空按 4.5 m 考虑,采用(48 m + 2×80 m + 48 m)连续梁跨越,按单孔双向通航考虑。前期因航运部门及水利部门要求,袁河连续梁施工需考虑通航条件和防洪要求,66#～68# 墩(DK734 + 583.49～DK734 + 712.29)段采用搭设钢栈桥作为运输通道,河滩部分 68# 墩采用筑岛法、水中部分 66# 和 67# 墩采用搭设钢平台进行施工。实测 67# 墩处河床覆盖层较薄,平均水深 4.0 m,部分河床岩面高程已超过设计承台底部高程,需进行水下爆破作业,考虑水下爆破施工的难度和本连续梁工期要求,67# 墩施工修改为采用筑岛法进行。

11.3.2 施工情况

筑岛路堤由袁河右岸向左岸沿线路轴线方向填筑,路堤填筑宽度 4.5～5 m,作为 67# 墩施工运输通道,在路基上游填筑土岛,作为施工作业平台。路堤和土岛平台顶部高程 68.5 m,土岛钢板桩施工范围内采用防渗性能较好的黏土填筑,外围采用普通石渣填料。土岛外围做好包裹头,防止因水流的冲刷而破坏土岛。土岛顶面高程为 69.2 m,平均填土厚度为 5.9 m。土岛最大坡脚尺寸为 66.6 m×37 m,岛顶面尺寸为 60.8 m×28 m。

2010 年 10 月 20 日开始围堰筑岛施工,10 月底开始钢板桩施工,11 月 20 日完成开挖爆破,钻孔桩施工,2010 年 12 月 25 日开始承台钢板桩施工,2011 年 1 月 15 日开始承台墩身施工(考虑承台底部岩石爆破开挖),2011 年 2 月 25 日完成墩身施工。

11.3.3 总体评价

彬江袁河 67# 墩施工采用了筑岛法施工,在枯水期完成施工,与其他施工方法比较,降低了施工难度,实现施工进度目标要求,施工安全、质量、文明施工可控性强,也节约了施工成本,社会效益和经济效益明显。

(主要完成人:张利荣 郑文魁 朱俊华 李宜忠 李建元)

长距离带式输送机安装工法

中国水利水电第八工程局有限公司

1 前言

长距离带式输送机主要用于大型港口、码头、矿山等领域作业周期比较长的输送系统,长距离、大运量胶带输送机系统于 20 世纪 80 年代开始引入我国,最近十年来在大型煤矿、港口、水泥行业逐步得到应用,国内外关于长距离胶带输送机施工方面的资料记载很少。

向家坝水电站长距离骨料输送线主要承担向家坝水电站主体工程混凝土用砂石半成品料的输送任务,输送线由 5 条长距离带式输送机组成,总长约 31.1 km,输送线沿线共 9 个隧洞,隧洞总长 29.3 km,其中最大洞长 6.6 km,隧洞断面为 5 m×4 m。带式输送机的主要技术参数为:带宽 $B = 1\ 200$ mm,带速 $v = 4.0$ m/s,输送量 $Q = 3\ 000$ t/h。

由中国水电八局有限公司承担这一工程的安装任务,其施工工法在施工环境恶劣、施工线长面广,地理条件复杂,运输通道极为不利的情况下已取得了良好的效果,为国内长距离带式输送机的发展提供了成功的范例。

2 工法特点

(1)长距离带式输送机营运费用经济、设备性价比高、经济效益好,是目前常采用的物料输送方式。

(2)此工法在设备安装,施工组织和管理,质量控制,工程进度与协调,施工工艺与工装措施,施工通信与调度,隧道环境与人员设备保护,山区道路破障以及设备多次转运等工作的层面上形成了一个全新的控制和管理网络。

(3)输送带开卷与拖放。

长距离带式输送机一般采用钢丝绳芯胶带,单体吨位在 11～14 t。采用什么方法开卷、拖放胶带,直接影响胶带的施工进度和安全。国内过去使用的方法是用吊车将眼镜卷单侧吊起,利用吊臂左、右摆动来逐渐打开胶带,然后按一定长度折叠堆放在地面,最后拖放;另一种方案是将眼镜卷(胶带在工厂生产成型后,为便于运输和减少现场硫化接头数量,将胶带卷成眼镜状,故称为眼镜卷)通过卷带装置,变双卷为单卷,再打开的方式。第一种方法耗时、不安全;第二种方法忽略了胶带在运输过程已从圆状变形为"梨"状,在操作上也增加了过程和时间,行不通。在没有前人经验的情况下,根据输送机结构特点和隧洞施工条件,我们自行设计了导向滚筒车式开卷装置 + 滑动轴承旋转放带装置的工艺设备,高效、优质、低费用地解决了输送带开卷和入洞拖放,为长距离拖放和铺设胶带提供了良好条件,为国内首创。

3 适应范围

本工法适用于复杂地形条件下大型水电工程、矿山工程、建材行业、冶金行业原料转运以及其他行业的长距离带式输送机的安装工程,尤其为隧洞内长距离带式输送机安装工程积累并提供了宝贵的时间经验和成功范例。

4 工艺原理

本工法阐述的是胶带机本体的安装;照明与动力供配电、运行保护装置、控制系统、通信系统的安装;隧洞通风、消防给排水系统的安装;设备进场公路的勘测、设计与施工、设备配件的二次转运规划与实施等关键技术。

以上关键技术理论基础和实践依据为现代输送机系统理论、自动控制理论、系统工程、项目管理、运筹学基础和机械设计原理等。

输送带开卷采用导向滚筒车式开卷装置 + 滑动轴承旋转放带装置的工艺设备,其原理见图1。

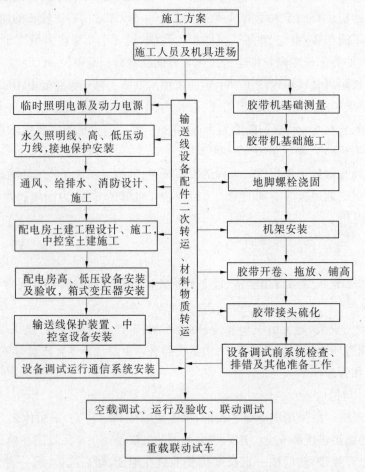

图1 长距离带式输送机安装工艺流程

5 施工工艺流程与操作要点

5.1 施工工艺
以向家坝输送线 B3 胶带机安装工程为例。

5.2 操作要点
以向家坝输送线 B3 胶带机安装工程为例,操作要点如下。

5.2.1 设备二次转运
设备转运的主通道是隧洞,针对隧洞内输送设备基础施工的特点以及来往车辆多、隧洞断面尺寸小的情况,设备转运采取以下措施:实行按小时单向行驶的交通管制和洞内交通警示的措施,做到有序运输;对单体吨位重的输送带,由专业化公司承担转运;对于重要的机电设备,实行一步到位的单向通行交通管制;对特大型设备采取拆分运输现场拼装的转运方案;对超高设备采用改装低平车辆的转运方案。

5.2.2 设备基础定点测量

基础定点测量的关键在于输送线支腿地脚螺栓定位尺寸的直线精度,它既是施工精度的前提条件,又是设备安装精度的技术依据,对于设备安装精度和运行精度十分重要。支腿地脚螺栓测量点多,为保证直线的精度等级,采用加密测量技术,以 30 m 长度为测量单元,逐点测量,单元与单元之间的测量误差按数据修正定位,测量数据的误差控制在 5% 的精度等级内。

5.2.3 设备基础施工

输送机的头部机架、尾部机架、拉紧机架、转载平台及驱动平台均为钢筋混凝土基础结构,机架基础承受拉力巨大,施工要点如下:

(1)混凝土原材料选择按强度要求,经实验室对单体项目的样块各项技术指标检验合格,确定混凝土的配合比。

(2)长距离带式输送机头尾部基础一般为大体积混凝土,务必确保现浇质量。

5.2.4 带式输送机部件安装顺序

(1)总体安装顺序:

头部机架 + 滚筒→中部转载机架 + 滚筒→尾部机架 + 滚筒→液压拉紧机架 + 滚筒→驱动装置→中间架支腿→中间架→下托辊组→回程段胶带→上托辊组→承载段拉带→头部护罩、头部漏斗→尾部导料槽→清扫器安装→皮带机保护装置。

(2)驱动装置安装顺序:

驱动装置架→高压电机→高速轴联轴器→(CST)软起动装置→低速轴联轴器→传动滚筒→(CST)控制器。

5.2.5 胶带存放、开卷、铺设方案

5.2.5.1 胶带的存放

以 B3 号机为例,见表 1。

表1　B3 号机胶带存放点及数量

机号	胶带存放点	单位	数量	胶带开卷、拖放情况
B3 机	B3 号机机头(六出七进)	卷	20(16)	机头开卷:从机头向中部驱动方向拖放
	B3 号机中后部(三出四进)		28(32)	4# 隧洞进口附近开卷,从 4# 洞口进口向中部驱动方向拖放
	B3 号机中后部(三出四进)		22	4# 隧洞进口附近开卷,从 4# 洞口附近向机尾方向拖放
	小计		70	

注:括号内数量为存放空间许可数量的调整值。

胶带的存放与胶带开卷相关。B3 号机总长 8 029 m,该胶带机贯穿 3#～6# 共 4 个隧道,2 座桥梁,分为头、中、尾三点驱动。胶带卷共 70 卷。

第一段:B3 号机机尾至 4# 洞进口上下坡节点,输送机为下坡段,倾角为 3°18′17″,坡比为5.985 : 100,长度为 2 634.18 m,高差为 − 157.675 m。根据计算结果,St3150 的胶带如从机尾高点开卷往低点拖拉铺放,胶带将自行往低点下滑,难以控制。鉴此,该区段输送线的胶带开卷放在 3# 隧洞至 4# 隧洞(三出四进)的露天段,由低点往高点开卷、拉放、铺设。本区段上下胶带共需 22 卷,存放在头道水。

第二段:四号洞进口上下坡节点至 B3 号机中部驱动(四出五进)输送机为上坡段,倾角为 0°29′30″,坡比为 8.54:1 000,长度为 3 300.028 m,高差为 28.187 m。该区段胶带的开卷放在 4# 洞进口,由低点往高点开卷、拉放、铺设。本区段上下胶带共需 28 卷,存放在头道水。

第三段:B3 号机中部驱动(四出五进)至 6# 洞出口输送机为上坡段,倾角为 0°29′22″,坡比为 7:1 000,长度为 2 364.126 m,高差为 16.988 m。该段利用地形从 6# 洞出口高点往中部驱动低点开卷拉放胶带,增加了 B3 号机开卷拉放胶带工作面,加快开卷放带速度。本区段上下胶带共需 20 卷。由于 B4 号机胶带有一半数量存放在六出七进,B3 号机该区段胶带在六出七进的实际存放量则要根据存放面积调节,如能存放 16 卷,余下的 4 卷胶带存放在头道水。

5.2.5.2 胶带开卷

胶带开卷遵循先铺设下胶带后铺设上胶带的原则。经对到货胶带标识的观察,现有形式的眼镜卷既有工作面在上的情况,也有非工作面在上的情况,这就对上、下胶带开卷带来每一卷眼镜卷开卷前必须做好胶带工作面和非工作面的验带工作及验带编号记录,验带无误后,确定眼镜卷的动卷和不动卷,并按开卷工艺(开卷工艺另编制)将眼镜卷吊装在相应的开卷工艺装置上。

(1)下胶带的开卷拖放(见图 3,图中所示为胶带工作面在上面,与此相应,不动卷紧靠胶带拖拉方向,动卷位于不动卷后面。若胶带非工作面在上面,则动卷紧靠胶带拖拉方向,不动卷位于动卷后面)。

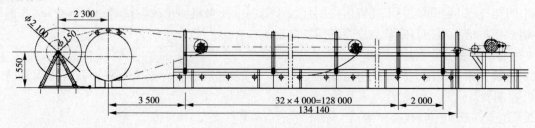

图 3 下胶带的开卷拖放

输送机支腿、中间架安装稳固后,上托辊组暂不安装。开卷前按眼镜卷的验带结果和工艺方法将动卷用一根通轴架设于钢支架上,钢支架与轴接触处设轴瓦作滑动轴承,使之可自由转动。不动卷用固定支座支撑使之固定不动,其中心高度略低于可转动的半卷,同时在固定卷上设三组托辊以使胶带开卷时绕过固定卷时减少摩擦。开卷时采用一拖拉滚筒拉胶带,拖拉滚筒能自由转动即减少胶带的摩擦又减少开卷阻力,拖拉滚筒下设行走轮,通过行走轨道和轮缘导向,控制拖拉滚筒打开胶带的同时又与胶带机中心保持一致,低速回转绞车上的钢丝绳牵引拖拉滚筒在轨道上行走,逐渐打开胶带。B3 号机开卷卷扬机设在距眼睛卷约 140 m 处,B4 号机开卷卷扬机设在距眼睛卷约 170 m 处,为适应上、下带能用同一装置开卷,行走拖拉滚筒的轨道位于上托辊组之上,本开卷方案将行走轨道设在一外框架上。眼睛卷动卷打开后,将不动卷用吊车吊放在可自由转动的钢支架上,此时不动卷变为动卷,然后直接通过后置的卷扬机牵引打开,铺设胶带时最先打开的胶带放于最后,最后打开的放于最前。

(2)上胶带开卷拖放(见图 4,图中所示为胶带工作面在上面,与此相应,动卷紧靠胶带拖拉方向,不动卷位于动卷后面。如胶带非工作面在上面,则不动卷紧靠胶带拖拉方向,动卷位于不动卷后面)。

上胶带开卷前,先安装好上托辊组。开卷前按眼镜卷的验带结果和工艺方法将动卷用一根通轴架设于钢支架上,钢支架与轴接触处设轴瓦作滑动轴承,使之可自由转动。不动卷用固定支座支撑使之固定不动,其中心高度略低于可转动的半卷,同时在固定卷上设三组托辊以使胶带开卷时绕过固定卷时减少摩擦。开卷方法和拖放方式与下胶带相同。开卷用的机具、人工和附件应配置好。

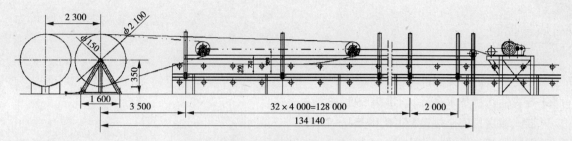

图4　上胶带的开卷拖放

5.2.6　供配电、自动控制系统施工要点

（1）供配电系统设备安装参照相关规范要求执行；因长隧道洞内胶带机用动力、照明等用线路一般采用电缆，电缆接头多，务必严格控制电缆接头施工工艺，确保洞内高低压电缆接头质量。

（2）因拉绳开关、跑偏开关等保护信号采集点多，工作量大，接线完成后，做好标志及检查，检查接线是否符合要求。检查完毕后，逐一对每个采集点进行通电测试。

（3）其他控制部分安装参照厂家及规范要求执行。

6　材料与设备

以向家坝骨料输送线 B3 胶带机（$L=8\,029$ m）安装为例，施工用主要机具、材料及设备配置如表2所示。

表2　机具设备

序号	名称、型号规格	数量	说明
1	吊车 25 t	2	
2	自制平板拖车	2	用于胶带机的大件转运
3	自制卷扬机车（JT3）30 kN	3	含钢丝绳
4	自制龙门架	10	
5	交流电焊机	6	
6	小型农用车	3	
7	气割设备	4	
8	强制式搅拌机 0.35 m³	2	
9	半自动切割机	2	
10	徕卡全站仪 2 mm + 2×10⁻⁶	1	工程控制定位
11	J_2 经纬仪	1	施工放样
12	S_3 水准仪 2 mm	1	标高控制
13	50 m 钢尺 1 mm	4	施工放样
14	对讲机	6	通信联络
15	强光手电筒	12	照明
16	试验变压器 YD – 10/100	1	
17	介损测试仪 GCJS – 2	1	
18	直流电阻测试仪 GCKZ – 2	1	
19	接地摇表 ZC8	1	
20	数字万用表 DT890	3	

7 质量控制

长距离输送线安装工程遵循以下标准和规范。

7.1 带式输送机相关标准

《带式输送机技术条件》(GB 10595—89);

《带式输送机安全规范》(GB 14784—93);

《钢锻材超声纵波探伤方法》(GB 6402—1986);

《涂装前钢材表面锈蚀等级和除锈等级》(GB 8923—88);

《旋转电机基本技术要求》(GB 755—87);

《带式输送机包装技术条件》(JB 2467—1995);

《电力建设施工及验收规范》(DLJ 52—81);

《带式输送机安装工程施工及验收规范》(TJ 231—75)。

7.2 建筑工程施工及验收规范

《砌体工程施工质量验收规范》(GB 50203—2002);

《建筑地基基础工程施工质量验收规范》(GB 50202—2002);

《钢结构工程施工质量验收规范》(GB 50205—2001);

《建筑工程施工质量验收统一标准》(GB 50300—2001)。

7.3 电气相关标准

《电气装置安装工程高压电器施工及验收规范》(GBJ 147—90);

《电气装置安装工程电力变压器、油浸电抗器、互感施工及验收规范》(GBJ 148—90);

《电气装置安装工程母线装置施工及验收规范》(GBJ 149—90);

《电气装置安装工程电气设备交接试验标准》(GB 50150—91);

《电气装置安装工程电缆线路施工及验收规范》(GB 50168—92);

《电气装置安装工程接地装置施工及验收规范》(GB 50169—92);

《电气装置安装工程旋转电机施工及验收规范》(GB 50170—92);

《电气装置安装工程盘、柜及二次回路结线施工及验收规范》(GB 50171—92);

《电气装置安装工程蓄电池施工及验收规范》(GB 50172—92);

《电气装置安装工程 35 kV 及以下架空电力线路施工及验收规范》(GB 50173—92);

《110 ~ 500 kV 架空电力线路施工及验收规范》(GBJ 233—90);

《施工现场临时用电安全技术规范》(JGJ 46—88);

《工业自动化仪表施工及验收规范》(GBJ 93—86);

《高压开关设备通用技术条件》(GB 11022);

《高电压试验技术》(GB 311.2~6);

《高压开关设备和控制设备的通用条款》(IEC—694)。

8 安全措施

(1)认真贯彻"安全第一、预防为主"的方针,根据国家相关规定、法规和结合施工实际情况制定适合项目施工及运行需要的安全管理制度和办法,并督促按制定的规章制度和管理办法执行。

(2)各安装小组要形成每班召开安全例会的习惯,组长交代本班工作,安全员交代作业注意事项,与会人员在安全例会记录上签字认可。

(3)各安装人员必需配备基本的安全保护用品(如安全帽、工作服等)。特殊工种的人员需配备相关的安全保护用品:电焊工配备的防护眼镜,面具,电焊手套等;电工配备的绝缘鞋等。

（4）配备专用保护用品，如通风装置和防毒面具等。

（5）对有安全隐患的部位，危险部位（有电、运转部位和洞口）加装隔离带。

（6）各级安全人员，要加强施工现场的巡视，发现违章作业，立即制止，并对当事人员予以处罚。

（7）卷扬机操作工必须持证上岗，吊装作业时，人员不得站在吊车的拔杆范围下。

（8）确保工作面照明。

9 环保措施

（1）在整个建设期内，严格遵守国家的环保法规，使整个施工、生产活动满足环保要求；并将采取以下措施，全方位控制对水质、土壤、大气及环境等的污染，把对现场的自然环境污染减少到最低程度。

（2）爱惜当地的自然资源，不任意破坏周围自然植被。

（3）在施工期内保持工地良好的排水状态，在土、石料区，道路及主体工程施工区域内修建足够的排水设施及挡土墙，对于软弱地质边坡采取必要锚喷支护措施，防止水土流失。

（4）严禁乱弃、乱倒，并预先进行合理规划。

（5）为避免廊道施工养护水漫流，在廊道口挖临时集水井，配潜水泵将积水排入系统排水沟。

（6）保护水质。

（7）控制扬尘。施工作业产生的灰尘，采取洒水措施或采用风机排尘。

（8）减少噪声、废气污染。

（9）工完场清，保证场地整洁。

10 效益分析

（1）本工法根据隧道内长距离带式输送机安装工程施工特点将安装工序进行了系统和规范，各个安装工序安排合理、安装速度快。用此工法指导 B1、B2 胶带机施工，安装工期分别比原计划提前 20 d、30 d 完成，提高了工作效率。

（2）本工法对长距离带式输送机安装工程的关键环节进行有效控制，安装质量得到了保证，返工率低，同时节约了调试成本。

11 应用实例

11.1 工程实例一
向家坝水电站长距离带式输送线 B3 胶带机的安装。

11.1.1 工程概况
向家坝水电站长距离带式输送线 B3 胶带机总长约 8 029 m，贯穿 4 条隧道、2 座桥梁，该胶带机布置方式为先下行后上行，呈 V 形布局，分头（两套）、中、尾部三点驱动，总功率 3 600 kW。

11.1.2 施工情况
该胶带机安装工期用了 6 个月时间。

11.1.3 工程评价
输送线安装全过程中没有发生任何安全及质量事故，施工处于安全、快速、优质的可控状态。

11.2 工程实例二
向家坝水电站长距离带式输送线 B1 胶带机的安装。

11.2.1 工程概况
向家坝水电站长距离带式输送线 B1 胶带机总长约 6 720 m，其中有 6 661 m 在隧洞内，该胶带机布置方式为先下行,尾部驱动,驱动功率为900 kW,配有三套制动装置。

11.2.2　施工情况

该胶带机安装从2006年12月26日开始施工,至2007年5月10日完工。

11.2.3　工程评价

运用本工法指导施工,B1安装全过程中没有发生任何安全及质量事故,施工处于安全、快速、优质的可控状态,施工工期比原计划提前20 d完工,实现一次性空载调试成功。

11.3　工程实例三

向家坝水电站长距离带式输送线B2胶带机的安装。

11.3.1　工程概况

向家坝水电站长距离带式输送线B2胶带机总长约6 651 m,其中有6 451 m在隧洞内,该胶带机布置方式为先下行,头、尾部驱动,驱动功率为1 800 kW。

11.3.2　施工情况

该胶带安装从2007年1月16日开始施工,于2007年5月20日完工,除去春节假期,仅用了不足4个月时间。

11.3.3　工程评价

运用本工法指导施工,B2安装全过程中没有发生任何安全及质量事故,施工处于安全、快速、优质的可控状态,施工工期比原计划提前30 d完工,实现一次性空载调试成功。

（主要完成人：汪建军　刘金明　杨建安　车公义　罗　艳）

混凝土布料机施工工法

中国水利水电第八工程局有限公司

1 前言

　　布料机(见图1、表1)作为一只大型机械手,能将混凝土灵活、快速、安全、准确地送抵作业面的任一部位,并连续均匀布料,提高入仓强度,扩大覆盖面积,较好地解决混凝土水平和垂直输送的布料问题。若混凝土布料机与适当的供料系统相配合,将能更加充分地发挥其技术的优势,真正实现了混凝土的连续输送,从而极大地降低劳动强度,加快施工进度和提高施工质量,带来良好的经济效益。

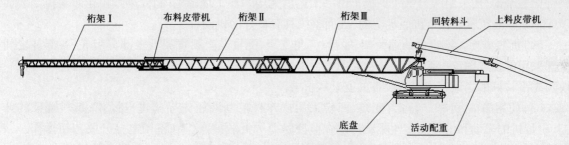

图1 BLJ-600-40布料机示意图

表1 布料机特性

序号	项目	参数		说明
1	输送能力	$80\sim120$ m³/h		施工经验值
		270 m³/h		理论值
2	最大布料半径	$R=40$ m		
3	最小布料半径	$R=18$ m		
4	布料臂架回转角度	360°		无上料皮带机
5	布料臂架回转速度	3.2 rpm		
6	布料臂架最大仰角	25°		试验达到30°
7	布料臂架最小俯角	$-10°$		
8	布料臂架伸缩速度	4 m/min		
9	输送混凝土最大骨料	150 mm	≤15°	
10	输送混凝土最大骨料	80 mm	≤20°	
11	输送混凝土最大骨料	40 mm	≤25°	试验达到30°
12	胶带宽度	$B=600$ mm		
13	胶带输料速度	$V=3\sim3.8$ m/s		试验达到4 m/s
14	胶带驱动	电动		也可采用液压

由中国水电八局有限公司研制的布料机于 2005 年荣获中国企业新纪录;2006 年获得水电八局有限公司科技进步特等奖;2007 年 4 月通过中国水利水电建设集团鉴定,并于同年获得中国水利水电建设集团科技进步一等奖。2007 年获得中国电力科学技术三等奖。同时,由此形成的布料机施工工法于 2009 年 3 月通过中国水利水电建设集团的评审。

2 布料机特点

BLJ - 600 - 40 履带式混凝土输送布料机系采用 QUY50A 型液压履带起重机底盘为基体,开发出的建筑施工设备。本机适应于输送各种级配的混凝土和各类颗粒性物料。在水利水电工程、公路、桥梁、民用建筑、国防工程施工中可以广泛地用以输送混凝土及其他颗粒性物料致结构物施工工作面;同时可用于港口码头、矿山、发电厂中装卸颗粒性物料。

该机的行走、变幅、回转动力源利用 QUY50A 型液压履带起重机的液压动力系统,布料臂架的伸缩、皮带机和供料系统的驱动利用 380 V 交流电动机(也可以采用液压驱动)。

(1)运输转移方便。大范围转移该设备时可将机拆分为伸缩臂架、底盘、三角支架、配重及上料臂架五个部分,采用两台 40 t 平板车可一次运输完毕。在工地范围内转移时,由于布料机是装在 QUY50A 型液压履带起重机底盘上的,因而整机具有良好的机动性。

(2)拆装方便。该机由伸缩臂架、底盘、三角支架、配重及上料臂架五个部分组成,各部件之间全部采用螺栓或轴铰连接,拆装非常简单。只需一台 25 t 吊车和 4 位工作人员两天之内就可在一块预先平整好的场地完成对该设备的安装或拆分。

(3)使用简单、可靠。行走、变幅、回转采用操作杆控制液压先导阀进行操作;布料臂架的伸缩、皮带机的驱动和供料系统的驱动可以在监控触摸屏上触摸操作和备用电控开关按钮操作。该机设有负荷荷载控制、伸缩位置控制、变幅角度控制,如果发生荷载、位置、角度参数超过设定值,系统将会报警并自动停止相应参数控制的动作。布料皮带机、上料皮带机和供料系统运行速度可以分别设置、调整,其驱动操作可以通过监控器有序联动和单机手动。操作室还设有监控显示器及三百分钟工作记录仪,可以实现对皮带机运行进行可视监控和三百分钟工作记录,方便对施工现场的控制和对故障的及时处理。

(4)生产率高。生产率高是 BLJ - 600 - 40 履带式混凝土输送布料机最显著的特点之一。该机理论生产率高达 270 m³/h。实际生产率在规定三级配条件下保证达到 80 ~ 120 m³/h(布料臂架在 - 10° ~ + 25°变化)。在西霞院工地实测时,只要供料均匀充分,仓内消化得了,实际达到 150 m³/h 并不困难。这一生产能力,对塔机和缆机吊罐入仓而言是望尘莫及的。

(5)混凝土质量好。BLJ - 600 - 40B 履带式混凝土输送布料机使用了带称重传感器的橡胶象鼻管,彻底解决了混凝土分离及万一导管堵塞而引起的安全问题。又由于使用合金刀片清扫器,彻底解决了砂浆流失的问题,因而混凝土的质量得到了保证。与汽车入仓相比,使用布料机不存在汽车轮胎冲洗不干净而带来的污染问题。布料机入仓的混凝土质量完全可以和吊罐入仓的质量相媲美。

3 使用范围

该设备适用于水电站基础混凝土、导流墙、围堰、船闸、边角盲区混凝土及低仓号混凝土浇筑仓面布料。布料机最大浇筑高度为 20 m,布料半径为 18 ~ 40 m,见图 2。

4 工艺原理

4.1 布料机布置工艺

布料机布置工艺见图 3。

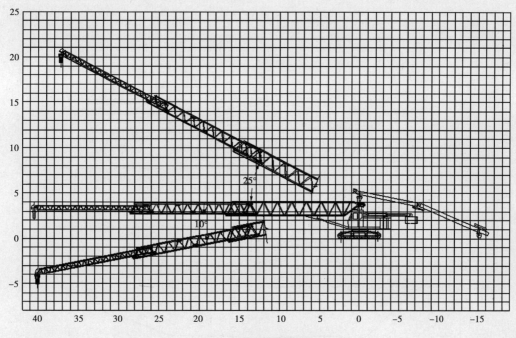

图2 布料机使用范围

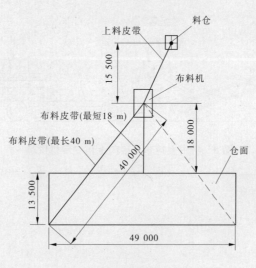

图3 布料机布置工艺

4.2 供料的方法

目前,在施工单位使用布料机时通常是用以下两种方法供料:利用自卸车通过储料斗向上料皮带机供料(见图4);利用搅拌车直接向上料皮带机供料(见图5)。

利用自卸车通过储料斗向上料皮带机供料应尽量充分利用施工现场的地形,或自制一个卸车平台以方便自卸车向储料斗卸料。目前,使用该方法供料的有水电八局施工的彭水工地、水电十四局施工的银盘工地等。利用搅拌车直接向上料皮带机供料对施工现场要求不高,只需上料皮带机附近能够让搅拌车通过就行,根据拌和楼离施工现场的远近,配置3~5台搅拌车就可满足布料机的使用。目前,使用该方法供料的有水电八局的马来西亚巴贡工地、水电四局的拉西瓦工地、河南省水利一局的南水北调安阳段等。

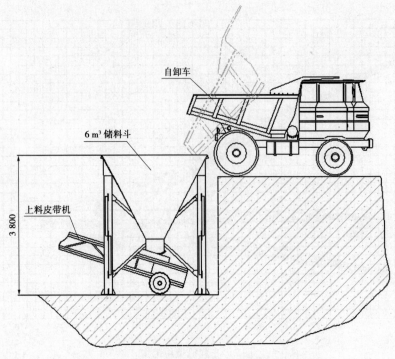

图4 利用自卸车通过储料斗向上料皮带机供料

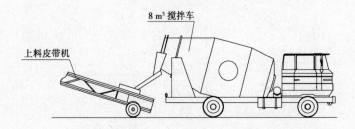

图5 利用搅拌车直接向上料皮带机供料

5 使用布料机的施工工艺

5.1 布料机施工流程图

布料机施工流程见图6。

5.2 操作要点

(1)布料机进入浇筑区后,一名训练有素的操作员,在进行设备布置和定位时应考虑下列因素:

①环境因素。

a.设备停放地点既能有效地使用该机器,又能最大限度地减少机器的移动次数;

b.设备布置必须经过布料机操作人员和现场施工技术人员协商制定;

c.作业平台必须是能支撑布料机的平整而坚固的水平面(利用塑料软管剩水或目视测平);

d.混凝土料的运输通道。

②其他要考虑的因素。

a.布料机能控制的最大和最小幅度;

b.同时在考虑布料臂架在变幅有角度的情况下的最大回转范围;

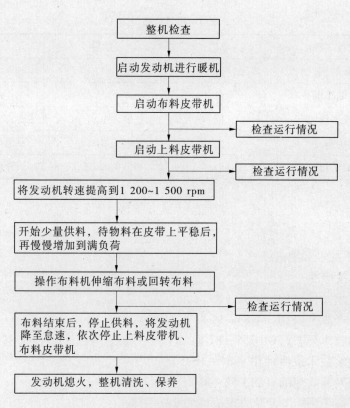

图6　布料机施工流程

c.影响布料机安全、操作和生产能力的其他因素,确保遵守有关使用该设备的所有安全规则;

d.布料臂架相对底盘的工作范围(应尽量在前、后区100°范围内工作)。

(2)要根据仓面的处理能力适时调整布料机的运行速度,尽量做到连续不间断地输送混凝土。

(3)在布料机运行期间,要经常注意皮带的运行情况,利用空闲时间保持皮带张紧,特别是更换新皮带后的一段时间内。

(4)人员配置。人员配置如表2所示。

表2　人员配置

序号	类别	所需人数(人)	说明
1	管理人员	3	技术、协调、指挥
2	操作人员	4	设备运行、巡视
3	运输人员	5	运输混凝土
4	维护人员	2	电气、机械
5	仓面施工人员	8	仓面施工
6	杂工	3	
合计		25	

6　材料与设备

本工法不需要特殊材料,所需设备如表3所示。

表3 机具设备

序号	设备名称	单位	数量	说明
1	布料机	台	1	混凝土输送
2	运输车辆	台	5	混凝土运输
3	振捣棒	根	5	
4	集中料斗	个	1	不需要采用搅拌车供料
5	对讲机	台	2	仓面与布料机联系

7 质量控制

施工应遵循以下标准和规范。

7.1 带式输送机相关标准

《带式输送机技术条件》(GB 10595—89);

《带式输送机安全规范》(GB 14784—93);

《旋转电机基本技术要求》(GB 755—87);

《带式输送机包装技术条件》(JB 2467—1995);

《电力建设施工及验收规范》(DLJ 52—81);

《带式输送机安装工程施工及验收规范》(TJ 231—75)。

7.2 建筑工程施工及验收规范

《砌体工程施工质量验收规范》(GB 50203—2002);

《建筑地基基础工程施工质量验收规范》(GB 50202—2002);

《钢结构工程施工质量验收规范》(GB 50205—2001);

《混凝土质量控制标准》(GB 50164—1992);

《建筑工程施工质量验收统一标准》(GB 50300—2001)。

7.3 混凝土坍落度要求

混凝土坍落度应符合表4的要求。

表4 坍落度允许偏差

坍落度(mm)	允许偏差(mm)
≤40	±10
50～90	±20
≥100	±30

7.4 维勃稠度要求

维勃稠度应符合表5的要求。

表5 维勃稠度允许偏差

维勃稠度(s)	允许偏差(s)
≤10	±3
11～20	±4
21～30	±6

7.5 布料机输送能力与坍落度、带速及骨料粒径之间的关系

布料机输送能力与坍落度、带速及骨料粒径之间的关系见表6。

表6 布料机输送能力与坍落度、带速及骨料粒径之间的关系

带速 （m/min）	骨料粒径 （mm）	坍落度 （mm）	输送能力					
			−10°	0°	10°	15°	20°	25°
3.2	≤40	50	100	100	80	75	70	65
		100	120	120	100	90	85	70
3	≤40	50	90	90	75	70	65	60
		100	110	110	90	80	75	65
3.2	≤80	50	90	90	80	75	65	
		100	110	110	95	85	80	
3	≤80	50	80	80	75	70	60	
		100	100	100	85	75	70	
3.2	≤150		85	85	75			
3	≤150		75	75	70	65		

注:1. 带速为上料皮带机的速度。

　　2. 表中反映的是平均值。如果骨料级配、外加剂、温度和天气条件的变化,均会影响生产率。

　　3. 表中数据是采用 8 m³ 搅拌车供料得出的。供料系统的不同对生产率会产生较大影响。

7.6 质量保证措施

（1）利用布料机输送的混凝土配比应考虑布料机的水平和垂直输送距离以及设备的技术条件等因素,按有关规定进行设计,同时应符合现行国家标准《混凝土结构工程施工质量验收规范》（GB 50204—2011）。混凝土配比使用过程中,应根据混凝土质量的动态信息及时进行调整。

（2）应控制混凝土运至浇筑地点后,不离析、不分层、组成成分不发生变化,并能保证施工所需的稠度。

（3）混凝土从搅拌机卸出后到浇筑完毕的延续时间不宜超过表7的规定。

表7 混凝土从搅拌机卸出后到浇筑完毕的延续时间

气温	延续时间			
	采用搅拌车运输		采用其他车辆运输	
	≤C30	>C30	≤C30	>C30
≤25 ℃	120	90	90	75
>25 ℃	90	60	60	45

（4）根据设计要求,提出混凝土质量控制目标,建立混凝土质量保证体系,制定必要的混凝土质量管理制度。

（5）对施工过程中取得的质量数据,定期进行统计分析,采用各种质量管理统计图表,根据施工过程的质量动态,及时采取措施和对策。

8 布料机施工安全

（1）所有与本设备有关的人员在此设备投入运行之前,应完全熟悉本操作及维护手册。

（2）涉及设备使用的所有人员应知晓、通读并理解有关此设备使用的政府有关法律、法令、法规和条例。

（3）挑选在该设备的使用方面受过正规训练和指导的能胜任的操作人员。

（4）施工现场人员必须穿戴合适的衣帽，例如安全帽、安全眼镜和安全鞋。穿着松散、摆动的衣物，系领带、戴耳环、手镯、手链等都是很危险而必须禁止的。

（5）要尽量远离有潜在危险的区域。

（6）所有操作和维护人员应该穿上带有耐磨、鞋底防滑的鞋子。

（7）进行维护或做其他工作时，要留心观察，防止产生对人体有伤害的夹紧点。

（8）操作过程中应使用经过批准的、不易燃的清洁剂。

（9）所有使用设备的人员必须使用一系列能控制整个设备功能的预定的手势命令信号，这些信号的设定也必须遵循本安全规则。

（10）使用之前，要检查设备是否有明显的损坏、使用不当或缺乏正确的维护等情况。

（11）经常对布料机进行正确的维护和调整，检修或调整时布料机必须停止运行。

（12）设备必须稳固地停放在操作位置上。设备应调整好水平面，支撑稳定，填塞正确。在没有障碍的情况下，所有的旋转部件应能够旋转自如。地面应有足够的强度来支撑设备、确保安全可靠。

（13）当设备出现故障时，及时向主管部门报告，并中断设备操作，直到设备修好或校正为止。

（14）当维护设备时，一定要对照设备维修说明书进行正确的操作，如果对操作程序或技术性能存在疑问，请向厂家咨询。

（15）修理之后通常要进行一次设备功能检查，以保证设备能正常运行。当结构或提升部件检修之后，还要进行荷载试验。

（16）如果没有完全弄懂，不要试图进行修理。

（17）除非得到制造厂家的授权与批准，不要以任何方式对布料机的原设计进行有任何影响的修改、变动或更换。

（18）正确地润滑是任何一台重型设备运行所必须的。关于使用的润滑油的类型和润滑间隔时间，请遵循厂家建议。在较恶劣的条件下工作时，可适当调整润滑间隔时间。

（19）给液压系统加油时，要按照厂家的建议，若出现液压油混用的错误，将会导致密封失效，机器损坏失灵。

（20）液压系统工作时具有严重的破坏性，一定要将所有的管路、元件和接头装置拧紧并使其能有效工作。用一片纸板或木片可以检查液压油渗漏疑点。

（21）在液压系统周围工作时，要特别小心，当液压系统在运行时或它所有的压力未释放前，不要在液压系统上进行工作。

（22）当设备不使用时，如要进行检查、维护、检修、擦拭清扫等，必须始终切断电源。

（23）在使用期间，要定时和经常性地检查所有的滑轮、链条、链轮、电缆、螺栓联接点及有关部位。如果发现任何部件磨损或者有缺陷，应停止设备运行，直到修理好后方可使用。

（24）布料溜管出口处距浇筑面距离应在 1.5～2 m，过小会造成溜管堵塞，过大会造成骨料分离。

（25）布料溜管不允许斜拉、猛扯，否则严重时可造成设备倾翻。

（26）设备工作时要保证布料皮带与上料皮带的速度差，特别是布料臂架伸出至 30 m 后应保证速度差约 0.5 m/s。

（27）设备变幅和回转操作时动作要轻、慢，避免臂架受到冲击负荷而损坏。

（28）千万不能超过厂家规定的安全压力值。

（29）要配备一套合乎标准的灭火器，并懂得怎样使用。应按要求进行检查，确保灭火器充满消防剂并可使用。

（30）施工现场通常有急救设备，至少要有一名工作人员懂得急救的基本知识。

（31）在布料机行走之前，要选择合适的线路。选择线路时要考虑到布料机的长、宽、高和重量。

（32）弄清设备的工作范围，了解工作现场是否有障碍和其他潜在的危险。

（33）在人烟和建筑密集的区域内行走时，要安排专人瞭望和察看，防止碰撞和撞击建筑物。

（34）观察设备行走的空间，不要碰到顶上和旁边的障碍物。

（35）由于设备是电的良导体，不要在架空电源线附近操作设备。

①不管什么时候，当布料机和输送机的任何部分与电源接触或靠电源太近时，机上或其周围的人员都可能受到严重的伤害甚至触电身亡。

②布料机运行的唯一安全方式就是远离电源。

③在得到确实可靠的断电通知之前，应当认为所有的电路都是带电的（对人是很危险的）。

④当在电源线附近操作设备时，应通知电力部门切断电源，并使电源线接地。无论电源是否切断，任何时候都要遵守下列规则：

a. 布料机的定位要远离电源，确保布料机的每一部分都在安全区域内，包括布料机的给料输送机也应如此。

b. 设立一道合适的路障以警示布料机和给料输送机不要进入靠近电源的不安全地带。

c. 要确实、绝对地保证电源已被切断！

d. 保持布料机和输送机的各部分至少远离电源 15 m。

e. 架空线有随风摇摆不定的特点，所以在确定安全操作距离时，要充分地考虑到这一点。

f. 当有触电危险存在时，要极度小心，仔细判断，缓慢、谨慎地操作。

g. 遵守国家政府和当地的法律法规。

h. 没有必要去触摸电源线或靠近电源线。根据电压等级的大小，电流可能会"跳跃"或"击穿"而感应到布料机上。低电压也是危险的。

i. 提醒所有的人有危险存在，闲杂人员不得入内。不允许任何人倚靠或触摸布料机。

j. 不要依赖于接地线！

就触电事故来说，布料机的地线只能起到一点很小的保护作用。地线的有效性受使用的导线尺寸、地面的条件、电流和电压的大小等方面的限制。应该知道，由于接地的缘故，接触电源会引起严重的弧光放电。

k. 在无线电发射塔或发射源附近工作，会使布料机和给料输送机成为"带电体"。在开始操作之前，要察看工作现场，制定专门的安全防护措施和操作程序。

l. 一旦预计将要产生任何危险时，包括雷电暴雨等，应中断布料机的使用。

m. 要认为每根线都是"带电的"。

（36）确保输送机直接工作区域的下面和周围无任何闲杂人员。不要使输送机超负荷运行。掉下来的物体会伤害附近人员。

（37）不要乘骑在输送机上。

（38）对操作工来说，在寒冷的天气里操作要求更加小心。

①不要触摸金属表面，以免手与设备冻结在一起。

②允许足够的时间给液压油和发动机预热。

③在结冰的天气里，把布料机停放在不致于使其与地面冻结在一起的场地上。

（39）起吊或将设备从一个地点转移到另一个地点之前，要保证做到以下几点：

①折叠和滑动部分要放回原位,并定位锁紧。

②要将捆索固定在正确的位置上,以保证起吊平衡和稳定。起吊前,要先将设备提离地面5~7.5 cm,试吊一次或几次。

③当进行起吊时,要提醒附近的每一个人注意。

(40)在斜坡上操作布料机时,要非常小心谨慎。设备是用来输送重型物料的,因而应当把它当做带荷载行走的移动式设备对待。

(41)在布料机履带撑开之前,布料机必须处于"行走状态"(臂要缩回)。

(42)在安装和使用布料机之前,布料机必须撑开履带。

(43)移动式布料机的最大安全行驶速度为1.3 km/h。

9 环保措施

(1)在整个施工期内,严格遵守国家的环保法规,使整个施工、生产活动满足环保要求;并将采取措施,全方位控制对水质、土壤、大气及环境等的污染,把对现场的自然环境污染减少到最低程度。

(2)爱惜当地的自然资源,不任意破坏周围自然植被。

(3)在施工期内保持工地良好的排水状态,在土、石料区,道路及主体工程施工区域内修建足够的排水设施及挡土墙,对于软弱地质边坡采取必要锚喷支护措施,防止水土流失。

(4)严禁乱弃、乱倒,并预先进行合理规划,做好混凝土运输过程中防洒落措施,对废水、废渣应倾倒在指定地点并进行合理堆放和处置。

(5)对施工中可能会影响到的公共设施制定可靠的防止损坏和移位的实施措施,加强实施中的监控、应对和验证,同时将相关方案和要求向全体施工人员详细交底。

(6)控制扬尘,施工作业产生的灰尘,采取洒水措施或采用风机排尘。

(7)优先使用先进的环保机械,减少噪声、废气污染。

(8)施工场地和作业限制在工程建设的允许范围内,合理布置,规范围挡,做到标牌清楚、齐全,施工场地整洁文明。

10 效益分析

10.1 与常规浇筑设备的比较

与常规浇筑设备的比较见表8。

表8 与常规浇筑设备的比较

项目名称	30 t 高架	20 t 缆机	布料机	说明
额定功率(kW)	240	220	95	
每 m³ 混凝土消耗柴油(L)			0.1	
平均浇筑速度(m³/h)	48	36	100	施工经验值
运行配置人员(人/班)	5	6	3	
安装周期	10 人、20 d	15 人、100 d	4 人、2 d	施工经验值
辅助设备	运输车辆、平仓设备、振捣器	运输车辆、平仓设备、振捣器	运输车辆、振捣器	
每 1 000 m³ 混凝土直接成本(元)	2 808	3 558.4	1 065	

10.2 经济效益分析

按设备浇筑 1 000 m³ 混凝土来比较。

10.2.1 30 t 高架

浇筑 1 000 m³ 混凝土所需时间：1 000/48 = 20.8(h)；

人工费用：5 人 × 20.8 h × 3 元/h/人 = 312 元；

电费：20.8 h × 240 kW/h × 0.5 元/kW = 2 496 元；

合计：2 496 元 + 312 元 = 2 808 元。

10.2.2 20 t 缆机

浇筑 1 000 m³ 混凝土所需时间：1 000/36 = 27.8(h)；

人工费用：6 人 × 27.8 h × 3 元/h/人 = 500.4 元；

电费：27.8 h × 220 kW/h × 0.5 元/kW = 3 058 元；

合计：500.4 元 + 3 058 元 = 3 558.4 元。

10.2.3 布料机

浇筑 1 000 m³ 混凝土所需时间：1 000/100 = 10(h)；

人工费用：3 人 × 10 h × 3 元/h/人 = 90 元；

电费：10 h × 95 kW/h × 0.5 元/kW = 475 元；

柴油费用：1 000 m³ × 0.1 L/m³ × 5 元/L = 500 元；

合计：90 元 + 475 元 + 500 元 = 1 065 元。

由以上分析可以看出，在同样浇筑 1 000 m³ 混凝土的情况下，一台布料机要比 30 t 高架门机节约 1 743 元，比 20 t 缆机节约 2 493.4 元。如果再算上设备原值、安装周期等其他情况，布料机的经济效益就更加明显。

10.3 使用效果分析

水电站在基坑开挖结束，进行混凝土浇筑时，如果因为各种因素造成大型设备不能及时安装到位，将直接影响施工进度计划的按期实现，而且电站开工前期人员和设备短缺，各种准备工作繁多，大型设备往往是加班加点仓促安装的，安装质量或多或少都存在一定的缺陷，则一方面容易产生安全隐患；另一方面容易造成设备老化，降低使用寿命。如果在混凝土浇筑施工前期将布料机及时投入使用，不但可以大大提高施工效率，缩短前期混凝土浇筑施工工期，为提前完成节点工期创造条件，而且可以优化大型设备的布置数量，合理配置资源，降低项目的设备投入成本。

11 应用实例

目前使用布料机施工工法浇筑混凝土的工地有水电八局彭水工地、水电八局马来西亚巴贡工地、水电十四局银盘工地和西霞院工地、水电四局拉西瓦工地、水电三局蜀河工地、水电十一局蜀河工地、河南省水利一局南水北调安阳段等。

11.1 工程概况

西霞院反调节水库主要建筑物有土石坝、泄洪洞、排沙洞、河床式电站厂房、引水洞、坝后灌溉引水闸及电站安装下排沙洞等。坝轴线总长 3 122 m，其中（泄洪、发电、引水）混凝土坝段长 513 m。左右岸滩地和河槽段为土工膜斜墙砂砾石坝，最大坝高为 20.2 m，坝顶宽 8 m，坝顶高程 138.2 m。水电站为河床式厂房，最大高度为 51.5 m，设有 4 台单机容量为 35 MW 的轴流转桨式水轮发电机组，总装机容量 140 MW，工程规模大（2）型、Ⅱ等工程。西霞院工程混凝土工程量为 85.3 万 m³，大坝土石方填筑 283.22 万 m³。

11.2 施工情况

2004 年 10 月起开始利用布料机浇筑混凝土，主要浇筑大坝底板以及高程在 130 m 以下的建筑物。到 2006 年 6 月施工结束,共浇筑混凝土 21 万 m³。

11.3 效果分析

该工程开工初期缺乏大型浇筑设备,导致工程进度严重滞后,使用布料机后施工进度明显加快,挽回了滞后的工期,保证了西霞院工程的施工工期;大大降低了工人的劳动强度,减少了人员和大型设备的投入,因此经济效益非常明显。布料机工法的成功运用,为国内其他工程提供了较好的实践经验,丰富了我国混凝土的浇筑手段,具有广阔的应用前景和社会效益。

（主要完成人:漆新江　孙　红　曹跃生　皇甫斐杰　黄香元**）**

连续串联推进快速高效进占截流施工工法

中国水利水电第八工程局有限公司

1 前言

水利水电工程大江截流往往是工程施工制约性和控制性项目之一,截流施工成败将直接影响到后期围堰填筑、汛期安全度汛和工程按期发电。国内外在大流量(流量大于 3 000 m^3/s)、高流速(流速为 7.0 m/s 以上)、大落差(落差为 3.0 m 以上)、高单宽功率(150.0 t·m/(s·m)以上)的水力学指标下截流时,特别是高水力学指标下的深水、深覆盖层(大于 20 m)截流,一般为实现高落差、高流速截流,多采用双戗或多戗截流方式,或者采取平抛护底结合立堵截流方式,同时很多工程普遍采用混凝土四面体等特种材料。截流工程规模大,材料消耗多,且截流进占合龙耗时较长。而溪洛渡截流工程在高水力学指标下成功采用了单戗立堵、双向进占截流方式,在截流方式和施工关键技术上均有创新,效果明显。

溪洛渡水电站工程截流具有流量大、分流条件差、覆盖层厚、抛投强度大等特点,属于典型的大流量(设计流量 5 160 m^3/s,实测截流流量 3 560 m^3/s)、高流速(最大流速 9.50 m/s)、大落差(最大落差 4.5 m)、高单宽功率(最大单宽功率 209.80 t·m/(s·m))、深水(水深 20 m)、深覆盖层(覆盖层厚 21 m)截流,其综合水力学指标居世界前列,施工难度极大。经产学研科研攻关和技术工艺创新,开发研究了配套新技术、新工艺与新方法,解决了设计与施工关键技术难题。科学果敢地采用了单戗立堵、双向进占截流方式;研究运用了"上游挑脚、下游压脚、交叉挑压、中间跟进"的进占方法;首次大规模采用"钢筋石笼群连续串联推进"技术,有效地减少了抛投流失,克服了高水力学指标条件下的截流困难,施工工艺先进,截流进占快速高效,形成并完善了"高水力学指标下连续串联推进、快速高效进占截流施工工法"。

经过中国水利水电建设集团公司组织科技鉴定,总体技术水平为国际领先,分别获得了 2007 年度中国水利水电建设集团科技进步特等奖和 2008 年度中国电力科技进步一等奖。该工艺已成功推广应用于龙开口、鲁地拉等大型及特大型水利水电工程截流施工,经济和社会效益显著,推广应用价值广阔。

2 工法特点

(1)在高水力学指标和深水深覆盖层条件等综合截流难度大的情况下,和一般截流工程的截流合龙困难段的截流进占施工时,采用本工法综合配套施工工艺,可保证单戗立堵截流方式进占高效可靠,避免深水堤头坍塌,促进了截流技术的发展。

(2)采用"上游挑脚、下游压脚、交叉挑压、中间跟进"的进占方法和配大功率推土机进行钢筋石笼群连续串联推进工艺,可有效减少抛投流失,克服了高水力学指标条件下的截流困难,截留进占快速高效。

(3)采用"钢筋石笼群连续串联推进"技术,为今后以钢筋石笼取代混凝土四面体等截流特殊材料提供了可靠实践依据,经济效益显著,节能降耗效果明显。

3 适用范围

本工法适用于水利水电工程各种高水力学指标和深水深覆盖层条件等综合截流难度大的情况

下快速截流施工。同时也普遍适用于各种截流工程的截流合龙困难段的截流进占施工。

4 工艺原理

采用"上游挑脚、下游压脚、交叉挑压、中间跟进"的进占方法和"钢筋石笼群连续串联推进"技术。上游采用连续的钢筋石笼用钢丝绳连接成串,连续直线推进形成稳定的上挑角,下游亦采用连续串联的钢筋石笼群直线推进压脚,双向上、下游交叉挑压,戗堤上、下游底部可以形成可靠串联钢筋块石笼拦石埂,使戗堤中部形成滞流区;中部可采用中石混合料顺利进占,确保上游堤头和下游堤脚不被淘刷,有效减少抛投流失,避免深水堤头坍塌,克服高水力学指标条件下的截流困难,最终实现高效进占、快速截流施工。

5 施工工艺流程及操作要点

5.1 工艺流程

施工工艺流程见图1。

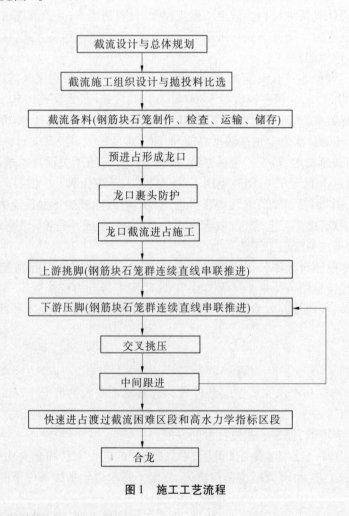

图1 施工工艺流程

5.2 操作要点

5.2.1 截流设计与总体规划

根据工程总体设计规划、截流特点难点和现场施工条件进行截流设计和总体规划,通过理论计算、风险分析和模型试验比选确定适宜的截流方式和方案。研究分析龙口水力学特性和戗堤坍塌稳定问题,确定龙口护底的必要性,合理规划截流进占施工工艺。

5.2.2 截流施工组织设计与抛投料比选

（1）根据截流设计和总体规划,制定详细的截流施工组织设计,合理考虑龙口分区规划及备料。按龙口分区的最大流速,计算确定龙口各分区截流抛投材料最大粒径,合理比选确定各分区抛投材料及各区特大石、大石、中石和小石比例。

（2）根据工程施工条件及当地材料状况,选用石渣料及大块石作为截流抛投材料。截流备料种类一般包括石渣料(粒径<0.4 m)、中石(粒径为0.4～0.7 m)、大石(粒径为0.7～1.1 m)、特大石(粒径>1.1 m)等。尽量利用开挖可利用料作为截流备料,截流备料分区存放。

（3）准备足够的2～3 m³钢筋块石笼作为截流特种材料,满足困难区段高速进占截流施工。针对部分工程坝址区开挖料整体性较差,大、中块石料较少的情况,特种材料不足部分可采用2～3 m³钢筋块石笼、块石串等代替特大石,并考虑备用量作为安全储备。

5.2.3 截流备料

（1）材料按规格分类划分备料堆场,堆场立牌,标出堆场编号、料物名称、面积尺寸、堆料数量等,便于截流指挥调度。在截流施工期保证截流备料场与截流戗堤间道路的畅通。

（2）考虑到截流施工运输途中损耗、实际截流时截流流量和截流材料流失量等的不确定性,截流备料一般宜按截流预案设计对应龙口水力指标和抛投材料进行备料,并考虑一定的流失量,截流备料系数宜取1.3～1.5倍。

（3）特种材料在截流前宜转运堆存至离截流现场较近、易于快速挖装的区域。以满足龙口困难区段高强度抛投需要。

（4）钢筋块石笼制作、检查、运输与储存。

①钢筋石笼结构设计。

钢筋石笼的构造应满足直线推进、防冲、吊运等需要,具有适宜的抗推刚度和经济性。钢筋石笼尺寸采用1.25 m×1.2 m×2 m,钢筋石笼骨架采用主骨架钢筋和铁丝网格编制,网格尺寸10 cm×10 cm,铁丝与钢筋石笼相交处要求牢固连接,石块粒径大于20 cm,要求填满充实,填满后再加盖,用铅丝绑扎牢固,石笼设四个吊点满足安装和转运要求,见图2。

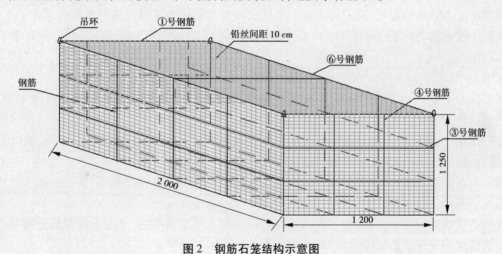

图2　钢筋石笼结构示意图

②钢筋石笼制作、检查。

钢筋笼在现场加工成形,加工场地设在平缓开阔场地。进场钢筋复检及焊接试验合格后,严格按照图纸尺寸下料,一次加工成形。

钢筋笼每隔0.5 m设置一道主筋作为加强箍,箍内设铅丝网与主筋接牢组成钢筋笼骨架,四边主筋为通长钢筋,其接头采用搭接焊,主筋与箍筋间点焊固定并辅以铅丝绑扎牢固,控制平整度误差不大于5 cm,钢筋笼主筋上设置四个耳环。

钢筋石笼采用人工装填石块,严格控制石料粒径大于20 cm,分层装填填满。加工好的钢筋笼转运至料场填装块石并加盖封闭。

③钢筋笼吊装、堆存:采用普通16~20 t汽车吊吊装就位,料场分区堆放,一般堆存高度为2~4层钢筋块石笼。

(5)块石串置备。

特大石串的加工方法为:采用手风钻将块石正中间部位钻穿,穿入钢丝绳形成块石串,或者用手风钻钻0.5~0.8 m深后灌注砂浆并安装钢筋作为吊环及钢丝绳串联接口。

5.2.4 预进占形成龙口及裹头防护

根据施工进度安排和截流施工规划,适时进行截流预进占,形成截流龙口,并做好龙口裹头防护。预进占可视实际情况采取单向或者双向进占方式,预留龙口宽度按截流设计执行。

一般预进占过程中堤头流速较小,水流平顺,可用最大粒径为0.4 m以下的石渣料顺利进占至预留龙口宽度。裹头采用大块石或者钢筋石笼防护。

5.2.5 龙口截流快速高效进占施工

(1)龙口截流进占合龙过程中,在一般水力学指标下,堤头抛投可采用直接抛投、集中推运抛投和卸料冲砸抛投3种方法:

①直接抛投。即自卸汽车运料至堤头后直接卸料入水中,少量渣场由推土机配合推入水中。

②集中推运抛投。自卸汽车卸料在堤头顶上,由大功率推土机将渣料集中推入水中。

③卸料冲砸抛投。自卸汽车上直接卸料抛入水中,冲砸抛投。

龙口抛投方式与方法根据现场堤头时推进实际水流及抛投料流失情况及时果断进行调整。

(2)截流困难区段和高水力学指标下的快速高效截流进占施工,采用"上游挑脚、下游压脚、交叉挑压、中间跟进"的进占方法和"钢筋石笼群连续串联推进"技术,可有效减少抛投流失,克服了高水力学指标条件下的截流困难,截流进占快速高效。

①钢筋石笼群连续串联推进工艺。

视龙口水力学指标情况,确定堤头采用单排或者双排钢筋石笼群连续串联推进工艺。

料场吊装钢筋块石笼:采用16~20 t汽车吊吊装装入20 t自卸汽车,每次一个,一车平放4个钢筋块石笼。

运输:一般采用20~32 t自卸汽车运输,按堤头规划行走路线编队。

戗堤顶面平整:采用推土机及时平整戗堤顶面,确保进占戗堤堤头顶面平整并略微下倾,以利于连续串联推进。

堤头卸料:按分区段水力学指标情况和连续串联施工要求,确定双排或单排卸料,辅以推土机整理,保持堤头所卸钢筋块石笼成连续直线布置。

钢筋块石笼群串连:采用钢丝绳将连续直线布置的钢筋块石笼首尾相连,连接成连续直线串联的钢筋块石笼群。

直线串连推进:采用大功率推土机进行钢筋石笼群连续串联推进,水面上保留部分钢筋块石笼与后续钢筋块石笼连续直线串联成群。

连续循环推进:重复以上工序,不断连续串联推进钢筋块石笼群。

②"上游挑脚、下游压脚、交叉挑压、中间跟进"进占方法。

上游挑脚(采用钢筋石笼群连续串联推进):

在龙口堤头上游侧采用钢筋石笼用钢丝绳连接成串,连续直线推进形成稳定的上挑角,配大功率推土机进行钢筋石笼群连续串联推进。施工中,应根据龙口各区水力学指标情况,具体确定堤头采用单排或者双排钢筋石笼群连续串联推进工艺。通过连续串联推进可以在龙口底部构筑可靠的串联钢筋块石笼群拦石埂,使滞后跟进的戗堤中部形成局部滞流区,确保上游堤头不被淘刷,有效减少抛投流失。

下游压脚(采用钢筋石笼群连续串联推进):

下游亦采用连续串联的钢筋石笼群直线推进压脚,钢筋石笼群连续串联推进同前。一般下游采用单排连续直线串联的钢筋石笼群即可,使下游底部形成可靠串联钢筋块石笼拦石埂避免下游堤脚被淘刷,有效减少抛投流失。

交叉挑压:

根据龙口进占方式,采用双向或者单向交叉挑压(上游挑脚、下游压脚、交叉挑压前进),可以在戗堤上、下游底部形成可靠串联钢筋块石笼拦石埂,使戗堤中部形成滞流区;确保上游堤头和下游堤脚不被淘刷,有效减少抛投流失,避免深水堤头坍塌,克服高水力学指标条件下的截流困难,最终实现高效进占、快速截流施工。

中间跟进:

由于采用双向或者单向交叉挑压,使戗堤中部形成滞流区,中部可采用中石混合料顺利快速进占,流失量极少,可避免深水堤头坍塌。中部堤头抛投可采用直接抛投和卸料冲砸抛投方法,保证了截流进占高效快捷。

③循环进行"上游挑脚、下游压脚、交叉挑压、中间跟进"工序,快速进占度过截流困难区段和高水力学指标区段,直至龙口合龙。

6 材料与设备

(1)截流材料的获得、装运、抛投等,应力求简易、安全、可靠,并尽可能满足截流快速进占及设计的抛投强度要求,以及满足后续工程综合利用。

(2)选用石渣料及大块石作为截流抛投材料。一般包括石渣料(粒径 < 0.4 m)、中石(粒径为 0.4 ~ 0.7 m)、大石(粒径为 0.7 ~ 1.1 m)、特大石(粒径 > 1.1 m)等,并尽量利用开挖料。

(3)准备足够的 2 ~ 3 m³ 钢筋块石笼作为截流特种材料,特种材料不足部分采用 2 ~ 3 m³ 钢筋块石笼、块石串等代替特大石,并考虑备用量作为安全储备。

典型工程(溪洛渡水电站)主要截流材料备料工程量见表1。

表 1　典型工程(溪洛渡水电站)主要截流材料备料工程量 (单位:m³)

物料名称	豆沙溪沟	溪洛渡沟	左岸坝肩	右岸坝肩	合计
特大石	11 105	7 298			18 403
大石	55 858	14 081			69 939
中石	28 738	16 879			45 616
块石串			300		300
石渣	62 148	11 000			73 148
钢筋笼			4 632	2 316	6 948
四面体			160	262	422
合计	157 849	49 257	5 092	2 578	214 777

(4)主要设备选型。

为满足截流抛投强度的要求,必须配备足够的装、挖、吊、运设备,优先选用大容量、高效率、机动性好的设备。根据截流抛投强度要求、后续工程施工需要和现场交通条件等,进行主要设备选型配置及强度计算,确定装载设备总装载能力。因截流期间时间短,利用率高,装载设备效率可按80%考虑。为了保证抛投物料的及时就位,特别是为保证"钢筋块石笼连续直线串联推进"工艺的顺利实施,宜在堤头布置CATD9R或CATD9N等大功率推土机,并辅以其他推土机协助。一般挖装设备主要选用 $2 \sim 6 m^3$ 的正、反铲和装载机。

以溪洛渡工程截流为例:大石、特大石选用PC750SE–7反铲,R964B正铲和CAT980G、ZIV115装载机等挖装,钢筋石笼等选用16~25 t的汽车吊吊装。运输设备主要选用32 t和20 t自卸汽车。为了保证抛投物料的及时就位和连续串联推进,在堤头布置CATD9R和CATD9N、CATD8R推土机,在豆沙溪沟渣场布置TY330和TY220推土机等,见表2。

表2 典型工程(溪洛渡水电站)主要截流施工设备

名称	规格及型号		单位	数量	说明
挖掘机	PC750–6反铲	4.5 m³	台	1	装特大石及大石
	ZX850反铲	5 m³	台	1	装特大石及大石
	R964B正铲	4.3 m³	台	1	装特大石及大石
	CAT385正铲	3.8 m³	台	1	装特大石及大石
	CAT365反铲	3.0 m³	台	4	装中石及石渣料
	PC400–6反铲	1.8 m³	台	2	装中石及石渣料
	CAT330C反铲	1.6 m³	台	8	装石渣料
装载机	CATR980G	5.3 m³	台	1	装特大石及中石
	ZIV115	5.0 m³	台	1	装中石及石渣料
	ZL50C	3.0 m³	台	4	装石渣料及道路维护
自卸汽车	TEREX 3305	32 t	台	40	石渣料及特种材料
	HD7	32 t	台	18	石渣料及块石料运输
	北方奔驰	20 t	台	40	块石料
	红岩金刚	20 t	台	20	特种材料及块石料
	ZZ3256M2946	20 t	台	11	石渣料及块石料运输
推土机	TY220		台	1	备料场
	TY320		台	4	备料场
	CATD8R		台	2	堤头
	CATD9R		台	1	堤头
	CATD9N		台	2	堤头
汽车吊	QY16	16 t	台	3	吊装钢筋笼等
	QY25	25 t	台	3	四面体
	QY50	50 t	台	1	

7 质量控制

(1)建立可靠的质量保证体系,加强施工质量管理,把好技术标准关、测量控制关。

(2)配备有经验的施工人员进场施工,确保施工既有高速度又有高质量。

(3)认真执行"三检"(即施工前,施工中和竣工后检查),严格把好"四关"(即图纸复核关、技术交底关、工程试验关及隐蔽工程检查签证关)。

(4)开展对重点难点工序的技术攻关,通过工序控制、工艺控制及标准化作业规程,杜绝质量通病,消除操作中的薄弱环节。

(5)对现场施工工艺流程、施工方法、施工参数等进行现场生产性试验,编制现场试验报告,报监理工程师审批后再用于指导施工。

(6)认真做好截流备料场的复查工作,严格按照抛填料物的技术规格要求备足各种规格料物,对不符合技术规格要求或级配混淆的料堆进行分检、分选,并作好备料场现场管理,确保料源质量。

(7)严格按照抛填料物的技术规格要求制备钢筋石笼,并合理堆存。防止被压坏或挤压变形;吊运前,对料物进行质检,不合格的料物必须进行修补、加固,质检合格的料物方可上车。

(8)运输车辆分组编队,做好标记,现场把关人员指定装车,确保合格料有序上堰。

(9)加强水文预报工作,随时掌握有关水力学指标,结合现场抛投进占情况,及时指导戗堤抛投进占。

(10)配备足够的、大型的、先进的施工设备和专业的、训练有素的施工队伍,确保按期保质完成截流施工任务。

8 安全措施

(1)预进占时,做好堤头裹头防护工作,龙口进占前应重点规划行车运输路线和堤头布置及截流进占抛投方式,避免深水堤头坍塌事故。

(2)编制截流应急预案或超标准洪水应急预案。

(3)建立健全可靠的安全保护组织体系,加强对职工的施工安全教育,工人上岗前进行安全操作培训和考核。

(4)严格遵守国家现行的有关安全防护技术规程、文件,制定各项专用安全防护管理措施,如防洪、防火、救护、警报、治安、危险品等防护措施。

(5)严格遵守国家劳动法律、法规的规定,及时配备、发放和更换各种劳保用品。劳保用品必须经安全部门检查合格后方可投入使用。

(6)以班组、部门为单位,进行安全学习和总结,及时消灭安全隐患。

(7)做好各项技术准备,经审核批准后的施工技术措施,逐级对施工人员进行交底,并认真贯彻执行,保证安全生产。

(8)在施工区内设置一切必须的信号装置,并严禁施工人员随意移动安全标志。

(9)在施工作业过程中,严格按照各项安全操作规范组织施工作业,并配备足够的应急医疗设施和医务人员。

(10)截流期间在施工区域范围设置必要的哨卡及安全保卫人员,严禁无牌设备、无证人员进入施工区域,严禁不同作业点的设备、人员超越自身的作业范围。

(11)严格按照抛填料物的技术规格要求挑选填料进行抛填,并在戗堤上游角用特大石和大石压护坡脚,防止堤头冲刷、掏空堤角致使堤头失稳、坍塌。

（12）采取合理、有效的施工措施，确保堤头稳定，防止堤头坍塌。

①在进占方式上，非龙口段尽量采用全断面进占，龙口段水力学指标较低时可采用上挑角法进占时，尽量减少挑角凸出的长度；高水力学指标下采用"上游挑脚、下游压脚、交叉挑压、中间跟进"和"钢筋石笼群连续串联推进"技术。

②在进占过程中，根据堤头稳定情况，相机选择汽车直接卸料抛填、堤头集料、推土机赶料抛填，大吨位自卸汽车装块石卸料冲砸冲压不稳定边坡等3种方法进行抛填。

③在保证戗堤安全高度及施工安全的前提下，可适当降低戗堤前沿高程。

④在堤头设置专职安全员，认真检查堤头稳定情况，发现情况及时报告处理。

（13）堤头指挥工作人员必须穿救生衣，严格控制堤头推土机及卸料车辆在堤头作业的安全距离，推土机应随时处于发动状态，备好钢绳和其他救生器材，以确保施工设备及施工人员安全。

（14）加强对戗堤上的施工机械及工作人员的统一指挥，为防止堤头坍塌而危及抛投汽车的安全，可在堤头前沿设置安全排，并配备专职安全员巡视堤头边坡变化，观察堤头前沿有无裂缝，发现异常情况及时处理以防患于未然。

（15）优化施工道路布置，并加强施工期间道路的管理、养护，确保施工道路通畅，保障行车安全。

（16）成立截流安委办，编制专项安全施工组织设计，并逐级实施安全技术交底，增强生产人员的安全意识及安全技术水平，确保施工安全。

（17）配置专业电气工程师负责和维护整个截流施工现场的照明系统，为夜间高强度施工创造有利条件，消除夜间施工带来的各种事故隐患。

9 环保措施

（1）有效预防和治理防治责任范围内的水土流失，通过水土流失综合治理，促进并改善工程施工区生态环境，最大限度地发挥水土保持措施功能与效益。

（2）对工程建设过程中开挖、填筑、占压等活动影响而降低或丧失水土保持功能的土地，及时采取工程措施与植物措施恢复或改善其水保功能，保护生态环境，控制和减少新增水土流失。

（3）规范弃渣堆放，按照"先拦后弃"的原则及时对弃渣过程中形成的松散堆积体采用工程措施防护；弃渣完成后再进行工程和植物措施的双重防护，有效防治弃渣流失。

（4）使各开挖面得到及时有效的处理；采取植树、种植灌草等绿化措施，使防治责任范围植被恢复，改善区内生态环境。

（5）做好交通噪声的管理和控制工作，凡进入施工营地和其他非施工作业区的车辆，不准使用高音喇叭和怪音喇叭，并尽量减少鸣笛次数，在生活区附近路段设置限速和禁鸣标牌，经常教育驾驶人员严格遵守施工区和营区限速、禁鸣等规定。

（6）工程竣工验收前，水土保持工程措施充分发挥其功能，植物措施初具规模。通过综合治理，使防治责任范围内的水土流失减轻，土壤侵蚀强度小于允许值，区内水土流失控制在轻度以内。

10 效益分析

10.1 经济效益显著

施工工法的应用，确保了溪洛渡水电站截流成功，其中"钢筋石笼群连续串联推进"技术为今后以钢筋石笼取代混凝土四面体等截流特殊材料提供了实践依据，经济效益显著，以溪洛渡水电站为例：

采用"钢筋石笼群连续串联推进"技术,减少了龙口抛投料流失量,节省投资约 52.31 万元;缩短了截流时间,截流设备实际费用与设计费用相比明显减少,节省投资约 166.02 万元。截流抛投料与设备费用节省投资约 218.33 万元。

10.2　环境效益明显

采用"钢筋石笼群连续串联推进"技术,减少了龙口抛投料流失量,减少了常规方法截流中在高水力学指标下的大量物料流失对河流环境的影响,环境效益明显。

10.3　节能减排效益突出

采用钢筋笼串连续推进等新技术、新工艺,龙口抛投料流失量与设计相比明显减少,减小了截流施工时间,原设计合龙时间为 54 h,实际截断河流形成 8 m 小缺口时间为 13 h,截流施工进占高速快捷。不仅节省了资源,而且由于截流时间缩短,截流设备排放相比明显减少,节能减排降耗效果突出。

10.4　社会效益广泛

本施工工法可有效地解决峡谷河床的大流量、高流速、深水深覆盖层等复杂条件下的高水力学指标截流施工技术难题,对于在越来越复杂的边界条件下进行水电站建设,具有重要的社会效益。目前该施工工法已经成功推广应用到了龙开口、鲁地拉等国内外大型特大型水利水电工程施工截流,具有广阔的推广应用前景。

11　应用实例

11.1　溪洛渡水电站截流工程

溪洛渡水电站截流工程具有截流流量大、深水和深覆盖层、龙口水力学指标高、截流规模大、抛投强度高、陡峭狭窄河床截流施工道路布置困难等诸多特点,特别是在大流量的狭窄河床截流中,其最大流速、落差和单宽功率等水力学指标均为世界前列,其截流水深、覆盖层厚度和抛投强度等指标也属少见,综合施工技术难度极大。经过精心设计和深入研究,最终确定采用单戗双向进占、立堵截流方式。从截流备料、截流交通和截流设备配置入手,加大投入。采用先进的高科技的多媒体监控体系和计算机信息化处理截流管理系统;指挥截流施工采取"上游挑脚、下游压脚、交叉挑角、中间推进"的综合技术措施,首次采用连续的串联块石钢筋笼群配特大功率推土机连续串联推进新技术和新工艺,龙口抛投料流失量极少,进占高速。实际截断河流形成 8 m 小缺口时间为 13 h,包括截流仪式在内的龙口合龙截流时间仅 31 h。溪洛渡水电站截流圆满完成,得到了社会和业内专家的一致好评,不仅确保了后续主体工程顺利开展,也为以后类似工程提供了宝贵的成功经验。

11.2　鲁地拉水电站截流工程

鲁地拉水电站截流工程属于大流速(达 6.0 m/s)、高抛投强度、大落差(4.6 m)截流,施工难度较大。我局通过对该工程进行系统深入的科学研究,优化截流设计方案和截流施工组织设计,施工中采用了《高水力学指标下的连续串联推进、快速高效进占截流施工工法》,采用钢筋石笼代替特大石等特种材料,截流施工采取"上游挑脚、下游压脚,交叉挑角、中间推进"的综合技术措施,采用连续的串联块石钢筋笼群配特大功率推土机连续串联推进新技术和新工艺,使截流工程快速高效地完成。龙口抛投料流失量极少,缩短了龙口合龙时间,原设计合龙时间为 24 h,实际截流时间为 10 h,节省了设备费用,取得了明显的经济效益和社会效益。

11.3　龙开口水电站截流工程

龙开口水电站截流工程由于前期标段工期紧张,枯水期初期难以完成分流明渠施工,截流时段选择在 1 月中下旬,截流标准为 10 年一遇月平均流量。采用右岸单向进占、单戗立堵截流方式。龙口最大平均流速(戗堤轴线上)约为 5.5 m/s,最大单宽功率达 82.9 t·m/(s·m),最大单宽流量为 39.8 m³/(s·m),截流最终总落差为 4.88 m,综合施工技术难度较大。在截流过程中采用了《高水力学指标下的连续串联推进、快速高效进占截流施工工法》,采取"上游挑脚、下游压脚,交叉挑角、中间推进"的综合技术措施,采用连续的串联块石钢筋笼群配特大功率推土机连续串联推进新技术和新工艺,龙口抛投料流失量少,进占高速,龙口合龙截流时间仅 28 h,不仅确保了后续主体工程顺利开展,也为以后类似工程提供了宝贵经验。

(主要完成人:黄 巍 任季恩 宁金华 于永军 杨 静)

人工砂石系统废水处理及利用施工工法

中国水利水电第八工程局有限公司

1 前言

人工砂石系统废水处理及利用技术是在城市生活废水和工矿废水处理技术的基础上发展起来的一门新的技术手段和技术措施。该技术不但能对排放的废水进行综合处理、保证达标排放,起到保护环境的作用,同时还可以回收废水中有用颗粒、废水循环利用、减少对江河的取水量、提高砂石生产系统的经济效益、降低电站总体造价,具有显著的经济效益和广泛的推广应用价值。

1998年2月,中国水利水电第八工程局有限公司在湖北三峡工程下岸溪砂石加工系统设计及运行管理中,为杜绝系统生产废水排入长江,在大量参考、学习和消化国内外环境保护技术的基础上,设计了一套废水综合处理系统,解决了细砂脱水、污泥干化、石粉回收与添加、废水循环利用等技术难题,圆满达到了设计要求。其处理回收效果得到了电站建设业主和国家环保总局的高度评价。在此基础上,该处理技术先后在云南小湾水电站、重庆彭水水电站、贵州构皮滩水电站、四川溪洛渡水电站、贵州光照水电站等砂石加工系统应用均取得成功。该项技术填补了国内水电施工砂石料生产行业废水处理领域的一项空白。

三峡下岸溪砂石系统2004年获全国"五一劳动奖章",贵州构皮滩烂泥沟砂石系统2006年获贵州省科技进步奖三等奖,云南小湾砂石系统获中国水利水电建设集团公司2006年度科学技术进步奖二等奖。

2 工法特点

人工砂石系统废水处理工程具有以下特点:

(1)采用常规工艺和国内成型成熟设备,投资小、效益高,不但能够对系统生产废水、废渣作出综合处理,并可以回收一定的石粉,有效改善人工砂的细度模数和显著增加经济效益。

(2)减少了向江河湖泊的污水排放量,有利于环境保护。

(3)随着我国能源建设的大力发展,该技术有极高的推广应用价值。

3 适用范围

目前,人工砂石系统废水处理主要应用于水利水电建设人工砂石系统生产中排放废水的综合处理,也可推广应用于混凝土拌和系统和不含有毒有害物质的废水处理系统中。

4 工艺原理

利用人工砂石系统生产排放高浊度水的致浊物主要是细砂、石粉和少量杂质以及固液比重差别大的特点,采用预沉、絮凝、沉淀工艺并结合本行业国内外废水处理机械设备的性能,对废水中细砂、石粉和污泥进行快速分级分离并分开处理。

5 施工工艺流程及操作要点

人工砂石系统废水综合处理工艺主要流程分两部分:一部分是废水处理流程,一部分是废渣处理流程,两部分流程要相互结合。

5.1 废水处理流程

①对系统生产过程中排放的废水进行分类收集→②预沉分离处理→③沉淀处理→④清水收集或排放→⑤回收水进入再利用循环系统。

5.2 废渣处理流程

①系统生产废水分类收集→②粗砂分离→③细砂分离→④石粉分离→⑤脱水→⑥添加。

废水处理流程和废渣处理流程要根据废水工况进行有机的组合设置,只有适合人工砂系统生产废水工况的废水处理工程,才能对废水以及废水中致浊物进行综合回收及处理。废水处理关键是控制每个处理流程的水损失量和水处理系统的自身耗水量,废渣处理关键是按致浊物的粒径等级分层次处理。要保证废水处理效率、回收率以及废渣处理回收效果,就必须在保证废水处理工程自身耗水量的前提下来提高水处理效率和致浊物分级回收效果。

常规处理流程如图1所示。

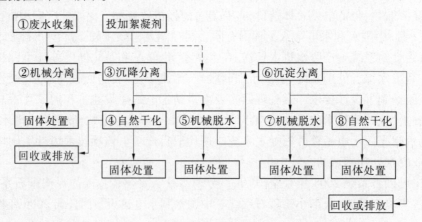

图1　废水处理流程

5.3 操作要点

5.3.1 废水收集

根据砂石加工系统工艺流程的变化、特点以及生产原料岩石类型的区别,对系统生产排放废水应分开收集和汇总。

根据系统生产原料岩石类型的区别,原料中含软弱颗粒或含泥量较大时,生产系统一般须设置洗泥工艺和设施。这部分设施在生产过程中排放的废水中含泥较多,无回收利用价值,须废弃处置,则这部分废水就须分开收集处置,不能和系统后段工艺设置在生产中排放的废水混合收集,导致降低后段工艺设施对有用致浊物的回收和利用效果。

5.3.2 机械分离

机械分离主要是分离废水中粒径较大的固体致浊物,减少后续流程设施的处理量,提高后续设施的处理效率和效果。

因机械脱水处理设施对进水的速度和浓度反应敏感,在设计和运行过程中主要注意如下两点:控制进水流态,把进水控制在层流流态,控制其流动类型判断雷诺系数在 $Re < 1$ 的范围之内;控制进水中含固体致浊物的量,对进水采取分层流动的处理办法,控制进水中固体致浊物含量为 $20 \sim 200 \ \text{kg/m}^3$。

5.3.3 沉降分离

沉降分离不管采用什么结构或模式的沉降池,一般都是用来分离废水中经机械分离后粒径在 0.1 mm 以上的固体颗粒。

不管是采用离心沉降还是平流沉降模式,对进水的要求都非常严格。采用离心沉降,在保证进水流速的前提下必须保证废水在离心构造物内的停留时间,以确保固态致浊物的沉降时间来保证分离效果。采用平流沉降,根据废水黏度、水中介质成分、介质密度、本地气候条件及颗粒直径等各项参数计算出规定直径以上颗粒在废水中的沉降速度,计算公式如下:

$$v = d(\rho_s - \rho)g/18\mu \tag{1}$$

式中:v 为沉降速度,m/s;d 为颗粒直径,m;ρ_s 为固态颗粒比重,kg/m³;ρ 为水比重,kg/m³;g 为重力加速度,m/s²;μ 为黏度系数,Pa·s。

依据计算出的规定粒径以上颗粒的沉降速度,在设计时必须对人工砂石系统废水排放量有准确的计算,以确定沉降池的过流面积和过流时间,确保沉降分离效果。在运行过程中要对系统废水排放工况的变化进行连续监控,确保沉降池的进水量和进水速度在设计范围内。

沉降池设计和运行还要注意的一点就是排砂控制。要保证排砂方式的可靠和连续性,在运行过程中要密切注意排砂时间差。结合下道脱水设施的处理模式和处理能力来控制排砂时间和周期,排砂间隔过于频繁,会降低排砂固液浓度导致加大脱水设施的运行负荷,增加运行成本;排砂间隔时间过长,则沉降池内积砂过多,将减少废水在沉降池内的过流面积,降低沉降效果。

5.3.4 自然干化

自然干化是污泥和石粉的最后处置设施。自然干化池在设计和运行过程中须注意出水、脱水及出渣三个问题。出水就是干化池顶部排水,出水设计要求干化池在一定的淤积深度后仍然能保证出水的浊度控制在排放或回收的标准值内,在设计过程中须考虑出水的高度、出水对干化池内水流速度和流态类型及水流方向的影响等。脱水就是干化池积泥到一定深度并停止进水后的底部排水,脱水设计要求干化池在淤积到一定深度后能以最短的时间脱水到出渣要求,在设计过程中必须考虑排水坡度、排水水质要求、排水速度等因素。出渣就是将干化后的污泥清理出干化池,出渣设计要求考虑出渣时间、出渣方式的要求以及对排水设施的保护等。

5.3.5 机械脱水

机械脱水主要是对已经浓缩后的高浓度砂水混合物进行最终处理,保证分离后的固体致浊物达到堆存或添加要求。

根据处理流程的不同,机械脱水主要有两种作用:一是处理废水中细砂和部分石粉;二是处理废水中石粉和污泥等。在选择脱水机械时须对设备的技术要求和处理特点作认真的分析和计算,确保不同的脱水机械在不同的处理流程阶段达到设计使用要求。

5.3.6 沉淀分离

沉淀池应包括进水区、沉淀区、缓冲区、污泥区和出水区五个区。因砂石系统的运行是根据水电站大坝及其他混凝土构筑物施工强度的变化而变化,在设计时应选用对冲击负荷和温度变化有较强适应能力且沉淀效果较好的沉淀池。其出水效果根据废水处理后是否回收来设计:如出水要回收利用,其设计出水浊度应为 20 ~ 50 mg/L;如直接排放处置,则其设计出水浊度应控制在 300 mg/L 以下。

6 材料与设备

废水综合处理材料及设备主要是絮凝剂、分离及脱水机械设备。

6.1 絮凝剂

国内市场上常见的絮凝剂有硫酸铝、硫酸亚铁、聚合氯化铝(PAC)、聚丙烯酰胺(PAM)等。而在水电工程中使用较广泛的主要有聚合氯化铝(PAC)和聚丙烯酰胺(PAM)两种,两种絮凝剂对原水的酸碱度和色度适应性都很高,特别当原水浊度越高时,其混凝效果就越好。当然,PAC 和 PAM 两种絮凝剂也是有分别的,其在投加量相同的条件下,PAC 所引起的处理水 pH 值下降范围较小、温度适应性高、使用时操作方便、腐蚀性要小,而 PAM 水解困难、水解时间长、温度适应范围较低。

在人工砂石废水处理中聚合氯化铝(PAC)应用较多。

6.2 分离及脱水机械设备

分离及脱水机械设备主要是挂链式刮板捞料机、旋流器及脱水筛组、箱式压滤机等三种,各类型设备在人工砂石废水处理中的使用部位及各设备的技术性能参数如表1所示。

表1 分离及脱水机械设备使用表

序号	设备名称	工艺使用部位	技术性能
1	挂链式刮板捞料机	②机械分离	见图2
2	旋流器及脱水筛组	⑤机械脱水	见图3
3	压滤机	⑦机械脱水	见图4

在表1中,有中国水利水电第八工程局有限公司自制设备,也有市场上定型生产的成熟设备。其中挂链式刮板捞料机为中国水利水电第八工程局有限公司自制设备;旋流器及脱水筛组有国内生产的成型设备,也有进口成型设备;压滤机为市政工程环境处理上用的国内生产成型设备,各型号类型设备技术参数如图2、图3、图4、图5所示。

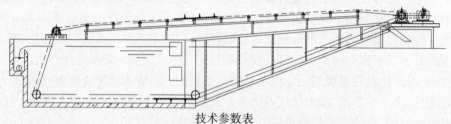

技术参数表

序号	项目名称	技术参数	序号	项目名称	技术参数
1	电机调速范围	1 250 ~ 125 r/min	4	水处理量	300 t/h
2	刮板速度	1.25 ~ 12.5 m/min	5	水池容积	50 m³
3	刮砂量	4.8 ~ 48 t/h	6	砂水浓度	20 ~ 200 kg/m³

图2 挂链式刮板捞料机示意图

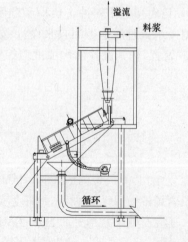

C56-126MD-3M 脱水筛主要技术性能表

序号	项目名称	技术参数
1	筛面尺寸(mm×mm)	3 440 × 1 422
2	筛面倾角(°)	20 ~ 32.5
3	处理能力(t/h)	125
4	电机功率(kW)	3.75
5	设备重量(t)	7.38
6	产品含水率	<10%
7	生产厂家	美国 DERICK

(a)

图3 旋流器及脱水筛组示意图

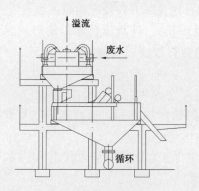

2E48 – 120W – 4A 高效强力脱水筛主要技术性能表

序号	项目名称	技术参数
1	筛面尺寸(mm×mm)	3 040 × 1 080
2	筛面倾角(°)	0
3	处理能力(t/h)	65
4	电机功率(kW)	1.875
5	设备重量(t)	4.67
6	回收率(<200目)	50% ~ 70%
7	生产厂家	美国 DERICK

(b)

ZX – 200(250)B 浆液处理装置主要技术性能表

序号	项目名称	技术参数
1	外形尺寸(mm×mm×mm)	3 540 × 2 250 × 4 600
2	筛面倾角(°)	0
3	处理能力(t/h)	25 ~ 80
4	电机功率(kW)	48
5	设备重量(t)	4.5
6	回收率(–0.074 mm)	>95%
7	生产厂家	宜昌黑旋风工程机械有限公司

(c)

续图 3

XMK500/1500 – U 板框式自动压滤机技术参数表

序号	项目名称	技术参数
1	过滤面积(m²)	80
2	压滤饼水分	8%
3	处理能力(t/h)	50
4	电机功率(kW)	5
5	设备重量(t)	2
6	生产厂家	无锡市通用机械厂

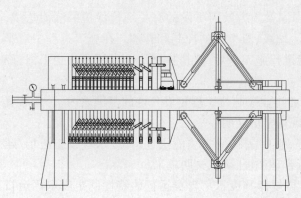

图 4　板框式压滤机及脱水筛组示意图

挂链式刮板捞料机主要是用来处理采用洗泥工艺的洗泥机排放废水,因为洗泥机排放废水中含有大量小于 5 mm 的有用成品粗砂,该设备可有效地从高污泥废水中分离回收粗砂。在具体使用过程中,也可以处理分级筛分排放的废水。

图 3(a)与图 3(b)、(c)是两种不同规格的旋流器脱水筛组。图 3(a)所示的旋流器及脱水筛组主要是处理含颗粒粒径较大的污水。当废水中含粒径大于 5 mm 的颗粒,就须分级处理。图 3(a)类型的旋流器及脱水筛组主要是用来脱水回收废水中中砂及以上粒径有用致浊物。图 3(b)、(c)类型的旋流器及脱水筛组主要是用来脱水回收细砂和石粉及以下粒径有用致浊物。

板框式压滤机是废水处理中污泥和石粉的最后机械处理模式,该型设备不但能对污泥和石粉进行最终的脱水处理,达到装车运输要求,压滤水还可以直接排放或回收利用。

7 质量控制

本工法质量控制主要表现在两方面:回收或排放废水的质量标准和回收有用细砂及石粉的质量标准。

经处理后的废水水质必须达到《中华人民共和国环境保护法》、《中华人民共和国水土保持法》、《中华人民共和国水法》等法律法规及规范的质量要求。

回收的细砂和石粉达到国家《水工混凝土施工规范》(SDJ 207—82)、《普通混凝土用砂质量标准及检验方法》(JGJ 52—92)、《水工混凝土试验规程》(SD 105—82)的各项技术要求。

8 安全措施

(1)认真贯彻"安全第一、预防为主"的方针,根据国家相关规定、法规和结合施工实际情况制定适合项目施工及运行需要的安全管理制度和办法,并督促按制定的规章制度和管理办法执行。

(2)在水厂建设期,编制废水厂建设安装作业施工组织设计,明确每道安装工序的具体要求和安全防护措施,并设置专职安全岗负责落实和监督。同时严格交底制度,在安装施工开始前,组织由技术、质量、安全等相关专业人员参加的安全技术交底,使现场作业人员对安装工程的各工序、各工种、安装步骤、安装技术要求和安全要求有明确的认识和清醒的概念,促使各安装人员在作业过程中严格按安全技术规范和要求认真执行,并要求专职安全员对安装过程中的吊装、高空作业、焊接作业等进行重点监控,杜绝安装过程中的安全、技术、质量事故的发生。

(3)在水厂运行管理期,编制水厂作业指导书和水厂设备的安全操作规程,要求所有现场运行人员必须熟悉水厂运行规程以及水厂内各设备的安全操作技术规程,杜绝"三违"(违章指挥、违章操作、违反劳动纪律)事件的发生,确保水厂安全运行。

9 环保措施

(1)在废水厂施工过程中严格遵守和执行国家及地方政府下发的有关环境保护的法律法规,加强对施工燃油、工程材料、设备、废水、生产生活垃圾、渣土等的控制和管理。在施工过程中对影响环境保护的作业,须提前做好预防措施后才能进行施工作业,严格控制渣土入江和渣土下河,确保不发生水土流失。

(2)在进行废水厂施工设计时,将施工场地和作业限制在工程建设允许的范围之内,合理布置废水厂用地范围,做到标牌清楚齐全,确保施工现场整洁文明。

(3)在施工组织设计基础上认真进行施工的施工编排,对挖填渣土进出、废水厂设备进场、建筑材料的进场和堆放、安装用工器具的进出进行合理调度,确保文明施工。

(4)在水厂运行期,根据砂石加工系统的运行规律和废水厂自身运行的特性制定废水厂运行作业指导书,确保废水厂的正常有效运行,保证砂石加工系统废水得到及时有效的处理,杜绝加工系统废水直接排放,保护环境。

(5)砂石加工系统排放废水中含大量系统设备在运行过程中和维修保养过程中泄露的润滑油和润滑脂,泄露的油料通过废水最终都汇流到废水厂,在废水厂内应设置专门的废油收集和处置装置,确保废弃油料对环境和回收细砂及石粉的污染。同时,对废水中弃渣的挖、装、运采取严格的环境保护措施,防止已经干化处置的废渣起尘、洒落而破坏周边环境。

10 效益分析

以三峡工程下岸溪砂石系统废水处理工程为例,进行效益分析。

三峡工程下岸溪一期工程设计毛料处理能力 1 100 t/h,成品生产能力 780 t/h,系统用水量为 1 200 t/h。加工系统用水从长江取水。长江宜昌西陵峡段水面高程为 65 m 左右,砂石加工系统的高位水池高程为 200 m,系统用水量为 1 200 t/h,加压输送高程为 135 m,长江取水及加压费用为 2.3 元/m³。

系统二期增容后,毛料处理能力 2 400 t/h,成品生产能力 1 300 t/h,用水需增加到 2 400 t/h。为解决系统增容后用水缺口及生产废水达标排放两大问题,本砂石加工系统在增容工程中设计新建了废水综合处理工程,废水处理工程设置在系统内 160 m 高程,工程于 1999 年 3 月开工,1999 年 8 月投入运行,土建安装费用 300 万元,设备购置及安装费用 600 万元,工程总造价为 900 万元左右。每小时回收废水 1 200 t,回收后的废水直接加压输送至系统 230 m 高程高位水池进入循环利用。每小时回收石粉 20～30 t,浓缩的废渣待其在干化池干化后直接挖装运到龙窝渣场。废水处理及回收加压费用为 1.8 元/m³。

下岸溪砂石系统自 1999 年 9 月至 2007 年 3 月,共计生产销售成品砂石骨料约 2 000 万 t,加工系统运行时间为 15 000 h。水处理车间共回收细砂和石粉约 15 000×30＝45(万 t),回收废水 15 000×1 200＝1 800(万 t)。根据三峡工程成品砂销售单价并扣除细砂干化及填加成本按 25 元/t 计算,则废水处理系统废渣回收价值约为 1 125 万元,废水回收节约成本 18 000 000×0.5＝900(万元),两项合计共创造经济效益 2 025 万元左右。扣除水处理工程建安费用及设备采购安装费用 900 万元,该项水处理工程实际经济效益约为 1 125 万元。

11 应用实例

人工砂石系统废水处理工程先后在湖北长江三峡水电站、云南小湾水电站、重庆彭水水电站、贵州构皮滩水电站、四川溪洛渡水电站等砂石加工系统应用取得成功,部分成功运用实例如表 2 所示。

表 2 人工砂石系统废水处理应用实例汇总

序号	工程项目名称	项目地点	投产日期	效果评定
1	三峡下岸溪	湖北宜昌	1999 年 8 月	废水 50%回收,其余达标排放;细砂、石粉回收
2	构皮滩烂泥沟	贵州余庆	2004 年 5 月	废水零排放,细砂、石粉回收
3	彭水鸭公溪	四川彭水	2004 年 8 月	废水零排放,细砂、石粉回收
4	溪洛渡中心	四川雷波	2004 年 12 月	废水零排放,细砂、石粉回收
5	小湾孔雀沟	云南大理	2006 年 5 月	废水 60%回收,其余达标排放;细砂、石粉回收

部分项目废水处理流程及流程说明见图5。

下岸溪人工砂石系统废水处理流程如图5所示。该工程在实际运行中,所有排放废水达到国家地表水排放标准,小时回收废水量为1 200 t/h,回收系统废水中成品砂和石粉量为30 t/h。在本项目中,细砂和石粉回收采用改制的螺旋洗砂机完成,细砂和石粉主要是石粉回收量较少,部分石粉通过水流排放到污泥干化池。干化池废弃渣料用汽车装运至业主指定渣场弃置。

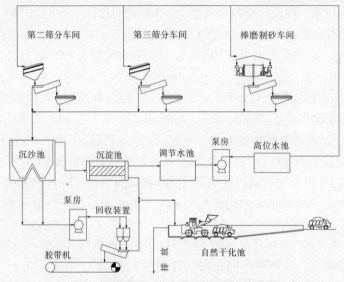

图5　下岸溪人工砂石系统废水处理流程

构皮滩人工砂石系统废水处理流程如图6所示。该工程在实际运行中,废水可以全部回收,小时回收废水量为1 100 t/h,回收系统废水中成品砂和石粉为15 t/h。该流程在三峡下岸溪废水处理流程的基础上作了调整和改进,采用了进口的石粉回收装置和厢式压滤机。因构皮滩水电站大坝混凝土为碾压混凝土,对石粉含量要求极高,采用进口石粉回收装置可以最大限度地回收废水中的中石粉,保证成品砂质量达到设计要求。最终的污泥处理采用厢式压滤机,提高了废水回收效率,可以做到废水零排放处理。废弃渣料用汽车装运至业主指定渣场弃置。

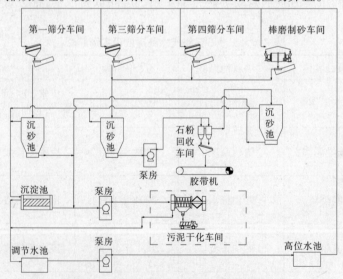

图6　构皮滩人工砂石系统废水处理流程

彭水人工砂石系统废水处理流程如图7所示,该工程在实际运行中,废水可以做到全部回收,在运行过程中小时回收废水量为1 000 t/h,回收系统废水中成品砂和石粉为37 t/h。该工程在构皮滩烂泥沟水处理流程上新增加了捞料机,捞料机主要是处理第一筛分车间下洗泥机排放废水,从洗泥机排放废水中回收中砂,第三筛分车间设置捞料机是为了减少石粉回收装置的负荷。最终的污泥处理采用了厢式压滤机,可以做到废水零排放处理。废弃渣料用汽车装运至业主指定渣场弃置。

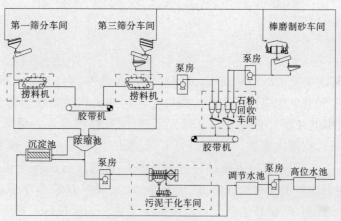

图7 彭水人工砂石系统废水处理工程流程

（主要完成人：谢 斌 刘志和 熊明华 罗 艳 黎正辉）

深孔帷幕灌浆施工工法

中国水利水电第八工程局有限公司

1 前言

随着我国和全球建坝技术的不断发展,大坝高度已经能够达到 300 m 级,作为"地下大坝"工程的防渗帷幕灌浆深度也相应达到 100 m 级以上。国外大坝坝基帷幕防渗标准较低,施工规范对灌浆浆材、结束标准和灌浆时间等要求较为宽松,深孔帷幕灌浆一般采用风动冲击回转钻进和自下而上分段阻塞纯压式灌浆。相对国外工程,我国大坝坝基防渗帷幕设计防渗标准高,施工规范严格,施工工艺完全不能照搬国外经验。按照我国现行的施工规范对帷幕灌浆的要求,深孔帷幕灌浆施工过程中极易造成卡塞、埋塞事故,且灌浆效果不理想,特别是遇到较为破碎岩体,施工工效低,成本高,很难达到设计防渗标准要求。为解决深孔帷幕灌浆施工中易出现的问题,我公司一直致力于深孔帷幕灌浆施工工艺研究,1982 年贵州省乌江渡大坝坝基帷幕灌浆首创使用孔口封闭灌浆法取得成功,20 世纪 80 年代末开始,我公司承建的五强溪、凌津滩水电站大坝坝基帷幕灌浆造孔普遍采用孔径小于 60 m 取芯造孔技术,20 世纪 90 年代以来,地质回转钻机小孔径无芯造孔技术在我公司承建的贵州省索风营、光照水电站等大坝坝基帷幕灌浆全面得以实现,2006 年至今,我公司在贵州省构皮滩、云南省溪洛渡、贵州省沙沱水电站、马来西亚沐若水电站大坝基础帷幕灌浆施工中全面应用了以"小孔径无芯造孔、全过程旋转式孔口封闭法灌浆"为主要技术基础的深孔帷幕灌浆施工工艺,节约了成本,加快了施工进度,保证了施工质量,已形成系统的施工工法。

2 工法特点

小孔径无芯造孔具有工效高、劳动强度低等优点;全过程旋转式孔口封闭灌浆具有孔内事故率低、有利于保证灌浆施工质量等优点。

(1)小孔径无芯造孔采用无芯钻头钻孔,不需要因取芯而带来的频繁起下钻,回次进尺仅受灌浆段长控制,大大降低了劳动强度,提高了工效,而且因不需要频繁起下钻,因而可以使用较粗的钻杆,钻杆与钻具之间间隔小,钻杆具有一定的导向作用,有利于保证钻孔孔斜;而取芯钻孔时,由于取芯而需要频繁起下钻,为降低劳动强度,所用钻杆直径一般较小,孔斜控制难度大,施工工效低、劳动强度大。

(2)深孔帷幕灌浆采用全过程旋转式孔口封闭灌浆法。灌浆过程中,钻机一直带动作为灌浆管的钻杆不间断旋转,新型的可旋转式孔口封闭器和改进后的水龙头能够保证在钻机动力作用下使灌浆管在孔口封闭器中心灵活转动和升降,大大降低了施工劳动强度和灌浆事故发生率,有利于确保施工质量。同时通过在钻机上安装小功率电机带动专用变速装置,灌浆过程中带动钻杆旋转,可节约能源,降低消耗,并对钻机水轮头进行改进,提高了使用工时,降低了成本。

3 适用范围

该工法适用于水工建筑物以水泥浆液为主的孔深大于 100 m 以上帷幕灌浆工程。对于孔深小于 100 m 的帷幕灌浆,防渗标准要求较高的工程也可适用。

4 工艺原理

4.1 小孔径无芯造孔技术原理

小孔径无芯造孔技术是在小孔径取芯造孔基础上发展起来的一种造孔技术,其技术原理是地质钻机通过钻杆传力给钻头进行钻进,钻头断面旋转刻划基岩,岩芯经过带滚齿轮粉碎成岩屑,岩屑通过冲洗液(一般为清水)带出孔外,实现小孔径无芯造孔。工作原理见图1。

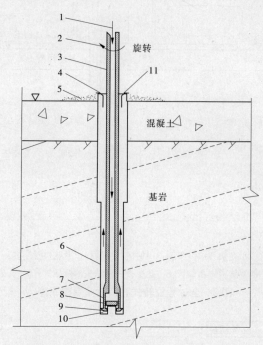

1—冲洗液;2—钻机带动钻杆旋转;3—钻杆;4—水流带走岩屑;
5—岩屑;6—孔壁;7—带钻头短钻具;8—滚齿轮;9—岩芯;
10—钻头水口;11—孔口管

图1 小孔径无芯造孔原理示意图

4.2 全过程旋转式孔口封闭灌浆原理

全过程旋转式孔口封闭灌浆是在传统的孔口封闭灌浆工艺上发展而来的,主要是将传统的卡式孔口封闭器改为旋转式,同时对内部结构和材料进行了改进,使之可以在全灌浆过程中进行旋转,从而使灌浆管像搅拌棒一样搅扰孔内流动浆液,改变浆液流态,缓解浆液凝结速度,从而达到减小铸钻概率的目的。其原理见图2。

5 施工工艺流程及操作要点

5.1 工艺流程

施工工艺流程见图3。

5.2 操作要点

5.2.1 定孔位

根据设计要求准确标出灌浆孔的位置,并进行复测。

5.2.2 钻孔与灌浆设备就位

(1)灌浆孔标定后,移动钻机到钻孔位置,按设计要求调整钻孔角度并固定钻机,完成钻机就位。

(2)灌浆设备应就近安装,灌浆管路不宜过长,一般不超过50 m,以防压力损失。

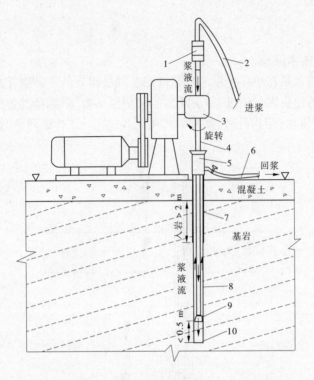

1—水龙头;2—进浆管;3—钻机;4—钻杆;5—孔口封闭器;
6—回浆管;7—孔口管;8—孔壁;9—带钻头的短钻具;10—孔底

图2 全过程旋转式孔口封闭灌浆原理

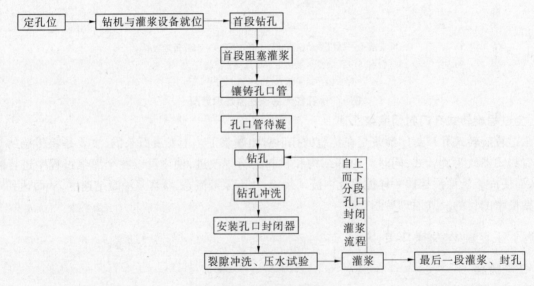

图3 施工工艺流程

5.2.3 首段钻孔及灌浆

(1)用钻具对准所标孔位,用外径91钻头开孔并钻孔。

(2)钻孔至设计要求的首段段长,段长偏差控制在±20 cm之内,采用大流量的压力水冲洗钻孔至回水澄清后继续冲洗20 min以上,捞净孔内岩芯。

(3)首段灌浆采用阻塞法,孔内阻塞位于混凝土与基岩接触面以上0.5 m的混凝土内,射浆管距孔底不大于0.5 m,采用包含进浆管和回浆管的循环灌浆塞。

(4)采用压力水进行裂隙冲洗,冲洗后进行压水试验,以检查地层灌浆前的渗透情况,压水试验也可结合裂隙冲洗进行。

（5）压水试验完成后，按照设计要求进行灌浆。

（6）根据设计要求，压水试验及灌浆前还需要抬动观测装置，过程中进行抬动变形观测，如果施工过程中，抬动值接近或者超过设计允许值，必须降低灌浆压力或采取其他措施。

5.2.4 镶铸孔口管

灌浆结束后，将射浆管下入孔底，采用泵送最浓一级水灰比的浆液完全置换孔内稀浆，取出射浆管，然后下入孔口管至孔底，孔口管要求高于地面 10 cm，孔口管安装角度和方位满足设计孔向要求。

镶铸孔口管后待凝 72 h 以上，可开始下一段灌浆孔施工。

5.2.5 钻孔及冲洗

（1）调整好钻机位置，用小孔径钻具（钻头外径为 59~62）对准孔口管方向，钻孔至要求的灌浆段深度。在钻进过程中注意观察地层变化。

（2）钻孔过程中选用合适的钻孔压力、钻机转速和冷却液流量，并注意孔内情况，避免卡钻、埋钻、烧钻等事故。

（3）灌段钻至要求的深度后，尽量加大水流和压力，反复上下提钻冲洗钻孔，至回水澄清无岩屑。

5.2.6 安装孔口封闭器

（1）将钻具放至孔底，卸下立轴钻杆安装孔口封闭器。

（2）采用钻机向上提升钻杆 0.5 m 后固定，松开钻机卡瓦，将钻机立轴放至最低位后卡住钻杆。

（3）拧紧孔口封闭器压盖，试着利用钻机转动钻杆，确定钻杆在孔口封闭器和水龙头中灵活转动。

5.2.7 裂隙冲洗、压水试验

洗孔是为了避免钻屑堵塞孔壁上的裂隙，洗孔时孔口返水要达到水清砂净，裂隙冲洗可采用压力水脉冲冲洗。压水试验目的是检查地层灌浆前的渗透情况。裂隙冲洗和压水试验过程中继续试着利用钻机转动钻杆，确定钻杆在孔口封闭器和水龙头中灵活转动及封闭效果。

5.2.8 浆液配制

配制符合设计要求的灌浆浆液。水泥灌浆一般使用纯水泥浆液或稳定浆液（指掺有少量稳定剂，析水率不大于5%的水泥浆液），在特殊地质条件下或有特殊要求时，根据需要通过现场灌浆试验论证，也可使用下列类型浆液：

（1）细水泥浆液：指干磨水泥浆液、湿磨水泥浆液和超细水泥浆液；

（2）混合浆液：指掺有掺合料的水泥浆液；

（3）膏状浆液：指塑性屈服强度大于 20 Pa 的混合浆液。

深孔帷幕灌浆中，宜采用稳定浆液灌注，为增加浆液流动性，浆液中宜掺加适量的高效减水剂。

5.2.9 灌浆

（1）灌浆施工严格按照施工规范和设计要求实施。

（2）开始灌浆时，即保持钻杆低速旋转（如钻机上安装了减速装置，则关闭钻机电机，利用小功率减速装置带动钻杆旋转和提升），并每隔 10 min 左右上下活动一次钻杆，随着灌浆压力的增加和浆液浓度、温度升高，活动的频次也适当提高。

（3）灌浆过程中，灌浆压力或注入率突然改变较大时，应立即查明原因，采取相应的措施处理。

（4）灌浆工作必须连续进行，若因故中断，可按照下述原则进行处理：及早恢复灌浆，否则立即冲洗钻孔，而后恢复灌浆。若无法冲洗或冲洗无效，则进行扫孔，而后恢复灌浆；恢复灌浆时，使用开灌比级的水泥浆进行灌注;如注入率与中断前的相近,即可改用中断前比级的水泥浆继续灌注;如注入率较中断前的减少较多,则浆液逐级加浓继续灌注;恢复灌浆后,如注入率较中断前的减少很多,且在短时间内停止吸浆,应采取补救措施。

5.2.10 封孔

按设计要求进行,一般采用"置换和压力灌浆封孔法"。

6 材料和设备

6.1 钻杆及接头

钻杆及接头材料应满足 API 标准的 E75 到 S135 钢级,钻杆外径为 50,内径保证 20 以上。为保证钻杆刚度和韧度,钻杆两端加工丝扣前应采用墩头加厚处理和加工丝扣后应进行适当热处理,接头采用平接头,为方形丝扣,加工后应进行适当热处理。

6.2 钻具

钻具长度以 0.3~0.5 m 为宜,钻具宜采用 DZ55(45Mn2)地质钢管加工,钻具与钻杆采用方形丝扣的变径平接头连接。

6.3 钻头及碎芯滚齿轮

采用孕镶金刚石钻头,外径为 59~62,壁厚 10 mm 左右。碎芯滚齿轮采用横轴多齿轮结构,齿轮外圈镶嵌合金,滚齿轮与钻头底断面间距控制在 20~40 mm。

6.4 孔口封闭器

孔口封闭器采用无缝钢管、圆钢和止浆垫定制加工而成,其构造见图 4。

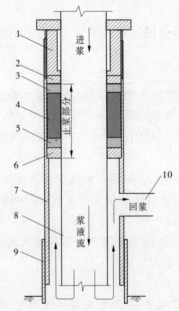

1—钢盖头;2—上层钢垫;3—改性聚氨酯止浆垫;
4—尼龙止浆缓冲隔垫;5—改性聚氨酯止浆垫;
6—下层钢垫;7—基座;8—钻杆;
9—孔口管;10—回浆管接头

图 4 孔口管结构示意图

6.5 改性水泥浆液材料

水泥浆液中添加高效减水剂,可改善浆液性能,浆液黏度大大降低,浆液析水稳定时间及水化热过程延长,浆液最高温度降低,有利于灌浆作业。

添加膨润土制成的稳定浆液,性能稳定。膨润土一般采用钙基土即可,条件许可时可采用钠基膨润土。

6.6 钻机及调速装置

深孔帷幕灌浆钻孔要求地质钻机,国内常用地钻机型号为 XY-2 等。为了满足全过程旋转灌浆需要,通过对钻机改进,增加钻机调速装置,使钻机旋转速度降低至 20~120 r/min 可调,以适应旋转灌浆需要。

6.7 制浆及灌浆设备

用于深孔帷幕灌浆的制浆、灌浆设备与常规帷幕灌浆设备通用,主要应根据设计灌浆压力选择合适的高压灌浆泵,制浆应尽可能采用集中制浆站,以满足施工环保和文明施工要求。

7 质量控制

质量控制措施与其他灌浆法相同,灌浆质量的检查方法和标准见《水工建筑物水泥灌浆施工技术规范》(DL/T 5148—2001)。

8 安全措施

(1)认真贯彻并严格执行灌浆施工安全技术规程;

(2)施工前对水龙头、孔口封闭器、高压灌浆管和稳压罐进行认真的检查和试运行,发现问题及时处理,灌浆过程中严禁靠近;

(3)灌浆过程中仔细观测钻机带动钻杆旋转状态,一旦出现异常,必须立即切断钻机电源;

(4)对灌浆泵皮带系统安装防护罩。

9 环保措施

(1)废水、废浆经沉淀后排放到业主指定的位置;

(2)采用本工法可有效缩短灌段的灌浆耗时,有利于提高工效和节能减排;

(3)制浆采用散装水泥和自动集中制浆系统,有利于节能减排,并满足施工环保和文明施工要求。

10 效益分析

与传统孔口封闭灌浆法相比,节约了施工成本,加快了施工进度。根据我公司多个工程应用情况统计,深孔钻孔中采用无芯钻孔技术可使造孔时间缩短 20%,采用可旋转式孔口封闭器使灌浆事故发生率降低 70%,纯灌浆时间可缩短 30 min/段,采用增加钻机调速装置的低速旋转灌浆,可节约灌浆成本 2%,有利于确保施工质量,同时有利于节能减排,经济社会效益显著。

11 应用实例

11.1 乌江构皮滩水电站渗控工程

构皮滩水电站位于贵州省余庆县乌江干流上,拦河大坝采用混凝土抛物线型双曲拱坝,最大坝高 232.5 m。拱坝坝肩和两岸山体采用灌浆帷幕防渗,拱坝基础下部的帷幕沿基础廊道布置,最大深度 201.33 m。渗控工程帷幕总工程量 38.52 万 m³,孔深大于 100 m 的灌浆工程量为 3.22 万 m³。

渗控帷幕施工于 2005 年 4 月至 2010 年 9 月施工完成,帷幕施工采用自上而下孔口封闭循环灌浆施工工艺。在深孔帷幕灌浆中,孔口封闭设备采用经改进的可旋转孔口封闭器,改进钻进方法和设备器具,钻孔采用牙轮钻无芯钻进,灌浆不起钻连续施工提高施工时效。灌浆过程中不断优化钻灌方法、改进钻裂冲洗,以泵送冲洗和脉动冲洗方式结合,保证孔内灌浆环境,提高孔内适灌要求。灌浆过程中改善了浆液的性能,采用了钻机调速装置配合旋转灌浆施工。帷幕施工中合理安排施工孔序,钻孔灌浆严格按照规范的施工技术措施实施,钻孔严格控制孔斜率,在钻孔中安装必要的水量观测设备观测孔内返水情况,避免抱钻事故的发生,同时在不同的地质条件下调整转速和钻压,以达到适合的钻进速度。在全断面钻进时观察返水情况和钻进率,以判断钻具的磨损情况。灌浆浆液中掺加一定的外加剂增加浆液的流动性,减少浓浆灌注时的抱钻事故。灌浆完毕后及时用钻进给水冲洗钻孔。通过采用以上方法,构皮滩深孔帷幕灌浆取得了成功,单元工程合格率100%,产品验收一次性合格率100%,满足工程设计要求。

11.2　溪洛渡水电站坝基帷幕灌浆

溪洛渡水电站大坝为混凝土双曲拱坝,最大坝高285.5 m,水库库容126.7亿 m³,以发电为主,兼有拦沙、防洪和改善下游航运等综合效益的大型水电站。

溪洛渡水电站大坝坝基帷幕灌浆工程量24万 m³,其中孔深超过100 m帷幕灌浆工程量为10.8万 m³,单孔最大深172 m,于2010年4月至2012年2月施工。施工中全面采用了自上而下孔口封闭灌浆施工工艺、旋转式孔口封闭器、高压灌浆水龙头、无芯钻孔及不起钻连续灌浆技术。施工过程中进一步改进钻孔和裂隙冲洗方式,改善了浆液的性能,开发了钻机调速装置,配合旋转灌浆施工。

灌浆成果表明,各次序孔水泥单位灌注量随灌浆次序递增递减规律明显,符合一般灌浆规律,灌浆效果显著,灌后检查孔透水率小于1 Lu的孔段合格率均在90%以上,满足设计及规范要求。

11.3　沙沱水电站坝基帷幕灌浆

沙沱水电站大坝为全断面碾压混凝土重力坝,最大坝高101 m,水库库容9.1亿 m³。大坝坝基帷幕灌浆工程量6.17万 m³,其中孔深超过100 m帷幕灌浆工程量为1.6万 m³,单孔最大深107 m,由我公司于2010年6月至2012年2月施工。施工中全面采用了自上而下孔口封闭灌浆施工工艺、旋转式孔口封闭器、高压灌浆水龙头、无芯钻孔及不起钻连续灌浆技术。

灌浆成果表明,各次序孔水泥单位灌注量随灌浆次序递增递减规律明显,符合一般灌浆规律,灌浆效果显著,灌后检查孔透水率小于1 Lu的孔段合格率达到100%,满足设计及规范要求。

(主要完成人:郭国华　贺　毅　姜命强　黄　松　王海东)

复合土工 PE 膜施工工法

中国水利水电第二工程局有限公司

1 前言

由于气候变异异常,北方地区干旱加重。随着城市化步伐的不断加快,在北方干旱缺水地区的城市修建人工湖,成为提高水资源利用率、改善人民生活水平、加快城市经济发展进程的重要手段之一。如何解决湖水渗漏问题,显得尤为关键。复合土工 PE 膜是解决湖水渗漏问题的有效技术手段。

在永定河莲石湖工程施工过程中,中国水利水电第二工程局有限公司按照设计、国家有关规范、规程的要求,在有关部门的帮助下,通过深入研究,形成了复合土工 PE 膜施工工法,该施工工法规模化施工速度快,质量有保证。在莲石湖第一标段率先完成的第一个湖面做渗漏观测,湖面水位每天下降值完全满足设计指标。在随后业主组织的蓄水前工程验收会议,莲石湖工程第一标段一次性通过了专家、政府主管部门的验收。

复合土工 PE 膜施工工法在永定河莲石湖工程应用中取得成功,其施工速度快,可以形成规模化施工,具有较好的经济效益和社会效益。

2 工法特点

(1)本工法实用性和可操作性强,施工简便,速度快,可形成标准化、规模化施工。

(2)复合土工 PE 膜可有宽幅、超长尺寸,减少接缝,有效保证施工质量。

3 工法适用范围

本工法适用于人工湖等工程领域,适用于湖底面减渗、湖区内各建筑物底部部位减渗。

4 工艺原理

复合土工 PE 膜之间通过焊接可满铺湖底,与上下保护层形成有效的减渗体,可防止湖水渗漏。

减渗体由下部 10 cm 厚的细壤土保护层、中间复合土工膜 FN2/PE - 14 - 400 - 0.6(两布一膜:200 g/0.6 mm/200 g)、上部 10 cm 厚的细壤土保护层和格栅石笼及砂石混合料防护体等组成。下部细壤土采用平碾碾压,上部细壤土人工铺筑;复合土工 PE 膜人工摊铺,膜与膜之间的缝采用手持式专用电加热焊机 10 mm 双缝焊接,膜上下土工布由专用手持缝纫机缝合;格栅石笼由机械人工配合铺设。严禁机械设备在已施工完成的减渗体上行走。

复合土工膜 FN2/PE - 14 - 400 - 0.6(两布一膜:200 g/0.6 mm/200 g)具有如下优点:幅宽 6 m,便于施工;纵横向断裂强度大于 14.0 kN/m;纵横向伸长率超过 30% ~ 100%;纵横向撕破强力大于 0.48 kN;CBR 顶破强力大于 2.5 kN;剥离强度大于 6 N/cm;垂直渗透系数超过 1×10^{-11} cm/s;耐静水压大于 1.2 MPa。

5 施工工艺流程及操作要点

5.1 施工工艺流程

施工工艺流程见图1。

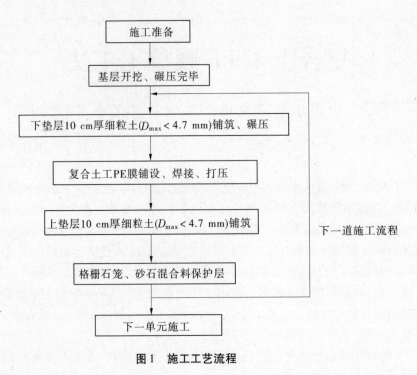

图1　施工工艺流程

5.2　施工要点

5.2.1　施工准备

(1)根据施工图纸,确定复合土工PE膜施工方案;

(2)人员、设备、材料、施工通道及场地等准备好。

5.2.2　基底开挖、碾压

(1)根据施工图纸,将基础开挖至设计高程。

(2)基底处理,包括基底积水的排除和基层的清理及基层密实度处理等,确保无黏性土的相对密度不小于0.75(设计值)。

(3)清除一切树根、杂草和尖石,保证铺设砂砾石垫层面平整,不允许出现凸出及凹陷的部位,并应碾压密实,密实度符合设计要求。排除铺设工作范围内的所有积水。

(4)基层达到坚实、平整、圆顺、清洁。砌石的基层应无局部凸起和凹坑,基底阴、阳角修圆半径应不小于500 mm。

(5)基层处理后,检查验收合格后,进入下道工序。

5.2.3　下垫层

装载机人工配合铺筑不少于100 mm厚的找平层细粒壤土,壤土的最大粒径不超过4.7 mm,铺填厚度均匀,压路机碾压,平整、光滑。

5.2.4　复合土工PE膜

(1)根据现场规划,人工铺设第一块复合土工PE膜,人工配合机械铺筑上垫层细壤土和格栅石笼、砂石混合料,第一块复合土工PE膜预留与第二块复合土工PE膜的焊接搭接宽度不小于100 mm;或第一块与第二块焊接完毕后,卷起第二块,在第一块上铺筑细壤土和格栅石笼、砂石混合料。

土工膜的拼接方式及搭接长度应满足施工图纸的要求,并应确保其具有可靠的减渗效果,预留收缩褶皱,严禁拉伸。

(2)土工膜的拼接方式采用焊接工艺连接,土工膜焊接时,焊接形式宜采用双焊缝搭焊,焊缝双缝宽度宜采用2×10 mm,横向焊缝间错位尺寸应大于或等于500 mm。焊接搭接宽度宜为100 mm,焊接接缝抗拉强度不应低于母材强度。

（3）土工膜的接头采用热熔焊接方式，施工前先做工艺试验，进行焊接设备的比较、焊接温度、焊接速度以及施工工艺等试验。

（4）拼接前必须对黏结面进行清扫，黏结面上不得有油污、灰尘。阴雨天应在雨棚下作业，以保持黏（搭）结面干燥。

（5）焊接时基底表面应干燥，含水率宜在15%以下。膜面应用干纱布擦干擦净。焊缝搭接面不得有污垢、砂土、积水（包括露水）等影响焊接质量的杂质存在。

（6）焊接中，必须及时将已发现破损的PE土工膜裁掉，并用热熔挤压法焊牢。

（7）土工膜的拼接接头应确保其具有可靠的减渗效果。在涂胶时，必须使其均匀布满黏结面，不过厚、不漏涂。在黏结过程中和黏结后2 h内，黏结面不得承受任何拉力，严禁黏结面发生错动。土工膜接缝黏结强度不低于母材的强度。

（8）土工膜应剪裁整齐，保证足够的黏（搭）结宽度。当施工中出现脱空、收缩起皱及扭曲鼓包等现象时，将其剔除后重新进行黏结。

（9）在斜坡上搭接时，将高处的膜搭接在低处的膜面上。

（10）在施工过程中，若气温低于0 ℃，必须对黏结剂和黏结面进行加热处理，以保证黏结质量。黏结强度必须符合施工图纸的要求。

（11）土工膜黏结好后，必须妥善保护，避免阳光直晒，以防受损。

（12）尽量选用宽幅的复合土工膜，若所选择的幅宽较窄，应在工厂内或现场工作棚内拼接成宽幅，卷成长卷材运至铺设面，以减少现场接缝和黏（搭）结工作量。

（13）与第一块相接铺设第二块复合土工PE膜，手持式缝纫机缝合下部土布，手持式专用焊机焊接双缝PE膜，手持式充气筒接压力表给密闭双焊缝之间充气，压力达到0.15～0.2 MPa，保持1 min，压力无明显下降即为合格。焊缝检查合格后，缝合上部土工布。

（14）在焊接完毕的第二块复合土工PE膜上铺筑上垫层细壤土和格栅石笼、砂石混合料。

（15）以此类推，施工第三块、第四块、第五块等复合土工PE膜。

5.2.5 上垫层

装载机人工配合铺筑不少于100 mm厚的找平层细粒壤土，壤土的最大粒径不超过4.7 mm，铺填厚度均匀，不允许碾压。

5.2.6 格栅石笼、砂石混合料保护层

按设计要求，将人工编制成形的格栅笼放置在上垫层上，各格栅笼按设计要求连接成方格状，石笼内人工配合机械装填河卵石，封口，方格内人工配合机械回填砂石混合料，形成减渗体上保护层。

6 材料与设备

6.1 材料

复合土工PE膜与上下细壤土垫层、上格栅石笼（石笼间砂石混合料）保护层共同形成减渗体，主要材料有：

（1）复合土工PE膜，即两布一膜，由无纺布 + PE土工膜 + 无纺布机械热合而成。

（2）细粒壤土，壤土的最大粒径不超过4.7 mm。

（3）格栅石笼，格栅为土工合成双向拉伸塑料格栅，土工格栅肋距不大于50 mm。格栅连接材料为高密度聚丙烯绳索，直径≤5 mm。装填卵石粒径≤200 mm。

（4）砂石混合料，粒径为40～75 mm。

6.2 设备

本工法一个施工单元采用的主要机具与设备，一般工程可按表1配备。

表 1　主要机械设备、工具

表 1　主要机械设备、工具

序号	名称	型号	单位	数量
1	装载机		台	1
2	手持 PE 膜专用电焊机		台	1
3	手持土工布专用缝纫机		台	1
4	充气筒、压力表		套	1
5	热风式塑料焊枪		把	1
6	钢卷尺		把	1
7	小型移动式发电机		台	1

7　质量控制

7.1　质量控制标准

莲石湖工程第一标段复合土工 PE 膜采用:FN2/PE – 14 – 400 – 0.6(两布一膜:200 g/0.6 mm/200 g)。

产品使用的聚乙烯土工膜需符合 GB/T 17643 的规定;产品使用的非织造土工布需符合 GB/T 17638 或 GB/T 17639 的规定。

复合土工膜的性能指标需达到表 2 的要求。

表 2　复合土工膜的物理、力学性能指标

序号	项目	单位	指标	允许公差(%)	说明
1	幅宽	cm	600(预留焊边)	– 1.0	←
2	断裂强度 ≥	kN/m	14.0	– 5	纵横向
3	伸长率	%	30～100	不低于标准	纵横向
4	撕破强力 ≥	kN	0.48	– 8	纵横向
5	CBR 顶破强力 ≥	kN	2.5	– 5	—
6	剥离强度 ≥	N/cm	6	不低于标准	纵横向
7	垂直渗透系数	cm/s	1×10^{-11}	不低于标准	—
8	耐静水压 ≥	MPa	1.2	不低于标准	—

复合土工膜应具有抗老化、耐腐蚀、低蠕变及抗冻性等性能。

复合土工膜的外观要求如下:土工膜不允许有针眼、疵点和厚薄不均匀;土工织物不允许有裂口、孔洞、裂纹或退化变质等材料。

7.2　质量保证措施

(1)建立健全项目部质量组织机构,建立相关的质量保证制度,实行"三检制"(自检、互检、专检),确立质量管理人员各岗位职责。

(2)湖底减渗结构施工前,项目部组织相关施工及管理人员集中学习有关的技术条款、设计技术要求、质量监督机构的相关要求及有关的规程、规范。

(3)准确标示湖底、浅水湾、岸坡的分界线。

(4)基底处理坚实、平整、圆顺、清洁。砌石的基层应无局部凸起和凹坑。基底阴、阳角修圆半径应不小于 500 mm。

（5）防渗层的铺设焊缝质量检测：

①土工膜焊接后，及时对下列部位的焊接质量进行检测：

a. 全部焊缝。

b. 焊缝结点。

c. 破损修补部位。

d. 漏焊和虚焊的补焊部位

e. 前次检验未合格再次补焊部位。

②现场检测采用的方法及设备：

a. 检测方法采用充气法（即双焊缝加压检测法）及真空罐法（即真空压力检漏法）。

b. 检测设备采用气压表。

③焊接质量要求：

a. 双缝充气长度为 30～60 m，双焊缝间充气压力达到 0.15～0.2 MPa，保持 1 min，压力无明显下降即为合格。

b. 单焊缝和 T 形结点及修补点应采取 500 mm×500 mm 方格进行真空检测。真空压力大于或等于 0.005 MPa，保持 30 s，肥皂液或洗涤灵不起泡即为合格。

④现场检测：

a. 检测完毕，立即对检测时所做的充气打压穿孔全部用挤压焊接法补堵。

b. 检测过程及结果应详细记录并标示在施工图上。

c. 检测人员在检测记录上签字并签署明确结论、意见和建议。

d. 对质检不合格处及时标记并补焊。经再检合格后方可销号并记录在案。

e. 应随时保护已焊接合格的 PE 土工膜不受任何损坏。

f. 对于虚焊、漏焊的接缝及时补焊，并对补焊部位进行真空检测。

8　安全措施

（1）建立健全项目部安全文明施工、环境保护及职业健康教育管理组织机构，建立、健全各种规章制度。

（2）湖底减渗结构施工前，组织相关施工人员认真学习安全文明施工、环境保护及职业健康方面相关的知识。

（3）配齐各种劳动保护用品。

（4）每到工序施工前检查各种劳动保护和防护措施是否到位。

（5）施工过程中专业安全管理人员监督到位，及时纠正各种不安全行为和安全隐患。

（6）保证机械施工安全，严禁无证操作。

（7）安全施工用电。施工开始前和施工过程中，专业电工认真检查电器设备是否运转正常，配电和保护装置是否齐全，做到不漏电、不伤人。

9　环保与资源节约

（1）严格遵守国家有关环境保护的法律法规、标准规范、技术规程和地方的环境保护规定。

（2）及时回收有关包装辅材。

（3）设备在检修厂检修，严禁在现场检修，以免油料污染工作面。

（4）现场废弃物定期清理，集中运至垃圾处理场进行处理。

10 效益分析

(1)本工法可适应各种人工湖和湖区内建筑物底部减渗,施工效率高,可标准化和流水作业,适应大规模施工。莲石湖一标段湖底面积近 50 万 m²,同时有近 20 多个小组约 1 000 多人施工,两个月完成所有 PE 膜施工。

(2)本工法经莲石湖一标施工与其他标段比较,工效提高 25%,节约直接成本近 10 万元,经济效益显著。

(3)本工法在率先完成的 5#~6# 湖面进行水位下降观测,每天水位下降值(蒸发和渗漏)在 3~6 mm,深受各方的好评,社会效益明显。

11 应用实例

11.1 工程实例一 永定河莲石湖工程

11.1.1 工程概况

永定河莲石湖第一标段工程湖区铺设复合土工 PE 膜的面积近 50 万 m²,采用复合土工 PE 膜施工工法施工,历时 2 个月,即 2010 年 9 月初至 2010 年 11 月初。

11.1.2 施工情况

在首块复合土工 PE 膜施工中,对有关各岗位操作人员进行培训、技术交底,有关施工人员很快掌握该施工工法。

在莲石湖第一标段近 50 万 m² 复合土工 PE 膜施工中,分 20 多个施工小组同时施工,施工速度快,标准化程度高。

复合土工 PE 膜在湖区岸坡、各建筑物底部均能铺设。

11.1.3 工程监测及评价结果

与其他标段比较,该施工工法施工速度较快,效率高;在第一个湖面蓄水后,观测水位下降(包括渗漏和蒸发)完全满足设计要求,工法应用成功。

11.2 工程实例二 永定河晓月湖(梅市口桥—卢沟桥橡胶坝河段)工程

11.2.1 工程概况

永定河晓月湖(梅市口桥—卢沟桥橡胶坝河段)工程三标段人工湖底全部采用复合土工 PE 膜作为减渗结构,铺设复合土工 PE 膜近 2.3 万 m²,2010 年 10 月 1 日开工,2010 年 11 月 15 日完工。

11.2.2 施工情况

在首块复合土工 PE 膜施工中,对有关各岗位操作人员进行培训、技术交底,有关施工人员很快掌握该施工工法。

在晓月湖第一标段近 2.3 万 m² 复合土工 PE 膜施工中,分多个施工小组同时施工,施工速度快,标准化程度高。

复合土工 PE 膜在湖区岸坡、各建筑物底部均能铺设。

11.2.3 工程监测及评价结果

湖面蓄水后,观测水位下降(包括渗漏和蒸发)完全满足设计要求,工法应用成功。

11.3 工程实例三 永定河门城湖(三家店—麻峪河段)工程

11.3.1 工程概况

永定河门城湖(三家店—麻峪河段)工程三标段人工湖底全部采用复合土工 PE 膜作为减渗结构,铺设复合土工 PE 膜近 12.6 万 m²,2010 年 8 月 25 日开工,2010 年 10 月 5 日完工。

11.3.2 施工情况

在首块复合土工 PE 膜施工中,对有关各岗位操作人员进行培训、技术交底,有关施工人员很快掌握该施工工法。

在近 12.6 万 m² 复合土工 PE 膜施工中,分 10 多个施工小组同时施工,施工速度快,标准化程度高。

复合土工 PE 膜在湖区岸坡、各建筑物底部均能铺设。

11.3.3 工程监测及评价结果

湖面蓄水后,观测水位下降(包括渗漏和蒸发)完全满足设计要求,工法应用成功。

(主要完成人:罗 钢 汪 涛 胡卫国 于立凯 崔炳乾)

SPC 仿木施工工法

中国水利水电第二工程局有限公司

1 前言

随着科技的快速发展,人们对建筑工程的要求越来越高,不再简简单单地要求结构的质量,同时,对外装饰的要求越来越高,不仅要美观大方,也更加注重节能、低耗、环保,这也促使我们对可以替代资源的产品产生了浓厚的兴趣。仿木工艺的产生,不仅满足了人们视觉效果的要求,同时达到了低碳环保的要求,也使实木的效果得到了很好的、广泛的应用,经济效益和社会效益显著。

经北京市永定河莲石湖第一标段工程、北京市永定河门城湖工程、北京市永定河晓月湖工程施工,在亲水平台、栈桥码头等设施上,装饰材料没有选用传统的石材或者是木材,而是采用了 SPC 仿木施工方法进行装饰,工艺操作简单,施工进度快,节省资源,节约资金,视觉效果良好,受到了甲方、监理以及社会的认可和好评。经总结提炼,形成了 SPC 仿木施工工法。

本工法在中国水利水电第二工程局有限公司承建的北京市永定河莲石湖第一标段工程、北京市永定河门城湖工程、北京市永定河晓月湖工程等大中型工程中成功应用,取得了较好的经济效益和社会效益。

2 工法特点

(1)本工法施工工艺简单,易于操作。
(2)高强度,耐水、耐候性强,创意空间大,可以进行多样化组合。
(3)无须维护、不腐朽、不风化,可以无局限的满足多创意的要求。
(4)节能环保,应用范围广。

3 适用范围

本工法适用于水工建筑物、工民建、厂房、园林、市政、机场、码头、娱乐场所等工程表层装饰等广泛应用的工程领域。

4 工艺原理

SPC 施工工法中主要采用 SPC 聚合物水泥砂浆,是以丙烯酸酯、EVA 树脂为主要基料,掺加特种表面活性剂、增塑剂、消泡剂等原料配合成为高分子聚合物乳液(简称为 SPC 聚合物乳液),再掺加到普通水泥砂浆中形成的一种新型复合材料——SPC 聚合物水泥砂浆。

SPC 聚合物水泥砂浆在混凝土表面均匀涂抹一层(5~20 mm),可形成具有良好致密性、弹性、抗渗性、抗冻性的"薄壳",既起到表面修补的作用,又具有良好的全封闭防护效果,是一类理想的适用于混凝土防渗、防护的材料。

关键技术点在颜料配合比和刻画。在施工过程中要严格遵守配合比才能配兑出各种仿木的颜色,通过施工人员的刻画,达到逼真的效果。

5 施工工艺流程及操作要点

5.1 施工工艺流程

施工工艺流程见图1。

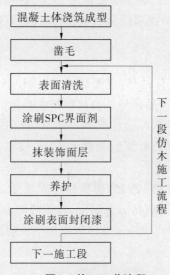

図1 施工工芸流程

5.2 施工要点

5.2.1 施工准备

按照设计要求成型混凝土体。

为了提高仿木装饰层与混凝土体的黏结性能,混凝土体拆模后进行凿毛处理。

采用高压水将混凝土体表面的粉尘、碎屑冲洗干净。

5.2.2 基层处理

对主体结构面进行凿毛处理,并冲洗干净。将混凝土表面湿润,但不得有明水。均匀涂刷 SPC 界面剂(水泥:SPC 乳液 =0.8:1.0,根据需要掺适量颜料),不漏涂以保证拟木装饰层与主体结构黏结良好。

5.2.3 抹聚合物砂浆

仿木面层为彩色聚合物水泥砂浆(水泥:砂子:SPC 乳液:水 =1.0:1.2:0.4:0.12~0.15,根据需要掺适量颜料)。将材料按以上比例计量准确后,进行均匀搅拌,在颜料用量上,根据要追求的不同效果来掺入。将砂浆拌好后,运至已处理好的混凝土基面上,摊铺,抹平,做法和普通的水泥砂浆相同,面层厚度一般≥20 mm,不压光。

5.2.4 人工刻画

根据不同的仿木类型,装饰层分层抹面而成,桥面层及柱外型依松树等纹理,并做树节、纹理等仿真效果。对成型表面进行调整、补充、加固、艺术手法展现处理,达到仿真的效果。

5.2.5 养护

仿面层完成后,采用塑料膜覆盖潮湿养护 7 d,再自然养护 7 d 后进行表面处理。如果在冬季施工,应采取相应的保温防护措施,保证拟木面层在 5 ℃以上养护环境。

5.2.6 表面处理

对成型表面进行调整、补充、加固、艺术手法展现处理,搭配调和、调色、造光。

5.2.7 切伸缩缝/冲洗

表面处理完成后应对面层切伸缩缝处理,横纵向距离每隔 6~8 m 切一道伸缩缝(伸缩缝应保证在面层未裂缝及起拱之前施工),切缝宽度保持在 3~5 mm 为最佳。缝内采用密封胶或沥青胶盖缝,以防渗水,之后采用高压水将表面的粉尘、碎屑冲洗干净后方可进行下一道工序。

5.2.8 刷封闭胶保护

涂层材料为合成树脂类防护涂料。涂装前应采用塑料薄膜覆盖法检查涂装基层的含水率,合格后方可进行涂装。应严格按施工工艺要求进行涂装施工,遇到雨天、湿度大于80%或温度低于5 ℃时,禁止进行涂装施工。雨后须检查基层含水率合格后,方可进行施工。涂装层包括1道环氧封闭漆和2道丙烯酸聚氨酯面漆。

5.2.9 质量保证措施

(1)仿木桩工程施工所需要的所有材料,主要包括P·O42.5水泥、砂子、SPC聚合物乳液、色粉、颜料、防冻剂,其均有厂家提供的产品合格证及材料技术指标试验报告单,均应达到设计要求。

(2)严格按照彩色SPC聚合物砂浆配合比配制砂浆,计量精度为水泥±2%、砂±5%、乳液及色粉控制在±1%以内,采用人工搅拌。砂浆应随拌随用,一般在1 h内用完。平整度偏差控制在0.5 mm之内。

(3)养护:在仿木桩成品完成后12 h内,采用塑料薄膜覆盖、洒水养护,保持塑料布内有凝结水,每天浇水的次数以桩体表面处于湿润状态来确定,养护时间不少于7 d,然后自然养护。

(4)冬季施工措施:当温度低于5 ℃时,应按比例掺加早强防冻剂。在每段仿木桩周围搭设保温棚,保证棚内温度不低于5 ℃。

6 材料与设备

6.1 材料

材料与参考用量见表1。

表1 材料与参考用量

项目		P·O42.5 水泥	中砂	SPC 聚合物乳液	水
第一道 SPC 界面剂(kg/m²)		0.24	—	0.3	—
SPC 聚合物砂浆	配合比	1	2	0.4	0.1
	单方用量(kg/m³)	600	1 200	240	60
	单平米用量(kg/(m²·10 mm))	6	12	2.4	0.6
第二道 SPC 界面剂(kg/m²)		0.24	—	0.3	—

色粉的用量,根据施工工艺按适量加入,使其达到逼真的木材本色。

6.2 设备

使用的仪器、工具有电子秤、铁锹、摊铺铲、铁抹子、滚刷、刻画笔。

7 质量控制

(1)按照彩色SPC聚合物砂浆配合比配制砂浆,计量精度为水泥±2%、砂±5%、乳液及色粉控制在±1%以内,采用人工搅拌。

(2)混凝土基层表面湿润,不得有明水。

(3)装饰层抗冻等级为F150,面层厚度一般为10~20 mm,平整度偏差控制在0.5 mm之内。

(4)仿木成品完成后,洒水养护。

8 安全措施

(1)严格遵守国家有关安全的法律法规、标准规范、安全操作规程和地方有关安全的规定。

(2)建立健全项目部安全文明施工、环境保护及职业健康教育管理组织机构,建立健全各种规章制度。

(3)工人上岗前进行安全培训,经考核合格后上岗。

（4）施工前,由技术人员向工人作技术交底和安全技术交底。

（5）配备各种合格的劳动保护用品。

（6）施工前检查各种劳动保护和防护措施是否到位。

（7）施工过程中,专业安全管理人员监督到位,及时纠正各种不安全行为和安全隐患。

9 环保与资源节约

（1）严格遵守国家有关环境保护的法律法规、标准规范、技术规程和地方的环境保护规定。

（2）根据当日工作量进行聚合物搅拌,并且及时清理,做到活完料净脚下清。

（3）对水泥、乳胶、颜色剂等材料的包装物以及养护用塑料薄膜等,及时清理,避免白色污染。

10 效益分析

（1）SPC仿木工艺适用于水工建筑物、工民建、厂房、园林、市政、机场、码头、娱乐场所等工程表层装饰,受环境及气候影响小,具有广泛的应用范围和良好的应用前景。

（2）本工法施工专业化较强,经使用,在永定河莲石湖第一标段工程、北京市永定河门城湖工程、北京市永定河晓月湖工程的混凝土基面施工中节约了工程成本,经济效益显著。

（3）本工法增加了装饰施工的方案,具有施工工艺简便、速度快、节省资源、绿色环保等优点,经济效益显著,社会效益明显,深受各方的好评。

11 应用实例

11.1 工程实例一 永定河莲石湖第一标段工程

11.1.1 工程概况

永定河莲石湖第一标段工程是位于北京市石景山区永定河麻峪至京源铁路段的河道治理项目,合同金额为1.6亿,工程于2010年8月1日开工,2011年8月31日完工,在本工程中仿木铺装约为6 000 m²。

11.1.2 施工情况

SPC仿木施工采用在水泥砂浆中按一定比例掺入SPC聚合物乳液和颜色剂,抹压在清理干净的混凝土基面上,最后由人工进行刻画,达到仿真效果的施工工艺,操作简单,效果逼真。

该工艺的施工关键是人工刻画,与普通的木料装饰比较,节省了木材,而且对环境要求低,适用范围广泛,铺装出来的效果好,经久耐用,耐腐蚀。

11.1.3 工程监测及评价结果

SPC仿木铺装施工简单,色泽均匀,视觉感觉良好,达到了仿真的效果,得到了建设方和各参建方及社会的认可,工法应用成功。

11.2 工程实例二 永定河门城湖(三家店—麻峪河段)工程

11.2.1 工程概况

永定河门城湖工程的栈桥、码头、景观平台等设施在面层装饰上采用仿木仿石装饰做法,装饰面积有5 000多 m²,2011年4月中旬开工,2011年5月中旬完工。

11.2.2 施工情况

SPC仿木施工采用在水泥砂浆中按一定比例掺入SPC乳液和颜色剂,抹压在清理干净的混凝土基面上,最后由人工进行刻画,达到仿真效果的施工工艺,操作简单,效果逼真。

该工艺施工关键是人工刻画,与普通的木料装饰比较,节省了木材,而且对环境要求低,适用范围广泛,铺装出来的效果好,经久耐用,耐腐蚀。

11.2.3 工程监测及评价结果

SPC 仿木铺装施工简单,色泽均匀,视觉感觉良好,达到了仿真的效果,得到了建设方和各参建方及社会的认可,工法应用成功。

11.3 工程实例三 永定河晓月湖(梅市口桥—卢沟桥橡胶坝河段)工程

11.3.1 工程概况

永定河晓月湖工程的栈桥、码头、景观平台、栏杆等设施在面层装饰上采用仿木仿石装饰做法,装饰面积有 5 864 m²,2011 年 4 月中旬开工,2011 年 5 月中旬完工。

11.3.2 施工情况

SPC 仿木施工采用在水泥砂浆中按一定比例掺入 SPC 聚合物乳液和颜色剂,抹压在清理干净的混凝土基面上,最后由人工进行刻画,达到仿真效果的施工工艺,操作简单,效果逼真。

该工艺施工关键是人工刻画,与普通的木料装饰比较,节省了木材,而且对环境要求低,适用范围广泛,铺装出来的效果好,经久耐用,耐腐蚀。

11.3.3 工程监测及评价结果

SPC 仿木铺装施工简单,色泽均匀,视觉感觉良好,达到了仿真的效果,得到了建设方和各参建方及社会的认可,工法应用成功。

(主要完成人:常满祥 胡卫国 于立凯 崔炳乾 张松江)

高地应力区大跨度地下洞室
开挖支护施工工法

中国水利水电第六工程局有限公司

1 前言

官地水电站地下主厂房位于斜坡应力集中带(紧密挤压带)以内,置于新鲜的 P2β15 - 1 层斑状玄武岩和 P2β15 - 2 角砾集块熔岩中,总体岩石坚硬,且耐久性甚高,节理多,具有脆性;最大埋深达287.0 m,经孔壁法测试,围岩最大主应力 σ_1 达到39.63 MPa,这在国内尚属首次;厂房跨度为31.10 m,目前在国内排名第四位。国际上也很少有类似地质条件下同等规模的工程实例。对此,我局制定了"高地应力区大跨度地下洞室开挖支护施工"工法,采用"侧向超前锚杆支护"进行官地地下主厂房顶拱扩挖施工、"岩壁吊车梁的施工技术"确保岩壁吊车梁开挖质量、"蚕食应力控制法开挖支护施工技术"控制厂房高边墙变形、"反向锁口支护技术"减少主厂房大跨度洞室应力集中及小洞室爆破的二次应力调整带来的危害。官地水电站地下主厂房施工受到业主单位及水利水电专家的一致好评,其施工技术分别被集团公司评为2010 年科技进步二等奖、中国电力建设企业协会评为2011 年度中国电力建设科学技术成果二等奖、中国施工企业管理协会评为2010 年度科技创新成果二等奖。在工程实践中此工法的应用取得了良好的效果,在官地水电站尾水调压室、主厂房安装间、主变室施工中得到了应用,具有广泛的推广价值。

2 工法特点

(1)成功探索出"侧向超前锚杆支护施工技术",提前对不良地质段进行锚固,加强了围岩的稳定性、完整性,限制围岩的变形、位移和裂隙的发展,保证了施工安全,降低了爆破作业对围岩的震动,保证围岩稳定,提高了洞挖质量。

(2)成功探索出"岩壁吊车梁的施工技术",为高地应力区大跨度厂房岩壁吊车梁开挖施工增添了一项新技术。

(3)成功探索出"蚕食应力控制法开挖支护施工技术",解决了高地应力高强度岩体地下厂房高边墙临界失稳条件下的下部开挖施工难题,提供了地下厂房高边墙大块变形体条件下新的开挖思路,为相似条件下的洞室高边墙开挖提供了理论基础与实践参考。

(4)成功探索出"反向锁口支护施工技术",为地下厂房多洞室交叉段施工拓展了一种新的技术。

3 适用范围

该工法适用于高地应力区大跨度地下洞室开挖支护施工。

4 工艺原理

(1)"侧向超前锚杆支护施工技术"工艺原理为:对不良地质段顶拱开挖根据中导洞揭示的地质情况,动态设计开挖支护方案,在其靠中导洞一侧的岩面上施打垂直于节理和裂隙的超前锚杆,提前对不良地质扩挖段顶拱进行锚固,保证了大跨度厂房顶拱扩挖的稳定,有效地控制了变形,保证了施工安全,缩短了直线工期。

（2）"岩壁吊车梁的施工技术"工艺原理为：岩壁吊车梁岩台采用保护层开挖，避免形成大的滑移面，破坏岩壁吊车梁岩台开挖；光面爆破与预裂爆破对接，不断地提高岩台开挖成型质量；导向钢管控制斜孔深度及开挖速度技术运用，改善了岩台平整度，减少了岩面起伏差，提高了爆破效果。

（3）"蚕食应力控制法开挖支护施工技术"工艺原理为：将集中于厂房高边墙腰部的有害应力逐步释放出来，在将应力释放到可控范围内时，采取强支护将应力彻底锁定，有效地减小了厂房侧墙开挖的位移，对高边墙大跨度高地应力区地下厂房开挖有很高的推广价值。

（4）"反向锁口支护施工技术"工艺原理为：在与厂房交叉段洞室施工时，采用"先洞后墙法"开挖程序，锚杆布置在厂房边墙上并垂直于边墙，减小了厂房侧墙开挖的位移，能更好的对岩体产生约束作用。

5 施工工艺流程及操作要点

5.1 施工工艺流程

厂房顶拱中导洞开挖支护→从中导洞向两侧顶拱进行侧向超前锚杆施工→厂房第二层中部梯段及两侧保护层开挖支护施工→厂房第三层中部梯段及梯段边线预裂爆破施工→厂房第三层两侧保护层开挖施工→岩壁吊车梁开挖施工→岩壁吊车梁锚杆施工→岩壁吊车梁混凝土施工→依次进行厂房第4~11层开挖支护施工。

第4~7层以下采取中部梯段微差爆破，设计周两侧预留保护层进行二次开挖。第8、9层采取先开挖溜渣井，再进行扩挖。第10、11层先从尾水管方向采用水平掘进，开挖中导洞（中部）进入厂房，待第8、9层开挖完成后再进行扩挖施工，扩挖采用水平掘进，周边保护层光面爆破开挖。最后进行集水井施工。开挖一层支护一层，上一层支护完成后，再进行下一层开挖施工。

在附属洞室与厂房大洞室相通时，采用先洞后墙的施工工艺，在洞口锁口和系统支护施工结束后再开挖高边墙。

5.2 操作要点

5.2.1 侧向超前锚杆

地下厂房是水电站地下洞室群的核心洞室，它不仅跨度大，边墙高，而且上下游有多条平行洞室（引水隧洞、母线洞、尾水隧洞）与厂房大角度交叉连通，各平行洞室间岩柱间隔较薄。地下厂房的开挖施工顺序和方法是自上而下分层开挖、支护紧随开挖进行，与厂房相连通的洞室随着对应的开挖层同时开挖和支护，这些洞室以及厂房顶拱层以下的开挖施工均对厂房顶拱产生不良影响，因此地下厂房顶拱的施工对整个地下厂房区域的稳定及其重要。

针对上述不同的错动带及裂隙组合成的块体，对结构面组合形成的不稳定或潜在不稳定块体，厂房顶拱岩体受结构面切割，围岩稳定性相对较差，易产生顺结构面塌落和掉块，为了确保围岩稳定及施工安全，本工程施工中将采取"侧向超前锚杆支护"方法：在不良地质段顶拱两侧扩挖前，采取在其一侧的岩面上施打垂直于侧岩面的超前锚杆，提前对不良地质扩挖段顶拱进行锚固，然后进行该部位扩挖施工的一种侧向超前支护措施（见图1、图2）。

侧向超前锚杆宜采用早强砂浆锚杆，长度为9.0 m（顶拱单侧扩挖宽度为11.55 m），采用三臂液压钻机钻孔，其施工工艺同普通砂浆锚杆。采用此方法能更好地及时对不良地质段顶拱围岩进行约束，确保围岩稳定及扩挖成型。

（1）由于官地电站厂房处于高地应力区，最大埋深达287 m，最大主应力量值达39.63 MPa，应力相对集中，在施工中易出现岩爆现象，很难成型。顶拱支护由于普通砂浆锚杆支护时砂浆的自重导致注浆不密实，因此为了避免厂房顶拱出现岩爆现象及较好成型，采用"风枪注浆法"进行顶拱预应力锚杆施工。

将锚杆支护类型由普通砂浆锚杆改变为$L = 9.0$ m、$T = 120$ kN预应力锚杆，因采用普通砂浆锚

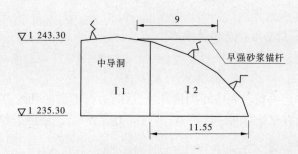

图1 侧向超前锚杆布置 （单位：m）

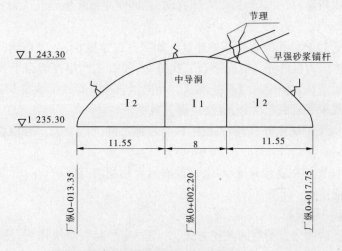

图2 顶拱侧向超前锚杆预节理调整 （单位：m）

杆不能快速起到锚固与拉应力约束作用,且岩体应力调整速度快于普通砂浆锚杆起到锚固作用的速度,而速凝预应力锚杆可以快速对拉应力区岩体产生约束作用,降低处于拉应力区的表面岩体的拉应力,避免岩爆及围岩失稳现象的发生。

预应力锚杆总长度为9 m,其中锚固段长度为3 m,张拉段长度为6 m。锚固段采用速凝型锚固剂,张拉段采用缓凝型锚固剂。预应力锚杆张拉断头部设置垫板、半球形垫圈、高强螺母、垫板为150 mm×150 mm×30 mm(长×宽×厚)钢板,半球形垫板需购买与钢筋规格相配套的产品。注浆前锚固剂须用水浸泡,泡至不泛气泡。预应力锚杆钻孔验收完成后,利用风枪装水泥卷,先装速凝卷,后装缓凝卷,之后进行锚杆的安装,预应力锚杆安装时垫板、半球形垫圈、螺母随锚杆一同安装,以便准确地控制锚杆入岩长度。

(2)揭露出来的一些不良地质段岩石破碎、稳定性差,在施工中无法成孔、成孔率低、卡钻、塌孔严重等,提高了施工难度,严重影响了施工进度,塌孔锚杆安装困难,施工无法正常进行,为保证施工进度及施工安全,采用超前自进式锚杆支护,先用多臂钻造孔,再用自进式锚杆扫孔,注浆。

(3)岩爆的成因主要取决于地质条件、岩体中较高的地应力条件和施工触发因素。为减轻岩爆的危害,以及防止岩爆的发生,很重要的一点就是在洞室开挖前对洞室围岩进行超前锚杆支护措施,这样做不仅可以及时对围岩进行预约束力,改变应力大小的分布,而且能使洞室周边的岩体从平面应力状态变为空间三向应力状态,从而达到减轻岩爆危害的目的,还能起到防护作用,防止岩石弹射和剥落造成事故。实践证明,通过对不良地质段进行侧向超前锚杆支护,对预防岩爆有较好效果,避免了围岩大面积失稳。岩爆洞段初期安全支护后,在有条件的情况下,应及时跟进二次永久衬砌支护,以免该洞段因暴露时间过长而重新出现二次岩爆现象。

(4)质量控制要点:

①锚杆应在开挖后尽快安设,钻孔应圆而直,其孔径和深度按设计施工;

②锚杆应尽量早强；

③锚杆材质的加工质量必须符合设计要求。

5.2.2 岩壁吊车梁施工

5.2.2.1 施工特点

(1)岩锚梁岩台保护层开挖。先中间掏槽开挖、后两边保护层的开挖方式,对围岩变形起到减缓作用,使岩体初始应力有充分时间进行调整,进行应力重分布,达到围岩稳定,避免形成大的滑移面,破坏岩锚梁岩台开挖。

(2)灵活应用光面爆破与预裂爆破对接。中部位和保护层开挖采用预裂爆破,岩台开挖采用光面爆破,控制爆破装药量,减少对岩锚梁岩体扰动,也能使光面爆破残孔质量提高,不断地提高岩台开挖成型质量。

(3)使用导向钢管控制斜孔深度及开挖速度。如果开挖速度快,造成快速卸荷效应,岩体变形及应力快速释放,岩体应力没有充分时间进行二次分布,便直接作用在岩台下拐角和上拐角上,形成地应力集中区,从而破坏岩锚梁岩台开挖形状。导向钢管控制斜孔深度及开挖速度技术的运用,改善了岩台平整度,减少了岩面起伏差,提高了爆破效果。

(4)预先安装岩锚梁系统锚杆,增强系统锚杆与岩体之间的约束力。分段向前加强支护,分段约束。

(5)超前锁口锚杆支护在岩台开挖应用,以此对岩台拐角进行保护。

5.2.2.2 岩锚梁开挖

1. 岩锚梁岩台保护层开挖

先中间掏槽开挖、后两边保护层的开挖方式,对围岩变形起到减缓作用,使岩体初始应力有充分时间进行调整,进行应力重分布,达到围岩稳定,避免形成大的滑移面,破坏岩锚梁岩台开挖。岩锚梁保护层开挖时,先进行壁座角外侧保护层开挖,再进行壁座角开挖上方的保护层开挖(见图3)。岩台岩壁采用直面和斜面双面光爆一次开挖成型,分段长度为20 m。岩台垂直钻孔孔位比设计线外移5 cm,孔深超深设计值10 cm,保证垂直孔爆破后两孔之间三角体不欠挖。斜向钻孔孔位比设计开挖线沿斜面垂直方向下移8 cm,保证斜向孔爆破后两孔之间三角体不欠挖,以保证岩锚梁岩台部分的开挖质量。

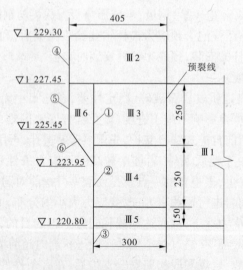

图3 岩锚梁保护层开挖分区图

2. 灵活应用光面爆破与预裂爆破对接

岩锚梁开挖中部拉槽采用 D7 风动液压钻机,沿厂房纵轴线进行深孔梯段预裂爆破,同时进行距上、下游岩壁4.05 m边线处的预裂爆破,减小拉槽振动对岩锚梁的破坏,岩壁梁开挖滞后梯段开挖施工30 m进行。岩台开挖采用光面爆破,爆破段长度控制在20 m,这样既可以降低单响药量,也可以作为下一循环的试验段,使爆破质量逐步优化提高。同时,控制爆破装药量,减少对岩锚梁岩体扰动,也能使光面爆破残孔质量提高,不断地提高岩台开挖成型质量。因此,岩台开挖前在岩壁吊车梁外保护层进行岩锚梁爆破试验,试验目的是通过试验确定岩锚梁爆破参数及对周围岩石的影响范围和程度等。

3. 使用导向钢管控制斜孔深度及开挖速度

岩台下拐角和上拐角是地应力集中区,不利于岩锚梁岩台开挖形状控制。采用YT－28型手风钻钻孔,岩锚梁岩台斜向孔深1.83 m,垂直于岩台竖向孔深1.95 m。岩台光爆孔采用导向钢管控制孔向,每20 m为一个施工单元。在安装好的脚手架上安装1.2 m长的导向钢管,由导向钢管控制孔向,钻杆为标准长度,孔深由做好标记的钻杆控制,间距30 cm,由测量人员对每个导向钢管逐个放样验收,控制好每个导向钢管的高程和角度,钻孔时先用3 m钻杆在岩壁钻30~50 cm浅孔,然后换成4 m钻杆一次钻到位,导向钢管控制斜孔深度及开挖速度技术的运用,改善了岩台平整度,减少了岩面起伏差,提高了爆破效果。

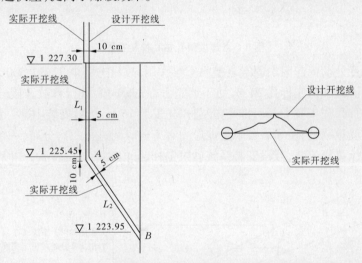

图4　岩锚梁设计开挖边线及实际钻孔边线对比

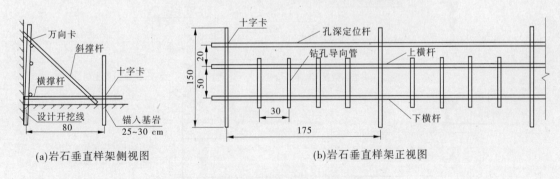

(a)岩石垂直样架侧视图　　　　　　(b)岩石垂直样架正视图

图5　岩锚梁竖直钻孔样架布置

4. 增强系统锚杆与岩体之间的约束力

预先安装岩锚梁系统锚杆,增强系统锚杆与岩体之间的约束力。分段向前加强支护,分段约束。官地岩壁吊车梁由于所受的轮压较大,上部设置两排锚杆,将梁顶面内侧部分做成斜面,以便将一排锚杆位上抬,增大力臂,并能和梁内水平受力钢筋交叉搭接一定长度。一排$\beta_1 = 25°$;一排$\beta_2 = 20°$,由两排锚杆共同承担轴向拉力。官地岩壁吊车梁上部两排受拉锚杆均选用Φ40@700;下

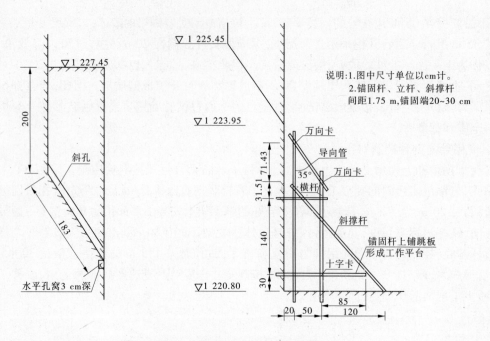

图6 岩锚梁斜孔钻孔样架布置

部水平锚杆因不承受外荷只起附加固定岩壁吊车梁作用,故只选用φ32@1 500,另一排选用φ32 @700。在具体打孔安装时,先打孔20 m,便于地应力有充分时间进行释放。接着进行系统锚杆安装,在安装系统锚杆时,先安装上部两排受拉锚杆,先安装15 m,然后安装中部一排水平锚杆10 m,最后安装下部一排受压锚杆,便于岩台附近地应力有充分时间进行二次分布,一个循环完成以后再进行下一个循环系统锚杆安装,分段安装系统砂浆锚杆,分段向前加强支护,一段一段地循环作业。

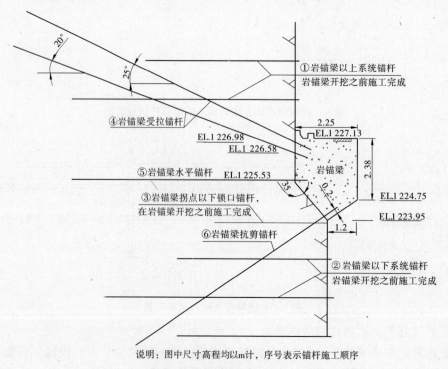

说明:图中尺寸高程均以m计,序号表示锚杆施工顺序

图7 岩壁梁锚杆施工顺序

5. 对岩台拐角的保护

超前锁口锚杆支护在岩台开挖应用,以此对岩台拐角进行保护。

为确保岩锚梁外观成型质量,在岩锚梁岩台开挖之前,利用直径 25 mm 系统锚杆,在下拐点斜孔开孔位以下 10 cm 布置一排直径 25 mm、长 150 cm(外露 30 cm)、间距 75 cm 的锁口锚杆,∠50×32×3 mm 热轧等边角钢(与锁口锚杆外露部分焊接)以约束该部位应力应变,以此对岩台拐角进行保护。对下拐点处节理、裂隙和破碎岩体实行超前加固,同时对下拐点 100 cm 以下范围初喷 5 cm 厚 C25 混凝土保护岩面。

5.2.2.3 蚕食应力控制

针对厂房高边墙变形的特殊情况,首先对已开挖成的边墙进行加强支护,对已有的支护深度与监测成果结合分析,现有锚固深度不能满足控制边墙变形要求,必须采用深锚索进行支护,在厂房边墙现有 15/20 m 锚索的基础上,将预应力锚索深度增加到 30~45 m,对已经施工过锚索的部位进行加深加密。厂房上游边墙加强支护锚索布置如图 8 所示。

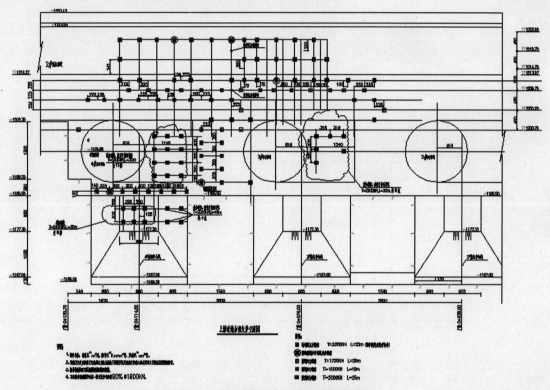

图 8　厂房上游边墙加强支护锚索布置

由于厂房上游边墙超大变形体的存在,如果仍采用传统的两侧预裂、中间梯段爆破的方法,使高边墙集中的应力一次性释放,极有可能在每次爆破后都引起岩爆甚至塌方现象,使得高边墙的稳定愈发的失控。针对上述情况,据该位置岩体应力的特点,开创性地提出了采用"蚕食应力控制开挖支护施工技术"分层逐步减弱应力影响,采用改变施工机械,分小快慢慢逐步剥离下部岩体。施工过程中采用手风钻开挖,方便灵活地控制开挖区域,合理地安排钻爆参数,按照 2 m 一层在上游侧开始开挖,每开挖 5 m 段及时进行支护施工,支护完成后进行下一段的施工循环。在厂房整个周边 2 m 层施工完成后,再进行下一个 2 m 层高的施工。同时在开挖施工过程中,时刻与监测数据变化情况进行比较,如果围岩变形一旦发生异常,立即停止开挖,分析监测变化,采取加强支护等应对措施,始终保持围岩变形在可控范围内。

5.2.2.4 反向锁口支护施工

厂房多洞室交叉段(见图9)"反向锁口支护"施工方法为:当各洞室开挖至厂房边墙位置后,开挖顺序调整为从厂房内进行,根据交叉段岩体应力分布情况,为了减小应力集中,采取分层进行开挖,分层高度控制在2.5~3.0 m;每层开挖完成后及时进行"反向锁口支护"(见图10、图11);反向锁口支护完成后再进行下一层开挖。"反向锁口支护"技术施工方法使应力调整在小洞室内进行,减少厂房大跨度洞室应力集中及小洞室爆破的二次应力调整带来的危害。

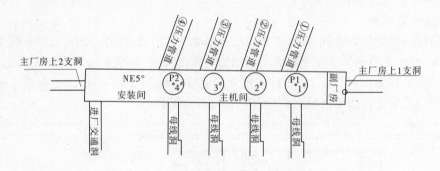

图9 与厂房交叉洞室布置示意图

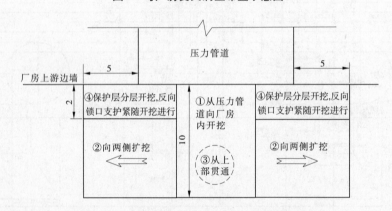

图10 压力管道与厂房交叉部位反向锁口施工顺序

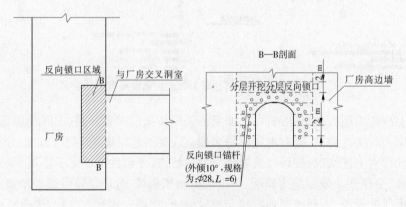

图11 反向锁口施工布置

(1)进厂交通洞与厂房交叉洞段:锁口锚杆采用ϕ32普通砂浆锚杆,$L=9$ m,间排距1 m,布置两排,每排40根;布置在进厂交通洞内靠近厂房边墙位置。

(2)母线洞与厂房交叉洞段:每条母线洞锁口锚杆采用ϕ32,预应力锚杆,$L=9$ m,间排距1 m,布置两排,每排45根;布置在母线洞内靠近厂房边墙位置。

（3）压力管道与厂房交叉洞段：每条压力管道锁口锚杆采用$\phi 28$，普通砂浆锚杆，$L = 6$ m，间排距 1 m，布置两排，每排 45 根；布置在压力管道内靠近厂房边墙位置。

（4）尾水洞与厂房交叉洞段：每条尾水洞内锁口锚杆采用$\phi 32$，预应力锚杆，$L = 9$ m，间排距 1 m，布置两排，每排 50 根；布置在压力管道内靠近厂房边墙位置。

6　材料与设备

6.1　材料

6.1.1　火工材料

采用乳化炸药、非电毫秒管及导爆索。

6.1.2　导向钢管

采用$\phi 48$导向钢管保证了岩壁吊车梁开挖面的质量。

6.1.3　维萨模板

采用维萨模板保证了岩壁吊车梁镜面混凝土的成型。

6.1.4　锚固材料

采用早强砂浆保证了侧向超前锚杆提前锚固，采用速凝树脂锚固剂保证了预应力锚杆尽快起到锚固作用，采用半球形垫圈、高强螺母、垫板等保证了预应力锚杆的施工质量。

6.2　设备

D7 液压钻、B353E 液压三臂钻机、ALIVA - 500 混凝土喷射机组、1.6 m³ 小松挖掘机、YQ - 100B 风动潜孔钻、YT - 28 手风钻等。

在高地应力大跨度地下厂房施工过程中采用 D7 液压钻进行中部梯段爆破、YQ - 100B 风动潜孔钻进行两侧预裂爆破、YT - 28 手风钻进行岩壁吊车梁开挖、B353E 液压三臂钻机和 ALIVA - 500 混凝土喷射机组快速进行支护，保证了施工进度及施工安全，效率高。

7　质量控制

（1）建立高地应力大跨度地下洞室施工质量保证体系，确立管理人员名单，负责各工序的组织管理工作。

（2）施工机械设备组织到位。

（3）施工前，技术人员组织召开专题会议，对测量人员、施工作业队各个工序有关人员进行技术及工法交底。

（4）每班作业均由一名技术员和一名质检员进行全过程质量检查控制与技术指导、监督，填写质量检查控制表。

（5）项目总工程师、质检部部长、技术部部长、施工队队长要对每一循环施工质量进行检查、总结，制订下一循环改进措施予以实施。

8　安全措施

（1）为保证照明安全，必须在各作业面、道路、生活区等设置足够的照明系统，地下工程照明用电遵守规范的规定，在潮湿和易触电的场所照明供电电压不大于 36 V。施工用电线路按规定架设，满足安全用电要求。

（2）进行爆破时，人员撤至安全距离之外。

（3）每道工序施工完成，经过安全检查合格后，才能进入下一道工序的施工。

（4）定期进行厂房顶拱、高边墙及交叉洞段围岩变形观测，如发现异常情况及时报告有关人员，并立即组织施工人员和机具撤离。

（5）成立安全管理小组,针对本工程安全重点由技术部编制安全技术措施指导现场生产,加强施工现场安全管理工作,科学组织施工,确保施工安全。

9　环保与资源节约

（1）爆破粉尘及烟气得到了及时有效的排放。

（2）施工废水都按要求进行了处理,排入场内系统排水沟内。

（3）严格遵守国家、省、市所有关于环境保护的法律、法规和规章,并依照《中华人民共和国大气污染防治法》、《建设项目环境保护管理条例》、《中华人民共和国环境保护法》等做好施工区的环境保护工作,防止由于工程施工造成施工区的环境污染和破坏。

10　效益分析

10.1　经济效益

10.1.1　侧向超前锚杆支护

针对不良地质段施打侧向超前自进式锚杆直接费用为

$[(172-152)+(115-65)+(190-160)]\div0.5\times408.22$ 元/根 = 200 根 $\times408.22$ 元/根 = 81 644 元

针对不良地质段施打侧向超前预应力锚杆直接费用为

$[(60-30)+(80-50)]\div0.5\times1\ 616.77$ 元/根 = 120 根 $\times1\ 616.77$ 元/根 = 194 012.4 元

则直接经济效益为

81 644 + 194 012.4 = 275 656.4 元 = 27.57 万元

10.1.2　岩锚梁开挖施工技术

（1）预先预留岩锚梁岩台保护层开挖。先中间掏槽开挖,后两边保护层的开挖方式,对围岩变形起到减缓作用,使岩体初始应力有充分时间进行调整,进行应力重分布,达到围岩稳定,避免形成大的滑移面,破坏岩锚梁岩台开挖。

（2）灵活应用光面爆破与预裂爆破对接。中部拉槽和保护层开挖采用预裂爆破,岩台开挖采用光面爆破,控制爆破装药量减少对岩锚梁岩体扰动,也能使光面爆破残孔质量提高,不断地提高岩台开挖成型质量。

采用上述光面爆破与预裂爆破相对接,预先预留岩锚梁岩台保护层开挖的开挖方式,不仅提高了工作效率,而且能不断地优化岩台开挖爆破参数,提高岩台成型质量,岩锚梁岩台部分开挖量约3 632 m^3。

开挖费用:3 632 $m^3\times69$ 元/m^3 = 25.06 万元

人工费用:80 人 $\times80$ 元/人 $\times30\times6$ = 115.2 万元

机械费用:20 t 出渣车费用:$8\times16\times25\times10\times30\times4$ = 384(万元)

　　　　　反铲费用:$300\times16\times4\times30\times4$ = 230.4(万元)

　　　　　D7 液压钻费用:$300\times16\times2\times30\times4$ = 115.2(万元)

如果采用常规预裂爆破方法,不仅岩锚梁岩台保护不住,而且大大增加岩锚梁开挖量,岩锚梁岩台部分开挖量约15 590 m^3。

开挖费用:15 590 $m^3\times69$ 元/m^3 = 107.57 万元

人工费用:160 人 $\times80$ 元/人 $\times30\times6$ = 230.4 万元

机械费用:20 t 出渣车费用:$8\times20\times30\times20\times30\times4$ = 1 152(万元)

　　　　　反铲费用:$300\times20\times4\times30\times4$ = 288(万元)

　　　　　D7 液压钻费用:$300\times20\times2\times30\times4$ = 144(万元)

比较上述两种方案节省费用1 052.11万元。

(3)使用预留导向钢管控制斜孔深度及开挖速度。如果开挖速度快,造成快速卸荷效应,岩体变形及应力快速释放,岩体应力没有充分时间进行二次分布,便直接作用在岩台下拐角和上拐角上,形成地应力集中区,从而破坏岩锚梁岩台开挖形状。预留导向钢管控制斜孔深度及开挖速度技术运用,改善了岩台平整度,减少了岩面起伏差,提高了爆破效果。

采用预留导向钢管控制斜孔深度及开挖速度技术,增加ϕ48钢管约18.8 t,增加费用约12.41万元。

如果不采用预留导向钢管控制斜孔深度及开挖速度技术,造成岩台垮塌需要浇筑混凝土进行修补,混凝土量至少约407 m³,岩台恢复浇筑混凝土费用至少约30万元,人工费至少1.4万元。影响工期至少2.5月,影响工期费用至少约750万元。

比较上述两种方案节省费用768.99万元。

(4)预先安装岩锚梁系统锚杆,增强系统锚杆与岩体之间的约束力。分段向前加强支护,分段约束。

支护及时跟进,防止岩体由于变形过大,造成墙体失稳,延误工期,影响工程进度。

(5)超前锁口锚杆支护在岩台开挖应用,以此对岩台拐角进行保护。

增加ϕ25锚杆约9 t,增加工程费用约4.5万元;∟50×32×3 mm热轧等边角钢1.5 t,增加工程费用约5万元。如果不及时做超前锁口锚杆支护,保护岩台形状,造成岩台垮塌需要浇筑混凝土进行修补,混凝土量至少约407 m³,岩台恢复浇筑混凝土费用至少约30万元。

比较上述两种方案节省费用20.5万元。

(6)岩锚梁施工期间获得二滩业主专项奖励资金100万元。其中,岩锚梁开挖获"样板工程"奖励28万元;岩锚梁混凝土浇筑获"样板工程"奖励42万元;岩锚梁混凝土浇筑节点奖励30万元。

综合上述比较分析,本工法"岩壁吊车梁的开挖施工技术"子项目直接经济效益至少约1 941.6万元。

10.1.3 蚕食应力控制法开挖支护施工技术

官地水电站地下厂房高边墙进行第五层开挖时,厂房上游边墙出现异常变形,在边墙按照常规方法进行支护后,变形仍持续增大,无收敛趋势,变形体处于压力管道上方,若不采取有效措施,厂房高边墙有可能发生失稳坍塌的危险,从而影响到电站发电工期。

高边墙失稳可能造成的塌方量约8 000 m³,塌方处理与工程恢复共需180 d。

塌方处理费用如下:

塌方石渣运输费用 = 8 000 m³ × 30元/m³ = 24万元

塌方后的支护处理费用 = 1 000 × 500 = 50(万元)

塌方造成的人员设备窝工费用 = 100 × 6 × 2 000 = 120(万元)

塌方回填混凝土费用 = 8 000 × 350 = 280(万元)

"蚕食应力控制法开挖支护施工技术"间接经济效益为:24 + 50 + 120 + 280 = 474(万元)。

10.1.4 反向锁口支护技术

"反向锁口支护"技术在地下厂房多洞室交叉段施工中得到应用,在厂房与地下厂房交叉洞室有进厂交通洞、压力管道、母线洞、尾水洞;在进行交叉洞室开挖过程中分别进行反向锁口支护施工。

(1)进厂交通洞与厂房交叉口段反向锁口支护采用ϕ32普通砂浆锚杆,$L=6$ m;直接经济效益:

$$68 \times 2 \times 284 = 3.86(万元)$$

(2)尾水管与厂房交叉口段反向锁口支护采用ϕ32预应力锚杆,$L=9$ m;直接经济效益:

$$(58 \times 2 \times 1\,268) \times 4 = 58.8(万元)$$

(3)压力管道与厂房交叉口段反向锁口支护采用 $\phi 32$ 预应力锚杆, $L = 9$ m;直接经济效益:

$$(50 \times 2 \times 1\,268) \times 4 = 50.7(万元)$$

(4)母线洞与厂房交叉口段反向锁口支护采用 $\phi 32$ 预应力锚杆, $L = 9$ m;直接经济效益:

$$(44 \times 2 \times 1\,268) \times 4 = 44.6(万元)$$

(5)间接经济效益。如果地下厂房交叉段洞室开挖因为未进行反向锁口支护而导致交叉口段塌方,处理塌方费用估计需要 468 万。"反向锁口支护技术"创造的间接经济效益为 468 万元。

综上所述,由于进行"高地应力区大跨度地下厂房安全施工工法"研究并取得成功,使得我公司实现直接经济效益:

$$27.57 + 1\,941.6 + 3.8 + 58.8 + 50.7 + 44.6 = 2\,127.07(万元)$$

间接经济效益:

$$474 + 468 = 942(万元)$$

10.2 社会效益

高地应力区大跨度地下洞室开挖支护施工工法是中国水利水电第六工程局有限公司在总结过去多年地下工程开挖经验的基础上的一项新技术,在工程实践应用中得到了业主及社会各界的一致好评,为中国水利水电第六工程局有限公司在地下工程施工中创造品牌工程奠定了基础。

11 应用实例

11.1 官地水电站地下主厂房开挖支护施工中的应用

11.1.1 工程概况

官地水电站地下主厂房位于斜坡应力集中带(紧密挤压带)以内,置于新鲜的 P2β 15 - 1 层斑状玄武岩和 P2β15 - 2 角砾集块熔岩中,总体岩石坚硬,且耐久性甚高,节理多,具有脆性;最大埋深达 287.0 m,经孔壁法测试,围岩最大主应力 σ_1 达到 39.63 MPa,这在国内尚属首次;厂房跨度为 31.10 m,目前在国内排名第四位。国际上也很少有类似地质条件下同等规模的工程实例。主厂房(上层扩挖)0 + 152 ~ 0 + 172、0 + 115 ~ 0 + 065、0 + 060 ~ 0 + 030 上游侧,0 + 050 ~ 0 + 080 下游侧,为Ⅲ类围岩,角砾集块熔岩(P2β 15 - 2)、错动带和节理发育较多,可能在厂房该不良地质段顶拱至拱肩部位构成不利组合,在扩挖中使顶拱存在不稳定块体以及潜在的不稳定块体,从而危及厂房顶拱稳定。另外桩号 0 + 190 ~ 0 + 160 上游侧由于上述原因已经出现裂缝,随时有垮塌的可能。在主厂房第三层不只有岩壁吊车梁,岩台开挖和锚杆施工要求高;主厂房开挖高度达 76.3 m,且与许多洞室(母线洞、压力管道)交叉,不但本身密集(均为 4 条),而且与厂房相交于厂房腰线处,厂房腰线处为变形最大、应力最高、不稳定块体最多、稳定性本身最差的部位。

11.1.2 施工情况

针对主厂房顶拱的不良地质段,在主厂房顶拱不良地质段顶拱两侧扩挖前,采取在其一侧的岩面上施打垂直于侧岩面的超前锚杆,提前对不良地质扩挖段顶拱进行锚固,然后进行该部位扩挖施工的一种侧向超前支护措施。

岩壁吊车梁开挖时,采用先中间掏槽开挖、后两边保护层的开挖方式,中部拉槽和保护层开挖采用预裂爆破,岩台开挖采用光面爆破;使用导向钢管控制周边孔的角度及深度;预先安装岩锚梁系统锚杆(岩锚梁上部及下部系统锚杆已经在岩锚梁开挖前安装完成),增强系统锚杆与岩体之间的约束力。

对高边墙稳定问题,采用"蚕食应力控制开挖支护施工技术"分层逐步减弱应力影响,改变施工机械,分小块慢慢剥离下部岩体。由此使施工进度放缓,为了确保 1# 机组段按照节点目标完成开挖支护施工任务,采用了自 1# 机组段至 4# 机组段的阶梯式开挖方法。

在厂房与周边洞室交叉段,采用先洞后墙的施工工艺,压力管道、母线洞及尾水管导洞开挖至厂房边墙后转至在厂房内进行交叉段开挖,根据岩体应力分布情况,分层进行开挖,分层进行"反向锁口支护"保证施工安全。

11.1.3 结果及评价

采用"高地应力区大跨度地下洞室开挖支护施工工法"施工,经过现场合理的组织,在 2009 年 7 月 31 日完成了雅砻江官地水电站地下厂房开挖支护施工,保证了节点目标的实现,有效解决了厂房顶拱围岩稳定、高边墙临界失稳条件下下部开挖、岩壁吊车梁质量控制、各洞室交叉段安全施工等技术难题,较常规施工方法减少了人员和材料投入大的缺点。受到业主单位及水利水电专家的一致好评。对正在施工的高地应力大跨度地下主厂房,提供了技术上的支持,推动了地下洞室工程施工技术的发展,为类似地下工程建设积累了宝贵经验,具有广泛的推广价值,社会经济效益显著,应用技术总体上达到了国际先进水平。

11.2 官地水电站尾水调压室开挖支护施工中的应用

11.2.1 工程概况

雅砻江官地水电站地下尾水调压室最大开挖尺寸为 221 m×21.5 m×76.5 m(长×宽×高),围岩主要由新鲜的 P2β 15-2 角砾集块熔岩和 P2β 15-1 斑状玄武岩组成,受错动带(fxt01、fxt05)与多组裂隙相互切割,其拱角及拱肩、边墙形成不稳定块体,从而危及洞室稳定及施工安全,在局部的顶拱及边墙、端墙部位可形成坍塌、掉块。尾水调压室埋深较大,地应力较高,有产生岩爆的可能。洞室处于地下水位以下,有裂隙承压水分布,地下水较丰富。施工难度大,安全隐患突出。

11.2.2 施工情况

针对尾调室顶拱的不良地质段,在尾调室顶拱不良地质段顶拱两侧扩挖前,采取在其一侧的岩面上施打垂直于侧岩面的超前锚杆,提前对不良地质扩挖段顶拱进行锚固,然后进行该部位扩挖施工的一种侧向超前支护措施。

对高边墙稳定问题,采用"蚕食应力控制开挖支护施工技术"分层逐步减弱应力影响,改变施工机械,分小块慢慢逐步剥离下部岩体。由此使施工进度放缓,为了确保尾水调压室开挖支护施工完成,采用了自北端墙至南端墙的阶梯式开挖方法。

在尾水调压室与周边洞室交叉段,采用先洞后墙的施工工艺,尾调交通洞、尾调中支洞、尾调下支洞、隔墙施工支洞开挖至尾调室边墙后转至在尾调室内进行交叉段开挖,根据岩体应力分布情况,分层进行开挖,分层进行"反向锁口支护"保证施工安全。

11.2.3 结果及评价

采用"高地应力区大跨度地下洞室开挖支护施工工法"施工,经过现场合理的组织,在 2010 年 9 月完成了雅砻江官地水电站尾水调压室开挖支护施工,保证了施工质量和施工安全及节点目标的实现,有效解决了尾调室顶拱围岩稳定、高边墙临界失稳条件下下部开挖、各洞室交叉段安全施工等技术难题,受到业主单位及水利水电专家的一致好评。

11.3 官地水电站主厂房安装间开挖支护施工中的应用

11.3.1 工程概况

雅砻江官地水电站主厂房安装间置于新鲜的 P2β 15-1 层斑状玄武岩中,岩石坚硬,脆性大;埋深大,围岩最大主应力 39.63 MPa,这在国内尚属首例;主厂房安装间跨度为 31.10 m,高度为 30.9 m,且与主厂房上 2 支洞、进厂交通洞等洞室交叉,主厂房安装间顶拱开挖、交叉段开挖和高边墙稳定及主厂房安装间上游侧的岩壁吊车梁施工是重中之重。

11.3.2 施工情况

针对主厂房安装间顶拱的 fx10、fx11、fx12、fx13 等裂隙,在主厂房安装间顶拱不良地质段顶拱两侧扩挖前,采取在其一侧的岩面上施打垂直于侧岩面的超前锚杆,提前对不良地质扩挖段顶拱进行锚固,然后进行该部位扩挖施工的一种侧向超前支护措施。

岩壁吊车梁开挖时,采用先中间掏槽开挖、后两边保护层的开挖方式,中部拉槽和保护层开挖采用预裂爆破,岩台开挖采用光面爆破;使用导向钢管控制周边孔的角度及深度;预先安装岩锚梁系统锚杆(岩锚梁上部及下部系统锚杆已经在岩锚梁开挖前安装完成),增强系统锚杆与岩体之间的约束力。

对高边墙稳定问题,采用"蚕食应力控制开挖支护施工技术"分层逐步减弱应力影响,采用改变施工机械,分小块慢慢逐步剥离下部岩体的开挖方法。

在主厂房安装间与周边洞室交叉段,采用先洞后墙的施工工艺,主厂房上2支洞、进厂交通洞开挖至主厂房安装间边墙后转至在主厂房安装间内进行交叉段开挖,根据岩体应力分布情况,分层进行开挖,分层进行"反向锁口支护"保证施工安全。

11.3.3 结果及评价

采用"高地应力区大跨度地下洞室开挖支护施工工法"施工,经过现场合理的组织,在2008年8月完成了雅砻江官地水电站主厂房安装间开挖支护施工,保证了设计体型和质量,确保了施工安全及节点目标的实现,受到业主单位及水利水电专家的一致好评。

11.4 官地水电站主变室开挖支护施工中的应用

11.4.1 工程概况

雅砻江官地水电站主变室最大开挖尺寸为197.3 m×18.8 m×28.6 m(长×宽×高),主变室围岩由新鲜的 P2β 15 – 2 角砾集块熔岩和 P2β 15 – 1 斑状玄武岩组成,局部错动带及裂隙发育,其组合可形成不稳定岩块,特别是主变室北端错动带发育,走向与轴线小角度相交,对边墙稳定影响较大,顶拱存在缓倾角错动带,与其他错动带的组合可形成潜在不稳定块体。因此,在局部的顶拱及边墙、端墙部位有可能造成坍塌、掉块及变形。

11.4.2 施工情况

针对主变室顶拱的不良地质段,在主变室顶拱不良地质段顶拱两侧扩挖前,采取在其一侧的岩面上施打垂直于侧岩面的超前锚杆,提前对不良地质扩挖段顶拱进行锚固,然后进行该部位扩挖施工的一种侧向超前支护措施。

对高边墙稳定问题,采用"蚕食应力控制开挖支护施工技术"分层逐步减弱应力影响,采用改变施工机械,分小块慢慢逐步剥离下部岩体的开挖方法。

在主变室与周边洞室交叉段,采用先洞后墙的施工工艺,主变上支洞、主变交通洞、母线洞、电缆联系洞开挖至主变室边墙后转至在主变室内进行交叉段开挖,根据岩体应力分布情况,分层进行开挖,分层进行"反向锁口支护"保证施工安全。

11.4.3 结果及评价

采用"高地应力区大跨度地下洞室开挖支护施工工法"施工,经过现场合理的组织,在2008年12月完成了雅砻江官地水电站地下主变室开挖支护施工,保证了设计体型和质量,确保了施工安全及节点目标的实现,受到业主单位及水利水电专家的一致好评。

(主要完成人:刘化才 李文昌 任长春 王 鹤 宋 旭)

喷浆机置于上井口的竖井混凝土喷射施工工法

中国水利水电第六工程局有限公司

1 前言

竖井喷射混凝土时一般需制作工作盘作为施工平台,通过起吊系统上下移动,喷浆设备放置在施工平台上,材料通过吊桶运至施工作业面,砂石料在井口通过强制搅拌机搅拌好后,利用吊桶运至作业面。人工上料至喷浆机中,通过喷头直接喷护。鉴于作业场地有限,材料运输麻烦,施工工序复杂,为此我们结合拉法基三期扩建工程 1# 竖井喷射混凝土施工,采用沿竖井岩壁布设管路直接输送混凝土料至喷头,进行喷射混凝土作业,研究并形成了喷浆机置于上井口的竖井混凝土喷射施工工法。

2 工法特点

竖井喷射混凝土将喷浆机和材料布置在竖井口,由喷浆机处铺设拌和料输送管道至竖井作业面,管道采用钢管和胶管,至作业面 20 m 接胶管,保证移动灵活。胶管接喷浆机喷头,施工人员通过吊笼上下和施工,施工人员站在吊笼里操作喷头进行受喷面喷护;钢管固定在井壁上,采用钢丝绳将每节钢管固定,每节钢管上焊接定位器,将定位器与钢丝绳用卡扣连接,使每节钢管用钢丝绳连接成一个整体,通过钢丝绳固定钢管和牵引钢管。施工人员可直接乘坐吊笼,随吊笼进行受喷。此法可直接将砂石料用强制式搅拌机搅拌好后,采用人工上料至喷浆机中,喷浆机通过拌和料输送管道直接输送到作业面。

3 适用范围

该工法主要适用于 300 m 以内的需要喷锚支护的竖井施工。

4 工艺原理

将喷浆设备固定至井口,通过管路垂直输送混凝土至喷浆机喷头。传统施工方法是采用提升系统将拌和料运至工作面,由于场地有限不能充分供应,且卷扬机提升速度慢,而采用拌和料输送管道将预喷料直接输送至作业面,由喷头喷向受喷面,施工操作方便,供料速度加快,使工序转换效率大大提高。

5 施工工艺流程及操作要点

(1)喷浆及辅助设备布置竖井施工场地需根据现场条件,合理、紧凑布置。喷浆机布置在竖井口,强制搅拌机紧挨喷浆机布置,喷浆机附近布置砂石骨料厂,保证材料及时供应。竖井右侧布置水池和发电机,水池直接与供水管路相通,管路沿井壁敷设,采用膨胀螺栓固定于井壁上,发电机作为应急用电使用,保证提升系统随时安全运行,起吊系统布置在喷浆设备对面,指挥人员随时监测,空压机布置在提升系统附近保证竖井供风。

(2)管路布置混凝土输送管道主要采用钢管,距离作业面 20 m 时钢管接胶管,保证移动灵活。钢管固定在井壁上,采用钢丝绳将每节钢管固定,每节钢管上焊接定位器,将定位器与钢丝绳用卡扣连接,使每节钢管用钢丝绳连接成一个整体,通过钢丝绳固定钢管和牵引钢管,并每 20 m 打锚杆,将钢管焊接在锚杆上,保证固定在岩壁上。

(3)材料要求根据设计井壁喷混凝土强度等级、考虑到井下影响混凝土质量的因素比较多,配制混凝土时均按高于设计标号一级配制,为确保井壁喷混凝土的早期强度,确保井壁质量,减少爆破影响和正常脱模,掺入高效减水早强剂。混凝土配合比按实验室提供资料进行。

水泥:大厂生产、质量稳定的 PC32.5 水泥。

砂:选用级配良好的中粗砂,其模度系数不小于2.8,含泥量不大于1.8%,泥块含量不大于0.5%。

石:选用质地坚硬、表面粗糙、级配良好的 10~30 mm 混合碎石,其含泥量不大于0.8%,泥块含量不大于0.3%,针片状颗粒含量不大于7.6%。

外加剂:采用市场上比较成熟的广泛应用的高效早强减水剂。

拌和水采用矿方提供生产生活用水。

(4)微纤维喷射混凝土的原材料拌和质量直接影响混凝土的质量,施工时采用双卧轴强制式搅拌机拌和,投料顺序按照中粗砂、微纤维、米石、水泥的顺序投入上料斗,微纤维混凝土的拌和时间不得少于 3 min。

喷射微纤维混凝土工艺流程见图1。

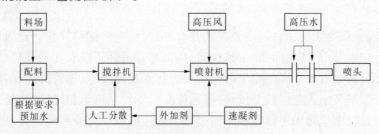

图1 喷射微纤维混凝土工艺流程

(5)施工方法竖井混凝土喷射采用输送管路直接至喷头,作业人员对浮渣上方竖井岩壁进行检查,清除各种危险后,喷浆人员利用浮渣作为施工平台,直接对竖井岩壁进行喷射。待竖井岩渣清理干净后,施工人员通过吊笼上下和施工,施工人员站在吊笼里操作喷头进行受喷面喷护,为保证吊笼稳定,采用稳绳固定吊笼,距作业面20 m处吊笼不采用稳绳固定,保证吊笼能够来回移动,绕竖井中心转动,吊笼成一转盘,施工人员可随吊笼的转动对受喷面施喷。喷射混凝土的回弹料可在地面放置铁皮收集,但不得重复利用,而应在每一工作班结束后,从工作面清理出去。喷射混凝土当有气孔、缺陷或损伤时均需补喷完好,新喷射的混凝土应按规定洒水养护。喷射混凝土喷嘴距喷射面的距离一般控制在 0.8~1.0 m,距离太大,则由于喷射混凝土的压力不足,喷射混凝土的强度达不到要求,而且与基面的黏结强度也达不到要求,混凝土的回弹量也较大。距离太小,则由于喷射压力太大,喷射混凝土的回弹量很大。

6 材料与设备

材料与机具设备见表1。

表1 材料与机具设备

序号	设备名称	设备型号	单位	数量	用途
1	喷浆机		台	1	
2	装载机	ZL50	台	1	
3	搅拌机	JS500	台	1	
4	钢管		m	300	

7 质量控制

质量控制要点是混凝土的质量控制要从原材料的质量抓起,同时把握住配料的精度,并采用合理的施工工艺。

7.1 原材料质量的控制

原材料要尽量保持稳定的货源和稳定的质量。进场的水泥必须要有合格证和强度试验报告,过期水泥、受潮结块水泥要禁止使用。为保证井壁混凝土质量,采用高强度等级普通硅酸盐水泥。进场的砂、石子要做级配试验,不符合要求的不得使用,对水泥土杂质含量超过规定的粗骨料进行冲洗,砂、石的含水量定期测定,及时调整水灰比。

7.2 配料的控制

选用电子自动计量配料系统,确保混凝土配合比的准确性,定期校对计量系统,严格控制水灰比,外加剂要选用较精确的容器量取,误差不得超过 ±0.5% 。

7.3 施工工艺的控制

搅拌时间不低于 3 min,保证搅拌均匀。

8 安全措施

8.1 安全控制要点

(1)在喷射过程中如出现堵管现象,应立即停止加料,停风停电进行处理。在处理堵管时,喷枪口朝下,处理喷头时,周围不能有围观者,如果堵塞较长而且密实,则需逐节拆管敲击吹打处理。

(2)在喷射过程中工作面及竖井所有的工作人员都必须观察工作地点的井壁情况,而且要坚持执行检查井壁、专人观察专人看守制度,观察人员应认真负责,发现险情,立即发出警号撤人。该人员应站在完好支护下的安全地方,保证退路畅通,并做好自保互保。

8.2 安全保证措施

8.2.1 悬吊设施安装专项安全技术措施

井筒初期支护达到 15 m 时,开始进行吊盘、抓岩机的悬吊、安装。在悬吊设施安装之前,根据悬吊设计把各种悬吊钢丝绳布置到位,在布置悬吊钢丝绳时,钢丝绳的端头必须用绳子系牢固,防止出现滑动,造成在拉绳过程中出现拉脱现象。在把钢丝绳拉到位以后,在井架底脚处固定。

(1)安装及悬吊安全技术措施。吊盘在井口进行组装,组装前,必须先把井底清理平整,然后在井底进行组装,组装部分必须焊接牢固、可靠。吊盘下卸、组装工作有专人负责、现场指挥,分工合作,确保安全。吊盘采用两层盘,上下盘之间间距为 4~5 m,采用 I16#I 型钢连接,再用通钢丝绳连接,连接部分采用分叉绳和绳卡进行固定,绳卡必须卡紧、牢固、可靠。两层盘分开组装,组装地点尽量距井筒近些,以便起吊吊盘,上、下层盘均在施工井筒扩挖时使用。上层盘组装好后,连接吊盘稳车绳,吊盘连接绳必须贯穿三层盘,固定完毕以后,检查各个部位的安全状况,达到安全要求后,起吊上层盘,缓缓提到井筒井口下 3~5 m 处。

(2)稳绳安装安全措施。吊桶提升采用两根稳绳,两根稳绳留在井筒内,下部固定在井壁上,在升降吊盘之前,必须把稳绳与护身盘的固定点松开,在吊盘稳定后,重新进行稳绳固定。

(3)吊盘在提升或下降时,掉盘上严禁站人,只有在吊盘升降完毕后,方可上人固定吊盘。吊盘的固定采用 4 个点固定的方法:用风镐头和固定盒、螺丝的联合固定方法,在吊盘升降平衡后,用大锤把风镐头打在混凝土面上,边打边加固螺丝,直到安全、可靠。

8.2.2 稳车管理安全措施

(1)在提升、下放吊盘前,必须由专人负责指挥吊盘稳车的运行。井筒内查看吊盘升降人员,必须站在吊桶内查看,严禁吊盘上站人。

(2)吊盘稳车必须编号管理,并分派专人检查、维护。在升降吊盘前,必须对稳车的刹车部分、线路进行检查,确保升降安全。

8.2.3 初期支护安全措施

(1)竖井断面形成后,要及时进行初期支护,初期支护如果岩层松软易片帮、掉顶,要进行喷射混凝土初喷,即在岩层没有出现裂隙前初喷完毕,初喷厚度以 3~4 cm 为宜。

(2)初喷完毕后,及时进行钢筋网的铺设,钢筋网与锚杆之间采用垫块固定,钢筋网的保护层不少于 40 mm。

(3)炮眼严格按照炮眼布置图进行布设,如果岩层普氏系数出现软硬程度差别太大,经施工队长及技术员允许后,根据实际情况确定炮眼布设及装药量。

(4)喷射过程中如出现堵管现象,应立即进行停止加料,停风停电处理。

(5)处理堵管时,喷枪口立即朝下,处理喷头时,周围不得有围观者。

(6)如果堵塞较长而且密实,则需逐节拆管敲击吹打处理。

(7)施工中每道工序都必须坚持执行检查井壁、专人观山、专人找掉制度,观山找掉人员班班必须明确。每道工序都必须指定有经验的工人,由专人手拿长钩钎(2.5 m 以上)站在安全完好的支护下,对角找净帮顶的活岩危岩。观山人员应认真负责,发现险情,立即发出警号撤人。敲帮问顶人员、观山人员应站在完好支护下的安全地方,保证退路畅通,并做好自保互保。

(8)工作面及竖井所有的工作人员都必须观察工作地点的井壁情况,发现局部井壁有危险,立即撤离到安全地点。

8.2.4 机电管理安全措施

(1)所有机电设备包机到人,挂牌管理,出现问题追究包机人的责任。

(2)禁止带电移动拆接、检修电气设备和线路。

(3)每天配备专职电工 2 人,进行竖井电气设备的检修和维护。

(4)所有电气设备严禁明火操作,并做好安全警示牌对显眼处进行挂设。

(5)严格按操作规程操作使用电气设备,严格执行电气设备的维护制度,保证设备的电气性能良好。

8.2.5 管路敷设

(1)管路敷设。在井壁上打进 0.4 m 深的钢筋,钢筋直径为 φ20 mm,进入混凝土壁不得少于 0.4 m,外漏部分不得超过 0.2 m(外漏部分采用弯钩状),减少对提升影响。

(2)管路弯钩采用带有膨胀螺栓的弯钩,固定方法为在混凝土壁打孔 Φ20 mm,然后把弯钩尾部插进混凝土壁,最后把膨胀螺栓拧紧、牢固。

9　环保与资源节约

(1)将施工场地和作业限制在工程建设允许的范围内,合理布置、摆放有序,做到标牌清楚、齐全,各种标识醒目,施工场地整洁文明。

(2)对施工中可能影响到的各种公共设施制订可靠的防止损坏和移位的实施措施,加强实施中的监测、应对和验证。同时,将相关方案和要求向全体施工人员详细交底。

(3)由于竖井施工平台有限,若将设备与材料均放到平台上,根本不能有效展开施工,同时场地会非常凌乱,而将设备与材料放置于井口这些问题将得到解决。

10　效益分析

(1)传统施工方法是采用提升系统将拌和料运至工作面,由于场地有限不能充分供应,且卷扬机提升速度慢,而采用拌和料输送管道将预喷料直接输送至作业面,由喷头喷向受喷面,施工操作方便,供料速度加快,使工序转换效率大大提高。

(2)喷浆机、混凝土料直接放置在井口,通过输送管道运至作业面,极大减少了喷浆机、混凝土料的倒运次数,既节省时间、场地,又减少了工作平台承重荷载,消除了安全隐患。

(3)施工方法优化后工作面限制因素大大减少,由于喷护设备和预喷材料都布置在竖井口,直接在竖井口上料通过输送管道输送至喷头,因此只需喷射手在下方手持喷头操作,无其他干扰作业面,更利于喷射手操作施工。

(4)竖井爆破完成后,先不进行出渣,而是平渣后喷射手直接站在浮渣上进行喷射,喷射不到的部位,喷射手可乘坐吊笼到达受喷部位,通过吊笼转动对受喷面进行喷射,特殊地质段必须在施工盘上操作,不论利用浮渣还是吊笼都极大地提高了施工效率。

(5)喷护设备放置于竖井口,便于维修人员监测,发现异常可立即进行修理,同时场地宽广便于操作。

(6)由于喷护设备和材料均处于可视状态,发现情况后可立即要求改正,并可及时通知下方作业人员。

11 应用实例

11.1 工程应用实例一——都江堰拉法基三期扩建工程 1# 竖井

拉法基水泥有限公司三期扩建工程位于都江堰市虹口乡,距都江堰市区约 8.5 km。该区属龙门山前山中—低山区,海拔 1 060～1 606.9 m,相对高差 546.9 m,山势陡峻。白沙河流经矿区东南侧,最终汇入岷江。

拉法基水泥有限公司三期扩建工程由 1# 平洞竖井系统和 2# 平洞竖井系统两个标段组成,其第二标段主要由 1# 竖井、1# 平洞、1# 通风井、1# 通风机洞室、1# 电器洞室、破碎机洞室、卸料矿仓、检查巷道等组成,第三标段主要由 2# 竖井、2# 平洞、2# 通风井、于 2# 通平洞连接公路、板喂机洞室、2# 通风机室、2# 电器洞室、检查巷道、1# 平洞出口与 2# 竖井平台平整等组成。

都江堰拉法基三期扩建工程 1# 竖井,顶高程为 EL. 1 450 m,底高程为 EL. 1 297.3 m,竖井直径 6 m,垂直高度 152.7 m,竖井口坐标为 $X = 3\,439\,663.03$ m, $Y = 35\,366\,992.79$ m, $H = 1\,458.00$ m。

1# 竖井顶高程以上约 8 m 范围为覆盖层,需要挖除。由于井口岩石破碎, 1# 竖井井口以下 9 m 范围采取加强支护的方式处理。处理方式为:自进式锚杆 Φ 32@1.0 m × 1.5 m(间排距), $L = 3.0$ m,根据开挖揭露的岩石情况,对岩石特别破碎的部位采用钢支撑进行加固,钢支撑间距 75 cm。挂钢筋网, Φ 8@20 cm × 20 cm,喷混凝土 C25,厚度 15 cm。

1# 竖井深度 152.7 m,开挖直径 6 m。竖井开挖工程中根据揭露的岩石条件,采取相应的支护措施。喷锚支护设计参数如下:

(1)以 I 类为主的基岩段采用系统支护,支护参数为:喷混凝土 C25,厚度 5 cm。

(2)以 II、III 类为主的基岩段采用系统支护,支护参数为:挂钢筋网, Φ 8@20 cm × 20 cm, 10 cm 厚 C25 混凝土,锚杆 Φ 25@2 m × 2 m; $L = 3.0$ m。

(3)以 IV、V 类为主的基岩段采用系统支护,支护参数为:挂钢筋网, Φ 8@20 cm × 20 cm,喷 10 cm 厚 C25 混凝土,锚杆 Φ 25@1.5 m × 1 m(间排距); $L = 3.0$ m。

同时根据开挖揭露的岩石情况,对 V 类围岩且岩石十分破碎段,根据实际情况布置 I 20a 钢支撑,间距 75 cm,纵向设联系筋,并对围岩进行固结灌浆。

11.2 工程应用实例二——都江堰拉法基三期扩建工程 2# 竖井

拉法基水泥有限公司三期扩建工程位于都江堰市虹口乡,距都江堰市区约 8.5 km。该区属龙门山前山中—低山区,海拔 1 060～1 606.9 m,相对高差 546.9 m,山势陡峻。白沙河流经矿区东南侧,最终汇入岷江。

拉法基水泥有限公司三期扩建工程由 1# 平洞竖井系统和 2# 平洞竖井系统两个标段组成,其第二标段主要由 1# 竖井、1# 平洞、1# 通风井、1# 通风机洞室、1# 电器洞室、破碎机洞室、卸料矿仓、检查巷道等组成,第三标段主要由 2# 竖井、2# 平洞、2# 通风井、于 2# 通平洞连接公路、板喂机洞室、2# 通风机室、2# 电器洞室、检查巷道、1# 平洞出口与 2# 竖井平台平整等组成。

都江堰拉法基三期扩建工程 2# 竖井,竖井顶高程为 EL.1 254.5 m,底高程为 1 101.8 m,竖井直径 4 m,垂直高度 152.7 m,坐标为 $X = 3\,439\,554.30$ m,$Y = 35\,367\,474.37$ m,$H = 1\,127.16$ m。

2# 竖井深度 234.5 m,开挖直径 4 m。竖井开挖工程中根据揭露的岩石条件,采取相应的支护措施。喷锚支护设计参数如下:

(1)以 I 类为主的基岩段采用系统支护,支护参数为:喷混凝土 C25,厚度 5 cm。

(2)以 II、III 类为主的基岩段采用系统支护,支护参数为:挂钢筋网,$\Phi 8@20$ cm × 20 cm,10 cm 厚 C25 混凝土,锚杆 $\Phi 25@2$ m × 2 m,$L = 3.0$ m。

(3)以 IV、V 类为主的基岩段采用系统支护,支护参数为:挂钢筋网,$\Phi 8@20$ cm × 20 cm,10 cm 厚 C25 混凝土,锚杆 $\Phi 25@1.5$ m × 1 m(间排距);$L = 3.0$ m。同时对 V 类围岩段布置 I 20a 钢支撑,间距 75 cm,纵向设连系筋。

11.3　工程应用实例三—都江堰拉法基三期扩建工程 2# 矿仓

拉法基水泥有限公司三期扩建工程位于都江堰市虹口乡,距都江堰市区约 8.5 km。该区属龙门山前山中—低山区,海拔 1 060 ~ 1 606.9 m,相对高差 546.9 m,山势陡峻。白沙河流经矿区东南侧,最终汇入岷江。

拉法基水泥有限公司三期扩建工程由 1# 平洞竖井系统和 2# 平洞竖井系统两个标段组成,其第二标段主要由 1# 竖井、1# 平洞、1# 通风井、1# 通风机洞室、1# 电器洞室、破碎机洞室、卸料矿仓、检查巷道等组成,第三标段主要由 2# 竖井、2# 平洞、2# 通风井、于 2# 通平洞连接公路、板喂机洞室、2# 通风机室、2# 电器洞室、检查巷道、1# 平洞出口与 2# 竖井平台平整等组成。

2# 矿仓临时支护采用锚杆 $\phi 25@2$ m × 2 m;$L = 4.5$ m,喷 10 cm 厚 C25 混凝土。永久支护采用 30 cmC25 混凝土,底板采用 C15 混凝土,厚度 15 cm。同时采用锰钢进行加固。

(主要完成人:郭忠猛　刘月光　相汉雨　王文武)

双圈环绕后张法预应力混凝土衬砌施工工法

中国水利水电第六工程局有限公司

1 前言

1.1 形成原因

自20世纪70年代国外开始采用后张法混凝土预应力衬砌技术,并在输水隧洞中得到广泛的应用。根据意大利、瑞士等国家对输水隧洞采用后张法预应力混凝土衬砌与钢板衬砌的比较资料,输水隧洞采用预应力混凝土衬砌,具有如下优点:预应力混凝土可使用高强度预应力筋,与钢衬砌的强度相比约高出3倍,可以显著减少钢筋用量,节省10%~30%的投资;预应力混凝土衬砌可以根据开挖围岩的情况,在较短的时间内就可以决定和修改设计,工作比较灵活,施工期短;钢板衬砌抗磨性能比预应力混凝土差,预应力混凝土受拉不产生裂缝,从而保护其内部钢筋和钢绞线不致锈蚀。

20世纪90年代无黏结预应力衬砌技术在国内还鲜有应用,预应力衬砌主要应用于桥梁等工程,在水利施工中,尤其是输水工程方面的研究使用较少,双圈无黏结预应力混凝土衬砌应用更少,它在小浪底泄洪排砂洞中的提出和成功应用成为国内首创,填补了国内空白。

针对高水头约50 m,埋藏深度为30~50 m,Ⅳ、Ⅴ类围岩约占40%破碎洞段,采用预应力混凝土后张法双圈无黏结预应力混凝土衬砌施工,在国内还是首次。

1.2 形成过程

1.2.1 研究开发单位

为保证本工法的切实可行,中国水利水电第六工程局有限公司、辽宁省水利水电勘测设计研究院、辽宁水利土木工程咨询有限公司、辽宁润中供水有限责任公司四家分别从施工、设计、监管角度开展相关工作。

1.2.2 关键技术审定结果

本工法主要有以下几个研究成果:

(1)国内首次在水工隧洞双圈无黏结预应力混凝土中成功运用了SLF双组分环氧涂料,有效地解决了锚具及锚固区的防腐;

(2)探索出高水头、浅埋破碎洞段条件下的衬砌参数;

(3)无黏结预应力钢绞线的布置及锚具槽高精度定位安装方法;

(4)无黏结筋预应力钢绞线的张拉技术;

(5)施工工艺优化。

该工法总体上达到了国内先进水平,在锚具的环氧防腐保护及钢绞线的精确定位方面达到了国内领先水平。

1.2.3 工法应用

该工法主要应用于辽宁省大伙房水库输水(二期)工程。

1.2.4 有关获奖情况

(1)中国水利水电第六工程局有限公司科学技术进步奖一等奖;

(2)中国水利水电建设股份有限公司科学技术成果一等奖;

(3)中国施工企业管理协会科学技术一等奖。

2 工法特点

应用后张法无黏结预应力混凝土衬砌技术,在锚具槽位置优化、锚具封闭防腐技术等方面为国内首创,尤其是锚固区防腐固化后结合锚具槽回填形成了有黏结体系,高度综合了无黏结和有黏结预应力体系的各自优点,更加安全可靠。

(1)国内首次在水工隧洞双圈无黏结预应力混凝土中成功运用了 SLF 双组分环氧涂料,有效地解决了锚具及锚固区的防腐。锚具及锚固区的防腐处理是保证该体系完整性和耐久性的关键工序。针对小浪底工程发现的锚具槽处的渗油和流油现象,为了解决整个预应力体系失效,造成工程隐患的问题,本项目经过多方面工艺和经济比较,并进行了相关配合比的试验研究,最终确定采用高压灌注 SLF - 2 型双组分环氧涂料来解决防腐层厚度、涂层饱满难以控制和防腐油脂渗漏的问题,该方案在国内还是首次成功。

(2)探索出高水头、浅埋破碎洞段条件下衬砌参数。考虑到隧洞埋深浅深、沿线地质条件变化复杂,使得本工程采用现浇预应力混凝土技术无论在设计上还是施工方面均存在前所未有的特点。为保证工程在施工、运行、检修等各种工况荷载作用下均满足强度和抗裂抗渗的要求,提高工程使用寿命,开展了隧洞预应力衬砌专项试验研究,根据监测仪器反馈的数据,结合本工程的具体情况,进行分析与计算,最终确定预应力衬砌参数。

(3)无黏结预应力钢绞线的布置及高精度定位安装方法。预应力衬砌采用 HMZ15 - 6 环形锚具,衬砌厚度为 0.5 m,锚具槽间距 0.386 m,锚固端与张拉端的包角为 2 × 360°,预留内槽口长 1.3 m,中心深度为 0.22 m,宽度为 0.20 m,40°交替布置。每仓衬砌长度为 12 m,布置 30 个锚具槽,采用针梁模板台车衬砌施工。本工程采用的无黏结筋(7 Φ5)标准强度为 1 860 N/mm²,公称直径为 15.24 mm,公称截面面积为 139 mm²。防腐油脂数量不小于 50 g/m,高强 PE(聚乙烯材料)套管厚度不小于 1.2 mm。

无黏结预应力钢绞线定位准确和锚具槽的变形控制是确保施工质量的关键,通过本工程的摸索,突破常规,总结了一整套成熟的工艺方案以借鉴。

(4)无黏结筋预应力钢绞线的张拉技术。在锚具槽内的无黏结筋上作标记,保证搭接长度不小于 1 100 mm,用角磨机将无黏结筋从标记处切断,并打磨无黏结筋的端部;通过专用工装定位安装环形锚板和安装变角张拉器后,预紧各根钢绞线,使固定端钢绞线长度和锚板的定位准确,然后安装锚具夹片。张拉过程中由 0 加载到 103% 应力状态,锚具的实际移动距离为 130 mm 左右,取 400 mm 的距离,使张拉完成后锚具端面距离槽端面剩余 270 mm,方便防腐的进行。通过专用工装定位安装环形锚板和安装变角张拉,配合 YDQ100 - 120 千斤顶调整无黏结钢绞线的张拉端与固定端钢绞线的长度位置。

(5)工艺优化。在施工中改良工艺,改变以往常规施工中无黏结预应力钢绞线为整盘加工,运输至施工现场后再进行加工的传统工艺,经过和无黏结预应力钢绞线生产厂家共同研究,提出改造模具,根据所需的长度定尺加工。既不会产生废料,预应力钢绞线长度误差也得到了很好的控制,提高了工程质量。在传统的锚具槽制作时,锚具槽底部的固定角钢在锚具槽拆除后无法取出,造成了不必要的浪费。经过改进加工工艺,采用螺栓连接,套筒配合拆除的办法,每个锚具槽可以重复利用。

3 适用范围

本工法针对高水头和隧洞围岩较破碎,浅埋、输水技术要求更加严格等情况,研究后采用后张法双圈无黏结预应力混凝土衬砌施工技术,充分利用了环形高效预应力体系具有材料强度高、结构变形小、抗裂及抗渗性能好、耐久性高等优点,技术经济综合效益显著。为类似项目的设计和施工提供了一套先进、成熟、完整的指导性方案。

4 工艺原理

由于围岩埋深浅且破碎,水头高达50 m,围岩抗渗能力差,内水外渗将导致围岩失稳,对上部环境破坏严重,很难处理,必须采取严格的防渗要求,衬砌结构必须进行抗裂设计。

根据规范的有关规定:抗裂设计的有压输水隧洞,在最小覆盖厚度满足时,对围岩具备承担内水压力的Ⅳ、Ⅴ类围岩段,采用预应力混凝土或钢板衬砌;在围岩不具备承担内水压力的各类围岩段,均采用预应力混凝土或钢板衬砌。在最小覆盖厚度局部不满足时,各类围岩段均采用预应力混凝土或钢板衬砌,或加大衬砌厚度以满足防渗抗裂的要求。

预应力混凝土能充分发挥高强度钢材的作用,即在外荷载作用于构件之前,利用钢筋张拉后的弹性回缩,对构件受拉区的混凝土预先施加压力,产生预压应力,使混凝土结构在作用状态下充分发挥钢筋抗拉强度高和混凝土抗压能力强的特点,可以提高构件的承载能力。当构件在荷载作用下产生拉应力时,首先抵消预应力,然后随着荷载不断增加,受拉区混凝土才受拉开裂,从而延迟了构件裂缝的出现和限制了裂缝的开展,提高了构件的抗裂度和刚度。

由于预应力衬砌混凝土在钢绞线张拉前已经浇筑完毕,因此钢绞线张拉将不同程度地受到围岩约束影响,开挖面越不平整,混凝土的浇筑质量越好,岩石与混凝土的黏结越好,对钢绞线的张拉力影响就越大。

张拉力施加到一定程度时,围岩与混凝土衬砌之间会形成一定的空隙。在预应力荷载计算时,将衬砌作为一个脱离的单元体考虑,将预应力作为外荷载施加于衬砌断面上进行结构应力分析。张拉结束后,对混凝土衬砌进行接触灌浆,以保证衬砌与围岩的紧密接触。

5 施工工艺流程及操作要点

5.1 预应力混凝土衬砌参数确定试验

为保证关键技术的可行性,在正式施工前通过预应力衬砌专项试验来确定相关的技术参数及施行方法。

5.1.1 试验目的

考虑到隧洞埋深浅、沿线地质条件变化复杂,使得本工程采用现浇预应力混凝土技术无论在设计上还是施工方面均存在前所未有的特点。为保证工程在施工、运行、检修等各种工况荷载作用下均满足强度和抗裂抗渗的要求,提高工程使用寿命,开展隧洞预应力衬砌专项试验研究将具有重要工程和理论价值。

5.1.1.1 确定预应力实测参数

规范规定的预应力设计参数与实际有较大偏差,预应力混凝土结构设计时,无黏结预应力钢绞线的孔道摩擦系数和孔道偏差系数分别取值为0.12和0.004。而实际上,由于钢绞线生产厂家和工程施工等方面的原因,此系数值具有一定的变动范围。统计结果表明,无黏结预应力钢绞线的孔道摩擦系数在0.045~0.15范围内变化,孔道偏差系数在0.001~0.006 6范围内变化。对于大伙房水库输水(二期)工程隧洞预应力衬砌这样重要的预应力工程结构,结合工程实际进行孔道摩擦试验,对于确定钢绞线张拉伸长控制值、建立与设计相符合的结构受力状态是非常重要的。

5.1.1.2 验证设计成果

大伙房水库输水(二期)工程隧洞预应力衬砌试验段实测分析结果可用于验证结构计算设计假定、参数选用的合理性和结果的安全可靠性,如预应力筋的张拉摩擦损失、张拉端偏转器摩阻损失、施工期混凝土温度应力、预应力筋张拉顺序、围岩压力等,为完善设计提供依据。

5.1.1.3 施工工艺与经验积累

积累管道预应力钢筋布设、定位、锚具槽成型、预应力张拉、锚具槽封堵等工程施工经验,改进完善施工工艺和施工方法,以达到熟练施工工艺、锻炼施工队伍的作用。

5.1.2 试验测试内容

(1)钢绞线下料长度、编束方法;

(2)选择、优化施工中钢绞线和预留槽的安装、定位施工工艺;

(3)使施工人员熟悉预应力张拉及锚具防腐的施工程序及操作方法;

(4)测试施工控制要求的实测数据,决定控制张拉力与张拉施工工序;

(5)模板台车运行工艺及开窗方式;

(6)混凝土的浇筑方法与质量控制;

(7)锚具槽回填混凝土质量控制;

(8)确定无黏结筋的伸长率和锚块滑移量;

(9)确定无黏结筋摩擦系数和张拉偏转器摩擦损失,测试无黏结预应力筋锁定后锚块处的有效预压力并计算预应力损失,验证无黏结筋和锚具的工作性能;

(10)观察因张拉引起的洞径方向上的衬砌变形;

(11)记录试验段衬砌混凝土温度变化,测量温度应力;

(12)研究锚具槽对结构内力的影响规律;

(13)分析张拉前(后)混凝土及钢筋应力、应变的变化规律;

(14)测量因张拉引起的岩石和衬砌之间的缝隙宽度。

5.1.3 隧洞衬砌试验段概况

5.1.3.1 试验段位置

综合考虑隧洞预应力衬砌受力状态、施工方便及围岩地质情况等因素,选取试验段位置在隧洞桩号 29 + 077 ~ 29 + 098 处,共计两节衬砌段,每节长 10.5 m,如图 1 所示。衬砌厚度为 0.5 m,锚具槽中心间距取 0.4 m,锚固端与张拉端混凝土包角为 $2 \times 360° = 720°$。预留内槽口长度为 1.3 m,中心深度为 0.22 m,宽度为 0.20 m。为对比分析不同锚具槽夹角对隧洞预应力衬砌内力分布的影响,试验段 No.1(隧洞桩号 29 + 087.5 ~ 29 + 098)锚具槽 40° 交替布置,试验段 No.2(隧洞桩号 29 + 077 ~ 29 + 087.5)锚具槽 45° 交替布置,横断面如图 2 所示。

5.1.3.2 试验段原材料

衬砌混凝土:C40W12F150,混凝土轴心抗压强度标准值 $f_{ck} = 27.0$ MPa、设计值 $f_c = 19.5$ MPa,混凝土轴心抗拉强度标准值 $f_{tk} = 2.45$ MPa,弹性模量 $E_c = 3.25 \times 10^4$ MPa,泊松比 $\nu_c = 0.167$。骨料采用二级配。

钢绞线:环氧涂覆无黏结钢绞线,标准强度为 1 860 N/mm²,Ⅱ级松弛,每根钢绞线公称直径为 15.24 mm,公称截面面积 140 mm²,破坏荷载(单根)$F_{ptk} = 260.4$ kN,弹性模量为 1.95×10^5 MPa。无黏结高强 PE 套管的厚度不小于 1.5 mm,摆动系数 κ 不应大于 0.004,钢绞线与 PE 套管之间的摩擦系数 μ 不应大于 1.0。

钢筋:标准热轧Ⅱ级钢筋。

锚具:锚具、夹具及张拉设备应符合现行相关规范的要求。预应力锚具应满足分级张拉、补张拉和放松预应力的要求,工程实际选用 HM15 - 6 锚具。同时,要求千斤顶和偏转器的摩擦损失不大于 9% σ_{con}。

止水材料:伸缩缝内设置橡胶止水带(规格:350 mm × 10 mm,三元乙丙橡胶止水带,两侧翼缘上带有膨胀止水线)、闭孔泡沫塑料板,表面嵌塞双组分聚硫密封胶。

5.1.4 隧洞衬砌试验段测试仪器布置

为明确隧洞预应力衬砌混凝土浇筑和养护过程中混凝土温度变化及温度应力情况,分析衬砌混凝土在预应力张拉施工过程中应力变化及最终预应力的分布状况,试验段 No.1 和 No.2 测试断面与仪器布置分述如下。

5.1.4.1 测试断面与仪器布置

每个试验段(锚具槽夹角为 40°的试验段 No.1 和锚具槽夹角为 45°的试验段 No.2)(见图 1)按横向和纵向布设仪器如下。

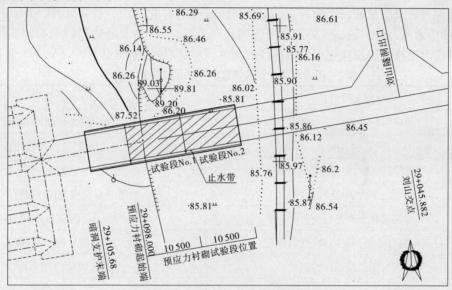

图1 隧洞预应力衬砌试验段位置

1. 横断面

由于衬砌中间断面为典型受力断面,靠端部断面应力相对较复杂,锚具槽附近区域应力集中现象最明显,因此在衬砌端部(1#断面)、1/4 部位(2#断面)及中间(3#断面)各布设一个测试断面(见图2)。

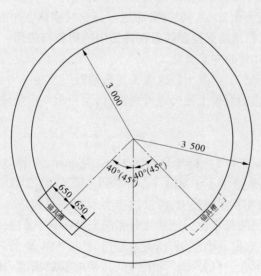

图2 隧洞预应力衬砌试验段横断面 (单位:mm)

1#断面:位于试验段的一端,桩号 29 +077.5 与 29 +088.0;

2#断面:位于试验段的 1/4 部位,桩号 29 +079.5 与 29 +090.0;

3#断面:位于试验段的中间部位,桩号 29 +082.3 与 29 +092.8。

各断面埋设和粘贴的测试仪器主要有锚索测力计、钢筋应力计、混凝土单向应变计和双向应变计、混凝土应变片、测缝计、土压力计和无应力计等，此外在每个断面上设四只测缝计用以观测施加预应力时衬砌与围岩间的变形情况。

2. 纵断面

在衬砌顶拱(90°)和拱腰(0°)纵断面上一定范围内，每间隔400 mm沿内表面布设纵向混凝土应变计、沿内层纵向钢筋间隔800 mm布设钢筋应力计。

5.1.4.2 测试元件数量

测试元件名称及数量如表1所列，除1、5项外，其他所有元件均为预埋元件，可用于长期试验观测，第1项锚索测力计的测试线路也应随预埋元件一同埋设，埋设通道布设根据现场情况确定。第5项为预应力张拉施工试验过程的短期观测元件，在张拉施工前布设。

表1 隧洞预应力衬砌试验段测试元件种类及数量

序号	测量项目	数量	测试仪器
1	预应力筋有效预应力测量	6×2	锚索测力计(250 kN级)
2	钢筋应力测量	48×2	钢筋应力计(直径同被连接钢筋)
3	衬砌混凝土应力测量(同时测温)	32×2	混凝土单向应变计(标距150 mm)
4	衬砌混凝土应力测量(同时测温)	4×2	混凝土双向应变计(标距150 mm)
5	衬砌混凝土表面应变测量	70×2	箔基混凝土应变片(标距100 mm)
6	衬砌与围岩缝面开度测量(同时测温)	5×2	测缝计(12 mm级)
7	衬砌与围岩接触压力测量	5×2	土压力计(1.6 MPa级)
8	衬砌混凝土自身应变量的测量	6×2	无应力计

5.1.5 预应力混凝土衬砌

根据各断面埋设的观测仪器读数和理论计算，最终预应力衬砌采用HMZ15-6环形锚具，衬砌厚度为0.5 m，锚具槽间距为0.386 m，锚固端与张拉端的包角为2×360°，预留内槽口长度为1.3 m，中心深度为0.22 m，宽度为0.20 m，40°交替布置。每仓衬砌长度为12 m，布置30个锚具槽。

5.2 预应力混凝土衬砌、无黏结筋张拉和防腐在施工中的研究与应用

5.2.1 预应力钢绞线和锚具槽的布置及施工

采用针梁模板台车衬砌施工，混凝土浇筑施工与普通混凝土施工方法类似，但由于锚具槽部位钢筋及钢绞线较密集，该部位的混凝土振捣应特别注意，避免出现质量缺陷。预应力筋及锚具槽布置情况如图3所示。

5.2.1.1 预应力筋的安装

本工程采用的无黏结筋(7Φ5)，标准强度为1 860 N/mm²，公称直径为15.24 mm，公称截面面积为139 mm²。防腐油脂数量不小于50 g/m，高强PE(聚乙烯)套管厚度不小于1.2 mm。

预应力筋通过托架附着在外层钢筋上，所以预应力筋的测量定位是在外层钢筋上完成的。其具体工序为：外层主筋安装→测量定位→托架及分布筋安装→锚具槽安装→预应力筋安装→内层主筋安装。一束预应力筋在非锚具槽范围，预应力筋内、外层的距离是一致的，但在靠近锚具槽的地方，预应力筋按渐开线的形式进行分布。为了保证托架的安装精度，托架采用在场外制作，然后严格按精度要求把"F"型托架焊接在分布筋上。主筋和预应力筋的安装可利用简易台车和针梁进行。

5.2.1.2 锚具槽的安装

外层主筋、预应力筋托架安装完成后，进行锚具槽(两端头的限位夹片除外)的定位安装，锚具

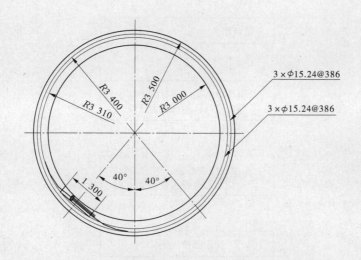

图3　衬砌横断面预应力筋布置(40°)

槽利用底板插筋进行定位固定,位置必须精确,否则台车无法正常就位。检查各序号预应力筋在托架位置准确无误,锚具槽盒内的预应力筋满足搭接长度的要求后,开始锚具槽盒两端头的限位夹片的安装与施工。预应力筋在进入锚具槽后的限位则通过锚具槽盒两端头的限位夹片来实现,限位夹片的目的是严格控制预应力筋各剖面距混凝土表面的距离,使每根预应力筋能通过其理论位置。两端限位板采用多片组装式铁板,使众多的预应力筋能在狭小的空间有序排列。

为了便于安装及循环使用,经过反复试验,采用由两块底板、四块边板及六块端板夹片组成,材料为3 mm厚钢板,利用角钢和螺栓连接成型。为了避免混凝土浇筑后锚具槽变形和防止混凝土进入锚具槽,在锚具槽盒内设两道方木支撑,在模板外面设置一层厚2 cm的避孔泡沫板,并用封箱胶带将泡沫板封好,最后在其上绑扎一道铅丝,使其在混凝土浇筑时不易移位、变形和进混凝土料。

其工序如下:

外层主筋、预应力筋托架安装→锚具槽(两端头的限位夹片除外)安装定位→锚具槽盒内的预应力筋定位→锚具槽两端限位板的安装→锚具槽盒方木支撑的安装→锚具槽顶部封闭。

在新浇混凝土脱模并拆除锚具槽模板和清除保护锚具槽的泡沫后,采用风镐配合錾子对锚具槽各个面进行凿毛处理。

5.2.1.3　灌浆管埋设

由于预应力混凝土内的钢筋及预应力钢绞线较为密集,灌浆管埋设精度就极为关键,若钻设灌浆孔时打断预应力钢绞线而没有良好的补救措施,就会造成质量事故,因此每根灌浆管的预埋必须准确无误。鉴于这种情况,为了确保位置准确,突破传统的在模板表面涂抹红油漆做标记的方法,在台车面板按照设计要求的位置进行钻孔,孔径略大于预埋管管径,台车就位后,将PVC预埋管端头封堵后插入预留孔,若遇到钢筋适当调整角度。

5.2.1.4　混凝土衬砌施工

采用针梁模板台车衬砌施工,混凝土浇筑施工与普通混凝土施工方法类似,但由于锚具槽部位钢筋及钢绞线较密集,该部位的混凝土振捣应特别注意,避免出现质量缺陷。

5.2.2　无黏结筋张拉

5.2.2.1　无黏结筋张拉工艺流程

本工程为双圈双层布筋结构,预应力筋采用符合ISO 14655—1999标准的厚环氧涂层钢绞线,剥除PE层后,再采用专用加热设备剥除环氧层后锚固,整体变角张拉。施工工艺流程图如图4所示。

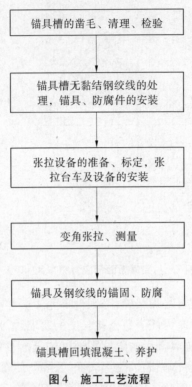

图 4　施工工艺流程

5.2.2.2　预应力钢绞线张拉前的准备工作

1. 设备选用及校正

千斤顶和整体变角器的摩阻测试损失不得大于 9%。张拉千斤顶采用穿心式双作用千斤顶，额定张拉吨位为张拉力的 1.2~1.5 倍，张拉千斤顶在张拉前进行校正，校正系数不大于 1.05，校正有效期为 6 个月，拆修更换配件的张拉千斤顶重新进行校正。

压力表选用防震压力表，表盘读数为张拉力的 1.5~2 倍，精度不低于 1.6 级。采用的油泵油箱容量为千斤顶总输油量的 1.5 倍，额定油压宜为使用油压数的 1.4 倍，压力表依据编号和校正证书与对应的千斤顶配套使用。

2. 工作台车准备

为方便施工设备的放置、张拉工具的存放和锚具、设备的安装操作，张拉采用特制的工作台车进行，工作台车具备在隧洞内快捷移动、千斤顶吊装方便、油泵等设备放置、照明等功能。工作台车示意图如图 5 所示。

3. 无黏结筋的清理、调整和 PE 套管的剥除

每个锚具槽的下端为张拉端，上端为固定端。在锚具槽内的无黏结筋上作标记，保证搭接长度不小于 1 100 mm，用角磨机将无黏结筋从标记处切断，并打磨无黏结筋的端部。

无黏结筋在张拉前，需按要求剥除部分张拉端和固定端的 PE 套管，PE 套管的剥除在钢绞线预埋并浇筑混凝土后张拉前进行，根据试验的结果本工程剥出套管的尺寸情况如图 6 所示，张拉端保留距离锚固槽端面 130~150 mm 的套管长度，其余剥除；固定端 PE 套管的剥除长度为 120~150 mm，这样能保证既满足施工夹持要求又能最大限度地减少防护损伤。

4. 锚具的清理及防腐件的安装

锚具进行清理和检查，并在锚板上锚孔内壁和夹片的外表面涂少量退锚灵。锚具通过专用工装定位安装环形锚板和安装变角张拉器后，预紧各根钢绞线，使固定端钢绞线长度和锚板的定位符合图 6 所示的长度排列，然后安装锚具夹片。

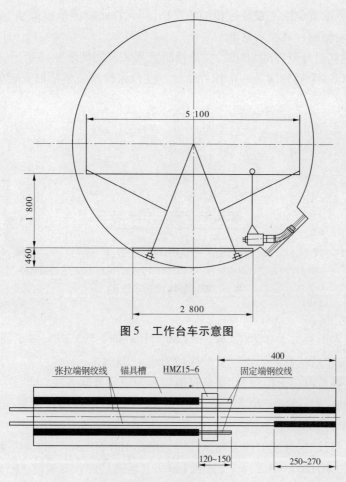

图 5　工作台车示意图

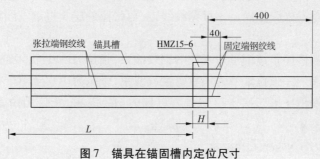

图 6　无黏结筋的 PE 套管剥除尺寸　（单位:mm）

　　根据试验段的结果张拉过程中由 0 加载到 100% 应力状态,锚具的实际移动距离为 130 mm 左右,取 400 mm 的距离,使张拉完成后锚具端面距离槽端面剩余 270 mm,方便防腐的进行。通过专用工装定位安装环形锚板和安装变角张拉器,配合 YDQ100 – 120 千斤顶调整无黏结钢绞线的张拉端与固定端钢绞线的长度位置,使固定端钢绞线长度和锚板的定位符合图 7 所示的长度排列,然后安装锚具夹片。

图 7　锚具在锚固槽内定位尺寸

5. 钢绞线单根预动和调整

　　施工中要进行单根钢绞线预动和张拉端固定端长度的调整,目的是检查无黏结筋的预埋情况,减少预应力损失和保证张拉后的锚具距槽面距离不小于 150 mm,同时是保持张拉后锚具固定端钢绞线外露量一致,达到便于安装和美观的效果。

　　为防止因钢绞线表层 PE 护套损伤与混凝土黏结导致摩擦阻力较大,施工中应检查钢绞线的

PE护套完好情况并尽量避免施工安装过程中的损伤,同时在张拉前单根预动一次各根钢绞线。

5.2.2.3　无黏结预应力钢绞线束的张拉

在混凝土强度达到设计强度的100%,锚具槽阻水灌浆及回填灌浆结束后,方可进行预应力钢绞线束的张拉,张拉以一个衬砌块为一个作业单元。变角张拉设备各部件安装如图8所示。

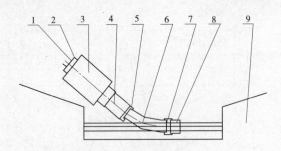

1—环氧钢绞线;2—工具锚板;3—YCQ1500Q千斤顶;4—延长筒;5—过渡板;
6—整体变角器;7—限位板;8—HM15-6环形锚具;9—混凝土衬砌构件

图8　变角张拉设备示意图

1. 张拉一般要求

(1)最大张拉应力不宜大于$0.75 f_{ptk}$($f_{ptk}=1\,860$ MPa)即1 395 MPa;锁定前锚具处每束锚索的张拉力为1150 kN,锁定后锚具处每束锚索的张拉力为1 100 kN。

(2)张拉荷载主要是以应力控制为主、伸长值校核为辅的控制方法。

(3)任何两个相邻锚具槽所受拉力差值不得大于50%,锁定后锚具位置与设计所在环形截面中心偏离不大于6 mm。

(4)张拉应匀速加载,加载速度按无黏结筋应力增加100 MPa/min的速度为宜。

(5)张拉起始应力为$(0.1\sim0.2)\sigma_{con}$,达到$1.03\sigma_{con}$且满足伸长要求时进行锚固。

(6)张拉过程中不满足以上规定时,应立即停机查找原因,在消除故障后再恢复作业。

(7)张拉过程中,要经常检查混凝土衬砌有无异常的变化,如冷缝、裂缝等。

(8)根据操作规范和实际张拉情况认真做好张拉记录。

2. 预应力钢绞线束的张拉顺序

张拉前对钢绞线束进行编号,以一个衬砌块为作业单元,规定从洞外(A端)向洞内(B端)顺序编号$1^{\#}\sim30^{\#}$。因内外层钢绞线长度不一致,张拉时内外层分开进行,也就是每次只能拉3根。所有编号的钢绞线束都是先张拉内层3根钢绞线束,再张拉外层3根钢绞线束。

张拉顺序如下:

(1)由A端向B端依序张拉编号为奇数的钢绞线束,张拉力由0至$50\%\sigma_{con}$;

(2)由B端向A端依序张拉编号为偶数的钢绞线束,张拉力由0至$103\%\sigma_{con}$;

(3)由A端向B端依序第二次张拉编号为奇数的钢绞线束,张拉力由$50\%\sigma_{con}$至$103\%\sigma_{con}$。顺序如图9所示。

3. 无黏结钢绞线的张拉、测量和记录

张拉前先用小型单根千斤顶预动每根钢绞线后放张,张拉力为钢绞线能自由滑动为止。张拉分级匀速进行,张拉力的增长率不大于100 MPa/min。具体操作步骤及方法如下:

1)奇数序钢绞线束的第一次张拉

(1)给$1^{\#}$钢绞线束进行预紧张拉至$0.15\sigma_{con}$停止供油。检查夹片情况完好后,画线作标记,持荷2 min,锁定、卸荷。

[此过程表示为:"$1^{\#}$,$0\rightarrow0.15\sigma_{con}$(持荷2 min)//$\rightarrow0$"]。

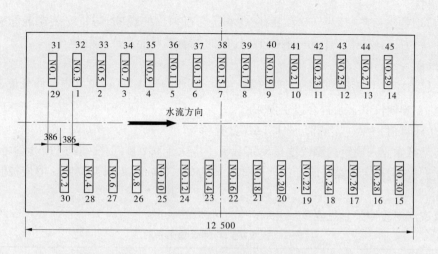

图9 张拉顺序图

(2) 给 $1^{\#}$ 钢绞线束加载张拉至 $0.15\sigma_{con}$，持荷测量并记录钢绞线伸长值 Δl、千斤顶压力表读数 P 以及对应的张拉力 T，继续均匀加载至 $0.5\sigma_{con}$，持荷 5 min，再测量并记录 Δl、P、T，然后锁定、卸荷。

[此过程表示为："$1^{\#}$，$0\rightarrow0.15\sigma_{con}$（持荷测记）$\rightarrow0.5\sigma_{con}$（持荷 5 min 再测记）$\rightarrow0$"]。

(3) 按（1）、（2）点相同步骤及方法进行 $3^{\#}$、$5^{\#}$、$7^{\#}$、…、$29^{\#}$ 钢绞线束的预张拉和张拉、测量及记录。

2) 偶数序钢绞线束的张拉

(1) 奇数序钢绞线束的第一次张拉全部结束后，依序进行偶数序钢绞线束的张拉：$30^{\#}$，$0\rightarrow0.15\sigma_{con}$（持荷 2 min）//$\rightarrow0$。

(2) $30^{\#}$，$0\rightarrow0.15\sigma_{con}$（持荷测记）$\rightarrow1.03\sigma_{con}$（持荷 5 min 再测记）$\rightarrow0$。

(3) 按（1）、（2）点相同步骤及方法进行 $28^{\#}$、$26^{\#}$、$24^{\#}$、…、$2^{\#}$ 钢绞线束的预张拉和张拉、测量及记录。

3) 奇数序钢绞线束的第二次张拉

(1) 偶数序钢绞线束的张拉全部完成后，再依序进行奇数序钢绞线束的第二次张拉：$1^{\#}$，$0\rightarrow0.5\sigma_{con}$（持荷测记）$\rightarrow1.03\sigma_{con}$（持荷 5 min 再测记）$\rightarrow0$。

(2) 按照相同的步骤及方法进行 $3^{\#}$、$5^{\#}$、$7^{\#}$、…、$29^{\#}$ 钢绞线束的预张拉和张拉、测量及记录，直至全部完成。

4. 钢绞线张拉注意事项

(1) 无黏结预应力钢绞线束的张拉以应力控制为主、伸长值为辅的原则进行操作，应力的施加要缓慢、匀速。

(2) 整个施工过程要认真记录，并将数据录入电脑数据库保存。

(3) 张拉时变角器内要涂润滑剂。

(4) 当钢绞线束张拉过程中发现实测伸长值超过理论计算值的 10% 或者小于 5% 时，立即停止张拉操作，待查明原因、消除故障后方可继续进行作业。

(5) 因锚具在安装前进行一次外涂环氧的前处理，加热造成锚板锥孔的润滑剂全部损失掉，且锚板的锥孔有时也黏附有环氧喷涂块，所以安装前应清理锚孔并在锚孔内涂少许机油或黄油润滑，以保证夹片能平整地顺利跟进锚固。

(6) 夹片，特别是固定端的夹片，每束设备安装后准备张拉前应检查是否安装好，并应保证两片外露平齐，敲紧。

(7)张拉端的夹片在安装限位板之前应检查是否有掉出的现象,防止安装遗漏和夹片掉出,这点至关重要,因为锚具在槽口中为倾斜安装,任何的振动都可能造成夹片掉出。

5.2.2.4 测量

测量在起始应力15%时,作张拉伸长值测量基点;张拉至 $1.03\sigma_{con}$ 时,测量伸长值,伸长值达到要求值锚固;实测伸长值必须符合以下要求:

$$0.95\Delta l(计算值) \leqslant \Delta l(实测值) < 1.1\Delta l(计算值)$$

按照施工技术要求规定的钢绞线摆动系数 κ 不应大于0.004、钢绞线与PE套管之间的摩擦系数 μ 不应大于0.06,规定无黏结筋张拉理论伸长值为241.8 mm,实测张拉伸长值应控制在229.7~266.0 mm。

张拉级数与对应伸长量见表2。

表2 张拉级数与伸长量关系对应

序号	张拉级数	拉力值 (kN)	对应的延伸量 (mm)	允许范围 (mm)
1	10%	115.0	23.5	22.3~25.8
2	15%	172.5	35.2	33.5~38.7
3	30%	345.0	70.4	66.9~77.5
4	50%	575.0	117.4	111.5~129.1
5	75%	862.5	176.1	167.3~193.7
6	100%	1 150.0	234.8	223.0~258.2
7	103%	1 184.5	241.8	229.7~266

5.2.2.5 钢绞线的切割

(1)预应力筋锚固后外露部分采用砂轮机切割,外露长度符合设计要求。

(2)终张拉完毕24 h,检查确认无滑丝后,进行切割,切割后的钢绞线不得散头。

(3)钢绞线切割前如发现滑丝,应及时处理,放松钢绞线采用专用的退锚器进行,两端均不得站人,作业时两端用标识牌明示。

5.2.2.6 施工中可能出现的问题及处理方法

张拉过程中,预应力钢绞线的伸长值与理论伸长值的误差应在±6%范围内,否则应进行以下处理:

(1)测试钢绞线实际弹性模量。

(2)根据标准规定的方法测试孔道摩阻值。

(3)按公式复算理论伸长值。

张拉后锚固时发生滑丝现象,则采用如图10所示的专用退锚工装配合单孔千斤顶放松钢绞线。退锚后的钢绞线束采取以下措施后再重新张拉、锚固:

(1)用汽油清洗该股钢绞线内侧,以防因油污填塞齿缝间隙而影响锚固。

(2)用钢丝刷或细砂纸打磨钢绞线表面,以防锈蚀层影响锚固性能。

(3)对该股钢绞线的夹片硬度测试,如因硬度太低而导致夹片齿纹磨平,则更换夹片。

张拉锚固时发生断丝现象的,断丝数量严禁超过同一截面预应力筋总根数的3%,且每束不得超过一根,鉴于钢绞线的难更换性(用特制的连接器可以进行更换,但国内没有先例),张拉过程中需严格按照规范要求进行施工避免断丝现象发生,如有断丝超标的个别情况发生,需查清原因后再

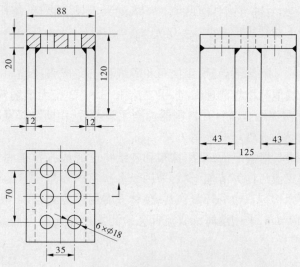

图 10　退锚专用工装图

张拉,断丝超标的钢束可采取适当增大相邻束或未断丝钢绞线应力的方法给予补偿。

5.2.3　预应力钢绞线锚固及防腐

5.2.3.1　预应力钢绞线防腐的必要性

据统计,在国际上预应力混凝土施工质量事故中,40%的事故发生在采用后张法暴露在高浓度氯化物环境的结构上。造成无黏结钢绞线腐蚀的主要原因是张拉完成后混凝土用来封闭锚具和修补破损面的专用灰浆中存有氯离子和硫化物,以及填充砂浆孔隙空间过大。锚固端密封不实等也是造成腐蚀损坏的隐患。

大伙房水库隧洞混凝土结构采用高性能无黏结预应力钢绞线作为预应力加载的结构件,以防止在高拉应力和潮湿环境下 Cl^- 和 SO_4^{2-} 等应力腐蚀敏感离子的侵入,避免高强度预应力钢绞线产生应力腐蚀而发生灾难性事故。采用合理可靠的张拉方法和锚固系统长效防腐蚀措施是确保本工程钢绞线的防腐质量和寿命,保持工程耐久性的至关重要的因素。

5.2.3.2　预应力钢绞线防腐方案的确定

锚具及锚固区的防腐处理是保证该体系完整性和耐久性的关键工序。小浪底工程发现的锚具槽处的渗油和流油现象,更担忧长期工作将使整个预应力体系失效,造成工程隐患。原设计为带环氧涂层张拉锚固,在做专项的静载锚固试验时,分别进行了剥离环氧涂层的裸线锚固和带环氧涂层(厚度 600 μm)锚固试验,根据规范要求静载锚固系数应大于等于95%,试验结果为裸线静载锚固系数97%,环氧涂层钢绞线静载锚固系数91%,之后对夹片进行了改进,锚固系数为93%,仍难以达到规范要求的标准。鉴于带环氧涂层张拉锚固达不到规范要求的静载锚固系数,且使用风险较大,要求厂家进行钢绞线定尺加工,即在加工时预留张拉及锚固段裸线长度,其他段采用环氧涂层。

1. 预应力钢绞线防腐方案的比较

1)环氧砂浆回填方案

此方案的要点是将锚具槽凿毛后,采用抹布和砂纸将已完成张拉锚固工作的裸露钢绞线表面的油脂、浮锈、氧化皮和其他污物等清理干净,套上 PE 套管,采用专用的 NE-Ⅱ型环氧砂浆先在混凝土界面涂刷基液,然后进行锚具槽回填。环氧砂浆技术指标:抗压强度≥85.0 MPa,抗拉强度≥10.0 MPa,与混凝土黏结抗拉强度 >4.0 MPa。

2)环氧混凝土回填方案

此方案的要点是将锚具槽凿毛后,采用抹布和砂纸将已完成张拉锚固工作的裸露钢绞线表面的油脂、浮锈、氧化皮和其他污物等清理干净,套上 PE 套管,采用专用的 NE-Ⅰ型环氧混凝土先在混凝土界面涂刷基液,然后进行锚具槽回填。环氧混凝土技术指标:抗压强度≥60.0 MPa,抗拉强度≥8.0 MPa,与混凝土黏结抗拉强度>4.0 MPa。

3)环氧涂料手工涂刷方案

此方案的要点是将锚具槽凿毛后,采用抹布和砂纸将已完成张拉锚固工作的裸露钢绞线表面的油脂、浮锈、氧化皮和其他污物等清理干净,手工涂刷 SLF-2 型无溶剂双组分环氧涂料,厚度要求不小于 600 μm,采用湿海绵直流针孔检测器检测无漏点后,用微膨胀混凝土进行锚具槽回填。

4)专用工具压力式灌注改性环氧涂料方案

此方案的要点是将锚具槽凿毛后,采用抹布和砂纸将已完成张拉锚固工作的裸露钢绞线表面的油脂、浮锈、氧化皮和其他污物等清理干净,采用经多次室内模拟试验的专用高压无气灌注装备和工艺,灌注 SLF-2 型无溶剂双组分环氧涂料,整体式专用灌注套管 24 根,一次安装成型,分次灌注,专用灌注套管内径 19 mm,采用湿海绵直流针孔检测器检测无漏点后,用微膨胀混凝土进行锚具槽回填。

2. 技术经济比较

1)技术比较

环氧砂浆和环氧混凝土的方案优于微膨胀混凝土方案,具有一定的自密实和抗渗透特性。但环氧砂浆、环氧混凝土、微膨胀混凝土均属于后浇筑性质,模板架立和振捣困难,保证一二期混凝土或砂浆的结合质量和整体性较为困难,二期混凝土为非预应力区,是整个预应力体系的薄弱部位,承受内水压力时,最易受拉,从施工质量和受力特性两方面分析,单纯采用二期混凝土回填封锚的方案可靠性低,当二期混凝土出现结合缝隙、裂缝、受力拉裂等现象时,如采用防腐润滑脂,将导致外漏污染水源,影响夹片、锚具和槽内钢绞线的使用寿命。

必须考虑二期混凝土出现裂缝时采用的内部封锚防护技术,这是保证无黏结预应力体系安全性和耐久性的根本。而内部封锚采用手工涂刷方案,工效低、质量难以保证、补涂点多,且存在对锚具槽一期混凝土二次污染,除污困难。采用专用高压无气灌注装备和工艺,工效相对高、现场电火花检测无漏点,将形成可靠的内部防护体系。采用环氧类材料进行封闭处理是合理和可靠的,因为环氧树脂在防水、防腐、绝缘性能等方面是防腐油脂无法比拟的。

2)经济比较(单槽)

预应力钢铰线防腐方案如表3所示。

表3 预应力钢绞线防腐方案

防腐方案		单位	工程量	合价(元)
浇筑环氧砂浆		m³	0.057 2	2 272
浇筑环氧混凝土		m³	0.057 2	1 321
手工涂刷环氧	手工环氧	m²	0.5	179
	微膨胀混凝土	m³	0.057 2	
专用工具压力灌注环氧	灌注环氧	m²	0.48	359
	微膨胀混凝土	m³	0.057 2	

经过多方面比较最终确定采用高压灌注 SLF-2 型双组分环氧涂料,该方案在国内还是首次成功。

5.2.3.3 预应力钢绞线锚固及防腐工艺

1. 施工主要工艺流程

钢绞线表面除油、除锈→固定密封灌注套管→调配 SLF 双组分涂料→高压无气设备灌注→养

护

2. 施工程序

（1）预应力钢绞线按照设计要求进行张拉，完成后固定对半夹片不能参差不齐，并采用专用切割工具割除张拉端多余的钢绞线，在切割时紧固钢绞线，不能使钢绞线的端头松散。

（2）用滑石粉清除锚具张拉过程中钢绞线外侧留下的油污，再用专用工具清理钢绞线外侧剩余的污染物。

（3）根据现场钢绞线张拉时剥离的长度，将无氯塑料保护套管和变径端口在现场用 SLF 涂料快速定位固定，并将套管两侧的带密封的卡环卡紧，与钢绞线预制的 PE 护套管有搭接。

（4）张拉线端部和锚固线的端部的套管尾部采用 SLF 腻子封闭或用专用无氯塑料封头密封，并且与钢绞线的端部有一定间隙，以便 SLF 能够密封钢绞线的切割断面。

（5）采用专用的双组分或单组分高压无气喷涂机在无氯塑料套管的注料孔内进行连续灌注，直到排气孔排出一定高度的 SLF-2 涂料，停止灌注。

（6）SLF-2 涂层实干后，从根部清除进料和排气管，使整个锚具与剥除 PE 套管、油脂的钢绞线全部密封起来。

（7）防腐涂层养护完成后，按设计要求回填膨胀混凝土，混凝土中不得掺入含氯离子和硫离子的材料。

锚具系统防腐如图 11 所示。

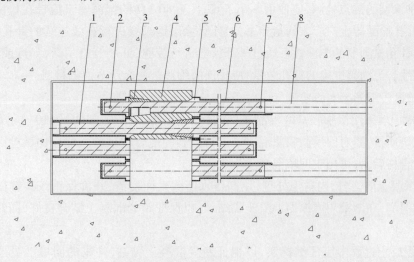

1—钢绞线；2—排气孔；3—夹片；4—锚板；5—SLF 涂层；
6—PE 灌注护套；7—注料孔；8—PE 护套

图11 锚具及钢绞线防护示意图

3. 灌注防腐工艺要求

（1）采用手工擦拭方式去除钢绞线表面的油污，该道程序完成后钢绞线表面应无明显的油污和水分。

（2）固定密封套管后，保证锚具槽上下12根钢绞线充分密封，在灌涂时无明显泄漏涂料现象。

（3）甲乙组分混合用电动工具充分搅拌均匀，混合后的涂料在 30 min 内用完。

（4）套管全部安装完毕后，采用气吹法检测每个上下连接的套管是否畅通。

（5）灌注时从底部注料软管平缓注入涂料，使管内的空气从上部完全排出，直至从透明排气孔看到涂料溢出。

（6）灌注前用塑料布覆盖锚具槽，避免涂料污染锚具槽内混凝土表面，高压无气灌注设备最高压力不超过 0.3 MPa。

(7)灌注完后的锚具养护 24 h 后方可进行检测,合格后把锚具上下灌注料管从根部割断,锚具槽上下多余的涂料清除。

5.2.3.4 施工中可能出现的问题及处理方法

(1)如果安装好套管后锚具通气不畅,难以保证锚具孔内全部灌注满涂料,此时应取下套管,用专用工具使高压气体贯通涂料灌注通道后再安装套管。

(2)由于采用高压灌注涂料,有时固定和张拉端套管因黏结不牢固或灌注时涂料流量控制不当,导致套管脱落,此时应由辅助人员迅速将套管复位并按紧套管后继续灌注,灌注完毕后用卡具固定住套管,待涂料固化后取下卡具。

5.2.3.5 锚具槽内钢绞线防腐检测

(1)为便于观察采用黑色涂料灌注白色套管,通常可通过查看涂料灌注后白色塑料管颜色的变化,以及固化后切下灌注和排气软管即可观察是否已注满。

(2)必要时,完成一板锚具灌注防腐工作量后,可根据具体情况选择几个不同锚具钢绞线套管剥离后进行抽检,采用 67.5 V 低压湿海绵测试方法进行漏点检测。剥离套管进行检验时,一定注意不要损坏涂层。

根据《环氧涂层七丝预应力钢绞线》(GB/T 21073—2007)、《预应力混凝土钢绞线环氧涂层标准》规定对保护涂层的漏点检测,应使用不小于 67.5 V、80 kΩ 的湿海绵直流针孔检测器或相当的方法,并按照针孔检测器生产厂家的指导书,对环氧涂层钢绞线进行在线连续的针孔检测,检测电压应被固定。针孔检测器的准确性可通过外部仪器进行校验,并装有指示器,如灯或蜂鸣器,以指示涂层的不连续。为测得准确的针孔数量,应确保海绵和被测涂层表面的接触。

5.2.4 锚具槽微膨胀混凝土的回填

(1)锚具槽回填采用微膨胀 C40 混凝土,膨胀量应控制在 $(1.0 \sim 2.0) \times 10^{-4}$。为确保回填微膨胀混凝土浇筑质量,要对回填微膨胀混凝土进行单独的配合比试验。配合比试验必须经过现场工艺施工试验合格后,方可用于回填混凝土生产。

(2)回填混凝土前,将槽内凿毛处理,用高压水清除表面覆渣,并确保钢绞线锚固牢固。锚具槽回填前保持湿润,在槽壁周围涂刷混凝土黏结剂,以保证新老混凝土结合良好,同时固定好止水带。

(3)回填混凝土过程中应仔细捣实,以保证新老混凝土黏结,外露的回填混凝土表面必须抹平,并立即进行 28 d 湿养护。

6 材料与设备

6.1 主要材料

(1)钢筋:Ⅰ级钢:强度标准值 $f_{ptk} = 280$ MPa,弹性模量 $E_s = 2.1 \times 10^5$ MPa;Ⅱ级钢:强度标准值 $f_{ptk} = 450$ MPa,弹性模量 $E_s = 2.0 \times 10^5$ MPa。

(2)混凝土:衬砌混凝土 C40、W8,锚具槽回填混凝土为 C40 无收缩混凝土。容重 $\gamma = 25$ kN/m^3,弹性模量 $E_s = 3.25 \times 10^4$ MPa,泊松比 $\mu = 0.167$。

(3)钢绞线:高强、低松弛的单丝环氧喷涂无黏结筋。标准强度 $f_{ptk} = 1\ 860$ MPa,公称直径 $d = 15.24$ mm,公称面积 $A_s = 139$ mm^2,弹性模量 $E_s = 1.8 \times 10^5$ MPa,张拉控制应力 $\sigma_k = 0.75 f_{ptk}$。防腐油脂化学稳定性好,不得含有有害成分,数量不小于 50 g/m,高强聚乙烯护套厚度不小于 1.2 mm,并且具有一定的韧性和强度、抗腐蚀、抗老化性能。

（4）锚具及张拉设备：HM15-6无黏结专用、高防腐环形锚具及配套张拉设备。锚具主要技术指标为：锚具组装件静载锚具效率系数 $\eta_A \geq 0.95$；无黏结筋自由段的总伸长率 $\varepsilon_u \geq 2\%$；锁定时无黏结筋在锚具内的回缩值 $\Delta S \leq 6$ mm，每侧 3 mm。

（5）水泥：普通硅酸盐水泥 P·O42.5。

（6）SLF-2双组分环氧涂料：无溶剂防腐蚀涂料，耐盐雾试验大于 3 000 h，氯离子渗透率小于 2.27×10^{-3} mg/cm^2。

6.2 设备

6.2.1 混凝土施工设备

混凝土施工设备见表4。

表4 混凝土施工机械设备

主要设备、材料名称	型号	单位	合计	说明
载重汽车	8 t	台	3	
钢模台车	订做	台	3	
输入隧洞拱脚拉模	自制	台	3	
混凝土泵	HB-60	台	6	备用一台
电焊机	BX$_3$-500	台	9	
插入式振捣器	HZ6-35	台	12	高频振捣器
混凝土平板振捣器	B-11A 1.5 kW	台	24	
手动葫芦	10 t	台	6	安装钢模台车
混凝土搅拌运输车	6 m^3	台	12	
汽车吊	8 t	台	3	
钢筋台车	自制	台	3	
卷扬机	1.5 t	台	3	拱脚拉模
装载机	3 m^3	台	3	
水泵	2″	台	10	1台备用
钢筋切割机		台	3	
拌和站	JS1000	座	3	1台 JS500 备用
全站仪	Leica	台	3	
反铲	PC200	台	4	

6.2.2 钢绞线张拉防腐设备

钢绞线张拉防腐设备见表5。

表5　钢铰线张拉防腐设备

设备名称	型号	数量	备注
特制环锚张拉千斤顶	YDC1500－120	3套	1套备用
单根钢绞线千斤顶	YDC260Q－200	3套	1套备用
单根钢绞线千斤顶	YDC100Q－120	3套	1套备用
高压电动油泵	2YBZ2－80	6套	2套备用
整体变角张拉装置		3套	1套备用
环锚工具锚及对中套装置		3套	1套备用
环锚限位板及延长筒装置		3套	1套备用
交流电焊机		1台	
手提切割机	φ180	4台	
手动葫芦	1 t	6只	
专用张拉台车		2套	张拉用
配电箱		4套	
抗震压力表	块	6	
压力表(1.6级)	块	6	
锚具安装定位器	件	2	
环锚退锚器	件	2	
专用高压无气喷涂机	台	3	灌注防腐涂料用

7　质量控制

7.1　控制标准

该工法必须执行国家现行有关的标准、规范的有关要求。

7.2　关键工序质量要求及技术措施

7.2.1　混凝土施工质量措施

(1)设置专门的质检部门,建立三级检查制度,对人员、材料、设备、施工方法、施工环节等各方面进行控制。

(2)实验室在工地取样并配备足够人员、设备、仪器,以满足工程检验和试验的要求。

(3)质量检验人员及试验人员必须做到具有相应的资质并持证上岗。

(4)制定质量管理办法及实施细责,建立岗位责任制,实行质量一票否决权。

(5)挑选优秀、精干的施工人员,组建施工队伍,并进行上岗前培训。

(6)配备数量充足、状况良好的机械设备,并经常保养设备,保障设备完好率,保证混凝土浇筑连续性。

（7）各单位、各部门必须制定本部门的岗位职责，做到责任到人。

（8）在混凝土浇筑环节，做到定人、定位、定窗口，责任落实到人。

（9）混凝土坍落度的检查，每班在出机口检查四次，在仓面检查两次。在取样成型时，同时测定坍落度，混凝土浇筑过程中严禁向混凝土罐车中和混凝土泵中加水。

（10）钢筋绑扎、模板支立前，必须对基岩面（老混凝土面）进行检查，仓号验收实行"三检"制。

（11）安排专人对端头模板和台车底脚模板进行加固，经验收合格后方可浇筑。

（12）施工过程必须进行详细的施工记录，并妥善保管。施工记录包括各种检查记录、验收记录、试验记录、施工交接班记录等。

（13）每次混凝土浇筑完毕后，混凝土泵管用专用清洗球和用高压风将其清洗干净，以免下次使用时堵管。混凝土输送管要平直铺设，转弯宜缓且接缝严密，泵送前用同强度等级的水泥砂浆进行管道润湿。

（14）插入式振捣器要尽量避免碰撞钢筋，更不得骑在钢筋上振捣，振实后应徐徐拔出，不得过快或停转后再拔出。

7.2.2 钢绞线张拉防腐

7.2.2.1 施工质量保证措施

（1）高压油管使用前均做耐压试验，不合格的坚决不使用。

（2）油泵上的安全阀，调整到最大工作油压下能自动打开的状态。

（3）油压表安装牢固，各油路连接部位均完整紧密，均需放置紫铜垫片密封，在最大工作油压下保持 3 min 以上不得漏油。

（4）张拉过程中发现设备运转异常，必须立即停机检查维修或更换。

锚具、夹具均应设专人妥善保管，避免锈蚀、沾污，遭受机械损伤或散失。施工时在终张拉后，要按照设计文件要求对锚具进行防锈处理。

（5）张拉工程开工前，对张拉施工设备、材料、人员等的配备情况进行检查。对张拉记录人员进行业务培训，合格后方能上岗。

（6）张拉工程每道工序严格执行施工质量"三检制"，经监理工程师签字验收后，进行下一道工序。

（7）按照质量体系文件建立程序化的质量保证制度并有效实施，确保施工过程，尤其是关键工序和特殊过程始终处于有效控制之中，以预防不合格工序的产生。

（8）认真做好各项报表的原始记录工作，并按要求及时进行汇总与分析整理在施工过程中提交的各项施工质量资料。

7.2.2.2 张拉注意事项

（1）无黏结预应力钢绞线束的张拉以应力控制为主、伸长值为辅的原则进行操作，应力的施加要缓慢、匀速，严禁非规范施工。

（2）整个施工过程要认真记录，并将数据录入电脑数据库保存。

（3）张拉时变角器内要涂润滑剂。

（4）当钢绞线束张拉过程中发现实测伸长值超过理论计算值的 10% 或者小于 5% 时，立即停止张拉操作，并报告监理人，待查明原因、消除故障并经监理人同意后方可继续进行作业。

（5）因锚具在安装前进行一次外涂环氧的前处理，加热造成锚板锥孔的润滑剂全部损失掉，且锚板的锥孔内有时也黏附有环氧喷涂块，所以安装前应清理锚孔并在锚孔内涂少许机油或黄油润滑，以保证夹片能平整地顺利跟进锚固。

（6）夹片，特别是固定端的夹片，每束设备安装后准备张拉前应检查是否安装好，并应保证两片外露平齐、敲紧。

（7）张拉端的夹片在安装限位板之前应检查是否有掉出的现象，防止安装遗漏和夹片掉出，这点至关重要，因为锚具在槽口中为倾斜安装，任何的振动都可能造成夹片掉出，如有夹片遗漏就进行张拉，将会造成很麻烦的后果。

8 安全措施

8.1 混凝土施工安全保证措施

（1）严格并全面执行水工隧道工程施工安全操作规程。

（2）施工人员进入施工现场必须戴好安全帽等防护用品。

（3）运输混凝土和材料的设备必须进行定期检查，并在施工期间进行精心维护，确保生产的安全。

（4）发现不安全因素及时进行汇报，并监督处理。

（5）用于施工的各种机械性能保护完好，能够满足施工要求。

（6）严禁酒后作业。

（7）使用旧材料，应先清除钉子和混凝土黏结块及污泥等附着物。

（8）模板安装时要保证牢固，不得用腐朽、扭裂、劈裂材料。

（9）支模应按工序进行，模板没有固定前，不得进行下道工序。

（10）模板拆除，应按拆模程序进行。不能硬撬、硬砸，不能大面积同时撬落和拉倒，应分段分层从一端退拆，统一指挥。

（11）拆下的模板应及时清理，并运到指定地点堆放整齐。

（12）钢筋在运输及安装时，防止碰触电线。

（13）机械吊运钢筋时，应捆绑牢固，设专人指挥。

（14）手工平直前应检查矫正器是否牢固，扳口有无裂口，锤柄是否坚实，不准使用直径小的工具弯动直径大的钢筋。

（15）工作前必须检查主要结合部分的牢固性能转动部分的润滑情况，机械上不得有其他物件和工具。

（16）工作时，必须根据钢筋直径先适当压滚，以免损坏齿轮。

（17）机械工作时，操作人员不得离开工作岗位。

（18）钢筋切断机应安放在较坚实的地面，安装平稳，铁轮两侧须用三角木块塞好。

（19）操作机器必须由专人负责，严禁其他人员擅自开动。

（20）钢筋在绑扎前要除锈，高处绑扎要搭脚手架，在洞内和脚手架下面工作时，要戴好安全帽。

（21）绑扎预制的钢筋和骨架时，应检查本身的结构和各部位的联系是否牢固可靠。

（22）混凝土振捣，应熟悉所用振捣器的性能，要注意振捣棒不得插入过深。要注意振捣器等避免与岩石、钢筋、模板、预埋件等碰撞。

（23）混凝土搅拌机工应熟悉并掌握搅拌机的构造、性能，操作方法和使用规则，才可以担任工作。

（24）拌和机安装要牢固，机身要平稳，工作前应检查传动离合器、制动器、气泵等是否灵活，钢丝绳是否断丝损坏。

（25）每次拌和量不得超过允许范围。工作结束后，应将拌和机进行清洗，然后切断电源。

8.2 张拉、防腐施工安全保证措施

在张拉、防腐过程中，采取以下措施，确保施工安全。

（1）按照"安全第一、预防为主"的方针，建立健全安全生产组织机构，设专职安全员，定期对施

工现场进行检查,发现问题及时处理。

(2)施工前,对从事张拉、防腐工作的人员进行岗位安全生产教育,做到操作人员经考核合格后,持证上岗。

(3)严禁穿拖鞋上班,进入现场必须佩戴各种必需的劳动保护用品。

(4)规范用电管理,加强防火教育,杜绝火灾隐患。施工现场配备足够的灭火器材和工具,并定期检查,失效的及时更换。

(5)上下交叉作业,严防高空坠物伤人。

(6)在预应力作业中,预应力正前方不得站人或走人,操作人员必须站在预应力筋的两侧,千斤顶后面及另端对面均不准站人也不得踩压油管。张拉完成后钢绞线端部也不得站人。同时在张拉千斤顶的后面应设立防护装置,立牌明示。因为预应力筋持有很大的能量,万一预应力筋被拉断或锚具与千斤顶失效,巨大能量急剧释放,有可能造成很大的危害。

(7)张拉时应认真做到钢绞线、锚具与千斤顶的轴线一致,以减少摩擦损失,便于张拉施工的顺利进行。

(8)工具锚夹片应注意保持清洁和良好的润滑状态,新的工具夹片第一次使用前,应在夹片的外表面抹上一层均匀的专用退锚灵,以便退锚。

(9)多根钢绞线束夹片锚固体系如遇到个别钢绞线滑移,可更换夹片,用小型千斤顶单根张拉或全部更换夹片后再重新张拉。

9 环保与资源节约

9.1 文明施工

9.1.1 施工现场形象

(1)依据施工现场管理规范,做到干净整洁,无积水、无淤泥、无杂物,材料堆放整齐,严格遵守"工完、料尽、场地净"的原则,完成一块,清理一处,不留垃圾,不留剩余施工材料和施工机具,各种设备运转正常。

(2)施工现场临建设施布局设置符合工程统一规划,并满足安全、防火、防盗和便于拆除移动的要求。

(3)在施工区内设立"五牌一图",即项目责任人及项目名称牌(标明工程项目名称、范围、开竣工时间、项目负责人),安全文明施工责任牌(包括文明公约),工程安全生产警示牌,先进典型及好人好事宣传牌,各种违章违纪曝光牌,施工平面布置图。

(4)施工部位布置应急灯、"安全通道"牌及部位标识牌。现场各类管线、应急灯、"安全通道"牌及电缆均统一布置,固定上墙,各类管线及电缆尽可能平或顺或直。对施工部位需要标识的部位、桩号、水管等采用统一字体,禁止乱涂乱画。

(5)根据施工进展,在洞内、弃渣场等部位设置带有污物处理装置的卫生设施(干式或水冲式移动厕所),冲水厕所设化粪池,厕所每天有专人清扫处理。严禁在工区建筑物内进行任何有损卫生的不文明行为。

(6)在上述各部位设置必要的移动式"保洁箱",定时清理。

9.1.2 现场施工材料、设施

(1)施工现场内所有生产设施、材料临时存放按施工规划布置图进行布置,确保设施、物资材料的堆放场地规划有序,使施工现场处于有序、受控状态,严禁在场内乱堆乱放,保持良好的场容场貌。

(2)加强现场材料计划和管理,材料进场、使用登记清楚,管理规范到位,无漏登记、规格出现偏差错误的情况发生。

（3）现场材料尽量做到随领随用。材料进入现场按指定的位置堆放整齐，不影响现场正常施工，不堵塞施工通道和安全通道，材料堆放场有专职看管人员。各种扣件、紧固件、绳索卡具、小型配件、螺钉等应装箱或装入专用袋中放置。

（4）施工设备严禁沿道停放，在指定地点有序停放，经常冲洗擦拭，确保设备的车容车貌和完好率。贵重设备设施由专门人员看管，工作面的小型工具房按规划摆放整齐。

（5）现场的钢材、水泥等能入库的尽量入库，不能入库的进行上遮下垫、防雨淋、防日晒等处理措施。

（6）在各工作面有管理制度、值班制度、操作规程和安全标志、各类危险源预警等。

9.1.3　施工道路及安全通道

（1）在运输工程材料、工程设备、运送垃圾及其他物质时，选择运输线路、运输工具或限制载重量等办法保持在运输中所经过的道路、桥梁的清洁，不致污染，保持施工区内所有道路、桥梁的整洁美观。

（2）成立道路养护队，安排专人及时清扫施工道路，及时清理施工车辆掉下的杂物，及时修补路面。对道路进行经常保养维护，保证道路路基坚实稳定，路面平整、干净，无坑凹、无石块堆积、无垃圾。路面保持湿润，任何时候都不得扬尘，及时清理污泥，冬季路面采取防滑措施，保证不结冰，保证车辆安全行驶。

（3）主要交通洞入口设置安全岗亭，配备专职安全员值班，禁止一切闲杂人员进入施工部位，所有施工管理人员和操作人员必须佩戴证明其身份的标识牌，标识牌标明姓名、职务、身份编号。

（4）在各主要交通洞岔口设置减速路拱。

（5）在施工部位布置转梯、爬梯，人行通道处设置人行栈桥，以上均设栏杆；在井口、坡顶等"临边"处设置栏杆、挡板，挂安全网；在高差超过 60 cm 的地方设置人行爬梯。

（6）施工现场上下交通（包括进入仓号内和仓号与仓号之间的交通）搭设标准转梯及马道，确保至仓面交通畅通。马道净宽 0.8 m，两侧需有扶手，道面需有防滑条，钢梯用花纹钢板焊制的钢踏步；对场地特别狭小不能搭设马道的，则焊钢爬梯，并有封闭式护栏。

（7）浇筑仓号内有顶层钢筋网时，则在钢筋网上铺设不小于 60 cm 宽的马道板并且加固；无钢筋网时设不小于 60 cm 宽的下仓号通道，并有栏杆，以利施工人员行走。

（8）爬梯及马道要加强维护，并及时清扫上面的杂物、混凝土、泥浆等。

（9）危险处均有醒目标记及安全防护措施。

9.1.4　环境治理

（1）在施工现场设置"保洁箱"，施工、生活垃圾一律入内，并及时将垃圾清理到指定位置。

（2）分别在各主要施工场地布置洁净就餐场所，吃剩的饭菜倒入专用的器皿中运离施工现场，施工现场不准有一次性饭盒、塑料袋、饭粒等生活垃圾。

（3）设置有效的通风排烟设施，保证洞内空气流通，改善施工作业面空气质量，使洞内施工有一个良好的施工环境，保障施工作业人员的健康，保障人身安全，进入地下建筑物内的施工人员必须佩戴安全防护用具。

（4）在工程施工中配备对有害气体的监测、报警装置和安全防护用具（如防爆灯、防毒面具、报警器等）。一旦发现有害气体，立即停止工作并疏散人员，同时立即把情况报告监理工程师。经过慎重处理，确认不存在危险并得到监理工程师的书面指示同意后复工。

（5）在现场建立厕所，并保持清洁和卫生，确保现场施工人员能够比较方便地入厕，严禁随地大小便。

（6）凡已拆模的廊道部位，均不得有积水、杂物、垃圾、粪便、弃置不用的工器具等，排水沟内应保持清洁畅通，设立专门的排水措施保持廊道内清洁卫生，有良好的交通及照明措施，提高施工作业区能见度,孔洞处设立安全防护栏及警示牌。

(7)仓面、管槽、孔口、低洼隐蔽部位所有管线必须排列有序,设备材料摆放整齐,无淤泥杂物,无积水,抽排水设施完善,防止出现乱弃渣、乱搭建现象,防止废水进入其他标段工作面。

(8)施工人员必须经过上岗培训合格后,取得上岗证,才能佩证上岗,进入现场后在指定的部位进行施工作业,严禁脱岗、串岗、睡岗和空岗,严禁非施工人员进入施工现场,项目值班人员按时交接班,认真作好施工记录,遇到业主、监理检查工作时,主动介绍情况。

(9)项目部对自检和业主、监理单位组织的检查中查出的文明施工中存在的问题,不但要立即纠正,而且要针对文明施工中的薄弱环节,进行整改和完善,使文明施工不断优化和提高。

(10)合理安排施工顺序,避免工序相互干扰,凡下道工序对上道工序会产生损伤或污染的,要对上道工序采取保护或覆盖措施。

9.1.5 施工排水及废渣处理

(1)按合同规定提交有详细说明的施工区排水规划及有关排水设备的配置(如数量、型号、性能等)资料,并备有充足的排水设备及备用设备,以便部分设备发生故障时仍能及时排水,在报监理工程师审批后及时实施。此外,还根据需要设置必要的临时排水与截水设施,防止由于排水不畅而引起边坡失稳、混凝土质量受损及工期延误。

(2)保证施工自开工至完工验收或监理工程师指定的时间内的正常排水,不将废水、废渣排放、储存、堆集到别的标段内,满足合同要求并服从监理和业主的统一协调。

(3)施工区杜绝有积水现象,始终持续保持施工区地面洁净,均应在边墙及时设置临时排水沟,低洼处设置集水井、集水箱,及时将施工弃水及地下渗水排出洞外。

(4)在水量集中处设置浆砌石或砖砌挡水埝,用钢管或PVC管引排至集中泵站排出。

9.1.6 施工车辆

(1)施工车辆出渣或运输砂石骨料时设挡板且装载量保持合适,沿途不掉渣并按指定的地点倒渣。

(2)礼貌行车,自觉遵守交通法规,不超速、超载,服从交警及现场指挥人员指挥,未经主管同意不准将车交给他人驾驶。

(3)保持车况良好,车容车貌整洁,下班后对车辆冲洗擦拭干净,并将车辆按指定的位置停放整齐。

9.1.7 施工生活区

(1)创建美好环境。在生活区范围种植花草、树木,美化环境,开辟宣传园地,表扬好人好事,宣传国家政策、施工技术和规程规范。开展积极健康的文体活动,如晨练、羽毛球、乒乓球、扑克、象棋等,严禁黄、毒、赌和打架、斗殴事件发生。

(2)加强对施工人员的全面管理,严禁接受三无盲流人员。落实防范措施,做好防盗工作,及时制止各类违法行为和暴力行为,确保施工区域内无违法违纪现象发生。特别是加强民工、协议工安全教育及劳动保护,提高民工安全防范和自我保护意识,对民工进行岗前培训和定期学习,将民工队伍的管理纳入本单位的管理中进行综合考核,并有具体的考核措施和奖惩办法。采取措施改善民工居住环境,提高民工生活质量,居住集中,统一管理,环境卫生、干净、整洁,有澡堂、食堂、晒衣场所等基本设施。

9.1.8 外部关系

(1)保持与业主、监理工程师和其他施工单位的良好关系,服从业主和监理工程师的协调。

(2)正确处理与当地政府和周围群众的关系,自觉遵守当地政府的各种规定,尊重当地行政管理部门的意见和建议,尊重当地居民的民风民俗,加强民族团结,与当地政府和居民友好相处,建立良好的社会关系,并与当地派出所联合开展综合治安管理,搞好文明共建工作。

9.2 环保措施

9.2.1 加强对职工进行环保、水保教育

组织职工学习并严格遵守《中华人民共和国环境保护法》、《中华人民共和国水污染防治法》、《中华人民共和国大气污染防治法》、《中华人民共和国环境噪声污染防治法》、《中华人民共和国水土保持法》、《中华人民共和国食品卫生法》、《中华人民共和国道路交通安全法》、《中华人民共和国固体废物污染环境防治法》等一系列国家及地方颁布的各项环境保护及水土保持法律、法规及规章,加强对职工的环保、水保教育,提高职工的环保、水保意识,做好施工区环境保护和水土保持工作。

9.2.2 制订并实施各项环境保护、水土保持措施

(1)制定严格的作业制度,规范施工人员作业行为,做到科学管理、文明施工,避免有害物质或不良行为对环境造成污染或破坏。

(2)严格按施工组织设计要求,合理布置、安排施工的顺序、方法、手段和措施。

(3)按有关规定要求,做好施工区的全面规划,使全工区的建筑物、道路、生产、生活设施绿化区等达到整洁有序、协调、美观,形成一个整体的优良环境。

(4)在运输工程材料、工程设备,运送垃圾或其他物质时,选择运输线路、运输工具或限制载重量等办法保持在运输中所经过的道路、桥梁的清洁不受污染。

(5)所有施工区、生活区修建标准卫生设施。在施工现场区配备足够数量的临时的并带有污物处理装置的卫生设施,以方便员工使用。

(6)综合考虑本标段的环境因素,重点加强对下列内容的控制:

①对施工林区的保护;

②施工弃渣的利用和堆放;

③边坡保护和水土流失防治;

④防止饮用水污染;

⑤严格控制噪声、粉尘、废气、废水、废油、化学品、酸等污染土地、河川;

⑥加强对卫生设施及粪便、垃圾等的治理;

⑦做到工完场清。

9.2.3 加强对施工周围林区的保护,保护当地生态环境

(1)加强对施工人员的宣传教育和管理,严禁超越征地范围毁坏森林植被和花草树木,施工活动之外场地必须维持原状;如所在施工区内有古木和稀有树种,按监理人要求进行移植处理。

(2)严禁在林区焚烧垃圾或点明火,防止森林火灾。

(3)严禁猎杀陆生、野生动物及下河炸、电、捕鱼,特别是国家和地方珍稀、濒危保护动植物和鱼类。

(4)严禁在林区乱倒施工弃渣及垃圾。

(5)在工程完工后的有关规定时间内,拆除施工临时设施,消除施工区、生活区和附近地区的施工废弃物,并按照监理人批准的设计进行植被恢复或绿化。

9.2.4 加强对施工弃渣利用和堆放的管理

(1)施工车辆出渣时设挡板且装渣量合适防止沿途掉渣,施工弃渣运到监理人指定的弃渣场堆放,不得任意倾倒或堆放。

(2)弃渣场安排专人管理,统一指挥弃渣堆放,卸料及时推平。

(3)弃渣要分区、分层堆放,周转堆存料与永久弃渣要分区堆放,并设置标志和隔离措施,防止周转存料受到污染。

(4)弃渣场必须做好排水设施,周围挖截(排)洪沟,防止或减少雨水冲刷和浸泡弃渣,减少弃

渣场废水的产生。

（5）根据设计要求或监理人指示做好拦渣坝及弃渣表面清理，弃渣边坡及时按要求的坡度整坡，确保渣堆稳定，植被恢复，防止水土流失。

9.2.5 加强对洞口边坡保护和水土流失防治

（1）边坡开挖前，根据施工组织设计要求在开挖轮廓线外坡顶设置永久排（截）洪沟和临时排水沟，将雨水排到施工区下游，防止雨（洪）水对开挖边坡的影响。

（2）边坡开挖要严格按设计要求进行，自上而下分层分段开挖，严格控制边坡的坡度、梯段高度、表面平整度，确保边坡稳定。

（3）随着边坡的形成，在坡脚挖排水沟，并将边坡上渗水引流到排水沟，引排到施工区外。当遇到边坡上较大地下渗流时，按监理人指示采取有效的疏导和保护措施。

（4）及时对形成的边坡按设计要求进行边坡支护，对边坡上的破碎带按监理人指示采取更有效的方式进行边坡支护，所有形成的边坡支护必须在雨季前施工完成，确保边坡的稳定。

（5）临时公路均按照稳定边坡进行开挖，及时设置挡墙、护坡等对开挖、回填形成的土质边坡进行防护，路面硬化，并修建路基边沟、排水沟、截水沟和进行道旁绿化。

（6）公路开挖土石尽量回填，或就近用于施工场地平整，剩余土石运往指定渣场堆放。

9.2.6 防止饮用水污染及废水、废油治理的措施

将生活营地的生活垃圾和污水统一处理，将垃圾堆放在营地指定位置。在每一块施工工地设置污水汇集设施，施工工地生产废水和生活污水的处理系统经监理批准后使用。

（1）在主要排放施工废（污）水处设置废（污）水处理系统，施工废（污）水经沉淀，实现泥水分离，吸附排除炸药残留物，达到《污水综合排放标准》（GB 8978—1996）要求的一级标准后才能排放，防止水源受到污染，并定期对废（污）水处理系统进行清理。

（2）施工区钻孔灌浆产生的废浆在施工区设置废浆处理池，处理后的废浆运到弃渣场或监理人指定的地方倾卸，并及时掩埋，防止流失污染环境。

（3）在混凝土生产系统处设置生产废（污）水处理池，混凝土生产系统生产过程中所产生的废（污）水引流到废（污）水处理池进行处理，经过3个废（污）水处理池的三级处理，实现泥水、油水分离，达到排放标准后才能排放。

（4）生产管理、生活设施和施工临时工程设施区埋设排污管收集生活污水送至生产废水（主要为含油废水）和生活污水处理池集中处理，达标后排放。

9.2.7 加强环境卫生管理及粪便、垃圾的治理，保证人群健康

（1）在施工现场设置足够的保洁箱，施工、生活垃圾一律入内，并及时将垃圾清理到指定位置。在现场配置就餐车，吃剩的饭菜要倒入专用的器皿中远离施工现场，施工现场不准有一次性饭盒、塑料袋、饭粒等生活垃圾。生活区和生产设施区统一规划，搞好环境绿化工作，营造良好的生活、生产环境。

（2）施工人员进场前进行常规体检，发现传染病患者一律不得进入施工场地。每年对施工人员进行体检，注射预防传染病的疫苗。

（3）为施工人员创造良好的公共场所（食堂、饭店、旅店、公共浴池、公共交通工具）卫生条件，预防疾病，保障人体健康。

（4）施工道路安排专人管理、维护，及时清理散落地面的土、石。

（5）在工地、生活区搭建的厕所，必须设置化粪池设施处理粪便，安排专人定期清扫，粪便经处理后运到当地卫生主管部门指定或允许的地点排放。洞内设置移动厕所。

（6）在施工区和生活区配备专职环卫人员，制定环卫制度，每天定时清扫、清运垃圾，并运到监理指定的处理场处置，严禁在工区、生活区周围环境随地倾倒垃圾。

（7）开展卫生检查评比活动，项目部每月组织一次环境卫生大检查，对环境卫生搞得好的单位进行表彰；对环境卫生搞得差的单位进行批评，限期整改，并进行经济处罚。

9.2.8　防止和控制噪声措施

（1）尽量选用噪声和振动水平符合国家现行有关标准的设备，高噪声区作业人员配备个人降噪设备。噪声排放达到《建筑施工场界环境噪声排放标准》（GB 12523—2011）。

（2）生产临时设施和场地，如堆料场、拌和站、加工厂等尽可能远离人员居住区设置。

（3）合理分布动力、机械设备的工作场所，避免一个地方运行较多动力机械设备。

（4）加强设备的维护和保养，保持机械润滑，达到减少噪声的目的，振动大的机械设备使用减振机座降低噪声。

（5）合理安排作业时间，尽量避免在休息时间（22:00 至次日 7:00）进行露天爆破，防止影响附近居民的生活。

（6）禁止车辆在居民区长时间鸣笛。

（7）爆破作业控制最大一段药量禁止裸露爆破，减少爆破冲击和噪声对居民的影响。

（8）开挖钻机、混凝土拌和系统、砂石骨料加工系统等高噪声机械设备尽量选用低噪声或装有消声装置的机械设备；对搅拌站、空压站设置隔音装置、防震沟等，降低噪声的影响。

9.2.9　防止和控制粉尘措施

（1）工程爆破优先使用凿裂爆破、预裂爆破、光面爆破和缓冲爆破等方式，以减少粉尘产生。

（2）施工作业产生的粉尘，除作业人员配备必要的防尘劳保用品外，采取防尘措施，防止灰尘飞扬，使粉尘公害降至最小程度。

（3）凿裂、钻孔使用湿法作业，大型钻孔设备配备除尘装置，使钻进时不起尘，并设置有效的通风排烟设施，保证空气流通。

（4）隧洞开挖作业时，必须对岩渣洒水除尘，防止或减少粉尘对空气的污染。

（5）对易引起粉尘的细料、散料进行遮盖，运输时用帆布、雨布等覆盖材料进行遮盖，并控制车辆行驶速度一般不大于 25 km/h，防止粉尘飞扬。

（6）为降低或防止尘土飞扬对大气的污染，项目部配备 3 台洒水车对各施工道路进行定期洒水，确保施工时施工道路保持潮湿，防止车辆跑动引起的灰尘对大气造成污染，确保空气质量达到《环境空气质量标准》（GB 3095—2012）中的二级标准要求。

9.2.10　防止和控制粉尘、废气、有害气体的大气污染措施

（1）为确保空气质量，防止废气污染，工区严禁焚烧垃圾，严禁采用烧煤设施。

（2）汽车、施工机械设备排放的气体要经常检测，排放的气体必须符合《大气污染物综合排放标准》（GB 16297—1996）无组织排放监控浓度限值时，才能投入使用；否则必须检修或停用。

（3）隧洞施工时加强通风并做好有害气体的检测，配备报警装置和施工人员使用的防护面具以防中毒。隧洞空气卫生必须满足《工业企业设计卫生标准》（GBZ 1—2002）中车间的空气中有害气体最高允许浓度标准。

9.2.11　地质环境、社会环境、交通

（1）定期对施工区和生活区范围内的地质环境进行检查，一旦发现存在滑坡、塌方等地质灾害隐患时及时采取监控、预警措施，确保施工人员的人身安全和施工活动的顺利进行。

（2）遵守国家的法律法规，维护社会稳定。满足施工区相关管理办法的规定。

（3）施工车辆司机严格遵守《中华人民共和国道路交通安全法》，维护道路交通秩序，预防和减少交通事故，保护人身安全，避免交通事故的发生。

9.2.12　环保、水保控制手段

（1）成立环保与水保活动领导小组，制订环境保护与水土保持的实施方案和具体措施，由安全

环保监察部具体负责监督落实。

（2）每月对工地环境保护、水土保持、生活卫生、场容场貌等方面进行检查、评比。

（3）加强思想政治工作和法制教育，进行岗前培训及安全、劳动纪律、环保等教育。

（4）加强环境保护、水土保持的宣传，提高职工的环保意识。

（5）由安全环保监察部专职监督员定期进行工地巡察，对于违反环保与水保措施的施工及人员记录在案，并发出整改通知，限期整改，对严重违反行为或造成后果者将按有关规定从严处罚。

9.2.13 完工后场地清理

工程完工后，按照业主和监理的要求，彻底清理临时性工程场地和临时道路，拆除临时住房、仓库等临时建筑，清除废渣，防止水土流失，将工地四周环境清理整洁。

10 效益分析

10.1 衬砌方案改进投资节约的经济效益

10.1.1 预应力混凝土衬砌的造价

该造价(不含支护及其他费用)是依据大伙房水库输水(二期)工程隧洞段中，Ⅳ、Ⅴ类围岩和浅埋段采用双圈环绕后张法环形预应力混凝土衬砌段长度 11 000 m 计算的(见表6)。

表6 造价分析一

序号	工程项目	单位	工程量	单价(元)	合价(元)	说明
1	开挖	m³	479 411	100.88	48 362 982	开挖洞径为 7 m
2	C40 混凝土	m³	112 369	505.42	56 793 540	衬砌厚度为 0.5 m
3	预应力筋制安	t	7 886	9 126.74	71 973 472	
4	预应力筋张拉	t	7 886	800.00	6 308 800	
5	锚具防腐	套	27 510	429.25	11 808 668	
6	锚具	套	27 510	648	17 826 480	
7	钢筋制安	t	9 097	4 309.61	39 204 522	主筋为 Φ20
合计					252 278 464	

10.1.2 采用钢筋混凝土衬砌的造价

该造价(不含支护及其他费用)是依据大伙房水库输水(二期)工程隧洞段中，Ⅳ、Ⅴ类围岩和浅埋段采用设计抗裂计算衬砌厚度为 0.9 m，主筋为双排 Φ25，间距 12.5 cm，衬砌长度为 11 000 m 计算的(见表7)。

表7 造价分析二

序号	工程项目	单位	工程量	单价(元)	合价(元)	说明
1	开挖	m³	555 482	100.88	56 037 024	开挖洞径为 7.8 m
2	C40 混凝土	m³	214 578	505.42	108 452 013	衬砌厚度为 0.9 m
3	钢筋制安	t	33 342	4 309.61	143 691 016	主筋为双排Φ25，间距 12.5 cm
合计					308 180 053	

10.1.3 钢板衬砌的造价

该造价(不含支护及其他费用)是依据大伙房水库输水(二期)工程隧洞段中，Ⅳ、Ⅴ类围岩和浅埋段采用钢板衬砌的计算参数,衬砌长度为11 000 m计算的(见表8)。

表8　造价分析三

序号	工程项目	单位	工程量	单价(元)	合价(元)	说明
1	开挖	m³	479 411	100. 88	48 362 982	开挖洞径为7 m
2	C40混凝土	m³	112 369	505. 42	56 793 540	衬砌厚度为0. 5 m
3	钢筋制安	t	20 816	4 309. 61	89 708 842	主筋为双排Φ25,间距15 cm
4	钢衬	仓	917	510 169	467 824 973	每仓12 m,壁厚25 mm
合计					662 690 337	

10.1.4　根据以上分析投资节约为

方案二造价 – 方案一造价 = 308 180 053元 – 252 278 464元 = 55 901 589元 ≈ 5 591万元

10.2　施工工艺优化经济效益

10.2.1　无黏结预应力钢绞线定尺加工

在以往常规施工中无黏结预应力钢绞线为整盘加工,运输至施工现场后再进行加工,但每根无黏结预应力钢绞线长度较长(外层43. 92 m,内层42. 83 m),现场加工时会受到场地的局限,另外加工误差也比较大,还会产生废弃的余料,经过和无黏结预应力钢绞线生产厂家共同研究,提出改造模具,根据所需的长度定尺加工,既不会产生废料,预应力钢绞线长度误差也得到了很好的控制,提高了工程质量。

钢绞线节约金额 = 5 m × 90根 × 917仓 × 1. 11 kg/m × 9. 2元/kg = 421. 40万元

10.2.2　改进锚具槽的制作方法

在传统的锚具槽制作时,锚具槽底部的固定角钢在锚具槽拆除后无法取出,造成了不必要的浪费。经过改进加工工艺,采用螺栓连接、套桶配合拆除的办法,每个锚具槽可以节约2 m的角钢加以重复利用。

锚具槽的制作拆除节约角钢金额 = 60 m × 917仓 × 2. 45 kg/m × 5元/m = 67. 40万元

10.3　课题研究的直接经济效益

直接经济效益为

5 591万元 + 421. 40万元 + 67. 40万元 = 6 079. 8万元

10.4　社会效益分析

本课题研究是针对高水头和隧洞围岩较破碎、埋深较浅等情况,研究后采用后张法双圈无黏结预应力混凝土衬砌施工技术来解决隧洞衬砌抗裂问题,并大幅度降低了工程成本和造价,为类似项目的施工形成一套先进、成熟、完整的指导性方案。

预应力结构由于具有诸多优点而成为混凝土建筑物中重要的结构形式,近年来预应力技术在世界范围内得到了更多的重视和迅速发展。对有压输水隧洞而言,其受力特性最适宜采用预应力混凝土衬砌技术,大伙房水库输水二期工程应用该项技术的隧洞长度11 000 m。环形高效预应力混凝土技术之所以逐渐发展成为一项独具特色的专项施工技术,在于它区别于其他预应力混凝土所独有的预应力钢筋布设方法、锚固支撑方法、张拉施工工艺和锚固区防腐处理措施等。由于在结构裂缝和变形、高压抗渗等方面的优越性能,环形高效预应力体系应用前景十分广阔。

10.5　环保节能分析

(1)根据规程对锚具及锚固区应采用连续全封闭的防腐和防水体系,而供水工程必须避免对水质潜在的污染,不应采用防腐润滑脂。因此,选用环氧类材料进行封闭处理,因为环氧树脂在防水、防腐、绝缘性能等方面是防腐油脂无法比拟的。

· 426 ·

（2）采用高压灌注 SLF-2 型双组分环氧涂料来解决防腐层厚度、涂层饱满难以控制和防腐油脂渗漏的问题。

（3）采用组合式锚具槽，可重复回收利用，节约材料。

（4）与普通混凝土相比，采用后张法双圈无黏结预应力混凝土衬砌施工，最大限度地利用高强钢材的强度，抵抗内水压力，同时具有良好的裂缝闭合性能与变形恢复性能，提高截面刚度，改善结构的耐久性，减小了开挖断面，节约了钢材和混凝土的用量。

本工法满足国家关于建筑节能工程的有关要求，有利于推进能源与建筑结合配套技术研发、集成和规模化应用。

11 应用实例

11.1 大伙房水库输水（二期）二标工程

隧洞二标位于抚顺市境内，起止桩号为 2+418.09~8+335.296，主要包括 3 条引水隧洞、1 条引水支洞、东洲河连接段。输水隧洞为有压隧洞，圆形断面，成洞洞径 6 m，水头高约 50 m。

根据大伙房水库输水（二期）工程取水头部及输水隧洞工程第二标段（DSS2GLC-16）合同文件要求本工程于 2006 年 3 月 10 日进场，2006 年 8 月 12 日工程开工，2010 年 7 月 25 日完成隧洞开挖、支护、衬砌和灌浆工作及压力钢管安装；2010 年 12 月 30 日完成工程竣工验收和收尾工作，总工日 1 750 d。

应用后张法无黏结预应力混凝土衬砌技术，在锚具槽位置优化、锚具封闭防腐技术等方面为国内首创，尤其是锚固区防腐固化后结合锚具槽回填形成了有黏结体系，高度综合了无黏结和有黏结预应力体系的各自优点，更加安全可靠。本工法在该工程中成功应用，经济效益和社会效益显著。

11.2 大伙房水库输水（二期）三标工程

隧洞三标位于抚顺市境内，起止桩号为 8+367.296~18+674，主要包括长约 10.307 m（桩号 8+367.296~18+674）主洞段和 3# 施工支洞、4# 施工支洞、5# 施工支洞、6# 施工支洞和 7# 施工支洞。

本工法在该工程中成功应用，经济效益和社会效益显著。

11.3 大伙房水库输水（二期）四标工程

隧洞四标位于抚顺市境内，起止桩号为 18+674~29+120 m，主要包括长约 8.950 km 主洞段和 8# 施工支洞、9# 施工支洞、10# 施工支洞、塔峪连接段。

本工法在该工程中成功应用，经济效益和社会效益显著。

（主要完成人：刘峰春　王卫治　于建伟　杨卫刚）

砂卵砾石覆盖层水泥砂浆充填注浆施工工法

中国水利水电第六工程局有限公司

1 前言

河床天然冲积砂卵砾石覆盖层关系到大坝的稳定,由于其结构松散,孔隙率大;地下潜水位高,渗透性强;易产生压缩变形引起不均匀沉降和渗漏;局部夹有软弱夹层或架空;不利于抗滑稳定等原因,能否作为大坝基础,目前还没有准确、统一的说法。利用砂卵砾石覆盖层作为大坝坝基,国内工程可以借鉴的先例不多,尚处于经验探索之中。

砂卵砾石覆盖层作为大坝基础不利因素主要表现在以下几方面:

(1)地质条件差,抗滑稳定安全系数小;

(2)坝基沉降量过大或沉降不均匀;

(3)基础渗漏量或水力坡降超过容许值。

一般高坝需对较浅砂卵砾石覆盖层作挖除处理。但对于不便于全部开挖清除的厚度埋深较大、范围较广的砂卵砾石覆盖层须运用综合勘察手段,查清砂卵砾石覆盖层地质结构特征、工程地质特性后,经过补强、加固、防渗等技术处理后,砂卵砾石覆盖层可以作为大坝基础。

砂卵砾石覆盖层坝基处理的一般方法是:

(1)构筑刚性截水钢筋混凝土防渗墙;

(2)换填级配较好、密度较大的石料;

(3)设置坝基反滤层;

(4)局部重要部位用水泥砂浆或混合浆液进行注浆处理,改变其强度及密实性,提高其承载防渗能力;

(5)坝前黏土或粉细砂铺盖,延长渗径;

(6)用强夯法或振动碾压法压实砂卵砾石坝基表层。

水泥砂浆充填注浆作为砂卵砾石覆盖层坝基处理方法之一,主要是为了提高坝基承载能力,增强坝基砂卵砾石覆盖层的密实度,从而增强大坝基础的防渗能力。

水泥砂浆充填注浆施工工法雏形来源于岩石水泥灌浆,与岩石水泥灌浆施工工艺相比,在工艺原理、工艺流程、施工材料等方面大同小异;但在具体施工方法、施工设备选择与配置等方面,有明显的不同。主要是由于砂卵砾石覆盖层地质条件复杂,孔隙率大、易塌孔,串浆、冒浆严重,吃浆量大,有地下渗流的部位,难以升压结束等原因,造成水泥耗量大,施工难度较大。岩石灌浆主要用于岩石防渗、固结,技术要求较高;水泥砂浆充填注浆主要用于砂卵砾石覆盖层基础补强、加固,在防渗功能方面不做硬性要求,技术要求相对较低。

值得一提的是:当砂卵砾石覆盖层地下潜水位过高、渗流较大时,由于地下水的稀释与渗流的作用,浆液沿渗径流失,使砂卵砾石覆盖层中的孔隙得不到完全充填,导致砂卵砾石的固结强度降低,或者固结范围达不到要求。在这种情况下,只有采取特殊的施工工艺、使用特殊的材料对渗流部位进行封堵,才能使注浆施工达到预期的效果。在这种地质情况下进行注浆施工,施工难度大大增加,水泥耗量大幅度增加;处理的方法是在注浆区域上游筑建一道截水防渗墙,或对上游围堰下伏的砂卵砾石覆盖层进行控制性灌浆,形成一道阻水帷幕墙。

我公司于2010年在杨东河水电站坝区枢纽工程坝基处理施工中应用此项技术,经实践验证,达到预期的效果,并取得了良好的技术经济效益。

2　工法特点

(1)工艺先进、技术含量高,实用性强。

(2)对坝基变形具有较好的适应性,处理效果显著,明显改善基础承载能力,有效防止坝基沉降,有利于大坝稳定。

(3)相对于其他的坝基处理方法,经济效益明显,成本较低。

(4)利用跟管钻机造孔,施工速度快、效率高,有效缩短工程施工工期。

(5)注浆压力、段长划分、浆液配比变换等根据各种地质实际情况和设计要求灵活控制,对抬动变形以及孔位、孔斜偏差要求不高,施工方法可操作性较强,灵活实用。

(6)劳动强度低,安全系数高。

(7)对场地条件要求低、占地少。

(8)社会效益显著,具有广阔的应用前景。

3　适用范围

(1)地下渗流不大或围堰闭气后的砂卵砾石覆盖层大坝基础处理。对于埋深较厚的砂卵砾石大坝坝基础处理,注浆效果显著;特别是针对面板堆石坝,坝轴线上游,作为混凝土面板载体的主堆石区及趾板砂卵砾石基础注浆处理后,坝基结构得到明显改善,强度大幅度提高,坝基承载力大大加强。

(2)围堰基础。对砂卵砾石覆盖层围堰基础进行水泥砂浆或混合浆液充填注浆,可有效减少地下渗流,减少基坑排水量,改善水力坡降,降低上游水头对建筑物基础的不利影响。

(3)易塌孔的砂卵砾石覆盖层防渗墙基础。相关施工经验显示,在结构松散、孔隙率大、渗透性强的砂卵砾石覆盖层进行防渗墙造孔施工,极易造成大面积塌孔、埋钻事故,在进行充填注浆处理后,地层稳定性大大提高,有利于防渗墙造孔施工。

(4)其他大中型建筑物及公路、铁路砂卵砾石基础处理。

4　工艺原理

水泥砂浆充填注浆工艺原理是,利用钻孔设备在砂卵砾石覆盖层中以合理的间排距和孔径进行造孔;将一定浓度的水泥砂浆,利用灌浆设备以合适的压力注入到砂卵砾石覆盖层中。使水泥砂浆在地层中扩散、充填、胶结。用以改善基础的结构特征,使其在密实度、强度等性能方面得到有效加强。

在砂卵砾石注浆过程中要求水泥砂浆能够充分充填地层孔隙与架空层,使地层的结构得到改善。水泥砂浆通过孔隙向四周渗流扩散,砂砾石颗粒表面及结合部位的浆液流速和压力会随着砂浆扩散半径的扩大而越来越低,最终滞留在一定扩散半径的砂卵砾石空隙中,隙中的浆液会依靠重力渗透、离析、沉淀。当注入砂卵砾石覆盖层的浆液充填饱和后,水泥砂浆对砂卵砾石颗粒进行胶结包裹,固化形成一种刚性支撑体,使砂卵砾石的原始结构发生质的变化。

水泥砂浆对砂卵砾石覆盖层的充填效果、浆液扩散半径、结石体强度,与砂卵砾石覆盖层的渗透性、颗粒级配、孔隙大小、目的层的埋深(有效注浆部位)、地下潜水埋藏条件(水流量和流速等),以及注浆材料的细度(水泥和砂)、注浆的压力和施工工艺、造孔工艺等因素,都有着密切的关系。

扩散半径与充填密实度、结石强度是衡量注浆效果的重要指标。试验证明:浆液扩散半径和注浆压力、注浆时间、水灰比、砂卵砾石覆盖层渗透系数成正比;影响显著的因素是注浆压力,其次是渗透系数和水灰比;充填密实度及结石强度与注浆压力、孔隙率、注浆时间成正比,和水灰比成反比,注浆压力对其影响较大,孔隙率、注浆时间影响次之,而水灰比影响最大。

根据以上充填注浆工艺原理,水泥砂浆充填注浆施工参数及控制必须根据地层地质情况和上述各因素的相互影响,以及地表是否漏浆等,依据注浆试验结果,进行合理的调整,以期达到最佳的经济和技术效果。

5 施工工艺及操作要点

5.1 注浆区盖重施工

由于砂卵砾石覆盖层孔隙率大,颗粒级配不均,在对其进行充填注浆时,带压浆液沿孔隙扩散,在灌注到表层3~5 m深度时容易发生表层冒浆现象,导致浆液无法均匀升压扩散,针对这种现象,和岩石灌浆一样,需在注浆部位增加盖重,由于水泥砂浆充填注浆属于低压灌浆(0.1~0.5 MPa),盖重强度要求不高,一般为2~4 m厚密实度较大的回填土体或其他结构的覆盖层本身,注浆结束待强7~14 d后注浆区将其挖除。作为非灌段,为避免水泥砂浆充填到盖重层中引起地表冒浆,同时也为了方便施工,注浆孔在盖重部位需埋设预埋管,预埋管形式可为钢管或PVC塑料管。钢管成本较高,但强度高,便于施工,注浆结束后将其拔出可重复使用;PVC管成本低,但施工难度大,容易破碎。采用跟管钻机进行造孔施工,有套管护壁,则无须进行埋管施工。

对于坝基上部表层覆盖层需要开挖的部位,开挖设计高程上部2~4 m范围留作注浆盖重,挖除前先对其下部砂卵砾石覆盖层进行注浆施工,注浆施工结束待强期满后再挖除。

另外,可以在砂卵砾石覆盖层开挖到设计要求高程后,表层1~2 m利用振动碾压实,达到设计要求的密实度及强度后,不进行注浆处理,直接作为注浆区盖重,下部进行充填注浆施工。这种施工方法的优点是,注浆盖重区不需要挖除,施工进度快,经济效益好,且减少了开挖盖重时对注浆施工后坝基的扰动。

5.2 水泥砂浆充填注浆工艺流程

水泥砂浆充填注浆工艺流程见图1。

5.3 注浆试验

5.3.1 试验目的

更为准确地了解砂卵砾石覆盖层地质和水文地质情况,探求适合注浆区域地质条件的注浆施工设计标准和施工措施。选择有效的、符合工程地质条件的施工方案,确定合理的注浆参数和技术措施,为砂卵砾石覆盖层注浆施工提供指导和依据。

在满足设计要求的同时,分析论证地层渗透系数、注入率和钻孔间排距(砂浆扩散半径)、灌浆压力、水灰比等相关因素之间的相互影响和相互关系;通过试验结果确定注浆施工的可靠合理的参数和技术指标,包括钻孔施工时效、孔距、排距、孔深及注浆压力、注浆段长、水灰比等,借试验成果调整、制订经济、高效、安全、节能的施工措施、方案,为提高砂卵砾石覆盖层的强度与承载力和后续全面展开注浆施工打下良好的基础。

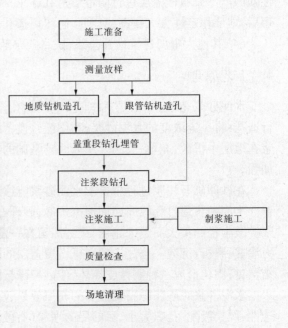

图1 水泥砂浆充填注浆工艺流程

5.3.2 试验段位置确定

充填注浆试验段位置根据砂卵砾石覆盖层地质情况选取有代表性的、地质情况复杂的部位确定,试验孔的个数应包含注浆区域的两序排以上,每一排必须包含三个次序注浆孔以上,如果有先导孔还应包含至少一个先导孔。为了得到准确、全面的地质情况信息和注浆试验数据,注浆试验孔数一般不少于 20 个。

5.4 注浆孔位布置与分序

注浆施工按排间分序排内加密的原则进行,注浆孔间排距根据设计图纸要求结合试验段结果确定,根据砂卵砾石覆盖层结构特征和岩石灌浆的施工经验,注浆施工应采取先进行最下游排注浆,然后隔排依序进行钻孔、注浆施工。

排内加密应分为 2~3 序进行施工,在相邻的一序孔中间进行二序孔施工,最后在已注浆孔的中间进行三序孔施工。顺序为:先导孔→Ⅰ序孔→Ⅱ序孔→Ⅲ序孔。

原则上排间、排内相邻不同序注浆孔注浆时间须间隔 24 h。在工期要求比较紧的情况下,参照岩石灌浆规范,同一排上相邻的两个次序孔之间,以及后序排的第一次序孔与相邻部位前序排的最后次序孔之间,在保证高差不得小于 15 m 下,可以进行钻孔注浆施工。

根据注浆孔的个数和注浆区域大小合理进行单元划分,单元序号应按从下游(河流方向)到上游的顺序排列。

5.5 孔位放样

按照设计图纸要求的位置进行布孔,由测量放出每个单元的主要控制点,用木桩或钢签、竹签定位并标注孔位孔号。

5.6 先导孔施工

砂卵砾石覆盖层充填注浆施工应布置先导孔,用以探明注浆区域各部位的地质情况,补充前期地勘资料的不足,然后根据先导孔注浆结果对注浆压力、浆液稠度(干料与水的比例)、干料比(水泥与细沙的质量比)、注浆结束标准等参数进行分析、调整。

先导孔应以一定的间排距(一般为 20~30 m)布置在一序排、一序孔上,先导孔须先于周围基本孔施工,造孔时根据钻进情况、取芯情况了解地层地质分布,注浆前须进行注水试验,探明地层渗透系数。

先导孔施工须采用地质钻机造孔,为防止塌孔、保证注浆质量,采用"自上而下分段钻灌"的注浆工艺。每一段造孔时取芯留样;造孔后埋管做注水试验(盖重层除外),确定周围区域的砂卵砾石覆盖层渗透系数,然后进行注浆施工;注浆采用"孔口埋管卡塞,孔口封闭纯压法"。每段注浆按设计要求达到结束标准后待凝 24 h,扫孔进行下一段施工。注浆达到设计深度后,全孔以一定压力复注。

5.7 钻孔

砂卵砾石覆盖层中的注浆孔都是铅直方向的钻孔,其造孔方式主要有冲击钻进和回转钻进两大类,可分为以下四种基本方法:打管注浆法、套管注浆法、循环注浆法和预埋花管注浆法。结合砂卵砾石覆盖层地质特点及施工工艺的功效性、经济性,套管法和循环法比较实用。

(1)套管注浆法。施工程序是边钻孔、边下护壁套管,直到套管下到设计深度。下入注浆管,再起拔套管至第一注浆段顶部,安好阻塞器,然后注浆。如此自下而上,逐段提升注浆管和套管,逐段灌浆,直至注浆结束。采用这种方法注浆,由于有套管护壁,不会产生塌孔埋钻事故而且施工进度快。但压力注浆时,浆液容易沿着套管外壁向上流动,甚至产生表面冒浆,还会胶结套筒造成起拔困难,甚至拔不出。

(2)循环注浆法。循环注浆实质上是一种自上而下,钻一段、注一段,每段注浆后由于有浓浆固壁一般不会塌孔,无须待凝(先导孔除外),钻孔与注浆循环进行的一种施工方法。钻注段的长度,视孔壁稳定情况和砂卵砾石渗漏大小而定,一般为 2 m 左右。这种方法注浆,孔内没有阻塞器,而是采用孔口管顶端的封闭器或阻塞器阻浆。

用这种方法注浆,在盖重层应安装孔口管,其目的是防止孔口坍塌和地表冒浆,提高注浆质量,同时兼起钻孔导向的作用。

5.7.1 钻孔设备

根据砂卵砾石覆盖层的特性,砂卵砾石覆盖层成孔较困难,极易塌孔,为保证注浆施工的效率,注浆孔基本孔钻孔注浆施工应采用套管法,钻孔设备选用功能先进的液压跟管钻机,跟管护壁进行钻孔,其钻进速度为河床砂卵砾石覆盖层约平均每小时10 m以上。

由于先导孔施工每段注浆孔须进行注水试验和地质取芯,所以先导孔施工须采用循环注浆法,钻孔选用回转式地质钻机钻孔。

5.7.2 孔口管埋设

采用回转式地质钻机钻孔"自上而下"注浆时需在盖重部位埋设孔口管,孔口管埋深须穿过盖重层。孔口管采用ϕ110 mm钢管或PVC管,在盖重层钻孔结束后注浆埋管,可外加速凝剂进行埋设,且将孔口管固定后待凝24 h以上,经检查合格后方可施钻。孔口管露出地面高度不大于10 cm。

采用钢管埋管,全孔注浆结束可拔除重复使用,在实际施工中,下入孔内的套管因浆液上串、扩散、凝固,起拔套管难于实施,可锤击松动后采用液压拔管机强行拔除。

5.7.3 孔径、孔深

注浆施工采用大孔径造孔,可方便处理塌孔事故,且大孔径注浆孔注浆结束后孔内形成的水泥桩柱强度较高,可有效提高坝基强度。一般钻孔孔径应不小于110 mm。

注浆孔的孔深,如果砂卵砾石覆盖层埋深较浅,可深入到基岩,如果埋深较厚,可根据坝基具体情况满足坝基承载力要求即可。有设计要求时,须按设计图纸要求执行。

5.7.4 钻孔冲洗

与基岩灌浆施工不同,砂卵砾石覆盖层,本身孔隙率较大,地层中充填物同时起到充填、稳定地层的作用。充填注浆时不必进行压力钻孔冲洗。如果冲洗钻孔,易使地层塌陷,钻孔坍塌,不利注浆施工。

5.8 注水试验与压水试验

5.8.1 注水试验

充填注浆先导孔施工须至上而下每段注浆前进行注水试验,了解地层渗透情况。不同于基岩灌浆,砂卵砾石覆盖层孔隙率大,不适合进行压水试验,只能进行注水试验。注水试验一般采用孔口注水,根据管容、流量、注水时间、地下水头、试段长度等参数确定地层渗透系数,根据地层渗透系数判明地层的渗透情况。

5.8.2 压水试验

砂卵砾石覆盖层充填注浆质量检查,一般采用压水法、注水法和超声波检测法、干密度检测法等。砂卵砾石覆盖层经水泥砂浆充填注浆处理后,孔隙率大幅度降低,满足压水试验条件,且压水试验简单易行,准确率高,应用广。

砂卵砾石覆盖层压水试验一般参照基岩灌浆压水试验,采用单点法或简易压水法。

5.8.3 压水试验与注水试验的换算关系

一般来说透水率是衡量岩石透水性的参数,渗透系数是衡量渗透性较强的土层或砂卵砾石覆盖层的指标,二者表述方法与计算方式都不一样,没有可比性,但特殊情况下可以近似换算,其经验公式是:

$$k \approx q \times 1.5 \times 10^{-5}$$

式中:k 为渗透系数;q 为透水率。

5.9 注浆施工

5.9.1 注浆方法

（1）利用回转式地质钻机钻孔时,采用"孔口封闭、孔内纯压法"自上而下进行分段循环钻注。采用跟管钻机钻孔时,采用"自下而上分段注浆的工艺"进行施工,注浆采用孔内卡塞、孔内循环的施工方法。

（2）采用跟管钻进一次成孔,自下而上分段注浆的施工工艺流程为:跟管钻进至设计终孔深度→提取钻具→以注段长度提升套管→注终孔段→提升套管（注段长度）→灌注上一段次,反复进行至本孔注浆结束拔管、封孔。

每段开始注浆前,根据段长用拔管器或钻机起拔套管,下设注浆塞具,塞具卡在注浆段上部套管 10 cm 处。出浆管保证在每一注浆段下部 50 cm 左右。

因为砂卵砾石覆盖层结构松散、孔隙率较大,当进行上部浅层注浆施工时,浆液容易沿着套管外壁及周围地层窜浆、冒浆,此时应采取间歇、低压限流、浓浆等施工方法进行控制,并及时对冒浆部位进行嵌缝、封堵,如果冒浆情况严重,可采取浆液中按比例添加速凝材料（一般为 5%）;或待凝、扫孔、重新钻注的方法进行处理。

起拔套管的时机一定要掌握好,拔管过早,注浆效果不好;反之,由于浆液初凝,起拔套管困难,造成注浆施工"焊管"事故。一般注浆结束后 4 h 内浆液初凝前拔管即可。

（3）采用大功率（XY－Ⅱ型）回转式地质钻机,孔口埋管并安装特制孔口封闭器,钻孔孔径 91 mm,钻到一定深度后将钻具提出,改换水口钻具对塌孔部位扫孔钻进,钻至要求深度后,不提升钻具,自下而上分段注浆,浆液通过钻杆钻进孔内,边提升钻杆边进行注浆至孔口一次性结束。这种注浆方法工艺简单、效率高,适用于地质条件较好,要求不高的砂卵砾石覆盖层注浆施工,对于地质条件差、塌孔严重的地层不适用。

5.9.2 注浆分段

砂卵砾石覆盖层渗透性很强,孔壁稳定性差。段长划分一般第一段 1.0 m,第二段及以下段注浆段长为 2.0～3.0 m,特殊情况下可适当缩短或加长。

5.9.3 压力控制

砂卵砾石覆盖层,因其孔隙相互贯通,不能形成密闭的空腔,使较大压力无法建立,不能简单地套用坝基岩石灌浆的方法。压力过大,浆液扩散范围过大,不符合经济性要求,造成不必要的浪费,甚至给工程造成严重危害。

注浆压力是保证注浆质量的重要保证。压力的确定应遵循以下原则:

（1）保证一定浓度的浆液有适当的扩散范围。

（2）使地层内部不发生压裂、抬动破坏。

（3）在保证地层改善效果同时,控制浆液扩散在一定的范围。

一般第一段注浆压力取 0.1 MPa 左右,第二段注浆压力为 0.15～0.2 MPa,以下按每米单位压力递增。

注浆时尽快达到设计压力,但灌浆过程中必须注意控制,使注浆压力与注入率相适应,可逐级升压或间歇升压注浆。

5.9.4 浆液配比、变浆标准

砂卵砾石覆盖层充填注浆浆液比级相对于岩石灌浆水灰比小,一般为 1:1、0.8:1、0.6:1、0.5:1 四个比级,施工时水灰比选用和变浆标准应根据实际情况灵活控制。两个因素值得注意:其一,砂卵砾石覆盖层孔隙率大,透水性能良好,吃浆量大,过稀的浆液扩散过大,造成浪费,且注浆难以结束;其二,水泥砂浆浆液稠度大,过浓的浆液难以泵送、容易堵管,如加入速凝剂,其流动性能更差,现场根本无法进行施工。

水泥砂浆充填注浆浆液由制浆站集中配制0.5:1的原浆经过调制而成,采用1:1、0.8:1、0.6:1、0.5:1四个浆液比级。浆液使用前过筛,浆液自制备至用完时间小于4 h,超过4 h的作为弃浆处理。

(1)注浆浆液应由稀到浓逐级变换。水泥砂浆的浆液稠度(干料与水比例)一般由稀变浓逐级变换,开注水灰比为1:1,其后根据注浆过程中吸浆量变化情况及时调整浆液稠度。

(2)变浆标准(参照岩石灌浆):

①注浆过程中,当注浆压力保持不变,注入率持续减少;或当注入率不变,而注浆压力持续升高时,不得改变水灰比。

②当某一级浆液单孔段注入量已达300 L或注浆时间达30 min以上,而压力和注入率均无明显改变或无改变时,可改浓一级水灰比进行注浆。

③当注入率大于30 L/min时,可视具体情况越级变浓。

5.9.5 注浆结束标准

注浆结束标准为达到设计最大注浆压力,吸浆量不大于一定值时(一般为2 L/min),或停止吸浆,持续时间已达15 min以上。

5.9.6 封孔

全孔注浆结束后,采用置换法封孔,用注浆管注入0.5:1的浓浆,将孔内的稀浆全部置换,待浆液沉淀初凝后上部空腔部分采用水泥砂浆人工封填密实。

5.9.7 砂卵砾石覆盖层充填注浆工艺示意简图

砂卵砾石覆盖层充填注浆工艺示意简图见图2。

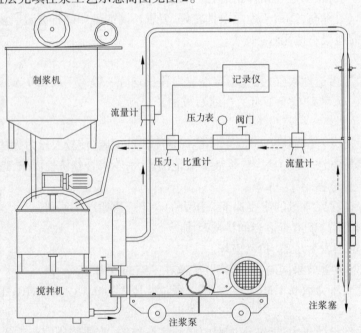

图2 砂卵砾石覆盖层充填注浆工艺示意简图

5.10 注浆过程中特殊情况处理

(1)注浆过程中,由于砂卵砾石覆盖层结构松散、孔隙率大,地层4 m以下注浆段基本能升压扩散,但部分4 m以上注浆段孔口管周围容易冒浆、漏浆,现场根据具体情况采用嵌缝、表面封堵、低压、浓浆、限量、限流、间歇注浆、加速凝剂等方法进行处理。

（2）大耗灰量段处理。注浆施工中，一般砂卵砾石覆盖层吃浆量较大，故要求注浆时多间歇、待凝、复注、掺入适量的速凝剂，如水玻璃、氯化钙等。待凝时间（2~6 h）根据具体情况选择，如注入量60 L/min以上且不起压，可待凝5~6 h。

由于坝基地层崩落块石形成，存在大孔隙或架空部位，致使吸浆量较大且难以注至结束，针对此种情况，可采用注浆浓度较大的砂浆或向浆液掺加速凝剂进行大裂隙封堵，然后进行扫孔复注至正常结束。

（3）大块石、孤石的处理。根据施工地层，在钻孔时可能遇到不同程度的块石、孤石，在设备选型时，应考虑到这方面的因素。利用跟管钻机进行钻孔的方法就是利用冲击头锤击破坏岩石跟进套管。

（4）下塞过程中如发现塌孔现象，可进行重新扫孔或缩短灌段长度来处理。

6 材料与设备

6.1 材料

砂卵砾石覆盖层注浆施工的注浆材料根据地层的地质情况、颗粒级配情况采用水泥砂浆。水泥砂浆不同于纯水泥浆、水泥黏土浆液或其他混合浆液，水泥砂浆流动扩散性较差，易堵管，但析水快，结石强度相对较强，适合孔隙率较大、可灌性较好的砂卵砾石覆盖层补强、加固处理。

（1）水泥采用强度为 P·O42.5 级的普通硅酸盐水泥，细砂的粒径不大于1 mm，其细度模数不大于2.0。水泥与砂的质量比要灵活控制，根据注浆段吸浆情况确定，当地层孔隙率较大，吃浆量大的时候砂占干料的比值（质量比）要大些，但最大不超过60%。

（2）速凝材料主要采用的是水玻璃，主要用于吸浆量大、注浆无法结束的部位和孔口冒浆部位封堵，水玻璃掺量一般为5%~8%。

（3）灌浆用水符合混凝土拌和用水的要求。

6.2 工具设备

6.2.1 造孔设备

造孔设备主要采用风动履带式跟管钻机（PC460型）或液压跟管钻机（LD-120型），跟管钻机钻杆长1.5 m，跟管长2 m，管径为110~140 mm，主要用于自下而上注浆施工工艺的注浆孔造孔及埋管施工。

先导孔造孔、地质取芯施工及检查孔施工主要采用回转式地质钻机（XY-2型），钻头直径为110 mm。

6.2.2 拔管设备

利用跟管钻机或液压拔管机（BG-00型）将预留在孔内的套管拔出。

6.2.3 注浆设备

由于砂卵砾石覆盖层可灌性好，吃浆量大，注浆泵尽量选用排量大，压力较低的砂浆泵，也可选用功率较大，大排量的3缸柱塞高压注浆泵。

6.2.4 记录设备

注浆记录采用经检测合格的灌浆自动记录仪现场记录。

6.2.5 注浆设备配置

注浆设备见表1。

表 1　注浆设备

序号	设备名称	设备型号	单位	数量	备注
1	地质钻机	XY－2	台	4	
2	跟管钻机	LD－120	台套	2	
3	注浆泵	3SNS－A	台套	6	
4	高速制浆机	0.8 m³	台套	2	
5	抽水机	20 m³	台	1	
6	潜水泵	1.3 kW	台	1	
7	电焊机	800 W	台	1	
8	空压机	康明斯750	台	1	
9	液压拔管机		台	1	
10	自动记录仪	GJY－Ⅵ	台	2~3	

7　质量控制

7.1　质量检查及标准

砂卵砾石坝基充填注浆施工不同于其他岩石灌浆工艺,没有相关的施工标准、规范指导施工,可以借鉴的施工经验也不多,充填注浆质量检查一般采用压水法、注水法、超声波检测法、干密度检测法等。根据检查数据、取芯情况或干密度等,通过分析确定质量标准。

7.2　施工质量控制要求

(1)注浆施工开工前,对施工设备、材料进行检测,特别是加强对记录仪、压力表、水泥的定期检测。对注浆记录人员进行业务培训,合格后方能上岗。

(2)在施工中严格按设计施工图纸、监理工程师批准的施工措施和有关技术要求进行施工。

(3)注浆工程属隐蔽工程,每道工序严格执行施工质量"三检制",经监理工程师签字验收后,进行下一道工序。

(4)按照质量体系的质量保证制度并有效实施,确保施工过程,尤其是关键工序和特殊过程始终处于有效控制之中,以预防不合格工序的产生。

(5)认真做好各项报表的原始记录工作,并按要求及时进行汇总与分析整理。在施工结束后提交以下各项施工质量资料:

①各种原始记录及各项汇总成果图表。

②注浆工程原材料试验和质量检验成果。

③检查孔记录与成果表。

④钻孔岩芯取样试验成果。

⑤注浆工程的质量检查与评定记录。

8　安全措施

(1)树立"安全第一、预防为主"的方针,设专职安全员,定期对施工现场进行检查,发现问题及时处理。

(2)对从事钻孔、灌浆工作的人员进行岗位安全生产教育,做到操作人员经考核合格后,持证上岗。

（3）对从事钻孔、灌浆的施工人员发放各种必需的劳动保护用品和安全防护用品，并正确佩戴使用。

（4）施工现场做到安全用电，配电盘，配电柜要有防护设置。所有动力线、照明线应架空、规范整齐。

（5）所有施工机械设备的运转部位必须安装安全防护装置。

（6）工作平台牢固稳定。

（7）保证夜间施工照明充足。

9 环保与资源节约

（1）严格遵守国家和有关环境保护的法令、法规和合同规定。设立现场文明施工和环境保护监督员，负责文明施工和环境保护监督工作对施工范围内的环境予以保护。

（2）工地的原材料和设备配件严格按要求分类堆放，并用标识牌标识清楚，对于暂不使用的材料，及时收检入库，做到工完料清。尽可能保持工作面的清洁、有序。

（3）注浆施工过程中产生的废水、弃浆须集中排放到沉淀池沉淀处理，达到环保要求后排放，确保其不会对周围环境产生不良影响。

10 效益分析

一般砂卵砾石覆盖层渗透系数为 10^{-2} cm/s 左右，经此种低压充填注浆的方法进行处理后，大部分注浆后压水试验透水率可达到 25 Lu（渗透系数约为 10^{-4} cm/s）以内，处理效果显著；明显改善了坝基覆盖层的地质特性，提高了坝基强度、承载能力。

采用液压跟管钻机进行造孔施工，能有效防止塌孔埋钻现象；且钻孔效率高，每班（12 h）可完成 100 m/台以上，是地质钻机 5 倍；可大幅度缩短施工工期，节约大量人力、物力，经济效益十分可观。

现行国家及有关职能部门没有对砂卵砾石覆盖层充填注浆施工进行规范，此项施工工法尚处于经验摸索中，所以此工法在类似的要求提高地基承载力、适当提高防渗能力的地层处理施工时，可以借鉴采用，具有广阔的应用前景。

11 应用实例

11.1 杨东河（渡口）水电站工程趾板区域工程

杨东河（渡口）水电站工程位于重庆市石柱县和湖北省利川市境内，属Ⅲ等中型工程。拦河坝为混凝土面板堆石坝，最大坝高88.0 m。

杨东河坝枢工程河床段坝基为砂卵砾石覆盖层，埋深17 m左右，根据地层地质情况，设计要求大坝混凝土防渗墙下游河床段趾板区域 10 m 范围内的砂卵砾石覆盖层，以及坝体主堆区左岸和坝体主堆区右岸上游 35 m 范围内的砂卵砾石覆盖层，须进行水泥砂浆充填注浆处理，以改善坝基承载力条件。混凝土防渗墙下游河床段坝基覆盖层地质情况分两种，左右靠近岸坡附近为第四系崩坡积土积块石、巨石层，局部有架空，泥质含量较多、土质稍密。中部河床段为冲洪积砂卵砾石覆盖层，厚度为 12～17 m；颗粒级配较差，砂卵砾石覆盖层粒径大于 80 mm 含量约占 60.8%、粒径 40～80 mm 含量约占 15.3%、粒径 20～40 mm 含量约占 9.3%、粒径 5～20 mm 含量约占 8.5%、粒径小于 5 mm 含量约占 6.1%，天然密度为 2.15 g/cm³、干密度为 1.82 g/cm³，孔隙率为 15%～18%；泥质含量极少，卵石粒径一般为 5～30 cm，粉细砂含量较多但分布不均匀，均一性较差。河床砂卵砾石覆盖层下伏的基岩为强度较软的砂质泥岩。河床中部表层下面有潜水渗流通道，围堰闭气后通道渗流明显减少。

趾板区域(注浆Ⅰ区)注浆孔共5排,排距为2.6 m,孔距为3 m,排间布孔呈梅型布置,共计219个孔(其中包含6个先导孔),分3个单元进行施工,总注浆段长约为2 301.9 m。

先导孔施工选用回转式地质钻机进行钻孔,采用"孔口封闭、孔内纯压法"循环钻注法自上而下逐段进行钻注。基本孔施工选用跟管钻机钻孔,采用"孔内卡塞、孔内循环"、自下而上分段钻注的工艺进行施工。第一段1.0 m,第二段及以下段注浆段长2.0~3.0 m,特殊情况下可适当缩短或加长。第一段注浆压力取0.05~0.1 MPa,第二段注浆压力为0.15~0.2 MPa,以下按每米0.01 MPa递增。注浆浆液应由稀到浓逐级变换。水泥砂浆的浆液稠度一般由稀变浓逐级变换,起注为1∶1,其后根据注浆过程中吸浆量变化情况及时调整浆液稠度。注浆浆液采用1∶1、0.8∶1、0.6∶1、0.5∶1四个比级。达到设计最大注浆压力,吸浆量不大于2 L/min,或停止吸浆,持续时间已达到15 min,注入干料量达到上限3~7 t/m结束。

注浆质量检验合格标准为压水试验透水率不大于25 Lu。工程施工质量控制到位,质量评定情况良好,工程质量满足业主及设计要求。

11.2　杨东河(渡口)水电站工程坝体主堆区左岸工程

坝体主堆区左岸(注浆Ⅱ区)注浆孔位于坝体左部区域共14排,设计排距为2.6 m,孔距为3 m,排间布孔呈梅型布置,共计265个孔(其中包含6个先导孔),分2个单元进行施工,总注浆段长约为2 155 m。先导孔施工选用回转式地质钻机进行钻孔,采用"孔口封闭、孔内纯压法"循环钻注法自上而下逐段进行钻注。基本孔施工选用跟管钻机钻孔,采用"孔内卡塞、孔内循环"、自下而上分段钻注的工艺进行施工。

11.3　杨东河(渡口)水电站工程坝体主堆区右岸工程

坝体主堆区右岸(注浆Ⅲ区)注浆孔位于坝体右部区域共14排,设计排距为2.6 m,孔距为3 m,排间布孔呈梅型布置,共计286个孔(其中包含6个先导孔),分3个单元(其中包含一个试验段)进行施工,总注浆段长约为1 838 m。先导孔施工选用回转式地质钻机进行钻孔,采用"孔口封闭、孔内纯压法"循环钻注法自上而下逐段进行钻注。基本孔施工选用跟管钻机钻孔,采用"孔内卡塞、孔内循环"、自下而上分段钻注的工艺进行施工。

(主要完成人:孙训君　盛学军　刘延科　付健国)

厂房尾水墩滑模施工工法

中国水利水电第三工程局有限公司

1 前言

液压滑升模板(后简称"滑模")施工工艺,是一种现浇混凝土连续成型施工工艺,已经广泛应用于交通、工民建行业的施工中。在国内外水利水电施工行业,受水工建筑物结构自身外形复杂、预埋件多、钢筋密集等特点,滑模工艺使用受限,本工法重点解决了这一难题。

采用该工法施工的陕西汉江喜河水电厂房尾水墩,成功解决了两孔三墩一墙四道闸门槽复杂体型、四次退台整体滑升尾水墩的施工难题。混凝土外观平整、光洁,无缺陷,质量满足设计和规范要求,受到业内专家的一致称赞。此方案的成功应用,将采取传统的分层施工 2.5 ~ 3 个月的施工工期,缩减为 15 d 完成,压缩工期 2.0 ~ 2.5 个月,为喜河电站提前半年发电奠定了坚实的基础。将 1.2 万 m^2 的传统工艺立模面积,优化为只需组立近 700 m^2 模板即可满足施工,提高大型机械的使用效率,在机械使用、劳动力配置、材料使用率上降低了成本投入。

该项目荣获"2005 年度陕西省技术创新示范岗"称号;《滑模在尾水墩挡水结构施工中的研究及应用》论文,荣获水电三局"2003 ~ 2005 年度局科技论文三等奖";2005 年通过水电三局科研项目鉴定,并被评为 2006 年度优秀科研项目二等奖。

2 工法特点

(1)通过合理的方案设计、技术优化、先进的钢筋联结工艺和有效的组织、管理、控制,可以保证滑模的连续滑升,具有速度快、工效高、可有效降低成本的优点。

(2)滑模装置具有很好的刚度,能保证滑出结构的质量,在滑空时确保平台的稳定性、安全性。

(3)滑升模板在初始位置一次组装成形,最终一次拆除,减少了模板用量,节省了模板安拆机械费。

(4)尾水墩滑模,与常规滑模工艺相比较,需解决水工建筑物施工模板形体复杂、变截面退台、一期埋件多、仓号钢筋安装与正常滑升速度协调、仓面面积较大、整个模板需同步提升等难题。

3 适用范围

本工法适用于水电站尾水挡水结构施工,对于与此结构类似的闸墩、厂房进水口等部位可参照使用。滑升的结构可以是等截面亦可是变截面。

4 工艺原理

滑模滑升是通过千斤顶与提升架的支撑杆相互作用来实现的,即液压系统供油,使千斤顶沿着支撑杆向上爬升,同时带动提升架、模板以及操作平台一起上升。千斤顶完成一次爬升,与千斤顶连成一体的滑模也完成一次爬升。

5 施工工艺流程及操作要点

5.1 滑模结构

滑模主要由模板系统、平台系统、液压提升系统组成。按《液压滑动模板施工技术规范》(GBJ

113—87）中有关规定设计，其中模具满负荷工作时不变形，滑空时操作平台的刚度和稳定性是滑模的关键。

5.1.1 模板系统

模板系统由提升架和模板两部分组成，均根据建筑物的具体平面布置设计。

5.1.1.1 提升架

提升架可采用"开"形及"F"形两种形式，"开"形提升架主梁和立柱均采用桁架焊接而成；"F"形提升架主梁采用型钢制作。

5.1.1.2 模板部分

模板部分可采用标准组合小钢模组装，也可采用钢板制作，模板高度以 1 500 mm 比较适宜。其围箍采用桁架梁组合成封闭工作盘，桁架梁断面尺寸根据荷载计算确定。

5.1.2 平台系统

平台系统分主操作平台和辅助操作平台，其主要用做施工作业场地，满足施工人员作业和安全的需要。

主操作平台由桁架梁形成封闭工作盘后，利用单片桁架进行加固，并在工作盘和加固桁架上面铺设 $\delta = 5$ cm 的马道板，作为主工作平台。主工作平台是滑模施工过程中的主要工作场所。

辅助工作平台在主工作平台下 1.8 m 处，为一单片桁架，每隔 1.5 m 用 φ20 钢筋悬挂在主工作平台桁架梁下方，单片桁架上铺设 $\delta = 5$ cm 的马道板外侧焊接围栏，以确保施工人员的安全。其主要用于观察混凝土脱模的外观情况并进行表面修补、压光、预埋件的处理和混凝土养护。

主、辅工作平台之间临空面满挂安全网，形成封闭工作空间。

5.1.3 液压提升系统

液压提升系统由千斤顶、支撑杆、限位器、油路部分以及操作系统组成，是整个滑模装置的提升动力机构。

5.1.3.1 千斤顶

千斤顶按仓面的构造需要布置，并参照模板处于不滑空或半滑空的状态下，支承杆允许承载力按式（1）进行验算，并选用适当型号和数量的千斤顶。

$$[P] = \pi^2 EJ/K(HL)^2 \tag{1}$$

式中　K——安全系数，取值不小于 2；

　　　H——自由长度修正系数，取 0.6 ~ 0.7；

　　　L——自由长度，指千斤顶下卡头到模板下口。

5.1.3.2 支撑杆

支撑杆采用 φ48 × 3.5 钢管，计算时取钢管高度 1.8 m 计算，其承载力为 46.5 kN。按式（2）进行计算，并根据计算结果选用支撑杆数量。

$$N = G/(C \times [P]) \tag{2}$$

式中　G——总顶升力；

　　　C——安全系数，取 0.8；

　　　$[P]$——钢管承载力。

5.1.3.3 液压控制台

根据选定的千斤顶型号和数量确定液压控制台型号。主要考虑工作压力、最高压力、流量等指标。

5.1.3.4 电气系统

电气系统由总控制室控制，主要是为滑模上的电动设备和照明设备提供电源。设备动力系统采用 380 V 电源。照明系统采用 36 V 电源，以保证作业安全。墩上墩下采用对讲机联络。

5.1.3.5 检测系统

检测系统在滑模四角设激光接收靶,相应建筑基础部位设激光控制点,随时掌握滑模全高垂直度。

5.2 现场组装

5.2.1 滑模装置组装流程

滑模装置的组装顺序见图1。

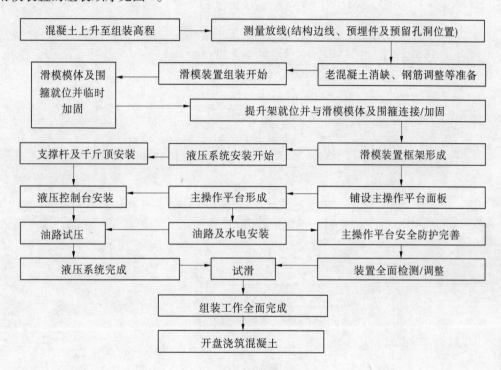

图1 滑模装置组装流程

5.2.2 滑模装置的组装要点

(1)组装前测量要放线准确,包括结构边线,预埋件位置,提升架安装位置线等。

(2)水平标高应引至建筑平面各个部位,严格控制平台安装的水平度。

(3)模板组装须有一定锥度,单面侧倾斜度宜为模板高度的0.2%～0.5%,模板高度1/2处的净间距应与结构截面宽度相等。

(4)支撑杆支承在老混凝土基础面上,防止初升时操作平台位移。同时必须加固牢靠,以确保模板各种工况时平台的稳定性。

5.2.3 滑模装置的拆除要点

滑模装置的拆除按与组装相反顺序进行,但拆除时应符合下列要求:

(1)拆除前,技术人员向拆除人员作技术、安全交底。

(2)先对系统进行必要的加固,之后拆除平台上的各种设备和器材,结构必须对称拆除,边拆除边运走,以防发生倾覆事故。滑模装置的拆除宜按起吊设备的能力进行分段割开,整体吊移,降到地面后进行解体、分离。

(3)拆完后将零件及时清理,集中妥善堆放,同时清理模板,检修千斤顶等设备。

5.3 滑模滑升工艺流程及要点

5.3.1 滑模滑升工艺流程

滑模滑升工艺流程见图2。

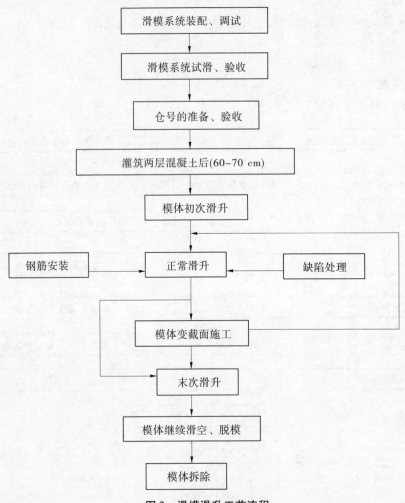

图2 滑模滑升工艺流程

5.3.2 滑升操作要点

(1)首先按照组装工艺完成系统的组装、调试、试滑升等工作,确保结构牢靠、安全稳定。充分做好各项准备工作,包括现场水、电、路三通一平,人工材料机具按需配备等。

(2)经试验确定混凝土配合比,确定不同坍落度不同温度情况下的初凝时间,施工中根据气温适时调整,保证滑模正常滑升。

(3)混凝土浇筑 600~700 mm 以后,进行初滑升,以后每隔 1 h 滑升 1 次,每次 1~2 行程。

(4)初滑升进行完毕后,即可进行正常滑升,每次滑升 300 mm,若两次滑升时间间隔超过 1 h,则应增加中间滑升(每次 1~2 行程)。

(5)混凝土浇捣应均匀分层,分层高度 200~300 mm 为宜,并保证混凝土表面不初凝。

(6)滑升过程中,每上升 1 m,垂直度观测不少于 1 次。滑升过程中的垂直偏差可利用调整千斤顶的提升高差来纠正,逐步进行,以防纠偏过度。

(7)严格控制水平标高,应在每根支承杆上做好水平标记,采取分区人工控制,在统一指挥下调平,每层标高由 ±0.000 m 处引测,以减少累计误差。

(8)当接近墙体每个退台处、混凝土浇筑完成进行空滑时,多滑少拉,即每隔 30 min 滑升一次,每次 4~5 行程。

(9)墙体完成或遇特殊情况,必须暂时停滑时,应防止粘模,即每隔 30 min 提升一次,每次 1~2 行程,总计提升 300 mm 为止。

（10）滑升过程中，应随时检查混凝土出模强度（0.2～0.4 MPa为宜），墙面脱模后，及时将表面压光。

（11）预埋件及预留孔等待滑升到部位时留置，二期混凝土埋件表面应紧贴模板，预留孔洞可采用聚苯板或预先做成套盒置于模板内，当模板滑过后及时剔出。

（12）仔细观察滑升过程，对故障千斤顶及时更换，滑升总高度较大时须分片强制性更换千斤顶，确保其有足够的提升力。

5.4 退台变截面滑模施工

5.4.1 退台变截面滑模施工控制要点

退台变截面滑模施工要点主要有：改盘期间工作盘安全控制、改盘后模体变形控制和工作盘水平控制。

5.4.2 退台变截面滑模施工方法

（1）在断面尺寸变化高程以下，混凝土正常均匀入仓，滑模正常滑升。浇筑至断面尺寸变化高程后，在靠近模板退台侧1.0 m范围内减慢下料速度，将混凝土浇筑成斜坡。

（2）在上游工作平台桁架梁外安装单梁桁架，将顺水向"开"字架改装为卡在工作平台的单梁桁架，形成临时封闭状态，保证在改装过程中整体结构安全稳定。

（3）临时封闭状态形成后，待上游模板在收台高程完全滑空，进行改装工作。

（4）将上游模板平移至所需位置，随后改装工作盘并加固模板，形成整个工作盘的改装后封闭状态，最后改装"开"字架。

（5）整个改装结束后，进行上游预留斜坡混凝土浇筑，拆除单梁桁架。

（6）变截面滑模改装尽量安排在气温较低的夜间进行。如改装时气温过高，可考虑在混凝土中适量掺加缓凝剂，以保证整个改装过程混凝土不初凝，保证改盘后的滑模继续滑升。

6 材料与设备

现场主要机具设备见表1，主要工程材料见表2。

表1 主要机具设备

序号	名称	单位	说明
1	混凝土水平运输设备	台套	数量根据浇筑强度选配
2	混凝土垂直运输设备	台套	
3	液压控制台	台套	数量根据计算确定
4	液压千斤顶	台套	
5	电焊机	台套	数量根据工作面情况确定
7	混凝土振捣设备	台套	数量根据仓面特点选配
8	测量设备	台套	

注：本表仅显示用于滑模装置和现场施工的主要机具设备，具体数量根据工程具体情况和计算求得。

表2 主要材料

序号	材料名称	规格	说明
1	钢板	δ = 16 mm、20 mm两种	用于钢结构制作
2	槽钢	14#、16#、18#	
3	I型钢	14#、16#、	
4	角钢	L63×6、L100×10、L50×5	
5	钢管	ϕ 48×3.5	支撑杆
6	木板	δ = 50 mm	平台
7	小钢模	P3015，阴阳角模板，墩头模板	

注：表中材料为滑模体主体结构，加工、安装及运行所需材料，具体数量根据滑模装置的设计计算求得。

7 质量控制

7.1 质量要求

除严格遵循水工混凝土各类技术要求、规程、规范外,还应遵循《液压滑动模板施工技术规范》(GBJ 113—87)等有关规定执行。

7.2 质量控制

(1)严格控制滑模组装质量,对模板锥度、结构外形、节点连接等均逐一验收,同时滑升后每隔5~6层对液压系统进行一次全面保养、检查。

(2)滑模施工高度集中,统一指挥。各工种应有明确岗位责任制,严格分工,定点定块,各负其责。

(3)混凝土严格分层浇筑,振捣密实。

(4)提升过程中,严格保证千斤顶的同步性,坚持防偏为主,纠偏为辅原则。每层滑升后,即测定垂直度偏差值,并登记入表,分析原因,作为下层施工纠偏的依据。

(5)每层滑空后应认真清摸,实行"三具、三序、两分、两检清摸"制度,保证模板的光滑性。

(6)执行混凝土浇筑规范,施工缝接槎要清理干净,浇水浸透,并根据施工条件的变化及时调整混凝土的坍落度和掺和料比例,做到混凝土出模不坍不拉裂。

(7)混凝土浇灌后应按规定进行养护。

8 安全措施

滑模施工必须遵循《液压滑动模板施工安全技术规程》(JGJ 65—89)及其他相关安全技术要求。还需采取下列措施:

(1)设两名专职安全员,跟班作业检查。

(2)平台上施工荷载严格按施工组织设计规定控制,不能超载。

(3)平台四周均设安全网、防护栏。

(4)操作平台下的照明设施,均采用36 V低压灯具,所有电器设备均有零线接地。

(5)滑模设备拆除应严格按拆除工序进行,不得随意变化,并要求上下通信联络畅通。

(6)各类洞口均及时围护,严防坠落。

9 环保与资源节约

本工法施工内容对环保不产生不利影响,只存在施工废水、施工垃圾的常规处理问题。

(1)按要求修建排水系统,施工生产废水不得直接排入河中,经过处理后排出的施工生产废水不得超过《污水综合排放标准》(GB 8978—2002)中的Ⅰ级标准,不得因施工废水的排入而降低水体的功能和水质的等级,从而影响下游生产、生活用水。排水系统应指派专人进行维护并定期检修。

(2)混凝土浇筑施工冲仓用水、养护用水等施工废水,要导入施工期排水的沉淀池中,沉淀合格后排入排水系统。

(3)对施工过程中坠落的混凝土、施工垃圾等及时进行清理,并运往指定地点。

10 效益分析

实践证明,尾水墩采用滑模施工,既缩短了工期,又降了费用,经济效益和社会效益都很显著。

(1)采用本工法施工的尾水墩,施工效果好,混凝土外观平整、光洁,无缺陷,表面平整度及结构垂直度偏差等均能得到很好控制。从检测结果分析,正常滑升过程共检测21次、966个点位,累计超标点位25个,占总测点数的2.6%,建筑物外观体型控制较为理想。超标点位主要出现在门槽处,但不影响后期金结安装。

(2)作业时间:滑模安装工期3.5 d,滑模滑升过程10 d,滑模拆除工期1.5 d,整个过程15 d完成。大大缩短了工期。

(3)采用本工法,模板与工作平台同步滑升,与常规方案相比较,除装置安装中需消耗少量材料外,模板安装施工用筋很小。估算单台机组节省施工用筋25 t,三台机组节省用筋达75 t,节约资金30余万元。

(4)采用本工法,将1.2万 m² 的传统工艺立模面积,优化为只需组立近700 m² 模板即可满足施工要求,降低了模板的占有率。

(5)采用本工法,解决了门机逐层安装模板而耗时长的现象,提高大型机械的利用率。

11 应用实例

11.1 喜河水电站尾水墩滑模施工

喜河水电站厂房三台机组尾水墩,均采用滑模工艺施工,滑升高度26.2 m(1#机尾水墩最大滑升高度32.6 m),仓面面积160 m²,单机混凝土量3 104.5 m³,钢筋安装为190 t,止水设施安装120延 m;冷却管安装1 500延 m;预埋件金结安装10 t。

与常规滑模施工工艺相比,具有水工建筑物施工模板形体复杂(二孔、三墩、一墙、四道闸门槽)、退台整体滑升难(四次退台整体滑升),一期埋件多,混凝土含钢筋量大,需与正常滑升速度协调,滑模面积较大(单次滑升面积达159 m²,周长达95 m),整个模板需同步提升等难题。

采用滑模施工,选用GYD-100型千斤顶26台,HY-36S型操作台1台,为常态混凝土,高架门机垂直运输,吊罐入仓,滑升过程为10 d左右。主要劳动力配置见表3。

喜河水电站厂房尾水墩滑模施工效果很好,混凝土外观平整、光洁、无缺陷。混凝土芯样长度10.54 m,建筑物施工质量优良。

11.2 喜河电站门机栈桥墩滑模施工

喜河电站表孔施工门机栈桥墩,采用滑模工艺施工,滑升高度18 m,体型简单,为3 m×5 m矩形断面,仓面面积15 m²。

采用本工法施工,选用GYD-100型千斤顶6台,HY-36S型操作台1台,为常态混凝土,高架门机垂直运输,吊罐入仓,滑升过程为6~7 d。主要劳动力配置见表3。

施工效果较好,混凝土外观平整、光洁、无缺陷,建筑物施工质量优良。

表3 主要工种配置

序号	工种	人数	序号	工种	人数
1	总调度	1	8	混凝土工	4
2	技术负责	1	9	木工	2
3	质量专责	2	10	钢筋工	2
4	安全专责	2	11	测量	2
5	现场管理	1	12	混凝土面修饰	2
6	起重信号工	2	13	合计	23
7	液压系统操作	2			

11.3 山西西龙池抽水蓄能电站输水系统首部闸门井

山西西龙池抽水蓄能电站输水系统首部闸门井,采用滑模工艺施工,滑升最大高度70 m。

采用本工法施工,选用 GYD - 100 型千斤顶 12 台、ZYXT - 36 型操作台 1 台,为常态混凝土,混凝土料由斜溜槽转下料钢管,最后由仓内分溜槽直接入仓。

施工效果较好,混凝土外观平整、光洁,无缺陷,建筑物施工质量优良。

11.4 青海拉西瓦电站厂房进水口拦污栅墩

青海拉西瓦电站厂房进水口拦污栅墩采用滑模工艺施工,滑升高度 70 余 m,体型简单,为子弹头断面。

采用本工法施工,选用 GYD - 100 型千斤顶 16 台、HY - 36S 型操作台 1 台,为常态混凝土,皮带机水平运输,真空溜筒入仓。混凝土具有一定强度后包裹保温被。

施工效果较好,混凝土外观平整、光洁,无缺陷,建筑物施工质量优良。

11.5 云南景洪电站厂房进水口拦污栅墩

景洪水电站厂房分五个坝段,每个坝段宽 34.3 m,总长 171.5 m,坝顶宽 15.5 m,最大坝高 108 m。15# ~ 20# 坝段坝体前沿从 EL.562.0 ~ EL.612.0 m 设拦污栅墩,拦污栅闸墩设计为单墩,其中 15# 坝段进水口拦污栅设计为六孔七墩,16#、17#、18#、19# 坝段每个坝段进水口拦污栅设计为七孔八墩,拦污栅墩设计为钢筋混凝土结构,共计 36 孔,30 个中墩,12 个边墩,混凝土共计 14 374 m³,钢筋制安 2 058 t;墩头、墩尾均为圆弧形,中间为直线段,边墩 $L \times B = 5 \times 1.4$,中墩 $L \times B = 5 \times 1.75$,中墩单个断面 7.4 m²,边墩单个断面 6.3 m²,闸墩间空距 3.0 m,孔间设有五道联系梁。拦污栅墩设两道拦污栅槽,两槽间距为 2.0 m,单槽宽度为 1.24 m,高度为 48.3 m。

经过多种方案比较,对于等截面的混凝土结构采用滑模施工是最佳方案之一,水电三局决定在进水口拦污栅墩采用滑模工艺进行施工。滑模采用整体钢结构设计,为整体式模板,液压爬升,滑升千斤顶选用 HY - 100 型千斤顶,ZYXT - 36 型自动调平液压控制台,滑模装置组成为:模板、围圈;提升系统;滑模盘(操作盘和辅助盘);机械动力设备采用 380 V 电压,操作平台上照明电压采用 36 V 低压。滑模滑升分为三个阶段:初次滑升、正常滑升、末次滑升。

2007 年 1 月 21 日制定《进水口拦污栅墩滑模及二期混凝土施工措施》技术方案报批,2007 年 2 月 25 日得到中南监理批复并开始准备,2007 年 2 月 20 日开始进行第一个拦污栅墩部位(19# 坝段左侧 4 个墩体)滑模施工,2007 年 3 月 6 日完成第一个拦污栅墩部位滑模施工,单仓拦污栅墩滑模历时 15 d,最大滑升速度 3.9 m/d,平均滑升速度 3.3 m/d。

施工效果较好,混凝土外观平整、光洁,无缺陷,建筑物施工质量优良。

(主要完成人:王鹏禹　姬脉兴　赵红阳　王　鑫)

大坝高精度倒垂孔施工工法

中国水利水电第三工程局有限公司

1 前言

20世纪70年代发展起来的大坝及其他水工建筑物监测系统,目前已趋成熟和完善。它通过各种监测手段,精确地测定出大坝及其他水工建筑物变形的各种参数,从而为大坝及其他水工建筑物的安全和维护提供可靠依据,并对勘测设计的准确性进行反馈和检验。倒垂孔是大坝或其他水工建筑物位移监测的主要设施之一,常与引张线和正垂装置配合使用,具有较高的监测精度。技术要求和精度要求均极高。

在三峡双线五级永久船闸中,为了监测开挖以后及运行期间的基础变形情况,在各闸首和闸室布置了相应的倒垂孔,其中在南线三至五闸首范围内布置了5个倒垂孔,孔深为45 m和50 m,基本都在混凝土浇筑时预留空间内施工。

丹江口大坝加高后,右岸原坝体安全监测正、倒垂孔数量、规模明显不足。设计新增正、倒垂孔3个,其中位于7#、8#坝段分缝右侧50 cm处的一个倒垂孔设计孔深为77.5 m(∇ 137.5 ~ ∇ 60.0),安排在一个断面尺寸为3.0 m×3.5 m的空间内施工。

所有倒垂孔要求终孔后埋设ϕ168 mm保护管,埋管后管内垂直有效孔径不小于100 mm。

以上部位6个倒垂孔均由水电三局有限公司基础工程分局施工。施工技术人员在断面尺寸为3 m×3.5 m的狭小空间内,克服了一些常规且非常有效的精度保证措施在此条件下不能使用的困难,在项目实施过程中,技术攻关形成一套适用狭小空间施工的精度保证控制体系。6个倒垂孔完成后的保护管内垂直有效孔径均满足设计要求。为类似小空间条件下的倒垂孔等高精度钻孔的施工提供了可以借鉴的经验。

2 工法特点

(1)受空间条件限制,只能选用体积小的钻机,限制了较大开孔直径钻头的使用,同时钻具长度也受到很大的限制,从而限制了变径钻孔的次数,无法使用较长的粗径钻具,给控制和防治钻孔偏斜增加了难度。因此,钻孔垂直精度的控制就成为钻孔成败的关键技术。

(2)在钻孔过程中,能准确测量出钻孔的偏斜方向和偏斜数据,对钻孔纠偏有指导意义。

(3)成孔后埋入的保护管受空间所限,只能是短管连接。短管连接加工工艺及埋设工艺就成为工法中的又一个关键技术。

(4)钻孔中其他纠偏技术措施,也是工法中的一个重要环节。

3 适用范围

本工法适合在大坝及其他水工建筑物内观测在狭小空间施工的倒垂孔、测温钢管标孔、双金属标孔的钻孔、测斜、纠偏、埋管等工序。对于露天条件下施工的倒垂孔亦可适用。

4 工艺原理

利用合适型号的地质回转钻机,带动由金刚石钻头、扩孔器、岩芯管组成的钻具旋转,使钻头底部镶嵌的金刚石颗粒对岩石进行研磨和切削,形成垂直钻孔。在钻进的过程中,随着孔深的增加,要经常进行钻孔倾斜度的测量,结合纠偏措施,直到钻孔达到设计深度。

5 施工工艺流程及操作要点

5.1 工艺流程

倒垂孔施工工艺流程如图1所示。

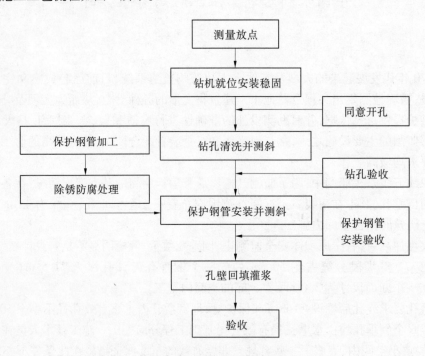

图1 倒垂孔施工工艺流程

5.2 操作要点

5.2.1 孔位放样

由专业测量人员利用测量仪器进行孔位放样,孔位误差在仪器误差范围内。

5.2.2 调平稳定钻机

采用专业的仪器测量调整钻机机头立轴导管,使之前后、左右两个方向均为垂直状,然后将钻机固定。

5.2.3 预埋孔口管

用直径305 mm钻头开孔,预埋深度小于1.0 m管径为299 mm的孔口管;孔口管上部端口利用水平尺找平,使孔口管保持垂直状态,为开孔钻具提供导向。

5.2.4 孔口管内开孔、钻进

选用具有丰富经验且责任心强的专职钻探技工操作。选用直径275 mm钻头在孔口管内开孔、钻进。钻进至尽可能深的深度。

5.2.5 钻孔过程的测斜

钻孔过程中每钻进1 m测斜一次,掌握钻孔偏斜的方位和大小。

5.2.6 钻孔主要纠偏措施

5.2.6.1 钻机位移或调整立轴角度法纠斜

当钻孔偏斜的数据有明显增大时,可适当移动钻机或调整钻机有一定的角度,来控制钻孔偏斜度不再增大,或者有适当回位。在偏斜值不大,孔深20 m的情况下及时采取此方法纠斜可达到理想效果。

5.2.6.2　扩孔法纠斜

当钻孔变径后,钻进到一定深度发现孔斜过大时,将孔内岩芯打捞干净,并用水泥砂浆将变径后孔段封填,再用大口径长钻具轻压慢转扩孔钻进,直至将孔斜纠正后再继续变径钻进。

5.2.6.3　回填封孔纠斜

在中硬岩层钻进时,某一孔段偏斜值较大而采用纠斜方法效果不理想时可采用混凝土封填。封填混凝土强度应相等或略高于偏斜孔段岩石强度,避免纠斜钻进时又回到原偏斜孔段里。

5.2.6.4　定向预埋斜楔法纠斜

孔内二次变径开孔、钻进时,根据钻孔偏斜方向和偏斜值,在岩芯管端部外侧捆绑一块三角形斜楔(厚度视偏斜值而定),以吊垂线画线的方法定向下入孔内,经检查无误后,再灌注水泥砂浆将岩芯管固定,待强度满足要求后拔出岩芯管,下钻具顺预留孔向钻进。钻进轻压慢转,随时掌握孔内情况。纠斜成功后,再继续钻进。

5.2.7　保护管的加工

由专业的管材加工厂进行保护管连接螺纹加工,保证每一根保护管两端连接后的同心度。管底端用钢板封焊牢固,底部0.5 m的内壁加工成粗糙面,以便用水泥固定锚块。

5.2.8　保护管的安装、校正、注浆

保护管在安装过程中,丝扣要刷漆,缠防水胶带,防止丝扣漏水。保护管安装完毕后,也要保持在悬挂状态,然后进行管内分段测斜、调整,使整个保护管垂直悬挂在钻孔的垂直有效孔径内,当管内垂直有效孔径经调整测量,出现最大值时,将保护管固定。然后进行注浆,注浆时尽可能将注浆管插入孔底,使浆液自下而上缓慢注满全孔。

5.2.9　保护管的验收

待孔内所注浆液凝固后,组织业主、设计、监理、施工单位四方联合对倒垂孔保护管内垂直有效孔径进行现场测量验收,确认合格后签字、移交。

验收标准:钻孔的全孔最小垂直有效孔径应大于保护管的外径,保护管安装后管内垂直有效孔径不应小于100 mm。

5.3　倒垂孔设计、验收参数表

由于有精确的钻孔测量技术,加上多种保证钻孔垂直度的施工措施,使6个倒垂孔埋管后管内垂直有效孔径均满足设计要求。各倒垂孔数据见表1。

表1　三峡、丹江口倒垂孔设计、竣工验收参数

序号	钻孔编号	设计孔深 (m)	实际孔深 (m)	设计保护管垂直 有效孔径不小于 (mm)	安装保护管 垂直有效孔径 (mm)	施工地点
1	IP05CZ32	50.00	50.10	100	130	三峡船闸南三闸首
2	IP06CZ32	45.00	45.20	100	124	三峡船闸南三闸室
3	IP07CZ42	50.00	50.40	100	136	三峡船闸南四闸首
4	IP08CZ42	45.00	45.80	100	133	三峡船闸南四闸室
5	IP09CZ52	50.00	50.20	100	113	三峡船闸南五闸首
6	新增倒垂孔	77.50	77.50	100	100	丹江口大坝

5.4　施工难点及对策

5.4.1　狭小空间无法使用长钻具

受观测空间高度的限制,只能使用较短的钻具,为提高钻孔精度,只有用短岩芯管进行连接,使

钻具加长,短岩芯管加工丝扣时,对两端的同心度要求较高。

5.4.2 钻机卷扬机提升力不够

受空间条件限制,只能选用体积小的钻机,当钻孔超过一定的深度后,卷扬机提升力不够,对卷扬机进行改造,配合使用滑轮组,解决了卷扬机提升力不够的问题。

5.4.3 倒垂孔测斜精度误差较大

倒垂孔钻孔过程测斜基本是采用上部设置浮筒配合孔内带 4 个沿孔壁滑动滚轮的居中垂线装置,在孔口用钢板尺量出垂线距离 X 轴和 Y 轴的距离,在孔内岩石裂隙较多时,有时出现卡轮或垂线偏离中心的问题,使测斜产生较大误差。

为保证倒垂孔钻孔精度测试数据准确,技术人员将沿孔壁滑动滚轮的居中垂线装置改为用多条等宽的带弹性的薄钢皮制成的灯笼状的居中垂线装置,使之多条薄钢皮与孔壁接触,垂线的居中性更好,避免了复杂地层出现卡轮或垂线偏离中心的问题,使测斜数据和偏斜方位更加准确,为下一步钻孔纠偏提供了准确的依据。

5.5 特殊情况的处理

在倒垂孔的钻进过程中,有时会碰到破碎岩层,随着钻孔深度的增加,会出现掉块卡钻的事故,严重时会使钻孔报废。处理的方法是:当钻孔穿过破碎岩层后,用浓水泥浆进行灌浆处理,以便固结破碎岩层,待水泥凝固后重新扫孔钻进。

6 材料与设备

6.1 材料

主要施工材料见表 2。

表 2 主要施工材料

序号	名称	规格	
1	金刚石钻头	ϕ 305 mm、ϕ 279 mm、ϕ 225 mm	
2	扩孔器	ϕ 279 mm、ϕ 225 mm	
3	地质无缝钢管	ϕ 299 mm、ϕ 273 mm、ϕ 219 mm、ϕ 168 mm	
4	水泥	P·O42.5 普通硅酸盐水泥	

6.2 施工设备

主要施工设备见表 3。

表 3 主要施工设备

序号	名称	型号	主要技术性能指标
1	地质钻机	XY-2B	最大钻进深度 ϕ 42 钻杆 530 m,立轴行程 600 mm,立轴最大起重力 60 000 kN,立轴最大加压力 45 000 kN
2	灌浆泵	SGB6-10	主要技术参数:柱塞直径为 60 mm,额定压力为 10 MPa,排浆量为 100 L/min
3	搅拌槽	JJS-10	公称容量为 340 L;额定功率为 5 kW;许用水灰比为 0.5:1
4	测量浮筒	IP-Ⅱ	

7 质量控制

倒垂孔施工实行全过程质量控制,从孔位放点开始,钻机对中、调平、导向管预埋校正、钻孔过程中的测斜纠偏、二次变径开孔钻进、终孔后全孔测斜、保护管的丝扣加工、保护管的安装校正、注浆埋管。

其中最重要的两个控制点是：①钻孔的全孔最小垂直有效孔径应大于保护管的外径($\phi 168\ mm$)，②保护管在校正、注浆固定后管内垂直有效孔径应不小于$\phi 100\ mm$。

8 安全措施

（1）坚决贯彻执行国家安全生产法规，执行行业有关安全生产规定和指令。树立"安全第一，预防为主"的思想，制订并落实安全生产责任制。

（2）进入施工现场，必须按规定穿戴好安全防护用品和配备必要的安全防护用具。

（3）严格遵守岗位责任制和交接班制度，并熟知本工种的安全操作规程，在生产中应坚守工作岗位，严禁酒后工作。

（4）施工机械设备由专人操作，保证各种安全防护设备有效，并按有关规定进行保养和维护，杜绝违章操作。

（5）廊道内施工应加强用电管理，高压用电全部使用四芯电缆，电缆线沿墙壁固定布线，接头处使用防水高压胶带包裹，配电盘处安装漏电保护器。施工现场及作业点必须有足够的照明，照明用电使用36 V安全电压，确保人员安全。

（6）施工现场的材料堆放安全可靠，整齐有序，并保证道路的畅通。

（7）由于钻孔直径大，所取岩芯重量大，搬运时防止砸伤。

（8）制定防火、防盗措施，准备必要的防火器材，防止灾害发生。

9 环保与资源节约

（1）规范材料、机具堆放场地，施工设备、器具、材料摆放整齐，各种管路、线缆整齐有序，符合环境保护及工业卫生要求。

（2）废旧材料、闲置设备、各种废弃物应及时清退出场，保证作业面干净、整洁。

（3）各类生活垃圾必须丢至垃圾袋，不得随意丢弃。

（4）施工结束后应将工作面清理干净。

10 效益分析

该倒垂孔施工工法是在坝体内狭小空间环境下进行实施并总结而成的。实施过程中，由于施工空间、场地狭小，一些常规且非常有效的精度保证措施在此条件下均不能使用，使得钻孔的施工难度加大，因此采用了一套实用的精度保证控制体系，并有效地对测孔装置及钻机部件进行了改进，从而成功的完成了施工任务，为主体工程计划工期目标创造了条件。同时，采用该工艺措施，既节约了设备材料投入，降低了成本，又增加了施工的安全可靠性，取得了较好的经济效益和社会效益，对以后类似小空间条件下的倒垂孔等高精度钻孔施工提供了可以借鉴的经验。

11 应用实例

实例一：1999年7月至2000年7月，在三峡双线五级永久船闸，南线三至五闸首范围内共计完成了5个孔深为45~50 m的倒垂孔，实际钻孔深度为241.7 m。保护管内垂直有效孔径经验收后质量完全满足设计要求。

实例二：2003年11月至2004年2月，完成了安康电站左右坝肩6#、7#孔深为50.5 m倒垂孔的钻孔工程施工。经验收施工有效孔径完全满足设计和规范的要求，优良率达100%。

实例三：2007年11月至2008年3月，丹江口大坝加高后，在位于7#、8#坝段分缝右侧50 cm处施工一个设计孔深为77.5 m(▽137.5 ~ ▽60.0)的倒垂孔。保护管内垂直有效孔径经验收后质量完全满足设计要求。

（主要完成人：王　琪　杨晓红　廖　勇　邓德彬　曹　琳）

多点位移计安装工法

中国水利水电第三工程局有限公司

1　前言

钻孔多点位移计在各种岩土工程检测中均有应用,主要用于大坝、船闸、边坡、隧道等岩土工程及地下工程进行深层变位监测的仪器,它可用于煤矿、冶金、铁道、水利、交通等部门的巷道(隧道、洞室)及其他地下工程的围岩内部多点间相对位移的量测,也可安装在地下核废料堆积场拱顶。用于观测钻孔内不同深度岩体的轴向伸缩变形。钻孔多点位移计可以提供围岩表面的绝对位移和围岩内部的相对位移,是边坡稳定观测、围岩稳定分析的主要监测仪器之一。目前在工程观测中,钻孔多点位移计已被普遍应用,并取得了许多令人满意的成果。由于监测仪器发展时间较长,技术成熟,只要选型得当和现场检验合格,即可保证仪器性能和长期稳定性。因此,为保证仪器反馈资料能够真实反映锚索运行工况,现场安装质量也就显得尤为重要。

在仪器厂商方面,近些年来国外部分监测仪器及监测技术相继进入国内市场,丰富了我国的监测技术手段,国内安全监测技术和监测仪器也有了长足的发展。但国内外仪器厂商在操作安装上也仅向用户提供安装方法的说明书,安装方法只限于监测仪器部分,对于与施工现场多点位移计安装条件相适应的方法叙述较少。

在规程、规范方面,虽然国内在《混凝土坝安全监测技术规范》(DL/T 5178—2003)中,针对变形监测进行了相应要求。但对多点位移计在安装操作方面阐述的较少,特别是对不具备现场组装后安装仪器、同孔内锚头、传递杆、测头及传感器安装、拱部斜上和上垂孔内的多点位移计安装等方面阐述更少,存在着一定的局限性。同时国内又缺少其他权威性的用于指导多点位移计安装的行业规程。

本工法的编制,旨在解决和规范多点位移计安装过程中的受限于施工条件无法完成现场整体组装后再安装、将测头传感器装置与锚头、传递杆同孔安装等方面的安装技术问题,明确安装钻孔位移计时各环节上的工作内容、主要操作方法和技术要点,使安装工作规范化、程序化。

2　工法特点

(1)解决了施工场地狭小,不具备传统组装完毕后再安装的问题,提出并实施了同步安装法。

(2)解决了同孔内测头与测杆护管孔内安装埋设问题,有效地保护了仪器。

3　适用范围

(1)本工法主要适用于大坝、船闸、边坡、隧道及地下洞室岩体内位移的监测,其他建筑物或结构体内部位移监测可参照本工法执行。

(2)本工法中所涉及的多点位移计包括振弦式多点位移计和差阻式多点位移计,其他类型的多点位移计的安装施工可参照本工法执行。

4　工艺原理

(1)多点位移计用于监测位移变形,是在监测对象钻孔中安装仪器,它是由锚头、位移传递杆及护管、传感器测头装置、机械或电测位移传感器、信号传输电缆、数据采集装置及保护罩等几个主要部分组成的位移测量系统。孔内锚头通过机械撑张力或灌浆后与岩土体等介质锚固在一起,当被测结构物发生变形时将会通过多点位移计的锚头带动传递杆,传递杆拉动位移计产生变形,变形传递给传感器,变形信号经电缆传输至读数装置。

(2)根据现场环境,在具备一般仪器组装场地情况下,多点位移计所有部件组装完成后,一并送入钻孔内,完成安装。在不具备开阔场地,施工面狭小的情况下,一边组装一边送入钻孔同步进行,完成安装。同时解决了同孔内测头与测杆、护管孔内安装埋设并有效地保护了仪器。

本工法主要介绍差阻式传感器和振弦式传感器两种类型多点位移计安装。

5 施工工艺流程及操作要点

5.1 施工流程

多点位移计安装施工流程见图1。

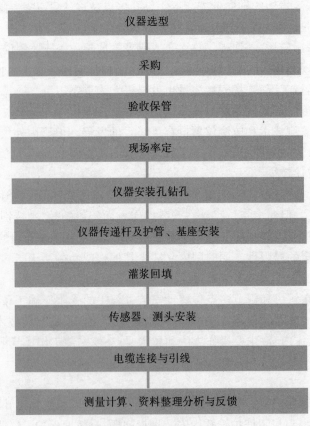

图1 施工安装流程

5.2 仪器选型

多点位移计主要由位移计传感器、传递杆、保护管、减磨环、锚头、测头装置等组成,可监测多个滑动面和区域的变形或沉降位移,用于测量基岩钻孔内不同深度岩体的轴向伸缩变形,还可兼测埋设点的温度。可供大坝或边坡的长期监测之用,多点位移计可根据钻孔地质条件选用合适类型的锚头,如灌浆锚头、液压锚头、抓环锚头等,以达到最佳监测效果。

(1)根据设计技术要求,选择多点位移计的种类、量程、精度和耐水压力等技术参数,并将相关参数反馈给仪器供应商。

(2)根据多点位移计设计要求和施工环境,选择与监测对象变形相适应的多点位移计传感器的主要技术参数,有位移传感器测量范围、最小读数、分辨力、允许超量程范围、温度测量范围,成套仪器尺寸最大要求、测杆及护管规格型号,允许接长电缆长度等,并将相关参数反馈给仪器生产厂家。

目前施工中普遍使用的多点位移计种类主要包括振弦式多点位移计和差阻式多点位移计。

5.3 验收保管

(1)用户开箱验收仪器,检查仪器数量与装箱清单是否相符,如有不符及时与生产厂家联系。

(2)对于箱内仪器传感器,先用 100 MΩ 表或万用电表检查常温绝缘电阻与总电阻,若绝缘电阻低于仪器规定的绝缘电阻或总电阻值变化异常,及时与生产厂家联系。

(3)对仪器进行全面检查的方法和标准可参照国家标准执行,检查传递杆及护管、传感器测头装置等是否匹配,并进行连接检验。

(4)仪器应存放在干燥通风的房间内,套好电缆套。搬运时小心轻放,切忌剧烈振动。

5.4 现场率定

(1)标定所使用的标定台的测距仪器表(百分表、数显百分表)必须经国家法定计量检定机构检定合格方可使用。

(2)将多点位移计传感器放置在标定台上,传感器的固定端和伸拉端分别固定在标定台夹具上并置中,标定时,需根据传感器尺寸配置合适的压紧头(垫圈)保证位移变形同轴线、多点位移计传感器固定和活动端头均应设置专用卡具加紧,以反映多点位移计在现场的实际变形状态,专用卡具应经平整加工,不得有焊疤、焊渣及其他异物。

(3)正式标定前,应先对仪器预拉三次,预拉变形量应大于仪器传感器额定量程的 10% ~ 12%,需注意的是,在预拉时,应缓慢实施并在最大量程处稳定停留。预拉程序完成后,仪器应静置 5 min 以上方可进行正式率定。

(4)率定读取各测点数据时,应严格保证预拉过程速度的稳定。

(5)率定时的室温、湿度和各测点数据应认真记录,并形成表格。

只有率定合格的多点位移计才被允许使用到工程中。率定不合格的多点位移计应返厂维修或更换。维修或更换后的多点位移计必须重新率定。

5.5 多点位移计安装

5.5.1 多点位移计钻孔要求

5.5.1.1 孔位确定

位移计钻孔根据施工图确定仪器钻孔位置,或是现场根据开挖揭露地质情况由设计人员确定,孔位坐标误差不超过 ±100 mm。

5.5.1.2 钻孔要求

(1)孔径:根据设计锚头安装个数,孔径一般为 75 ~ 130 mm。当遇到特殊地质情况时,可酌情进行变径钻进,保证锚头顺利下至设计位置即可。

(2)孔深:孔深比设计要求深 20 ~ 50 cm,保证应大于最深锚固点 20 ~ 50 cm。

(3)孔斜:多点位移计的钻孔孔向按照设计图纸执行。当钻孔孔斜为近水平孔时,一般为保证灌浆效果,应向下倾斜 5° ~ 10°。在钻孔完成后应重新测量钻孔的坐标及孔向。

(4)钻孔护壁措施:当孔内岩石破碎或冲洗液漏失严重时,可采取回填灌浆措施护壁或套管,然后重新扫孔钻进,以保证安装时灌浆锚固的效果。

(5)钻孔机械宜采用地质钻机钻进,并采取岩芯及地质描述,对于边坡因地质情况原因无法采用水钻法施工,可采用冲击钻法造孔。

5.5.2 多点位移计同步及同孔安装

(1)现场同步组装安装前准备,在施工安装现场需一块平整场地作为组装场地,按照仪器厂家说明书进行预组装。按照设计要求测点的深度将位移传递杆和锚头连接好,再将锚头、传递杆、护管、灌浆管及排气管等构件装好成一体,对于有些厂家仪器需将仪器安装基座测头、传感器一同连接好,同时应根据不同深度测点做好对应测杆护管的编号标识。

(2)根据不同的孔向安装不同的排气管和灌浆管。对上斜孔,灌浆管口设在孔口,排气孔口设在孔底;对下斜孔,灌浆管口设在孔底,排气孔口设在孔口;水平孔的灌浆管口可设在中部,再设2根排气管,管口分别在孔底和孔口。为了不致堵浆,排气管内径宜大于6 mm。

(3)对于液压型锚头要装好液压管,机械型锚头应装好锚定装置,然后检查锚头伸缩的灵活性和锚固可靠性。

(4)将要安装的锚头、传递杆及护管、灌浆管、排气管等构件孔内部分最深段按长度约2 m装配好送入孔内,然后依次再按先前装配次序组合安装完成下一入孔段的传递杆及护管、灌浆管、排气管,再将此部分送入孔内,如此循环最终完成仪器的组合及孔内安装。

(5)安装过程中,要统一指挥多人协调配合,保证位移计构件不松脱,杆件受折或曲率半径过小。安装时位移计构件缓慢平顺地送入钻孔内,在放入过程中,杆系避免产生过大弯曲。

(6)孔口基座及测头安装。将位移计缓慢送入钻孔内,固定好安装基座,使传递杆保持平直,传递杆按照厂家安装要求预留一定长度,对要求将测头和基座安装在同孔内的类型仪器,需在孔口部位预先进行扩孔,扩孔孔径根据测头和基座尺寸确定。固定测头和基座,用水泥浆封堵测头和基座与钻孔之间的空隙。

(7)灌浆。对于灌浆式锚头和非拆卸利用的机械锚头都要进行灌浆,灌浆应在封堵水泥浆固化后开始,浆液水灰比一般在0.4～0.5,灰砂比为1:1,灌浆应确保各锚头处浆液饱满,一般灌至不吸浆,或排气管出浆与吸浆槽浆液相同时,再继续灌浆5 min方可闭浆,灌浆结束后24 h内,附近要禁止爆破。

(8)仪器调试。在水泥浆液固化24 h后即可进行,调试前应用手预拉每根传递杆。对于位移计是在组装位移计之前装入测头内的,需将传感器预调到一定初始值并用连接件与传递杆固定好;对于灌浆固结后装入的传感器,按编号标识装入传感器,分别与传递杆连接后再调整到适当的初始值固定,一般可调整到传感器满量程的20%～30%。仪器安装完毕后引出电缆线,装好测头,再装好保护装置就可测读初始值了。

5.6 仪器保护

多点位移计保护主要是传感器和仪器电缆,防止仪器被其他东西破坏,可在仪器测头部分安装钢制保护筒;电缆可用槽钢或钢管进行保护,电缆一时不能引入观测站,对外露观测电缆可放置钢制保护箱。

5.7 仪器观测

5.7.1 观测频次应根据工程所处的不同阶段(施工前、施工期及施工各阶段、初次运行及正常运行等)来确定。当发生非常事件和性态异常时,应对观测频率进行调整。

5.7.2 观测频次

(1)观测频次为:仪器埋设0～24 h,1次/6 h;1～5 d,1次1 d;5～15 d,1次/3 d;15～30 d,1次/5 d;

(2)施工期时段监测:仪器安装埋设期以后的施工期、蓄水期和运行期的观测测次,参照规范的相关规定及按设计、监理要求进行施工期监测;多点位移计在试用期:1次/旬至1次/月;首次蓄水期:1次/d至1次/旬;初蓄期:1次/旬至1次/月;运行期:1次/月。

(3)若遇到特殊情况,如大暴雨、大洪水、汛期、地下水位长期持续较高、强地震、大药量爆破或爆破失控以及周围介质的运行环境或受力状况发生明显变化等情况,应增加测次,加强巡视检查的密度。

5.7.3 观测要求

观测工作要有专人负责,观测前应检查读数仪是否正常,观测时至少有 2 人在场,观测记录应有观测人员签名,应对每一支仪器的观测原始记录建立档案并妥善保管。观测时应记录相应的开挖进尺及其他施工情况,以便对观测成果进行综合分析,每次观测后应及时将记录输入计算机。

5.8 观测值计算

(1)计算之前首先应该进行仪器基准值的选取,多点位移计埋设后,根据仪器类型和测点锚头的固定方式确定基准值的观测时机,一般在传感器和测点固定之后开始测基准值。在回填灌浆后 24 h 以上的测值可作为基准值。

(2)人工测量采用与多点位移计配套的读数仪,测量方法参照相应读数仪的使用说明,仪器编号和测量时间须详细记录。振弦式多点位移计测量时记录频率和温度值;差阻式多点位移计测量时记录电阻比和电阻值以及温度值。

(3)多点位移计安装埋设完毕后,可接入相应的安全监测自动化系统进行测量,自动化系统可实现定时监测,自动存储数据及数据处理,并可以实现远距离监控和管理。

6 材料与设备

安装配备的施工设备见表1。

表1 施工安装设备

序号	机具名称	规格	单位	台	说明
1	地质钻机	300 型	台	1	
2	客货两用车		台	1	
3	中低压泥浆泵		台	1	
4	灰浆搅拌机		台	1	
5	汽车起重机 5 t		台	1	
6	差阻式读数仪		台	1	配套差阻式或振弦式
7	振弦式读数仪		台	1	
8	电锤		台	1	

7 质量控制

(1)对仪器安装孔钻孔的漏水及破碎段进行泥浆护壁,终孔后扫孔,确保安装时无掉块发生;孔向偏差小于 1°,孔深误差不大于 50 cm。

(2)钻孔的中心位置允许偏差不大于 5 cm。

(3)现场对多点位移计进行二次检查,确认编号和各连接部件无误,人工将仪器传递杆缓缓送入钻孔,边送入边按仪器编号排列传递杆,使其不发生扭转,按放样后的高程固定仪器,锚头安装误差为 ±10 cm。

8 安全措施

本工法以《水电水利工程施工安全防护设施技术规范》(DL/T 5162—2002)为依据进行安全控制。

(1)施工前进行安全技术交流,施工过程中要明确分工,统一指挥。

(2)操作前要对设备进行全面安全检查,确保设备安全运行。

(3)机电设备的布局要合理,且要安装安全防护装置,操作者要严格遵守安全操作规程。

（4）上岗前要做好安全培训工作，施工人员进入现场要戴好安全帽，操作人员遵守有关安全操作规程。

（5）注浆管路应畅通，不得有堵塞现象，避免浆液突然喷出伤人，注浆管路不使用时要及时注压清水冲洗干净。

（6）夜间施工现场，必须按照有关规定，提供足够的照明设施。

9 环保措施

（1）在施工过程中，严格遵守国家和地方政府下发的有关环境保护的法律、法规和规章制度，制定环保规章制度，加强施工材料、油料、废水、废渣以及垃圾等的控制和治理。

（2）施工现场各种标志、标牌要求醒目、清楚、齐全，整洁文明，做到工完场清。

（3）施工产生的废水、污水及废弃物均按照环境卫生标准进行达标处理，并排放到指定地点；对弃渣和其他废弃物按照工程建设的要求在指定地点堆存和处理；定期对施工道路进行清理，防止污染周围环境。

10 效益分析

该施工技术积极采用新技术、新工艺，采用本施工方法，操作简便，减轻劳动强度，经济效益较明显。

（1）可按照不同的工序，进行实际定额测定，制定每个工序的单位工程量的工时投入量定额。加强工序的优化设计，减少不必要的中间环节，去掉不需要的作业，便于制定合理的定额单价。

（2）可不占用其他工程场地和为安装搭建专门的施工作业平台，减少了间接施工成本，减少了不必要的施工机械，提高工作效率，从而提高了经济效益。

11 应用实例

11.1 小浪底水利枢纽工程

1993～2000年，在小浪底水利枢纽工程中，布设安装多点位移计（6点式）33套，采用同步组装同步安装施工工艺，解决了小浪底水利枢纽工程因地质条件复杂，无法按照传统工艺安装多点位移计的问题。对不易保护，外露在表面的侧头传感器装置，采用同孔中安装侧头传感器装置、锚头、传递杆及护管，有效地保护了仪器，仪器的完好率达到100%，监测效果良好可靠。

11.2 石泉水电站扩机工程

1998～2001年，在石泉水电站扩机工程中，安装多点位移计8套，采用同步组装同步安装施工工艺，解决了石泉水电站扩机工程因高边坡原因，无法按照传统工艺安装多点位移计的问题。对不易保护，外露在表面的测头传感器装置，采用同孔中安装测头传感器装置、锚头、传递杆及护管，有效地保护了仪器，提高了仪器完好率，监测效果良好可靠。

11.3 黄河拉西瓦水电站工程

2003～2010年，拉西瓦水电站右岸坝肩下游侧曾发生局部塌方，塌方后受岩石拉裂影响在高程2 420坝下0+125附近形成平行于河流和垂直于河流方向的二道裂隙。随着坝肩开挖下卧高程逐渐降低，该裂隙表面张开宽度有越来越大的趋势，为了监测右岸坝肩、电站进水口及消能区边坡安全，共安装表面测缝计2支、多点位移计（3点式）4套、锚杆应力计50套，锚索测力计8套。仪器运行正常，数据反馈满足设计要求，效果良好可靠。

（主要完成人：李 磊 邢 昊 周 虹 刘 科）

反井钻施工工法

中国水利水电第三工程局有限公司

1 前言

为了满足水利水电工程不同条件和水工结构物的功能要求,需要设立地下竖井式闸门井、调压井和垂直于斜井的压力管道。竖、斜井在水电施工中占有一定的比例,其中开挖是其施工的主要环节。竖、斜井开挖施工难度大,是水利水电工程建设的主要控制项目之一。通常施工此类工程常用的方法为正井开挖和反井开挖两种,从常规开挖到应用重力势能的反井开挖是竖、斜井开挖方法上质的飞跃。

在工程实例中,与爬罐及其他竖、斜井开挖施工方法相比,反井钻技术有其独特的优势,它是一种新的、具有很强生命力的开挖技术。在山西西龙池抽水蓄能电站闸门井、引水上斜井上部导井开挖施工以及青海拉西瓦电站1#~6#机引水洞竖井开挖施工中,均使用了反井钻技术,保证了施工安全和进度,降低了竖、斜井开挖的施工成本,取得了良好的施工效果。

2 工法特点

(1)针对竖、斜井反井钻施工对施工设备要求高,钻孔偏斜控制难度大的特点,采用LM-300反井钻机钻孔,采取有效措施保证钻孔精度,合理选用钻进数,保证成孔质量。

(2)根据反井钻导孔施工精度要求高的特点,采用导孔钻头为ϕ216的碳化钨半球形镶齿三牙轮钻头及特制稳定钻杆钻进成孔工艺,优选适宜的钻进参数,可有效保证导孔施工精度、加快施工进度。

3 适用范围

本工法适用于开挖深度≤249 m的水利水电工程引水系统竖、斜井开挖施工。当开挖深度超过249 m、岩石地质条件差时,应通过充分论证后才能使用。

4 工艺原理

反井钻是以正向钻出导孔后反向扩孔方式进行作业的,其工艺原理如下:将钻机安装在上平或地面,先向下钻小直径导孔,用清水或泥浆作循环洗井液排渣。导孔钻透以后,在下水平巷道中卸下导孔钻头,装上大直径的扩孔钻头,然后沿导孔自下而上扩孔,钻屑从工作面自由下落到下水平巷道,由装运设备将岩渣从下水平巷道运出,当扩孔钻头从上水平巷道透出后,拆掉扩孔钻头,反井钻施工即告完成。详见图1。

5 工艺流程及操作要点

5.1 工艺流程

采用反井钻机钻孔工艺,首先要做好反井钻机基础施工的准备工作。在井口浇筑的混凝土基础必须保证水平,且具有足够的强度。混凝土基础达到一定强度后,应进行轨道的铺设。轨道应平直,安装应牢固、水平,钻机平台以外的钢轨应与基础固定,以保证立主机时轨道的稳定。二次浇注混凝土,预埋地脚螺杆,二次精确找正,准备试车。二期混凝土达到规定的强度后,全面检查各部件

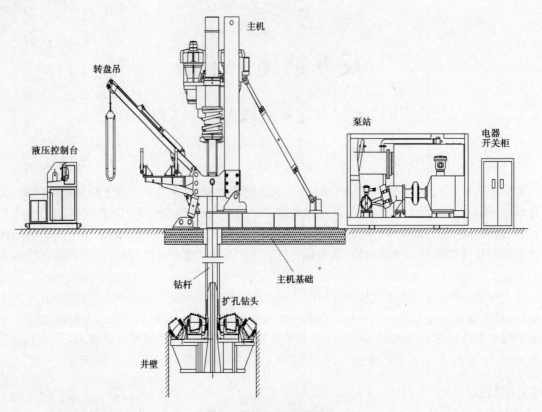

图1 反井钻工艺原理图

连接安装是否正确，然后才能开孔并进行导孔钻进。导孔钻透后，首先建立上下水平的联系，然后拆导孔钻头、接反拉扩孔钻头。在反拉扩孔钻头刚接触岩石时，应采用低钻压、低转速，待扩孔钻头全部入岩后，方能进行加压正常钻进。正常扩孔时，必须及时将岩渣清除，下孔口不能堵塞，时刻观察冷却水的供给情况。扩孔完成后，将反井钻机按照安装相反的顺序进行拆除，拆除液压马达及各液压缸（主推油缸除外）的油管，拆除主推油缸油管、动力电源，从井口提出钻头，撤出钻机。工艺流程见图2。

5.2 钻进参数

在反井钻导孔施工中，钻压、钻速、给水量等钻进参数是影响钻孔偏斜的重要因素。

钻压的大小对偏斜的影响较大，正常钻进时所使用的钻压是在选用钻头阶段确定的，选择导孔钻头的钻压，通常可参考钻凿相同或相似地层的钻井参数来确定。由于低钻压能有效减小钻孔偏斜，因此应该采用厂家规定的最低钻压值作为开孔钻压，最高钻压作为控制钻压。

钻进过程中选用合理的冲洗液供量。施工中采用的冲洗液为清水。冲洗液供量使用按照式（1）进行计算：

$$Q = \beta \frac{\pi}{4}(D^2 - d^2)v \quad (\text{m}^3/\text{s}) \qquad (1)$$

式中 Q——冲洗液量，m^3/s；

β——上返速度不均匀系数，$\beta = 1.1 \sim 1.3$；

D——钻孔直径或最大套管内径，m；

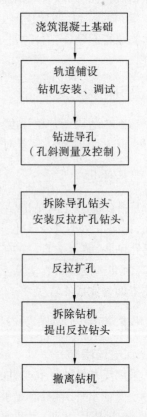

图2 工艺流程

d——钻杆外径,m;

v——冲洗液上返流速,m/s。

牙轮钻头的冲洗液上返流速按照式(2)进行计算最低冲洗液环空上返速度:

$$V_a = \frac{18.24}{\rho D} \quad (\text{m}^3/\text{s})$$

式中　V_a——冲洗液密度,g/cm³;

D——孔径,cm。

在钻进导向孔时,保持恒定的钻进速度是控制偏斜最常用的方法,因为这种方法操作人员比较容易控制。

5.3　操作要点

5.3.1　钻机基础和轨道安装

首先在井口浇筑混凝土基础。该基础底板位置必须向下挖掘清理到稳定无松动的岩石,若地底板是破碎地带,除控制稳定岩层外,还可以采取一些特殊措施进行处理。相反,如果底板是稳定的岩石,可以适当减小基础的面积和厚度。此外,对井口偏斜率要求较高的反井工程,应适当加大面积和厚度,基础必须保证水平,且具有足够的强度,否则对后续的反井工程将产生不利影响。

混凝土基础达到一定强度后,应进行轨道的铺设。轨道应平直,安装应牢固、水平,轨距为600 mm。由于反井钻机左右位置是靠轨道定位的,因此钢轨应对称布置在井口中心两侧,以保证反井钻机旋转中心与钻孔中心相重合的要求。另外,钻机平台以外的钢轨应与基础固定,以保证立主机时轨道的稳定。

钻机在运到现场之前,洗井液池(泥浆池)和冷却水池(清水池)也必须按规定开挖砌筑,表面进行处理,保证两水池不渗、不漏。以上工作做好后,再进行钻机吊装的准备。

5.3.2　钻机安装

钻机吊装前必须指定专人对吊装位置等工作进行负责,首先要确定反井钻机车、油泵和操作平台的相对位置。然后按顺序吊装到位,摆放正确。主机必须按钻井中心找正反井钻机车位置,保证反井钻机竖起后的旋转中心与钻井中心相重合。主机位置摆正后,首先锁紧卡轨器,然后进行钻机安装,二次精确找正,准备试车。

5.3.3　导孔钻进

二期混凝土达到规定的强度后,全面检查各部件连接安装是否正确,然后才能开泵。开泵后首先观察主、副油泵的压力表,一切正常后,方可进行开钻工作。

(1)将动力头上开到最高位置,把事先与异型钻杆相接的导孔钻头移至孔位并用下卡瓦卡住异型钻杆的方棱,将下卡瓦放入卡座。

(2)将开孔钻杆用吊转盘放入机械手内,卡住钻杆,操作机械手,使其翻转,将开孔钻杆送入钻架。

(3)下降动力头,将开孔钻杆对正浮动套,依次带上开孔钻杆和异型钻杆的丝扣,松开并回收机械手,开动力头,取出下卡瓦,将扶正器装在开孔钻杆上,下放动力头,使扶正器进入卡座,开泵供洗井液和油泵冷却水。

(4)操作动力头旋转手柄,使其正转。同时操作动力头下降手柄,使动力头向下推进,调节副泵油压和推进缸背压,使之为所需钻压。开始开孔钻进,开孔钻具组合为导孔钻头 + 异型钻杆 + 3～4根稳定钻杆,开孔为8 m左右,开孔作业完成后,起钻拆下扶正器,换上正常的钻具组合进入正常的导孔钻进。

钻孔钻具组合为导孔钻头＋异型钻杆＋稳定钻杆＋钻杆＋稳定钻杆＋3根钻杆＋稳定钻杆＋7根钻杆＋稳定钻杆＋钻杆。一般情况下,导孔钻进转速应高于开孔钻进转速,所以应调节动力头出轴转速。在钻压控制方面,对于松软地层和过渡地层应采用低钻压;对于硬层和稳定地层宜采用高钻压。司钻人员应能对不同的地层调节相应的钻压和转速,但不能使钻压和转速忽高忽低,不利于导孔的质量。另外,时刻注意返渣情况,如遇到地层结构的变化较大或不稳定地层(如大裂隙或溶洞等),造成不返渣,不返回水时,应进行处理。钻进导孔时,如发现钻具旋转困难,应把钻具边旋转边上提到一定高度,再慢慢向下扫孔。若反复扫孔仍无效,一定要提钻,查明原因进行处理。在距导孔钻透5~8 m时,应降低钻压,并通知下水平洞进行警戒,以防事故发生。

导孔钻透后,首先建立上下水平巷道的联系。在下水平巷道用卸扣器将导孔钻头和异型钻杆卸下,通过上下联系,用起吊螺杆和起吊螺母及短钢丝绳,把扩孔钻头和钻杆进行吊正,然后将扩孔钻头垫平,卸掉起吊螺杆、起吊螺母及短钢丝绳,通过上水平巷道对反井钻机的操作,接好扩孔钻头。在接扩孔钻头之前,应对下水平巷道顶板岩石情况进行观察,如果安全情况不好,应处理后再进行拆导孔钻头、接扩孔钻头的工作。

5.3.4 反拉扩孔

扩孔钻头接好后,拆去洗井液胶管,并把油泵冷却器接到井口,供给扩孔钻头,以冷却扩孔钻头并除尘。在扩孔钻头刚接触岩石时,因岩石表面不平整,为防止扩孔钻头剧烈晃动而损伤刀具,应采用低钻压、低转速,待扩孔钻头全部入岩后,方能进行加压正常钻进。扩孔钻压的大小是根据地层的具体情况及钻井的深度而定的。从刀具的使用寿命来看,一般不宜超过300 kN,并根据进尺速度和导孔记录进行钻压和旋转压力的调节。岩石较软时,要低钻压、高扭矩;岩石较硬时,要高钻压、低扭矩。通常憋钻时,要降低钻压,在扩孔初始时,以0.5 m/h的钻进速度慢速钻进,待钻头完全入孔后,进行正常的扩孔钻进。如发现钻头激烈晃动,压力不稳,钻进困难时,可能是有大块岩石落在刀具上挤压刀具所致,此时将刀具下降一定距离,多次高速旋转,把岩石甩掉。若无效,把钻头下放到底,进行处理。正常扩孔时,必须及时将岩渣清除,下孔口不能堵塞,时刻观察冷却水的供给情况,不允许打干孔,防止损伤刀具。此外,除卸钻杆时,其余任何时间,液压马达绝对不允许打反转。扩孔卸钻杆时,必须接好丝扣后才能上提钻具,在上提时要试探着上提,确定无误后,才能继续上提并取出卡瓦,避免事故的发生。

扩孔完成后,首先将扩孔钻头卡在井口位置并固定好,将反井钻机按照与安装时相反的顺序进行拆除,拆除液压马达及各液压缸(主推油缸除外)的油管,拆掉机械手、转盘吊、安装起架拉杆、拆除后拉杆、推进动力头使钻架缓慢躺倒,拆除主推油缸油管,动力电源,撤出钻机,从井口提出钻头。

5.4 施工难点及对策

从反井钻工作原理可以看出,反井钻施工的难点主要是在导孔施工时的偏斜控制上。

反井钻施工时对导孔钻孔精度要求很高,因此施工中必须对孔斜进行严格控制。采取的主要措施有以下几点。

5.4.1 保证钻机安装质量

钻机基础不平,立轴安装不正确都会使钻孔轨迹偏离设计轴线位置。因此,施工中尽量采用测量仪器对钻机的位置、方向角、竖直角进行精确测量和调校。

5.4.2 选用参数合理的钻头

导孔钻头一般选用φ216的碳化钨半球形镶齿三牙轮钻头。以便能保证适宜的钻速和较高的进尺,避免钻具在孔壁上长时间研磨使钻头与孔壁间的间隙加大,增加孔斜率。

5.4.3 配置合理的稳定钻杆

稳定钻杆是避免钻孔偏斜最有效的工具。稳定钻杆的抗斜效果与稳定段的直径和长度有密切联系。稳定钻杆为钻杆上贴 80 cm 四条镶合金的带状贴条，以保证稳定钻杆对孔斜的控制作用。

5.4.4 优选钻进参数

钻压、钻速和钻孔冲洗液供给量的大小等钻进参数是影响孔斜的重要因素。

钻压过大，会造成钻杆柱甚至粗径钻具弯曲，使钻头紧靠孔壁一侧，此时偏倒角可能达到最大值，并且钻具与孔壁摩擦阻力增加，钻具只围绕自身轴线自转而不作公转，此时钻具倾斜面有固定方向，从而导致钻孔弯曲。转速过高，钻杆柱回转离心力增大，从而加剧钻具的横向振动和扩壁作用，结果孔壁间隙增加。但是，钻压过小，转速过低，则进尺慢，效率低，钻头停留在孔底某点上时间长，钻头对钻孔底部受重力作用引起的侧向切削也会扩大孔壁间隙，增加孔斜。

钻压的大小对偏斜的影响较大，实际上正常钻进时所使用的钻压是在选用钻头阶段确定的，选择导孔钻头的钻压，通常可参考钻凿相同或相似地层的钻井参数来确定。当没有这种经验时，可参考钻头制造厂家提供的钻头产品样本介绍。由于低钻压能有效地减小钻孔偏斜，因此应该采用厂家规定的最低钻压值作为开孔钻压，最高钻压作为控制钻压。

钻进过程中合理选用冲洗液供量。施工中采用的冲洗液为清水，水量过大，特别是在较软的岩层中，液流会冲刷、破坏孔壁，会使孔壁间隙剧增，为钻具偏倒、钻孔弯曲提供条件。水量过小，孔底没有得到适当的清理，如需保持钻速必将加大钻压，导致钻孔偏斜的加剧。如果孔底得到适当的清理，载荷将直接作用于新露出的岩石，这样不仅能提高钻进速度，而且钻压还可以减小，因而可以降低导孔的偏斜。

在导孔钻进时，保持恒定的钻进速度是控制偏斜最简单、最常用的方法。

5.4.5 采用稳斜的钻具结构

施工中采用由 3~5 个直径与钻头直径相近的稳定钻杆组成的满眼钻具组合，可以增大钻具的刚度，减小钻头倾斜角，保持钻具在孔内居中，以此来限制由于钻具弯曲而产生的斜向力。

5.4.6 地质因素

在钻进中如遇到软硬互层等不良地层条件，按照钻孔施工常用方法钻进时采用的低转速低钻压钻进来保证钻孔偏斜。

5.5 特殊情况处理

5.5.1 地层漏水

导孔钻孔时，如有地层漏水现象，应首先查明漏水原因，并视漏水量严重程度，可采取加大泵流量、减压空转等措施进行处理。

5.5.2 孔内事故

(1)钻孔偏斜：在导孔正常钻进过程中，若发现钻孔偏斜过大，首先采用纠偏措施进行纠偏。若偏斜过大，可采用堵塞偏孔，重新钻孔的方法解决偏斜。

(2)卡钻：导孔钻进过程中，由于岩石破碎等出现孔内卡钻现象时，采取以下处理措施：降低钻压，上下提升活动钻具进行处理，同时加大泵排水量，保证导孔岩屑顺利排出孔外。

6 材料与设备

6.1 材料

用于反井钻施工所使用的钻杆、导孔钻头、反拉扩孔钻头等原料、标准件和外购件必须符合有关国家标准和行业标准规定,并经检验合格后方能投入使用。外购件要有合格证。

6.2 施工设备

反井钻施工机械设备主要由反井钻机和泥浆泵等组成,详见表1。

表1 反井钻主要施工设备

设备类型	名称	型号	主要技术性能指标
钻机	反井钻机	LM - 200	导孔直径:216 mm,扩孔直径1.4 m,钻孔深度:200 m,最大扭矩:40 kN,钻头最大推力:350 kN,扩孔最大拉力:850 kN,出轴转速5~33 r/min,钻孔倾角60°~90°。
		LM - 300	导孔直径:250 mm,扩孔直径1.4 m,钻孔深度:300 m,最大扭矩:70 kN,钻头最大推力:550 kN,扩孔最大拉力:1 300 kN,出轴转速5~33 r/min,钻孔倾角60°~90°。
泥浆泵	泥浆泵	TBW - 850/5A	额定压力5 MPa,公称排量850 L/min
		TBW - 350/8A	额定压力8 MPa,公称排量350 L/min
测斜仪	钻孔测斜仪		顶角测程、精度:(0°~50°)±0.5° 方位角测程、精度:(4°~356°)±4°

7 质量控制

7.1 质量控制标准

反井钻施工严格按照《水电水利岩土工程施工及岩体测试造孔规程》(DL/T 5125—2001)及设计文件进行质量控制,根据不同地层确定的工艺参数进行施工。

7.2 质量控制措施

(1)健全质量管理机构、实行全员全过程质量管理。

(2)编制完善的质量管理文件,包括施工措施、施工质量奖罚管理制度、施工作业指导书等。

(3)投入完好的施工设备,保证其技术性能满足施工质量需要,定期维护保养、保证设备正常运转,仪表定期率定,不使用不合格或损坏的仪表、仪器。

(4)钻杆、钻头等在使用前进行仔细检查,保证质量合格。

(5)严格执行"三检制",各班组严把质量关,对复检或终检中发现的质量问题,依照质量管理办法进行处罚。

(6)控制好施工过程中的各个工艺环节,确保施工质量。

(7)加强冬季施工保温措施,确保钻机正常运行。

(8)实行技术员现场值班制度,检查落实是否按照作业指导书的要求施工,随时解决施工过程中的技术、质量问题,配合监理等有关人员开展质量检查活动。

(9)施工中发现的质量问题,坚决按"三不放过"的原则进行处理,并对责任人进行处罚及教育,对施工中表现良好的施工班组和个人进行奖励或表扬。

(10)按设计图纸进行测量放样,做到定位准确,符合测量规范要求。

(11)加强现场记录资料管理,真实、准确地做好现场记录,及时收集、整理、分析、归档,掌握施工质量动态和控制预防措施,提交完工验收资料。

8 安全措施

(1)坚决贯彻执行国家安全生产法规,执行行业有关安全生产规定和指令。树立"安全第一,预防为主"的思想,制订并落实安全生产责任制。

（2）进入施工现场,必须按规定穿戴好安全防护用品和配备必要的安全防护用具。

（3）严格遵守岗位责任制和交接班制度,并熟知反井钻的安全操作规程,在生产中应坚守工作岗位,严禁酒后工作。

（4）钻机设备应专人操作,保证各种安全防护设备有效,并按有关规定进行保养和维护,杜绝违章操作。

（5）钻孔施工期间,在孔口工作范围和孔底下方必须设置安全防护围栏。反井钻扩孔施工期间,严禁人员在孔的下方停留、通行或观察。扩孔完毕,必须在孔的外围设置栅栏,防止人员进入。

（6）施工现场的各种设施、管路、线缆等应符合防火、防砸、防风要求,及时更换老化的线缆、管路。

（7）施工现场的材料堆放安全可靠,整齐有序,并保证各种通道的畅通。

（8）加强用电管理,施工现场及作业点必须有足够的照明,确保夜间生产需要。

（9）制定防火、防盗措施,准备必要的防火器材,防止灾害发生。

9　环保与资源节约

（1）规范材料、机具堆放场地,施工设备、器具、材料摆放整齐,各种管路、线缆整齐有序,符合环境保护及工业卫生要求。

（2）废旧材料、闲置设备及时清退出场,及时清除废弃物,保证作业面干净、整洁。

（3）工作区施工道路设专人维护,确保路面平整及畅通。

（4）各类垃圾必须按指定地点倾倒,不得随意丢弃。

（5）钻孔过程中使用的冷却水或洗井液(清水或泥浆)应符合国家环保标准的要求,要做到循环使用,不得随意排放。

（6）废弃浆液及生活污水需经处理后,根据环境监理工程师的要求排放到指定区域。

（7）施工结束后应将工作面清理干净。

10　效益分析

反井钻施工技术在水利水电工程竖、斜井开挖施工中有着广泛的应用前景,与同规模的常规竖、斜井开挖工程相比,该技术可缩短工期(实际缩短的工期视工程规模而定),并大大降低了竖、斜井开挖施工的安全风险。

反井钻施工工法在西龙池抽水蓄能电站引水发电系统主体工程土石方开挖施工和青海拉西瓦水电站 1# ~4# 机竖井反井钻施工中运用后,应用效果显著。该工法解决了普通钻爆法开挖施工慢、安全隐患大的难题,对确保整个竖、斜井开挖的施工进度和施工安全,效果显著。

11　应用实例

实例一:2004 年 12 月 10 日至 2006 年 1 月 25 日,西龙池抽水蓄能电站引水发电系统主体工程土石方开挖施工中,采用 LM - 300 型反井钻机对 1#、2# 闸门井的竖、斜井进行施工,完成竖井施工共计 139.6 m,斜井施工共计 267 m,其中竖井偏斜率最大为 0.08%,最小为 0.03%;斜井偏斜率最大为 0.62%,最小为 0.44%。取得了良好的施工效果。

实例二:2006 年 11 月 20 日至 2007 年 3 月 30 日,青海拉西瓦水电站 1# ~4# 机竖井反井钻施工,共计完成竖井施工 635.6 m。经测量,竖井偏斜率最大为 0.95%,最小为 0.45%,取得了满意的效果。

实例三:2007 年 6 月 15 日至 11 月 26 日。四川仁宗海水库电站调压室竖井及压力管道竖井反井钻施工,完全满足开挖施工的要求。

（主要完成人:廖　勇　邓德斌　曹　琳　包志军　王　斌)

截流戗堤"先进后退"河床护底施工工法

中国水利水电第三工程局有限公司

1 前言

围堰施工是水利枢纽工程的重要临时建筑物,对水利枢纽工程施工期导流控制起到至关重要的作用,而且对水利水电工程施工期的防洪和施工安全起到不可忽视的作用。截流工程是整个水利枢纽工程施工的关键,截流的成败直接影响到工程施工总体进度,龙口护底又是截流过程中的关键环节。

截流的基本方法主要分立堵和平堵两种,护底是截流施工中一个重要的工序,是对于抵抗冲流速深厚粉细砂覆盖层河床截流护底时,为避免河床深厚覆盖层易冲刷的特性,在龙口部位抛投块石或铅丝笼等护底材料进行护底,以改善截流条件。

本工法结合黄河海勃湾水利枢纽工程、河口水电站工程主河床截流戗堤护底的特点,提出"先进后退"新型护底工法。是先从河床单侧戗堤进占至设计龙口护底区时,填筑护底材料,护底完成后,后退挖除设计护底高程以上部分,形成护底龙口,从而解决了难以采用船只、栈桥护底的施工技术难题,为截流护底的一种创新方法。

2 工法特点

采用"先进后退"新型护底工法,技术合理,简便易行。具有施工机械化程度较高,工期短、造价低、施工干扰小的特点。

3 工法适用范围

适用于国内外低抗冲流速深厚覆盖层河床截流施工,尤其在黄河流域覆盖层区域不易采用船只、栈桥护底的同类型河床截流时,可普遍采用。

4 工艺原理

在河床先进占一侧戗堤抵达设计龙口护底区时,抛投护底材料,河床另一侧过流。利用砂砾石料作为戗堤进占道路逐段完成龙口护底,在护底材料完成后,后退挖除设计护底高程以上部分的砂砾石戗堤,从而完成龙口护底工作。河床另一侧戗堤进占在完成护底后进行。

5 施工工艺流程及操作要点

5.1 施工工艺流程

截流戗堤"先进后退"护底法施工工序流程见图1。

5.2 操作要点

从河床先进占一侧戗堤堤头沿戗堤顶面范围内平行推进,分别抛投护底材料与填筑进占戗堤。首先采用自卸车端抛护底材料,推土机或反铲赶料,在设计护底范围内采用反铲上下游抛甩护底材料,并将护底材料修整、压实于水面以下位置。再在戗堤堤头利用自卸车端抛砂砾石于护底材料之上,形成新的戗堤作为下一段进占运输道路,如此逐段循环推进,直至将护底材料送达设计龙口护底位置。再利用反铲后退反挖龙口段护底上部砂砾石戗堤道路,并再次修正、压实护底材料退回至原龙口设计端头形成裹头。"先进后退"护底法施工示意图见图2。

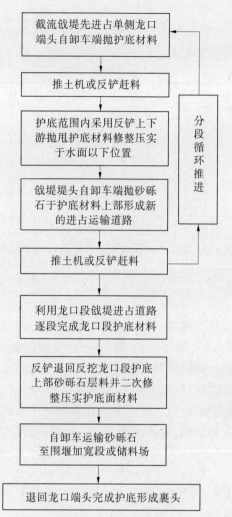

图1 截流戗堤"先进后退"护底法施工工序流程

截流戗堤"先进后退"护底法进占剖面图

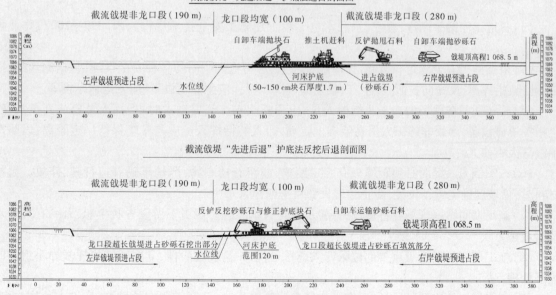

图2 "先进后退"护底法施工示意图

6 材料与设备

本工法所需主要材料与设备见表1。

表1 主要材料与设备

序号	材料/设备名称	规格型号	说明
1	块石或钢筋石笼	块石料粒径 50 ~ 150 cm 石笼 100 cm × 200 cm × 100 cm	用于护底材料及裹头
2	砂砾石	—	用于护底上部戗堤
3	推土机	CT220	用于堤头赶料
4	反铲	大宇370	用于堤头赶料与抛甩、修整、碾压护底材料以及装料
5	自卸车	20 t	运料
6	全站仪	徕卡 TC1100	测量轴线与控制护底范围

7 质量控制

护底设计范围应满足相关规范要求,两头端部应超出设计龙口位置。护底材料采用块石或铅丝笼至河床软基以下1 m左右、水面以下。护底材料经过先进后退两次修整、碾压增强了护底抗冲刷能力,从而保证护底施工质量,同时降低了截流施工风险。河床另一侧戗堤预进占在完成龙口护底后进行,在超出护底位置抵达龙口后完成裹头,从而形成截流龙口,最终满足截流要求。

护底材料的铺筑质量是控制的重点。施工前认真做好技术交底工作,并根据现场实际情况及施工设备性能编制质量控制实施细则,以保证施工过程受控,确保工程施工质量。

8 安全措施

(1)建立健全安全保证体系,加强施工作业中的安全检查,遵守安全操作规程及各项安全规章制度,确保作业标准化、规范化。

(2)施工前,对参与施工的全体员工加强安全教育和安全技术交底工作,提高全员的安全意识。

(3)各道工序循序渐进,遵守《水利水电工程土建施工安全技术规程》(SL 399—2007)作业规程。

(4)根据施工安全规定和措施,提前配备陆上、水下施工所需的各种安全设施,包括钢丝绳、插销、地锚、指挥旗、反光防护服、救生衣、救生圈、急救药品、应急照明设备、应急运输车辆等。

(5)施工期间在现场的施工及指挥人员,应穿救生衣。戗堤进占时,指挥人员要认真负责,安全指挥机械设备,严禁非施工人员在戗堤上走动,行人与指挥人员应与车辆保持一定距离,以防车中滚落大石伤人。

(6)汽车倒车入堤时必须距堤头有一定距离,或留有挡车物,严禁车辆靠边行驶、停放。抛投材料时,依坡度确定倒车位置,防止边坡失稳后车辆掉入水中。

(7)施工期间做好现场各种警戒牌、警示带等警示装置。戗堤下游设置救生船,万一有人落水及时救护。

(8)施工期间对堤头等重要部位派专人进行巡视,一旦发现险情,立即通知指挥领导小组及时组织处理。

(9)制定详细的应急救援预案,在发生紧急遇险事故时,及时采用有效措施,杜绝人员伤亡,最大限度地减少财产损失。

（10）所有参加施工的车辆、机械设备必须听从现场指挥人员的指挥,严禁无证驾驶及酒后、疲劳驾驶。

9 环保与资源节约

（1）在施工过程中严格遵守国家、地方政府下发的有关法律、法规和规章。

（2）施工作业产生的粉尘,除作业人员配备必要的防尘劳保用品外,采用防尘措施防止尘土飞扬,使粉尘公害降至最小程度。

（3）加强设备的维修与保养,保持进行润滑,达到减少噪声的目的。设备暂时不用时应关闭发动机;采用必要的预防措施保障职工的听力健康。

10 效益分析

（1）采用"先进后退"护底工法,利用砂砾石铺筑戗堤作为运送护底材料护底,既降低了施工费用,又加快了施工进度。

（2）本工法与传统护底方法相比,解决了低抗冲流速深厚粉细砂覆盖层难以采用船只、栈桥护底的施工技术难题,使工程设备、材料、人员减少,从而缩短了施工工期和降低了施工费用。

（3）采用本工法与采用船只、栈桥护底法相比,改换了以往护底施工思路,是截流护底的一种创新方法,使工期和资金得到了减少。

（4）首次提出了"先进后退"的护底新方法,不仅加快了施工进度,而且保证了护底施工质量,确保了截流成功实施。施工工法总体上达到了国际先进水平,经济和社会效益明显,具有较好的推广价值。

11 应用实例

11.1 黄河海勃湾水利枢纽工程

黄河海勃湾水利枢纽工程位于内蒙古乌海市境内,坝址地处黄河弯道段,河谷宽约540 m,地层岩性是以粉细砂深厚覆盖层为主。工程施工导流挡水建筑物采用土石上下游围堰挡水,采用左岸导流明渠作为泄水建筑物的导流方式。即一次性拦断河床、河床外明渠导流,在河床上下游围堰的保护下,完成泄洪闸及电站厂房施工以及导流明渠右侧土石坝施工。按常规截流方法,难度极大。

黄河海勃湾水利枢纽工程截流设计流量1 000 m³/s,龙口宽度100 m,龙口段河床最大覆盖层深度800 m以上,河床粉细砂抗冲流速仅为0.5～0.7 m/s。

采用单戗堤双向进占法截流,龙口段采用"先进后退"护底法,护底块石料粒径50～150 cm,总用量7 500 m³,形成龙口护底长度120 m,上下游宽度35 m,厚度1.7 m。截流时实测最大流量640 m³/s,龙口最大流速3.3 m/s,最终落差1.3 m,水深4.6 m。龙口截流历时23 h,总抛投量11 000 m³,最大抛投强度680 m³/h,平均抛投强度490 m³/h,于2011年3月18日22时截流成功。

11.2 黄河河口水电站工程

河口水电站位于兰州市西郊黄河干流上的一座中型水电站,是黄河龙—青段梯级第17座水电站。电站所处地段河床较为平缓,河床平均宽度为320 m,河床覆盖层厚度为17～35 m,呈堆积型覆盖层。在进行河床截流施工时存在的不确定性因素较多,给整个截流施工加大了难度。

河口水电站主河床宽度约140 m,覆盖层高程为1 548.00 m,在第一次截流龙口段进占施工时,流量为500 m³/s。在合龙进占过程中发现龙口位置进占至50 m范围时龙口合龙速度减缓,单侧进占速度只有1.5 m/h,当龙口位置进占至30 m范围时,合龙进占处于停滞状态。通过采取加大抛投强度、增大抛投料粒径及抛投特殊截流材料等措施仍无进展,经专家对现场龙口水流情况及抛填强度的查勘,指出龙口位置位于主河床深覆盖层区域,且已对河床覆盖层产生较大冲刷,造成截流失败。

在第二次截流时,采用了"先进后退"护底法施工。施工时先沿右侧戗堤轴线位置进行预进占,预进占长度为100 m,其中预进占起始端40 m,要求戗堤顶面宽度不小于15 m,高程需高于水面高程1 m,其余60 m采用混合砂石料进行进占,其中混合砂石料中要求粒径大于80 cm的颗粒料比例不小于30%,20~70 cm颗粒料不小于25%,其余料可为砂土混合料,要求戗堤顶面宽度为60 m(沿戗堤轴线上游20 m,下游40 m范围),填筑高程需高于水面高程0.5 m。该区域填筑完成后对戗堤加宽部位上下游抛石及铅丝笼护脚、护坡,待其作业完成后将龙口部位设计护底高程以上预进占戗堤填筑料倒退式挖除,挖除时对挖除面进行铅丝笼压顶防护,至戗堤反挖至戗堤起始端40 m处,对戗堤端头及上下游坡面进行大块石及铅丝笼防护形成裹头,保证了龙口合龙施工时戗堤端头的冲刷稳定,从而最终保证了截流成功。

(主要完成人:米振柱　徐鲁成　王永刚　陈小祎　周兴安)

深厚覆盖层围堰高喷防渗墙施工工法

中国水利水电第三工程局有限公司

1 前言

高喷灌浆作为水利水电工程建造防渗墙的常用技术。具有强大能量的喷射流连续/集中地作用在土体上,在压应力和冲蚀等作用下,对粒径很小的细粒土及含有颗粒直径较大的卵石、碎土,均产生巨大的冲击和搅动作用,使注入的浆液与土搅拌混和凝固成新的凝结体。但对于含有较多漂石、块石的地层,以及坚硬密实的其他土层,因高压喷射流可能受到阻挡或削弱,冲击破碎力和影响范围急剧下降,处理效果可能受到很大影响,目前国内在超过 40 m 深厚覆盖层中建造高喷防渗墙成功的例子不多。中国水利水电第三工程局有限公司基础工程分局在黄河乌金峡水电站二期围堰30 ~ 50 m 深厚覆盖层(部分砂卵层孤石含量达 40% ~ 50%)建造高喷防渗墙取得成功的实践经验证明,在夹含大量孤石的深厚砂卵砾石层中建造高喷防渗墙虽然难度很大,只要结合实际认真制订可行的施工方案,精心组织施工,仍然能够克服诸多困难,取得成功。

2 工法特点

(1)根据覆盖层深厚、高喷施工设备要求高、施工参数不易掌控的特点,采用德国 KLEMM 全液压钻机钻孔、XL - 50 旋喷机及 GP - 50 高喷台车高压旋喷灌浆,采取有效措施保证钻孔垂直度,合理调控喷灌参数保证深孔底部成墙质量,探索出了有效的防冻保温措施。

(2)根据覆盖层中夹含大量超大径孤石、钻孔难的特点,采用潜孔锤钻进(TUBEX 工艺),套管跟进护壁成孔,采用大直径偏心钻头或对中扩孔钎头钻孔,采用低强度特制 PVC 管护壁以防拔管后塌孔,加快了施工进度,降低了施工成本。

(3)根据覆盖层中夹含深厚粉细砂层,钻孔时易发生淹钻和埋钻现象、成孔后易产生涌砂现象的特点,针对有效预防粉细沙层高喷灌浆易于抱管的问题,总结出了有效的防范措施,改进了施工工艺。

3 适用范围

本工法在 30 ~ 50 m 深厚覆盖层、孤石含量约为 40%、细小颗粒较多、含泥量较大的地层中建造高喷防渗墙,取得了理想的防渗效果,但对于孤石含量更高、砂卵石级配更差、孔隙率大、含泥量低的地层中建造高喷防渗墙,应通过试验论证效果。

4 工艺原理

高压喷射灌浆技术是通过在地层中的钻孔内下入喷射管,用高速射流(水或浆液)直接冲击、切割、破坏、剥蚀原地基结构,受到破坏、扰动后的土石料与同时灌注的水泥浆或其他浆液发生充分的掺搅混合、充填挤压、移动包裹,至凝结硬化,从而构成坚固的凝结体,成为结构较密实、强度较高、有足够防渗性能的构筑物,以满足工程需要的一种技术措施。

高压喷射灌浆对细颗粒地层是比较适宜的,对掺有大颗粒的地层,只要工艺参数选择适当,仍能形成良好的防渗凝结体。其主要原理为高压射流喷射使颗粒周围的细颗粒被升扬置换出地面,造成原地层结构的局部松脱,较大颗粒在高压射流作用下,一般会产生位置移动,甚至被掀动,使其重新排列组合,有利于浆液袱裹充填,高压喷射流不能切削、搅动的特大块石体,浆液可以充填喷射有效范围内的空隙,并向四周挤压渗透,使块石体被浆液包裹与高喷凝结体一起形成防渗体,地层密实度大幅提高,渗透能力降低。

5 施工工艺流程及操作要点

5.1 工艺流程

主要工艺流程见图1。采用德国 KLEMM 全液压钻机钻孔(TUBEX 工艺),跟入套管护壁,终孔后强风清孔,下入特制 PVC 管,拔管机起拔套管,高喷台车就位,下喷管至设计孔深开始静喷,当孔口返浆达到设计要求后正常提升喷管,喷灌过程中定时检测原浆、返浆比重,合理控制风压、水压、浆压、浆量。

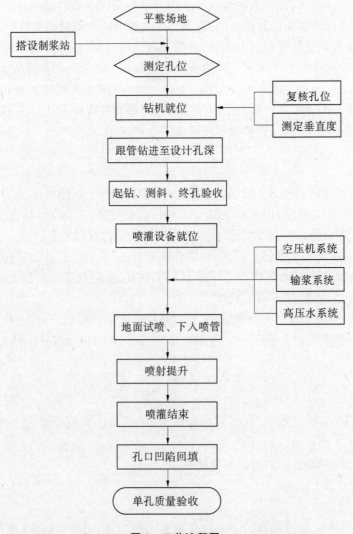

图1 工艺流程图

深厚覆盖层高喷防渗墙一般采用三管法或两管法高压旋喷套接成墙,多采用纯水泥浆液,在条件许可的情况下宜对回浆进行回收利用。高喷灌浆按照先下游排,后上游排,再中间排的顺序施工,同一排内按先一序后二序,逐渐加密的原则进行施工。

5.2 施工参数

依据《水电水利工程高压喷射灌浆技术规范》(DL/T 5200—2004)及深孔高喷灌浆施工经验拟

定的施工参数见表1,以供参考。

表1　高喷灌浆施工参数

名　称		技术参数	
		双管法	三管法
水	压力(MPa)		孔深<20 m:35～38
			孔深>20 m:38～40
	流量(L/min)		70～80
	喷嘴直径(mm)及个数(个)		1.7～1.9(2)
气	压力(MPa)	0.6～1.0	0.7～1.0
	流量(m³/min)	0.8～1.2	0.8～1.5
	气嘴个数(个)	2	2
浆	压力(MPa)	孔深<20 m:25～35	0.8～1.5
		孔深>20 m:30～40	
	流量(L/min)	70～100	70～80
	进浆密度(g/cm³)	1.5	1.65～1.70
	回浆密度(g/cm³)	≥1.3	≥1.25
	浆嘴直径(mm)及个数(个)	1.9～2.4(2)	6～12(2)
提升速度v(cm/min)	孔深小于20 m	8～15	8～15
	孔深大于20 m	5～10	5～10
旋转速度	转速(r/min)	4～10	4～10

　　高喷灌浆的工艺参数和布孔方案初步确定以后,一般宜进行现场试验予以验证和调整。特别是重要的、地层复杂的或深度较大(≥30 m)的高喷灌浆防渗工程,一定要进行现场试验。高喷灌浆试验按照下述原则进行:

　　(1)确定有效桩径或喷射范围、施工工艺参数和浆液种类等技术指标时,宜分别采用不同的技术参数进行单孔高喷灌浆试验。

　　(2)确定孔距和墙体的防渗性能时,宜分别采用不同的孔距和结构型式进行群孔高喷灌浆试验。

5.3　操作要点

5.3.1　钻孔

　　每隔20 m由测量队测定轴线控制点,控制点之间用钢卷尺测放灌浆孔位。孔位偏差≤5 cm,孔径宜大不宜小(一般为146 mm),钻孔深入基岩0.5～1.0 m,根据钻进速度、返水颜色以及钻渣特性,界定是否进入基岩,施工中注意观察对比相邻孔深变化情况,钻孔有效深度应超过设计孔深0.3 m。

　　钻机就位时必须测定垂直度,保证钻孔的孔斜率小于1.0%,终孔后采用强风清孔,保证孔壁无附着物。

5.3.2　高喷灌浆

　　下入喷管前,应进行地面试喷,检查机械及管路运行情况。下入喷管时,采用胶带绑缠喷嘴以防堵塞。当喷头下到孔底后,进行原地旋转静喷,待孔口返出浆液后送气,当返浆比重达到设计值时,自下而上喷射作业,达到设计喷顶高程后方可降低浆(水)压、停止送气,提出喷射管。高喷灌浆结束后,应利用回浆或水泥浆及时对孔口凹陷进行回灌,直至孔口浆面不再下降。

喷灌过程中,每 10~30 min 测读一次提速、转速、进、回浆比重,风浆(水)压力,流量等施工参数。喷射过程中需中途拆卸喷射管时,搭接段应进行复喷,复喷长度为 0.2~0.5 m。高喷灌浆时,尽量加大施工孔间隔,以减少串浆现象。

5.4 施工难点及对策

5.4.1 孔斜率要求高

为保证高喷防渗墙的有效搭接,钻孔孔斜率不应大于 1%。施工中必须严格控制孔斜率,采取的主要措施有:使用重底盘钻机,钻机底架采用液压调平油缸支撑;开孔前先用水准尺定向,再利用自装的钻机滑架垂直测试系统判定钻孔垂直度,达到精确定向;采用合理的钻进方法和工艺技术参数,包括采用高强度钻材、控制钻速、不使用弯曲变形的钻杆等;每 5~10 m 进行一次孔斜测量,一旦发现钻孔超偏,尽快采取措施进行处理,对于不易纠偏的钻孔予以报废重新开孔。

5.4.2 施工参数必须灵活调控

随着地层深度的增加,地层压力在增加,地下水压力亦增加,喷杆长度要增加,高压水、气、浆压力损失在增大,孔内气、水、浆混合液返流阻力增大,喷杆的卡塞阻力增大,挠度增加,高压介质(水或浆液)及压缩气流能量衰减很大。因此,在进行深孔高喷灌浆时,应根据地层情况、地下水资料及机具状况、施工反映出的情况等,随着深度的增加,逐步增大压力和流量或适当降低旋转及提升速度等办法来获得均匀密实的桩柱体,以保证底部防渗墙的搭接质量。

5.4.3 覆盖层内存在大量孤石及深厚粉细沙层

孤石层存在跟管钻进难、基岩判断难、漏浆严重的问题。采用潜孔锤钻孔技术钻进孤石,特大孤石预爆处理,根据岩粉特性和钻进情况难以判断是否进入基岩或遇到孤石时,加深钻孔下入孔内电视观察判断。采用增加孔序及封堵的办法来预防串浆现象,通过静喷和复喷措施处理漏浆现象。

粉细砂层存在涌砂严重、易塌孔、灌浆易埋管的难题。采用快速钻进,起拔套管后用 PVC 管护壁,并向孔内注水的办法预防涌砂现象,采用 XL-50 旋喷机解决因涌砂喷杆不能下到孔底的问题,在抱管时利用 KLEMM 钻机的液动锤振动提拔被埋住的喷杆。

5.4.4 必须做好防冻保温工作

高喷灌浆开工时值冬季,必须做好防冻保温工作,避免浆管、水管、气管冻结,并保证施工设备的正常运转。采取的防冻保温措施主要有:搭设封闭式制浆站,内挂棉帘,室内生煤炉,使室内及浆液温度保持在 5 ℃以上;输浆、输水、输气管路在地面的部分采用稻草帘覆盖,悬挂部分采用棉布包裹,并在地面设置自制的加热器给各种管路加热;使用双导流器,缩短喷灌过程中拆卸喷杆的时间,采用长喷杆,减少拆卸喷杆次数,既有利于防冻又能提高灌浆质量。

5.5 特殊情况处理

5.5.1 喷灌中断

因故造成喷射中断时,应尽快排除故障恢复喷射,复喷搭接长度为 0.5~1.0 m,并记录中断深度和时间。当停灌时间较长时,应对灌浆泵及输浆管路进行冲洗后方可继续施工。停灌后不能将喷管下入到复喷搭接位置时,必须扫孔至搭接位置。

5.5.2 串浆

高喷灌浆时,宜采用四序施工,尽量加大施工孔间隔,以减少串浆现象。喷浆过程中若发生串浆,应首先封堵被串孔,继续串浆孔的喷灌,待其结束后,尽快进行被串孔的灌浆。

5.5.3 返浆异常

一般认为,返浆量(内含土粒及浆液)小于注浆量的 20% 为正常现象,超过 20% 或基本不返浆时则为异常。

（1）返浆量过大：在进浆正常的情况下，若孔口回浆密度变小、回浆量增大，应降低气压并加大进浆浆液密度或进浆量。若只是返浆量过大，回浆密度正常，通常与有效喷射范围及注浆量不相适应有关，可通过以下措施来解决：提高喷射注浆压力，适当缩小喷嘴孔径，提升速度适当加快。

（2）不返浆：喷灌过程中孔内严重漏浆时，采取以下处理措施：降低喷射管提升速度和喷射压力，若效果不明显，停止提升，进行原地注浆；加大浆液密度或进浆量，灌注水泥砂浆、水泥黏土浆，必要时添加水玻璃；若仍不返浆或返浆密度不够，可采取二次喷射方式，即先下喷管喷浆至孔口，72 h后重新扫孔至设计孔深后，二次下管喷射，直至返浆正常；若是地层中有较大空隙引起的不返浆，可灌注黏土浆或加细砂、中砂，待填满空隙后再继续正常喷灌。

（3）返浆不畅：在粉细砂等细颗粒地层中采用三管法施工时，易出现喷射管被埋住而孔口不能返浆的现象，造成地层劈裂或地面抬动。大幅度降低水压、气量，注入浓水泥浆充满钻孔，可较为有效地防止发生此类事故。

6　材料与设备

6.1　材料

水泥是高喷灌浆最常用的材料，一般采用 P·O32.5 强度等级。在地下水有侵蚀性的工程应选用有抗侵蚀性的水泥，以保证防渗墙的耐久性。黏土（膨润土）水泥浆在防渗工程中有时也使用。

为了提高浆液的流动性和稳定性，改变浆液的凝结时间或提高凝结体的抗压强度，可在水泥浆液中加入外加剂。

6.2　施工设备

深厚覆盖层高喷灌浆的施工机械设备主要由特种钻机、专用高喷台车或旋喷机、高压发生装置等组成，喷灌方法不同，使用的机械设备也不完全相同。两管法和三管法高喷灌浆所使用的主要施工设备见表2。

表 2　主要高喷施工设备

设备类型	名称	型号	主要技术性能指标	两管法	三管法
钻孔机械	KLEMM 全液压履带式钻机	KR805 - 1	进尺力:100 kN，提升力:100 kN，扭矩:39 ~ 50 kN·m	√	√
	KLEMM 全液压多功能钻机	KRS401	进尺力:40 kN，提升力:78 kN，扭矩:12 kN·m	√	√
喷灌机械	旋喷机	XL - 50	提升力:35 kN，扭矩:2 000 N·m，旋喷提升速度:0 ~ 90 cm/min	√	
	高喷台车	GP - 50	提升速度:0 ~ 25 cm/min，转速:0 ~ 20 r/min，起重能力:3.0 t	√	√
高压发生装置	高压柱塞泵	3D2 - S	最高压力 50 MPa，最大流量 75 L/min		√
	变频高压注浆泵	ZJB/BP90	最高压力 50 MPa，最大流量 114 L/min	√	
输浆泵	灌浆泵	SGB6 - 10	最高压力 10 MPa，最大流量 100 L/min		√
空压机	寿力空压机	900XH	排气压力 2.4 MPa，排气流量 25.5 m³/min	√	√
制浆机	高速制浆机	ZJ - 400	容积:400 L，搅拌转速:1 300 r/min	√	√
拔管机	液压拔管机	BG - 60	最大起拔力:600 kN	√	√
测斜仪	轻便测斜仪	KXP - 1	顶角测程、精度:(0° ~ 50°) ±0.5°，方位角测程、精度:(4° ~ 356°) ±4°	√	√

7 质量控制

7.1 质量控制标准

高喷灌浆严格按照《水电水利工程高压喷射灌浆技术规范》(DL/T 5200—2004)及设计文件进行质量控制,按高喷灌浆试验确定的工艺参数进行施工。

7.2 质量控制措施

(1)健全质量管理机构、实行全员全过程质量动态管理。编制完善的质量管理文件,包括施工措施、施工质量奖罚管理制度、施工作业指导书等。

(2)投入完好的施工设备,保证其技术性能满足施工质量需要,定期维护保养、保证设备正常运转,仪表定期率定,不使用不合格或损坏的仪表、仪器。

(3)灌浆所用水泥在使用前进行抽检,保证原材料质量合格。

(4)按设计图纸进行测量放样,做到定位准确,符合测量规范要求。

(5)控制好灌浆过程中的各个工艺环节,确保施工质量。对不符合要求的钻灌孔,一律报废,重新钻孔灌浆。

(6)做好冬季施工的保温防冻措施,搭设封闭式制浆房,覆盖草帘保温,保持室内及浆液温度在 5 ℃以上。

(7)严格执行"三检制",各班组严把质量关,对复检或终检中发现的质量问题,坚决责成返工处理,并依照质量管理办法进行处罚。

(8)实行技术员现场值班制度,检查落实是否按照作业指导书的要求施工,随时解决施工过程中的技术、质量问题,配合监理等有关人员开展质量检查活动。

(9)施工中发现的质量问题,坚决按"三不放过"的原则进行处理,并对责任人进行处罚及教育,对施工中表现良好的施工班组和个人进行奖励或表扬。

(10)加强现场记录资料管理,真实、准确地做好现场记录,内业技术人员及时收集、整理、分析、归档,及时掌握施工质量动态和提交成果、验收资料。

8 安全措施

(1)坚决贯彻执行国家安全生产法规,执行企业及项目部有关安全生产规定和指令。树立"安全第一,预防为主"的思想,制订并落实安全生产责任制。

(2)进入施工现场,必须按规定穿戴好安全防护用品和配备必要的安全防护用具。

(3)严格遵守岗位责任制和交接班制度,并熟知本工种的安全操作规程,在生产中应坚守工作岗位,严禁酒后上岗。

(4)施工机械设备由专人操作,保证各种安全防护设备有效,并按有关规定进行保养和维护,杜绝违章操作。起下钻时,在垫叉回转半径范围内严禁站人。

(5)攀登高喷台车塔架必须系安全带,夜间塔架上应悬挂照明灯具。高喷设备在地面试喷时,喷嘴正前方严禁站人,以免高压射流伤人。

(6)施工现场的各种设施、管路、线缆等应符合防火、防砸、防风要求,及时更换老化的线缆、管路。高压管路接头以及管路与设备的连接头要用钢丝绳连接做保险绳。

(7)施工现场的材料堆放安全可靠,整齐有序,并保证道路的畅通。

(8)加强用电管理,施工现场及作业点必须有足够的照明,确保夜间生产需要。

(9)制定防火、防盗措施,准备必要的防火器材,防止灾害发生。

(10)高度重视防汛工作,做好汛情预报,备足防汛物资,制订防汛应急预案。

9 环保与资源节约

(1)规范材料、机具堆放场地,施工设备、器具、材料摆放整齐,各种管路、线缆整齐有序,符合环境保护及工业卫生要求。

(2)废旧材料、闲置设备及时清退出场,及时清除废弃物,保证作业面干净、整洁。

(3)场区施工道路设专人维护,确保路面平整及畅通。

(4)各类垃圾必须按指定地点倾倒,不得随意丢弃。

(5)废弃浆液及施工、生活污水需经处理后,根据环境监理工程师的要求排放到指定位置。

(6)施工结束后将工作面清理干净。

10 效益分析

随着水电的深度开发,较好条件的水电工程均已开发完毕,具有深厚覆盖层、地质条件复杂的水电工程越来越多,对围堰的防渗要求也越来越高,深覆盖层围堰旋喷防渗墙施工工法必将发挥很大的作用,产生良好的经济效益和社会效益。经测算,单排孔旋喷防渗墙的造价仅为混凝土防渗墙的 60%左右,双排孔旋喷防渗墙的造价与混凝土防渗墙相当,且高压旋喷防渗墙的施工工效大约是混凝土防渗墙的 2 倍,能节省很多工期,且采用三管法施工时,还可对回浆进行回收利用,既节省了成本,又保护了环境。

深厚覆盖层围堰旋喷防渗墙施工工法在黄河乌金峡水电站二期围堰和甘肃洮河莲麓一级水电站围堰运用后,防渗效果显著,节约了大量工期,得到监理、业主的高度赞扬,为工程大大节省了经常性抽排水费用,确保了围堰的安全有效运行。

11 应用实例

实例一:2007 年 1 月 10 日至 2007 年 4 月 25 日,甘肃黄河乌金峡水电站二期围堰高喷防渗墙施工,共计完成高喷钻孔 19 219.8 m,高喷灌浆 16 495.1 m,最大孔深 48.0 m,布设双排孔,排距 0.7 m,孔距 0.8 m,分别采用了三管法和两管法灌浆,旋喷套接成墙。该围堰砂卵石覆盖层厚达 20～50 m,并夹含粉细砂层及大量孤石(孤石最大直径达 3 m),施工中克服了孤石层钻进困难、粉细砂层灌浆抱管严重、深孔高喷灌浆参数不易掌控等诸多难题,在深厚覆盖层进行高喷灌浆施工取得良好防渗效果,经基坑抽水测试,高喷防渗墙渗透系数为 5.07×10^{-5} cm/s,完全满足开挖施工要求,并承受了 40 m 高水头水位对防渗墙质量的检验。

实例二:2007 年 1 月 22 日至 2007 年 5 月 7 日,甘肃洮河莲麓一级水电站围堰高喷防渗墙施工,共计完成高喷灌浆 3 805.0 m,最大孔深 28.0 m,采用单排孔,孔距 1.0 m,旋喷套接成墙,三管法灌浆。该围堰覆盖层情况复杂,卵石粒径范围大,从 5 mm 到 2 000 mm 不等,卵石坚硬、强度高,被胶结物充填包裹,胶结物为黄土、粉细砂等,局部夹含薄层粉细砂。通过总结施工经验,选用了适合地层情况的钻头,克服了钻进难的问题,根据覆盖层特别密实的特点,选用合理的喷灌参数灌浆。经在高喷防渗墙体钻检查孔进行静水头压水试验,透水率 $q = 4.94$ Lu(近似 $K = 6.42 \times 10^{-5}$ cm/s),防渗效果显著。

(主要完成人:陈进心 廖 勇 负双基 曹 琳 姬脉兴)

大型地下洞室交叉口开挖支护施工工法

中国水利水电第十四工程局有限公司

1 前言

西南横断山脉区域降雨充沛,水资源丰富,云集了金沙江、雅砻江、大渡河、乌江、南盘江和红水河、怒江等众多水电基地,开发条件好,对实现水电流域梯级滚动开发,实行资源优化配置,带动西部经济发展将起到极大的促进作用。同时,水能作为可再生资源,对实现经济社会的可持续发展具有重要作用,国务院始终坚持把深入实施西部大开发战略放在区域发展总体战略优先位置,"在保护生态的前提下积极发展水电",贯彻实施"西电东送"发展战略。

在建及规划中的大型水电站地下洞室群呈现超大型化和密集化布置特征,一般以主厂房、主变室和尾水调压室三大洞室为中心,通过引水和尾水隧洞横贯及灌浆廊道、排水廊道出线井、排风井等辅助洞、井群的平、斜、竖等形式环绕和交织相贯,形成庞大、复杂的地下洞室群。西南水电基地多处于深山峡谷之中,引水发电系统多为深埋大型地下洞室群,初始地应力高,在此条件下围岩的脆性破裂现象(如边墙的劈裂裂缝、岩爆等工程事故)在洞群施工期就会明显的出现,一系列大型洞群的高边墙经常发现有陡倾角的脆性劈裂带或大裂缝,如渔子溪、二滩、拉西瓦以及瀑布沟等工程在母线洞都发现了类似的情况,因此研究复杂条件下的地下洞群高边墙交叉口开挖支护程序,对保证工程的安全稳定性尤为重要。

中国水利水电第十四工程局有限公司近 10 年来陆续承建、参建了国内乃至世界上最大的水电站引水发电系统工程,独立完成了百色、三板溪、小湾、水布垭、构皮滩、锦屏一级、糯扎渡、溪洛渡、三峡右岸地下厂房等一系列引水发电系统大型洞室群施工项目,基于上述水电站引水发电系统大型洞室施工经验,总结形成了大型地下洞室交叉口开挖支护施工工法。

本工法已在锦屏一级、糯扎渡、溪洛渡、三峡右岸地下厂房等一系列引水发电系统大型洞室群施工中得到成功应用。其中的关键技术"地下电站主厂房爆破施工技术及爆破环境影响控制技术",于 2010 年 5 月由中国工程爆破协会组织了成果鉴定,鉴定结果为整体施工技术达到了国际领先水平。工法中的关键技术《水电工程控制爆破新技术研究与应用》与中国水利水电第八工程局有限公司等 5 家单位联合于 2010 年 10 月获得中国工程爆破协会的中国工程爆破科学进步特等奖。

2 工法特点

(1)利用现代化科技手段进行围岩变形监测、超前地质预报,合理应用控制爆破,采用光面和预裂技术,用"新奥法"原理,适时支护,确保了开挖轮廓面成型和减少爆破震动对围岩及相邻建筑物的影响,有利于质量控制及建筑物结构安全。

(2)在小洞室与大洞室相通时,采用先小洞后大洞,先洞后墙、径向预裂的开挖方式(即小洞室先开挖进入大洞室内,再沿大洞室的边墙进行径向预裂)及高边墙开挖前做好洞口锁口和系统支护的开挖程序,保证了地下厂房高边墙的稳定,对减少围岩松弛变形极为有利。

(3)在洞与洞、洞与井等交叉部位,提前做好超前支护和加强支护,采取交叉口洞口锁口、洞间岩柱加固、薄岩层先悬吊锚固后开挖,增加悬吊锚筋桩(锚索)、锚拉板、型钢拱架(或钢格栅),在交叉口 2 倍洞径的洞段范围内采用浅孔、小药量、多循环、短进尺等的开挖方法,采用在交叉口部位已开挖洞室 1 倍洞径长度范围内支护完成后才进行贯通的施工程序,有利于抑制围岩松弛变形,保障了大型洞室交叉口的稳定。

（4）本工法基于典型水电站引水发电系统地下洞室群布置,施工工艺容易操作,开挖程序实现立体多层次,有利于保证关键项目工期,易于控制质量和推广。

3 适用范围

该工法适用于大型地下引水发电系统洞室交叉口施工,及地下停车场、防空隧洞掩体等工程的交叉口施工。

4 工艺原理

（1）根据大型地下洞室具体布置,合理规划施工通道,超前进行与高边墙交叉的相关洞室开挖与加强支护。

（2）根据施工期应力变形观测、物探孔观测、超前地质预报等手段对洞室应力集中、塑性区扩大部位进行适时系统支护及加强支护。

（3）采用锚索、锚筋桩悬吊法加固岩梁,解决交叉口顶拱薄岩体稳定问题。

（4）采用对穿预应力锚索加固高挖空率洞室间形成的薄岩墙,防止二次应力造成围岩塑性区扩大,洞室失稳;对围岩情况较差的部位先交叉口一倍洞径衬砌锁口,再贯通。

5 施工工艺流程及操作要点

5.1 施工工艺流程

大型洞室交叉口施工工艺流程见图 1。

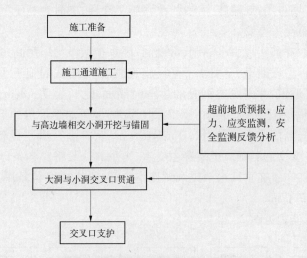

图 1 大型洞室交叉口施工工艺流程

5.2 操作要点

5.2.1 施工准备

5.2.1.1 施工方案编制

施工前应根据电站施工区场内交通、引水发电系统总体布置、施工总进度、工程水文、地质条件,进行交叉口方案规划。其内容包括:施工道路布置,监测断面及仪器设备的布置,施工风、水、电规划,大型洞室交叉开挖施工的程序、施工方法的选择,施工机械设备配备和人员组合,进度计划及质量安全保证措施等。

施工方案由项目总工程师组织有关技术人员进行讨论、审批,并报请监理工程师批准后实施。

5.2.1.2　施工组织

按照决策层、管理层和作业层结构进行项目组织,采用项目经理负责制,按照各层分离的原则,实行适应大规模机械化施工组织需要的"队为基础、两级管理、一级核算"的运行模式。

决策层:由项目经理、常务副经理、生产副经理、安全总监、总质检工程师、总工程师和总经济师组成。

管理层:由总工室、总经室、工程技术部、生产管理部、质量管理部、机电物资部、安全监察部、环境保护部、财务部、计划合同部、综合办公室、资料室、测量队、实验室、安全监测室组成。

作业层:由机电队、开挖队、支护队、灌浆队、混凝土队组成。

5.2.1.3　生产性试验

在非主体如施工通道工程施工过程中,提前进行喷锚、锚杆注浆、锚索张拉、固结灌浆、爆破参数等生产性试验。

通过喷射混凝土生产性试验,确定喷射工艺、回弹率、优化配合比,确定钢纤维、聚丙烯纤维、无碱(低碱)速凝剂等掺量。

锚杆注浆试验:通过预应力锚杆生产性试验确定锚固段长度,分级张拉时间。

锚索张拉试验:确定预应力锚索施工工艺。

固结灌浆试验:通过固结灌浆试验确定灌浆工艺及灌浆压力等参数。

爆破试验:确定相似岩石条件下,装药量、装药结构等数值及爆破振动质点速度。

5.2.2　水电站大型洞室交叉口施工通道规划及施工

大型地下厂房在发电机层有母线洞与之相贯,在蜗壳层与引水隧洞相贯,下部尾部与尾水扩散段相通。交叉口众多,合理制定施工程序,提前完成小洞室开挖支护,并对厂房围岩预加固,既减少对关键线路项目直线工期占用,规避施工干扰,改善施工交通,同时有利于厂房高边墙的围岩稳定。为此,合理规划施工通道至关重要。

根据上述布置特点,提前实现引水隧洞、母线洞、尾水扩散段与厂房高边墙贯通,则需要规划三条施工通道,即至尾水扩散段通道、至引水下平洞施工通道、至母线洞施工通道。

至引水下平洞施工通道:考虑压力钢管的运输时断面较大,宽7~8 m,一般从进厂交通洞开口,采用下坡,垂直横穿引水下平洞,兼顾引水斜井(竖井)及下游至厂房的下平段施工。

至母线洞施工通道:断面适中可采用6.0 m×6.0 m(宽×高),满足设备装、运渣需求,喷锚台车通行需求。一般从主变交通洞开口至横穿主变室,再垂直分叉贯穿各条母线洞。

至尾水扩散段通道:布置在主厂房至尾水调压室之间,垂直横穿各条尾水扩散段(或尾水连接管),断面采用8.0 m×7.0 m。

施工通道施工工艺流程见图2。

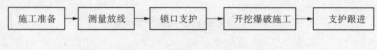

施工准备 → 测量放线 → 锁口支护 → 开挖爆破施工 → 支护跟进

图2　施工通道施工工艺流程

施工中具体要求有如下几点:

测量放线,确定洞口及锁口锚杆位置,锁口锚杆根据围岩情况确定,一般距离洞口边线50 cm,外插10°~15°,设置两排,间距1.0~1.2 m,深度为洞径(或跨度)的1.5倍,交错布置。

洞口采用"短进尺、弱爆破、强支护"施工方法,采用小导洞(3.0 m×3.0 m),直眼掏槽,控制进尺不大于2.0 m,导洞伸入洞内2倍洞径口,扩挖至设计断面。根据围岩出露情况,确定是否在洞口 1 倍洞径范围架设型钢拱架进行加强支护。

施工通道在距离主体洞室 20 m 时,采取短进尺、多循环、弱爆破施工直至传过主体洞室,采用周边光面爆破技术,孔间距 50 cm。

施工通道与主体洞室交叉口 1 倍洞径架设型钢拱架加强支护。

5.2.3 母线洞、引水下平洞与主厂房高边墙交叉口段先洞后墙施工

洞室开挖高边墙主要存在围岩卸荷变形及块体滑移问题,高边墙洞室开挖成败的关键在于是否能有效控制住开挖下降过程中围岩变形持续发展到有害松弛和破坏程度。周密可靠的交叉口施工措施及开挖过程中安全监测与反演分析,是确保洞室高边墙稳定的有力保障。

在主厂房上部开挖的同时,择机进行下部发电机层的母线洞、水轮机层的引水平洞与主厂房高边墙的贯穿施工(见图 3 及图 4)。

导洞开挖 → 扩挖跟进 → 锚喷支护跟进 → 洞口段加强支护 → 高边墙交叉口贯通

图 3　先洞后墙施工工艺流程

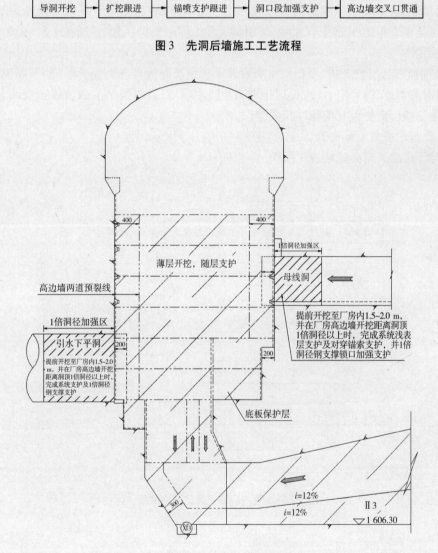

图 4　与厂房高边墙交叉洞室施工程序

(1)导洞开挖:从母线洞、引水下平洞采用中上导洞,跳洞开挖至厂房内 1.5 ~ 2.0 m,导洞尺寸满足出渣、支护设备运行要求即可,中上导洞顶拱与设计开挖线一致,便于适时进行系统锚喷支护。

（2）扩挖及支护跟进：地质条件较好部位导洞超前15～20 m，大型断面扩挖采用分区扩挖，左、右可滞后1～2排炮。距离交叉口2倍洞径时，进行控制爆破，采用"导洞超前、短进尺，小药量、多循环、少扰动"工艺，测量放出周边孔尾线方向，精确控制造孔方向。扩挖时采用光面爆破，周边孔孔间距控制在50 cm以内，小药卷间隔不耦合装药，周边孔装药线密度为180～220 g/m。采用"新奥法"原理，系统支护由浅表至深层适时跟进，程序为初喷混凝土3～5 cm→锚杆支护→挂网→复喷混凝土至设计厚度→深层锚筋桩、锚索支护，采用现代化成龙配套的大型施工机械设备，如迈斯特湿喷车、353E凿岩台车、平台车等保证了支护的及时性，确保了安全，加快了施工进度。

（3）洞口段加强支护：根据地下厂房洞室群施工期快速监测与反馈分析成果报告，在高边墙下挖至交叉口洞室顶拱1～1.5倍洞径采用钢拱架加强支护，钢拱架采用I16 I型钢加工制作，拱架榀间距0.8 m，榀间沿洞轴方向设置Φ25纵向连接筋，连接筋间距0.8 m，榀间交错布置，环向设置锁脚锚杆。型钢拱架原则上不侵占结构面，在开挖过程中将架设部位结构断面外扩20 cm。

（4）高边墙贯通：与交叉口相贯的高边墙开挖采用两道预裂，第一道预裂为设计边线，第二道距离设计边线不小于4.0 m，形成双保险，采用薄层开挖随层支护，层高控制在4.5～6.0 m，中部拉槽，形成临空面。

（5）施工期监测与反馈分析：根据洞室布置及围岩情况布置监测断面，同一监测断面应布置多点位移计、锚索测力计、锚杆应力计，长观孔等综合监测项目，通过监测及数值模拟反演分析，对下一步支护及施工提出支护及开挖程序相关建议。

5.2.4　尾水管与厂房交叉口施工

尾水管与厂房交叉口开挖流程见图5。

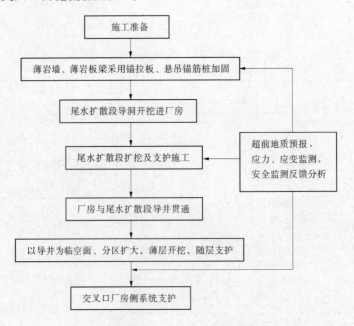

图5　尾水管与厂房交叉口开挖流程

5.2.4.1　施工准备

分析研究施工期快速监测及反馈分析成果、揭露地质等资料，制订开挖、支护程序施工方案。

5.2.4.2　锚拉板、悬吊锚筋桩（锚索）施工

悬吊支护的锚筋桩（或锚索）的作用是悬吊压力拱内松散岩体，防止岩体进一步松散，形成组合梁受力体系，防止层状岩体松散塌落，造成累进垮塌。锚筋桩施工质量是保证锚拉板作用的关键，锚筋桩施工使用轻型潜孔钻造孔，孔径以3 Φ32锚杆加注浆管外接圆为基础按规范要求选择

钻孔孔径,垂直岩面往下造孔的采用先插杆后注浆的施工工艺,注浆管伸入孔底,排气管布置在孔口或不设置排气管。杆体 $l = 12$ m 采用 QY25t 吊车辅助人工注装,锚筋桩钢筋接头错开不小于 1.5 m。垂直锚筋桩布两个 $\phi 18$ mm 进浆管,可不设排气管,水平锚筋桩要两个 $\phi 18$ mm 进浆管,设一根 $\phi 16$ mm 排气管,一束锚筋桩对中环设置不少于两个。预应力锚索采用自由式单孔多锚头防腐性预应力锚索,该锚索对破碎软弱等复杂地层具有较好的适应性。锚筋桩结构见图 6。

5.2.4.3 尾水管开挖支护程序

先进行母线洞至尾水管的悬吊锚筋桩(锚索)的支护施工→中上导洞(8 m×9 m)至厂房机组中心位置→尾水管扩挖、系统支护跟进→1 倍洞径型钢拱架支护。

5.2.4.4 厂房下部尾水管开挖支护

厂房两条尾水管之间岩墙厚度小于 1 倍洞径时,宜采用锚拉板加固处理,开挖时挖除 60~80 cm,浇筑 C30 钢筋混凝土锚拉板,锚筋采用 3 ϕ32,沿机坑槽周边布置,中部加强。在尾水管与厂房水轮机层贯通前,先进行钢筋混凝土锚拉板施工,锚拉板以锚筋桩和混凝土盖板为受力体系,形成桩体受力体系,杆体锁住岩层,约束围岩松弛及不利裂隙沿层面发展。

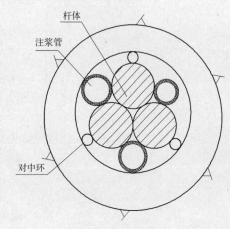

图 6 锚筋桩结构

在锚拉板施工完成后从厂房水轮机层采用轻型潜孔钻机钻孔至尾水管下部导洞,导井直径大小约 3.0 m,采用"提药法"分段自下而上爆通导井,机坑扩挖支护遵循"薄层开挖,随层支护"的理念。坑槽均采用手风钻小药量、精细化施工,设计轮廓线光面爆破。"提药法"开挖,适用于开挖小断面竖井(ϕ2.0~4.0 m)、深度又不太深(10~20 m)、下部有导洞的部位。先用轻型潜孔钻造孔,用铅丝(或尼龙绳)悬吊药卷和封堵沙袋,自下而上分段爆破开挖的施工方法,分段深度一般为 1.0~1.5 倍洞径,孔间采用非电毫秒雷管分段,磁电雷管起爆。

以导井为临空面、分区扩大,薄层开挖,随层支护。开挖好后,及时进行机坑薄岩墙预应力锚杆施工,对穿预应力锚索、锚筋桩支护跟进。

尾水管与厂房交叉口开挖程序及支护见图 7 和图 8。

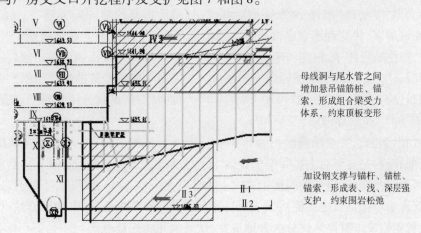

母线洞与尾水管之间增加悬吊锚筋桩、锚索,形成组合梁受力体系,约束顶板变形

加设钢支撑与锚杆、锚桩、锚索,形成表、浅、深层强支护,约束围岩松弛

图 7 尾水管与厂房交叉口位置加强支护

施工工艺流程见下图 9。

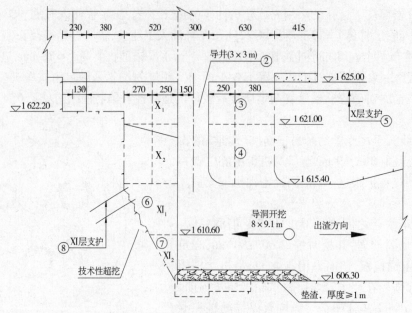

图 8　尾水管与厂房交叉口开挖程序

图 9　锚拉板施工工艺流程

5.2.5 尾水连接管、尾水洞与调压室交岔口施工

尾水系统布置形式多样,就布置形式而言,以圆筒阻抗式调压井最为典型,小湾、拉西瓦、糯扎渡、锦屏一级等巨型水电站均采用"三机合一"的布置形式,即三条尾水管交汇到一个调压室经一个尾水隧洞与下游河道连接,这种布置格局在尾调室下部形成五岔口。五岔口处挖空率高,二次应力状态复杂,在洞室交汇部位会出现应力集中和较大的塑性区,薄岩柱(体)易产生有害变形,确保洞室稳定,控制有害变形是竖井(五岔口部位)开挖的重点和难点。

针对这种大型"五岔口"布置,采取先洞后井,先锁脚后贯通的整体施工程序。先从尾水洞上层开挖 8 m×8 m 导洞,贯穿调压室底部至尾水连接管洞顶部,采用中上导洞超前 15~20 m,导洞顶拱支护跟进,扩挖随后程序,根据高地应力破坏形式机理,采取先靠江侧后靠山侧的扩挖顺序,扩挖后及时进行浅表层锚喷支护,深层锚索支护跟进。交叉口 1 倍洞径范围架设型钢拱架加强支护,在尾水洞拱脚布设 ϕ32、l =9.0 m、T =120 kN 的预应力加强锚杆,尾水连接管洞间岩墙拱脚部位增加 2~4 排 T =1 000 kN 对穿锚索(见图 10)。

在大井(开挖尺寸大,普遍断面面积为 800~1 350 m^2)开挖过程中,采用反井钻机钻 ϕ1.4 m 导井贯通至下部导洞,先自下而上扩井至 3.0 m,再自上而下扩至 6.0 m(或 12 m),然后周边预裂、自上而下、分区薄层开挖、随层支护的施工方案。大井至交叉口 20 m 范围时,下部与之相贯的尾水洞、尾水连接管岩墙对穿锚索施工完成,1 倍洞径范围钢拱架喷护完成,根据围岩情况考虑提前 1 倍洞径混凝土衬砌锁口。贯穿采用分区分部贯穿,预裂或光面控制爆破。

6　材料与设备

本工法材料主要为锚喷支护相关材料,使用设备机具也是常用的土石方机械设备(见表 1~表 3)。

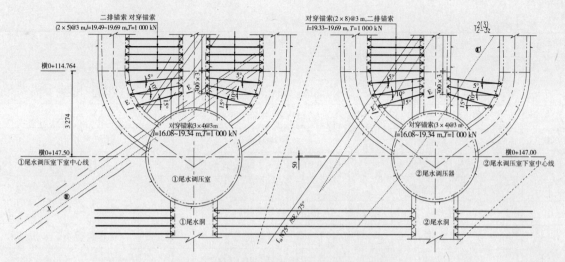

图 10　尾水系统五岔口小洞室锚索加强支护

表 1　主要材料

序号	材料名称	用途	备注
1	无碱速凝剂	喷混凝土外加剂	
2	低碱速凝剂	喷混凝土外加剂	
3	钢筋（$\phi 6.5 \sim 10$，$\Phi 25 \sim \Phi 32$）	挂网及锚杆杆体	屈服强度≥240 MPa
4	钢绞线（$1 \times 7 - 15.24 - 1\,860$）	锚索索体	
5	水泥（P·O42.5）	喷混凝土材料	
6	细骨料	喷混凝土材料	
7	钢纤维	喷混凝土材料	抗拉强度≥600 MPa
8	微纤维	喷混凝土材料	性能见表 2
9	$\phi 48$，$\delta = 3.5$ mm 钢管	施工排架	
10	I16、20 I 型钢	加工钢拱架	

表 2　聚丙烯纤维性能

相对密度	长度（mm）	直径（μm）	燃点（℃）	熔点（℃）	抗拉强度（MPa）	极限拉伸	杨氏弹性模量（MPa）
0.91	$5 \sim 51$	$30 \sim 60$	590	$160 \sim 170$	$200 \sim 300$	15%	$3\,400 \sim 3\,500$

表 3　主要设备

序号	设备名称	设备型号	用途
1	潜孔钻	GYQ – 100、KQJ – 100B	造孔
2	锚索钻机	YG80、YG100	锚索造孔
3	反铲	$1.2 \sim 2.0$ m³	装渣
4	手风钻	YT28	
5	装载机	ZL50	

续表3

序号	设备名称	设备型号	用途
6	自卸汽车	16～30 t	出渣
7	长臂反铲	CAT系列、沃尔沃系列	排险、出渣
8	吊车	(QY8 t、16 t、25 t)	
9	三臂凿岩台车	BOOM353E	锚杆孔造孔
10	锚杆注浆机	MEYCOPOLI－T螺旋式注浆机	锚杆注浆
11	锚杆注浆机	挤压式注浆机	
12	扭力扳手	预应力锚杆施工	
13	喷车	迈斯特	喷混凝土
14	电焊机	RXI－350、400、500	
15	电动空压机	750 美国寿力	
16	电动油泵	ZB4－500S 50 MPa	锚索施工
	挤压机	XJ－600	
	千斤顶	ESYDC240 24 t	
	高速搅拌机	ZJ－400	
	双层搅拌机	ZJ－200	
	灌浆泵	3SNS 207 L/min，12 MPa	
	流量传感器	CSK300－40BMJ40 300 L/min	
	自动灌浆监测系统	GYZ－1000	

7 质量控制

7.1 工程质量标准符合

(1)《水利水电工程施工组织设计规范》(SL 303—2004)。

(2)《水工建筑物地下开挖工程施工技术规范》(DL/T 5099—1999)。

(3)《水利水电工程锚喷支护施工规范》(DL/T 5181—2003)。

(4)《水电水利预应力锚索施工规范》(DL/T 5083—2004)。

(5)《水工预应力锚固施工规范》(SL 46—94)。

(6)《水电水利基本建设工程单元工程质量等级评定标准第Ⅰ部分：土建工程》(DL/T 5113.1—2005)。

7.2 光面爆破和预裂爆破应达到的效果

(1)残留炮孔痕迹应在开挖轮廓面上均匀分布。

(2)炮孔痕迹保存率：完整岩石不少于90%，较完整和完整性差的岩石不少于60%，较破碎和破碎岩石不少于30%。

(3)相邻两孔间的岩面平整，孔壁不应有明显的爆震裂隙。

(4)相邻两茬炮之间的台阶或预裂爆破孔的最大外斜值不应大于10 cm。

(5)预裂爆破后，必须形成贯穿连续性的裂缝，预裂缝宽度应不小于0.5 cm。

7.3 爆破振动控制

质点安全振动速度见表4。

表 4　质点安全振动速度　　　　　　　　　　　　　　（单位:cm/s）

项目	龄期(d)			
	1 ~ 3	3 ~ 7	7 ~ 28	>28
混凝土	< 1.2	1.2 ~ 2.5	5 ~ 7.0	≤10.0
喷混凝土	<5.0			
灌浆	1	1.5	2 ~ 2.5	
锚索、锚杆	1	1.5	5 ~ 7	
已开挖的地下洞室洞壁	≤10.0			

注:爆破区药量分布的几何中心至观测点或防护目标 10 m 时的控制值。

8　安全措施

（1）成立安全管理机构,组成专职安全员和班组兼职安全员的安全生产管理网络,执行安全生产责任制,明确各级人员的职责,确保安全生产。

（2）爆破安全措施符合 DL/T 5099—1999 中 7.3 节的要求。

（3）开挖爆破后,加大通风排烟、洒水降尘力度。采用长臂反铲进行排险,及时清除顶部不稳定块体。

（4）开挖过后,及时清洗岩面,进行地质素描,对围岩较差岩体初喷 5 cm 钢纤维混凝土封闭,系统锚杆支护跟进。

（5）交叉口（立体交叉）部位采用先锁口加固（悬吊加固）,再控制爆破开挖方式,保证了围岩的稳定。

（6）交叉口 1 倍洞径范围采用钢拱架喷混凝土加固,保证了洞室稳定。

（7）爆破实施时,相关工作面人员、设备及时撤离。

9　环保措施

（1）在施工过程中严格遵守国家和地方政府下发的有关环境保护的法律、法规和规章,加强对施工工程材料、设备、废水、生产生活垃圾、弃渣的控制和治理,遵守相关防火及废弃物处理的规章制度,做好文明施工,加强对职工的环保、水保教育,提高职工的环保、水保意识,杜绝人为破坏环境的行为,做好施工区环境保护和水土保持工作。

（2）在工程施工过程中,加强施工机械的净化,减少污染源（如掺柴油添加剂,配备催化剂附属箱等）,配置对有害气体的监测装置,禁止不符合国家废气排放标准的机械进入工区。加强对施工中有毒、有害、易燃、易爆物品的安全管理,防止管理不善而导致环境事故的发生。

（3）进场施工机械和进场材料停放、堆存要集中整齐,施工车辆在施工完都必须清洗干净后,方可停放在指定停车场。建筑材料堆放有序,并挂材料名称、规格、型号等标志牌。

（4）施工废水、废油和生活废水经污水处理池（站）处理后达到《污水综合排放标准》（GB 8978—1996）一级标准及地方环保部门的有关规定再排放,保证下游生产、生活用水不受污染。生活污水按招标文件的有关规定处理合格后排放。

（5）做好施工产生的弃渣和其他工程材料运输过程中的防散落与沿途污染措施,弃渣和工程废弃物拉至指定地点堆放和治理。

（6）洞室作业需设置有效的通风排烟设施,保证空气流通,洒水除尘,防止或减少粉尘对空气的污染,作业人员配备必要的防尘劳保品,大型钻孔设备配备除尘装置,使钻进时不起尘。

10 效益分析

锦屏一级厂房洞室群工程地质条件复杂,区域多数岩石强度应力比为 1.5 ~ 4,为高—极高地应力区。原始处于高围压状态下的岩体,开挖后将向临空面卸荷回弹,从而造成围岩强烈劈裂破坏。通过细致研究高边墙大型洞室交叉口开挖、支护施工程序,施工期安全监测反馈分析,采取"动态设计、动态施工",实现了高地应力低围岩强度地区大型洞室交叉口部位的安全、快速施工,确保了整个洞室群的稳定。通过本工法的应用,在引水发电系统及泄洪洞工程标段,开工滞后 3 个月,增加大量支护工程的情况下,提前完成了厂房开挖节点目标。

西部地区,尤其是西南地区水电资源特别丰富,但是目前的开发利用水平很低。目前,西部地区的水电资源开发程度还不到 8%,比全国水电资源平均开发程度低 11 个百分点,比世界水电资源的平均开发程度低 14 个百分点,不但落后于美国、加拿大、法国等发达国家,甚至不及巴西、埃及、印度等发展中国家。本工法可推广应用于金沙江、雅砻江、大渡河、怒江、澜沧江等西南大型水电基地,可实现深埋、复杂地质条件下的引水发电系统大型地下洞室群交叉口快速、安全施工,有助于推动流域梯级滚动开发施工进程,带动西部经济、社会发展。

11 应用实例

11.1 实例 1 小湾水电站引水发电系统交叉口开挖

11.1.1 工程概况

小湾水电站位于云南省西部南涧县与凤庆县交界的澜沧江中游河段,在干流河段与支流黑惠江交汇处下游 1.5 km 处,系澜沧江中下游河段规划八个梯级中的第二级。小湾水电站工程属大(1)型一等工程,永久性主要水工建筑物为一级建筑物。

小湾水电站里程碑工期为:2002 年 1 月 20 日工程开工,2004 年 11 月大江截流,2010 年 6 月底首台机组发电,2012 年底全部机组投产发电,工程竣工。

小湾水电站装机容量 6×700 MW。该电站引水发电系统工程是一个超大型地下洞室群工程,在不到 0.3 km² 的区域里布置近百条洞室,总长度近 17 km,这些洞室纵横交错,平、斜、竖相贯,形成庞大而复杂的地下洞室群。整个系统分引水、厂房及尾水三大系统,具体由主副厂房、主变室、调压室三大洞室和六条引水压力管道、六条母线洞、两条尾水洞以及交通洞、运输洞、出线洞和通风洞等地下建筑物组成的一个庞大地下洞室群及进水口、尾水出口、开关站、地面控制楼、通风洞口等地面建筑物组成。该地下厂房系统从河床侧向山体侧依次布置有空调机房、安装间侧副厂房、安装间、主厂房、副厂房,开挖尺寸为 298.40 m×30.6 m×79.38 m。设置有吊顶岩锚梁及岩锚吊车梁,其上部厂房开挖跨度为 30.6 m,下部开挖跨度为 28.3 m,最大开挖高度为 84.88 m,是目前世界最大的地下厂房之一。厂房里端墙外侧布设有 φ8.8 m 主排风,外端墙侧布设 φ10.5 m 电梯井,其上游侧 6 条压力管道贯入,下游侧分别在厂房中部、底部有 6 条母线洞及 6 条尾水支洞穿过,主变室平行布置在厂房下游侧,与厂房间净距为 49.7 m。尾水管后延扩大段开挖跨度达 22.5 m,从而导致相间岩柱隔墩仅有 10.5 m,其挖空率达 68.18%,该部位工程安全问题尤为突出。

11.1.2 调压室五岔口开挖支护

小湾尾水调压室为"三机合一"布置,大洞径的尾水支洞、调压室、尾水隧洞在此形成立体交叉五岔口,上游尾水支洞平面交汇位置处岩体较薄,仅为 8.75 m。

尾水调压室竖井开挖 φ2 m 导洞先贯通,然后按 φ6 m、φ16 m、φ38 m 分次扩挖。底部五岔口开挖采取了尾水支洞先支护及混凝土锁口,后竖井分次扩挖。开挖至尾水支洞及尾水隧洞洞顶 5 m 左右则在竖井内预留 3 m 保护层开挖,开挖洞渣堆积在尾水支洞及尾水隧洞交叉口位置。

尾水支洞除系统锚杆、喷混凝土外,量尾水支洞间边墙隔墩布置了 600 kN 级的对穿锚索,岔口顶拱布置了两排径向 125 kN 预应力锚杆及 600 kN 级、$l = 18$ m 的无黏结锚索,在上述系统支护完成后进行 10 m 洞段的混凝土锁口。通过先锁口,后竖井分次扩挖,竖井扩挖至尾水支洞、尾水隧洞洞顶及时进行喷混凝土、水平向系统、锁口预应力锚杆及锚索施工。

11.1.3 尾水管岔口开挖支护

小湾尾水管后延开挖段跨度达 22.5 m,两洞间岩柱隔墩仅有 10.5 m,挖空率达 68.18%,边顶不仅布设 $\phi 25$ mm@2.0 m×2.0 m,$l = 4.5$ m 的系统锚杆,而且还布置了 125 kN 的预应力锚杆,边墙另外布设了 600 kN 级的对穿锚索,采取了先中导洞开挖至厂房,再一次扩挖支护,喷锚支护原则上紧跟扩挖。

11.1.4 工程质量及结果评价

小湾尾水管顶拱最大位移为 4.26 mm,锚杆应力为 3.87～255.85 MPa,大多在 100 MPa 以下。

通过超前研究开挖支护方案、按程序谨慎稳妥开挖支护,成功实现了小湾尾水系统大洞室五岔口的安全开挖支护。1# 调压室累计位移值为 0.29～31.55 mm,锚杆应力为 13.77～239.87 MPa,2# 调压室累计位移值为 1.08～60.76 mm,锚杆累计应力为 4.6～244.06 MPa,锚索最大测力计值为设计荷载的 1.44 倍,大多为设计荷载的 1.0 倍左右,在开挖支护过程中未发生塌方现象。

11.2 实例 2 金沙江溪洛渡水电站右岸地下电站交叉口开挖

11.2.1 工程概述

溪洛渡水电站位于四川省雷波县与云南省永善县接壤的金沙江溪洛渡峡谷中,下游距宜宾市 184 km(河道里程),左岸距四川省雷波县城约 15 km,右岸距云南省永善县城约 8 km。溪洛渡水电站右岸地下电站装机 9 台、单机容量为 770 MW 的水轮发电机组,总装机容量 6 930 MW。地下厂房布置于坝线上游库区,由主机间、安装间、副厂房、主变室、9 条压力管道、9 条母线洞、9 条尾水管及尾水连接洞、尾水调压室、3 条尾水洞、2 条出线井以及通排风系统、防渗排水系统等组成。

尾水岔洞工程由 4# 尾水岔洞、5# 尾水岔洞和 6# 尾水岔洞组成,其上、下游分别与尾水支洞和尾水隧洞相连接。尾水支洞与尾水洞采用三合一的布置形式形成尾水岔洞;3 条尾水岔洞基本平行布置。相邻两尾水管连接段间设计最大岩壁厚度为 19 m,岔洞相交部位的隔墙最小厚度仅为 2.63 m。

11.2.2 施工情况

4#、5# 尾水岔洞和尾岔支洞分为Ⅳ层施工,6# 尾水洞及尾岔支洞分为Ⅴ层进行施工。每层开挖支护按照中导洞超前、两侧扩挖跟进的方式进行。尾岔渐变段和尾水支管段设计开挖体型复杂,开挖成型后的断面跨度大,再加上相邻两支洞之间的中隔墙保留岩体的厚度较薄,因此在开挖施工中主要提前做好超前支护和加强支护,采取短进尺、弱爆破的施工方法。

11.2.3 工程质量及结果评价

溪洛渡电站右岸尾水岔洞从 2006 年 12 月 20 日开工,至 2008 年 12 月 1 日完工。通过本工法的应用,在溪洛渡电站右岸地下电站开挖支护中实现了尾水系统岔口等高采空率、大塑性发展区部位的安全、快速施工,超欠挖控制较好,围岩应力变形较小,受到各方一致好评。

11.3 实例 3 锦屏一级水电站引水发电系统交叉口开挖

11.3.1 工程概述

锦屏一级水电站位于四川省凉山彝族自治州木里县和盐源县交界处的雅砻江大河湾干流河段上,是雅砻江干流下游河段的控制性水库梯级电站。引水发电系统布置于坝区右岸,地下厂区洞室群规模巨大,主要由引水洞、地下厂房、母线洞、主变室、尾水调压室和尾水洞等组成,三大洞室平行布置。

本工程 f13、f14、f18 断层横跨地下厂房三大洞室群地质条件复杂,洞室围岩强度低,地应力高。地应力引起的地下厂房洞室群围岩破坏有以下特点:对于厂房、主变室等与河流流向近垂直的洞室在开挖中围岩劈裂破坏主要发生在下游侧拱座附近和上游侧边墙,破坏形式主要有劈裂脱落、剪切滑移、卸荷张裂、碎裂松动、岩层折断等。厂房下游侧顶拱围岩片帮、劈裂破坏强烈,致使开挖面凹凸不平,目前下游拱腰部位围岩的这种破坏还在继续,还有向深部发展的迹象。而在向下开挖后上游边墙高应力引起的围岩卸荷回弹变形、劈裂破坏现象就变得强烈,对于尾水管、母线洞、引水下平洞等与河流流向近平行的洞室则是外侧顶拱破坏严重,破坏形式为薄层状大理岩出露段普遍内鼓弯折,完整岩体段普遍片帮、劈裂剥落,致使开挖洞型极差,而在下部则是内侧边墙因高应力引起的围岩卸荷回弹变形、劈裂破坏表现的强烈,使表层岩体松弛破坏。

引水系统采用单机单洞布置,六条引水洞平行布置,与厂房垂直相交,洞径为 10.6 m,两洞之间隔墙岩柱厚度为 21.4 m。

母线洞开挖尺寸前段 9.2 m×7.9 m(宽×高),后段 12.3 m×20.4 m,引水下平洞开挖 ϕ10.6 m,尾水管隔墩厚度为 15.53 m。

尾水系统采用"三洞合一"布置形式,圆筒阻抗式调压室,两调压室中心距离 95.10 m,①、②调压室开挖断面上室 ϕ41 m、ϕ37 m,下室 ϕ38 m、ϕ35 m;①~⑥尾水连接管开挖尺寸:12.0 m×17.5 m,与调压室相交位置两洞岩墙厚度仅 8.19 m。

11.3.2 施工方法简介

1#~6#引水下平洞跳分三组依次开挖进入厂房 2 m,距离厂房高边墙 1 倍洞径时采用短进尺、小药量爆破,中上导洞超前,左右边分序扩挖,系统支护跟进。在主厂房高边墙相贯处,沿洞周进行预裂爆破或钻减震孔,及时进行洞口环向锁口锚杆支护,并进行 1 倍洞径型钢拱架支护,根据厂房下卧过程锚杆应力计、多点位移计监测反馈情况,本工程在厂房开挖至引水下平洞顶位置时,岩体明显向压力管道内变形,洞壁可见变形形成的张裂隙,为此,对压力管道下平段与主厂房相交 1.5 倍洞径的岩柱隔墙增加两排 T = 1 000 kN,锁定吨位为 600 kN 预应力锚索进行加强支护。

尾水管采用先加固后开挖的施工顺序。尾水管隔墙、顶拱岩桥采用水平锚筋桩和垂直锚筋桩交叉支护,顶板浇筑 80 cmC30 钢筋混凝土锚拉盖板,垂直锚筋桩与锚拉板钢筋焊接;尾水管采用从母线洞打设悬吊锚筋桩、锚索加固,导洞开挖进厂房机组中心线位置,扩挖跟进,随后进行 1 倍洞径钢拱架支护,洞间岩墙采用 2 排对穿锚索支护。

尾水系统五岔口开挖,在调压室下挖时,先对尾水洞进行洞间对穿锚索及洞外侧端头锚索施工,在尾调室开挖至尾水连接管顶拱 15 m 时完成 1~2 倍洞径长锁口混凝土浇筑,尾水连接管贯穿至调压室 2.0 m。调压室采用中部先贯通 6.0 m 导洞,边墙预裂,薄层开挖,随层支护的施工方案,采用螺旋式开挖,变井挖为洞挖,加快了施工。

11.3.3 工程质量及结果评价

本工法的应用,成功实现了高地应力低围岩强度地区厂房高边墙交叉口、尾水系统五岔口等高挖空率、大塑性发展区部位的安全施工,在开工滞后 3 个月,增加大量支护工程量的情况下保证了三大洞室等关键项目的工期,经济效益明显,通过本工程多个大型交叉口应用,施工技术成熟,赢得了监理、业主的一致好评。

11.4 实例 4 三峡右岸地下厂房

11.4.1 工程简介

三峡工程右岸地下电站位于三峡坝址右岸白岩尖山体内,地面高程一般为 190~200 m。基岩以闪云斜长花岗岩和闪长岩包裹体为主。机组中心线与右岸坝后厂房在同一轴线上,引水洞、尾水洞和发电机组采用一机一洞的布置方式。安装 6 台 700 MW 水轮发电机组,总装机容量为 4 200 MW。

11.4.2 母线平洞与主厂房高边墙交叉口开挖

六条母线平洞平行布置,上游端口与主厂房下游侧边墙正交。开挖断面 9.6 m×9.3 m(宽×

高)(不含电缆沟),顶拱高程 75.80 m,底板高程 66.50 m,处于主厂房开挖分层的Ⅲ-2层(80.30~72.80 m),Ⅳ层(72.80~65.30 m)。

施工通道是:进厂交通洞→4#施工支洞→母线廊道→母线平洞。

母线平洞开挖之前,主厂房Ⅲ-1层(83.30~80.30 m)下游边墙的系统锚杆及锚索施工必须完成。采用间隔开挖的施工方式,即2#、4#、6#平洞为一组,1#、3#、5#平洞为另一组。每个母线平洞分为两序开挖。Ⅰ序,中导洞先行2~3个循环,开挖断面6.0 m×5.0 m,边顶拱扩挖随后。Ⅱ序,1.0 m底板层开挖。电缆沟开挖单独进行。母线平洞上下游段各10.0 m范围内,采用2.0 m短进尺、小药量、弱振动的钻爆方式,随即冒个那支护及时跟进。Ⅰ序开挖进入主厂房2.0 m。

Ⅰ序开挖结束后,进行系统锚杆支护和喷混凝土。之后,进行厂房Ⅲ-2层、Ⅳ层的周边预裂和梯段开挖。母线平洞的上游端洞口出露后,进行洞脸锚杆锁口锚杆和喷混凝土施工。随后,游增加了边顶、底板的加强锚杆。

11.4.3 引水下平洞与主厂房高边墙交叉口开挖

1#~6#引水隧洞下平洞与主厂房上游侧边墙相交,下平洞开挖半径 $R = 7.20$ m,顶拱高程64.20 m、洞底高程49.80 m。处于厂房分层开挖的Ⅴ层(65.50~55.30 m)、Ⅵ层(EL.55.30~EL.45.0 m)。在进行主厂房Ⅳ层(EL.72.80~EL.65.30 m)上游半幅的开挖爆破之前,先进行引水下平段与主厂房上游边墙交叉口10.0 m范围的加强锚杆、洞口周边4 m范围的径向预裂。预裂孔采用三臂台车造孔,孔口间距40 cm。EL.55.30~EL.51.50 m水平预裂,手风钻造孔,孔距40 cm。

施工过程中,利用测量手段控制孔向,孔深允许偏差≤5 cm,拟定的线装药密度为120~220 g/m,必须根据各个位置的不同孔深计算出各自的单孔装药量、装药结构,并且"对号入座"装药。

11.4.4 工程质量及结果评价

三峡右岸地下电站主厂房从2005年3月2日Ⅰ层开挖开始,至2007年4月7日第Ⅳ层喷混凝土完成,在两年多的施工过程中,严格爆破效果控制,开挖质量稳定、优良,适时支护,锚杆、锚索及喷混凝土施工质量优良。目前,主厂房围岩的绝对变形量、锚杆锚索应力均小于设计控制值。

(主要完成人:许延波 董学元 段汝健 汪浩亮 胡香伟)

自由式单孔多锚头防腐型预应力锚索施工工法

1 前言

传统的拉力型锚索和压力型锚索均属于单孔单一锚固体系,尽管具有多根钢绞线,但只有一个固定的锚固段。当锚索受荷载时,不能将载荷均匀地分布在锚固段,从而造成应力集中现象,在软岩中使受力岩体难以承受。而应力分散型锚索是靠多个钢质承载体来传力,由几个单元的锚固段组成,所以锚索受力的机理也不同。

应力分散型锚索是由无黏结钢绞线、承载板、锚头、灌浆体组成,不同长度的无黏结钢绞线以承载板和挤压套、挤压夹片固定。当锚索体被浆体固结后,将一定的张拉载荷施加到承载板的钢绞线末端时,设在不同深度的数个承载板将压应力通过浆体传递给被加固体。对锚固段内的被加固体提供分散的锚固力,将集中荷载分散为几个较小的荷载作用于锚固段,使应力峰值大大降低,避免应力集中现象。由于锚固力均匀分布在整个锚固长度上,从而最大限度地调用整个锚固长度范围内的地层强度。钢绞线有油脂、聚乙烯及灌浆体包裹防腐,且灌浆体受压、不易破坏,大大提高了锚索的寿命和耐久性。

2 工法特点

2.1 改善锚固段应力集中分布状况

自由式单孔多锚头防腐型预应力锚索为单孔多锚头结构,每组锚头分别承担一定荷载,应力分布状况为拉压复合型,总锚固力沿锚固段长度分布,改善了应力分布状况和围岩的受力条件,避免了传统拉力型锚索内锚头产生应力集中引起的锈蚀,对工程的长效锚固起到了重要作用。

2.2 有效防腐

单锚头密封套组件与无黏结钢绞线 PE 套一起构成了阻水效果十分良好的防渗体系,使钢绞线免遭外界侵蚀,有效地解决了锚索防腐问题。

2.3 有效减小孔径

自由式单孔多锚头防腐型预应力锚索的锚头数目及组合结构根据工程地质特性和锚索吨位大小进行选择,使制作成的锚索体的外径尽量最小,并且满足锚固段围岩地质条件及锚固力对锚孔孔径的要求。工程施工实践表明,自由式单孔多锚头防腐型预应力锚索不仅使得锚固段不再需要扩孔,而且可使得锚索孔径有效地减小,对保证工程进度、降低成本具有非常重要的作用。

2.4 全孔一次灌浆及二次张拉

全孔一次灌浆工艺,既保证了灌浆质量,又简化了工序、提高了灌浆工效。无黏结钢绞线的钢绞线可在 PE 套内自由地滑动,因此采用无黏结钢绞线可采用全孔一次灌浆工艺,即一次完成锚固段与自由段灌浆,浇筑锚墩,达到强度后进行锚索张拉,有时需进行二次张拉。

3 适用范围

本工法适用于土层及软弱破碎岩层中的锚固支护。

4 工艺原理

自由式单孔多锚头防腐型预应力锚索是通过锚固在无黏结钢绞线上的内锚板对孔内凝结的浆

体材料施加压力来传递锚固力,无黏结钢绞线在孔内的锚固方式是用挤压机将挤压套压在穿过内锚板的钢绞线里端,内锚板将荷载分散地传递到钻孔内锚固段上,更有效地利用天然地层强度,显著提高锚索的承载力。

自由式单孔多锚头防腐型预应力锚索由导向帽、托板、挤压头、承载锚板、注浆管、高强低松弛无黏结钢绞线构成,其特征在于钢绞线穿入密封套后与挤压套冷挤压成挤压头,密封圈位于挤压头底部与密封套内端面之间,密封帽与密封套通过螺纹连接并用密封胶密封,密封套、密封帽与挤压头之间填充有环氧树脂,形成的挤压头密封套组件前端突出的圆柱体嵌入托板上的对应孔,钢绞线穿过承载锚板上的对应孔而固定在承载锚板与托板之间,构成防腐型锚头。一根锚索由多组锚头构成,每组锚头由一块托板、两个单锚头、一块承载锚板组合而成,详见图1。

图1 自由式单孔多锚头防腐型预应力锚索结构图

5 施工工艺流程及操作要点

5.1 施工工艺流程

自由式单孔多锚头防腐型预应力锚索的施工工艺流程见图2。

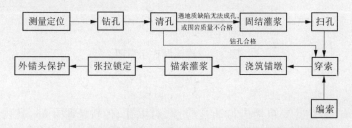

图2 自由式单孔多锚头防腐型预应力锚索施工工艺流程

5.2 工艺操作要点

5.2.1 测量定位

根据锚索设计图纸用全站仪测放出锚索孔位,并用红油漆进行标示。按照锚索编号要求对钻孔进行编号。

5.2.2 钻孔与清孔

锚索钻孔设备选用 YG-80 锚索钻机(结合锚索孔径与孔深选型),同时配置大吨位液压拔管机等配套钻具。对于土边坡和破碎岩石边坡上的锚索孔采用跟管钻进造孔。造孔时,用同径常规钻头先造孔 0.5~1.0 m 左右,为跟管钻进提供定位和导向作用。开钻前,让偏心钻头伸出套管靴,正转速度达到一定时,张开偏心钻头即可进行钻进。跟管钻进过程中,边加钻杆边加接套管。每钻进 2~3 m,提钻检查钻头与冲击器的连接状况、偏心钻头连接机构及锁紧机构状况,更换销子,防止掉钻事故的发生。当跟管钻进至覆盖层与基岩接触面时,即将跟管钻头、冲击器、钻杆提出孔外,再用常规钻头钻进至设计深度。施工中遇到大孤石等障碍使得跟管困难时,用常规钻头钻出导向通道后再偏心扩孔跟管。钻孔完毕后,连续不断地用高压风彻底吹洗钻孔,直至孔口返出之风手感无尘屑,延续 5 ~ 10 min,使孔内沉渣厚度不大于 20 cm。在套管内放入锚索体,用液压拔管机将套管拔出。

5.2.3 编索

按实际孔深满足张拉和设计要求的最小长度进行下料,使用切割机下料。下料后,把钢绞线一端的 PE 套剥除 15 cm,清洗干净钢绞线的每股钢丝,通过 YCQ26Q 千斤顶把剥除 PE 套的钢绞线与挤压套冷挤压成单锚头(详见图 3),把一块托板、两个单锚头和一块承载锚板装配成一组锚头,两个单锚头位于托板与承载锚板之间,托板与承载锚板通过黑铁丝捆扎固定牢固。紧靠承载锚板的 PE 套端部应用胶带缠封,以免灌浆时浆液侵入。锚索锚固段按 0.75 ~ 1.0 m 的间距安设隔离架,张拉段隔离架间距 1.5 m。张拉段在两隔离架中间使用黑铁丝捆扎,锚固段在两隔离架中间使用黑铁丝捆扎成纺锤型。锚固段顶部安装导向帽,导向帽与钢绞线捆扎牢固,同时将导向帽、进浆管正确安装。进浆管用 φ20PVC 管,并应伸入至距孔底 20 cm 处,回浆管安放自由段端口外 1 m 即可。灌浆管路耐压强度不应低于灌浆压力的 1.5 倍。对组装好的锚索按照对应的锚索孔进行编号,并登记挂牌,标明锚索编号、长度,妥善放置备用。锚索编制在边坡钢管脚手架上进行。

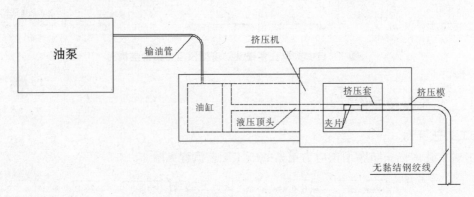

图 3 单锚头制作示意图

5.2.4 穿索

锚索入孔安装前,对钻孔要重新进行通孔检查,对塌孔、掉块清理干净,孔内积水用高压风吹干净。清除锚索 PE 套及锚头上的粉尘和污物,并对锚索体进行详细的检查,主要检查排气管、注浆管的位置及通畅情况,核对锚索编号与钻孔孔号,经检验合格后用人工将锚索安放进锚孔内。

5.2.5 浇筑锚墩

锚墩钢筋制安时,先用风钻在锚孔周围坡面上对称打孔 4 ~ 6 个,插入骨架钢筋并固定。将钢绞线束穿入导向钢管并把导向钢管插入孔口 10 ~ 20 cm,然后按照设计图纸要求分别焊接钢筋网并固定于骨架钢筋上,焊接过程中,不得损伤钢绞线。

钢垫板牢固焊接在钢筋骨架上,钢垫板预留孔的中心位置置于锚孔轴线上。在钢垫板与基岩(框格梁)之间按照锚墩设计尺寸立模,锚墩模板采用定型钢模板,采用钢管支架支撑固定模板,确保锚墩整体不变形。

锚墩混凝土在现场用强制式搅拌机拌制,人工入仓,采用 φ25 插入式振捣器振捣密实,锚墩混凝土收仓后,抹平压光。

5.2.6 锚索灌浆

预应力锚索下索后,进行全孔灌浆(浆液为纯水泥浆,水灰比为 0.35∶1)。灌浆前先压入压缩空气,检查管道畅通情况。采用孔口阻塞器封闭灌注,浆液从灌浆管向内灌入,空气直接排出。在灌浆过程中,观察出浆管的排水、排浆情况,当排浆浓度与灌浆浓度相同时,方可进行屏浆。灌浆缓慢均匀地进行,不得中断,并应排气通畅。当回浆压力达到 0.3 MPa,吸浆率小于 0.4 L/min 时,再屏浆 30 min 即可结束。

5.2.7 张拉锁定

岩石边坡上的自由式单孔多锚头防腐型预应力锚索张拉按先单根循环预紧张拉,再整束分级张拉至设计吨位并锁定。

单根预紧张拉程序:安装千斤顶→0→20% P/股→测量钢绞线伸长值→卸千斤顶。预紧采用单根钢绞线小千斤顶循环法,单根钢绞线预紧应力为设计张拉力的 20%,每根钢绞线至少进行两个循环预紧,要求两次预紧伸长值小于 3 mm,伸长值的量测是第二次预紧相对于第一次预紧,且每根钢绞线的伸长值不得小于理论值的 10%。否则,进入下一循环继续预紧,直至满足要求才能进入整体张拉。

整束分级张拉:0→20% P→25% P→50% P→75% P→100% P→105% P 稳压锁定(P 为设计工作荷载)。除最后一次超张拉稳压持续 30 min 外,其余每级稳压时间为 5 min。张拉时升荷速率每分钟不宜超过设计预应力值的 10%。张拉各级加载稳压前后,测量钢绞线的伸长值与钢绞线理论计算伸长值进行对比,并分析钢绞线的张拉结果。卸荷速率:每分钟不宜超过设计应力的 20%。

考虑到边坡岩性复杂,锚索张拉力大、索体长,为减少预应力损失,采取间歇张拉的方式。锚索初期张拉力按设计值的 80% 控制,待边坡或索体应力充分调整、早期预应力损失基本完成后再进行补偿张拉,使锚索应力超张拉到设计允许应力值后锁定。

当锚索的预应力损失超过设计张拉力的 10% 时,进行补偿张拉。补偿张拉在锁定值基础上一次张拉至超张拉荷载,最多进行两次补偿张拉。

5.2.8 外锚头保护

锚具外的钢绞线除留存 10 cm 外,其余部分用切割机切除。外锚具和钢绞线端头,用厚度不小于 20 cm 的 C30 细石混凝土封闭保护。

6 材料与设备

自由式单孔多锚头防腐型预应力锚索分区分段进行施工,需要的材料及机具设备见表1、表2。

7 质量控制

7.1 材料和设备要求

锚索施工所需的水泥、砂石骨料、外加剂、钢绞线、锚具等各类材料进场后在监理工程师的见证下抽样送检,送具有相应检测资质的单位进行检测。

表1　主要施工材料配置表

序号	材料名称	规格型号	备注
1	无黏结钢绞线	270 级、φ15.24	
2	锚具	ESM15 系列	含与锚具相匹配的夹片
3	挤压套	外圆:φ35.3	含与挤压套相匹配的夹片
		内孔:φ17.7	
4	普通硅酸盐水泥	P.O42.5R	
5	减水剂	SW - 高效减水剂	
6	机制砂	中砂	
7	小石	5 ~ 20 mm	
8	中石	20 ~ 40 mm	

表2　主要施工机具设备配置表

序号	设备名称	规格及型号	单位	数量	备注
1	螺杆式空压机	DPQ－750XH	台	3	
2	锚索钻机	YG－80	台	5	结合锚索孔径及孔深选型
3	拔管机	ZB－50	台	2	结合锚索孔径选型
4	手持式切割机	SS01	台	1	用于切除锚具外多余的钢绞线
5	高速砂轮切割机	HQ－40－3	台	1	用于钢绞线下料切割
6	挤压机	GYJ型	台	1	用于挤压单个锚头
7	测斜仪	JJX－5型	套	1	
8	千斤顶	YCW－250	台	1	用于锚索整束张拉
9	千斤顶	YCQ26Q	台	1	用于锚索单根预紧
10	张拉油泵	ZB4－500	台	1	
11	灌浆记录仪	LJ系列	台	1	
12	灌浆泵	HBW150－B	台	1	
13	立式搅拌机	500L	台	1	拌制锚索注浆浆液
14	插入式振捣器	ZP25型	台	1	
15	混凝土搅拌机	350型	台	1	拌制锚墩混凝土
16	全站仪	TCR802	台	1	

7.2　锚索钻孔质量控制

（1）开孔前,在设计孔位上检查好冲击器和偏芯钻具,将连接好的冲击器及钻杆安装在安装平稳的钻机上,再将冲击器及导管固定牢,保持与钻机轴线一致,以免造成移位。

（2）清孔后下入与锚孔口径相同的探孔器探孔,以验证孔深及孔径。孔深及孔径均满足设计要求后将孔口堵塞保护,以防止异物掉入孔内。

7.3　编索、穿索质量控制

锚索编制中钢绞线应一端对齐,排列平顺,不得扭结,绑扎牢固,绑扎间距控制在1.5 m左右。锚索安装前要核查孔号与锚索编号,检查孔道通畅情况及索体钢绞线顺直性。锚索一次放索到位,避免在安装过程中反复拖动索体。

7.4　锚墩混凝土浇筑质量控制

浇筑锚墩混凝土时,进行现场取样,确保锚墩混凝土的质量。振捣过程中避免振捣器碰到锚墩钢筋、模板及预埋薄壁钢管。混凝土振捣均匀密实,防止漏振。

7.5　灌浆质量控制

（1）锚索灌浆用水泥质量应符合《硅酸盐水泥,普通硅酸盐水泥》(GB 175—2007)的规定。过期、变质水泥不得使用。

（2）灌浆采用纯水泥浆,按提供的水灰比制浆,浆液结石体强度满足设计要求。

（3）制浆站设置浆液配置配合比牌,标明配合比参数,并严格按照配合比参数进行配置。

（4）制浆站配置称量器具,并随时进行配置用量的校正,以保证浆液配置质量。

（5）浆液拌制均匀并随时进行浆液比重的测定,确保比重计完好。

（6）锚索灌浆前,应检查注浆管的通畅情况,在灌浆过程中随时注意检查相邻锚索注浆管的情况,发现有串浆现象及时采取处理措施。

7.6 张拉质量控制

锚索张拉机具运抵工地后,先配套试装并进行空载运行,排除液压系统中的空气,检查张拉系统各个环节有无问题,如千斤顶是否漏油,压力表是否回零,高压油泵输油回油是否正常,高压油管系统有无漏油等,发现问题后立即处理,在张拉机具运行正常可靠后方可进行正式安装。锚索张拉操作人员应进行专门培训并经过考试合格,取得上岗证后方可上岗。

8 安全措施

(1)认真贯彻执行"安全第一、预防为主"的方针,根据国家有关规定、条例,结合施工单位实际情况和工程的具体特点,组成专职安全员和班组兼职安全员以及工地安全用电负责人参加的安全生产管理网络,执行安全生产责任制,明确各级人员的职责,完善安全检查工作制度。

(2)施工前应对作业人员进行安全技术交底,对作业人员进行安全教育,增强其安全意识和自我保护能力。

(3)进入施工区的所有人员必须戴安全帽,高空作业人员应系安全带、穿防滑鞋;钻机操作人员应戴防护口罩、风镜等防护用品。

(4)操作人员应经过专业培训,并经考试合格后方可上岗操作。

(5)施工前应对作业区围岩的松动块石、边坡孤石进行检查处理,根据需要设置挡石排。

(6)预应力锚索施工的工作平台、脚手架要加固牢固,设置安全防护设施,并挂警示牌。

(7)设备、机具的转动和传动部分设置防护罩。

(8)非作业人员不得进入锚索张拉作业区,张拉时千斤顶出力方向45°内严禁站人。

(9)定期检查高压风管、高压油泵、油管、输浆管线的耐压性及垂直管线的固定。

(10)认真做好施工安全记录。

9 环境保护措施

9.1 施工生产废水处理措施

施工区钻孔灌浆产生的废浆在施工区设置废浆处理池,处理后的废浆运到弃渣场或监理工程师指定的地方,并及时掩埋,防止流失污染环境。

9.2 施工区粉尘与废气控制措施

施工作业产生的粉尘,除作业人员配备必要的防尘劳保用品外,采取防尘措施,防止灰尘飞扬,使粉尘公害降至最小程度。锚索造孔设备安装捕尘装置。施工机械设备排放的气体经常检测,排气量大的车辆及燃油机械设备需配置尾气净化装置。

9.3 施工区噪声控制措施

加强设备的维护和保养,保持机械润滑,达到减少噪声的目的,振动大的机械设备使用减振机座降低噪声,各种动力机械设备暂时不用时应关闭发动机;采取必要的预防措施保障职工的听力健康,如给施工作业人员配备耳塞、耳棉等可靠的防护措施;注意施工人员的合理作息,增强身体对环境污染的抵抗力;施工期间,将动力机械设备合理分布在施工场地,尽量避免在敏感受体附近同时布置或运行多套动力机械设备。

9.4 施工废弃物的处理措施

预应力锚索施工中的废弃物,如剥下的无黏结钢绞线的 PE 套管和被清除的废油脂、锚夹具的包装纸、废机油等,不得随意掩埋和倾倒入江河,以免污染土壤和水体。应按规定对其进行分类,该掩埋的掩埋,应焚烧的焚烧。

9.5 完工后的场地清理规划

预应力锚索工程施工完毕后,须进行场地清理、平整,力求恢复原貌,保持良好的生态环境。

10 效益分析

(1)自由式单孔多锚头防腐型预应力锚索不仅使得锚固段不再需要扩孔,而且可使得锚索孔径有效减小,因而可加快施工进度和降低施工成本。如 3 000 kN 级、2 000 kN 级拉力型锚索的孔径分别为 φ220 mm、φ180 mm,而采用自由式单孔多锚头防腐型预应力锚索后相应的锚索孔径分别为 φ180 mm、φ140 mm,这对锚索孔的施工而言,可降低施工费用。

(2)无黏结预应力钢绞线是在钢绞线周围包裹防腐油脂涂料层和聚乙烯或聚丙烯组成的外包层,具有优异的防腐、抗震和锚固性能。

(3)本工法采用全孔一次注浆工艺,即一次完成锚固段与自由段注浆,既保证了注浆质量,又简化了施工工序、提高了注浆工效,也就降低了施工成本。

(4)本工法采用掺入早强剂的水泥基锚固材料,可在 6~7 天施加预应力,能够进行快速锚固,保证危岩体的安全,加快施工进度,综合效益明显。

11 应用实例

11.1 自由式单孔多锚头防腐型预应力锚索在泸定水电站厂房边坡支护中的应用

泸定水电站位于四川省甘孜藏族自治州泸定县境内,为大渡河干流水电梯级开发的第 12 级电站,上距康定县城约 44 km,下距泸定县城约 2.5 km,泸定水电站厂房为地面厂房。泸定水电站厂房边坡开挖与支护工程由中国水利水电第十四局有限公司承建。

泸定水电站厂房边坡开挖最大高度为 100 m,厂房边坡每 20 m 高设置一级马道,共四级马道,上面三级马道宽 2 m,最下面一级马道宽 3 m,厂房边坡包含土边坡和岩石边坡,岩石边坡坡比为 1:0.5,土边坡坡比为 1:1~1:1.5。土边坡和岩石边坡深层支护均采用自由式单孔多锚头防腐型预应力锚索。土边坡上设置框格梁锚索,锚索设计锚固力为 1 500 kN 和 1 000 kN,锚固深度为 50 m 和 40 m,锚索间排距均为 3 m,混凝土框格梁尺寸为 40 cm × 40 cm,网格间排距为 3.0 m。岩石边坡上的锚索设计锚固力为 2 000 kN、1 500 kN,锚固深度为 50 m 和 40 m,2 000 kN 锚索间排距为 5 m,1 500 kN 锚索间排距为 6 m,锚索俯角均为 10°。锚索锚墩均为现浇混凝土锚墩。

自由式单孔多锚头防腐型预应力锚索在泸定水电站厂房边坡深层支护中进行了成功应用,质量控制较好,取得了较好的效果。预应力锚索监测结果表明,预应力锚索埋设后锚固力损失在设计允许的范围内,说明预应力锚索埋设安装、锁定是成功的,目前处于正常工作状态。泸定水电站厂房边坡地质条件差、施工工期紧,采用自由式单孔多锚头防腐型预应力锚索不但解决了传统预应力锚索对复杂地层适应性差、锚固段应力集中问题,而且该锚索灌浆工序简化,提高了工效,保证了深层支护紧跟浅表支护,为厂房边坡快速开挖创造了条件。

11.2 自由式单孔多锚头防腐型预应力锚索在小湾水电站左、右岸坝肩抗力体锚固工程中的应用

小湾水电站位于云南省西部南涧县与凤庆县交界的澜沧江中游河段,在干流河段与支流黑惠江交汇处下游 1.5 km 处,系澜沧江中下游河段规划八个梯级中的第二级。

小湾水电站工程属大(1)型一等工程,永久性主要水工建筑物为一级建筑物。工程以发电为主兼有防洪、灌溉、养殖和旅游等综合利用效益,水库具有不完全多年调节能力,系澜沧江中下游河段的"龙头水库"。该工程由混凝土双曲拱坝(坝高 292 m)、坝后水垫塘及二道坝、左岸泄洪洞及右岸地下引水发电系统组成。水库库容为 149.14 × 10^8 m³,电站装机容量 4 200 MW(6 × 700 MW)。

小湾水电站枢纽工程边坡分布范围广,坡高陡峻,部分地段风化卸荷严重,地形、工程地质及水文地质条件复杂。地段分布岩层为时代不明的中深变质岩系(M)。岩性主要为黑云花岗片麻岩和角闪斜长片麻岩,两种岩层均夹薄层透镜状片岩。黑云花岗片麻岩的矿物成分为石英、长石及少量

云母;角闪斜长片麻岩的矿物成分为斜长石、角闪石及少量云母。岩层呈单斜构造横河分布,产状为N75～85W,NE75～90,由于枢纽区经受多期构造活动,破裂结构面较发育。其总体特征是:在平面和剖面上均呈舒缓状延伸,破碎带变化大,同一断层在当黑云花岗片麻岩层中通过时,常由多个碎裂面(带)组成,在破碎面(带)中有泥化糜棱岩和碎裂岩分布,而在两破裂面(带)之间主要为碎块岩。另外,在冲沟两侧山坡岩体中尚分布有近EW向延伸的顺坡中缓倾角结构面。

由于预应力锚索具有快速有效且对边坡扰动小的特点,小湾工程坝肩抗力岩体采用预应力锚固,以提高拱座岩体的刚度,加强整体性。小湾坝肩抗力岩体各部位出露的岩石条件和受力特征存在差异,针对各部位具体情况,采用了不同的预应力锚索型式和级别。级别主要有1 800 kN级、3 000 kN级、6 000 kN级三种。锚索水平间距5 m,排间距5 m,水平倾角40°～60°,$L = 45 ～ 85$ m(锚固段长度≥6 m)。

对于坝肩抗力体边坡这种岩石破碎、节理发育的边坡,采用自由式单孔多锚头防腐型预应力锚索进行锚固,避免了锚固段受力岩体应力集中,增强了锚固效果和减小了锚固应力损失,从而达到稳定边坡的目的。预应力锚索监测结果表明,预应力锚索埋设后锚固力损失较小,目前处于正常工作状态。自由式单孔多锚头防腐型预应力锚索在小湾水电站左右岸坝肩抗力体工程边坡支护中进行了成功应用,质量控制较好,取得了较好的效果。

11.3　自由式单孔多锚头防腐型预应力锚索在龙马水电站溢洪道边坡支护工程中的应用

龙马水电站位于云南省思茅地区墨江哈尼族自治县(左岸)与江城哈尼族彝族自治县(右岸)的界河把边江河段上。坝址位于把边江右岸支流勐野江汇口下游7.5 km处。坝址距昆明公路里程425 km,距墨江县城公路里程为173 km,距通关镇公路里程为105 km。溢洪道部分边坡开挖支护工程由中国水利水电第十四工程局有限公司承建。

龙马水电站右岸溢洪道边坡穿越$5^\#$、$7^\#$、$9^\#$、$11^\#$冲沟,覆盖层垂直厚度一般<10 m,基岩岩性为K1m1石英砂岩夹泥质钙质砂岩及少量泥岩,节理裂隙、结构面较发育,引渠段边坡呈弧形,边坡高度一般为50～60 m,在引渠末端边坡高达114 m。该段覆盖层铅直厚度一般约10 m,全、强风化岩体厚度一般约25 m,卸荷深度一般46 m,多属Ⅳ类岩体,进口段为Ⅴ类岩体。该段共发育了4条Ⅲ级结构面(F9、F10、F11及F12),对边坡稳定影响极大。引渠段、闸室段、泄槽段上部覆盖层及全、强风化岩体厚度较大,一般约25 m,由于断层集中发育,且存在不利结构面组合,边坡开挖后将产生楔体失稳的可能性较大,总体稳定性较差。为满足边坡稳定要求及安全需要,在溢洪道边坡布置一定数量的单孔多锚头防腐型预应力锚索进行支护,锚索设计锚固吨位为2 000 kN,锚固深度主要为35 m、40 m,少量锚固深度为50 m,锚索间排距均为5 m,锚索下倾角度8°。

对于溢洪道边坡这种岩石破碎、节理发育地质条件的边坡采用自由式单孔多锚头预应力锚索进行锚固,可以避免锚固段受力岩体应力集中,增强锚固效果和减小锚固应力损失时间,从而达到稳定边坡的目的。预应力锚索监测结果表明,预应力锚索埋设后锚固力损失较小,目前处于正常工作状态。由于其结构的合理性,该锚索将传统黏结型锚索的两次注浆简化为一次注浆,这提高了工效并有效地减小了锚索孔径,同时缩短了锚索长度,节省了工程材料,降低了工程造价。自由式单孔多锚头防腐型预应力锚索在龙马水电站溢洪道边坡支护中进行了成功应用,质量控制较好,取得了较好的效果。

(**主要完成人**:王来所　刘士诚　刘六艺　张述毕　黎文海)

2011 年度水利水电工程建设工法汇编

二、机电及金结工程篇

大型抽水蓄能电站机组定子并头套
中频焊接施工工法

1　前言

　　在大中型机组安装过程中,由于运输尺寸及重量的原因,定子一般在现场进行组装,定子并头套焊接是定子线圈组装工艺中的一个重要环节,一般采用银铜硬焊接、火工焊接、中频感应焊接等方法进行施焊。采用银铜硬焊接、火工焊接等方法进行施焊时,容易损坏定子线圈绝缘层。采用中频感应钎焊,因其加热速度快,且加热均匀,减轻了钎焊时对绝缘层的烧损,提高了施工效率,对周围环境的影响也小;而且采用片状焊料,渗透率也较高。响水涧抽水蓄能电站为国内首台自主研制、自主开发、自主设计、自主制造、自主安装、自主调试的 4×250 MW 可逆式抽水蓄能机组,额定转速 250 r/min,其定子并头套焊接采用上下层线棒端头用棉纱包裹绝缘、铺设防水布,在定子内部制作中频焊机施工旋转支架,中频焊机置于施工旋转支架上,便于施工焊接,提高了施工工效,用放大镜放大检查焊缝焊接质量,使用大电流直流检查其焊接接触电阻等方法确保了定子并头套焊接的施工质量,形成了本工法。

2　工法特点

　　(1)中频感应加热只需将银焊片连接件和线棒端部之间定好位即可,操作较为简便;加热速度快,效率高,且加热均匀;制作施工旋转支架,便于施工焊接。提高了施工工效,使定子组装直线工期减少 18 d 时间,大大缩短了施工工期,为机组提前发电赢得了时间,创造了良好的经济效益和社会效益。

　　(2)加热均匀,无局部受热过大导致母材损毁现象,减轻了钎焊时对定子线圈绝缘层的烧损,减小了对周围环境的影响;采用片状焊料,渗透率较高,焊接牢固,连接可靠。焊接部位氧化面积小,焊接后外观精美;用放大镜放大检查焊缝焊接质量,使用大电流直流检查其焊接接触电阻等方法确保了定子并头套焊接的施工质量。

　　(3)上下层线棒端头用棉纱包裹绝缘、铺设防水布保护,中频感应焊接时不易损坏,更便于对定子线圈进行保护。

　　(4)比传统银铜焊接节能 40% 电量,功率因数影响小,对系统电网影响小,节约电量成本低。

3　适用范围

　　本工法适用于大中型水轮发电机组定子线圈组装过程中的线棒端头并头套中频焊接,对施工操作工艺有一定的借鉴意义。

4　工艺原理

　　中频感应焊接就是利用中频感应加热的原理,由中频电源及感应线圈组成的中频焊机进行并头套焊接,当感应圈套入待焊定子线棒端部时,启动中频电源,利用感应加热的原理,使银焊片及银焊条熔化,达到焊接的目的。

5 工艺流程及施工要求

5.1 工艺流程

定子并头套焊接施工主要工艺流程见图1。

5.2 施工要求

（1）用线棒端头整形工具校正线棒端头，使上下层线棒端头对正平齐，其偏差应不大于2 mm；打磨抛光焊接件表面，使定子线棒端头制造过程中的环氧固化胶全部去除，确保焊接时线棒端部与连接板更加紧密可靠连接；安装中频焊机旋转支持支架，用于支持和吊装中频感应焊机，因旋转支持支架具有旋转功能，当中频焊机需更换焊接位置时，可以自由灵活调整焊接位置，如图2所示。

（2）安装中频焊机，接通水、电、气，按设备说明书要求对中频焊机进行现场调试，调试时测试其电流约为140 A、焊接电压约为280 V，焊接功率为42 kW，焊接频率为6 000 Hz。

（3）使用清洁白棉布蘸无水酒精分析醇（或丙酮）清理定子线棒端头，直至定子并头端部杂物清理干净，检查其端部无化学材料附着，无金属粉末等。

（4）定子线棒上端头用棉纱头挡一圈，以防焊接时飞溅物掉入铁芯内或线棒内。

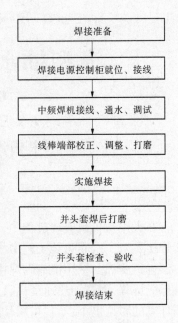

图1　主要工艺流程

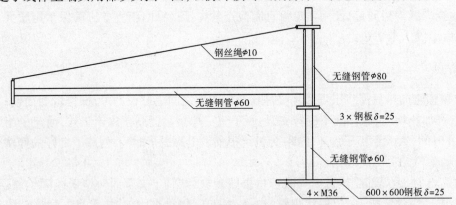

图2　中频焊机旋转支持支架装置示意图

（5）在线棒接头之间预行塞入银铜焊片，并用大力钳将线棒端部及连接板夹紧。

（6）线棒上端头焊接前，用湿棉纱头磨裹住定子线棒端部绝缘处，可有效阻止线棒端部导体在焊接过程中热量的传递，以免导体焊接热量传递损伤线棒的绝缘。

（7）投入中频焊机，对线棒端部进行加热，加热至温度为780~830 ℃时，银焊片开始熔化，迅速在焊接部位的上下及前后涂装银焊条，使其饱满。焊接时间约为90 s即可完成焊接，停止加热，使用冷水对焊接部位进行冷却。

（8）在焊接过程中如果90 s时间内未完成，为了不对线棒绝缘及连接板造成损伤，停止加热并对焊接部位进行冷却，待冷却后再进行加热焊接。

（9）焊接过程中用放大镜检查焊接质量，焊缝应充满焊料、光洁、平整、无气孔和裂纹，焊接面必须大于80%的理论焊接面，线棒绝缘不应有烧伤痕迹。

（10）焊接完成后，使用角向磨光机对焊接部位进行打磨抛光处理。将焊接产生的氧化层、毛刺剔除掉。

（11）使用放大镜检查焊接部位焊接接触表面是否饱满，有无裂纹、气孔等焊接缺陷。使用接触电阻测试仪测试其焊接接触电阻是否小于 20 μΩ。

6 材料与设备

本工法采用的主要设备机具、材料见表1。

表1 主要设备机具、材料表

名称	型号	单位	数量	说明
中频焊机		台	2	
水准仪	D_3	台	1	
毫米级水平尺	3 m	把	1	
深度游标卡尺	50 mm	把	1	
手电筒		把	5	
氧气		瓶	10	
乙炔		瓶	8	
牙医镜		副	1	
角向磨光机		台	2	
砂纸		张	若干	
大力钳		支	10	

7 质量控制

（1）焊接前定子并头套抛光打磨,确保上下层线棒端头对正平齐,其偏差应不大于 3 mm。

（2）控制好焊接时的温度、电流、电压、时间及冷却水的压力、流量。

（3）并头套焊接时要确保焊接质量,焊缝要平整美观,毛刺、氧化层均需要打磨去除。

（4）焊接完成后使用放大镜检查焊缝并使用接触电阻测试仪测试接触电阻是否满足要求。

8 安全措施

（1）定子组装现场临时用电尽量采用安全电压。

（2）定子组装现场照明要满足照度要求,安全通道要畅通。

（3）高空交叉作业,应有防护及通信措施。

（4）设防火器材,并设警示牌警示,消除火源,以防油品着火。

（5）做好定子防尘措施。

9 环保措施

（1）成立施工现场环境卫生管理机构,通过项目主任牵头,工程技术科与安全科组织监督落实,确保在施工过程中能严格遵守国家和地方政府下发的有关环境保护的法律、法规和规章制度。加强对施工废料、废气、冷却水的控制和治理,定子内加强通风,冷却水安装专用管道排放,遵守固体废弃物处理的规章制度。

（2）施工前对全体施工人员进行环保知识教育和环保措施技术交底,加强环保意识和明确环保工作的重大意义。

（3）对施工过程中产生的废水、废布等易燃、易对环境造成危害的物品分类堆放,并及时按照国家及地方相关规定进行集中处理。

10　效益分析

（1）本工法只需将银焊片连接件和线棒端部之间定好位即可，操作较为简便；加热速度快，效率高，且加热均匀；制作施工旋转支架，便于施工焊接。上下层线棒端头用棉纱包裹绝缘、铺设防水布保护，便于清理，以上提高了施工工效，使定子组装直线工期减少18 d时间，大大缩短了施工工期，比其他焊接方法节能达到40%，施工工效提高约50%，为机组提前发电赢得了时间，创造了良好的经济效益和社会效益。

（2）利用绝缘、防水布及中频焊机工作支架保证在施工过程中定子成品不受损坏，现场制作中频焊机工作支架，减少辅助劳力。

11　应用实例

响水涧抽水蓄能电站定子额定容量为275 MVA，额定电压15.75 kV，额定频率为50 Hz，定子绕组连接为4Y形，定子绕组绝缘等级为F级，定子共计360槽，定子并头套共计720个，均采用中频感应焊接方式焊接，焊接时间20 d，焊接后未发现对定子线棒绝缘损伤的现象，焊接部位连接可靠，焊缝饱满，无裂纹、气孔。目前共计投产2台机组，定子运行稳定，无端部局部发热现象。

（主要完成人：吴诗铭　吴　泥　卢志平　范贵隆　李国良）

LV 铁塔整体吊装施工工法

中国人民武装警察部队水电第二总队

1 前言

在现在高压输电线路中,铁塔形式越来越多样化,结构越来越复杂。近年来大型 LV 塔频繁出现于超高压输电线路工程中,这种塔形可大大节约铁塔塔材,降低投入,适用于地形较为平坦的地区。在青藏联网输电线路工程中得到了广泛应用。

根据以往的 LV 组立施工方案,一般完成一基需要 7 d 左右的时间,施工时间长、效率低,导致施工进度难以得到保证。由于施工中使用拉线、地锚等较多,高空作业量大,安全风险大;分段吊装施工主柱固定困难,两主柱间距离难以控制,因此质量控制难度大;投入施工工器具及施工人员多、施工周期长,导致施工投入大、成本高。

针对上述问题,为了提高施工效率,保证施工安全及工程质量,降低成本。在青藏联网工程乌兰—格尔木 750 kV 输电线路工程(Ⅷ标段)的施工过程中,经过现场勘察、测量;由于 LV 塔地处平地,地形宽阔,便于起重机的到位和布置,结合 LV 塔的特点及相关计算,通过施工实践形成了本工法。

2 工法特点

(1)根据地形特点采用起重机整体起吊大型 LV 塔,可以减少高空作业量及地锚、拉线的使用,从而大大降低了安全风险。

(2)采用起重机整体起吊,施工速度快,施工进度可得到充分保证。

(3)采用一台 150 t 及一台 50 t 履带式起重机对 LV 塔进行抬吊,且对铁塔关键部位进行补强,使工程质量可以得到有效控制。

3 适用范围

本工法适用于地形比较平坦,便于起重机作业的大型 LV 塔组立施工。

4 工法原理

采用履带式起重机整体起吊 LV 塔,替代一般主、辅抱杆分解组立 LV 塔的施工工艺。

5 施工工艺流程及操作要点

5.1 施工工艺流程

本工法施工工艺流程见图1。

5.2 施工方法及操作要点

5.2.1 施工作业难点

在超高压输电线路工程中的 LV 塔的主要特点是单基铁塔重量大、塔身高、塔头重和横担长,体现在作业过程中

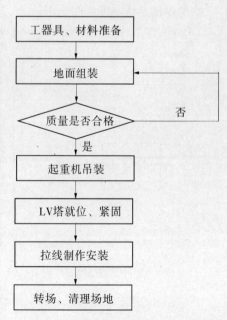

图 1 LV 塔整体吊装施工流程图

主要表现为运输量大、组装和吊装量大、起吊上横担安全风险大、吊点和补强设置难度大。为了更好地设计 LV 塔吊装组立方案,现将青藏联网工程乌兰—格尔木 750 kV 输电线路工程(Ⅷ标段)中采用 LV301 型塔的关键参考数据汇总如表 1 所示。

表 1　LV 塔的关键参考数据

LV 塔各部	呼高 36 m	呼高 39 m	呼高 42 m
LV 塔中横担长(m)	17.6	17.6	17.6
LV 塔塔头重量(t)	15.099	15.099	15.099
单基最重(t)	25.385 7	26.240 9	26.866 5
最大全高(m)	43.5	46.5	49.5

5.2.2　组塔作业

根据工程中 LV 塔所处地形特点及 LV 铁塔结构、重量特点,采用两台履带式起重机配合整体立塔,履带式起重机规格为 150 t 和 50 t,两台起重机同时起吊,待 LV 塔全部离地后,主吊机(150 t 起重机)保持匀速起吊,副吊机(50 t 起重机)配合主吊机使 LV 塔在空中整体翻身,直至整塔全部竖立,松开副吊机,利用主吊机就位。

5.2.3　作业准备

5.2.3.1　技术准备

(1)施工图已通过会审,存在的问题已协调解决,具备组立杆塔施工的条件。

(2)施工技术方案及各部受力分析计算符合规范要求及各种客观条件。

(3)基础验收检查完毕,基础强度达到设计值的 70%(整体起立,必须达到 100%),基础验收合格,符合分解组塔条件,并交接完毕。

5.2.3.2　材料供应

(1)组塔施工所需的塔料、螺栓等已到货,并经检验为合格品。

(2)施工所需各种机具、器具齐备,并检查试验合格,符合施工要求。

5.2.4　现场总体布置

施工现场总体布置如图 2 所示。

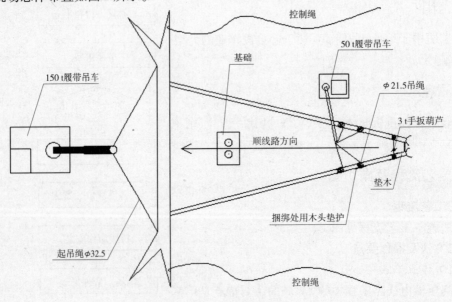

图 2　施工平面总布置图

5.2.5 地面组装

地面组装前,应进行构件布置。构件布置应遵循下述原则:

(1)按施工图纸在地面组装。组装前应严格检查核实各部件的编号与图纸的一致性;考虑到吊装的方向和吊装的方便,LV 塔必须沿线路方向组装,组装进塔头要靠近基础。

(2)组装构件的场地应平整或垫平,以免构件受力变形,便于整体吊装。

(3)地面组装采用平组的方法。平组就是组装后的塔平放在垫木上。

(4)脚钉安装的位置,螺栓的使用规格及穿入方向,垫圈的加垫位置及数量均应符合图纸及规范要求。出现无法组装的现象应先查明原因,再进行组装,严禁强行组装。

(5)组装完成后,必须把螺栓紧固到位,螺栓紧固率达到90%以上方可整体吊装。

5.2.6 吊点的选择和绑扎

主吊机的吊点选择在中横担和地线支架的连接处的上层结构连接板处,共选择四个吊点,如图3所示。

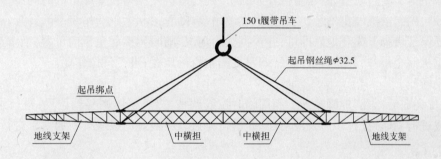

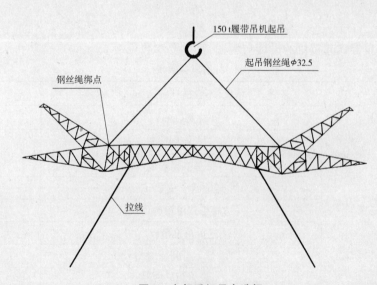

图3 主起重机吊点选择

副起重机的吊点选择在底段和上一段的连接处,另一处吊点选择在距底段和第二段连接处向上 3 ~ 5 m 处,共选择 8 个吊点,如图4所示。所有吊点必须用木头和护角保护,保证吊点绳不能磨擦塔材。

5.2.7 整体吊装

吊装前用副起重机把塔整体调平,使塔整体受力均匀,对塔的关键点部位的螺栓重新进行紧固;所有吊点绳绑扎好后,副起重机先试吊,待立柱吊离地面 500 ~ 800 mm 时,停止吊装,检查各吊点的受力和绑扎情况,确定无任何问题时,均匀松下吊钩。主起重机试吊,待横担吊离地面 800 ~

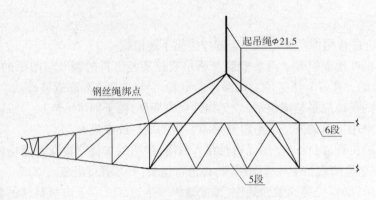

图4 副起重机立柱吊点示意图

1 200 mm 时,停止吊装,检查各吊点的受力和绑扎情况,确定无任何问题时,均匀起吊;主吊钩均匀起吊后,当塔整体1/2离地后,副起重机开始起吊,副起重机要保持和主起重机的同步,当塔整体全部离开地面后,副起重机停止吊装,主起重机继续吊装,随着主起重机的吊装不断升高,副起重机均匀松出,只要保证塔脚下离开地面即可,并根据受力情况,随时调整起重机的位置;当塔整体全部竖立后,副起重机完全松开,并解开吊点绳,调整主起重机的位置,进行就位作业。

5.2.8 拉线制作

当塔就位完成后,紧固地脚螺栓。利用临时拉线调整,待塔整体调整到位后,进行永久拉线制作,先对拉线进行画印,按画印后长度切断,并进行压接。压接好的接线按前面要求进行安装。

6 材料与设备

6.1 起重机选择

根据目前主要履带式起重机的设计与配置,其主要参数见表2。

表2 吊车参数表

车辆外形尺寸	总长(不含桅杆臂架,mm)	10 300
	总宽(mm)	6 900
	总高(不含桅杆臂架,mm)	3 750
车辆总重量	带基本臂重量	~160
	运输状态重量(t)	43
	一边履带架单重(拆开,t)	20
	配重总重量(t)	55/22
行驶性能	最大行驶速度	
	最大爬坡度	30%
	最大转弯半径(中心转向,m)	11
	接地比压(MPa)	0.1
臂架规格	主臂作业工况:主臂长度(m)	20~83
	固定副臂作业工况:主臂长度(m)	47~74
	固定副臂长度(m)	13~31
	塔式副臂作业工况:主臂长度(m)	38~62
	塔式副臂长度(m)	27~51

工作速度	主卷扬单绳速度（m/min）	110（在卷筒第六层）
	副卷扬单绳速度（m/min）	110（在卷筒第六层）
	变幅卷扬单绳速度（m/min）	30（在卷筒第五层）
	回转速度（r/min）	0~0.2

根据履带起重机的工况和 LV 塔的吊装需求,采用一台 150 t 履带式起重机和一台 50 t 履带式起重机配合抬吊。依据 LV 塔最大高度,整体立塔的吊装高度至少要控制在 62 m,吊机的幅度至少控制在 24 m,所以 150 t 履带起重机的主臂长度至少要控制在 64 m 以上。根据起重机主臂起重性能表,当起重机的主臂为 67 m 时,幅度为 16 m 时,起吊重量为 30.0 t,满足吊装要求。

6.2 起吊钢丝绳的选择

$$[T] = T_b/KK_1 \geqslant T$$

式中 $[T]$——许用张力;

T_b——钢丝绳的破断拉力;

K——安全系数,$K = 4.5$;

K_1——动荷系数,$K_1 = 1.2$。

经现场测算

$$T = \frac{1}{4}G/\cos\beta$$

式中 T——起吊绳的合力,kN;

β——起吊绳的水平夹角。

$$T_b \geqslant TKK_1 = 95.47 \times 4.5 \times 1.2 = 515.54(\text{kN})$$

各吊点受力均匀,选用 $\phi 32.5$ 钢丝绳,钢丝绳破断拉力 $T_b = 587$ kN,满足施工要求。

6.3 起重机整体立塔主要工器具配置

结合上述分析与计算,起重机整体立塔所需主要工器具配置见表3。

7 质量控制

7.1 铁塔运输、组立过程中的质量控制

7.1.1 铁塔运输、装卸、存放过程中的控制

（1）在装卸、存放、搬运、起吊过程中要采取有效防止杆件变形的措施,对于轻小构件的保管,要防止丢失遗落,给安装造成不便。

（2）为了保护塔材的镀锌层不被破坏,运输及安装时,一律采用尼龙绳套捆绑,塔材与钢丝绳接触处要有麻袋、垫木衬垫。

（3）堆放场地的地基要坚实,地面平整干燥,排水良好;堆放场地应具备有足够的垫木、垫块,保证构件能平稳放置;成品部件不得直接放置于地上,要垫高 100 mm 以上。

7.1.2 铁塔吊装组立过程中的质量控制

（1）塔材起吊过程中不得直接用钢丝绳直接绑扎塔材。

（2）对运至桩位的构件首先进行清点和外观检查,构件弯曲不得超过长度的2‰。

（3）塔材起吊时必须将构件表面的泥土、水滴、油渍清刷干净,并保持表面干燥。

（4）铁塔必须严格按施工图进行组装。施工过程中如发现施工技术资料及组件中的问题,不得随意变动,应及时采取相应措施。

表3 主要工器具配置

系统	名称	规格	单位	数量
吊装系统	履带式起重机	150 t	台	1
	履带式起重机	50 t	台	1
	主吊点绳	$\phi 32.5 \times 33$ m	根	2
	副吊点绳	$\phi 21.5 \times 33$ m	根	2
	钢丝绳套	$\phi 21.5 \times 10$ m	根	4
	卸扣	25 t	只	10
	卸扣	20 t	只	8
拉线系统	临时拉线	$\phi 21.5 \times 50$ m	根	12
	手扳葫芦	9 t×6 m	只	8
	钢绳套	$\phi 21.5 \times 2.0$ m	根	8
	卸扣	10 t	只	24
	压接机	300 t,54 mm 模具(配2套校正模)	台	4
辅助工具	手扳葫芦	3 t×3 m	只	4
	圆木	$\phi 30 \times 0.6$ m	根	40
	铁丝	8 号	kg	50
	棕绳	$\phi 18 \times 80$ m	根	10
	环氧富锌漆	红色	kg	5
	切割机		台	4
	元宝卡	$\phi 21.5$	只	60

(5)组装应牢固,交叉处有空隙者,应装设相应厚度的垫圈或垫块。

(6)连接构件时,应符合下列规定:

①螺栓应与构件面垂直,螺栓平头面与构件间不应有空隙。

②螺栓拧紧后,螺杆露出螺母的长度:对单螺母不应小于2扣,对双螺母可与螺母相平;当采用防盗或者防松螺栓时,丝扣应露出螺帽3~4扣。

③必须加垫片者,每段不宜超过两个垫片。

(7)杆塔部分组装有困难时应查明原因,严禁随意切割、冲孔或强行组装。个别螺孔需要扩孔时,扩孔部分不应超过3 mm。当扩孔需要超过3 mm时,应先堵焊再重新打孔,并应进行防锈处理。严禁用气割进行扩孔或者烧孔。

(8)杆塔连接螺栓应逐个紧固,螺栓的扭紧力矩不应小于规定。扭紧各种规格螺栓的扳手宜使用力臂较长的扳手。螺杆与螺母的螺纹有滑牙或螺母的棱角磨损以至扳手打滑的螺栓必须更换。

7.2 铁塔组立完成后的质量控制

(1)完成组立的铁塔,螺栓必须全部紧固,塔料、垫板、垫片、防卸螺栓齐全,脚钉安装位置正确、齐全,脚钉弯头朝上。杆塔连接螺栓在组立结束时必须全部紧固一次,架线后还应复紧一遍。

(2)各相邻节点间主材弯曲不得超过1/800。

(3)铁塔整体结构倾斜:直线塔不超过2.4‰;转角塔架线后不得向内角倾斜并符合设计要求。

（4）铁塔组立后，塔脚板应与基面接触良好，有空隙时应垫楔形铁片，并应灌注水泥砂浆。地脚螺栓丝扣上部要在安装齐全螺帽后打堆。直线塔在检查合格后可随即浇筑混凝土保护帽，耐张塔在架线后再浇筑混凝土保护帽。

（5）塔材变形超过规定范围而未超过变形限度时，允许采用冷矫正法进行矫正，矫正后的构件表面不应有洼陷、凹痕、裂纹和硬伤。

（6）塔材表面麻面面积不得超过钢材表面面积的 10%。塔材镀锌颜色一致，镀锌层不得有面积超过 100 mm^2 的脱离，小于 100 mm^2 的脱离只许有一处，出现时应用环氧富锌进行防锈处理。

（7）在全面质量检查后，现场施工质检人员要做好详细施工技术记录。

8 安全措施

8.1 一般安全要求

（1）凡参加施工的人员，必须通过安全考试且接受过技术交底，熟悉并能严格执行《电力建设安全工程规程（架空电力线路部分）》有关规定。高空作业、机械操作均应持证上岗，严禁无证操作。

（2）各类工器具及设备必须按《安全规程》、施工技术要求和铭牌进行检验，不合格者严禁使用，每次使用前必须由使用者进行外观检查，并不得以小代大或超载使用。施工前专、兼职安全员必须对个人保护用品、工器具、设备进行一次全面检查和校验。

（3）各种施工机械使用前应进行详细检查，以确保性能正常。施工机械要设专人操作、维修和保管，其他人员严禁开机；当机械运转不正常时，应立即停车，报告工作负责人妥善处理。

（4）钢丝绳的使用。

①要按施工计算要求的钢丝绳规格、长度、数量进行准备，需插扣的按要求进行插扣，不需要插扣的钢丝绳应在断头处用细铁丝绑牢，以防散股。麻绳、钢丝绳不得打结后使用。

②对钢丝绳进行外观检查，检查其断股、断丝、锈蚀、磨损、外伤等情况；有绳芯损坏或绳股挤出，笼状畸形，严重扭结或弯折；压扁严重，受过火烧或电灼等，应强制报废，严禁使用。

③钢丝绳端部用绳卡固定连接时，绳卡压板应在钢丝绳主要受力一边，不得正反交替设置，绳卡间距不应小于钢丝绳直径的 6 倍。

（5）高空作业应设安全监护人，各施工作业班组中必须有一名兼职安全员，以确保安全管理责任落实到人，工作到位。立塔有专人负责，统一指挥；牵引设备由专职人员使用，速度平稳。传递信息正确、迅速、清楚。

（6）登高作业人员必须使用双保险，移动中不得少于一种保险。施工人员必须做好自身的保护措施，塔上人员不得向下乱扔工器具、材料，传递或松落工器具、材料要用牵引绳或棕绳。避免上下层同时作业，增强相互保护意识，严禁习惯性违章。

8.2 防风、防火、防盗、防电害安全

（1）应注意收听当地天气预报，预防大风和雷雨的袭击，遇有六级以上强风、雷电、浓雾天气，不得进行吊装作业。

（2）在地面组装塔片时，应派专人紧固螺栓，立完塔后应检查防盗螺栓安装高度、安装质量是否符合规定要求，将地脚螺栓复紧一遍，并打堆，以防被盗。

8.3 塔材地面组装安全

（1）组装时严禁用手指插入螺孔中找正，要用尖扳手或其他工具，以防挤伤手指。

（2）组装和起吊工作在同一处进行时，起吊构件下方不得有人，如因地形限制，应待起吊构件就位后再进行组装。

（3）各分解段的长度应根据抱杆的起吊能力，在有利于起吊和安装的原则下，尽量减少起吊

次数。

8.4　塔材吊装作业安全

（1）各岗位工作人员必须精力集中、听从指挥、互相配合。施工现场除必要的工作人员外,其他人员应离开塔高1.2倍以外,任何人不得在受力钢丝绳内角侧逗留。

（2）吊点绑扎要有专人负责,绑扎要牢固,在绑扎处塔材内要垫以方木或适宜的圆木,塔材要以麻袋等缠绕包裹进行防护。对须补强的构件吊点应予以可靠补强。

（3）严格控制起吊臂长和幅度,不得超过规定。钢丝绳、卸扣、滑轮等不得过负荷使用。

（4）吊装过程中如遇到塔上升不稳,应立即停止吊装,须查明原因,不可强行吊装。

（5）要求被吊塔螺栓均在地面紧固,禁止不装螺帽或只拧1～2丝,脚钉必须紧固。起吊塔下严禁有人逗留;要求每次起吊在塔离地时均稳定一会儿,观察吊车的稳定情况,如有情况,需要调整吊点。

（6）整体就位后,应马上安装地脚螺栓和接地扁铁,做到安稳并接地。

（7）当吊件离地0.4～0.6 m后,应暂停起吊,由现场指挥检查各部受力情况,检查无误后,慢慢放松控制绳。在提升吊件过程中,指挥员应站在有利于准确观测吊件状态且安全的位置,指挥吊装作业。

8.5　起重机作业安全

（1）工作前必须发出信号,空负荷运行5 min以上,检查工作机构是否正常,安全装置是否牢靠。

（2）起重机驾驶员、起重工必须听从指挥人员指挥,不得各行其事,工作现场只许由一名指挥人员指挥。

（3）吊起重物时,应先将重物吊离地面10 cm左右,停机检查制动器灵敏性和可靠性以及重物绑扎的牢固程度,确认情况正常后,方可继续工作。

（4）经常注意架空电线,工作场地应尽量远离高压网线,如必须在输电线路下作业时,起重臂、吊具、辅具、钢丝绳等与输电线的距离不得小于如下数据:

①输电线路电压1 kV以下,最小距离为1.5 m。

②输电线路电压1～35 kV,最小距离为3 m。

③输电线路电压≥60 kV,最小距离为$[0.01(V-50)+3]$m。

（5）不准让起吊的物件从人的头上、汽车和拖盘车驾驶室上经过。工作中,任何人不准上下机械。提升物件时,禁止猛起,急转弯和突然制动。

（6）吊重行走时,上车部分应全部制动,吊杆应置于起重机正前上方,履带式起重机不得超过额定起重量的70%,路面要平整、坚实,防止吊物或起重机与其他任何物体碰撞。

（7）起重物件不准长时间滞留空中;起重机满负荷时,禁止复合操作;风速大于10 m/s时,不准起吊任何物体。

（8）两台起重机吊运同一重物时,钢丝绳应保持垂直,各台起重机升降应同步,各台起重机不得超过各自的额定起重能力。

（9）两台起重机联合工作时,履带式不得超过两台起重机允许起重量之和的70%,每台起重机的负荷不得大于该机允许重量的80%。

（10）起构件不得长时间悬在空中,起吊物吊在空中时,驾驶员不得离开驾驶室。

（11）起升和降下构件时,速度应均匀、平稳,保持机身的稳定,防止重心倾斜,严禁起吊的构件自由下落。

（12）从卷筒上放出钢丝绳时,至少要留有5圈,不得放尽。

（13）配备必要的灭火器,驾驶室内不得存放易燃品。雨天作业,制动带淋雨打滑时,应停止作业。

(14)工作中不准进行任何维修保养工作。

(15)工作完毕,应将起重机停放在坚固的地面上,吊钩收起,各部制动器刹牢,操纵杆放到空挡位置。

9 环保措施

(1)在施工过程中,对施工人员加强环保意识教育,使施工人员掌握环保常识,懂得环保工作的重要性。

(2)施工后对所有施工道路及时恢复,施工场地严禁乱扔垃圾。

(3)严禁施工人员乱砍滥伐林木,对于施工中必须砍伐的林木,必须严格按照技术人员划定的区域进行砍伐,砍伐树木一律从根部砍断。

(4)最大限度地保护植被,保护生态环境,防止水土流失。

(5)放线施工时,施工现场必须设置醒目的标示牌。

(6)施工现场设警戒围栏,并有明显标示。

(7)施工结束后应及时清理施工现场,做到工完料尽场地清。

10 效益分析

本吊装方法在实际施工中取得了明显的效果,主要体现在可以减少高空作业量节省了大量的人力物力,铁塔组立速度快,安全性、可靠性高,经济性好,也为今后类似铁塔组立提供了相关的技术支持。

11 工法应用工程情况

本工法已成功应用于乌兰—格尔木750 kV输电线路工程(Ⅷ标段),施工方法简便、施工速度快,施工成本低,安全、质量可靠,是一项比较实用且成熟的施工方法。

11.1 工程概况

乌兰—格尔木750 kV输电线路工程(Ⅷ标段)线路全长2×57 km,铁塔总数237基(不包含四基换位辅助塔),其中直线塔217基、转角塔20基。直线塔为:LV301、ZB3011P、ZB3011、ZB3021、ZB3031,转角塔为JG3011、JG3021、HJG301、JJ,共计9种塔型,所有塔型均采用全方位高低腿设计。

11.2 施工特点

其中LV塔97基,占总数的41%;铁塔总重2 585 t,占总重的30.3%,是全标段数量最多、工程量最大的一种塔型,其主要特点是单基铁塔重量大、塔身高、塔头重和横担长,最重达26.86 t,最大全高49.5 m,是世界上目前海拔、电压等级最高,重量、体积最大,施工最困难的LV塔。体现在作业过程中主要表现为运输量大,组装和吊装量大,起吊上横担安全风险大,吊点和补强设置难度大。

11.3 施工情况

乌兰—格尔木750 kV输电线路工程(Ⅷ标段)的LV塔组立共投入地面组装作业班组3个,共计30人,平均每个班组每天地面组片可完成1基;吊装过程中投入150 t履带吊1台,50 t履带吊1台,指挥员1人,地面及高空配合人员共5人,平均每天可吊装4基。地面组装用时一个半月,整体吊装用时1个月就将全标段共计97基LV塔全部组立施工完毕。

若采用普通抱杆组立方法进行组塔作业,平均每15人需7 d时间才能完成1基,且需投入抱杆3副,拉线22根,需挖设地锚24个,施工作业复杂,投入成本高,施工作业风险大。

11.4 总体评价

由以上分析可见,采用履带吊车整体起吊,施工作业简单,大大缩短了工期,降低了施工成本。在确保安全质量的情况下,确保了工程的顺利完成,取得了良好的经济效益和社会效益。

在乌兰—格尔木 750 kV 输电线路工程(Ⅷ标段)施工过程中,由于本工法的成功运用,我们在全线率先完成铁塔组立施工,得到了青藏联网工程指挥部、业主及监理的一致好评。

(主要完成人:姜国华　武生军　伍灿辉　甘　果　潘　翔)

大型分瓣座环在基坑组合安装工法

中国水利水电第三工程局有限公司

1 前言

通常大型水电站每台套座环多为分瓣结构到货,且单瓣重量多为30 t以上,总吨位超过130 t。现场没有大吨位的起吊设备,厂房桥机尚没有形成,根本无法整体进行吊装。需要将分瓣的座环逐瓣进行平移、就位,需要在机坑内组拼成整圆,再进行安装调整。通常座环由上、下环和立柱(固定导叶)组成,上、下两环组合面用不锈钢螺栓进行连接。上、下环板用优质的抗撕裂Q345-C钢板制成,固定导叶采用Q345-C钢板加工而成。

本工法以青海黄河班多水电站3#座环安装为实例进行阐述。

2 工法特点

(1)施工工艺完善、简便,可操作性强,能降低劳动强度。
(2)技术措施完备,施工质量容易得到保证,能满足设计要求。
(3)工序衔接性强,施工速度快,工效高,能够确保工期。
(4)工法适用性强,适用范围广。

3 适用范围

本工法适用于大型水电站预埋阶段座环的安装施工,在施工条件不具备的情况下,提前进行座环的安装施工。

4 工艺原理

(1)依据设计及厂家图纸和工程现场施工进度要求,合理分析工程施工现场平面布置情况,依据现场情况,适当调整土建施工顺序,使土建施工满足座环运输通道布置;根据通道走向,合理布置预埋地锚、卷扬机,制作爬犁,采取相应的卸车、吊装、滑移、转向、平移、调整、整体把合、千斤顶顶升、降落、就位等方案,将座环设备按照技术规范要求安装调整就位,并通过监理工程师规范验收,移交土建施工单位进行二期混凝土回填浇筑。

(2)依据水轮机及其附属设备到货明细清单和水轮发电机组埋件安装图纸,核定运输、起吊、滑移设备承载负荷,根据安全规定选用适当的设备及工器具,确保施工安全。

(3)依据国家标准规范:SDJ 249.3—88、DL/T 5038—1994、DL 5017—93、GB 8564—2003、DL/T 5113.11—2005等进行规范验收。

(4)依据设计通知、监理文件及有关的会议纪要等改进、优化施工方案。

5 施工工艺流程及操作要点

5.1 施工准备

根据总体进度规划,采用70 t履带吊与卷扬机配合工作的吊装方案:70 t履带吊停放在Ⅰ位,将停放在卸货间下游侧拖板车上的单瓣座环卸车、翻身并吊放到中控楼地面上;然后将履带吊开到

Ⅱ位,将座环吊起放到水泵房的地面的运输轨道上;然后利用5 t卷扬机作为牵引力,将单瓣座环按照预先规划好的编号顺序,依次分别拖到安装位置;最后在机坑内搭设的平台上进行组圆、调整工作。

5.2 运输轨道的架设

运输轨道架设共分两个部位:第一个部位是水泵房及尾水副厂房段的轨道架设;第二个部位是座环运输至机坑中心位置所搭设的桁架组装平台。具体布置如下:

第一个部位布置轨道共三根,从水泵房到机组靠右边边墙通长平行布置,三根轨道加固在地面埋设的地锚上。轨道采用20#I型钢,加固支撑材料采用φ89钢管和63 mm×6 mm的角钢。

第二个部位的轨道架设又分为运输轨道(由3根主梁构成)和承重中心体(由6根支臂和1个六方中心体构成)架设。运输主梁的支承柱主体采用4根φ133钢管与80 mm×8 mm的角钢拼焊而成,每个支柱间距为3 800 mm,工地安装时根据地形架设。承重中心体的6个支臂架设在直径10 m的座环支墩之间的混凝土环上,并提前在此部位预埋钢板,从而保证6根支臂的水平及受力均匀。

5.3 支墩制作

支墩仅限于座环在机坑中心部位下降时使用。其所用支墩共分A(主用支墩)、B(辅助降落支墩)两套,每套6组。主用支墩分三种类型制作:每组由一个1 110 mm、两个440 mm、一个220 mm组成;辅助支墩分三种类型制作:每组由1个500 mm、1个440 mm、一个220 mm组成。支墩制作材料由φ219×8的焊接钢管、350 mm×350 mm的δ20钢板组成。支墩之间用4×M20的螺栓连接。

5.4 座环水平运输

利用70 t履带吊将分瓣座环吊到布置在水泵房的运输轨道上,提前在运输轨道上放置好,为了保护座环底面法兰的简易钢靴。依次将剩余的11瓣座环全部放到水泵房的轨道上。首先利用1#卷扬机通1#导向滑车将放置在水泵房的第一瓣分瓣座环拖运到2#机组段靠3#机组段的边墙边,然后利用2#卷扬机通过2#导向滑车将第一瓣分瓣座环拖运到3#机组段右边边墙。使用千斤顶将第一瓣座环顶起拆除运输钢靴,并把钢靴放置到水泵房的轨道上以便第二瓣座环运输时使用。依此类推将3台机组剩余的11瓣座环拖运到摆放位置。

3#卷扬机布置于1#机组中心线左侧25 m处,其基础加固于尾水副厂房座环运输轨道上,3#导向滑轮布置于1#机组蜗壳中墩上(导向滑轮基础加固于蜗壳中墩钢筋网上)。

在主梁轨道和承重中心体之上全面覆盖20 mm厚钢板,以利于运输减小摩擦力和使整个桁架梁承重件受力均匀。使用3#卷扬机和导向滑轮向上游方向牵引第一瓣座环,牵引过程中使用2#卷扬机在座环运行相反方向反向拉住。3#卷扬机拉紧,则2#卷扬机适当放松,从而防止座环位移过快发生失控事故。另外三瓣座环倒运依照首瓣座环方法进行。

5.5 座环组圆

清扫座环组合法兰面、销钉孔及螺栓孔。配合使用千斤顶、挡块及压码将四瓣座环调整到位,调整过程中要注意座环支墩螺栓孔与座环下部法兰螺栓孔对正方位,当座环水平度调整至0.1 mm/m左右时,即可按照规范进行座环的组圆拼装工作,并使用0.05 mm塞尺不能通过。

5.6 拆除座环组装平台及桁架梁

5.6.1 拆除座环组装平台的前提条件

(1)分瓣座环组装成整体,且主支墩上的千斤顶已经承受支撑座环施加的力。

(2)土建单位安装转轮室外圆钢筋完毕。

5.6.2 拆除座环组装平台及桁架梁

在将座环安装支墩上的12根M120×4的地脚螺栓穿入座环底面的螺栓孔内,作为座环在拆除组装平台的桁架梁和座环下降的安全限位之用,同时该螺杆也作为座环下降的导向杆。然后使用手拉葫芦分别将承重平台的六方中心体和6根支臂悬挂在座环顶面的吊装吊耳上,使用火焰切割将六方中心体和支臂分割开(切割位置选在支臂上,不能伤中心体),切割完毕后使用手拉葫芦将中心体下落到转轮室支撑平台上。最后利用两台手拉葫芦抬吊的方法将一根支臂放到中心上,并使用塔机从座环中间的空间内将支臂吊走,采用同样的方法将剩余的五根支臂拆除,最后将中心体吊出。

5.7 座环降落

座环降落是指降至安装位置,分六步进行。

第一步:首先在座环支墩原6个支臂支撑的方位重新布置B套组合钢支墩和4层50 mm厚的木板,从而为座环降落设置了第二套保险,然后在专人的指挥下统一下降千斤顶,由于50 t千斤顶的全行程为250 mm,全行程时的总高度为690 mm,为安全保险,则每次下降220 mm,在座环降落过程中,每下降到一定高度时即将打保险的木板撤掉。当高程下降到高程2 707.03 m时,座环降落到打保险的第3个支墩上,倒换千斤顶并拆除A套钢支墩一层(220 mm高),千斤顶重新布置后再次顶到全行程,支撑到座环法兰下方,此时拆除B套钢支墩一层(220 mm高),同时用木板打上保险。

第二步:用同第一步一样的方法将座环降低,倒换A、B套钢支墩。

第三步、第四步、第五步方法与第二步相同。

第六步:座环的最终安装高程为2 705.95 m,已经满足座环的安装高程。

5.8 座环调整

5.8.1 座环的中心、水平度和高程调整

安装求心器装置和钢琴线架,共同配合使用内径千分尺、求心器、电子水准仪、千斤顶、塞尺及座环底部的楔子板,以尾水管上管口中心为基准,通过调节楔子板来调整座环水平和高程,楔子板的搭接长度不应小于2/3;在座环基础板上焊竖直方向筋板,将千斤顶固定在筋板上,调整座环中心。全部调整数据必须满足《水轮发电机组安装技术规范》(GB 8564—2003),相关质量控制标准如表1所示。

表1 质量控制标准

序号	项目	允许偏差
1	中心和方位	4 mm
2	高程	±3 mm
3	水平	径向:0.05 mm/m,最大不超过0.60 mm 周向:0.40 mm
4	组合缝	0.05 mm塞尺不能通过
5	转轮室圆度	各半径与平均半径之差,不超过 叶片转动间隙的±10%
6	座环圆度及与转轮室同轴度	2 mm

5.8.2 座环与转轮室连接、调整

对所有数据进行复测。各项技术规范满足要求后,初次把紧座环地脚螺栓。使用千斤顶、楔子板和连接螺栓共同配合抬升转轮室,进行座环与转轮室的连接,以座环上法兰镗口为基准,用千斤顶和索式螺旋扣来调整转轮室的中心和圆度符合规范要求。转轮室的圆度测量分上、中、下三个断面8等分点进行,待数据满足表1质量标准值后,将螺旋口及各种加固件点焊固定。复测座环及转轮室数据合格后,按照制造厂指导说明书要求交于土建单位回填座环地脚螺栓孔混凝土。

5.8.3　座环、转轮室精调并紧固

达到混凝土龄期后,利用地脚螺栓、楔子板对座环和转轮室的中心、水平、高程进行复核并调整,使用液压拉伸器按照制造厂提供的拉伸值把紧地脚螺栓,再次进行复测。合格后点焊牢固楔子板、地脚螺栓、螺母等。

5.8.4　转轮室凑合节安装

安装转轮室凑合节和加强板达到设计图纸要求后,先焊接凑合节轴向纵缝,后焊凑合节与转轮室间环缝。焊缝焊接工艺采用对称分段退步焊法,同时使用小电流,小摆幅施焊。而凑合节与尾水锥管之间的环缝,暂且不焊,只能焊接加强板,未焊接的环缝处采用胶带粘贴,防止混凝土沙浆进入,待混凝土强度达标后即可进行满焊。

5.9　附件安装

座环加固合格后依据图纸进行导流板、测压管路及预埋管路安装。

5.10　座环、转轮室安装验收

复测座环、转轮室安装的所有数据符合规范要求,实施三检制验收,同时记录数据。最后交由监理工程师验收,向土建移交工作面。

5.11　座环、转轮室、凑合节剩余焊缝焊接及检查

在混凝土浇筑回填等强完毕后,按照制造厂家焊接工艺进行座环组合焊缝、转轮室组合焊缝、凑合节与锥管间焊缝的封焊焊接工作。最后对焊缝进行检查,合格后打磨修光,平滑过渡,保证不渗水。

6　材料与设备

主要材料与设备配置详见表2、表3。

表2　主要材料统计表

序号	材料名称	型号(规格)mm	数量(m)	说明
1	角钢	125×125×10	320	
2	角钢	80×80×8	1 200	
3	角钢	63×63×6	200	
4	钢管	φ133×6	78	运输轨道及立柱
5	钢管	φ89×6	90	(1#机用量)
6	钢管	φ219×6	36	
7	I型钢	32#c	90	
8	I型钢	20#	420	
9	钢板	δ20	116 m²	

表3　主要设备配置表

序号	名称	规格	单位	数量	说明
1	履带起重机	70 t	台	1	租用
2	汽车起重机	LT1070	台	1	
3	托板汽车	40 t	台	1	
4	卷扬机	5 t	台	2	
5	滑车	5 t	台	2	
6	手拉葫芦	10 t	台	2	

序号	名称	规格	单位	数量	说明
7	硅逆变电焊机	ZX7－400	台	4	
8	远红外烘干箱	202－1型	台	1	
9	焊条保温箱	YCH－150	台	1	
10	焊条保温筒	5 kg	个	4	
11	空压机	0.9 m^3/min	台	1	
12	角向磨光机	ϕ125	台	2	
13	螺旋千斤顶	50 T	台	7	
14	全站仪	TC1201	台	1	
15	水准仪	N3003	台	1	
16	求心器装置			1	
17	内径千分尺	500～6 000 mm		1	
18	液压拉伸器			1	制造厂供

7　质量控制

从机坑锥管内焊接引出钢支架,此支架必须脱离座环和转轮室,在支架上安装6块百分表,测座环上法兰、转轮室上法兰相对高程和水平变化。

为了防止座环变形变位,土建混凝土钢筋施工时尽量不与座环、转轮室设备焊接,若与永久设备焊接,必须为搭接焊,另一端为自由端。混凝土浇筑要分层、分块、对称进行。混凝土上升速度不超过0.3 m/h,每层浇筑高度不大于2.5 m。

浇筑过程中,我单位派专人进行座环上部法兰面径向、轴向水平监测。浇筑时,每0.5 h测记一次,若发现数据异常,要通过测量数据分析结果,在正常情况下,对称6块百分表读数应连续缓慢变化,否则为设备碰撞异假常数据,分析完毕后要及时按照数据调整土建混凝土浇筑方位和浇筑速度。

8　安全措施

(1)加强职工安全思想教育,提高队伍的整体安全意识,认真贯彻落实"安全第一、预防为主"的方针,并进行安全技术交底。

(2)参加座环、转轮室运输及安装施工的特殊工种施工工作人员,必须拥有相关特种作业人员的操作上岗证书,关键部位由经验丰富的施工人员负责。

(3)施工过程中,施工人员具体分工,明确职责,吊装时划分施工警戒区,并设有禁区标志,非施工人员严禁入内,所有施工人员进入现场时必须头戴安全帽,熟悉指挥信号,在整个吊装过程中听从专人指挥,不得擅自离开工作岗位。

(4)设备吊装前,要严格检查车辆及起重设备,熟悉设备性能及绳索、吊具。设备吊装过程中,起升下降要平稳,不准有冲击、振动现象,不允许任何人随同设备升降,在吊装过程中如因故中断,则必须采取有效措施进行防护,不得使设备长时间停留在空中。现场负责人对整个吊装过程安全负责。

(5)设备运输过程中,设备要摆放平稳、绑扎牢固,设备与车箱体接触面要垫放枕木并用手拉葫芦、钢丝绳索做好刹车工作,以防止在运输途中发生侧滑和倾斜。座环底部在运输前焊好拖架支撑使座环在运输过程中保持平稳状态。

(6)设备运输至厂房卸货间由履带吊吊入指定的临时轨道上,在起吊前要先提升不超过300 mm高度,等设备平稳确保安全可靠后,再提升、转向降至指定位置,以确保在卸货、起升、下降过程中的安全保障,现场负责人对整个起吊过程中的安全负责。

(7)临时轨道及拖架,在安装完毕后,由技术工程部、质检部及安全环保部主要负责人对所有临时设施进行检查,验收合格后才可使用,并做好相关记录。

(8)座环吊放至轨道上,由卷扬机牵引到安装位置,在施工前操作人员要对牵引设备进行检查,熟悉其性能并配备专业人员进行维护,以保证设备的安全可靠性,导向滑车、绳索要有专人负责监控,如有异常要及时报告。

(9)在整个施工过程中,随时做好现场清理工作,清理一切障碍物以利于操作。

(10)座环从尾水副厂房牵引至1#机组中心部位时,必须在座环运行相反方向使用2#卷扬机反向拉住。3#卷扬机拉紧牵引时,则2#卷扬机适当放松,从而防止座环位移过快发生失控事故。

(11)50 t千斤顶在使用承重时,必须将千斤顶放置在座环钢支墩上中心部位,也可在千斤顶头部接触座环下法兰面的位置焊接布置$\phi 133 \times 50$ mm的钢圈来限制千斤顶的位置和倒运倾斜。

(12)座环组装完毕进行降落时,必须使用机械千斤顶,严禁使用油压千斤顶,同时每个辅助支墩上要放置枕木,随着千斤顶的升降,枕木跟着加高或降低确保安全施工。

(13)认真贯彻执行《班多水电站建设工程安全管理办法》,加强班多水电站机电安装工程安全生产管理,确保施工生产顺利实施。

9 环保与资源节约

(1)严格执行国家和工程所在地政府及行业有关的环境保护法律法规,加强对施工燃油、工程材料、设备、废水、生产生活垃圾弃渣的控制和治理。

(2)遵循有关防火和废弃物处理的规章制度。

10 效益分析

通常情况下,需要租赁220 t汽车吊,进厂退厂需6个台班,每天最多只能吊两瓣,总共12瓣,需6 d,总共需12个台班,需38.4万元。改为70 t履带吊,吊起重物还可行走,每天吊3瓣,用时4 d,每台班0.48万元,总需1.92元。吊装下降这一项就节省36.48万元。

通过运输通道以及中心体支撑来完成座环安装,3台机组座环预埋施工工期共缩短36 d,材料基本无浪费(所使用的桁架在定子下线时继续使用,所用钢板在其他设备安装时均可使用),做到省时、省力、省材料。将以往的高空作业转化为平面作业,大大提高了施工安全性。安装工序合理布置,有条不紊,简单明了,安全顺利完成安装。

11 应用实例

在云南大盈江四级水电站机电设备安装过程中的座环安装、黄河班多水电站机电设备安装过程中的座环安装、湖北堵河潘口水电站机电设备安装工程中的座环安装,均应用了该施工工法,获得了较好的效益,并取得了很好的经验。

(主要完成人:马曦伟 韩小亮 张德忠 步 军 马 坤)

灯泡贯流式水轮发电机组管型座安装施工工法

中国水利水电第三工程局有限公司

1 前言

灯泡贯流式水轮发电机组管型座安装,一直是灯泡贯流式水轮机埋件安装的一个难题。管型座是灯泡贯流式水轮发电机组的主要刚性支撑,承受了机组大部分重量和发电机扭矩及正、反水推力等,同时管型座又是整个机组的安装基准,水轮机导水机构(内、外配水环)及发电机的定子分别把合在管型座的上、下游法兰上,并以此作为基准进行安装,所以对管型座的安装精度要求很高。管型座的垂直平面度、圆度及内外壳的同心度和整体的扭曲度控制,是灯泡贯流式水轮发电机组管型座安装中最难保证的,与焊接质量控制存在矛盾,要求达到高级别的焊接质量的同时,必须保证管型座法兰的组装质量,因此对管型座的组装工艺流程及焊接变形量必须进行严格的控制,才能保证管型座的整体安装质量在规范及技术要求的允许范围内,以满足机组质量要求。

管型座一般主要由内壳、外壳及固定导叶、前锥体等构成。在常规的管型座安装中,为了保证安装质量一般都是等待电站土建主体工程完工后,主厂房起吊设备可以投运时把管型座在安装间整体组拼、焊接,检测合格后吊装就位。本次我们探索出的这一适合于灯泡贯流式水轮发电机组管型座的安装工法,可以在土建主体工程没有完工时,主厂房起吊设备没有投运前进行管型座的安装施工,这样将为工程整体施工节约很多的工期,使工程工期缩短、减少成本投入。本工法将为我国灯泡贯流式水轮发电机组的管型座在制造、安装及提高产品质量和提高工效等方面作出有益的贡献。本工法讲述的灯泡贯流式水轮发电机组管型座安装施工工艺方法,在甘肃柴家峡水电站、黄河炳灵水电站、黄河乌金峡水电站工地已经成功进行了数十台大容量灯泡贯流式水轮发电机组管型座的安装施工。

本工法将从灯泡贯流式水轮发电机组管型座安装施工的适用范围、设备构成、材料选用、工器具准备、操作方法、控制原理、工艺规程、注意事项等方面进行叙述,并结合已有的经验对经济效益、发展前景等方面进行分析,对类似工程的管型座安装施工起到指导作用。

本工法依据黄河炳灵水电站5#水轮发电机组管型座安装施工为实例进行介绍。

2 工法特点

(1)施工工艺完善、简便,可操作性强,降低劳动强度。

(2)技术措施完备,施工质量容易得到保证,能满足设计要求。

(3)工序衔接性强,施工速度快,工效高,能够确保工期。

(4)工法适用性强,适用范围广。

3 适用范围

本工法适用于灯泡贯流式水轮发电机组管型座,在施工条件不具备的情况下,提前进行管型座安装施工的同类工程安装施工。

4 工艺原理

(1)依据设计及厂家图纸和工程现场施工进度要求,合理分析工程施工现场体型结构及土建施工单位起吊施工机械布置情况,采取相应的设备运输、起吊、滑移、吊装方案,将管型座设备按照技术规范要求安装调整就位,并通过监理工程师规范验收,移交土建施工单位进行二期混凝土回填浇筑。

(2)依据水轮机及其附属设备到货明细清单和水轮发电机组埋件安装图纸,核定运输、起吊、滑移设备承载负荷,根据安全规定选用适当的设备及工器具。

(3)依据国家标准规范:《水利水电基本建设工程单元工程质量等级评定标准》(SDJ 249.3—88)、《灯泡贯流式水轮发电机组安装工艺规程》(DL/T 5038—2012)、《水电水利工程压力钢管制造安装及验收规范》(DL 5017—2007)、《水轮发电机组安装技术规程》(GB 8564—2003)、《水电水利基本建设工程单元工程质量等级评定标准第 11 部分:灯泡贯流式水轮发电机组安装工程》(DL/T 5113.11—2005)等进行规范验收。

(4)依据设计通知、监理文件及有关的会议纪要等改进、优化施工方案。

5 施工工艺流程及操作要点

5.1 施工内容

(1)管型座安装运输钢架平台及上游流道内钢架滑轨搭设制安。

(2)管型座安装运输简易桥机及轨道梁制安。

(3)管型座底部基础支撑安装。

(4)内壳与固定导叶拼装、焊接。

(5)前锥体拼装组合。

(6)管型座安装调整、加固验收。

(7)部分水力测量管路及止水板安装。

5.2 施工工艺

5.2.1 施工前的准备工作

(1)同业主、监理工程师和制造厂家代表一起对管型座设备各零部件进行质量、数量及资料验收,验收合格后方可进行安装。

(2)清扫管型座,除去组合法兰面的锈蚀、毛刺及高点,检测管型座组合法兰面、高度等重要外形尺寸,要符合图纸要求。

(3)待土建单位将预留坑内的模板、混凝土、碎石等杂物清扫干净,并排除积水,工作面正式移交后方可进行施工。

(4)对使用的基准坐标,按照规范进行校核,并检测管型座支墩基础板的中心及高程是否符合图纸要求。

(5)清理好施工现场,在施工现场距法兰面设计安装位置 300 mm 处焊制门形线架,设置管型座安装控制基准线。

(6)清理路障及吊装环境障碍;搭设管型座设备的临时运输轨道和滑动台车;安装起吊管型座设备的临时桥机及卷扬机设施。

(7)准备卷扬机、钢丝绳、滑车、滑轮组、卡具及管型座安装所需工具。检查起吊门机的安全性能,起重钢丝绳有无严重损坏及断丝现象。

(8)施工人员应熟悉施工图纸及有关技术资料和文件,并对参与施工的人员进行技术交底工作,目的是使参加管型座安装工作的所有人员做到安装时心中有数。

5.2.2 管型座吊装、运输、滑移方案

(1)管型座设备在制造厂出厂时已作过预拼装工作,并有检测报告,质量已得到保证。在施工现场无适合的拼装场地(地域狭小、地质松软)和吊装工具。综合考虑,管型座设备在施工现场不

再进行二次预拼装,只需进行设备外观和重要尺寸的检查验收工作。

(2)由于管型座安装时主厂房桥机还未形成,工地现场门机和大吨位汽车吊均无法将管型座单独直接吊装到位,因此拟定在机组管型座安装位置上游流道口及流道内搭设临时运输滑轨及支撑钢平台,使用土建上游门机和汽车起重机将管型座设备吊至机组上游流道口位置的钢架平台滑轨上(滑轨上放有钢耙犁),通过2个对称布置的手动链条葫芦和布置在尾水侧的卷扬机及导向滑车将钢耙犁牵引至距管型座安装位置还有4 m左右位置(简易桥机能起吊的位置),再通过自制的简易桥机(适合吨位)将管形座设备吊装到安装位置进行安装(详见图1~图3)。简易桥机在正式安装之前要做110%的动、静负荷试验。

5.2.3 管型座吊装简易桥机的设计与布置

管型座简易桥机的整体布置本着符合安全、使用方便、经济合理的原则进行。

(1)管型座简易桥机跨距设计,可根据实际安装机组的机墩跨度来确定,布置在管型座安装预留二期坑部位合适高程的I型钢悬臂梁及上、下游部位一期浇筑的两侧机墩上(具体详细布置见图4和图5),在此高程上简易桥机可以吊装管型座设备在上、下游方向用卷扬机或手拉链条葫芦牵引行走。

在土建单位浇筑简易桥机安装布置高程前进行简易桥机轨道基础悬臂钢梁(悬臂钢梁为I型钢,I型钢顶部高程为简易桥机轨道梁布置高程,从上游至下游适合位置沿轨道方向以约1 000 mm长为间距,以伸出侧边墙1 900 mm为宜)预埋,沿流道两侧的二期混凝土预留坑侧墙上沿轨道方向对应每支I型钢向下1 000 mm位置埋设一块300×300×16基础板(做斜撑加固用)。简易桥机轨道以机组中心线为中心对称布置,待简易桥机安装布置高程浇筑结束后进行轨道安装,轨道压板同轨道基础I型钢箱梁(由两根I型钢拼焊制作)采用压板焊接连接。

(2)简易桥机由一根主梁和两根端梁组成,在每根端梁两端各装两个φ400 mm的轮子,两轮间轴距2 000 mm,在主梁上设一个可沿主梁方向移动的吊点(用钢丝绳鼻子做成,主梁的四个角用管皮子保护)。

桥机主梁及端梁均为箱式梁,主梁长根据实际跨度而定,端梁也根据实际起吊重量而定。主梁腹板及翼缘板厚度可根据实际起吊重量而定。端梁根据负荷情况专门设计制做,轮子及轴依据轮压设计。

在施工现场使用土建单位门机或其他吊装工具进行简易桥机的吊装就位。

(3)简易桥机的牵引设备为四台手拉葫芦或者卷扬机及导向滑车,通过埋设在轨道端头的四个立柱,作为牵引支点,在桥机两根端梁两头均设两个吊耳,一侧吊耳用于手拉葫芦牵引桥机前进时的受力点,另一侧吊耳用于行走过程中后方牵制桥机和在起吊管形座时用手动葫芦从上游侧拉住桥机,从而达到行走平衡和行走控制。

(4)起升设备为卷扬机,卷扬机可布置在尾水闸门底坎上游1.5 m处的尾水流道中心部位(见图1管型座吊装示意图)。通过在尾水锥管进水管口前方的定滑轮导向后,绕向简易桥机主梁上的起吊滑轮组,进行管型座设备的起升,由于各选用的起吊滑轮组不同,所以穿绳法也不同,所需牵引力应经过计算来确定,一般应小于简易桥机的行走摩擦力,所以在简易桥机起升重物时,其本体不会行走。但为安全起见,可用手动葫芦从上游侧拉住桥机端梁,从而安全起升。在吊装中用大吨位手动链条葫芦对管型座部件的高程和水平垂直度进行调整,详见图1管型座吊装示意图。

5.2.4 管型座设备吊装、运输、滑移流程

管型座设备吊装、运输、滑移流程:①用土建上游门机或自备的汽车吊将管型座设备吊放到机组上游流道口位置"Ⅰ"处的钢耙犁上→②通过2个手拉链条葫芦和布置在尾水侧的卷扬机及导向滑车将设备(钢耙犁)牵引至位置"Ⅱ"处→③简易桥机行走到管型座上方位置,用手动葫芦从上游侧拉住简易桥机,将简易桥机的吊钩通过钢丝绳和吊具挂在管型座上,开动布置在尾水侧的起吊

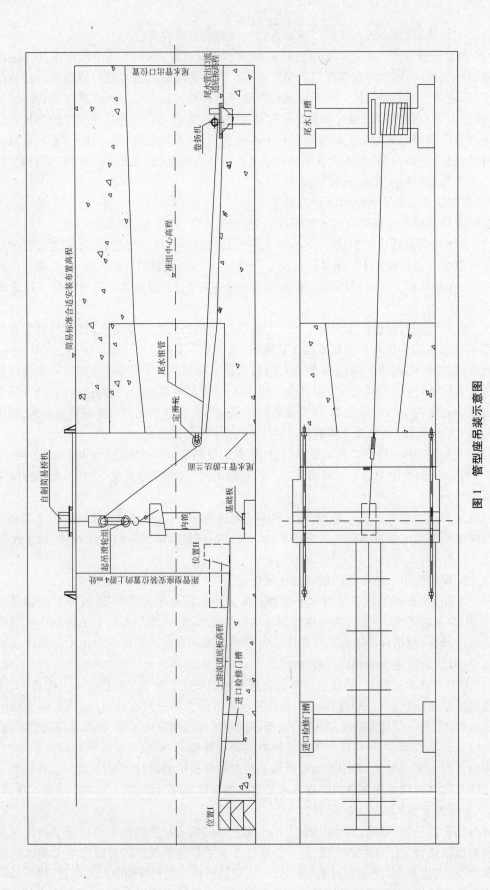

图1 管型座吊装示意图

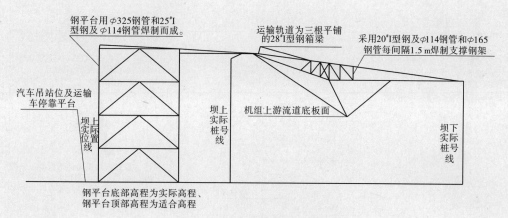

图2 管型座运输滑道布置图

说明：支撑框架顶底部支撑用25#I型钢，其他横撑、斜撑用φ114焊接钢管，六根立柱用φ325无缝钢管，每根立柱的顶底端均焊接一块500 mm×500 mm×30 mm的钢板，图中尺寸单位为厘米，所有支撑、连接板焊缝为满焊角焊缝，焊高不少于10 mm，图中高度根据所下钢管实际长度，宽度为3 m，长度为7 m，尺寸均为中对中测量值。注：材料和尺寸可根据实际情况而定。

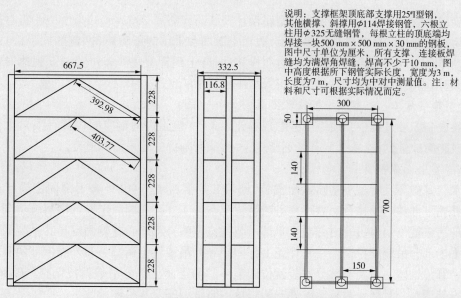

图3 管型座安装运输滑道支撑钢平台制作图

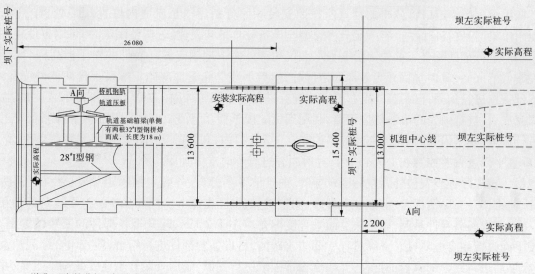

说明：两侧轨道中心跨距根据实际情况而定，轨道用压板压焊在基础箱梁上，两侧轨顶要在同一高程平面上。

图4 简易桥机轨道布置图

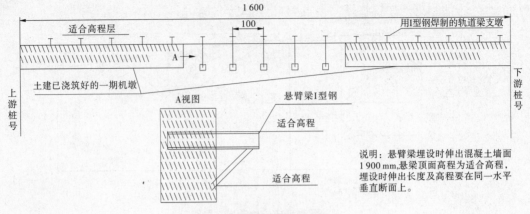

图5 悬臂梁埋设布置图

（图中标注）
1 600
适合高程层
100
用I型钢焊制的轨道梁支墩
A
土建已浇筑好的一期机墩
上游桩号
下游桩号
A视图
悬臂梁I型钢
适合高程
适合高程
说明：悬臂梁埋设时伸出混凝土墙面1 900 mm，悬梁顶面高程为适合高程，埋设时伸出长度及高程要在同一水平垂直断面上。

卷扬机逐步起吊管型座设备上升到比管型座设计安装高程略高200 mm 的高度→④将卷扬机牵引绳同简易桥机端梁下游侧的吊耳连接固定，边松上游两台手动链条葫芦（两侧的同步松）边用下游侧两台手动链条葫芦牵引简易桥机向下游缓慢移动，行走到管型座安装位置→⑤到达安装位置上方后，开动起吊卷扬机放松牵引钢丝绳，将管型座缓缓吊装就位。

5.2.5 管型座安装工艺流程及安装技术要求

管型座设备安装过程中必须综合考虑现场施工条件（流道内运输空间位置有限），大件设备要提前安装或临时放置到位，施工要有条不紊地进行，从而确保安装质量和进度。

5.2.5.1 管型座设备安装工艺流程

①尾水管基础环及管型座基础螺栓安装（回填二期混凝土）→②外壳下部固定导叶吊装就位调整→③外壳下部基础支撑及两侧瓦片吊装就位调整→④外壳右侧固定导叶吊装就位调整→⑤内壳右下半部吊装就位调整→⑥内壳左上半部吊装就位调整→⑦外壳左侧固定导叶吊装就位调整→⑧前锥体下半部分吊装就位调整→⑨外壳上部固定导叶吊装就位调整→⑩外壳上部两侧瓦片吊装就位调整→⑪前锥体左右两侧部分吊装就位调整→⑫前锥体上部分吊装就位调整→⑬调整工具、加固支撑安装调整→⑭导流衬板等附件安装焊接→⑮管型座安装整体验收。

5.2.5.2 管型座固定导叶、内外壳安装

在机组上游流道口将分瓣的管型座按照安装顺序分别运输至流道内位置"Ⅱ"处，详见图1。再使用单梁简易桥机和手拉葫芦配合将管型座设备分步吊装就位，若调整困难时，可以再使用一台手拉葫芦进行辅助配合。首先使用电子水准仪初调外壳下部固定导叶底部的楔子板高程（比设计高程略低1 mm），临时加固外壳下部固定导叶，然后吊装外壳下部基础支撑及下部两侧外壳瓦片，对基础支撑进行加固，再吊装外壳右侧固定导叶进行初步调整加固。以上设备部件吊装调整、临时加固完成后，进行内壳的吊装就位调整，利用到货的楔子板、千斤顶、专用调整工具和拉紧器等对内壳进行调整，要求内壳的中心、高程偏差控制在3 mm 以内，与基础环的距离偏差控制在2.5 mm 以内，垂直平面度偏差控制在1 mm 以内，并对内壳进行临时支撑加固。

然后按顺序逐步安装外壳左侧固定导叶、前锥体下半部分、外壳上部固定导叶、外壳上部两侧瓦片、前锥体左右两侧部分、前锥体上部分、调整工具、加固支撑等。用简易桥机及手拉葫芦相互配合，将以上设备各部件吊起，调整法兰面垂直度偏差应小于2 mm，起升至各部件的安装位置上方，缓慢下降进行组合缝对接。下降过程中要防止碰撞，将设备各部件进行组合，检查组合缝间隙及错牙，合格后进行组合缝螺栓的把合，并依据设计图纸进行紧固，随后安装管型座安装调整工具，并进行精调整加固。

对组装成整体的管型座，用已安装就位的管型座安装调整工具，进行管型座高程、中心、垂直平

面度、圆度等技术质量指标的测量和调整,使其满足规范及设计和厂家技术说明要求。

5.2.5.3　管型座调整及焊接

待管型座整体组合完毕后,按照厂家图纸要求进行组合缝焊接,并在前锥体与管型座外壳组合环缝的外面围焊衬板。此缝待二期混凝土浇筑合格后施焊。

调整尾水管与前锥体之间的水平调整支撑(厂家供货),以使前锥体与外配水环组合法兰面的圆度、垂直平面度、前锥体与内壳下游法兰面的距离偏差符合设计和厂家技术要求,同时监测内壳垂直平面度及中心,使其满足规范和设计、厂家技术要求。调整并加固完成后的管型座经监理工程师验收合格后(注:当安装调整精度与设备制造加工精度出现冲突时,通知监理、厂家及业主进行现场协调解决),进行管型座外壳纵缝和四个固定导叶与内壳对接缝整体焊接(具体焊接工艺按照编制的管型座焊接工艺指导书进行实施)。

5.2.5.4　复测检查

管型座焊接完成后,对管型座安装整体控制尺寸进行复测检查,待管型座各部尺寸(包括中心、高程、方位距离、圆度、垂直平面度等)全部复测合格,达到设计规范及厂家技术要求后,通知监理工程师进行验收,验收合格后移交土建单位进行二期混凝土回填。

5.2.5.5　二期混凝土浇筑

管型座安装完成经监理工程师验收合格后进行二期混凝土浇筑,二期混凝土浇筑回填时要严格控制分层高度和浇筑速度,浇筑速度每层高度不得超过 1.5 m,时速不超过 50 cm/h,且两侧高差不超过 30 cm,在浇筑施工全过程对管型座中心及法兰面垂直度的变化进行监测。一旦发生异常变化应立即通知土建单位停止浇筑,并及时采取相应措施进行处理,处理合格后方可继续浇筑。

5.2.5.6　拆除模板

待混凝土等强期到后,拆除所有模板,对管型座内环缝及封水焊缝进行焊接,并对管型座数据进行复查,合格后拆除管型座内所有支撑及调整工具。内支撑割除时,不能伤及管型座表面,割完后用角向磨光机打磨光滑,并按设计和厂家技术要求对修磨点表面进行防腐处理。

6　设备与材料配置

设备/材料配置见表1。

表1　设备/材料配置

序号	名称	规格	单位	数量	说明
1	逆变电焊机	ZXT500	台	6	可根据实际情况而定
2	交流焊机	BX3-500-2	台	3	可根据实际情况而定
3	螺旋千斤顶	10 t、32 t	台	各4	可根据设备重量而定
4	汽车吊	100 t、75 t、25 t	辆	各1	可根据设备重量而定
5	载重汽车	40 t、6 t、3 t	辆	各1	可根据设备重量而定
6	手动链条葫芦	35 t、10 t 5 t	台	各2 5	可根据设备重量而定
7	卷扬机	10 t	台	2	可根据设备重量而定
8	滑轮组	5 t、10 t	台	各4	可根据设备重量而定
9	滑轮组	50 t	台套	2	可根据设备重量而定
10	钢丝绳		m	足量	可根据实际情况而定
11	扳手及常用工机具		套	3	

序号	名称	规格	单位	数量	说明
12	全站仪	TC1201 型	台	1	
13	电子水准仪	NA3003	台	1	
14	钢板尺及钢盘尺		套	6 和 2	
15	线锤	3 kg	个	2	
16	框式水平仪	精度 0.02 mm/m	台	1	
17	角向磨光机及砂轮片	ϕ 125 mm	套	4	
18	碳弧气刨		套	1	
19	远红外烘干箱	RDL4-40	台	1	
20	拆卸式脚手架			足量	
21	型钢和钢管		m	足量	可根据实际情况而定
22	轻轨		m	足量	可根据实际情况而定
23	钢板		m²	足量	可根据实际情况而定
24	消耗性钢材		t	足量	可根据实际情况而定
25	单梁简易桥机	60 t	台	2	可根据实际情况而定

7 质量控制

按照图纸要求对管型座设备部件进行焊接和探伤;焊接管型座拼圆组合缝封水焊时,要将组合面用碳弧气刨刨出 10~15 mm 的焊缝坡口,由四名焊工同时进行对称退步焊,直至全部焊满。同时,按照下列规程执行:

(1)参加焊接的人员,必须经培训考试合格,并持有焊接合格证书。

(2)点焊焊条应与焊接焊条相同,焊接前应检查点焊质量,如有开裂、未焊透及气孔等缺陷,应彻底清除。焊条焊接前按照相应规定进行烘烤,焊工配备焊条保温筒,避免焊条受潮。

(3)焊接顺序按照厂家技术要求严格执行。每层焊缝焊完后,应立即将焊渣等清除干净,方可进行下一层焊接,层间接头应错开 30 mm 以上,全部焊完后清除焊渣,并进行外观检查,适当打磨修整。

(4)焊接质量检验:焊接质量检验参照厂家技术要求和相关国家标准执行,进行无损探伤,并出具检验报告,发现不合格品时立即返工,直到合格,方可继续进行下道工序。所有工序完工合格后,按相关规范要求提供各种质量检验记录。

质量保证措施如下:

(1)组织施工人员熟悉相关厂家的设备技术文件和设计图纸,掌握管型座的安装要领,加强方案研究及技术交底,使施工人员掌握施工方法,熟悉施工要求。

(2)为保证设备每一条焊缝全部焊透,在每一条焊缝的反面未焊前彻底清理金属本体,然后封底焊接。当焊接过程中出现裂纹,必须进行分析,找出原因,制定措施,再进行补焊。

(3)电焊工在施焊时必须认真、细致地对待每一条自己施焊的焊缝。严格按照工艺措施及焊接技术员的要求执行,完成施焊焊缝。发现问题及时向有关技术人员反映,做到及时汇报和处理。

(4)严格执行"施工班组自检→技术员复检→质检人员终检"的三级质量检验制度。

(5)管型座的安装调整要严格按照厂家技术要求和国家标准规范进行,质量标准应达到优良。

（6）设备安装前应按要求对设备进行全面清洗和检查；对设备组合面应用刀形样板平尺检查无高点、毛刺等，对重要部件的主要尺寸及配合公差应进行校核，对制造厂不允许拆卸的部件不得随意分解。

（7）设备各部连接螺孔安装前应用相应的丝锥攻丝一次，各部位的螺钉、螺母、销钉均应按设计要求锁定或点焊固定。

（8）设备部件安装前必须设置合适数量的具备牢固、明显和便于测量等条件的机组安装轴线、高程基准点，其误差不应超过 ±1.0 mm。

管型座安装检查项目及技术要求见表2。

表2 管型座检查项目

序号	检查项目	允许偏差（mm）		检测方法
		合格	优良	
1	中心及方位	±3.0	±2.5	全站仪、水准仪、钢卷尺
2	法兰至转轮中心距离	±2.5	±2.0	全站仪
3	法兰垂直度及平面度	1	0.8	用全站仪和钢板尺检查
4	法兰圆度	1.5	1.0	用钢卷尺、内径千分尺检查
5	内壳下游侧法兰与前锥体下游侧法兰面的间距	0.2	0.2	用全站仪和钢板尺检查

8 安全措施

（1）吊装前必须对起重机械设备的性能进行全面检查，并要严格检查各钢丝绳、吊索、卡环、手拉葫芦、千斤顶等工具的安全性。

（2）起吊重物时，下方严禁站人，严禁由高空抛掷物品，危险面应设置安全网。

（3）全体工作人员应听从统一指挥，吊装时必须由专业人员指挥，并有专人监护，要求指挥哨音清晰，手势规范，吊车、门机司机及卷扬机操作员要与指挥人员密切配合，做到动作正确，到位无误。

（4）吊运管型座时注意平稳，防止倾斜、滑落或脱落。吊装过程中，职工各负其责，发现问题应立即向施工负责人反映。

（5）管型座安装时，脚手架要搭设牢靠，工作人员必须配备安全带，操作时安全带应正确使用。

（6）操作者必须熟悉电焊设备性能，不得过载使用，所有焊机均应空载启动。

（7）在设备加热、焊接、加固操作工作中，要配置灭火器等消防设备，以防火灾发生。

（8）管型座安装位置周围较近距离的孔洞应设置好围栏。闲杂人员禁止进入施工场地。

（9）设备的安装测量工具、起重设备、压缩空气、水源和电源等全部具备；安装场内应有足够的照明设备。

（10）安装场内应清扫干净，有防风、防雨等措施，并具有足够数量的防火设备。

9 环保措施

（1）加强日常监管，通过排污申报登记、监督检查、及时处理突发事故，规范环保工作人员自身工作行为，提高工作效率，加强了执法力度。

（2）强化电站建设"三同时"检查力度。定期检查工区环境保护设施（工程）与主体工程是否同时设计，污染处理设施的设计是否合理，环保设计方案是否报环保局备案等，做到心中有数，及时发现、纠正和查处一些未落实环保"三同时"的项目。

（3）建立报告督察制度。通过排污申报登记、监督检查等措施，对电站环保措施落实情况进行全方位监管，及时掌握污染情况，处理突发事故。

（4）加强环保宣传教育。利用日常检查的机会，加强环保知识宣传，提高各施工单位的环保意识，杜绝"先破坏、后治理"的思想。

10 效益分析

（1）甘肃黄河炳灵水电站管型座安装采用此工法进行施工，较常规施工方案比较，取得显著经济效益。效益计算如表3所示。

表3 效益计算

项目总投资	91万元	经济效益	60万元
项目		较常规方案效益	
机械费		20	
材料费		25	
人工费		10	
其他费用		5	
合计		60	

（2）采用该工艺施工的甘肃黄河炳灵水电站管型座，安装精度好，垂直度、中心、高程、距水轮机中心里程等都可控在规范要求范围内，安装质量满足设计及规范要求，受到业内专家及业主、监理单位的一致好评；此方案的成功应用，比采取常规施工方案施工工期提前了近两个月，压缩工期10~20 d，为黄河炳灵水电站首台机提前发电奠定了坚实的基础；在机械使用、劳动力配置、材料使用上降低了成本，提高了使用效率，为企业创造了可观的效益。

11 应用实例

该工法已在甘肃黄河柴家峡水电站、黄河炳灵水电站、黄河乌金峡水电站的管型座安装施工中成功应用，并取得了很好的成绩，得到了业主、监理及同行业单位的一致好评。

实例一：黄河柴家峡水电站总装机96 MW，装有4台单机24 MW的灯泡贯流式水轮发电机组，机电安装工程在2006年3月由水电三局中标，4台机管型座安装全是采用该工法进行施工，安装质量优良，经济效益可观，现4台机组已全部投产发电。

实例二：黄河炳灵水电站总装机240 MW，厂房结构形式为厂顶溢流式结构，装有5台单机48 MW的灯泡贯流式水轮发电机组，机电安装工程在2006年6月由我单位中标，5台机管型座安装全是采用该工法进行施工，安装质量优良，经济效益可观，现有4台机组已投产发电。

实例三：黄河乌金峡水电站总装机140 MW，装有4台单机35 MW的灯泡贯流式水轮发电机组，机电安装工程在2007年3月由水电三局中标，4台机管型座安装全是采用该工法进行施工，安装质量优良，现有2台机组已投产发电，经济效益可观。

（主要完成人：闫明俊 陈忠伟 周 林 屠跃平）

大型混流式水轮机转轮现场制造施工工法

中国水利水电第十四工程局有限公司

1 前言

由于大型混流式水轮机转轮整体体积庞大,这使转轮的整体铸造困难,并且受电站所处位置交通条件的限制,整体转轮无法运抵工地。为此普遍采用将转轮分瓣运至工地后再重新组焊成整体。但其组焊和加工工艺具有一定的难度和复杂性。

龙滩机组具有容量大、水头变幅大的特点,最小水头为97 m,最大水头为179 m,水位变幅达到82 m,超过三峡电站52 m的水位变幅。水轮机转轮要适应全范围内既高效又安全稳定运行,技术要求高;转轮的设计与制造难度在同类型转轮中极为突出,具有相当重大的技术难题。

我公司在小浪底电站300 MW转轮现场制造技术领先的基础上,再次与上海伏依特西门子水电公司(VSS)和DFEM联手并成功完成龙滩700 MW大型散件转轮工地现场制造,再次刷新了大型散件转轮工地现场制造的国内记录,突破了超大型整体转轮运输困难的瓶颈,改变了转轮车间制造的传统模式。同时,形成了大型散件转轮的工地现场制造工法。由于700 MW大型散件转轮的工地现场制造技术代表着国内甚至世界先进水平,对后续电站的同类转轮制造极具推广性,为我国水电开发建设中正在进行的大型转轮设计、制造提供了宝贵的、翔实可靠的实践经验和有力的技术支持。

2 工法特点

(1)利用工地现场建盖转轮制作车间,把转轮的上寇、叶片、下环组焊、加工制造700 MW混流式转轮,解决了大型水轮机转轮制造和运输的难题,是国内水电设备制造业的首次尝试,在中国水电建设史上是个先例。

(2)转轮焊接采用米勒WSM9-400S/7气体保护焊机焊接,该种焊机最大的优点是支臂长,且可以360°旋转;焊机直接布置在地面,与其他电站(如小浪底、三峡)转轮焊接相比,减少了搭设焊接平台的工作,也不必移动焊机,为提高焊接效率和质量创造了条件。

(3)利用单柱二座标数显立车、移动式镗孔机、磁力钻、转轮联轴孔加工用镗模:37.130 5、泄水锥法兰孔钻模等工具对转轮进行车、磨和镗孔作业,其装拆方便、使用灵活、加工精度高。

3 适用范围

本工法适用于受运输条件限制、整体转轮的外形尺寸和重量超大的水轮机转轮制造工程施工。

4 工艺原理

在工地现场建盖转轮制作车间,将转轮按上冠、下环、叶片散件运到电站转轮车间,在现场完成装配、焊接、打磨、热处理、精加工、静平衡试验等工序,直至验收出厂。

5 施工工艺流程及操作要点

5.1 施工工艺流程

施工准备→转轮组装→转轮焊接→转轮焊缝检测与缺陷处理→转轮热处理→转轮加工→转轮静平衡→转轮验收出厂。

5.2 操作要点

5.2.1 转轮组装

5.2.1.1 转轮装配工艺流程

转轮装配工艺流程见图1。

图1 转轮装配工艺流程

5.2.1.2 装配准备工作

(1)清除上冠、下环、叶片表面防护层,清洗并打磨飞边、毛刺等。

(2)施工准备。

①在转轮装配平台上放十字轴线并标记,安装并调整转轮装配工装支墩,转轮装配支墩的安装位置应注意错开叶片进水边位置,初调各支墩水平及高差在0.5 mm/m以内,将支墩点焊固定在装配台上;

②在上冠法兰面上划出十字轴线(A-B线)并标记;

③在上冠上划出叶片的装配位置线并标记;

④将4个不锈钢吊耳对称焊在下环外圆周上,吊耳焊接时应按要求进行预热。

5.2.1.3 装配前的部件检查

(1)测量检查。

转轮部件装配前要进行下列测量检查:

①对上冠、下环总体进行目视检查,复测基本尺寸并记录;

②对叶片进行目视检查,用样板逐片对叶片进行型线检查,将检查结果填表记录。

(2)无损检测。

①磁粉(MT)检查。

下列转轮部件相应部位要进行磁粉检查并提交检测报告：

a. 上冠整体；

b. 下环整体；

c. 叶片与上冠和下环装配的坡口部位。

②超声波(UT)检查。

下列转轮部件相应部位进行超声波检查并提交检测报告：

a. 上冠与叶片装配位置200 mm以内；

b. 下环与叶片装配位置200 mm以内；

c. 叶片剖口两侧位置200 mm以内。

5.2.1.4 龙滩转轮装配

（1）上冠吊装与调整。

①将转轮上冠倒置吊放在装配平台下层支墩上，用楔子板调整其水平至0.5 mm/m以内；

②从上冠法兰面上的十字轴线标记位置悬挂线锤，调整转轮上冠位置，使其轴线标记位置与装配平台上的轴线标记重合；

③再次检查测量，调整上冠水平至0.5 mm/m以内，楔子板点焊固定。

（2）上冠与下环吊装调整。

①将下环倒置吊放在装配平台上层支墩上，初步调整上冠与下环的垂直间距，为便于利用楔子板进行调整，此间距应低于所需高度1~2 mm；

②以上冠为基准，调整下环中心，使下环轴线与上冠轴线同心，同时调整下环水平和下环与上冠的垂直间距；

③上冠与下环的同心度误差≤1 mm，上冠与下环的水平度≤0.5 mm/m；

④上冠与下环的垂直间距调整时应考虑约5 mm的焊接收缩余量；

⑤在布设支墩时，应注意使叶片进水边避开下环支墩位置，以便测量检查叶片进口角。上冠与下环吊装调整具体见图2。

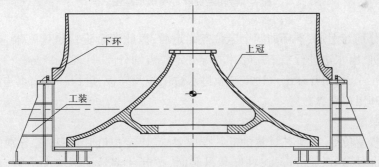

图2 上冠与下环吊装调整示意图

（3）上冠与下环组合调整。

①在泄水锥上安装中心测量立柱，调整该测量立柱与上冠、上冠与下环的同心度并记录；

②装配叶片出水边测量检查工装，按工装上的刻线调整水平及垂直间距；

③再次测量上冠、下环的水平、同心度及垂直间距，符合要求后，进行局部预热，点焊固定工艺搭块，固定上冠、下环及装配支墩，此时还不能进行加固焊接，以便下一步精确调整上冠、下环同心；

④按照图纸尺寸复核上冠、下环上刻线及十字轴线，如有必要，重新划出轴线及上冠、下环上的刻线；

⑤用修磨工具及不锈钢钢丝刷清理上冠、下环叶片装配区域，防碳污染。

（4）叶片就位装配。

①定位叶片安装。

a.定位叶片位置的确定:确定定位叶片进水边与上冠连接处叶片中心至 A - B 线的距离 A;叶片出水边靠上冠处正压侧中心至 A - B 线的距离 B;叶片进水边与下环连接处叶片中心至 A - B 线的距离 C,叶片出水边下环处正压侧至 A - B 线的距离 D。根据设计尺寸分别在上冠和下环的相应位置划出定位叶片的装配位置线。转轮定位叶片装配见图 3。

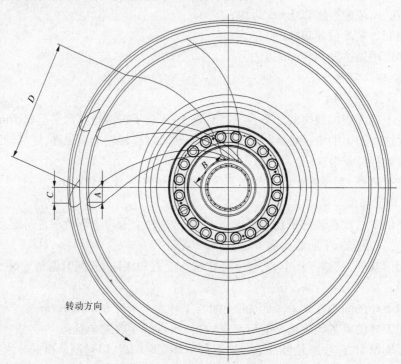

图 3   转轮定位叶片装配示意图

b.定位叶片分别与上冠、下环的四个定位点确定后,以此四个定位点为基准,按设计尺寸分别在上冠与下环的进、出水边进行十三片叶片的等分定位点划分。

c.吊装定位叶片,利用叶片出水边工装及进水边工装及样板,进行叶片出水边型线检查,测量、调整叶片进口角和出口角参数等。

②其余叶片装配。

定位叶片初步就位后,按工艺计算的叶片摆放要求,以定位叶片为基准,分别向两侧吊装并调整相邻叶片,叶片出厂时已完成配重;在叶片吊装时,按叶片编号标记依次吊装,直至全部叶片就位,显然,最后一片叶片就位的难度较大。

（5）叶片测量调整。

①叶片出水边型线测量调整。

叶片出水边型线测量检查共分五个断面进行,型线检查主要内容:

a.测量调整叶片各断面正压侧、负压侧与样板开口端间隙、闭口端间隙;

b.测量调整叶片各断面半径尺寸;

c.测量调整叶片各断面至转轮中心的尺寸。

转轮叶片出水边型线测量见图 4。

②叶片进口角测量调整。

叶片进口角测量检查共分四个断面进行,主要测量调整叶片进口端正压侧、负压侧的角度偏

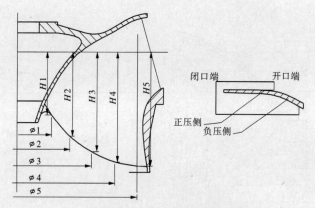

图 4　转轮叶片出水边型线测量示意图

差。转轮叶片进口角测量见图 5。

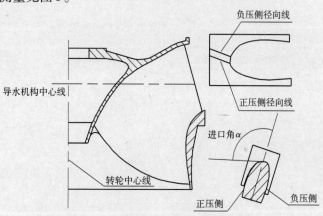

图 5　转轮叶片进口角测量示意图

用样板进行进口角测量,应符合下列技术要求:

a.测量正压面和负压面的进口角值,其平均值为进口角值;

b.单个叶片进口角值允许偏差 ≤ ±1.5°,叶片进口角平均值允许偏差 ≤ ±1°;

c.测量并记录样板测点直径。

③叶片出口角测量调整。

叶片出口角测量检查共分五个断面进行,测量原理与进口角测量相同,采用不同样板测量,其技术控制标准要求与进口角调整要求相同。

转轮叶片出口角测量见图 6。

④叶片节距检查。

转轮叶片节距测量见图 7,测量叶片进口角的同时,测量叶片间的节距。

技术要求:节距允许偏差为 ±29.7 mm。

⑤转轮叶片出口开度检查。

叶片出口开度测量检查共分五个断面进行,开度为叶片正压侧测点至相邻叶片低压侧的最小距离,单个叶片平均开度允许偏差为 -1% ~ 2%。叶片进口边不测开度。转轮叶片出口开度测量见图 8。

5.2.2　转轮焊接与焊缝打磨工艺

全部叶片装配完毕后,调整叶片位置至最佳,各项检查项目符合要求后,对叶片靠下环正压侧直接点焊加固;叶片靠上冠位置采用不锈钢定位块加固。

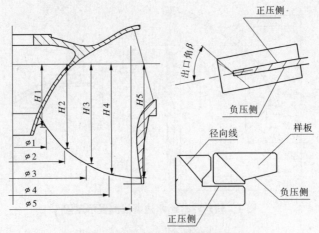

图6　转轮叶片出口角测量示意图

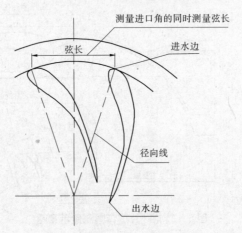

图7　转轮叶片节距测量示意图

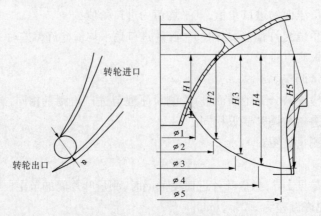

图8　转轮叶片出口开度测量示意图

转轮装配完成并经检查验收合格后,敷设加热带,对转轮整体进行预热,预热温度达到80～
100℃后,进行转轮焊接。

5.2.2.1　转轮焊接一般工艺流程

转轮焊接一般工艺流程见图9。

5.2.2.2　龙滩转轮焊接基本参数

(1)转轮母材:马氏体不锈钢 ASTM A743,等级:CA6 NM。

（2）主要化学成分含量（Max,%）:C:0.06;Mn:1.00;Si:
1.00;P:0.04;S:0.03;Cr:11.5 ~ 14.0;Ni:3.5 ~ 4.5;Mo:
0.4 ~1.0。

（3）焊丝型号:E410NiMo - 25 或 E410NMoT1 - 1 药芯
焊丝。

（4）焊丝主要化学成分含量（%）:C:0.06;Cr:11.0 ~
12.5;Ni:4.0 ~ 5.0;Mo:0.40 ~ 0.70;Mn:1.0;Si:1.0;P:
0.04;S:0.03;Cu:0.5。

（5）上冠与叶片对接焊缝长:4 320 mm。

（6）下环与叶片对接焊缝长:4 160 mm。

（7）焊接电流:不大于 360 A。

（8）焊缝形状:K 型坡口。

（9）加热装置:履带式电加热块。

（10）温控设备:全自动温控仪。

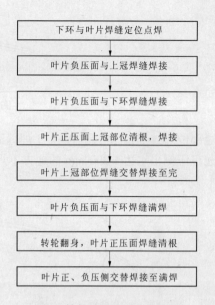

图9 转轮焊接一般工艺流程

5.2.2.3 转轮焊接工艺

1.一般规定

（1）参加焊接的焊工必须按 ASME（第九卷）要求考核合格后才能上岗操作。

（2）焊接操作应符合一般焊接规定及质量控制程序。

（3）焊丝开包后未使用完,必须保存在 100 ℃的烘箱内,随用随取。

（4）记录转轮焊接过程中的焊工姓名、焊接位置、焊缝深度、预热温度、焊接电流、电压等。

（5）所有焊缝（包括清根焊缝和修补焊缝）在焊接前必须进行磁粉检验。

（6）所有焊缝小缺陷,如小孔、咬边等,用氩弧焊进行修补。

（7）所有焊缝端部在被下道焊缝覆盖前必须打磨成光滑过渡。

（8）转轮焊接前必须在叶片两端装配引弧板,点焊和焊接的引弧都在引弧板上进行。

（9）转轮所有焊缝必须预热至 100 ℃才能施焊。

（10）转轮焊后必须对焊缝进行消氢处理,消氢加温温度为 200 ℃,保温时间为 12 h。

（11）转轮正式焊接时,由 4 ~7 名焊工在圆周方向对称焊接,焊接采用分段、多层、多道焊接。

2.点焊要求

（1）点焊前,检查所有的坡口间隙,间隙大于 5 mm 的地方,必须先堆焊叶片钝边。

（2）点焊由 4 ~7 名焊工对称进行,点焊工艺与正式焊接工艺相同。

（3）点焊只在下环侧的叶片负压侧进行,其点焊顺序见图10。

（4）上冠不进行点焊,采用撑筋进行固定,其加固见图11。

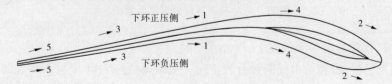

图10 叶片与下环点焊示意图

5.2.2.4 转轮焊接工序

（1）焊接位置为上冠在下,下环在上时。

先焊接叶片的负压侧。焊接顺序:先焊叶片负压侧与上冠端焊缝,再焊叶片负压侧与下环端焊缝。焊缝焊高:1/3 焊缝高度,从正压侧对焊缝碳刨打磨清根,MT 检查合格后,进行叶片正压侧上

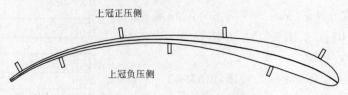

图 11 叶片与上冠加固示意图

冠部位焊缝焊接,焊接高度:2/3焊缝高度,然后交替焊接负压侧,正压侧至上冠部位焊缝满焊,上冠正压侧出水边 1 200 mm 的地方不焊;叶片与上冠焊缝焊接见图 12。

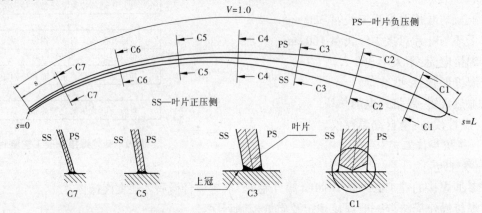

图 12 叶片与上冠焊缝焊接示意图

然后焊接叶片负压侧与下环焊缝至满(不焊 R 角),叶片与下环焊缝进水边 300 mm 范围内不焊接,下环叶片正压侧焊缝待转轮翻身后再焊。叶片与下环焊缝焊接见图 13。

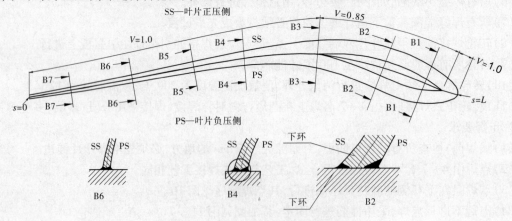

图 13 叶片与下环焊缝焊接示意图

(2)转轮翻身,焊接位置为上冠在上,下环在下时。

安装转轮翻身工装,将转轮由反向翻身为正向。用碳弧气刨对叶片与下环的焊缝从正压侧清根,MT 检查合格后,焊接下环侧叶片正压面,包括进水边,直至下环侧正压面焊缝满。

①对下环侧正压面焊缝进行超声波(UT)和磁粉(MT)检查并提供报告。

②合格后,焊接下环侧正压面 R 角并打磨,在焊接和打磨的过程中,用样板控制圆角尺寸,完工后,再次进行超声波(UT)和磁粉(MT)检查并提供报告。

③转轮翻身,重复工序(3)及(4),对转轮上冠焊缝进行焊接。

④焊接上冠侧焊缝 R 角并打磨,在焊接和打磨的过程中,用样板控制 R 角尺寸,直至满足线型

要求。

⑤焊接下环侧负压面 R 角并打磨,在焊接和打磨的过程中,用样板控制 R 角尺寸,直至满足线型要求。

⑥按上述工序进行,直至全部叶片焊接完成。

⑦对焊缝探伤不合格部位进行返修,返修时的焊接与正式时的焊接要求相同,返修完后再进行打磨、探伤,直到合格为止。

(3)消氢处理。

上冠焊缝焊接完成后,将焊缝温度缓慢加热至 200 ℃进行消氢处理;温升要求:每小时温升为 50 ℃,保温 12 h 后将焊缝温度缓慢降到室温;降温时,断开加热电源,保温石棉布不能掀开,让转轮自然冷却至室温。同样,下环焊缝焊接完成后,对焊缝也要进行消氢处理。

(4)焊接变形控制。

①为监控转轮上冠或者下环的焊接变形,在转轮外侧对称布置 4 只铅锤进行焊接变形监控;焊接过程中,定期检查铅锤位置,根据测量数据的变化情况,对焊接方位、焊接电流、焊接速度等进行相应调整。

②定期测量叶片出水边开度、叶片节距、叶片进口角度、叶片出口角度、叶片进水边型线、叶片出水边厚度等并记录。

③在 R 角堆焊的过程中,用样板检查控制焊接 R 角。

④装配出水边三角块:每张叶片与上冠和下环的出水边各装配一块三角块,每台转轮计 26 块出水边三角块;三角块装配完毕后,预热,焊接三角块,先焊接一面,背缝碳刨清根,磁粉检查合格后进行焊接,然后交替焊接直至满焊。

⑤打磨出水边三角块,用样板检查,直至满足型线要求。

(5)转轮焊缝打磨。

转轮焊缝的打磨是介于转轮焊接和精加工之间的一道十分重要的工序,打磨质量的好坏直接影响转轮的水流线型、运行效率和抗气蚀性能。

采用风动设备进行转轮打磨,其特点是设备配置简单、施工安全性高、成本低、生产效率高、打磨用具可选择性广。

转轮焊缝打磨工序见图 14。

①初磨构造雏形轮廓。

对转轮焊缝进行整体初磨,形成构造雏形轮廓,在此阶段应将焊缝焊接缺陷和飞溅进行彻底清理干净,并随时使用模板控制焊缝的圆角轮廓形状;此阶段磨削量最大,是打磨成形优劣的基础。

②打磨定型圆角轮廓。

初磨结束后,焊缝圆角轮廓已大体确定,本阶段对焊缝采用分段细磨,形成定型的圆角轮廓,成形圆角轮廓。此时每次磨削量不能过大,每磨完一层就要用模板对其检查,找出需要打磨的部位进行标记,检查完后再对标记部位进行打磨,反复进行打磨和检查,直到焊缝形状与模板基本吻合为止。

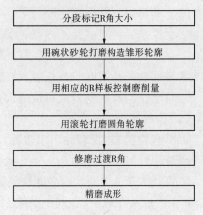

图 14　转轮焊缝打磨工序

本阶段打磨的关键是严格控制每次打磨量,不能出现打磨过量的现象。

③精磨成形。

打磨第二阶段结束后,使用各分段模板进行整体检查标记出还需精细打磨的部位,特别应检查各个分段打磨接合点处,全部焊缝检查标记完后对其进行精磨,每次磨削量不能过大,随时使用模板进行检查标记,直到模板与焊缝完全重合为止。此阶段关键是保证焊缝整体精磨成形,形成光滑流线形状。

(6)打磨质量控制。

转轮叶片间位置狭窄,打磨难度大,须由经验丰富、技能熟练的人员进行打磨。因此,必须对打磨工进行培训,提高其技能和熟练度,形成一支人员相对稳定、专业技能强的转轮打磨队伍。

边打磨边用模板进行校验,最终打磨出光滑美观的圆角焊缝。

转轮焊缝打磨量与圆角成形质量取决于焊缝的焊接成形情况,要提高焊缝精确打磨的质量,首先必须保证焊缝焊接外观成形质量和表面平滑度,焊高过高、焊高不够、焊接表面缺陷、焊缝圆角成形轮廓差等都会导致焊缝打磨费时、费力,增加打磨难度,还会造成打磨表面不平滑等。为此,焊工在焊接过程中必须保证焊缝焊接量和圆角外观尺寸满足要求,不能有超标准的咬边、表面气孔、凹陷等现象。

改善打磨场所的环境条件,良好的通风、稳固的工作平台,这些都是确保精确打磨质量的重要因素。转轮叶片圆角打磨时空间狭窄,如果通风不畅,打磨时灰尘无法及时排走,造成打磨人员可视度差,呼吸困难,严重影响打磨人员的身体健康,并会加大打磨人员的工作疲劳度,因而应对每个打磨工位增设一台排尘器,及时排走大部分灰尘,改善转轮打磨的环境条件。

5.2.3 转轮焊缝无损检测与缺陷处理

5.2.3.1 转轮无损探伤程序与标准

(1)目测检查和验收标准:IAS-6.14。

(2)焊缝超声波探伤标准:IAS-6.01。

(3)磁粉检验标准:IAS-6.07。

(4)渗透探伤检查标准:IAS-6.10。

(5)超声波检验工艺卡:QS-026。

5.2.3.2 MT缺陷判定及验收标准

(1)MT缺陷一般判定条件。

①根据磁粉的堆积可显示出裂纹和表面缺陷。但应注意并不是所有磁粉堆积的情况就是缺陷,由于表面粗糙度过大或者热影响区边边缘磁导率变化等,也会产生与缺陷相似的显示,根据测试者的经验可以判断出来。

②裂纹是一种机械性不连续的缺陷,当磁粉堆积显示的尺寸大于1.6 mm时,可以判定为缺陷。

③表面缺陷是指圆状或长度≤3倍宽度的椭圆性凹坑缺陷。

④对于任何有问题的或可疑的部位应反复检验以确定是否为缺陷。

(2)验收标准。

①所有检验表面(转轮出水边除外)应没有:

a.裂纹性显示;

b.直径大于4.8 mm的表面缺陷显示;

c.4个或4个以上,在同一条线上其相邻边缘间距≤1.6 mm的表面缺陷显示。

②转轮叶片出水边,对于直径小于5 m的转轮取出水边长度为350 mm;对于直径大于5 m的转轮取出水边长度为500 mm,其表面应没有:

a.任何裂纹性显示;

b.任何直径大于1.6 mm的表面缺陷显示。

③检验报告的主要内容:

a. 公司名称;

b. 文件号;

c. 产品编号;

d. 部件名称;

e. 检测方法;

f. 所用的设备名称、设备校准日期、检验者的姓名、资格等级、检验日期、检验结果等;

g. 对需处理的缺陷应作出图形标记,表明缺陷位置、性质和程度。

5.2.3.3 焊缝 UT 检查验收标准

所有焊缝不应该存在超过下列规定的缺陷:

(1)任何指示特征像裂纹、未熔合、未焊透的缺陷,不论长度如何均应判定为须返修处理。

(2)任何其他信号超过 DAC 且长度超过下列值的缺陷,也应判定为不合格:

a. 当焊缝厚度 $T \leqslant 19$ mm 时,6.3 mm;

b. 当焊缝厚度 T 在 $19 \sim 57$ mm 范围内时,$1/3T$;

c. 当焊缝厚度 $T > 57$ mm 时,19 mm;

d. 焊缝厚度 T 不包括焊缝余高。对于两边母材厚度不一样的对接焊缝,T 代表较薄一侧的焊缝厚度;对于全焊透角焊缝,其厚度 T 应包括角焊缝的过渡焊缝厚度。

5.2.3.4 焊缝返修去氢的操作规定

(1)焊缝返修后,需进行后热去氢。当返修深度 < 40 mm 时,保温时间为 4 h,保温温度为 250 ℃;当 40 mm ≤ 返修深度 < 100 mm 时,保温时间为 8 h,保温温度为 250 ℃;当返修深度 > 100 mm 时,保温时间为 12 h,保温温度为 250 ℃。以上的升温时间均为 2 h。

(2)同一张叶片上有多处返修时,若返修所在位置的叶片厚度相差较大,则应独立设测温热电偶点,只有叶片厚度接近时,才可共用一个点。

(3)热电偶应点焊在加热片以外 1 cm。

(4)保温结束后,先切断电源,保留石棉布,监视温度变化,当温度降到 100 ℃ 时,拆除加热片及石棉布,缓慢自然降至环境温度。

5.2.4 龙滩转轮热处理

5.2.4.1 退火

退火是将工件加热到规定的温度,保持一定时间,然后缓慢冷却的热处理工艺。转轮的退火工艺为去应力退火,是为了消除由于焊接等原因以及转轮部件内存在的残余应力而进行的热处理。

转轮退火的主要目的是细化晶粒,消除转轮部件及整体转轮由于铸、锻及焊接引起的组织缺陷,使转轮材料的组织和成分更均匀,消除转轮中的内应力,以防止变形和开裂。退火会降低转轮的硬度,但可提高转轮的塑性,以利于切削加工。退火后的转轮组织接近于平衡状态的组织。

转轮内应力主要通过在保温和缓冷的过程中消除。为了使工件内应力消除得更彻底,在加热时应控制加热温度。一般是低温进炉,然后以不超过 30 ℃/h 的加热温升速率加热到规定温度。焊接件的加热温度应略高于 600 ℃。保温时间视情况而定,通常为 12 ~ 14 h。铸件去应力退火的保温时间取上限,冷却速率控制在 20 ~ 50 ℃/h。

5.2.4.2 加热炉装配

转轮热处理是在退火炉内进行。退火炉炉型为八角形,由钢板及角钢构架组成,为可拆式结构。炉壁四周敷设隔热层后,在内部衬壁铺设加热片,地面铺设炉丝式加热器,加热炉墙分十六瓣组成,外形尺寸为 12 600 mm × 12 600 mm × 6 866 mm,其中一瓣开有一道进人门。

炉堂容积为 630 m³,额定温度为 650 ℃,工作温度为 590 ℃,额定功率为 1 600 kW,控温区数为 8 区。炉项分五片组成,上部安放八个风机,炉气采用强制对流循环。炉内均布设 8 个支墩用于放置转轮。

按要求在现场车间拼装退火炉,退火炉结构示意见图15。

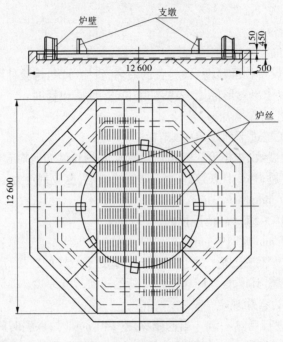

图15 退火炉结构示意图

5.2.4.3 转轮热处理参数

在加热过程中转轮的最高温度和最低温度差值不应大于100 ℃,如果超过,则应保温一段时间,直至温差小于30 ℃。出于安全考虑,此要求比 ASME Ⅷ-Ⅰ 的规定更加严格,ASME Ⅷ规定:加热过程中,任何4.6 m长度范围内温差不得超过139 ℃。

转轮热处理说明:

加热速率:<30 ℃/h   保温温度:590 ℃±10 ℃

保温时间:12 h   冷却速率,随炉冷却:<30 ℃/h

转轮热处理温度变化曲线见图16。

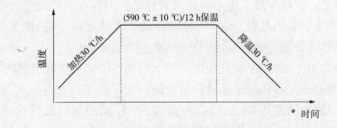

图16 转轮热处理温度变化曲线图

5.2.4.4 转轮热处理工艺

本工艺基于现场车间的转轮焊后热处理,明确规定龙滩转轮焊接后热处理的操作步骤。

(1)温控措施。

电炉的控温区数为8区,每区设有一只温控仪,控温点代号从 C1 至 C8。为达到控制温度与记录温度一致以及热处理效果最佳的目的,热处理过程中又使用12只热电偶对转轮实行温度控制和记录,记录点代号从 R1 至 R12,其中 R1 至 R8 的 8 个记录点的热电偶与控温点 C1 至 C8 共用,R1 对应 C1,R2 对应 C2,依次类推,温控点与热电偶分布对应关系见表 1。

表 1   温控点与热电偶分布对应关系

记录点	控制点	分布
R1	C1	上冠对应 1#加热区处
R2	C2	12#叶片进水边
R3	C3	10#叶片进水边
R4	C4	上冠对应 4#加热区
R5	C5	6#叶片进水边
R6	C6	3#叶片进水边
R7	C7	4#叶片进水边
R8	C8	7#叶片进水边
R9		8#叶片进水边
R10		1#叶片进水边
R11		4#叶片进水边
R12		9#叶片进水边

注:①"#"表示叶片编号;
②热电偶 C1 – C8 为控制炉温;
③R1 – R12 为记录转轮温度。

采用的温控措施:
①在加热程序里编制自动监控程序以保证炉内温度不超过 600 ℃。
②采用移相法调功器控制加热以保证转轮温度的均匀性。
③采用 6 只离心风机来保证退火转轮温度的均匀性,图中的箭头代表空气流。
④每隔一小时记录一次温度。转轮退火见图 17。

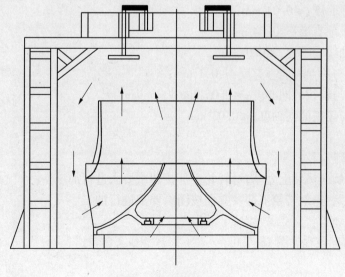

图 17   转轮退火示意图

(2)加热程序。

转轮热处理过程分三个阶段：

第一阶段：炉温由室温升至200℃,控制温升速率不超过30℃/h,温升时间约为10h,然后保温。

第二阶段：炉温由200℃升至550℃,控制温升速率不超过30℃/h,温升时间约为60h,然后保温。

第三阶段：炉温由550℃升至590℃,控制温升速率不超过30℃/h,温升时间约为60h,然后保温。转轮热处理加热程序见表2。

表2 转轮热处理加热程序

程序	温度	时间	功率输出
程序一	室温~200℃	升温时间:10h	40%
程序二	200℃	保温时间:4h	40%
程序三	200~550℃	升温时间:60h	30%
程序四	550℃	保温时间:4h	30%
程序五	550~590℃	升温时间:8h	30%
程序六	590℃	保温时间:12h	40%

（3）冷却。

保温结束后,关闭风机及加热电源,转轮随炉冷却。

5.2.5 转轮机加工

转轮是水轮机的精密部件。转轮加工部位包括上部、下部及立面,加工精度要求高,加工工艺复杂,加工方式有车、镗、钻、铰等,转轮加工必须在转轮全面焊接、退火、检验合格后进行。

5.2.5.1 加工程序

（1）主要加工部位及要求。

①上冠:法兰面、法兰面销套孔、密封槽、法兰面止口、顶丝孔、上止漏环等;

②下环:下环端面,下环外圆、下止漏环、泄水锥等。

主要技术要求:

①上冠法兰面平面度:≤0.04mm;

②法兰面与轴线垂直度:≤0.04mm;

③法兰止口与轴线同轴度:≤0.05mm;

④上、下止漏环与法兰面的垂直度:≤0.1mm;

⑤上、下止漏环与轴线的同心度:≤0.05mm;

⑥联轴销套孔与镗模的同轴度:≤0.03mm。

（2）加工步骤。

转轮加工分两步进行:

①第一步:转轮反向吊装上立车,对转轮下部按图纸要求进行加工;

②第二步:转轮翻身,对转轮上部及立面按图纸要求进行加工。

5.2.5.2 转轮下部加工

（1）转轮下部加工流程见图18。

（2）机加工顺序。

①用移动式镗床攻钻上冠法兰面上顶的丝孔以及沉孔。

②用立车的垂直刀架检查弹性支座,必要时车削表面,保证立车弹性支座的水平在0.01mm/m以内。

③将转轮吊放到工作平台,利用转台及侧刀架校上冠外圆端面跳动,上冠端面跳动不得大于 2 mm。

④利用转台及侧刀架校下环外圆跳动,检查上冠、下环的同心度误差,检查转轮轴向尺寸,确定转轮的水流中心线,保证所有加工面有加工余量。

⑤根据检查情况进行调整,满足要求后,用卡爪、螺栓及压板将转轮紧固。

⑥用垂直刀架加工下列部位:

a.下环端面和泄水锥端面;

b.下环外圆;

c.上冠外圆;

d.泄水锥内孔。

⑦用磁力钻配合钻模钻泄水锥端 2 螺孔并攻丝,钻模工装编号。

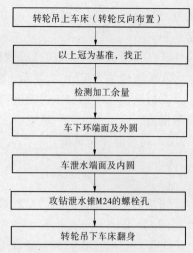

图18　转轮下部加工流程

（3）检查。

①加工中注意检查加工余量,外圆、内圆分别用盘尺和内径千分尺检测,高度通过刀架的行程来控制,车削时应严格控制走刀量;

②进行尺寸检查,去毛刺、飞边,装拆吊具,转轮吊下立车并翻身;

③碳刨翻身挡块,修补碳刨区域的焊疤,打磨后进行 PT 检查;装焊用于支撑镗床平台的搭块,焊接材料为 E309L – 16;

④拆除焊在下环上用于加强起吊工装的筋板。

5.2.5.3　转轮上部加工

（1）转轮上部加工流程见图19。

（2）机加工顺序。

①以已加工面为基准,校核转轮水平和同心度,要求:水平度为 0.01 mm/m,同心度为 0.05 mm,作为转轮找正标准。

②用垂直刀架加工上冠端面、外圆及上冠进水口98°斜面。

图19　转轮上部加工流程

③用侧刀架加工下环外圆及下环进水口95°斜面。

④对下列部位进行加工:

a.上冠法兰上端面和下端面;

b.上冠法兰面止口和法兰面密封槽;

c.上、下环止漏环;

d.上、下环止漏环精车前(留余量 0.5 mm)须进行 PT 检查,如有缺陷,用钢磨头磨削缺陷位置,氩弧焊补焊;确保上、下环止漏环与上冠法兰面止口三部位的同心度满足要求。

⑤车镗模支撑搭块,装焊镗孔机支撑平台。

⑥在上冠法兰面上安装镗模,校镗模外圆与上冠 φ2 966 止口同心,装定位销,螺钉把紧,同心度误差不得大于 0.03 mm,平面跳动不得大于 0.05 mm。

⑦以镗模找正镗孔位置,粗镗销套孔,包括内圆和底平面,留精加工余量 1 mm。

（3）检查。

①加工过程中,用盘尺、游标卡尺、深度尺、刀架行程测量相关尺寸;

②根据镗模平面和内孔精校镗孔机,平面跳动和内圆跳动不得大于 0.03 mm,精镗孔时,应在

试刀、测量尺寸和同心度合格后,方能继续镗孔;每镗一个孔,都应记录孔的尺寸、平面跳动和同心度;

③在与最高点对应处打标记"H"并按机组旋转反方向给所镗的孔打上编号;

④检查机加工尺寸,去毛刺、飞边,装拆吊具,协助转轮吊下立车;

⑤打磨加工与非加工过渡区,使之光滑过渡,如上冠,下环进水口斜面,打磨去除上冠上支撑平台用搭块。

5.2.6 转轮静平衡试验

5.2.6.1 目的和要求

(1)目的。

转轮静平衡试验的目的是测量和修正转轮的不平衡量。

(2)要求。

①执行标准:GB 9239—88、ISO 1940—1 – 1986;

②平衡等级:G6.3;

③允许不平衡量:145 gmm/kg。

(3)布置。

转轮静平衡试验布置如图20所示。

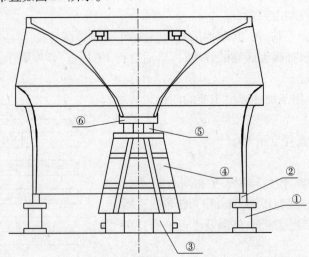

①—支撑;②—液压千斤顶;③—调整垫铁;④—平衡座;⑤—压力传感器;⑥—平衡板

图20 转轮静平衡试验布置

(4)静平衡系统工装及仪器。

①压力传感器:3X220Thbm C3;

②液压千斤顶:3 × 150 t Enerpark;

③工装:平衡台1个,方箱4个;

④计算程序:VS – 混流式转轮静平衡计算程序;

⑤平衡系统灵敏度:10 dB。

5.2.6.2 平衡试验前的准备工作

(1)按转轮静平衡试验布置图,安装平衡座,并布置4个支撑,在每个支撑上放置1个千斤顶。

(2)将平衡座的水平调在0.05 mm/m以内,把紧螺栓,将平衡座紧固在平台上。

(3)装平衡板,用螺栓把紧。

(4)将转轮吊至平衡座上方,慢慢放下,使之坐落在4个支撑上。

(5)用液压千斤顶顶起转轮,在平衡板下安放3个等高块。

(6)利用液压千斤顶放下转轮,使之坐落在平衡台上。

(7)用电子水平仪检查平衡板上平面的水平变化。

(8)重复操作步骤(5)和(6),检验千斤顶的性能以及准确性。

(9)移去3个等高块。

5.2.6.3　静平衡试验操作

(1)在平衡板下安装 A、B 和 C 三个压力传感器(120°均布)。

(2)检查压力传感器,并在无负载时置零。

(3)同步降下千斤顶,使转轮负荷平稳地降落在压力传感器上,复查转轮水平。

(4)按"混流式转轮平衡数据记录表"记录压力传感器的读数。

(5)利用千斤顶托起转轮,使压力传感器负载为零,重复操作步骤(3)、(4)三次。

(6)将压力传感器转换180°位置,重复操作步骤(2)、(3)、(4)、(5)。

(7)将测得的数据输入转轮静平衡计算程序中,自动计算出不平衡量。

(8)在偏心量计算程序中输入不平衡量及其他相关参数,确定出偏心量及方位。

(9)填写平衡校正表。

5.2.6.4　不平衡量修正与精校平衡

如果实测不平衡量不能满足要求,则按下述方法进行修正:

(1)实测不平衡量大于 300 kg·m 时,可采用偏心车削下环外圆的方法来修正不平衡量。

(2)实测不平衡量不大于 300 kg·m 时,可采用在上冠法兰下配重的方法来修正不平衡量。

(3)进行不平衡量修正后,应重新进行静平衡试验,即按前述操作步骤进行,直到平衡合格为止。

5.2.7　转轮验收出厂

5.2.7.1　验收范围

(1)转轮铸造加工件检测验收。

根据合同要求对水轮机转轮的叶片、上冠和下环的铸件进行检查、检测,阶段性检测验收。

(2)转轮材质性能检查验收。

对转轮的叶片、上冠和下环的铸件机械性能和化学成分的报告进行全面检查。

(3)单件 NDT 探伤报告的资料检查和复检。

对转轮的上冠、下环和叶片单件,从转轮开始制造至转轮验收期间各阶段(主要指:上冠、下环粗加工完成,叶片单件粗、精加工完成时)的 UT(超声波)、MT(磁粉)、PT(着色渗透)等 NDT 探伤报告进行资料检查。在资料检查的基础上,受委托的检测单位对转轮的叶片、上冠和下环的铸件进行现场 NDT 见证检查或独立的 NDT 复测。

(4)成品转轮的 NDT 探伤检查。

对成品转轮的结构焊缝区域进行 NDT 探伤资料检查或独立的 NDT 复测检测,探伤检查方法采用 PT、MT 及 UT。

(5)转轮叶片焊接残余应力测试。

转轮焊接完成后,根据《水轮机转轮焊接残余应力测试大纲》,分别在退火前和退火后采用电测盲孔法测量转轮叶片焊接残余应力。

(6)转轮全面验收。

对叶片组装前单片型线、上冠和下环型线,叶片组焊前、叶片组焊过程及组焊后、转轮退火后、出厂前的转轮外形尺寸、叶片进出口型线、叶片进出口角、叶片头部形状、叶片进口边节距、叶片出口边开度、叶片尾部形状及叶片出水边缘厚度、叶片表面粗糙度、叶片表面波浪度等资料审查及检查。

按照加工图纸对转轮精加工尺寸进行复检。

转轮静平衡试验验收。

5.2.7.2 验收标准

（1）转轮材质性能验收

化学成分与机械性能：TDS4090—38201e。

（2）NDT 检测验收标准：

工序名称   参照标准

超声波探伤检查：   EP4090—34206e；

磁粉探伤检查：   EP4090—33201e；

渗透探伤检查：   EP4090—32205e。

铸钢件的主要应力区不允许有缺陷。铸钢件次要缺陷系指需补焊的深度不超过实际厚度的20%（但在任何情况下都不得大于 25 mm）或者补焊面积在 150 cm^2 以内。

当缺陷超过次要缺陷规定范围时，应视为主要缺陷，并及时报告买方；有主要缺陷的铸钢件将被拒收。若铲除缺陷后，导致铸钢件应力的断面厚度减小了 25% 或者 25% 以上，或者导致缺陷断面处的应力超出该处原计算许用应力的 30% 以上的铸件，亦将被拒收。对于不削弱铸钢件强度或者不影响铸钢件可用性的次要缺陷，可按铸钢件行业的习惯做法进行补焊。转轮叶片铸件粗加工后，如出现补焊的深度超过 10 mm 或者补焊面积超过 100 cm^2 的缺陷，则该铸件将被拒收。

（3）转轮尺寸检测验收标准。

国家标准 GB/T 10969—1996 及 VSS 设计部门自检标准中要求较高者。

（4）静平衡检测标准。

按照 ISO 1940 G6.3 标准及相关国标执行，允许不平衡量为 561.7 gmm/kg。

6 材料与设备

6.1 材料

转轮材料为马氏体不锈钢 ASTM A 743 Grade CA-6NM。

主要机械性能设计值：

屈服强度：≥550 MPa；抗拉强度：≥755 MPa；

延伸率：≥15%；硬度：≤285 HB。

6.2 机具设备表

本工法主要采用的机具设备见表3。

表3 机具设备表

序号	设备名称	型号规格	单位	数量	用途
1	电动双梁单小车桥机	320/50 t	台	1	转轮组装
2	单柱二座标数显立车	SVT800×50/280 最大车削直径：8 100 mm	台	1	转轮加工
3	电炉控制柜	功率：1 600 kW，最高温：650 ℃	套	1	转轮加热
4	温度控制柜	DDH 温度控制范围：0~1 000 ℃	台	6	转轮加热
5	空压机	排气压力：0.85 MPa 排气量：15.3 m^2/min	台	1	转轮焊缝打磨
6	储气罐	容积：6 m^3，工作压力：0.85 MPa	个	1	转轮焊缝打磨
7	弧焊整流器	工作电压：24/44 V 电流调节范围：100~1 000 A	台	3	转轮焊接

序号	设备名称	型号规格	单位	数量	用途
8	等离子切割机	DO250－D	台	1	
9	气体保护焊机	WSM9－400S/7	台	9～12	转轮焊接
10	ESAB焊接设备AB		台	10	转轮焊接
11	移动式镗孔机		台	1	转轮镗孔
12	氩弧焊机	WSM9－400S/T	台	1	转轮焊接
13	可拆式电加热退火炉	1 600 kW	套	1	转轮加热
14	碳弧气刨机	100 kVA	台	3	转轮焊接
15	超声波探伤仪		台	1	转轮焊缝检查
16	远红外焊条烘干箱	YGCH－X－400,18 kW	台	2	转轮焊条烘干
17	电子吊秤	OCS－30,30 000 kg	台	1	转轮组装

6.3　常用工器具及仪表

常用工器具及仪表见表4。

表4　常用工器具及仪表

序号	工具名称	型号规格	单位	参考数量
1	AK－4压力传感器	测量范围:0～100 MPa	个	4
2	标准负荷测量仪	2000型	台	3
3	台式砂轮机		台	2
4	液压千斤顶	Max. 10 000 psi	个	4
5	履带式电加热片	10 kW	片	足量
6	风动工具	JT－20	把	15
7	配电箱		个	6
8	磁粉探伤仪		台	1
9	角向磨光机	ϕ100、ϕ180	台	足量
10	径向磨光机		台	足量

7　质量控制

7.1　工程质量控制标准

(1)转轮组装施工质量执行《水轮发电机组安装技术规范》(GB/T 8564—2003)、《水轮机尺寸检测标准》(GB/T 10969—1996)。转轮组装允许偏差见表5。

(2)转轮焊接施工质量执行《材料与工件的超声检验规范》(ASME Ⅴ—5(89))、《着色探伤或磁粉探伤》(GB 3965)、《钢制压力容器焊接规程》(JB/T 4709—2000)等。转轮焊接参数见表6。

(3)转轮热处理施工质量执行企业标准《WBV SP005》,转轮热处理参数见表7。

7.2　质量保证措施

(1)转轮组装必须保证上冠、下环的同心度,叶片的测量调整必须按有关尺寸严格控制。

(2)参加焊接的焊工必须按ASME(第九卷)的要求考核合格后才能上岗操作;记录转轮焊接过程中的焊工姓名、焊接位置、焊缝深度、预热温度、焊接电流、电压等。

表5　转轮组装允许偏差表

序号	检查项目	允许偏差	检验方法
1	上冠与下环的同心度	≤1 mm	用钢琴线、内径千分尺
2	上冠与下环的水平度	≤0.5 mm/m	用水平仪
3	单个叶片进口角值	≤ ±1.5°	样板
4	叶片进口角平均值	≤ ±1°	样板
5	叶片间的节距	±29.7 mm	用钢板尺
6	单个叶片平均开度	−1% ~ +2%	用内径千分尺

表6　转轮焊接参数

序号	检查项目	设定参数	检验方法
1	烤箱温度	100 ℃	手动设置
2	焊缝预热温度	100 ℃	红外线测温仪
3	消氢加热温度	200 ℃	红外线测温仪
4	消氢温升	50 ℃/h	红外线测温仪
5	保温时间	12 h	钟表
6	冷却方式	自然冷却	红外线测温仪

表7　转轮热处理参数

序号	检查项目	设定参数	检验方法
1	加热速率	<30 ℃/h	红外线测温仪
2	保温温度	590 ℃ ±10 ℃	红外线测温仪
3	保温时间	12 h	钟表
4	冷却速率	随炉冷却：<30 ℃/h	红外线测温仪

（3）根据探伤报告或转轮上的标记找到缺陷的位置所在，然后碳刨，当长度、深度等达到要求时，对所刨的坑打磨，然后进行 MT 检查；磁粉显示有裂纹时，继续碳刨、打磨，直至没有裂纹显示，然后开始焊接；焊接完成后，进行消氢处理，然后打磨；打磨完成后，先做 MT，没有磁痕显示时，再做 UT，直至合格。

（4）为了使工件内应力消除得更加彻底，在加热时应控制加热温度。一般是低温进炉，然后以不超过 30 ℃/h 的加热温升速率加热到规定温度。焊接件的加热温度应略高于 600 ℃。保温时间视情况而定，通常为 12 ~ 14 h。铸件去应力退火的保温时间取上限，冷却速率控制在 20 ~ 50 ℃/h。

（5）转轮加工精度高，必须仔细测量，认真加工，严格控制转轮各部位的同轴度及圆度，确保其满足规范要求。

（6）转轮静平衡试验时，必须严格按照工艺要求进行。进行不平衡量修正后，应重新进行静平衡试验，直到平衡合格为止。

（7）转轮现场制造必须对转轮的组装、焊接、加工和静平衡试验等做好施工记录。

8　安全措施

（1）为了保证安全施工，根据有关法律、法规，"电力建设安全工作规程"（SDJ—82）、"水利水电建筑安全技术工作规程"等编写安全技术措施，建立以项目部总工程师负责制的安全技术保证体系;各班组负责队长、技术主管为安全技术负责人,负责制定重大施工项目的安全措施及实施方案,并负责施工中的安全技术管理。

（2）开工前,施工人员要学习安全规范、安全制度、安全手册,并经安全考试合格后才准进入施工场地工作。特殊工种作业人员还需要持有安全操作证才能上岗。

（3）各作业班组在施工时,进行安全技术交底。

（4）所有进入施工场地的作业人员戴好安全帽以及其他安全规范所要求的防护设备。高空作业系安全带,并设安全网加以保护,严禁违章作业。

（5）在危险、惊险等施工场地,设置醒目的告示牌。

（6）按照国家劳动保护法的规定,定期发给在现场施工的工作人员必需的劳动保护用品,如安全帽、雨衣、手套和安全带等;劳动保护用品必须符合国家规定的质量标准;安全用具、劳动保护用品必须到人事劳动部允许生产的厂家去购买且必须经安全主管领导查验。我方按照劳动保护法的有关规定发给特殊工种作业人员劳动保护津贴和营养补助。

（7）现场施工使用的氧气瓶和乙炔瓶之间的间距要有 10 m 以上的距离。氧气瓶上装有防震胶圈,不能放在太阳下暴晒,注意轻搬、轻放,防止剧烈震动;氧气瓶不得接受热源辐射和加温。

（8）施工区用电:开关箱安装牢固、加锁,安装触电保护装置;变压器设围栏,悬挂警告标志;变电房、配电房与其他设施安全距离应符合规程要求,配备足够的消防器材。

（9）在狭窄的施工部位设置电压为 36 V 的安全照明。现场（临时或永久）电压为 110 V 以上的照明线路必须绝缘良好,布线整齐且相对固定,并在经常有车辆通过之处,悬挂高度不得小于 5 m。行灯电压不得超过 36 V,而在潮湿地点、坑井、洞内和金属容器内部工作时,行灯电压不得超过 12 V;行灯必须带有防护网罩。

（10）高压设备（220 V 以上）可靠接地,以确保安全,对永久设备安装同样接地良好,满足要求。

（11）编制适合工程需要的安全防护手册,其内容遵守国家颁布的各种安全规程。安全防护手册的基本内容包括（但不限于）:

①安全帽及防护用品的使用;

②各种施工机械的使用;

③照明安全;

④防洪和防气象灾害措施;

⑤信号和告警知识;

⑥用电安全;

⑦意外事故和火灾的救护程序;

⑧其他有关规定。

9 环保措施

（1）在施工过程中,严格遵守国家和地方有关环境保护的法规和规章的有关规定。

（2）编制一份施工区和生活区的环境保护措施计划,其内容包括:

①防止饮用水污染措施;

②施工废弃物的利用和堆放;

③施工场地开挖的边坡保护和水土流失防治措施;

④施工活动中的噪声、粉尘、废气、废水和废油等的治理措施;

⑤厂房及施工区的卫生设施以及粪便、垃圾的治理措施;

⑥完工后的场地清理。

（3）在施工前，我方对本单位的施工人员进行保护环境的教育，并在施工中坚持做到保护环境，保持生产、生活区域内整洁、卫生。

（4）在施工过程中采取有效措施，注意保护饮用水源不因施工活动而造成污染。

（5）我方在编报的施工组织设计中，做好施工废弃物的处理措施，严格按照批准的规划或要求有序地排放施工废弃物。采用先进的设备和技术，努力降低噪声，控制粉尘和废气浓度以及做好废水和废油的治理和排放，保障工人的劳动卫生条件。

（6）在工程施工过程中，合理地保持施工场地，避免出现不必要的障碍，合理布置存放设备以及多余材料，及时从现场清除所有垃圾及不再需要的临时设施。防止任意堆放器材、杂物阻塞工作场地周围的通道和破坏环境。

（7）采取有效措施对施工开挖及时进行支护和做好排水措施，防止水土流失。

10 效益分析

（1）现场建盖厂房、配置设备等的投资与运输费用的比较。

建盖厂房的投资包括生产设施和生活设施的投入。就一个电站而言，现场建盖转轮制造厂房、配置设备等的投资由转轮的尺寸、总重量以及厂房位置的地质条件等因素决定，按目前的价格水平，此费用为 2 000 万～3 000 万元。

而大型、超大型转轮整体运输较散件运输需增加道路改造、交通调控、海上运输、内河运输、码头修整等费用，尤其是我国水力资源多处西南部省份基础设施相对落后的崇山峻岭中，山高洞深，道路崎岖，交通不变，道路改造将是一笔巨大的费用，动辄上亿。现场建盖厂房、配置设备等的投资与运输费用两者的差值以亿计数，在此难以估算。

（2）工厂制造与工地现场制造费用的比较。

国际、国内大型水轮机生产厂家都设在经济较发达地区，生活水平、物价水平、生产资料价格、劳动力成本均较高，而在工地现场，生活水平、物价水平均较低，施工单位劳动力成本低廉，因此工地现场制造费用较工厂制造低。

（3）间接经济效益。

工地转轮制造厂一般建造在厂房附近，道路运输经过充分论证，运输安全、可靠、有保障。转轮的交付日期计划准确，可满足工程建设的进度要求，而千里迢迢地进行转轮运输，这不仅要提前修路、补桥，而且道路运输还受气候、洪灾、道路垮塌及交通运输安全等不确定因素的影响，甚至有可能导致工程建设进度的严重滞后。因此，工地现场制造转轮为水电站提前发电创造了可能性，而提前发电带来的效益也是非常可观的。

（4）社会效益。

转轮以散件形式运到工地现场制造，减少了大量的道路改造和扩建对水电站建设周边地区造成的更大环境破坏，体现了人与自然的和谐发展、环境友好型建设项目的观点，符合科学发展观的精神实质。

11 应用实例

11.1 龙滩电站 700 MW 转轮现场制作技术与工艺

11.1.1 工程概况

龙滩电站共装 9 台单机容量为 700 MW 的水轮发电机组，一期工程装机 7 台。水轮机转轮结构为混流式，公称直径为 7.9 m，高为 5.3 m，重为 259 t，叶片由巴西伏依特公司生产，上冠、下环从罗马尼亚进口。受运输条件的限制，转轮按照上冠、下环、叶片散件形式运到工地，现场建盖转轮车间，在工地现场进行散件装配、焊接、打磨、退火、精加工及静平衡试验等。此项工作由水电十四局安装总公司协作上海伏依特西门子水电公司(VSS)和东方电机有限公司(东电)进行,首台转轮于2005年6月底开始组装,于2006年8月8日顺利通过验收出厂。

转轮车间平面布置如图21所示。

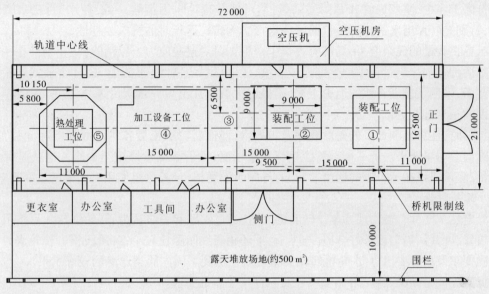

图21　转轮车间平面布置

设备最大吊重为转轮,装配后毛重约267 t,翻身工具重48 t,合计总重315 t,主车间内设一台320/50 t电动双梁单小车桥式起重机,跨度为16.5 m,主钩起重量为320 t,副钩起重量50 t,主钩最大起吊高度为11 m,桥机可在司机室操作,也可在地面遥控操作。厂房横剖面如图22所示。

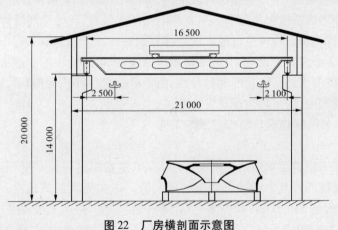

图22　厂房横剖面示意图

11.1.2　施工情况

现场精确装配和焊接是整个转轮制造的两个关键工序。因此,在装配前对上冠、下环、叶片进行了无损检测,对型线尺寸进行了仔细的检查,合格后才开始装配。装配时,首先调整好上冠、下环的水平和同心度,然后吊装叶片。叶片的装配严格控制其装配位置、进出口边方位与角度、线形尺寸、开口尺寸、叶片节距等,是一个复杂的装配工艺过程,每一道工序、每一个尺寸须严格把关,使之符合转轮流道设计的要求。

为确保转轮的焊接质量,制定了科学合理的焊接工艺。首先应对参加焊接的焊工进行专门的培训并经考试合格后方可开始正式焊接。焊接时严格执行根据焊接工艺评定试验制定的焊接工艺措施和焊接作业指导书。焊前焊缝加温预热、焊接时保证温度符合要求并控制好层间温度、焊接过程中多次反转转轮是焊缝在焊接时以平焊和立焊为主、焊接中的清根打磨和 MT 检查、焊后进行消氢等都是保证焊接质量、消除焊接应力的重要措施。

在打磨工序中,注意焊缝 R 角的磨削量,尽可能与理论水力型线一致,使水力损失、磨蚀等降至最低,特别是叶片出水边打磨质量的好坏直接影响转轮运行时的抗气蚀特性。

焊后存在大量的残余应力,局部应力集中。施工时对这些应力予以消除,防止钢件在一定时间后或在随后的切削加工过程中产生变形或裂纹,保证材料的韧性、延展性。对于混流式转轮外形复杂的变截面,采用了合理有效的退火工艺,确保退火后叶片出口开度尺寸基本不变、残余应力降至屈服强度的一半甚至更低。

精加工时,注意理顺加工的先后顺序及走刀量,保证转轮加工后各种尺寸误差在允许范围内,并使实际误差尽可能小。静平衡试验应确保测量精度,把不平衡量修正至最小。这些是保证机组安装质量、降低机组在运行中的摆度、减小对导轴承的磨损、延长机组使用寿命等的重要环节。

11.1.3 结果评价

龙滩电站 700 MW 转轮现场制作转轮的制造,通过实践和总结认为,转轮组装叶片按照设计理论位置放置,叶片间均匀度较好,叶片与上冠、下环相贯线间隙比较小,各阶段检查转轮水力尺寸均符合合同要求及设计要求;1# 水轮机转轮的组装质量达到了国内同类产品的较好水平。

根据实际测量结果,转轮精加工尺寸及配合尺寸满足要求。

经退火前及退火后的残余应力检测,退火后的残余应力水平明显降低,退火后转轮残余应力测量结果小于材料屈服强度标准 550 MPa 的一半,达到了转轮验收会议各方预期的残余应力控制目标。

根据转轮静平衡试验报告,转轮静平衡结果满足设计要求和相关标准规定。

散件到货转轮的现场制造,重点主要是确定车间布置尺寸、转轮的装配工艺及技术要求、焊接工艺要求及变形控制措施、精细打磨等。一般来说,车间工位布置要紧凑合理、方便作业,既要考虑施工设备的布置又要考虑桥机起吊范围。从龙滩电站情况来看,转轮车间设计上,转轮不能从退火炉顶部直接吊入和吊出,每台转轮进行退火前后都要拆卸一次炉壁,费时耗工;建议其他电站布置退火炉时,地面下挖 2 m 左右深,炉子上部结构稍作修改,即可满足转轮直接从炉顶吊入。此外,转轮在制作过程中,需要多次进行转轮的翻身吊装,由于桥机主、副钩间距偏小,转轮翻身吊装作业困难,应考虑主、副钩的间距,满足转轮翻身安全要求。

11.2 景洪电站 350 MW 转轮现场制作技术与工艺

11.2.1 工程概况

景洪水电站位于云南省西双版纳州景洪市北 5 km,电站距昆明公路里程约 575 km,是云南省境内澜沧江中下游河段规划八个梯级电站中的第六级。电站为坝后式地面厂房,装机容量 1 750 MW,装机 5 台,单机容量 350 MW。景洪水电站水轮机转轮重 247 t,转轮高度 4 850 mm,名义直径 $\phi 8 300$ mm,最大尺寸 $\phi 8 962$ mm。转轮尺寸及质量仅次于三峡水电站水轮机转轮(10 070 mm,407 t)。转轮由上冠、下环及 13 个叶片组成,以散件形式运输至景洪水电站工地组焊成整体,其中上冠为整体运输,下环分三瓣运输,叶片单个运输;上冠、下环为国内铸造、加工而成,叶片为哈尔滨电机股份有限公司外协罗马尼亚制造,成品进口。水轮机额定容量为 357.2 MW;额定水头为 60 m;额定流量为 667.9 m^3/s;额定转速 75 r/min。

转轮制造用厂房由承制厂家在工地建造完成,加工用主要设备采用哈电与机床专业厂家联合开发、设计,部分设备自行研制。上冠、下环、叶片分别在制造厂数控机床加工完成,转轮在工地组焊、退火、铲磨、加工、静平衡等。共 5 台转轮现场制造,其中由水电十四局安装总公司协作哈尔滨电机股份有限公司共同完成 3#、4#、5# 三台转轮的现场制作。

转轮车间平面布置如图 23 所示。

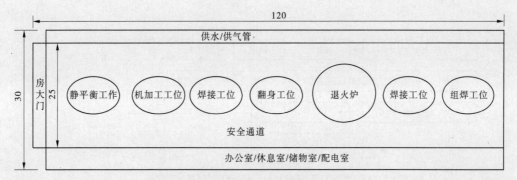

图23　转轮制作厂工位布置示意　（单位：m）

起重设备为1台单小车龙门式起重机（3 500 kN 主钩，750 kN 副钩，100 kN 电动葫芦；跨距119.5 m，起吊高度13 m）。

11.2.2　施工情况

11.2.2.1　转轮焊接、加工工艺流程

转轮焊接、加工工艺流程如图24所示。

11.2.2.2　主要工序的工艺

1）转轮组装

先进行分瓣下环的组装、焊接、尺寸检查；转轮组装顺序为安装上冠、安装下环、安装13个叶片。

（1）分瓣下环组焊。

（2）转轮装配。

首先在转轮上冠按径向线两侧对称布置、焊接4个翻身吊攀。

按装配尺寸要求，将装配支架固定于装配平台上。

转轮装配在专用工具配支架上进行，先将上冠吊到条形支架上，将上冠调水平，水平度控制在1.0 mm 之内，将其与条形支架连接固定；然后进行划线，确定全部叶片与上冠相关线的两个端点。

转轮上冠基准点确定。利用一条轴线为上冠中心线，即上冠基准线。同时反射到上冠的外缘。

转轮上冠叶片控制点的确定。根据已确定的坐标轴，然后确定第一个叶片的进、出水边基准点与上冠上装配节圆刻线的两个交点。分别以此两个基准，将上冠装配节圆刻线圆周按13等分，这样就分别确定了全部13个叶片与上冠相贯线的两个端点。用记号笔标示清晰。

转轮下环安装。将下环吊装至装配用装配支架上，利用门吊、调整垫片调整上冠与下环的进口高度及下环水平，精确调整同心度、重合度、水平及高程，并确保下环中心线与上冠中心线重合。尺寸控制偏差为：上冠、下环的进口高度 +3 ~ +5 mm；水平1.5 mm；上冠、下环同轴度小于1 mm。

转轮下环上叶片控制点确定。与上冠确定方法相同。

上冠、下环装配。

叶片安装。主要由试装、安装、检查、固定焊接。

2）转轮焊接

（1）焊接工艺参数。

母材材质为0Cr13Ni5Mo，马氏体不锈钢；焊丝为 Hs13 − 5 L，ϕ 1.2 mm；预热温度 ≥100 ℃；层间温度 ≤170 ℃；焊接电流为200 ~ 280 A；焊接电压为22 ~ 32 V；焊道宽度 ≤20 mm；保护气体为5% CO_2 + 95% Ar 混合气体。

焊接采取对称位置同时、同向、同速进行，采取分段、多层、多道退步焊接。

焊缝每焊完一层，利用气铲锤击消除应力。

（2）探伤。按规定进行。

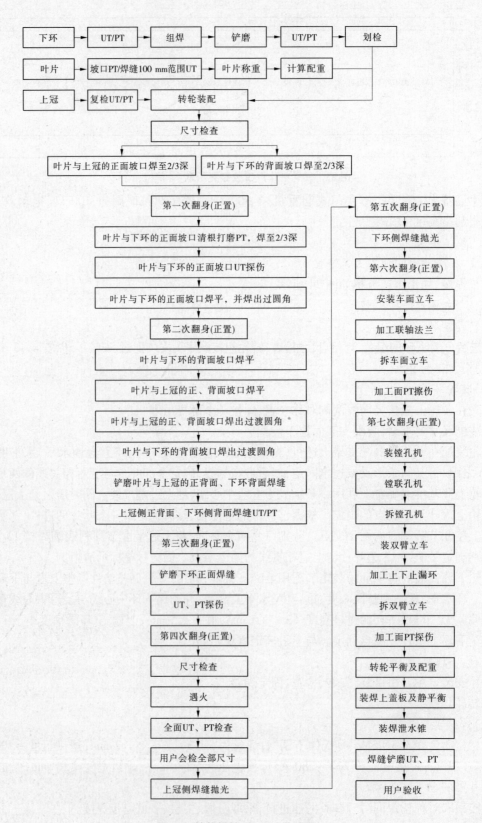

图 24　转轮焊接、加工工艺流程

3)转轮退火

(1)采用热电欧对转轮工件及炉温的温度进行控制。

(2)退火后进行外形尺寸检查及残余应力测试。

4)转轮打磨

转轮打磨采取粗磨、细磨、补焊再打磨、抛光等4道工序。主要强调流道的R角的控制。

5)转轮加工

现场加工:上冠法兰面、背面;连轴螺孔;上冠外圆(上止漏环);下环外圆(下止漏环)。

6)静平衡试验

景洪转轮静平衡试验分粗平衡及精平衡试验两步骤。

采用1套液压式球轴承平衡装置进行,此装置主要由平衡平台、平衡支撑座、平衡托轴及液压泵系统等设备组成。

通过此液压平衡装置的高压系统将转轮顶起处于悬空状态。

通过在下环止漏环轴线对称4个方向焊接4个平衡托架,并装上4个框式水平仪测量水平。

通过向托盘中加放铅块,用百分表测量转轮下降量,并换算成平衡力矩,计算需加铅块重量。

按照以上试验顺序再次进行精平衡试验,计算最终增加的铅块重量,并标识相应的灌铅位置。

将称重铅块熔铸于标识的上冠灌铅槽内,并焊接、打磨封铅板。

静平衡的灵敏度设计要求在下环外圆处挂0.5 kg重物转轮下移0.33 mm,而实际为0.43 mm。

11.2.3 结果评价

综上施工艺来看,大型水轮机转轮在现场组装主要是焊接工艺控制、打磨焊缝流道R角的控制,退火和静平衡控制;严格按照工艺要求执行。

根据实际测量结果,转轮精加工尺寸及配合尺寸满足要求。

根据转轮静平衡试验报告,转轮静平衡结果满足设计要求和相关标准规定。

11.3 糯扎渡水电电站650 MW转轮现场制作技术与工艺

11.3.1 工程概况

糯扎渡水电站是澜沧江上一个以发电为主,同时兼顾防洪、改善下游航运、渔业、旅游和环保作用并对下游电站起补偿作用的特大型水电工程,电站位于云南省普洱市思茅区与澜沧县交界处的澜沧江下游干流上,系澜沧江中下游河段规划八个梯级中的第五级。地下厂房内共装设9台单机容量为650 MW的水轮发电机组,正常蓄水位以下库容为217.49×10^8 m^3,调节库容为113.35×10^8 m^3,水库具有多年调节能力。糯扎渡水电站由9台水轮机转轮现场工地制造,其中前三台由上海福伊特水电设备有限公司承建转轮制作;后六台由哈尔滨电机厂一有限责任公司承建转轮制作。

哈电承担的6台转轮制作主要是采用铸焊结构,工地焊接加工。外圆最大直径7 340 mm,高度为2 925 mm,总重量为168.095 t。其中上冠、下环和叶片分别在制造厂数控机床上加工完成。每台叶片总数为17片,采用ZG00Cr13Ni4Mo铸造而成;上冠、下环均采用ZG00Cr13Ni4Mo铸造而成;下环加工后分4瓣,上冠为整体。转轮在工地须经过装配成整体、焊接、退火、铲磨、加工、静平衡等工序。

11.3.2 施工情况

大型混流式水轮机转轮由于受到运输条件限制,多数为分瓣出厂运输至工地组装制作。糯扎渡电站机组前三台由上海福伊特水电设备有限公司承建转轮制作;后六台由哈尔滨电机厂有限责任公司承建转轮制作;在糯扎渡电站转轮工地现场组装工作中,本项目部主要是参与转轮焊接工序。下面针对后六台的工地制作方法进行说明。现场通过转轮工地焊接、起吊翻转、热处理、机械加工以及转轮静平衡等多项工艺,从而实现了具有真正意义的大型全马氏体不锈钢转轮的工地整体制造。

11.3.2.1 全马氏体不锈钢转轮工地焊接技术

全马氏体不锈钢转轮工地制造的最大难点是转轮焊接和退火,这也正是多年实践一系列工艺技术。

上冠和下环工地拼焊。糯扎渡水电站在转轮的工地制造商,转轮下环均在工地拼焊,在通过严格工艺控制,下环工地拼焊后不退火、不加工的工艺,并且可将下环焊后的变形控制在 ± 2 mm 之内,完全满足工地转轮焊接要求。

焊接材料和方法。焊接材质主要是采用哈电与哈尔滨焊接研究所共同研制的同材质 HS13/5L 马氏体不锈钢焊丝,通过实践验证,焊接质量较好。焊接方法采用熔化极富氩气体脉冲保护焊,预热温度 100 ℃,层间温度 160 ℃。

转轮焊接预热。为了保证焊接质量并避免冷裂纹的产生,转轮在焊接时需要进行预热。现场主要采用哈电专用的晶闸管调功控温预热装置。根据转轮各部件的不同厚度适当布置电加热的数量和位置,通过温度传感器测量温度,计算机自动控制预热区的温度,使得整个转轮的焊接区的温度始终保持在 100 ℃。

11.3.2.2 整体转轮的焊后工地消除应力热处理技术

转轮上冠、下环和叶片组装所有焊缝采用 HS13/5L 马氏体焊接材料,为保证焊接质量,焊后进行热处理是必须的。

对于具有厚截面的大型转轮,为避免因热的变化而产生变形和裂纹,在加热、冷却过程中保持炉内温度均匀上升或下降至关重要。工地组装采用电加热退火炉的热处理方式。退火炉采用晶闸管调功控温法进行加热,由多台晶闸管调功控温柜适时地控制加热器的输出功率,从而达到要求的加热、冷却速度、保温温度和均温时间。炉壁的隔层内使用绝热保温材料,以防止热量的散失,实际使用中热电偶间的温度偏差不超过 10 ℃。

11.3.2.3 转轮工地的翻身技术

为了对重达 200 多 t 的大型转轮进行焊接和加工中翻身,哈电采用专门的转轮翻身装置。转轮翻身是在转轮下环外外圆上对称焊两个大吊耳、吊耳、吊轴中心线与转轮重心在同一水平轴线上,用两组钢丝绳一端分别挂到吊耳的吊轴上,另一端挂到两台吊车吊钩上,垂直起吊,将转轮吊放到与基础把合的支撑架上。用吊耳、吊轴支撑转轮,钢丝绳保持在吊耳轴沟槽内,用钢丝绳吊焊在转轮上冠或下环外圆上的翻身吊板,使转轮整体绕吊轴中心线旋转,到达翻转位置后垂直吊起转轮,完成一次转轮翻身。

11.3.2.4 转轮的工地加工技术

大型转轮工地加工技术是转轮工地制造的关键。转轮在工地主要进行上冠法兰上平面及内止口加工,上、下止漏环外圆的加工,转轮上冠法兰下平面的加工,转轮上冠法兰孔的镗削加工等。哈电开发研究适合工地专用转轮加工机床设备。采用单柱、无横梁伞式组合车、镗床一体机床加工转轮。通过采用在同一机床上使用多种模块加工转轮的不同部位,既简化了加工,又节省了工地使用大型立车的费用。糯扎渡电站转轮加工机床可以在一个工位完成转轮的所有部位加工,包括上冠法兰孔的镗削加工等。

设备主要由旋转工作台、液压支撑垫座、底座、横梁垫座、主变速箱、旋转横梁、车镗刀架、立柱、液压及电气系统等组成。设备精度高、性能稳定,完全满足加工精度要求。

11.3.2.5 转轮的工地静平衡技术

大型转轮因吨位重,一般均采用液压静平衡方式。哈电自制了可满足 200 t 以上的专用转轮静平衡设备,进行工地现场转轮静平衡,该设备装置平衡精度高、性能稳定,装置主要由主机、液压源、平衡主轴以及底座等几部分组成。

11.3.3 结果评价

目前已出厂的转轮组装整体质量满足要求。

(主要完成人:李 林 丁玉国 唐扬文 廖劲凯 刘德琨)

地下厂房大型桥机安装调试施工工法

中国水利水电第十四工程局有限公司

1 前言

随着巨型水电站的开发已逐渐转向江河的中上游,且受地形地貌地理位置的限制,水电站厂房已逐渐趋向地下厂房。地下厂房桥式起重机是水电站机电设备最主要的起吊设备。受桥机轨道以上空间的限制,解决桥机大件的吊装是地下厂房桥机安装的关键技术。

广西龙滩电站主厂房内安装两台 500＋500/10 t 双小车电动双梁桥式起重机,安装过程中的天锚系统设计、起吊梁的受力分析及强度计算、主梁吊装与大车架装配、小车架组装与吊装等都是实际施工中的技术难题。

中国水电十四局有限公司机电安装分公司在广西龙滩电站地下厂房桥式起重机安装中开展科技创新,取得了“地下厂房大型桥式起重机安装调试新技术”这一业内领先、国内首创的新成果,于2007 年通过中水集团专家组鉴定,获得中国水电十四局有限公司科技进步一等奖。同时,形成了地下厂房大型桥式起重机安装调试的施工工法。由于在施工过程中安全、质量、进度等方面得到有效的控制,其技术先进,节约成本,故可产生一定的社会效益和经济效益。

2 工法特点

(1)将土建单位在安装场顶拱埋设的 12 根锚杆用作起吊桥机设备,安装时将在现场制作专用起吊梁与锚杆相连,找平后与顶拱锚杆焊接。

(2)安装起吊系统的 200 t 滑轮组、导向滑子、20 t 卷扬机和钢丝绳。

(3)对天锚起吊系统进行荷载试验,检验锚杆、起吊梁、200 t 滑车、20 t 导向滑轮及卷扬机的安全可靠性。

(4)检查确认天锚起吊系统各部件无异常后,进行桥机各部件的安装工作。

(5)进行桥机安装调试,荷载试验。

(6)将天锚起吊系统拆除。

3 适用范围

适用于地下厂房内桥机轨道以上的受限空间,桥机的设备部件重量及体积巨大,无法利用传统的汽车吊进行桥机的设备部件吊装的地下厂房大型桥式起重机安装调试工程施工。

4 工艺原理

土建单位在地下厂房顶拱开挖支护的过程时,根据设计要求,在厂房安装场顶拱埋设的 12 根锚杆用来作为起吊桥机设备的基础受力点。待厂房开挖至安装场成形、相关的桥机安装条件具备时,利用厂房施工临时 20 t 桥机,在临时桥机上搭设脚手架并临时布置一套天锚起吊系统。利用这套临时天锚起吊系统吊装专用起吊梁及起吊系统的 200 t 滑轮组、导向滑子、20 t 卷扬机和钢丝绳。自制吊笼及试块,对顶部锚杆及起吊梁进行最重起吊件的 125% 静荷载试验,检验锚杆、起吊梁、200 t 滑车、20 t 导向滑轮及卷扬机的安全可靠性。检查确认天锚起吊系统各部件无异常后,进行桥机各部件的安装调试工作,待桥机安装调试结束后,根据合同及厂家技术要求进行桥机的荷载试验。桥机的各项试验运行参数达到规范规程要求,经各方验收合格后拆除天锚起吊系统。

5 施工工艺流程及操作要点

5.1 施工工艺流程

施工准备→桥机轨道及车挡安装→天锚起吊系统安装→桥机部件安装→桥机荷载试验→天锚起吊系统拆除。

5.2 操作要点

5.2.1 桥机轨道及车挡施工

5.2.1.1 安装准备工作

(1)岩锚梁清扫。

(2)制作、安装安全护栏,具体见图1。

(3)测量放点、放线。

根据监理人提供的测量基准点、基准线和水准点及书面资料、设计图纸,测放施工控制点、线,并将施工控制网书面资料报监理人审批。按图纸位置检查轨道及车挡的预埋螺栓,基础螺栓应在一期混凝土时与锚筋焊牢。

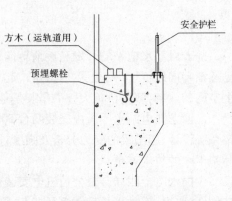

图1 安全护栏

(4)轨道检查下料。

①轨道铺设前,对其端面、直线度和扭曲度进行检查,必要时进行现矫正和处理,合格后方可铺设。轨道的侧向局部弯曲不大于1/2 000;若检查轨道的尺寸超过上述要求的范围,则用机械压力方法矫正,不允许用火焰矫正。

②轨道根据设计要求的尺寸,检查轨道尺寸,轨道两端断面的倾斜值不大于1 mm。

④轨道用汽车吊吊上岩锚梁,用推车、滚杠将轨道运到位,具体见图2。

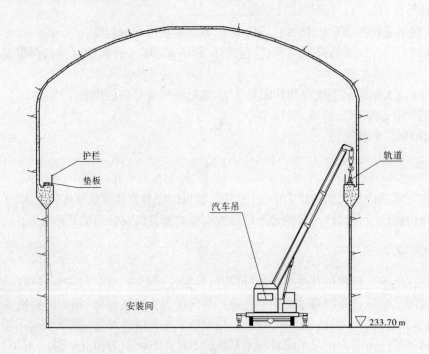

图2 轨道吊装图

5.2.1.2　轨道安装

（1）根据已设置的轨道中心线和高程点设置测量门架,拉好钢琴线,检查调整已埋设好的轨道基础螺栓与轨道中心线距离偏差小于 ±2 mm,合格后开始安装轨道及车挡。

（2）轨道安装。

①轨道总长度为 2×395.068 m,为确保跨度安装的精确,用 TC-2002 全站仪确定上游侧轨道安装中心基准线,挂上钢琴线。先安装上游侧轨道,完成后,再利用 TC-2002 全站仪确定下游轨道安装的中心基准线。轨道水平度的控制通过 NA2 水准仪进行测量控制。

②将螺帽旋入预埋螺栓、安放轨道垫板,初调各垫板高程及水平,然后将轨道移放到垫板上调整其中心和高程,合格后压紧压板。

③安装基础板、轨道,采用调节螺母来调节轨道的高程和水平。在桥机轨道调整好后,点焊垫板与垫板下的螺母,具体见图3。

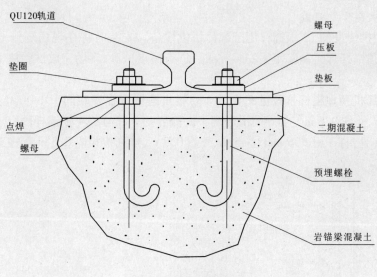

图3　轨道安装图

④轨道经验收后,在轨道基础螺栓及螺母上涂抹黄油并用破布或水泥纸包扎裹紧作保护,以防基础螺栓与螺母生锈卡死。混凝土浇筑及养护结束后,拆除螺栓上包装物,认真清理打扫上、下游岩锚梁及轨道,进行桥机安装准备。

5.2.1.3　轨道检查验收;

（1）轨道跨度为 27.5 m,轨道安装中心线与基准线偏差不超过 3 mm。

（2）轨道跨度偏差不超过 5 mm。

（3）轨道轨顶工作面纵向倾斜度不大于 1/1 500,同侧轨道全长范围轨顶工作面水平不超过8 mm。

（4）轨道每 2 m 测量 1 点,同一断面两轨道标高相差不大于 5 mm,轨道轨顶工作面横向倾斜度不大于轨顶工作面宽的 1/100。

（5）两平行轨道的接头位置应按图纸要求错开,QU120-4000 型轨道一根安装在靠安装间下游侧当头,另一根安装在靠9#机上游侧当头。

（6）轨道接头间隙的 2 mm,接头左、右、上三面的错位不大于 1 mm,具体见图4。

（7）车挡应在吊装桥机前装妥;同一跨度的两车挡与缓冲器均应接触,如有偏差应进行调整,具体见图5。

（8）轨道安装各参数指标自检符合《起重设备安装工程施工及验收规范》（GB 50278—98）后,

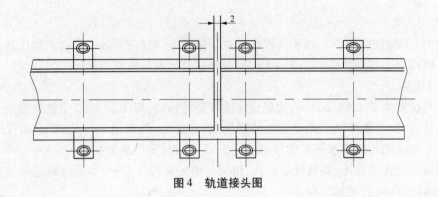

图 4　轨道接头图

报请监理人进行验收。

5.2.2　天锚起吊系统安装

5.2.2.1　起吊梁制作和安装

在安装场顶拱埋设的 12 根锚杆用于起吊桥机设备。，安装时将在现场制作专用起吊梁与锚杆相连，找平后与顶锚杆焊接。起吊梁安装完成后进行吊点试验，现场完成试验块、吊笼、吊具及地锚的准备。

（1）20 t 卷扬机预埋锚杆位置见图 6，20 t 卷扬机地锚设在安装间 HR +060 处下游侧，打 2 根 ϕ36 mm、深 5 m、外露 0.5 m。上导向滑子用下游侧岩壁上已有的 4 根锚杆固定。在现在安装间下游侧栏杆边 1 m 处，打 3 根 ϕ36 mm、深 5 m、外露 0.5 m，排列按相隔 0.5 m 等边三角形布置。具体见图 7。

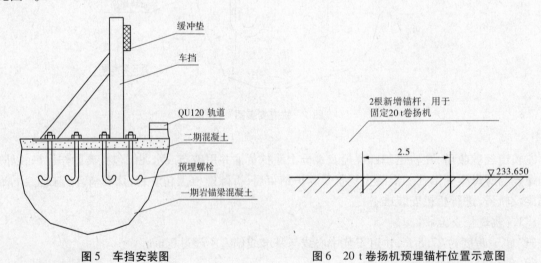

图 5　车挡安装图　　　　　图 6　20 t 卷扬机预埋锚杆位置示意图

（2）起吊梁制作。

起吊梁的制作在平台进行，具体结构见图 8。

起吊梁长×宽×高为 3 400 mm×1 700 mm×500 mm，重约 2 000 kg，吊点根据 200 t 滑轮组定滑轮轴销尺寸确定；起吊梁材料为 16 Mn。

（3）起吊梁安装。

4 根 M36 全压丝杆长 1.5 m，与最外侧的 4 根锚杆对接焊并打磨光滑。用 5 t 卷扬机及导向滑子配合，将起吊梁起升至滑子上限高度，穿入螺杆，卸去 5 t 滑子，旋转起升螺母，使起吊梁上升进入至顶部，调整水平后完成锚杆与起吊梁的焊接工作，具体见图 9。

锚杆与起吊梁下翼板联接处上、下焊接，起吊梁吊装如图 10 所示。

用同样方法将 8 门 200 t 定滑轮吊装在起吊梁上。

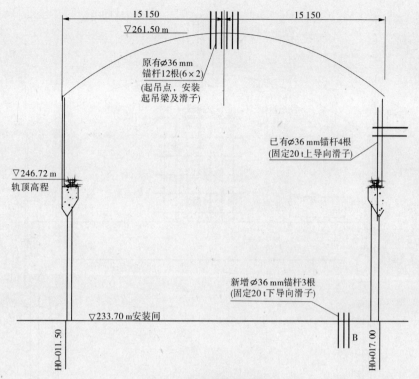

图7 安装间锚杆布置

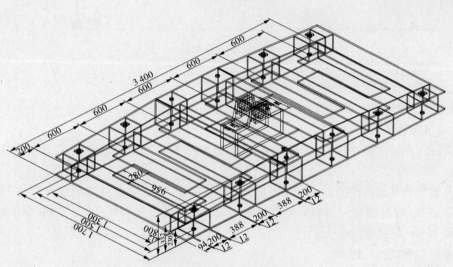

图8 起吊梁制作 (单位:mm)

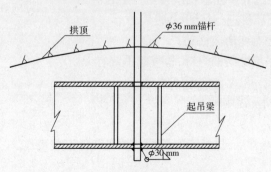

图9 锚杆与起吊梁联接焊缝

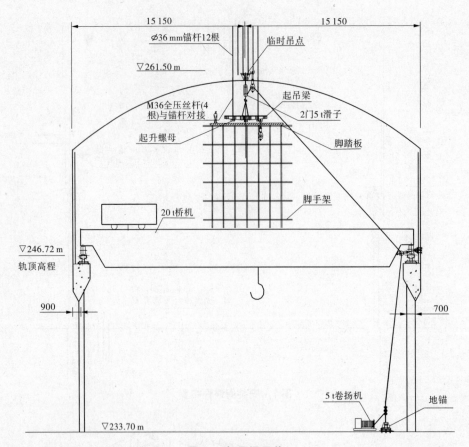

图 10　起吊梁吊装

将 20 t 导向滑子安装在各导向点的锚杆上。

用 5 t 卷扬机穿 200 t 滑轮组、导向滑子、20 t 卷扬机和钢丝绳。

5.2.2.2　起吊梁静荷载试验

对顶部锚杆及起吊梁进行 125% 静荷载试验,检验锚杆、起吊梁、200 t 滑车、20 t 导向滑轮及卷扬机的安全可靠性。

试验荷载为最重起吊件的 1.25 倍,桥机最重件按 150 t 计,荷载试验的载荷重为 187.5 t。荷载试验采用试块,现场制作一吊笼。吊笼为桁架结构,吊笼尺寸为 9 400 mm×2 890 mm×3 150 mm,材料为 16Mn,吊笼重约 8 t。

起吊梁静荷载试验见图 11。

荷载试验时,启动卷扬机原地提起和下落荷载三次,起、降过程中数次停止卷扬机以检验卷扬机制动系统的可靠性,试验过程中注意观察各受力点的情况。

荷载试验完成后,下列项目进行仔细检查:

(1)检查所有锚杆是否有变形或松动;

(2)检查顶锚杆与起吊梁之间的焊缝,检查起吊梁有无变形;

(3)检查 200 t 滑车;

(4)检查 20 t 导向滑轮及锚座轴;

(5)检查钢丝绳。

确认以上部件检查无异常后,进行下一阶段的桥机部件安装工作。

5.2.3　桥机部件安装

桥机部件安装流程如图 12 所示。

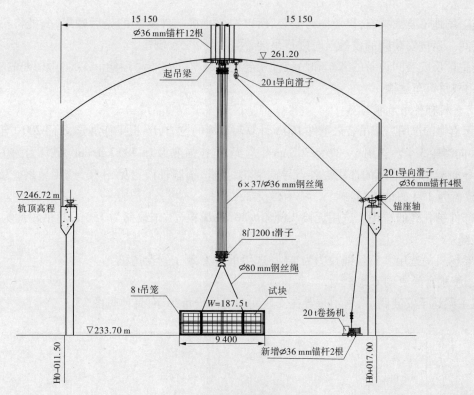

图 11　起吊梁静荷载试验

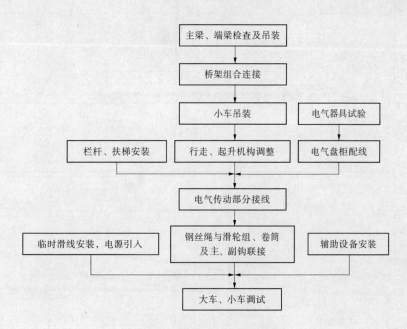

图 12　桥机部件安装流程图

5.2.3.1　桥机部件检查及运输

主要检查验收项目中主梁的跨度和上拱度的测量情况。将主梁垫平,测量其跨度,其允许偏差满足《起重设备安装工程施工及验收规范》(GB 50278—98)规范要求。

主厂房桥式起重机总工程量为 2×513.066 t。大且重的安装部件有主梁,长为 28.9 m,最重为 85.955 t;端梁、行走机构、小车等也较重,需卸车在厂房安装间,其他的可存放设备库。考虑到桥机安装施工场地不要太拥挤,以免防碍安装,所以按照桥机部件安装的先后顺序,分批将桥机部件运进安装间。运进安装间的设备及时进行吊装,尽量减少二次倒运。

运进主厂房安装间设备的卸车和吊装使用卷扬机或50 t汽车吊运输。工地现场设备的二次倒运,将使用载重汽车运输。

5.2.3.2 桥机部件吊装前准备

(1)起重绳的选用。按吊装最重件150 t计算起重绳的拉力,16根工作绳索,8门200 t轮滑车一对,20 t导向滑轮3个。选用6×37/ϕ36 mm钢丝绳,抗拉强度为18 700 kgf/cm^2,破坏力为71.4 t。

(2)导向滑轮、地锚绳的选用。各点导向滑轮、锚杆、锚座轴设置见图16,选用绳索ϕ36 mm单根、工作载荷为32 t的地锚绳。

(3)部件绑扎绳的选用。选用无接头绳索ϕ80 mm2根,工作载荷为150 t,起吊角约为78°,为部件绑扎绳。

(4)卷扬机的选用。钢丝绳拉力为14 t,选用重量为20 t的卷扬机。

5.2.3.3 桥机主梁安装间卸车

桥机主梁运至安装间后,利用布置在安装间的起吊设备卸车,具体见图13。

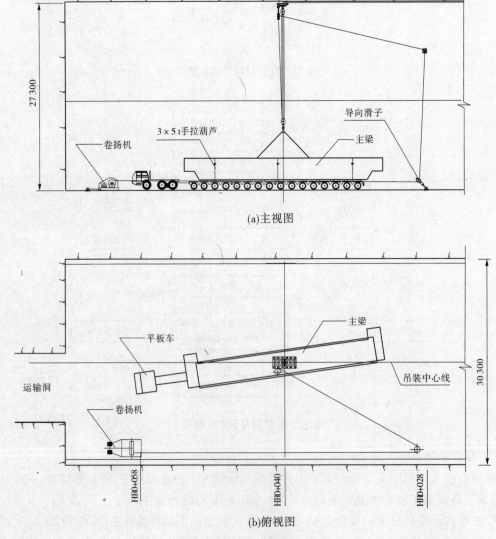

(a)主视图

(b)俯视图

图13 桥机主梁安装间卸车

选用ϕ80 mm钢丝绳8股(按4股计算,安全系数大于5.6)拴在主梁起吊点上,启动卷扬机,提升主梁,将平板车开走,将主梁落在安装间地面。

5.2.3.4 桥机大梁吊装

大梁吊装顺序:第一组大车行走机构→第一根大梁吊装→第二组大车行走机构→第二根大梁吊装→吊端梁→桥机组装。

(1)利用50 t汽车吊将大车行走机构吊上轨道,并进行可靠固定。

(2)利用已布置好的起吊设备(20 t卷扬机、200 t滑车、20 t导向滑轮、起吊梁、ϕ80 mm钢丝绳)提升第一根桥机大梁,起吊前在大梁两端系上拖拉绳,用以控制大梁起吊的摆度,当大梁起升高度超过大车行走机构时,用人力拖拉控制大梁回转摆正,同时操作卷扬机,将大梁安全地落在第一组大车行走机构上,同时进行大梁与行走机构的联接。桥机大梁吊装见图14。

(3)利用2个5 t手拉葫芦及轨道卡具牵引第一根大梁移位。先将轨道专用卡具固定在桥机轨道上(其受力方向与轨道轴线平行),然后在桥机大梁与轨道卡具间挂上5 t手拉葫芦,分别在上、下游轨道上同时用力牵引,使桥机大梁两端以相同速度移位(通过对讲机联系),移动速度控制在0.5 m/min。具体见图15。

(4)用同样的方法吊装第二根桥机大梁,并与第二组大车行走机构联接。

(5)利用50 t汽车吊将端梁吊上,与第一根大梁相联。

(6)车架组装,第二根大梁吊到轨道上后,将第一根大梁移回,通过端梁与第二根大梁联接。

(7)2根桥机主梁组装成整体后,按《起重设备安装工程施工及验收规范》(GB 50287—98)进行以下检查:

①检查对角线长度差;

②检查跨度相对差;

③检查同一截面小车轨道高程差及小车轨道跨度;

④检查主梁车轮的同位差。

以上检查完成并符合《起重设备安装工程施工及验收规范》(GB 50278—98)后,即可开始小车吊装。

5.2.3.5 桥机小车吊装

小车到货为散装结构。吊装前在安装场完成整体组装工作。小车组装后总重约为100 t。整体组装有以下优点:

①缩短安装工期;

②能够确保组装质量;

③操作安全。

(1)首先利用20 t卷扬机及50 t汽车吊将小车主要部件在安装间组装成一整体,然后测量小车跨度,最后确认与小车轨道跨度相适应。

(2)小车组装。

小车主要有车架、行走机构、起升机构等。安装步骤如下:

①根据小车的几何尺寸,安放小车行走轮及车架;

②相继吊装减速器、卷筒;

③安装起升机构的电动机、联轴器、制动轮等;

④检查调整起升机构的几何尺寸、联轴器端面间隙的径向跳动、制动器的径向跳动与轴向跳动以及制动轮与制动瓦的接触面积;

⑤安装调整小车行走机构的驱动装置及制动器;

⑥安装定滑轮及平衡轮。

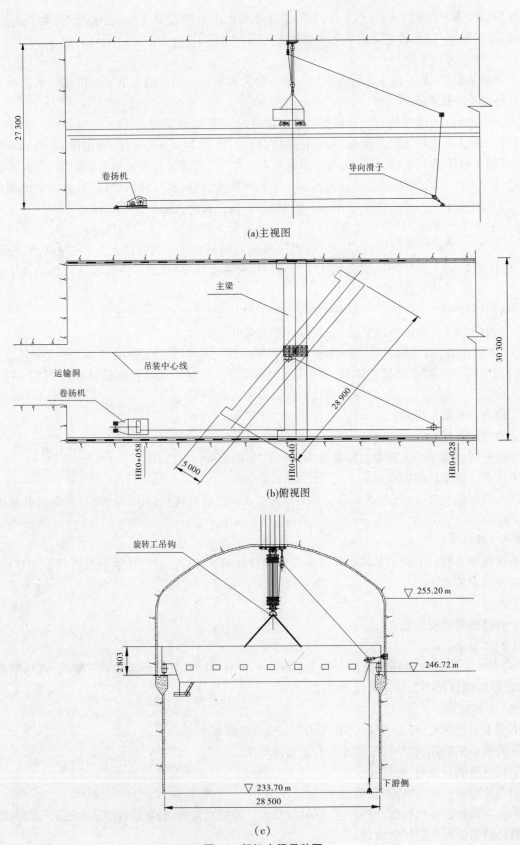

(a)主视图

(b)俯视图

(c)

图14　桥机大梁吊装图

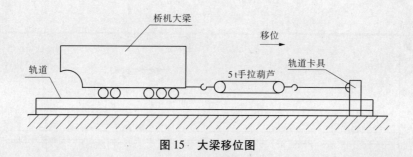

图15 大梁移位图

（3）制动器、减速器、联轴器、角型轴承架与车轮安装的技术要求。

①制动器安装完成后，用百分表检查制动轮的径向圆跳动和端面圆跳动；检查调整制动轮与制动瓦的接触面积；

②用百分表检查联轴器两轴的同轴度和端面间隙；

③用塞尺检查轴瓦与轴颈之间的顶、侧间隙；

④检查齿轮的侧、顶间隙、齿轮啮合接触斑点百分值；齿轮副的齿面接触斑点、齿轮副的最小法向侧隙应符合有关要求。

（4）行走轮及车架安装技术要求。

①检查调整行走轮的垂直倾斜值、车轮水平偏斜值及同一端车轮的同位差；

②找平车架，复查车架的几何尺寸．

（5）第一台小车的吊装。

校核桥机起吊的高度，确保吊装成功。

①利用2个5t葫芦及轨道卡具将已组装成整体的大车车架移位，移开距离应满足小车提升至超过小车轨道的高程。

②利用已布置好的20t卷扬机等起吊设备将小车整体提起，超过桥机大梁高度，并通过拖拉绳将其稳定住。

③将大车架移回至小车起吊位的下方，启动20t卷扬机将小车缓慢地落在车架的小车轨道上。

（6）第二台小车的吊装。

将桥机大、小车移离起吊位置，利用卷扬机提起第二台小车，移回桥机大车并以同样的方式完成第二台小车的吊装工作。

小车吊装见图16。

（7）其他部件安装，通过50t汽车吊吊装来实现。

①驾驶室安装；

②检修吊笼安装；

③10t电动葫芦安装；

④制动器安装；

⑤缓冲器安装；

⑥平衡臂架安装；

⑦钢丝绳缠绕及吊钩装置安装（先做1/4倍率试验钢丝绳缠绕，最后做正式缠绕工作）。

（8）按照施工图纸的要求进行电气设备安装。主要电气设备在安装接线前按有关规程进行检查。电气盘柜安装、电缆敷设、电气接线等应按厂家技术说明书和规范要求进行施工，设备接地安全可靠，应按厂家和规范要求进行联接。

（9）钢丝绳缠绕。

①钢丝绳缠绕应在桥机空载试验合格后进行。首先将厂家提供的钢丝绳运至安装间，然后盘

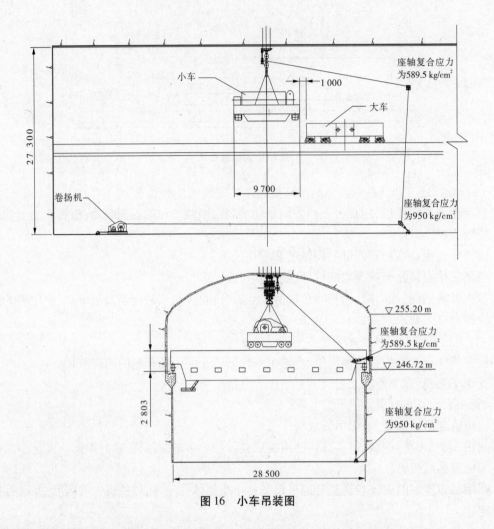

座轴复合应力
为589.5 kg/cm²

小车

大车

1 000

27 300

9 700

卷扬机

座轴复合应力
为950 kg/cm²

▽ 255.20 m

座轴复合应力
为589.5 kg/cm²

▽ 246.72 m

2 803

座轴复合应力
为950 kg/cm²

28 500

图16　小车吊装图

中穿入厚壁钢管,用汽车吊配合,使其悬在空中,最后对准吊点,具体见图17;

②用导链配合将钢丝绳头抽出,提至卷筒与压绳器固定时;

③缓慢地开动起升机构,将所有钢丝绳缠绕在卷筒上;

④将动滑轮放在定滑轮下放安装场地面;

⑤按照图纸要求,用导链配合完成滑子的全部缠绕工作后,将另一端绳头固定在桥机上,用钢丝绳卡住;

⑥开动大车至1#机坑处,启动起升机构,逐渐下放钢丝绳使动滑轮(吊钩)下落至极点;

⑦将已固定在桥机的绳头缠绕在卷筒的另一端与压绳器固定;

⑧松去钢丝绳卡,启动起升机构提起吊钩,在此期间检查钢丝绳的排绳情况是否良好。

上述方案的优点在于钢丝绳在缠绕过程中始终不与地面接触,确保了钢丝绳表面干净无污物。

5.2.4　桥机荷载试验

5.2.4.1　试验准备工作

(1)对桥机进行全面清扫,清除大、小车轨道两侧的所有杂物。

(2)检查桥机安装记录,确认各部件的安装满足要求。

(3)检查大、小车轨道的安装及维护是否良好,压板、螺栓、车挡等一切是否正常,对所有连接件进行检查,确认安全可靠。

(4)检查各润滑点和减速器所加的油、脂的性能、规格和数量是否符合设备技术文件的规定。所有机械部件、连接装置、润滑系统等处于正常工作状态,注油量符合要求。

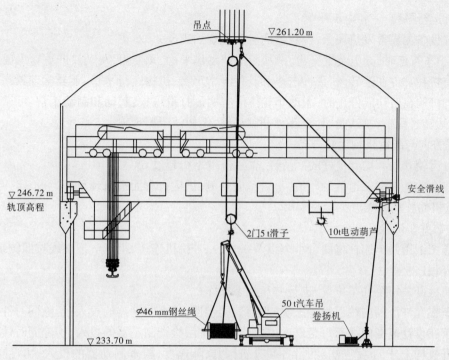

吊点

▽261.20 m

安全滑线

▽246.72 m
轨顶高程

2门5 t滑子

10 t电动葫芦

∅46 mm钢丝绳

50 t汽车吊

卷扬机

▽233.70 m

图17　钢丝绳缠绕

5）检查各安全装置、制动闸间隙、起升机构和大、小车限位器,确保动作正确、可靠。过负荷保护装置、安全连锁装置、控制器、照明和信号系统等安装符合要求,且动作灵敏、准确。在制动器松开的情况下,用手转动电动机的联轴器、减速器、齿轮组及卷筒等时均运转灵活、轻松、无卡阻现象。

（6）确认电气系统接线正确,接地可靠,绝缘符合有关电力规程的要求。在检查电气线路时,确认各电器元件、仪表及回路处于正常状态。

（7）试块、测量仪器、工器具齐全,测量点标示清晰正确。

（8）检查钢丝绳端的固定及其在吊钩、取物装置、滑轮组和卷筒上的缠绕是否正确、可靠。钢丝绳固定、牢固,不和其他部件碰、刮,定、动滑轮转动灵活。

（9）分析试车中可能发生的故障,采取预防应急措施,确保人员、设备安全。

（10）试验用吊笼放置于安装间的中心线上,试验用配重块放置于指定位置,起重吊具、吊索完好、可靠。

5.2.4.2　试验方法及程序

（1）空载试验。

桥机试验前应检查各减速器、传动部位的注油、润滑情况,一切正常后方可进行转动试验。

①分别开动各机构的电动机,运转正常,三相电流平衡;各制动器能准确、及时地运作,各限位开关及安全装置动作准确、可靠;

②大车在安装间至3#、4#机分界面范围内以不同挡位往返行走三次,无啃轨现象,车挡、限位可靠,检查大车不同挡位的速度、制动距离。制动装置的动作要迅速、准确、可靠;

③小车在设计允许范围内以不同挡位往返行走三次,无啃轨现象,限位可靠,检查小车在不同挡位的速度、制动距离。制动装置的动作迅速、准确、可靠;

④起升机构上升、下降三次,检查上限位和下限位装置的动作可靠,测量不同挡位上升、下降的速度,不同挡位下降的制动距离,制动装置的动作要迅速、准确、可靠。

⑤对以下电气和机械部分进行检查:

a. 电机运行平稳,三相电流平衡;

b. 电气设备无异常发热现象,控制器的触头无烧灼现象;

c. 大、小车行走时,导电装置平稳,滑块沿滑线动作平稳,无卡阻、跳动及严重冒火现象;

d. 所有机械部件在运转时,无冲击声和其他异常声音;机构运行平稳,无异常现象;

e. 运行机构在启动或停止时,主动车轮不应有明显打滑现象,起动和制动正常、可靠,限位开关动作正确;运转过程中,制动闸、瓦全部离开制动轮,无任何摩擦现象;

f. 操作方向与起重机构运转方向一致;

g. 所有齿轮和轴承均有良好的润滑性,轴承温度不得超过 65 ℃;

h. 检查车轮踏面和轨道接触印痕,是否偏向外侧,试运行有无啃轨现象;

i. 起重机驾驶室内噪声小于 80 dB。

(2)空载并车试验。

①按照图纸用并车连杆将两台小车以及一号、二号桥机连接,把电气连接线按照图纸将两台桥机电气部分相连;

②将切换开关切至并车位置,进行并车状态操作;

③大车在允许范围内往返行走三次,观察其同步性,检查制动器的投入、切除同时性;

④小车在设计范围内往返行走三次,观察其同步性,检查制动器的投入、切除同时性;

⑤起升机构上升、下降三次,测量各起升机构升、降速度,检查制动器的投入、切除同时性及四台小车升降同步性;

⑥主车、他车、并车操作切换;

⑦安全制动器试验:

a. 试验前检查,在非制动状态下,制动瓦与制动轮间隙均匀、无摩擦现象。

b. 在空载状态下,切除工作制动器,投入安全制动器,检查安全制动器能否刹住卷筒。

c. 在空载状态下,模拟总电源断电,检查制动器抱闸,检查制动器能否刹住卷筒,检查运转声音、制动盘温度,制动瓦与制动轮接触面积不小于 70%。

(3)动载荷减倍率试验。

动载荷减倍率试验是用减小滑轮组倍率的方法进行试验。本试验采用双股法,这样即可以达到动载荷试验的目的,又可以减小试块的重量。试块采用"桥机安装吊点试验吊架",见图 18。

动载荷减倍率试验目的主要是考查大、小车运行机构、小车起升机构的性能。因此,试验检验项目主要有起升机构电机启动电流、电压,运行电流、电压;制动器的制动性能;小车组装后减速器与卷筒齿轮的啮合状况;测量各挡位起升及下降速度以计算出主起升机构升、降的正常速度;考察大、小车运行机构制动等机件的运行状况。

动载荷减倍率试验,减小倍率为 1/4,双头双绕,共 4 根绳,110% 额定负荷试验,单绳受力为 40.44 t。

试验分 50% 额定负荷试验(吊物重为 69.1 t)、75% 额定负荷试验(吊物重为 103.66 t)、100% 额定负荷试验(吊物重为 138.22 t)、1.1 倍额定负荷试验(吊物重为 152 t)。桥机每台主起升机构动载荷试验分 4 个级进行。

试验步骤:

①将试块及吊架运进安装间,按试验要求分 4 次放进吊笼内,悬挂 2 根环形起吊钢绳(ϕ80 mm),启动桥机将重物提升至离地面 150 mm 时停止,停留时间约为 10 min,起吊时用电气组测量电源电压和电动机的工作电流。各挡位上下三次。测量各电动机的起动电流、稳定电流,检查三相电流是否平衡,测量系统总电流,检查三相是否平衡,测量各电动机的温升、轴承温度、转速、声音;制动器的制动性能;减速器齿轮的啮合状况;用秒表测量观察卷筒在各挡位起升及下降速度以计算

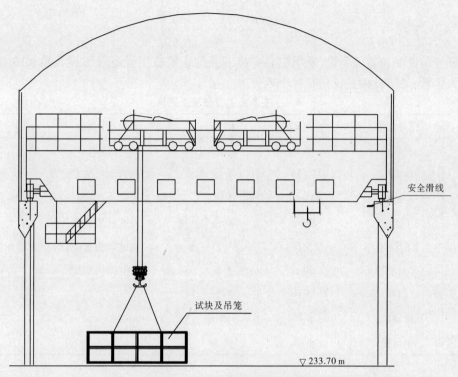

图18 桥机动载荷减倍率试验

出主起升机构升、降的正常速度。

②试验中,对每种动作在其整个运动范围内做反复启动和制动,按工作级别规定的循环时间做重复起动、运行、停车、正转、反转等动作,累计时间至少1 h。各机构应动作灵活、工作平稳可靠;各项性能参数达到设计要求;各限位开关、安全保护和连锁装置应动作准确、可靠;各零部件应无裂纹、开焊、联接松动或损坏;各电动机、接触器等电气设备的温升应不大于规定值,且无损坏。对悬挂着的试验荷载做空中起动时,试验荷载不应出现反向动作。

③大、小车试验时,观察小车行走机构的制动、保护和润滑等情况。测量小车电动机的工作电流和电源电压。

④第一台小车试验完成后,对其他的小车采用同样的试验方法。

⑤试验结束后,检查电机、制动器、卷筒、轴承座及减速器等设备的固定螺栓有无松动现象,全面检查桥机金属结构的焊接质量以及与机构的连接情况,各零部件无裂纹损坏现象。

(4)桥机并车试验。

①单台桥机两500 t吊钩并车试验。安装并车装置及1 000 t平衡梁,同时起落500 t吊钩,检查其同步性。

②2台桥机并车试验。

安装2台桥机的并车装置,将2 000 t平衡梁及2个1 000 t平衡梁与4个500 t吊钩装成一体,同时升降,检查其同步性及速度。

(5)10 t电动葫芦试验。

当合同及规程规范上所有项目安装验收完毕后,按国家有关规定组织编制资料,进行桥机的移交工作。

5.2.5 天锚起吊系统拆除

桥机移交结束,拆除天锚起吊系统。

6 材料与设备

为保证安装进度和施工质量,现场配备桥机安装的主要施工设备及工器具见表1。设备及工器具由专人管理,工器具房安置在安装场地旁边。

表1 主要施工设备及工器具

序号	设备名称	型号规格	数量	生产厂家	备注
1	汽车吊	50 t	1台	日本	自有
2	卷扬机	JM-20 t	1台	上海神力机械总厂	自有
3	卷扬机	JM-5 t	1台	上海神力机械总厂	自有
4	8门滑子	200 t	一对(2个)	河北巨力集团	自有
5	2门滑子	5 t	一对(2个)	河北巨力集团	自有
6	导向滑轮	20 t	3个	河北巨力集团	自有
7	葫芦	5 t	4个		自有
8	钢丝绳	ϕ36	550 m		已有
9	钢丝绳	ϕ80	80 m		订购

7 质量控制

7.1 质量控制标准

在工程施工中推行 ISO 9001—2000《质量管理和质量保证》系列标准,严格进行质量管理和质量控制,确保本项目部承担的工程项目全优施工质量目标的实现。

7.2 质量保证措施

7.2.1 质量控制程序

质量控制程序如图19所示。

7.2.2 施工准备阶段的质量控制

(1)会审图纸及技术交底:对设计布置图及厂家设备结构图充分熟悉,若存在施工技术疑问应及时向监理反映。

(2)桥机到货最终检验及记录:对到货设备及其配件配合监理进行验收,检查所有设备是否因运输而损伤、变形,检查零配件是否齐全和符合图纸要求。对存在质量问题的设备及配件做好记录并经监理签字认可,在妥善处理之前不投入安装。

(3)施工组织设计:认真熟悉施工组织措施并按其施工程序按部就班地进行。

(4)物资准备:对施工过程中所需物资要提前准备,包括吊具、设备、工器具、消耗性材料、施工用电及照明的准备。

(5)劳动力及施工设备:配置充足、强壮、经验丰富的劳动人员并分工明确;配置先进、良好的施工设备。

7.2.3 施工阶段的质量控制

(1)施工工艺的质量控制:施工过程严格按施工设计图纸、厂家装配图纸及相关安装规程规范和标准进行。

(2)施工工序的质量控制:每一施工工序完成后必须作自检、互检、中间验收或交接验收,合格后再进行下一步施工工序。

(3)人员素质的控制:对施工人员素质除在施工前进行考核外,持证上岗。

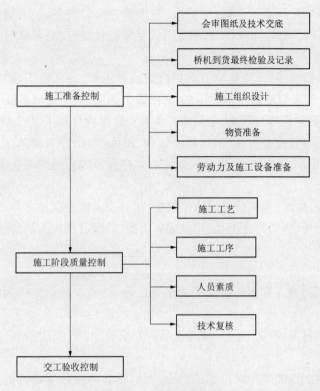

图 19　质量控制程序

（4）技术复核的控制：技术部、质安部应在施工过程中对每一道工序进行技术复核和检验，特别是吊梁试验、桥机动载荷试验。

7.2.4　交工验收阶段的质量控制

工序间的交工验收工作的质量控制，要求班组实行保证工序，监督前工序，服务后工序的自检、互检、交接检和专业性的"中间"质量检查，保证不合格工序不转入下道工序。出现不合格工序时，做到"三不放过"，并采取必要的有效措施，防止再次发生。

8　安全措施

（1）施工现场除设置安全宣传标语牌外，危险地点按照《安全色》（GB 2893—82）、《安全标志》（GB 2894—1996）和《消防安全标志》（GB 13495—92）规定挂标牌，保证设备和人员的安全。

（2）认真贯彻落实动火规定等消防管理制度，实施期间配备临时消防器材。

（3）严禁在易燃、易爆物品附近放火、吸烟。现场的易燃杂物，随时清除。油漆及其稀释剂、易燃易爆物品如氧气、乙炔设备按规定运输、存放、使用，并远离火源，符合防火规定，同时张贴醒目的防火标志。加强对电焊、气焊、气割等施工的安全管理。

（4）施工现场临时用电方案按《施工现场临时用电安全技术规范》（JGJ46—88）的要求进行设计、施工、验收和检查。施工用电按一至四级分级布置，所有用电设备均符合安全要求，施工现场照明充足，施工电源线为电缆线或皮线。在潮湿的地方用低压安全电照明。开关、线路布置合理有序，不乱拉、乱搭，开关保护罩完好无损，电缆电线不应有裸露的现象。在电源开关下端施工接线时，应有关闭开关、挂牌示意禁止合闸等警示，或者派人监督，以免误合闸事故的发生，做好安全接地工作。

（5）大件吊装时应对起吊设备、吊具、捆绑方式进行严格检查，吊物下严禁站人。特大件吊装时需要有质检安全人员联合检查签证同意，方能实施。

（6）根据施工现场情况设置安全网、防护栏、防护罩并涂以警告识别色标，安全标志醒目。对各种限制保险装置，不得擅自拆除或移动，因施工确定需要移动时，需采取相应的临时安全措施，在完工后立即复原。

（7）施工现场要保持整洁，危险处应有防护措施或警示牌，进入施工现场工作的人员，应戴安全帽、穿戴好防护用品和必要的安全防护用品，并佩戴工作证，工作现场不得吸烟。

（8）桥机安装时，要有足够的照明，个别地方备有安全手提灯和手电。

（9）大件吊装时应事先检查吊具、钢丝绳及锚钩、吊梁等，吊件下面禁止站人。现场存放设备材料应做到场地安全可靠、存放整齐、安全通道畅通。在设备内部施工时，工具和杂物不得留在设备内。

（10）清扫及打磨机件时，应戴口罩和防护眼镜，做好个人劳动保护。

（11）使用汽油、煤油、酒精等易燃品时，应远离火源，并配有相应的消防设备。

9 环保措施

（1）严格遵守国家和地方有关环境保护的法令法规，对施工活动范围内的生态环境加以认真保护。

（2）加强对施工中有毒、有害、易燃、易爆物品的安全管理，防止因管理不善而导致环境事故的发生。

（3）为防止施工中产生的废油对现场的污染，对所拆卸的设备零部件的堆放、清扫、缺陷处理场地铺设帆布或耐油橡胶，防止废油污染场面。

（4）对办公区及生活区的污物和生活垃圾按指定地点堆放，对施工场内工业垃圾进行定期清扫、运输，并统一及时运往指定地点，保持环境清洁。

（5）遵守国家和地方有关环境保护法规以及合同的有关规定，做好并遵守施工区、生活区的环境保护工作。

（6）工程完工退场前，严格依据合同的规定，在规定时间期限内拆除施工临时设施，清除施工区、生活区的废弃物等。

10 效益分析

（1）采用地下厂房大型桥机安装调试施工工法，可进行部分或整体组装后吊装，并且施工安全，节省费用，缩短工期。本工法一方面解决了本电站地下主厂房桥机安装的难题，另一方面通过对该工程桥机的安装，总结和积累一些相关的施工技术数据和经验，为今后类似工程的设计和安装提供资料和依据，更好地优化设计和安装，提高经济效益，加强安全保障。

通过本工法的施工成果，为今后地下厂房特大型桥式起重机设计的合理性和安装的安全性、可行性方面产生较高的经济效益和社会效益。桥机安装投入可节省约10%，缩短了安装工期，施工组织和管理更加安全合理，安全性、可靠性方面产生很大的社会效益。

（2）国外发达国家虽然已有地下厂房特大型桥式起重机吊装方法，但他们主要依靠昂贵的起吊设备，安装工期长、费用高，且安装质量控制困难。目前虽然已有水电站地下厂房桥机安装采用固定吊点法进行吊装，但由于桥机都较小、重量轻，吊装很困难。

龙滩水电站地下厂房安装的 500 t＋500 t/10 t－27.5 m 双梁箱式双小车桥式起重机是目前国内最大的桥式起重机，地下厂房起吊重物空间又受到很大的限制，使用吊点法很大程度上解决了桥机安装的施工安全、质量、进度、费用等问题，对推动地下厂房桥机安装的规范化、安全性起着重要的作用。

11 应用实例

11.1 工程概况

广西龙滩水电站地下厂房内设两台 500 t + 500 t/10 t - 27.5 m 双小车电动双梁桥式起重机,桥机外形尺寸长×宽×高为 28.9 m×13.6 m×7.792 m,单台桥机总重量为 513.66 t,单件最重为桥机主梁,单根重为 85 t,是目前国内水电站地下厂房中起吊吨位和跨度最大的桥式起重机。

受桥机轨面以上空间高度的限制,地下厂房大型桥机部件的吊装,一直是困扰施工单位的难题,龙滩水电站地下主厂房两台 500 t + 500 t/10 t - 27.5 m 双梁双小车桥式起重机的安装,由于桥机轨面以上空间狭小,即使使用足够吨位的吊车,也无法将小车部件卷筒吊装就位,而要在高空进行小车装配。那样,不仅大大地增加了施工中的不安全因素,难于控制装配质量,而且安装工期长,成本投入高。采用龙滩水电站主厂房 500 t + 500 t 桥机安装调试工法,对桥机大件进行吊装,解决了以上难题。

11.2 施工情况

在地下厂房开挖初期,选择在厂房安装场顶拱正确的吊点位置设置 12 根有足够安全系数的锚杆作为起吊锚杆,经对其强度分析满足桥机吊装的要求。待厂房开挖至安装场成形、相关的桥机安装条件具备时,利用厂房施工临时 20 t 桥机,在临时桥机上搭设脚手架并临时布置一套天锚起吊系统。利用这套临时天锚起吊系统吊装专用起吊梁及起吊系统的 200 t 滑轮组、导向滑子、20 t 卷扬机和钢丝绳。并自制吊笼及试块,对顶部锚杆及起吊梁进行最重起吊件的 125% 静荷载试验,检验锚杆、起吊梁、200 t 滑车、20 t 导向滑轮及卷扬机的安全可靠性。检查确认天锚起吊系统各部件无异常后,对桥机主梁与行走机构组装和小车整体组装后的吊装。

该工程于 2004 年 2 月 4 日开工,至 2005 年 12 月 23 日竣工。

11.3 结果评价

龙滩水电站地下厂房特大型桥式起重机的安装,采用顶拱锚杆加吊梁和滑车组的方法进行桥机部件吊装,摒弃了以往桥机小车部件逐件起吊、高空装配的模式,变高空作业为地面施工,不仅缩短了工期,节约了成本,而且便于安装质量的控制,消除了小车在高空装配的安全隐患。同时,保存的顶拱吊梁还可用于今后两台桥机检修拆卸及部件更换。

通过本工法的实施,施工质量合格率达到 100%,优良率达到 92% 以上;无安全生产事故发生;工程竣工验收一次通过。以安装工期短,安全可靠,易于控制安装质量,便于施工组织管理的特点,拓展了地下厂房特大型桥机安装的新思路。较好地解决了桥机安装的施工安全、质量、进度等问题,经济效益显著,为地下厂房大型桥式起重机设计的合理性和安装的安全性总结经验和积累技术数据,推动了地下厂房桥机安装的规范化,可产生较高的经济效益和社会效益。

(主要完成人:李　林　唐扬文　廖劲凯　丁玉国　杜　鹏)

2011 年度水利水电工程建设工法汇编

三、其他工程篇

植生·反滤生态混凝土护坡施工工法

北京亚盟达新型材料技术有限公司

1 前言

在河道、库坝的传统治理过程中,长期以来由于比较片面地强调防洪、蓄排水为主的治理理念,多采用传统的浆砌或干砌块石护坡、现浇混凝土护坡、预制混凝土块体护坡等硬质护坡结构,在基本实现护坡要求的同时,对河流、湖泊等水环境工程的生态系统也造成了胁迫效应,对实现水利工程长期稳定、保护水环境以及维持自然生态环境的和谐等方面影响极大。

传统的岩质边坡护坡工程技术,如浆砌块石护坡、三合土灰浆抹面护坡、挂网喷锚护坡等虽然可以加固边坡和防止水土流失,但留下的是一条条灰色的长廊,不仅不利于环境保护和生态恢复,而且对于降雨强度量大,岩土易风化破坏的地区,采取传统的工程护坡措施很难保证工程材料与边坡岩体的兼容性,工程结构很容易被架空,从而导致滑坡。

北京亚盟达生态技术有限公司开发的植生·反滤生态混凝土护坡技术在满足坡体稳定及堤防安全的前提下,可保障江河、湖泊等水域范围原有的生态系统不被破坏。水下护坡结构实现整体透水、反滤,可形成完整的水环境生物链以改善水环境及生态环境,水上护坡实现植生及生态功能,在恢复自然景观的同时,保持水环境与陆地完整的生态沟通,从而实现安全与生态理念并重的建设及治理目的。

2 工法特点

(1)采用植生·反滤生态混凝土护坡,在保证护坡抗压、抗弯强度及耐久性要求的同时,护坡结构层的内部存在大量的连通空隙。

(2)利用护坡结构层空隙结构的特点,能实现护坡结构层整体透水反滤。

(3)可配合多种绿化植生方式,实现环境的生态需求。

3 适用范围

(1)江河、湖泊等水利工程生态护坡。

(2)水库大坝迎水坡护坡。

(3)水库大坝背水坡坡脚反滤体。

(4)水库库区消落带滑坡治理及生态恢复。

4 工艺原理

植生·反滤生态混凝土护坡依据使用部位分为:反滤生态混凝土护坡和植生生态混凝土护坡,依据护坡类型加入相应的生态混凝土专用添加剂拌制生态混凝土,形成特殊的混凝土结构,以满足护坡的功能需求。

反滤生态混凝土护坡主要应用于常水位以下岸坡,其结构特征是:混凝土内部存在大量比较细密的连通孔隙且孔径小于土壤粒子的粒径,便于实现护坡结构层的反滤功能。

植生生态混凝土护坡主要应用于常水位以上岸坡,其结构特征是:混凝土内部存在大量的连通孔隙且孔径较大,便于植物根系穿过护坡结构层并根植于坡体土壤中。

5 施工工艺流程和操作要点

5.1 施工工艺流程
施工工艺流程如图 1 所示。

5.2 操作要点

5.2.1 斜面的框架构筑,地基平整清扫
根据图纸设计标示坡比,在地基或基土上清除淤泥和杂物,并应有防水和排水措施。对于干燥土用水润湿,表面不得留有积水。在支模的板内清除垃圾、泥土等杂物,并浇水润湿木模板,堵塞板缝和孔洞。按图纸设计标示边框高度、宽度及边框间距进行放线、支模。

浇筑框架混凝土时,应防止跑模、涨模,预留伸缩缝。支架、管道和预留孔、预埋件有无走动情况。当发现有变形、位移时,立即停止浇筑,并及时处理好,再继续浇筑,用插入式振捣器应快插慢拔,插点应均匀排列,逐点移动,顺序进行,不得遗漏,做到振捣密实。移动间距不大于振捣棒作用半径的 1.5 倍。振捣上一层时应插入下层 5 cm,以清除两层间的接缝。

根据图纸设计强度选择材料,浇筑混凝土框架,达到一定强度后拆模。混凝土的养护:混凝土浇筑完毕后,应在 12 h 内加以覆盖和浇水,浇水次数应能保持混凝土有足够的润湿状态。养护期一般不少于 7 昼夜。雨、冬期施工时,露天浇筑混凝土应编制季节性施工方案,采取有效措施,确保混凝土的质量。混凝土振捣密实后,表面应用木抹子搓平。

5.2.2 生态混凝土专用添加剂现场投入搅拌
按设计的施工配合比,现场搅拌机(强制式滚筒搅拌机)搅拌生态混凝土。先投入砂、石、水泥和水预搅拌 1 min 以下,然后加入少量的水预搅拌 1 min,再加入指定量的生态混凝土专用添加剂稀释液(生态混凝土专用添加剂需现场按 1:6 稀释后加入,注意现场水灰比)和剩余的水,高速搅拌 3 min 以上。完成上述过程即可开始浇筑生态混凝土。

5.2.3 浇筑植生·反滤生态混凝土
植生·反滤生态混凝土进行浇筑运输时,要考虑到植生·反滤生态混凝土的特性,水泥灰浆较少,容易干燥,运距较远气温较高时要用含水的垫子覆盖表面,以免水分散失影响施工质量。植生·反滤生态混凝土强度上升很快,要控制好出仓到浇筑为止的时间(气温 20 ℃时原则上不能超过 60 min),并使用适合现场运输的翻斗车,把植生·反滤生态混凝土运输到框架内进行浇筑。

在规定的时间内(1 h),按设计厚度进行浇筑,先用铁锹、刮板等将混凝土平铺到框格内,用专用夯板夯实,再用木制抹子等初加工表面,然后用金属抹子进行表面精加工。

植生·反滤生态混凝土浇筑完成后,除去附着在柜架上的生态混凝土,用布、海绵等进行框架的清洗清扫,进行最后整理。

5.2.4 绿化植生
草皮护坡种植部位在植生生态混凝土上,在气温相对较低时种植施工,并且注意洒水养护。工作内容包括清洗坡面,盐碱改良,灌注营养基材,客土喷播,撒种覆盖及养护管理等。

5.2.4.1 清洗坡面
植生生态混凝土浇筑完成 5 d 后,用水泵从河中取水,对坡面进行清洗,清除坡面的杂物。

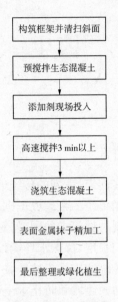

图 1 施工工艺流程

构筑框架并清扫斜面 → 预搅拌生态混凝土 → 添加剂现场投入 → 高速搅拌3 min以上 → 浇筑生态混凝土 → 表面金属抹子精加工 → 最后整理或绿化植生

5.2.4.2 盐碱改良

可在种植土中掺入适量的硫酸亚铁,来改良土壤。

5.2.4.3 灌注营养基材

在客土喷播前,先用软管蠕动挤压泵,将营养基层灌注进植生生态混凝土中,为植物生长初期提供必要的营养材料,保证植草的成活率和绿化覆盖率。

5.2.4.4 客土喷播

喷射有机材混合物,配制好基材,控制好喷射的力度及喷射速度,喷射厚度必须符合设计要求,做到厚度均匀,不能在降雨等恶劣天气条件下施工。喷射施工后几小时内如有降雨,必须采取防护措施。利用经改良的混凝土喷射机将混合均匀的基质材料混合物高压喷射于岩面上,喷射尽可能从正面进行,凹凸部分及死角部分要喷射充分。喷射的平均厚度不低于2 cm。

5.2.4.5 撒种覆盖

(1)草种选择。

一年生或多年生黑麦草、高羊茅等以及草地早熟禾、披碱草、普通狗牙根、百喜草、弯叶画眉草等禾本科植物和白三叶、红三叶、苜蓿和沙打旺等豆科植物。采用混播,这样不但可以增加物种的多样性,弥补单一草种的不足,而且能够长期保持植被群落的稳定性。例如,以黑麦草、高羊茅、狗牙根和白三叶组成的混合草种中,黑麦草能够在较短时间内覆盖地面,从而有效抑制杂草生长和防止水土流失,为其他草种成功建植提供良好的环境条件。一两年后,黑麦草逐渐退化,而高羊茅、狗牙根和白三叶则在黑麦草的保护下得以持续生长。同时,由于豆科植物植株较高,光合作用不受禾本科植物的影响而可以共同生存,而且白三叶有固氮功能,可以为高羊茅和狗牙根提供一定量的氮肥,从而使整个群落达到良性循环。具体使用何种草种按照设计或监理工程师的指示进行购买。

(2)播种前种子处理。

晒种后,浸种24 h,再用多菌灵、托布津进行药剂拌种,可提前出苗。

(3)播种方法。

将处理后的种子混入装有一定比例的水、肥料、保水剂、种植土等材料的容器内,利用离心泵将混合浆料通过软管喷到待播土壤上。其主要优点是:播种后能保证种子与土壤的接触,使之很快出苗成坪,较常规播种出苗时间大大提前。保水剂、肥料为种子萌发提供良好的水分、养分条件。

(4)盖无纺布。

在多雨季节,预防成型后的作业面被雨冲刷;促进植物的生长植物种子生根前免受雨水冲刷;以及正常施工季节的保温保湿及提高种子的发芽率及成活率,用无纺布(或遮阴网)覆盖绿化工作面,覆盖时应用U形钉或细铁丝固定,这样可防止早期无纺布被风吹跑。覆盖后应注意观察种子发芽和生长情况,待植株长到5~6 cm或2~3个叶片后,揭掉遮阴网或无纺布,揭布之前应适当露苗锻炼,然后逐步揭布。

5.2.4.6 养护管理

植物种子从出芽到幼苗期间,必须浇水养护,保持土壤湿润。从开始坚持每天早晨浇一次水(炎热夏季早晚各浇水一次),浇水时应将水滴雾化(有条件的地方可以安装雾化喷头),随后随植物的生长可逐渐减少次数,并根据降水情况调整。

在草坪逐渐生长过程中,对其适时施肥和防治病虫害,施肥坚持"多次少量"的原则。喷播完成后一个月,应全部检查植草生长情况,对生长明显不均匀的位置予以补播。

5.3 劳动力组织

劳动力组织如表1所示。

表1　劳动力组织表

序号	单项工程	人数	备注
1	管理人员	1	
2	技术人员	2	
3	混凝土工	18	
4	电工	1	
5	木工	2	
6	司机	6	
7	操作工	3	
合计		33	

6　材料与设备

6.1　本工法特需说明的材料

（1）生态混凝土专用添加剂分为反滤生态混凝土专用添加剂和植生生态混凝土专用添加剂，均是以无机原料为基础，以高分子功能性有机材料为主导，通过特定生产工艺合成、复合、熟化而成，可大幅提高植生·反滤生态混凝土的力学性能和耐久性能，还能够确保混凝土空隙均匀及孔径大小的可控制性；添加剂可与水泥反应生成新的水化合物，能够在混凝土表面形成致密的保护层，可防止氢氧化钙的溶出，植生生态混凝土的 pH 值可以控制在 9 以下，从而使该护坡结构层具有低碱性的特征，有利于植物的生长；更重要的是，改善了植生·反滤生态混凝土的环境亲和性，使混凝土与微生物、动植物和协共存，最终实现植生·反滤生态混凝土与环境相调协。

（2）营养基材：由有机质土、长效肥、速效肥、黏结剂、保水剂及凝固剂按一定比例组成并搅拌均匀的有机基材。

（3）生态混凝土配比。

生态混凝土配比如表 2 所示。

表2　生态混凝土配比

水泥（C）	沙（S）	石子（G）	水（W）	添加剂	（添加剂＋W）/C
250 kg/m³	100 kg/m³	1 500 kg/m³	85～95 L/m³	5 L/m³	0.36～0.40

注：此配比为标准配比，具体配比依据现场护坡要求情况，经试验后确定。

水泥规格：普通硅酸盐 42.5 级水泥。

碎石规格：GB/T 14685—2001 中 10～30 mm 的单粒粒级骨料。

砂：中粗砂，参照 GB/T 14684—2001。

6.2　机具设备

机具设备表如表 3 所示。

7　质量控制

7.1　工程质量控制标准

反滤·植生生态混凝土的技术指标分别如表 4、表 5 所示。

表3 机具设备表

序号	机械设备名称	设备型号	单位	数量
1	混凝土搅拌机	JL350	台	3
2	自卸运输车	FC10	台	6
3	水泵	150SQJ3.2	台	1
4	备用发电机	东风康明斯30 kW	台	1
5	客土喷播机(植生)	ZKP-6062型客土喷播机	台	1

表4 反滤生态混凝土的技术指标

序号	检查项目	合格范围	方法
1	透水系数	0.01~0.1 cm/s	透水试验
2	抗压强度(28 d)	≥15 MPa	抗压强度试验
3	空隙率	15%~25%	孔隙率测定
4	反滤效果	出水清澈,无杂质	反滤试验

表5 植生生态混凝土的技术指标

序号	检查项目	合格范围	方法
1	透水系数	0.01~0.1 cm/s	透水试验
2	抗压强度(28 d)	8~20 MPa	抗压强度试验
3	空隙率	20%~30%	孔隙率测定
4	pH值	不大于9	

参考标准如下:

压缩强度试验:参照《普通混凝土力学性能试验方法(GB/T 50081—2002)》标准。

透水试验:以 JISA 1218 为标准(日本土木建筑行业标准)。

搅拌好的密度:建筑学会参考(日本,单位容积质量 ±3.5%)。

孔隙率测定:按 GB 50119—2003 的规定执行。

7.2 质量保证措施

植生·反滤生态混凝土施工必须完成各项试验以及各项质量标准的控制,以保证植生·反滤生态混凝土护坡的满足使用要求。

7.2.1 试样的制作及养护方法

试样模具:ϕ10 cm × 20 cm 或 15 cm × 15 cm × 15 cm。

夯实方法:刺棒ϕ16 cm 3层11次。

养护方法:自然养护。

试样数量:压缩强度试验为 7 d 3 个、28 d 3 个(端面处理:将试块的受力端面用水泥砂浆抹平);透水试验为 3 个(不作端面处理)共计9个。

在植生·反滤生态混凝土的施工过程中,每浇筑 50 m³,便进行一次质量管理抽样试验(或每日一次)。管理方法与室内搅拌试验一样。

7.2.2 施工管理

(1)植生·反滤生态混凝土的表面经加工,不能出现严重的凹凸现象。

(2)植生·反滤生态混凝土摊铺厚度通过框架的高度进行确认。

(3)为防止出现断带,每一个框格内的植生·反滤生态混凝土都要在 15 min 内浇筑完成。

(4)植生·反滤生态混凝土搅拌时,严格依照生态混凝土专用添加剂的配比用量添加,如随意改变添加量将严重影响混凝土强度、孔隙率和植生效果。

(5)施工现场须有专人负责物料的配比。提供的配合比为理论配合比,拌制植生·反滤生态混凝土时,需根据粗、细骨料的含水量调整加水量。严格控制水灰比,即控制水的加入量,不允许一次性加入。

(6)为保证植生·反滤生态混凝土品质,应选用清洁、坚硬、耐久、针片状及有害杂质含量符合规范要求的粗骨料和清洁、坚硬、耐久、粒度适当、有害杂质含量满足规范要求的细骨料。

(7)搅拌时间控制在 3 min 以上,植生·反滤生态混凝土专用添加剂必须彻底搅拌均匀,无沉淀;出料时粗细骨料均应表面发亮、浆体粘裹均匀,不可出现流态浆体。

(8)在浇筑植生·反滤生态混凝土后的一定时间内,应保持其固化所必要的温度及湿度,应进行充分养护。

(9)植生·反滤生态混凝土在搅拌、运输过程中会有混凝土黏结现象发生,应及时处理。

8 安全措施

(1)认真贯彻"安全第一,预防为主"的方针,根据国家有关规定、条例,结合施工单位的实际情况和工程的具体特点,建立以项目经理为主要领导的"安全生产领导小组",健全各级各部门的安全生产责任制,坚持执行抓生产必须抓安全的原则,落实各级领导安全责任制,抓好安全生产工作。

(2)施工现场符合防火、防风、防寒、防暑、防雨、防雷、防洪、防触电等安全规定及安全施工要求进行布置,并完善各种施工标识。

(3)各类房屋、厂房、仓库、料场等场所的消防安全距离符合公安部门的相关规定,做到室内不堆放易燃品;严格控制在木料加工厂和易燃材料场所的火源;随时清除易燃杂物;做到生产物资远离火源。

(4)施工现场临时用电严格按照《施工现场临时用电安全技术规范》(JGJ 46—2005)的有关规定执行。

(5)施工现场的配电箱和开关箱应配置两级漏电保护,并选用电流动作型,漏电动作电流不大于 30 mA,额定漏电动作时间应不大于 0.1 s。潮湿及手持工具末级漏电动作电流应不大于 15 mA。配电箱实行一机一闸,并应有过载、短路及断路保护功能。配电箱内设备必须完好无损,安装牢固,导线接头包扎严密,绝缘良好,电源线进箱处做固定。箱内分路应标注明确。箱门内侧应标有单线系统,箱门应配锁,并由专人负责。配电箱周围不能有杂物。

(6)建立完善的施工安全保证体系,加强施工中的安全监察,确保施工标准化、规范化。

9 环保措施

(1)严格遵守国家有关环境保护法令,施工中将严格控制施工污染,减少污水、粉尘及噪声污染,严格控制水土流失,维护生态平衡。

(2)施工期间,对环境保护工作应全面规划、综合治理,采取一切可行措施,将施工现场周围环境的污染减至最小程度。

(3)科学、合理地组织施工,使施工现场保持良好的施工环境和施工秩序,在施工中体现项目的综合管理水平,体现出良好的精神面貌。

(4)施工所产生的建筑垃圾和废弃物,如清理场地的表层腐殖土、淤泥、砍伐的树木杂草、工程剩余的废料,均应根据各自不同的情况分别处理,不得任意裸露弃置。

(5)在施工活动界限之处的植被、树木及建筑物,必须尽力维持原状,不得将有害物质(含燃料、油料、化学品等,以及超过允许剂量的有害气体和尘埃、弃渣等)污染土地、河流。

(6)采取各种有效的保护措施,防止在其利用或占用的土地上发生土壤浸蚀,并防止由于工程施工而造成开挖料或其他浸蚀物质对施工水域的污染。

(7)搞好现场排水、排浆工作,防止场地泥浆满溢。配备足够的水泵和辅助设备进行施工排水,以保证施工现场清洁,避免环境污染。

(8)工地生活区范围备有临时的生活污水汇集处理设施,不得将有害物质和未经处理的污水直接排入河道。

(9)生产和生活区内,在醒目的地方悬挂保护环境卫生标语,以提醒各施工人员。生活内垃圾定点堆放,及时清理,并将其运至业主指定的地点进行掩埋或焚烧处理。生活和施工区内,设置足够的临时卫生设施,及时清扫。

(10)对施工中占用的临时用地,施工完成应及时予以清理,做好绿化环保工作,努力恢复使用前的面貌。

(11)施工道路进行必要的洒水维护,使来往车辆所产生的灰尘减至最低。

10 效益分析

(1)本工法工程施工不仅可以对各类堤岸、边坡等进行可持续性治理,同时也可改善和净化相关水体的水质,用于河道、湖泊、水库等堤岸以及各类边坡(高速道路、山体等)的可持续性生态治理和保护,具有很明显的生态效益。

(2)本工法与传统护坡工法相比较,开辟了一种崭新的环境生态保护治理途径,在有效提高各类工程防护质量的同时,对生态环境进行了有效的恢复和保护,促进了社会与自然的可持续协调发展,产生了良好的社会效益。

11 应用实例——南淝河中游(板桥河入口—寿春路桥)左岸河堤改造工程

11.1 工程概况

南淝河是合肥市的"母亲河",合肥市主城区跨南淝河生息繁荣。南淝河河道长 70 km,流域总面积 1 464 km²。南淝河中游左岸(板桥河入口—寿春路桥)河堤全长约 1 km,河底高程 6.3 m,堤路高程 16.80 ~ 15.20 m,河底宽 25 ~ 36 m,河口宽 36 ~ 48 m。根据合肥市防洪规划,南淝河正常蓄水位 9.00 ~ 9.50 m,本段百年一遇防洪水位约 15.40 m。

2008 年南淝河水系沟通工程,对南淝河做新一轮防洪规划。2008 年 11 月 5 日,本项目初步设计评审会上专家明确了南淝河本段正常蓄水位 11.3 m,本段百年一遇防洪水位约 15.70 m。

边坡保持现状坡比,揭去老的浆砌片石护坡,重新建设生态混凝土护坡,现浇透水·植生型生态混凝土护坡分为反滤生态混凝土和植生生态混凝土,透水型生态混凝土用于常水位 50 cm 以上部分的护坡,植生型生态混凝土用于常水位 50 cm 以下部分的护坡。

11.2 施工情况

该生态混凝土采用现场浇筑技术,这样大大提高了工程的施工性能。根据实际情况,可以使用商品混凝土,用混凝土运输车将商品混凝土运输到现场加入添加剂,也可在现场进行配置、搅拌,然后进行浇筑。

对于反滤生态混凝土,一是控制该生态混凝土的抗压强度和空隙率,以确保生态混凝土具有优良的防洪和抗冲刷以及消波能力;二是通过选择合适的骨料级配控制其中的连续孔径大小和分布,确保该生态混凝土的透水系数(定水位法)$\geqslant 1.0 \times 10^{-1}$ cm/s,从而使空气和水分子可以在反滤生态混凝土的内外自由通过,被保护的背面土壤粒子则不能通过,起到反过滤和防管涌功能。反滤生态混凝土的浇筑厚控制在 100 mm。

11.3 工程监测和结果评价

南淝河中游左岸加固工程,在完成堤岸注浆加固的同时,用新型材料——植生生态混凝土和反滤生态混凝土对堤岸进行改造,为防洪堤的生态改造提供了实践经验,具有典型的示范作用。

(主要完成人:吴智仁　郜志勇　韩征月　吕晋旭　任　柯)

强透水性地基可控挤入灌浆防渗堵漏施工工法

湖南宏禹水利水电岩土工程有限公司

1 前言

工程建设过程中,当建筑物地基坐落或穿越含有砂砾石、碎块石、漂卵石、岩溶洞穴堆积块碎石等强透水性地层时,松散强透水地层被揭露后,常出现大量的涌、突、渗水现象。这些大量的涌、突、渗水使工程施工中断、工期严重滞后甚至引发系列地质灾害如地表水体干涸、周边供水中断、地面塌陷开裂、边坡失稳、地表建筑物沉陷开裂甚至倒塌,危及大范围内的人民生命财产安全。因此,需要快速、有效地对松散强透水性地层进行防渗、堵漏,以减少损失,满足工程建设需求。

现有对松散强透水性地层地基进行处理的工法主要有高压喷射灌浆法、防渗墙法、常规帷幕灌浆法等。但是对于孔隙型及易劈裂软弱松散强透水性地层,常规工艺方法由于对地层的特有适应性,难以满足这类地基工程的防渗、堵漏要求。

针对现有工法对松散强透水性地层涌、突、渗水处理的局限性,江南水利水电工程公司研究了水泥防渗控制性灌浆工法,在乌江洪家渡水电站上、下游围堰和大渡河猴子岩水电站导流洞进水口围堰等工程中进行了应用,但其工法中采用两台灌浆泵,分别灌注水泥、水玻璃材料,其浆液配比难以准确控制,浆液扩散半径不规律,浆液灌入量多,防渗效果难以保证;其防渗帷幕分四步进行先要回填、挤压密实,工序复杂,施工效率低。而我公司早在2006年3月组织地质、材料、水工、岩土、机械等专业的技术人员在研究松散地层工程水文地质特性(地层结构特征、颗粒组成、孔隙的连通性、透水性)的基础上,分析引起松散地层透水的原因,针对松散介质的灌注特性,试验研究可控灌浆材料,以浆止浆无栓塞、自下而上分段、限量灌浆新工艺及控制灌浆技术,即"可控挤入灌浆防渗堵漏技术",通过百色水库库区汪甸防护堤基漂卵石层渗漏处理工程、浯溪水电站围堰地基岩溶突水堵漏处理工程、马钢姑山矿露天采场第四系边坡内砂卵石承压含水层防渗处理等工程实例说明,公司开发的可控挤入灌浆工法较水泥可控灌浆更具施工快、造价低、灌浆可控、效率高等优势。同时,以我公司"可控挤入灌浆防渗堵漏技术"为核心的《姑山铁矿床露天采场第四系砂砾卵石承压水下开采综合技术》荣获得了2010年度中国冶金矿山企业协会科学技术奖一等奖。

2 工法特点

(1)采用可控挤入灌浆技术对松散强透水性地层进行防渗堵漏处理,能快速形成较为完整的防渗帷幕体,其渗透系数小于 10^{-5} cm/s,具有见效快、防渗堵漏性能可靠、经济等优势。

(2)采用可控挤入灌浆技术可针对地层的透水性、工程类型选择适宜的施工参数,如灌浆压力、灌入量、浆液类型实施对浆液扩散半径控制。

(3)可控挤入灌浆使用的设备功率小、设备小,对施工环境适应性强,施工便捷。

(4)可控挤入灌浆施工深度已达到60 m以上。

(5)可控挤入灌浆所灌入的浆液具有良好的水下抗分散性、抗冲蚀稀释、快速凝固的性能,既能避免浆液流失,减少材料浪费,又能防止污染水源,适应环境保护需要。

3 适用范围

本工法适用于松散软弱地层,如第四系人工堆积的块、碎石,冲洪积砂层、砾石层、卵石层、漂卵石层,岩溶洞穴堆积,红层风化溶蚀堆积,断层破碎带、裂隙密集带等软弱散体结构,孔隙度大,连通性好、透水性强烈,渗透系数达到 1×10^{-2} cm/s 以上地层的防渗处理,还能对防洪堤基、水库大坝运行和基坑、巷道、隧洞开挖时出现的管涌、突水进行快速堵漏应急处理。

4 工艺原理

4.1 可控挤入灌浆防渗堵漏工艺原理

可控挤入灌浆防渗堵漏技术是一种全新的控制灌浆技术,采用双液灌浆泵,在钻孔内逐段灌入水泥－水玻璃或水泥－黏土－水玻璃浆液,并使浆液在灌浆管出口处的流动度为 100 ~ 160 mm,利用浆液的黏时变性质及浆液在灌浆压力下快速失水变稠性质,达到使浆液在帷幕范围内实施有效控制扩散的目的;通过一次成孔、自下而上分段、利用浆体在注浆管与钻孔环隙内的初凝性能实现以浆止浆无塞式灌浆,同时利用浆体的触变性能,实现浆体挤入受灌段被灌介质的孔、裂隙内,形成堵水幕体或堵体,达到防渗堵漏的目的。

4.2 无塞灌浆工艺原理

灌浆钻孔达到设计深度后,下入灌浆钻杆。连接好灌浆管路,开始送入凝结时间及强度与灌浆时间匹配的塑性浆液,使其充满受灌段及注浆管与钻孔环隙内,并充分利用浆体的黏时变及塑性特征,完成无栓塞浆体封闭止浆。依据浆体后特性,可稍停泵待灌或不停灌继续灌入灌浆浆液使其从出浆口不停挤压入地层中,即完成无塞灌浆。

4.3 控制灌浆工艺原理

当浆材的初始流动度为 100 ~ 160 mm 时,浆材的黏滞性大增,在灌浆过程中,灌浆的阻力增大,因此灌浆的压力必须达到 0.5 ~ 5.0 MPa,才能将浆液强行挤入到透水的孔隙中。浆液在透水的孔隙中失水后黏滞力进一步增大,浆体受黏滞度影响,先灌入的浆液不断增稠凝固,浆液被挤入到一定扩散距离后,浆液黏滞力与末端处的灌浆压力相等时,浆液停止挤入。通过对灌浆量与灌浆压力的控制,即可实现使浆液控制在帷幕有效范围内较均匀扩散,从而达到可控灌浆的目的。

4.4 浆体挤入原理

根据水泥－水玻璃或水泥－黏土－水玻璃浆液具有凝结触变性特征,后续灌入的浆液在不断升高的压力作用下使先前灌入已开始初凝的浆体发生推挤剪切效应,不断推动浆体克服阻力向前挤入,实现浆体被挤入到受灌孔段孔隙或裂隙中,直至浆体黏滞阻力与其末端处灌浆压力相等时,浆液停止挤入,同时,高触变浆体在挤入时,也对周边土体产生挤密固结效应。

4.5 与现有灌浆工艺区别

简而言之,挤入灌浆即是在较高的压力下将黏塑性的材料,强行挤到孔隙或裂隙中。挤入灌浆与传统的灌浆工艺区别如下:

目前,按照浆液被灌入到地层中后的流行形式,发展了充填灌浆、渗透灌浆、劈裂灌浆、挤密灌浆等理论。充填灌浆是对大空洞大孔隙进行充填灌注,其灌浆压力较低。渗透灌浆是在不足以破坏地层构造的压力下,将浆液灌入到粒状的孔隙或裂隙中,从而取代、排出其中的空气和水,其灌浆压力通常在 0.5 MPa 以内,其作用如图 1 所示。劈裂灌浆是采用较高的灌浆压力,对被灌介质产生劈裂、挤密,形成脉状分布的浆体,其灌浆压力通常在 0.4 ~ 1.5 MPa。其作用如图 2 所示。挤密灌浆是指用极稠的浆液(一般塌落度 < 50 mm),通过钻孔挤向土体,在注浆孔周边形成球形浆柱,浆体的扩散形成对周围土体的压缩,挤密周围的土体,而不是向土体内渗透,其灌浆压力通常为 2 ~ 5 MPa,其作用如图 3 所示。

挤入灌浆与上述几种理论不一样,一般在 0.5 ~ 5 MPa 的压力下,将具有黏时变流体性质的浆液挤入到孔(裂)隙中,置换孔隙中的水或空气,使被灌介质形成一个完整的、浆土(岩)混合堵水体或幕体,其作用如图 4 所示。它与渗透灌浆的区别在于浆液被挤入,在挤入过程中,浆液自身失水变稠,灌入控制半径内岩、土体中;与劈裂灌浆作用机理不同的是,浆液以挤入作用为主,对周围介质的劈裂作用较少;与挤密灌浆的区别是,浆液被挤入到周围介质的孔(裂)隙中,不是对周围介质的置换。

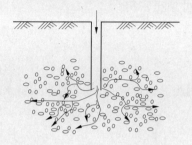

图 1 渗透灌浆示意图

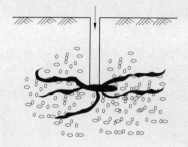

图 2 劈裂灌浆示意图

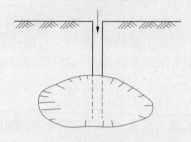

图 3 挤密灌浆示意图

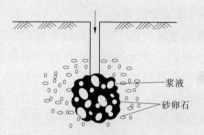

图 4 挤入灌浆示意图

5 施工工艺流程及操作要点

5.1 工艺流程

灌浆施工工艺流程如图 5 所示。

5.2 操作要点

5.2.1 钻孔及下入灌浆管

5.2.1.1 先导孔施工

按照每 20~40 m 布置 1 个先导孔,进行全孔取芯和注水试验,注水试验采用常水头方法,确定该段的帷幕灌浆上、下限和查明砂砾石、残坡积层的渗漏情况。对先导孔所取得的岩心摆放整齐,并标明岩土名称,土样位置等详细信息,及时、准确地做好施工原始班报表记录工作和地层岩芯编录工作。

5.2.1.2 钻孔施工

钻机就位:钻机就位前进行施工场地平整,场地平整后钻机就位,孔位误差小于 5 cm。

钻机水平校正:钻机就位安装后,进行钻机水平校正,确保钻孔的垂直,孔斜小于 1%。

5.2.1.3 钻孔孔径

采用潜孔锤钻进成孔者,土层及砂卵石层孔径为 130 mm,基岩孔径不小于 91 mm;采用地质钻机成孔者,土层

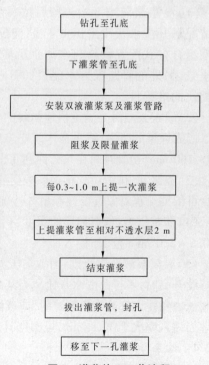

图 5 灌浆施工工艺流程

及砂卵石层孔径为 110 mm,基岩孔径不小于 91 mm。

5.2.1.4　埋设孔口管

在孔壁不稳定或有承压涌水的地段应埋设孔口管,埋设深度大于 2 m,管径应大于钻孔直径 1~2 个级配;必要时,还须在孔口管周边换填一定体积黏土并填压密实。

5.2.1.5　钻孔深度

钻孔以深入相对不透水层 1~2 m 为原则进行布置。

5.2.1.6　钻孔施工工艺

土层采用泥浆护壁钻进成孔,砂卵石层及残坡积层采用跟管钻进成孔,基岩可采用清水或泥浆钻进成孔。

5.2.1.7　开孔

可采用冲击钻机或地质钻机钻进穿过覆盖层,进入强透水性地层后,采用地质钻机或潜孔锤钻机钻进。为防止施工过程中水对孔壁稳定的影响,减少孔内事故的发生,钻进强透水层时,可采用套管对松散地层进行有效防护隔离,钻孔结束后下入灌浆管,再将套管拔起。

5.2.1.8　灌浆管设置

为确保灌浆管能下入孔底且顺利提升并进行有效灌注,采用内丝钻杆,并确保连接密封牢靠,前置钻杆底部安装开具单向灌浆孔并带锥头的灌浆头,灌浆头未装单向阀时,应用胶带缠封小孔,用钻机送入至孔底。

5.2.2　灌浆顺序

(1)在灌浆孔一次成孔后,将灌浆管一次性下入至孔底,灌入浆液;当浆液达到一定稠度后,可阻塞后续浆液时,然后分段、自下而上进行可控挤入灌浆。

(2)灌浆顺序:分排按序进行,原则上先灌迎水流方向的一排,后灌下一排;多排布置时,最后灌中间排。序次上按先Ⅰ序,后Ⅱ序,再Ⅲ序(施工需要时布置)的顺序进行。

5.2.3　灌浆工艺参数

(1)灌浆浆液浓度按先稀后浓、逐级变换的原则进行。浆液水灰比采用1:1、0.8:1。一般情况下开灌水灰比采用1:1,浆液配制要称量准确。水玻璃为水泥质量的3%~10%,按灌浆泵组合方式配置稀释与水泥浆所需的体积。灌浆时,一条管吸入经稀释的水玻璃或水玻璃黏土浆,另外的管路吸入水泥浆,每一条管路泵送流量均相同,汇至孔内灌浆管路中混合,保证配比的准确性。

(2)灌入浆液需要满足快速初凝的要求,防止浆液在透水地层内沿着地层某一层面扩散较远,难以形成理想的防渗、堵水幕体。要求浆液在两管混合后,从孔底流出时所形成的初始流动度为100~160 mm,初凝时间在几分钟到几十分钟可调。

(3)灌浆孔、排距:孔、排距可根据灌注地层孔隙的连通性程度,确定为 1~2.5 m 不等,排数的多少可依据工程对象重要性和耐久性确定,可为 1~3 排。

(4)灌浆压力:依据地层的深度、孔隙率及孔隙大小和浆液的流变性能,灌浆表压力一般控制在 0.5~5.0 MPa 范围内。

(5)灌浆浆液变换原则:当灌浆压力变化较小,注入率持续减少时或是当注入率变化较小,压力持续升高时,不得改变水灰比。当某一级浆液的注入量达 300 L 以上或灌注时间已达 30 min,而灌浆压力和注入率改变不明显时,应改浓一级水灰比或通过控制水玻璃的加入量来控制浆液灌入量。当注入率大于 30 L/min,可根据具体情况,降低压力、调整浆液胶凝时间来控制灌浆。

5.2.4　结束标准

(1)限量灌浆:

达到预定注入量即可结束灌段,预定注入量 Q 是根据地层孔隙率 n、孔距 z 和段长 L 确定,按

$Q = k\pi n R^2 L$ 公式估算，R 为孔距 z 的 $1/2$，然后提升灌注上一段。一般而言，Ⅰ序孔最少灌入量不少于 500 L/m，Ⅱ序孔不少于 400 L/m，Ⅲ序孔不少于 300 L/m。

强透水地层中砂砾石、砂卵石、漂卵石、人工堆积块碎石、洞穴堆积等天然孔隙率多在 50% 以上。不同的地层中颗粒大小、级配各不相同，孔隙之间连通性程度各异。注浆时，可灌性通常受连通性程度所制约。通常情况下，可灌孔隙率天然砂层按 20% ~ 30%、砂砾石 25% ~ 35%、砂卵石 30% ~ 40%、漂卵石 35% ~ 45%、人工堆积块碎石 50% ~ 70%、洞穴堆积 40% ~ 60% 初步确定。

（2）达到设定压力上限时，注入率小于某一给定值时可结束。

当灌浆量少于预定注入量 Q 时，灌浆压力已达到设计压力上限值，当灌入率小于 5 L/min 时，可以结束灌浆。

一般情况下，在深度 5 ~ 20 m 进行可控挤入灌浆时，采用设计上限压力 0.5 ~ 1.0 MPa；在深度 20 ~ 50 m 进行可控挤入灌浆时，采用设计上限压力 0.8 ~ 3.0 MPa；在深度 50 ~ 80 m 进行可控挤入灌浆时，采用设计上限压力 2.5 ~ 5.0 MPa；具体工程施工前须根据地层的可灌性、水头压力、工程重要性等条件进行试验确定。

5.2.5 特殊孔段处理

特殊孔段施工中如出现孔口冒浆、地表冒浆、大量吸浆和窜浆时，分别采用以下方式进行解决。孔口冒浆时可增加浆液中快凝作用的组分含量或待凝 3 ~ 20 min 解决；地表冒浆时可采用间歇待凝方式解决；大量吸浆时，可采用增加浆液稠度、缩短灌段、定量或间歇待凝等方式处理。如果出现钻孔串浆情况，当被串孔具备灌浆条件，应将被串孔段同时堵塞，一泵一孔进行灌注；若被串孔不具备条件，则将被串孔先行封堵，待灌浆孔结束后，再对串浆孔扫孔、冲洗，而后继续钻进和灌浆。

如果在上提灌浆管后，出现从灌浆管和钻孔环隙处出现冒浆，采取再次注入阻浆浆液至孔口返浆后待凝 10 min 左右的方法，使漏浆得到有效止浆。

5.2.6 封孔结束

按要求全孔灌段灌浆完成后，拔出灌浆管，用浓浆或黏土球封满孔内剩余的空间。当承压水头高出孔口的灌浆孔，封孔灌浆完成后，必须及时将孔口管加盖封闭，待浆体凝固后能抵抗承压水头顶托时，方能打开。

6 材料与设备

6.1 材料

6.1.1 水泥

选用普通硅酸盐水泥，细度通过 80 μm 方孔筛的筛余量小于 5%。采购的每批水泥必须具有合格证与检验证，存放时间不超过 3 个月，严格采取有效的防潮措施。

6.1.2 水玻璃

酸性水玻璃，模数为 2.8 ~ 3.4，浓度宜为 35 ~ 45 波美度。

6.1.3 黏土

（1）塑性指数不宜小于 14。

（2）黏粒（粒径小于 0.005 mm）含量不宜小于 35%；含砂量（0.05 ~ 0.25 mm）不宜大于 5%；有机物含量不大于 3%。

（3）黏土配制浆液前，应进行粉碎、除砂、细分后再入池进行侵泡溶胀待用。

6.1.4 外加剂

为使浆液有更好的可灌性和可控性，可以在浆液中加入少量 0.2% ~ 0.5% 的减水剂，减水剂以萘磺酸系为主。

6.1.5 水

一般工业用水，灌浆用水水质符合水工混凝土拌制的要求。

6.2 设备

可控挤入灌浆工法中常用机械设备如表1所示。

表1　可控挤入灌浆工法中常用机械设备

设备名称	型号及规格	数量	备注
一、钻孔设备			
冲击钻机	50型	1	钻孔用
回转钻机	SGZ－Ⅱ	1	钻孔用
潜孔锤钻机	YGL－100	1	钻孔用
空压机	VHP750E	1	
二、灌浆设备			
拔管机	YB－30	1	提升管道用
高速制浆机	JZ－2000	1	制浆用
双液注浆泵	2TGZ－120/260	1	灌浆用
输浆管	软钢丝加固管和钢管	200 m	承受1.5倍的最大压力
拌浆机	JB－200	1	
三、供水设备			
离心泵	D150－6	2	
排污泵	4PNL	2	

7　质量控制

7.1　工程质量控制标准

应急工程处理通常以涌、突、渗水量减少为依据进行质量评定；防渗堵漏工程则以施工检查孔注水试验或压水试验成果，并结合钻孔取心及其他方法测试成果综合进行评判。

（1）检查孔质量检查：

帷幕灌浆结束后，进行钻孔质量检查，检查孔施工由承包人自检和监理工程师抽检，检查孔数不少于总孔数的5%，且每40 m至少应布置一个检查孔，钻孔获取岩芯了解浆液的分布情况。

（2）注水试验检查：

帷幕质量检查以检查孔注水试验成果为主，结合灌浆成果分析，进行综合评定；检查孔按设计及监理工程师要求进行。检查孔注水试验自上而下逐段进行，以3~5 m的孔段长控制，合格标准为灌浆后渗透系数应不大于1×10^{-5} cm/s。

所有检查孔至少应90%的孔段满足规定的透水率要求，对于不满足透水率要求的孔段，其透水率不得超过规定值的一倍，且不集中。

（3）在投入运行后，对观测设施进行经常性的观测，并对资料进行整理分析，判断其防渗效果。

7.2　质量保证措施

（1）研究工程部位水文、工程地质条件：工程目的、要求确定后，必须详细研究工程所处部位的地质条件，地层的透水性能，发生涌、透水的途径。

（2）进行全面的防渗、堵漏灌浆设计：防渗、堵漏灌浆设计必须建立在充分掌握工程所处部位的水文、工程地质条件的基础上,结合工程要求,确定具体的施工方法、工艺参数。如帷幕排数、孔、排距、灌浆方法、工艺参数、技术要求等。

(3)配制防渗、堵漏性能良好的可控浆液:灌浆水泥、黏土、速凝剂等基本材料选定后,通过试验确定基本浆液配比,再结合工程对象的具体情况,进行现场生产性试验,调整各种材料添加比例,进一步优化浆液配比,达到浆液灌注性能可靠,封堵效果良好,扩散范围可控的要求。

(4)选择可靠经济的设备配置:成孔设备根据地层条件、场地情况、灌浆孔深度、工程量与工期要求选择钻机类型、型号与数量;灌浆设备依据浆液类型、灌浆参数、工程量与工期要求选择灌浆泵类型、型号与数量;制浆设备依据浆液类型、场地条件、工程量与工期要求选择制浆站类型与数量;使之满足工程、工期、特有技术要求的需要。

(5)实施有效的防渗、封堵灌浆施工:在充分掌握场地水文、工程地质条件的基础上,依据设计方案、技术要求施工。施工过程中,及时收集场地周边出现的与灌浆相关的现象信息,整理分析过程资料,发现问题,及时调整工艺参数并提出解决的具体措施,保证防渗堵漏施工达到预期效果。

(6)不断总结经验,提升灌浆技术水平:由于灌浆工程的隐蔽性,灌浆效果通常由灌浆前后漏水量或透水率(渗透系数)的改变进行评价。施工过程中必须详细收集分析各孔段、序次及特殊情况等相关资料,掌握地层透水性、注入量变化情况,不断发现和改进灌浆工艺,提升灌浆技术水平。

8 安全措施

(1)坚持"安全第一,预防为主,综合治理",并认真贯切国家及地方有关安全生产法规、法令与规定。

(2)建立以项目经理为首的安全保证体系,全面负责施工安全工作。

(3)制定完善的安全生产规章制度,制定施工期间年度安全施工总目标。严格按国家颁发的安全法令、法规和安全生产技术规程和合同中有关安全生产的规定施工。

(4)项目部对安全施工做到奖惩严明,并贯彻安全与经济挂钩的原则,对安全生产有贡献的班组和个人给予奖励,对造成安全事故的施工队、班组和个人给予经济处罚。将安全施工情况与月、季、年奖挂钩。严格执行安全检查制度,并坚持经常检查和定期检查相结合,普遍检查与重点检查相结合。查出事故隐患,并及时采取相应的控制措施。

(5)按时发给现场施工人员安全帽、水鞋、雨衣、手电筒、电池、安全带、手套等必需的劳动保护用品,并发给特殊工种作业人员的劳动保护津贴和营养补助。

(6)制定严格的劳动纪录,进入施工现场,必须戴安全帽,从事高空作业时系安全带、必要时挂安全网、搭设安全平台、严禁在无任何安全措施的情况下上、下交叉作业,严禁穿拖鞋和打赤脚施工。

(7)制定施工机械、车辆操作人员、驾驶员安全管理措施,确保机械、车辆、操作员、驾驶员的作业安全。

(8)认真做好施工区域内及附近的社会治安、保卫、消防、防汛工作,自觉接受当地有关职能部门的监督与管理。

(9)做好施工机械设备的安全保养及防护,对机械设备每周检查一次,每月一次机械保养,严禁带故障运行;施工机械设备操作人员必须为经过专门培训并取得相应证书方可上机。

(10)加强交通安全和对周围行人的保护,在布置的临建设施附近显要位置设置安全标语和安全警示牌。

(11)按规定架设供电线路,施工场内供电线路一律使用电缆,并不得与行车、现场施工发生干扰,以防发生触电事故。各种电气、设备线路、开关箱安装后要验收合格才可启用,所有用电设备做好接零保护,传动部分设安全防护罩,施工过程中经常对用电设备进行安全检查测试。线路维护要专人负责,严禁非电工操作用电设备。

9 环保与资源节约

(1)砌筑专门的饮用水水池并进行密封,以防饮用水被污染。

(2)施工区域内的废水在进行沉淀、过滤净化后再排入指定地点;要求施工人员收集施工中和修理机械时产生的废油,并将收集的废油送到指定地点进行处理。

(3)保持施工区和生活区的环境卫生整洁,在施工区和生活区内分别设置男、女厕所,男、女浴室和更衣室等临时卫生设施,并每天由清洁工打扫卫生。化粪池内的粪便定期清理,并运送到指定地点。施工区和生活区内产生的垃圾,运送到监理工程师指定的地点掩埋或焚烧处理。

(4)施工过程中产生的废渣、废浆,及时运送到监理工程师指定的地点进行处理。

(5)在完工后的规定期限内,拆除施工临时设施,清除施工区和生活区及其附近的施工废弃物,并按监理工程师批准的环境保护措施计划完成环境恢复。

(6)材料进场和当日未用完料的回收堆放,由材料组指定地点并做到合理整齐。

(7)机械要经常保养、清洁,按平面布置设计的位置停放,每日收工停放由保卫组指挥,做到有序整齐。

(8)施工现场道路形成后,由专人负责管理,努力保持道路平整、畅通,并经常巡查,发现有积水,及时排除。

(9)施工现场做到工完料净,日作日清,垃圾及时清运到指定地点堆放,严禁乱堆放。

10 效益分析

通过百色水库库区汪甸防洪堤基渗漏处理工程、浯溪水电站围堰地基岩溶突水堵漏处理工程、马钢姑山矿露天采场第四系内砂卵石层承压水防渗处理工程、泰格林纸集团怀化制浆工程水源泵房砂卵石层防渗灌浆工程等工程实例,说明采用可控挤入灌浆防渗堵漏技术能够有效地对强透水性地层进行综合治理,处理后渗透系数 $<10^{-5}$ cm/s,可形成较为完整的防渗帷幕体,满足工程需求;采用可控挤入灌浆防渗堵漏技术进行强透水性地层的防渗堵漏处理,提高工效和节约成本40%以上,取得了显著的社会、经济与环保效益,具有良好的应用前景。仅上述实例应用的三个工程节省直接投资约1 500万元,加上避免发电损失、挽回工期损失、采矿等间接效益可达数十亿元。

11 应用实例

11.1 百色水利枢纽库区汪甸防护堤基漂卵石层防渗处理

百色水利枢纽水库淹没区汪甸防护工程位于右江乐里河支流上,地处乐里河左岸汪甸乡政府后汪垌片一带,东起汪甸水文站,西至塘房桥头。防护堤全长1 182.9 m,地面高程220~231 m,堤顶高程229.5 m。2006年8月底至9月初库水位达到222 m高程时,防护区东区防护堤内保护区渗水湿润严重,部分堤内排渗井已出现涌水涌砂,地形较低的地段(高程221 m以下)浸水严重,逐步沼泽化。若库水位进一步上升,至正常蓄水位时,极可能会出现管涌,严重危及堤防安全。经研究,决定采用可控挤入灌浆工法进行防渗施工。施工工艺为选用双排孔、"♣"形布置,孔距2 m,分两序进行,钻孔深入基岩内不小于1 m。水玻璃掺量以4%为主,当出现地表冒浆时,可加大至7%~10%。灌浆压力0.6~1.0 MPa。注入量按水泥750 kg/m控制。在抢险施工完成后,自2007年8月28日正式大规模开工,至2007年11月4日完成,累计完成帷幕灌浆孔541个,检查孔27个,造孔进尺11 504.77 m,其中土层6 228.66 m,漂卵石层4 989.4 m,基岩286.71 m;累计完成漂卵石层双液灌浆4 989.4 m,共灌入水泥3 657.96 t,水玻璃138 394.2 kg。处理后,检查孔渗透系数均小于 1.27×10^{-5} cm/s,满足设计要求,当年水库多拦蓄洪水3 000多万 m^3,增加发电效益

2 000多万元,同时在汛期保证了防护堤和防护区的安全运行。

11.2 马钢姑山矿露天采场第四系内砂卵石层承压水防渗处理工程

马鞍山姑山矿露天采场呈椭圆形分布,出露面积约 $1.2 km^2$,出露矿区周边为第四系覆盖层,北帮第四系内粉质黏土层以上的砂层内赋存较丰富的潜水和下部砂砾卵石层内承压水,使北帮压伏的矿床无法开采。为了充分利用资源,安全、经济地开采该部分矿石,须对北帮第四系地层内的地下水进行治理。根据采场北帮工程地质及水文地质条件,本着经济合理的原则,在不影响矿坑开采所要求的第四系边坡开挖边界尺寸条件下,满足矿床开采时西扩边坡的稳定及对水环境的要求,提出了使用可控挤入灌浆工法在采场北帮第四系砂卵石层、残坡积层及基岩强风化层内构筑封闭式的防渗帷幕体系的设计理念。防渗帷幕形成后,帷幕的有效厚度不小于 200 cm,渗透系数小于 5×10^{-5} cm/s。施工工艺为选用双排孔、"♣"形布置,孔距 2 m,分三序进行,钻孔深入基岩内不小于 2 m。水玻璃掺量以 5% 为主,当出现地表冒浆时,可加大至 7% ~10%。灌浆压力 1.0 ~1.5 MPa。注入量一般按达到设计压力,注入率 <5 L/min 控制。漏浆量大的地段按 800 ~1 000 L/m 控制。实施灌浆孔 978 个,总进尺 41 737.82 m,灌浆段长 13 139.12 m,灌入水泥 5 800 t,水玻璃 300 t。处理后,检查孔渗透系数均小于 5×10^{-5} cm/s,较灌前减少近万倍。工程效益:工程节省直接投资 1 300 多万元;处理完成后,西扩边坡得到顺利实施,可从西扩后的边坡下开采铁矿石 440 万 t,将创 50 亿元产值,新增近 7 亿元利润;同时,可延长采场服务年限 6 年,社会效益巨大。

11.3 泰格林纸集团怀化制浆工程水源泵房砂卵石层防渗灌浆工程

泰格林纸集团怀化制浆工程水源泵房项目分为上部建筑、沉井筒体、取水管道、切换井四个部分,其沉井筒体是该工程的核心部分。筒体高度 27 m,外径为 17.0 m。河水面高程为 196.5 m,筒体沉入地表面以下 20.4 m,筒体底高程 187.0。沉井筒体施工范围直径为 23.0 m,穿过强风化岩石厚 1.9 m,沉入中风化岩石 1.3 m,其中有 6.5 m 厚砂卵层与河床连接。在沉井施工过程中曾采用多种施工工艺止水,效果不好,沉井无法施工。后采用可控挤入灌浆防渗堵漏施工工艺进行施工。施工方案为:采用地质回转钻机成孔,下部砂卵石层采用水泥 +4% ~8% 水玻璃浆液进行可控挤入灌浆,构筑防渗帷幕。

具体施工设计参数为:在水泵房外围 1.5 m 处布置一道环形防渗帷幕,共布置 52 个孔,帷幕灌浆孔间距 1.2 m,由下而上按 30 ~50 cm 段提升灌浆;灌浆压力采用 1 ~1.5 MPa,注入量为 600 ~800 L/m 控制孔。

怀化泰格林水泵房止水帷幕灌浆施工自 2007 年 4 月 21 日开工,6 月 10 日完工,共完成钻孔 52 个,完成钻孔总进尺 588.02 m,累计灌入水泥 342.40 t,累计水玻璃 16.15 t。灌后两个检查孔测得渗透系数小于 2×10^{-5} cm/s;开挖后砂卵石层漏水量极少。效果分析:通过对 6.5 m 厚的砂卵石层进行可控挤入灌浆,有效地阻隔沉井筒体下砂卵石层与河水的水力联系,形成了良好的防渗幕体,达到了预期的灌浆效果,保证了后续的开挖施工。

(主要完成人:龚高武　彭春雷　贺茉莉　黎军锋　赵铁军)

软土地基可控压密注浆桩施工工法

湖南宏禹水利水电岩土工程有限公司

1 前言

压密注浆桩技术起源于美国,至今已有40多年的应用历史,但并未得到推广,仅一般用于修复沉降破坏的建筑物。20世纪90年代后期美国在泵、拌和器、机械设备、注入材料的专利技术等方面的改进速度极快,因此该工法得到较快发展。近年来,这种工法在日本、西欧、台湾等国家和地区有较多的施工应用实例。我国在20世纪80年代开始应用压密注浆桩技术,主要用于在道路地基及工民建地基加固,因设备、材料较落后,未得到推广。至本世纪初,上海隧道工程股份有限公司引进了该项技术,在隧道工程中做了大量压密注浆桩技术的探索与应用研究,取得较好的应用效果。

可控性压密注浆桩技术是用特制的高压设备,将注浆材料压入到预定的地层中,形成均质桩固结体;同时将地层中孔隙压密,提高桩周边土的干密度,提高了地基的承载力,从而达到形成一种新型桩及复合地基基础的目的。

我公司通过改进现有高压力注浆设备,突破了国外对高压注浆设备的垄断;通过大量室内注浆材料的试验,开发低塌落度注浆材料;同时进行多次现场注浆试验,形成了一套完整的地基处理思路和施工方法。通过荣恒水电站、采兔沟水库、海口龙塘大坝等工程中的应用,证明了可控压密注浆桩工法对水利工程中的软土地基处理具有很好的施工效果和应用前景。

2 工法特点

(1)能够形成较高承载力、直径400~1 200 mm的桩,同时压密桩间土体,构成具有较高承载力的复合地基。

(2)可控压密注浆桩可应用于场地狭小、施工不便利的洞室内施工或水上施工,机械移动便利。

(3)可控压密注浆桩可施工深度大于30 m。

(4)用于可控压密注浆桩施工的设备、材料等全部国产化,降低了施工成本。

3 适用范围

本工法适用于粉细砂、中砂、砂砾卵石层,杂填土层,块碎石层,不考虑孔隙水压力对建筑物影响的淤泥、流塑—软塑状土,可固结的黏土、风化土层等地基基础施工;同时适用于既有建筑物地基加固、纠偏,增层建筑地基承载力补强,透水性地基中形成柱列防渗墙等。

4 工艺原理

可控性压密注浆桩技术是用特制的高压泵将低坍落度注浆材料通过注浆管均匀地压入到预定的土层中,采用自下而上分段注入,使浆料不断压密土体中的孔隙,而形成一个各向同性的整体,浆体以填充和压密的方式,产生可控的位移量,赶走土颗粒间或岩土裂隙中的水和空气,形成似圆柱形或葫芦状形的均质桩固结体;同时浆料将原来松散土粒的孔隙压密,并压缩密实周边地基土,提高桩周边一定半径范围内土的干密度,提高了复合地基的承载力,从而达到形成一种新型桩及复合地基基础,减少了地基的沉降,提高地基的承载力。

5 施工工艺流程及操作要点

5.1 施工工艺流程

本工法施工工艺流程见图1。

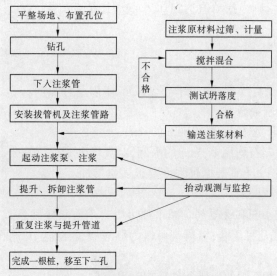

图1 可控压密注浆桩工艺流程

5.2 操作要点

5.2.1 钻孔及下入注浆管

(1)钻孔前根据设计图纸,测量桩位,桩位误差不得大于5cm。

(2)钻孔开孔直径为75~110mm,终孔直径不小于75mm;钻孔倾斜角小于5°,可采用泥浆护壁钻进。必要时,可设置孔口管,深度依现场情况确定,直径大于孔径一个级配。

(3)钻孔后,拔出钻杆,下入内直径为大于60mm的注浆管,注浆管壁厚不少于5mm。

5.2.2 制浆

(1)注浆原材料在上料之前,须采用10mm×10mm网格过筛。

(2)在制浆时,采用强制搅拌机先对水泥、砂、细石、膨润土进行干搅拌均匀,然后加入水搅拌均匀,最外加入外加剂搅拌均匀。

(3)制浆之后,测试坍落度,坍落度为2~5cm,如果坍落度过高,则加入少量水泥和膨润土进行调节;如果坍落度过小,则加入少量水进行调节。

5.2.3 注浆

(1)注浆之前先要检查管路是否畅通。

(2)启动注浆机械后,要热机,不能冷机启动泵送。

(3)启动注浆泵注浆时,料斗内的注浆材料不少于料斗的一半。

(4)泵送次数不得大于12次/min。

(5)当分段注入量达到设计注入最大量或最小注入压力时,停止该段注入,上提注浆管,进行下一注浆段灌注。

5.2.4 注浆方式

对于整个施工场地,采用分排分序间隔跳孔注浆;对于单桩而言,采用自下而上,分段注入方法注浆。

5.2.5 注浆参数

(1)一般按每段33cm控制,根据成桩直径大小,计算每段注入浆量。以形成桩径为500mm

计算,泵上进料斗的实际吸入量为 0.06 m³/段;以形成桩径为 600 mm 计算,泵上进料斗的实际吸入量为 0.09 m³/段;以形成桩径为 700 mm 计算,泵上进料斗的实际吸入量为 0.12 m³/段。

(2)注浆压力:注浆泵上的表压 10~20.0 MPa;注入管孔口压力 3~7.0 MPa。

(3)在有限定抬动的场地施工时,根据抬动观测记录,当抬动值达到 0.1 mm 时,降低注入率和注入总量,如抬动持续增大,则当抬动值达到 0.2 mm 时,结束注浆。

6 材料与设备

6.1 主要材料

压密注浆桩的材料主要有碎石、砂、膨润土、水泥、水以及外加剂。

(1)水泥:通用硅酸盐水泥皆可。

(2)碎石:坚硬、无风化、粒径小于 10 mm 的碎石。

(3)砂:中粗砂。砂和碎石均用 10 mm 的筛网,对现场砂子进行筛分,去除粗颗粒。

(4)膨润土:钠基膨润土,土宜根据桩强度要求适量掺加。

(5)水:符合施工用水的要求。

(6)外加剂:主要有减水剂和缓凝剂。减水剂可以为木质磺酸素系减水剂、氨基磺酸盐系减水剂、萘系减水剂中的一种或几种组合;缓凝剂可以为硼酸盐、磷酸盐、柠檬酸、酒石酸、十二烷基磺酸钠中的一种或几种组合。

上述原材料配比宜根据不同的地质条件,进行配比试验,常用配比范围为:水泥:碎石:砂:膨润土:水:外加剂 = 100:30~300:50~200:30~60:50~70:0.3~1.0(质量比)。

泵送时注浆材料的坍落度控制在 2~5 cm 之间,注浆材料 28 d 抗压强度可在 8~25 MPa 之间,可根据材料配比调整。

6.2 设备

主要设备配置见表1。

表1 机械设备表

序号	项目	名称	规格型号	数量	备注
1	钻孔	钻机	HGY - 200C	1 台	
2	注入材料配制系统	砂石料配料机	PLD1200	1 台	
		强制搅拌机	JS500	1 台	
		铲车	ZL50	1 台	
3	材料注入系统	细石泵	HBT35 - 12 - 45s	1 台	含卡具
		注入材料输送管	内直径不小于 60 mm	300 m	
		橡胶软管	高压	2 根	
		液压拔管装置	BY - 30	1 台	50 t
4	辅助	坍落度筒		1 个	
		千分表	最小感应 0.001 mm	1 个	
		试模	150 mm × 150 mm × 150 mm	12 组	
		对讲机		6 台	
		水箱	5 t	1 个	

7 质量检测及控制

7.1 质量检测

7.1.1 标准贯入试验

挤密灌注桩施工可采用标准贯入试验对待施工地基及已施工完成地基进行前后对比检测试验,根据前后试验数据对比,检查地基压密后的提高值。

7.1.2 地质雷达扫描测试

采用地质雷达对挤密灌浆场地进行前后对比扫描,挤密灌浆前,地基存在较多相对疏松区,经挤密灌浆后,对灌浆孔周边重新进行扫描,检查相对疏松区的改善情况。

7.1.3 原状土样干密度检测

挤密注浆桩施工前后取样对原状土样进行了干密度的检测,对比施工前后干密度的提高程度。

7.1.4 桩身成桩情况开挖检测

在施工完成后,可对桩进行开挖检查,以检测桩身的完整性。

7.1.5 桩身强度检测

挤密灌注桩完成 7 d 或 28 d 后,进行钻孔取芯,选取代表性芯样进行室内抗压强度试验,以检测其桩身强度。

7.2 质量控制要点

(1)钻孔应达到设计深度,其误差一般不小于 10 cm。

(2)每次注浆之前必须认真测试注浆材料的坍落度,并作好记录。

(3)观察抬动监控装置,控制注浆量,避免过大的抬动,造成既有建筑物伤害。

(4)根据砂、石中含水率的变化调整注浆材料中的加入水量,保证注浆材料的坍落度。

(5)严格控制每次提升注浆管段长度,保证每段注浆量达到控制浆量,避免断桩、缩颈。

(6)大面积施工前,应在类似地层进行注浆试验,以确定相应的钻孔、注浆参数。

(7)对注浆过程中进行详细记录,出现异常情况应及时通知技术负责人,及时分析,采取有效的补救措施。

8 安全措施

(1)设立项目经理挂帅的安全生产领导小组,施工队成立以队长为组长的安全生产小组,全面落实安全生产的保证措施,落实安全生产目标。

(2)作业区设置安全警示牌、安全防护网。

(3)贯彻预防为主方针,加强安全教育培训,加强劳动保护工作,杜绝火灾、爆炸、食物中毒事故。

(4)加强危险源辨识,加强过程控制,防患于未然。

(5)注浆施工过程中,严禁无关人员在注浆管路附近,保持安全距离。

(6)制浆过程,谨防机械伤人,做好围护。

(7)开展安全标准化工地建设,全线按安全标准工地进行管理,采用安全易发事故点控制法,确保施工安全。

(8)加强设备管理,严格操作程序,杜绝重伤、死亡事故。

9 环保与资源节约

(1)现场施工人员生活垃圾应分类存放,集中处理。

(2)制浆过程中,在注浆原材料上料时,防止粉尘对大气污染。

(3)尽可能使用散装水泥。如用袋装水泥,用完后不得随意燃烧、丢弃;做好水泥的防雨、防潮措施。

(4)对过筛后的较大直径石子,进行回收处理。

(5)施工时,精心组织生产,避免剩余过多的注浆材料,造成浪费。

(6)设置沉淀池,洗设备的污水经沉淀后,可再次利用;沉淀池中清理出的固体垃圾应弃至指定渣场。

10　效益分析

随着水利行业中各种建筑物的运营时间延长,需要对软土地基进行处理或加固处理的越来越多;同时,港口码头建设、路基、房屋建筑地基等软基处理大量存在;可控压密注浆桩具有施工速度较快,较少受施工场地的限制,处理软土地层后,能够形成具有较高承载力的复合地基基础等优势。

以神木县采兔沟水库泄洪洞地基加固工程为例,泄水洞长约 150 m,洞高 2 m,洞宽 3 m。当硐室地基出现不均匀沉降时,大型机械设备无法进入。只能采用高压旋喷或可控压密注浆两种工法。采用高压旋喷桩法存在以下缺点:①容易污染环境,成本较高。②对地下水位较高并具有流动性的地层不太适用。因为旋转时是一边旋转喷浆一边提升,提升速度为 20 cm/min,水泥还没有凝固,就被水冲走,再就是在地下水位较高的砂土上应用时,会出现塌陷问题。为此,不宜采用高压旋喷桩处理方法。采用压密注浆桩法,可以解决上述问题,通过反压入注浆管,然后进行挤密注浆,解决了狭小空间内施工桩基础的问题,同时注浆材料含有膨润土,低坍落度的注浆材料具有抗水稀释性和抗水分散性,能减少地下水流的影响问题。在施工结束后,经过与其他方案的对比分析,节约总造价 20% 以上,节省工期 2 个月。

同时经过多个类似工程的实践与应用,取得了良好的经济效益和环境效益。采用本工法可以保证工期和质量,在软土地基中推广应用,能产生良好的社会效益。

11　应用实例

11.1　神木县采兔沟水库泄洪洞地基加固

采兔沟水库工程位于榆林市神木县采兔沟村附近秃尾河中游干流上,水库是为保证下游注溉及生态用水等综合利用的水利工程。工程设计总库容 7 281 万 m³,有效库容 6 796.5 m³,调节库容 5 800 万 m³。采兔沟水库工程主要由大坝、泄洪洞、引水管、工作桥、大坝监测等建筑物组成。泄洪洞于 2008 年年底工程全部完工,2010 年 5 月蓄水安全鉴定期间,发现泄洪洞地基出现不均匀沉降,最大沉降量达到 160 mm。砂土的天然干密度为 1.53 ~ 1.58 g/cm³,孔隙率为 41% ~ 45%。设计要求处理后最大干密度达到 1.71 g/cm³。

工程在 2011 年 7 ~ 10 月施工,共完成桩 110 根,累计 810 m。施工后,桩间砂土干密度超过 1.71 g/cm³,桩身强度大于 10 MPa,工程质量优良,完全满足要求,有效地保证了泄洪洞地基的稳定性。

11.2　荣恒水闸地基加固

衡东县荣桓水闸枢纽工程位于湘江一级支流洣水的高湖渡口,是一座有灌溉、发电、航运、通车等综合效益的大型水闸工程。工程于 1990 年 9 月修建,属边设计、边施工、边管理的三边工程。2011 年 8 月下旬发现水闸下游(闸孔 15# ~ 21# 段附近)出现较大规模的浑浊水。经查勘,水闸直接坐落在全风化泥质粉砂岩上,已风化成土状,浸水后软化,力学强度显著降低。根据标准贯入试验资料,全风化泥质粉砂岩在坝基接触面以下 2.0 m 左右深度范围内的土体标准贯入锤击数为 1 ~ 4 击,其承载力范围值为 80 ~ 140 kPa,不能满足地基承载力要求。

设计采用可控压密注浆桩工法和帷幕灌浆对 15# ~ 21# 闸段进行加固施工。压密注浆桩施工范围:在坝基 15#～21# 水闸之间布置 8 排桩孔,梅花型布孔,孔排距均为 2.0 m,以进入灰岩接触面为准,注浆分两序施工。压密注浆桩径在软塑土中不小于 0.7 m,可塑土中不小于 0.5 m,桩身结石强度不低于 12 MPa。

在 2011 年年底,共完成压密注浆桩 165 根,计 1 183 m,其中部分桩深长度超过 30 m,累计注入量 378 m³。所做试模经抗压测试,28 d 强度可达 13 MPa;在施工结束后对几个闸段进行了标准贯入试验,标贯击数为 19～34 击,对应的地基的承载力远大于 250 kPa,完全满足设计要求。

(主要完成人:彭春雷　贺茉莉　龚高武　宾　斌　蒋厚良)

钢筋混凝土叠式闸门一次浇筑成型施工工法

宁波四明湖建设有限公司

1 前言

近年来,随着水利建设的蓬勃发展,中小型水闸项目越来越多,由于整体式钢筋混凝土闸门受到运输条件、吊装困难以及工程位置等限制,对于大尺寸的闸门,这种限制更为明显。为此,很多钢筋混凝土闸门设计采用叠式闸门。传统施工中,由于上、下两页闸门分两次浇筑,连接孔易出现不能对中等偏差,给闸门安装造成很大的困难,有时甚至不能安装,造成很大的经济损失,并造成工期延误;且两次浇筑的混凝土平整度、顺直度不一致,对闸门的外观形象造成影响。

针对上述问题,我公司根据多年经验,采用一种操作简易、切实可行、经济适用的钢筋混凝土叠式闸门一次浇筑成型的施工方法,保证闸门连接孔居中对准,混凝土面光洁平整,保证了钢筋混凝土叠式闸门的浇筑质量,为闸门顺利吊装打下基础。现总结钢筋混凝土叠式闸门预制一次浇筑成型的设计、制作、安装等经验,编制了本工法。

2 工法特点

(1)投入成本低,操作简易。

(2)一次立模,一次浇筑,克服了因多次施工引起的错位、色差、挂浆等弊病,确保混凝土表面的平整度、光洁度一致。

(3)由于采用一次性预制施工,较传统两次预制施工缩短了工期。

(4)预制闸门仓面布置一步到位,模板等材料周转时间大大减少。

(5)施工作业连续、集中,材料二次搬运少,机械设备利用率较高。

3 适用范围

本工法适用于水闸闸门采用叠式钢筋混凝土闸门的施工,也可推广至其他采用叠式或组装式钢筋混凝土构件的工程施工中。

4 工艺原理

(1)本工法是在预制钢筋混凝土叠式闸门时,采用一次浇筑成型,分次安装,并对预留孔放样、定中、定位、开孔,之后进行预留孔埋设、钢筋制作安装、混凝土浇捣、抹面、养护和拆模。

(2)立模时,上、下两页门体间用两侧钉有小方木条的五合板隔开,预留孔采用镀锌钢管穿孔,模板安装完成后,两页门体同时浇筑混凝土,并在混凝土初凝前每隔15 min转动一次镀锌钢管,以便于初凝后顺利拔出预留孔钢管。

(3)本工法由于预先固定了连接拉杆的位置,浇筑后上下连接孔中心可保证在同一直线上,闸门吊装时亦可避免出现上下连接孔不能对中的问题,操作方便,简单(见图1)。

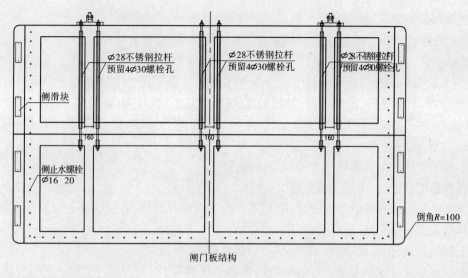

图1

5 施工工艺流程及操作要点

5.1 工艺流程

工艺流程如图 2 所示。

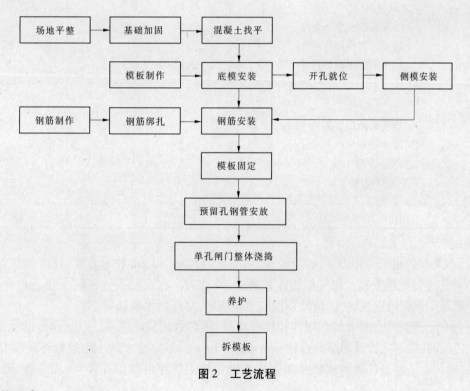

图 2 工艺流程

5.2 操作要点

5.2.1 预制场地建设

（1）预制构件制作场地宜选择在宽敞、平整、靠近水闸工作面的地方。场内各生产生活区域要布局合理、整齐有序，主要道路应用混凝土硬化。

（2）预制场场地内应全部采用 C20 混凝土进行硬化，混凝土厚度不小于 10 cm。

（3）设置合理的排水和污水处理措施，确保场内排水通畅且不污染当地环境。

(4)预制场应设立工程概况牌、平面布置图、安全文明施工标牌等。

预制场地建设完成后,铺设枕木、安装底模、绑扎钢筋,然后安装侧模。

5.2.2 模板安装

模板的安装关系到闸门的结构尺寸及外观等工程质量重要指标。模板在安装前要涂脱模剂,要求安装位置准,板面平整,曲线顺畅,接缝紧密,安装牢固,严防变形、漏浆等事故。模板变形势必会造成预制件结构尺寸的偏差,其结果会影响下步预制件的安装,故在模板安装时一定要严格把关。

(1)模板的型式应与结构特点和施工工法相适应。

(2)具有足够的强度、刚度和稳定性。

(3)保证浇筑后结构物的形状、尺寸和相互位置符合设计规定,各项误差在允许范围之内。

(4)模板表面光洁平整、连接严密。

(5)制作简单、装拆方便,经济耐用,尽量做到系列化、标准化。

(6)模板安装应与钢筋安装、预埋件安装、混凝土浇筑等工序密切配合,做到互不干扰。

(7)支撑宜支承在基础面或坚实的地基上,并应有足够的支承面积与可靠的防滑措施。

(8)闸门预制、制作和安装模板的允许偏差应符合表1的规定。

表1 模板制作的允许偏差 （单位:mm）

项次	项目	允许偏差
1	木模板制作: (1)模板的长度和宽度; (2)相邻两板面高差; (3)平面刨光模板局部一平(用2 m直尺检查)	±2 1 2
2	模板安装 (1)相邻两板面高差 (2)水平截面内部尺寸 长度和宽度 平面对角线	2 ±2 ±2
3	预留孔尺寸及位置	1

(9)预制闸门的模板采用厚2 cm竹胶板,衬档采用5 cm×4 cm松木方料,衬档间距为35 cm。

(10)首先进行底模安装。底模安装在地基上,并加固。在混凝土找平层上面进行底模排板,须密实。然后用钢钉固定板块,按设计要求成整体块状,之后用水准仪整平。

(11)放样。先对闸门棱骨线用墨斗拉线弹墨线,注意对预留孔放样、定中、定位的确定。然后进行开孔,预留孔径要比设计的穿杆螺栓杆放大2~3 mm。固定止水橡皮的螺栓杆采用PVC管穿设预留孔,闸门上下两页连接的预留孔要采用无缝镀锌钢管穿设预留孔,能确保顺直、圆滑、不变形。

(12)闸门侧模安装。制作侧模,按设计图纸尺寸制作模板。上下门页连接预留孔放样、定位、开孔。对已经放样弹墨线底板处,按样用钢钉固定侧模,涂脱模剂。侧模固定后,先把所绑扎的钢筋放入模板内,用先预制的保护层混凝土块垫设。按设计规定保护层,钢筋就位。

(13)再把无缝镀锌钢管穿进整体模板内穿设预留孔,后在侧模顶部用板条牵制双侧模板,再进行斜支撑分别加固。此时需注意对止水橡皮及滑块螺栓杆孔的预留孔固定。在牵制双侧模板板条上开孔,此孔应对应螺栓杆预留孔,随后固定牵扯板条。

5.2.3 闸门预制钢筋施工

钢筋应有出厂质量保证书;使用前,应按规定做拉力、延伸率、冷弯试验。需要焊接的钢筋,应做焊接工艺试验。

(1)在钢筋加工场加工制作的钢筋用人工及专用的钢筋运输车运到钢筋架立现场。

Ⅱ级钢筋绑扎接头受拉区的搭接长度为 35 倍的钢筋直径长度;受压区的搭接长度为 25 倍的钢筋直径。

钢筋接头相互错开。绑扎接头错开距离应大于钢筋搭接长度的 1.3 倍;焊接钢筋接头错开距离应大于钢筋直径的 35 d 且不小于 500 mm 的长度。

有接头的受力钢筋截面面积占受力钢筋总截面面积的百分率按表 2 的规定。

表 2　有接头的受力钢筋截面面积占受力钢筋总截面面积的百分率

项次	接头形式	接头面积允许百分率(%)	
		受拉区	受压区
1	绑扎钢筋搭接接头	25	50
2	焊接钢筋搭接接头	50	50

在钢筋绑扎、焊接加工中,直径 20 mm 及 20 mm 以上的钢筋接长采用焊接,焊接接头按 2 种下料加工;直径 20 mm 以下的钢筋接长采用绑扎方式,受压区绑扎接头按 2 种下料加工,受拉区绑扎接头按 4 种下料加工。受拉区与受压区分不清时,按受拉区配制钢筋接头。

(2)钢筋绑扎严格按照设计要求和规范的规定执行。钢筋网绑扎时,四周两行钢筋交叉点每点扎牢,中间部分交叉点可相隔交错扎牢,保证受力钢筋不位移。绑扎时注意相邻绑扎点的铁丝扣要呈八字形,以免网片歪斜变形。

(3)钢筋网片之间设置钢筋撑脚并与钢筋网焊接,防止钢筋变形,以保证钢筋位置准确。

(4)钢筋保护层。用预先按保护层厚度预制好的水泥砂浆块垫在钢筋与模板之间,所有水泥砂浆垫块相互错开,均匀分散布置,并将埋设的绑丝与钢筋绑扎牢固,确保保护层位置准确。

5.2.4 混凝土的浇筑

(1)施工中的混凝土在拌和站集中拌和,可用手推双胶轮车、小型工程车运输,人工铁铲入仓,按先板后梁依次浇捣。因闸门钢筋分布较密,在做级配试验时骨料粒径控制在 15~25 mm,坍落度控制在 6~8 cm。

混凝土应分层入仓,一次性入仓不宜过多,并要求浇筑工人在模板前进行人工平仓,以避免跑模。

(2)在施工中,采用 1.5 kW 的插入式振捣器,振捣半径为 50 cm。施工时要求振捣棒以插入前一层混凝土深 5 cm 为宜,插入间距 40 cm 左右。平仓抹面采用手提式平板振捣器。在混凝土施工中,如振捣次数控制不好或振捣时间过长,会使构件出现鼓肚现象。要求工人注意振捣时间。

(3)混凝土浇捣后,对预留埋件待混凝土初凝前进行转动,初凝后全部预留孔埋件拔出(边转动边拔出)。

(4)混凝土收面。水利工程混凝土表面要求清水混凝土面,收面要求密实、平整、压光;混凝土不得存在起皮、起砂,龟裂和其他缺陷。

(5)混凝土的养护。混凝土在浇筑完成、初凝后,应及时铺盖草袋、麻袋或养护专用布,以利于混凝土隔热、保温、保湿,并应在 72 h 内浇水养护,保持混凝土表面湿润,对混凝土养护时间不少于 7 d。有利于防止裂缝的发生。

6 材料与设备

6.1 材料

(1)侧面模板采用竹胶板架设。

(2)侧向支撑采用$\phi 48$钢管,其间距、排距经计算后确定。

(3)混凝土采用二级配,粗骨料宜采用$5\sim 20$ mm,$20\sim 40$ mm碎石,砂宜采用中砂,并符合有关规范规定。

(4)穿预留孔用无缝镀锌钢管和PVC管。

6.2 机具设备

(1)模板制作安装设备:锯木机、电刨机、锤子、扳手、墨斗(弹线器)。

(2)钢筋加工、安装设备:切割机、电焊机、弯曲机、钢筋连接机械(据设计接头连接种类而定),扎钩、铁丝。

(3)混凝土浇筑设备:350 L型搅拌机、插入式振捣器、手提式小型平板振捣器、铁铲、小锤、泥工用铁板、4 m铝合金刮尺、计量器具、试件制作器具。

(4)其他各种质量检测工具。

7 质量控制

(1)模板、钢筋、混凝土工程质量应遵照国家标准《水闸施工规范》(SL 27—91)、《混凝土结构工程施工及验收规范》(GB 50204—2002)、《水工建筑金属结构制造安装及验收规范》(SLJ 201—80)及其他有关规范规定。

(2)闸门浇筑施工应根据全面质量管理的要求,建立健全有效的质量保证体系,实行严格的质量控制、工序管理及岗位责任制度,对施工各阶段的质量应进行检查、控制,达到所规定的质量标准,确保施工质量及其稳定性。

(3)根据工程的施工机械、现场条件,按闸门一次浇筑成型,分次安装的工艺流程编制详细的施工组织设计和实施方案。对施工管理人员、试验技术人员和操作技术工人进行整体一次浇筑成型施工的技术交底、培训,未经培训的人员不允许上岗操作。

(4)模板安装系统、预埋件及附件等要安装牢固,无松动现象,模板应安装严密,保证不变形、不漏浆。

(5)闸门的表面平整度、观感应至少达到一般抹灰的质量要求。

(6)混凝土面部不允许存在起皮、起砂,龟裂和其他缺陷。

(7)每块闸门混凝土浇筑时不得留有施工缝,如有特殊情况要留,必须严格按照有关规范规定处理。

(8)混凝土浇筑时,应有专人负责接收和报告气象预报工作,遇有降雨、寒流侵袭时,不得进行施工。

8 安全措施

(1)施工中严格遵守《水利水电建筑安全技术规程》(SD 2677—88),机械的操作必须符合《建筑机械使用安全技术规程》(JGJ 33—2001)。

(2)进行高空施工作业中,必须遵守国家现行标准《建筑施工高处作业安全技术规范》(JGJ 80—91)的规定。

(3)必须按照工序进行,滑轨没有固定前,不得进行下道工序。禁止利用拉杆、支撑攀登上下。

(4)混凝土浇筑前,项目安全员和技术员对所有支撑、模板体系、临时用电等进行安全检查及整改,直至消灭安全隐患后才能进行混凝土浇筑。

(5)运输车辆倒退时,车辆应鸣后退警报,并有专人指挥和查看车后。

(6)所有施工机械、电力、燃料、动力等的操作部位,严禁吸烟和任何明火。

(7)施工机电设备应有专人负责保养、维修和看管,确保安全生产。施工现场的电线、电缆应尽量放置在无车辆、人、畜通行部位。开关箱应带有漏电保护装置。

(8)混凝土振捣工在施工过程中应穿防滑胶鞋,戴上绝缘手套。

(9)夜间浇筑混凝土时,应有足够的照明,并防止眩光。

9 环保与资源节约

(1)加强对作业人员的环保意识教育,钢筋运输、装卸、加工防止不必要的噪声产生,最大限度减少施工噪声污染。

(2)废旧模板、钢筋头、多余混凝土应及时收集清理,保持工完料尽场地清。

(3)施工过程中,必须按规定使用各种机械,严防伤及自己和他人。

(4)焊工持证上岗,且上岗前试焊焊件必须经检验合格。

(5)专业电工持证上岗。电工有权拒绝执行违反电气安全的行为,严禁违章指挥和违章作业。

(6)该工艺避免了上、下两页闸门分两次浇筑连接孔不易对中甚至不能安装而返工造成的材料等资源浪费。

10 效益分析

经济效益及社会效益表现为两个方面:一是工期缩短,建设速度加快,可在闸门预制方面缩短工期 20 d 左右;二是预制后安装误差很小,不会影响后期闸门吊装。根据谢家路闸等多项工程实践及安装效果表明,采用一次浇筑成型的方法预制的闸门吊装时可保证一次性安装成功。

11 应用实例

11.1 第一应用实例

余姚市谢家路闸迁建工程位于余姚市泗门镇谢家路江,属原闸迁建工程。谢家路闸功能主要用来节制姚西北河区水位,平时水位北高南低,排涝时由南向北,按水流主要动力条件确定南为上游,北为下游,双向运行,同时兼顾保洁船通行要求。谢家路闸规模确定为中(1)型,防护对象的重要性为一般,工程等别为Ⅳ等,主要建筑物为4级,次要建筑物及临时性建筑物为5级,相应的防洪标准为20年一遇。水闸基本型式采用钢筋混凝土开敞式水闸,闸门3孔,单孔6.5 m宽。采用钢筋混凝土闸门,闸门长度为7 m,单块闸门高度为1.9 + 1.9 = 3.8(m);闸门启闭机选用 QPD - 2 × 16 卷扬机。

该工程总造价423万元,闸门工程量约为20 m³。该工程闸门预制时采用了一次浇筑成型施工工法进行施工,闸门吊装时方便简单,连接孔位置准确无误,确保了工期。

11.2 第二应用实例

临海浦排涝闸,位于临山镇,横山狮桥下游 2 060 m 处,系姚江流域向北分散排涝的骨干闸,承担上虞市岑昌江一片 60 km² 和余姚临山上河区的涝水排放任务。该闸建于 1981 年 6 月,闸为 6 孔,每孔 4 m,共宽 24 m,东面第一孔可过海船,闸底高程 2 m。至 2004 年该水闸闸门老化,决定更换,在 2004 年 5 月 20 日至 2004 年 7 月 30 日期间进行了维修,更换了 6 孔闸门。该工程闸门预制时采用了一次浇筑成型施工工法进行施工,闸门吊装时方便简单,连接孔位置准确无误,确保了工期。

(**主要完成人**:周 勇 黄建科 董岳明 董洪明 陈小虎)

土石坝黏土套井防渗处理施工工法

宁波四明湖建设有限公司

1 前言

截止到 2007 年,我国已建水库 10 万多座,为战胜水旱灾害,促进工农业生产,改善人民生活方面,发挥了巨大的作用。由于水库的长期运行,工程存在老化、人为破坏、自然侵蚀等现象,为了水库的继续安全运行,需要对水库存在的问题及隐患进行排查、修补、加固。病险水库是我国防洪体系的最薄弱环节之一,病险水库除险加固是提高我国区域防洪安全的重要措施。本公司自成立以来承接了大大小小的水库除险加固工程施工十余个,针对水库除险加固的特点,在四明湖水库、盘船岙水库、白罗岙水库等土石坝型水库除险加固工程中使用了套井防渗处理施工方法,渗漏得到了控制,取得了很好的效果。为此,总结了土石坝黏土套井防渗处理的工艺原理、操作要点等经验,编制了本工法。

2 工法特点

(1)选用冲抓锥成孔,深至弱风化岩层,设备先进、性能好。

(2)分层回填黏土,分层混凝土锤夯实;按隔孔进行,挖一孔、填一孔,一孔套一孔,在水库土石坝内形成一道密实度很高的黏土心墙,有效堵渗防漏,并可同时进行掺毒防蚁。

(3)投入成本低,操作简易,防渗效果显著。

3 适用范围

本工法适用于水库除险加固工程中土石坝的防渗堵漏,可以广泛推广。

4 工艺原理

4.1 冲抓锥挖孔系统

冲抓锥成孔套井采用卷扬机吊冲抓锥,锥头内有重铁块及活动抓片,下落时,松开卷扬刹车,叶瓣抓片张开,锥头下落冲入土中,然后提升锥头,抓片闭合抓土,提升到地面将土卸去,依次循环作业直至形成要求的孔。

冲抓锥施工工艺流程是:场地平整→放样定位轴线→标出孔位中心、挖孔灰线→冲抓锥就位、孔位校正→冲抓成孔→全面检查验收桩孔中心、直径、深度、垂直度→排除孔底积水→分层回填黏土、分层击实→取样试验。

开挖时按隔孔进行,挖一孔、填一孔,按编号顺序挖填。

套井造孔顺序如图 1 所示。

图 1 套井造孔顺序

4.2 黏土回填系统

（1）回填料：黏土，要求含黏量不小于30%，含水量19%~23%。

（2）用药量控制：每1 m³掺和氯丹水剂10 kg（氯丹水剂由50%氯丹乳剂加水稀释50倍而成）。

（3）回填铺土，每层厚度0.25 m进行平整。

（4）一般压实要求：根据击实试验来确定锤重、提升高度、夯击次数等参数。如四明湖水库套井回填时，锤的质量0.5 t，提升高度5 m，夯击次数不少于7次。

（5）回填料要求：干容重1.5 t/m³，合格率98%。

（6）其他要求：

①孔顶以下0.5 m，不再掺和氯丹，用纯黏土。

②套井回填土的施工：挖一孔，填一孔，分层夯击。

③黏土掺用氯丹要求边洒边拌，使氯丹水剂均匀拌入黏土并做到边拌边用，不使毒土散失和孔外过夜。

（7）黏土夯击详见图2（参照第一应用实例）。

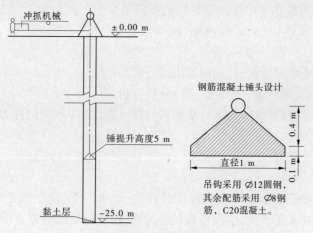

图2　黏土夯击

5　施工工艺流程及操作要点

5.1　施工工艺流程

施工工艺流程如图3所示。

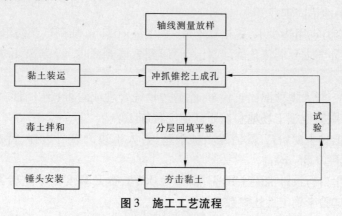

图3　施工工艺流程

5.2　套井处理前准备工作

泥源、泥料的具体落实;"三通"(通电、通路、通水)到位;药料到位;土工试验(干容重、含水量)到位;施工人员到位;机械设备到位。避免施工准备工作混乱,有效控制准备工作对工程质量的影响。

5.3　技术要求

技术要求参照第一应用实例。

(1)套井处理工具:φ100型冲抓锥。

(2)套井尺寸:套井直径1 m,有效厚度0.7 m。

(3)造孔位置:大坝坝顶中心线(轴线)向迎水面移3.75 m。

(4)套井处理深度:16.55 m至11 m。

(5)回填料:黏土,要求含黏量不小于30%,含水量19%~23%。

(6)用药量控制:每1 m³ 掺和氯丹水剂10 kg(氯丹水剂由50%氯丹乳剂加水稀释50倍而成)。

(7)回填铺土每一层厚度:0.25 m。

(8)压实要求:锤的质量0.5 t,提升高度5 m,夯击不少于7次。

(9)回填料要求:干容重1.5 t/m³,合格率98%。

(10)其他要求:

①孔顶以下0.5 m不再掺和氯丹,用纯黏土或石渣封顶。

②套井回填土的施工,要求挖一孔,填一孔,分层夯击。

③黏土掺用氯丹要求边洒边拌,使氯丹水剂均匀拌入黏土,并做到边拌边用,不使毒土散失和孔外过夜。

④套井造孔时按隔孔进行。

5.4　操作要点

(1)测量放样轴线标高:根据建设单位提供的控制点、水准点、设立施工水准点及辅助施工基线。施工水准点应设置在不受干扰、牢固可靠且通视好,便于控制的地方。根据设计施工图进行放样,设立每个孔位中心点,高程测设。

(2)黏土装运:确定黏土运输路线,专人指挥运输车辆运输,在黏土挖装过程中,注意杂物清理。

(3)冲抓锥成孔。

①对机械设备锥头中心定位。

②对卷扬机采用地锚固定。

③对三脚架的着力点用垫头木,规格0.4 m×0.4 m×0.1 m加固。预防滑动措施。

④深度控制,设计要求到弱风化岩层,什么时候到岩层判断:a.听声音;b.检查所抓废土;c.抓不动,抓不到为止。

⑤出渣土运输,一般大坝顶面比较狭窄,除通过论证合理或对堆(弃)渣需要利用部分外,应避免二次挖运,不得占用其他施工场地和妨碍其他工程施工。

(4)分层回填:把黏土泥块打碎,清除植被根茎;再人工边洒氯丹边拌,待成孔后分层下料,分层夯击(每层松铺厚度0.35 m)。

(5)夯击黏土:用自行设计混凝土锤头,质量为0.5 t,提升高度5 m进行夯击(分层夯击厚度0.25 m),通过击实试验来确定上述参数。

(6)取样试验方法,比如1、3、2开挖孔序,先对1、2孔进行开挖回填,对第3孔开挖完成后回填到5 m时,同时对1、2、3土料回填进行环刀取样,每孔分别控制在5 m左右取样一组环刀试验,该种取样方法能确保人员安全。

（7）质量控制参照《碾压式土石坝施工技术规范》（SDJ 213—83），设计渗流量 $< 10^{-5}$ cm/s。

（8）成孔的垂直度要求：要求直、不偏，孔斜率 $< 1\%$ ，保证搭接的有效厚度。垂直度控制：可以每 5 m 测一下垂直度。

（9）孔底渗水处理方法，成孔后若有底处渗水，可以掺5%的水泥。

（10）侧面、底面渗水处理方法：先填干土，后再进行开挖。

（11）除险加固：河床中间离基岩不到有砂砾层的话，水会渗上来，不再打孔，因为这样打孔会有坍孔的危险，可以把土料填回去，进行帷幕灌浆处理。

（12）对黏土料场的土料，通过室内标准击实试验确定最大干密度。同一种类型的黏土要有相应的检测试验，对料场的表层、中层、下层土要分别取一组环刀。按设计指标进行检测，各项指标满足设计要求后才能使用。

（13）套井防渗处理造孔施工记录（格式详见表1）。

表1　套井防渗处理造孔施工记录表

套井编号	桩号	孔径（D）	孔深（m）	基层面（m）	孔位偏差	套井间距	土层变化	施工时间

记录人：　　　　　　　　施工单位：　　　　　　　　监理单位：

（14）坝体黏土套井防渗处理施工记录（格式详见表2）。

表2　坝体黏土套井防渗处理施工记录表

工程名称：　　　　　　　　　　施工日期：　　年　　月　　日

桩号		孔口高程		套井编号	
套井序号		孔深（m）		孔径（m）	
套井间距		孔位偏差		孔底清理深度（cm）	
土层变化情况					
孔底清理情况					
填土厚度		夯距		夯击次数	
黏土回填情况					
备注					

记录：　　　　日期：　　年月日　　监理：　　　　日期：　　年月日

（15）套井防渗处理单元工程质量评定（表格格式见表3）。

表3　水利水电工程套井防渗处理单元工程质量评定表

单元工程名称				单元工程量					
分部工程名称				施工单位					
单元工程名称、部位				检验日期			年　月　日		

项次	检查项目		质量标准	各孔检测结果									
				1	2	3	4	5	6	7	8	9	10
1	造孔	孔位偏差	沿垂直轴线方向偏差＜5 cm										
2		△套井间距偏差	+3 cm；-10 cm										
3		孔径偏差	+10 cm；-3 cm										
4		△孔斜率	＜1%										
5		△孔深	不得小于设计										
6	回填	土料质量	符合设计要求										
7		土料回填	分层填筑，上下层之间禁止撒入砂砾石等杂物										
8		土料击实	土料击实必须严格控制击实参数和操作规程，避免塌孔事故										
9		△压实后干容重	符合设计要求										
10		压实后渗透系数	符合设计要求										
11		△施工记录、图表	齐全、准确、清晰										
各孔质量评定													

检测结果	本单元工程内共有　　　　孔，其中优良　　　　孔，优良率　　　　%		
评定意见		单元工程质量等级	
单元内各孔套井全部达　　　　标准，其中优良孔有　　　　孔，优良率　　　　%			
施工单位		建设(监理)单位	

6　材料与设备

6.1　主要机具设备

主要机具设备如表4所示。

表4　主要机具设备表

序号	机械设备名称	规格型号	数量	额定功率	用途
1	挖掘机	SH-120	1	120 hp	料场开挖上车
2	5 t自卸汽车	DFD3126G6	3	170 hp	黏土运输
3	冲抓锥	100型	1	35 kW	套井成孔
4	翻斗车		2	12 hp	场内弃渣土运输
5	全站仪	NTS-322	1		轴线定位
6	水准仪	DSX3-A32X	1		测标高
7	30 m钢尺		1		

6.2 劳动力安排

劳动力安排见表5。

表5 劳动力安排表

序号	工种	人数	主要工种内容
1	冲抓锥操作工	3	负责机械就位、操作、维修、养护
2	电工	1	负责临时用电铺设
3	测量及资料员	3	负责测量、记录、资料、计量
4	翻斗车驾驶员	4	出渣土运输、黏土运输
5	普工	16	出渣土、毒土拌和、下黏土

7 质量控制

7.1 黏土的质量控制

（1）选取黏土料场，设置排水沟、清理植被杂物。

（2）对黏土料场应经常检查所取黏土的土质情况，土块大小，杂质含量和含水率等。其中含水率的检查和控制尤为重要。

（3）若黏土的含水率偏高，一方面应改善料场的排水条件和采取防雨措施，另一方面需将含水率偏高的黏土进行翻晒处理，或采取轮换掌子面的办法，使黏土含水率降低到规定范围再开挖。

（4）当含水量偏低时，对于黏性土应考虑在料场加水。料场加水的有效方法是：采用分块筑畦埂，灌水浸渍，轮换取土。无论哪种加水方式，均应进行现场试验。

（5）当黏土含水量不均匀时，应考虑堆筑大土堆，使含水量均匀后再外运。

（6）场内黏土夜间覆盖，做好防雨措施，遇雨天停止施工。

（7）雨后复工，套井内处理要彻底。先把套井内孔底积水排干，若孔底与回填连结黏土含水量明显偏高时，挖除含水量偏高黏土。

（8）负温下填筑，填土中严禁夹有冰雪，不得含有冻块，如因下雪停工，复工前应清理积雪，检查合格后方可复工。

7.2 开工前质量控制措施

（1）开工前选择两个套井孔为试验孔，应在逐层取样检查合格后方可继续施工。

（2）开工前技术准备：

①认真审核工程施工图纸及设计说明书，做好图纸会审记录。

②编制施工方案，制定质量、安全等技术保证措施，并经有关单位审定批复。

③对施工人员进行详细的技术、安全交底。选择有较强责任心的人员做班组长。

④实行三检制，按有关规范及《工程建设标准强制性条文》（水利工程部分）施工。

8 安全措施

（1）施工中严格遵守《水利水电建筑安装安全技术规程》（SD 2677—88），机械的操作必须符合《建筑机械使用安全技术规程》（JGJ 33—2001）。

（2）做好上岗前安全教育，严格按安全操作规程施工。

（3）禁止非施工人员进入现场，进入现场施工人员必须戴安全帽。

（4）安装触电保护器，确保用电安全。

（5）操作人员在拌和氯丹黏土时必须戴口罩。

（6）施工机电设备应有专人负责保养、维修和看管，确保安全生产。施工现场的电缆应放置在无车辆、人、畜通行部位。

（7）夜间作业时，应有足够的照明，并防止眩光。

（8）运输车辆倒退时，车辆应鸣笛警报，并有专人指挥和查看车后。

9 环保与资源节约

（1）在黏土运输过程中，运输车辆应密封良好，防止沿途扬漏，必要时采取喷水等降低粉尘的措施。

（2）施工作业产生的氯丹拌和土，做一孔，拌一孔，清理一孔，防止毒土遗留污染土壤。

（3）在施工期间，科学合理地规划施工区域，场内黏土筑土堆放，减少占地面积，保持清洁。

（4）在施工中，采用科学的施工管理方法，合理安排施工作业，减少各施工工序的施工时间及施工用电等能源浪费。

（5）采用冲抓锥成孔套井回填工艺，能在水库土石坝内筑起一道宽度仅 1 m 左右的高密实度防渗防蚁黏土心墙，比其他施工方法节约了大量黏土等资源。

10 效益分析

10.1 社会效益

土石坝套井回填防渗补强施工工法使工程质量、进度、安全大大提高，施工工期短，机械设备利用率高，能确保质量，在千库保安工程中已广泛推广应用。

10.2 经济效益

（1）冲抓锥套井成孔及回填，企业定额单价计算分析。

套井黏土回填（按每 m^3 为单位）分析如下：

黏土料场政策处理费 + 面上清表费 + 挖装运费 + 二次搬运费 + 人工下黏土费 + 机械夯实费

黏土料场政策处理费	20 元
面上清表费	3 元
挖装运费（运距 4 km）	18 元
二次搬运费	10 元
人工下黏土	12 元
机械黏土夯实	25 元
直接费合计	88 元

套井黏土回填综合单价为：$88 \times (1 + 税金管理 20\%) = 105.6 (元/m^3)$

（2）套井成孔（孔径 100 cm）按每 m^3 计算分析如下：

挖土	40 元
弃土运输（运距 2 km）	15 元
合计	55 元

套井成孔综合单价为 55 元 $\times (1 + 税金管理 20\%) = 66 (元/m^3)$

（3）一次性机械进退拆装费 20 000 元

以上单价根据 2011 年度有关造价信息编制的企业定额。

（4）土石坝黏土套井防渗处理施工工法，有利于劳动力安排，黏土准备等工作，便于计算施工成本、确定工期目标，施工安全性高。

（5）该工法比人工挖井等其他方法筑防渗芯墙，能减少大量工时，经济效益显著。

11 应用实例

11.1 第一应用实例

四明湖水库位于浙江省余姚市,是一座以灌溉为主,结合防洪、发电、养鱼等综合利用的大型水库,总库容 1.2 亿 m^3,控制上游集雨面积 103.1 km^2。水库始建于 1958 年,主体工程于 1970 年完工,坝高 16.55 m,全长 600 m,坝顶宽 5 m,底宽 90 m,为均质坝。为加强对坝体的白蚁防治及防渗补强,2007 年实施大坝套井回填防渗补强及毒土灌浆工程。该工程于 2007 年 2 月 10 日开工至 2007 年 4 月 15 日完工,工程质量优良。该工程黏土套井防渗处理位置在大坝坝顶中心线(轴线)向迎水面移 3.75 m,单排布孔,套井直径 1 m,深度从 16.55 m 至 11 m,实际套井 138 只,总进尺 1 864 m。应用土石坝黏土套井防渗处理施工工法,工程按期完成,质量达到优良,无发生安全伤亡事故。通过工法应用后,到目前为止,经过多年运行,水库是安全的,通过水库大坝渗流量测定数据分析,渗流量小,达到规范要求。

11.2 第二应用实例

盘船岙水库位于浙江省余姚市凤山街道同光村,是一座以灌溉为主的山塘水库,水库集雨面积 0.3 km^2,库容 97 000 m^3,坝高 8.29 m,坝顶长 118.3 m,坝顶宽 4 m,为均质土坝。大坝存在两处明显渗漏,2009 年 9 月 27 日至 2010 年 5 月 20 日,对该水库实施除险加固工程,应用冲抓锥成孔黏土套井防渗处理施工治渗漏。套井沿大坝轴线单排布孔,套井直径 1 m,中心距 0.8 m,深度按实际调整,3.3 m 至 8.5 m 不等,总进尺 1 018 m。经检验套井回填密实度符合设计要求。该工艺施工效率高,安全无事故。坝体经套井回填加固后,渗漏得到控制,工程质量符合设计要求。

11.3 第三应用实例

白罗岙水库位于浙江省余姚市河姆渡镇罗江村,是一座以灌溉为主的小型水库,水库集水面积 0.452 km^2,库容 30 000 m^3,坝高 5.8 m,长 78.4 m,坝顶宽 3 m,为均质土坝。经多年运行,坝坡较乱,坝体背水坡坝脚湿润,闸及启闭设备老化,溢洪道不能满足泄洪要求,严重威胁水库正常运行,2011 年 1 月 10 日至 2011 年 7 月 9 日,对该水库实施除险加固工程,大坝防渗采用冲抓锥成孔套井回填工艺。防渗套井沿大坝坝顶中心线单排布孔(其中,老涵管位置 4.3 m 为三排布孔),套井直径 1.1 m,中心距 0.8 m,深度按实际调整,约从 5.1 m 至 9.8 m 不等,总进尺 982.7 m。经检验套井回填密实度符合设计要求。该工艺施工效率高,安全无事故。经套井回填加固后,坝体背水坡坡脚渗水得到控制,工程质量符合设计要求。

(主要完成人:徐莉美 董聪飞 许文锋 周 勇 董洪明)

围涂工程单袋叠筑封堵龙口闭气施工工法

宁波四明湖建设有限公司

1 前言

　　钱塘江河口潮强流急,涌潮举世闻名,24 h 内潮汐两涨两落,潮差大,采用块石和土工充泥袋在深水区围涂难度很大,但最难还在于龙口的堵口和度汛。由于涂面较低,一般需预留龙口以使围区涂面淤涨。龙口平面位置、断面尺寸、堵口及土方闭气时机等的选择均为围涂的关键技术。往往在组织各个施工环节方面、技术处理不当以及各班组强度不足使单袋挡潮失败,导致龙口段充泥袋冲掉,造成很大的经济损失。针对围涂工程龙口闭气施工的特点,在总结工程经验的基础上,采用人工摊铺高强度编织袋,用外海泥浆泵水下取土充吹填,逐层叠筑、加高、拼宽,能确保一次性封堵龙口成功。工程实践表明,该项研究是成功的,解决了围涂工程龙口闭气难题,实行一个小潮汛小断面土方一次性闭气,在实际工程中获得了较好的社会效益和企业经济效益,特此编制了本工法。

2 工法特点

　　(1)避免了围涂工程龙口闭气土方冲垮及经济损失。
　　(2)能确定劳动力的安排,设备配备。
　　(3)有效地控制了安全、投资、质量、进度目标的实现。
　　(4)能掌握关键的技术措施和施工工艺。
　　(5)有针对性的对班组协调和管理。

3 适用范围

　　本施工工法适用于强潮位地区,龙口涂面低于 $-3.2 \sim 2$ m,围涂面积为 $333.5 \sim 667$ hm^2 工程的龙口闭气。

4 工艺原理

4.1 龙口闭气施工的重要性以及封堵龙口的施工方法

　　由于龙口段闭气施工的重要性,必须配备足够的施工设备组建高度统一的施工班组和领导班子,并在闭气前建立大型泥库,用于闭气时的土方充吹填。龙口闭气时间选择在非汛期,上半年在农历 3 至 5 月间,下半年在 9 至 11 月,避开汛期和冬天西北风的影响。机械采用传统的泥浆泵取土方法施工,封堵龙口的施工技术方案采用单袋叠筑法,从龙口护底袋高程为基础,在一个涨落潮内叠筑充泥袋至 2.8 m 高程,充泥袋袋径分别为 10 m、8 m、6 m,袋高 0.6 m + 0.6 m + 0.6 m 的方案中,保证不过潮,并在龙口段护底 0.4 ~ 1 m 高程处采用高强长丝机织土工布标准设计制作的充泥袋护底,预防护底袋被冲刷、冲破。本施工方法经过多次实践,全部龙口均封堵成功。

4.2 龙口闭气前的基本情况

　　(1)堆石坝抛筑工程于 2008 年 3 月 28 日合龙,土方工程于 2008 年 5 月 1 日正式开工。2008 年 10 月 20 日前,先后完成了非龙口段高程 7.0 m 以下大塘断面和龙口段高程 0 m 以下大型编织护袋的施工,确保了非龙口段在堵口闭气完成后能满足度汛要求,减缓了龙口段涂面的刷深。石料、机械设备、供电已准备充分,劳动力组织准备就绪,能满足合龙的施工强度要求,符合堵口闭气应具备的条件。由于龙口段石坝在合龙前内外两侧冲刷坑高程在 $-14.1 \sim 0.5$ m(85 高程),而围区内的平均高程也不过 2 m 左右,经过比较,采用常规的抛石截流堤进占、合龙及闭气土方跟进的施工方案或内侧筑施工围堰减少纳潮量等施工方案,各方面条件均不具备,难度很大,因此该工程闭气施工是在堆石坝合龙前以大型编织袋护底加高的基础上实施的。

(2)龙口段石坝合龙前的内侧涂面仍然较深,高程在 $-11 \sim 0.5$ m,因此在龙口段用大型编织护底袋逐步加高至 0.0 m 高程,以减缓龙口刷深,使围区淤涨效率提高。根据观测,自护底袋实施后,内侧涂面最深处淤涨至 -1.5 m,整个围区淤涨平均超过 30 cm。但护底袋在度汛过程中也出现了不同程度的冲损,对于冲损部分均及时补充充填同规格的护底袋。

4.3 堵口准备及资源配置

鉴于工程所在区域滩涂高程低、潮位高、潮差大,泥沙颗粒细等不利情况,公司精心组织、科学安排,提前做好准备工作。

围涂工程单袋叠筑封堵龙口闭气施工分三个步骤(详见图1、图2、图3):

①缝小潮汛封堵龙口闭气,必须在一个小潮汛汛期内完成龙口闭气。

②第一个步骤:在 6 h 内叠高三袋砂土料,作临时挡潮用,把水挡出。

③第三个步骤:形成小塘断面进行加固,吹填泥芯,防止渗漏。

④第三个步骤:随着潮汛增高,逐层加高充泥袋,保证不过潮,使大塘拼宽、闭气成功。

5 施工工艺流程及操作要点

5.1 施工工艺流程

围涂工程单袋叠筑封堵龙口闭气施工工艺流程见图4。

5.2 操作要点

先对业主提供的测量基准点、基准线、测量资料做好交接工作,进行认真复测确认,将复测意见报监理审核认可。确认无误后,在现场选择通视条件好、不易遭受施工干扰、碰撞处,设立施工测量控制网点(包括设计提供的基准点、线),按国家测绘标准和本工程等级测量精度要求进行施工控制测量。符合精度要求后,将各控制点用混凝土包桩加固定位,并引桩做好保护。将控制测量计算成果及绘图资料一并报监理审核,批准后作为施工测量的依据,并定期进行复测。如控制点基准桩被碰撞移动,及时按上述程序进行补桩。

5.2.1 测量技术要求

(1)进场做好三通一平工作的同时,即进行施工测量放样工作。

(2)在施工前,与业主、监理一起进行测量控制点的复核,设置工作台。根据测量规范,认真做好测量前的各项准备工作,严格执行测量操作规定,提高测量精度,保证质量。

(3)设专人负责施工测量工作,做到全面准确的提供施工阶段所需的测量资料。

(4)根据建设方提供的坐标点、定位基准线,建立坐标控制系统,在坝的两头和中心相应部位设立坐标点、高程控制点,并测一个往返。坐标控制系统精度不低于一级导线测量精度,平面位置允许误差范围为 $\pm(30 \sim 50)$ mm,高程允许误差为 ±30 mm。

(5)施工测量人员将测量标志统一编号,编制在施工总平面图上,注明有关标志、相互距离、高程、角度,以免发生差错,施工期间定期检查校核,以免发生位移。

(6)坐标点,高程控制点应设置在地基坚实、不受施工影响、不易被破坏、便于保存的地方,并浇筑混凝土基础,设置保护桩。

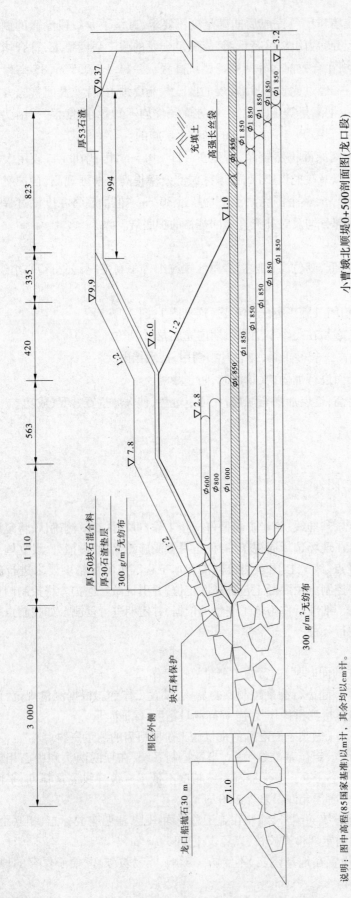

说明：图中高程(85国家基准)以m计，其余均以cm计。

本图为围涂工程单袋叠筑封堵龙口闭气施工方案第一步骤，具体施工位置为小塘充泥

袋充填高程1.0 m至2.8 m。三层叠高，龙口长600 m，在一个潮次内6 h必须完成(充填土

方13 056 m³，掺利海砂20%)。

注：龙口段护底0.4~1 m高程必须采用高强长丝机织土工布标准(GB/T 17640—1998)制作充泥袋设计护底

图1 围涂工程单袋叠筑封堵龙口闭气第一步骤

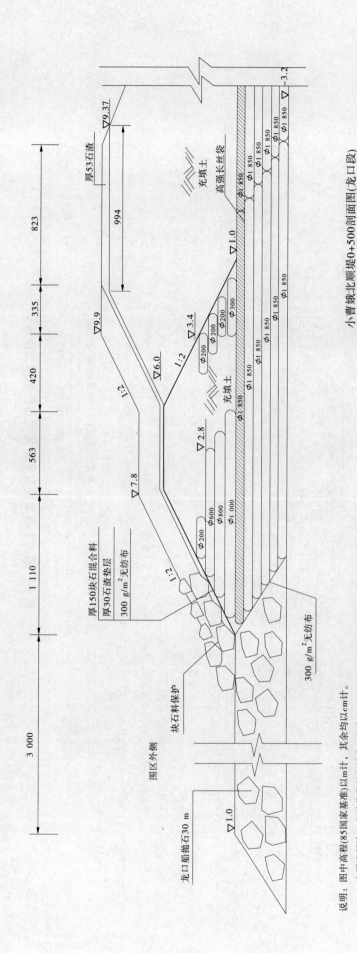

图 2 围涂工程单袋叠筑封堵龙口闭气第二步骤

小曹娥北顺堤0+500剖面图(龙口段)

代表桩号(0+400~1+000)

说明：图中高程(85国家基准)以m计，其余均以cm计。

本图为围涂工程单袋叠筑封堵龙口闭气施工方案第一步骤，具体施工位置为小塘充泥

袋充填高程1.0 m至2.8 m。三层叠高，龙口长600 m，在一个潮汐内6 h必须完成(充填土

方13 056 m³，掺利海砂20%)。

注：龙口段护底0.4~1 m高程必须采用高强长丝机织土工布标准(GB/T 17640—1998)制作充泥袋设计护底

· 623 ·

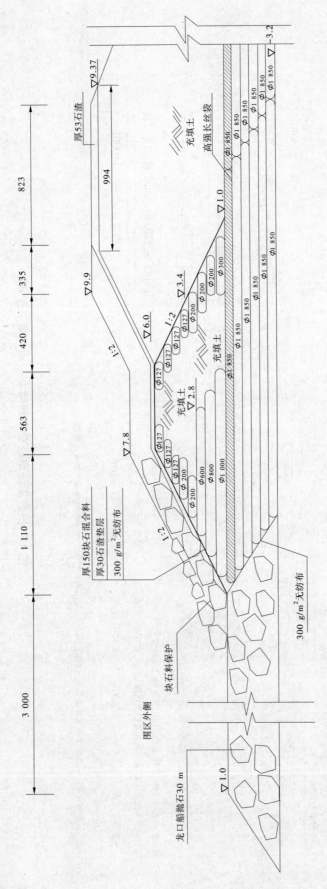

图3 围涂工程单袋叠筑封堵龙口闭气第三步骤

说明：图中高程(85国家基准)以m计，其余均以cm计。

本图为围涂工程单袋叠筑封堵龙口闭气施工方案第三步骤，具体施工位置为小塘充泥袋充填高程3.4 m至6.0 m，小塘闭气分别加高4层，龙口长600 m，充填土方16 890 m²，分别在24 h内完成。

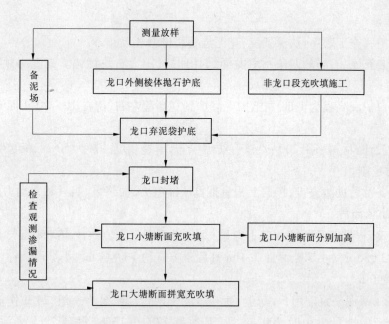

图 4 围涂工程单袋叠筑封堵龙口闭气施工工艺流程

5.2.2 平面控制点的设置

5.2.2.1 平面控制点

根据批准使用的施工测量控制网点,引测实际施工充吹填土控制坐标点,并引桩保护,然后按每30～50 m定出设计断面控制点,供施工使用。

5.2.2.2 原始地形测量

在施工之前,各施工部位均需进行原始地形测量,经监理审核同意后作为工程量计算依据和工程竣工资料。

5.2.2.3 测量放样人员组织

测量放样是工程施工质量达到预期效果的重要环节。为此,成立专门测量放样小组,由具有理论与实际施工经验的测量工程师担任组长,配备3名有实际施工经验的测量员组成,在整个施工过程中,对各分项工程进行测设和复测。

5.3 龙口外侧平抛护底

5.3.1 船抛

用200～300 t漏底船进行抛填,采用 GPS 控制轴线,抛填至1 m高程,宽度按封堵方案为30 m,石料为每块不小于100 kg的大块石。抛填完成后,进行挖掘机平整(候潮平整)。

5.3.2 非龙口段充吹填施工

(1)本工程工期安排分三个阶段:第一阶段对非龙口段土方按计划完成;第二阶段龙口闭气按计划完成;第三阶段护坡理砌、道路等。第一阶段的关键任务是为第二阶段开工做准备工作。应对已完成的土方进行保护措施;认真落实防洪度汛的工作安排,准备一定量的除险物资,如钢管、毛竹、300 g/m² 无纺布、铁丝等。

(2)对已完成的土方采用无纺布铺设进行保护,铺设要点:从垂直堤轴线方向铺设到堤顶,中间不能搭接,横向搭接用麻丝绳缝制。无纺布固定:从垂直堤轴线方向用竹条夹住,用Φ10 钢筋制成 U 形,插入泥土固定竹条。

5.3.3 龙口充泥袋护底

(1)充填土编织袋的材质和各土工试验数据必须符合设计图纸的要求。检验批次为每5 000

m^2 做一次试验。

（2）充泥袋护底施工顺序：从深到浅，充泥袋叠袋横缝相互错开。

（3）水下安装充泥袋，袋的四角用尼龙绳绑扎连接，用大石块抛锚。充泥必须单潮固结，以免冲跨。

（4）封堵龙口护底高程为1 m，先把护底袋护到0高程左右，待在10~20 d促淤，稳定，再护到1 m高程。

（5）护底袋设计：材料采用200 g/m^2有纺编织布，单袋长度一般为50 m，高度0.6 m，宽度根据实际需要向厂方定制。

（6）机械设备及劳动力安排：根据工程量推算所需电力、泥浆泵、船只和劳动力配置。

5.4 封堵龙口小塘闭气

（1）计划方案：根据工程封堵龙口土方量，龙口小塘闭气土方共计46 890 m^3，其中龙口叠袋封堵充填土方约13 056 m^3，小塘断面在3.4 m高程土方量约16 944 m^3，小塘段面在3.4 m至6 m高程土方量约16 890 m^3。

（2）采用22 kW泥浆泵配用5 t海船，每一艘船配两台泥浆泵为一组，24 h作业，两班制，船上每台22 kW泥浆泵排量每小时200 m^3，泥土含量12%~15%，每台22 kW泥浆泵出土量 = 200 m^3×13.5% = 27 m^3/h。泥库中的泥浆泵出土量为船上泥浆泵的2倍，即54 m^3/h。

（3）每台泥浆泵安排4个劳动力两班制轮流作业。根据本工程龙口封堵土方13 056 m^3，候潮工作时间6 h，必须封堵工程量13 056 m^3÷6 h = 2 176 m^3/h，安排船只泥浆泵42台，泥库泥浆泵20台（东西泥库各10台），27 m^3/h×42 + 54 m^3/h×20 = 2 214 m^3/h，>2 176 m^3/h。满足龙口封堵要求。

（4）本工程取土技术：由于船只数量较多，对取泥坑要保持一定距离，预防取泥坑贯通，船只定位距离一般不小于100 m。船只定位选择：①避开龙口回水；②土源充足；③就近定位。龙口两侧建立大型备用泥库，备用土料30 000~40 000 m^3，并在储泥过程中掺和20%海砂（此法能起到土方沉淀固结重要作用）。

（5）管理人员及班组安排：选择公司优秀的管理人员组成项目管理班子，项目经理要有较强的组织、协调、安排能力。

（6）选择责任心强、有丰富施工经验的操作班组。

（7）施工平面布置。编制施工现场平面图，详细注明取泥船的定位、船只数量、电线架设、输泥管走向、变压器定位、夜间照明布置，及各个班组分工分段任务。

（8）小塘闭气。小塘龙口闭气，采用单袋叠筑法的施工方法，首先对潮汐、潮位进行分析，根据多年潮汐潮位数据来确定封堵的时间。龙口闭气时间选择在非汛期，上半年在农历3至5月，下半年在9至11月，因该时间段能避开汛期和西北大风、寒潮等因素，本工程选择在最小潮汛11月17日堵龙口。本次龙口封堵配备了22 kW泥浆泵82套，海船21艘，500 kV变压器7只，劳动力334人，24 h作业，2班制，并对备用土方40 000 m^3并掺和了20%海砂（该措施解决了充泥袋泥土沉淀慢，固结慢的问题，通过实践证明效果显著）。龙口小塘闭气主要分三个步骤：①单袋叠筑法：断面宽度分别是14.75 m、11.6 m、8.5 m，依次充袋垒加叠到2.8 m高程，必须在6 h内完成土方固结，涨潮时不过潮水。土方充吹填加高固结时，外坡铺设一层土工布加压块石混合料保护。②小塘拼宽加高至3.4 m，土方工程量为16 944 m^3，在12 h内必须完成。土方吹填固结采取人工用竹梢头捣实，充泥袋用人工采踏固结。在备用泥库土方中掺入20%海砂，加快固结。同时检查漏洞，专人负责，24 h值班检查。③小塘断面由3.4 m加高至6 m高程，土方量约16 890 m^3，在48 h内完成，多余泥土用于大塘拼宽。

5.5 无纺土工布铺设

（1）无纺布的材质必须符合设计图纸的要求，并经过检测试验。

（2）无纺布铺设的搭接长度大于 60 cm，并采用 Φ10 螺纹钢制成 U 形钢筋钉锚固定，搭接处或缝合处必须固定，其要求达到每米使用 1 个以上。无纺布堤顶留 50 cm，并用钢钉固定。

（3）小断面泥芯坝闭气是围涂工程的关键和难点。堵口闭气必须选择合理的堵口时机、合适的堵口方法，结合了解当地的潮汐规律、水文气象和土质特点，制订详细可行的堵口方案，成立强有力的领导班子，做好充分的施工准备，方能确保封堵成功。

（4）在实施闭气过程中也暴露了一些问题，如泥芯坝闭气完成后，由于内外水头差大，防渗土体单薄，易形成渗漏通道，严重时会导致溃坝，因此闭气后的不间断巡查就显得非常重要，如发现渗漏，必须马上处理。

6 材料与设备

6.1 材料

（1）300 g/m² 土工布技术指标，见表 1。

（2）200 g/m² 土工布（袋）技术指标，见表 2。

（3）140 g/m² 有纺土工布技术指标，见表 3。

（4）高强长丝机织土工布标准，见表 4。

表 1 300 g/m² 土工布技术指标

检测项目			单位	技术指标
单位面积质量			g/m²	300
单位面积质量偏差			%	−7
厚度(2 kPa)			mm	—
条件拉伸	纵向	抗拉强度	kN/m	≥9.5
		伸长率	%	25~100
	横向	抗拉强度	kN/m	≥9.5
		伸长率	%	25~100
梯形撕裂强度	纵向		kN	—
	横向		kN	—
CBR 顶破强度			kN	—
垂直向渗透系数			cm/s	$K \times (10^{-3} \sim 10^{-1})$ $K=1.0 \sim 9.9$
等效孔径 0_{95}			mm	≤0.2

表2 200 g/m² 土工布(袋)技术指标

检测项目			单位	技术指标
单位面积质量			g/m²	200
允许偏差值			%	±10
厚度(2 kPa)			mm	—
条件拉伸	抗拉强度	纵向	kN/m	≥40
	伸长率		%	≤28
	抗拉强度	横向	kN/m	≥28
	伸长率		%	≤28
梯形撕裂强度		纵向	N	—
		横向	N	—
CBR 顶破强度			N	—
垂直向渗透系数			cm/s	$10^{-4} \sim 10^{-1}$
等效孔径 0_{95}			mm	—

表3 140 g/m² 有纺土工布技术指标

项目	单位	技术指标
单位面积质量	g/m²	140 ± 10%
厚度	mm	—
抗拉强度(纵向)	kN/m	≥25
伸长率(纵向)	%	≤28
抗拉强度(横向)	kN/m	≥18.5
伸长率(横向)	%	≤28
垂直向渗透系数 K_{20}	cm/s	$10^{-4} \sim 10^{-1}$

表4 高强长丝机织土工布标准(GB/T 17640—1998)

序号	项目	规格		备注
1	经向断裂强度,kN/m≥	35	50	
2	纬向断裂强度,kN/m≥	按经向断裂强力的0.7~1		
3	断裂伸长率,%≤	经向35,纬向30		
4	幅宽偏差,%	-1.0		
5	CBR 顶破强力,kN≥	2.0	4.0	
6	等效孔径 $0_{90}(0_{95})$,mm	0.07~0.5		
7	垂直渗透系数,cm/s	$K \times (10^{-5} \sim 10^{-2})$		$K = 1.0 \sim 9.9$
8	冲灌厚度偏差,%	±8		
9	长、宽偏差,%	±2		
10	缝制强力,kN≥	断裂强力×50%		纵横向
11	撕破强力,kN≥	0.5	0.8	
12	单位面积质量,g/m²	140	200	

6.2 机具设备

(1)本工程龙口封堵闭气土方施工主要机械设备,见表5。

(2)本工程龙口封堵闭气土方施工劳动力安排,见表6。

(3)测量仪器配备见表7。

表5 龙口封堵闭气土方施工主要机械设备

序号	机械或设备名称	单位	数量	额定功率	用途
1	泥浆泵	套	82	22 kW	充吹填土方
2	海船	艘	21	5 t	外海取土
3	小松挖掘机	台	4	200 型	龙口封堵时抛大块石保护
4	全站仪	台	1	南方	测量放样
5	测深仪	台	1		测水下断面
6	变压器	台	7	500 kV	取泥用电
7	无线对讲机	个	10		

表6 龙口封堵闭气土方施工劳动力安排

序号	工种	数量	主要工种内容
1	测量	3	放样,测量,观测,潮位分析
2	电工	6	电工分片负责接电及安装夜间照明
3	充吹填工	224	在海船上泥浆泵取土作业
4	充泥袋安装工	60	充泥袋短驳运输及安装充泥袋 土方捣实
5	现场管理人员	15	二班制管理负责组织协调及安全检查
6	挖掘机工	6	龙口封堵时用大块石保护充泥袋同步跟上充泥袋标高(外坡处)
7	后勤人员	20	解决送水、送饭、做菜(二班制)

表7 测量仪器配备表

仪器名称	型号	数量
全站仪	NTS320	1 台
水准仪	DS3	4 台
钢卷尺	50 m	4 把
无线对讲机	—	10 个

7 质量控制

(1)严格遵循《浙江省海塘工程技术规定》(1999年)、《浙江省围涂工程质量验收、评定标准》(浙江省围垦局,1999年)、《土工试验规程》(SL 237—1999)、《水利水电工程土工合成材料应用技术规范》(SL/T 225—98)、《堤防工程施工规范》(SL 260—98)等相关规范标准。

(2)龙口合龙后要及时进行小塘闭气,进行泥芯施工以防止管涌。

(3)合龙过程中派专人观察水情以及龙口外侧有无水晕现象,以便及早处理。

（4）龙口合龙后及时将堤身加宽至标准断面，以防止大潮来临时对龙口的冲刷。

（5）留存部分泥浆泵机组以及应急材料备用。

（6）龙口封堵完成后，对迎潮面坡脚进行抛石防护。

（7）堤防土方、坡面的坡度与标高应满足设计要求和施工规范的规定。

8 安全措施

（1）施工中严格遵守《水利水电建筑安装安全技术规程》（SO 2677—88），机械的操作必须符合《建筑机械使用安全技术规程》（JGJ 33—2001）。

（2）禁止非施工人员进入施工现场，禁止非施工车辆进入施工现场。

（3）水上作业，作业人员须穿戴好救生衣，不得穿有筒胶鞋、高跟鞋，带钉易滑硬底皮鞋。每次作业前，作业人员应对所用的救生衣进行检查，确认其安全有效。乘坐交通艇的人数不得超过该艇的定员标准。夜间作业须有足够的照明。当风力超过 6 级及有影响安全施工的天气时应停止作业。

（4）操作人员必须做好三级安全教育和班前安全技术交底。

（5）施工用电：

①支线架设，配电箱的电缆线应有套管，电线进出不混乱。大容量电箱上进线应加防水弯。

②支线绝缘好、无老化、破损和漏电。

③支线应沿电杆架空敷设，并用绝缘子固定。

④现场照明：采用 220 V 电压，照明导线应用绝缘子固定。严禁使用花线或塑料胶质线。导线不得随地拖拉。照明灯具的金属外壳必须接地或接零。开关箱必须装设漏电保护器。

⑤配电箱安装高度和绝缘材料等均应符合规定。电箱内应设置漏电保护器，使用合理的额定漏电动作电流进行分级配合。动力和照明分别设置，以确保专路专控，总开关电器与分路开关电器的额定值，动作整定值相适应。熔丝应用电设备的实际负荷搭配金属外壳电箱应作接地或接零保护。开关箱与用电设备实行一机一闸一保险。

（6）泥浆泵运行前，项目安全员和技术员对所有临时用电等进行安全检查及整改，直至消灭安全隐患后才能进行泥浆泵运行。

（7）运输车辆倒退时，车辆应鸣后退警报，并有专人指挥查看车后。

（8）施工机电设备应有专人负责保养、维修和看管，确保安全生产。施工现场的电线、电缆应尽量放置在无车辆、人、畜通行部位。

（9）夜间施工作业时，应有足够的照明，并防止眩光。

9 环保与资源节约

（1）建立文明施工管理体系，创文明施工工地，实行责、权、利相结合，责任到人。

（2）加强现场文明施工，做到场地整洁、道路畅通、排水顺畅。施工设备、机具、材料、生活区、食堂、厕所，统一布局，井然有序。生活区与生产区严格分隔。

（3）确保安全和质量的同时，还应重视对周围环境的保护。清洗设备后的污油不能随处乱倒，生产生活污水排放要统一安排，各种施工垃圾倒在指定的位置。

（4）食堂饮食卫生，要保持清洁有序，预防食物中毒事件的发生。

（5）在施工现场，科学合理地规划施工区块，施工材料按要求整齐堆放，减少占地面积。

（6）在涂面深、潮差大的海区围涂，采用其他施工方法龙口易被冲垮，采用单袋叠筑封堵龙口闭气施工工法能够一次性封堵龙口成功，节约了土工布、石料、运输用油料等资源。

10 效益分析

10.1 社会效益

围涂工程单袋叠筑封堵龙口闭气施工工法,对龙口封堵一次性成功闭气起到了关键的作用,使整个工程按计划完成,大大减少了冲刷的损失。本工程全部完成,运行至今,未发生龙口垮塌现象,整个工程发挥了很大的社会效益,也为我公司在社会上树立了良好的形象。

10.2 经济效益

本工程围涂面积大、涂面深、潮差大,采用围涂工程单袋叠筑封堵龙口闭气施工工法,一次性封堵成功,大大减少了两次封堵龙口的经济损失,降低了施工成本。在小曹娥块、曹朗北块围涂工程中,龙口封堵土方工程量如下:

小塘断面闭气土方量:$600 \text{ m} \times 78.15 \text{ m}^2 = 46\,890 \text{ m}^3$

单袋封堵土方工程量:$600 \text{ m} \times (9.14 \text{ m}^2 + 7.25 \text{ m}^2 + 5.37 \text{ m}^2) = 13\,056 \text{ m}^3$

小塘断面在 3.4 高程土方量:$600 \text{ m} \times 50 \text{ m}^2 - 13\,056 \text{ m}^3 = 16\,944 \text{ m}^3$

小塘断面在 3.4~6 m 高程土方量:$46\,890 - 13\,056 - 16\,944 = 16\,890 \text{ m}^3$。

11 应用实例

11.1 第一应用实例

余姚市海塘除险治江围涂二期工程位于钱塘江河口尖山河湾南岸余姚岸段,该岸段的中、东段,工程由东西两大块组成,西块位于湖北西直堤(临海浦闸以东 0.5 km)与湖北东直堤之间,东块位于陶家路江东直堤与曹朗东直堤(泗门水库两侧)之间。兴建本工程项目,既可提高海塘的抗灾能力,增加土地资源,又为实现尖山河段南岸的统一整治和规划创造了条件。

小曹娥块、曹朗北块围涂工程属于二期围区,曹朗东北直堤以西,R81 隔堤以东,Ⅱ期顺堤和曹朗东顺堤以北,小曹娥北顺堤和曹朗北顺堤以南区域,围涂面积 626.98 hm²。曹朗北顺堤为长 1 831 m 的 3 级堤防工程,小曹娥北顺堤为长 1 824 m 的 3 级堤防工程,曹朗东北直堤为长 1 790 m 的 4 级堤防工程,R81 隔堤为长 1 942 m 的 5 级堤防工程。工程总造价 7 160 万元,于 2008 年 5 月 8 日开工至 2009 年 1 月 5 日完工,质量合格。龙口小塘闭气土方 46 890 m³ 采用围涂工程单袋叠筑封堵龙口闭气施工工法,确保一次性龙口封堵,确保工程按期完成,实现项目成本目标控制,本工法值得推广。

11.2 第二应用实例

余姚市海塘除险治江围涂二期工程湖北顺堤工程,湖北顺堤长 2 758 m,属 20 年一遇的 4 级堤防工程。工程总造价 3 853 万元,围涂面积 646.99 hm²。工程于 2010 年 8 月 3 日开工至 2011 年 3 月 30 日完工,工程质量合格。龙口小塘闭气土方 46 890 m³ 采用围涂工程单袋叠筑封堵龙口闭气施工工法,效果很好,龙口一次性封堵成功。

11.3 第三应用实例

余姚市海塘除险治江围涂二期工程陶家路块围涂工程属二期围区,工程由陶家路江东直堤、陶家路北顺堤和陶家路子堤组成,围涂面积 486.91 hm²,造价 4 300 万元,工程于 2009 年 5 月 1 日开工至 2010 年 1 月 30 日完工,质量合格。龙口小塘闭气土方 40 000 m³ 采用围涂工程单袋叠筑封堵龙口闭气施工工法,效果很好,龙口一次性封堵成功。

(主要完成人:陈小虎　许文锋　董怀良　徐莉美　周武兵)

围涂工程土工布软体排施工工法

宁波四明湖建设有限公司

1 前言

在沿海海涂促淤围涂、保滩护岸工程中,丁坝、顺坝是最常用的水工建筑物。在江河河口等潮流较急的滩涂,以常规抛石构筑堆石棱体,丁坝、顺坝坝头处的水动力条件变化大,抛筑棱体在施工中及完工后,往往出现坝头涂面基底刷深严重,容易导致坝头抛石坍塌跌落产生滑坡,造成工程量加大、投资增加且延误工程的顺利实施。应用土工布软体排护底技术,在丁坝或顺坝坝头处能有效抵御沿坝身水流及风浪对坝头底部泥沙的淘刷,起着保护坝体、防止坝头出现过大冲刷坑的作用。针对抛筑棱体这一特点使用以合成材料土工布加压重材料制成的系结式排体结构,在粉砂土资源丰富的海涂,采用泥浆泵吸砂充填土工布制砂肋袋,形成软体排,在堆石棱体抛石前先行铺设在堤基底涂面上,随后在其上抛石筑堤的方法,从而保证抛筑棱体的质量。为此,本文总结了土工布软体排制作、铺设等经验编制了本工法。

2 工法特点

(1)在潮流较急的滩涂抛筑棱体,能避免丁坝、顺坝坝头因基底滩涂被潮水严重刷深,造成抛石坍塌跌落产生滑坡现象。

(2)按堤坝基底设计宽度先行制作 40 m 长整幅土工布排底、砂肋袋,充砂、铺排一次性完成,方便、高效。

(3)压排砂肋袋充填砂就近取材,经济、高效。

3 适用范围

适用于沿海潮流较急、易被冲刷和滩涂较深的粉砂质滩涂堆石棱体护底。据目前实际施工情况,滩涂高程在低潮位以下均可适用。

4 工艺原理

在潮流较急的围涂区抛石构筑堆石棱体,若以漏底船抛石平抛护底,船抛块石混合料平整度差,水流遇块石、石堆,在其周围形成加速水流,堤坝基底滩面易被冲刷,堤坝坝头底沙土被刷深造成坍塌。船抛块石达不到预期的护底防冲效果。采用土工布平铺于水底,抛石后加速的水流由于土工布的阻隔避免了对滩面沙土的冲刷。土工布以加扎砂肋袋充砂作为镇压物,避免平铺的土工布被水流移动,再以一定间距加抛袋装石料或平抛碎石块加重镇压,确保土工布与砂肋袋合成整体的软体排不被较急的水流冲移。随后即能顺利进行堆石棱体的石料抛筑,不至于发生坝头坍塌。软体排在堤坝基底部两侧各超出不小于 5 m 的宽度,以减少堤身两侧水流对堤基滩面的刷深。

5　施工工艺流程及操作要点

5.1　工艺流程

5.1.1　软体排排布加工工艺流程

软体排排布加工工艺流程见图1。

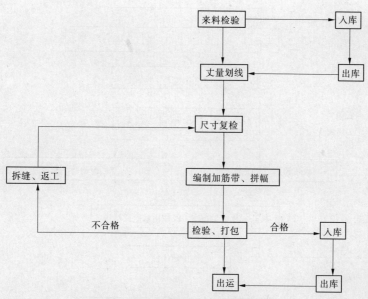

图1　软体排排布加工工艺流程

5.1.2　软体排铺设施工工艺流程

软体排铺设施工工艺流程见图2。

5.2　操作要点

5.2.1　土工布软体排制作

土工布软体排结构如图3所示。

（1）编织裂膜丝土工布幅宽一般为3～4 m,将单幅土工布采用包缝法缝拼成设计要求幅宽、长度按设计确定的整块排布。根据设计的堆石棱体堤坝各桩号段测量海涂面高程,确定不同桩号段的坝底宽度。

（2）将复检合格的缝拼好的整块土工布排布在划线车间地面上平整铺摊开,划出加筋带缝制位置、缝装砂肋套环的位置。加筋带与土工布幅宽平行,距排布两端(即铺在堤底时堤的两侧位置)4 m范围内,间距为80 cm;中间部位间距为150 cm。在每条加筋带位上划出砂肋套环位,环间距为0.5 m。

（3）加筋带用土工布缝制,宽度为5 cm。砂肋袋套环用加筋带制成,直径为28 cm,直接缝制在砂肋带上。在排体四角和四周应设置拉环,便于施工时搬拉排体。

（4）砂肋袋采用直径30 cm同种材质的圆筒型长管土工布袋直接裁剪而成,或者用土工布缝制,长度与排幅宽一样。

5.2.2　土工布软体排的铺设

软体排铺设分定位、卷排、充灌砂肋、沉排、止排、压载和检测等7个阶段。

5.2.2.1　定位

水上铺排船采用GPS进行定位,确定铺排船抛锚定位及移动,确保排布按设计要求位置入水,并保证排布搭接要求。

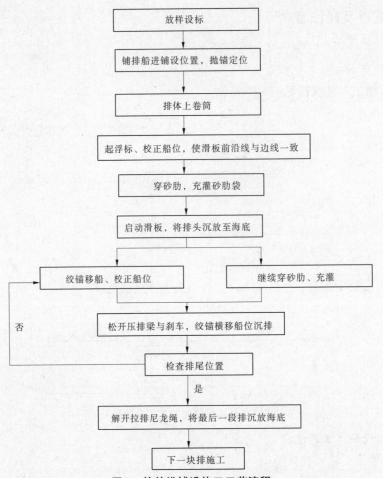

图2 软件排铺设施工工艺流程

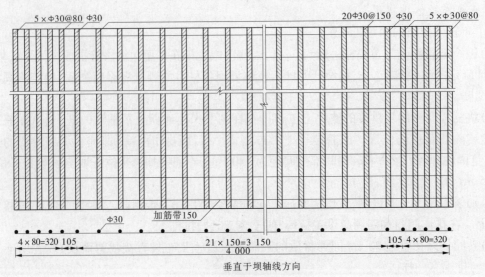

图3 土工布软体排结构图

在铺排船指挥楼的左、右舷各架设一台 GPS 接收天线,GPS1、GPS2,以 GPS1—GPS2(两天线间距)为基线,建立一套船上坐标系。量取两天线的高,两天线分别至铺排滑板两端的间距,组成铺排船定位的参数。船上坐标系建成后输入软件,使其转为北京坐标系。输入拟铺排的计划轨迹,即可指导铺排定位作业。软件能随着辅排作业记录铺排起始边两点位和终止边点位,深度可在铺设时据测深输入。铺排船作业平面布置见图4。

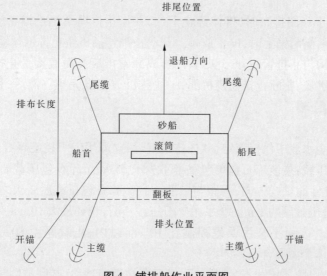

图4 铺排船作业平面图

铺排船由6个电动绞关和6根钢缆控制其定位和移位。其中船左边两根为主缆,承受整个铺排船下飘拉力,同时控制铺排船上下移动。考虑到船体受排体推力过大,船头、船尾各设一根开锚,两开锚与船体形成夹角,分担主缆拉力,同时控制铺排船左右移动。船右边两缆为尾缆,控制排布方向。派专人观察卷排筒、绞车、钢缆、滑板等相关船舶机械受力变形情况,一旦有异常情况立即采取相应措施,确保人身和财产安全。铺排前先对第一块排布进行试验,掌握水深、流速等对排体和铺排过程的影响参数,周密布置好应急处理措施。

5.2.2.2 卷排

用吊机将排布吊至甲板上,操作人员在吊机的协作下将排布展开,将排尾拉环与滚筒上的钢缆相系,启动滚筒开关将排布自动卷入滚筒。卷排时装砂肋一面向上,由滚筒下侧卷进,直到排头布平铺在翻板前沿,关闭滚筒开关。在卷排期间操作人员站在滚筒边,用人力绷紧排布,使滚筒上的排布无皱褶。平铺在甲板和翻板上的排布要用力拉平、拉直,防止排布皱褶、收缩。

5.2.2.3 充灌砂肋

把软体排排体在铺排滑板上展开一段,将砂肋袋依次套进各排砂肋袋套环中。供砂船停靠在布排船旁。充砂时先在砂肋袋一头插进充砂管,把另一头打开,启动高压冲水枪和一台充砂泵,从供砂船吸砂进行充灌。待砂肋袋开口的一头有较多的砂流出时,扎紧开口,继续充砂至砂肋充满。每条砂肋充砂时均需人工不停的踩踏砂肋,使砂流畅通,加速排水、固结。如砂肋出现一头空一头满而从一头充砂又无法再充进的现象时,利用另一头备用的充砂管进行补充砂,直至砂肋均匀充满,扎紧袋口。要注意砂水比和充填密实程度,保证砂肋袋充盈率不小于90%。

充灌好2~3条砂肋后放下滑板,使排头吊在滑板外。

5.2.2.4 沉排

铺排滑板上的砂肋袋充灌完后,松开卡排梁及滚筒,利用砂肋自重,使已充砂的排体沿滑板徐徐滑向水中,至已充砂的舱面排快滑完,即刹紧卡排梁及滚筒。在控制滚筒及刹车的情况下,开动锚机绞锚,缓慢移动船位。继续进行下一舱面排的充砂工作,重复进行套砂肋袋、充灌砂肋、放排、移动船位等工序。如此充灌一段铺设一段,使充灌好的软体排连续不断地沿滑板沉向水底。排头到达水底时必须与设计沉放线吻合。

沉排过程中,放排控制人员与船上、后方陆域观测人员保持联系,控制卷扬机,调整排体下沉速度。应时刻注意观察GPS的工作状况,要特别注意如GPS出现失锁情况,铺排船应立即停止铺排工作。

5.2.2.5 止排

软体排卷筒上少于一圈排布时,排体停止下放,并将止排绳系至止排卷扬机,继续下放排体。当排布到达卷排钢管下侧略偏上时,停止放排。开动止排卷扬机至止排钢丝绳拉紧,然后开动滚筒卷扬机放排至止排小钩与止排管脱开,此时软体排离开卷排滚筒而直接受止排卷扬机作用。开动止排卷扬机放排尾至水底,割断止排卷扬机绳,一块排沉放铺设完毕。然后,移动船位,重新定位,进行下幅排的铺设。

5.2.2.6 压载

为使软体排在强潮水流中保持稳定,软体排铺好后,立即用编织袋装碎石或直接平抛碎石进行压载。①袋装碎石包压载:袋装碎石包单包重量不少于 35 kg。碎石包压载要求沿砂肋轴线方向,间距不大于 2 m;垂直砂肋轴线方向,间距与砂肋一致。碎石包压载后 2 天之内,需用平抛漏底船再均匀抛石压载,船抛压载厚约 1 m。②平抛碎石压载:碎石粒径最大 10 cm,小于 10 cm 的占 80%以上,含泥量小于 3%,表面平整度误差控制在 10 cm 以内,压载厚度 80 cm,压载长度范围在 50～100 m 时,后续棱体船抛混合石料即跟上。

应确保压载高度,以防因压载不足,排体边缘逐渐被潮流冲移,基底被刷深。

5.2.2.7 检测

沉排完成后,监理人员参加对每幅排的 6 点浮标(即排头、排尾、边沿各两点)检测。检测沿堤轴线排体边沿两点,检查排体的铺设位置与上幅排的搭接宽度是否满足设计要求,并记录在案。同时根据验评标准,按 5%排体数量进行潜水探摸,确保排与排之间搭接 3 m。根据 6 点浮标法确定的上幅排体坐标值,按照上幅排布收缩最大处位置,在保障有 2 m 排体搭接的基础上,生成下幅排体的坐标。

5.2.3 土工布软体排长度、宽度设置

软体排护底超前立抛的长度一般不应小于 100 m。软体排在堤坝基底部两侧应各超出不少于 5 m 的宽度,以减少两侧水流对堤坝基底滩面的刷深。

6 材料与设备

6.1 材料

6.1.1 软体排排体制作材料

软体排排体(包括加筋带、砂肋袋、砂肋袋套环)一般采用 250 g/m² 编织裂膜丝土工布缝制,也可采用针刺高强度丙纶长丝机织布与涤纶无纺布复合土工布缝制。

6.1.2 软体排砂肋袋充灌的泥砂

每 1 000 m³ 都进行抽样化验做颗粒分析,必须保证砂径 $d > 0.074$ mm 的含量大于总量的 85%,含泥量小于 10%。不合格砂不能使用。

6.1.3 软体排压载袋装碎石

最大粒径为 6 cm。

6.2 设备

进行铺排的主要船机设备见表 1。

表 1 铺排的主要船机设备

设备名称	数量	单位	规格	设备名称	数量	单位	规格
铺排船	1	艘	3 台 220 kW 发动机、3 000 t	吸砂船	2	艘	50 m³22 kW 充砂泵
GPS 接收机	4	台	AOUARIUS/5002 SK/ML 双频	交通艇	2	艘	
拖轮	4	艘	721 kW	锚艇	2	艘	6.30 kW

7 质量控制

7.1 软体排质量控制

7.1.1 土工布

软体排用编织裂膜丝土工布制作,土工布质量 250 g/m²,纵、横向抗拉强度应分别大于 2 000 N/50 mm、1 400 N/50 mm。

7.1.2 土工布取样复检

土工布进入加工场后,在监理见证下施工单位按规定对土工布进行见证取样,一般土工布按 5 000 m² 或一个批次取一个样,加筋带按 20 000 m 取一个样的标准执行,然后送具有相应资质的专业检测单位进行复检,复检合格的方可进行软体排缝制加工;复检不合格,土工布退货。

7.1.3 加筋带

加筋带宽度为 5 cm,单位质量为 52 g/m,要求加筋带的拉伸负荷大于 16 000 N。

7.1.4 砂肋袋

砂肋压载采用直径 30 cm 的长管状砂肋袋,固定在加筋环内,其材料采用 250 g/m² 的机织圆筒型长管袋直接裁剪而成,或用同种材料缝制。

7.1.5 目测检查土工布表面质量

检查缝制加工完的排体和砂肋袋的各项外型尺寸、缝合强度(必须达到织物强度的 70% 以上)等,并进行实测记录,经监理签认合格后方可出运。

7.1.6 砂肋袋充盈率

砂肋袋充盈率必须大于 90%。

7.2 软体排铺设的质量控制

(1)软体排沉放时选择在平潮时进行,减少水流对软体排铺设的影响。水流较强时,一舱面排沉放好后,即派潜水员进行水下排体探摸。软体排排体两侧纵面布置有砂肋,潜水员在探摸时,两道突起部分之间距离即为搭接距离,有效搭接长度不小于 2 m。如发现搭接过小或过大,应及时调整放排船的上下游位置,确保软体排沉放精度。

(2)铺排后及时进行碎石压载。袋装碎石最大粒径 6 cm。平抛碎石压载:碎石粒径最大 10 cm,小于 10 cm 的占 80% 以上,含泥量小于 3%,表面平整度误差控制在 10 cm 以内,压载厚度 80 cm。

(3)尚未在软体排上完成堆石棱体抛石前,要定期对软体排两侧加强观测,是否有超过标准的移位现象发生。

(4)在软体排铺设完成后应进行检验,铺设的检验标准见表 2、表 3。

表 2　软体排铺设质量标准要求

序号	项目	允许偏差	检验单元	单元测点	检验方法
1	排体轴线位置	±500 mm	每幅排	2	检查 GPS 定位记录
2	排体铺设长度	±1 000 mm		1	
3	搭接宽度	±500 mm		10 m 一个点	
4	砂肋充盈率	不小于 90%		条数 1/10	尺量、椭圆截面面积测算

表3　土工布软体排单元工程质量评定

单位工程名称					单元工程量		
分部工程名称					检验日期		年　月　日
单元工程名称、部位					评定日期		年　月　日
项次	保证项目	质量标准			检验记录		
1	单位质量、厚度及强度	符合设计要求					

项次	检查项目	质量标准		检验记录	
		合格	优良	合格	优良
1	土工织物及砂肋袋	质量、性能基本符合设计要求;砂肋袋基本无破损	质量、性能基本符合设计要求;砂肋袋无破损		
2	砂袋充填	基本符合设计要求	饱满度≥80%		
3	铺设质量	铺设位置基本正确、平整,无翻排、缩排	铺设位置正确、平整,不翻排、缩排		
5	碎石压载	间距≤2 m,单袋质量基本不小于 35 kg	间距≤2 m,单袋质量不小于 35 kg,最大粒径6 cm		
		粒径最大 10 cm, <10 cm 基本占80%,含泥量基本 <3%,厚 80 cm;表面平整度误差在10 cm 以内	粒径最大 10 cm, <10 cm 占80%,含泥量 <3%,厚 80 cm;表面平整度误差在10 cm 以内		

项次	检查项目	设计值	允许偏差(cm)	实测值	测点数（点）	合格率（%）
1	搭接长度	≥2 m	≥2 m			
2	排长	40/45 m	20/22.5 cm			
3	轴线偏差	—	50 cm			

检测结果	共检测　　　　点,其中合格　　　　点,合格率　　　　%		
施工单位自评意见	自评质量等级	监理单位复评意见	复评质量等级
保证项目　符合质量标准,一般检查项目　符合质量标准。检测项目实测点合格率　　%			

施工单位名称			监理单位名称	
初检负责人	复检负责人	终检负责人		
			监理代表	

8 安全措施

(1)施工中严格遵守《水利水电建筑安装安全技术规程》(SD 2677—88)、《船舶安全技术操作规程》操作。

(2)严禁无证操作,严禁操作时擅自离开工作岗位。

(3)听从指挥,协调作业,避免因作业不协调发生安全事故。

(4)船上人员必须穿救生衣、戴安全帽作业;排面人员必须穿防滑胶靴作业。

(5)开动卷扬机前应检查离合器、制动器、钢丝绳等,滚筒内不得有异物。

(6)运输车辆倒退时,车辆应鸣后退警报,并有专人指挥和查看车后。

(7)所有电力设备、燃料、动力的操作部位,严禁吸烟和任何明火。

(8)施工机械设备、船舶动力和操纵设备应有专人负责保养、维修和看管,确保安全生产。

9 环保与资源节约

(1)施工前,对全体作业人员进行的环保法规、环保知识教育,提高环保意识。

(2)加强对船用油料的使用、贮存管理,防止漏油;设置专用器具收集废油,防止废油污染海水。

(3)加强对噪声、粉尘、废气、废水的控制和治理。石料场、运输车辆采取洒水、限高等措施,降低粉尘、防止石子撒落,污染环境。

(4)生活垃圾、施工废弃材料应集中堆放处理,不得抛入海中。

(5)采用软体排护底加碎石压载施工工艺,避免了直接块石抛填筑坝因坝头流速增大滩涂面冲深坝头坍塌而不得不重新抛填的弊端,节约了大量块石料、运输油料等资源。

10 效益分析

余姚市海塘除险治江围涂工程位于钱塘江河口与杭州湾交接处南岸,海涂面高程平均在 -7.0 m 左右,最深处达 -18 m,而且受海涂和南股槽及流速的影响,涂面变化比较复杂,直接采用块石抛填筑坝会使坝头流速增大,滩涂面冲深形成槽流沟,导致坝头坍塌,不仅工程量加大,投资增加,而且延误工期。工程采用软体排护底加碎石压载施工工艺,而后进行平抛和立抛块石形成抛石坝。该工艺减少坝头冲刷,工程质量及安全得到保证,进度加快,投资降低。

11 应用实例

11.1 第一应用实例

余姚市海塘除险治江围涂二期工程项目陶家路块堆石棱体工程位于钱塘江河口尖山河湾南岸余姚岸段。工程区域受到钱塘江河口强劲潮流的影响,工程区域大多数滩涂高程在低潮位以下(-11.0 ~ -4 m)。工程所处岸段属非正规半日潮,平均高潮位为 3.17 m,平均低潮位为 -2.55 m,平均潮差为 5.72 m(临海浦闸),最大潮差达到 9.33 m。工程区域流速大,2007 年 5 月实测工程区域(临海浦闸附近)垂线平均流速 2.65 m/s,垂线测到的最大流速 3.48 m/s,当丁、顺坝坝头形成后,坝头流速则显著增加,如 2002 年 4 月在曹朗丁坝抛筑 250 m 时在其坝头附近最大测点流速达到 4.23 m/s,垂线平均流速达到 2.95 m/s。钱塘江河口河床为中值粒径 0.02 ~ 0.04 mm 的粉砂,其抗冲能力很小,5 m 水深条件下的垂线平均起动流速小于 1.0 m/s,直接采用块石抛填筑坝,会造成坝头流速增大,使滩涂冲深形成槽流沟,造成坝头坍塌。

该工程实施土工布软体排护底。并选择在小潮汛低平潮时铺设。该时段的水流流速较小,水不深,一个低平潮时间段铺设 2 ~ 3 张排。工程总造价 5 661 万元,抛筑丁坝、顺坝,合计堤坝长

6 812 m,围涂 546.94 hm²,其中软体排护底 302 000 m²。工程自 2006 年 10 月 21 日开工至 2008 年 12 月 22 日完工。由于采用软体排护底,抛筑堤坝未发生坝头坍塌现象,抛筑进度快,降低投资。

11.2　第二应用实例

余姚市海塘除险治江围涂二期工程湖北西直堤和四期工程湖北西丁坝,直堤长度 2 000 m,丁坝长度 2 630 m,本工程考虑到涂面较深,冲刷比较严重,采用了砂肋软体排充填料护底施工 130 000 m²,本工程自 2010 年 4 月 20 日开工至 2010 年 9 月 16 日完工,对工程坝头冲刷起到了重要作用,抛筑堤坝未发生坝头坍塌现象,效果显著,降低投资。

11.3　第三应用实例

余姚市海塘除险治江围涂四期工程湖北东丁坝、相公坛北顺坝东段,该丁坝位置呈现水深流强的特点,拟筑坝位置的滩涂高程大多在 -6.5 ~ -5.0 m,局部更深。本工程受潮汐影响,施工干扰大,为解决坝头冲刷问题,采用了砂肋软体排充填料护底施工 33 000 m²,本工程自 2008 年 11 月 20 日开工至 2009 年 5 月 28 日完工,对工程坝头冲刷起到了重要作用,抛筑堤坝未发生坝头坍塌现象,效果显著,降低投资。

(主要完成人:董聪飞　徐莉美　董洪明　董怀良　许文锋)

充水式橡胶坝螺栓压板锚固一次浇筑施工工法

山东临沂水利工程总公司

1 前言

近年来,橡胶坝工程在国内外得到了迅猛发展,橡胶坝技术的推广与应用受到极大的重视。橡胶坝袋的锚固技术是事关橡胶坝能否安全可靠运行的关键技术,它直接关系到橡胶坝的安装、维修、坝袋防渗以及安全等问题。橡胶坝袋锚固的型式主要有:螺栓压板式、楔块挤压式、胶囊充水式等多种形式。螺栓压板锚固是我国目前最常用的充水式橡胶坝袋锚固形式。

近几年我们先后完成了一系列大型充水式橡胶坝工程的建设任务,对充水式橡胶坝螺栓压板锚固技术积累了丰富的施工经验,我们通过对此项施工技术进行全面总结后形成此工法。

2 工法特点

(1)螺栓压板式锚固是将锚固件组合体与底板混凝土一次浇筑,与采用二次浇筑施工法相比具有施工速度快、工效高、造价低等优点。

(2)由于锚固体内受力条件复杂,楔块挤压式锚固难以对锚固件精确设计计算。而螺栓压板锚固设计比较简单,能准确计算所需螺栓的直径及压板厚度等设计参数。

(3)就同一坝高且内压比相同的橡胶坝而言,螺栓压板式锚固和楔块挤压式锚固相比更节省造价、易于安装。

(4)楔块挤压式锚固形式在更换坝袋时楔块及锚固槽易被破坏,给后续施工带来困难。相比而言,螺栓压板锚固形式安全性能高、坝袋更换快捷、易于检修。

(5)锚固件可以工厂化加工,质量和加工精度易于保证,便于加快施工进度。

3 适用范围

适用于橡胶坝袋高度 2.5 m 以上且对锚固可靠度要求较高的充水式橡胶坝。

4 工艺原理

螺栓压板锚固的锚固构件由螺栓和压板组成,按照锚固坝袋的方式可分为穿孔锚固和不穿孔锚固,按使用压板的材质可分为不锈钢、普通钢、铸铁和钢筋混凝土压板,我们通常使用的是普通钢螺栓压板双线穿孔锚固的形式。

我们在实践中总结出制作锚固件组合体后,共同与底板混凝土一次浇筑的施工方法。首先将工厂生产的单件螺栓与垫板反面点焊后,形成锚固件组合体。为了安装方便,每块垫板不宜太长太重,每块垫板对应的螺栓个数一般以 4 个为宜,螺栓间距 20 cm 左右。其次,锚固件预埋时要求螺栓中心线在同一直线上,用水准仪测定埋设高程,准确定位。为保证不发生偏移,锚固件组合体之间点焊连接,并设一组钢筋支撑体进行加固处理,保证其浇筑时牢固可靠。根据设计锚固槽尺寸加工制作锚固槽模板,模板预留底槽,利用锚固螺母加焊接钢筋固定模板位置,保证锚固槽一次成型。最后进行包括锚固槽在内的底板混凝土一次性浇筑,在浇筑过程中保持螺栓两侧混凝土均匀上升,随时检测螺栓中心线位置,保证其在偏移范围内。

在进行坝袋锚固安装过程中为了防止坝袋渗水,通常采用沿锚固槽设置止水海绵,并在坝袋拐角处填充橡胶腻子和在坝袋和底垫片间粘贴止水胶布等措施,以保证坝袋的密封性。由于螺栓长期处在水中,为了保证螺栓螺母不产生锈蚀,在螺栓上预先涂抹足量黄油,并利用特制厚塑料袋套装螺栓,然后绑扎牢靠,再利用高强度等级细石混凝土封堵锚固槽。

5 施工工艺流程及操作要点

5.1 施工工艺流程

锚固件加工安装→锚固槽模板安装→混凝土浇筑→坝袋安装前准备工作→底垫片、止水海绵安装→坝袋铺设→保护片、压板安装→坝袋锚固→坝袋充水试验→锚固槽封堵。

5.2 操作要点

5.2.1 锚固件加工安装

由 4 根螺栓和一块垫板组合形成一套锚固件。锚固件加工完成后即可进行锚固件预埋,首先按照设计图纸推算出预埋螺栓和底垫板的高程,根据此高程焊接垂直于底垫板的水平托筋。该向钢筋只起到固定底垫板的作用不承担主要荷载,所以在焊接时一定要保证横向与纵向水平,在焊接时需采用水平尺控制。然后焊接平行于底垫板的水平托筋,该托筋采用Φ14 钢筋为宜。按照图纸中底垫板的中心线位置确定出两根平行托筋的位置。平行托筋要牢牢焊接在垂直托筋上。然后焊接底垫板,两块底垫板之间要留出 2 mm 的间隙。在焊接底垫板时要及时校核锚固螺栓中心线,保证顺水流方向两锚固螺栓的几何尺寸符合设计要求。检查无误后再用一根钢筋将所有锚固件焊接在一起进行加固。预埋螺栓中端和下端固定在底板钢筋上,上端套上螺母固定在锚固槽模板上,避免混凝土浇筑时移位和变形。

5.2.2 锚固槽模板安装

应根据设计锚固槽尺寸加工制作锚固槽模板,模板预留底槽,利用锚固螺母加焊接钢筋固定模板位置,保证锚固槽一次成型。两模板之间缝隙要用胶带粘贴,避免水泥浆上翻,为后期的锚固槽打磨减少麻烦。

在锚固槽模板安装时除注意模板缝隙及平整度外,还特别要校核模板的几何尺寸及牢固程度,严格按照规范及设计要求施工。因为模板的安装质量不单单牵扯到混凝土的外观,还会影响到后期的坝袋安装。

5.2.3 混凝土浇筑

锚固件及锚固槽安装完成后共同与底板混凝土一次浇筑,在浇筑过程中,一定要注意锚固预埋件区域的振捣。因为该区域振捣不密实混凝土对锚固螺栓的握裹力不好,振动时间过长可能会使锚固件及锚固槽模板上浮。注意浇筑以前要对外露锚固螺栓进行抹黄油、套袋处理,避免水泥浆污染螺栓造成螺栓上锈,还可以减轻下一步的清理工作。

5.2.4 坝袋安装前准备工作

5.2.4.1 基础底板及坝墩、锚固槽表面处理

橡胶坝坝袋容易受到锐利和有尖角物体的损坏,因此凡是与橡胶坝坝袋相接触的混凝土表面应保持平整、无毛刺。坝底板与坝墩范围内混凝土局部有凹凸、棱角的要用磨光机打磨掉,认真清除锚固槽周围及坝袋塌落范围内的混凝土残渣、铁丝及木块等一切杂物,并对橡胶坝中、边墩表面所有对拉螺栓、铁丝等进行打磨处理,中边墩打磨光滑后刷涂丙乳水泥砂浆,丙乳水泥砂浆要严格按照配比,刷涂均匀,以减少坝袋与墩墙的摩擦。混凝土表面的孔洞和低凹处用水泥砂浆抹平压实,再用砂轮将表面打磨平整。人工清理锚固槽、垫板表面残留砂浆、混凝土等附着物。同时,用砂轮将锚固槽内侧混凝土棱角及坝底板伸缩缝打磨平整。此项工作主要是防止由于水流脉动、波浪冲击等因素产生的振动摩擦而造成坝袋损伤,并可消除因坝头塌肩而造成的不良影响。

5.2.4.2 锚固件处理

检查预埋螺栓、锚固槽的位置、尺寸是否符合设计要求。清除预埋螺栓上的杂物，并用扳牙将螺纹部位扳一遍，并把倾斜的螺栓校正成垂直状态。检查垫板有无变形、锈蚀，孔距是否符合设计要求，并用砂轮将边刺磨掉，以免在安装时伤及坝袋。

5.2.4.3 水帽口、溢流口处理

检查水帽口、溢流口的位置、尺寸是否符合设计要求。为防止底垫片被划破，应将水帽口、溢流口表面的棱刺及其周围混凝土表面打磨平整，并检查管道内钉子、小碎石、木块等杂物是否清除干净，此项工作主要是预防底垫片受损而导致坝袋渗漏。

5.2.5 底垫片、止水海绵安装

坝袋和底垫片运到现场后，首先应对其质量及外观进行检查，检查坝袋是否有变形和损伤，是否符合设计要求，其次复核海绵片、保护片等尺寸、数量是否符合图纸要求，以确保安装顺利进行。

安装前，先在混凝土底板上标出坝轴线、中心线，根据底垫片就位线将底垫片展开，四周大小均匀后，在底垫片上分别标出上下游锚固线。底垫片的铺设采用人工铺展。伸展后的底垫片应顺直、平展，应使铺展后的垫片上的锚固线与锚固槽内的螺栓中心线相重合，且展开不能有褶皱，两端距坝墩与两边距锚固槽尺寸要一致。在底垫片上打孔，根据现场的实际螺栓位置，将误差分给每个螺栓间距，定出每个对应螺栓孔位置，在垫片上划线，用手电钻进行打孔，且所打孔洞应比螺栓稍小，确保其安装后的密封效果。在底垫片上画出水帽和超压溢流管位置，复核无误后在各管口处打孔，并在各管口四周的底垫片打毛，然后粘上一层加强胶片作补强处理，粘贴部分超出水帽、溢流口周圈1m左右，以防坝袋磨损。根据螺栓位置及所打的孔洞进行底垫片安装，保证安装孔洞四周不出现破损现象。止水海绵中心线要与螺栓中心线一致，其打孔方式与底垫片方式相同。只要安装平整顺直，无皱褶即满足要求。

5.2.6 坝袋铺设

底垫片安装完成验收合格后，将坝袋铺平，测量出上下游锚固线及侧锚线。坝袋的铺设顺序为：先下游，后上游，最后边墙。橡胶坝袋铺设从底板中心线开始，向两侧同时进行，采用人工配合机械的方法将坝袋展开。先将中间段的坝袋摊平，使坝袋端部落在锚固线上，根据坝袋尺寸定出压板线及钻孔中心线，量出坝底板长度、宽度及坝袋长度、宽度，确定出长度、宽度总长误差。坝袋螺栓孔的定位打孔自两端开始，将总长误差均分到每个螺距，避免误差集中在一小段内，引起坝袋皱褶，保证接触面顺直相接、结合紧密。用手电钻钻孔，钻孔大小根据预埋螺栓大小而定。按照从下游到上游的顺序逐渐将坝袋套放在螺栓上。坝袋堵头拐角处，斜坡上的坝袋采用拉链葫芦牵引，坝袋要折叠、理顺，用橡胶片垫平袋布的折叠、皱褶处。拐角处是容易造成漏水的关键部位，安装时要引起重视。坝袋嵌入螺栓后及时放置上压板。坝袋的中心线、锚固线等点线面重叠吻合后，方可放置螺栓弹簧垫圈和锁上锚固螺帽。

5.2.7 保护片、压板安装

压板安装前将压板打磨干净，根据设计压板号数对号就位，注意排列整体，间距均匀。安装压板时要首尾对齐，如不平整要用橡胶片垫平，特别是两侧边坡拐角处，不得用剪口补强处理。

5.2.8 坝袋锚固

坝袋锚固应遵循"先中间，后两边，上下游同时进行，最后两边堵头"的原则。螺帽的紧固是坝袋安装的最后一道程序，也是保证坝袋安全的重要环节。因为坝袋安装的最后质量好坏，漏水与否，主要靠螺帽的紧固使螺栓和压板锚紧，形成封闭的坝体。螺帽的紧固不应过紧，也不应过松。紧固过紧，一方面容易引起应力集中，导致螺杆断裂，无法保证坝袋的安装质量；另一方面容易引起保护片等局部出现皱褶。紧固过松，使各层接触面之间闭合不紧密，容易发生漏水，影响安装质量。紧固压板螺帽时先用风炮套筒上螺帽，紧固后再用特制工具制作的套筒由人工将每一个螺帽紧固好。

5.2.9 坝袋充水试验

坝袋锚固完成后,必须进行全面质量检查,各项检查结果达到设计及规范要求后,开始进行坝袋充水试验。充水试验的目的在于检查充排水系统是否能满足运行要求、坝袋表面及锚固处是否有漏水现象、坝袋充胀后是否平顺等。在坝袋充水前先把排气阀关闭,待坝袋充胀到设计高度的70%时,再把排气阀打开排气,排除坝袋内的空气后,关闭排气阀。整个过程均匀充水,以免坝袋受力不均。待坝袋内充满水后,检查坝袋四周漏水情况,如发现漏水应做好标记,等坝袋放完水后再处理。坝袋充满水放置一天后将坝袋内水放空,逐个螺母进行检查,并按以上程序重新进行一次紧固后,再上第二个备用螺母,并拧紧。

5.2.10 锚固槽封堵

坝袋充水试验结束,并满足设计和规范规定各项技术指标后进行封锚。先将螺栓、螺母涂抹一层黄油,再用厚一点的塑料布将螺栓包紧,防止锚固件的锈蚀,以便下一次更换坝袋时螺栓能正常使用。完成后用细石混凝土填充锚固槽,以保护锚固螺帽、螺栓和压板(见图1)。

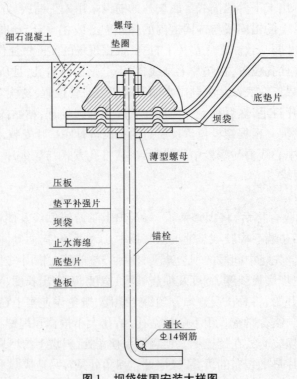

图1 坝袋锚固安装大样图

6 材料与设备

本工法所采用的主要材料见表1,所采用的机具设备见表2。

表1 主要材料表

序号	材料名称	规格	技术指标	质量要求
1	锚固螺栓	M30、M32、M36	长度800 mm、900 mm、1 000 mm	采用冷拉圆钢,螺牙部位挤压成型
2	垫板、压板	M400	压板996 mm×160 mm×24 mm 垫板998 mm×175 mm×14 mm	采用专用铸模,上下任意组合,需热处理,回火
		M500	压板996 mm×175 mm×30 mm 垫板998 mm×190 mm×16 mm	

序号	材料名称	规格	技术指标	质量要求
3	底垫片	J8080 - 1		一布两胶,厚2 mm
4	坝袋	JBD4.0 - 300 - 2、JBD5.0 - 300 - 3	内压比1.25~1.60 安全系数 >6.0	采用蓝色有缝搭接,锦纶帆布,胶布型号 J300300 - 2/J300300 - 2
5	垫平补强片	J100100 - 2		
6	止水海绵	厚7 mm		
7	细石混凝土	C20、C25	水灰比 <0.55	

表2　机具设备表

序号	设备名称	设备型号	单位	数量	用途
1	手电钻		把	2	坝袋、胶片钻孔
2	风炮		把	1	紧固螺帽
3	空压机	6 m³/min	台	1	紧固螺帽
4	拉链葫芦	St	套	4	牵引坝袋
5	吊车	25 t	台	2	吊卸坝袋
6	装载机	F40	台	2	辅助人工牵引坝袋
7	磨光机		把	2	打磨混凝土表面棱角
8	自制套筒		把	2	人力紧固螺帽

7　质量控制

7.1　工程质量控制标准

本工法施工质量执行《橡胶坝技术规范》(SL 227—98)。锚固件及锚固槽允许偏差按表3执行。

表3　锚固件及锚固槽允许偏差表

序号	项目	允许偏差(mm)	检查方法
1	中心线	±5	用经纬仪
2	高程	±5	用水准仪
3	锚固槽尺寸	±5	用钢尺

7.2　质量保证措施

(1)锚固螺栓就位必须准确,高程差,位移差均不得超过5 mm,应采用经纬仪和水准仪同时定位,严格控制。预埋螺栓中端和下端固定在底板钢筋上,上端套上螺母固定在锚固槽钢模板上,避免混凝土浇筑时移位和变形。

(2)在混凝土浇筑过程中要派专人负责检查锚固件和模板的位移情况。

(3)坝袋安装前必须认真做好坝底板、坝墩、锚固构件、充排水系统及坝袋的全面检查,检查锚固件,锚固槽,水帽口,溢流口的位置,尺寸是否符合设计要求,检查管道内钉子,小碎石,木块等杂物是否清理干净,以保证坝袋安装质量。

(4)坝袋锚固时螺帽的紧固应分 5 次进行,紧固的顺序要按奇偶顺序紧固、间隔进行,不得由一方向向另一方向渐次推进。检验螺母是否上紧可采用 0 ~ 150 公斤力的弹簧秤。

(5)坝袋充水试验时不得一次充至设计高程,宜将坝袋分次进行充水,每次充水后停留时间不少于 30 min。

(6)建立质量检查机构,制定严格的工程质量内部监理检查制度。严格执行施工前试验、施工中检查、施工后检试的试验工作制度,控制并保证施工中各环节工作质量。

(7)充分发挥技术监控机构对工程质量的控制作用。严格执行初检、复检、终检三级检查制度和监理工程师验收签证制度。

8 安全措施

(1)在工程的施工安全管理中,坚持"安全至上、预防为主"的方针。建立安全生产领导小组,组成专职安全员和施工队长、班组长为兼职安全员的安全生产管理网络,对施工现场实行责任目标管理制。

(2)做好安全生产检查,记录各种安全检查活动,认真贯彻"边检查,边整改"原则,做好各种安全防护,落实好安全技术措施,向参加施工的工地负责人、施工队长和职工进行安全技术交底。

(3)施工现场的用电线路使用要严格遵守安全操作规程,严禁任意拉线接电。施工现场实行三级配电两级保护,使用三相五线制配电线路,实行五芯电缆埋地敷设。加强漏电保护器的管理与使用工作,做到常备有效。锚固件焊接操作、坝袋安装使用机具设备时应严格遵守安全用电操作规程。

(4)用电设施的安装和使用严格遵守安装规范和安全操作规程,机电设备由专人操作,非机电人员禁止操作。

(5)做好施工现场安全保卫工作,采取必要的防盗措施,在现场周边设立围护设施,非施工人员不得擅自进入施工现场。

(6)严格依照《中华人民共和国消防条例》的规定,在施工现场建立和执行防火管理制度,设置符合消防要求的消防设施,并保持完好的备用状态。在锚固件组合件焊接等过程中注意防火安全。

9 环保措施

(1)工程环境保护管理目标是:遵守国家环境保护的法律、法规和规章,保证施工区不发生水污染、空气污染、施工噪声污染。

(2)成立以项目经理部为核心的环境保护领导小组,组成现场管理领导小组。

(3)有关管理人员对所属的工地进行定期检查,按施工现场环境保护检查、考核标准进行检查评分,作为工地安全生产文明施工考评的依据。在检查中,对于不符合环保要求的根据"三定"原则(定人、定时、定措施)予以整改,落实后及时做好复查工作。

(4)对施工人员现场进行文明施工教育,施工中或生活中不准大声喧哗,特别是 22:00 时之后,不准发生人为噪声。统筹安排、合理计划,最大限度地减少夜间施工的时间和次数。在坝袋安装过程中做到统一指挥,专人管理,严禁人员大声喧哗。

(5)施工区和生活区明确划分区域,设置标志牌,标牌上注明负责人姓名和管理范围。严禁外来闲杂人员进入施工场地。

(6)防止大气污染,减少施工扬尘、生产和生活的烟尘排放,防止废水排放,防止油漆、油料的渗漏,施工现场临时食堂的污水排放。

(7)施工前做好施工道路的规划设置,施工中采用洒水车随时洒水,减少道路扬尘。施工垃圾及时清运。在坝袋安装施工时产生的废料及时清理,防止环境污染。

10 效益分析

本工法便于坝袋的安装和拆卸,使充水式橡胶坝锚固更加牢固可靠,对坝袋的密封不透水起到了良好的作用。此工法采用锚固件与底板混凝土一次浇筑的施工方法,与先前的螺栓锚固槽二期混凝土浇筑相比,加快了施工进度,节约了施工成本,降低了工程造价,保证了螺栓与底板混凝土的可靠咬合。本工法采用了机械设备配合人工摊铺坝袋的施工方法,与只用人工拉铺坝袋的方法相比,在工程进度及工效方面也得到了很大的提高。本工法在工程实施后效果良好,达到了相应的技术要求,取得了较好的经济效益和社会效益。单孔坝袋安装工期缩短及费用节约表见表4。

表4 单孔坝袋安装费用节约表

工艺名称	项目(元)	节省费用(元)	计算过程
锚固件与底板混凝土一次浇筑比二期浇筑节省费用及缩短工期数	模板立模、拆模	120	$3.0\ m^2 \times 40$ 元$/m^2 = 120$ 元
	混凝土浇筑	5	$1.0\ m^3 \times 5$ 元$/m^3 = 5$ 元
	凿毛处理	3	$3.0\ m^2 \times 1$ 元$/m^2 = 3$ 元
	合计(元/件)	128	
机械设备配合人工摊铺坝袋比只用人工拉铺坝袋节省费用及缩短工期数	坝袋摊铺	3 200	$800\ m^2 \times 4$ 元$/m^2 = 3\ 200$ 元
	堵头安装	800	2.0 个 $\times 400$ 元/个 $= 800$ 元
	坝袋安装	480	$800\ m^2 \times 0.6$ 元$/m^2 = 480$ 元
	合计(元/孔)	4 480	

11 应用实例

(1)山东省临沂市桃园橡胶坝工程使用的是充水式橡胶坝螺栓压板双线穿孔锚固的形式。桃园橡胶坝工程位于沂河临沂城区段,坝址位于沂河中泓桩号74+265处。橡胶坝全长783.2 m,坝高4.5 m,该坝建成后,回水面积46 000 m^2,回水长度7.6 km,是一座灌溉、城市工业、生活供水等综合利用的大(二)型橡胶坝。

橡胶坝工程主要由橡胶坝及供、排水系统,左岸船闸和右岸溢流堰组成,橡胶坝共10跨,单跨净长77 m。橡胶坝工程共完成土石方61 800 m^3,混凝土浇筑65 000 m^3,钢筋制安1 170 t,供排水管道2 380 m,金属结构安装67 t。工程总投资7 100万元,工程于2004年12月开工建设,2007年9月竣工验收。该工程获得山东省建筑工程质量"泰山杯"奖。本工法的使用取得了良好的经济效益,累计节约资金约44.80万元,并有效的保证了施工工期,确保坝袋安全可靠性。

(2)内蒙古兴和县二道河河道治理工程位于兴和县城关镇旧城区,该工程由前后河河道治理工程组成。其中前河建浆砌石堤防2.3 km,拦污坝1座,漫水桥4条,挡水坝6座,交通桥1座及河道清淤。后河兴建橡胶坝两座:1号坝位于兴和县前、后河交汇处下游350 m处,坝段全长90 m,坝高3.5 m,挡水坝高3.5 m,回水长度1.3 km,回水面积2 800 m^2。2号坝位于后河大桥下游525 m处,坝段全长200 m,坝高2.5 m,为2孔坝,回水长度1.2 km,回水面积3 000 m^2。本工程采用充水式橡胶坝,使用的是螺栓压板双线穿孔锚固的形式。开工日期为2009年4月,2010年5月全部工程竣工,施工前两个月内完成了主体工程。主体工程造价2 100万元。本工法的使用使得工程提前10天完工,节约了施工成本,累计节约资金约13.40万元,得到了监理及业主的一致好评。

(3)泰安市大汶河综合开发颜谢拦河坝工程在原颜谢坝坝址处拆除重建。坝址位于大汶口镇颜谢村东北牟汶河上,河道东部为扇子崖,西部为丘陵。左岸距下游的房村镇 5 km,右岸距下游的大汶口镇 10 km。原枢纽工程建于 1972 年,拦河坝总长 429.2 m。重建工程防洪标准为 50 年一遇,拦河坝总长度 433 m,设计防洪流量 6 760 m³,蓄水面积 4 950 m²,回水长度 7.25 km。

工程主要建设内容从西到东依次为:泵室、引水闸、橡胶坝、调节闸、次管理房。顺水流方向由铺盖、橡胶坝段、消力池、防冲槽等内容。橡胶坝采用螺栓压板锚固充水式橡胶坝,坝袋颜色为天蓝色,高度 4.5 m,共分 5 跨,单跨净长 80 m,总长度 400 m,坝袋总容积 13 935 m³。开工日期为 2009 年 9 月 28 日,竣工日期为 2010 年 10 月 1 日。主体工程造价 4 220 万元。本工法的使用有效的保证了工程的施工进度,取得了良好的经济效益,累计节约资金约 22.40 万元。

(**主要完成人**:刘夫江 徐爱峰 刘 辰 刘 伟 李 旭)

内丝对拉螺栓加固墩墙立模施工工法

山东临沂水利工程总公司

1 前言

在水工建筑物混凝土墩、墙工程施工中,对混凝土外观质量要求比较高,按照传统施工方法,一般均采用对拉螺栓对模板进行加固。传统对拉螺栓分为组合式与整体式两种。整体式如需拆除,则需加套管,拆除后会留有孔洞,影响混凝土的整体性。如不需拆除,则同组合式对拉螺栓一样,外露部分需用气割割除,这样往往会造成混凝土局部受热烧黑、烧焦引起炸裂,影响混凝土外观质量;如采用人工锯除则费时、费力,困难较大,且外露钢筋面易形成锈蚀孔洞,为墩墙工程的质量埋下隐患。针对上述情况,我们在项目工程施工过程中,对传统对拉螺栓进行了改进,研制了内丝对拉螺栓,并根据工程施工经验总结出了内丝对拉螺栓加固墩墙立模施工工法。

2003 年 12 月 21 日《内丝对拉螺栓在水工混凝土墩墙模板工程中的创新使用》通过了山东省水利厅科学技术委员会技术鉴定,主要结论为:"该工艺创新性强,经济、安全可靠,产品标准化、系列化、通用化程度高,在同类课题研究中达到国内领先水平。"其研究成果 2004 年 8 月获得 2003 年度山东省水利科学技术进步三等奖。

2 工法特点

(1)提高混凝土的外观质量,有效克服传统对拉螺栓拆模后外露部分割除所造成的混凝土表面缺陷。

(2)安全可靠。各部件均为金属件,通过各部件之间有效连接,能够完全满足钢模板加固的受力要求。

(3)密封性好。可确保模板对拉螺栓孔部位不漏浆。

(4)节约投资。传统工艺的外漏螺栓被变为废料处理,本工法可使外接螺栓多次重复利用,并且可以批量制作、储存。

(5)提高了模板周转及拆模次数,减少模板的投入费用。

(6)制作方便。各部件易于加工制作或市场购买。

(7)操作方便,施工便捷,可有效节约工期。

3 适用范围

适用于水利工程、市政工程、路桥工程、工民建工程、筑港工程、交通工程等建设中的混凝土墩、墙钢模板立模。

4 工艺原理

预先制作由内丝螺杆、外接螺丝、螺母、内垫圈、刚性止水环五部分组成的内丝对拉螺栓。将内丝螺杆安装在模板内面,安装时,内丝螺杆长度与两侧内垫圈压缩厚度之和等于混凝土墩、墙设计厚度。再按模板纵、横围檩的尺寸确定外接螺栓制作长度,将外接螺栓与内丝螺杆连接,采用高强度螺母拧紧加固。对墩墙有止水要求的,则通过设钢止水环解决沿内丝螺杆的渗水问题。见图 1。

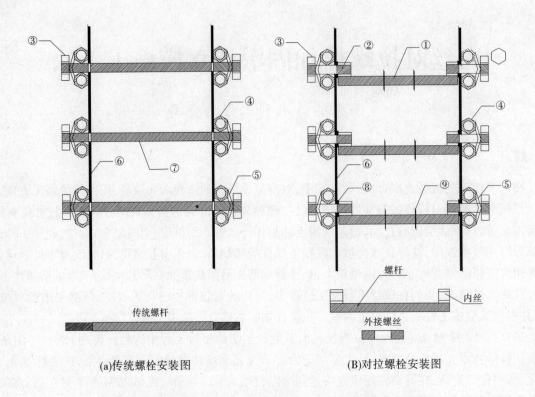

(a)传统螺栓安装图　　　　(B)对拉螺栓安装图

1—内丝螺杆;2—外接螺丝;3—外丝螺帽;4—φ50 钢架管;5—燕尾卡;
6—钢模板;7—传统螺杆;8—内垫圈;9—钢止水环

图1　传统螺栓与内丝对拉螺栓安装对比图

5　施工工艺流程及操作要点

5.1　施工工艺流程

内丝对拉螺栓件制作→模板安装加固→混凝土浇筑及养护→模板拆除及内垫圈拆除→环氧砂浆抹平。

5.2　操作要点

5.2.1　内丝螺栓直径确定

为保证成品混凝土的成型质量,在大型混凝土墩、墙模板中应采用组合钢模板、大型钢模板或定型钢模板,模板加固和支架的设计应符合《水电水利工程模板施工规范》(DL/T 5110—2000)。严格按照工程的结构型式、荷载大小、地基土类别、施工设备和材料供应等施工条件进行方案确定。对大型混凝土墩、墙结构的侧模板,应根据浇筑速度、侧压力、混凝土强度、混凝土自重、浇筑温度、振捣器振捣方式等,验算模板配模参数。

根据中华人民共和国国电力行业标准《水电水利工程模板施工规范》(DL/T 5110—2000),经反复测算,螺栓直径取Φ14 以上均可满足受力要求。

5.2.2　内丝对拉螺栓件制作

5.2.2.1　模板预留孔

根据模板设计方案,在操作平台上进行钻孔,钻孔孔径稍大于外接螺丝直径(偏差 ±2 mm)。

5.2.2.2　内丝螺杆

内丝螺杆为一次性组件,用圆钢制成,内丝段长不小于 5 cm,内丝焊在螺杆两端,焊接符合《钢筋焊接及验收规范》(JGJ 18—2003)要求。内丝螺杆长度与两侧内垫圈压缩厚度之和应等于混凝土墩、墙设计厚度。

5.2.2.3 外接螺丝

外接螺丝用圆钢制成,长度根据模板所采用的纵、横围檩尺寸确定,两端均带丝,丝长不小于5 cm,外接螺丝长度不小于20 cm。

5.2.2.4 螺母

采用高强标准螺母,承受拉力大时,使用两个或多个螺母加固。

5.2.2.5 内垫圈

采用橡胶垫圈,厚度不小于10 mm。

5.2.2.6 刚性止水环(有止水要求时)

采用厚度为3 mm,外径为50 mm的刚性止水环,止水环均匀布置在螺杆上,并沿环两侧周圈焊接,符合《钢筋焊接及验收规范》(JGJ 18—2003)要求。

5.2.2.7 丝孔部位处理

拆模后剔除橡胶垫圈,用环氧树脂砂浆填满,再用刮刀刮平。

内丝对拉螺栓制作工艺流程见图2。

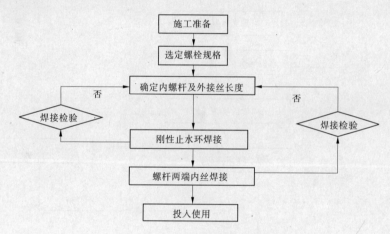

图2 内丝对拉螺栓制作工艺流程

5.2.3 模板安装加固

5.2.3.1 模板安装加固

安装程序:放线→模板支撑架设→模板运输→模板吊装→模板就位→模板及围檩安装→内丝对拉螺栓安装→模板校正检验。

5.2.3.2 模板安装施工

(1)墩、墙等混凝土的侧模板,用内丝对拉螺栓固定,在内丝螺杆两端安装橡胶垫圈,外接丝两端连接固定,用直径大于8 mm的斜拉筋核正定位。

(2)对拉螺栓与纵横围檩之间安装钢质燕尾型卡定位,以确保螺栓不滑动。

(3)在相邻模板分缝间放置橡胶或海绵胶带条,用螺栓紧固,以防漏浆,确保外露混凝土面的平整及美观。

(4)对拼装完成后的模板进行整体校核,保证安装的模板位置正确,水平、垂直度符合规范规定,稳定性满足使用要求。

对墩、墙高度较高的模板,要先校正底部顶撑及拉条,稳固后再逐步向上分层校核。校核时采用上部外挑重垂球,根据底部校正线逐层调整内丝对拉螺栓。所有拉筋必须顺直,持力相对均衡,强度满足要求。

施工过程中要特别注意:①对拉螺栓孔的布置双面要对应,避免斜拉;②对拉螺栓应避开止水安装范围,以确保止水安装符合要求。

5.2.4 混凝土浇筑与养护

混凝土浇筑过程中,模板的支撑及对拉螺栓固定应牢固,确保模板在浇筑过程中的绝对稳定,保证混凝土成型几何尺寸,浇筑完成后进行养护。

5.2.5 模板及内垫圈拆除

模板拆除时必须按顺序进行,先拆除拉条及支撑,再拆除对拉螺栓外接丝,然后拆除纵横围檩,按自上而下的顺序拆除侧面模板。高度超过 3 m 时,采用小滑轮滑到地面,严禁直接下抛而损坏模板及底部成型混凝土。模板拆除后人工拆除内垫圈。

5.2.6 环氧砂浆抹平

内垫圈拆除后,用环氧树脂砂浆将孔洞填满,再用刮刀刮平。

模板加固施工流程见图3。

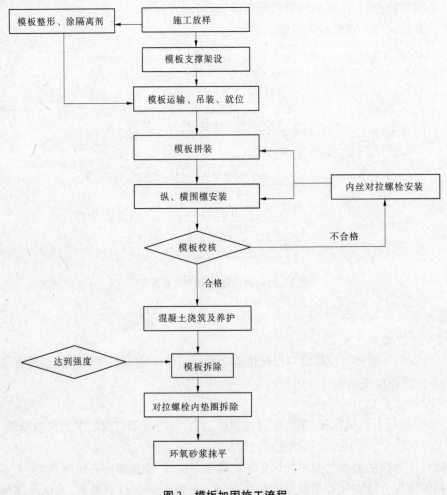

图3 模板加固施工流程

6 材料与设备

本工法所用材料和构件为圆钢、螺杆、螺帽、橡胶垫圈、环氧树脂砂浆等常规性材料和构件,所采用的主要机具设备见表1。

表 1　机具设备

序号	设备名称	设备型号	用途
1	电焊机	BX－300	对拉螺栓焊接
2	16 型拉丝机	Φ10－16 mm	螺栓加工外丝
3	C616 车床	C616	螺栓加工内丝
4	扳钳	300－40	外接丝拆除
5	扳手		模板安拆
6	手提式电钻	JIZ－HF－16A	模板施工
7	钢筋切割机	CJ40	螺栓切割
8	切割机		模板安装
9	手提式圆锯机	CS185	模板安装
10	滑轮		模板安装
11	汽车起重机	5 t	模板安装
12	装载机	ZLF50	模板运输
13	钢尺	5 m	模板施工
14	塞尺		模板检验

7　质量标准

7.1　工程质量控制标准

7.1.1　工程施工质量

工程施工全面贯彻《水电水利工程模板施工规范》(DL/T 5110—2000)标准,严格工序质量,保证工程质量。

7.1.2　对拉内丝螺栓加固质量

对拉内丝螺栓加固质量执行《水工混凝土钢筋施工规范》(DL/T 5169—2002)标准。

7.1.2.1　直螺纹加工质量检验

(1)牙形检验:牙形饱满,牙顶宽度超过 0.6 mm,秃牙部分不超过一个螺纹周长。

(2)螺纹大径检验:采用光面轴用量规检验。通端量规能通过螺纹的大径,止端量规则不能通过螺纹大径。

(3)螺纹中径及小径检验:采用螺纹环规检测。通端螺纹环规能顺利旋入螺纹达到旋合长度,止端螺纹环规与端部螺纹部分旋合,旋入量不超过 $3P$(P 为螺距)为合格。

(4)直螺纹连接套的检验:外观无裂纹或肉眼可见缺陷,采用螺丝塞规检验,通端塞规能顺利旋入连接套筒两端并达到旋合长度,而止端螺纹塞规不能通过连接套筒内螺纹,允许从套筒两端部分旋合,旋入量不超过 $3P$(P 为螺距)。

7.1.2.2　直螺纹接头外观质量

(1)接头拼装时用管钳扳手拧紧,使两个丝头在套筒中央位置相互顶紧。

(2)拼装完成后,套筒每端不得有一扣以上的完整丝扣外露(加长型接头的外露丝扣不受限制),应有明显标记,以检查进入套筒的丝头长度。

7.2 质量保证措施及注意事项

7.2.1 质量保证措施

(1)模板安装应做到不漏浆,拆卸时不致损坏混凝土。

(2)模板用钢模、木模,严格控制其拼装质量和整体刚度,做到模板牢固不变形,完全符合构件的尺寸和外形。

(3)模板表面涂刷脱模油,保证脱模后表面光泽不变色。

(4)模板安装时,注意错缝要符合要求。

(5)支架施工时,应有合理的脱模装置。

7.2.2 注意事项

(1)使用过程中注意经常检查模板变形情况,及时维修。

(2)脱模油要注意涂刷均匀,不能淤积在一处。

(3)拆模后及时清理干净并涂上脱模油。模板较长时间不用要妥善保存。

(4)要注意模板上预留孔埋设准确。

(5)施工过程中严禁在支撑上堆存物品,严禁在对拉螺栓上随意悬挂重物,严禁施工人员随意撤掉支撑、随意拉动拉条。浇筑过程中,派专人负责值班。

(6)待各项指标均满足规范要求后,填写模板安装质检表,报监理工程师抽检合格并签证后进行下一工序施工。

8 安全措施

(1)全面贯彻《职业健康安全管理体系》(GB/T 28001—2001)标准要求。

(2)建立安全生产领导小组,认真贯彻"安全第一、预防为主"的方针。

(3)施工现场的用电线路、用电设施的安装和使用严格遵守安装规范和安全操作规程,严禁任意拉线接电,在钢模板上加设的电线和使用的电动工具,采用36 V的低压电源。

(4)严格依照《中华人民共和国消防条例》的规定,在施工现场建立和执行防火管理制度,设置符合消防要求的消防设施,并保持完好的备用状态。在工地作业危险区设置防火须知牌,重点单位必须建立有关规定,有专人管理,落实责任。

油罐附近严禁吸烟,配备专用消防器材,严禁在油罐附近使用电焊。

(5)登高作业时,连接件必须放在箱盒或工具袋中,严禁放在模板或脚手架上,扳手等各类工具必须系挂在身上或置放于工具袋内,不得掉落。

(6)模板装拆时上下有人接应,随装拆随转运,不得堆放在脚手架上,严禁抛掷踩撞,若中途停歇,必须把活动部件固定牢固。

(7)装拆模板,必须有稳固的登高工具或脚手架,高度超过3.5 m时,必须搭设脚手架。装拆过程中,除操作人员外,下面不得站人,高处作业时,操作人员应挂上安全带。

(8)安装预组装成片模板时,边就位边校正,同时安设连接件,并加设临时支撑,以利于稳固。

(9)施工现场的各种安全设施和劳动保护器具,定期进行检查和维护,及时消除隐患,保证其安全有效。

9 环保措施

(1)成立环境保护领导小组,领导和管理工地的文明施工工作,加强机械设备的停放、管线布置和施工现场整洁等工作的协调与控制,现场场容实行分片包干,划分管理区域,制定奖罚制度,认真执行文明施工细则及奖罚制度。

（2）全面贯彻《环境管理体系》(GB/T 24001—2004/ISO 14001:2004)标准要求。

（3）现场清理时配合洒水，减少扬尘。施工垃圾及时清运，清运时要适量洒水减少扬尘。

（4）设置专用油料库，油料库内严禁放置其他物资，库房地面和墙面作防渗漏特殊处理，油料储存、使用和保管要由专人负责，防止油料的跑、冒、滴、漏，污染水体。

（5）禁止将有毒有害废弃物用作土方回填，以免污染地下水和周边环境。

（6）钢模板、钢管等材料不准从车上往下扔，采用人扛下车或吊车吊运，钢模、钢管堆放不发生大的声响。

（7）电锯施工时，出料口采用开口器，减少木质夹锯片发出的噪声。

（8）施工机械噪声限值超过规定时，采取装置消音器等措施降低噪声。

10 效益分析

（1）本工法将内丝设在模板内部螺杆上，外部用螺杆进行连接，避免了传统对拉螺栓拆除后的两端外割除，克服了传统对拉螺栓在施工中所造成的外观缺陷。两节外露螺栓由废料变为可多次周转使用，混凝土外观较传统工艺光洁、美观。

（2）本工法所用外接螺丝和橡胶内垫圈可重复利用，减少了钢材的浪费、提高了工效，可有效地保障施工工期。

（3）本工法的创新促进了墩墙模板施工工法进步，有着省时省力、安拆方便、节约投资的优点，有效的保证了施工质量。在项目施工中，可使模板周转次数增加一倍以上、节约拆模时间50%、节省模板和螺栓加工制作分别为30%和40%，经济效益、技术效益和环境效益均比传统工法有明显的提高。

11 应用实例

11.1 彭家道口分洪闸加固工程

11.1.1 工程概况

彭家道口分洪闸加固工程位于山东省临沂市河东区彭家道口村南分沂入沭河道的入口处，闸室共19孔，每孔净宽10 m，闸室长13.5 m，为开敞式钢筋混凝土结构。本次加固工程的主要内容为：原排架拆除重建、机架桥及其上部结构拆除重建、中墩补强加固、边墩加固、桥头堡拆除重建，上游铺盖加厚、下游护坡局部翻修、更换工作闸门、启闭机维修保养、增加检修门及其启吊设备、供电电源改建、机房内供电及照明、通信，增设计算机监控系统及必需的管护设施等。

11.1.2 施工情况

本工程于2001年12月开工，2002年10月竣工。中墩加固方案是先将中墩两侧混凝土凿去0.25 m，然后用C30混凝土将闸墩补浇到原墩厚1.3 m，其范围沿墩长自闸底板至墩顶。该闸共19个中墩，长13.5 m，高9.3 m，闸墩模板钢模板采用1.5 m×0.9 m大型钢模板，内钢楞采用2根ϕ50钢管，间距为0.75 m，外钢楞用同一规格的钢管，间距为0.9 m。采用ϕ16内丝对拉螺栓加固模板。在施工中采用了本工法，取得了良好的效果。

11.1.3 结果评价

在彭道口分洪闸加固工程施工中，应用内丝对拉螺栓施工。从材料节约、外观处理、模板周转次数、缩短工期等多方面效益分析，累计节约资金约256 700元，取得了良好的经济效益。

施工全过程处于安全、稳定、快速、优质的可控状态，模板加固满足模板的受力要求，有效地保证了工程工期，极大地提高了混凝土墩、墙的整体外观质量，施工中未发生安全生产事故，得到各方的好评。

11.2　沂沭泗河洪水东调南下续建工程刘家道口枢纽李庄闸

11.2.1　工程概况

李庄闸位于临沂市郯城县李庄镇西沂河干流上。闸址东距 205 国道约 1 km,西距临沂—黄山的县级公路约 4 km。闸室总净宽 324 m,单孔净宽 12 m,共 27 孔,闸室设工作闸门和检修闸门各一道。闸室总宽 366 m,底板高程 50 m。闸底板设为大小底板,大底板底宽 6 m,厚 1.5 m,中闸墩厚 1.5 m,小底板底宽 7.5 m,厚 0.8 m,闸墩顶高程 59 m,闸室顺水流向长 17 m。

11.2.2　施工情况

本工程于 2006 年 12 月 12 日开工,2010 年 4 月 24 日竣工。在施工过程中,闸墩模板采用大型钢模板,用 φ16 内丝对拉螺栓加固。在对拉螺栓两端均采用了钢质燕尾型卡定位,以确保螺栓不滑动,保证施工质量。

11.2.3　结果评价

本工程于 2010 年 4 月顺利通过竣工验收,质量达到优良标准,并荣获 2010 年中国水利工程优质(大禹)奖。从材料节约、外观处理、模板周转次数、缩短工期等多方面作经济效益分析比较,应用内丝对拉螺栓施工比传统工法累计节约资金 332 000 元,取得了良好的经济效益。

11.3　平邑县唐村水库除险加固工程溢洪道工程

11.3.1　工程概况

本工程位于山东省临沂市平邑县唐村岭,工程内容包括:新建 5 孔溢洪闸(包括闸室、三桥、桥头堡)、混凝土翼墙、右岸端坝工程等。

11.3.2　施工情况

为保证混凝土外观质量,对所有排架、闸墩、翼墙全部采用定型钢模板进行施工。特别是高空作业施工难度较大,模板加固采用内丝对拉螺栓,确保混凝土外观表面光滑。本工程于 2002 年 11 月开工,2005 年 7 月竣工。

11.3.3　结果评价

2005 年 7 月 22 日顺利通过竣工验收。从材料节约、外观处理、模板周转次数、缩短工期等多方面经济效益分析,采用内丝对拉螺栓施工工法累计节约资金 248 000 元,取得了良好的经济效益。

11.4　应用推广及效益情况

内丝对拉螺栓工法,克服了传统外丝对拉螺栓工法的不足,适用面广、操作方便、安全可靠、施工效率高,有效节约工程投资,显著提高混凝土的外观质量,是钢模板加固的突破性创新,在水利工程、市政工程、路桥工程、工民建工程、筑港工程、交通工程等建设中具有良好的推广应用前景。

目前内丝对拉螺栓工法已在我公司所承建的各施工项目中进行了推广应用,近三年完成产值 5 个亿,节约工程资金约 220 万元,取得了良好的经济效益。同时,由于该工艺有效地克服了传统对拉螺栓的弊端,使混凝土整体外观质量得到了很大程度的提高,为公司赢得了广泛的赞誉。

(主要完成人:刘夫江　徐爱峰　刘　辰　庞玉俊　张　欣)

速凝型与缓凝型锚固剂的快速支护预应力锚杆施工工法

中国水利水电第六工程局有限公司

1 前言

同时采用速凝型锚固剂与缓凝型锚固剂的快速支护预应力锚杆施工工法在官地水电站地下厂房、尾水调压室、尾水洞岔洞等工程开挖支护施工中的成功应用,确保了上述洞室顶拱围岩的安全稳定,大大加快了开挖支护施工的施工进度。快速支护预应力锚杆施工工法工序紧凑,施工设备操作简便,易于控制施工质量,大大降低了施工投入。经济效益和社会效益显著。

本工法在官地水电站地下厂房顶拱开挖过程中获得成功应用后,相继在官地水电站尾水调压室、尾水洞岔洞都得到了成功应用,证明快速支护预应力锚杆施工工法适用于大断面洞室不良地质条件下的快速加固处理。

2 工法特点

(1)采用速凝型与缓凝型锚固剂这种新型材料作为锚固预应力锚杆的材料,使工序衔接更紧密,大大节省了人力物力。

(2)采用简易高压风枪装填锚固剂,操作简便,工作效率高,加快施工进度。

(3)通过现场试验确定了合理的锚固剂浸泡时间与张拉时间,保证预应力锚杆施工的科学合理性。

(4)本工法建立了专门的质量跟踪和检查体系,对预应力锚杆施工过程中钻孔深度、锚固剂浸泡时间、锚固剂装填数量、锚固段材料与张拉段材料待强时间(张拉时间控制)、张拉锁定值等进行全方位控制,全面保证质量的同时大大提高了预应力锚杆的有效作用。

3 适用范围

本工法适用于地下洞室开挖中针对缓倾角错动带、不利节理裂隙组合、破碎带等不良地质情况下的加强支护。

4 工艺原理

快速支护预应力锚杆施工工法利用速凝型与缓凝形锚固剂凝结时间达到要求强度的不同时间差进行预应力锚杆张拉的控制。速凝型锚固剂初凝时间≥30 min、终凝时间≤100 min;缓凝型锚固剂初凝时间≥5 h,终凝时间≤24 h。预应力锚杆在锚固剂全部装填完成后3~5 h内进行张拉。在加强施工管理的情况下,可以实现全过程连续作业。锚固剂药卷为内包粉末状高强材料外覆透水性较好的包裹皮的卷筒状,在向孔内装填前,须在水中浸泡,经试验锚固剂药卷浸泡45 s时性能最好,易于喷射且能够较好地与孔壁黏结。施工中采用简易高压风枪作为装填锚固剂药卷的设备,利用风压将锚固剂药卷吹到孔内,并使锚固剂与上部黏结牢固。采用此简易高压风枪装填锚固剂操作简单,只需两个人配合即可完成作业,且施工效率很高。同时采用速凝型与缓凝型锚固剂的快速支护预应力锚杆施工工法施工预应力锚杆工序衔接更紧密,大大节省了人力物力。在快速支护预应力锚杆施工过程中建立专门的质量检查与监督体系,对锚固剂的浸泡时间、锚固段与张拉段锚固剂的装填数量、锚固剂的凝结时间进行重点监控。实行质量跟踪、控制、检查等全方位质量控制手段,减少人为因素的影响,保证锚固段的锚固强度。对锚固剂的浸泡时间与凝结时间进行现场生产性试验,确定最佳的浸泡时间与张拉时间。

5 施工工艺流程及操作要点

5.1 施工工艺流程

同时采用速凝型与缓凝型锚固剂的快速支护预应力锚杆施工工法主要包括以下几个工序:钻孔、装填速凝型锚固剂、装填缓凝型锚固剂、锚杆杆体车制螺纹、孔口速凝型锚固剂垫墩、预应力锚杆杆体安装、预应力锚杆张拉锁定。工艺流程见图1。

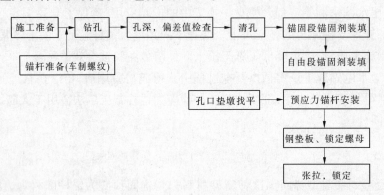

图1 预应力锚杆工艺流程

5.2 操作要点

5.2.1 预应力锚杆钻孔

预应力锚杆一般为ϕ32钢筋,钻孔直径不少于65 mm。为使预应力锚杆达到最优效果,在锚杆钻孔时根据岩层的节理走向调整钻孔角度,使得锚杆孔轴方向与岩层走向成大角度相交。钻孔采用353E多臂钻机进行钻孔,控制好钻孔深度,不宜过深,如果过深既浪费灌装的锚固剂材料,又给锚杆插入时的外漏长度控制增加了难度。

5.2.2 锚固剂灌装

锚固剂灌装前要严格控制好浸泡时间,确保浸泡后的锚固剂药卷具有良好的黏结性能,并便于高压风枪的喷射装填。分别计算出速凝型锚固剂与缓凝型锚固剂的装填数量,控制速凝型锚固剂的数量满足要求,以确保锚固段的长度,并经过试验验证锚固段的锚固质量。

5.2.3 孔口垫墩找平

为保证预应力锚杆张拉受力方向与孔轴方向一致,在孔口采用速凝型锚固剂抹平作为孔口垫墩,孔口找平垫墩施工在锚固剂灌装之前施工,以便张拉时孔口强度满足张拉要求。

5.2.4 预应力锚杆安装

预应力锚杆安装采用多臂钻安装,在锚固剂全部灌装入钻孔内后,采用多臂钻推进器直接将锚杆杆体顶进钻孔内。

5.2.5 预应力锚杆张拉

预应力锚杆张拉在速凝型锚固剂终凝后、缓凝型锚固剂初凝前进行张拉,预应力锚杆采用扭矩扳手进行张拉,扭矩扳手在张拉作业前采用应力计或锚杆拉拔器进行校核率定,以确保扭矩扳手张拉值的准确性。

6 材料与设备

6.1 工程材料

快速支护预应力锚杆钢筋采用螺纹钢筋或经轧螺纹钢,钢筋根据垫墩垫板厚度、螺母厚度考虑一定的预留量进行螺纹的车制。锚固材料采用速凝型与缓凝型高强锚固剂。孔口垫墩采用速凝型锚固剂,垫板为钢垫板。

6.2 工程设备

快速支护预应力锚杆主要使用多臂钻及高压风枪等设备,主要机械设备如表1所示。

表1 机械设置配置

序号	机械设备名称	规格型号	单位	数量	备注
1	多臂钻	353E	台	1	钻孔
2	简易高压风枪	自制	套	2	装填
3	空压机	20 m³/min	台	1	供风
4	扭矩扳手	3.000 kN·m	台	2	张拉
5	车床		台	1	车制螺纹
6	汽车	8 t	辆	1	

7 质量控制

快速支护预应力锚杆施工中,钻孔与锚固剂灌装是决定预应力效果的关键,钻孔的位置、倾角,锚固剂的浸泡时间、灌装数量等是预应力锚杆施工质量控制的重要环节。

7.1 质量管理措施

快速支护预应力锚杆施工过程中建立专门的质量检查与监督体系,指定专门的技术人员、质量检查和监督人员,以质量管理部门为主要责任部门,施工过程中严格施行"三检制",不能达到质量要求的工序坚决不能转入下一步施工。施工全过程中,在事前通过召开技术质量专题会,进行技术交底,明确质量控制措施、要求与标准等方式进行事前质量控制;事中通过现场指导、监督、对每一道工序的控制点均进行严格检查等过程控制手段进行质量控制;事后通过系统检查找出施工质量中的缺陷与不足,根据具体情况编制合理的纠偏措施,予以实施,并对质量偏差产生的原因加以系统分析,对产生质量偏差的控制环节加以改善,提高后续施工的施工质量。

7.2 技术措施

7.2.1 钻孔质量控制

快速支护预应力锚杆钻孔采用多臂钻钻孔,钻孔前由专业测量人员根据图纸及技术交底测放孔位,保证锚杆孔位的准确性与合理性。钻孔前由专人采用坡度规或罗盘等工具调正钻臂方向和角度,以保证钻孔方向和角度。

7.2.2 锚固剂灌装施工质量控制

快速支护预应力锚杆锚固段与张拉段分别采用速凝型与缓凝型锚固剂作为胶结材料,锚固剂灌装前进行试验,确定最佳的浸泡时间,并通过试验验证速凝型与缓凝型锚固剂的初凝及终凝时间,作为确定张拉时间的控制标准。施工中由专人负责锚固剂的浸泡与装填,并严格按照计算和试验确定的两种锚固剂的数量进行装填,以确保锚固段的有效长度。

7.2.3 预应力锚杆张拉质量控制

快速支护预应力锚杆张拉采用扭矩扳手进行张拉,张拉前对扭矩扳手进行校核率定,确保张拉力达到设计要求。在张拉后进行系统检查,对张拉损失较大的锚杆进行补偿张拉。

8 安全措施

(1)严格进行安全交底与进场教育,提高全体施工人员的安全防范意识。

(2)建立健全安全保障体系,制定并严格执行安全管理规章制度。

(3)定期进行安全检查,及时排除安全隐患。

(4)预应力锚杆张拉时,正对锚杆方向上人员不得停留,以免张拉出现事故而威胁人身安全。

(5)在预应力锚杆安装完成的一段时期内,增加附近安全监测仪器的监测频率,对于异常情况,及时预警。

9 环保与资源节约

(1)施工垃圾废物由专人整理,统一堆放,不得乱丢乱弃,沉渣定期清挖,统一运至弃渣场。

(2)施工废水按要求进行处理达标后,通过施工排水系统排入指定地点。

(3)对供风站、钻机等噪声大的设备,采取消音隔音措施,使噪声降至允许标准,对工作人员进行噪声防护(戴耳塞等),防止噪声危害。

10 效益分析

同时采用速凝型与缓凝型锚固剂的快速支护预应力锚杆施工工法在官地水电站地下厂房、尾水调压室、尾水洞岔洞等工程开挖支护施工中的成功应用,确保了上述洞室顶拱围岩的安全稳定,大大加快了开挖支护施工的施工进度。同时采用速凝型与缓凝型锚固剂的快速支护预应力锚杆施工工法工序紧凑,施工设备操作简便,易于控制施工质量,大大降低了施工投入,经济效益和社会效益显著。

在官地水电站地下厂房、尾水调压室、尾水岔洞开挖支护施工中,采用快速支护预应力锚杆施工工法,节约工期70 d,创造经济效益17.92万元。

快速支护预应力锚杆施工工法的成功应用,对减少洞室围岩岩爆或坍塌起到重要的决定性作用,使得施工有效地规避了人身和设备伤害的风险,具有较高的社会效益。

本工法经济效益和社会效益显著,且符合国家有关环保、节能减排的要求。

11 应用实例

11.1 雅砻江官地水电站地下厂房顶拱开挖支护工程

四川雅砻江官地水电站地下厂房处于高地应力区,顶拱开挖时,揭露一条与厂房轴线相交的缓倾角错动带,为保证厂房顶拱的围岩稳定与安全,减少高地应力对围岩变形的不良影响,运用同时采用速凝型与缓凝型锚固剂的快速支护预应力锚杆施工工法对厂房顶拱围岩进行加强支护。根据厂房顶拱埋设的变形观测仪器数据,厂房顶拱在采用此工法快速支护预应力锚杆进行加强支护后,围岩变形情况迅速得到控制,至2008年2月,厂房顶拱部位的围岩变形情况与应力应变均已趋于稳定。确保了特大跨度厂房顶拱的安全稳定。同时采取此快速支护预应力锚杆工法施工预应力锚杆大大加快了施工进度,为厂房能及时下挖奠定基础。

11.2 雅砻江官地水电站尾水调压室顶拱开挖支护工程

四川雅砻江官地水电站尾水调压室顶拱开挖时,发现一条长大缓倾角错动带横切整个尾水调压室顶拱,在两侧拱角出露,同时受高地应力影响,开挖时难以成型。开挖过程中针对该不良地质条件,采用此快速支护预应力锚杆施工工法对每个循环进尺后的围岩在系统锚杆之前先进行预应力锚杆的施工,第一时间对洞室围岩进行约束控制,避免地应力的二次破坏,使得洞室顶拱逐渐成型,逐渐实现围岩的自稳,从而保证顶拱的安全稳定。根据尾水调压室顶拱埋设的变形观测仪器数据,尾水调压室顶拱在采取快速支护预应力锚杆工法进行预先支护后,围岩变形情况迅速得到控制,拱角部位的岩体逐渐得以保留,围岩形成自稳能力,进一步确保了顶拱围岩的安全。至 2008 年 8 月,尾水调压室顶拱部位的围岩变形情况与应力应变均已趋于稳定。保证了尾水调压室顶拱开挖施工的顺利进行。

11.3 雅砻江官地水电站尾水洞岔洞开挖支护工程

四川雅砻江官地水电站尾水洞岔洞跨度达 37.6 m,且处于高地应力区,开挖时由于开挖的卸荷作用,容易在岔洞顶拱部位形成应力集中区,而产生较大的岩爆。为确保尾水洞岔洞开挖安全,在分块开挖后采取快速支护预应力锚杆及时对岔洞顶拱进行加强支护,以及时对围岩进行约束,避免地应力的二次破坏。根据尾水洞埋设的变形观测仪器数据,尾水洞岔洞顶拱在采取快速支护预应力锚杆工法进行加强支护后,开挖过程中围岩变形始终处于受控状态。尾水洞岔洞开挖体型良好,受到建设单位与监理的一致好评。

（主要完成人:王久兴　任长春　张春丽　聂欣岩）

翻板抛填袋装砂筑堤施工工法

中交上海航道局有限公司

1 前言

随着经济的发展,港口建设蓬勃发展,城市对土地资源的需求不断增加,在确保不占用现有耕地的情况下,如何能高效地创造适合于城市发展的土地是城市港口发展的重要环节。围海造地是获取土地资源的主要方式,在诸多的围海造地工程中,袋装砂围堰及吹砂成陆方式以其丰富的资源及低廉的价格而受到欢迎,袋装砂围堰工艺在沿海的各个港口建设中都得到了广泛应用。传统的袋装砂施工工艺为水下充灌袋装砂,其只适用于水深较浅、流速较小的工况条件下施工,一旦施工工况较恶劣(风浪较大、流速较快、水深较深、流场复杂等工况时),传统的袋装砂工艺则容易出现破损、定位难等现象,且施工效率降低,施工周期加长,施工成本增大。为克服传统袋装砂的施工困难,必须进行工艺的改进与创新,翻板抛填袋装砂工艺由此产生,以其自身存在的多项优势在围海造陆工程中得到广泛应用。

2 工法特点

(1)袋体尺寸小,加工方便,不受加工场地的限制,袋体搬运可人工实现。

(2)适应性强,水深较深(水深大于6 m)、流速快、风浪大的区域仍能实施。

(3)灵活机动,需施工作业面空间小,受施工区域干扰较小。

(4)精细施工,可针对围堰断面缺少进行修补。

(5)化整为零,可适应软土地基的不均匀沉降,提高围堰的稳定性。

3 适用范围

(1)适用于砂源丰富的施工区域。

(2)适用于垂直堤身方向流速 <2.5 m/s、浪高较大的施工区域。

(3)适用于流态复杂、地形条件复杂的施工区域。

(4)适用于软土地基区域的筑堤施工。

(5)适用于断面量大,施工强度高的工程。

4 工艺原理

4.1 选择符合设计要求的砂源及土工布

材料的选择是整个工艺的关键所在,在满足设计的要求保证施工质量的前提下,选择适合于工程施工条件要求的土工布及砂源。

4.2 根据需要,土工布加工成适合抛填的袋体尺寸

根据施工现场的工况及施工船舶的性能,在成本最优的情况下选择合适的袋体尺寸,由加工厂统一进行加工。

4.3 袋体充灌,翻板翻动,抛填入水

翻板船采用GPS进行定位,于抛填位置就位,袋体加工完成后送至翻板船,充填砂通过吸砂船采砂后由砂源地运至施工现场靠泊翻板船,启动水泵及泥浆泵,将砂浆输送至已平摊在翻板的袋体

中,袋体充盈度达到70%~80%后停止输送砂浆,稍滤水后,人工绑扎袖口,然后启动翻板缓缓向下翻动,袋体在自重的作用下自动滑入水中。抛填结束后,进行水深测量,若该抛填区域已达到设计要求,则移船至下个抛填区域进行施工,若未达到设计标高则继续循环进行抛填,直至达到设计要求。

5 施工工艺流程及操作要点

5.1 施工工艺流程

翻板抛袋的施工首先是翻板船定位,泥浆泵准备就绪,施工准备的同时吸砂船进行吸砂,运砂船运至施工现场后靠泊翻板船,人工将袋体铺设于翻板之上,并将输砂管末端置于袋体袖口之中,待运砂船靠泊后,泥浆泵就位,启动高压水枪及泥浆泵进行充砂,待袋体充满后即停止充砂,人工进行袖口的绑扎,最后启动翻板,袋体在自重的作用下,缓缓滑入水中,抛填结束。

具体施工流程见图1。

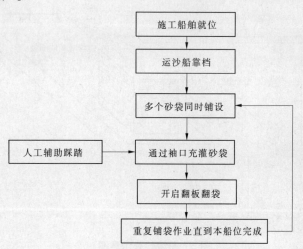

图1 翻板抛袋施工工艺流程

5.2 操作要点

(1)施工前袋体的检查,确保无破损,摊铺平整,且在翻板上布置均匀,放置时袋体的缝制缝与翻板保持垂直,以减少破袋率。

(2)翻板船定位准确,定位时考虑袋体下滑时翻板的实际投影长度和水流的影响进行抛填位置的微调。

(3)施工过程中控制泥浆浓度,防止过浓堵管,过稀效率降低。

(4)充填过程中保持各个袋体同时进行充填,以保证翻板的平稳性。

(5)充填过程中辅以人工在袋体上踩踏,以加速袋体的滤水。

(6)袋体充盈率不宜过高,控制在80%左右。

(7)翻板翻动过程慢速进行,减小袋体下滑时的速度,保证袋体沉底后的位置为抛填位置。

(8)抛填接近设计标高后需根据水深测量情况进行补抛,补抛时需每次抛填后进行水深测量,以确保抛填的断面形成。

(9)翻板抛袋定位检测手段,可在砂袋上系浮漂,通过检测浮漂位置和潜摸的方法检测(检查破袋情况)实际抛放位置和抛放质量。及时对堤身断面进行测量,掌握水下袋装砂堤心断面成型情况,并指导现场施工,决定是否需要补抛,何处需要补抛。

5.3 袋体落地位置确定

假定施工船舶翻板的宽度为 L，施工区域的水深为 H（水面至水下滩面线的垂直距离），单个砂袋的重量为 G（其中 $G = mg$，m 为砂袋的质量）；翻板翻至与水平方向成 α 角度（假设此时翻板的边缘正好贴到水面）时砂袋开始滑落，则翻板下降的垂直高度 $h = L\sin\alpha$；砂袋在脱离翻板时具有与水平面方向成 α 角度的速度 V，那么此时砂袋具有了水平方向的速度 $V\cos\alpha$，垂直方向的速度 $V\sin\alpha$。初速度 V 可根据动能定理 $1/2mV^2 = Gh - W_{摩}$ 确定，其中 $W_{摩}$ 为砂袋在翻板上滑落过程中因为受到翻板摩擦而损失的能量，不同的施工船舶、不同位置、翻板不同的平滑程度，其摩擦的程度也不一样，因此 $W_{摩}$ 较难确定其值。上述量虽然准确数值的确定存在较大的难度，但是通过相关量的引入，我们可以了解和掌握水下抛填袋装砂的成型原理，并通过现场的反复试验，可以加强对其成型质量的控制手段，从而提高抛填袋装砂的成型质量。水上抛填袋装砂示意简图见图 2。

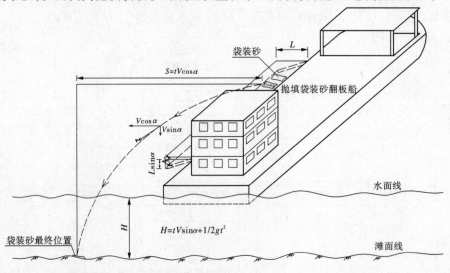

图 2　抛填砂袋示意图

假定充灌船舶翻板上充灌好的砂袋从脱离翻板到落入水下的滩面线所经历的时间为 t，砂袋在水中为无阻力的理想状态以抛物线的形式下落距离为 H 的水深，那么时间 t 由 $H = tV\sin\alpha + 1/2gt^2$ 可以确定。由抛物线的下落原理可知，砂袋将有一个水平方向的前进量 $S = tV\cos\alpha$，而不是垂直落入水下，由此可见在施工船舶翻板尺寸及翻转角度一定的情况下，影响砂袋水平漂移量的是该施工区域的水深 H，如果 H 越大，那么砂袋的水平漂移量就越大。通过上述量的引入，我们可以根据施工区域的水深、施工船舶翻板宽度、充灌袋体尺寸（充灌袋体厚度一般为 60 cm 左右，所以袋体的尺寸可以反映袋体的重量 G）等掌握充灌袋装砂入水后的轨迹。

上述情况是在理想的状态下，当然这种理想状态在实际的水下施工时是不可能存在的，而且在无屏障的深水潮汐涨落区域，往往水位的落差较大，而且水流速度也很快。砂袋落入水中不但要受到水的浮力 F 作用，还会受到水流冲击力的反作用。浮力 F 的作用会使砂袋落入水底的时间 t 变大，因此会使砂袋的水平漂移量 S 增大，而水流的冲击力可能会与翻板的宽度 L 方向（即砂袋获得的水平速度 $V\cos\alpha$ 的方向）成任意的 β 角度，这个力会改变砂袋最终落入水中的位置。如果 $\beta = 90°$，即水流的方向正好与砂袋冲入水中的方向垂直，那么水流力的作用将使砂袋具有垂直于砂袋落入水中方向的偏移量 S'（S' 与 S 的方向成 $90°$）。

青草沙水库东堤主龙口区域，袋装砂棱体断面宽度达 220 m，而专业翻板施工船舶的翻板长度一般在 40 m 左右，因此施工过程中，如果施工船舶仅仅固定于断面某一位置进行定点抛填袋装砂施工，形成的断面宽度往往满足不了理论袋装砂棱体断面宽度，因此需要通过 DGPS 施工定位软件进行预定位置编排，过程中针对不同的施工位置进行船舶的移动定位抛投，才能最大化使砂袋形成近乎理论断面宽度的棱体。船舶抛填袋装砂的施工过程中,施工船舶调整抛填位置以满足断面要求,详见图3。

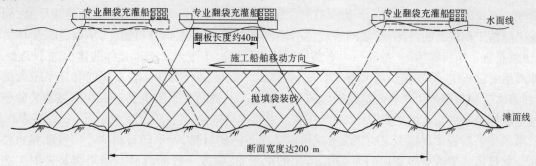

图3　施工船舶调整抛填位置示意图

通过上述分析可以看出,在实际的施工作业条件下,势必会有水流的冲击力作用而影响抛填袋装砂的落水位置,而在大断面袋装砂棱体的抛填作业时,通过利用水流冲击力对袋装砂作用产生的偏移量 S' 可以更好的满足断面尺寸的要求。

上述引入量,针对工程实际工况,可以通过针对现场的具体实施环境,通过系浮球等直观的手段进行典型施工,袋体滑入水中后,利用 DGPS 采点的方式进行测算,即可掌握袋体入水后至滩面的漂移量。通过典型试验获得的施工参数,灵活的调整施工船舶的作业位置,能使抛填袋装砂水下落水位置最大化的满足理论断面要求,同时在施工过程中辅以水下断面测量,通过测量水深数据形成抛填袋装砂棱体的断面尺寸轮廓线,及时调整和指导作业船舶,获得最佳的作业效果。

5.4　袋体尺寸的确定及制作

抛填袋装砂呈矩阵型排列于翻板上进行充灌,因此袋体的尺寸大小需与翻板的尺寸相对应,以方便充灌操作和抛填作业,在保证翻板承受能力的前提下,合理的选择袋体的尺寸尽可能多摆放砂袋的个数,同时又要兼顾充灌船舶的充灌能力。

一般来讲抛填袋装砂袋体的尺寸和规格没有严格的要求,可根据施工区域的工况条件和施工船舶翻板的尺寸来选择袋体的尺寸。在青草沙水库工程中,袋布采用了 230 g/m²、260 g/m² 的机织布或机织布与 150 g/m² 的无纺布复合而成的复合土工布材料。

合理的砂袋规格应该是既能方便施工操作又能最大化的使每立方米充灌砂所用袋布最少,这样既可提高施工效率又能节约工程成本。在翻板抛填袋装砂作业中,我们以 6 m×8 m 袋体和 4 m×6 m 袋体规格为例,6 m×8 m 规格的袋体所用材料面积是 4 m×6 m 规格的 2 倍,通过现场袋装砂的充灌统计来看,6 m×8 m 规格的袋体一般可充入的砂量为 20～23 m³(视砂质的不同还略有变化),平均每立方米砂用袋布约 4.5 m²;4 m×6 m 规格袋体一般的充入量仅为 7～9 m³,平均每立方米砂用袋布约为 6 m²,显然 6 m×8 m 规格的袋体每立方米充灌砂所用袋布比 4 m×6 m 规格的袋体要少 1.5 m²,通过上述对比可以看出,充灌袋装砂袋体的尺寸越大,每立方充灌砂所用袋布尺寸越省,对于节省工程成本越有利,但受制于实际工况条件和施工船舶的生产能力,并非任何情况下体积偏大的袋体都能满足施工的要求,因此必须处理好成本与现场施工条件的关系,只有这样才能找到一个合理的平衡点,取得最佳的实施效果。

在本工艺研究施工中,我们分别选择了 6 m×8 m、6 m×6 m、4 m×6 m、4 m×4 m、2.8 m×2.8 m 等多种袋体尺寸进行试验,通过实际施工均取得了成功,但考虑到经济性与施工效率匹配,最终使用较多的是 6 m×8 m、6 m×6 m、4 m×6 m 规格的袋体。

目前,国内土工布原材料生产时幅宽一般机织布为 3.6 m、编织布为 4.0 m 左右,受袋布原材料幅宽的限制,袋体尺寸的选择会考虑到袋体的加工和缝制,袋布幅与幅间的缝制一般采用包缝的形式,拼接缝制区域的强度一般可达到正常袋布强度的 60% 左右。显然,如果加工袋体的拼接缝过多,对于成品袋体的强度是不利的,因此在选择袋体尺寸时需要综合考虑袋布原料的幅宽,成品袋体以尽量少的拼接缝制为大原则。另外,袋体尺寸要尽量避免长宽比例过大,即"细长型"袋体的出现。细长的袋体在从翻板上开始滑落时往往会出现一端已经从翻板上脱离而急速下坠,而另一端仍滞留于翻板上的情况,造成同一袋体的不同部位具有了不同的初速度,从而造成袋体的断裂,也就是施工中所称为的"拗断";再者袋体的体积不能过于庞大。如果袋体的体积过于庞大,在袋体滑落的过程中,特别是脱离翻板的瞬间,袋体内的泥砂混合物往往会在瞬间具有了很大的冲量,在入水受阻瞬间产生摩擦而造成袋体的局部爆裂。上述两个原因也是造成在抛填袋装砂施工过程中袋体破袋率偏大的主要原因,因此在施工中要尽量避免。

抛填袋装砂袋体根据施工的工况要求可以选择不同的材料,而不同材料的严密性和排水性都不同。如抛填袋装砂袋布常用的为 230 g/m² 的机织布,强度一般能都满足抛填袋装砂的工艺要求,但是排水性较差,加工成型的袋体如果只有一个充灌砂袖口,在充砂过程的有限时间内,充入袋体的泥砂混合物因含有很多的水分而来不及排出,如果立刻翻入水中很容易造成袋体的破裂;而如果滞留在翻板上等水分慢慢排出的话,又要经历一段时间从而影响施工效率。

为提高施工效率而又能保证落入水中袋体的质量,加工袋体时可采用双袖口或多袖口的方法。一只袖口作为充砂专用,另一只袖口可以用来排放袋体内过多的水份。用于排水的袖口的位置要合适,既不能过高也不能过低,过高则水份不易排出,过低的话,泥砂来不及沉积而随水流一起排出袋体,如充灌砂的含泥量较少,沉淀较快,则排水袖口可适当放低,有利于水份的快速排出,而如果充灌砂的含泥量偏高,沉淀较慢,则需提高排水袖口的高度,让充灌砂有充分的沉淀空间,再进行排水。

排水袖口的具体位置可以根据砂袋的尺寸规格在施工中通过现场观察确定,在青草沙水库东堤进行抛填袋装砂作业时,充灌所用砂的质地较好,含泥量较低,沉淀速度快,在加工袋体时,我们把排水袖口一般设置在距离袋体边角 50 cm 左右即可达到理想的排水效果,施工效率较高。

6 材料与设备

6.1 主要材料

抛填袋装砂主要材料为土工布及砂。

土工布可采用多种布体,如编织布、机织布及复合布等,袋体制作尺寸可视工程需要进行制作,常见的规格有 4 m×6 m、6 m×6 m 和 6 m×8 m。根据试验得出最佳布体为 230 ~ 300 g/m² 机织布,其检测指标见表1。

砂质选用粒径 $d > 0.075$ mm 以上颗粒的含量大于60%,$d < 0.005$ mm 颗粒含量小于10%的砂性土。

6.2 主要施工设备及仪器

在抛砂袋施工中我们专门建造了专业大型铺排抛袋翻板船,该船配有尺寸为 40 m×8 m(长×宽)重 200 t 的单个翻板,翻板由多个液压油缸控制翻动,每次可进行多个砂袋抛设施工。

同时在青草沙水库工程施工中,我们把公司原有翻板抛砂袋船"洋山三号"进行了改造,该船配备锚缆系统及 GPS 定位系统,可在 9 级风条件下就地锚泊生存;采用 4 块 12 m×16 m 的翻板,在各小翻板的中间安装铰链连接船体,同时在翻板内侧底部安装液压支撑油缸与船体连接,通过液压系统油缸的伸缩,在初始铺放袋装砂时,推动翻板下翻,使袋装砂靠自重下滑到堤底。液压系统具有机械上的刚性,定位刚度较大,使得袋装砂抛填施工位置误差更小、更精确,与机械机构相比,液压执行器的响应速度较高,能高度启动、制动与反向,从而提高施工效率。

表1 机织布检测指标

测试项目		230 g/m² 机织布	300 g/m² 机织布
质量（g/m²）		≥230（-5）*	≥300（-5）*
厚度（mm）		>0.45	>0.6
抗拉强度	纵向（N/50 mm）	>3 000 *	>3 500 *
	横向（N/50 mm）	>2 900 *	>3 200 *
延伸率	纵向（%）	<50 *	<52 *
	横向（%）	<40 *	<45 *
梯形撕强度	纵向（N）	>900	>1 000
	横向（N）	>800	>900
顶破强度（N）		>5 000	>5 500
刺破强度（N）		>500	>700
落锥穿透直径（mm）		<8.0	<8.0
孔径 0_{90}（mm）		<0.07 *	<0.08 *
垂直渗透系数（cm/s）		>2×10⁻³ *	>1×10⁻³ *

在翻砂方式及设备改造中,技术人员吸取了洋山深水港抛袋作业的经验,每块翻板由独立的液压油缸控制翻转动作,翻转角度超过45°,翻转速度由电机控制,可快可慢,每块翻板每次可抛投 4 m×6 m砂袋4个,由于4块翻板可独立操作,抛袋施工效率得到大幅提高,在潮汐型河口地区采用四块独立翻板进行抛砂袋作业,这在潮汐河口水利工程尚属首次。

上述两种翻板的船机均可用做翻板抛填袋装砂的施工设备。

单个工作面船机设备配置见表2。

表2 设备配置

序号	设备名称	规格型号	数量	备注
1	翻板船	3 000 t	1	具备1~2台25 t吊机
2	运砂船	1 000 m³	3~5	运输海砂
3	吸砂船	500 m³/t	1	吸砂
4	锚艇	750 kW	1	辅助施工船抛锚作业
5	拖轮	1 600 HP	1	拖航、职守
6	潜摸船	250 kW	1	潜水探摸

7 质量控制

7.1 质量控制依据

设计要求、《水运工程土工合成材料应用技术规范》JTJ/T 239—2005 及《上海国际航运中心洋山深水港区一期工程工程质量检验控制标准和评定标准（试行）》(2003 年 3 月)。

7.2 检验方法

7.2.1 主要检验项目

(1)充填袋所用土工织物的品种、规格和技术指标应满足设计要求,并应符合现行行业标准《水运工程土工合成材料应用技术规范》(JTJ 239)的有关规定。

检验数量:按进场批次抽样检验。

检验方法:检查出厂质量证明文件和抽样检验报告。

(2)充填料的土质及颗粒级配应满足设计要求。

检验数量:按进场批次抽样检验。

检验方法:每1 000 m³取一个砂样,检查检验报告并现场观察检查过程。

7.2.2 一般检验项目

(1)袋装砂断面平均轮廓线不得小于设计断面,坡面坡度应符合设计要求。

检验方法:用测深仪测量断面,并辅以潜摸。

(2)抛填袋装砂的允许偏差、检验数量和方法应符合表3的规定。

表3 抛填袋装砂施工允许偏差、检验数量和检验方法

序号	项目	允许偏差(mm)	检验单元	单元测点	检验方法
1	轮廓线偏差	±800	每10 m一个断面	2 m一个点	用测深仪测量
2	堤顶轴线	500	每10 m一个断面	1	用测深仪测量

7.3 质量控制要点

(1)进场的砂袋及砂质需经检验合格后方可使用。

(2)在翻板上摊铺砂袋时,严格进行袋体的破损检查,发现破损处立即进行修补或更换。

(3)严格控制袋体充盈度和厚度,防止充灌量过大造成破袋。

(4)袋体充灌好后,需经初步排水固结后再绑扎袖口,且袖口绑扎要牢靠。

(5)抛袋过程中勤测水深,注意控制水下袋装砂堤心标高,将偏差严格控制在"验评标准"允许范围内。当达到施工要求标高时,移船至下一抛袋区域施工。

(6)对于抛填厚度大的筑堤施工时,应分层进行抛填,分层抛填厚度控制在3 m左右,以保证抛填袋装砂的密实度。

(7)移船时在GPS定位系统监控下进行,并根据水流情况调整移船方向,以确保袋体抛投在设计断面范围之内。

(8)及时对抛袋堤心断面进行测量,以利于施工人员及时、准确地掌握水下断面形成情况,防止断面超高,对断面不足的部位进行补抛。

(9)施工过程中不断地进行流向、流速及水深测量,通过计算袋体最终下沉位置来调整船位及抛填入水位置,确保袋体抛填位置的准确性。

(10)根据工前水深测量数据,分段进行断面方量的核实,对抛填方量与理论方量差距较大时,加密测量,寻找原因,对发现的空腔进行补抛密实,并统一在设计标高及预留沉降的基础上适当抛高,利用袋装砂的自重及柔韧性,将袋体间的空隙密实。

7.4 检测方法

翻板抛填袋装砂为水下施工部位,通常的检测方法有系浮球定位、潜摸、水砣测量、测深仪测量等,各种检测方法适用于不同的施工阶段。

7.4.1 系浮球定位

系浮球定位方法适用于典型施工阶段,通过测量系在抛填袋装砂上的浮球位置,得出水流流向

及流速对袋体落底位置的影响,计算出抛填位置与砂袋成型位置的关系,为大规模的展开施工求得施工参数,确保施工质量。

7.4.2　水砣测量

在施工过程中,水砣测量无疑是最便捷、最直接的测量手段,可以在第一时间内掌握水下袋体的成型情况,及时微调抛填位置,并可对缺失部分进行补抛,是抛填袋装砂施工质量的基础。

7.4.3　潜摸

在抛填袋装砂施工过程中,通过潜摸工作掌握抛填袋装砂在水底的成型情况,有无破袋等,根据潜摸情况及时微调施工工艺,确保施工质量。

7.4.4　测深仪测量

测深仪测量拟采用多波束水下地形测量和旁扫测量相结合的方法。

多波束系统通过缩短测量水深点间距,很好地做到了覆盖整个测量区域的目的,同时建立三维立体模型,能够准确地反映整个施工现场的情况;旁扫声纳系统通过对施工区域进行扫测,可对水下抛填袋装砂进行监控。多波束和旁扫声纳系统结合起来使用,可以避免单一仪器无法完整地将施工区域情况反映出来的问题,为抛填质量提供保证。

7.4.4.1　多波束水下地形测量

水深测量的定位采用定位精度较高的 RTK - DGPS 方式。数据采集采用美国 HYPACK 公司的 HYPACK MAX6.2 水道测量软件,实时采集 GPS 定位数据以及多波束测深系统的条带测深数据,为确保测深精度,测量前后对整个多波束系统进行参数校正改正,同时采用声速剖面仪在测区采集声速剖面数据并进行声速修正。将处理好的多波束数据使用 HYPACK MAX 软件生成三维立体模型。

通过高精度的多波束水下地形测量可以为水下抛填袋装砂成型质量提供较为详细的依据,可以很好地解决现场施工情况动态监测的问题,对于工程施工有着重要的意义。

多波束水深测量在施工前后的海底地形、地貌的测量方面也发挥着非常重要的作用,能够很好地保障工程施工的需求,为工程提供安全可靠的数据。

7.4.4.2　旁扫测量

采用 Benthos SIS - 1624 双频旁扫声纳系统进行水下抛填袋装砂和海底地形地貌扫测,通过生成的旁扫影像图,对水下抛填袋装砂进行监控。

施工过程中,通过旁扫扫测可以准确地将抛填袋装砂铺设位置及与设计位置位移大小扫测出来,给现场施工提供指导,对缺少或空洞区域进行补抛,保证了施工质量和施工精度。

袋装砂施工成型后,通过对抛填位置进行最终扫测,科学有效地反映出断面成型情况,以便有针对性地进行补抛,同时测深仪测量也是水下验收的必要手段。

8　安全措施

(1)严格执行船舶准入制。严格按照船检和海事部门的有关规定,对船舶安检证书、船员适任证书、船舶适航证书进行核查。对施工船舶进行严格的安全检查,安检主要内容有:船舶操纵性能、船体状况、空气隔舱、主机设备、通信导航系统、航行海图、救生消防器材、船员的航海技能和应变能力等。

(2)采取编组航行措施,运砂船在装砂或吹砂作业结束后,最少有 2～3 艘编组航行,以便使运砂船在航行途中出现意外时,其他船舶能够及时采取施救措施,加强互相保护。

(3)落实"6 开 7 不开"制度,运砂船在装砂或吹砂作业结束时,遇到有大风的情况下,做到≥7级风力坚决不开航,同时在航船舶应及时就近避风。

(4)杜绝运砂超载现象,在吸砂地设立监督船,对满载的运砂船进行出航前的装载检查和监督,发现超载坚决卸载后放行,防止超载航行。

(5)严格控制舱面积水。风浪作用容易引起舱面的积水晃动,容易造成运砂船侧翻。要求装好砂的运砂船在开航前对舱内砂面上的积水溢干,再由监督船对装载状况、砂的质量和保留的干舷进行检查,发现不符合要求的船舶,禁止出航。

(6)加强联系跟踪措施,规定运砂船在航行中必须每2小时报一次船位,如发现航行船舶超过2小时未联系,由项目部调度主动呼叫,或联系同组其他船舶,对船舶航行进行全方位的跟踪,以备随时掌握运砂船的船舶动态。

(7)掌握工况条件,注意有关事项。航行及施工船舶必须掌握潮汐变化规律,防止走锚、碰撞等不安全事故发生。

(8)落实季节性防范措施。在面临台风季节、冬季寒潮或突发性灾害天气时,现场必须制定切实有效的安全防范措施。现场调度一定要按时收听气象预报,做好记录,当遇有恶劣气候情况时,及时通报,统一指挥,采取必要的安全防范措施,确保人身和设备的安全。

(9)严格执行船舶的用电、动火制度,防止火灾、触电事故发生。

(10)遇有风浪影响时,各船舶必须保持安全距离,避免船舶走锚发生碰撞损坏。

(11)加强交通管理。人员乘坐交通船设有专人管理,乘坐人员必须穿戴救生衣,严禁超载现象发生。

9 环保措施

9.1 环保要求

(1)做好施工区域防污染的保护工作,加强噪声防治及固废处理。

(2)做好施工船舶施工及生活产生的污水、固体废弃物等的收集、储存和处理

(3)做好施工船舶海损、溢油事故的预防工作,并制订相应的预案。

9.2 环保措施

(1)严格执行《中华人民共和国水污染防治法》、《船舶污染物排放标准》及当地有关规定等章程,不违章或超标排污。

(2)施工和运输船舶必须备有船舶油污水、生活垃圾及粪便储存容器。

(3)落实安排处理各类施工船舶生产污水、生活垃圾的回收船,定期回收施工船舶的各类固态和液态废弃物,运送至指定部门集中处理;40 t以上的非机动船舶和有条件的机动船舶一律安装油污水处理装置,油污水经处理后含油量必须小于15 mg/L才能排放。

(4)及时回收施工中破损的土工织物,不得任意在施工水域扔抛。

(5)施工期间要配备适量的化学消油剂、吸油剂等物资,以防不测;防止施工、运输船舶的海损、溢油事故发生,一旦发生事故,立即采取措施,收集溢油,缩小溢油污染范围。

(6)施工船舶进行洗舱,排放压载水、残油、含油污水,接受舷外拷铲油漆,使用化学消油剂,冲洗甲板等作业,需落实有效的安全和防污染措施,并按照有关规定,事先报经海事主管机关批准或核准。

10 效益分析

10.1 与传统的水下袋装砂铺设对比

传统的袋装砂铺设工艺只适用于水深较浅,流速较慢的施工区域,随着水深、浪高、流速的加大,传统的袋装砂铺设工艺施工效率明显降低,袋体破损率高,且施工时间短,只能利用平潮时段进行施工。而翻板抛袋的施工工艺,具备以下优势:

(1)可以在工况条件较恶劣的条件下施工。

（2）施工时间长，施工效率高。

（3）砂袋破损率低，断面成型率高。

（4）施工期间无须频繁移船，与周围其他施工设备交叉干扰小。

（5）可针对测量发现断面不足处进行精细修补。

（6）遭遇外力作用损失时，可减少部分损失。

10.2　与网兜抛填袋装砂对比

网兜抛填袋装砂采用的网兜抛填，受吊机能力限制，袋体均偏小，网兜抛填袋装砂布体用量较大，且网兜抛填袋装砂需提前寻找平台作为袋体充灌之用，多了一次周转，而翻板抛填袋装砂则完全避免了该弊端，从而降低了成本，提高了效益。翻板抛填袋装砂与网兜抛填袋装砂相比存在以下优势：

（1）无须充灌平台。

（2）直接在甲板上施工，少一次周转。

（3）所需设备较少，仅需翻板船及运砂船。

（4）施工效率高，尤其是断面量较大时，优势更明显。

（5）袋体较大，抗水流冲击能力较大，断面成型情况好。

（6）袋体较大，布体用量节省，成本较低。

11　应用实例

11.1　洋山深水港区一期工程东侧北围堤工程

洋山深水港一期工程东侧北围堤工程位于洋山港区的将军帽岛和大指头岛之间，围堤总长1 883 m，围堤结构为袋装砂堤心斜坡堤，袋装砂堤心总方量约为 70 万 m³，采用充灌袋装砂与翻板抛袋等多种施工工艺。

工程所处位置潮差大、流速快、水深非常深，传统的充灌袋装砂无法抵御水流的冲击，出现较多的破袋及偏位等情况，无法保证堤心的成型断面，在很大程度上对工程的进度和质量造成影响。另外，围堤两头靠近山脚的位置地形复杂，水流湍急，大型施工船舶无法在山脚下进行袋装砂的充灌的施工，通过采用翻板抛袋的施工工艺有效地提高了潮位变动区的袋装砂施工筑堤的施工效率，并保证了施工质量，同时解决了因山脚下的地形限制而无法进行袋装砂充灌施工的问题，提高了生产效率，降低了破袋率，大大节约了施工成本。

11.2　洋山深水港区二期工程陆域形成工程

洋山深水港二期工程陆域形成工程位于洋山港小洋山南侧，工程内棱体工程量约 50 万 m³，原泥面为 −12 ～ −4.0 m，内棱体全长约 1.7 km，采用袋装砂进行填筑，工程东高西低，北高南低，缓坡顺接。

由于码头后方棱体多道工序流水进行施工，施工船机多，相互干扰大，同时也容易对已成型的袋装砂造成破坏，翻板抛填袋装砂与传统的袋装砂充灌相比，具备遭受破坏后损失小，修补方便等优点。西端由于水深较深，临近口门，水流流速较快，袋装砂充灌工艺很难满足施工质量的要求，容易造成袋装砂的偏位、破损等，该处采用翻板抛袋有效地解决了袋装砂充灌的种种弊端，具备良好的棱体成型率，保证了施工质量。

11.3　洋山深水港北围堤工程

洋山深水港北围堤工程位于小洋山东侧，连接小洋山及镀盖塘，围堤总长约 1 200 m，采用袋装砂堤心斜坡堤结构，工程位于小洋山、镀盖塘槽沟中的涨落潮的顶部，最深处为 −22 m，工程所属水域为不规则半日浅海潮，潮流形式基本为循环往复流，小洋山、镀盖塘水道为涨潮流为主的潮流通道，涨潮流最快达到 2.2 m/s。

由于工程水深很深,袋装砂充灌工艺难以进行施工,且施工质量难以控制,破袋率高,资源浪费大,我公司根据现场的实际情况,-6.0 m以下采用了翻板抛袋的施工工艺,解决了深水袋装砂无法铺设的问题,降低了破袋率,成功地提高了施工效率和质量,按期完成了施工任务,节约了施工成本。

(主要完成人:孙卫平　俞峥巍　吴晓南　丁付革　郭素明)

深厚软基袋装砂筑堤施工工法

中交上海航道局有限公司

1　前言

　　近年来,伴随着我国经济的迅速发展,土地资源短缺的矛盾越来越突出,我国沿海许多地区都提出了围海造地计划。围海造地是充分利用滩涂资源,扩大土地使用面积的有效方法,并随着我国沿海地区经济的快速发展,成为沿海地区拓展土地空间、缓解人地矛盾、维持社会经济协调发展的重要方式之一。

　　围海造地大多就地取材,充分利用沿海丰富的砂资源。自从20世纪80年代起,土工织物筑堤技术在我国得到了逐步推广和应用,特别是近几年来,随着我国港口工程建设的大力发展和推进,袋装砂筑堤技术得到更为广泛的应用,它主要用于江、海护岸围堤及防波堤工程等,其中在砂性地基和软土地基上均有大量的袋装砂筑堤工程实例。然而,随着圈围工程不断地推进,很多地区可供开发的优质滩涂资源越来越少,于是不少深厚软基滩涂的开发利用被提上日程,但在淤泥厚度超过30 m的软基上建净高达12 m的袋装砂围堤工程实例几乎没有。中交上海航道局有限公司和上海交通建设总承包有限公司在乐清湾港区一期南区围(海)涂工程的建设中,通过实践效果验证了袋装砂斜坡堤在本工程应用时比传统抛石堤具有工程造价低、施工工期短、整体稳定性好等优势,这也是大型土工织物充填袋筑堤技术在温州地区重大项目工程中的首次应用,具有重大的创新意义和实用参考价值,可为今后类似工程建设提供经验和借鉴意义。

　　乐清湾港区一期南区围(海)涂工程获得了中国交通建设股份有限公司优质工程奖。

2　工法特点

　　(1)袋体采用土工织物缝制,其结构简单,可以批量加工,在通长袋体上加缝加筋带,可有效提高袋体铺设时抵抗水流冲击能力,同时提高了袋体加筋作用。

　　(2)堤身具有良好的整体性和柔韧性,适应地基变形能力较强。

　　(3)袋体具有加筋作用,可减少堤基的不均匀沉降和位移,提高堤基的整体稳定性。

　　(4)堤身两侧镇压与堤身同步抬高,堤基压力分布较为均匀,可防止产生过大的差异沉降,提高堤基的整体稳定性。

3　适用范围

3.1　适用于少石环保要求高地区

　　对于少石或环境保护要求高的地区,工程采用袋装砂斜坡堤结构,相比石料供应更有保障且价格较低。

3.2　适用于深厚软基

　　由于底部采用大尺寸的通长加筋砂袋,且堤身两侧镇压与堤身同步抬高,使得堤基应力分布较为均匀,特别适用于深厚软基(淤泥层含水率高、孔隙比大、压缩性大、强度低、厚度大)筑堤。

4 工艺原理

深厚软基袋装砂筑堤施工工法是通过用砂被＋高强塑料排水板对堤基进行处理,其上覆盖多层通长袋进行预压,使得堤基的承载力在短时间内较快提高,然后控制堤身加载速率以适应堤基固结速率至施工完成的施工工艺。

4.1 预先进行堤基处理,使得深厚软基在施工过程中加快固结速度

深厚软基地质条件极差、堤身高度大、堤基易产生失稳,因此堤基必须经过处理才能加快固结速度,提高堤基承载力以满足施工要求。经综合比选,堤基处理方法采用砂被＋塑料排水板预压固结法。

由于堤基处理深度需达30 m左右,且淤泥土性能差,最大预计沉降量达5 m左右,如采用常规的塑料排水板,过大的沉降将造成板带因较大绕曲和泥粒堵塞滤膜造成通水量不足而产生排水固结效果降低甚至局部区域处理失效的严重后果。因此,为确保堤身稳定、堤基排水固结达到预期处理效果,采用高强塑料排水板(C型,15 cm宽)替代常规塑料排水板,其物理力学性能指标比常规塑料排水板均有较大改善,特别是纵向通水量、滤膜渗透系数、抗拉强度均有明显提高,确保堤基土体达到预期的固结效果。

4.2 堤基变形控制措施

堤基为软弱淤泥,如堤基压力分布差异过大,容易产生局部较大沉陷变形,进而影响围堤安全稳定;为此,在砂被上增加铺设4～6层110～160 m长的通长砂袋,在施工时控制堤身两侧镇压层与堤身同步抬高,使得堤基压力分布较为均匀,有效提高堤身整体性,防止堤基产生局部大变形,同时又起到加筋作用,大大提高围堤整体稳定性,确保围堤安全实施。

4.3 选择适合条件的土工织物以及砂源

由于在深厚软基铺设通长袋必然会引起较大程度的袋体拉伸等不利现象,袋体的抗拉强度、延伸率、梯形撕裂强度等技术指标要满足一定的要求,袋体土工织物技术指标需综合考虑保土性、渗透性、施工工艺、波浪、水流及防老化等影响因素。例如,底层砂被及通长袋除了要充分考虑保土性、渗透性,而且应该考虑由于袋体较长施工时袋体抵抗水流冲击的能力,处于水位变动区、水上区的袋体土工织物需有更强的防老化性能等。

砂料作为袋装砂堤的主要建筑材料,其质量也至关重要,要求黏粒含量低,颗粒级配良好,固结时间短。底层砂被由于排水板施工的原因袋体会被破坏,其砂料宜选择透水性较好,且有一定抗冲刷能力的中粗砂。袋装砂棱体填料也不宜过细,应与袋体土工织物的选择综合考虑,使得袋体填料与砂袋孔径相匹配,防止由于袋体土工织物拉伸后且在波浪动荷载的作用下袋体布孔径发生变化后砂粒析出。

4.4 预先做好镇压层施工且堤身施工在监测数据指导下进行

在堤身规模加载前,先在堤内外侧设置镇压层。堤外侧受风浪影响宜采用块石镇压,可在外侧先设置1～2层抛石镇压,既能起到镇压层作用又能降低不利的风浪影响,且可以为块石护面施工备料;堤内侧不受风浪影响时可采用袋装砂做镇压层,可结合通长袋一起施工。然后布设观测点,施工观测的内容有:沉降位移观测、孔隙水压力观测和滩地地形测量。施工加载时,沉降、位移及孔隙水压力观测值接近设计控制标准时要控制加载速率,并及时跟踪观测,通过观测数据来指导施工,使得加载速率能够与堤基淤泥固结速率相匹配。

4.5 护面结构要适应地基变形要求

由于袋装砂堤心抗风浪能力较差,堤身出水后要及时保护,但施工过程中堤基沉降仍在继续发展,因此护面结构必须具备适应地基变形能力强的特点。综合考虑,采用扭王字块作为斜坡堤外坡护面,其消浪效果好,适应地基变形能力较强,且施工速度快。

5 施工工艺流程及操作要点

5.1 总体施工流程

深厚软基袋装砂筑堤工艺流程如图1所示。

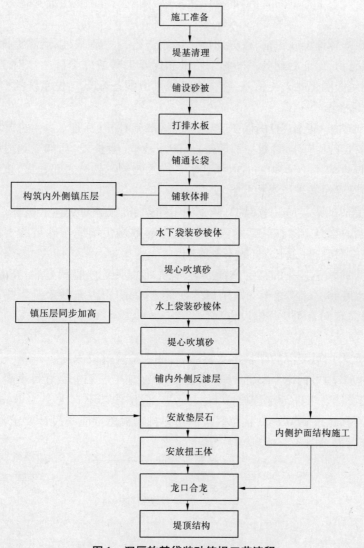

图1 深厚软基袋装砂筑堤工艺流程

5.2 施工操作要点

5.2.1 施工准备

施工准备主要包括各种船机设备调度、材料采购、构件预制等,其中袋装砂筑堤施工所涉及的材料主要为土工织物砂袋和砂。

(1)土工织物材料和规格必须符合设计要求,检验合格后送加工厂缝制。施工前期必须将土工织物的延伸率、孔径等技术指标与砂源区砂质技术指标比对,确保土工织物与砂质相匹配,以取得经济合理的效果。

(2)袋体尺寸应根据设计及施工要求确定。

砂被、通长袋袋体在垂直堤轴线方向上须连续,不得分袋,在堤轴线方向上袋体宽度根据施工机具条件确定。

需候潮施工时,砂袋的宽度由每台施工设备每天实际最大的施工效率来确定。根据现场实际水深条件以及设备作业吃水要求确定每个潮水的可作业时间,再乘以设备实际工作效率得出每只砂袋的方量,这样确定的砂袋尺寸能充分利用每台施工设备的实际可作业时间。

（3）砂采自施工地附近的砂源区,在施工前应对砂源区进行勘探,探明砂质和储量是否满足工程需要,储量一般应大于工程量的 2 倍,如果储量不够,则应找寻新的合格砂源。

5.2.2 堤基清理

在砂被充灌、软体排铺设施工前,首先对施工区域进行扫海清基,以清除原滩面可能存在的块石、杂物、沉船等障碍物,保证后期各工序施工质量和保障工程的安全施工。对于部分滩地高程较高的施工区域可利用低潮位时人工清基,在深水区域则由配备 GPS 定位系统的扫海船舶清基。

5.2.3 铺设砂被、通长袋

（1）为了加强对砂被（通长袋）的保护,减小涨、落水流对砂被（通长袋）的损坏,宜采用设置隔仓的砂被（通长袋）加工工艺,同时增加加筋带,以防止砂被（通长袋）局部受到损坏后全部破损。

（2）砂被充填厚度应不小于 60 cm,以保证水平排水效果。砂被之间紧靠、挤密,不得在袋体间出现通缝。砂被铺设质量需进行潜摸检验。

（3）对已铺设完成的砂被应注意保护,防止施工船舶、机械等对袋体的破坏。对于施工船机锚泊缆绳,宜设置配套的小趸船穿在施工船锚缆中间,以有效避免锚缆与砂被的直接接触,降低施工过程中船舶钢丝锚缆对砂被（通长袋）的不利影响。

（4）通长袋铺设时注意袋头的锚定位置准确,宜先将袋头悬挂船舷充灌,充灌足够砂量暂停充砂后,将袋头沉入水底并立即移船至一定距离后恢复充砂,防止因充灌水流影响,袋体滑移。插入袋体的充砂软管方向宜向着通长袋铺设方向。

5.2.4 塑排施工

（1）塑排施工宜采用可测深的塑料排水板形式,便于检验打设深度。

（2）水上施工应采用可视化 GPS 进行船舶定位,并在施工船舶上做好每个船位塑排施工标记。陆上施工插板前按设计要求进行定位放样,设立标志,板位偏差不宜大于 ±30 mm;水上施工移船定位时,定位偏差不宜超过 ±50 mm;且每区段的塑料排水板总量应与设计要求数量相同。排水板定位记录软件工作流程见图 2。

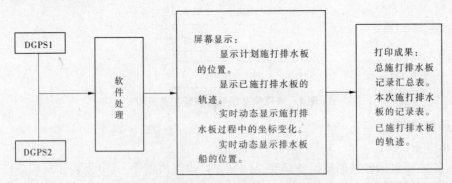

图 2　排水板定位记录软件工作流程图

（3）陆上塑料排水板的插设:排水板通过导管从管靴穿出,排水板与桩尖的连接是依靠锥形的契把排水板卡住,并对排水板的底端起一个锚固作用,与桩尖连接贴紧管靴,以导杆顶住管靴插入土层中,刚入土时由振动锤配合打入,穿透垫层后,在导管自重的作用下带动排水板自动下沉插入土层中,直至达到预定设计深度。

水上塑料排水板的插设:在塑料排水板的插设方式上,采用以静压法为主的插入方式,利用套管自重和惯性,则套管可直接贯入滩面以下,再以震动锤进行适当震动,达到预定高程,这种插入方式可以将人为施工扰动对地基强度产生的不利影响降低到较小程度。

（4）解决塑料排水板的回带问题的技术措施：①加长靴杆；②加长靴杆链条；③套管充水；④操作熟练度的改进；⑤超深插法。

（5）水上塑排施工完成后宜进行潜摸检验该区域的排水板数量以及外露长度。

（6）砂被经打设排水板后会留下穿孔，在水流作用下，砂被中的填充砂会在水流的冲刷作用下流失。因此，在排水板分段打设完成后，要严格控制工序的衔接，及时铺设软体排，对砂被的破口及时进行覆盖保护，防止砂被内砂的流失。

5.2.5 镇脚抛石棱体施工

（1）镇脚抛石棱体抛设应与袋装砂棱体加高同步进行，及时进行棱体外侧镇压石的抛设，防止在镇压石抛设前单独加高棱体。

（2）抛石镇脚的施工宜采用先抛设形成 1～2 层抛石镇压层，后随棱体同步水平加高、整理到位，形成设计断面的方法进行。

（3）水上抛石应根据不同规格，先细后粗分层抛高，厚度应均匀，不得出现空当或漏抛。一次抛高厚度不宜超过 1.0 m。

（4）严格控制块石的质量和大小，块石之间要契实紧密，不得有松动现象。块石之间不得有大空隙存在，且应禁止用小块石填缝以平整表面。

5.2.6 堤身棱体施工

（1）堤身棱体施工前先预估堤身总沉降量，施工时予以超高。

软土地基在荷载作用下，地基总沉降量包括：瞬时沉降量（S_d）、主固结沉降（S_c）和次固结沉降（S_s）。总沉降量（S_∞）可按下式计算：

$$S_\infty = S_d + S_c + S_s \tag{1}$$

瞬时沉降是由于软土地基强度较低，在施工加荷后土体产生塑性变形、土体向两侧挤出所产生的沉降。这部分沉降较难通过理论计算，一般在沉降经验系数 m_s 中考虑。

主固结沉降是由于施工加荷后，土体排水固结而产生的沉降。这部分沉降采用分层总和法计算。根据《港口工程地基规范》，采用 $e \sim p$ 曲线进行计算，计算公式如下：

$$S_c = \sum_{i=1}^{n} \frac{e_{1i} - e_{2i}}{1 + e_{1i}} h_i \tag{2}$$

式中　S_c——主固结沉降量，cm；

　　　n——压缩层范围的土层数；

　　　e_{1i}——第 i 土层在平均自重应力作用下的孔隙比；

　　　e_{2i}——第 i 层在平均自重应力和平均附加应力作用下的孔隙比；

　　　h_i——第 i 层土厚度，cm。

次固结沉降是土骨架在持续荷载作用下蠕变所产生的沉降，这部分沉降目前只能大致估算。

由于在计算过程中较难将瞬时沉降、主固结沉降、次固结沉降三者区分开，主要通过计算主固结沉降，再用沉降经验系数 m_s 修正，将主固结沉降量计算结果用 m_s 修正后作为最终总沉降量。

（2）考虑到堤身沉降量中间大，两侧小的特点，施工坡度可根据施工经验适当放陡。

（3）堤身棱体的加载完全在沉降、位移、孔隙水压力观测指导下进行，严格控制加载速率。若加载太快则会造成堤身滑移危及建筑物安全，且堤基淤泥被强行挤压跑至镇压层外侧，工程量将会大量增加。

5.2.7 堤顶结构施工

（1）堤顶防浪墙施工前，围堤沉降速率宜在 1 mm/d 之内。

（2）考虑围堤的后期沉降量较大,堤顶道路的施工安排于竣工之前 2 个月内实施。

5.2.8　围堤监测

5.2.8.1　沉降观测

（1）观测点设置:沉降板布置于外侧抛石镇脚、内侧坡脚和堤顶道路内边线。为防止水流、波浪及抛石的破坏,观测点采用混凝土浇筑基础,基础重量需大于 500 kg(相当于 64 cm 见方的混凝土),内埋设可接长的钢管。分层沉降观测仪布置在堤顶道路内边线,与沉降板间隔布置,由泥面开始沿深度向下布设,每隔 5 m 设置一个观测点,直至 -40 m 标高。

（2）观测时间:施工期每日一次,施工结束后两周一次,视沉降变化速率,观测间隔可适当延长。施工期当观测值接近控制标准时应每天加测 2~3 次,并及时告知建设、设计及监理单位。

（3）控制标准:基底泥面的堤轴线沉降每昼夜应小于设计值。

5.2.8.2　孔隙水压力观测

（1）观测点设置:布置在堤顶道路内边线,与分层沉降观测仪一起布设,由泥面开始沿深度向下布设,每隔 5 m 设置一个观测点,直至 -40 m 标高。仪器设备在使用前必须经过检验和系统标定。

（2）观测时间:孔隙水压力上升期间,应逐日定时测定;当上升值接近控制标准时,应进行跟踪观测;孔隙水压力消散期间,可隔日观测。

（3）控制标准:在排水板深度范围内,孔隙水压力增量控制值为设计值。加载间歇时间的控制应满足孔隙水压力的消散率达到设计值。

5.2.8.3　测斜观测

（1）观测点设置:布置在内、外侧坡脚处,且需设置简易观测平台。由泥面开始沿深度向下布设,每隔 3 m 设置一个观测点,直至 -50 m 标高。

（2）观测时间:施工期每日一次,施工结束后连续测 3 个月,每周一次。若出现日均水平位移接近设计标准,则应加测 2~3 次/d,并及时报告建设、设计及监理单位。

（3）控制标准:水平位移每昼夜应小于设计值。

5.2.9　施工节奏安排

利用砂被 + 排水板的软基处理方式,围堤基础部分(水下砂被、通长砂袋)要尽快实施,通过均匀加载提早发挥排水板的排水固结效果,加快前期固结沉降,提高地基承载力,这样后期沉降更好控制,且比较准确些。堤身棱体加载要严格按照观测数据的指导施工,避免集中加载造成沉降量加大。如工程附近无沉降经验借鉴,沉降控制宜先参照设计最终沉降量控制,在堤顶路面施工前可根据实际情况予以调整。施工时还要注意平行设置、同步加高的施工原则,以减少堤基内的不均匀沉降。

6　材料与设备

6.1　材料

袋装砂筑堤主要施工材料为土工织物和砂。袋体材料一般为 150 g/m²、200 g/m² 的编织布,缝制的接缝方法一般采用丁缝法或包缝法,缝制处的抗拉度不小于原布体强度的 70%,缝制应顺直,针脚采用链式针脚。充灌砂袋尺寸较大时可加缝加筋带以增强抗拉强度,加筋带一般有 5 cm、7 cm、10 cm 等规格。充灌砂宜采用透水性较好的细砂或中细砂。

6.2　设备

主要船机设备配备见表 1。表中是一个施工作业面的设备配备,多个作业面同时施工时辅助设备可以交叉使用。

表1　主要船机设备

序号	设备名称	规格型号	数量	备注
1	铺排船	5 000 t	1	铺设水下砂被、通长袋等
2	运砂船	1 000 m³	4	运输海砂
3	吸砂船	500 t	1	吸砂
4	锚艇	750 kW	1	辅助施工船抛锚作业
5	塑排施工船	500 t	1	打设水上塑排
6	潜摸船	250 kW	1	潜水探摸

7　质量控制

7.1　质量控制标准

(1)土工织物质量要求按照设计要求以及《水运工程土工合成材料应用技术规范》(JTJ 239—2005)执行。

(2)塑料排水板质量要求按照设计要求以及《水运工程质量检验标准》(JTS 257—2008)中"2.3.4 塑料排水板"标准执行。

(3)袋装砂施工质量验收标准按照设计要求以及《水运工程质量检验标准》(JTS 257—2008)中"5.4.4 土工织物充填袋筑堤"标准执行。

7.2　质量控制措施

7.2.1　砂被(通长袋)

(1)土工织物、砂的规格、质量要求必须符合设计规定,每批货到现场后,须经监理部门抽样,对质量和性能进行检验,合格者方可用于施工。砂袋缝制拼缝方法符合设计要求。

(2)在甲板驳上摊铺砂袋时,首先检查袋体是否有破损或漏缝的地方,如有,应及时修补或采取其他措施。

(3)充灌砂袋时根据船舱剩余方量以及泥泵施工效率控制砂袋充盈率,保证砂被充填厚度应不小于 60 cm,确保砂被的水平排水效果。

(4)砂被袋体在垂直堤轴线方向上须连续,不得分袋,平行于堤轴线方向设置一定的施工搭接宽度,移船时在 GPS 定位系统监控下进行,并根据水流情况调整移船方向,以确保砂被之间紧靠、挤密,不得在袋体间出现通缝。砂被铺设质量须进行潜摸检验。

(5)对已铺设完成的砂被应注意保护,防止施工船舶、机械等对袋体的破坏。

7.2.2　塑料排水板

(1)排水板采用高强塑料排水板,其规格、质量和排水性能要求必须符合规定。每批排水板必须附有厂方合格证及性能自检报告,每批货到现场后,须经监理部门抽样,并对其质量和性能进行检验,合格者方可用于施工。采用可测深的塑料排水板形式,以便于检验打设深度。

(2)陆上施工插板前按设计要求进行定位放样,设立标志,板位偏差不宜大于 ±30 mm;水上施工移船定位时,定位偏差不宜超过 ±50 mm;施工时对每个区段的塑料排水板进行统计,其总量应与设计要求数量相同。

(3)打设过程中应随时注意控制套管垂直度,其允许偏差应不大于 ±1.5%。

(4)必须按设计要求严格控制塑料排水板的打设标高,不得出现浅向偏差;当发现地质情况变化,无法按设计要求打设时,应及时与现场监理人员联系并征得监理和设计同意后方可变更打设标高。水上作业须定时观察潮位,对导管入水深度进行潮位补偿。

（5）打设塑料排水板时严禁出现扭结、断裂和撕破滤膜等现象。

（6）打设时回带长度不得超过 500 mm，且回带的根数不宜超过打设总根数的 5%。

（7）应检查每根板的施工情况，当符合验收标准时方可移机，打设下一根，否则需在邻近板位处补打。

（8）陆上施工时，应及时用砂垫层砂料仔细填满打设时在板周围形成的孔洞。

（9）塑料排水板自生产至打设的储存期最好控制在 6 个月以内。临时存放塑料排水板，应避免雨淋、防止日晒。

7.2.3 预留沉降量

堤身棱体施工时要预留施工沉降量，地基总沉降量包括瞬时沉降量（S_d）、主固结沉降（S_c）和次固结沉降（S_s），根据计算结果进行参考，同时还要考虑到进行护面及上部结构施工时重车动载对沉降的影响。

7.2.4 加载速率控制

7.2.4.1 堤基处理阶段

砂被＋排水板的软基处理方式，围堤基础部分（水下砂袋）要尽快实施，提早发挥排水板的排水固结效果，加快前期堤基固结沉降，提高堤基承载力，以便更好地控制水上袋装砂堤身部分后期沉降。

7.2.4.2 堤身加载阶段

通长袋以上堤身棱体要严格控制加载速率，堤身棱体的加载完全在沉降、位移、孔隙水压力观测指导下进行，要严格按设计要求进行堤身棱体加载（5～7 d 加载一层砂袋），避免集中加载造成沉降量的加大。有龙口合龙等特殊情况时，须经过计算验证堤身整体稳定性后酌情实施加载。

7.2.4.3 上部结构施工阶段

防浪墙施工须等到围堤沉降稳定后实施，沉降速率宜在 1 mm/d 之内，施工时分仓实施，预计沉降量小的堤段先施工，沉降量大的堤段后施工。防浪墙底板与墙身宜分开施工，必要时墙身可分 2 次浇筑，第二次浇筑时应待沉降稳定后浇筑至设计高程，宜在竣工前 2 个月内实施。

堤顶道路的施工安排宜在竣工之前 2 个月内实施。

8 安全措施

8.1 施工船舶安全措施

（1）严格执行船舶准入制。严格按照船检和海事部门的有关规定，对船舶安检证书、船员适任证书、船舶适航证书进行核查。对施工船舶进行严格的安全检查，安检主要内容有：船舶操纵性能、船体状况、空气隔舱、主机设备、通信导航系统、航行海图、救生消防器材、船员的航海技能和应变能力等。

（2）落实"6 开 7 不开"制度，当运砂船在装砂或吹砂作业结束时，遇到有大风的情况下，做到≥7 级风力，坚决不开航，同时在航船舶应及时就近避风。

（3）杜绝运砂超载现象，在吸砂地设立监督船，对满载的运砂船进行出航前的装载检查和监督，发现超载要坚决卸载后放行，防止超载航行。

（4）掌握工况条件，注意有关事项。航行及施工船舶必须掌握潮汐变化规律，防止走锚、碰撞等不安全事故的发生。

（5）落实季节性防范措施。在面临台风季节、冬季寒潮或突发性灾害天气时，现场必须制定切实有效的安全防范措施。现场调度一定要按时收听气象预报，做好记录，当遇有恶劣气候情况时，要及时通报，统一指挥，采取必要的安全防范措施，确保人身和设备的安全。

（6）加强交通管理。人员乘坐交通船设有专人管理，乘坐人员必须穿戴救生衣，严禁超载现象的发生。

8.2 施工现场安全措施

(1)全部机械设备制定安全操作规程,并挂牌上墙。所有机械操作人员、特种作业人员必须持证上岗,所有作业人员必须戴安全帽,高空作业必须系安全带,刮风下雨时禁止爬高作业。

(2)进入施工现场的人员,必须佩戴安全帽,特殊工种按规定要佩戴好防护用品。在起重、安装等有主体交叉作业时,要戴好安全帽,且有工程师核定索具安全系数。

(3)机械作业的指挥人员,指挥信号必须准确,操作人员必须听从指挥,严禁违令作业。

(4)对施工现场存在的危险源,要做好风险评估和风险控制。根据各工种特点,有计划地按时配发保护用品。

(5)施工现场设置醒目的安全警示标志。

9 环保措施

9.1 环保要求

(1)做好施工区域防污染的保护工作,加强噪声防治及固废处理。

(2)做好施工船舶施工及生活产生的污水、固体废弃物等的收集、储存和处理。

(3)做好施工船舶海损、溢油事故的预防工作,并制订相应的预案。

9.2 环保措施

(1)严格执行《中华人民共和国水污染防治法》、《船舶污染物排放标准》及当地有关规定等章程,不违章或超标排污。

(2)参加本工程的各施工、运输船舶必须备有船舶油污水、生活垃圾及粪便储存容器,并做好生活垃圾的日常收集、分类储存和处理工作。

(3)及时回收工程中破损的土工织物及其他报废的工程构造物,不得任意在施工水域扔抛。

(4)工程期间要配备适量的化学消油剂、吸油剂等物资,以防不测;防止施工、运输船舶的海损、溢油事故发生,一旦发生事故,应立即采取措施,收集溢油,缩小溢油污染范围。

10 效益分析

深厚软基袋装砂斜坡堤比传统抛石堤具有工程造价低、施工工期短、整体稳定性好等优势,特别是在少石环保要求高的地区,可以因地制宜选用工程材料,相比石料而言,其供应较为有保障且价格较低。

(1)造价低。袋装砂堤相比抛石堤造价节省约9%,经济效益显著。

(2)施工工期短。抛石堤断面工程量大,且受施工道路和工作面限制等影响,施工进度较为缓慢。袋装砂堤水上和陆上都可进行大规模交叉平行施工,同时开展多个工作面,可大大缩短工期。同时,袋装砂堤心相比抛石堤心具有较好的防渗效果,无需专门设置防渗体,简化了施工工序。与抛石堤相比,袋装砂堤可发挥早投产早受益的优势,社会效益显著。

(3)社会和经济效益显著。工程所用主要材料为砂,可与航道疏浚整治工程相结合,可以起到一举数得的社会和经济效益。与传统抛石堤相比,本工法对不可再生资源——石块需求量较少,避免了大量的爆破开采石料,减少了对陆上植被的破坏。

11 应用实例

11.1 乐清湾港区一期南区围(海)涂工程

乐清湾港区一期南区围(海)涂工程乐清湾中部西侧打水湾山附近,北邻调整后的电厂灰库区,向南至东干河北岸实施围(海)涂工程。

工程区域位于标高 -6.0~0.8 m 的滩面上,部分水域天然水深较浅,而当地平均海平面为 0.29 m,平均潮差 4.77 m,乐清湾内最大潮差 8.34 m,围(海)涂面积约 227.1 万 m² (合 227.1 hm²),围堤总长度 4 073.8 m,护堤土方吹填 462.4 万 m³。围堤堤顶高程 +6.0 m(1985 国家高程,下同),防浪墙顶高程 +7.8 m,堤顶宽度 6.0 m。围堤结构采用袋装砂复式斜坡堤结构,外坡边坡 1:2,转弯段 1:2.5,内坡为 1:1.5,抛石镇脚平台宽度 23~53 m,护面结构采用对沉降适应性较好的扭王体护面。

在勘察深度范围内以海相淤积的软土为主,各地基土物理力学性质均较差,围堤基础处理采用二层砂被 + 塑料排水板的基础处理方式,排水板处理深度为 20~33 m,处理宽度为 67~123 m。

我公司通过深厚软基袋装砂施工工艺,首次成功实现了在淤泥厚度超过 30 m 的软基上建成净高超过 12 m 的袋装砂围堤,施工过程中较好的控制了堤身沉降,验收质量优良,发挥了了本工艺投资省、工期短的优势,创造了较好的社会、经济效益。

11.2 天津南港工业区 B06 路基围埝(J-V)、红旗路路基围埝(H-K)、B04 路基围埝(I-N)工程

天津南港工业区 B06 路基围埝(J-V)、红旗路路基围埝(H-K)、B04 路基围埝(I-N)工程位于天津南港工业区东侧海滨,常年累积沉淀主要以海相淤积的软土为主,表层大于 4 m 范围均为淤泥,该工程开工前,附近大面积吹填作业已开始,出水口位置设置在本工程区域内,因此工程区域内淤泥、浮泥更为严重。通过深厚软基袋装砂筑堤施工工艺,成功在该处软基建成袋装砂围堤,施工过程中较好的控制了堤身沉降,发挥了本工艺投资省、工期短的优势,创造了较好的社会、经济效益。

11.3 天津临港工业区二期围海工程

天津临港工业区二期围海工程位于塘沽区海河入海口南侧滩涂浅海区,北侧以海河口南治导线为界,西侧以滨海大道为界,在勘察深度范围内以海相淤积的软土为主,各地基土物理力学性质均较差。通过深厚软基袋装砂筑堤施工工艺,首次在天津地区实现了在淤泥厚度超过 12 m 的软基上建成最大净高超过 15 m 的袋装砂围堤,施工过程中较好的控制了堤身沉降,发挥了本工艺投资省、工期短的优势,创造了较好的社会、经济效益。

(主要完成人:尹家春　周志峰　单志浩　刘　迪　郭素明)

浙江省第一水电建设集团股份有限公司

　　浙江省第一水电建设集团股份有限公司，前身为浙江省水电建筑第一工程处，成立于1965年。2000年5月，企业改制更名为浙江省第一水电建设有限公司。2007年1月，组建成立浙江省第一水电建设集团有限公司。2011年11月，企业进一步改制，更名为浙江省第一水电建设集团股份有限公司。公司具有主营水利水电工程施工总承包一级资质，同时具有港口与航道工程、市政公用工程、地基与基础工程、土石方工程一级资质以及公路工程、桥梁工程、爆破与拆除工程等多项资质，是集建筑施工、实业投资、机动车驾驶培训等为一体的企业集团。

　　公司立足建筑施工主业，积极采用投资、建设、管理为一体的模式，先后投资建设了浦江仙华水库工程、龙游小溪滩水利枢纽工程、龙游沐尘水库工程、云南泸水县片马河三级水电站工程等项目，其中前三项项目已投资建成，发挥着良好的社会效益和经济效益。公司投资工程船务实业，使产业链进一步拓展；公司投资创立的机动车驾驶培训学校是杭州市、浙江省十佳驾培机构。

　　多年来，公司凭借雄厚的技术力量、先进的机械设备和良好的工程质量及企业信誉，相继承担了衢州乌溪江引水工程、温黄平原金清新闸、绍兴汤浦水库、德清大闸改建工程、温州半岛工程、钱塘江标准海塘工程、余姚蜀山大闸、绍兴曹娥江大闸、京杭运河沟通工程三堡船闸、杭州绕城高速东段下沙大桥引桥工程等，承担了杭州开元名都大酒店、杭州市财富金融中心等桩基工程施工。公司注重企业现代化管理，通过了质量、职业健康安全和环境"三合一"管理体系认证。工程质量多次荣获中国建设工程鲁班奖，国家优质工程银质奖，中国水利优质工程大禹奖，水利部、交通部优质工程奖和浙江省建设工程"钱江杯"、四川省"天府杯"等奖项，连续多年多个QC小组获浙江省、水利部和全国优秀QC小组成果奖。

　　自1991年来，公司连年被评为企业信用等级AAA级企业；2000年以来，多年被评为水利系统部级质量管理小组活动优秀企业单位。先后多次荣获浙江省先进建筑业企业、浙江省守合同重信用单位。2002年被评为全国水利系统先进集体，2005年被授予浙江省文明单位称号，2006年获得全国用户满意企业奖，自2007年始连续三年获全国优秀水利企业称号,2009年、2010年被评为全国优秀施工企业，2011年被授予全国建筑业先进企业称号。

企业荣誉
Honor And Prize

浙水股份

★ **中国建设工程鲁班奖**
　　1992年12月，京杭运河钱塘江沟通工程　　　2002年12月，钱塘江北岸险段标准海塘工程　　　2011年11月，曹娥江大闸枢纽工程

★ **国家优质工程银质奖**
　　2005年1月，杭州绕城公路东段下沙大桥工程　　　2006年11月，绍兴市汤浦水库工程　　2007年12月，浙江省分水江水利枢纽工程

★ **中国水利优质工程大禹奖**
　　2007年12月，温州半岛浅滩一期围涂工程北围堤工程　　　　　　　2008年9月，余姚市城区水闸东移迁建及船闸工程

★ **全国用户满意建筑工程**
　　2000年9月，浙江温黄平原金清新闸一期工程

★ **交通部水运工程质量奖**
　　2002年12月，杭州三堡二线船闸工程

★ **浙江省建设工程"钱江杯"奖**
　　1996年6月，温黄平原金清新闸一期工程排涝闸及通航孔工程
　　2002年10月，钱塘江北岸险段标准海塘工程　　　　　　　　　　　　2002年10月，德清大闸改建工程
　　2003年9月，绍兴市汤浦水库工程　　　　　　　　2004年9月，钱塘江北岸省管海塘标准工程（海盐6、7标）
　　2004年9月，杭州绕城公路东段下沙大桥工程　　2006年9月，余姚市四明湖水库除险加固工程拦河大坝及隧洞工程
　　2008年8月，杭州客运中心站一期工程　　　　　　2008年8月，衢州市广播电视制作传输中心一期桩基工程

我们始终相信荣誉的获得，与我们脚踏实地的工作精神是密不可分的，
每一项荣誉都将激励着我们坚持不懈的前行！

We always believe in that the acquirement of credit and prize is hand in hand with our down-to-earth and serious
working spirit which shall encourage us to keep moving without hesitation.

浙水股份

部分获奖工程
List of Awards

2009年6月，钱江新城28号地块一标段5#、7#楼及C区地下室工程
2009年6月，杭州市委党校迁建工程 I 标段教研楼、后勤服务楼、食堂楼、文体楼工程
2009年6月，杭州市委党校迁建工程 I 标段综合楼、图书馆、1号地下室工程　　2010年6月，曹娥江大闸枢纽工程
2011年9月，嘉兴市海盐东段围涂一期工程　　　　　　　　　2011年9月，四川省青川县竹园镇梁沙坝防洪堤工程
2011年9月，四川省青川县竹园镇陈家坝防洪堤工程

★ **四川省灾后援建项目天府奖**
2010年6月，四川省青川县竹园镇梁沙坝防洪堤工程天府金奖　　　2010年6月，四川省青川县竹园镇陈家坝防洪堤工程天府银奖

★ **浙江省支援青川县灾后恢复重建工程"青川杯"优质工程奖**
2010年9月，四川省青川县竹园镇梁沙坝防洪堤工程　　　　　　2010年9月，四川省青川县竹园镇陈家坝防洪堤工程

★ **杭州市"西湖杯"优质工程奖**
2001年2月，钱塘江杭州市城市防洪堤一期工程三标段　　　　　2002年3月，钱塘江杭州市城市防洪堤二期工程二标段
2007年4月，三里新城二期BC组团 I 标段19-24#楼工程

★ **宁波市"甬江建设杯"优质工程奖**
2006年2月，余姚市四明湖水库除险加固工程　　　　　　　　2008年3月，余姚城区水闸东移迁建及船闸工程

★ **嘉兴市水利"南湖杯"优质工程奖**
2001年6月，太浦河工程（浙江段）陶庄枢纽工程

龙游沐尘水库

　　沐尘水库项目是集团公司独家投资的浙江省重点工程，水库地属龙游县沐尘乡。

　　沐尘水库是以防洪、发电、供水为主，兼顾改善水环境等综合利用的大型水利工程，工程总投资4.5亿元。工程于2006年12月开工建设，至2009年8月发电运行。

　　工程建成后，龙游县城防洪标准提高到50年一遇，使下游两岸的城区免遭洪水袭击。每年可提供下游10 410万 m³的淡水资源，并为当地每年提供3 833万kW/h的电量，对改善龙游县的投资环境、促进经济发展具有十分重要的意义。该工程多个QC小组被授予水利系统优秀质量管理小组称号。

浦江县仙华水库 ▽

　　仙华水库是集团公司第一个按照BOT方式兴建的项目，也是改革开放以来浦江县投资最大的一项水利工程。

　　仙华水库是以供水、灌溉为主，结合发电的水利水电工程。这不仅是公司大胆进入投资领域的尝试，而且对提高公司整体的施工业绩，增强公司抗风险能力、促进企业发展壮大有非常积极的作用。

绍兴曹娥江大闸 ▽

　　该工程目前为国内河口第一大闸。工程包括挡潮泄洪闸560 m，为钢筋混凝土空箱式结构；鱼道507.17 m，为开敞式矩形槽结构；堵坝697 m，为抛石和粉土吹填而成。该工程施工QC小组分别荣获全国、水利系统优秀质量管理小组称号；曾被授予"水利系统文明建设工地"称号；2010年荣获浙江省"钱江杯"奖。2011年荣获中国建设工程鲁班奖。

余姚蜀山大闸 ⏶

　　大闸采用8孔敞开式钢筋混凝土水闸，垂直提升平面钢闸门，船闸为三级船闸。工程先后荣获中国水利优质工程大禹奖、宁波市"甬江建设杯"优质工程奖。

无锡利民桥水利枢纽 ⏶

　　工程为一等工程，由4×15 m³/s的排涝泵站、净宽16 m的节制闸和16×135 m的船闸组成。

德清大闸改建工程 ⏶

　　浙江省重点工程，由2×12 m节制闸和12 m净宽通航套闸组成，节制闸设计标准为百年一遇，套闸规模为100 t级，航道等级为六级，闸室长110 m。工程获得浙江省"钱江杯"优质工程奖。

新疆恰甫其海水利枢纽二期工程南岸总干渠六标段 ⏶

渠道全长162.843 km，属大（1）型Ⅰ等工程。

钱塘江北岸险段标准海塘工程 ⏶

工程由混凝土灌砌石镇压层、消浪平台、混凝土挡浪墙等组成。工程先后获得浙江省建设工程"钱江杯"优质工程奖和全国建设工程鲁班奖。工程施工QC小组获得水利系统部级和全国优秀质量管理小组称号。

梁沙坝防洪堤工程 ◀

工程防洪保护范围主要为灾后异地重建的青川新县城规划区，位于竹园镇下游梁沙坝，河段长度2.68 km。工程荣获浙江省建设工程"钱江杯"奖、浙江省支援青川县灾后恢复重建工程"青川杯"优质工程奖、四川省灾后援建项目天府杯金奖；项目组被命名全国质量信得过班组，授予水利系统质量信得过班组。

陈家坝防洪堤工程 ▶

防洪堤是竹园镇防洪规划防洪堤的一部分，分上下游两段，堤线总长1 843 m。工程荣获浙江省建设工程"钱江杯"奖、浙江省支援青川县灾后恢复重建工程"青川杯"优质工程奖、四川省灾后援建项目天府杯银奖；项目组被命名全国质量信得过班组，授予水利系统质量信得过班组。

上海临港新城芦潮港西侧 ◀ 滩涂围垦工程

　　防潮标准为50年一遇，围海大坝顺坝562.74 m，西侧坝504.82 m，斜坡式土石坝结构，堤身采用内外充泥管袋棱体，堤芯为吹填土的构筑方式。

河北唐山曹妃甸工业区 ▶ 围垦工程

　　造地陆域面积1.21 km²，包括围堤护岸和吹填工程，围堤护岸总长约为3 530 m，吹填砂量约620万 m³。

丽水城市防洪工程 ▽

　　工程全长1 440 m，堤身采用砂砾石填筑，复合土工膜防渗。

企业资质
Qualification Of Enterprise

浙水股份

市场搏击
强盛企业

**Fighting in market
prospering our company**

绍兴汤浦水库先后获浙江省钱江杯奖、国家优质工程银质奖

水利水电工程施工总承包一级
Grade I General Contracting Qualification of Water Conservancy And Hydro Electric Power Construction

温州半岛浅滩一期围涂工程北围堤工程获中国水利工程优质（大禹）奖

港口与航道工程施工总承包一级
Grade I General Contracting Qualification of Harbor And Navigation Water Way Construction

钱塘江北岸险段标准海塘工程先后获得浙江省钱江杯优质工程奖和全国建筑工程鲁班奖

市政公用工程施工总承包一级
Grade I General Contracting Qualification of Municipal Civil And Public Works Construction

财富金融中心

地基与基础工程专业承包一级
Grade I Professional Contracting Qualification of Ground Foundation and Base Works

三门县滨海新城下银岩土石方工程

土石方工程专业承包一级
Grade I Professional Contracting Qualification of Earth and Rock Works

杭州萧山国际机场公路

公路工程施工总承包二级
Grade II General Contracting Qualification of Highway and Roads Construction

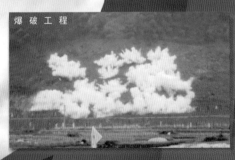

爆破工程

爆破与拆除工程专业承包二级
Grade II Professional Contracting Qualification of Blasting and Demolition Works

安吉一号桥

桥梁工程专业承包二级
Grade II Professional Contracting Qualification of Bridge Works